U0210056

可持续作物生产理论与技术

稻田土壤培肥与丰产增效耕作理论和技术

张卫建 张 俊 张会民 等 著

科学出版社

北 京

内 容 简 介

本书在国家重点研发计划项目"稻作区土壤培肥与丰产增效耕作技术"等研究成果的基础上，主要针对我国高产稻田增产乏力、生态服务功能退化、环境质量下降等突出问题，以双季稻、水旱两熟、北方一熟、复合种养和再生稻5个典型稻田系统为对象，以促进作物丰产增效和环境健康协同发展为目标，开展稻田土壤培肥、耕作共性理论与关键技术及产品创新研究，构建了我国主要稻区土壤培肥耕作模式，并进行了示范验证。本书重点研究了稻田肥力关键限制因子及耕作突破途径，研发了快速培肥替代品、绿色培肥和环境友好的耕作技术，创建了适于我国主要稻田系统的绿色培肥和丰产增效耕作模式，可为我国稻田土壤培肥和丰产增效耕作提供重要的理论指导与技术支撑。

本书可为作物栽培学与耕作学、土壤学和农业生态学等专业的科研工作者、大专院校师生提供理论参考，也可为从事水稻生产、管理的专业技术人员提供实用技术借鉴。

图书在版编目（CIP）数据

稻田土壤培肥与丰产增效耕作理论和技术 / 张卫建等著 . —北京：科学出版社，2021.2

（可持续作物生产理论与技术）

ISBN 978-7-03-066919-3

Ⅰ. ①稻… Ⅱ. ①张… Ⅲ. ①稻田－肥水管理－研究 Ⅳ. ① S511

中国版本图书馆 CIP 数据核字（2020）第 226593 号

责任编辑：陈 新 闫小敏 / 责任校对：严 娜
责任印制：肖 兴 / 封面设计：铭轩堂

科 学 出 版 社 出版

北京东黄城根北街 16 号
邮政编码：100717
http://www.sciencep.com

北京汇瑞嘉合文化发展有限公司 印刷

科学出版社发行 各地新华书店经销

*

2021 年 2 月第 一 版 开本：787×1092 1/16
2021 年 2 月第一次印刷 印张：42 1/2
字数：1 005 000

定价：528.00 元

（如有印装质量问题，我社负责调换）

《稻田土壤培肥与丰产增效耕作理论和技术》
著者名单

（以姓名汉语拼音为序）

白玲玉	班允赫	柴如山	陈长青	陈 金	陈 欣
戴建军	邓艾兴	丁启朔	董林林	董文军	樊红柱
冯金飞	付金东	高进华	高菊生	郭 智	韩天富
杭晓宁	何瑞银	胡红青	黄 晶	黄欠如	黄 山
江 瑜	蒋先军	焦 峰	焦加国	焦卫平	李 超
李成芳	李 涛	李 阳	廖晓兰	廖育林	刘海英
刘 建	刘正辉	刘智蕾	柳开楼	陆长婴	彭 廷
彭显龙	秦鱼生	邱 尧	宋 贺	宋振伟	苏振成
孙 耿	孙泽峰	谭石勇	谭淑豪	唐 杉	汪金平
王金峰	王秋菊	王晓燕	文 炯	肖小平	薛亚光
杨世民	杨忠良	尧水红	张会民	张 俊	张 昆
张丽莉	张伟明	张卫建	张绪争	张 亚	张志毅
赵 锋	郑成岩	周 虎	周 萍	周 勇	朱建强

主要著者简介

张卫建　中国农业科学院作物科学研究所二级研究员，博士生导师。1999年毕业于南京农业大学，获得农学博士学位。2001～2003年在美国北卡罗来纳州立大学开展土壤生态博士后合作研究。2006年入选教育部"新世纪优秀人才"。现为中国农业科学院作物耕作与生态创新团队首席专家、农业农村部东北黑土地保护性耕作专家指导组成员、全球重要农业文化遗产专家委员会成员、国务院学位委员会学科评议组（作物学组）成员、"十三五"国家重点研发计划项目首席专家、中国耕作制度学会副理事长、中国农学会立体农业分会和中国生态学学会农业生态专业委员会秘书长、世界银行和联合国粮食及农业组织咨询专家、学术期刊*The Crop Journal*副主编。

张　俊　中国农业科学院作物科学研究所副研究员。现为农业农村部作物生理生态重点实验室和中国农业科学院作物耕作与生态创新团队成员。近年来，主持或参加"十三五"国家重点研发计划、国家自然科学基金、国家科技支撑计划等10余项研究课题；发表科研论文30余篇，其中SCI收录论文10余篇；撰写著作3部；受权发明和实用新型专利5项；制订行业标准3项、地方标准1项；受权软件著作权1项。

张会民　中国农业科学院农业资源与农业区划研究所研究员，博士生导师。现任中国农业科学院衡阳红壤实验站站长、湖南祁阳农田生态系统国家野外科学观测研究站站长，兼任耕地培育技术国家工程实验室高产土壤培肥功能实验室主任。长期从事土壤养分循环、土壤培肥与改良方面的研究和科学普及工作。以第一作者或通信作者在*Soil & Tillage Research*、*Geoderma*、《科学通报》等期刊上发表论文80余篇；撰写著作和教材10余部，担任其中4部的主编或副主编；主持或参与完成省部级鉴定成果8项，并获得省部级奖3项。

前　言

　　稻田是世界上最重要的农田生态系统之一，不仅生产了地球上超过60%人口的口粮，而且发挥了强大的人工湿地的生态服务功能。中国是世界上最重要的水稻生产国之一，总产量约占全球的27.9%。由于长期进行高强度集约化管理，高产稻田出现增产乏力、生态服务功能退化、环境质量下降等问题，同时水稻生产面临着秸秆大量还田、机械化耕作、轻简化栽培等新挑战。为此，国家提出了"提质增效"、"藏粮于地"和"藏粮于技"的现代农业绿色低碳发展新要求，基于"粮食丰产增效科技创新"重点专项启动实施了"稻作区土壤培肥与丰产增效耕作技术"等项目。培肥与耕作是作物生产的两项最基本且重要的技术措施，对作物产量、资源利用效率及环境质量等具有显著影响，开展相应的理论与技术创新，将有利于作物增产与资源增效及环境健康的协同发展，可为粮食丰产增效和农业绿色发展提供理论指导与关键技术支持。

　　作为"可持续作物生产理论与技术"丛书之一，本书以我国粮食主产区双季稻、水旱两熟、北方一熟、复合种养和再生稻5个典型稻田系统为对象，以促进水稻丰产增效和环境健康协同发展为目标，开展共性理论研究、关键技术突破和耕作模式创建。在理论方面，重点研究了稻田肥力的时空演变规律及其机制，并提出了耕作培肥关键技术途径；在技术方面，研发了基于秸秆还田的全耕层培肥技术，建立了绿色培肥和环境友好的耕作技术，研制了稻田快速培肥替代品；在模式方面，分析了影响五大稻田系统大面积丰产增效的肥力关键限制因子，开展了技术和产品筛选及农机配套研究，创建了适于我国5个主要稻田系统丰产增效的耕作技术主导模式，通过示范验证形成了相应技术标准或规程，可为我国典型稻作区土壤培肥和丰产增效耕作提供重要的技术支持。

　　本书由中国农业科学院作物科学研究所、中国农业科学院农业资源与农业区划研究所、中国农业科学院农业环境与可持续发展研究所、中国科学院沈阳应用生态研究所、浙江大学、南京农业大学、华中农业大学、湖南省土壤肥料研究所、东北农业大学、中国人民大学等39所科研院所和高等院校的专家共同编写。其中，稻田土壤肥力时空演变规律、土壤肥力监测指标及评价方法等共性理论与方法篇，由张卫建、张会民、周虎、张丽莉、彭显龙、尧水红、张俊等完成；稻田全耕层培肥、丰产增效耕作和培肥新产品研制等关键技术与产品篇，由张卫建、白玲玉、黄山、张丽莉、张俊等完成；我国典型稻田系统丰产增效耕作模式及其演变等主体模式与规程篇，由张卫建、肖小平、何瑞银、彭显龙、陈欣、李成芳、刘建、张俊等完成。

　　本书所涉及的主要研究工作和出版得到了"十三五"国家重点研发计划项目、国家科技支撑计划项目和中国农业科学院科技创新工程等项目的资助。

　　由于著者水平有限，书中不足之处恐难避免，敬请广大读者批评指正。

著　者

2020年3月

目　录

第一篇
共性理论与方法

　　水稻是我国三大粮食作物之一，我国有超过2/3的人口以大米为主食，水稻种植面积约占全球的1/5，水稻在我国的粮食安全保障体系和农业生产中占有重要地位。了解水稻土肥沃程度和科学培肥是当前保障水稻丰产稳产与实现粮食安全的重要内容。据统计，2019年我国水稻播种面积为2969.4万hm^2，占粮食作物总播种面积的25%以上［《中国统计年鉴》（2020年）］。我国水稻主产区分为四大区域：东北区，主要分布在辽宁、吉林、黑龙江；长江中下游区，主要分布在江苏、上海、浙江、安徽、江西、湖北、湖南；西南区，主要分布在四川、重庆、云南、贵州；华南区，主要分布在福建、广东、广西、海南（罗霄等，2011）。可见，我国水稻种植区域分布广泛，水稻土类型较多。不同水稻种植区域的肥料施用、耕作措施、田间管理等因素存在差异，同时土壤母质、气候、地形和水文等因素可能会对土壤肥力的潜在价值产生一定程度的影响（Bünemanna et al.，2018），从而导致水稻土肥力水平存在高度的时空异质性。

　　据统计，在我国的20亿亩（1亩≈666.7m^2，后同）耕地中，只有4亿亩能够达到高产田生产能力的要求，集中分布在平原及灌溉水平较高的绿洲区，此类耕地基础地力较高，生产稳定性好（沈仁芳等，2018）。虽然高产田基本不存在限制农业生产的因素，但仍需持续实行耕地保育措施，强化耕地资源的保护利用。在占耕地面积70%左右的中低产田改良过程中，需要采用改良、使用和养护相结合的方式，依靠土壤地力定向培育理论，构建土壤障碍消减和地力提升的核心技术体系（沈仁芳等，2018），从而实现"藏粮于地，藏粮于技"的战略目标。因此，我们必须了解我国主要稻区土壤肥力时空演变特征和关键驱动因子。土壤肥力的演变是一个相对漫长的过程，其物理、化学、生物肥力受稻田生态系统中生物、环境和人为管理因素等影响，对稻田肥力进行合理、客观评价，需要充分利用历史数据和田间试验数据。因此，本篇基于我国主要稻区长期定位试验和典型区域的调查数据，由点到面，明确了稻田肥力时空变化特征和关键驱动因子，形成了稻田肥力评价指标体系与方法，为高产稻田肥力保育和中低产稻田肥力培育提供了科学依据。

本篇包括两章内容，第1章主要阐明了我国稻田土壤肥力的空间和时间演变特征与机制，第2章提出了我国稻田土壤物理、化学和生物肥力的监测指标与评价方法。

第1章 我国主要稻田土壤肥力演变特征与机制

1.1 稻田土壤肥力空间变化特征

1.1.1 长期耕作和施肥措施下土壤肥力空间变化特征

土壤肥力是衡量土壤能够提供作物生长所需各种养分能力的指标,是影响作物产量的重要因素。通常情况下,高肥力条件与低肥力条件下的水稻产量差异显著(董一漩等,2019)。为研究不同施肥和耕作措施下主要稻田肥力空间变化特征,同时减少由田间管理等人为措施导致的水稻产量差异,真实客观反映土壤肥力对水稻产量的影响,本研究基于我国主要稻区的长期试验平台,西南稻区选择重庆北碚中性紫色水稻土长期耕作试验(始于1990年)和四川遂宁石灰性紫色土长期施肥试验(始于1982年);长江中游和中下游双季稻区选择湖南祁阳红壤性水稻土长期施肥试验(始于1982年)和江西进贤红壤性水稻土长期施肥试验(始于1981年);长江中下游水旱两熟稻区选择江苏苏州潴育型水稻土长期施肥试验(始于1980年);东北一熟稻区调查的高产和低产稻田(黑龙江方正)为研究对象。根据各定位试验产量和土壤有机质水平,划分高产和中低产稻田(表1-1),进而对不同稻区高产稻田土壤肥力现状(2016~2018年监测值)进行比较。万琪慧等(2019)详细介绍了重庆北碚中性紫色水稻土耕作长期试验设计方案,其余各试验点试验设计方案详见《中国农田土壤肥力长期试验网络》(徐明岗等,2015)。

表1-1 各试验点高产和中低产稻田处理选择

产量水平	北碚	遂宁	祁阳	进贤	苏州
高产	垄作免耕	NPKM	NPKM、NKM、NPM	NPKM	NPKM、PKM、NPM
中低产	常规平作	NPK	NPK、M	NPK、NP、NK	NPK、NP、PK

注:表中产量水平划分是基于各试验点不同耕作或施肥处理的相对产量,分别按照相对产量>90%和<75%来确定高产和低产水平;NPK,氮磷钾化肥;NP,氮磷化肥;NK,氮钾化肥;M,有机肥;NPKM,氮磷钾化肥配施有机肥;NKM,氮钾化肥配施有机肥;NPM,氮磷化肥配施有机肥;PKM,磷钾化肥配施有机肥

主要稻区各长期试验点土壤pH差异明显(图1-1),北碚、遂宁、祁阳、进贤和方正试验点高产稻田土壤pH分别为7.46、8.09、5.58、5.53和5.95。因土壤类型存在差异,西南水旱两熟区紫色土pH较长江中游双季稻区红壤性水稻土和东北一熟稻区草甸型水稻土(均属弱酸性水稻土)高1.5~2.6个单位。但长期耕作和施肥条件下,各稻区试验点高产稻田和中低产稻田土壤pH较为接近,两者的增减幅度为−0.7%~5.7%。可能与水稻土缓冲性能高和本研究中各试验点的处理选择有关,所选择的高产处理基本为有机无机肥配施处理,中低产处理为施化肥或缺素处理,没有施氮量过高或者单施氮肥处理,且目前研究已表明,化学氮肥的长期过量施用是我国农田土壤加速酸化的主要原因(徐仁扣等,2018)。

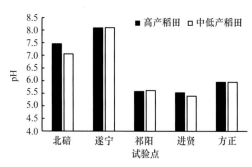

图1-1　主要稻区各试验点土壤pH变化

主要稻区各试验点土壤有机质含量差异明显，高产稻田土壤有机质含量均高于中低产稻田（图1-2），北碚、遂宁、祁阳、进贤、苏州和方正试验点高产稻田土壤有机质含量分别为33.1g/kg、20.1g/kg、49.0g/kg、39.5g/kg、30.2g/kg和46.0g/kg，较中低产稻田分别提高了10.0%、5.8%、15.9%、20.1%、4.4%和40.0%。长江中游双季稻区祁阳试验点和东北一熟区方正试验点的高产稻田土壤有机质含量相对较高，主要因为在长期进行有机无机肥配施投入外源有机肥的同时，也增加了作物残体的还田量，所以高产稻田土壤有机质含量增加（黄晶等，2015）。虽然东北一熟稻区草甸型水稻土的成土母质有机质含量较高（余涛等，2011），但如果施肥或耕作不合理，中低产稻田土壤有机质含量将会逐渐降低（汪景宽等，2007），进一步拉大了其与高产稻田土壤有机质含量的差距。

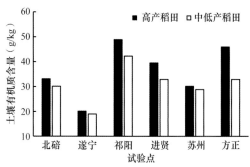

图1-2　主要稻区各试验点土壤有机质含量变化

主要稻区各试验点土壤全氮含量差异明显，高产稻田土壤全氮含量均高于中低产稻田（图1-3），北碚、遂宁、祁阳、进贤、苏州和方正试验点高产稻田土壤全氮含量分别为2.26g/kg、1.71g/kg、2.91g/kg、2.41g/kg、1.96g/kg和1.93g/kg，较中低产稻田分别提高了11.9%、10.5%、18.8%、21.7%、7.1%和67.8%。长江流域双季稻区祁阳试验点和进贤试验点的高产稻田土壤全氮含量相对较高，可能是因为有机无机肥配施达到一定量后可明显增加土壤氮素含量（张玉革等，1999），长期有机无机肥配施可以更好地改善红壤区各土层氮素的供应情况（申凤敏等，2019）。同时，高产稻田作物残体的还田量高，秸秆腐解释放出来的丰富碳氮磷钾养分可以作为有效补充，提高土壤有机碳和养分含量（武际等，2013）。中低产处理为施化肥或缺素处理，没有过量施氮或者单施氮肥处理，土壤全氮呈下降趋势，主要是因为化学氮肥在耕层土壤中的积累作用不明显，氮肥利用率较低（宋永林，2006）。

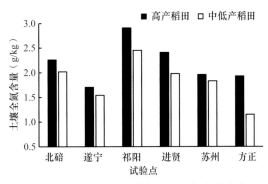

图1-3 主要稻区各试验点土壤全氮含量变化

主要稻区各试验点土壤碱解氮含量差异明显，高产稻田土壤碱解氮含量均高于中低产稻田（图1-4），北碚、遂宁、祁阳、进贤、苏州和方正试验点高产稻田土壤碱解氮含量分别为157mg/kg、115mg/kg、265mg/kg、263mg/kg、156mg/kg和135mg/kg，较中低产稻田分别提高了12.9%、8.0%、9.1%、12.7%、5.0%和48.0%。红壤双季稻区祁阳试验点和进贤试验点的高产稻田土壤碱解氮含量相对较高，可能的原因是高产稻田较中低产稻田根茬和根系分泌物增加，即归还土壤的有机氮量增加（史吉平等，1998）。一般来说，碱解氮主要包括无机态氮和部分易分解有机态氮，土壤氮素中有95%以上是以有机态氮形式存在的，而无机态氮通过根茬、根系分泌物增加，间接增加土壤有机氮含量，施用有机肥可直接增加土壤有机氮含量。土壤中有效氮易随水流失或以氨的形式挥发损失，由于有机肥中的氮是缓效氮，只有矿化后才能变成有效氮，因此，有机无机肥配施较化肥处理的氮损失较少，所以在土壤中积累相对较多（高菊生等，2005）。另外，施用有机肥能显著提高土壤供氮能力并使土壤在供氮方式上具有渐进性和持续性，更有利于作物根系对氮的吸收利用（杨生茂等，2005）。

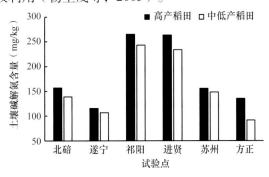

图1-4 主要稻区各试验点土壤碱解氮含量变化

主要稻区各试验点土壤有效磷含量差异明显，高产稻田土壤有效磷含量均高于中低产稻田（图1-5），北碚、遂宁、祁阳、进贤、苏州和方正试验点高产稻田土壤有效磷含量分别为30mg/kg、59mg/kg、42mg/kg、79mg/kg、55mg/kg和49mg/kg，较中低产稻田分别提高了15.2%、4.3%、53.5%、171.6%、302.4%和45.2%。红壤双季稻区进贤试验点的高产稻田土壤有效磷含量相对较高，主要是因为长期有机无机肥配施增加了土壤有机质，这些有机质在腐解过程中产生有机酸，能促进土壤中磷的活化，减少无机磷的固定（赵晓齐和鲁如坤，1991）。有机肥本身不但含有较多的活性和中度活性有机磷，而且含有大量的微生物，它们能吸收固定化肥磷，从而促进了无机磷向有机磷的转化。杨芳等（2006）研究发现，在南方，特别是红壤地区，土壤有机质在形成过程中螯合铁和铝等金属元素可以吸附磷，使土壤吸磷量增加。化肥与有机肥长期配施能显著降低红壤稻田耕层土壤对磷的吸附性，促进土壤磷的解吸，有效提高土壤磷素肥力水平（赵庆雷等，2009）。

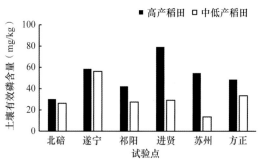

图1-5　主要稻区各试验点土壤有效磷含量变化

主要稻区各试验点土壤速效钾含量差异明显（图1-6），北碚、遂宁、祁阳、进贤、苏州和方正试验点高产稻田土壤速效钾含量分别为82mg/kg、124mg/kg、156mg/kg、55mg/kg、71mg/kg和263mg/kg，双季稻区的祁阳、进贤和方正试验点高产稻田较中低产稻田分别提高了14.7%、28.8%和28.4%，北碚、遂宁和苏州试验点高产稻田较中低产稻田分别降低了11.2%、16.2%和2.3%。东北一熟区方正试验点高产稻田土壤速效钾含量相对较高，主要是因为长期有机无机肥配施的情况下，有机物料在微生物的作用下能不断分解释放养分，除满足作物对钾的吸收消耗外，还具有提高土壤速效钾含量的作用（胡啸，2019）。另外，高产稻田较多的残茬秸秆还田也能明显提高土壤速效钾含量（王飞等，2017）。我国土壤的钾素含量自南向北呈增加趋势，这与土壤中高岭石减少和水云母矿物增多的分布规律大体一致，这可能也是东北一熟区方正试验点速效钾含量较高的原因之一（谢建昌和周健民，1999）。中低产稻田因不施钾肥或缺素施肥，其土壤中原有的钾素长期被种植的作物吸收消耗而得不到补充，土壤速效钾含量下降（宋永林，2006）。同时，我国南方红壤地区因酸化和钾素淋失（易杰祥等，2006），土壤钾素缺乏问题更加突出。

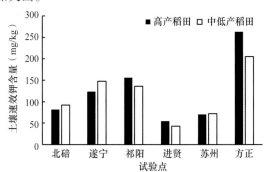

图1-6　主要稻区各试验点土壤速效钾含量变化

以上基于各稻区长期试验平台，阐明了典型施肥和耕作措施下稻田土壤肥力变化特征。我国主要稻区高产稻田较中低产稻田具有更丰富的碳、氮、磷、钾含量，更适宜的土壤酸碱度。长期定位试验点高产和中低产稻田的施肥与耕作措施，可以为各区域高产稻田保育和中低产稻田培肥提供科学依据。但以上稻田土壤肥力空间变化的研究仅基于区域间多个试验点，为探明我国主要稻区较大区域尺度土壤肥力空间分布特征，弥补单个试验点区域代表性不足的缺点，开展以下基于主要稻区典型县域调查监测数据的研究。

1.1.2　典型区域稻田土壤肥力空间分布特征

典型县域的选择依据，一是能够代表主要稻区的种植模式（西南稻区稻麦两熟模式、长江中游和长江中下游双季稻模式、长江中下游稻麦两熟模式和东北一熟水稻模式），二是能够代表主要稻区的生产力水平（各典型县域均为粮食生产大县），三是能够代表主要稻区的典型土壤类型。西南水旱两熟稻区、长江中游双季稻区、长江中下游双季稻区、长江中下游水旱两熟稻区和东北一熟稻区所选取的典型县域分别为重庆市巴南区、湖南省宁乡市、江西省进贤县、安徽省庐江县和黑龙江省方正县。

各典型县域样点的选择参照第二次土壤普查或各县耕地地力调查样点，兼顾高、中、低产稻田，以相对均匀空间分布原则于2017年或2018年秋季进行土壤采样（0～20cm），巴南区、宁乡市、进贤县、庐江县和方正县各典型县域的样点数分别为286个、113个、103个、82个和114个。将土样于室内风干，剔除动植物残渣等杂质并磨细过筛，用于土壤理化性质的测定，测定方法参见《土壤农化分析》（鲍士旦，2000）。选取土壤pH、有机质、全氮、碱解氮、有效磷和速效钾为土壤肥力评价指标。采用SPSS软件进行数据的常规统计分析。

各稻区稻田土壤pH存在显著差异（表1-2）。西南水旱两熟、长江中游双季稻、长江中下游双季稻、长江中下游水旱两熟和东北一熟稻区稻田土壤pH的平均值与变异系数分别为6.28、5.69、4.79、5.38、5.84与18.9%、9.4%、6.1%、8.2%、5.9%，各稻区土壤pH平均值分别以西南水旱两熟和长江中下游双季稻区为最高和最低，且与其他稻区稻田土壤pH差异达显著水平（$P<0.05$）。土壤pH对母质有较大继承性，西南水旱两熟稻区稻田土壤pH最高（6.28），因为该区域大部分石灰岩、钙质紫色页岩土壤pH呈中性至微碱性（何腾兵等，2006）。长江中下游双季稻区土壤pH最低（4.79），与丛日环等（2016）的研究结果类似，湖北、湖南、江西三个省份的调查数据表明，这些地区仍然有较高比例（约35.7%）的土壤pH处于4.5～5.5。而长江中游双季稻区稻田土壤pH相对较高，可能由该区域的施肥等人为管理措施有差异导致。长江中下游水旱两熟和东北一熟区稻田土壤pH均低于6.00。我国主要稻田土壤整体偏酸性。

表1-2　主要稻区土壤pH、有机质和全氮含量变化

肥力指标	稻区	平均值	标准误	最大值	最小值
pH	西南水旱两熟	6.28a	0.07	8.80	4.40
	长江中游双季稻	5.69b	0.05	7.13	4.64
	长江中下游双季稻	4.79d	0.03	6.13	4.31
	长江中下游水旱两熟	5.38c	0.05	6.90	4.60
	东北一熟	5.84b	0.03	7.09	5.18

续表

肥力指标	稻区	平均值	标准误	最大值	最小值
有机质（g/kg）	西南水旱两熟	17.41d	0.44	61.20	3.26
	长江中游双季稻	38.71a	0.68	58.47	16.90
	长江中下游双季稻	36.73ab	0.72	51.38	12.42
	长江中下游水旱两熟	26.57c	0.74	44.09	15.20
	东北一熟	36.46b	0.90	63.27	15.74
全氮（g/kg）	西南水旱两熟	1.13e	0.02	2.40	0.27
	长江中游双季稻	2.17b	0.04	3.23	0.92
	长江中下游双季稻	2.30a	0.04	3.05	1.20
	长江中下游水旱两熟	1.52d	0.04	2.31	0.73
	东北一熟	1.68c	0.04	3.36	0.72

注：同一肥力指标下不同小写字母表示不同稻区之间差异显著（$P<0.05$），下同

主要稻区稻田土壤有机质含量呈现明显的空间变异特性（表1-2）。西南水旱两熟、长江中游双季稻、长江中下游双季稻、长江中下游水旱两熟和东北一熟稻区稻田的土壤有机质平均值与变异系数分别为17.41g/kg、38.71g/kg、36.73g/kg、26.57g/kg、36.46g/kg与43.2%、20.1%、20.0%、25.1%、26.1%，主要稻区土壤有机质含量平均为31.18g/kg。西南水旱两熟和长江中下游水旱两熟稻区稻田土壤有机质含量相对较低，低于各稻区平均水平14.8%~44.2%，且西南水旱两熟稻区稻田土壤有机质含量空间变异最大，可能是因为这两个区域的土壤母质及有机物料投入水平相对较低，同时西南地区地形起伏较大，所以土壤有机质含量变异较大（杨葳，2012）。长江中游和中下游双季稻区主要为红壤性水稻田，其耕作历史长，土壤发育成熟，田间管理水平较高，且伴随有绿肥和稻草等有机物料还田，所以该区域水稻土有机质含量丰富（罗霄等，2011）。东北一熟稻区水稻种植历史较短，水稻土原始母土以黑土、暗棕壤、草甸土、黑钙土、白浆土、栗钙土等为主，这些土壤共有的特点即有机质含量丰富，表土层颜色较深，但如果长期有机物料投入不足，也存在有机质含量降低的风险（张欣桐，2019）。

土壤氮素的分布受气候、植被、地形、母质等环境因素影响，土壤所在区域的环境背景不同，影响土壤氮素的主导因素也会不同。各稻区稻田土壤全氮含量存在显著差异（表1-2）。西南水旱两熟、长江中游双季稻、长江中下游双季稻、长江中下游水旱两熟和东北一熟稻区稻田的土壤全氮含量平均值与变异系数分别为1.13g/kg、2.17g/kg、2.30g/kg、1.52g/kg、1.68g/kg与33.2%、19.8%、16.7%、24.7%、26.3%，主要稻区全氮含量平均为1.92g/kg。各稻区土壤全氮含量与土壤有机质含量的空间变化特征相近。可见，主要稻区耕层土壤有机质和全氮含量之间存在显著耦合关系。长江中下游双季稻区稻田土壤全氮含量显著高于其他稻区，西南水旱两熟稻区稻田土壤全氮含量显著低于其他稻区（$P<0.05$）。有研究表明，2008年四川盆地淹育型、潜育型、潴育型水稻土全氮含量平均值为0.63~0.75g/kg（胡嗣佳等，2016），跟其他稻区相比处于较低水平（孙洪仁等，2019）。

农业上将土壤中易分解的、成分较简单的有机氮称为碱解氮。尽管土壤无机氮（硝态氮和铵态氮）能直接被植物体吸收，但易受雨水淋溶、高温挥发、作物吸收和施肥管

理等多种因素影响，造成其含量短时间内变化较大，而碱解氮含量较为稳定。因此，农田土壤评价中常用碱解氮含量作为衡量土壤实际供氮能力的重要指标之一。各稻区稻田土壤碱解氮含量存在显著差异（表1-3）。西南水旱两熟、长江中游双季稻、长江中下游双季稻和东北一熟稻区稻田的土壤碱解氮含量平均值与变异系数分别约为157mg/kg、185mg/kg、180mg/kg、183mg/kg与37.0%、20.8%、27.3%、35.5%，各稻区稻田土壤碱解氮含量平均为176mg/kg，各稻区均处于较丰富水平，表明我国主要稻区稻田氮素平均表现为盈余，土壤氮素可能已经不再是作物产量的主要限制因子。

表1-3　主要稻区稻田土壤有效态氮、磷、钾含量变化

肥力指标	稻区	平均值	标准误	最大值	最小值
碱解氮（mg/kg）	西南水旱两熟	157b	3	382	41
	长江中游双季稻	185a	4	300	72
	长江中下游双季稻	180a	5	339	63
	东北一熟	183a	6	642	82
有效磷（mg/kg）	西南水旱两熟	21b	2	286	1
	长江中游双季稻	9d	1	32	1
	长江中下游双季稻	33a	2	75	4
	长江中下游水旱两熟	16c	1	40	2
	东北一熟	38a	1	82	12
速效钾（mg/kg）	西南水旱两熟	123b	4	428	35
	长江中游双季稻	95c	4	204	31
	长江中下游双季稻	74d	4	252	27
	长江中下游水旱两熟	112b	5	340	38
	东北一熟	172a	3	284	101

各稻区稻田土壤有效磷空间分布整体表现为东北高、长江中游低的特点，稻区之间差异显著（表1-3）。西南水旱两熟、长江中游双季稻、长江中下游双季稻、长江中下游水旱两熟和东北一熟稻区稻田的土壤有效磷含量平均值与变异系数分别为21mg/kg、9mg/kg、33mg/kg、16mg/kg、38mg/kg与138.2%、88.7%、48.3%、58.1%、39.3%，各稻区稻田土壤有效磷含量平均为23mg/kg。各稻区稻田土壤有效磷空间变化趋势和农业农村部监测点的结果相似，各稻区之间的差异主要与地区间的施肥量不同有关（高祥照等，2000）。虽然磷肥施用后绝大部分被土壤固定，但水稻生长季节，水温、土温较高有利于土壤有效磷的释放和移动，且土壤有效磷后效作用较强。因此，对于中高磷地区（有效磷含量＞10mg/kg），稻田施肥应注意磷肥减量与控制；对于低磷地区（有效磷含量＜10mg/kg），稻田施肥应适当加大磷肥投入，提高土壤有效磷含量。

各稻区稻田土壤速效钾含量整体表现为东北一熟稻区较高、长江流域稻区相对较低，稻区之间土壤速效钾含量差异显著（表1-3）。西南水旱两熟、长江中游双季稻、长江中下游双季稻、长江中下游水旱两熟和东北一熟稻区稻田的土壤速效钾含量平均值与变异系数分别为123mg/kg、95mg/kg、74mg/kg、112mg/kg、172mg/kg与54.0%、47.1%、50.5%、42.6%、21.7%，各稻区稻田土壤速效钾含量平均为113mg/kg。长江中游（中下

游）双季稻区和长江中下游水旱两熟稻区的土壤速效钾含量均低于平均值，原因主要与各区域水稻土的成土母质含钾矿物不同有关，其中东北一熟稻区水稻土成土母质的含钾矿物以钾长石和伊利石为主，而长江中下游水旱两熟和长江流域双季稻区的成土母质中含钾矿物相对较少。长江中游和长江中下游双季稻区土壤速效钾含量小于100mg/kg，表现为严重亏缺，这与李建军等（2015）的研究结果一致，主要是由钾肥用量低、集约化农业种植下土壤钾大量消耗所导致。钾肥的科学施用是农田可持续利用的重要方面。因此，该区域农田施肥应该适量增加钾肥用量及秸秆还田，以维持和提高土壤肥力及土壤质量，特别是低钾农田。

土壤有效氮是指植物能够吸收利用的氮，主要包括土壤中矿质态氮和较简单的有机态氮，主要来自土壤有机氮的矿化。分析表明，土壤碱解氮含量（y）与土壤全氮含量（x）呈极显著正相关（表1-4）。西南水旱两熟、长江中游双季稻、长江中下游双季稻和东北一熟稻区稻田的土壤全氮含量每提高0.1g/kg，则其土壤碱解氮含量将分别提高8.5mg/kg、6.6mg/kg、5.8mg/kg和6.4mg/kg。目前，各稻区土壤碱解氮含量均处于较丰富水平，若氮素持续在土壤中累积，土壤碱解氮含量过高可能会带来一定的环境污染风险。

表1-4　主要稻区稻田土壤碱解氮与全氮相关性

主要稻区	样本数量（n）	拟合方程	相关系数（R^2）
西南水旱两熟	283	$y=85.4x+60.4$	0.3033**
长江中游双季稻	113	$y=66.3x+43.2$	0.4645**
长江中下游双季稻	103	$y=58.2x+44.1$	0.2197**
东北一熟	101	$y=64.0x+66.3$	0.5897**

注：**表示在0.01水平显著相关

为进一步比较主要稻区稻田土壤肥力水平，选取土壤pH、有机质、全氮、有效磷和速效钾等指标，参考《土壤质量指标与评价》（徐建明等，2010），按照Fuzzy综合评判法进行土壤综合肥力指数（integrated fertility index，IFI）计算。各区域各指标隶属度函数所采用的拐点数值均相同，pH采用梯型（抛物线型）隶属度函数，X_1、X_2、X_3和X_4分别为4.5、5.5、6.0和7.0，有机质、全氮、有效磷和速效钾采用正相关型（S型）隶属度函数，X_1和X_2见表1-5。

表1-5　各指标隶属度函数拐点值

项目	有机质（g/kg）	全氮（g/kg）	有效磷（mg/kg）	速效钾（mg/kg）
X_1	10	1	5	50
X_2	40	2.5	40	200

由图1-7可见，各稻区土壤肥力空间分布特征各异。西南水旱两熟稻区（巴南区）、长江中游双季稻区（宁乡市）、长江中下游双季稻区（进贤县）、长江中下游水旱两熟稻区（庐江县）和东北一熟稻区（方正县）的土壤综合肥力指数范围分别为0.13～0.88、0.56～0.76、0.46～0.90、0.19～0.63和0.41～0.98。各稻区土壤综合肥力指数平均为0.53，且变幅较大，其中，南方双季稻区和水旱两熟稻区的平均土壤综合肥力指数变化范围为0.36～0.67，这说明我国南方稻田的土壤肥力存在提升空间。

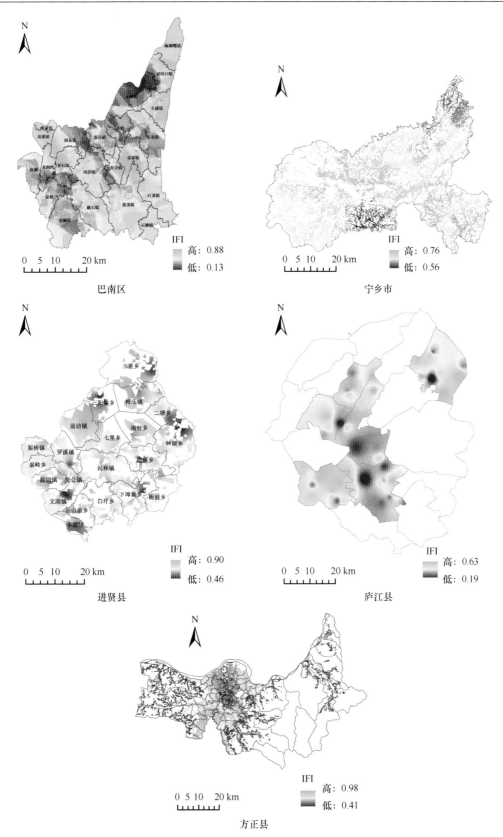

图1-7　主要稻区典型县域稻田土壤综合肥力指数（IFI）空间分布

由图1-8可见，各稻区土壤综合肥力指数（IFI）平均值大小依次为东北一熟稻区＞长江流域双季稻区＞长江中下游和西南水旱两熟稻区，稻区之间土壤肥力分布特征各异。根据各稻区IFI范围，采用等距法将土壤肥力水平划分为3个等级，分别为低肥力、中肥力和高肥力。

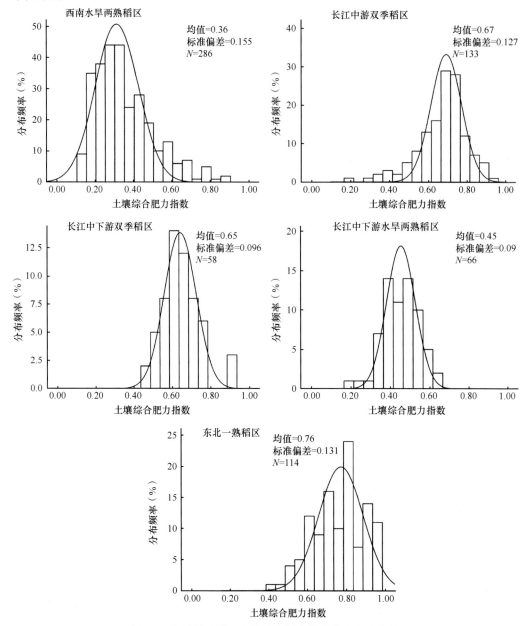

图1-8　主要稻区稻田土壤综合肥力指数分布频率变化

西南水旱两熟稻区低肥力（IFI＜0.38）、中肥力（0.38＜IFI＜0.63）和高肥力（IFI＞0.63）区域分别占64.0%、29.0%和7.0%，土壤肥力整体属中低水平。西南紫色丘陵区多为丘陵岗地，成土母质多为嘉陵江组、须家河组和自流井组等中等肥力母质，有机质和全氮含量较低，而这两个指标在该区域土壤肥力评价体系中所占的权重系数超过

0.60，再加上该区域降水充沛，下丘状地形上的土壤极易被水冲走，土壤中的养分物质被带走，可能得不到及时补充，导致土壤肥力水平的下降（杨葳，2012）。长江中下游水旱两熟稻区低肥力（IFI<0.34）、中肥力（0.34<IFI<0.49）和高肥力（IFI>0.49）区域分别占7.6%、60.6%和31.8%，尽管中高肥力区域所占比例较大，但土壤肥力整体属中低水平。可能是由于在所选的评价体系中，土壤全氮含量所占的权重系数最大，达到0.33，而该区域土壤全氮含量较低，从而导致IFI偏低。

长江中游双季稻区低肥力（IFI<0.44）、中肥力（0.44<IFI<0.69）和高肥力（IFI>0.69）区域分别占6.0%、43.6%和50.4%，长江中下游双季稻区低肥力（IFI<0.61）、中肥力（0.61<IFI<0.76）和高肥力（IFI>0.76）区域分别占36.2%、56.9%和6.9%，长江流域双季稻区土壤肥力整体属中高水平。该区域代表典型的红壤性水稻土，近年来，随着秸秆还田和冬季绿肥种植等培肥技术推广，土壤有机质、全氮、碱解氮、有效磷及速效钾含量基本呈现上升趋势，土壤肥力总体上有了明显提高（李建军等，2015）。

东北一熟稻区低肥力（IFI<0.60）、中肥力（0.60<IFI<0.79）和高肥力（IFI>0.79）区域分别占13.2%、42.1%和44.7%，整体呈中高肥力水平。这与张欣桐（2019）采用特尔斐法和层次分析法对黑龙江省水稻土耕地质量评价的结果相近。可见，本研究中选取的土壤养分指标和确定的隶属度函数，能够比较客观地评价该区域的土壤肥力水平。

综上所述，通过对主要稻区典型县域土壤肥力指标和土壤综合肥力指数空间变化特征的分析表明，稻区之间的区域特征明显。为更加精准地指导主要稻区水稻土培肥，本研究进一步探明了各区域土壤肥力空间变化的关键驱动因子。

1.1.3　典型区域稻田土壤肥力空间变化驱动因子

基于典型稻区县域监测数据，结合随机森林模型进一步分析发现，就西南水旱两熟稻区（重庆市巴南区）而言（图1-9a，b），1982年pH对土壤综合肥力指数的相对重要性最高，达38.8%，其次是速效钾（31.1%）、有效磷（16.1%），而碱解氮（6.5%）、全氮（2.9%）、有机质（2.5%）和容重（2.0%）的作用相对较弱。而到2010年，虽然土壤pH的作用仍然排在第一位（23.8%），但相比1982年相对重要性降低了15个百分点；而土壤碱解氮的重要性排在第二位（21.1%），相比1982年提高了14.6个百分点；其次是速效钾（21.0%），同比降低10.1个百分点；随后是有效磷（18.9%）、全氮（8.0%）和有机质（7.3%）。

对于长江中游双季稻区（湖南省宁乡市）（图1-9c，d），1980年土壤有机质对土壤综合肥力指数的相对重要性最高，达34.2%，其次是全氮（33.6%）、速效钾（11.9%）、有效磷（11.5%）、碱解氮（8.4%）和pH（0.5%）。而到2018年，全氮对土壤综合肥力指数的相对重要性最高，同比1980年无较大变化；土壤有效磷的作用排在第二位（17.7%），相比1980年其相对重要性显著提高；而土壤有机质则排在第三位（14.8%），这与土壤有机质水平整体提高是分不开的；其他因素的相对重要性依次为速效钾（9.4%）、碱解氮（8.7%）、pH（6.8%）、容重（5.9%）和耕层厚度（5.6%）。

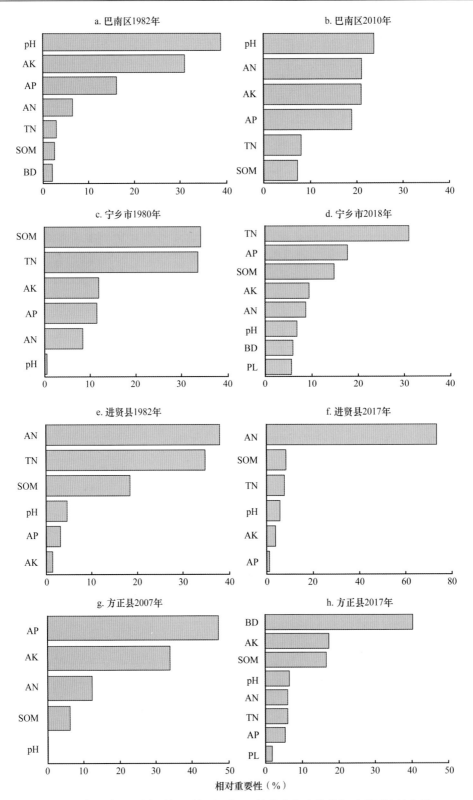

图1-9 各因素对不同县域和时间段稻田土壤综合肥力指数相对重要性的分析

AN、AP、AK、BD、PL、SOM和TN分别代表碱解氮、有效磷、速效钾、容重、耕层厚度、有机质和全氮对于长江中下游双季稻区（江西省进贤县）（图1-9e，f），1982年碱解氮对土壤综合肥力指数的相对重要性最高，达37.9%，其次是全氮（34.8%）、有机质（18.4%）、pH（4.6%）、有效磷（3.1%）和速效钾（1.4%）。至2017年，碱解氮对土壤综合肥力指数的相对重要性依然最高，相比1982年显著提高了73.4%；其他因素的相对重要性依次为土壤有机质（8.3%）、全氮（7.6%）、pH（5.7%）、速效钾（3.8%）和有效磷（1.2%）。

对于东北一熟稻区（黑龙江省方正县）（图1-9g，h），2007年土壤有效磷对土壤综合肥力指数的相对重要性最高，达47.2%，其次是速效钾（34.0%）、碱解氮（12.4%）、有机质（6.2%），而土壤pH的重要性相对较低，仅为0.1%。至2017年，增加了容重和耕层厚度指标，分析发现，土壤容重的相对重要性最高，其次是速效钾（17.3%）、有机质（16.6%）、pH（6.5%）、碱解氮（6.0%）、全氮（6.0%），有效磷的相对重要性（5.3%）显著降低，最后就是耕层厚度（1.8%），这些变化与东北地区的环境特征、管理措施、土壤特征密切相关。近年来由于人们对钾素缺乏正确认识，因此钾肥的施用较少，土壤中的钾素随着作物收获不断输出而出现匮乏，进而成为土壤综合肥力指数的主要限制因子。

以上基于长期试验点和典型县域稻田土壤肥力空间变化特征的研究，明确了稻田耕层土壤肥力变化与不同施肥和耕作措施的响应关系。水稻种植过程中的翻耕犁耙、泥浆化和干湿排灌等农事活动促进了水稻土的发育与熟化，在这一过程的持续影响下，造成土壤剖面分层明显且理化性质差异显著（曹志洪，2016）。土壤剖面构型作为土壤剖面各土层排列组合形式，不仅反映土壤形成外部与内部条件，还体现耕作土壤肥力与生产性能，显著影响土壤水分、养分及溶质运移。土壤水、肥、气、热协调与否主要取决于土壤剖面构型，剖面构型有差异引起土壤协调水、肥、气、热的能力差别明显，耕地质量等级高低也不相同。良好的土壤剖面构型是土壤肥力的物质基础，也是提升耕地质量和生产能力的基础。因此，研究主要稻区典型施肥和耕作措施下高产稻田剖面构型，对选择科学的培肥耕作途径具有现实指导意义，也是保障国家粮食安全的关键举措。

1.1.4 典型区域稻田土壤肥力剖面变化特征

参考主要稻区典型水稻土类型，分别选择紫色水稻土（西南水旱两熟稻区）、红壤性水稻土（长江流域双季稻区）、潮土性水稻土（长江中下游水旱两熟稻区）和草甸型水稻土（东北一熟稻区）作为主要稻区的典型土壤类型。本研究中高产稻田是指某一区域全部田块连续三年的水稻产量高低排序中前25%的稻田〔主要稻区水稻周年高产划分标准：东北一熟>10 500kg/hm²；西南稻区丘陵区>9000kg/hm²，平原区>10 500kg/hm²；长江中（下）游双季稻区丘陵区>14 250kg/hm²，平原区>15 000kg/hm²；长江中下游水旱两熟稻区丘陵区>8250kg/hm²，平原区>9750kg/hm²〕，同时排灌设施良好，土壤无明显退化趋势和限制因子。于2018年晚稻收获后，在各稻区选择相应的高产稻田进行土壤剖面构型特征的研究。由于主要稻区水稻土的剖面层次分类较为复杂，为便于描述和比较，各发生层自上而下分别称为耕层（A层）、犁底层（P层）和心土层（W层）。

主要稻区高产稻田土壤发生层排列组合形式相对一致（图1-10），已经形成稳定的土壤结构，有明显的耕层、犁底层和心土层。耕层厚度为14～21cm，以东北稻区草甸型水稻土最厚，西南稻区紫色水稻土最薄；犁底层厚度为6～35cm，以西南稻区紫色水稻土最厚，长江中下游稻区红壤性水稻土最薄。

图1-10　主要稻区高产稻田土壤剖面构型

从左至右依次为紫色水稻土（西南水旱两熟稻区）、红壤性水稻土（长江中游双季稻区）、红壤性水稻土（长江中下游双季稻区）、潮土性水稻土（长江中下游水旱两熟稻区）、草甸型水稻土（东北一熟稻区）

　　主要稻区（西南水旱两熟区和东北一熟稻区除外）高产和低产稻田土壤pH均随着土层深度增加而升高（图1-11）。高产稻田与低产稻田相比较，耕层（A）土壤pH差异最为明显，东北和西南稻区高产稻田A层土壤pH（5.93～5.95）显著高于其他稻区（4.82～5.55），长江中下游水旱两熟稻区最低。低产稻田A层土壤pH（5.07～5.92）整体低于高产稻田，且稻区之间的差异较小。各稻区（西南水旱两熟稻区除外）高产稻田犁底层（P）和心土层（W）土壤pH逐渐升高，稻区之间的差异逐渐缩小，高产稻田P层和W层的土壤pH分别为5.57～6.58和5.63～6.88。低产稻田P层和W层的土壤pH分别在5.23～7.01和5.25～6.59，除长江中游双季稻区外，低产稻田P层和W层土壤pH相对A层的变幅均小于高产稻田。土壤pH变化主要由土壤母质和施肥等人为耕作措施存在差异引起，且与低产稻田相比，高产稻田所受的影响更大。

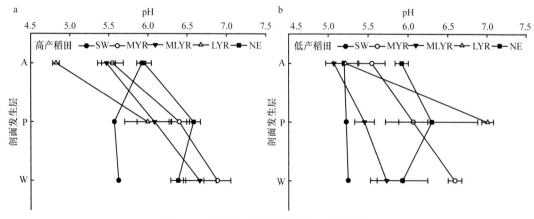

图1-11　高产和低产稻田土壤pH剖面变化

SW：西南水旱两熟稻区；MYR：长江中游双季稻区；MLYR：长江中下游双季稻区；LYR：长江中下游水旱两熟稻区；NE：东北一熟稻区；下同

　　主要稻区（西南水旱两熟稻区除外）高产和低产稻田土壤碱解氮含量均随着土层深度增加而降低（图1-12）。长江中游（199mg/kg）和长江中下游双季稻区高产稻田A层土壤碱解氮含量（216mg/kg）显著高于其他稻区（116～137mg/kg），各稻区高产稻田A层土壤碱解氮含量较P层和W层分别增加了13.3%～209.9%和43.0%～304.1%，稻区之间P层和W层的差异相对较小。各稻区低产稻田A层土壤碱解氮含量差异更明显，大小依次为长江中游双季稻区（215mg/kg）＞长江中下游双季稻区（159mg/kg）＞长江中下游（109mg/kg）和西南水旱两熟稻区（108mg/kg）＞东北一熟稻区（69mg/kg），低产稻田A层土壤碱解氮含量较P层和W层分别增加了13.6%～178.0%和69.7%～249.9%，各稻区之间P层和W层的差异相对较小。低产稻田A层土壤碱解氮含量较高产稻田降低0.7%～95.3%，但西南水旱两熟稻区、长江中游和长江中下游双季稻区低产稻田P层土壤碱解氮含量较高产稻田分别增加了15.7%、29.8%和19.3%，这可能是由于高产稻田具有良好的土体构型，土壤水、肥、气、热协调能力更强，作物可以从犁底层吸收更多的氮素，因此高产稻田犁底层土壤碱解氮含量小于低产稻田。

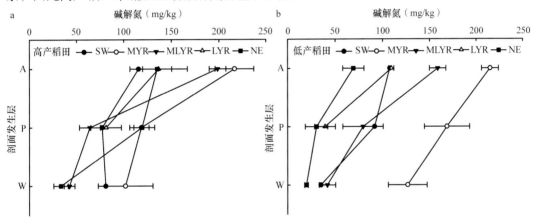

图1-12　高产和低产稻田土壤碱解氮含量剖面变化

　　主要稻区（西南水旱两熟稻区除外）高产和低产稻田土壤有效磷含量均以A层最高（图1-13）。东北一熟稻区、长江中下游水旱两熟稻区和长江中下游双季稻区高产稻田A层土壤有效磷含量（33～49mg/kg）显著高于其他稻区（7～15mg/kg），西南稻区A层和

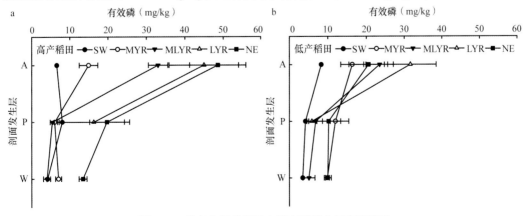

图1-13　高产和低产稻田土壤有效磷含量剖面变化

P层土壤有效磷含量相当，其余各稻区高产稻田A层土壤有效磷含量较P层和W层分别增加了146.0%～509.8%和110.3%～721.1%，稻区之间P层和W层的差异相对较小。各稻区低产稻田A层土壤有效磷含量变化趋势和高产稻田相近，大小依次为长江中下游水旱两熟稻区（32mg/kg）＞长江中下游双季稻区（24mg/kg）＞东北一熟稻区（21mg/kg）＞长江中游双季稻区（16mg/kg）＞西南水旱两熟稻区（8mg/kg），低产稻田A层土壤有效磷含量较P层和W层分别增加了36.3%～442.0%和65.3%～362.0%，各稻区之间P层和W层的差异相对较小，说明土壤有效磷主要集中在耕层。

主要稻区高产稻田从A层到P层土壤速效钾含量均随着土层深度增加而降低（图1-14），高产稻田各层次土壤速效钾含量变化幅度均大于低产稻田。东北一熟稻区（230mg/kg）和长江中下游水旱两熟稻区（263mg/kg）高产稻田A层土壤速效钾含量显著高于其他稻区（100～183mg/kg），各稻区高产稻田A层土壤速效钾含量较P层和W层分别增加了37.3%～118.2%和9.7%～101.7%，东北一熟稻区P层（192mg/kg）和W层（240mg/kg）的速效钾含量均显著高于其他稻区对应层次。各稻区低产稻田A层土壤速效钾含量在109～222mg/kg，以东北一熟稻区最高，长江中游双季稻区最低。长江中游双季稻区和西南水旱两熟稻区低产稻田A层土壤速效钾含量较高产稻田分别增加了3.9%和27.2%，其余稻区A层土壤速效钾含量均低于高产稻田，降幅在12.3%～55.9%。各稻区低产稻田A层土壤速效钾含量较P层和W层分别增加了18.7%～114.1%和6.5%～160.6%。可能是由于黏土矿物是土壤钾素的初始来源，母质遗传了基岩矿物的特性，成为土壤速效钾的载体，成土母质不同是土壤剖面速效钾含量存在差异的重要原因（董琴等，2019）。除东北一熟稻区外，其他稻区低产稻田P层土壤速效钾含量均大于高产稻田，增幅在22.2%～39.3%，可能是由于高产稻田作物对耕层以下钾素养分吸收利用率更高。

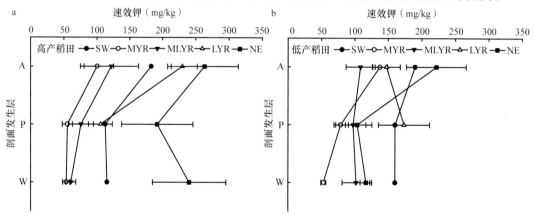

图1-14　高产和低产稻田土壤速效钾含量剖面变化

主要稻区高产和低产稻田土壤全氮含量均随着土层深度增加而降低（图1-15），各稻区高产稻田A层土壤全氮含量差异明显，表现为长江中下游双季稻区（2.3g/kg）＞长江中游双季稻区（2.1g/kg）＞东北一熟稻区（1.9g/kg）＞西南和长江中下游水旱两熟稻区（1.2g/kg和1.2g/kg）。各稻区高产稻田A层土壤全氮含量较P层和W层分别增加了25.8%～143.3%和23.2%～350.6%，各稻区P层和W层的土壤全氮含量分别为0.7～1.5g/kg和0.4～1.0g/kg，稻区之间差异相对A层较小。各稻区低产稻田A层土壤全氮含量在0.8～2.2g/kg，高低顺序为长江中游双季稻区（2.2g/kg）>长江中下游双季稻区（1.9g/kg）>长江中下游水旱两熟稻区（1.2g/kg）>西南水旱两熟稻区（1.1g/kg）>东北一熟稻区（0.8g/kg），各稻区低产稻田A层土壤全氮含量较P层和W层分别增加了34.5%～271.7%和94.7%～312.6%。各稻区P层和W层的土壤全氮含量差异显著，P层和W层土壤全氮含量分别为0.3～1.7g/kg和0.2～1.1g/kg，均以长江中游双季稻区低产稻田最高。这可能是由于该稻区所选的低产稻田为潜育型稻田，潜育化土壤的生物活动较非潜育化土壤弱，因此土壤有机物的矿化作用受到抑制，有机氮矿化率只有正常土壤的50%～80%（向万胜等，2000）。

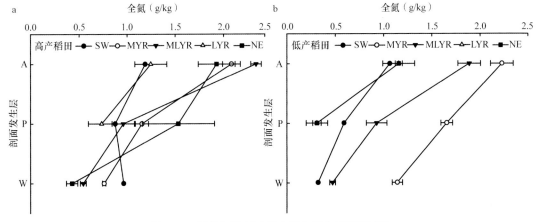

图1-15　高产和低产稻田土壤全氮含量剖面变化

主要稻区高产和低产稻田土壤全磷含量均随着土层深度增加而降低，除西南水旱两熟稻区外，其余各稻区高产稻田各发生层之间的变化较低产稻田大（图1-16）。各稻区高产稻田A层土壤全磷含量以西南水旱两熟稻区最低，为0.3g/kg，东北一熟稻区、长江中下游双季稻区、长江中下游水旱两熟稻区和长江中游双季稻区分别为0.9g/kg、0.8g/kg、0.7g/kg和0.6g/kg。各稻区P层和W层的土壤全磷含量分别为0.3～1.0g/kg和0.2～0.6g/kg，高产稻田A层土壤全磷含量较P层和W层分别增加了-5.3%～94.8%和38.3%～110.5%，稻区之间P层和W层差异相对A层较小。各稻区高产稻田各发生层全磷含量均以西南稻区最低。各稻区低产稻田A层土壤全磷含量为0.3～0.6g/kg，高低顺序为长江中游和长江中下游双季稻区（0.6g/kg和0.6g/kg）>长江中下游水旱两熟稻区和东北一熟稻区（0.4g/kg）>

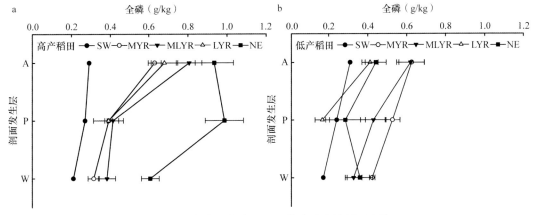

图1-16　高产和低产稻田土壤全磷含量剖面变化

西南水旱两熟稻区（0.3g/kg）。各稻区低产稻田A层土壤全磷含量较P层和W层分别增加了18.4%～145.2%和22.2%～88.4%。各稻区P层和W层的土壤全磷含量差异相对A层要小，P层和W层土壤全磷含量分别为0.2～0.5g/kg和0.2～0.4g/kg。可见，各稻区土壤全磷含量剖面存在差异的主要原因可能是成土母质、土壤类型及土地利用方式等不同（李珊等，2018）。

　　主要稻区高产和低产稻田土壤全钾含量在各发生层之间的差异较小，而稻区之间各发生层土壤全钾含量差异明显（图1-17）。各稻区高产稻田A层土壤全钾含量差异显著，大小顺序依次为长江中下游水旱两熟稻区（24.9g/kg）＞西南水旱两熟稻区（20.8g/kg）＞东北一熟稻区（18.4g/kg）＞长江中游双季稻区（13.3g/kg）＞长江中下游双季稻区（10.0g/kg）。各稻区P层和W层的土壤全钾含量变化趋势与A层相似，土壤全钾含量分别为10.6～25.0g/kg和10.4～20.7g/kg，高产稻田A层土壤全钾含量较P层和W层分别增加了-6.0%～2.6%和-11.0%～0.4%，稻区之间P层和W层差异相对A层较小。西南区高产稻田A层、P层、W层的土壤全钾含量差异较小，变幅为0.4%～2.6%，其余稻区土壤全钾含量随着土层深度增加均有不同幅度提高，增幅为2.4%～11.0%，以东北稻区高产稻田W层增幅最大，其余稻区P层和W层的增幅均较低。各稻区低产稻田A层土壤全钾含量在8.1～24.4g/kg，高低顺序为西南水旱两熟稻区（24.4g/kg）＞东北一熟稻区（17.9g/kg）＞长江中游双季稻区（13.9g/kg）＞长江中下游水旱两熟稻区（11.7g/kg）＞长江中下游双季稻区（8.1g/kg）。各稻区低产稻田A层土壤全钾含量较P层和W层分别降低了1.8%～11.3%和4.8%～24.6%。各稻区高产稻田和低产稻田各发生层全钾含量均以长江中下游双季稻区最低。相比较土壤氮素、磷素、钾素含量在各发生层的分布特征，各稻区（不同土壤类型）土壤全钾含量的变化相对最小（詹江渝，2014），成土母质对土壤全钾含量的剖面分布影响更大（董琴等，2019）。

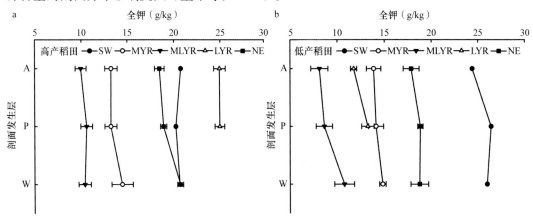

图1-17　高产和低产稻田土壤全钾含量剖面变化

　　主要稻区高产和低产稻田土壤有机质含量均以A层最高（图1-18）。各稻区高产稻田A层土壤有机质含量差异明显，高低顺序依次为东北一熟稻区（46.0g/kg）＞长江中下游双季稻区（38.8g/kg）＞长江中游双季稻区（38.6g/kg）＞长江中下游水旱两熟稻区（37.6g/kg）＞西南水旱两熟稻区（25.2g/kg），各稻区P层和W层的土壤有机质含量分别为17.2～38.2g/kg和10.2～25.3g/kg，东北稻区高产稻田A层和P层土壤有机质含量显著高于其他稻区，高产稻田A层土壤有机质含量较P层和W层分别增加了20.5%～125.3%和−0.5%～280.0%。除长江中游双季稻区外，其余各稻区低产稻田A层、P层和W层土壤有机质含量均低于高产稻田，降幅分别为19.7%～97.6%、41.0%～259.4%和7.0%～230.1%。低产稻田各发生层土壤有机质含量均以长江中游双季稻区最高，其A层、P层和W层土壤有机质含量分别为44.2g/kg、34.8g/kg和26.2g/kg，显著高于其他各稻区对应发生层，可能是由于该稻区所选的低产稻田为潜育型稻田，其具有较高的土壤有机质含量，但有效性较低（王玲玲，2018）。各稻区低产稻田A层土壤有机质含量高低顺序为长江中游双季稻区（44.2g/kg）>长江中下游双季稻区（29.7g/kg）>长江中下游水旱两熟稻区（28.6g/kg）>东北一熟稻区（23.3g/kg）>西南水旱两熟稻区（21.1g/kg），各稻区低产稻田A层土壤有机质含量较P层和W层分别增加了27.0%～167.3%和68.6%～237.6%。除长江中游双季稻区外，相对A层，各稻区P层和W层的土壤有机质含量均较低。可见，在较大区域尺度上，各稻区之间土壤有机质含量剖面分布存在差异的主要原因是成土母质、土壤类型等不同。

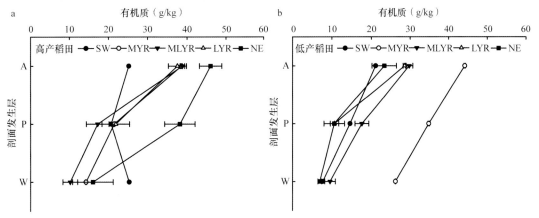

图1-18　高产和低产稻田土壤有机质含量剖面变化

土壤的C/N值既可以反映土壤有机质的分解程度，也是影响土壤有机质分解的重要因素。就各稻区不同发生层土壤C/N值变化趋势来看，高产稻田和低产稻田的C/N值均随剖面深度的增加而增加（图1-19）。高产稻田A层土壤C/N值大小顺序依次为长江中下游水旱两熟稻区（17.5）>东北一熟稻区（13.8）>西南水旱两熟稻区（12.3）>长江中游双季稻区（10.8）>长江中下游双季稻区（9.6）。P层和W层的变化趋势与A层相近，除长江中下游水旱两熟稻区外，高产稻田A层C/N值较P层和W层分别下降了0.1%～10.2%和0.9%～36.2%。低产稻田A层土壤C/N值大小顺序依次为东北一熟稻区（16.7）>长江中下游水旱两熟稻区（14.3）>西南水旱两熟稻区（11.5）和长江中游双季稻区（11.5）>长江中下游双季稻区（9.1）。P层和W层的变化趋势略微复杂，各稻区低产稻田A层C/N值较P层和W层分别下降5.6%～28.1%和13.4%～22.0%。各区域稻田剖面不同层次土壤C/N值与土壤有机碳含量的相关性较小，但C/N值（y）与全氮含量（x）呈显著负相关（$y=-3.0336x+17.01$，$R^2=0.3054$，$P<0.01$）。一般来说，土壤C/N值可反映土壤肥力水平，肥力较高的农田土壤C/N值较低，相应的C/N值较高的农田，其肥力较低。由于土壤中有机碳的分解受土壤微生物活性的影响，高肥力土壤因C/N值较低、微生物活性较高，

有足够的氮供微生物消耗，微生物同化同重量的氮需要消耗更多的碳，因此矿化有机碳/矿化有机氮的值较低（谢国雄等，2020）。受土壤母质和人为施肥等因素影响，不同稻区间土壤剖面的C/N值差异较明显。

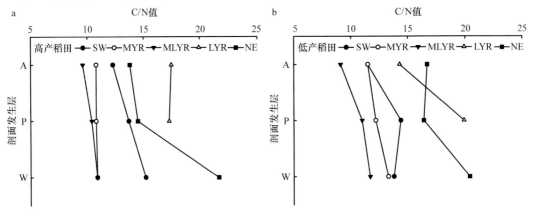

图1-19　高产和低产稻田土壤C/N值剖面变化

1.2　稻田土壤肥力时间变化特征

从土壤肥力空间变化特征来看，由于我国稻作区域分布广泛，受成土母质、气候、耕作施肥措施等因素的影响，稻区之间土壤肥力差异明显，土壤剖面构型特征各异，同时主要稻区土壤肥力空间变异的关键驱动因子各有不同。但土壤肥力的变化是一个相对缓慢的过程，需要长时间连续监测，才能明确土壤肥力时间变化特征。基于主要稻区施肥和耕作长期定位监测试验与典型县域不同时期的调查监测数据，下面进一步分析和比较各稻区稻田土壤肥力时间变化特征。

1.2.1　长期耕作和施肥措施下土壤肥力时间变化特征

稻田土壤肥力对水稻产量和肥料利用率起着决定性的影响。因此，研究并明确稻田土壤肥力时间演变特征是科学合理指导水稻土管理、施肥的前提和基础，对保障水稻产量和持续增长具有非常重要的意义。土壤养分含量是反映土壤肥力动态变化最敏感的指标，因此，基于我国主要稻区的长期试验，西南稻区选择重庆北碚中性紫色水稻土长期耕作试验和四川遂宁石灰性紫色土长期施肥试验；长江中游和中下游双季稻区分别选择湖南祁阳和江西进贤红壤性水稻土施肥试验；长江中下游水旱两熟稻区选择江苏苏州潴育型水稻土长期施肥试验；东北一熟稻区调查的高产和低产稻田（黑龙江省方正县）为研究对象。根据各定位试验不同处理的产量和土壤有机质水平，划分高产和中低产稻田（表1-1），进而对不同稻区高产和中低产稻田土壤肥力现状（近3年监测值）与试验开始时期的土壤肥力状况进行比较。

由西南水旱两熟稻区北碚和遂宁试验点各土壤肥力指标的变化幅度可见（图1-20），经过26年、35年不同耕作和施肥措施后，除北碚试验点土壤全钾、中低产稻田全氮和遂宁试验点pH外，2个试验点高产和中低产稻田的土壤养分含量均有不同幅度的增加，且高产稻田各项养分含量的增幅大于中低产稻田。不同耕作措施和施肥措施下，北碚和遂宁试验点的磷素肥力变化最大，高产稻田、中低产稻田全磷含量的增幅分别为123.8%和

86.1%、33.8%和77.4%，高产稻田、中低产稻田有效磷含量约分别增加3倍和23倍、2.5倍和22倍。这主要是由于土壤对磷素的固定能力较强，农业生产中磷肥的当季利用率较低（10%～25%），大量的磷肥以磷酸盐形式残留在土壤中。当磷素投入远远高于作物需要时，会引起磷素大量盈余。如果土壤长期处于磷素盈余状态，磷素流失而加剧水体环境污染的风险会增加。有研究表明，淹水土壤有效磷含量与田面水全磷、溶解态磷浓度之间存在"临界值"，酸性、中性和钙质紫色土有效磷含量临界值分别为（65±1）mg/kg、（97±3）mg/kg和（106±1）mg/kg（李学平等，2011）。

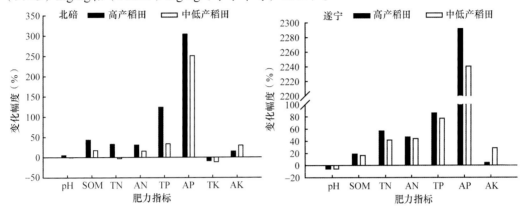

图1-20　西南水旱两熟稻区稻田土壤养分含量变化幅度

北碚和遂宁试验点分别为试验26年与35年后变化幅度；SOM、TN、AN、TP、AP、TK、AK分别代表土壤有机质、全氮、碱解氮、全磷、有效磷、全钾、速效钾，下同

　　北碚和遂宁试验点土壤氮素的增幅低于土壤磷素，2个试验点高产稻田与中低产稻田全氮含量的增幅分别为32.9%和56.6%、−2.9%和41.7%；高产稻田与中低产稻田碱解氮含量的增幅分别为30.7%和46.6%、15.7%和44.0%。北碚和遂宁2个试验点高产稻田的土壤有机质含量增幅（43.3%和18.9%）大于中低产稻田（17.1%和16.6%）。由此表明，合理的耕作（垄作免耕）和施肥（有机无机肥配施）措施更有利于紫色土有机质和氮素含量的增加（胡嗣佳等，2016）。而高产稻田和中低产稻田土壤钾素含量的变化趋势有所不同。北碚和遂宁试验点高产稻田土壤速效钾增幅（15.3%和4.6%）均小于中低产稻田（29.8%和28.6%）。西南紫色水稻土全钾含量属中等水平，速效钾含量处于中等偏下水平，土壤钾素的供应总体不足（魏朝富等，1998）。长期的钾素投入，在一定程度上能提高土壤中速效钾含量（图1-20），由于高产稻田通过水稻收获等带走的钾素较中低产稻田多，其土壤速效钾含量增幅相对较小。北碚试验点属于弱碱性紫色土，长期不同耕作和施肥措施下高产与中低产稻田之间的土壤pH变幅差异较小。遂宁试验点可能试验初期的土壤pH较高（8.6），经过35年不同耕作和施肥措施后，高产和中低产稻田土壤pH均有小幅降低（6.0%和5.8%），但其土壤pH仍维持在8.09～8.10。

　　由长江流域双季稻区祁阳和进贤试验点各土壤肥力指标的变化幅度可见（图1-21），经过35年和38年不同施肥措施后，除土壤pH和进贤试验点速效钾含量外，2个试验点高产和中低产稻田的土壤养分含量均有不同程度的增加，且均表现为高产稻田各项肥力指标的增幅大于中低产稻田。不同施肥措施下，祁阳和进贤试验点的磷素肥力增幅最大，祁阳和进贤试验点高产稻田与中低产稻田全磷含量增幅分别为314.9%和64.6%、291.5%和1.9%，高产稻田与中低产稻田有效磷含量分别增加799.6%和217.5%、484.0%和48.5%。

短期施用磷肥不会显著改变土壤全磷含量，长期过量施磷肥或有机无机磷肥配施则导致土壤磷含量显著升高。经过35年和38年不同施肥措施后，祁阳试验点高产稻田土壤有效磷含量增加4.8～8倍，进贤试验点的有效磷含量已超过80mg/kg，虽没有直接证据证明此土壤磷含量对水体环境已造成危害，但从前面分析中可以推测此土壤磷含量对环境安全已构成严重的威胁。如果此类"极度高磷"土壤邻近水域，使水体发生富营养化的可能性极大。所以，对于极度高磷的土壤，应立即停止施用磷肥或减少磷肥用量。也可以采用"启动性施磷法"，随着作物对新施入磷肥的利用可以诱导土壤磷库中的磷持续释放以满足作物的生长需要（王艳玲等，2010）。

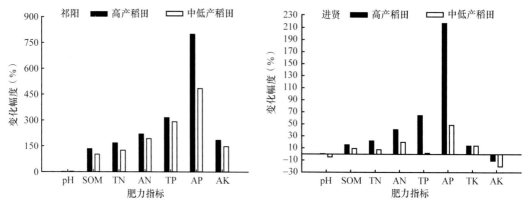

图1-21　长江流域双季稻区稻田土壤养分含量变化幅度

祁阳和进贤试验点分别为试验35年与38年后变化幅度

祁阳和进贤试验点的氮素增幅低于磷素，祁阳试验点高产与中低产稻田全氮含量的增幅分别为167.0%和124.8%，进贤试验点分别为22.1%和7.6%；祁阳试验点高产与中低产稻田碱解氮含量的增幅分别为220.0%和193.5%，进贤试验点分别为41.1%和20.0%。祁阳和进贤2个试验点高产稻田的土壤有机质含量增幅（133.3%和15.5%）均大于中低产稻田（101.4%和9.5%）。2个试验点的高产稻田均为有机肥和化肥配施处理，因为祁阳试验点全氮、碱解氮和有机质含量的起始值较低，所以其增幅大于进贤试验点。对于红壤性水稻土，要想提高土壤肥力、改善土壤质量状况，与施用化肥相比较，应优先选择施用有机肥。进贤试验点高产和中低产稻田土壤速效钾含量呈不同幅度下降，主要是由于高产水稻品种不断涌现及推广，中国南方水稻土供钾问题十分突出，表现为土壤缓效钾、速效钾含量降低（陈建国等，2010）。进贤试验点低产稻田土壤pH降幅为4.8%。但总体来看，长期不同施肥措施对2个试验点土壤pH的影响有限，可能是由于酸性土壤淹水种稻后pH会上升，加上水稻一般对酸不敏感，因此该区域的土壤酸度没有对水稻生长产生不良影响（Xu et al.，2003）。

比较长江中下游水旱两熟稻区苏州和东北一熟稻区方正试验点各土壤肥力指标的变化幅度（图1-22），2个试验点均以土壤磷素的增幅最大，苏州和方正试验点的水稻土有效磷含量增幅分别为155.8%和160.0%，水稻土全氮含量增幅分别为21.6%～26.7%和8.9%，水旱两熟稻区的江苏省是我国稻田氮肥用量最高的省份（纯氮314kg/hm²），东北一熟稻区的黑龙江省则是我国稻田氮肥用量最低的省份（纯氮约150kg/hm²）（申建波，2017）。但苏州和方正2个试验点水稻土有效磷、全氮与有机质含量均呈现不同幅度的增加，这从侧面说明两个地区稻田的氮、磷施用量仍然高于水稻收获带走的氮、磷量，氮磷肥施用量过高。有研究表明，黑龙江省农户施肥差异大，盲目过量施肥问题突出，只有约20%农户达到了高产高效，70%的农户处于高肥低效水平，作为东北水稻生产重要省份，黑龙江省节肥潜力在20%以上（彭显龙等，2019）。苏州和方正试验点水稻土有机质含量增幅分别为11.3%～12.6%和17.0%，方正试验点的增幅略高于苏州试验点。可能是由于长江中下游水旱两熟稻区苏州和东北一熟稻区方正分属于亚热带与东部中温带两个气候区，不同气候区耕作强度和气候条件差别较大，而气候因子通过调节细菌残留物进而影响总微生物残留物对有机碳积累的贡献。苏州试验点高产和中低产稻田土壤速效钾含量呈不同幅度下降（降幅分别为26.3%和20.9%），施用钾肥、秸秆还田是土壤速效钾含量变化的主要驱动因子，作物生长从土壤带走的钾素高于投入到土壤中的钾素（毛伟等，2019），从而使得土壤速效钾含量呈不同幅度下降。方正试验点水稻土速效钾含量增幅为3.0%，这与彭显龙等（2019）的研究结果比较接近，钾素归还量大于作物收获带走的量。

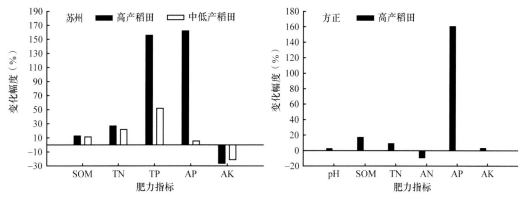

图1-22　长江中下游水旱两熟和东北一熟稻区稻田土壤养分含量变化幅度

苏州和方正试验点均为试验40年后变化幅度

选取各试验点上述土壤肥力指标，采用模糊评判法（柳开楼等，2018）计算不同施肥处理的土壤综合肥力指数（IFI），进而对不同试验点高产和中低产稻田近3年与试验初期的IFI进行比较（图1-23）。除北碚试验点之外，其余试验点的高产稻田IFI均较试验初

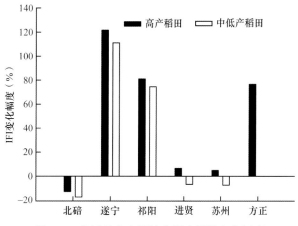

图1-23　各试验点土壤综合肥力指数变化幅度

期有不同幅度的上升，增幅为4.8%~121.7%。各试验点对应的中低产稻田IFI增加幅度小于高产稻田，或呈降低趋势，变化幅度为-7.4%~111.2%。北碚试验点的高产稻田和中低产稻田IFI与试验初期相比较呈下降趋势，且高产稻田IFI降幅小于中低产稻田，降幅分别为12.8%和17.4%。合理的耕作（垄作免耕）和施肥（有机无机肥配施）措施更有利于土壤综合肥力水平的提升。

采用线性方程拟合土壤养分含量随试验年限的变化速率。由表1-6可见，各试验点土壤pH年变化速率为-0.015~0.014个单位，整体变化幅度较小，长期不同耕作和施肥措施对各试验点土壤pH影响有限。不同试验点水稻土中有机质与全氮含量都有不同程度变化，各试验点两者年增加速率分别为0.043~0.385g/kg和-0.002~0.039g/kg，且高产稻田的变化速率大于中低产稻田，全氮增加速率整体上低于有机质。不同稻区水稻土全氮含量变化速率存在差异主要由区域稻田耕作方式和施肥制度不同引起。各试验点土壤碱解氮含量年增加速率为-0.384~3.894mg/kg，增速大小与各地区的氮肥投入量密切相关。各试验点土壤有效磷含量年增加速率为0.018~1.604mg/kg，高产稻田和中低产稻田土壤有效磷含量均呈持续增加趋势。各试验点土壤速效钾含量年增加速率为-0.630~2.886mg/kg，土壤速效钾含量的演变趋势是自然因素和人为因素共同作用的结果，其中施用钾肥、秸秆还田是土壤速效钾含量变化的主要驱动因子。

表1-6　主要稻区稻田土壤肥力指标变化速率

试验点	稻田类型	pH（个单位/a）	SOM [g/(kg·a)]	TN [g/(kg·a)]	AN [mg/(kg·a)]	TP [g/(kg·a)]	AP [mg/(kg·a)]	TK [g/(kg·a)]	AK [mg/(kg·a)]
北碚	高产稻田	0.014	0.385	0.022	1.419	0.038	0.877	-0.077	0.419
	中低产稻田	-0.002	0.152	-0.002	0.727	0.010	0.723	-0.100	0.815
遂宁	高产稻田	-0.015	0.086	0.018	1.047	0.014	1.604	–	0.155
	中低产稻田	-0.014	0.075	0.013	0.933	0.013	1.536	–	0.937
祁阳	高产稻田	0.011	0.799	0.052	2.091	0.042	1.074	–	2.886
	中低产稻田	0.012	0.607	0.039	1.520	0.039	0.653	–	2.314
进贤	高产稻田	0.001	0.080	0.011	2.019	0.012	1.500	0.038	-0.171
	中低产稻田	-0.007	0.043	0.004	1.024	0.000	0.125	0.039	-0.281
苏州	高产稻田	–	0.084	0.010	3.894	0.017	0.845		-0.630
	中低产稻田	–	0.073	0.008	3.708	0.006	0.018		-0.479
方正	高产稻田	0.004	0.135	0.004	-0.384	–	0.755		0.104

注："–"表示无相关数据

基于主要稻区不同施肥和耕作定位试验，本研究探明了稻田土壤有机质、全氮、碱解氮、全磷、有效磷、全钾和速效钾的年际变化特征，但不同区域土壤肥力空间变异复杂多样，长期定位试验的施肥和耕作措施存在代表性不足的问题。因此，结合典型区域调查数据，所选典型区域为上一节土壤肥力县域空间变化的研究对象，基于1980年的第二次土壤普查数据和近年（2017~2018年）调查数据，进一步分析典型区域稻田肥力时间变化特征，从而为各稻区稻田土壤培肥和耕作途径选择提供科学依据。

1.2.2　主要稻区土壤肥力时间变化特征

各主要稻区（西南水旱两熟稻区除外）土壤pH均随耕作和施肥年限增加而极显著下降（图1-24）。西南水旱两熟稻区1982年和2010年pH平均值分别为6.14和6.28，28年间上升了0.14个单位，中位值均为6.00，没有明显变化（图1-24a）。在1980～2017年和1982～2017年，长江中游双季稻区和长江中下游双季稻区稻田土壤pH均极显著降低（图1-24b），平均值下降了0.52～1.08个单位。在2009～2018年和2007～2017年，长江中下游水旱两熟稻区和东北一熟稻区稻田土壤pH均极显著下降（图1-24c，d），平均值分别下降了0.21个单位和0.88个单位。典型区域和长期定位试验的结果有差异，可能的原因是长期定位试验设计的施氮量大多为20世纪80年代或90年代的施肥水平，低于各区域的施氮量，而氮肥的过量投入是土壤酸化的主要原因。

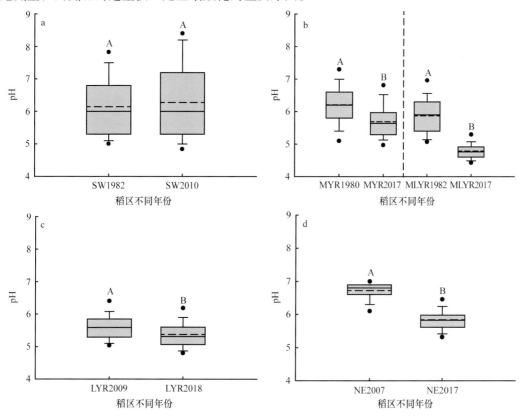

图1-24　主要稻区稻田土壤pH时间变化

SW. 西南水旱两熟稻区，MYR. 长江中游双季稻区，MLYR. 长江中下游双季稻区，LYR. 长江中下游水旱两熟稻区，NE. 东北一熟稻区；不同大写字母表示不同处理间差异极显著（$P<0.01$）。下同

各主要稻区土壤有机质含量均随耕作和施肥年限增加而显著或极显著增加（图1-25）。西南水旱两熟稻区28年间土壤有机质含量平均值提高9.3%，年均增加约0.05g/kg（图1-25a）。在过去的35～37年，长江中游双季稻和长江中下游双季稻区稻田土壤有机质含量平均值分别提高17.3%和29.5%，年均增加分别约0.15g/kg和

0.24g/kg（图1-25b）。在过去的近10年中，长江中下游水旱两熟稻区和东北一熟稻区稻田土壤有机质含量平均值分别提高7.9%和42.3%，年均增加约0.22g/kg和1.08g/kg（图1-25c，d）。这可能是由于自2000年以后我国农田秸秆还田、施用有机肥及种植绿肥逐步恢复，稻田土壤有机质状况得到改善，全国稻田土壤有机质含量显著上升（Guo et al.，2019）。

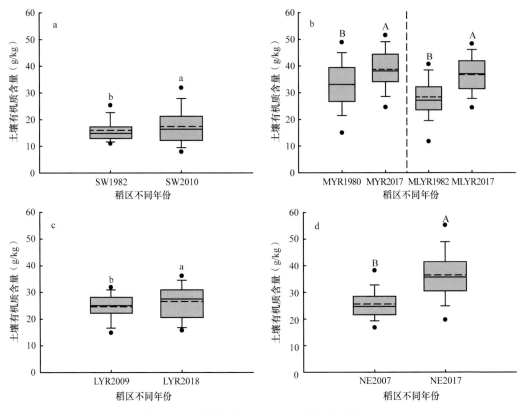

图1-25　主要稻区稻田土壤有机质含量时间变化

不同小写字母表示不同处理间差异显著（$P<0.05$），下同

各主要稻区（西南水旱两熟稻区除外）土壤全氮含量均随耕作和施肥年限增加而显著或极显著增加（图1-26）。西南水旱两熟稻区28年间土壤全氮含量平均值提高7.1%，未达显著水平（图1-26a）。在过去的35～37年，长江中游双季稻区和长江中下游双季稻区稻田土壤全氮含量平均值分别提高101.2%和44.9%，年均分别增加约0.03g/kg和0.02g/kg（图1-26b）。在过去的近10年间，长江中下游水旱两熟稻区土壤全氮含量平均值提高了8.5%，年均增加约0.01g/kg（图1-26c）。以西南水旱两熟稻区土壤全氮含量增幅最小，长江流域双季稻区增幅最大。与各区域的其他研究结果类似，土壤全氮含量增加主要是由于施肥量增加、秸秆还田、田间管理措施更加完善（赵小敏等，2015；袁平等，2019）。

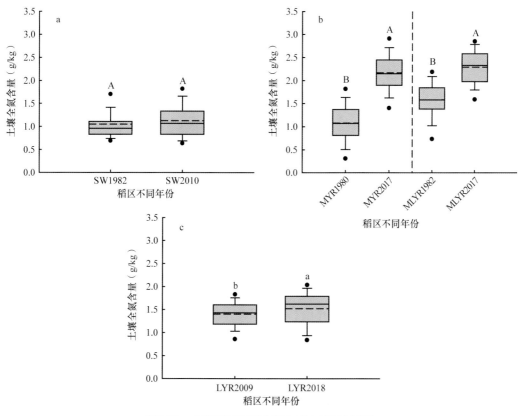

图1-26　主要稻区稻田土壤全氮含量时间变化

各主要稻区土壤碱解氮含量均随耕作和施肥年限增加发生显著或极显著变化（图1-27）。西南水旱两熟稻区1982～2010年土壤碱解氮含量平均值提高了71.3%，年均增加约2.3mg/kg（图1-27a）。1980～2017年长江中游双季稻区和1982～2017年长江中下游双季稻区稻田土壤碱解氮含量平均值分别提高23.7%和24.7%，年均均增加约1.0mg/kg（图1-27b）。在2007～2017年，东北一熟稻区土壤碱解氮含量平均值降低4.4%，年均降低约0.9mg/kg（图1-27c）。土壤氮素含量发生变化，一方面受到土壤属性及气候条件的影响，不同土壤类型有所差异，黑土、黑钙土、草甸土和风沙土的耕层土壤氮素营养水平呈上升趋势，而暗棕壤、白浆土和水稻土则显著下降（陈敏旺，2018）；另一方面受

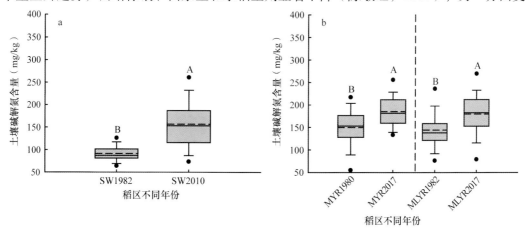

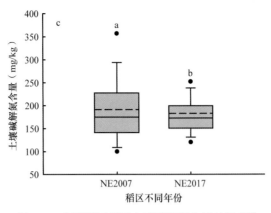

图1-27　主要稻区稻田土壤碱解氮含量时间变化

到化肥施用量的影响，东北一熟稻区的施氮量明显低于南方双季稻区和西南水旱两熟稻区。

　　各主要稻区土壤有效磷含量均随耕作和施肥年限极显著增加（图1-28）。西南水旱两熟稻区1982～2010年土壤有效磷含量平均值提高了130.1%，年均增加约0.4mg/kg（图1-28a）。1980～2017年长江中游双季稻区和1982～2017年长江中下游双季稻区稻田土壤有效磷含量平均值分别提高了366.7%和91.3%，年均分别增加约0.7mg/kg和0.8mg/kg（图1-28b）。2009～2018年长江中下游水旱两熟稻区和2007～2017年东北一熟稻区土壤有效磷含量平均值分别增加了91.3%和35.9%，年均分别增加约0.8mg/kg和1.0mg/kg（图1-28c，d）。各稻区土壤有效磷含量的增加幅度和速率有所不同，可能是由

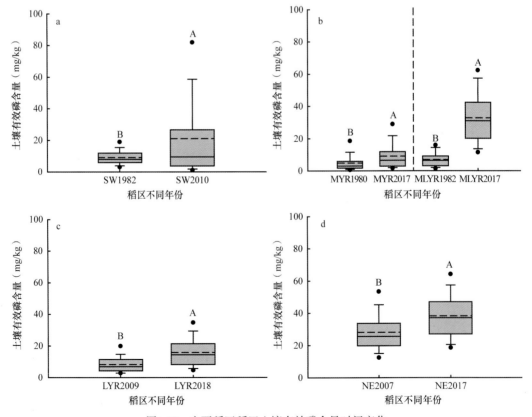

图1-28　主要稻区稻田土壤有效磷含量时间变化

施肥方式、磷肥投入量、耕作模式、气候条件及土壤类型不同所导致（刘彦伶等，
2016）。东北稻区一次性施肥比例较高，施肥量也有逐渐上升的趋势（彭显龙等，
2019），但耕作模式为一年一熟，作物收获带走的量较低，所以东北稻区磷素累积速率
较快。西南稻区土壤有效磷含量相对较低，同时该区域的施磷量较低，导致土壤有效磷
含量年均增速也低。

　　各主要稻区土壤速效钾含量均随耕作和施肥年限增加极显著增加（图1-29）。西南
水旱两熟稻区1982～2010年土壤速效钾含量平均值提高了82.8%，年均增加约2.0mg/kg
（图1-29a）。1980～2017年长江中游双季稻区和1982～2017年长江中下游双季稻区
稻田土壤速效钾含量平均值分别提高了17.4%和42.3%，年均分别增加约0.4mg/kg和
0.6mg/kg（图1-29b）。2009～2018年长江中下游水旱两熟稻区和2007～2017年东北一熟
稻区土壤速效钾含量平均值分别增加24.9%和41.3%，年均分别增加约2.5mg/kg和5.0mg/kg
（图1-29c，d）。这可能是由于钾肥的施用和效益得到人们的关注与认可，钾肥施用量逐
年升高，且作物收获后秸秆及根茬大多还田，显著降低了土壤对外源钾素的固定量，因
此土壤速效钾含量和比例迅速提高（武红亮等，2018）。

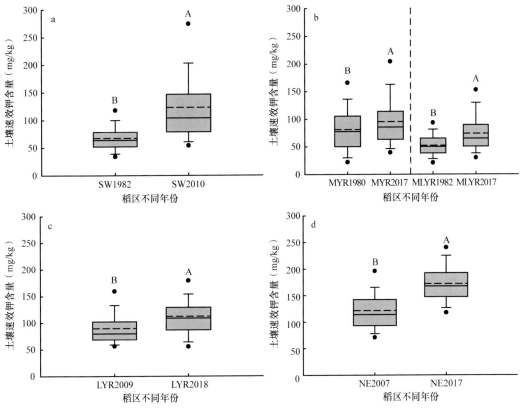

图1-29　主要稻区稻田土壤速效钾含量时间变化

　　以上基于各稻区长期定位试验和典型县域调查数据，从较长时间尺度（近40年）分
析了土壤肥力的时间变化特征，但长期不同施肥和耕作措施下，高产稻田相比较低产稻
田，其在水稻生长周期内的土壤养分供应特征还有待明确。

1.2.3 主要稻区不同生育期土壤肥力变化特征

本研究选择西南水旱两熟稻区不同耕作措施定位试验中垄作免耕处理为高产稻田、冬泡田处理为低产稻田，长江流域双季稻区不同施肥定位试验中有机肥替代60%化肥处理为高产稻田、不施肥和单施化肥处理为低产稻田，东北一熟稻区不同施肥定位试验中施用100%有机肥处理为高产稻田、单施磷钾肥处理为低产稻田，探讨主要稻区典型耕作和施肥措施下水稻关键生育期稻田土壤肥力的变化特征。

1.2.3.1 东北一熟稻区水稻各生育时期土壤肥力动态变化特征

不同生育期高产稻田和低产稻田土壤碱解氮含量分别为79～92mg/kg和71～81mg/kg（图1-30），高产稻田均大于低产稻田，增幅为11.2%～25.0%。碱解氮含量表现为高产稻田分蘖期较高，齐穗期减少，在成熟期达最大值；低产稻田分蘖期最高，齐穗期减少，成熟期有所升高；二者齐穗期的碱解氮含量均最小。这说明水稻在齐穗期对土壤碱解氮的消耗量最大。高产稻田和低产稻田不同生育时期土壤有效磷含量分别为25～38mg/kg和26～35mg/kg（图1-30）。有效磷含量在齐穗期最高，且高产稻田大于低产稻田，在分蘖期和成熟期则相反，齐穗期高产稻田水稻对有效磷的吸收量较低产稻田更大，但分蘖期至成熟期二者有效磷含量无显著差异。

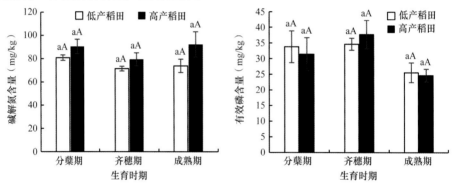

图1-30　高产、低产稻田各生育时期碱解氮和有效磷含量动态变化

不同小写字母表示高产稻田或低产稻田不同生育期之间达显著差异（$P<0.05$），不同大写字母表示相同生育期高产稻田和低产稻田之间达显著差异（$P<0.05$）。下同

不同生育时期高产稻田和低产稻田土壤速效钾含量分别为170～230mg/kg和166～230mg/kg（图1-31）。高产稻田和低产稻田土壤速效钾含量在齐穗期最高，成熟期最低，分蘖期和齐穗期速效钾含量显著高于成熟期，增幅分别为25.4%～35.2%和29.1%～38.5%。不同生育时期高产稻田和低产稻田土壤pH分别为8.23～8.55和8.22～8.59（图1-31），分蘖期和成熟期高产稻田均大于低产稻田，齐穗期相反。土壤pH表现为高产稻田和低产稻田齐穗期最高，成熟期最低；其中高产稻田pH分蘖期和齐穗期显著高于成熟期，低产稻田pH齐穗期显著高于分蘖期和成熟期，分蘖期也显著高于成熟期。

不同生育时期高产稻田和低产稻田土壤有机质含量分别为17.7～28.5g/kg和13.7～27.9g/kg（图1-32），高产稻田均大于低产稻田。高产稻田和低产稻田土壤有机质含量分蘖期最低，齐穗期达到最高，成熟期降低。高产稻田和低产稻田齐穗期与成熟期有机质含量显著高于分蘖期，增幅分别为55.8%～61.0%和87.5%～104.1%。高产稻田和低产稻田不同生育时期土壤全氮含量分别为0.6～1.8g/kg和0.7～2.6g/kg（图1-32），除齐穗期外高产稻田土壤全氮含量小于低产稻田，并在成熟期呈显著差异（$P<0.05$）。土壤全氮含量高产稻田和低产稻田分蘖期至成熟期呈逐渐降低趋势，分蘖期最高，成熟期最低；高产稻田全氮含量分蘖期显著高于齐穗期、成熟期，增幅分别为80.1%、198.9%，齐穗期也显著高于成熟期，增幅为65.6%；低产稻田分蘖期显著高于齐穗期、成熟期，增幅分别为194.5%、293.6%。

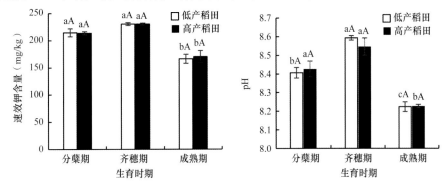

图1-31　高产、低产稻田各生育时期速效钾含量和pH动态变化

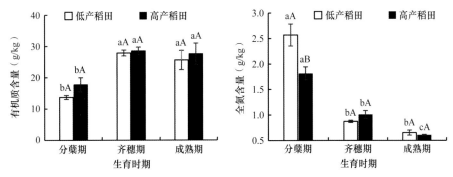

图1-32　高产、低产稻田各生育时期有机质和全氮含量的动态变化

1.2.3.2　长江中游双季稻区水稻各生育时期土壤肥力动态变化特征

高产稻田早稻和晚稻不同生育时期土壤养分含量如图1-33所示。硝态氮含量分别为0.6～3.1mg/kg和1.2～7.8mg/kg，早稻季土壤硝态氮含量表现为成熟期最高，分蘖期次之，孕穗期最低；分蘖期和成熟期显著高于孕穗期与灌浆期。晚稻季土壤硝态氮含量表现为灌浆期最高，成熟期次之，分蘖期和孕穗期较低；灌浆期和成熟期显著高于分蘖期与孕穗期，增幅为5.1～5.3倍。

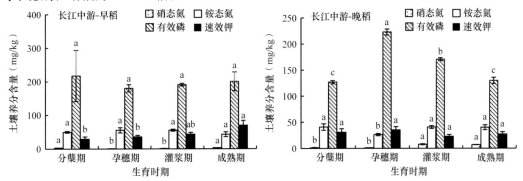

图1-33　长江中游高产稻田早稻和晚稻各生育时期土壤养分含量的动态变化

　　高产稻田早稻和晚稻不同生育时期铵态氮含量分别为43～55mg/kg和26～41mg/kg。早稻季土壤铵态氮含量孕穗期和灌浆期较高，但各生育时期之间无显著差异；晚稻季土壤孕穗期铵态氮含量显著低于其他各时期，降幅为34.6%～35.7%。

　　高产稻田早稻和晚稻不同生育时期有效磷含量分别为180～218mg/kg和127～223mg/kg。早稻季土壤有效磷含量分蘖期最高，孕穗期降低，灌浆期和成熟期有所回升；分蘖期高于其他时期，增幅为8.6%～20.9%。晚稻季土壤有效磷含量孕穗期最高，灌浆期和成熟期逐渐降低；孕穗期显著高于其他时期，增幅为30.6%～75.6%，灌浆期显著高于分蘖期和成熟期，增幅为34.5%和31.3%。

　　高产稻田早稻和晚稻不同生育时期速效钾含量分别为29～69mg/kg和23～35mg/kg。早稻季土壤速效钾含量分蘖期至成熟期逐渐升高，成熟期高于分蘖期、孕穗期（$P<0.05$），增幅分别为61.1%、141.1%。晚稻季土壤速效钾含量在分蘖期和孕穗期较高，灌浆期和成熟期有所降低，各生育期之间无显著差异。

　　低产稻田早稻和晚稻不同生育时期土壤养分含量如图1-34所示。低产稻田早稻和晚稻不同生育时期硝态氮含量分别为0.6～3.6mg/kg和0.8～3.7mg/kg。早稻季土壤硝态氮含量分蘖期最高，灌浆期最低，分蘖期显著高于孕穗期和灌浆期，增幅分别为2.3倍和5.4倍。晚稻季与早稻季相反，成熟期最高，分蘖期最低，灌浆期和成熟期显著高于其他时期，增幅为1.4～3.6倍。

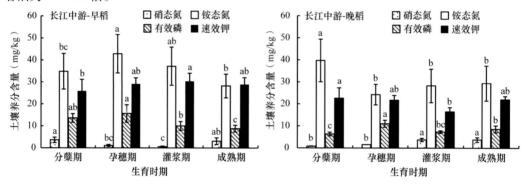

图1-34　长江中游低产稻田早稻和晚稻各生育时期土壤养分含量的动态变化

　　低产稻田早稻和晚稻不同生育时期铵态氮含量分别为28～43mg/kg和28～40mg/kg。早稻季土壤铵态氮含量孕穗期最高，灌浆期和成熟期有所降低，其中孕穗期显著高于分蘖期和成熟期，分别增加了23.0%和51.8%。晚稻季土壤铵态氮含量以分蘖期最高，且显著高于其他生育期，增幅为35.3%～64.0%。

　　低产稻田早稻和晚稻不同生育时期有效磷含量分别为9～16mg/kg和6～11mg/kg，各时期均处于较低水平。早稻季土壤有效磷含量孕穗期最高，成熟期最低，成熟期显著低于其他生育时期（$P<0.05$），降幅为12.2%～43.9%。晚稻季土壤孕穗期有效磷含量显著高于其他生育时期，增幅分别为28.6%、51.3%和74.5%。

　　低产稻田早稻和晚稻不同生育时期速效钾含量分别为26～30mg/kg和16～23mg/kg。速效钾含量在早稻季分蘖期至成熟期基本呈逐渐升高趋势，在晚稻季整体呈下降趋势，晚稻季速效钾含量较早稻季低，说明晚稻期间土壤速效钾的消耗更多。

1.2.3.3　西南水旱两熟稻区水稻各生育时期土壤肥力动态变化特征

高产稻田和低产稻田不同生育期土壤有效磷含量分别为27～30mg/kg和26～31mg/kg（图1-35）。高产、低产稻田有效磷含量在分蘖期最高，齐穗期和成熟期有所降低。齐穗期和成熟期有效磷含量表现为高产稻田大于低产稻田，高产、低产稻田各生育时期有效磷含量无显著差异。不同生育时期高产稻田和低产稻田土壤速效钾含量分别为57～82mg/kg和64～92mg/kg（图1-35）。高产稻田和低产稻田土壤速效钾含量变化趋势与有效磷相似，分蘖期最大，齐穗期和成熟期逐渐降低，二者在分蘖期较齐穗期和成熟期分别增加了39.8%、43.9%和33.2%、45.0%。齐穗期低产稻田较高产稻田增加了18.2%，差异显著，分蘖期和成熟期高产稻田与低产稻田之间均无显著差异。

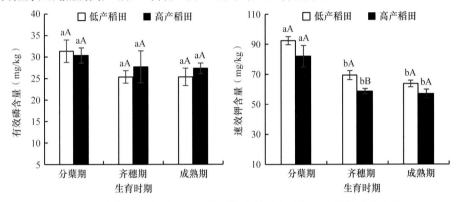

图1-35　高产、低产稻田各生育时期有效磷和速效钾含量的动态变化

不同生育时期高产稻田和低产稻田土壤有机质含量分别为29.3～32.2g/kg和21.9～24.1g/kg（图1-36），高产稻田均大于低产稻田。低产稻田土壤有机质含量分蘖期至成熟期逐渐降低，各生育时期间无显著差异。高产稻田分蘖期最高，齐穗期最低，分蘖期较齐穗期增加了9.8%，差异显著（$P<0.05$）。高产稻田分蘖期、齐穗期和成熟期的土壤有机质含量显著高于低产稻田，分别增加了33.7%、26.7%和42.8%。不同生育时期高产稻田和低产稻田土壤全氮含量分别为2.0～2.3g/kg和1.5～1.7g/kg（图1-36），高产稻田均大于低产稻田。土壤全氮含量高产、低产稻田均表现为分蘖期最高，齐穗期有所降低，各生育时期无显著差异。土壤全氮含量在分蘖期和齐穗期均表现为高产稻田显著高于低产稻田（$P<0.05$），较其分别提高了37.2%和38.3%。

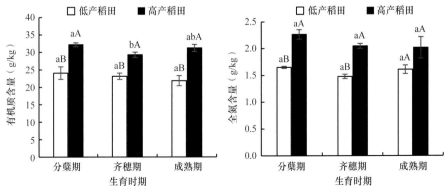

图1-36　高产、低产稻田各生育时期有机质和全氮含量的动态变化

高产稻田和低产稻田不同生育时期土壤pH分别为7.19～7.47和6.74～7.06（图1-37）。高产稻田和低产稻田土壤pH自分蘖期至成熟期逐渐降低。高产稻田水稻分蘖期、齐穗期和成熟期土壤pH显著高于低产稻田（$P<0.05$），分别较其提高了0.41个单位、0.60个单位和0.45个单位。

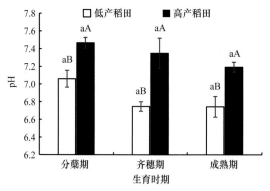

图1-37　高产、低产稻田各生育时期pH的动态变化

1.2.4　土壤肥力时间变化驱动因子

通过分析主要稻区典型施肥和耕作措施长期定位试验和代表性区域的年际调查监测数据，探明了主要稻区土壤肥力时间变化特征。不同区域、不同施肥和耕作措施下高产与低产稻田年际间及水稻不同生育期土壤肥力变化差异明显。为进一步分析土壤肥力随时间变化出现差异的驱动因子，基于各长期施肥和耕作定位试验的数据，通过随机森林模型分析可知（图1-38a），影响各稻区土壤综合肥力指数（IFI）的主要因素是各点位所在的位置（25.7%），可能与土壤的基础地力和环境效应异质性密切相关（方畅宇等，2018）；其次是土壤有效磷（16.7%）、全氮（16.6%）、有机质（12.3%）、碱解氮（10.9%）、pH（8.9%）和速效钾（6.5%），而施肥年限相对作用较小（2.4%）。在稻田干湿交替过程中铁锰氧化物扮演着重要的角色，且土壤中的活性磷易被铁氧化物的胶膜包裹形成闭蓄态磷酸盐，进而导致土壤磷素的有效性降低（章爱群等，2009）。有机质和全氮含量不仅是反映肥力的重要指标，也在微生物代谢和养分周转中扮演极其重要的角色。众所周知，产量对施肥的响应是一个综合效应，其分布特征与种植区域、管理措施、土壤理化性质等因素密切相关（韩天富等，2019）。因此，进一步分析了上述指标对水稻产量的相对重要性（图1-38b），发现有效磷对产量的相对作用最高，高达32.7%；其次是各点位所在位置（27.0%）、有机质（13.9%）、碱解氮（11.5%）、全氮（7.3%）和速效钾（6.5%），而土壤pH相对作用较小（1.7%）。可见土壤磷素在水稻生产中发挥较强的驱动作用，其次是各点位的土壤有机质水平。

为了探明主要稻区土壤综合肥力指数的主要驱动因素，进一步分析了高、低土壤综合肥力指数下主要影响因素的相对重要性。由图1-39a可知，在土壤综合肥力指数较高情况下，点位位置和全氮在土壤综合肥力指数中扮演重要角色，相对重要性分别为23.7%和22.5%，其次是碱解氮（18.2%）、有机质（10.4%）、有效磷（7.9%）、pH（7.8%）和速效钾（6.5%），而施肥年限的相对作用较小（2.9%）。可见土壤全氮水平是高土壤综合肥力指数的主要驱动因子，对水稻的持续高产发挥重要的作用。由图1-39b可知，在低土壤综合肥力指数情况下，点位位置和碱解氮在土壤综合肥力指数中扮演重要角色，相对重要性分别为28.3%和21.3%，其次是土壤有机质（14.9%）、有效磷（12.6%）、全氮（10.9%）、pH（7.8%）和速效钾（6.5%）。可见土壤碱解氮水平是低土壤综合肥力指数的主要驱动因子。

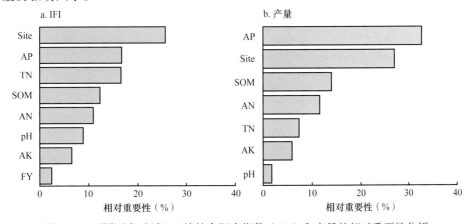

图1-38　不同因素对稻田土壤综合肥力指数（IFI）和产量的相对重要性分析

AN、AP、AK、FY、pH、Site、SOM和TN分别代表碱解氮、有效磷、速效钾、施肥年限、酸碱度、点位位置、土壤有机质和全氮，下同

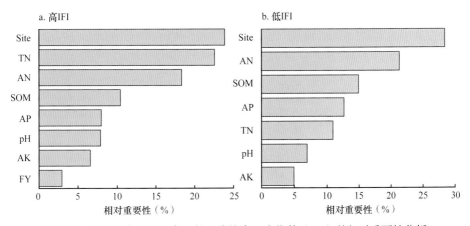

图1-39　不同因素对稻田高、低土壤综合肥力指数（IFI）的相对重要性分析

水稻产量的高低与水稻不同生育期的土壤肥力密切相关，尤其是关键时期（如分蘖期、齐穗期、孕穗期等）土壤养分的供给能力对产量的影响至关重要。因此，进一步分析了水稻分蘖期、齐穗期和成熟期土壤理化性质对产量的相对重要性。由图1-40可知，分蘖期和齐穗期有效磷含量对水稻产量有重要影响，相对重要性分别为18.2%和7.4%，其次是成熟期碱解氮（4.3%）和有效磷（3.4%）、分蘖期有机质（3.3%）和pH（2.1%）。可见土壤有效磷含量在水稻整个生育期均有重要作用，除了点位异质性的影响，有效磷的相对作用高达29%。因此，提高各点位土壤有效磷含量及磷肥利用率对提高当季水稻的生产力至关重要。

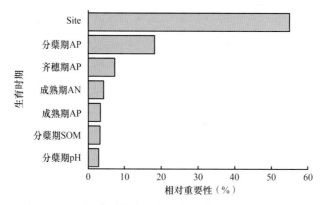

图1-40　不同生育时期各因素对水稻产量相对重要性分析

1.3　主要结论

我国主要稻区土壤pH整体呈弱酸性；土壤有机质、全氮和碱解氮含量均呈现南方双季稻区最高，东北一熟稻区和长江中下游水旱两熟稻区次之，西南水旱两熟稻区最低的空间变化特征；土壤有效磷含量的空间变异较大，除长江中游双季稻区外，其余稻区土壤有效磷均接近或超过土壤有效磷的农学阈值，存在潜在的环境风险；土壤速效钾含量整体表现为北高南低，即东北一熟稻区较高，长江流域稻区相对较低；各稻区土壤综合肥力指数的变幅较大，呈西低东高、南低北高的趋势，总体而言，我国南方稻区的土壤肥力存在提升空间。主要稻区高产稻田土壤发生层排列组合形式相对一致，高产稻田相对低产稻田，已经形成更稳定的土壤结构，有明显的耕层、犁底层和心土层；耕层养分相对更丰富，且与犁底层之间的养分协同供应能力更强。

1980～2018年，我国主要稻区土壤pH整体呈下降趋势；土壤有机质、全氮、碱解氮、有效磷和速效钾含量整体呈上升趋势，以土壤有效磷的增加幅度和增加速率最大。土壤综合肥力指数呈不同变化趋势，高产稻田土壤综合肥力指数增加（降低）幅度均表现为大于（小于）中低产稻田。主要稻区不同施肥和耕作措施下，高产稻田和低产稻田水稻生育期内土壤养分由作物消耗引起的变化趋势各异。

整体而言，稻田土壤肥力存在较强的时空异质性。土壤有效磷含量是土壤综合肥力指数和水稻产量的主要驱动因素，尤其是在当季水稻生产中的作用更加突出。在高土壤综合肥力指数下各点位土壤全氮的相对重要性较高，低土壤综合肥力指数下各点位土壤碱解氮的相对重要性较高。就典型区域而言，除了长江中下游地区的主要驱动因素近40年间没有发生变化，其他各稻区均发生显著改变。

参 考 文 献

鲍士旦. 2000. 土壤农化分析. 北京: 中国农业出版社.

曹志洪. 2016. 中国灌溉稻田起源与演变及相关古今水稻土的质量. 北京: 科学出版社.

曹志洪, 周健民, 等. 2008. 中国土壤质量. 北京: 科学出版社.

陈建国, 张杨珠, 曾希柏, 等. 2010. 不同施肥对缺钾红壤性水稻土的生态效应. 中国农业科学, 43(21): 4418-4426.

陈敏旺. 2018. 吉林省农田耕层土壤速效氮磷钾养分的时空变化特征. 长春: 吉林农业大学硕士学位论文.

董琴, 王昌全, 李启权, 等. 2019. 成都平原西部土壤速效钾含量剖面分布特征及其影响因素. 水土保持学报, 33(2): 176-182.

董一漩, 屠乃美, 魏征. 2019. 不同基础肥力水稻土对施肥响应的差异性研究进展. 中国稻米, 25(5): 19-23.

方畅宇, 屠乃美, 张清壮, 等. 2018. 不同施肥模式对稻田土壤速效养分含量及水稻产量的影响. 土壤, 50(3): 462-468.
高菊生, 徐明岗, 王伯仁, 等. 2005. 长期有机无机肥配施对土壤肥力及水稻产量的影响. 中国农学通报, 21(8): 211-214, 259.
高祥照, 马文奇, 崔勇, 等. 2000. 我国耕地土壤养分变化与肥料投入状况. 植物营养与肥料学报, 6(4): 363-369.
韩天富, 马常宝, 黄晶, 等. 2019. 基于Meta分析中国水稻产量对施肥的响应特征. 中国农业科学, 52(11): 1918-1929.
何腾兵, 董玲玲, 刘元生, 等. 2006. 贵阳市乌当区不同母质发育的土壤理化性质和重金属含量差异研究. 水土保持学报, 20(6): 157-162.
胡嗣佳, 邓欧平, 张世熔, 等. 2016. 四川盆地水稻土有机碳与全氮的时空变异及影响因素研究. 土壤, 48(2): 401-408.
胡啸. 2019. 稻田施用有机物料对土壤肥力影响. 杨凌: 西北农林科技大学硕士学位论文.
黄晶, 张杨珠, 高菊生, 等. 2015. 长期施肥下红壤性水稻土有机碳储量变化特征. 应用生态学报, 26(11): 3373-3380.
李建军, 辛景树, 张会民, 等. 2015. 长江中下游粮食主产区25年来稻田土壤养分演变特征. 植物营养与肥料学报, 21(1): 92-103.
李珊, 李启权, 王昌全, 等. 2018. 成都平原西部土壤全磷的剖面分布及主控因素. 资源科学, 40(7): 1397-1406.
李学平, 石孝均, 刘萍, 等. 2011. 紫色土磷素流失的环境风险评估——土壤磷的“临界值”. 土壤通报, (5): 135-140.
刘彦伶, 李渝, 张雅蓉, 等. 2016. 长期施肥对黄壤性水稻土磷平衡及农学阈值的影响. 中国农业科学, 49(10): 1903-1912.
柳开楼, 黄晶, 张会民, 等. 2018. 基于红壤稻田肥力与相对产量关系的水稻生产力评估. 植物营养与肥料学报, 24(6): 15-24.
罗霄, 李忠武, 叶芳毅, 等. 2011. 基于PI指数模型的南方典型红壤丘陵区稻田土壤肥力评价. 地理科学, 31(4): 495-500.
毛伟, 李文西, 高晖, 等. 2019. 扬州市耕地土壤速效钾含量30年演变及其驱动因子. 扬州大学学报（农业与生命科学版）, 40(2): 40-46.
彭显龙, 王伟, 周娜, 等. 2019. 基于农户施肥和土壤肥力的黑龙江水稻减肥潜力分析. 中国农业科学, 52(12): 2092-2100.
申凤敏, 姜桂英, 张玉军, 等. 2019. 典型红壤不同形态氮素迁移对长期施肥制度的响应. 中国农业科学, 52(14): 2468-2483.
申建波. 2017. 水稻养分资源综合管理理论与实践. 北京: 中国农业大学出版社.
沈仁芳, 王超, 孙波. 2018. “藏粮于地、藏粮于技”战略实施中的土壤科学与技术问题. 中国科学院院刊, 33(2): 135-144.
史吉平, 张夫道, 林葆. 1998. 长期施用氮磷钾化肥和有机肥对土壤氮磷钾养分的影响. 土壤肥料, (1): 7-10.
宋永林. 2006. 长期定位施肥对作物产量和褐潮土肥力的影响研究. 北京: 中国农业科学院硕士学位论文.
孙洪仁, 张吉萍, 江丽华, 等. 2019. 中国水稻土壤氮素丰缺指标与适宜施氮量. 中国农学通报, 35(11): 88-93.
万琪慧, 马黎华, 蒋先军. 2019. 垄作免耕对水稻根系特性和氮磷钾养分累积的影响. 草业学报, 28(10): 44-52.
汪景宽, 李双异, 张旭东, 等. 2007. 20年来东北典型黑土地区土壤肥力质量变化. 中国生态农业学报, 15(1): 19-24.
王飞, 林诚, 李清华, 等. 2017. 不同施肥措施提高南方黄泥田供钾能力及钾素平衡的作用. 植物营养与肥料学报, 23(3): 669-677.
王艳玲, 何园球, 吴洪生, 等. 2010. 长期施肥下红壤磷素积累的环境风险分析. 土壤学报, 47(5): 880-887.
魏朝富, 杨剑虹, 屈明, 等. 1998. 紫色水稻土钾有效性和钾释放的研究. 植物营养与肥料学报, 4(4): 352-359.
武红亮, 王士超, 闫志浩, 等. 2018. 近30年我国典型水稻土肥力演变特征. 植物营养与肥料学报, 24(6): 1416-1424.
武际, 郭熙盛, 鲁剑巍, 等. 2013. 不同水稻栽培模式下小麦秸秆腐解特征及对土壤生物学特性和养分状况的影响. 生态学报, 33(2): 565-575.
向万胜, 李卫红, 童成立. 2000. 江汉平原农田渍害与土壤潜育化发展现状及治理对策. 生态环境学报, 9(3): 214-217.
谢国雄, 楼旭平, 阮弋飞, 等. 2020. 浙江省农田土壤碳氮比特征及影响因素分析. 江西农业学报, 32(2): 51-55.
谢建昌, 周健民. 1999. 我国土壤钾素研究和钾肥使用的进展. 土壤, (5): 244-254.
徐建明, 张甘霖, 谢正苗, 等. 2010. 土壤质量指标与评价. 北京: 科学出版社.
徐明岗, 娄翼来, 段英华. 2015. 中国农田土壤肥力长期试验网络. 北京: 中国大地出版社.
徐仁扣, 李九玉, 周世伟, 等. 2018. 我国农田土壤酸化调控的科学问题与技术措施. 中国科学院院刊, 33(2): 160-167.
杨芳, 何园球, 李成亮, 等. 2006. 不同施肥条件下旱地红壤磷素固定及影响因素的研究. 土壤学报, 43(2): 267-272.
杨生茂, 李凤民, 索东让, 等. 2005. 长期施肥对绿洲农田土壤生产力及土壤硝态氮积累的影响. 中国农业科学, 38(10): 2043-2052.
杨葳. 2012. 紫色丘陵区土壤养分空间变异及肥力评价研究——以重庆市铜梁县为例. 重庆: 西南大学硕士学位论文.
易杰祥, 吕亮雪, 刘国道. 2006. 土壤酸化和酸性土壤改良研究. 华南热带农业大学学报, 12(1): 23-28.
余涛, 杨忠芳, 侯青叶, 等. 2011. 我国主要农耕区水稻土有机碳含量分布及影响因素研究. 地学前缘, 18(6): 11-19.
袁平, 张黎明, 乔婷, 等. 2019. 基于1∶5万土壤数据库的太湖地区水稻土全氮含量动态变化研究. 土壤学报, 56(6): 1514-1525.
詹江渝. 2014. 重庆农地土壤基本状况及肥力特征研究. 重庆: 西南大学硕士学位论文.
张欣桐. 2019. 黑龙江水稻产区耕地质量评价研究. 哈尔滨: 东北农业大学硕士学位论文.
张玉革, 王力, 姜勇. 1999. 施肥对水稻生物学性状和土壤氮素平衡的影响. 沈阳农业大学学报, 30(2): 115-117.
章爱群, 贺立源, 赵会娥, 等. 2009. 有机酸对不同磷源条件下土壤无机磷形态的影响. 应用与环境生物学报, 15(4): 474-478.

赵庆雷, 王凯荣, 谢小立. 2009. 长期有机物循环对红壤稻田土壤磷吸附和解吸特性的影响. 中国农业科学, 42(1): 355-362.

赵小敏, 邵华, 石庆华, 等. 2015. 近30年江西省耕地土壤全氮含量时空变化特征. 土壤学报, 52(4): 723-730.

赵晓齐, 鲁如坤. 1991. 有机肥对土壤磷素吸附的影响. 土壤学报, 28(1): 7-13.

Bünemanna E K, Bongiorno G, Bai Z G, et al. 2018. Soil quality–a critical review. Soil Biology and Biochemistry, 120: 105-125.

Guo Z C, Zhang J B, Fan J, et al. 2019. Does animal manure application improve soil aggregation? Insights from nine long-term fertilization experiments. Science of the Total Environment, 660: 1029-1037.

Xu R K, Zhao A Z, Li Q M, et al. 2003. Acidity regime of the red soils in a subtropical region of southern China under field conditions. Geoderma, 115(1, 2): 75-84.

第 2 章　稻田土壤肥力监测指标与评价方法

2.1　稻田土壤物理肥力

2.1.1　土壤物理肥力及其研究进展

关于土壤肥力的学说观点很多，自德国著名化学家李比希于1840年提出植物矿质营养学说后，欧美土壤学家主要侧重于从土壤植物营养的角度研究土壤肥力，认为土壤肥力的中心问题是养分的供应，忽视了土壤本身物理性质对土壤肥力的作用。20世纪初，土壤生物发生学派提出了土壤肥力的团粒学说，强调了土壤水、气、热等物理性质的作用，这是对土壤物理肥力的重要认可。现在广义的土壤肥力把水、热、肥、气等诸多因素一并考虑在内，包括土壤物理的、化学的和生物的诸多属性（熊毅和李庆逵，1990）。其中，土壤物理肥力是土壤为植物生长发育提供所需物理条件（结构、水分、气体、热量等）的能力（徐建明等，2010），是土壤肥力的基础，也是土壤肥力和土壤质量研究中必不可少的内容。

我国劳动人民早在春秋战国时期就提出根据颜色和质地对土壤肥力进行评价，这是最早从土壤物理性质的角度来评价土壤肥力的观点。新中国成立以来，现代土壤学理论在我国快速发展。熊毅（1982，1983）指出环境条件和营养条件两方面共同决定土壤肥力，土壤肥力是土壤物理、化学、生物等性质的综合反映，强调了土壤结构是肥力的重要基础，指出肥力的评价要考虑土壤的整体剖面特征。陈恩凤（1990）提出了"体质"、"体型"及土壤微团聚体综合反映土壤肥力水平的观点。"体质"和"体型"的结合是土壤肥力整体机制的现实反映。体型指的是土体剖面的孔隙组成和水、气、热状况，它是由土壤中存在的有机矿物质复合体经过团聚和累积形成的，土体构型着重强调了土壤物理状况与土壤肥力的关系。不同粒级微团聚体组合在土壤肥力中发挥着关键的作用，无论是"体质"还是"体型"，都受制于土壤微团聚体的组成，微团聚体的组成很大程度上左右着土壤肥力的高低。强调土壤"体型"和土壤微团聚体说明，我国土壤学家逐渐意识到土壤物理肥力的重要性。

同其他土壤性质相比，土壤物理性质具有更强的时空变异性，很多指标难以准确测定和定量化。迄今为止国际上对土壤物理肥力尚没有统一的定义。此外，不同类型土壤物理特性差异很大，很难用统一的标准来评价。本部分内容主要针对水稻土的物理肥力展开论述。

2.1.2　土壤物理肥力的评价指标与测定方法

稻田土壤肥力的评价指标很多，单一的土壤特性指标很难综合反映土壤肥力，需要综合各种指标来评价。但是，土壤各属性之间普遍存在相关性，甚至信息彼此重叠。在进行土壤肥力评价时，指标的选取直接影响评价的真实性、合理性和科学性。理想的评价指标应该是有效的、可靠的、灵敏的、可重复及易获取的，并且能够客观、全面、综合地反映土壤肥力各个方面（Larson and Pierce，1991；徐建明等，2000）。稻田土壤肥力的评价通常会根据水稻土的特性来制定通用指标最小数量集，通过少量的参数最大程度反映土壤的肥力状况。有研究提出了水稻土肥力评价的通用指标最小数量集为pH、有机质、有效磷、速效钾、容重、黏粒（质地）、土壤阳离子交换量（CEC）（徐建明等，2000）。其中土壤容重和黏粒含量属于土壤的物理性质。对于水稻土，土壤容重具有高度的时间变异性，随着耕作、水分管理措施发生强烈的变化；而土壤黏粒含量则相对稳定，在短时间尺度内不会发生明显的变化。虽然这两个土壤物理属性非常重要，且容易获取，在大尺度土壤肥力评价中有着重要的作用，但是它们尚不能充分反映土壤的物理肥力情况。针对土壤物理肥力的详细研究，可能需要更多的评价指标。

Larson和Piece（1991）提出将土壤质地、结构和强度、植物有效水含量与最大扎根深度作为土壤物理肥力评价指标。美国土壤保持局（Soil Conservation Council of America）建议将土壤渗透系数、质地、结构、排水性能、持水性、通气性、有效水含量、毛管水含量、热传导系数、耕性和土层深度等作为评价土壤质量的物理指标。Craig和Arlene（2002）选取容重、水分含量、渗透率、熟化程度及团聚体稳定性等物理指标进行农田土壤质量评价试验。Mueller等（2013）认为土壤质地、味道、耕层厚度、紧实度、湿度、温度和可视土壤结构指标能较好地对土壤质量进行分等定级。需要注意的是，土壤物理肥力研究的对象大多是旱地土壤，水稻土同旱地土壤的物理性质有着显著的差异，在选取评价指标时需要充分考虑水稻土的特性。

水稻土在物理性质方面的限制因素可能有：耕层太浅或太深，砂粒或黏粒过多，土壤结构不良以致形成大块土体或土粒过于分散，土体排水、通气状态严重不良或漏水漏肥严重，土温太低等（徐建明等，2010）。为此，根据土壤肥力评价指标的筛选原则及影响因素，充分考虑我国水稻土自然环境特性、功能和利用类型等，可以将土壤质地、土壤容重、土壤团聚体组成与稳定性、土壤孔隙结构、土壤耕层厚度、土壤持水能力及土壤紧实度作为水稻土土壤物理肥力评价指标。

2.1.2.1 耕层厚度

水稻土一般具有明显的耕层和犁底层。耕层是指经耕种熟化的表土层，受到耕作、施肥和灌溉等管理措施的深刻影响。耕层土壤养分含量丰富，80%以上水稻根系分布于该层次。因此，耕层直接关系到作物高产、稳产和农业可持续发展。土壤耕层厚度可反映土壤肥力状况，耕层太浅会导致土壤不能满足水稻的养分吸收需求；同旱地土壤不同，水稻土需要适当深度的犁底层来保持水分和养分，因此耕层厚度过大也不利于水稻生产。对于高产水稻土，一般要求耕层厚度为20~25cm。在江西省进贤县的研究表明，41%的样点耕层厚度小于20cm（图2-1），没有达到高产水稻土对耕层厚度的要求，说明耕层变浅已经成为双季稻区水稻生长的限制因子，需要采取措施增加耕层厚度。

水稻土的耕层厚度可以根据剖面形态特征直观判断，也可以根据土壤紧实度数据进行定量分析。田间观测时，耕层土壤较松软，犁底层明显紧实。在进行土壤紧实度测定时，耕层紧实度一般较小，到犁底层会突然增大，因此可以通过分析土壤紧实度的变化来判断耕层的厚度。

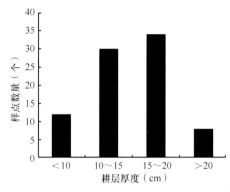

图2-1 江西省进贤县双季稻区土壤耕层厚度分布图

2.1.2.2 土壤质地

土壤质地是最基本的土壤物理性质，它常常是土壤蓄水、导水、保肥、供肥、保温、导温能力和耕性等的决定性因素，对土壤肥力的影响是多方面的。对于旱地土壤，一般认为土壤质地剖面过砂或过黏均不利于土壤肥力因素的发挥与调节。砂性土通透性好，易于耕作，昼夜温差大，对水分和养分的保蓄能力差，肥劲猛而短；而黏性土通透性和耕性差，土温变幅小，对水分和养分的保蓄能力强，肥力稳而长；壤质土的砂、粉、黏粒比例适宜，兼具砂土和黏土的优点，是农业上较为理想的土壤质地。而对于水稻土，一般来说，由于水稻需水需肥较多且生长期较长，宜在质地较黏重的壤土和黏壤土中生长（徐建明等，2010）。在田间调查中也发现，部分水稻土砂粒含量很高（>50%），但是由于有发育良好的耕层和犁底层，水稻也能高产。因此，对于水稻土，不能仅以土壤质地，尤其是某一层次的土壤质地来判断是否适合水稻生产，而应结合土壤耕层厚度、土壤结构和其他土壤性质综合分析。

土壤质地的测定方法有比重计法、吸管法和激光粒度仪法等。其中，吸管法最为经典，但是测定需要时间相对较长。近年来激光粒度仪法应用较多，但是样品前处理、仪器参数选择等需要特别注意，必要时需要同其他方法进行比对，以确保数据准确。

2.1.2.3 土壤容重

土壤容重是指一定容积内的土壤重量。土壤容重是最重要的土壤物理性质之一，不仅可以较准确地反映土壤物理性状的整体状况，还可有效地指示土壤肥力水平和土壤生产力，是表征土壤健康和土壤压实程度的一个重要参数。一般土壤容重小代表土壤疏松多孔，通透性较好，潜在肥力较高；反之，表明土壤结构性差。土壤容重与土壤有机质、土壤质地、耕作方式、土层深度、土壤类型存在一定的关系。自然因素和人为因素都可影响土壤容重，对于农田土壤，人为影响是主要的因素。土壤容重可以反映土壤的紧实度和孔隙情况，是评估耕作措施对土壤质量影响的重要指标。水稻土是典型的人为土，土壤容重受到耕作、施肥和水分管理等措施的综合影响。很多研究将土壤容重作为土壤物理肥力的评价指标之一。但是需要注意的是，水稻土容重随着时间和含水量的变化而发生变化，如图2-2所示，两个施肥处理下，土壤容重随时间和含水量变化而发生变化，幅度可达0.2g/cm³。因此，在采集样品和进行土壤质量评价时，必须要考虑采样时间和土壤水分状况的影响。

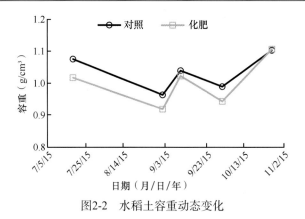

图2-2　水稻土容重动态变化

国内外学者通常用环刀法来测定水稻土容重。其原理是利用一定体积的圆柱形环刀取样，使土壤充满环刀，烘干后得到一定体积的土壤重量，计算得到容重。其他方法还有蜡封法、水银排除法、填砂法、排水法、伽马射线法和X射线法等，但是这些方法在水稻土研究中应用较少。由于水稻土容重随时间变化大，因此动态监测土壤容重可以获取更多的土壤质量信息。现阶段田间原位动态监测土壤容重的方法主要有热脉冲–时域反射（Thermo-TDR）技术，装置如图2-3所示。Thermo-TDR技术是基于土壤热容量和含水量的线性关系，通过同时连续定位测定土壤含水量、热特性和电导率，进而得到三相比、饱和度和容重等土壤物理参数（卢奕丽，2016）。本研究应用该技术在田间监测了水稻土容重的动态变化，能够很好地捕捉到由土壤水分变化引起的容重动态变化。

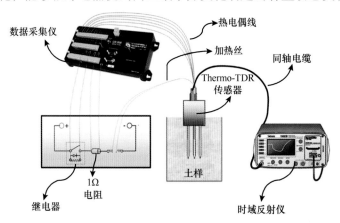

图2-3　Thermo-TDR方法测定土壤容重装置连接示意图（卢奕丽，2016）

2.1.2.4　土壤团聚体组成与稳定性

一般认为土壤团聚体的组成与稳定性是衡量土壤质量、土壤物理肥力高低的重要指标，团聚体组成与稳定性也是广泛应用的土壤肥力评价指标。其中，团聚体组成指团聚体的大小分布，团聚体稳定性指团聚体对水、机械操作及生物分解所产生的分散作用的抵抗力。水稻土的耕作和水分管理措施对土壤团聚体大小分布与稳定性影响很大。稻田耕作强度大，破坏大团聚体，形成分散的小团聚体甚至土壤颗粒；而干湿交替过程可以促进土壤团聚体的形成。虽然关于团聚体的应用很多，但是需要注意，水稻土团聚体的概念和分析方法还存在一些争议。首先，水稻土是否普遍存在团聚体结构存在争议。

水田耕作后土壤分散，然后沉降，有时并不存在明显的团聚体结构。其次，部分水稻土并未充分熟化，存在大的不易分散的僵硬土块，这部分土块是否是团聚体还存在争议。最后，水稻土由于长期淹水，采样时一般含水量较高，而之后的样品风干和湿筛（水稳定性测定）过程可能并不能反映水稻土团聚体的真实情况。这些都要求在应用团聚体这一指标时需格外小心，尽量使样品采集时间、采集方式、前处理过程和分析方法更加科学、合理、标准。

土壤团聚体组成和稳定性测定往往同时进行，最常用的是湿筛法，即用不同粒径筛子在水中筛分团聚体。湿筛法可以得到不同大小水稳性团聚体的质量分数，进而可以计算团聚体稳定性的参数，如平均重量直径。此外，水滴法和降雨模拟法主要通过测定团聚体抗水化和抗机械破碎能力来衡量团聚体稳定性，但是这两种方法应用较少。20世纪90年代，Le Bissonnais提出了团聚体崩解的水化、膨胀、雨滴破碎及物理化学分散4种机制，统一了评价团聚体稳定性的框架和试验操作步骤。Le Bissonnais的方法是研究土壤团聚体稳定性的常用方法（Le Bissonnais，2016），该方法在干筛预处理之后，可用3种方法崩解团聚体以得到团聚体大小分布，即快速湿润法、慢速湿润法和预湿后扰动法。由于可以区分不同的分散机制，该方法得到了广泛应用。

2.1.2.5　土壤孔隙结构

土壤孔隙直接影响土壤中水、溶质和气体的运动及根系的生长，对水稻生长具有重要的意义。孔隙的相关指标包括孔隙度、孔隙大小分布和孔隙的弯曲度、连通性和其他形态特征等。另外，一些指标是根据孔隙的功能来定义的，如通气孔隙和毛管孔隙等。土壤孔隙结构复杂且具有很强的时空变异性，环境变化和生物活动等均会影响土壤孔隙结构，其中耕作活动对孔隙结构的影响最为强烈。通过室内模拟，研究了稻田打浆对孔隙结构的影响，发现打浆显著降低了孔隙度和孔隙连通性。随着干湿交替的进行，土壤孔隙度和孔隙结构发生变化（Fang et al.，2019）。秸秆还田和施肥措施等也会改变土壤孔隙结构，如图2-4所示，秸秆还田后土壤大孔隙度显著增加。虽然土壤孔隙结构对水稻土肥力有重要的作用，但是由于已经开展的研究非常有限，尚不能形成定量的标准。根据现有资料，大孔隙度同土壤肥力和作物产量呈正相关关系。

虽然土壤孔隙结构对水稻土肥力具有至关重要的作用，但是由于孔隙相关指标测定方法相对复杂，在现阶段实践中应用较少。现阶段常用的指标仍然只是总孔隙度，可以通过测定土壤容重进行计算获得。另外还有一些测定土壤孔隙结构的方法，在此做简单介绍。利用水分特征曲线或压汞曲线可以获得土壤孔隙分布状况，但是不能得到孔隙形态信息。土壤切片法是在土壤微形态学研究的基础上建立起来的，首先制作土壤切片，然后通过拍照和图像处理技术获得土壤孔隙结构。土壤切片法过程较为复杂，也不能反映土壤孔隙的三维结构信息。对土壤孔隙结构研究最深入、全面的方法是CT扫描技术。应用X射线显微CT结合图像分析技术可以获得土壤大孔隙数目、大小、形状和连通性等。目前常使用的CT类型有医用CT、工业CT和同步辐射显微CT。医用CT可扫描样品尺寸大，分辨率低，主要用于大土柱的研究；同步辐射显微CT分辨率高，图像对比度强，但可扫描样品尺寸小，主要用于团聚体尺度的研究；而普通工业CT的分辨率和扫描样品尺寸则介于上述二者之间（周虎等，2013）。

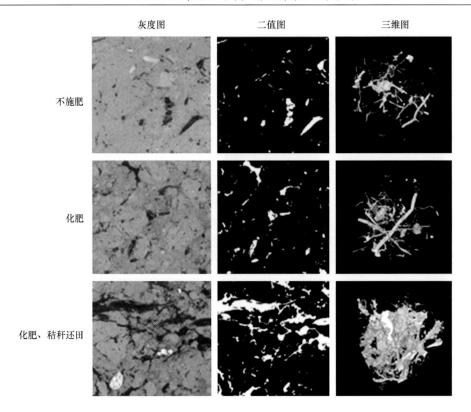

图2-4 不同施肥和秸秆还田处理孔隙结构差异

2.1.2.6 土壤紧实度

土壤紧实度也称土壤硬度或土壤坚实度，直接影响水稻根系的穿插、生长及对养分的吸收等状况，是一个重要的土壤物理特性指标。同旱地土壤不同，水稻土耕层一般不存在压实的情况，土壤紧实度较小；而水稻土犁底层紧实度很高，根系很难生长。本研究对江西省进贤县水稻土紧实度测定也发现水稻土耕层紧实度一般较小，到犁底层会突然增大。通过分析发现，耕层厚度决定了水稻根系的生长空间，也就决定了根系能够利用的养分和水分容量。耕层的厚度同土壤的紧实度密切相关，对于耕层小于20cm的样点，犁底层紧实度大多大于2MPa（图2-5），说明根系很难在犁底层生长；而对于耕层厚度大于20cm的土壤，犁底层紧实度大多小于2MPa，能够被根系穿透，进而形成根孔，提高犁底层的渗透能力。因此，对于水稻土紧实度，应该同耕层和犁底层厚度的分析相结合才能得到更有效的信息。

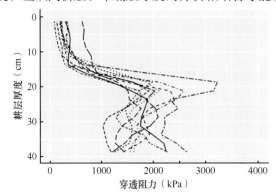

图2-5 双季稻区水稻土紧实度垂直分布图（样点数为34）

土壤紧实度受土壤质地、容重和含水量的影响，其中含水量对其影响最大，含水量越高，土壤的紧实度越小。由于水稻土水分变化大，紧实度的测定和评价必须考虑土壤的水分状况。土壤紧实度的测定方法很多，常用的是利用紧实度仪来测定。圆锥指数CI（cone index）是国际上描述土壤紧实度的通用指标，圆锥指数的定义是当锥体以恒定速率插入土壤过程中单位面积上瞬时所受的土壤阻力，单位一般为kPa或MPa等。现在很多商业化的紧实度仪同时配备了GPS，可以记录测定样点的位置信息，方便后续的数据分析和处理。

2.1.2.7　土壤持水能力

有效水是指植物可以利用的土壤水分，一般是田间持水量和萎蔫含水量之差。有效水含量取决于土壤孔隙结构，一切影响土壤孔隙状况和水分特性的因素都会对土壤水分特征曲线产生影响，如土壤质地、结构、容重、温度变化及土壤的膨胀和收缩等。有效水含量可以通过测定田间持水量和萎蔫含水量获得，一般是通过水分特征曲线获取。土壤水分特征曲线测定就是测定一系列含水量及与其对应的基质势。测定法主要有：田间瞬时剖面法、平衡水汽压法、砂性漏斗法、张力计法、压力膜法、离心机法等。其中，张力计法可测定田间原状土样的土壤水分特征曲线，其测量范围受其吸力范围限制，但大部分可以满足田间应用的需要。压力膜法不同于张力计法，它是通过改变压力势来测定不同土壤基质势下的土壤含水量。间接推算法即根据易于测定的其他土壤参数建立理论模型或经验公式，而后推算土壤含水量，主要指土壤转换函数法。

2.2　稻田土壤化学肥力

2.2.1　土壤化学肥力及其研究进展

2.2.1.1　土壤肥力概念的发展

人类社会由狩猎、游牧和采集的生产活动方式转为定居的农业生产方式，无疑是一个巨大的进步。而人们懂得利用土壤生产植物产品，则是促成这一进步的根本原因。随着农业生产的发展，人们对土壤的认识日益加深，对土壤的本质属性——土壤肥力也有了日益深刻的理解。土壤肥力可划分为物理肥力、化学肥力和生物肥力。本部分将对化学肥力概念的发展予以回顾，由于三者相互影响、相互依存、密不可分，因此在这部分内容中也涉及土壤的物理肥力和生物肥力，如土壤结构和酶活性等。

据考证，在公元前7000～前6000年，我国便已种植水稻。同古籍中"天雨粟，神农遂耕而种之"的传说记载大体相符合（黄淑娉等，1982）。这或许是人类有意识地将绿色植物种子播种于土壤以获得收成的有关原始农业生产过程的最早记述。其后，东汉郑玄（公元180年前后）在《周礼·地官司徒》的注释里有这样的表述："万物自生焉，则曰土；以人所耕而树艺焉，则曰壤"（王云梨等，1980），说明了我国古代不仅认识到了"万物土中生"的道理，而且把未经人为耕作的土壤（自然土壤）与经过人为耕作的土壤（耕作土壤或农业土壤）作出了明确的区分，并认识到后者是人类进行生产活动积极干预的结果。

"土敝则草木不长"，陈旉（公元1149年）清楚地说明了土壤肥力与植物生长的关系。在我国古代，人们在土壤利用方面已有了朴素的生态学观点。"相地之宜"之说和在农业生产上需要"合天时地脉，尽物性之宜"，便是这一方面的明证。值得指出的是，在其他文明古国（如古罗马帝国等）对土壤肥力的减退持消极态度时，我国南宋的陈旉却提出了这样的论断："或谓土敝则草木不长，气衰则生物不遂，凡田土种三五年，其力已乏。斯言殆不然也，是未深思也。若能时加新沃之土壤，以粪治之，则益精熟肥美，其力当常新壮矣。抑何敝、何衰之有？"他还指出："土壤气脉，其类不一，肥沃硗埆，美恶不同，治之各有宜也。"这一论断和这一保持地力"常新壮"培育土壤的原则相同，一扫消极的论点，在今天仍有指导意义。

更值得指出的是，春秋战国时的《禹贡》一书中关于土壤的分类，是人类历史上根据颜色和质地对土壤进行肥力综合评价的创举。它是择土种植的依据，也是评定赋级的标准。即使在现在，它仍具有一定的科学价值。

我国农民在长期的生产实践中形成了对土壤肥力的独特看法：肥沃的土壤不仅能高产，而且能稳产；多施肥时作物不疯长，少施肥时不脱肥；抗逆性强；宜耕期长；宜种性广。我国现今的土壤肥力研究，正是在这种看法的启发下，吸取了国外学者肥力观中有益部分，不断地走向深入的。比较一致的看法是：肥力是土壤的本质属性，表现为供应和协调植物生长所需的水、肥、气、热条件的能力。是什么决定了土壤的这一本质属性呢？熊毅（1983）认为，是土壤有机胶体与无机胶体的融合程度。它影响土壤保肥、保水和供肥、供水及自动调节能力的强弱，也影响土壤结构的形成及其稳定程度。因此，"土肥相融"的程度是评定土壤肥力水平的重要指标。侯光炯（1982）认为，肥力是土壤生理机能的表现。它取决于两方面的因素：一是土壤固有的，来自土壤无机-有机-微生物-酶复合体；二是外源的，来自太阳的热能，后者通过调节前者的活性而起作用。土壤肥力水平的高低，取决于"内、外三稳"的程度。"内三稳"指土层内部腐殖质含量和品质的稳定，表土中有益微生物区系组成和数量的稳定，以及土壤微结构数量和品质的稳定。"外三稳"指大气层、植被层和土壤内部水平-垂直方向范围内水、热周期性动态变化的稳定。土壤肥力的整体状况，必须从"体质"和"体型"两个方面来探明，而不同粒径的微团聚体对土壤中水、肥、气、热有保持和协调作用；对土壤疏松层有形成和稳定作用；还密切影响土壤酶的种类和活性。它的作用是多方面的，既反映土壤库容的大小，又反映物质转化动力的强弱，是构成土壤自动调节性能的物质基础。它的组成在不同肥力水平土壤之间各有特征，因而可以作为评价土壤肥力水平的综合指标。

土壤的化学肥力主要指土壤储存化学养分和供给作物化学养分的能力，主要包括保持与供应大量营养元素和中微量营养元素的能力。土壤肥力研究包括土壤肥力物质基础、土壤植物营养及土壤生态条件3个方面。土壤肥力物质基础及其作用功能反映土壤肥力实质，联系着土壤物理、化学、生物性质等各方面，受环境条件的影响，成为土壤的本质属性。土壤肥力经过多种因素的综合作用而形成，评价方法比较复杂，至今没有统一的方法，对于土壤肥力实质，特别是综合研究，需要从土壤的"体质"和"体型"两个方面着手。

土壤经过适宜耕翻后，产生了有利于作物生长发育的新的层次组合，各个土层在整个作物生长期间具有各自的独特功能，而各土层的适当配合，则构成了有利于土壤水、肥、气、热保持与协调的整个土体构造。因此，研究土壤肥力必须研究土壤的"体型"。一般认为生土不肥、熟土肥沃，可见土壤的熟化程度决定着土壤肥沃程度。因而，所谓土壤熟化实质，也可以说是土壤肥力实质。研究这个问题，要先明确什么是土壤肥力的基础物质。根据前人的研究结果，腐殖质和矿质黏粒早被认为是土壤肥力的基础物质。它们都呈胶体状态，是土壤中最活跃的部分。它们的主要特征是虽粒体很小，单位重量的表面积却很大。土壤有机矿物质复合体及其结合而成的各级微团聚体具有保持水分和养分、协调土壤供水供肥能力的功能。同时它们结成微粒结构，使土壤具有良好的通透性，从而成为土壤中能量和物质集散的库。这类团聚体的组成及其作用功能能够反映土壤的"体质"。

因此，在研究土壤肥力时，既要研究体质（指决定土壤肥力水平的基础物质及其作用），又要研究体型［指不同土层的土壤颗粒组合状态（客观地反映于土壤的孔隙组成）及其功能］。只有这样，才能找到有效措施用于提高土壤肥力，从而满足作物生长的需要，并在一定程度上抵御不良的生长条件。

2.2.1.2　土壤化学肥力

1. 水稻土氮素肥力

土壤对水稻的供氮量，一般以田间试验中无氮区水稻成熟时地上部分累积的氮量表示，有时则扣除秧苗带入的氮量。土壤对双季早稻的供氮量，不同试验的平均值变动于3.8～4.9 kg N/亩，供氮量占0～20 cm土层全氮量的1.5%～2.7%，明显低于单季晚稻（5.0～7.2 kg N/亩，2.0%～3.3%），但大体上相当于或略高于双季晚稻（3.3～5.2 kg N/亩，1.2%～2.0%）。这种差异与不同季别的水稻生长期间土壤的有效积温多寡有关，是不同季别水稻对土壤氮素依赖性不同的主要原因。

土壤供氮量可以分为土壤来源和非土壤来源两个部分。后者包括以肥料形式施入的氮、降雨和灌溉水带入的氮、水稻从大气中直接吸收的氮、土壤从大气中直接得到的氮等。如果未扣除秧苗氮，则这一部分也属于非土壤来源部分。此外，在水稻生长期间进行的非共生固氮作用，也可以直接向水稻提供一部分氮而被计入上述的土壤供氮量中。

水稻土氮素肥力的研究已有很多报道，但之前的研究一直关注土壤本源有机氮和外源添加有机氮的矿化与供氮能力，以及无机氮在稻田土壤氮素肥力评价中的作用，忽视了小分子有机物质在土壤中的行为及其分解过程对稻田土壤肥力供应的贡献。以"十三五"国家重点研发计划项目为依托，开展了小分子有机氮分解特征和微生物对其利用过程方面的研究，进一步完善了稻田土壤的肥力评价参数。

关于土壤中小分子有机氮分解和微生物吸收方面的研究工作，共分为两个方面，第一是以采用不同种植模式的稻田土壤为供试对象，通过培养试验探讨氨基酸在土壤中的周转特征；第二是在水稻秸秆添加条件下，探讨小分子有机氮（甘氨酸）的微生物利用特征。下面分别对两方面工作进行阐述。

第一方面的工作：以单季稻稻田土壤、稻麦两熟稻田土壤和双季稻稻田土壤为研究对象，利用稳定同位素质谱分析技术，分析了双标记甘氨酸和谷氨酸添加后氮矿化特征、碳矿化特征及不同区域稻田土壤理化性质对氨基酸碳、氮矿化的影响。在室内培养的条件下，通过添加双标记甘氨酸和谷氨酸研究不同耕作措施对双季稻稻田土壤氨基酸吸收的影响。同时利用气相色谱-燃烧-同位素比值质谱（GC-C-IRMS）分析技术，研究了磷脂脂肪酸（PLFA）中^{13}C含量的动态变化，从而探究微生物种群在氨基酸转化过程中的作用。主要研究结果如下。

Ⅰ. 单季稻、稻麦两熟和双季稻稻田土壤基本理化性质有明显差异。在单季稻稻田土壤中，分别添加双标记甘氨酸和谷氨酸后，土壤中溶解性有机氮库中^{15}N和微生物生物量^{15}N的比例较高；在稻麦两熟稻田土壤中，分别添加双标记甘氨酸和谷氨酸后，^{15}N-未知态库中^{15}N的比例和土壤中溶解性有机氮库中^{15}N的比例较高；而在双季稻稻田土壤中，分别添加双标记甘氨酸和谷氨酸后，$^{15}NH_4^+$-N和土壤中^{15}N-未知态库中^{15}N的比例均较高。在3个不同采样地点中，双季稻稻田土壤各磷脂脂肪酸含量显著高于稻麦两熟及单季稻稻田土壤，各磷脂脂肪酸总量的变化趋势与各稻田土壤基本理化性质变化趋势一致。施用标记的氨基酸后，土壤中革兰氏阳性（G$^+$）细菌和革兰氏阴性（G$^-$）细菌吸收的氨基酸比例较高，是吸收双标记氨基酸的优势菌群。

Ⅱ. ^{13}C,^{15}N-甘氨酸在采用不同耕作措施的双季稻稻田土壤中的转化过程主要分为两部分，一部分是进入微生物体内，通过直接途径被微生物吸收，或者是在微生物细胞外发生矿化，然后被微生物固持；另一部分氨基酸被分解，发生矿化、硝化，残留在土壤中或去向未知。耕作措施影响了双季稻稻田土壤微生物对^{13}C,^{15}N-甘氨酸的吸收，旋耕+2/3秸秆还田处理（2/3RTS）通过直接途径（direct）吸收的双标记甘氨酸比例最高，说明矿化–固持途径被抑制，直接途径占优势；翻耕+秸秆不还田（CT）处理通过直接途径吸收的^{13}C,^{15}N-甘氨酸含量显著低于翻耕+秸秆还田（CTS）处理，说明秸秆还田后，土壤中C/N值升高，微生物通过直接途径吸收氨基酸来满足其氮素需要。

采用^{13}C,^{15}N-甘氨酸、^{13}C,^{15}N-谷氨酸双标记技术，监测不同微生物种群对甘氨酸和谷氨酸中碳的利用情况，结果表明：谷氨酸转化速率显著高于甘氨酸，说明氨基酸中碳的数量影响氨基酸的降解速率。添加甘氨酸的处理中，G$^+$细菌利用甘氨酸合成磷脂脂肪酸的比例较高，添加谷氨酸的处理中，G$^-$细菌利用甘氨酸合成磷脂脂肪酸的比例较高，说明，G$^+$更倾向于对甘氨酸进行利用，而G$^-$细菌更倾向于对谷氨酸进行利用。氨基酸源^{13}C首先被细菌同化吸收，并且吸收量显著高于真菌和放线菌，说明细菌是利用小分子有机氮的主要微生物。

以上研究探究了不同区域稻田土壤及不同耕作方式下土壤微生物对小分子有机氮的直接利用和影响机制，进一步探明了小分子有机氮在土壤中的周转特征，对改善土壤质量和促进农业生产具有重要意义。

第二方面的工作：应用稳定性同位素示踪技术测定了秸秆降解过程中土壤微生物对双标记甘氨酸的吸收。试验证明，氨基酸能被土壤微生物以整个分子形式吸收。单施氮肥的条件下，微生物吸收的双标记甘氨酸显著低于对照处理，说明无机氮充足的条件下，土壤微生物优先吸收无机氮。但氮肥与秸秆配施后，土壤微生物吸收的^{13}C,^{15}N-甘氨酸显著增加，且土壤酶活性和土壤微生物生物量碳、氮也显著升高，土壤无机氮和植物全氮含量下降，说明当土壤无机氮被消耗后，土壤微生物可以吸收氨基酸来满足其自身生长繁殖的需要。本部分的详细工作内容如下。

（1）材料与方法

试验土壤采自辽宁沈阳农田生态系统国家野外科学观测研究站（N 41°32′、E 123°23′）。盆栽试验共设3个处理，分别为对照（CK）、硫酸铵（NF）、硫酸铵+水稻秸秆（NS），每个处理4次重复。氮肥为硫酸铵，磷肥为过磷酸钙，钾肥为硫酸钾，磷钾肥作底肥。氮磷钾肥施用量：硫酸铵添加量为250kg N/hm²（0.1g N/kg干土计），过磷酸钙和硫酸钾添加量分别为375kg P₂O₅/hm²（0.15g P₂O₅/kg干土计）和250kg K₂O/hm²（0.1g K₂O/kg干土计）。秸秆为水稻秸秆，施用量为1250kg/hm²（5g/kg干土计）。秸秆中碳和氮的含量分别为387.6g/kg和6.5g/kg，C/N值为60∶1。试验采用塑料盆装土，塑料盆的直径为18cm，高度为20cm，每盆装2.0kg干土，调节含水量至田间持水量的50%。播种前将种子放在25℃恒温光照培养箱中催芽，待芽长出1cm后，选取长势一致的10粒发芽的小麦种子置于塑料盆中，出苗后每盆留8株苗，小麦生长期间土壤含水量保持一致。小麦品种为'辽春18'。

分别于小麦苗期（4月18日）、拔节期（5月13日）、灌浆期（6月4日）、成熟期（7月8日）进行破坏性取样，采集土壤和植物样品。每个时期的土壤样品测定：pH、有机碳、全氮、铵态氮、硝态氮、微生物生物量碳、微生物生物量氮、可溶性有机碳、蛋白酶、β-葡萄糖苷酶、N-乙酰-β-氨基葡萄糖酶、水解纤维素酶、土壤溶液中甘氨酸、微生物体内氨基酸；植物样品测定：地上部和地下部干物质重、全氮和有机氮含量；成熟期测定籽实重、全氮和有机氮含量。

（2）结果与分析

1）氮肥和秸秆配施对土壤基本理化性质的影响

在整个生长季，添加氮肥的两个处理（NF、NS）pH显著低于CK处理（表2-1），除拔节期外NF和NS处理差异不显著。随着小麦的生长，土壤pH逐渐升高，在小麦成熟期达到最高。秸秆的添加显著增加了土壤总有机碳的含量。由于秸秆含有大量的有机质，在秸秆还田初期，土壤有机质含量增加（Bakht et al.，2009）。在拔节期，总有机碳含量最高，随后逐渐下降，成熟期降到最低。CK与NF处理总有机碳含量差异不显著。秸秆的施用对有机质产生影响的同时还能使土壤全氮含量得到提高。苗期，单施氮肥处理（NF）全氮含量显著高于CK处理，其他采样时期NF与CK差异不显著。在整个生长季，NS处理全氮含量显著高于CK处理，但与NF处理无显著差异。由于加入土壤中的氮肥是硫酸铵，因此苗期NF处理铵态氮浓度最高，其次为NS、CK处理。随着小麦的生长，土壤微生物与农作物竞争土壤氮素，拔节期NF和NS处理铵态氮含量迅速下降。所有采样时期，单施氮肥处理（NF）硝态氮含量最高，添加秸秆后，显著降低了土壤硝态氮含量，但仍高于CK处理。在整个生长季，各处理矿质氮（NH_4^+-N和NO_3^--N）含量变化为NF＞NS＞CK。

表2-1　不同处理pH、总有机碳、全氮、铵态氮和硝态氮含量

生育时期	处理	pH	总有机碳（mg/kg）	全氮（mg/kg）	铵态氮（mg/kg）	硝态氮（mg/kg）
苗期	CK	5.65±0.04aC	11.51±0.38bA	1.13±0.04bA	12.74±0.78cC	23.51±3.10cA
	NF	5.43±0.05bB	11.84±0.39bA	1.29±0.02aA	29.48±0.87aA	40.07±3.29aA
	NS	5.41±0.02bD	13.02±0.28aA	1.28±0.04aA	18.13±0.85bB	34.47±1.08aA
拔节期	CK	5.93±0.04aB	11.69±0.50bA	1.15±0.03bA	16.08±1.08aB	2.48±0.62cB
	NF	5.48±0.06cB	11.70±0.70bAB	1.17±0.05abB	15.14±0.44aC	22.06±3.58aB
	NS	5.64±0.06bC	13.17±0.49aAB	1.21±0.04aAB	13.01±0.86bC	6.50±0.57bB

续表

生育时期	处理	pH	总有机碳（mg/kg）	全氮（mg/kg）	铵态氮（mg/kg）	硝态氮（mg/kg）
灌浆期	CK	6.17±0.14aA	11.18±0.24bA	1.01±0.03bB	22.37±0.14aA	1.83±0.01cB
	NF	5.72±0.09bA	11.18±0.24bBC	1.08±0.03abC	21.85±0.14aB	17.56±0.57aB
	NS	5.82±0.03bB	12.51±0.21aBC	1.13±0.08aBC	20.96±1.09aA	5.37±0.37bB
成熟期	CK	6.31±0.20aA	11.21±0.36bA	1.02±0.03bB	15.70±1.16aB	1.87±0.29cB
	NF	6.00±0.05bA	11.14±0.28bC	1.08±0.03abC	15.80±0.99aC	16.87±3.28aB
	NS	5.98±0.04bA	12.11±0.34aC	1.11±0.05aC	11.27±1.51bC	5.73±0.37bB

注：表中数据为平均值±标准差；不同生育时期同一列数据后不同小写字母表示在0.05水平上差异显著，不同大写字母表示在0.01水平上显著，下同

2）氮肥和秸秆配施对土壤微生物生物量和溶解性有机碳的影响

所有采样时期，添加秸秆显著增加了土壤微生物生物量碳和氮，且微生物生物量碳和氮变化趋势相同（图2-6a，b）。苗期，微生物生物量碳、氮含量最高。秸秆还田后，很快进入分解阶段，产生了大量可溶性化合物，微生物活性增加，发生生物固持作用（Yadvinder and Ladha，2004；Thuille et al.，2015）。从苗期到拔节期土壤微生物生物量碳、氮含量迅速下降，可能由小麦吸收所致。在拔节期，小麦生长迅速，土壤中无机氮含量迅速下降，作物吸收的氮素有一部分来源于微生物生物量氮的释放。从拔节期到灌浆期土壤微生物生物量碳、氮含量逐渐升高，矿质氮含量也有小幅度增加，可能是灌浆期（6月4日）环境温度升高，水热环境适宜提高了微生物活性，土壤原有有机质矿化出的氮素一部分被微生物固持导致微生物生物量增加。而在小麦的成熟期，微生物生物量

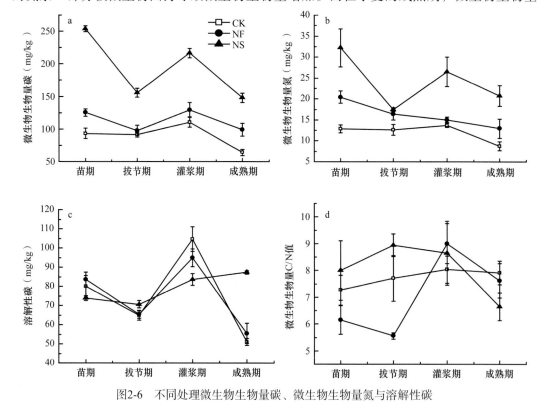

图2-6　不同处理微生物生物量碳、微生物生物量氮与溶解性碳

碳、氮含量下降，说明小麦成熟期微生物活性下降。单施氮肥处理（NF）的微生物生物量碳、氮变化趋势与NS处理相同，微生物生物量氮含量随着取样时间的延长呈逐渐下降趋势，但其含量仍高于CK处理。

在整个生长季，NF和CK处理溶解性碳与土壤微生物生物量碳含量变化趋势一致（图2-6c）。NS处理的溶解性碳含量在拔节期和成熟期高于未添加秸秆处理。

CK处理的微生物生物量C/N值在整个生长期变化不大，NF和NS处理变化趋势则大体相反（图2-6d）。NS处理微生物生物量C/N值在营养生长时期（苗期和拔节期）显著高于NF处理，NF和NS两个处理微生物生物量C/N值分别为5～7和8～9；到生殖生长时期（灌浆期和成熟期）NF处理升高为7～10，NS处理逐渐下降为6～9。土壤中微生物生物量C/N值的变化可能是由土壤中微生物群落组成发生变化引起的。

3）氮肥和秸秆配施对土壤酶活性的影响

在前3个采样时期，与未添加秸秆处理相比，添加秸秆（NS）显著增加了土壤蛋白酶活性（图2-7a）；单施氮肥处理（NF）只有在拔节期蛋白酶活性显著高于CK处理，其他采样时期蛋白酶活性与CK无显著差异；CK和NF处理蛋白酶活性随着采样时间的增加而增加。添加秸秆也显著增加了土壤β-葡萄糖苷酶、纤维二糖水解酶、N-乙酰氨基葡萄糖苷酶活性（图2-7b～d）。NS处理营养生长时期（苗期和拔节期）β-葡萄糖苷酶、纤维二糖水解酶、N-乙酰氨基葡萄糖苷酶活性高于生殖生长时期（灌浆期和成熟期）。单施氮肥（NF）对土壤β-葡萄糖苷酶、纤维二糖水解酶、N-乙酰氨基葡萄糖苷酶活性的影响不显著。

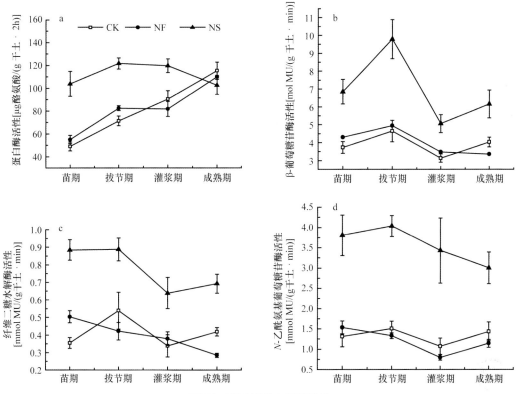

图2-7　不同处理土壤酶活性

植物残体降解过程中，胞外酶起到重要作用（Hadas et al.，2004）。蛋白酶、β-葡萄糖苷酶和纤维二糖水解酶、N-乙酰氨基葡萄糖苷酶分别负责降解蛋白质、纤维素和几丁质（Cayuela et al.，2009；Jan et al.，2009；Allison et al.，2014）。降解产物有小分子有机氮化合物，如氨基酸和氨基糖，酶活性越高，生成的氨基酸越多，可以为微生物生长提供所需要的氮源或者碳源。因此，NS处理微生物体内吸收的氨基酸可能增加。Plaza等（2004）的研究表明，真菌是β-葡萄糖苷酶的主要生产者，N-乙酰氨基葡萄糖苷酶活性可以作为反映真菌活性的指示者，且N-乙酰氨基葡萄糖苷酶活性与真菌生物量呈正相关关系（Miller et al.，1998；Parham and Deng，2000）。在NS处理中，微生物生物量C/N值在营养生长时期（苗期和拔节期）为7~10，到成熟期下降到6.8。通常，真菌的微生物生物量C/N值高于细菌，说明在整个采样时期，微生物群落从真菌向细菌转变。但是，由于没有测定微生物群落组成，只能通过酶活性和微生物生物量C/N值的变化推测微生物群落组成变化，具体原因需要通过测定磷脂脂肪酸进行探究。

4）氮肥和秸秆配施对氨基酸周转的影响

Ⅰ. 甘氨酸的降解时间

双标记甘氨酸加入土壤后，立即提取，提取率为75%（表2-2）。双标记甘氨酸不能完全被回收，可能是由于加入的甘氨酸有一部分被土壤胶体吸附（Hedges and Hare，1987），也可能是由微生物引起的，在氨基酸提取过程中，可能有一部分氨基酸被微生物分解。Geisseler等（2012）的研究表明，土壤中加入甘氨酸的同时，也添加微生物抑制剂氯化汞后，甘氨酸的提取率达到100%。在本试验中，土壤中添加的双标记甘氨酸降解迅速，4h后，土壤溶液中甘氨酸浓度从3.65mg/kg降到0.97mg/kg；12h后，在土壤溶液中只能检测到甘氨酸添加量的57%；24h后，土壤溶液中检测不到双标记甘氨酸。培养4h后，在微生物体内检测到1.57mg/kg双标记甘氨酸，相当于添加量的31%，此时微生物体内检测到的双标记甘氨酸浓度最大；24h后，在微生物体内检测不到双标记甘氨酸。通过表2-2可以算出^{13}C、^{15}N-甘氨酸的半衰期为3.0h，在之前的研究中也得到相似的结果。Kielland（1995）测定北极4种不同生态系统中甘氨酸、天冬氨酸、谷氨酸、精氨酸、丝氨酸的半衰期，结果显示其半衰期为3~12h。Jones和Kielland（2002）测定苔原生态系统中甘氨酸、谷氨酸、赖氨酸在土壤有机层的半衰期均为5h。Jones和Kielland（2012）采集

表2-2　培养期间土壤溶液和微生物体内双标记甘氨酸含量

时间（h）	土壤溶液中（mg N/kg干土）	土壤微生物体内（mg N/kg干土）
0	3.65±0.088a	0.098±0.003e
1	2.89±0.099b	0.65±0.093bc
2	1.93±0.073c	0.87±0.065b
4	0.97±0.059d	1.57±0.135a
6	0.59±0.054e	0.65±0.114bc
8	0.64±0.043e	0.79±0.072b
12	0.21±0.071f	0.27±0.023d
24	0±0g	0±0g

注：表中数字为平均数±标准差

了自然生态系统的40个土壤样品（森林–草地土壤），测定的氨基酸半衰期为0.8～5.9h。从上述结果可以看出，氨基酸在土壤中的半衰期一般不足12h，这意味着土壤中有相当可观的氨基酸通量。

Ⅱ. 土壤溶液和微生物体内双标记甘氨酸的含量

将 $^{13}C,^{15}N$-甘氨酸添加到各处理土壤，培养4h后，营养生长时期（苗期和拔节期）土壤溶液中 $^{13}C,^{15}N$-甘氨酸含量显著高于生殖生长时期（灌浆期和成熟期）（图2-8a）。在营养生长时期，NF处理的 $^{13}C,^{15}N$-甘氨酸含量最高。从图2-8b可以看出，除成熟期外，与CK处理相比，单施氮肥（NF）显著降低了微生物体内 $^{13}C,^{15}N$-甘氨酸含量。氮肥与秸秆配施（NS）处理微生物体内 $^{13}C,^{15}N$-甘氨酸含量显著高于NF处理，成熟期各处理差异不显著。在小麦快速生长时期（拔节期和灌浆期）CK处理微生物体内 $^{13}C,^{15}N$-甘氨酸含量显著高于NS处理，NF和NS处理微生物体内 $^{13}C,^{15}N$-甘氨酸含量从苗期到灌浆期逐渐下降，成熟期有一定程度的升高。

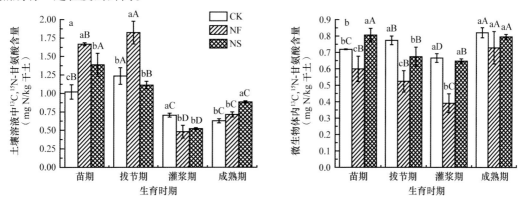

图2-8　不同处理土壤溶液和微生物体内双标记甘氨酸的含量

不同小写字母代表同一取样时间不同处理的差异显著（$P<0.05$），不同大写字母代表相同处理不同取样时间的差异显著（$P<0.05$）。下同

Ⅲ. 甘氨酸与土壤生化指标的相关分析

土壤微生物对甘氨酸的吸收与底物有效性之间有着密切的联系，将4个采样时期的数据进行Pearson相关分析得到表2-3，可知微生物体内 $^{13}C,^{15}N$-甘氨酸含量与矿质氮、溶解性有机碳含量呈显著负相关，与铵态氮含量呈极显著负相关；土壤溶液中 $^{13}C,^{15}N$-甘氨酸含量与矿质氮、硝态氮和微生物生物量氮含量呈极显著正相关；溶解性有机碳与铵态氮、微生物生物量碳含量呈极显著正相关；微生物生物量氮含量与硝态氮、微生物生物量碳含量呈显著正相关；硝态氮含量和矿质氮、铵态氮含量呈极显著正相关。

表2-3　$^{13}C,^{15}N$-甘氨酸与土壤碳氮相关指标的相关性分析

指标	微生物体内甘氨酸	土壤溶液中甘氨酸	溶解性有机碳	微生物生物量氮	微生物生物量碳	硝态氮	铵态氮	矿质氮
矿质氮	−0.317*	0.551**	0.269	−0.256	0.269	0.955**	0.663**	1
铵态氮	−0.401**	0.130	0.423**	−0.045	0.190	0.411**	1	
硝态氮	−0.226	0.620**	0.159	0.294*	−0.252	1		
微生物生物量碳	−0.047	0.036	0.459**	0.327*	1			

指标	微生物体内甘氨酸	土壤溶液中甘氨酸	溶解性有机碳	微生物生物量氮	微生物生物量碳	硝态氮	铵态氮	矿质氮
微生物生物量氮	0.016	0.488**	0.149	1				
溶解性有机碳	−0.358*	−0.112	1					
土壤溶液中甘氨酸	−0.011	1						
微生物体内甘氨酸	1							

注：*表示在0.05水平显著相关，**表示在0.01水平显著相关。下同

Ⅳ. 氮肥和秸秆配施对植株生物量与产量的影响

与CK相比，除苗期外，添加氮肥和秸秆显著增加了小麦根生物量、茎生物量和总生物量；除根生物量外，单施氮肥（NF）与氮肥和秸秆配施（NS）处理差异不显著。各处理小麦产量无显著差异（表2-4）。

表2-4　盆栽小麦各处理植株茎、根生物量和总生物量及小麦产量　　（单位：g/盆）

生育时期	处理	茎	根	总生物量	产量
苗期	CK	0.14±0.017a	0.18±0.006b	0.32±0.014b	
	NF	0.16±0.001a	0.21±0.030b	0.37±0.030a	
	NS	0.16±0.015a	0.26±0.038a	0.42±0.043a	
拔节期	CK	2.36±0.29b	1.08±0.76c	3.44±0.35b	
	NF	3.40±0.31a	1.25±0.10b	4.65±0.37a	
	NS	3.05±0.09a	1.49±0.16a	4.54±0.48a	
灌浆期	CK	6.60±0.37b	1.21±0.24b	7.80±0.48b	
	NF	8.13±0.58a	1.60±0.14a	9.73±0.66a	
	NS	8.55±0.11a	1.74±0.13a	10.29±0.23a	
成熟期	CK	9.06±0.55b	1.33±0.04b	10.39±0.56b	2.21±0.18a
	NF	10.86±1.48a	1.82±0.09a	12.68±1.43a	2.45±0.32a
	NS	11.58±0.67a	1.86±0.08a	13.44±0.69a	2.48±0.18a

添加氮肥和秸秆可影响小麦地上部、地下部和籽粒全氮含量与C/N值（图2-9）。苗期小麦地上部和地下部全氮含量显著高于其他采样时期，除苗期外，其他采样时期各处理地上部全氮含量顺序为NF＞NS＞CK。在拔节期和灌浆期，CK处理的地下部全氮含量最低，NF处理的最高。单施氮肥处理（NF）小麦籽粒全氮含量显著高于CK和NS处理，与CK处理相比，NF和NS处理籽粒全氮含量分别增加了25%和8%，但CK与NS处理籽粒全氮含量差异未达到显著水平。对于地上部C/N值，在小麦苗期最低，成熟期最高。小麦整个生长季，CK处理的地上部C/N值最高，NF处理最低。在拔节期和灌浆期，地下部C/N值变化趋势与地上部C/N值变化趋势相同。相关分析结果表明，植株各部分全氮含量与土壤全氮含量呈显著正相关。

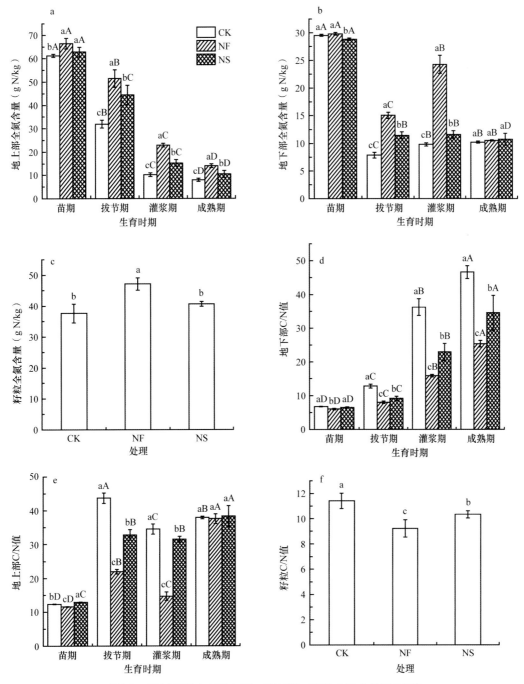

图2-9 不同处理小麦地上部、地下部、籽粒全氮含量和C/N值

不同小写字母表示同一生育时期不同处理之间的差异显著（$P<0.05$），不同大写字母表示同一处理不同生育时期之间的差异显著（$P<0.05$）

（3）讨论

本研究利用特定化合物稳定同位素双标记方法结合氯仿熏蒸技术分析了盆栽试验中土壤微生物对小分子有机氮的吸收利用，结果表明，氮肥和秸秆添加显著影响了土壤微生物对双标记甘氨酸的吸收。

1）底物有效性影响土壤微生物吸收氨基酸

单施氮肥处理（NF）微生物体内^{13}C,^{15}N-甘氨酸含量显著低于CK处理，表明在小麦生长季，土壤溶液中矿质氮含量影响土壤微生物吸收^{13}C,^{15}N-甘氨酸。以前的研究表明，细菌对NH_4^+-N和NO_3^--N都有利用能力，但是NO_3^--N在被微生物同化为有机组分如氨基酸之前，需要被还原为NH_4^+-N（Azam et al.，1993），而这种还原过程需要能量供给。因此，NH_4^+-N是细菌和真菌优先吸收的氮源（Geisseler et al.，2010）。Zak等（1990）研究发现，当土壤中铵态氮的浓度较低时，土壤中的硝态氮以较高的速率被微生物固持，因此，微生物固持硝态氮的速率与土壤中的铵态氮浓度有关。

无机氮的浓度高，抑制可替代氮源（如氨基酸）的酶活性（Magasanik，1993；Marzluf，1997；Hodge et al.，2000；Schimel and Bennett，2004；Pansu et al.，2014）。此外，单施氮肥只引起了微生物生物量碳、氮的小幅度增加，说明微生物对碳和氮的需求没有发生剧烈变化。土壤溶液中矿质氮含量可以满足植物和微生物的氮素需求。在这种情况下，微生物对氨基酸的吸收量可能下降（Geisseler et al.，2012）。添加秸秆后，土壤中微生物活性发生改变，养分需求也随之改变，微生物吸收的^{13}C,^{15}N-甘氨酸显著高于单施氮肥处理（NF），表明秸秆的降解刺激了微生物对^{13}C,^{15}N-甘氨酸的吸收。秸秆在降解过程中，胞外酶起到重要作用，蛋白酶、β-葡萄糖苷酶和纤维二糖水解酶、N-乙酰氨基葡萄糖苷酶分别负责降解蛋白质、纤维素和几丁质（Cayuela et al.，2009；Jan et al.，2009；Allison et al.，2014），这些底物的降解增加了土壤碳源有效性。而在NS处理中，由于碳源有效性增加，微生物活性增加，微生物生物量碳和氮显著增加。在这种情况下，微生物为了完成自身的生长繁殖，需要从土壤溶液中吸收大量的氮源。值得注意的是，土壤溶液中铵态氮、硝态氮和矿质氮浓度也迅速下降，说明秸秆添加后发生净氮固持。除矿质氮外，低分子有机氮也能满足微生物的氮素需要（Emeterio et al.，2014），因此添加秸秆后，微生物体内吸收的^{13}C,^{15}N-甘氨酸显著增加。

β-葡萄糖苷酶和纤维二糖水解酶主要由真菌产生（Plaza et al.，2004），而负责降解几丁质的N-乙酰氨基葡萄糖苷酶是真菌活性的指示者（Miller et al.，1998；Parham and Deng，2000）。在秸秆和氮肥配施处理中，小麦营养生长阶段（苗期和拔节期）的β-葡萄糖苷酶和纤维二糖水解酶活性高于生殖生长阶段（灌浆期和成熟期），微生物生物量C/N值在营养生长阶段为8～9，更接近真菌的C/N值，说明真菌在此阶段生长迅速。在秸秆降解过程中，微生物吸收的小分子有机氮增加，可能是秸秆添加后，加剧了土壤氮限制，更强的微生物氮素需求迫使微生物吸收小分子有机氮，或者微生物矿化有机质获取更多的养分，从而改变了微生物活性及群落组成，导致那些主要分解难降解物质的具有慢生长K-策略功能的微生物群落获得更强的竞争优势（Fontaine et al.，2003）。

2）植物与土壤微生物对氮素的竞争

添加秸秆显著影响了小麦植株吸收氮素。与氮肥和秸秆配施处理相比，单施氮肥显著增加了植株体内全氮含量，但微生物生物量碳、氮含量低于添加秸秆处理，说明在无机氮存在条件下，微生物在与植物竞争氮素时处于劣势。在NF处理中，微生物体内^{13}C,^{15}N-甘氨酸含量低，有可能是因为添加的^{13}C,^{15}N-甘氨酸有一部分被植物吸收。虽然只测定了植物体内全氮含量，并没有测定植物体内^{13}C,^{15}N-甘氨酸含量，但之前的研究表明小麦可以从土壤中完整吸收氨基酸（Näsholm et al.，2001）。除了氮源，碳源在微生物生长繁殖过程中也起到重要作用（Geisseler and Scow，2014）。因此，平衡土壤中碳源与氮源是微生物正常生长的保障。添加秸秆既能影响植物与微生物竞争氮素，也能影响土壤中小分子有机氮的周转（Shaviv，1988）。在施用秸秆初期，由于秸秆较高的C/N值，土壤微生物会与农作物竞争氮素，一部分氮素就会固定在土壤微生物群落中，短期看不利于农作物生长，但从长期看土壤中的氮素损失在一定程度上降低了，由于土壤微生物生活周期较短，代谢旺盛，其在代谢过程中代谢出的氮素可以作为农作物的氮源，从而提高氮素利用率。

（4）小结

特定化合物稳定同位素双标记方法与氯仿熏蒸技术相结合，是测定土壤微生物完整吸收氨基酸的有效手段。盆栽试验条件下，添加氮肥和秸秆显著影响了土壤微生物对小分子有机氮的吸收。单施氮肥处理中，微生物吸收的^{13}C、^{15}N-甘氨酸少，说明在矿质氮存在时，矿质氮是植物和微生物生长的主要氮源，在这种情况下，土壤微生物吸收的氨基酸随之减少。

氮肥与秸秆配施显著增加了土壤蛋白酶、β-葡萄糖苷酶、纤维二糖水解酶、*N*-乙酰氨基葡萄糖苷酶活性，微生物生物量碳和氮也显著增加，说明秸秆的施入促进了土壤微生物的活性，增加了微生物对土壤中养分的需要。土壤中无机氮含量的下降加剧了植物与土壤微生物竞争氮素。此时，土壤微生物通过吸收小分子有机氮来满足自身生长繁殖对氮素的需求。说明，底物有效性影响土壤微生物完整吸收氨基酸。

2. 水稻土磷素状况

在水稻土受渍水影响而化学行为发生变化的主要营养元素中，磷是最显著的元素之一。由于渍水，土壤耕层被水分所饱和，空气大部分被排出，土壤处于嫌气还原条件下发生的一系列物理、化学和生物过程，都可能有利于土壤磷素有效性的提高。水分有利于磷酸离子的扩散和移动；渍水以后土壤pH的升高有利于某些磷酸盐的水解反应；OH的增加有助于磷酸离子的置换；更重要的是嫌气条件可以促进磷酸铁盐的高价铁被还原而使磷活化。所有这些都为水稻土作为磷素营养的给源创造了良好的有利环境。

水稻土的磷素状况与其起源土壤相比，有共同之处，也有不同之处。共同之处是磷素包括有机磷和无机磷两大类型，以及各个类型的化学形态和组成基本上一致；不同之处在于各个类型在量和质上的变异具有显著差异。一般来说，土壤全磷受母质的影响比较大，但是在施肥和成土过程中会有显著变异。尤其是在较长期耕作的情况下，因为习惯总是将肥料包括有机肥和化肥比较集中地施用在水田上，以获得较高的水稻产量。例如，江苏南京附近的低丘陵地区都是由黄土母质发育的土壤，在几百米的范围内，水稻土的全磷量可以从0.05%（P_2O_5，下同）增加到0.10%。

根据部分资料，我国南方由石灰岩、紫色砂页岩、片岩、千枚岩和山区花岗岩风化物发育的水稻土，它们的全磷量都比较高，平均在0.15%以上；长江下游由沉积物、湖积物发育的水稻土，全磷量平均在0.10%以上；由第四纪红色黏土母质发育的水稻土，全磷量平均在0.07%左右。

其中有机磷占全磷的20%～50%（含量一般在0.005%～0.05%），能被0.1mol/L H_2SO_4浸提出的无机磷高的可占全磷的50%，一般在20%～40%，珠江三角洲水稻土的全磷含量平均在0.1%以上。华北地区和东北地区的部分水稻土，土壤磷素状况基本上是受土壤母质的影响而变异。

水稻土中的有机磷含量与有机质含量有一定的相关性。这是由于水稻土在栽培水稻过程中施用了大量的有机肥，随着土壤有机质量的提高，土壤中的有机磷量也发生了显著变化。根据对南方64个水稻土标本的统计（中国科学院南京土壤研究所，1978），土壤有机磷含量（P_2O_5）与土壤有机质含量（M）的相关方程为

$$P_2O_5\%=0.014M+0.001 \tag{2-1}$$

从这个方程可看出，这两者基本上呈直线相关，但由于土壤、气候、有机质的给源等存在差异，不同地区相关方程的系数是不相同的。

过去曾将由0.1mol/L H_2SO_4浸提出的有机磷和无机磷简化地作为南方水稻土的总有效磷，现在看来似乎有一定的可取之处。因为由0.1mol/L H_2SO_4浸提出的无机磷大致与土壤非闭蓄态的无机磷相当，包括活性磷和大部分磷酸铝、磷酸钙和磷酸铁盐，与水稻磷素营养的给源基本相当；而有机磷中有相当一部分随着矿化可以逐步成为无机的有效磷源，因此可以作为土壤磷素养分的供应潜力。这两者之和作为南方水稻土的总有效磷量在理论上应该是可以的。由于种植水稻易于获得较好的收成，因此人们对水稻土肥力的培育比较重视，土壤中不仅总有效磷量和全磷量有所提高，而且总有效磷占全磷的百分比有所提高，局部地区表现出总有效磷与全磷量之间有显著的相关性。

水稻土的熟化程度不同，总有效磷及有机磷的含量也不同，表现出高肥田显著高于低肥田，在长江以南的各种水稻土中差别更为明显，前者的总有效磷含量比后者高20%～30%，甚至更高。

在水稻土的剖面中，耕层的磷含量较其以下各层为高，有机磷也都富集于耕层。这说明水稻土中磷素储量的增加及其供应能力的提高，都是千百年来耕作和培育措施的结果。在酸性水稻土中无机磷酸盐应以Fe-P和Al-P形态为主；中性水稻土则Ca-P和Fe-P、Al-P都有。毫无疑问，石灰性水稻土中主要是Ca-P。以Fe-P和Al-P为主的酸性水稻土，在土壤pH提高后就可以使土壤有效磷含量显著提高。

3. 水稻土钾素状况

水稻土钾素的肥力状况，受成土母质、耕作和施肥措施的影响。农业集约化条件对土壤钾素养分供应的要求更高。必须充分利用有机物质的再循环，注意配施钾肥，以维持土壤钾素的平衡，为高产稳产建立一定的土壤钾素肥力基础。

目前关于土壤钾素形态，根据其对植物的有效性分为速效钾、缓效钾和矿物钾。显然，这种区分是相对的。

（1）速效钾

土壤速效钾包括大部分交换性钾和溶液钾。与旱地相比，区分和测定水稻土溶液钾的意义较小。但对于稻田旱作（小麦、油菜等），特别是在干旱年份，则又当别论。当季作物的钾素营养水平，主要取决于速效钾。目前根据速效钾含量来指导钾肥施用，但在实践中发现，在应用土壤速效钾含量作指标时，要考虑以下3个方面内容。

a. 土壤速效钾含量是一个容易变动的数值。受耕作、施肥、作物吸收和长期休闲的影响，它的含量可以相差很大。不同时期采集的样品是难以严格对比的。

b. 土壤速效钾保持某一"最低值"。在种植过程中，土壤速效钾含量随植物迅速吸收而降低，但速效钾降低至某一"最低值"后即不再降低。虽然水稻吸收量超过了土壤

速效钾含量，但作物收获后土壤中仍含有不同量的速效钾。在供钾潜力低的土壤上连续种植水稻1~2次后，水稻因缺钾而死亡，而此时土壤仍含有一定量的速效钾。可见此时的速效钾已失去了"速效"的意义。在大田同样也有这样的情况。当然由于不同土壤固持力不同，"最低值"也是不同的。由此可以看出，在实践中常根据速效钾含量而计算的土壤钾素可利用值往往偏高。

c. 黏粒含量或黏土矿物类型不同的土壤，其速效钾的最低值也不同。砂土或含高岭类黏土矿物的土壤与以蛭石或伊利石为主的土壤相比，前者不固定钾，其速效钾的最低值较低。有时土壤黏粒含量相近，但由于黏土矿物不同，因此施钾产生的效果也不相同。有这样一个例子（李庆逵等，1991），A、B两种土的速效钾含量分别为5.5mg、15.6mg，水稻盆栽施钾后，分别增产2g、29g，如按通常以速效钾含量多少作标准，A土应对钾肥反应更为明显，但结果相反。这两种土虽所含黏粒量相近，但由于A土的主要黏土矿物为蛭石，固钾能力强，固定了所施入的钾肥，因而施钾效果很差。

（2）缓效钾

通常用煮沸的1mol/L硝酸提取的全钾减去速效钾来表示缓效钾。这部分钾占全钾的2%~8%。多数试验已经证明，一季作物所吸收的钾量有时超过了这段时间存在的速效钾量。土壤速效钾含量经过作物吸收而下降后，经过一定时间往往又恢复到原有水平。一般春种前是一年中速效钾含量最高的季节。可见缓效钾是速效钾的供给源。由于不同土壤的缓效钾量不同，因此所提供的速效钾量也各异。

由于作物的吸收加速了速效钾的消耗，这有利于缓效钾的释放。我国对缓效钾的研究已很普遍，大多采用耗竭栽培法和一些化学法来明确缓效钾的释放特征。一致认为，水稻吸收的钾有大量是来自缓效钾，随着种植次数的增加，来自缓效钾的比例增大。大田试验也证明，土壤缓效钾是水稻所吸收钾的重要供给源。显然，在集约种植条件下，当依靠缓效钾的释放来满足作物的钾素需求时，是不可能获得高产的。

由于缓效钾是植物钾素的重要来源，因此关于缓效钾的释放受到了国际的广泛注意。它的释放过程还未完全了解，可能是一个与扩散相联系的交换过程。释放限制在以根毛长度为半径的微区内。

（3）矿物钾

这里的矿物钾泛指一种形态，而不是某含钾矿物。矿物钾虽含量很大但较难风化，因此由矿物钾提供给植物的钾素，只占其所吸收总量的0.04%~1.58%。但这也说明，在目前钾素形态的区分中，矿物钾中也包含了少量对植物有效的钾。在不施钾情况下，种植水稻1~2次后，某些土壤由于缺钾水稻停止生长。这说明尽管土壤矿物钾含量丰富，但由于释放太慢而不能满足作物的需要。

目前关于原生矿物钾释放动力学的研究，多集中于云母类矿物。原生矿物钾的释放是一个很复杂的过程，虽然在过去几十年里运用现代先进技术进行了深入研究，但从实验室所获得的结果，仍难以应用到复杂的土壤体系中去。矿物钾在土壤条件下的释放率，仍缺少直接证据。根据森林土壤研究的估计，钾的年释放量是1kg/hm^2（李庆逵等，1991），可见对植物钾素营养的贡献是微不足道的，当在马弗炉中进行400℃干燥后，矿物钾可以大量释放，然而这只在试验条件下才能做到。目前还没有行之有效的农业措施可加速大田土壤矿物钾的释放。

4. 水稻土微量元素状况

水稻土是一种特殊的耕作土壤，其化学性状与旱地土壤有明显的差异。水稻土渍水时所形成的还原条件，对微量元素的化学性状有显著影响。一些元素被活化并发生移动，另一些元素活性降低，同时有一些元素则不受渍水影响。因而在一些类型的水稻土上会出现因微量元素缺乏而影响水稻生长的现象，且元素间的相互关系会影响水稻的生长。

土壤微量元素供给不足的原因主要有二：①土壤中微量元素的含量偏低；②土壤中的微量元素以植物不能吸收利用的形态存在。前者由土壤类型和成土母质决定，后者则受土壤条件影响。就水稻土而论，后者的影响具有重要意义，其中，以氧化还原电位和酸碱度的影响最为重要。因此，本节将水稻土按酸碱度加以区分，即按酸性、中性和石灰性水稻土分别进行讨论。

水稻土中有重要意义的微量元素有锌、铜、锰、钼和硼。水稻土渍水后，氧化还原电位降低，导致锰、钼、铁的有效性增大，锌、铜的有效性下降，而硼则不受渍水的影响。因而在农业生产中，水稻会缺乏锌和铜，锰的供给则是充足的，尤其是酸性水稻土。氧化还原电位的改变常伴随着pH的变化，从而使情况复杂化，施用石灰后加重了这种趋势。水稻土中微量元素供给不足或者过量往往是水稻不能达到最高产量的限制因子，有时会导致大面积适于种植水稻的土地无法种植或者产量很低。因而了解水稻土中微量元素的化学性状对于获得高产是有利的，有助于进一步发挥生产潜力。

我国水稻土中微量元素的供给有其独特之处。2000年之后，锌的问题引起广泛重视，缺锌基本上发生于石灰性水稻土。缺铜问题仅次于缺锌，主要出现在南方丘陵区和山区长年渍水的水稻土，如烂泥田和冷浸田等。在这些水稻土上施用锌肥或铜肥都有较大幅度的增产作用。另外，增施铜肥能减轻亚铁过多的毒害，是改良上述类型低产田的有效措施。钼元素的可给性在渍水时增大，但有效钼含量增加不多。然而钼矿区的水稻土则有较多的钼，过多的钼易导致以稻草为饲料的家畜，如水牛缺铜，发病率高，严重时死亡等。我国目前有关水稻土缺锰的研究尚无报道，水稻土中锰的供给一般是充足的，对水稻土中锰的研究过去多着重于土壤化学性质的研究。硼虽然不受土壤渍水的影响，但是在酸性土区存在大面积的低硼和缺硼土壤，也包括水稻土，在这些土壤施用石灰可致pH上升，有效硼进一步减少，同时，进入土壤和水稻的钙离子使水稻的硼钙比失调。双子叶植物较单子叶植物对微量元素有更大的需求。近年来大量的工作证实，我国南方各地油菜缺硼十分严重，豆科绿肥作物像紫云英、苕子等对硼肥也有良好反应，都是水稻土中硼供给不足的反映。

2.2.2 土壤化学肥力的评价指标

2.2.2.1 土壤化学肥力指标

土壤肥力是土壤的基本属性，是土壤物理、化学和生物性质的综合反映。土壤本身的作用功能和特征属性能够为作物提供生长所需的水分、养分等要素条件。广义的土壤肥力概念通常包括土壤的水、肥、气、热等诸多因素，同时考虑土壤物理的、化学的和生物的诸多属性。一般来说，气候、地形、母质、水文、肥料、作物品种等多种因素共同作用，最终形成土地生产力。土壤肥力与生态系统密切联系，而自身又是独立的。土壤肥力可分为土壤化学肥力、土壤生物肥力和土壤物理肥力，其中化学肥力反映土壤的养分和化学环境状况，并对土壤物理性状、土壤微生物环境具有显著的影响，且与作物生长关系最为密切。养分因素主要指土壤中的养分贮量、供给强度和容量（周鸣铮，1988），取决于土壤矿物质及有机质的数量和组成。化学环境因素主要指土壤的pH、阳离子吸附及交换性能、还原性物质含量、含盐量及化学物质含量等。

土壤化学肥力一般可以通过化学模拟的方法测得，可以反映土壤供给植物生长所需营养成分的能力，一般来说测定项目主要包括土壤有机质、全氮、全磷、缓效钾、碱解氮、有效磷、速效钾等指标。根据全国第二次土壤普查及相关标准，土壤养分含量分级标准见表2-5（全国土壤普查办公室，1992）。

表2-5　土壤肥力分级标准

项目级别	有机质（%）	全氮（%）	碱解氮（mg/kg）	有效磷（mg/kg）	速效钾（mg/kg）	缓效钾（mg/kg）
1	>4.0	>0.20	>150	>40	>200	>500
2	3.0～4.0	0.15～0.20	120～150	20～40	150～200	400～500
3	2.0～3.0	0.10～0.15	90～120	10～20	100～150	300～400
4	1.0～2.0	0.07～0.10	60～90	5～10	50～100	200～300
5	0.6～1.0	0.05～0.07	30～60	3～5	30～50	100～200
6	<0.6	<0.05	<30	<3	<30	<100

水稻土是在原来自然土壤（母质）的基础上，经人为的水耕熟化或水旱两熟和自然成土因素的双重作用，发生水耕熟化和氧化还原的交替而形成的具有不同特有层段剖面构型的土壤。水稻土是一类分布广泛的人为土壤，它是由多种多样的自然土壤经人工培育而成的。其肥力状况与旱田土壤有很大的不同，主要表现为土壤供氮能力低，干湿交替过程中氮素容易损失。缺氮是稻田土壤的共性特征。稻田土壤所提供的氮包括水稻种植前已经存在的矿质氮和水稻生长期间矿化出的氮。通常土壤起始矿质氮含量不高，且其含量与水稻收获后土壤矿质氮含量基本相当（朱兆良，1988）。因此，稻田土壤供氮能力主要取决于有机氮的矿化程度（宋挚，2017）。由于稻田处于淹水还原条件下，土壤中磷、铁、锰、锌等元素含量较高，这也是稻田与旱田肥力状况不同的一个方面。因此，稻田处于淹水条件时，氧化还原状况也是影响稻田肥力的重要指标。

稻田土壤的化学肥力指标通常包括8项基础肥力指标，即土壤有机质、全氮、全磷、缓效钾、碱解氮、有效磷、速效钾、pH。武红亮等（2018）以我国136个水稻土长期定位监测点为平台，分析了20世纪80年代以来近30年常规施肥下水稻土肥力变化特征，有机质（31.3～32.2g/kg）和全氮（1.88～1.92g/kg）含量基本稳定，土壤速效养分含量明显升高。2012～2016年水稻土有效磷平均含量（20.1mg/kg）比监测初期平均值（15.2mg/kg）显著提高了32.2%；2012～2016年水稻土速效钾平均含量（92.1mg/kg）比监测初期（77.8mg/kg）提高了18.4%。经过近30年施肥，水稻土pH下降了0.35个单位。水稻土肥力提高的两个决定因子是土壤速效钾和有效磷，影响作物产量的主要肥力因子是土壤速效钾、有效磷和有机质。水稻土肥力演变的主要限制因子是土壤有机质和全氮，所以水稻土培肥应该在平衡施用化肥的基础上合理配施有机肥或进行秸秆还田。

2.2.2.2　土壤化学肥力其他指标

1. 稻田土壤有效硅

硅是水稻生长必需的元素，水稻各部位SiO_2含量由高到低依次为谷壳15%、叶片12%、叶鞘10%、茎5%、根2%（梁永超，1993）。在植物细胞内，硅主要分布于细胞腔、细胞壁、胞间隙或角质层等细胞外层结构中。缺硅往往导致水稻白穗病、稻瘟病等病害多发。作物硅含量多少可直接影响细胞壁的厚薄，土壤硅供应充足可防止作物倒伏，促进水稻干物质的积累，增强其抗病能力，实现水稻增产。在东南亚以水稻生产为主的国家，硅肥被列为可促进水稻增产的第四大量元素肥料。2000年之后，我国开始注意硅肥的开发应用研究。

土壤中含硅有机化合物很少，大部分都是无机硅，无机硅可分为水溶态、吸附态和矿物态3种。水溶态硅在土壤溶液中主要以单硅酸（H_4SiO_4）形态存在，可被植物直接吸收利用，是植物硅素的主要来源。吸附态硅是指土壤胶体表面吸附的硅酸，大部分氧化物和水化物都能够吸附硅酸，吸附能力又以铝氧化物为最强。矿物态硅的含量很高，SiO_2占硅总量的50%～70%，不能被植物直接吸收利用（高绘文和吴建富，2018）。

土壤对作物的供硅能力一般用土壤有效硅含量来衡量。土壤有效硅的测定主要有pH 4.0乙酸法和0.025mol/L柠檬酸法两种常规方法。由于乙酸法测出的硅量与水稻施用硅肥增产率的相关性好，与稻草含硅量的相关性也较好，而且酸性、中性的水稻土都可应用，因此这种方法被普遍采用。不同的测定方法得到不同的土壤有效硅临界值，低于临界值表示土壤需要增施硅肥。研究发现，在富含碳酸盐的水稻土中，土壤中的硅酸钙盐不会被植物吸收却能被pH 4.0的乙酸溶液提取，导致测得的有效硅含量偏高。因此pH 4.0乙酸法对富含碳酸盐的水稻土不适用，不能反映其真实的土壤供硅能力（马同生，1997）。

水稻中硅的临界含量受地区、水稻品种、季节等多方面因素影响，所以不同地区用同一个指标是不够全面的，目前国际上还没有形成一个统一的指标体系，可以通过测定植株含硅量来确定土壤硅素丰缺状况。日本农林省提出，稻草含硅量小于11%且土壤有效硅含量小于105mg/kg，施用硅肥一般有效；稻草含硅量大于13%且土壤有效硅含量大于130mg/kg，施用硅肥一般无效。有研究认为，水稻剑叶中SiO_2含量低于12%、茎秆中低于10%可诊断为缺硅（李发林，1997）。

2. 稻田土壤中还原性物质及有机酸

低温潜沼性低产稻田主要特征是"毒、闭、烂、瘠、冷"，主要限制因子是缺氧，还原性物质Fe^{2+}、Mn^{2+}、H_2S和有机酸含量较高（Eh通常在100mV以下），矿质元素如P、K、Si和Zn等供应不足，土温和水温偏低（较正常稻田低2～5℃）。过量Fe^{2+}胁迫明显抑制叶片SOD、POD的活性，使其活性氧清除能力减弱，从而直接或间接抑制水稻生长。具体表现为水稻僵苗、黄叶、根系发育不良等。水稻锰中毒主要表现为植株叶色褪淡黄化，下部叶片、叶鞘出现褐色斑点且叶尖、叶缘失绿，新叶变形、失绿等症状，最终会使分蘖数、穗粒数降低，影响结实率，出现严重的减产。这些因素都直接或间接地阻碍了水稻的正常生长发育，导致稻谷产量低而不稳；由于生育期延迟5～7d，进而影响了后茬作物的生产（王红妮等，2014）。

　　稻田土壤长期处于水分饱和状态，缺乏氧气，土壤中形成了大量的有机和无机还原性物质。有机还原性物质在缺氧条件下被分解产生各种还原性强弱不同的有机化合物。低分子量有机酸就是土壤中普遍存在且影响较大的一类居间有机化合物，常见的有柠檬酸、草酸、酒石酸、甲酸、乳酸、乙酸、苹果酸、丙酸等（莫淑勋，1986）。有机化合物合成后又促进无机还原性物质的产生，形成亚铁、低价锰等强还原性物质，随着亚铁、低价锰等物质在田块中含量的不断增加，对水稻生长产生的毒害作用逐渐出现（何春梅等，2015）。CH_4 和 N_2O 等温室气体是在稻田土壤还原环境中产生的。稻田土壤还原性物质主要有活性还原性物质、Fe^{2+}、Mn^{2+}、H_2S 等，其中 Fe^{2+} 是影响土壤氧化还原状况的重要物质。研究表明，稻田土壤还原性物质总量、活性还原性物质含量、Eh、Fe^{2+} 含量与 CH_4 排放通量密切相关（常单娜等，2018）。

　　上述的稻田土壤氧化还原电位、还原性物质总量，以及 Fe^{2+}、Mn^{2+} 含量等常常会影响土壤养分有效性、水稻正常的生长发育和产量，而且影响 CH_4 和 N_2O 等温室气体排放，因此，这些指标也是稻田土壤区别于旱田土壤的重要化学肥力特征指标。

2.2.3　土壤化学肥力监测方法及研究手段

　　水稻吸收的养分50%以上源于土壤，土壤供肥在稻田养分供应中发挥着重要作用。研究者一直尝试准确测定土壤供肥能力，测定方法取得了较大的进展。概括起来，测定土壤供肥能力的方法可以分为两大类。第一类是生物学方法，即不施肥条件下水稻吸收养分的数量即为该土壤的养分供应量。这是评价土壤供肥能力的标准方法，但是这种方法费时费力，因此又发展了快速测定土壤供肥能力的化学分析方法，这就是目前的第二类方法。过去的研究显示，稻田土壤供氮能力一直没有合适的化学衡量指标，这一直是国内外研究的难点。而土壤的其他养分指标与水稻养分吸收量关系密切，可以用来评价土壤供肥能力。关于氮素指标的一些新认识如下。

2.2.3.1　稻田土壤供氮能力监测方法最新进展

　　稻田土壤供氮能力主要取决于有机氮的矿化程度。淹水培养法是测定土壤氮素矿化程度的基本方法（Waring and Bremne，1964），采用该方法测定的矿化氮量与盆栽试验无氮区作物吸氮量之间有很高的相关性（朱兆良，2008）。但是由于该方法的培养条件与田间实际条件差异较大，不仅忽视了水稻生长、铵的固定和损失对氮素矿化的影响，还未考虑土壤结构和耕作措施等因素的影响（Lehrsch，2016；刘玮和蒋先军，2013），因此，室内淹水培养法很难准确确定土壤实际的矿化氮量。在此基础上，朱兆良（2008）提出了原位培养法，是目前稻田淹水期间测定土壤矿化氮量较好的方法。但稻田中期需排水晒田，水稻抽穗后采用间歇灌溉方式，稻田并未一直处于淹水状态，因而限制了该方法的广泛应用。

　　针对上述问题，本研究对传统的田间原位培养法进行了两点改进：①将过去1次取样连续长时间培养改为多次间隔取样短期培养，通过采集种植过水稻的鲜土来培养，不仅可以降低培养过程中铵态氮积累的影响，还可以减少水稻生长的影响并使培养的土样更符合实际；②为避免排水晒田或者间歇灌溉时稻田土壤处于无水层状态，在培养过程中将土袋放入装满水的离心管中，以保持淹水培养条件并防止土袋损坏。

1. 培养方法对氮素矿化的影响

随着培养时间延长，阶段培养法测定的累积土壤矿化氮量一直增加，在培养后期连续培养法测定的累积矿化氮量则表现出了下降趋势（图2-10）。在S1、S2和S3三个地点分别培养至76d、64d和84d时，阶段培养法测定的累积矿化氮量分别占总矿化氮量的74.7%（S1）、87.7%（S2）和48.3%（S3），而连续培养法测定的累积矿化氮量均已达到最大值。与总矿化氮量最大值相比，连续培养法测定的累积矿化氮量下降了6.7%～28.6%；与阶段培养法比，连续培养法测定的总矿化氮量降低了30.0%～67.7%（$P<0.05$）。这说明，连续培养会抑制氮素矿化，而改进的阶段培养法则能减轻或者避免这种氮素矿化受抑制的问题。

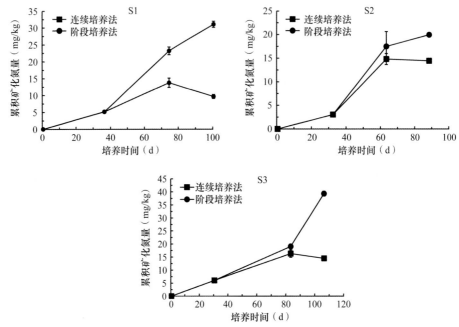

图2-10　连续和阶段培养法测得的土壤累积矿化氮量

图中S1、S2、S3分别代表试验地点五常1、阿城、五常2

2. 无氮区水稻吸氮量与矿化氮量的关系

同一地点，无氮区水稻吸氮量曲线与土壤累积矿化氮量曲线变化趋势相似，不同地点间水稻吸氮量和土壤累积矿化氮量存在较大差异。水稻吸氮量和土壤累积矿化氮量均呈现出前期增长较慢、中间较快、后期又变慢的特点。两年7个点无氮区水稻吸氮量为52.83～95.92kg/hm²，平均值为75.10kg/hm²；土壤累积矿化氮量为39.00～111.7kg/hm²，平均值为81.43kg/hm²。土壤累积矿化氮量和水稻吸氮量呈极显著正相关关系（R^2=0.621，$P<0.01$）（图2-11），即土壤氮素矿化可以解释水稻吸氮变异的60%以上。在测定稻田土壤累积矿化氮量时，建议采用阶段培养法，利用该方法测定的累积矿化氮量可以作为评价土壤供氮能力的指标。

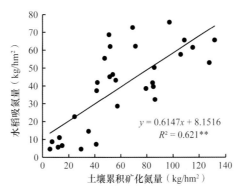

图2-11 土壤累积矿化氮量与无氮区水稻吸氮量的关系

2.2.3.2 稻田化学肥力指标监测方法研究进展

水稻养分累积分析和土壤基础肥力测定可以参照《土壤农业化学分析》（鲍士旦，2011）。水稻植株经H_2SO_4-H_2O_2消煮，采用凯氏蒸馏法测定全氮，钒钼黄比色法测定全磷，火焰光度计法测定全钾。土壤有机质采用重铬酸钾容量法–外加热法测定；土壤全氮采用凯氏蒸馏法测定；土壤碱解氮采用碱解扩散法测定；土壤全磷采用$HClO_4$-H_2SO_4消煮–钼锑抗比色法测定；土壤有效磷采用0.5mol/L NaHCO₃（pH 8.5）浸提–钼锑抗比色法测定；土壤速效钾采用1mol/L乙酸铵浸提–火焰光度计法测定；土壤缓效钾采用1mol/L热硝酸浸提–火焰光度计法测定；土壤酸碱度采用2.5∶1水土比–酸度计测定；土壤有效硅的测定采用乙酸缓冲液提取或柠檬酸提取–钼蓝比色法。

2.2.3.3 稻田土壤还原物质监测方法

参照《土壤农业化学分析方法》（鲁如坤，1999），还原性物质由$Al_2(SO_4)_3$浸提，采用重铬酸钾法测定还原性物质总量；采用高锰酸钾滴定法测定活性还原性物质含量；采用邻菲罗啉比色法测定二价铁含量；采用高碘酸钾比色法测定二价锰含量；采用电位法测定土壤Eh。土壤有机酸测定参照孙宝利等（2010）的方法，0.1% H_3PO_4水溶液浸提，离心，0.45μm滤膜过滤，高效液相色谱仪（HPLC）测定。流动相：0.04mol/L磷酸二氢钾–磷酸缓冲溶液，pH 2.40，流速1.0mL/min，进样量5μL，温度35℃；色谱柱：菲罗门柱，4.6mm×250mm；检测器：二极管阵列检测器Waters 2996。同时配制有机酸标准样。

2.3 稻田土壤生物肥力

2.3.1 土壤生物肥力及其研究进展

2.3.1.1 土壤生物肥力

农田生态系统是以土壤为基础、发展农业为目的的人为控制的半自然生态系统。它与自然生态系统最大的区别就在于其人为管理对土壤有影响。土壤的本质特征是具有肥力，它是指一种土壤从环境条件和营养条件两方面供应与协调作物生长发育所需要素的能力（熊毅等，1980），也是土壤物理、化学、生物等性质的综合反映（陈恩凤等，1984）。随着人们对农田生态系统化肥使用效率要求的提高及公众和政府对农业环境的关注，促使科学家和土地所有者更仔细地考虑如何更有效地管理农田，以便提高土壤生物潜力并从中获益。为清楚地界定土壤生物在土壤肥力体现过程中的贡献，澳大利亚学者Abbott在2003年提出土壤生物肥力的概念，认为土壤生物肥力（soil biological fertility）是生活在土壤中的生物（活的有机体，包括微生物、动物、植物根系等）为满足植物生长发育所需的营养和理化条件做出的贡献（Abbott and Murphy，2003）。同时，他指出在土壤物理、化学和生物肥力评价体系中，作为土壤生态系统动力的由土壤生物组分所表征的生物肥力应处于中枢和核心地位。

2.3.1.2　稻田土壤生物肥力研究现状

中国水稻土主要分布于长江以南的各个省份；东北近几十年，水稻种植面积逐渐增加，但总面积仍小于南方稻区；西南和西北面积较小，但分布集中。水稻土是自然土壤经人为水耕熟化过程形成的，属《中国土壤系统分类》中独特的人为土亚纲，是公认的具中国特色的土壤。在稻田生态系统中，关于以化学性质为基础的土壤肥力研究已广泛开展（王伟娜，2012；李霞，2014；Zhou et al.，2014；吴金水等，2018；Zhang et al.，2019），肥料需求可以根据植物、土地和气候条件来确定；关于土壤肥力的物理限制因子研究也已广泛开展，并且大部分的研究结论已被用于指导土壤的合理管理，以防止或尽量减少由植物生长或排水灌溉而造成的土壤结构破坏（Yang et al.，2005；罗红燕，2009；王丹，2011；Zhou et al.，2014）。

在Web of Science中以"土壤生物肥力+水稻土"为主题，检索到1237篇文献，其中33.5%的文献研究区域为中国。孙波等（2017）在分析我国60多年（1950～2016年）来土壤养分循环微生物机制时也发现：在非地带性土壤中"水稻土"出现频率最高。稻田生态系统中，耕作、灌溉和施肥等人为管理措施，均能改变生物生存的微域生境条件，增加稻田土壤生物学过程的多样性及复杂性。挖掘稻田生物（微生物）调控土壤系统内养分循环的潜力，并找到评价这一潜力的生物指标，分析生物指标与作物产量、环境影响因素之间的相关性，一直是本领域研究者的一大挑战，也是土壤生物肥力研究领域的热点和难点。

2.3.1.3　稻田土壤生物肥力研究进展

为梳理我国稻田土壤生物肥力研究的发展历史和脉络，利用Web of Science、中国知网（CNKI）、万方数据知识服务平台及维普网1989～2019年的数据，通过对"土壤肥力""微生物""水稻土""水稻""稻田"等主题进行检索，并将研究区域限定为"中国"，共检索到文献372篇，再经人工筛选、去重，最后保留249篇文献。其中学位论文73篇，会议及期刊论文176篇；发文量排名前5的英文期刊为*Biology and Fertility of Soils*、*Applied Soil Ecology*、*Science of the Total Environment*、*Soil Biology and Biochemistry*、*Journal of Soils and Sediments*，发文量排名前5的中文期刊为《植物营养与肥料学报》、《中国农业科学》、《土壤》、《生态学报》和《应用生态学报》（图2-12）。

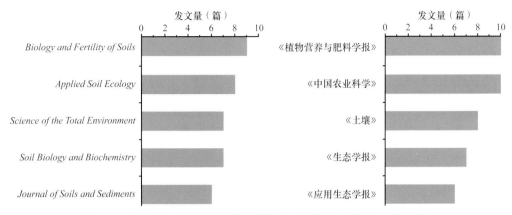

图2-12　在稻田土壤生物肥力研究领域发文量排名前五的中、英文期刊

结合我国学者在国际、国内发表的文献，可将1989～2019年稻田土壤生物肥力研究粗略地分为4个时期：1989～2005年的起步期，2006～2010年的追赶期，2011～2015年的快速发展期和2016～2019年的定型期。这30年来无论是发文量还是关键词均随时间日益增加，1989～2005年发表的论文仅为26篇，关键词99个；2006～2010年发表论文数有所上升，为56篇，关键词189个；2011～2015年论文数为92篇，关键词256个；2016～2019年的4年已发表论文数为75篇，关键词298个（图2-13和图2-14）。

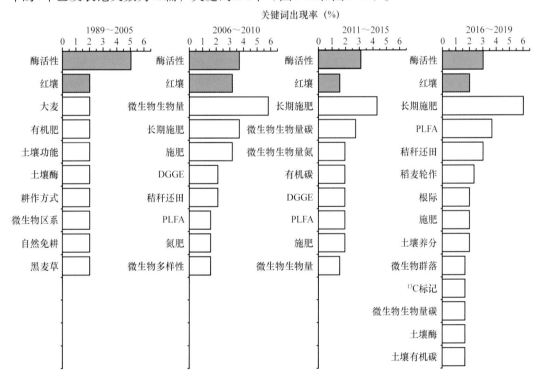

图2-13　在各发展时期稻田土壤生物肥力研究领域高频关键词的变化

为分析这30年来稻田土壤生物肥力研究领域热点的变化，并指出未来的研究方向，利用VOSviewer软件对保留的249篇文献进行可视化统计。去除5个检索词（土壤肥力、微生物、水稻土、水稻和稻田）后，统计发现：1989～2019年这30年间一直出现的高频

关键词为"酶活性"和"红壤"，说明利用土壤酶活性研究微生物对养分的转化和肥力的维持始终是一个重要的研究手段，而红壤则是稻田土壤生物肥力研究领域最受关注的地带性土壤类型（图2-13）。

由高频关键词可初步看出研究关注点的变化，1989～2005年起步期的研究关注点主要在作物及耕作方式对土壤微生物区系和土壤酶活性的影响；而2006～2010年的研究关注点主要集中在施肥和秸秆还田对土壤微生物生物量、群落（PLFA和多样性）和代谢功能（DGGE）的影响；2011～2015年与前一阶段的关注点相似，但施肥尤其是长期施肥所占权重上升；2016～2019年这一阶段研究关注点仍是施肥和秸秆还田对土壤微生物及土壤肥力的影响，但出现根际和^{13}C标记等新的关注领域与研究手段（图2-13）。

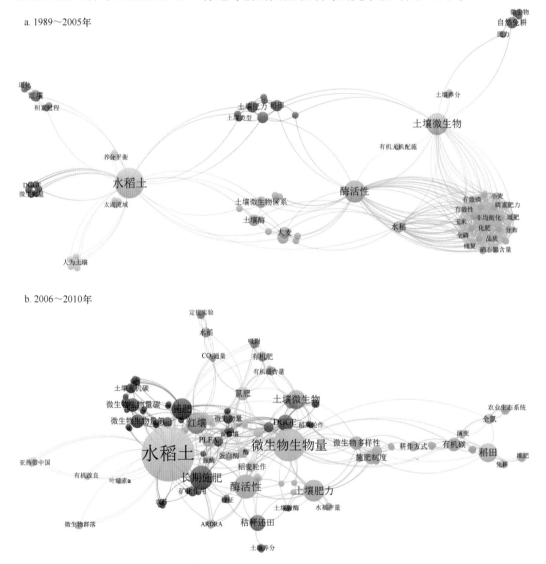

a. 1989～2005年

b. 2006～2010年

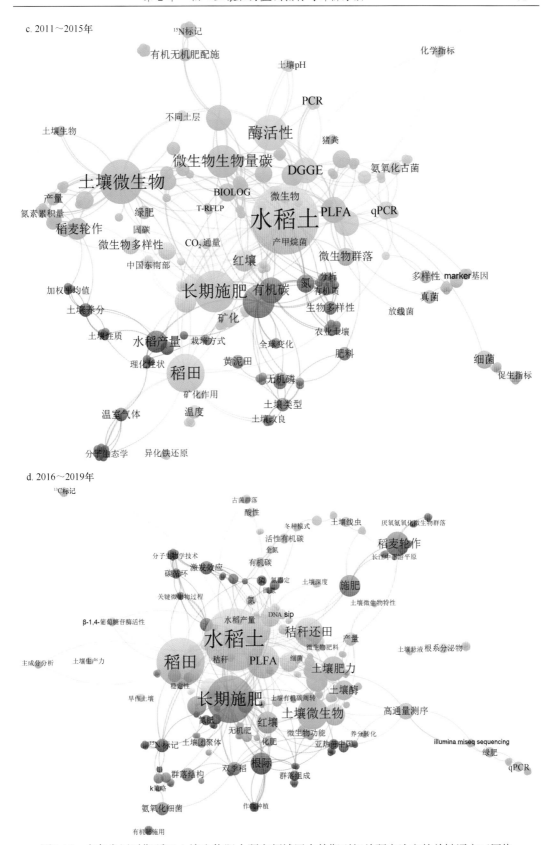

图2-14　在各发展时期稻田土壤生物肥力研究领域国内外期刊相关研究论文的关键词交互网络

关键词交互网络图谱可以反映关键词之间的关联程度。1989～2005年起步期的研究主要围绕与稻田土壤肥力和养分相关的酶活性展开（Liang et al.，2003；赖庆旺等，1989；沈宏等，1999），关键词交互网络较为简单（图2-14a）；2006～2010年追赶期的关键词交互网络逐步复杂化（图2-14b），研究关注灌溉、秸秆还田和施肥等农田管理措施下土壤酶（活性）、微生物（生物量和多样性）对土壤肥力的影响（王英，2006；彭佩钦等，2007；Yan et al.，2007；赵记军，2008；吴晓晨等，2009；许仁良等，2010）；2011～2015年快速发展期关键词交互网络较上一阶段更加复杂（图2-14c），研究热点由仅注重酶（活性）和微生物（生物量）向注重微生物群落（结构及功能）与养分循环过程深度耦合的方向发展（Bannert et al.，2011；Zhao et al.，2011；袁红朝等，2012；宋长青等，2013；冯有智等，2014；夏昕等，2015；周赛等，2015）。2016～2019年的定型期关键词交互网络已呈多元化发展（图2-14d），研究从单一酶活到复杂微生物群落（微生物组）、从宏观的稻田生态系统到微观的耕层土体及根际、从单一肥料配比到长期定位施肥都有涉及，研究方法也从传统的培养、熏蒸发展到现代的同位素标记、荧光定量、高通量测序、宏基因组及核心微生物群组（Li et al.，2016；邓文悦，2017；周璞等，2018；吴杨潇影，2019）。

2.3.2　土壤生物肥力评价指标及研究方法

土壤肥力是物理、化学、生物等性质的综合反映，作为生态系统动力的生物肥力处于土壤肥力研究的核心地位。土壤生物肥力与物理肥力、化学肥力相比，其具有两个显著特征：一是生物种群的多样性，由细菌、真菌、放线菌、微藻类组成的微生物，对土壤中有机物分解、养分转化和循环具有不可替代的作用。二是时间上的动态性，其测定值随着时间而变化，目前测定生物过程对植物生长的作用经常是间接的，因此准确测定它对作物产量的贡献还存在技术上的困难。所以，评价土壤肥力的生物指标应当满足下列标准：①反映土壤生态过程的结构或功能，同时适用于所有土壤类型和地貌特点；②对土壤健康变化作出反应；③有可行的度量测定方法；④能够进行合理的解释。例如，在2.3.1.3对文献总结分析发现：土壤酶及其活性（任祖淦等，1996；Qi et al.，1997；陈强龙，2009；Zhang et al.，2015；周璞等，2018）、微生物生物量（Yang et al.，2005；吴晓晨等，2009；于丽等，2015；杨滨娟等，2019）、群落结构（时亚南，2007；裴雪霞等，2011；刘益仁等，2012；盖霞普等，2016；陈云峰等，2018）和功能多样性（张平究等，2004；刘明等，2009；陈利军等，2015；Li et al.，2018）及功能群组（袁红朝等，2012；景晓明，2014；Li et al.，2018）都是稻田土壤生物肥力研究领域的重要关注点，这些指标可能为土壤生物肥力评价提供有力的支撑。

2.3.2.1　土壤酶

土壤酶是一种具有生物催化能力的蛋白质性质的高分子活性物质。它主要来源于土壤微生物活动分泌、植物根系分泌和植物残体以及土壤动物区系分解。土壤酶是各种生化反应的催化剂，在土壤养分（C、N、P等）的循环代谢过程中起着重要的作用。因此，在几乎所有的生态系统研究中，土壤酶活性几乎成了必不可少的测定指标。稻田生态系统复杂的人为管理措施改变了土壤酶活性。邓婵娟（2008）对稻田土壤氮素转化特征及酶活性研究发现，长期施肥后土壤脲酶、蛋白酶、蔗糖酶和淀粉酶的活性有不同程度的增强，且与土壤有机碳、全氮含量及微生物生物量呈显著正相关。赵记军（2008）的结果表明，不同种植模式下蔗糖酶、酸性磷酸酶、过氧化氢酶与多酚氧化酶活性存在显著差异。王伯诚等（2013）在研究绿肥种植对土壤生物性质的影响时发现：紫云英带籽翻耕处理可使土壤磷酸酶、蔗糖酶和过氧化氢酶等活性显著增加。有研究表明，稻田的耕作方式会影响酶活性的高低，如土壤蔗糖酶、脲酶和磷酸酶活性在单作方式下低于水旱两熟（刘益仁等，2012）。因此要以土壤酶活性作为稻田土壤生物肥力的评价指标必须跨越经典土壤酶学的研究范畴，应将作物种植、耕作、灌溉和施肥等措施对稻田环境的影响也纳入评价体系。

　　耕作、灌溉和施肥是保障稻田高产、稳产的重要人为管理措施。耕作尤其是稻田频繁的水耕过程可能会打破土壤的稳定结构，降低土壤的孔隙度，导致土壤黏闭等一系列问题，使水稻土的养分有效性难以进一步提高。干湿交替的水分管理方式引起土壤水分状况的剧烈变化，形成多样化的土壤结构，改变土壤的氧化还原状况，影响土壤中化学物质的转化过程（Weitz et al.，2001）。施用不同数量和种类的肥料，使稻田土壤的矿物质组成和孔隙排列都出现显著的差异，改变微生物的群落组成和功能，影响有效养分的状态和空间分布。国内的研究者在利用土壤酶活性作为稻田土壤生物肥力评价指标方面已经进行了许多的尝试。20世纪80年代，何念祖（1986）就通过对6种土壤酶（转化酶、磷酸酶、蛋白酶、过氧化氢酶、脱氢酶和脲酶）活性的测定，表征了5种类型水稻土土壤肥力的水平。唐玉姝等（2008）在筛选稻麦两熟土壤肥力主要评价指标时发现：磷酸酶、芳基硫酸酯酶和β-葡萄糖苷酶活性作为综合评价指标优于脲酶。邵兴华等（2012）分析长期不同施肥条件下水稻土土壤肥力与酶活性的相互关系时发现，平衡施化肥配施有机肥条件下土壤肥力最高，且其与酸性磷酸酶、过氧化氢酶、转化酶和脲酶显著相关。

　　目前从土壤中已经发现的酶有50～60种。这些酶可分为生物酶和非生物酶，按照酶的反应类型，土壤酶可以分为氧化还原酶类、水解酶类、转移酶类和裂解酶类等。酶具有专一性，某个酶只能专一地参与土壤的分解过程或营养循环，不同酶催化不同的物质转化过程。土壤酶的活性反映了土壤养分转化的方向和强度，且与土壤生物数量、生物多样性密切相关，是土壤生物活性的综合表现。土壤酶活性与土壤肥力之间的相关性是毋庸置疑的，但是运用酶活性来划分土壤肥力等级，需要确定不是哪种酶或哪些酶，而是一个酶活性群体指标。通过文献分析（Alef and Nannipieri，1995；Schinner et al.，1996；Nannipieri et al.，2011），确定纤维素水解酶（cellobiohydrolase）、木聚糖酶（xylanase）、β-葡萄糖苷酶（β-glucosidase）和蔗糖酶（invertase）对土壤中碳的分解与转化起重要作用；几丁质酶（chitinase）、氨基肽酶（aminopeptidase）和脲酶（urease）调控土壤中氮的转化；酸性磷酸酶（acid phosphatase）反映根系和微生物的活性，碱性磷酸酶（alkaline phosphatase）主要反映微生物对磷的分解能力；过氧化氢酶（hydrogen peroidase）又称触酶（catalase），专一地分解过氧化氢，调控土壤生物体的新陈代谢过程，在土壤碳、氮、磷循环过程起着重要的作用。

　　本研究利用区域联合试验研究平台，分析双季稻、稻麦两熟及单季稻三大稻区的4个不同处理（T1，常规耕作、不施氮肥处理；T2，常规耕作、秸秆不还田处理；T3，常规耕作、秸秆还田处理；T4，集成优化、增密减氮处理）的土壤酶活性，并评价其与稻田土壤肥力关系，发现：土壤酶活性总体表现为葡萄糖苷酶＞过氧化氢酶＞蔗糖酶＞纤维素酶＞脲酶≥木聚糖酶；但就单一酶活来说，双季稻的蔗糖酶、葡萄糖苷酶和木聚糖酶最低，双季稻的这3种酶活性4个处理的均值分别为1.81nmol/(h·g)、7.33nmol/(h·g)和0.93nmol/(h·g)；单季稻的纤维素酶活性最低，均值仅为0.86nmol/(h·g)，小于双季稻[1.65nmol/(h·g)]和稻麦两熟[2.14nmol/(h·g)]；过氧化氢酶和脲酶均表现为单季稻＞稻麦两熟＞双季稻（图2-15）。此外，由三大稻作系统肥力综合表现的主成分分析结果可知（图2-16）：蔗糖酶、纤维素酶、过氧化氢酶和脲酶在PCI轴上的载荷分别为0.48、−0.38、0.89和0.55，均大于PC1（0.315），这4种酶对单季稻、稻麦两熟和双季稻三大稻作系统肥力差异的产生有显著作用。

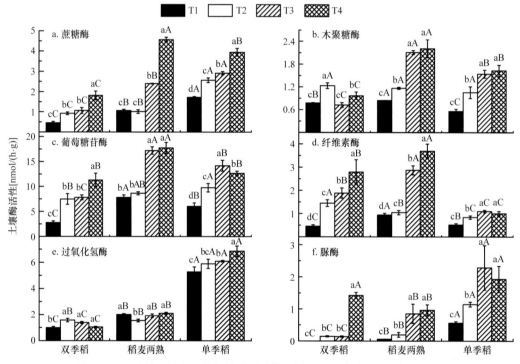

图2-15　双季稻、稻麦两熟和单季稻系统不同处理土壤酶活性指标的差异

不同小写字母表示同一稻作系统不同处理间在0.05水平差异显著，不同大写字母表示不同稻作系统相同处理间在0.05水平差异显著

2.3.2.2　土壤微生物学性质

1. 微生物生物量

土壤微生物生物量是指土壤中体积小于$5×10^3 \mu m^3$的生物总量，一方面它是土壤中能量的原动力，驱动土壤养分转化和循环的各个过程；另一方面它为土壤养分的贮备库，为植物生长提供能源。广义的土壤微生物生物量包括土壤微生物生物量碳（C）、土壤微生物生物量氮（N）、土壤微生物生物量磷（P）和土壤微生物生物量硫（S）等指标。自1976年Jenkinson等创立熏蒸培养方法用于测定微生物生物量以来，土壤微生物生物量一直是土壤微生物学的研究热点。随着土壤微生物生物量测定方法的不断简化和改进，土壤微生物生物量的研究更加深入。

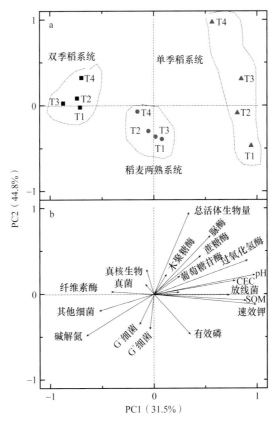

图2-16　基于土壤化学性质、酶活性和微生物群落组成的主成分分析

a. 双季稻系统、稻麦两熟系统和单季稻系统不同处理的分布图；b. 各因子在PC1和PC2上的载荷图

许多研究者试图以土壤微生物生物量作为土壤生物肥力的评价指标，并开展了大量的工作。姜培坤等（2002）分析了不同类型林地土壤微生物生物量碳和养分含量，结果发现：土壤微生物生物量C可以作为林地土壤肥力的重要评价指标，与土壤有机质、全氮、全磷、水解氮含量和阳离子交换量均有显著相关关系。张海燕等（2006）对不同利用方式黑土的微生物生物量C、N和养分进行了分析发现，土壤微生物生物量C作为评价土壤肥力指标比土壤微生物生物量N更为灵敏，可作为评价黑土肥力水平的一个生物指标。薛菁芳等（2007）通过比较不同肥力水平黑土、棕壤、黄棕壤、红壤（包括水稻土）的土壤微生物生物量C、N含量差异，发现：土壤微生物生物量C、N与土壤肥力有显著相关关系，可作为指示土壤肥力的重要指标。李渝等（2019）依托长期定位试验发现：不同施肥方式土壤微生物生物量P与碳、磷耦合关系指标，可以有效区分单施化肥和施用有机肥的效应，可作为评价黄壤稻田磷素肥力的生物指标。

土壤微生物在其生命活动过程中需要能量和营养，因此对温度、湿度和其他环境条件都有一定的要求。施肥、灌溉、耕作方法及其他农业措施可改变稻田土壤的环境，使水稻土在熟化程度、耕作性能及其他肥力因素上存在较大的差别。因此在以土壤微生物生物量表征土壤肥力时，要综合考虑稻田土壤的环境条件。例如，仇少君等（2006）研究了水稻土土壤微生物生物量C、N在淹水培养条件下的动态变化，发现土壤微生物生物量C、N的变化趋势与土壤可溶性养分（可溶性C、N）一致。舒丽（2008）以四川盆地定位试验点稻麦/油两熟稻田土壤为研究对象，研究了不同时期土壤微生物类群、微生物生物量碳、氮和脲酶活性及其与土壤肥力的关系，发现两种水稻土的真菌数量在不同的耕作方式下差异很大，且土壤微生物总量、微生物生物量C、N和脲酶含量与土壤有机质含量呈显著正相关。吴晓晨等（2009）分析了长期不同施肥制度下红壤开垦水田微生物生物量与活性特征，结果表明：在不施肥或施用化肥的基础上配合有机养分可以显著提高土壤微生物生物量，土壤肥力与土壤微生物生物量C、N含量及土壤呼吸强度呈显著正相关。李辉（2012）利用近30年（1990~2009年）的长期定位试验，分析了不同耕作方式下紫色水稻土的肥力水平与微生物生物量碳的差异，研究表明：微生物生物量碳可以作为表征紫色水稻土土壤肥力的敏感因子。

2. 微生物物种丰度

土壤微生物的物种丰度也称物种多样性，是指土壤生态系统中微生物各物种的数量。在微生物学发展早期阶段常用2种方法测定微生物的物种丰度：①显微镜直接计数法，根据微生物种类，用细胞计数板、细菌计数板或用电子计数器计数。这一方法的优点是快速，观察到马上可以计数，但这一方法随机性大，对菌体数量不能全面反映。②活菌计数法，也称平板计数法，这一方法的最大特点就是利用含各种营养成分的培养基对微生物进行培养。平板计数法是菌悬液涂布，所以比较均匀，能较好地反映菌落的疏密程度，并且计的是活菌数。这一计数法重复性和平行性很好，在现代生物技术未兴起时，也不失为一种较经典的方法。

每克土壤中可以包含成千上万的微生物，但环境中的微生物只有1%~10%可以通过培养获得。传统培养法反映的仅是土壤中能在特定培养条件下生存的这部分微生物的信息，基于培养的平板计数法不可避免地低估了土壤微生物的种群数量（于丽等，2015）。贾仲君等（2017）针对水稻土中可提取微生物的研究也发现，利用传统显微镜直接计数获得的水稻土微生物物种数量要显著低于实时荧光定量PCR（qPCR）这一现代分子方法。现在研究热点集中在控制和管理土壤微生物来提高土壤肥力，改善作物生产。为避免传统培养法评价土壤肥力的缺陷和局限性，近年来研究者将平板计数法与现代生物技术结合来评价土壤的肥力。例如，辜运富等（2008）利用稀释平板法结合变性梯度凝胶电泳法（DGGE）测定不同施肥制度下的微生物数量和氨氧化细菌群落结构特点，解析了长期施肥对石灰性紫色水稻土肥力演化的作用。倪国荣（2013）利用传统培养法、BIOLOG和T-RFLP等研究手段，探讨了不同肥力及施肥制度下稻田土壤细菌和真菌数量与土壤肥力因子（有机质、全氮、速效钾、碱解氮和有效磷含量）之间的相互关系。

3. 微生物群落结构

土壤微生物群落结构是土壤中各主要微生物类群的数量，以及各类群所占的比例。在20世纪70年代以前，土壤微生物群落结构的解析主要依靠细胞的培养分离和形态分析。最经典的方法是平板培养法，它通过设定微生物的培养环境，在培养过程中将不需要的菌类淘汰，得到具有特定功能的微生物，在微生物驯化和筛选方面具有不可替代的作用。平板培养法能大致反映土壤中可培养微生物在不同环境中的相对优势度，但简单的人工模拟环境仅能培养出极少数（1%～10%）的微生物，所以依靠平板培养法鉴定的微生物群落结构是不够全面和宏观的，更无法反映不同环境条件下土壤的肥力状况。

（1）磷脂脂肪酸（PLFA）

随着微生物研究技术的发展尤其是分子生物学技术的发展，土壤微生物学家开发出一系列无须培养、能在不同水平上解析土壤微生物群落结构的方法。目前磷脂脂肪酸谱图法和PCR-DGGE技术等在微生物群落结构研究领域得到广泛的认可。磷脂脂肪酸（PLFA）是构成活体细胞膜的重要组分，不同类群的微生物能通过不同生化途径形成不同的PLFA，部分PLFA总是出现在同一类群微生物中，而在其他类群微生物中很少出现。PLFA在细胞死亡后迅速分解，可代表有活性的那部分细胞，可用于微生物群落结构组成的动态监测。在稻田土壤生物肥力研究领域，PLFA谱图法也是土壤微生物群落结构的重点研究方法。例如，裴雪霞等（2010）采用PLFA谱图法分析长期施肥下黄棕壤性水稻土的微生物群落结构，并探讨其群落结构组成（PLFA总含量、真菌PLFA含量、真菌PLFA/细菌PLFA值）对土壤生物肥力的改善状况。兰木羚和高明（2015）采用PLFA法结合主成分分析研究了不同秸秆翻埋还田处理对旱地和水田土壤微生物群落结构特征等的影响。杨林生等（2016）采用PLFA谱图法研究土壤微生物群落结构，并分析含氯化肥对土壤微生物生物量、种类及土壤酶活性和作物产量的影响。

利用磷脂脂肪酸谱图法表征了三大稻区的4个不同处理（T1，常规耕作、不施氮肥处理；T2，常规耕作、秸秆不还田处理；T3，常规耕作、秸秆还田处理；T4，集成优化、增密减氮处理）的土壤微生物活体生物量（表2-6）和群落结构差异（图2-17）。

表2-6　双季稻、稻麦两熟和单季稻区不同处理土壤化学指标的差异

稻区及处理		pH	土壤有机质（g/kg）	碱解氮（mg/kg）	有效磷（mg/kg）	速效钾（mg/kg）	土壤阳离子交换量（cmol/g）	微生物活体生物量（nmol/g）
双季稻区	T1	5.09aC	28.20bC	140.7bB	20.64bC	44.48bC	17.98cB	320.5bA
	T2	5.10aC	27.76cB	132.1bB	22.46aC	40.28cC	18.24bC	365.1bB
	T3	5.04aC	29.82aC	153.3aB	21.93abC	40.77cC	19.06aB	326.4bB
	T4	5.07aC	27.69cB	138.8bB	17.58cC	49.69aC	19.45aB	483.2aB
稻麦两熟区	T1	5.80bB	34.01cB	168.4aA	28.80cA	110.7aB	20.42abA	235.5bB
	T2	6.02aB	36.25aA	176.2aA	30.70bA	106.5bB	19.64bB	266.8bC
	T3	6.05aB	36.77aB	172.8aA	29.55cA	109.8aB	19.37bB	242.7bC
	T4	5.57cB	35.03bA	179.3aA	34.70aA	101.7cB	21.47aA	361.3aC
单季稻区	T1	8.27aA	37.53bA	83.0abC	25.71aB	131.4aA	20.62aA	283.6dAB
	T2	8.27aA	37.32bA	84.9aC	25.30aB	127.5abA	21.25aA	448.1cA
	T3	8.25aA	41.29aA	86.9aC	25.70aB	136.5aA	20.96aA	639.1bA
	T4	8.28aA	36.29bA	77.6bC	23.30bB	121.0aA	21.23aA	917.6aA

注：不同小写字母表示同一稻作系统不同处理间在0.05水平差异显著，不同大写字母表示不同稻作系统相同处理间在0.05水平差异显著

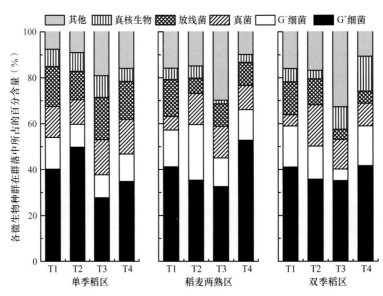

图2-17　双季稻、稻麦两熟和单季稻区不同处理的微生物群落结构

双季稻、稻麦两熟和单季稻区土壤微生物活体生物量（T-PLFA）除不施氮肥的T1外，表现为单季稻＞双季稻＞稻麦两熟；单季稻的不同田间处理的微生物活体生物量大小顺序依次为T4＞T3＞T2＞T1，而双季稻和稻麦两熟不同田间处理都表现为：T4微生物活体生物量最大，其他处理间无显著差异（表2-6）。

同时，本研究利用磷脂脂肪酸谱图法比较了三大稻区的4个不同处理的土壤微生物群落结构（图2-17）。双季稻、稻麦两熟和单季稻区土壤微生物群落结构总体表现为：G⁺细菌所占比例最大（27.7%～52.8%），其他细菌（9.04%～32.7%）所占比例次之，G⁻细菌（5.05%～17.88%）、真菌（4.86%～17.97%）和放线菌（4.40%～17.40%）所占比例相当，真核生物所占比例最小（27.7%～52.8%）。常规耕作、秸秆还田的T3处理，除革兰氏细菌（G⁺和G⁻）外的其他细菌在群落结构中所占的百分含量在三大稻区都显著高于其他3个处理；稻麦两熟区集成优化、增密减氮的T4处理G⁺细菌所占比例也显著高于其他3个处理。另由图2-16肥力综合表现的主成分分析结果可知：放线菌和其他细菌在PCI轴上的载荷分别为0.72和-0.52，绝对值大于PC1（0.315），微生物活体生物量（T-PLFA）在PC2轴上的载荷为0.94，因此微生物群落的这3项指标对单季稻、稻麦两熟和双季稻三大稻作系统肥力差异的产生有显著作用。

综合分析土壤化学性状、酶活性及微生物生物量和群落结构等指标，发现三大稻区的pH和速效钾之间存在显著差异，单季稻＞稻麦两熟＞双季稻。碱解氮和有效磷含量为稻麦两熟最高，但土壤阳离子交换量（CEC）为单季稻最高（表2-6）。基于土壤化学性质、酶活性和微生物群落组成的主成分分析结果表明：三大稻作系统的肥力综合表现有显著的差异；在双季稻区造成这一差异的因子主要为碱解氮、纤维素酶及未明确来源的其他微生物，而在稻麦两熟区造成这一差异的因子主要为G⁺细菌、G⁻细菌和有效磷，双季稻和稻麦两熟的田间管理措施之间目前没有显著差异；造成单季稻与双季稻和稻麦两熟区有显著差异的因子主要有pH、CEC、有机质、速效钾和放线菌等；单季稻4个不同处理间已表现出一定的差异，造成处理间存在差异的主要因子为微生物生物量和有效磷

（图2-16和图2-17）。

（2）基因测序

基于DNA提取法的PCR-DGGE技术是通过DNA序列扩增、梯度电泳等技术，将不同DNA以条带的形式区分开，以检测到的条带数量和丰度来表示群落结构与多样性。Wartiainen等（2008）利用PCR-DGGE 分析了*nifH*基因对施氮肥和不施氮肥水稻土生物固氮能力的贡献。陈利军等（2015）针对红壤旱地的快速培育措施，采用PCR-DGGE方法研究了土壤细菌和真菌群落组成与多样性的变化，并探讨有机肥和生物炭对土壤生物功能的影响。PCR-DGGE技术分析的主要对象是菌落数量达到一定优势的种群。单一的PCR-DGGE技术，若样品DNA提取不完全，PCR扩增产生误差，将会影响土壤微生物群落分析结果。

高通量测序是将凝胶电泳条带回收后克隆测序，确定微生物种属关系，进而对特定样品中的微生物进行定量和多样性的分析。宏基因组通过直接从环境样品中提取全部微生物的DNA，构建宏基因组文库，再进行系统化分析来研究土壤微生物群落种类和丰度，并且挖掘有用的基因，使土壤微生物多样性分析更趋于完整客观。因此，近几年的研究中常出现采用多种生物技术相结合的方法来分析土壤的微生物群落结构及多样性。陈晓娟等（2013）采用磷脂脂肪酸（PLFA）和MicroResp™测序方法，研究了不同利用方式耕地土壤微生物的群落结构，发现不同利用方式影响细菌、真菌及总PLFA量，并改变土壤的肥力状况。Zhang等（2017）利用16S rDNA和qPCR方法，分析了稻-稻-绿肥耕作制度下水稻根际微生物的群落结构和多样性，研究说明芽孢杆菌和假单胞菌是绿肥轮作处理中的优势类群，且长期水稻-绿肥轮作有利于水稻根际有益细菌的积累。Li等（2018）利用DGGE和qPCR研究稻草分解过程中土壤细菌和真菌群落的变化，以及土壤化学/物理性质与微生物群落进化的关系。本研究利用ITS测序分析发现：双季稻区不施氮肥的T1处理真菌群落结构与其他3个处理差异显著；秸秆不还田的T2处理、秸秆还田的T3处理与增密减氮的T4处理真菌群落结构也有一定的差异，但未达到显著水平（图2-18）。

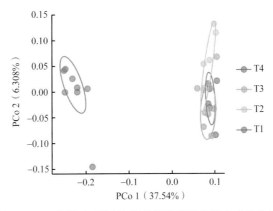

图2-18　双季稻区4不同处理真菌群落结构的主成分分析

4. 微生物功能群

土壤微生物（生理）功能群是指执行同一种功能的相同或不同形态的土壤微生物。微生物功能群不同，其转化的养分物质也不同。以往的研究中，传统的分离培养法如基质诱导呼吸法、BIOLOG法、荧光定量PCR、高通量测序和基因芯片等技术均被用于土壤微生物功能群的分析。最常见的PCR-DGGE技术适于鉴定和定量分析环境微生物群落中特定分类单位（域、属、种、亚种）的微生物或用于监测特定种群或种类的变化（车玉伶等，2005），但不能提供充足的微生物功能方面的信息。而高通量测序和宏基因组等技术的出现极大地拓展了人们对土壤微生物特征的识别能力，并在空间和时间尺度上确定了土壤微生物群落的影响因素。尤其是近年，以同位素示踪技术、高通量测序技术和光谱成像技术为代表的新型技术的发展极大地推动了土壤养分元素循环的微生物机制研究。土壤宏基因组学、宏转录组学和DNA-SIP等新技术为揭开土壤中不可培养微生物的代谢能力及其在土壤生态系统中的功能提供了可能。随着新一代高通量测序技术的快速发展，研究者已将微生物组分析全面扩展至宏转录组、宏蛋白组及宏代谢组等多种功能宏组学层次，并形成由多种宏组学技术整合的高通量分析平台与技术体系，即整合宏组学技术。

　　稻田作为一种典型的人为土壤，其元素循环过程受到自然与人为因素的双重影响。稻田土壤的人为管理措施增加了养分循环中生物过程的多样性及复杂性。为了全面分析稻田生境中微生物组及其功能，揭示C、N、P和S等养分物质在土壤中的转化过程，研究者开始整合微生物、生化和分子等多种技术手段进行系统分析。例如，刘新展等（2009）综述了采用T-RFLP、DGGE、qPCR和FISH等分子生态学方法研究硫酸盐还原微生物的进展。袁红朝等（2012）采用PCR-克隆测序和实时荧光定量PCR技术，分析固碳细菌cbbL基因丰度和多样性，揭示长期不同施肥制度对土壤固碳细菌的影响规律。靳振江（2013）采用PCR-DGGE结合基因克隆和测序等方法来确定水稻土的固碳与氮循环指示基因，研究发现长期不同施肥处理显著改变了土壤氨氧化细菌、氨氧化古菌与反硝化细菌的群落结构。肖可青（2014）利用荧光定量PCR、克隆文库及T-RFLP技术，研究了卡尔文循环关键酶和2种固碳编码基因的丰度与多样性。本研究利用实时荧光定量PCR技术分析2种稻田在不同初始孔隙条件下土壤氮转化的功能微生物差异发现，可溶性有机碳（DOC）、微生物生物量碳（MOC）、30～100μm孔隙、100～300μm孔隙及3种功能微生物（氨氧化古菌AOA、氨氧化细菌AOB、反硝化细菌nirK）是影响东北草甸型水稻土和南方红壤性水稻土土壤氮转化的主要因素（图2-19）。

2.3.3　土壤生物肥力研究展望

　　综合前述关于稻田土壤生物肥力研究进展和评价指标的认识，初步勾勒出稻田生物肥力作用的基本过程是：耕作、灌溉和施肥等农田管理措施改变稻田土壤结构，使微生物生境多样化和微生物区系演变及其功能群与酶活性等肥力服务功能发生变化，从而调控养分转化和循环。清楚地认识不同农田管理措施条件下稻田土壤结构、养分有效性、微生物多样性三者之间的相互关系，对有效地保护土壤生物肥力、维持稻田生态系统的稳定具有重大的意义。因此，对国内外稻田土壤生物肥力作用过程研究工作加以总结得出，今后需要重点加强以下研究。

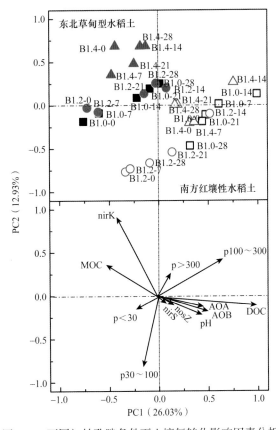

图2-19　不同初始孔隙条件下土壤氮转化影响因素分析

B. 容重–取样时间，以B1.0-0为例，表示容重1.0×10³kg/m³的0d样品；以此类推；p. 孔隙，分别为<30μm、30～100μm、100～300μm和>300μm；nirS、nirK和nosZ为反硝化细菌

目前关于水稻土中养分循环过程的研究还停留在描述性阶段，究其原因是能够分离出来的可以培养的微生物还很少，阻碍了对单一微生物或主要微生物作用机制的深入研究，不能确定到底这些微生物在土壤中究竟发挥着怎样的功能。因此应对传统的微生物学方法进行改善，结合现代分子生态学方法从水稻土中分离鉴定出更多微生物。

在分子水平上将影响稻田元素周转过程的主要理化因子的原位信息与微生物功能群的组成联系起来，探讨稻田土壤关键元素（C、N、P、S等）循环过程中微生物功能群组成对环境条件（如pH、温度和水分等）及耕作、灌溉和施肥等农业管理措施变化的响应，深刻理解微生物功能与过程的相互关系，探明稻田土壤关键元素耦合的微生物驱动机制。

在耕作、灌溉和施肥等农田管理措施的影响下，稻田土壤（团聚体）内养分分配与微生物生境改变，如何产生适应性和多样性的微生物区系演替？稻田土壤结构、养分有效性、微生物多样性三者之间是何种关系，何种作用为主导，这种关系随种植模式、土壤类型和管理条件等的改变会产生何种变化？土壤肥力提高的过程中生物多样性的变化与优势种群和适应性种群的分布与活性又是什么关系，微生物功能群组成的变化与微生物生物量的变化是否耦合？

2.4　稻田土壤肥力评价指标与方法

　　从土壤-植物-环境整体角度看，土壤肥力是土壤针对特定植物的养分供应能力与土壤供应植物养分时的环境条件的综合体现，土壤养分、植物和环境条件共同构成土壤肥力的外延。土壤肥力高低不仅仅受土壤养分含量、植物吸收能力和植物生长环境条件各因子的独立作用，更重要的是取决于各因子的协调程度。水稻土是自然土在长期水耕熟化过程中，经过一系列物理、化学和生物作用发育而成的，是最典型的一种水耕人为土，水稻土肥力是水稻生产可持续发展的基础资源，亦是影响水稻产量的重要因素。有关稻田土壤肥力的研究得到长期重视。高强度人为干扰如耕作、施肥等措施，改变了土壤的物理、化学和生物特性，甚至改变土壤肥力特征。土壤肥力的发展与演变是一个长期的过程，因此选择合理的肥力评价指标和方法对稻田土壤肥力进行科学的评价，以实现稻田可持续生产，显得尤为重要。

2.4.1　土壤肥力评价指标

　　黄晶等（2017）阐述了国内外有关稻田土壤肥力评价指标和方法的研究进展。土壤肥力是土壤物理肥力、化学肥力、生物肥力的综合体现，所以选择有代表性的指标是土壤肥力评价的关键，应尽可能地涉及所有主要的物理、化学和生物指标。在早期的评价方案中经常提到的土壤物理指标，特别是与蓄水有关的土壤物理指标，最近5年又再次提出，而在之前的时期则并不常见。在土壤化学指标中，土壤有机碳、pH、有效磷钾、全氮、电导率、阳离子交换量和矿质氮等指标提到的频率最高。同样，在生物指标中，土壤呼吸强度、微生物生物量、矿化氮量和蚯蚓密度等指标出现得更为频繁。

　　土壤全氮和土壤有机质作为土壤肥力的重要评价指标，对土地生产力和生态系统健康具有显著贡献。准确地监测土壤有机质对防止因土地管理不当而造成的土壤退化、实现可持续农业和土壤利用管理至关重要（Chen et al.，2019；Yang et al.，2019）。

　　目前测量土壤氮素和土壤有机质以常规化学分析方法为主，这些方法普遍存在操作繁琐、费时耗力、具有破坏性且时效性差等缺点，难以实现实时、快速、大批量和大面积测量，在大数据检测中应用受到限制。与传统的化学分析相比，遥感技术具有快速、无损、面积大的优点，根据不同地物所体现出的不同光谱特性，选择合适的方法，可对地物进行定量和定性监测。利用经成像光谱仪获得的数据可对地物和大气组成物质间的相关性、所占比例和时空变化进行较精准预测，近年来，光谱分析技术被证明是一种有潜力的化学组分快速测定技术。

　　通过土壤反射光谱可获得大量的土壤信息，分析这些光谱信息可获取土壤的基本信息（土壤质地、土壤氮和有机质、土壤含水量等有效信息），现已有大量围绕土壤反射光谱与土壤有机质、氮、水分和重金属等进行的研究，并且取得了阶段性的研究结果（Gozzolino and Morón，2006；王璐等，2007；龚绍琦等，2010；姚阔等，2014；Ng et al.，2019）。土壤反射光谱分析已融入通用模型的性能。李伟等（2007）研究发现，利用人工神经网络建立的黑土碱解氮、有效磷、速效钾含量预测模型精度较高。利用室内光谱进行多光谱数据模拟，结合回归分析方法建立土壤营养元素含量的估算模型，该模型对N、P和K含量的预测精度是最高的（王璐等，2007）。张娟娟等（2009）建立了利用不同光谱指数估算土壤有机质的光谱模型。任红艳等（2012）利用偏最小二乘回归分析预测了不同区域土壤有机碳和全氮的含量。Hong等（2018）研究了利用基于归一化土壤湿度指数（normalized soil moisture index，NSMI）的聚类方法来预测未知土壤湿度，最终预测不同土壤湿度下的土壤有机质含量。研究证明，基于NSMI的聚类方法只需光谱信息，便能够较好地预测土壤有机质含量。Ogena等（2018）的研究表明要准确预测土壤有机质含量，必须考虑土壤类型和光谱检测极限值。

当前利用光谱技术已在不同作物、生态区域建立了很好的作物氮素诊断模型。例如，建立了水稻施肥关键时期（分蘖期和穗分化期）的植株吸氮量光谱诊断指数、BP（back propagation）神经网络模型，明确了土壤供氮量和氮素利用率等相关参数的相关性，组建了基于目标产量的水稻氮素追肥光谱推荐模型，并进行了田间验证，从而实现氮肥的按需定量投入，确保水稻高产高效（覃夏等，2011；孙小香等，2019）。但针对作物磷、钾的光谱特性研究较少，结果也有较大争议，还有待进一步深入研究（赵小敏等，2019）。

土壤生物在土壤功能中起着核心作用，加入生物和生化指标可以大大改进土壤质量评估结果（Barrios，2007）。然而，在土壤肥力评估中土壤生物指标的代表性仍然不足，而且大多局限于微生物生物量、土壤呼吸强度等指标。可能是因为需要专业的知识与技能，基于线虫（Stone et al.，2016）、（微型）节肢动物（Rüdisser et al.，2015）或是一组土壤微生物区系（Velasquez et al.，2007）的这类更具体的生物指标尽管有显而易见的前景，却鲜有人提出。这种情况不容乐观，因为土壤生物区系因对环境条件变化响应能力高而被认为是反映土壤质量最敏感的指标（Nielsen and Winding，2002；Bastida et al.，2008；Kibblewhite et al.，2008；Bone et al.，2010）。

近年来土壤生物学研究的迅速发展，增加了基于基因型和表现型群落多样性指标来评价土壤质量的可行性（Ritz et al.，2009；Hartmann et al.，2015；Kumari et al.，2017）。以DNA和RNA为核心的分子方法可以较快发挥作用，有着巨大的潜力。与传统方法相比，其对土壤生物和土壤过程的测定更便宜，且获得的信息更多（Bouchez et al.，2016）。因此，可能会提出新的指标来替代或补充常规监测方案中现有的生物和生化土壤质量评价指标（Hartmann et al.，2015；Hermans et al.，2017）。在Stone等（2016）采用的参与式方法中，70%的指标测定基于以"分子细菌和古生菌多样性"为主的分子方法。此外，最新的数据分析方法，如网络分析、结构方程建模和机器学习可以促进建立指标与功能之间的联系（Allan et al.，2015；Creamer et al.，2016）。Karimi等（2017）提出将微生物网络作为环境质量评价的综合指标，以克服生物分类指标缺乏敏感性和特异性的问题。然而，以基因和转录产物的存在与数量来预测过程速率仍需验证（Rocca et al.，2015）。这些分子技术的结果也面临着由样品污染、PCR反应、引物选择、OTU定义和分类分配技术带来的误差（Abdelfattah et al.，2017；Hugerth and Andersson，2017；Schloter et al.，2018）。仍有大部分土壤微生物有待用分类和功能术语加以描述，因此测序产生的"大数据"分析时在时间、计算能力方面也面临着严峻挑战（Bouchez et al.，2016；Schloter et al.，2018）。其他分子技术，如代谢组学（Vestergaard et al.，2017）和宏蛋白质组学（Simon and Daniel，2011）与生态系统过程直接相关，因此可能产生潜在的适宜的土壤质量评价指标（Bouchez et al.，2016）。由于难以从土壤中提取代谢物和蛋白质，并选择出具有代表性的样品，这些技术虽有优点，但其应用范围有一定局限性（Bouchez et al.，2016）。稳定同位素探测（SIP）结合磷脂脂肪酸（PLFA）法和DNA探针也有助于将土壤生物多样性与土壤过程联系起来（Wang et al.，2015；Watzinger，2015）。为了将基于分子方法测定的指标有效地整合到土壤质量评价中，有必要确立标准化评价技术和参考系统（Bouchez et al.，2016）。

土壤物理性质是土壤肥力的重要内涵，土壤中的生物化学过程依赖土壤物理状态，直接或间接影响作物生长（姚贤良，1981；黄晶等，2017）。土壤物理性质包括土壤颗粒组成、结构、水分和温度等基本土壤性状，以及水分和溶质运移的物理化学过程（李保国等，2008）。土壤容重、质地、团粒结构、孔隙度和持水特性等是较为常用的物理指标，在土壤物理性状研究和土壤质量评价中应用广泛。

土壤容重表示一定体积内土壤重量，是描述土壤紧实度的指标，是土壤最基本的物理属性之一，通常采用环刀法测定。一般讲土壤容重小，表明土壤比较疏松，孔隙多，保水保肥能力强；反之，土壤容重大，表明土体紧实，结构性差，孔隙少，耕性、透水性、通气性不良，保水保肥能力差。在如今农田机械化作业越来越普遍的情况下，土壤紧实和犁底层增厚已成为黄淮海地区潜在的土壤问题（Liu et al.，2010）。土壤容重也是计算土壤孔隙度、相对含水率和土层中养分的基础数据。例如，土壤孔隙度=（1-土壤容重/土壤密度）×100%，土壤密度通常采用2.65g/cm³。

土壤质地是指各个级别土粒重量的百分含量，又称为土壤颗粒组成或机械组成。土壤质地在很大程度上支配土壤的各种耕作性能、施肥反应以及持水、通气等特性。土壤质地的室内测定方法较多，常用的有激光粒度仪法、比重计法、吸管法和密度计法等。比重计法、吸管法和密度计法均依据司笃克斯定律，而激光粒度仪法依据光的Fraunhofer衍射和Mie散射理论，其测定的土壤黏粒含量明显低于其他方法（刘雪梅和黄元仿，2005）。各种方法的使用原理及质量控制总结如表2-7所示（吴克宁和赵瑞，2019）。

表2-7　土壤质地测定方法原理和质量控制

方法	原理	质量控制
比重计法	试样经处理制成悬浮液，根据司笃克斯（Stokes）定律，用特制的甲种土壤比重计于不同时间测定悬浮液密度的变化，并根据沉降时间、沉降深度及比重计读数计算出土粒粒径大小及含量百分数，然后依据土壤质地划分标准确定土壤质地	平行测定结果允许绝对偏差：黏粒级≤3%；粉（砂）粒级≤4%
吸管法	本方法是由筛分及净水沉降结合进行，通过2mm筛孔的土样经化学及物理处理制成悬浮液定容后，根据Stokes定律和土粒在静水中沉降的规律，大于0.25mm的各级颗粒由一定孔径的筛子筛分，小于0.25mm的则用吸管吸取一定量的各级颗粒（国际制、美国制、卡庆斯基制、中国制等），烘干称其质量，计算各级颗粒含量百分数，确定土壤的颗粒组成及土壤质地	平行测定结果允许绝对偏差：黏粒级<10g/kg；粉（砂）粒级<20g/kg
密度计法	土样经化学及物理处理制成悬浮液定容后，根据Stokes定律及土壤密度计浮泡在悬浮液中所处的平均有效深度，静置不同时间后，用土壤密度计直接读出每升悬浮液所含各级颗粒的重量（g），计算它们的含量（g/kg），并依据土壤质地划分标准确定土壤质地	平行测定结果允许绝对偏差：黏粒级<10g/kg；粉（砂）粒级<20g/kg
激光粒度仪法	载有悬浮颗粒的溶液由循环泵带动通过样品池，平行激光束入射到被测颗粒上被衍射和散射，散射光角度随粒径大小而变化，由透镜收集并聚集到光电检测器上；光电检测器上总散射强度是单个散射波的叠加，用反演算法对测得数据进行处理，从而得到颗粒大小的分布信息	①抽查10%样品，其中如有20%的样品超过允许误差范围，该批样品重做；②样品各粒级百分含量之和为100%±1%

　　土壤的孔隙特征包括孔隙的数量、形状、大小、表面密度、连通性、曲折度和三维空间构型等，这些孔隙特征影响土壤物理、化学和生物过程。土壤孔隙特征一般利用土壤水、气特征间接获取，常用的方法有容重法、压汞法（MIP）、水分特征曲线法和气体吸附法等。容重法能笼统地得到土壤的总孔隙度、毛管孔隙度和非毛管孔隙度。MIP法不能检测闭合或孤立的孔隙，并且可能会使土壤结构变形或遭到破坏，并低估土壤总孔隙度。气体吸附法有加热处理，有导致土壤化学性质发生改变、土壤有机质结构重组的风险。光学显微镜、电子显微镜和数字图像分析等技术需要制备土壤薄片切片，制备过程繁琐而且可能会破坏土壤团聚体结构。近年来，计算机断层扫描技术（CT），尤其是同步辐射显微CT扫描技术由于具有高分辨率和对比度、扫描快和对样品无破坏性的优势，可以在微米或毫米分辨率下对团聚体内的孔隙结构定量化，不仅可以提供孔隙数量和孔隙大小分布的数据，而且可以对孔隙方向和复杂性进行量化与可视化，实现二维原位动态相衬成像和三维成像，使得土壤孔隙结构的定量化研究更加准确、全面（张维俊等，2019）。

　　土壤团聚体是土壤结构的基本单元，现有研究主要侧重于团聚体的数量、分布和稳定性等方面。筛分法是最常用的方法，分为干筛法和湿筛法。采样时的水分状况、预处理方法、筛分的能量大小等对研究结果影响很大。随着分形理论、随机理论、自由组织理论及地统计学等在土壤学中的应用，土壤结构定量化及其与土壤过程之间的定量关系研究取得了一些进展。平均重量直径（MWD）、几何平均直径（GMD）、分形维数（F）等指标被用来评估土壤团聚体的稳定性，布尔模型、网络模型等也被引入土壤结构的描述（周虎等，2013；高雅等，2015；张佳瑞等，2017）。

　　随着土壤形态学研究的深入，显微镜、电子显微镜、扫描电镜和CT技术等相继用于土壤研究，结合数字图像处理技术可以定量描述土壤结构特征。光学显微镜技术受观察原理和分辨率限制，仅限于二维图像的定性和半定量分析。电子显微镜可以获取粒径为0.2nm的土壤团聚体的孔隙类型、组成和团聚体形态特征等，粒径小于0.2nm的团聚体内部超微结构可以通过扫描电镜和投射电镜等获取。而CT扫描技术可以获取原状三维土壤结构，信息量大、精度高，并且不需要进行土壤切片，近年来成为土壤结构和孔隙研究的主要手段，但土壤微形态的图像处理技术和应用尚处于起步阶段（周虎等，2009；张丽娜等，2018）。

　　综上所述，土壤肥力评价指标的选择是土壤肥力评价的关键，应尽可能地涉及所有主要的物理、化学和生物性质。随着新的测试技术手段和方法应用，可以弥补传统方法获取评价指标效率较低、精度不高等不足，从而能够更加快捷、准确地通过相关肥力指标的变化来更科学合理地评价土壤肥力。

2.4.2　土壤肥力评价方法、标准及应用

　　土壤肥力是表征土壤肥沃性的一个重要指标，它可以衡量土壤能够提供作物生长所需各种养分的能力，是土壤各种基本性质的综合表现。以往的研究主要通过Fuzzy法、全量数据集、最小指标数据集等方法对土壤肥力指标进行加权，通过土壤综合肥力指数来量化土壤肥力水平（陈吉等，2010；郝小雨等，2015；颜雄等，2015；邓绍欢等，2016）。包耀贤等（2012）研究长期施肥条件下土壤肥力的综合表现时发现，虽然因子

分析法、相关系数法和内梅罗指数法均适用，但应首选内梅罗指数法，最后选相关系数法。邓绍欢等（2016）的研究表明，冷浸田土壤质量评价的最小指标数据集为pH、全氮、有效锰、Fe^{2+}、C、N、线虫数量7个指标。但是，目前的研究主要集中在土壤肥力评价方法的比较和其在不同土壤类型的适应性上，也有研究关注与土壤肥力密切相关的作物产量（于寒青等，2010；Liu et al.，2015）及产量稳定性（Shang et al.，2014）。包耀贤等（2012）研究发现，作物产量与土壤综合肥力指数呈极显著"S"形波尔兹曼生长模型关系，即养分达到一定平衡时，作物产量在土壤肥力增加到一定程度时趋于稳定。

2.4.2.1 Fuzzy 法

模糊数学法又称Fuzzy法，是把数学的应用范围从确定性的领域扩大到了模糊领域。Fuzzy法就是用精确的数学手段对模糊概念和模糊现象进行描述、建模，以达到对其进行恰当处理的目的。1965年Zadeh提出用"隶属函数"来描述现象差异的中间过渡，从而突破了经典集合论中属于或不属于的绝对关系，标志着模糊数学的诞生。在模糊集合中，给定范围内元素对它的隶属关系不一定只有"是"或"否"两种情况，还存在中间过渡状态，于是用介于0和1之间的实数来表示隶属程度。

Fuzzy法是将模糊数学应用到判别事物和系统优劣领域的一种方法。应用模糊关系合成理论，将一些边界不清晰的因素定量化，然后进行评价。利用模糊数学原理进行土壤肥力的综合评价，需要根据作物效应曲线建立肥力指标的隶属度函数，并计算出隶属度值。根据土壤肥力各评价指标值之间相关系数的大小确定各指标的权重系数，进一步求得土壤综合肥力指数（吕晓男等，1999）。

土壤综合肥力指数的计算：以模糊数学中的加乘原则为原理，利用各土壤肥力评价指标的权重值和隶属度值计算土壤综合肥力指数（IFI），具体计算公式（Wang et al.，1991）如下：

$$IFI = \sum_{i=1}^{n} F_i \times W_i$$

（2-2）

式中，F_i为第i项评价指标的隶属度值；W_i为第i项评价指标的权重。IFI取值范围为0～1，该值越接近于1，土壤肥力越高。

图2-20为利用Fuzzy法对土壤肥力评价的过程图。

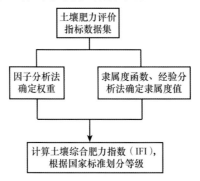

图2-20　Fuzzy法评价土壤肥力过程图

Fuzzy法是利用模糊数学隶属度理论，定量地对影响土壤肥力的各个因素进行评价。水稻土是我国粮食生产中一类重要土壤类型，面积大，分布广。近年来，研究者将模糊数学等方法引入土壤肥力评价中（表2-8）。

表2-8　不同研究者运用Fuzzy法对土壤肥力评价

研究者	地区	评价因子	权重	隶属度	IFI	等级划分
向莉莉等（2019）	川西南山区农田土壤	pH、有机质、碱解氮、有效磷、速效钾、有效锌、有效铜、有效铁、有效锰、有效硼	有效磷最大（0.16），最低为速效钾（0.03）	平均隶属度最小为有效硼（0.14），其次为有效磷（−0.24）	水稻土壤综合肥力指数为0.55～0.78	水稻种植一等分布比例最高，三等分布比例为0
王勇和常江（2011）	安徽水旱两熟土壤	有机质、全氮、有效磷、速效钾、有效锌、硼	有机质最大（0.5），全氮最低（0.02）			6个县（市、区）贵池和庐江土壤综合养分水平属于二级，较高水平；肥东、无为和居巢属于三级，中等水平；明光则属于四级，较低水平
潘永敏等（2011）	苏中地区县域农田土壤	有机质、全氮、全磷、全钾、有效磷、速效钾	权重大小顺序为全氮、有效磷、有机质、全磷、全钾、速效钾	全氮、全钾、速效钾、有机质隶属度均值都大于0.5，全磷、有效磷隶属度均值低于0.4	潜育型水稻土、脱潜型水稻土、潴育型水稻土分布区土壤综合肥力指数普遍大于0.6，渗育型水稻土分布区土壤综合肥力指数主要为0.4～0.6，而灰潮土肥力综合指数则普遍低于0.4	综合肥力以中等和中等以上水平为主，北部综合肥力明显好于南部
刘金山等（2012）	湖北水旱两熟土壤	有机质、碱解氮、有效磷、速效钾、有效硼、有效钼、有效锌				湖北省水旱两熟区的赤壁、洪湖、荆州、麻城和沙洋5个地区的土壤肥力以中等（Ⅲ）为主，差（Ⅳ）等次之
刘世平等（2008）	扬州大学江苏省作物遗传生理实验室试验田	有机质、全氮、碱解氮、有效磷、速效钾5个土壤养分因素和土壤容重1个土壤环境因素	养分指标速效钾最小（0.1809），有效磷最大（0.2253），物理指标土壤容重为1		翻耕秸秆还田处理最高，其次为翻耕秸秆不还田，免耕套播秸秆覆盖较低，免耕套播高茬最低	土壤综合肥力指数以翻耕秸秆还田最高，免耕套播高茬最低，主要受环境条件土壤容重的影响
包耀贤等（2013）	江西进贤红壤性水稻土	有机质、速效氮、磷、钾、黏粒含量、团聚度和团聚体稳定性	团聚体稳定性最大（0.15），有机质最小（0.129）			长期平衡施肥（NPKM、2NPK和NPK）明显提高土壤综合肥力，NPKM更为显著
颜雄等（2015）	江西进贤红壤性水稻土	pH、有机质、碱解氮、有效磷、速效钾、全氮、磷、钾				有机无机肥配施处理（NPKOM）为二级，其他施肥处理均为三级，其中对照和单施氮肥处理与NPKOM、其他施肥处理相比，土壤肥力有明显的降低趋势
于寒青等（2010）	湖南祁阳	pH、有机质、碱解氮、有效磷、速效钾、全氮、全磷、全钾	全钾最低，有效磷最大		施化肥处理的IFI均高于施有机物稻草处理，而不施肥处理最低	

研究者	地区	评价因子	权重	隶属度	IFI	等级划分
包耀贤等（2012）	湖南望城和江西进贤				施肥处理均能不同程度地提高土壤综合肥力，且平衡施肥优于偏施肥和CK处理，特别是有机无机肥配施	早稻产量、晚稻产量和总产量与IFI间均具极显著相关性

Fuzzy法通过精确的数字手段处理模糊的评价对象，能对蕴藏信息呈现模糊性的资料作出比较科学、合理、贴近实际的量化评价，在土壤肥力综合评价中具有简便可行、结果清晰、系统性强等特点，能较好地解决模糊、难以量化的问题，适合解决各种非确定性的问题（周晓洁，2008）。但是Fuzzy法计算复杂，对指标权重向量的确定主观性较强；当指标集U较大，即指标集数目较大时，在权重向量和为1的条件约束下，相对隶属度往往偏小，权重向量与模糊矩阵R不匹配，结果会出现超模糊现象，分辨率很差，无法区分谁的隶属度更高，甚至造成评价失败。

2.4.2.2　全量数据集

利用全量数据集评价土壤肥力时选择的指标包括土壤物理、化学、生物和环境条件等各个方面，以期反映土壤物理、化学和生物等各个方面的特征，但是由于给出的指标过多，测定起来比较复杂，应用也比较困难。

采用全量数据集对土壤肥力评价时首先确定评价指标体系，确定指标等级划分、赋值和权重，构建土壤质量变化评价模型（卢铁光等，2003）。

乔云发等（2019）在21个风沙土耕层土壤质量评价指标中选择了特征差异明显、使用频率最高、有较好代表性的前10个指标，利用全量数据集（TDS）土壤质量指数（SQI-TDS）、玉米产量、最小数据集土壤质量指数（SQI-MDS）对风沙土耕层特征进行了分析评价，结果表明SQI-TDS、玉米产量与SQI-MDS呈极显著正相关，R^2分别为0.4515和0.5779，这表明MDS适合替代TDS对风沙土农田耕层土壤质量进行评价。

土壤肥力评价指标应全面、综合地反映土壤肥力的各个方面，既能反映土壤的养分贮存、养分释放，又能反映土壤的物理性状和生物多样性以及土壤环境条件。因此，在确定土壤肥力评价指标时，需要把握土壤的整体质量特征。但是全量数据集指标众多，较复杂，计算量大，主观随意性强（陈欢等，2014），存在因原始数据量庞大、错综复杂造成结果偏离实际较远的缺点。因此，全量数据集较多地用于与最小数据集进行对照。

2.4.2.3　最小数据集

土壤质量评价必须选取最能反映土壤质量状况的指标，同时应该尽可能地涵盖土壤物理、化学及生物特性。土壤学家建议建立最小数据集来定量评价土壤质量，并且最小数据集应由足够能代表土壤化学、生物和物理性质与过程的复杂指标组成，能准确反映评价目的，并提出了最小数据集指标的纳入原则：包含于生态过程中，与模型过程相关；综合土壤物理、化学和生物性质及过程；为多数用户接受并能应用于田间条件；容易测定，重现性好；对气候和管理条件反应敏感；尽可能是已有数据库的一部分。

进行土壤肥力评价，需从大量表征土壤肥力的土壤属性中筛选出敏感反映土壤肥力的参评指标组成最小数据集（MDS）。MDS的确定通常有专家打分法、主成分分析法、聚类分析法等，其中主成分分析（PCA）法应用最为广泛。基于土壤属性间的相关性，采用主成分分析筛选出能够独立敏感地反映土壤质量变化的土壤属性组成土壤肥力评价的最小数据集（MDS）。

1. 最小数据集常用指标

土壤最小数据集中指标的选择是土壤质量评价的基础和重要环节（Askari and Holden，2014）。最小数据集建构有不同方法，常用主成分分析、相关性分析，也有不少学者利用Norm值提取指标（李桂林等，2008；贡璐等，2015）。在土壤肥力评价中筛选出能体现土壤肥力的最小数据集评价指标，是保证整个土壤肥力评价科学合理的基础。表2-9给出了通常状况下的土壤肥力评价指标，需要指出的是，这些指标是针对所有土壤而言的，在具体评价某一土壤或某一区域时，还应选出最能代表该土壤或该区域的最小数据集指标，通过对最小数据集指标的分析，给出土壤肥力的综合评价（表2-10）。在土壤质量方面，越来越多的生物学指标应用于土壤质量评价中，主要为微生物指标（贡璐等，2011），此外土壤蚯蚓和线虫也作为评价指标应用于土壤质量评价研究中（Bartz et al.，2013；D'Hose et al.，2014）。

表2-9　土壤肥力评价指标

指标分类	指标构成
土壤物理指标	表土层厚度、障碍层厚度、容重、黏粒、粉黏比、通气孔隙、毛管孔隙、渗透率、团聚体稳定性、大团聚体、微团聚体、结构系数、水分含量、温度、水分特征曲线、渗透阻力
土壤化学指标	土壤pH、电导率、盐基饱和度、交换性酸、交换性钠、交换性钙、交换性镁、铝饱和度、Eh、全氮、全磷、全钾、碱解氮、水解氮、铵态氮、硝态氮、有效磷、速效钾、缓效钾和钙、镁、硫、铁、铜、锌、锰、硼、钼等中微量营养元素全量和有效性含量
土壤生物指标	土壤蚯蚓、线虫、微生物生物量碳与氮、细菌、真菌、放线菌数量和脲酶、过氧化氢酶、脱氢酶、磷酸酶活性等

表2-10　农田土壤肥力评价最小数据集

指标分类	指标	功能
土壤物理指标	耕层厚度	支持植物根系，容纳水分
	容重	反映压实程度、耕性
	黏粒含量	有利于水分和化学物质的吸附与传输
土壤化学指标	有机碳	保持养分和水分、碳储量，维持土壤团聚体结构
	pH	调节土壤酸碱度、养分有效性
	全氮	作为植物核心养分
	全磷	作为植物核心养分
	全钾	作为植物核心养分
	阳离子交换量	保持养分，化学缓冲
土壤生物指标	蚯蚓	反映土壤健康
	微生物生物量碳	反映微生物活性
	微生物生物量氮	养分循环通量，土壤质量的生物指标
	微生物生物量磷	养分循环通量，土壤质量的生物指标

2.最小数据集指标的确定原则

参评指标的选定是土壤肥力评价的核心工作，直接关系到土壤肥力数量化评价结果的客观性。一般参评指标的选定原则如下。

选取对作物生长发育和生产力具有重大影响的主要限制因子作为参评指标。

从土壤的养分含量和物理化学环境两方面来选择参评指标，但是作为土壤肥力评价指标，应以土壤的养分含量为主，所选环境条件必须能显著影响土壤肥力和生产力。

选择稳定性高或较高的指标，以使评价结果相对稳定，有些指标如土壤有效磷，虽有可变性，但变化规律明显，且与土壤肥力及当前生产力密切相关，仍应作为肥力评价的主要依据。

选择差异较大、相关性小的指标；为实现定量评价，一般应尽量选择可度量或可测量的特征。

优点：主要优点是在不影响土壤质量评价效果的基础上，最大限度地减少工作量，通过测定比较少的数据来了解土壤的变化情况。

缺点：最小数据集指标选取时，只依据某变量在一个主成分上的因子载荷大小进行选取，这可能会引起该变量在其他特征值≥1的主成分上的信息丢失，通过计算变量的Norm值可避免此缺陷。

2.4.2.4　国家标准中有关土壤肥力的评价内容

1.国家标准：GB/T 28407—2012《农用地质量分等规程》

该标准属于中华人民共和国国家标准，由中华人民共和国国家治理监督检验检疫总局和中国国家标准化管理委员会联合发布，发布时间为2012年6月29日，2012年10月1日实施。

（1）标准来源及范围

该标准由中华人民共和国国土资源部（现自然资源部）提出，由全国国土资源标准化技术委员会归口，主要起草单位有：国土资源部土地利用管理司、国土资源部土地整理中心、中国农业大学、北京师范大学、河北师范大学。

本标准规定了农用地质量分等工作的总则、准备工作与资料整理、外业补充调查、标准耕作制度和基准作物、划分分等单元、农用地质量等级评定、建立标准养地体系，以及成果编绘、验收、更新归档与应用等。主要适用于县级行政区内现有农用地和宜农未利用地。

（2）农用地质量分等原则

在该标准中，主要的分等定义原则如下。

综合分析原则：农用地质量是各种资源因素、社会经济因素综合作用的结果，农用地质量分等应以造成等别差异的各种相对稳定因素的综合分析为基础。

分层控制原则：农用地质量分等以建立全国范围内的统一等别序列为目的。在实际操作上，农用地质量分等是在国家、省、县三个层次上开展。县级分等成果要在本县域范围内可比，省级协调汇总成果要在本省域范围内可比，国家级协调汇总成果要在全国范围内可比。

主导因素原则：农用地质量分等应根据相对稳定的影响因素及其作用的差异。重点考虑对土地质量及土地生产力水平具有重要作用的主导因素。突出主导因素对分等结果的作用。

土地收益差异原则：农用地质量分等应能反映不同区域土地自然质量条件、土地利用水平、社会经济水平的差异对区域土地生产力水平的影响，并反映其对区域土地收益水平的影响。

定量分析与定性分析相结合原则：农用地质量分等应以定量计算为主。对现阶段难以定量的自然因素、社会经济因素采用必要的定性分析。定性分析的结果可用于农用地质量分等成果的调整和确定工作中，提高农用地质量分等成果的精度。

（3）标准的具体操作

本标准主要是从县、省和国家的层次出发，通过因素法或样地法获取农用地质量分等，进而结合土地利用系数和土地经济系数，从而进行农用地分等。具体操作流程如图2-21所示。

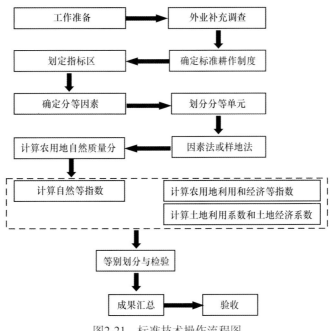

图2-21　标准技术操作流程图

2. 国家标准：GB/T 33469—2016《耕地质量等级》和农业行业标准：NY/T 2872—2015《耕地质量划分规范》

GB/T 33469—2016属于中华人民共和国国家标准，由中华人民共和国国家质量监督检验检疫总局和中国国家标准化管理委员会联合发布，发布时间为2016年12月30日，并于发布日开始实施。

NY/T 2872—2015属于中华人民共和国农业行业标准，由中华人民共和国农业部（现农业农村部）发布，发布时间为2015年12月29日，2016年4月1日实施。

在具体的评分环节，只在农用地自然质量分中体现了土壤肥力相关的指标，如土壤类型、土壤表层有机质含量、表层土壤质地、有效土层厚度、土壤盐碱状况、剖面构型、障碍层特性、土壤保水供水状况、土壤砾石含量等；同时，在该标准给出的附录A

（规范性附录）的表A.1农用地质量分等外业调查表中，土壤剖面构型主要是定性表述，而定量的指标只有土壤pH和有机质含量

（1）标准来源及范围

GB/T 33469—2016由中华人民共和国农业部提出，由全国土壤质量标准化技术委员会归口，主要起草单位有全国农业技术推广服务中心、北京市土肥工作站、山东省土壤肥料总站、江苏省耕地质量与农业环境保护站、山西省土壤肥料工作站、华南农业大学。

本标准规定了耕地质量区划划分、指标确定、耕地质量等级划分流程等内容。主要适用于各级行政区及特定区域内耕地质量等级划分，园地质量等级划分可参考执行。

NY/T 2872—2015由中华人民共和国农业部种植业管理司提出并归口，主要起草单位有：全国农业技术推广服务中心、北京市土肥工作站、中国农业科学院农业资源与农业区划研究所、山东省土壤肥料总站、江苏省耕地质量保护站、山西省土壤肥料工作站、华南农业大学、辽宁省土壤肥料总站、安徽省土壤肥料总站、成都土壤肥料测试中心、重庆市农业技术推广总站、陕西省土壤肥料工作站。

本标准规定了耕地质量区域划分、指标确定、耕地质量等级划分流程等内容。主要适用于耕地质量划分，也适用于园地质量划分。

（2）耕地质量分等原则

这两个标准比较相似，耕地质量等级划分是从农业生产角度出发，通过综合指数法对由耕地地力、土壤健康状况和田间基础设施构成的满足农产品持续产出和质量安全需求的能力进行评价并划分等级。这两个标准主要根据全国综合农业区划，结合不同区域耕地特点、土壤类型分布特征，将全国耕地划分为东北区、内蒙古及黄河沿线区、黄淮海区、黄土高原区、长江中下游区、西南区、华南区、甘新区、青藏区九大区域。各区域耕地质量评价指标由基础性指标和区域补充性指标组成，其中，基础性指标包括地形部位、有效土层厚度、有机质含量、耕层质地、土壤容重、质地构型、土壤养分状况、生物多样性、清洁程度、障碍因素、灌溉能力、排水能力、农田林网化率13个指标。区域补充性指标包括耕层厚度、田间坡度、盐渍化程度、地下水埋深、酸碱度、海拔6个指标。这两个标准将耕地质量划分为10个等级，耕地质量综合指数越大，耕地质量水平越高。一等地耕地质量最高，十等地耕地质量最低。

（3）标准的具体操作

耕地质量等级标准的具体操作见图2-22。

在该标准中，主要选取的土壤肥力相关指标：有效土层厚度、土壤有机质、土壤质地、土壤容重、土壤养分状况、耕层厚度、土壤盐碱状况和酸碱度等。然后通过权重和隶属度函数进行耕地质量综合指数的计算，进而确定耕地质量等级。尽管该标准考虑了如土壤基础设施、灌溉排水能力和生物多样性等只能定性描述的指标，但随着近年来高标准粮田建设的顺利推进，以及测土配方施肥技术、秸秆还田技术、冬季绿肥种植技术等的大力发展，在未来的耕地质量评价中，农田基础设施、地形地貌等指标在评价中的作用已逐渐趋于一致。而土壤酸碱度、有机质和养分等有关肥力状况指标的作用将进一步突显。因此，该标准的适用性还有待进一步提升和优化。

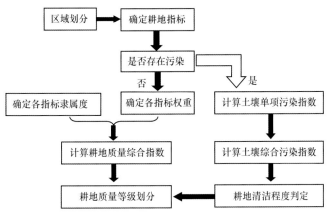

图2-22　耕地质量分等的操作流程图

3. 农业行业标准：NY/T 309—1996《全国耕地类型区、耕地地力等级划分》

该标准属于中华人民共和国农业行业标准，由中华人民共和国农业部发布，发布时间为1996年12月23日，1997年6月1日实施。

（1）标准来源及范围

该标准由中华人民共和国农业部全国土壤肥料总站提出，主要起草单位为农业部全国土壤肥料总站。

本标准将全国划分为7个耕地类型区、10个耕地地力等级，并分别建立了各类型区耕地部分的等级范围及基础地力要素指标体系。本标准作为推荐性标准，由全国各地参照执行，各地还可以在本标准等级划分的前提下，编制适宜本地区更为详细的划分标准。

（2）分等原则和具体操作

该标准中，七大类型区分别为东北黑土耕地，北方平原潮土、砂姜黑土耕地，北方山地丘陵棕壤、褐土（含黄棕壤、黄褐土），黄土高原黄土耕地，内陆灌漠（淤）土耕地，南方稻田耕地，南方山地丘陵红、黄壤（含紫色土、石灰土）旱耕地。

根据不同区域特点，本标准首先确定了将不同区域的作物产量水平作为表征基础地力的指标。其粮食单产水平为13 500～15 000kg/hm²，级差1500kg/hm²。在此基础上，以全年粮食产量水平作为引导因素，将耕地引入不同的地力等级中，确立7个耕地类型区的地力等级范围，同时作为全国耕地不同等级面积统计的统一标准。除了产量水平之外，在每个区域，该标准将耕层土壤理化性质中的有机质、全氮、有效磷、速效钾、pH和阳离子交换量根据丰缺程度进行了等级划分。因此，在每个区域，农技人员均可以根据相关指标进行查阅对比，进而确定某一区域的耕地等级。

在该行业标准，作物的产量一般采用绝对产量，而我国作物品种更新较快，采用绝对产量的标准一般在5年之后就落后于生产实际，同时，该标准规定的土壤有机质等理化指标的范围处于20世纪90年代的状况，而近年来，我国土壤有机质等提升明显，有些区域土壤酸化加速，因此，该标准的土壤理化性质和产量等指标均不能很好地服务于当前乃至未来农业发展。

4. 农业行业标准：NY/T 1749—2009《南方地区耕地土壤肥力诊断与评价》

该标准属于中华人民共和国农业行业标准，由中华人民共和国农业部发布，发布时间为2009年4月23日，2009年5月20日实施。

（1）标准来源及范围

该标准由农业部种植业管理司提出并归口，主要起草单位为农业部农产品质量安全监督检验测试中心（南京）、中国科学院红壤生态实验站、江苏省农林厅土壤技术中心、广东省农业科学院、宜兴市土肥站、海安县土肥站。

本标准规定了南方地区耕地土壤肥力诊断与评价的相关术语和定义、野外调查与资料收集、土样采集、诊断方法与指标，肥力评价方法、诊断与评价报告技术内容。本标准适用于南方地区耕地土壤肥力诊断、土壤肥力评价等。

（2）分等原则和具体操作

该标准主要基于作物营养的形态学和化学诊断，对怀疑有营养缺乏、土壤限制因子或作物生长异常现象的地区，进行典型土壤样品采集，然后进行不同指标的测定，其中，本标准的最小通用数据集包括pH、全氮、有机质、有效磷、速效钾、阳离子交换量和质地。

在获取土壤理化指标的基础上，一是依据NY/T 309—1996或研究区域耕地类型区、耕地地力等级指标，选择适合的评价指标体系，确定相应的各指标标准值，二是以推荐附录表中建议标准值作为评价标准值或单项指数，采用改进后的Nemerow法，分单项计算综合肥力指数进行评价。本标准主要按综合肥力指数大于1.7、0.9～1.7和小于0.9分为3个等级，并分别为3个等级提供了建议施肥措施。

与NY/T 309—1996相比，该标准中规定的土壤理化指标缺少土壤物理指标，再加上近年来我国土壤有机质等提升明显，土壤酸化加速，因此，该标准的土壤理化性质等指标均不能很好地服务于当前乃至未来的农业发展。

5. 地质矿产行业标准：DZ/T 0295-2016《土地质量地球化学评价规范》

该标准属于中华人民共和国地质矿产行业标准，由中华人民共和国国土资源部发布，发布时间为2016年6月12日，2016年9月1日实施。

（1）标准来源及范围

该标准由中华人民共和国国土资源部提出，全国国土资源标准化技术委员归口。主要起草单位为中国地质大学（北京）、湖北省地质实验研究所、中国地质调查局发展研究中心、中国地质科学院地球物理地球化学勘查研究所。

本标准规定了土地质量地球化学评价的总则、设计书编审、样点布设、样品采集、样品处理与样品分析、评价指标，土壤质量地球化学等级，灌溉水环境地球化学等级和大气干湿沉降物环境地球化学等级，土地质量地球化学等级，重要土壤质量问题评价，土建、数据库与报告编写等内容。

本标准适合于农用地1：250 000、1：50 000、1：10 000～20 000不同比例尺的土地质量地球化学评价工作。

（2）农用地质量分等原则

土地质量地球化学评价是实现土地资源质量与生态管护的一项重要工作，制定本标准的目的就是规范该项评价的样点布设、样品采集、样品处理和分析，评价指标选择、等级划分、成果表达与应用实践等工作，满足不同比例尺评价工作的需要，实现小中比例尺评价结果可比，提高大比例尺评价结果的实用性。

　　在该标准中，依据影响土地质量的有益营养元素、重金属元素及化合物、有机污染物和土壤理化性质等地球化学指标，以及其对土壤基本功能的影响程度而进行土地质量地球化学等级评价。土地质量地球化学评价指标以影响土地质量的土壤环境指标、土壤养分指标为主，以大气干湿沉降物环境质量指标、灌溉水环境质量指标为辅，综合考虑与土地利用有关的各种因素，以实现土地质量的地球化学评价。

　　（3）标准的具体操作

　　该标准的具体操作见图2-23。

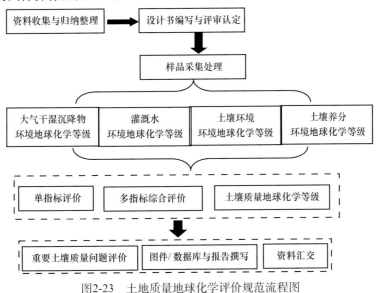

图2-23　土地质量地球化学评价规范流程图

　　在该标准中，主要选取的土壤养分等级划分相关指标为土壤全量氮磷钾。通过参考附表中各省（直辖市、自治区）的土壤养分等级标准，根据丰缺程度划分5个等级进行氮磷钾等指标的赋值（一等、二等、三等、四等、五等的分值分别为5分、4分、3分、2分、1分），然后对氮磷钾进行权重赋值，分别为0.4、0.4和0.2，进而加权确定土壤养分地球化学综合等级。然而，由于该标准仅仅考虑了土壤氮磷钾，而未将有机质和pH作为环境指标进行划分。因此，该标准在耕地质量等级划分上的适用性还有待进一步提升和优化。

2.4.2.5　本研究集成的土壤肥力评价标准

　　水稻土是指长期进行水稻种植的土壤。在我国，水稻种植类型复杂，有一季稻、冬闲–稻–稻、肥–稻–稻、稻–麦、稻–油、绿肥–中稻等。近年来，随着高标准粮田建设的顺利推进，以及测土配方施肥技术、秸秆还田技术、冬季绿肥种植技术等的大力发展，我国主要稻区的耕地肥力等级得到普遍提升。同时，我国水稻种植区域从东北到西南、华南均有分布，不同稻区的施肥种类、用量、运筹和秸秆还田方式等管理措施差异较大，单产水平不一，这些因素均可能导致土壤肥力存在空间差异。因此，精准划分不同稻区土壤肥力等级显得十分重要。

　　以往的研究主要通过Fuzzy、全量数据集、最小数据集等方法对土壤肥力评价指标进行加权，通过土壤综合肥力指数来量化土壤肥力水平。但是，目前的肥力评价方法主要考虑土壤指标，如土壤pH、有机质、氮磷钾、容重、团聚体、酶活性、土壤微生物生物量碳氮等。纵使指标考虑再多，也不能完全反映土壤的生产力。因为，水稻的高产与低产除了受土壤性质影响之外，还受水稻品种、水肥管理、病虫害防治措施等影响。因此，采用传统的肥力评价方法往往会出现以下问题，如土壤综合肥力指数较高时由于管理水平不当，水稻产量降低，以及土壤综合肥力指数较低时由于提高了管理水平而获得了较高的产量。在这两种情况下进行土壤肥力评价时就要同时考虑土壤综合肥力指数和水稻产量。此外，原有国家和行业标准一般采用绝对产量，而水稻品种更新较快，采用绝对产量的标准一般在5年之后就落后于生产实际，因此，本标准采用相对产量代替绝对产量，能够保证标准的长期应用。

水稻土肥力等级划分是从农业生产角度出发，除传统的土壤物理、化学和生物指标之外，将水稻产量比作为表征土壤未知属性和人为因素综合影响的指标，首先构建不同稻区土壤综合肥力指数范围和幅度，然后结合相对产量评估不同稻区肥力和产量水平，最后根据土壤综合肥力指数与相对产量的吻合度推荐该区域的土壤培肥技术。

1. 范围

本标准规定了典型稻作区水稻土肥力等级划分和培肥技术的具体方法，包括典型稻作区土壤综合肥力指数范围、土壤综合肥力指数与相对产量的对应关系、土壤采集测试、水稻相对产量获取、土壤肥力等级评判和培肥技术建议等内容。

本标准适用于我国主要稻区，具体包括东北（黑龙江、吉林和辽宁）、长江中下游（江苏、安徽、浙江、上海、湖南、江西和湖北）、华南（广东、福建、海南和广西）和西南（四川、云南、贵州和重庆）等区域。

2. 规范性引用文件

下列文件对于本标准的应用是必不可少的。凡是注日期的引用文件，仅所注日期的版本适用于本文件。凡是不注日期的引用文件，其最新版本（包括所有的修订版）适用于本文件。

GB 15618《土壤环境质量标准》

GB/T 33469《耕地质量等级标准》

NY/T 2872《耕地质量划分规范》

NY/T 1121.1《土壤检测 第1部分：土壤样品的采集、处理和贮存》

NY/T 1121.2《土壤检测 第2部分：土壤pH的测定》

GB 9834《土壤有机质的测定法》

GB 7173《土壤全氮测定法（半微量开氏法）》

GB 7853《森林土壤有效磷的测定》

GB 7856《森林土壤速效钾的测定》

3. 术语和定义

下列术语和定义适用于本标准。

水稻土：长期进行水稻种植的土壤。

土壤酸碱度：土壤溶液的酸碱性强弱程度，以pH表示。

土壤有机质：土壤中现成的和外源加入的所有动植物残体不同阶段的各种分解产物与合成产物的总称，包括高度腐解的腐殖物质、解剖结构尚可辨认的有机残体和各种微生物体。

土壤全氮：土壤中各种形态氮素含量之和。主要包括有机态氮和无机态氮，但不包括土壤空气中的分子态氮。

土壤有效磷：土壤中可被植物吸收的磷组分。包括全部水溶性磷、部分吸附态磷及有机态磷，有的土壤中还包括某些沉淀态磷。

土壤速效钾：吸附于土壤胶体表面的代换性钾和土壤溶液中钾离子。植物主要吸收土壤溶液中的钾离子，当季植物钾营养水平主要取决于土壤速效钾含量。

产量比：指水稻籽粒产量与当地最高产量或该品种最大产量潜力的比值，以%表示。

土壤肥力：土壤供应和协调养分、水分、空气与热量的能力，采用土壤综合肥力指数进行表示。

土壤综合肥力指数范围：依托典型稻作区的县域采样数据和农业农村部的水稻土长期监测数据，根据式（2-2）获得不同稻区的土壤综合肥力指数（表2-11），进一步按照25%和75%的综合肥力指数分布精准划分不同稻区土壤肥力高中低分类，具体见表2-12。

表2-11　典型稻作区土壤肥力状况

综合肥力指数	东北	长江中下游	华南	西南
极小值	0.27	0.11	0.14	0.12
极大值	1.00	0.99	0.99	0.89
平均值	0.66	0.46	0.57	0.43
标准差	0.18	0.15	0.16	0.15
变异系数	0.27	0.33	0.27	0.35
25%分位数	0.52	0.32	0.46	0.31
75%分位数	0.81	0.51	0.68	0.52

表2-12　典型稻作区土壤肥力高中低分类的土壤综合肥力指数

区域	低	中	高
东北	<0.5	0.5～0.8	>0.8
长江中下游	<0.3	0.3～0.5	>0.5
华南	<0.5	0.5～0.7	>0.7
西南	<0.3	0.3～0.5	>0.5

4. 具体田块肥力等级划分与培肥技术

土壤采样：按NY/T 1121.1中规定执行。

土壤测试：土壤pH按NY/T 1121.2中规定执行；土壤有机质含量按GB 9834中规定执行；土壤全氮含量按GB 7173中规定执行；土壤有效磷含量按GB 7853中规定执行；土壤速效钾含量按GB 7856中规定执行。

水稻相对产量获取：实地获取水稻籽粒产量，再根据所获取产量与实地最高产量的比值计算相对产量。

土壤肥力等级评判：根据表2-11，结合土壤综合肥力与相对产量（按照>85%、75%～85%和<75%进一步确定不同稻区高中低产量水平）给出评估结果，并进一步以土

壤综合肥力指数为核心确定等级划分。具体划分标准见表2-13。

表2-13　结合土壤综合肥力指数与相对产量的土壤肥力评估结果

土壤综合肥力指数				相对产量（%）	评估结果	分类
东北	长江中下游	华南	西南			
>0.8	>0.5	>0.7	>0.5	>85	高肥高产	1
				75～85	高肥中产	2
				<75	高肥低产	3
0.5～0.8	0.3～0.5	0.5～0.7	0.3～0.5	>85	中肥高产	4
				75～85	中肥中产	5
				<75	中肥低产	6
<0.5	<0.3	<0.5	<0.3	>85	低肥高产	7
				75～85	低肥中产	8
				<75	低肥低产	9

　　土壤培肥技术：根据评估分类等级不同，进一步推荐了不同区域的培肥技术，东北、长江中下游、华南和西南区的水稻土具体培肥管理措施分别见表2-14～表2-17。

表2-14　东北区水稻土培肥管理措施

等级分类	松嫩-三江平原农业区	长白山地林农区	辽宁平原丘陵农林区
1	维持常规管理		
2	优化施肥		
3			
4	推荐施肥，秸秆还田		
5			
6			
7	秸秆全量处理利用技术，机械化深松整地技术	秸秆全量处理利用技术，机械化深松整地技术	DB21/T 2791—2017《水稻秸秆还田机械化作业技术规范》；有机肥替代20%～40%的化肥
8			
9			

　　注：优化施肥具体参考《小麦、玉米、水稻三大粮食作物的区域大配方与施肥建议（2013）》（农办农〔2013〕45号）；推荐施肥具体参考何萍等著《基于产量反应和农学效率的作物推荐施肥方法》，下同

表2-15　长江中下游区水稻土培肥管理措施

等级分类	长江下游平原丘陵农畜水产区	鄂豫皖平原山地林区	长江中游平原农林水产区	江南丘陵山地农林区	浙闽丘陵山地林农区	南岭丘陵山地林农区
1	维持常规管理					
2	优化施肥					
3						

续表

等级分类	长江下游平原丘陵农畜水产区	鄂豫皖平原山地农林区	长江中游平原农林水产区	江南丘陵山地农林区	浙闽丘陵山地林农区	南岭丘陵山地林农区
4						
5			推荐施肥，秸秆还田			
6						
7	秸秆粉碎全量还田，增施石灰，每隔5年施用一次，一次用量为50kg/亩；有机肥替代20%～40%的化肥	DB34/T 244.8—2002《水稻生产机械化技术规范 第8部分：秸秆还田机械化》；DB41/T 1346—2016《豫南稻田紫云英种植与利用技术规程》	DB36/T 1041—2018《机械化稻草还田技术规程》；DB32/T 3345—2017《气候过渡地带土壤酸化防治技术规范》；冬季种植紫云英并还田；有机肥替代20%～40%的化肥	秸秆粉碎全量还田，增施石灰，冬季种植紫云英、油菜并还田；有机肥替代20%～40%的化肥；石灰改良酸性土壤技术	秸秆粉碎全量还田；DB33/T 942—2014《耕地土壤综合培肥技术规程》	秸秆粉碎全量还田，增施石灰，每隔5年施用一次，一次用量为50kg/亩；冬季种植紫云英、苕子并还田
8						
9						

表2-16　华南区水稻土培肥管理措施

等级分类	闽南粤中农林区	粤西桂南农林区	滇南农林区	琼雷及南海诸岛农林区
1		维持常规管理		
2		优化施肥		
3				
4				
5		推荐施肥，秸秆还田		
6				
7	秸秆粉碎全量还田，增施石灰，每隔5年施用一次，一次用量为50kg/亩；有机肥替代20%～40%的化肥	秸秆粉碎全量还田，增施石灰，每隔5年施用一次，一次用量为50kg/亩；冬季种植紫云英、苕子并还田	秸秆粉碎全量还田，增施石灰，每隔5年施用一次，一次用量为50kg/亩；冬季种植苕子并还田	秸秆粉碎全量还田，有机肥替代20%～40%的化肥；石灰改良酸性土壤技术
8				
9				

表2-17　西南区水稻土培肥管理措施

等级分类	秦岭大巴山农林区	四川盆地农林区	渝鄂湘黔边境山地林农牧区	黔贵高原山地林农牧区	川滇高原山地农林牧区
1			维持常规管理		
2			优化施肥		
3					
4					
5			推荐施肥，秸秆还田		
6					
7	秸秆粉碎全量还田，有机肥替代20%～40%的化肥	DB51/T 1688—2013《土壤酸化治理技术规程》；DB51/T 2335—2017《农田秸秆综合利用技术规范》；有机肥替代20%～40%的化肥	DB51/T 1688—2013《土壤酸化治理技术规程》；DB51/T 2335—2017《农田秸秆综合利用技术规范》；冬季种植紫云英、油菜并还田	DB51/T 1688—2013《土壤酸化治理技术规程》；DB51/T 2335—2018《农田秸秆综合利用技术规范》；冬季种植紫云英、油菜并还田	DB51/T 1688—2013《土壤酸化治理技术规程》；DB51/T 2335—2017《农田秸秆综合利用技术规范》；有机肥替代20%～40%的化肥
8					
9					

5. 本标准的创新性

解决了传统肥力评价结果与产量不匹配问题：目前的肥力评价方法主要考虑土壤指标，如土壤pH、有机质、氮磷钾、容重、团聚体、酶活性、土壤微生物生物量碳氮等。纵使指标考虑再多，也不能完全反映土壤的肥力状况。稻田的高产与低产除了受土壤性质影响之外，还受水稻品种、水肥管理、病虫害防治措施等影响。

标准的应用价值具有延续性：原有国家和行业标准一般采用绝对产量，而水稻品种更新较快，采用绝对产量的标准一般在5年之后就落后于生产实际，因此，本标准采用相对产量代替绝对产量，可以保证标准的长期应用。

评价选用的指标可操作性较强：综合肥力指数计算所需的土壤pH、有机质、有效磷和速效钾均为常用指标，基层农技人员均具备分析这些指标的能力。

2.4.3　小结与展望

虽然国内开展土壤肥力评价指标与方法的研究起步较国外晚，但仍然进行了很多有益的探讨。我国土壤肥力评价指标的研究以前多集中于土壤化学指标的监测和分析，到后来逐渐关注土壤生物指标。有关土壤生物指标，国内应用相对广泛的主要集中在土壤微生物生物量C/N值和土壤酶活性。随着分子生物学技术在国内的发展，以DNA和RNA为核心的分子方法可以较快地发挥作用，有着巨大的潜力，较传统微生物分析技术更能真实地反映土壤中微生物群落的复杂性和多样性。稳定同位素探测（SIP）结合磷脂脂肪酸（PLFA）法和DNA探针也有助于将土壤生物多样性与土壤过程联系起来。因此，基于这些分子技术获取的大数据资料可以进一步丰富土壤生物指标，从而为合理评价土壤肥力提供更多参考指标。

新的分析方法和手段，增强了人们对土壤肥力评价的认识和对土壤肥力的了解。但不同的研究者在进行土壤肥力评价时选取的指标不同，且多集中在土壤养分指标，而土壤物理性状指标、土壤生物指标和环境条件指标相对较少，指标选择不够全面；此外，选用评价方法时应最大程度地减少人为主观性，使评价结果能客观地反映土壤肥力水平的真实差异性，如选择主成分分析法、判别分析法、聚类分析法、因子分析法、加权综合法等一些综合评价方法。针对目前以线性函数描述指标因子评价土壤肥力量级时权重分配会受到数据噪声影响，以及在肥力量级划分的过程中存在较大主观性的问题，基于机器学习模式等新的统计方法所建立的土壤肥力自动评测系统能够实现区域土壤的自动化评测，提高分类精度和评价过程客观性。

水稻土是在特殊的土壤管理措施下发育形成的，包括定期的淹水、排水、耕作、翻动、施肥等措施。"淹水条件下耕作"一直是限制水稻土肥力提高的最大难题，它导致土壤大团聚体被破坏，易溶性养分淋失，并使得水稻土的氮肥利用率不到旱地的一半。因此，影响水稻土肥力的主要因子与其他耕作土壤（旱地）、自然土壤（森林土壤、草地等）有所不同。水稻土特有的肥力评价指标是今后值得研究的重要方向之一。同时，以往的相关研究大多对不同施肥措施下稻田土壤肥力进行评价，但施肥只是土壤肥力变化的影响因素之一，因此今后应加强现代农业不同耕作措施（不同熟制、秸秆还田、免耕等不同耕作模式）下稻田土壤肥力评价的研究。

为科学、准确评价土壤质量，目前已公布并实施了一系列相关国家标准，因为这些标准由不同部门针对各自需求而提出，如由中华人民共和国国土资源部提出的《农用地质量分等规程》（GB/T 28407—2012），主要适用于县级行政区内现有农用地和宜农未利用地；由中华人民共和国农业部提出的《耕地质量等级》（GB/T 33469—2016），主要适用于耕地质量划分，也适用于园地质量划分。所以这些评价标准即使所选取的评价指标众多，但仍各有侧重。同时，我国地域宽广，土壤类型复杂多样，地区之间经济文化水平也存在一定差距，因此，如何采用相关国家标准对各区域土壤质量进行准确评价并指导区域农业生产，仍面临诸多挑战。今后，可能需要针对水稻土、红壤性旱地、潮土、黑土、紫色土等主要土壤类型制定更细化、简便的土壤质量评价方法和体系，并适时开发相关APP等配套操作系统，便于各区域通过实时动态评价及时调整耕作培肥措施，实现土壤肥力评价和耕作培肥的智慧、精准管理。

参 考 文 献

包耀贤, 黄庆海, 徐明岗, 等. 2013. 长期不同施肥下红壤性水稻土综合肥力评价及其效应. 植物营养与肥料学报, 19(1): 74-81.

包耀贤, 徐明岗, 吕粉桃, 等. 2012. 长期施肥下土壤肥力变化的评价方法. 中国农业科学, 45(20): 4197-4204.

鲍士旦. 2000. 土壤农化分析. 北京: 中国农业出版社.

鲍士旦. 2011. 土壤农业化学分析. 北京: 中国农业出版社.

常单娜, 刘春增, 李本银, 等. 2018. 翻压紫云英对稻田土壤还原性物质变化特征及温室气体排放的影响. 草业学报, 27(12): 133-144.

车玉伶, 王慧, 胡洪营, 等. 2005. 微生物群落结构和多样性解析技术研究进展. 生态环境, 14(1): 127-133.

陈恩凤. 1990. 土壤肥力物质基础及调控. 北京: 科学出版社.

陈恩凤, 周礼恺, 邱凤琼, 等. 1984. 土壤肥力实质的研究 I . 黑土. 土壤, 21(3): 229-237.

陈欢, 曹承富, 张存岭, 等. 2014. 基于主成分-聚类分析评价长期施肥对砂姜黑土肥力的影响. 土壤学报, 51(3): 609-617.

陈吉, 赵炳梓, 张佳宝, 等. 2010. 主成分分析方法在长期施肥土壤质量评价中的应用. 土壤, 42(3): 415-420.

陈利军, 孙波, 金辰, 等. 2015. 等碳投入的有机肥和生物炭对红壤微生物多样性和土壤呼吸的影响. 土壤, 47(2): 340-348.

陈强龙. 2009. 秸秆还田与肥料配施对土壤氧化还原酶活性影响的研究. 杨凌: 西北农林科技大学硕士学位论文.

陈晓娟, 吴小红, 刘守龙, 等. 2013. 不同耕地利用方式下土壤微生物活性及群落结构特性分析: 基于PLFA和MicroResp-(TM)方法. 环境科学, 34(6): 2375-2382.

陈云峰, 夏贤格, 胡诚, 等. 2018. 有机肥和秸秆还田对黄泥田土壤微生物食物网的影响. 农业工程学报, 34(S1): 19-26.

丛日环, 张智, 郑磊, 等. 2016. 基于GIS的长江中游油菜种植区土壤养分及pH状况. 土壤学报, 53(5): 1213-1224.

邓婵娟. 2008. 长期施肥对稻田土壤氮素转化特征及酶活性的影响. 武汉: 华中农业大学硕士学位论文.

邓绍欢, 曾令涛, 关强, 等. 2016. 基于最小数据集的南方地区冷浸田土壤质量评价. 土壤学报, 53(5): 1326-1333.

邓文悦. 2017. 长期施肥对江西稻田土壤有机质与土壤微生物功能多样性的影响. 西安: 西北大学硕士学位论文.

冯有智, 林先贵, 贾仲君, 等. 2014. 全球气候变化对水稻土两类功能微生物群的影响. 武汉: 第七次全国土壤生物与生物化学学术研讨会暨第二次全国土壤健康学术研讨会.

盖霞普, 刘宏斌, 翟丽梅, 等. 2016. 生物炭对中性水稻土养分和微生物群落结构影响的时间尺度变化研究. 农业环境科学学报, 35: 719-728.

高绘文, 吴建富. 2018. 水稻土供硅特性研究进展. 南方农业, 12(27): 189-190.

高雅, 丁启朔, 李毅念, 等. 2015. 土壤结构的数字图像分析方法与指标. 土壤通报, 46(3): 513-518.

龚绍琦, 王鑫, 沈润平, 等. 2010. 滨海盐土重金属含量高光谱遥感研究. 遥感技术与应用, 25(2): 169-177.

贡璐, 张海峰, 吕光辉, 等. 2011. 塔里木河上游典型绿洲不同连作年限棉田土壤质量评价. 生态学报, 31(14): 4136-4143.

贡璐, 张雪妮, 冉启洋, 等. 2015. 基于最小数据集的塔里木河上游绿洲土壤质量评价. 土壤学报, 52(3): 682-689.

辜运富, 云翔, 张小平, 等. 2008. 不同施肥处理对石灰性紫色土微生物数量及氨氧化细菌群落结构的影响. 中国农业科学, 41(12): 4119-4126.

郝小雨, 周宝库, 马星竹, 等. 2015. 长期施肥下黑土肥力特征及综合评价. 黑龙江农业科学, 48(11): 23-30.

何春梅, 王飞, 钟少杰, 等. 2015. 冷浸田土壤还原性有机酸动态及与水稻生长的关系. 福建农业学报, 30(4): 380-385.

何念祖. 1986. 浙江省几种水稻土的酶活性及其与土壤肥力的关系. 浙江农业大学学报, 12(1): 43-47.

何萍等. 2018. 基于产量反应和农学效率的作物推荐施肥方法. 北京: 科学出版社.

侯光炯. 1982. 要用综合的观点研究农业土壤学. 土壤肥料, (2): 3-6.

黄晶, 蒋先军, 曾跃辉, 等. 2017. 稻田土壤肥力评价方法及指标研究进展. 中国土壤与肥料, (6): 1-8.

黄淑娉, 程德祺, 庄孔韶, 等. 1982. 中国原始社会史话. 北京: 北京出版社.

贾仲君, 蔡元锋, 贠娟莉, 等. 2017. 单细胞、显微计数和高通量测序典型水稻土微生物组的技术比较. 微生物学报, 57(6): 899-919.

姜培坤, 徐秋芳, 俞益武. 2002. 土壤微生物量碳作为林地土壤肥力指标. 浙江农林大学学报, 19(1): 17-19.

靳振江. 2013. 耕作和长期施肥对稻田土壤微生物群落结构及活性的影响. 南京: 南京农业大学博士学位论文.

景晓明. 2014. 长期施肥对黄泥田水稻土氨氧化细菌和氨氧化古菌多样性的影响. 福州: 福建农林大学博士学位论文.

赖庆旺, 李茶苟, 黄庆海. 1989. 红壤性水稻土无机肥连施生物效应与肥力特性的研究. 江西农业学报, 2: 38-45.

兰木羚, 高明. 2015. 不同秸秆翻埋还田对旱地和水田土壤微生物群落结构的影响. 环境科学, 36(11): 4252-4259.

李保国, 任图生, 张佳宝. 2008. 土壤物理学研究的现状挑战与任务. 土壤学报, 45(5): 810-816.

李发林. 1997. 硅肥的功效及施用技术. 云南农业, (9): 16.

李桂林, 陈杰, 檀满枝, 等. 2008. 基于土地利用变化建立土壤质量评价最小数据集. 土壤学报, 45(1): 16-25.

李辉, 张军科, 江长胜, 等. 2012. 耕作方式对紫色水稻土有机碳和微生物生物量碳的影响. 生态学报, 32(1): 247-255.

李庆逵, 姚贤良, 龚子同, 等. 1991. 中国水稻土. 北京: 科学出版社.

李伟, 张书慧, 张倩, 等. 2007. 近红外光谱法快速测定土壤碱解氮、有效磷和速效钾含量. 农业工程学报, 23(1): 55-59.

李霞. 2014. 土壤磷素耦合的水田碳-氮库动态消长规律及其生态化学计量学调控潜力. 杭州: 浙江大学博士学位论文.

李渝, 刘彦伶, 白怡婧, 等. 2019. 黄壤稻田土壤微生物生物量碳氮对长期不同施肥的响应. 应用生态学报, 30(4): 1327-1334.

梁永超, 张永春, 马同生. 1993. 植物的硅素营养. 土壤学进展, 21(3): 7-14.

刘金山, 胡承孝, 孙学成, 等. 2012. 基于最小数据集和模糊数学法的水旱轮作区土壤肥力质量评价. 土壤通报, 43(5): 1145-1150.

刘明, 李忠佩, 路磊, 等. 2009. 添加不同养分培养下水稻土微生物呼吸和群落功能多样性变化. 中国农业科学, 42(3): 1108-1115.

刘世平, 陈后庆, 聂新涛, 等. 2008. 稻麦两熟制不同耕作方式与秸秆还田土壤肥力的综合评价. 农业工程学报, 24(5): 51-56.

刘玮, 蒋先军. 2013. 耕作方式对土壤不同粒径团聚体氮素矿化的影响. 土壤, 45(3): 464-469.

刘新展, 贺纪正, 张丽梅. 2009. 水稻土中硫酸盐还原微生物研究进展. 生态学报, (8): 4455-4463.

刘雪梅, 黄元仿. 2005. 应用激光粒度仪分析土壤机械组成的实验研究. 土壤通报, 36(4): 579-582.

刘益仁, 郁洁, 李想, 等. 2012. 有机无机肥配施对麦-稻轮作系统土壤微生物学特性的影响. 农业环境科学学报, 31: 989-994.

卢铁光, 杨广林, 王立坤. 2003. 基于相对土壤质量指数法的土壤质量变化评价与分析. 东北农业大学学报, 19(1): 56-59.

卢奕丽. 2016. 基于土壤热导率定位监测容重的Thermo-TDR技术. 北京: 中国农业大学博士学位论文.

鲁如坤. 1999. 土壤农业化学分析方法. 北京: 中国农业科学技术出版社.

罗红燕. 2009. 土壤团聚体中微生物群落的空间分布及其对耕作的响应. 重庆: 西南大学博士学位论文.

吕晓男, 陆允甫, 王人潮. 1999. 土壤肥力综合评价初步研究. 浙江大学学报（农业与生命科学版）, 25(4): 38-42.

马同生. 1997. 我国水稻土中硅素丰缺原因. 土壤通报, 28(4): 169-171.

莫淑勋. 1986. 土壤中有机酸的产生、转化及对土壤肥力的某些影响. 土壤学进展, 14(4): 86-90.

倪国荣. 2013. 不同土壤肥力及施肥制度下的双季稻田土壤微生物特征. 南昌: 江西农业大学博士学位论文.

潘永敏, 郑俊, 沈兵, 等. 2011. 苏中地区县域农田土壤肥力综合评价——以江都市为例. 地质学刊, 35(2): 170-176.

裴雪霞, 周卫, 梁国庆, 等. 2010. 长期施肥对黄棕壤性水稻土生物学特性的影响. 中国农业科学, 43(20): 4198-4206.

裴雪霞, 周卫, 梁国庆, 等. 2011. 长期施肥对黄棕壤性水稻土氨氧化细菌多样性的影响. 植物营养与肥料学报, 17(3): 724-730.

彭佩钦, 仇少君, 童成立, 等. 2007. 长期施肥对水稻土耕层微生物生物量氮和有机氮组分的影响. 环境科学, 28(8): 1816-1821.

乔云发, 钟鑫, 苗淑杰, 等. 2019. 基于最小数据集的东北风沙土农田耕层土壤质量评价指标. 水土保持研究, 26(4): 132-138.

覃夏, 王绍华, 薛利红. 2011. 江西鹰潭地区早稻氮素营养光谱诊断模型的构建与应用. 中国农业科学, 44(4): 691-698.

仇少君, 彭佩钦, 荣湘民, 等. 2006. 淹水培养条件下土壤微生物生物量碳、氮和可溶性有机碳、氮的动态. 应用生态学报, 17(11): 2052-2058.

全国土壤普查办公室. 1992. 中国土壤普查技术. 北京: 中国农业出版社.

任红艳, 史学正, 庄大方, 等. 2012. 土壤全氮含量与碳氮比的高光谱反射估测影响因素研究. 遥感技术与应用, 27(3): 372-379.

任祖淦, 陈玉水, 唐福钦, 等. 1996. 有机无机肥料配施对土壤微生物和酶活性的影响. 植物营养与肥料学报, 2(3): 279-283.

善敏. 1998. 中国土壤肥力. 北京: 中国农业出版社.

邵兴华, 张建忠, 夏雪琴, 等. 2012. 长期施肥对水稻土酶活性及理化特性的影响. 生态环境学报, 21(1): 74-77.

沈宏, 徐志红, 曹志洪. 1999. 用土壤生物和养分指标表征土壤肥力的可持续性. 土壤与环境, (1): 31-35.

时亚南. 2007. 不同施肥处理对水稻土微生物生态特性的影响. 杭州: 浙江大学硕士学位论文.

舒丽. 2008. 秸秆还田不同耕作方式对水稻土微生物特性的影响. 雅安: 四川农业大学硕士学位论文.

宋长青, 吴金水, 陆雅海, 等. 2013. 中国土壤微生物学研究10年回顾. 地球科学进展, 28(10): 1087-1105.

宋挚, 于彩莲, 刘智蕾, 等. 2017. 阶段培养法测定稻田氮素矿化量的效果评价. 土壤学报, 54(3): 775-784.

孙宝利, 黄金丽, 贺小蒯, 等. 2010. 高效液相色谱法测定土壤中有机酸. 分析试验室, 29(51): 51-54.

孙波, 王晓玥, 吕新华. 2017. 我国60年来土壤养分循环微生物机制的研究历程——基于文献计量学和大数据可视化分析. 植物营养与肥料学报, 23(6): 186-197.

孙小香, 王芳东, 赵小敏, 等. 2019. 基于冠层光谱和BP神经网络的水稻叶片氮素浓度估算模型. 中国农业资源与区划, 40(3): 35-44.

唐玉姝, 慈恩, 颜廷梅, 等. 2008. 太湖地区长期定位试验稻麦两季土壤酶活性与土壤肥力关系. 土壤学报, 45(5): 1000-1006.

王伯诚, 赖小芳, 陈银龙, 等. 2013. 带籽紫云英翻耕对水稻产量及稻田土壤性质的影响. 南方农业学报, 44(3): 437-441.

王丹. 2011. 长期不同施肥条件下太湖地区水稻土团聚体颗粒组的细菌、真菌多样性研究. 南京: 南京农业大学硕士学位论文.

王红妮, 王学春, 陶诗顺, 等. 2014. 秸秆残茬对低温潜沼性稻田土壤还原性物质含量及稻谷产量的影响. 干旱地区农业研究, 32(3): 179-183.

王玲玲. 2018. 缓释过氧化钙对潜育稻田的改良效果研究. 长沙: 湖南农业大学硕士学位论文.

王璐, 蔺启忠, 贾东, 等. 2007. 多光谱数据定量反演土壤营养元素含量可行性分析. 环境科学, 28(8): 1822-1828.

王伟娜. 2012. 有机无机复混肥与化学缓释肥对氮素的缓释作用比较研究. 南京: 南京农业大学硕士学位论文.

王英. 2006. 淹水和旱作稻田土壤中微生物群落多样性的研究. 南京: 南京农业大学硕士学位论文.

王勇, 常江. 2011. 安徽省水旱轮作区土壤养分综合评价方法研究. 中国农学通报, 27(12): 124-129.

王云梨. 1980. 中国古代土壤科学. 北京: 科学出版社.

吴金水, 李勇, 童成立, 等. 2018. 亚热带水稻土碳循环的生物地球化学特点与长期固碳效应. 农业现代化研究, 39(6): 895-906.

吴克宁, 赵瑞. 2019. 土壤质地分类及其在我国应用探讨. 土壤学报, 56(1): 227-241.

吴晓晨, 李忠佩, 张桃林, 等. 2009. 长期施肥对红壤性水稻土微生物生物量与活性的影响. 土壤, 41(4): 594-599.

吴杨潇影. 2019. 种植模式及氮肥分配对稻田根际与非根际土壤氮素及微生物影响的研究. 杭州: 浙江大学硕士学位论文.

武红亮, 王士超, 闫志浩, 等. 2018. 近30年我国典型水稻土肥力演变特征. 植物营养与肥料学报, 24(6): 1416-1424.

夏昕, 石坤, 黄欠如, 等. 2015. 长期不同施肥条件下红壤性水稻土微生物群落结构的变化. 土壤学报, 52(3): 697-705.

向莉莉, 陈文德, 廖成云, 等. 2019. 基于模糊数学方法的川西南山区农田土壤肥力评价——以田坝镇耕地土壤为例. 河北科技师范学院学报, 33(2): 60-65.

肖可青. 2014. 典型水稻土中碳基因及功能微生物研究. 北京: 中国科学院大学硕士学位论文.

熊毅. 1982. 有机无机复合与土壤肥力. 土壤, (5): 161-167.

熊毅. 1983. 土壤胶体 (第1册). 北京: 科学出版社.

熊毅, 李庆逵. 1900. 中国土壤. 2版. 北京: 科学出版社.

熊毅, 徐琪, 姚贤良, 等. 1980. 耕作制对土壤肥力的影响. 土壤学报, 17(2): 101-119.

徐建明, 张甘霖, 谢正苗, 等. 2010. 土壤质量指标与评价. 北京: 科学出版社.

许仁良, 王建峰, 张国良, 等. 2010. 秸秆、有机肥及氮肥配合使用对水稻土微生物和有机质含量的影响. 生态学报, 30(13): 3584-3590.

薛菁芳, 高艳梅, 汪景宽, 等. 2007. 土壤微生物量碳氮作为土壤肥力指标的探讨. 土壤通报, (2): 247-250.

颜雄, 彭新华, 张杨珠, 等. 2015. 长期施肥对红壤性水稻土理化性质的影响及土壤肥力质量评价. 湖南农业科学, (3): 49-52.

杨滨娟, 孙丹平, 张颖睿, 等. 2019. 不同水旱复种轮作方式对稻田土壤有机碳及其组分的影响. 应用生态学报, 30(2): 456-462.

杨林生, 张宇亭, 黄兴成, 等. 2016. 长期施用含氯化肥对稻-麦轮作体系土壤生物肥力的影响. 中国农业科学, 49(4): 686-694.

杨世琦, 吴会军, 韩瑞芸, 等. 2016. 农田土壤紧实度研究进展. 土壤通报, 47(1): 226-232.

姚阔, 郭旭东, 周冬, 等. 2014. 高光谱遥感土地质量指标信息提取研究进展. 地理与地理信息科学, 30(6): 7-12.

姚贤良. 1981. 土壤物理条件对植物生长的影响及其调节. 土壤学进展, (6): 2-17.

于寒青, 徐明岗, 吕家珑, 等. 2010. 长期施肥下红壤地区土壤熟化肥力评价. 应用生态学报, 21(7): 1772-1778.

于丽, 杨殿林, 赖欣. 2015. 养分管理对农田土壤微生物量的影响. 微生物学杂志, 35(4): 72-79.

侯光炯, 高惠民. 1982. 中国农业土壤概论. 北京: 农业出版社.

袁红朝, 秦红灵, 刘守龙, 等. 2012. 长期施肥对稻田土壤固碳功能菌群落结构和数量的影响. 生态学报, 32(1): 183-189.

张海燕, 肖延华, 张旭东, 等. 2006. 土壤微生物量作为土壤肥力指标的探讨. 土壤通报, 37(3): 422-425.

张佳瑞, 王金满, 祝宇成, 等. 2017. 分形理论在土壤学应用中的研究进展. 土壤通报, 48(1): 221-228.

张娟娟, 田永超, 朱艳, 等. 2009. 不同类型土壤的光谱特征及其有机质含量预测. 中国农业科学, 42(9): 3154-3163.

张丽娜, 王金满, 荆肇睿. 2018. 应用CT技术分析土壤特性的研究进展. 土壤通报, 49(6): 1497-1504.

张平究, 李恋卿, 潘根兴, 等. 2004. 长期不同施肥下太湖地区黄泥土表土微生物碳氮量及基因多样性变化. 生态学报, 24(12): 2818-2824.

张维俊, 李双异, 徐英德, 等. 2019. 土壤孔隙结构与土壤微环境和有机碳周转关系的研究进展. 水土保持学报, 33(4): 1-9.

赵记军. 2008. 南方水稻土不同种植模式下微生物多态性研究. 兰州: 甘肃农业大学硕士学位论文.

赵小敏, 孙小香, 王芳东, 等. 2019. 水稻高光谱遥感监测研究综述. 江西农业大学学报, 41(1): 1-12.

中国科学院南京土壤研究所. 1978. 中国土壤. 北京: 科学出版社.

中国农业统计年鉴. 2014. http://www.yearbookchina.com/navibooklist-N2015110269-1.html[2016-12-20].

周虎, 李文昭, 张中彬, 等. 2013. 利用X射线CT研究多尺度土壤结构. 土壤学报, 50(6): 1226-1230.

周虎, 吕贻忠, 李保国. 2009. 土壤结构定量化研究进展. 土壤学报, 46(3): 501-506.

周鸣铮. 1988. 土壤肥力测定与测土施肥. 北京: 农业出版社.

周璞, 魏亮, 魏晓梦, 等. 2018. 稻田土壤β-1,4-葡萄糖苷酶活性对温度变化的响应特征. 环境科学研究, 31(7): 1282-1288.

周赛, 梁玉婷, 孙波. 2015. 红壤微生物群落结构及其演变影响因素的研究进展. 土壤, 47(2): 272-277.

周晓洁. 2008. 基于模糊综合评价法的船舶热源系统优选研究. 上海: 上海交通大学硕士学位论文.

朱兆良. 1981. 我国水稻生产中土壤和肥料氮素的研究. 土壤, 13(1): 1-6.

朱兆良. 2008. 中国土壤氮素研究. 土壤学报, 45(5): 778-783.

Abbott L K, Murphy D V. 2003. Soil Biological Fertility: A Key to Sustainable Land Use in Agriculture. Dordrecht: Springer.

Abdelfattah A, Malacrinò A, Wisniewski M, et al. 2017. Metabarcoding: a powerful tool to investigate microbial communities and shape future plant protection strategies. Biological Control, 120: 1-10.

Alef K, Nannipieri P. 1995. Methods in Applied Soil Microbiology and Biochemistry. London: Academic Press: 311-373.

Allan E, Manning P, Alt F, et al. 2015. Land use intensification alters ecosystem multifunctionality via loss of biodiversity and changes to functional composition. Ecology Letters, 18: 834-843.

Allison S D, Chacon S S, German D P. 2014. Substrate concentration constraints on microbial decomposition. Soil Biology and Biochemistry, 79: 43-49.

Askari M S, Holden N M. 2014. Indices for quantitative evaluation of soil quality under grassland management. Geoderma, 230: 131-142.

Azam F, Simmons F, Mulvaney R. 1993. Immobilization of ammonium and nitrate and their interaction with native N in three Illinois Mollisols. Biology and Fertility of Soils, 15(1): 50-54.

Bakht J, Shafi M, Jan M T, et al. 2009. Influence of crop residue management, cropping system and N fertilizer on soil N and C dynamics and sustainable wheat (*Triticum aestivum* L.) production. Soil and Tillage Research, 104(2): 233-240.

Bannert A, Mueller-Niggemann C, Kleineidam K, et al. 2011. Comparison of lipid biomarker and gene abundance characterizing the archaeal ammonia-oxidizing community in flooded soils. Biology and Fertility of Soils, 47(7): 839-843.

Barrios E. 2007. Soil biota, ecosystem services and land productivity. Ecological Economics, 64: 269-285.

Bartz M L C, Pasini A, Brown G G. 2013. Earthworms as soil quality indicators in Brazilian no-tillage systems. Applied Soil Ecology, 69: 39-48.

Bastida F, Zsolnay A, Hernandez T, et al. 2008. Past, present and future of soil quality indices: a biological perspective. Geoderma, 147: 159-171.

Le Bissonnais Y. 2016. Aggregate stability and assessment of soil crustability and erodibility: Ⅰ. Theory and methodology. European Journal of Soil Science, 67(1): 11-21.

Bone J, Head M, Barraclough D, et al. 2010. Soil quality assessment under emerging regulatory requirements. Environment International, 36: 609-622.

Bouchez T, Blieux A L, Dequiedt S, et al. 2016. Molecular microbiology methods for environmental diagnosis. Environmental Chemistry Letters, 14: 423-441.

Cayuela M L, Sinicco T, Mondini C. 2009. Mineralization dynamics and biochemical properties during initial decomposition of plant and animal residues in soil. Applied Soil Ecology, 41(1): 118-127.

Chen Y, Wang J L, Liu G J, et al. 2019. Hyperspectral estimation model of forest soil organic matter in northwest Yunnan province, China. Forests, 10(217): 1-16.

Craig A D, Arlene J T. 2002. Soil quality field tools: experiences of USDA-NRCS soil quality institute. Agronomy Journal, 94(1): 33-38.

Creamer R E, Hannula S E, Van Leeuwen J P, et al. 2016. Ecological network analysis reveals the inter-connection between soil biodiversity and ecosystem function as affected by land use across Europe. Applied Soil Ecology, 97: 112-124.

D'Hose T, Cougnon M, Vliegher A D, et al. 2014. The positive relationship between soil quality and crop production: a case study on the effect of farm compost application. Applied Soil Ecology, 75: 189-198.

Emeterio L S, Canals R M, Herman D J. 2014. Combined effects of labile and recalcitrant carbon on short-term availability of nitrogen in intensified arable soil. European Journal of Soil Science, 65(3): 377-385.

Fang H, Zhang Z, Li D, et al. 2019. Temporal dynamics of paddy soil structure as affected by different fertilization strategies investigated with soil shrinkage curve. Soil and Tillage Research, 187: 102-109.

Findlay R H. 1996. The use of phospholipid fatty acids to determine microbial community structure // Akkermans A D L, Van Elsas J D, de Bruijn F. Molecular Microbial Ecology Manual. Dordrecht: Kluwer Academic Publishers: 1-17.

Fontaine S, Mariotti A, Abbadie L. 2003. The priming effect of organic matter: a question of microbial competition? Soil Biology and Biochemistry, 35(6): 837-843.

Geisseler D, Horwath W R, Joergensen R G, et al. 2010. Pathways of nitrogen utilization by soil microorganisms–a review. Soil Biology and Biochemistry, 42(12): 2058-2067.

Geisseler D, Joergensen R G, Ludwig B. 2012. Temporal effect of straw addition on amino acid utilization by soil microorganisms. European Journal of Soil Biology, 53: 107-113.

Geisseler D, Scow K M. 2014. Long-term effects of mineral fertilizers on soil microorganisms-a review. Soil Biology and Biochemistry, 75: 54-63.

Gozzolino D, Morón A. 2006. Potential of near-infrared reflectance spectroscopy and chemometrics to predict soil organic carbon fractions. Soil and Tillage Research, 85(1/2): 78-85.

Hadas A, Kautsky L, Goek M, et al. 2004. Rates of decomposition of plant residues and available nitrogen in soil, related to residue composition through simulation of carbon and nitrogen turnover. Soil Biology and Biochemistry, 36(2): 255-266.

Hartmann M, Frey B, Mayer J, et al. 2015. Distinct soil microbial diversity under long-term organic and conventional farming. The ISME Journal, 9: 1177-1194.

Hedges J I, Hare P E. 1987. Amino acid adsorption by clay minerals in distilled water. Geochimica Cosmochimica Acta, 51(2): 255-259.

Heribert I. 2001. Developments in soil microbiology since the mid-1960s. Geoderma, 100: 389-402.

Hermans S M, Buckley H L, Case B S, et al. 2017. Bacteria as emerging indicators of soil condition. Applied and Environmental Microbiology, 83(1): e02826-16.

Hodge A, Robinson D, Fitter A. 2000. Are microorganisms more effective than plants at competing for nitrogen? Trends in Plant Science, 5(7): 304-308.

Hong Y S, Yu L, Chen Y Y, et al. 2018. Prediction of soil organic matter by VIS-NIR spectroscopy using normalized soil moisture index as a proxy of soil moisture. Remote Sensing, 10(1): 1-17.

Hugerth L W, Andersson A F. 2017. Analysing microbial community composition through amplicon sequencing: from sampling to hypothesis testing. Frontiers in Microbiology, 8: 1561.

Jan M T, Roberts P, Tonheim S K, et al. 2009. Protein breakdown represents a major bottleneck in nitrogen cycling in grassland soils. Soil Biology and Biochemistry, 41(11): 2272-2282.

Jones D L, Kielland K. 2002. Soil amino acid turnover dominates the nitrogen flux in permafrost-dominated taiga forest soils. Soil Biology and Biochemistry, 34(2): 209-219.

Jones D L, Kielland K. 2012. Amino acid, peptide and protein mineralization dynamics in a taiga forest soil. Soil Biology and Biochemistry, 55: 60-69.

Juma N G, Tabatabai M A. 1988. Hydrolysis of organic phosphates by corn and soybean roots. Plant and Soil, 107(1): 31-38.

Karimi B, Maron P A, Chemidlin-Prevost B N, et al. 2017. Microbial diversity and ecological networks as indicators of environmental quality. Environmental Chemistry Letters, 15: 265-281.

Kibblewhite M G, Ritz K, Swift M J, 2008. Soil health in agricultural systems. Philosophical Transactions of the Royal Society B: Biological Sciences, 363: 685-701.

Kielland K. 1995. Landscape patterns of free amino acids in arctic tundra soils. Biogeochemistry, 31(2): 85-98.

Kumari A, Sumer S, Jalan B, et al. 2017. Impact of next-generation sequencing technology in plant-microbe interaction study // Kalia V C, Kumar P. Microbial Applications Vol1: Bioremediation and Bioenergy. Cham: Springer International Publishing: 269-294.

Larson W E, Pierce F J. 1991. Conservation and enhancement of soil quality. Chiang Rai: International Board for Soil Research and Management. Evaluation for Sustainable Land Management in the Developing World. Vol. 2. Technical Papers: 175-203.

Lehrsch G A, Brown B, Lentz R D, et al. 2016. Winter and growing season nitrogen mineralization from fall-applied composted or stockpiled solid dairy manure. Nutrient Cycling in Agroecosystems, 104(2): 125-142.

Li P, Li Y, Zheng X, et al. 2018. Rice straw decomposition affects diversity and dynamics of soil fungal community, but not bacteria. Journal of Soils and Sediments, 18(1): 248-258.

Li Y, Wu J, Shen J, et al. 2016. Soil microbial C : N ratio is a robust indicator of soil productivity for paddy fields. Scientific Reports, 6(1): 1-2.

Liang Y, Yang Y, Yang C, et al. 2003. Soil enzymatic activity and growth of rice and barley as influenced by organic manure in an anthropogenic soil. Geoderma, 115: 149-160.

Liu X B, Zhang X Y, Wang Y X, et al. 2010. Soil degradation: a problem threatening the sustainable development of agriculture in Northeast China. Plant, Soil and Environment, 64: 87-97.

Liu Z, Zhou W, Li S, et al. 2015. Assessing soil quality of gleyed paddy soils with different productivities in subtropical China. Catena, 133: 293-302.

Magasanik B. 1993. The regulation of nitrogen-utilization in enteric bacteria. Journal of Cellular Biochemistry, 51(1): 34-40.

Marzluf G A. 1997. Genetic regulation of nitrogen metabolism in the fungi. Microbiology and Molecular Biology Reviews, 61(1): 17-32.

Miller M, Palojarvi A, Rangger A, et al. 1998. The use of fluorogenic substrates to measure fungal presence and activity in soil. Applied and Environmental Microbiology, 64(2): 613-617.

Mueller L, Shepherd G, Schindler U, et al. 2013. Evaluation of soil structure in the framework of an overall soil quality rating. Soil and Tillage Research, 127(1): 74-84.

Nannipieri P, Giagnoni L, Landi L, et al. 2011. Role of Phosphatase Enzymes in Soil. Vol. 100. Berlin, Heidelberg: Springer.

Näsholm T, Ekblad A, Nordin A, et al. 1998. Boreal forest plants take up organic nitrogen. Nature, 392(6679): 914-916.

Näsholm T, Huss-Danell K, Högberg P. 2001. Uptake of glycine by field grown wheat. New Phytologist, 150(1): 59-63.

Ng W, Minasny B, Montazerolghaem M, et al. 2019. Convolutional neural network for simultaneous prediction of several soil properties using visible/near-infrared, mid-infrared, and their combined spectra. Geoderma, 352: 251-267.

Nielsen M N, Winding A. 2002. Microorganisms as Indicators of Soil Health. NERI Technical Report No. 388. Denmark: National Environmental Research Institute.

Ogena Y, Neumannb C, Chabrillat S, et al. 2018. Evaluating the detection limit of organic matter using point and imaging spectroscop. Geoderma, 321: 100-109.

Pansu M, Machado D, Bottner P, et al. 2014. Modelling microbial exchanges between forms of soil nitrogen in contrasting ecosystems. Biogeosciences, 11(4): 915-927.

Parham J A, Deng S P. 2000. Detection, quantification and characterization of β-glucosaminidase activity in soil. Soil Biology and Biochemistry, 32(8-9): 1183-1190.

Plaza C, Hernández D, García-Gil J C, et al. 2004. Microbial activity in pig slurry-amended soils under semiarid conditions. Soil Biology and Biochemistry, 36(10): 1577-1585.

Qi C, Wan S, Zhang P, et al. 1997. Studies on the dynamic analysis of the influence of climate on soil microflora and enzyme activity in paddy soil. Journal of Agricultural Meteorology, 52: 677-680.

Ritz K, Black H I J, Campbell C D, et al. 2009. Selecting biological indicators for monitoring soils: a framework for balancing scientific and technical opinion to assist policy development. Ecological Indicators, 9: 1212-1221.

Rocca J D, Hall E K, Lennon J T, et al. 2015. Relationships between protein-encoding gene abundance and corresponding process are commonly assumed yet rarely observed. The ISME Journal, 9: 1693-1699.

Rüdisser J, Tasser E, Peham T, et al. 2015. The dark side of biodiversity: spatial application of the biological soil quality indicator (BSQ). Ecological Indicators, 53: 240-246.

Schimel J P, Bennett J. 2004. Nitrogen mineralization: challenges of a changing paradigm. Ecology, 85(3): 591-602.

Schinner F, Öhlinger R, Kandeler E, et al. 1996. Enzymes Involved in Carbon Metabolism. Methods in Soil Biology. Basel: Springer-

Verlag: 426.

Schloter M, Nannipieri P, Sørensen S J, et al. 2018. Microbial indicators for soil quality. Biology and Fertility of Soils, 54: 1-10.

Shang Q, Ling N, Feng X, et al. 2014. Soil fertility and its significance to crop productivity and sustainability in typical agroecosystem: a summary of long-term fertilizer experiments in China. Plant and Soil, 381(1): 13-23.

Shaviv A. 1988. Control of nitrification rate by increasing ammonium concentration. Fertilizer Research, 17(2): 177-188.

Simon C, Daniel R. 2011. Metagenomic analyses: past and future trends. Applied and Environmental Microbiology, 77: 1153-1161.

Stone D, Ritz K, Griffths B G, et al. 2016. Selection of biological indicators appropriate for European soil monitoring. Applied Soil Ecology, 97: 12-22.

Thuille A, Laufer J, Höhl C, et al. 2015. Carbon quality affects the nitrogen partitioning between plants and soil microorganisms. Soil Biology and Biochemistry, 81: 266-274.

Velasquez E, Lavelle P, Andrade M. 2007. GISQ, a multifunctional indicator of soil quality. Soil Biology and Biochemistry, 39: 3066-3080.

Vestergaard G, Schulz S, Schöler A, et al. 2017. Making big data smart-how to use metagenomics to understand soil quality. Biology and Fertility of Soils, 53: 479-484.

Wang M J, Sharit J, Drury C G. 1991. Fuzzy set evaluation of inspection performance. International Journal of Man-Machine Studies, 35(4): 587-596.

Wang X Q, Sharp C E, Jones G M, et al. 2015. Stable-Isotope probing identifies uncultured Planctomycetes as primary degraders of a complex heteropolysaccharide in soil. Applied and Environmental Microbiology, 81: 4607-4615.

Waring S A, Bremner J M. 1964. Ammonium production in soil under waterlogged conditions as an index of nitrogen availability. Nature, 201(4922): 951-952.

Wartiainen I, Eriksson T, Zheng W, et al. 2008. Variation in the active diazotrophic community in rice paddy-nifH PCR-DGGE analysis of rhizosphere and bulk soil. Applied Soil Ecology, 39(1): 65-75.

Watzinger A. 2015. Microbial phospholipid biomarkers and stable isotope methods help reveal soil functions. Soil Biology and Biochemistry, 86: 98-107.

Weitz A M, Linder E, Frolking S, et al. 2001. N_2O emissions from humid tropical agricultural soils: effects of soil moisture, texture and nitrogen availability. Soil Biology and Biochemistry, 33(7-8): 1077-1093.

Yadvinder S, Bijay S, Ladha J K, et al. 2004. Effects of residue decomposition on productivity and soil fertility in rice-wheat rotation. Soil Science Society of America Journal, 68(3): 854-864.

Yadvinder S, Ladha J K. 2004. Principles and practices of no-tillage systems in rice-wheat systems of Indo-Gangetic plains. Sustainable agriculture and the rice-wheat systems. Marcel and Dekker, USA, 167-207.

Yan D, Wang D, Yang L. 2007. Long-term effect of chemical fertilizer, straw, and manure on labile organic matter fractions in a paddy soil. Biology and Fertility of Soils, 44(1): 93-101.

Yang M H, Xu D Y, Chen S C, et al. 2019. Evaluation of machine learning approaches to predict soil organic matter and pH using vis-NIR spectra. Sensors, 19(2): 1-14.

Yang C M, Yang L Z, Zhu O Y. 2005. Organic carbon and its fractions in paddy soil as affected by different nutrient and water regimes. Geoderma, 124(1-2): 133-142.

Zak D R, Groffman P M, Pregitzer K S, et al. 1990. The vernal dam: plant-microbe competition for nitrogen in northern hardwood forests. Ecology, 71(2): 651-656.

Zhang Q, Li Y, Xing J, et al. 2019. Soil available phosphorus content drives the spatial distribution of archaeal communities along elevation in acidic terrace paddy soils. Science of the Total Environment, 658: 723-731.

Zhang Q, Zhou W, Liang G, et al. 2015. Distribution of soil nutrients, extracellular enzyme activities and microbial communities across particle-size fractions in a long-term fertilizer experiment. Applied Soil Ecology, 94: 59-71.

Zhang X, Zhang R, Gao J, et al. 2017. Thirty-one years of rice-rice-green manure rotations shape the rhizosphere microbial community and enrich beneficial bacteria. Soil Biology and Biochemistry, 104: 208-217.

Zhao Q G, He J Z, Yan X Y, et al. 2011. Progress in significant soil science fields of China over the last three decades: a review. Pedosphere, 21: 1-10.

Zhou W, Lv T F, Chen Y, et al. 2014. Soil physicochemical and biological properties of paddy-upland rotation: a review. Scientific World Journal, 2014: 856352.

第二篇
关键技术与产品

　　稻田在保障我国粮食绝对安全方面起着决定性作用，因此，持续提升稻田生产力是保障国家粮食安全的必然要求。提高土壤肥力是稻田生产力提升的基础，耕作是实现水稻丰产增效的重要技术途径。因此，研发稻田土壤培肥与丰产增效耕作技术是实现"藏粮于地、藏粮于技"的重要举措。长期高度集约化的生产方式虽然大幅度提高了我国水稻产量，但是忽视用养结合、不合理的施肥和耕作导致稻田土壤肥力失衡与结构退化，严重制约了稻田地力提升和水稻丰产增效。特别是在目前大量秸秆还田、轻简化耕作、绿肥和有机肥投入不足、水稻种植效益偏低的情况下，急需创新稻田土壤培肥和耕作技术、研发新型稻田土壤培肥替代品。为此，针对秸秆还田导致稻田土壤碳氮失衡、绿肥和有机肥养分不平衡等问题，研发了基于秸秆还田的碳氮平衡培肥技术、绿肥和稻草配合还田培肥技术、有机无机平衡施用培肥技术。针对轻简化耕作导致稻田耕层浅薄和秸秆还田困难、大量秸秆还田制约水稻丰产和环境友好等问题，创制了秸秆全量还田下稻田轮耕扩容关键技术、稻田控水增氧减排耕作技术、增密调肥水稻丰产增效栽培技术，构建了秸秆全量还田下稻田丰产增效和环境友好轮耕技术模式。针对传统培肥投入品重视化学养分、轻视有机肥，重视大量营养元素、轻视中微量营养元素，重视氮素营养、轻视磷钾等营养元素，产品功能单一、生产过程粗放等问题，筛选和培育了高效稻秸快速腐熟菌剂的菌株，利用有机–无机配伍技术、微量元素螯合技术、熔体塔式制肥技术创制了不同配比和规格的螯合型营养均衡培肥产品与水稻机械化专用配方培肥产品，建立了绿色替代品高效施用技术模式。上述研究均覆盖我国典型的稻作系统（东北一熟、水旱两熟和双季稻），有望为稻田地力提升和水稻丰产增效提供关键技术支撑。

本篇包括三章内容，第3章主要介绍了稻田土壤培肥新技术及其综合效应和作用机制，第4章主要介绍了稻田秸秆全量还田的丰产增效减排耕作新技术，第5章主要介绍了稻田土壤培肥新产品研制的工艺及高效施用技术。

第 3 章　稻田土壤培肥新技术

水稻土是世界上最重要的耕地资源之一，据联合国粮食及农业组织发布的数据，全球稻田面积达到1.596亿hm²，占世界可耕地的11.14%，主要分布在亚洲，其中中国、印度、印度尼西亚、泰国和孟加拉国5个国家均超过了1000万hm²，约占全球水稻种植面积的68%，其中中国和印度水稻种植面积合计约占全球的45%。大米是全球一半以上人口的主食，是保障全球粮食安全的重要战略作物，但由于全球耕地资源短缺，目前全球水稻总产量的增加主要是基于单产提高，因此对稻田土壤培肥的需求十分迫切。从某种意义上说，稻田土壤培肥不仅是保证水稻高产稳产的关键环节，也是促进区域现代农业发展、满足人类日益增长的粮食需求、保障国家粮食和农产品安全的重要基石。

通过秸秆还田、有机无机肥配施、种植绿肥等措施提高稻田有机质与养分含量，促进稻田耕层结构改善、构建稻田健康耕层，已成为当前全球稻田培肥和质量保育的主要措施与必然发展趋势。因此，稻田土壤培肥得到各国重视。国外关于稻田土壤培肥的研究较多，主要涉及土壤培肥方式、培肥时期及培肥技术模式等，并根据不同地域特点摸索适宜的稻田培肥与质量保育技术，目前培肥方式呈多元化趋势，包括秸秆、有机肥、绿肥、生物菌肥，还有新兴的生物炭、新型肥料等（Wang et al.，2011；Mitra and Mandal，2012；Oomori et al.，2014；Klotzbücher et al.，2015；Settele et al.，2015；Si et al.，2015）。如何高效利用农业有机废弃物资源、发挥有机肥在现代农业生产中的作用，促进农业可持续发展是世界各国多年以来重点关注的一个重要问题。在经过了绿色革命以后，发达国家的粮食生产能力得到极大的提升，并且更加关注农业生产过程中的生态、环境和社会效益。特别是从19世纪70年代环境问题开始受到重视以来，全球对耕地质量培育与保护更加重视，成立了"有机农业运动国际联盟（IFOAM）"，旨在建立基于生态、环境与社会持续发展的农业。鉴于土壤肥力退化和化肥施用量持续增加等事实，相关国家提出了"土壤养分综合管理理念"，为农民普及化肥使用知识等，使他们能合理使用、正确施用化肥，并努力研发和推广生物有机肥、农业化学品的替代产品，减少农业生产对化肥的依赖（Lal，2000）。农作物秸秆是一种富含有机物的农业废弃物，秸秆还田对保持和提高土壤肥力、促进农业废弃物资源化和循环利用等，均具有十分重要的作用，秸秆还田可以提高土壤酶活性（Zhao et al.，2016）、改变土壤生物结构（Gu et al.，2015）、促进土壤养分积累、改良土壤不良物理性质（Bai et al.，2015；Zheng et al.，2015）。目前，发达国家在稻田土壤培肥上更重视有机肥、绿肥的施入及秸秆还田等相关技术的应用与推广，美国作为全球秸秆还田应用最广泛的国家，秸秆还田率达到70%以上（Wang et al.，2011），而发展中国家在秸秆还田培肥方面相对落后。

印度是世界上水稻种植面积最大且种植历史悠久的国家之一，其在水稻土有机培肥方面亦有着丰富的经验。Mitra和Mandal（2012）的研究表明，在印度通过有机无机肥配施与秸秆覆盖的方法可有效提高油菜-绿豆-水稻生态体系的产量，保持土壤肥力，保障土壤生态健康。Patil等（2013）比较了印度西部马哈拉施特拉邦地区采用多种施肥措施培肥的水稻土，表明生物肥料与化学肥料混合施用更有利于培肥土壤。印度恒河平原地区水稻–小麦种植系统采用免耕或少耕措施和秸秆还田非燃化技术有助于保障土壤可持续性，减少水分和养分的投入，降低水稻–小麦种植受气候变化的影响（Singh and Sidhu，2014）。Si（2015）研究认为，长期化肥配合施用生物有机肥或绿肥可完全满足印度地区稻–稻系统养分需求，并认为是一种可持续性强的稻–稻生态系统健康保障技术。

菲律宾2011年发起了跨领域的土地利用生态工程——水稻产业体系机遇和风险评价（LEGATO）项目，旨在促进水稻的可持续生产。通过稻田土壤培肥与质量保育促进水稻可持续生产是该项目的重点内容之一。大量田间试验证明，秸秆还田、有机肥施用是保持土壤养分平衡、综合提高稻田土壤质量和生产能力的重要措施，适当地施用硅肥可增加水稻产量，提升养分利用效率，增强水稻抗逆能力，进而减少氮、磷、钾和杀虫剂等的施用，保障稻田生态系统健康（Klotzbücher et al.，2015；Settele et al.，2015）。

日本作为相关技术较发达的国家，在耕地质量培育、稻田培肥等方面亦有许多较先进的技术和经验，且与我国在气候条件等方面有许多相似之处，因而为我国相关技术的研究等提供了借鉴。Oomori等（2014）研究了日本多种措施对水稻有机栽培与地力提升方面的效果，表明棉花秸秆覆盖还田及施用有机肥可显著提高土壤有机质含量，提升土壤地力，增加水稻分蘖数、生物量及产量。Nishikawa等（2012）利用厌氧腐熟后的动物粪肥来代替常规化学肥料，并认为这是一种非常有效的土壤培肥措施，也是保障水稻产量的最佳方法。Tanaka等（2012）研究认为，水稻秸秆和杂草还田的土壤内部养分循环模式是一种非常有效的农业生态措施，能够有效地减少施用无机化肥造成的负效应。

美国尤其注重利用秸秆和畜禽有机肥为作物提供氮素营养，坚持水稻、玉米、小麦、大豆、番茄等秸秆还田，还针对不同作物配套研发了各种有机肥施用技术，如美国瑞科公司研发的缓控释生物有机肥技术、美国加利福尼亚大学戴维斯分校研发的固体快速厌氧发酵技术等。此外，英国洛桑试验站每年翻压玉米秸秆$7\sim8t/hm^2$，经过18年的长期试验发现，作物秸秆直接还田的效果优于堆腐后再还田，并且随着地力的改善，农作物产量的提高，可供还田的秸秆量也相应增加（杨滨娟等，2012）。由于管理水平较高、农作物秸秆还田技术实施到位、化肥施用量合理、复种指数较低及适度休耕等，发达国家耕地的地力恢复较快，且能保持在较高水平，并对土壤有机质、养分含量等理化性质制定了相应的标准。

以此为基础，发达国家还将秸秆还田和畜禽有机肥还田培肥土壤列入农业生产中的法律去执行，并制定了一系列的法律法规。例如，美国2002年5月13日通过的《2002年农场安全与农村投资法案》，显著加大了对农业生态环境的保护力度，推进农业可持续发展。许多地区在农业生产中积极开展保护性技术的研究，推广使用无害化有机肥、测土施肥等保护性耕作技术。欧洲许多国家也通过有关政策和法规等来规范有机肥的生产、使用和管理，如荷兰和比利时政府规定，养殖场的场主必须对其农场产生的粪便进行纳税，并对减少污染的鼓励措施立法；丹麦规定至少有40%～50%的畜禽粪便要被重新利用；法国规定必须对污水和粪便进行处理后才能播撒到农田中；为了鼓励使用有机肥，英国已开发出抛撒、泵式注入、楔形注入等多种类型有机肥施用机械，并参与欧盟制定或其自身制定严格的法律法规，控制肥料对环境的污染。日本农业领域也曾进行持久的以施用有机肥为主或以施用化肥为主的争论，最后有机肥越来越受到重视。20世纪80年代，日本开始探索"环境安全型"农业发展道路，主张以有机物还田与合理轮作为基础，在培肥地力的基础上合理施用化肥，通过对人工合成化学制品的限制和对生物肥料、生物农药的大力开发与应用，把资源的持续利用与环境保护同提高农业生产率结合起来，促进农业可持续发展，并在1999年颁布新《农业基本法》，2000年修订并实施《肥料管理法》，规范了有机肥登记销售等相关环节。

从我国的整体情况来看，当前由于稻田生产集约化程度高、耕作施肥及管理措施不当等，稻田负载逐年加大，稻区农田土壤肥力下降、基础地力后劲不足，出现土壤养分不均衡、耕层浅薄、土体结构差及水热气不协调等问题（顾春朝等，2015；李建军等，2015；刘占军等，2015），导致单季水稻产量低于6000kg/hm²的低产水稻田面积占我国水稻土总面积的32%以上。此外，由于耕地面积不断减少，且受"高投入高产出"等政策或传统观念的影响，化肥盲目过量投入的现象非常普遍。我国部分稻区的氮肥施用量已达到375kg/hm²，超过国际安全施肥标准上限70%，但氮肥利用率较低，仅为35%左右。长期大量施用化肥导致农田氮磷的大量积累，不仅对土壤结构稳定性和土壤养分平衡造成严重不良的影响，而且导致严重的水体富营养化和增加温室气体排放，威胁生态环境健康。因此，强化水稻土的培肥及质量保育技术研究以提高水稻土肥力，对提高我国水稻综合生产能力、保证国家粮食安全具有十分重要的意义。近年来，国家先后启动了国家科技支撑计划重点项目"沃土工程关键支撑技术研究"、国家粮食丰产科技工程、土壤有机质提升补贴项目等。2015年制定的《全国农业可持续发展规划（2015—2030年）》进一步明确提出，要采取深耕深松、保护性耕作、秸秆还田、增施有机肥、种植绿肥等土壤改良方式，提升我国耕地肥力和质量，加大高标准农田建设力度，到2020年建成集中连片、旱涝保收的8亿亩高标准农田，到2020年和2030年全国耕地基础地力分别提升0.5个和1个等级以上，而且将高标准农田建设项目与耕地质量保护和提升项目列为今后要实施的重大工程，全面夯实农业可持续发展的物质基础。农业部（现农业农村部）也推行了秸秆还田项目，把秸秆还田作为沃土计划的主要措施，列入全国丰收计划工程，鼓励农民积极增施有机肥和实施秸秆还田，并于2012年发布了《有机肥料新行业标准》（NY 525—2012）。

尽管相关的研究证明秸秆还田、增施有机肥等能显著改善土壤物理、化学、生物指标，提升稻田耕层肥力，我国的科研机构也积极研发出了不同秸秆还田技术与规程，国家政策上也鼓励农民实行秸秆还田、增施有机肥，但是其在我国农业生产实践中的推广效果并不理想。主要原因有如下两个方面：第一，在理论层面，目前有关秸秆还田、畜禽有机肥和绿肥还田后土壤养分变化的驱动机制，尤其是其在土壤中生态过程及微生物转化机制等方面研究还十分缺乏，而秸秆还田后在稻田中的腐解过程和养分释放特征也有待进一步深入了解；第二，在技术层面，稻田秸秆、绿肥还田下肥料运筹技术和水分运筹技术研究不足，造成秸秆还田后稻田养分供应失衡、秸秆腐解不完全及秸秆腐解过程中土壤氧化还原电位（oxidation-reduction potential，Eh）降低，影响后茬作物生长，造成产量降低等问题。关于不同种植制度稻区的秸秆/有机肥与化肥配施的适宜比例，有机肥与化肥配施比例与土壤基础肥力、肥料种类的相关性等方面的研究仍然存在不足。另外，目前我国还比较缺乏实际生产中可指导农民操作的稻田土壤培肥和质量保育方面的技术规程，主要表现在缺乏秸秆还田或者施用有机肥配套技术以及相关技术量化指标方面的研究，极大地限制了这些技术的真正推广应用。本章针对我国稻田培肥技术中存在的以上关键科学及技术问题，以东北一熟稻区、稻麦/油两熟稻区和双季稻区的代表性稻田为重点，从稻田土壤培肥技术的演变及发展趋势、稻田土壤培肥技术的创新思路与实施方案、稻田土壤培肥新技术的综合效应与作用机制3个方面探讨秸秆还田、绿肥还田、有机肥施用技术措施及其与化肥合理配施进行稻田培肥的效果、资源效率及环境效应。

3.1 稻田土壤培肥技术的演变及发展趋势

3.1.1 秸秆还田培肥技术演变及发展趋势

农作物秸秆富含有机碳及氮、磷、钾、硅等农作物生长所必需的营养元素，是一类重要的能直接利用的可再生生物资源。我国作为农业大国，作物秸秆资源非常丰富（表3-1）。然而实际生产中，大量秸秆在田间地头随意堆放或直接焚烧，不仅会导致水体富营养化等水污染问题，秸秆焚烧还会污染大气。进行秸秆综合利用，杜绝秸秆焚烧，已经引起高度关注。合理地实施农作物秸秆还田是一种重要的综合利用措施，具有增加土壤有机质、改善土壤结构、培肥地力等作用。本节系统阐述了秸秆还田培肥技术的演变及发展趋势，为秸秆还田培肥和农业可持续发展提供理论指导与研究方向。

表3-1 我国秸秆产生量估算（Li et al., 2018a）

作物数量	秸秆量（亿t）	计算方法	年份
所有作物	6.30	秸秆和产量值	1995~2005
10种主要作物	6.00	秸秆和产量值	2000~2003
7种主要作物	5.59	秸秆和产量值	1998
10种主要作物	9.39	秸秆和产量值	1998
所有作物	5.54	秸秆和产量值	2000
所有作物	6.79	秸秆和产量值	2001
所有作物	6.22	秸秆和产量值	2002
所有作物	5.93	秸秆和产量值	2003
所有作物	6.52	秸秆和产量值	2004
所有作物	7.28	GIS	2004
所有作物	7.62	秸秆和产量值	2006
所有作物	6.52	秸秆和产量值	2006
所有作物	8.42	秸秆和产量值	2008
9种主要作物	8.07	秸秆和产量值	2009
所有作物	8.51	秸秆和产量值	2010
所有作物	7.29	遥感	2010
所有作物	7.42	秸秆和产量值	2011
9种主要作物	7.78	秸秆和产量值	2011
5种主要作物	5.98	秸秆和产量值	2014
7种主要作物	7.03	秸秆和产量值	2014

3.1.1.1　我国秸秆还田技术初始阶段

20世纪70~80年代，农业生产中主要矛盾之一是"地多肥少"，人们将作物秸秆当作重要肥源施入农田，从而提高粮食产量。该阶段秸秆还田技术的研究和推广主要是在北方旱地的小麦与玉米种植区，根据秸秆还田方式可以分为秸秆直接还田和秸秆间接还田两类。20世纪70年代，由于农业机械不发达，作物秸秆以间接还田为主。该阶段秸秆间接还田的方法主要是将秸秆、泥土、人粪尿等混合制成沤肥、堆肥后再施入农田，间接还田方法包括过圈还田、沤肥还田、堆肥还田等。该阶段秸秆间接还田技术要点（丹东市农业科学研究所青椅山公社大水沟大队科研基点，1972）：①过圈还田，玉米秸秆切成3.3~6.7cm长的小段后与泥土按1：4的比例分层垫在牛、猪圈里进行腐熟。根据季节不同可以分为两种过圈还田方式，春秋两季先垫3.3cm厚秸秆，再垫3.3cm厚泥土，依次循环；夏季先垫6.7cm厚秸秆，再垫6.7cm厚泥土，依次循环。②沤肥还田，田边挖出长6m、宽4m、深1.5m的沤肥坑，秸秆、马粪、土壤分层堆放，厚度比例为5：2：3，可以添加一些氨水加速发酵。③堆肥还田，在平地上将秸秆、马粪、泥土分层堆放，厚度比例为5：2：3，堆置过程中可以添加一定水分或氨水加速秸秆熟化，四周用黑泥封严。④烧粪还田，先铺10cm厚黄粪并撒施过磷酸钙，再铺6.7cm厚泥土，用泥土将四周封严，烧制一昼夜后施用。

20世纪80年代，为了加快秸秆还田的大面积推广，出现不同形式和用途的秸秆还田机具，如秸秆直接抛撒器、锤片式秸秆粉碎抛撒装置和牵引式秸秆粉碎抛撒机等（河南黄泛区农场，1981）。随着农业机具的发展，秸秆直接还田技术开始起步。该时期秸秆直接还田是指作物收获后，秸秆直接粉碎翻埋或整秆翻压还田。秸秆直接还田方法有粉碎还田、高茬还田、整秆（立茬）还田等。该阶段秸秆直接还田技术要点（李生枝等，1979；张广才，1989）：①粉碎还田，收割机加装秸秆粉碎装置，收割、粉碎、抛撒同步进行。②高茬还田，收割时留茬高度不低于30cm，再用重型耙灭茬或直接翻耕整地。③粉碎和播后覆盖相结合，作物经机械收获后，靠田边的秸秆（约1/2量）转移到田埂，田中间部分均匀撒开后翻压还田，播种后再将田埂上秸秆覆盖还田。④整秆（立茬）还田（李生枝等，1979），玉米成熟后，不挖倒秸秆，直接机械深翻还田。秸秆直接还田后需增施一些氨水或碳酸氢铵调节土壤C/N值，提供微生物繁殖所需的氮素营养，加速秸秆腐解。

该阶段秸秆还田研究结果表明，秸秆还田可促进土壤团粒结构形成，提高土壤水稳性大团聚体含量（曾广骥等，1985），改善土壤通透性和保水保肥性，降低土壤容重，增加总孔隙度（王云和，1980）。秸秆直接还田5年后，>0.25mm团聚体含量增加了0.19%~4.18%，0.25~0.01mm微团聚体含量增加了0.26%~2.87%（王志运和詹硕仁，1989）。此外，秸秆还田显著增加土壤有机物质积累，提高土壤速效氮、磷、钾的含量，尤其能够较大幅度增加速效钾（王云和，1980；孙传芝等，1987）。秸秆连续间接还田5年，吉林省东部酸性黑黄土有机质含量增加0.87%，结合态胡敏酸和富里酸增加27.5%，其中胡敏酸含量增加42.0%，富里酸含量增加4.7%（李军等，1983）。南方水旱两熟下长期秸秆还田可促进新形成腐殖质与土壤无机部分的复合，增加土壤腐殖质活性，其中C/N值大的秸秆改土效果更好。对比不同土壤肥力条件下秸秆还田效果表明，高产田的秸秆还田培肥效果最好，中等肥力次之，低产农田效果较差（彭祖厚和唐德琴，1988）。

秸秆还田技术初始阶段明确了秸秆还田的增产效果和部分培肥效果，秸秆还田的培肥效果主要体现在对土壤物理性质和化学性质的影响方面，但还存在以下问题：①多数研究局限于秸秆还田的培肥效果及对作物产量的效应。②从研究区域上看，北方旱作区秸秆还田技术的研究较深入，秸秆还田技术初步形成，如机械粉碎还田、秸秆覆盖还田等均取得了一定成就。而稻田秸秆还田，尤其是南方稻田、水旱两熟区的相关研究较少。③缺乏秸秆还田技术的系统研究，秸秆还田时间、数量、施氮量、粉碎程度、翻压程度等技术指标的研究相对较少。

3.1.1.2　我国秸秆还田技术发展阶段

20世纪90年代开始，随着化肥施用，我国粮食作物年年丰收，秸秆产量也随之增加。1999年我国作物秸秆资源总量约6.4亿t，其中稻草秸秆1.9亿t、玉米秸秆1.7亿t、麦秸1.2亿t。在国外，大部分秸秆已经用于还田。据美国农业部统计，每年生产作物秸秆4.5亿t，秸秆还田量占秸秆产量的68%（刘巽浩等，1998）。英国秸秆直接还田量占其秸秆生产总量的73%（杨文钰和王兰英，1999）。在我国，由于农村石化燃料的增多、沤肥场地条件的限制，秸秆作为薪柴和沤肥的用量逐渐减少，随意丢弃和无控焚烧成为农村处理秸秆的主要方式。部分粮食主产区出现了较为严重的焚烧秸秆污染。秸秆焚烧不仅带来了环境污染，也造成了事故多发，对高速公路、铁路的交通安全及民航航班的起降安全等构成极大威胁。为了更好地利用我国丰富的秸秆资源，克服秸秆还田中的盲目性，秸秆直接还田技术和间接还田技术得到了深入研究。初步明确了秸秆直接还田时间、还田量、粉碎程度、翻压程度、施氮量、土壤水分和防治病虫害等因素。华北地区、西南地区、长江中游地区、江苏水旱两熟区、浙江三熟制种植区秸秆直接还田技术规程相继出台。秸秆直接还田方式由小型机械和人工还田向大型机械化秸秆还田技术转变，秸秆还田机的功能由单一功能向复式作业转变（张国忠和黄海东，2004）。秸秆间接还田技术也发生了较大转变，由传统的堆肥、沤肥还田方法向过腹还田、生物催腐还田转变。该阶段秸秆利用原则为就地、大量、简便、环保（蒋植宝等，2000），秸秆还田技术具备了一定的理论基础，推动秸秆还田发展。

秸秆直接还田技术依然以粉碎还田、高茬还田、覆盖还田、整秆还田等为主（表3-2）。随着农业机械的不断改进，粉碎还田机、灭茬还田机和整株还田机等农业机械的开发使秸秆直接还田成为操作简单、省工省时、作业效率高的还田措施。该阶段秸秆直接还田技术主要要点：①粉碎还田，秸秆粉碎翻压还田机能够依次将直立或铺放秸秆的粉碎、灭茬、旋耕等多项工序一次完成。该阶段粉碎还田主要采用机械工具将农作物秸秆进行粉碎，同时用旋耕机把粉碎的秸秆旋埋入土地中。此方法可用于玉米、水稻等大田作物秸秆还田。粉碎后的秸秆在土壤里更容易被微生物所腐解，补充了土壤肥力，提高了作物产量，实现了大面积"以田养田"、保护生态环境、建立稳定的高产农业模式。②高茬还田（王振忠等，2002），麦季稻草全量还田采取留高茬（茬高30～40cm）加粉碎或整草覆盖模式，水稻成熟后既可机收也可人割；稻季麦秸秆采用留高茬（茬高30cm左右）加粉碎全量还田，干旋或水旋，一次机械作业完成耕整全过程；

麦套稻采用留高茬（茬高在30cm左右）加粉碎或整草覆盖。③覆盖还田，作物收获后秸秆或残茬直接全部铺盖于土壤表面上，此方法适合小面积的人工整株倒茬覆盖，优点是防止土壤受到风、水等自然侵蚀，加深耕层，保水保墒。

表3-2　秸秆直接还田各项技术指标（曾木祥，1995）

地区	作物	还田方式	秸秆数量	施氮量	土壤水分	粉碎程度	还田时间	病虫杂草
华北地区	玉米、小麦	直接粉碎；翻压还田	麦秸秆：高肥力土壤3750～5250kg/hm²，中低肥力土壤3000～4500kg/hm²；玉米秸秆：4200～6000kg/hm²	麦季：麦秆还田量为3000～4500kg/hm²时需75～150kg/hm²氮素；玉米季：90～120kg/hm²氮素	小麦季：水分控制时需20%；玉米季：水分控制18%～22%	麦秆翻压深度≥20cm，秸秆粉碎长度小于10cm；玉米秸秆粉碎翻压深度为20～25cm，秸秆粉碎长度为10～15cm	麦秆：6月中上旬粉碎还田，6月下旬至7月上中旬覆盖还田；玉米秸秆：9月下旬至10月上旬翻压还田；玉米收获后覆盖还田	有病害的秸秆不还田，6～9月防控
西南地区	水稻	水田翻压还田；旱作覆盖还田；冷浸田不宜翻压	稻草：4500～6000kg/hm²；留高茬田：3000～4500kg/hm²；再生稻：秸秆全部还田	稻草还田量为4500～6000kg/hm²时需4500～6000kg/hm²人畜粪尿和75～90kg/hm²氮素	注意排水，调节水分，土壤经常保持湿润即可	稻草翻压深度为22～27cm，秸秆粉碎长度为15～20cm	8月下旬翻压还田	播后、苗前喷施除草剂
长江中游地区	水稻、小麦	同西南地区	稻草还田量为3000kg/hm²	60～90kg/hm²氮素	同西南地区	同西南地区	麦田播种后翻压还田，双季稻区在早稻收获后原位还田	同西南地区
江苏水旱两熟区	水稻、小麦	同西南地区	稻草还田量为1500～4500kg/hm²	稻草还田量为3000kg/hm²时需60～90kg/hm²氮素	同西南地区	同西南地区	施基肥后覆盖还田	同西南地区
浙江三熟制种植区	水稻	早稻草翻压入晚稻田；面施免耕	稻草还田量为3000kg/hm²	稻草还田量为3000kg/hm²时需60～90kg/hm²氮素	同西南地区	同西南地区	早稻脱粒和麦田免耕播种后还田	同西南地区

该阶段秸秆间接还田技术要点：①堆肥还田（杨文钰和王兰英，1999），不同于传统堆肥、沤肥还田，现阶段主要利用秸秆腐熟剂产生大量纤维素酶，在较短的时间内将各种作物秸秆堆制成有机肥。②过腹还田（李文革等，2006），秸秆经过青贮、氨化、微贮处理，饲喂牛、马、羊等牲畜后促进畜牧增值，而畜粪尿又作为肥料施入土壤。该法不适用于饲用价值不高的小麦、棉花秸秆。③烧灰还田，包括两种烧灰方法，一种是作为燃料，焚烧后的灰烬撒到田里，这是国内外农户传统的做法；另一种是将收获的农作物秸秆直接点燃或用辅助燃料点燃。该方法可以将秸秆全部还于土壤中，但会造成空气环境的污染，燃烧的气体对人类身体存在安全隐患，而且控制不及时还会存在火灾隐患，因此各地均大力倡导"禁止秸秆焚烧"。

传统秸秆还田技术对土壤有机质含量的提高及基本理化性质的改善有良好效果，但由于秸秆所含养分太少，因此，促进养分循环利用的作用并不大（吴敬民等，1991）。随着秸秆还田量增加和相关研究的逐步深入，秸秆还田下土壤养分供给特征逐渐明晰。稻麦两熟下，秸秆还田明显提高水稻移栽15d后土壤铵态氮（NH_4^+-N）的供给量，并维持到齐穗以后（王振忠等，2000）。在不施钾肥的情况下，土壤钾库长期处在耗竭状态，土壤速效钾和缓效钾含量逐渐降低，秸秆还田能够减缓土壤钾素肥力的下降趋势（刘荣乐等，2000；程文龙等，2019）。但是，连续秸秆还田只能减缓钾素肥力下降，要维持土壤钾素平衡，秸秆还田需要配施适量化学钾肥（孙伟红等，2004；金梦灿等，2017）。稻麦两熟下紫色土每年秸秆还田量为7500kg/hm²，配施钾肥140kg（K_2O）能够保证土壤钾素盈余，维持紫色土钾素肥力（熊明彪等，2004）。此外，全量还田处理土壤的微生物数量极显著高于对照和半量还田，而且微生物的活性表现为全量还田＞半量还田＞不还田（钟杭等，2002）。有研究表明，麦秆全量翻耕还田前期会产生一些还原性物质，但到分蘖期以后，经过搁田，秸秆还田处理土壤的还原性物质总量与对照接近，对秧苗也无毒害作用（钟杭等，2002）。

该阶段秸秆还田技术存在的主要问题：①针对南方水田区和稻麦两熟区两季作物间秸秆还田农时紧张、秸秆还田后手工插秧困难等问题研究较少。②秸秆禁烧与还田相关法规、政策不健全。实际生产中秸秆直接焚烧现象严重，但缺乏相关的法律法规和政策来禁止秸秆焚烧。③部分地区秸秆还田机械化程度不高。该阶段还田机械对于平原和城郊经济发达的地区较适合，与经济基础差、田块小的山区、丘陵区不匹配，难推广。④秸秆还田技术的理论基础研究不全面。关于秸秆还田的负面效应，秸秆的快速腐解、病虫害发生和流行等问题研究较少；⑤秸秆还田的配套栽培技术研究薄弱。秸秆还田多以单一技术为主，缺乏机械、化学、生物、农艺等措施结合的研究。

3.1.1.3　我国秸秆还田技术现状

21世纪初期开始，随着我国人口数量日益增加，耕地面积逐年减少、耕地质量逐渐下降，人地矛盾越来越突出（陈浩等，2018）。农业上化肥过量使用导致我国出现土壤酸化、板结、结构破坏、养分失衡等地力衰退问题及水体污染问题。我国粮食安全正面临着日益严峻的挑战（张婷等，2018）。秸秆还田作为改良土壤结构、改善土壤养分状况、减少化肥使用的培肥措施得到进一步推广。研究表明，低秸秆还田量（水稻秸秆量RS＜3750kg/hm²和小麦秸秆量WS＜3000kg/hm²）对土壤基础养分的提升效果不显著，而全量秸秆还田（RS为3000～6000kg/hm²和WS为3750～7000kg/hm²）能够显著提升土壤有效磷、有机碳和活性有机碳的含量（张志毅等，2019）。随着土壤肥力提升，稻麦两熟稻田秸秆还田10年后，水稻和小麦产量增幅分别达到7.37%和8.15%（刘冬碧等，2017）。该阶段秸秆直接还田的机械化程度逐步提高，作物机械化收获，秸秆通过机械粉碎撒匀后进行耕地，直接进行旋耕或深翻还田，并在还田时能够针对土壤提出适用的还田技术及培肥方式。王秋菊等（2017，2019a，2019b）在北方一季稻区的白浆土上开展秸秆还田培肥研究，秸秆短期还田对土壤肥力的提高效果不明显，且要配合调控施肥才能达到高产、高效，有效利用资源的目的。而在肥力较低的白浆土上进行长期秸秆还田可以增加土壤肥力，改善土壤结构，增加土壤中的有效孔隙数量，提高水稻产量，连续还田10年土壤有效孔隙数量比不还田不施肥处理增加23.40%～63.85%，与单独秸秆还田处理相比，增加19.68%～56.52%，与化肥单施处理相比，20～40cm土层有效孔隙数量增加12.55%～62.96%；与施入化肥处理相比，增产14.17%，与单独秸秆还田处理相比，增产133.23%，与不施肥不还田相比，增产275.70%。武均等（2018）和王兴等（2019）

研究认为，秸秆还田无论在旱田、水田均有增加土壤水溶性大团聚体比例的效果。伍佳
（2019）和杨晓磊等（2017）研究认为，秸秆还田可提高土壤有机质含量和水稻产量。
秸秆粉碎对机械要求较高，当前国内农机领域对秸秆粉碎机械的研发尤为关注，为秸秆
还田提供了机械手段（戴飞等，2011；高静等，2019）。王兴等（2019）研究认为，秸
秆覆盖还田可以改变土壤团聚体组成比例。李玉梅（2019）研究认为，不同秸秆还田
方式可改变土壤水热运移，覆盖还田在东北地区可保水降温。与秸秆还田相匹配的耕
作技术、秸秆腐解技术等得到研究（顾克军等，2017；于宗波等，2019）。张志毅等
（2020）的研究表明，稻麦两熟条件下全量秸秆还田配合旋耕时更有助于提高土壤水稳
性团聚体和活性有机碳的含量。随着机械化秸秆还田技术的发展，在稻麦两熟区和北方
干旱半干旱地区逐渐出现了一种新型秸秆沟埋还田技术（吴俊松等，2016）。秸秆间接
还田技术中的炭化还田技术，可有效固定和封存土壤中的碳素（图3-1）。

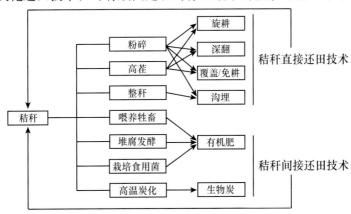

图3-1 现阶段典型秸秆还田技术

该阶段秸秆直接还田技术基本成熟，主要技术特点如下：①粉碎还田，作物机械
化收获，秸秆通过机械化粉碎撒匀后进行耕地，直接进行旋耕或深翻还田。②高茬还
田，作物机械化收割，留高茬（麦玉两熟下小麦留茬35～40cm，麦稻两熟下小麦留茬
25～30cm、水稻留茬15～20cm）（仇春华，2017）。下季作物播种或移栽前，玉米季
小麦秸秆可以采用免耕、旋耕和深翻等方式还田，南方水稻季小麦秸秆可以采用旋耕或
深翻还田（杜长征，2009）。③覆盖还田，秸秆粉碎覆盖在田面后直接播种。④沟埋还
田，玉米整秆沟埋还田、稻麦秸秆墒沟埋草还田等（刘芳等，2012；郑智旗，2016）。
在作物收获后，利用开沟机在田间开出秸秆填埋沟，将秸秆整秆或粉碎后埋入沟内，每
季埋草沟与上一季埋草沟有一定间隔，以此类推，几年后实现全田开沟、埋草一次，实
现秸秆全量还田的同时，达到了田块深耕一次的目的。"墒沟埋草还田技术"主要应用
于长江流域稻麦两熟区，将传统积肥方法与现代农机作业和农艺措施有机结合起来，在
水田中开沟填埋秸秆，可加快秸秆腐解、培肥土壤（缪明，2007）。

该阶段间接还田技术特点：①过腹还田，该方法符合目前我国农业领域提出的"种
养结合"新理念（郭炜等，2017）。随着研究的深入，秸秆转化成畜禽粪便后容易把重
金属及抗生素一同施入田间，有可能影响土壤及食品安全。②堆肥还田，研制秸秆腐熟
剂是该技术在实际应用中的关键，因此近年来有许多学者不断尝试发现具有实际价值的
秸秆降解菌。目前秸秆降解微生物主要包括里氏木霉、绿色木霉、黑曲霉、芽孢杆菌、

白腐菌、酵母和乳酸菌等，利用这些微生物可产生纤维素酶、半纤维素酶和木质素酶，进而降解秸秆（韩梦颖等，2017）。堆肥还田依然是当前倡导的还田方法之一（侯立刚等，2019）。③炭化还田，秸秆在高温无氧的条件下炭化，然后制成生物炭施入土壤（程扬等，2018）。④栽培食用菌后还田，即将栽培食用菌后的秸秆与畜禽粪便等物料堆肥发酵后作为有机肥还田（石祖梁等，2016）。

该阶段秸秆还田技术存在及亟待解决的问题：①以往秸秆还田对土壤培肥效应的研究主要集中在土壤物理、化学、生物特征方面，关于秸秆还田对土壤有毒物质影响的研究较少（张婷等，2018）。②稻田秸秆全量还田的土壤培肥效应及其影响因子，稻田秸秆全量还田下肥料及水分运筹技术，稻田秸秆全量还田技术下土壤养分供应与作物养分吸收的耦合关系及协调机制等研究不足。③秸秆还田下，稻田耕层肥力及生产力对不同类型化肥施用措施的响应机制。④开发适用性广的秸秆还田机械设备。发展机械化是农业发展的必由之路。而我国农作物多种多样，不同农作物秸秆的理化性质不一，同时各作物种植环境各异，因此收获秸秆并还田，对设备的要求不尽相同，当下急需开发服务于秸秆还田技术的集高效、低能耗、大小适宜、适用性广等特点于一身的机械设备（郑侃等，2016）。⑤发展秸秆原位还田配套速腐解技术。现在秸秆还田仍需要对作物秸秆进行收割、粉碎后再还田。若秸秆能在原位还田，同时秸秆能快速腐解而不影响作物的萌发、扎根等生长过程，将大幅度减少人力和物力。要挖掘、研发适宜的腐解菌群或腐解剂，使秸秆的腐解速率变化能满足作物不同生长阶段对养分的需求（崔新卫等，2014）。⑥发展秸秆还田配套科学栽培措施。合理安排秸秆还田方式、还田时间、还田量，充分发挥秸秆的最大作用，培肥地力，提升耕地质量（高静等，2019）。

3.1.2　绿肥培肥技术演变及发展趋势

我国是世界上种植利用绿肥最早的国家。绿肥、饲草生产，是从野草利用到栽培，即从生草、养草发展到种草。其利用历史，可远溯3000年前的西周初期。《诗经·周颂·良耜》就有记载："荼蓼朽止，黍稷茂止"，即田间刈除的野草，一经腐烂还田后就可以使栽培的作物生长更茂盛。这应该是绿肥培肥土壤最早的记载。现在，人们普遍认为绿肥是直接翻埋或经堆沤后作肥料施用的绿色植物体。新中国成立以来，虽然绿肥的作用被普遍认同，但我国的绿肥发展经历了不同的历史起伏阶段。在近70年我国绿肥生产和研究历经繁荣、萧条、恢复三个历史时期（曹卫东和徐昌旭，2010；曹卫东等，2017）。20世纪50年代至80年代初是我国绿肥生产面积较大、利用较为普遍的时期；这一时期经历了近30年，绿肥作为当家肥源，为培肥土壤、保障我国粮食安全起到了重要作用。20世纪80年代到21世纪初，化肥成为主导肥源，绿肥应用滑至谷底，绿肥科研停滞。这一时期，我国化肥工业迅速崛起，农作物养分供应几乎完全依赖化肥，农业联产承包责任制全面实施，绿肥生产的空间多被粮棉油及其他经济作物取代，加之绿肥没有明显的直接经济效益，导致绿肥生产几乎完全被忽略，全国绿肥生产跌入低谷，绿肥面积下降至200万hm^2。进入21世纪后，我国农业农村面临的一些问题更加突显，生产与生态不协调、经济与环境效益不统一、经济发展与农产品质量不匹配等矛盾普遍存在，国家及全社会对环境健康、农产品健康空前关注。

绿肥是我国传统农业的精华，也是现代生态农业的重要组成部分，发展绿肥十分契合当前发展绿色农业的重要理念。通过大量的科学研究和生产实践，绿肥在现代农业中的重要作用得到不断认识与拓展。绿肥在农业生产中的作用是多方面的，最重要的一点是，绿肥具有提供养分、用地养地、部分替代化肥、提供饲草来源、保障粮食安全等作用。几十年前，我国基本没有化肥工业，但养活了数亿人口，施肥依靠的主要是绿肥和农家肥。以紫云英为例，每公顷绿肥可固氮（N）153kg，活化、吸收钾（K_2O）126kg，替代化肥的效果明显（曹卫东等，2017）。化肥的合理使用是将有限的元素搭配，但其难以解决作物的所有需求，特别是满足提高土壤综合肥力的需求，绿肥则可以弥补这些不足。绿肥能提供大量的有机质，改善土壤微生物性状，从而提升土壤质量。发展绿肥是实现有机无机肥配施的重要措施，不仅如此，绿肥还是最清洁的有机肥源，没有重金属、抗生素、激素等残留威胁，完全能满足现代社会对农产品品质的需求。在连作制度中插入一茬绿肥可以大幅度减少一些作物的连作障碍，减少病虫害的发生。绿肥鲜草和干草都是优质饲草原料，可以提供大量青饲料来源，替代饲料粮，进一步保障了粮食安全。

近几十年来，虽然我国绿肥生产发生了较大的起伏变化，但绿肥科研则相对系统，并且取得了较好的成效，关于绿肥培肥土壤的作用机制开展了大量研究。培肥土壤的主要目的是促进作物持续稳定高产，提高产量可持续性指数（sustainable yield index，SYI），SYI越接近1表示越接近理想条件下可获得的最高产量（马力等，2011）。Ladha等（2003）分析了印度恒河平原和中国稻-麦两熟长期定位试验（33个）中化肥处理下作物产量的变化趋势，结果显示，有85%的试验点水稻产量稳定，6%的水稻产量则呈下降趋势。国内外许多长期试验的研究结果表明，在试验早期化肥培肥下的水稻产量高于厩肥或绿肥，但试验后期有机肥培肥下的水稻产量会达到或超过化肥培肥的水平，长期有机肥培肥的水稻产量呈上升趋势（Fan et al.，2005；黄晶等，2016；Muhammad et al.，2019a）。合理培肥是提高水稻产量的一种有效方式，但随着肥料的长期施用、肥料用量的增加，水稻产量并不是呈持续增加的趋势。在过去的几十年中，尽管氮肥投入高，但我国许多水稻种植区水稻产量的增长量都较低甚至停滞（Zhao et al.，2015a）。因此，在绿肥还田下，如何通过优化施肥量来实现水稻丰产稳产和资源高效利用的目标，近年来越来越受到人们的重视。持续10年的定位试验结果表明，紫云英还田下，较常规施氮量减少20%化学氮肥投入，其水稻年产量最高。紫云英与化学氮肥减量配施能够降低产量变异系数，提高产量稳定性。碳输入量随年份的增加而增加，并可提高土壤C/N值。在紫云英-早稻-晚稻种植制度下，碳输入、氮吸收和土壤碱解氮含量是影响水稻产量最主要的因素。绿肥与用量相对较低的氮肥配施可提高氮素回收效率和碳输入量，降低表观氮盈余量，有利于减少环境中氮肥的损失（Muhammad et al.，2019b）。

绿肥通常是在植物体生长最旺盛的时期还田，翻压后更易被土壤微生物分解利用，其肥效发挥也较稻草迅速。近年来，我国南方稻田绿肥肥效试验的研究结果表明，在保证水稻稳产的前提下，豆科绿肥（紫云英）能够替代20%～40%的化肥（周国朋，2017）。但有关种植绿肥对土壤碳库效应的研究结果不一。翻压绿肥后，可在当季使土壤有机质含量有一定的提高（宋莉等，2016）。杨曾平等（2011）对双季稻种植下连续28年冬种绿肥对土壤质量影响的研究结果表明，高C/N值的油菜与黑麦草对土壤有机质的贡献要显著高于低C/N值的紫云英。可见，新鲜绿肥对土壤碳库的影响，取决于绿肥植物体的碳、氮组成，高C/N值的有机残体促进土壤有机质积累，低C/N值的豆科绿肥可能对土壤有机质的稳定性贡献更大（周国朋，2017）。绿肥对其他养分的贡献不仅仅限于对土壤养分的归还，以豆科绿肥为例，其生长期间对大气氮素的固定及土壤养分的活化作用不容忽视。关大伟等（2014）对我国4个大豆主产区中7个试验点的大豆生物固氮量进行评估，认为大豆全生育期生物固氮量在24.0～150.2kg/hm²。刘威等（2017）研究表明，种植绿肥的土壤全氮含量显著提高，土壤碱解氮含量增加。程洋（2016）的研究表明，在减少30%化肥施用量的前提下种植翻压5种不同豆科绿肥，能够保证水稻不减产，其中光叶苕子处理水稻产量最高。不同豆科植物（紫云英、毛叶苕子、光叶苕子、箭筈豌豆、蚕豆）种植利用4年后，在连续减少30%化肥前提下，土壤有机质含量仍可提升0.5%～8.0%，土壤全氮含量提高1.2%～3.7%。高菊生等（2013）研究发现，长期冬种紫云英、油菜、黑麦草均能促进土壤磷、钾释放。兰忠明等（2012）报道认为，缺磷胁迫能促进紫云英分泌有机酸，显著增强对难溶性磷的活化效果。李可懿等（2011）对黄土高原旱地小麦与豆科绿肥轮作的研究表明，小麦与大豆或绿豆轮作后，可提高小麦籽粒中有益营养元素铜和锌含量。上述表明，豆科绿肥能够通过共生固氮作用增加土壤氮含量，同时活化土壤非活性养分，利于作物吸收养分。对土壤化学肥力而言，绿肥还田能提高土壤有机质、全氮和其他矿质养分含量。

绿肥翻压还田增加了土壤有机质含量和土壤生物学活性物质含量，使土壤中形成良好的有机无机复合体，促进土壤团聚体的形成。连续种植绿肥能够提高不同粒径土壤机械稳定性、水稳性团聚体含量，肥田萝卜主要提高>2mm粒径的机械稳定性团聚体含量、>5mm粒径的水稳性团聚体含量，毛叶苕子、蓝花苕子主要提高0.25～2mm粒径的机械稳定性团聚体含量，蓝花苕子主要提高0.25～5mm粒径的水稳性团聚体含量。另外，连续种植绿肥有利于形成土壤水稳性大团聚体（>0.25mm），>5mm粒级的土壤水稳性团聚体的增加对土壤水稳性大团聚体积累的影响较为突出（张钦等，2019）。在酸性土壤上与单施石灰相比较，石灰+绿肥、石灰+绿肥+生物有机肥处理分别提高土壤有机质含量27.6%和39.3%，提高土壤孔隙度2.0%和3.0%，提高土壤水分含量7.4%～24.2%，降低土壤容重2.5%和4.1%（张龙辉等，2019）。可见，绿肥还田能使土壤疏松，增加土壤水分，改善土壤物理性状。

土壤养分循环是土壤肥力和作物生长的基础，土壤微生物是驱动养分循环的关键因子（孙波等，2017），是土壤养分的储备库。绿肥可促进烤烟根际微生物的生长和繁殖。从可培养微生物数量及种类来看，以压青15.0t/hm²较为适宜（龙成江等，2019）。翻压绿肥能够提高植烟土壤酶活性，绿肥翻压还土后，不但本身能够在土壤中释放各种酶类，还为微生物提供了营养，促进微生物繁殖，使微生物活动而产生大量土壤酶（张黎明等，2016）。

禾本科作物秸秆与豆科作物残体混合还田后，可通过调节添加物料的C/N值，来调控土壤微生物的生长和功能及秸秆在土壤中的腐解过程（Mishra et al.，2001；高桂娟等，2016）。早稻−晚稻−紫云英稻作体系中，冬种紫云英翻压还田、稻草配合还田改变了还田有机物料的质量（C/N值），提高了土壤水解酶活性、土壤有机碳含量和水稻产量（Li et al.，2019）。水稻秸秆还田和化肥施用能够改变紫云英季土壤固氮微生物群落丰度与结构。水稻−紫云英种植模式中，通过秸秆还田提供碳源，施肥补充氮、磷等养分，是丰富土壤固氮微生物多样性、构建固氮微生物群落结构及增加优势固氮菌属丰度的重要措施（杨璐，2019）。

绿肥还田不仅能通过提高土壤肥力、减少病虫害等途径实现增产增效（图3-2），许多研究表明，种植翻压绿肥还具有良好的生态环境效益。水稻秸秆还田与化肥配施往往促进稻田排放甲烷，但配合绿肥翻压后，土壤碳固持增加72%，净全球增温潜势降低27%（Liu et al.，2016）。与稻–麦两熟相比，水稻–绿肥（紫云英或蚕豆）种植模式水稻季氨挥发及冬季氮素径流损失分别降低31%～38%和82%～86%（Zhao et al.，2015b）；温室气体排放强度降低11%～41%，每年净经济效益增加22%～94%（Xia et al.，2016）。

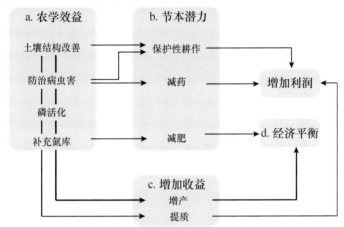

图3-2　豆科绿肥与主作物种植模式的生产效益（Preissel et al.，2015）

新时代赋予农业绿肥发展更加注重资源节约、更加注重环境友好、更加注重生态保育和更加注重产品质量等新的内涵，绿肥培肥契合国家"农村增绿"、乡村振兴的战略构想。通过合理的轮作模式及配合适宜的稻草与豆科绿肥翻压措施，能够实现化肥减施、土壤培肥、农产品质量效益提升、乡村生态改善和粮食安全得到保障的水稻生产绿色发展。

3.1.3　有机无机平衡培肥技术演变及发展趋势

如何高效利用农业有机废弃物资源、发挥有机肥在现代农业生产中的积极作用，促进农业可持续发展，一直以来都是世界各国关注的重点问题。有机农业的概念起源于20世纪40年代的英国，英国土壤学会从1946年起就开始了有机农业生产的认证工作，当时主要关注的是化肥施用对土壤性质的不良影响。到60～70年代，发达国家逐渐开始担忧农业生产中大量施用化肥及农药所带来的生态环境问题，并开始重视对耕地质量的培育与保护，由此成立了"有机农业运动国际联盟（IFOAM）"，旨在建立基于生态环境与社会可持续发展的有机农业。鉴于化肥施用量持续增加而土壤肥力逐步退化等事实，相关国家还提出了"土壤养分综合管理"的概念，对农民普及合理及正确施用化肥等知识，并努力研发与推广有机肥和农业化学替代产品等，以减少农业生产对化肥的过分依赖（Lal，2007）。例如，自20世纪70年代起，荷兰在农业生产中的氮肥用量不断下降，但作物产量翻了一番，氮肥利用率显著增加（Lassaletta et al.，2014）。丹麦在过去的30年间采用多种措施控制农田氮素投入量，使得氮素盈余量显著降低，而农、畜产品产量不断增加，氮肥利用率（农业+畜牧业）增加了近一半，氮素淋溶损失、氨挥发、氮素沉降及氧化亚氮排放显著降低，其中的一个有效措施是采用有机肥代替化肥，并且设定氮素投入的上限等（Dalgaard et al., 2014）。欧盟分别在1991年、2000年、2008年提出"硝酸盐指令"（nitrates directive）、"水框架指令"（water framework directive）及"海洋战略框架指令"（marine strategy framework directive）等控制养分过量投入造成水体污染的政策和法规，使得欧盟国家自20世纪90年代以来化肥用量逐渐降低，有机肥施用面积不断增加，约占农田面积的55%，有机肥氮循环利用于农田培肥的比例在75%～90%（Van Grinsven et al., 2015）。Maillard和Angers（2014）基于Meta分析搜集了全球42篇研究论文49个试验点中130个观测数据，量化了有机肥（粪肥）施用对土壤有机碳的影响，指出持续的粪肥施用对土壤有机碳的积累起主导作用，与单施化肥或不施肥相比，粪肥施用至少可以解释53%的土壤有机碳变化；且基于试验年限为18年的样点有机碳变化和粪肥使用量的线性回归分析表明，全球土壤中粪肥碳的残留系数约为12%。该研究还指出，未来有必要就粪肥特性、粪肥管理体系对有机碳的长期影响做进一步阐释。

　　20世纪40年代之前，我国农田养分投入一直以有机肥为主，自1949年开始，化肥（主要为氮肥）用量逐渐增加，而有机肥施用比例则逐渐降低，我国农业生产逐渐进入以化肥养分为主的"无机营养"阶段。过量的化肥施用带来了诸多环境问题，包括土壤养分失衡、土壤酸化和盐渍化、环境污染等（Guo et al., 2010）。因此，自20世纪80年代我国开始了有机农业的研究与实践，至今已历经30余年时间，取得了丰硕的研究成果。近几年，我国关于使农业生产摆脱对化肥、农药过度依赖的呼声不断高涨，但是单纯依靠有机肥并不能满足当季作物对养分的需求，而施用化肥则有利于当季作物高产。化肥配合有机肥施用则集合了化肥的速效性与有机肥的持久性等特点，不仅可以提高土壤基础肥力，还可以显著改善土壤物理、化学、生物指标，具有稳产、培肥地力和保护环境的多重效果。双季稻区的部分田间试验结果也显示，目前的化肥施用水平下减少25%的氮肥施用，能够维持双季稻产量与土壤有机碳水平，还可促进肥料氮素的高效利用；而化肥按比例配合有机肥施用则不仅能够减少化肥氮的施用量，还可促进土壤有机碳积累（向璐等，2018）。随着社会的快速发展，我国种植业与养殖业分离脱节的问题突出，有机肥难以实现就地还田，畜禽养殖每年产生粪污38亿t，折合氮1423万t、磷246万t，而目前其综合利用率不足60%，不仅造成资源浪费，还成为重要的农业污染源（周建斌，2017）。养殖业粪污的处理与利用已成为限制畜牧业发展的重要因子。因此，将有机农业与常规农业有机结合，协调土壤有机与无机养分的平衡是我国农业发展的必然方向。大量田间试验表明，有机肥与无机肥配合施用，在各类型土壤和各种类作物上均有显著效果，不仅可以显著提升土壤有机质水平，也可提高土地利用的可持续性，且随着耕作年限的延长其稳定性有提高的趋势，从而肯定了有机无机肥配合施用是我国施肥技术的基本方针（张佳宝等，2011；刘益仁等，2012；文石林和聂军，2013；曾希柏等，2014；李静等，2015；徐明岗等，2015）

　　稻田作为我国重要的农田生态系统，其有机碳循环是土壤物理、化学、生物过程和土壤肥力的基础，与土壤固碳功能、温室气体排放密切相关（吴金水等，2018）。目前针对有机无机肥配合施用、秸秆还田对稻田肥力和生产力的影响开展了大量的研究，结果均表明有机无机肥配合施用和秸秆还田可有效促进稻田土壤肥力提升（固碳）

（包耀贤等，2012；高菊生等，2013；孙鸿烈等，2014；刘立生等，2015；吴金水等，2018）。以桃源县为例，亚热带双季稻区稻田土壤有机碳自第二次土壤普查以来总体呈持续增长的状态（马蓓等，2017），从而在不同程度上贡献于该地区的有机碳积累，其中一个重要原因是外源有机物质的输入。有研究显示，稻田土壤有机质的提升与有机肥中碳的投入存在极显著的指数正相关关系（Zhang et al.，2012）。中国农业大学张福锁院士的研究团队基于我国三大粮食作物主产区的153个田间试验研究认为，土壤–作物系统综合管理技术（包含畜禽有机肥和秸秆还田）使水稻、小麦、玉米产量达到最高产量的97%～99%，这一产量水平与国际上当前生产力水平最高的区域相当，且在产量大幅度增加的同时，氮肥利用率大幅提高（Chen et al.，2014）。但是，不同稻区关于施肥对土壤培肥影响的报道仍然存在比较大的差异与不确定性。部分研究表明，稻田土壤化肥施用可增加或减少有机碳（SOC）含量，或维持不变。其中，化肥施用主要通过增加根系生物量而非根际沉积来促进水稻的地下碳输入（Xiao et al.，2019）。相反，稻田有机无机肥配施在不同程度上增加了SOC，但其综合影响仍需要更多关注（Yan et al.，2011；Huang et al.，2012）。另外，不同区域稻田土壤有机肥施用对土壤培肥的作用大小因气候、种植制度、土壤本底肥力及农业管理措施的不同而存在明显差异（Huang et al.，2012；Tian et al.，2015；Zhou et al.，2016）。例如，长江三角洲地区施用粪肥的稻田土壤有机碳积累速率远低于亚热带双季稻区，而两个地区秸秆还田下的有机碳积累速率相似（Rui and Zhang，2010；Zhou et al.，2010）。

长期有机无机肥配合施用促进土壤有机碳的有效积累，主要与有机物料输入后在土壤中的分解转化产物受土壤团聚体物理保护、与氧化铁铝化学键合及向有机碳稳定组分分配有关，并且这一积累机制可适用于不同类型的稻田土壤（王玉竹等，2017）。不仅如此，有机无机肥配施还可以改变土壤有机质的结构组成和质量。周萍等（2009）的研究显示，有机无机肥配施不仅提高了稻田土壤中颗粒有机质的含量，还降低了颗粒有机质结构组成中的烷氧碳含量，增加了芳香碳和酚基碳含量，从而增强了有机质的稳定性；而单施化肥则表现为颗粒有机质的稳定性减弱，不利于土壤颗粒有机质的积累。此外，长期施肥不仅促进稻田耕层土壤肥力的提升，还可显著提高深层土壤生物量和酶活性，改善深层土壤肥力，秸秆还田的作用尤为明显（杜林森等，2018）。

我国水稻种植区畜禽粪便、作物秸秆等有机物料资源丰富，可通过就地还田进行资源化再利用。因此，畜禽有机肥与秸秆等的还田在归还养分、提升土壤质量、部分替代化肥等方面具有广阔应用前景。但是就低肥力土壤而言，单施化肥能够快速提供作物所需的养分，而有机肥中养分释放较慢，存在滞后性，可能会导致试验初期有机肥处理的作物产量不如化肥处理；长期施用有机肥能够逐渐改善土壤性质，产量将会逐渐达到甚至超过化肥处理（徐明岗等，2015）。因此，就稻田土壤培肥的长期与持续效应来说，有机肥可以适当替代部分化肥，实行有机无机平衡施肥，这对我国全面控制化学氮肥的投入并保持土壤培肥的持久性具有非常重要的意义。但是，究竟在有机无机平衡施肥中采取多大的比例最为合适，目前还没有一个确切的定论（徐明岗等，2015）。由此可见，通过探索不同区域稻田土壤有机无机平衡培肥指标，构建适合于不同区域特点的稻田土壤有机无机平衡培肥技术，对于提升我国稻田土壤肥力、促进水稻丰产增效，进而保障国家粮食安全具有重要意义。

3.2　稻田土壤培肥技术的创新思路与实施方案

目前，我国双季稻区、稻麦（油）两熟稻区、北方一熟稻区稻田培肥技术中存在一些共性问题。例如，秸秆还田腐解微生物活动与水稻苗期生长氮素需求的矛盾；稻田有机培肥中存在有机物料养分释放慢、有机肥不合理施用的环境风险问题；缺乏实际生产中可指导农民操作的机械化、轻简化稻田土壤培肥和质量保育方面的技术规程等，急需开展秸秆还田或有机肥施用配套技术及相关技术量化指标的研究。另外，由于不同稻区气候、生物、地形等立地条件存在差异，不同稻区稻田培肥技术问题存在区域性差异。例如，双季稻、稻麦两熟稻区秸秆还田培肥中存在茬口紧、秸秆还田不易腐解，影响后茬作物插秧及生长的问题；北方一熟稻区秸秆还田培肥中存在气温低秸秆不易腐解、秸秆留茬高、秸秆粉碎抛撒不均匀产生秸秆聚堆，影响机械翻埋效果，以及稻田灌水后秸秆漂浮影响插秧质量等问题；双季稻区绿肥培肥中存在绿肥翻压量过大、绿肥翻压初期气温低时，绿肥养分释放慢，导致早稻后期贪青晚熟、结实率低等问题。针对以上稻田培肥中存在的共性问题及区域性问题，本研究以北方一熟稻区、稻麦两熟稻区和双季稻区的代表性稻田为重点，在前人研究基础上，综合考虑不同稻区秸秆、绿肥还田过程中腐解及养分释放规律，有机肥养分组成与水稻生长需肥规律，研究不同培肥技术下土壤养分供应与作物养分吸收的耦合关系及协调机制，探索不同稻区秸秆、绿肥、有机肥与化肥配施的适宜比例，形成与所在区域立地条件相配套的秸秆、绿肥、有机肥与化肥综合培肥技术，实现水稻土壤培肥过程中水稻增产、稻田基础地力提升的水稻生产可持续发展模式。

3.2.1　基于秸秆还田的碳氮平衡培肥技术

稻田生态系统的养分平衡影响土壤生产力和养分库的贮量。养分平衡状况一般以养分的盈亏量来表示，即总输入量与总输出量之差。养分盈余时表示土壤肥力不断提高，反之则表示土壤肥力在消耗。因此，在农田生态系统管理时，应尽量保持土壤养分库略有盈余，以提高土壤肥力，保证系统生产力（郧文聚，2015）。水稻秸秆和小麦秸秆中含有丰富的氮磷钾元素，水稻秸秆平均含氮（N）0.7%、磷（P）0.15%和钾（K）2.6%，每季水稻秸秆按4500kg/hm^2（干重）计算，水稻秸秆还田将归还土壤31.5kg N、6.8kg P和117kg K。小麦秸秆平均含N 0.6%、P 0.08%和K 1.3%，每季小麦秸秆按3900kg/hm^2（干重）计算，小麦秸秆还田将归还土壤23.4kg N、3.1kg P和50.7kg K。

在微生物作用下，秸秆还田后秸秆中的各种物质被逐渐分解，但由于秸秆结构复杂，有机组分分解速率差别较大。有机物料在土壤中的分解过程通常分为快速分解阶段和缓慢分解阶段。快速分解阶段是指还田秸秆初期（通常1～3个月），其有机物料分解速度最快，主要是还田秸秆中微生物偏嗜性高的可溶性糖类、蛋白质和（半）纤维素等物质快速分解；缓慢分解阶段则可长达2～3年或更长时间，主要指秸秆还田初期没有分解或分解程度不高的木质素、单宁和蜡质等不易被分解的物质，通过物理化学变化逐步分解。同一作物不同品种及不同作物间秸秆还入土壤后，在1～3个月分解最快，之后随着时间推移其分解速度逐渐变慢，最后有机物料分解几乎停滞，转化成腐殖质积累在土壤中。微生物每同化1份氮需要吸收4～5份碳以构成自身细胞，同时消耗20多份碳作为生命活动的能量来源，因此，微生物分解活动适宜的C/N值大致为25∶1（李世清和李生秀，2001；李锦等，2014）。秸秆还田后，一方面在秸秆快速分解阶段微生物会大量繁殖，导致土壤中的无机氮被微生物利用固定，土壤中无机氮含量降低，不能满足水稻或小麦作物苗期生长的氮素需求；另一方面秸秆还田是土壤氮源的补充，随着氮素的矿化程度加剧，氮素的固定和矿化逐渐平衡。邱孝煊等（2006）的研究表明，单独施用C/N值大的有机物料，会出现土壤缺氮的情况。

农作物秸秆作为一种含碳丰富的能源物质，直接还田可以刺激土壤中微生物大量繁殖，导致微生物活动增强、活性增加而固定更多的氮素，但高C/N值稻草还田对氮素的固定是暂时的。稻秸还田后迅速发生腐解，同时迅速进行氮的固定进程，因此缺氮的性状会表现出来，但是随着矿化的逐渐进行，缺氮症状会逐渐得到缓解。因此，在秸秆直接还田初期，通常配施一定量无机氮肥，用于补充土壤氮素。彭娜等（2009）研究也发现，稻草还田后，土壤中铵态氮浓度会在短期内出现一个降低的过程，由于微生物代谢旺盛，秸秆腐解的同时会产生更多的有机酸，土壤环境的pH降低，土壤中的铵态氮容易氧化成N_2O而逸失，造成氮的损失和对环境产生负面影响。氮素调整不仅要调整施用量，调整时期对水稻产量也有重要影响。氮素施用时期调整要以土壤肥力为前提条件，不同土壤的供氮特性不同，以及同类土壤不同排水条件下的养分转化过程和利用率也有差异。从施用时期的调控试验来看，氮素运筹以在各施氮时期均衡调氮为宜，但需因地制宜。排水良好田块由于水分排出及时，还原性有害物质少，土温高，利于有机质分解和土壤氮矿化，土壤氮有效性高，故可考虑减少基肥用量，但不可以降低分蘖肥和穗肥用量；排水不良田块土壤长期滞水，土温低，养分释放缓慢，水稻苗期因缺氮而生育受阻，而生育后期随气温升高有机氮矿化速度快，氮供应强度高，因此可以适当减少穗肥用量。

由于秸秆的腐解、腐殖质的形成和积累受诸多因素的影响，因此不同稻区秸秆的腐解状况往往存在一定差异，但从大量研究中可看出作物秸秆在温暖湿润条件下比寒冷干旱条件下分解快，在中性、石灰性土壤中比在酸性土壤中分解快，秸秆粉碎程度对秸秆的腐解也有显著影响。还田秸秆在土壤微生物的作用下进行腐解，释放氮、磷、钾等养分供作物吸收利用，但秸秆腐解受埋深、温度、湿度、微生物、土壤质地等多种因素影响，规律较为复杂。秸秆腐解速率与秸秆还田深度有明显关系，李新举等（2001）的研究表明，秸秆覆盖地表腐解速率最慢，翻埋深度为5cm时，秸秆腐解速度最快，翻埋深度为15cm时速度介于前两者之间。不同土壤质地还田秸秆腐解速率也不尽相同，覆盖在土壤表层的秸秆，轻壤土的秸秆腐解速度最大，中壤土次之，重壤土最慢；翻压在土壤中的秸秆，中壤土、重壤土中腐解较快，而轻壤土中较慢。

秸秆中大量营养元素的释放速率存在明显差别，李逢雨等（2009）的研究表明，还田秸秆中钾素的释放最快，磷素次之，氮素释放速率最慢。长期秸秆还田不仅可以起到归还养分回土壤的作用，秸秆腐解过程也是一个活化矿物钾的过程，可促进矿物钾的释放（李继福等，2014，2013b）。双季稻区的埋袋试验结果表明，早稻秸秆粉碎到10cm左右，在晚稻季还田10d内钾素矿化释放率达98%。因此，秸秆还田可不同程度地替代化学钾肥施用。综上所述，在利用秸秆还田培肥土壤时，应结合各地实际情况，综合考虑影响秸秆腐解的因素，关注土壤中元素的平衡，消除或减少秸秆还田的负面效应，使秸秆进入土壤后较快地转化为新的有机质，从而达到培肥地力的效果。

针对我国典型稻作区秸秆还田培肥中存在的秸秆不易腐解、养分失衡等共性问题，基于前期的研究，以湖南双季稻区、湖北稻麦两熟稻区及北方一熟稻区典型稻田土壤为主要对象，提出了基于秸秆还田的碳氮平衡培肥技术，从稻田全耕层培肥与质量保育单项技术、技术组装筛选及区域大田验证示范3个层次开展研究。

3.2.1.1　东北一熟稻区秸秆还田培肥技术实施方案

1. 东北一熟稻区不同肥力白浆土秸秆还田减氮试验

在黑龙江省建三江管理局前进农场农业示范区开展秸秆还田减氮试验，供试土壤为白浆土。白浆土主要分布于半干旱和湿润气候之间的过渡地带，世界各地都有分布。中国主要分布在黑龙江省东部、东北部和吉林省东部，以三江平原最为集中。供试土壤为草甸白浆土，典型的土壤剖面由4个发生层次（图3-3）构成：黑土层，平均厚度为20～30cm，有机质丰富；白浆层，平均厚度为18～22cm，土壤紧实、片状结构；淀积层，平均厚度为45～55cm，小核状结构，土质黏重；母质层，为黄色黏土，厚度为5～11m。白浆土的典型特点是具有白浆层，如图3-3所示，是作物生长的障碍土层，此层土壤养分含量低，容重大，硬度高，通气、透水性差，土壤有效孔隙率低，不利于作物生育。黑龙江省白浆土面积约为330万hm^2，占全省总土地面积7.47%，占全省总耕地面积10.08%，主要集中在三江平原，该区白浆土面积占总耕地面积25.4%，其中水田占80%。

图3-3　白浆土剖面

供试土壤有机质含量为42.3g/kg，减氮试验于2016年开始，试验设计如表3-3所示，设4个处理：①秸秆还田+常规施肥（S），②秸秆还田+减氮10%（N–10%），③秸秆还田+减氮20%，（N–20%）④秸秆还田+减氮30%（N–30%），2017～2018年持续进行。

表3-3　东北一熟稻区高肥力土壤秸秆还田减氮试验设计

序号	处理	说明
1	S	秸秆还田，常规施肥区（常规施肥，纯氮124kg/hm^2）
2	N–10%	秸秆还田，减氮10%
3	N–20%	秸秆还田，减氮20%
4	N–30%	秸秆还田，减氮30%

　　减氮时期试验于2017年开始，在秸秆全量还田条件下，减氮量为常规施氮量的15%（施纯氮105kg/hm²，为白浆土氮肥优化施用量），减氮时期为水稻不同施肥时期，具体设计如表3-4所示。

表3-4　东北一熟稻区高肥力白浆土秸秆还田减氮时期试验设计

处理	基肥	蘖肥	穗肥
常规施肥			
均衡减氮（基肥、蘖肥和穗肥各减5%，减氮总量为15%）	−5%	−5%	−5%
基肥减氮15%	−15%		
蘖肥减氮15%		−15%	
穗肥减氮15%			−15%

2. 东北一熟稻区不同肥力白浆土秸秆还田增氮试验

　　分别在黑龙江省建三江管理局前进农场和青龙山农场进行，前进农场和青龙山农场位于三江平原腹地富锦市和同江市之间，平均海拔66m。3个试验点直线距离在5km以内，气候条件相同。供试土壤的基本性质如表3-5所示。依据土壤有机质、全氮、全磷综合水平，将白浆土划分为高、中、低肥力3个水平；3个试验点的肥力水平表现为前进园区试验点＞前进三区试验点＞青龙山园区试验点，黑土层厚度也呈相同趋势。以高、中、低3个不同肥力水平白浆土为供试土壤，于2017年开展秸秆还田增氮试验，设计如表3-6所示，分别采用深耕和浅耕的耕作方式，进行秸秆还田及秸秆还田增氮处理。

表3-5　供试土壤肥力水平

肥力分级	地点	有机质（g/kg）	全氮（g/kg）	全磷（g/kg）	全钾（g/kg）	黑土层平均厚度（cm）	肥力指数
高肥力	前进园区	46.14	1.85	0.57	14.5	29.5	13.61
中肥力	前进三区	37.17	1.43	0.49	14.9	25.1	9.33
低肥力	青龙山园区	36.8	1.40	0.32	20.6	22.3	8.21

注：肥力指数=土壤有机质×土层厚度÷100

表3-6　东北一熟稻区秸秆还田增氮试验设计

处理	说明
旋耕无秸秆	机械旋耕，秸秆不还田（秸秆移出田外，旋耕深度10～15cm）
旋耕+秸秆	机械旋耕，秸秆全量还田
旋耕+秸秆+调氮	机械旋耕，秸秆全量还田+增氮素（按照C∶N=25∶1每公顷增施纯氮20kg）
深耕无秸秆	五铧犁翻耕，秸秆不还田（秸秆移出田外，耕作深度15～20cm）
深耕+秸秆	五铧犁翻耕，秸秆全量还田
深耕+秸秆+调氮	五铧犁翻耕，秸秆全量还田+调氮素（按照C∶N=25∶1每公顷增施纯氮20kg）

3. 东北一熟稻区水稻秸秆氮素释放规律试验

　　采用无土基质栽培，浇灌配制好的营养液，培育^{15}N标记水稻植株。营养液参考Hoagland's全营养液，将其中氮素用^{15}N同位素替代，^{15}N同位素丰度为10%。水稻培育过程采用室外盆栽方式，生长期与大田栽培水稻同步。当水稻生长至抽穗前期，扣塑料棚增温，将水稻植株高温逼熟，当水稻植株脱水后，取植株地上部于60℃下烘干至恒重后，剪切为10cm左右密封备用，同时检测植株^{15}N丰度。

盆栽试验共设以下3个处理。CK：不施用秸秆；T1：施入^{15}N标记秸秆，基肥氮素在插秧前施入；T2：施入^{15}N标记秸秆，基肥氮素与秸秆同时施入，调节C/N值。

试验于5～10月进行，所用塑料桶高30cm，桶上缘直径为40cm，从田间取0～20cm耕层土壤于阴凉通风处自然风干后，过10目标准孔径筛后装盆，每盆装入供试风干土壤10kg，同时将秸秆定量埋入盆内0～20cm土层，秸秆施入量按照600kg/亩进行折算，每盆施入烘干秸秆100g。插秧前注水并维持土壤表面水层3～5cm，根据不同处理施入基肥后，每桶土壤分别搅匀沉降24h备用。试验各处理每千克风干土壤固定施入纯氮150mg，且施入氮素40%作为基肥、30%作为蘖肥、30%作为穗肥；全部处理每千克土壤施入P_2O_5 120mg、K_2O 75mg，磷肥（过磷酸钙，17%）作基肥一次施入，钾肥（硫酸钾，50%）60%作为基肥、40%作为穗肥。各处理5月15日插秧，每盆3穴，每穴5株，每处理15盆，共计45盆。其他田间管理按照水稻生产标准技术措施统一执行。

4. 东北一熟稻区不同肥力白浆土秸秆长期还田试验

在黑龙江省农垦建三江管理局859农场（N 47°18′～47°50′、E 133°50′～134°33′）开展长期定位试验，供试土壤为白浆土，土壤具体性质见表3-7。试验处理：①CK，秸秆还田量为0；②S，不施化肥、秸秆还田量3000kg/hm^2；③SNPK，秸秆还田量3000kg/hm^2+N 150kg/hm^2+P_2O_5 75kg/hm^2+K_2O 120kg/hm^2；④NPK，N 150kg/hm^2+P_2O_5 75kg/hm^2+K_2O 120kg/hm^2；其中秸秆量以干重计。分别于2005年、2010年、2015年秋季收获后用环刀采取0～20cm（耕层，Ap）、20～30cm（犁底层，App）、30～40cm（白浆层，Aw）原状土，测定土壤物理性质，调查产量。

表3-7　土壤基本性质

土层（cm）	有机质（g/kg）	全氮（g/kg）	全磷（g/kg）	全钾（g/kg）	碱解氮（mg/kg）	有效磷（mg/kg）	速效钾（mg/kg）	pH	容重（g/cm^3）
0～20	39.35	1.99	2.90	25.20	186.05	26.91	110.06	6.04	1.18
20～30	19.32	1.07	2.73	25.78	108.64	18.72	99.12	6.35	1.45
30～40	14.21	1.05	1.89	20.13	78.54	14.34	78.37	6.21	1.55

3.2.1.2　稻麦两熟区秸秆还田培肥技术实施方案

本试验于江汉平原腹地的农业农村部潜江农业环境与耕地保育科学观测实验站（湖北省潜江市浩口镇柳洲村）内进行。土壤为潴育型水稻土，质地是砂质黏壤土。始于2017年的短期试验共设12个处理（表3-8），每个处理3次重复，小区面积50m^2。始于2005年的长期定位试验共设5个处理（表3-9），每个处理3次重复，小区面积12m^2。

3.2.1.3　双季稻区秸秆还田培肥技术研究实施方案

本试验在湖南省岳阳市的农业部岳阳农业环境科学观测实验站进行，始于2017年。土壤为湖潮土发育成的水稻土，pH为5.7。试验采用随机区组排列，每个处理3个重复，小区面积60m^2，各试验小区之间在水稻种植前用双层塑料膜隔离，地下埋深30cm，地面田埂包高30cm，以减少小区间的侧渗和串流（表3-10和表3-11）。

表3-8 稻麦两熟区秸秆还田及肥料运筹试验设计

	处理	说明
	CK	水稻和小麦成熟后，采用半喂入式联合收割机进行作物收获及秸秆粉碎还田，不施肥
	CF	秸秆不还田，水稻和小麦施肥量分别为N 180kg/hm²、P_2O_5 75kg/hm²、K_2O 120kg/hm²和N 150kg/hm²、P_2O_5 90kg/hm²、K_2O 75kg/hm²
	RSCF	水稻和小麦秸秆粉碎还田，其他措施同CF
	RS	水稻秸秆全量粉碎还田，小麦秸秆不还田，其他措施同CF
	WS	水稻秸秆不还田，小麦秸秆全量粉碎还田，其他措施同CF
短期试验始于2017年	RScWS	水稻秸秆全量覆盖还田，小麦秸秆全量粉碎还田，其他措施同CF
	RSM$_{30\%N}$	肥料养分总量同处理CF，有机肥替代30%化学氮肥，化肥中磷钾肥用量为扣除有机肥中磷钾量后，用单质磷钾肥补齐
	RSM$_{50\%P}$	肥料养分总量同处理CF，有机肥替代50%化学磷肥，化肥中氮钾肥用量为扣除有机肥中氮钾量后，用单质氮钾肥补齐
	RSCF$_{-50\%K}$	水稻和小麦化肥用量分别为N 180kg/hm²、P_2O_5 75kg/hm²、K_2O 60kg/hm²和N 150kg/hm²、P_2O_5 90kg/hm²、K_2O 0kg/hm²，其他措施同RSCF
	RSCF$_{-20\%N}$	水稻和小麦化肥用量分别为N 144kg/hm²、P_2O_5 75kg/hm²、K_2O 60kg/hm²和N 120kg/hm²、P_2O_5 90kg/hm²、K_2O 0kg/hm²，其他措施同RSCF
	RSM$_{50\%N}$	有机肥替代50%化学氮肥，化肥中磷钾肥用量为扣除有机肥中磷钾量后，用单质磷钾肥补齐

注：以上处理水稻和小麦成熟后，采用半喂入联合收割机进行作物收获及秸秆粉碎还田

表3-9 稻麦两熟区不同秸秆还田量及肥料运筹试验设计

	处理	说明
	CK	稻麦两季不施肥，秸秆不还田
	NPK	稻麦两季只施化肥（水稻和小麦施肥量分别为N 150kg/hm²、P_2O_5 90kg/hm²、K_2O 90kg/hm²和N 120 kg/hm²、P_2O_5 75kg/hm²、K_2O 60kg/hm²）
长期定位试验始于2005年	R2S	水稻和小麦秸秆还田量为6000kg/hm²，不施化肥
	NPK1S	水稻和小麦秸秆还田量为3000kg/hm²，肥料用量同NPK处理
	NPK2S	水稻和小麦秸秆还田量为6000kg/hm²，肥料用量同NPK处理

表3-10 双季稻区秸秆还田技术试验设计

处理	说明
CK	不施肥+秸秆不还田+旋耕
NSF	秸秆不还田（CK）+旋耕
SSCS	早稻秸秆全量粉碎还田+晚稻秸秆全量覆盖还田+旋耕（10～15cm）
SSNS	早稻秸秆全量粉碎还田+晚稻不还田+旋耕
NSCS	早稻秸秆不还田+晚稻秸秆全量覆盖还田+旋耕
SSDBCS	早稻秸秆全量粉碎还田+腐解菌+晚稻秸秆全量覆盖还田+旋耕
SSLCS	早稻秸秆全量粉碎还田+石灰+晚稻秸秆全量覆盖还田+旋耕
SSMCS	秸秆还田+腐熟猪粪（猪粪替代30%的化学氮肥作为基肥一次施入）+化学氮肥（占总氮的70%）+晚稻秸秆全量覆盖还田+旋耕
DPSSCS	早稻深翻+早稻秸秆全量粉碎还田 + 晚稻秸秆全量覆盖还田+深旋耕或深耕（15～20cm）

注：早稻化肥施用量为N 120kg/hm²、P_2O_5 96kg/hm²、K_2O 96kg/hm²，磷钾肥全部作基肥，氮肥80%作基肥、20%作分蘖肥；晚稻化肥施用量为N 150kg/hm²、P_2O_5 105kg/hm²、K_2O 150kg/hm²，磷肥全部作基肥，氮肥、钾肥70%作基肥、20%氮肥作分蘖肥、10%氮肥和30%钾肥作穗肥。秸秆还田处理，在施氮总量不变的情况下，将氮肥前移，即将早稻基肥中的氮量从常规的70%提高到80%，晚稻基肥中氮素从常规的60%提高到70%。下同

表3-11 双季稻区秸秆还田钾肥减量试验设计

处理	说明
CK	早稻秸秆全量粉碎还田 + 晚稻秸秆全量覆盖还田，不施肥 + 旋耕
SNPK	早稻秸秆全量粉碎还田 + 晚稻秸秆全量覆盖还田 +NPK+ 旋耕
SNPK1	早稻秸秆全量粉碎还田 + 晚稻秸秆全量覆盖还田 + 钾肥减量 20%[化肥用量：早稻 120-96-77（N-P$_2$O$_5$-K$_2$O，下同），晚稻 150-105-120]+ 旋耕
SNPK2	早稻秸秆全量粉碎还田 + 晚稻秸秆全量覆盖还田 + 钾肥减量 40%[化肥用量：早稻 120-96-58，晚稻 150-105-90]+ 旋耕

3.2.2 绿肥和稻草配合还田培肥技术

双季稻是我国南方稻区最主要的种植制度之一，其种植面积和产量在促进国民经济发展与保障粮食安全中具有重要地位。近年来，随着社会经济发展，大量农村劳动力向城市转移，农业种植人口老龄化日趋严重，致使双季稻种植面积逐年减少，水稻水肥管理愈加粗放，稻田土壤生产力持续下降，土壤养分流失和环境污染日渐加重。而冬种绿肥和稻草还田是该区域维持地力与减少化肥投入的有效措施。

水稻-豆科绿肥种植模式中稻草还田与绿肥协同利用，本质是两种不同C/N值有机物料还田后对土-微生物-作物系统相关过程产生影响。一般而言，水稻秸秆C/N值较高（50～70），单独还田后可能对下季水稻生长造成不利的影响，因为较高C/N值有机物料（如水稻、小麦和大麦）的投入可能会在短期内导致微生物与作物竞争土壤有效氮等，或者秸秆腐解过程中产生一些有毒有害物质，影响作物根系生长和养分吸收（Yang et al.，2017）。微生物对土壤有效氮的竞争会一定程度上造成作物减产，而当水稻秸秆同含氮量较高（低C/N值）的豆科绿肥同时还田时，可一定程度调控水稻秸秆的腐解过程，缓解微生物对土壤氮素的竞争，保证作物氮素吸收（Lal，2007；Chatterjee，2013）。从"微生物化学计量平衡理论（microbial stoichiometry theory）"角度考虑，通过施用氮肥等方式增加土壤氮有效性，有利于微生物生长和促进秸秆腐解；然而，从"氮素挖掘理论（nitrogen mining theory）"角度考虑，外源添加氮素，会导致微生物对有机质及新投入作物残体中有机氮的挖掘利用减少，进而限制残体腐解（杨璐，2019）。因此，将氮素含量较高的紫云英与稻草联合还田后，相当于一定程度上增加了添加底物的氮素有效性，必然影响稻草的腐解利用。已有研究表明，紫云英较黑麦草C/N值更低，紫云英翻压时与氮磷钾化肥配施后，水稻产量明显高于黑麦草翻压与化肥配施（Hong et al.，2019），紫云英翻压配合氮磷钾施用或紫云英同黑麦草翻压，均能促进还田有机物料的腐解和氮素矿化，有利于水稻增产和养分吸收（Zhu et al.，2014）。

综上分析，将豆科绿肥同禾本科作物秸秆共同还田能够调节土壤碳、氮状态，养分有效性增加，更好地匹配作物养分吸收规律，从而实现水稻增产增效。有研究表明，晚稻高茬收割、冬种紫云英与稻草协同利用模式有利于早、晚稻稻谷产量提高，增加双季稻周年生产净收益（廖育林等，2017a）。在水稻全程机械化生产情况下，绿肥与稻草联合还田能够促进机插水稻生长前期分蘖早发，改善生长中后期群体质量，显著提高机插双季稻产量（才硕等，2017）。

双季稻-绿肥种植模式实现了稻草还田与绿肥协同利用，可实现培肥土壤和水稻增产的目的。因为稻草还田量一般由水稻产量决定，目前最常用的稻草还田方式主要包括：

①秸秆覆盖还田，就是将收获后的秸秆不经处理直接覆盖在田间，随着时间的推移，在土壤微生物的作用下秸秆慢慢地在土壤中腐解，秸秆腐解后可以释放出丰富的营养物质，补充土壤中的有机质，改良土壤理化性质，加速土壤中的物质循环。同时秸秆覆盖还田可增强土壤的蓄水能力，减少土壤水分的蒸发，使土壤饱和导水率提高，植物对水分的利用效率提高，有利于植物的生长发育。②秸秆粉碎还田，秸秆经过粉碎后翻压还田，粉碎的秸秆在土壤中腐解速度变快，有利于土壤吸收利用其分解产生的营养物质，可以改善土壤团粒结构和理化性质，培肥地力，促进农作物产量的增加，还可以降低化肥施用量。

　　针对绿肥还田及秸秆还田中存在的问题，基于我们前期的研究，以湖南双季稻区稻田土壤为主要对象，提出了绿肥还田氮肥优化技术及绿肥稻草配合还田培肥技术，从稻田全耕层培肥与质量保育单项技术、技术组装筛选及区域大田验证示范3个层次开展研究。紫云英还田氮肥优化培肥技术在湖南祁阳中国农业科学院红壤实验站进行，共设置7个处理，3次重复，小区面积21m^2，随机区组排列。双季稻区绿肥和稻草配合还田技术同样在该实验站进行，共设置6个试验处理，3次重复，小区面积21m^2，随机区组排列（表3-12和表3-13）。

表3-12　绿肥还田氮肥优化技术试验设计

处理名称	处理内容
N_0	冬闲+PK：稻–稻–冬闲，水稻施PK，不施氮，N∶P_2O_5∶K_2O=0∶6∶6
N_{100}	冬闲+NPK：稻–稻–冬闲，水稻施100%化肥NPK，N∶P_2O_5∶K_2O=10∶6∶6
N_{100}-M	紫云英+NPK：稻–稻–紫云英，水稻施100%NPK，N∶P_2O_5∶K_2O=10∶6∶6
N_{80}-M	紫云英+80%N+PK：稻–稻–紫云英，水稻施80%N+100%PK，N∶P_2O_5∶K_2O=8∶6∶6
N_{60}-M	紫云英+60%N+PK：稻–稻–紫云英，水稻施60%N+100%PK，N∶P_2O_5∶K_2O=6∶6∶6
M	紫云英+PK：稻–稻–紫云英，水稻施100%PK，不施氮，N∶P_2O_5∶K_2O=0∶6∶6

　　注：早稻化肥施用量为N 150kg/hm^2、P_2O_5 90kg/hm^2、K_2O 90kg/hm^2，磷肥全部作基肥，氮、钾肥80%作基肥，20%作分蘖肥；晚稻化肥施用量为N 172.5kg/hm^2、P_2O_5 45kg/hm^2、K_2O 112.5kg/hm^2，磷肥全部作基肥，氮、钾肥80%作基肥，20%作分蘖肥

表3-13　绿肥稻草配合还田培肥技术试验设计

处理	说明
CK	NPK
NPK+R1	NPK+稻草1（早稻全部还田）
NPK+M	NPK+紫云英
NPK+R1+R2	NPK+稻草2（早稻、晚稻全部还田）
NPK+R1+M	NPK+稻草（早稻全部还田）+紫云英
NPK+R1+HR2+M	NPK+早稻全部还田+晚稻留高秆还田+紫云英

　　注：早稻、晚稻化肥施用量均为N 150kg/hm^2、P_2O_5 90kg/hm^2、K_2O 90kg/hm^2，磷肥全部作基肥，氮、钾肥80%作基肥，20%作分蘖肥

3.2.3　有机无机平衡施用培肥技术

现有的有机培肥措施大多存在施用量不合理、有机肥/秸秆还田与化肥平衡配施的适宜比例不清楚等问题，从而造成稻田养分供应失衡，影响后茬作物生长，实际生产中仍缺乏可操作的稻田有机无机平衡培肥技术模式。针对上述共性问题，本研究以双季稻区和稻麦两熟稻区稻田土壤为主要研究对象，从稻田耕层有机无机平衡培肥单项技术及其关键机制两个层次开展研究，提出了稻田有机肥施用、秸秆还田及其与化肥平衡配施等关键技术。

通过有机肥施用、稻田秸秆还田及其与化肥平衡配施等田间试验，结合室内培养试验，解析不同区域稻田耕层土壤质量及生产力对有机无机平衡施用培肥措施的响应机制，提出有效的稻田有机无机平衡施用培肥和质量保育技术。以常规的土壤物理化学研究方法和手段为基础，结合^{13}C和^{15}N稳定同位素示踪技术、核磁共振技术（NMR）、同位素质谱仪（IRMS）等分析方法，对稻田有机肥施用、秸秆还田等培肥措施下稻田土壤碳氮分配去向、有机质结构组成等方面开展研究，为稻田有机肥培肥和质量保育技术的机制研究提供理论支撑。

1. 稻田有机无机平衡施肥的长期固碳增效特征

针对亚热带地区有机肥施用程度较低且施用不合理的问题，通过中国知网和维普网等中国电子数据库搜集到亚热带双季稻区有机肥与化肥配施长期定位试验28个，其中有机无机平衡施肥定位试验12个，施用化肥基础上额外施用有机肥定位试验16个，分析不同有机肥及其施用方式对土壤耕层（0～20cm）有机碳积累、水稻产量和氮肥利用率的影响。施肥方式分为4种：对照（CK）、施用化肥（NPK）、化肥配施粪肥（NPKM）、化肥配施秸秆（NPKS）。按照田间试验点应独立且试验持续时间超过3年，田间试验点应设有CK处理，并包含试验初始和试验采样两个时期各处理SOC含量数据的原则选取长期定位试验。所选取的28个长期定位试验如表3-14所示。

表3-14　亚热带双季稻区长期施肥定位试验基本信息

编号	地理位置	年均气温（℃）	年降水量（mm）	试验年限	pH	初始SOC（g/kg）	全N量（g/kg）	耕层厚度（cm）	来源文献
1	屯溪	16.4	1702	5	5.7	13.17	1.35	15	刘枫等，1998
2	白沙	19.5	1351	27	4.9	12.53	－	20	王飞等，2011
3	池园	20.0	1310	5	－	21.06	2.05	20	陈明华等，2004
4	白云	22.1	1741	10	－	10.90	0.92	20	周修冲等，1994
5	增城	21.6	1950	17	5.7	13.17	0.93	15	张磷等，2005
6	桃江	16.7	1681	19	6.10	19.37	1.91	20	彭娜等，2009
7	南县	16.9	1340	23	8.05	26.39	2.72	15	鲁艳红等，2011
8	新化	17.0	1568	19	5.20	11.25	0.92	15	彭娜等，2009
9	宁乡	17.2	1553	19	5.20	17.05	1.76	15	彭娜等，2009
10	临澧	16.6	1314	18	5.65	19.95	2.24	15	彭娜等，2009
11	汉寿	16.9	1504	19	5.65	17.34	2.01	20	彭娜等，2009

编号	地理位置	年均气温（℃）	年降水量（mm）	试验年限	pH	初始SOC（g/kg）	全N量（g/kg）	耕层厚度（cm）	来源文献
12	株洲	17.6	1525	19	6.25	26.86	2.42	15	彭娜等，2009
13	武冈	16.7	1419	20	7.78	23.20	2.51	15	Hao et al.，2008
14	长沙	16.5	1364	16	6.52	12.99	1.29	15	刘守龙等，2007
15	祁阳	18.0	1250	21	5.97	12.18	1.48	20	张国荣等，2009
16	桃源	16.5	1448	17	5.74	13.10	1.39	15	陈安磊等，2009
17	通城	16.7	1600	20	6.0	16.88	2.16	18	王传雷等，2003
18	望城	17.0	1385	27	6.6	20.13	2.05	18	廖育林等，2009
19	进贤	17.3	1549	27	6.9	16.22	1.49	15	要文倩等，2010
20	泰和	18.6	1371	11	6.0	9.7	1.00	15	刘希玉等，2013
21	南昌	17.5	1600	25	6.5	14.85	1.36	20	侯红乾等，2011
22	鹰潭	17.6	1795	17	4.5	3.31	0.43	15	吴晓晨等，2009
23	富阳	16.6	364.5	10	5.6	11.95	1.75	15	吴良欢等，1996
24	杭州	16.5	1550	8	6.6	16.65	1.67	15	王家玉等，1999
25	嘉兴	15.8	1194	11	–	17.81	1.72	20	陈义等，2004
26	衢州	17.3	1384	11	–	13.75	1.51	20	陈义等，2004
27	衢州	17.3	1384	15	–	14.16	1.62	20	吴槐泓等，2000
28	龙游	17.1	1603	4	7.44	23.20	1.81	20	何念祖等，1995

注："–"表示缺失相关数据

2. 稻田有机无机平衡施肥的短期固碳增效特征

针对稻田短期有机培肥中有机物料养分释放慢，影响当季水稻产量的问题，开展有机肥与化肥平衡施用的稻田快速培肥技术研究。其中双季稻区的短期固碳增效试验于中国科学院亚热带农业生态研究所长沙农业环境观测研究站内进行（表3-15）。试验共设5个处理，3次重复，随机排列。试验小区面积35m²（7m×5m），各小区之间以水泥板隔开，水泥板埋深30cm，以减少小区之间的侧渗。各小区单独设置灌排水口，灌溉方式均为间歇灌溉。供试水稻为优质稻。每季水稻磷、钾肥施入总量分别为40kg P₂O₅/hm²和100kg K₂O/hm²，均作为基肥一次施入。磷肥为过磷酸钙，钾肥为氯化钾。氮肥每季按50%基肥：30%分蘖肥：20%抽穗肥的比例分期施入。其中磷、钾肥扣除有机肥中的磷、钾含量，不足部分以化肥补充（存在有机肥中磷、钾含量高，超过所需磷、钾肥施用量的情况）。有机肥全部作基肥，早晚稻均施用，具体分别为早稻和晚稻收获后，立即用铡刀铡成1～2cm长的小段后均匀铺于小区内；猪粪于早稻和晚稻插秧前均匀撒于小区内，然后用旋耕机旋耕还田。每季有机肥施用前，分别取样测定秸秆、猪粪的氮、磷、钾含量，用于计算各自的当季还田量。试验采用早稻–晚稻–休闲的种植制度。

表3-15　双季稻区有机无机平衡施肥田间试验设计

编号	处理	施肥量
1	不施氮肥（CK）	不施氮肥（无稻草还田）
2	常规化肥（NPK）	早稻施尿素N 120kg/hm²，晚稻施尿素N 150kg/hm²
3	半量秸秆还田（LS）	稻草还田量3t/hm²，稻草N替代部分化肥N
4	全量秸秆还田（HS）	稻草还田量6t/hm²，稻草N替代部分化肥N
5	猪粪（PM）	猪粪N替代50%的化肥N

稻麦两熟区稻田短期有机培肥试验于江汉平原腹地的农业部潜江农业环境与耕地保育科学观测实验站（湖北省潜江市浩口镇柳洲村）内进行。土壤为潴育型水稻土，质地是砂质黏壤土。始于2017年，短期试验共设5个处理，3次重复，小区面积50m²（表3-16）。

表3-16　稻麦两熟区稻田有机培肥试验设计

处理	说明
SR	稻麦秸秆还田配合旋耕，每季作物成熟后，采用半喂入联合收割机进行作物收获及秸秆粉碎，留茬约20cm，秸秆粉碎长度约10cm，粉碎后的秸秆旋耕还田，旋耕深度15cm；周年秸秆还田总量约为11 000kg/hm²，水稻和小麦秸秆有机碳含量按46%计算，秸秆还田带入土壤的有机碳约5060kg/hm²
SP	稻麦秸秆还田配合翻耕，粉碎后的秸秆翻耕还田，翻耕深度30cm，其余同SR
MR	秸秆不还田，增施有机肥配合旋耕，采用半喂入联合收割机进行作物收获后，人工齐地割除根茬，秸秆和根茬全部移出田面，有机肥替代50%化学氮肥，旋耕深度15cm；周年有机肥施用量为5289kg/hm²，其有机碳含量为17.2%，有机肥带入的有机碳含量约910kg/hm²
MP	秸秆不还田，增施有机肥配合翻耕，翻耕深度30cm，其他同MR
CKR	秸秆不还田，不施用有机肥，旋耕深度15cm

3. 稻田土壤外源输入碳氮在土壤中的转化特征与机制

选取亚热带地区由第四纪红土母质发育成的长期定位施肥稻田耕层（0～20cm）土壤样品，以^{13}C标记稻草为碳源，进行室内培养试验，通过外源添加^{15}N标记的氮源$(NH_4)_2SO_4$和磷源NaH_2PO_4，分析外源碳氮在土壤中的转化特征及其相关机制。其中单位土壤中^{13}C标记稻草的添加量为0.5g C/kg，^{15}N添加量为90mg N/kg，磷添加量为30mg P/kg。试验共设计4个处理：稻草秸秆（straw）、稻草秸秆+氮（straw+N）、稻草秸秆+磷（straw+P）、稻草秸秆+氮磷（straw+NP），每个处理3次重复。将^{13}C标记稻草按0.5g C/kg土的比例与预培养后的土样混匀，同时按照不同处理均匀混入$(NH_4)_2SO_4$和NaH_2PO_4，最后转移至500mL厌氧瓶中，每瓶称取相当于100g的干土，淹水层均保持一致，为2～3cm，盖上胶塞及外盖并置于25℃恒温培养室中培养。于培养的第100天进行破坏性采样。首先过滤取得上层水样，其次将土壤搅匀后分成三部分，取5g储存于−80℃，取15g风干保存，剩余土壤则置于−4℃保存，分别用于^{13}C-SOC、^{13}C-DOC、^{13}C-MBC及总氮、DON、MBN和土壤溶液中^{15}N的测定。

4. 稻田秸秆炭化还田的固碳增效与温室气体减排效应

针对秸秆直接还田导致温室气体排放增加的问题，开展秸秆炭化还田技术的探索研究。试验共设5个处理，3次重复，随机排列，如表3-17所示。试验小区面积35m²（7m×5m），各小区之间以水泥板隔开，水泥板埋深30cm，以减少小区之间的侧渗。各小区单独设置灌排水口，灌溉方式均为间歇灌溉。供试水稻为优质稻。种植制度为早稻–晚稻–休闲。

表3-17 有机无机平衡施肥试验设计

编号	处理	施肥量
1	不施氮肥（CK）	不施氮肥（无稻草还田）
2	半量秸秆还田（NPK+LS）	稻草还田量3t/hm²，稻草N替代部分化肥N
3	全量秸秆还田（NPK+HS）	稻草还田量6t/hm²，稻草N替代部分化肥N
4	低量生物炭（NPK+LC）	生物炭施用量24t/hm²，额外施用常规NPK肥
5	高量生物炭（NPK+HC）	生物炭施用量48t/hm²，额外施用常规NPK肥

注：氮肥施用量为早稻季氮肥120kg/hm²，晚稻季氮肥150kg/hm²；磷、钾肥单季施用量分别为40kg P$_2$O$_5$/hm²和100kg K$_2$O/hm²，均作为基肥一次施入。氮、磷、钾的种类分别为尿素、过磷酸钙、氯化钾。氮肥每季按50%基肥：30%分蘖肥：20%抽穗肥的比例分期施入。生物炭为购买的商品生物炭，仅在定位试验开始时施用一次，于早稻插秧前均匀撒于小区内，后用旋耕机旋耕还田

3.3 稻田土壤培肥新技术的综合效应与作用机制

3.3.1 白浆土水稻秸秆还田氮素调控技术的综合效应与作用机制

3.3.1.1 东北一熟稻区不同肥力稻田秸秆还田氮素调控效应

高肥力白浆土秸秆还田1年后，应在原有施氮量基础上，适当降低氮素施用量，才能保证水稻高产、稳产。表3-18显示，秸秆还田下连续减氮10%处理比常规施肥处理增产0.1%～6.94%，增产幅度随年份增加呈递减趋势，第3年与对照持平；减氮20%处理第1年与对照相比减产极显著（$P<0.01$），第2年增产不显著，第3年减产显著（$P<0.05$）；减氮30%处理第1年减产极显著，第2年增产不显著，第3年减产显著（$P<0.05$）。上述结果表明，在高肥力土壤上实施秸秆还田，氮肥用量可在常规用量基础上连续3年减施10%；实施秸秆还田第1年氮肥减施20%以上会导致大幅度减产，第2与对照基本持平，第3年减产，减施量越大，减产幅度越大。在东北一熟稻区，水稻氮肥施用分3个时期：基肥（水稻插秧前施入土壤中的底肥）、水稻返青分蘖期追肥1次、水稻孕穗期再追肥1次，白浆土秸秆还田后总体减施氮肥10%不减产，但在什么时期减氮效果最好呢？表3-19中结果说明，在东北一熟稻区，在水稻各个生育时期均衡减施氮肥效果最好，或水稻生育后期减施氮肥对水稻产量影响小，前期减施氮肥水稻减产，主要是由于东北一熟稻区在水稻生育前期气温和地温均较低，土壤养分矿化能力弱，水稻生长主要依靠外源肥料，随着温度升高，土壤矿化能力增强，秸秆腐解也会释放氮素，所以在水稻生育中后期土壤养分供应能力提高，可以满足水稻的养分需求。

表3-18　高肥力白浆土减施氮肥对水稻产量的影响

处理	第1年（2016）		第2年（2017）		第3年（2018）	
	产量（kg/hm²）	增产（%）	产量（kg/hm²）	增产（%）	产量（kg/hm²）	增产（%）
S	8944.5bB		8844.0bB		9014.2aA	
N-10%	9565.3aA	6.94	9418.5aA	6.50	9021.4aA	0.1
N-20%	8286.3cC	-7.36	9079.5abAB	2.67	8688.7bB	-3.61
N-30%	6812.5dD	-23.84	9184.0abAB	4.14	8578.1bB	-4.84

注：S表示秸秆还田正常施氮肥，N-10%、N-20%、N-30%分别表示秸秆还田减施氮肥10%、20%、30%；同列各处理数字后不同大写字母表示在0.01水平差异显著，不同小写字母表示在0.05水平差异显著，下同

表3-19　高肥力白浆土减氮时期对水稻产量的影响

处理	产量（kg/hm²）	比正常施肥增产（%）
正常施肥	9000.0aA	
均衡减氮（基肥、蘖肥和穗肥各减5%）	8970.0aA	-0.3
基肥减氮15%	7464.0bB	-17.1
蘖肥减氮15%	7632.0bB	-15.2
穗肥减氮15%	8568.0aA	-4.8

秸秆腐解过程会消耗氮素，在秸秆还田时可能需要增施一定量氮肥，但结果表明，旋耕条件下高肥力土壤秸秆还田时增施氮肥会导致水稻产量下降，3年平均下降12.09%，差异达到极显著水平（表3-20）。高肥力土壤秸秆还田正常施氮条件下，随还田年限增加，水稻产量下降，主要原因为秸秆在土壤中分解，产生的氮素在土壤中长期积累导致土壤中氮素过剩，给水稻生长带来一定的负效应，而耕层增厚则可缓解这种负效应。[15]N同位素秸秆示踪试验结果证明（表3-21），秸秆还田可为后茬水稻植株提供其氮素总吸收量的6.5%～7.7%。而这些秸秆氮几乎全部是在生育中后期释放出来的，加剧了后期供氮过剩而导致减产。不同肥力土壤秸秆还田对水稻产量的影响不同，旋耕条件下中肥力土壤秸秆还田处理第1年增产不显著，增施氮肥后与不还田差异显著，可增产5.19%，第2年秸秆还田处理增产11.49%，差异极显著，秸秆还田增氮处理增产10.34%，与不还田相比差异极显著，但产量低于秸秆还田处理。深耕与旋耕相比没有体现出优势，中肥力土壤秸秆还田增施氮肥第1年可以补充秸秆腐解所需的氮素，提高产量，但第2年秸秆还田所需的氮素可以由土壤供应，所以中肥力土壤秸秆还田初期可以增氮，还田1年后土壤中的氮素可以满足新施入秸秆腐解所需氮素，所以中肥力土壤也要注重秸秆养分的累积，长期还田要注重减施氮肥。低肥力土壤，旋耕条件下秸秆还田连续3年均表现为增产，平均增产幅度8.6%，差异极显著，秸秆还田增施氮肥处理增产幅度小于秸秆还田处理，深耕有利于低肥力土壤产量提高。白浆土秸秆还田要注重氮素累积与植物对氮素吸收的平衡关系，针对不同肥力的土壤，秸秆还田要注重配合氮素合理施用。

表3-20 不同肥力白浆土土壤秸秆还田对水稻产量的影响

肥力水平	处理	2017年(kg/hm²)	增产(%)	2018年(kg/hm²)	增产(%)	2019年(kg/hm²)	增产(%)	平均产量(kg/hm²)	增产(%)
高肥力	旋耕无秸秆	8 756.0bA		8 739.0aA		8 888.2aA		8 794.4aA	
	旋耕+秸秆	8 788.0bA	0.36	8 387.4bB	−4.02	8 120.4bB	−8.64	8 431.9bB	−4.12
	旋耕+秸秆+调氮	9 147.5aA	4.47	5 955.9cC	−31.85	8 091.2bB	−8.97	7 731.5cBC	−12.09
	深耕无秸秆	8 719.5aA		8 043.8aA		8 344.0bB		8 369.1aA	
	深耕+秸秆	8 748.0aA	0.33	7 594.8bB	−5.58	8 446.9bB	1.23	8 263.3aA	−1.26
	深耕+秸秆+调氮	8 937.0aA	2.50	6 725.4cC	−16.39	9 243.8aA	10.78	8 302.1aA	−0.80
中肥力	旋耕无秸秆	8 451.5bA		7 648.0bA		8 855.7aA		8 318.4bA	
	旋耕+秸秆	8 576.5bA	1.48	8 527.1aA	11.49	8 761.9bA	−1.06	8 621.8abA	3.65
	旋耕+秸秆+调氮	8 890.5aA	5.19	8 438.8aA	10.34	9 030.2aA	1.97	8 786.5aA	5.63
	深耕无秸秆	8 516.5aA		9 206.6aA		8 493.6bA		8 738.9aA	
	深耕+秸秆	8 541.5aA	0.29	8 586.2bB	−6.74	8 519.7bA	0.31	8 549.1aA	−2.17
	深耕+秸秆+调氮	8 582.0aA	0.77	8 840.8bAB	−3.97	8 956.8aA	5.45	8 793.2aA	0.62
低肥力	旋耕无秸秆	7 757.6bB		8 691.5bB		7 275.0bB		7 908.0bB	
	旋耕+秸秆	8 108.2aAB	4.52	9 650.1aA	11.03	8 022.0aA	10.27	8 593.4aA	8.67
	旋耕+秸秆+调氮	8 199.0aA	5.69	8 819.3bB	1.47	7 461.0bB	2.56	8 159.8abAB	3.18
	深耕无秸秆	7 862.7bB		9 586.2bB		8 457.0bB		8 635.3bB	
	深耕+秸秆	8 081.6abA	2.78	10 736.5aA	12.00	9 327.0aA	10.29	9 381.7aA	8.64
	深耕+秸秆+调氮	8 418.3aA	7.07	9 777.9aA	2.00	8 394.0bB	−0.74	8 863.4aA	2.64

注：差异显著性分析为同一肥力条件下不同处理间比较；表中CK表示常规施肥、S表示秸秆还田+常规施肥、S+N表示秸秆还田+调氮

表3-21 不同来源氮素的积累量及秸秆氮吸收比例 （单位：g/穴）

处理	茎叶		穗		地上植株		秸秆氮吸收比例
	秸秆氮	土壤和肥料氮	秸秆氮	土壤和肥料氮	秸秆氮	土壤和肥料氮	
T1	5.89	174.94	23.29	245.38	29.18	420.32	6.51
T2	7.73	178.00	26.53	245.80	34.262	423.80	7.65

注：T1, ¹⁵N标记水稻秸秆；T2, ¹⁵N标记水稻秸秆+调节氮素（C/N值调节至30：1）

秸秆连续还田2年后（2018年）不同肥力土壤有机质、全氮、碱解氮含量调查结果如图3-4所示。总体来看，高肥力土壤不论土壤有机质、全氮或碱解氮水平都明显高于中、低肥力土壤，属于供氮能力强的土壤，秸秆还田会导致土壤氮素含量增加。高肥力土壤实施秸秆还田和秸秆还田+调氮处理对土壤有机质影响不明显，但土壤全氮、碱解氮增加，尤其是秸秆还田+调氮处理与正常施肥处理间差异达到显著水平，土壤供氮能力增加。中、低肥力土壤秸秆还田后土壤全氮和碱解氮也呈显著增加趋势，但全氮和碱解氮含量仍明显低于高肥力土壤。中、低肥力土壤实施秸秆还田和秸秆还田+调氮后可以解决中、低肥力土壤肥力低的问题，增强土壤氮素供给能力，所以在中、低肥力土壤上实施秸秆连续还田有增产作用，尤其在还田最初两年适合根据秸秆腐解特性调施氮素；而高

肥力土壤秸秆还田+调氮和秸秆还田处理土壤有机质与氮素含量都提高，调氮处理碱解氮含量更高，高肥力土壤本身肥力水平高，连年秸秆还田，秸秆腐解会使土壤中氮素逐渐累积，加上外源氮素的投入，导致土壤中氮素过剩，这也是其产量降低幅度大的原因，所以在高肥力土壤上进行秸秆还田适合配合减施氮肥，白浆土秸秆还田减氮试验的结果验证了这个观点。

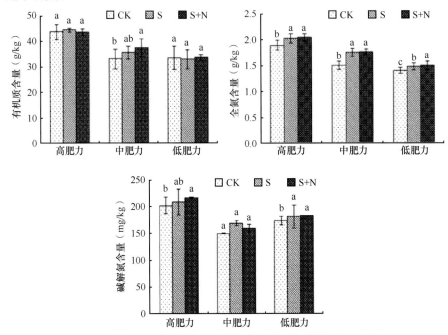

图3-4　秸秆还田对土壤有机质、全氮及碱解氮影响（2018年）

CK，常规施肥；S，秸秆还田+常规施肥；S+N，秸秆还田+常规施肥+调氮；不同小写字母表示在0.05水平差异显著，下同

高肥力土壤氮素含量高，连续秸秆还田会导致土壤氮素过剩，水稻生育过旺，无效分蘖增加，贪青晚熟，产量降低。有研究认为，土壤氮素含量与水稻产量呈二次曲线关系，土壤中氮素过剩，水稻产量降低。另有研究认为，秸秆还田可提高水稻植株氮素总累积量（王秋菊，2019a）。高肥力白浆土有机质含量高，黑土层深厚，土壤氮素供应容量高，连续秸秆还田会导致土壤氮素积累，因此增施氮肥会严重减产。本研究中氮肥用量124kg/hm² 为农民常规用量，高于推荐施氮量。因此在高肥力土壤上连续实施秸秆还田，可以制定以3年为周期的氮肥减施计划，即减氮10%，连续减氮3年，第4年起恢复常规施氮量，3年后再减氮。

就水田而言，秸秆分解释放的氮素对水稻生长发育的影响最为明显，秸秆还田后由土壤肥力不同所引起的水稻产量差异，归根结底是由土壤氮素存在差异所致。本研究中，高肥力土壤秸秆还田第1年，由于微生物迅速繁殖，土壤中的有效态氮被微生物暂时固定，因此增施氮肥会表现出一定的增产效果；而第2年大幅度减产正是由于施氮及秸秆还田导致土壤氮素过剩。中、低肥力土壤氮素含量低，水稻生育中后期易发生脱肥现象，所以在中、低肥力土壤上实行秸秆还田可在水稻生育中后期腐解释放出大量氮素，以弥补土壤氮供应量不足，提高水稻产量。

从研究结果看，秸秆还田可以提高土壤肥力，高肥力土壤秸秆还田同时要适当减少氮素施用，中、低肥力土壤秸秆还田初期可适当增加氮素用量，还田1年后不需要再增施氮素，可保证水稻高产，低肥力土壤秸秆还田配合深耕效果更好，深耕可以增加耕层厚度，增加单位面积土壤养分的供应量。因此，白浆土秸秆还田如何调控氮肥，要以土壤肥力水平为前提条件，因地制宜，高肥力土壤秸秆还田适合减氮，中、低肥力土壤秸秆还田适合增氮。短期秸秆还田对土壤孔隙、容重等物理性质没有规律性影响，有待于长期跟踪调查。

3.3.1.2　东北一熟稻区秸秆还田长期效应

2005年在黑龙江省建三江管理局859农场开展了白浆土秸秆还田长期定位试验，发现在低肥力土壤上进行秸秆长期还田仍有增产作用，长期定位试验是短期试验的跟踪和补充。从表3-22不同处理水稻产量来看，第一个5年水稻平均产量大小顺序为SNPK＞NPK＞S＞CK，SNPK处理水稻产量比NPK和S处理分别高598.9kg/hm² 和4261.1kg/hm²，其中S处理5年平均产量比CK高999.9kg/hm²，差异达到极显著水平（$P<0.01$）。第2个5年试验期间，不同处理水稻产量为SNPK＞NPK＞S＞CK，与第一个5年试验结果的趋势一致，但SNPK及S处理水稻产量与第一个5年相比呈增加趋势，而NPK处理和CK水稻产量低于第一个5年，说明长期秸秆还田对水稻有增产作用。从10年产量平均来看，SNPK处理水稻产量与NPK处理相比，增产14.17%，与S处理相比，增产133.23%，与CK相比，增产275.70%；与CK相比，NPK处理增产效果要高于S处理，10年平均增产229.0%，而S处理增产61.09%。

表3-22　长期秸秆还田对水稻产量的影响

处理	平均产量（kg/hm²）		
	2006～2010	2011～2015	2006～2015
CK	2012.5 ± 96.5dD	1972.6 ± 73.4dD	1992.55 ± 89.2dD
S	3012.4 ± 187.6cC	3407.1 ± 203.1cC	3209.75 ± 213.3cC
SNPK	7273.5 ± 436.5aA	7698.4 ± 502.3aA	7485.95 ± 526.4aA
NPK	6674.6 ± 412.5bB	6438.7 ± 442.6bB	6556.65 ± 476.3bB

注：CK，不施肥处理；S，单施秸秆处理；SNPK，秸秆还田配施化肥处理；NPK，单施化肥处理

秸秆长期还田对土壤物理性质有改善作用，随还田年限增加，这种作用逐渐达到显著或极显著水平。从表3-23和图3-5可以看出，土壤容重在2010年调查中，处理间差异未达到显著水平。耕作5年、10年后，土壤容重与处理前相比降低幅度分别为1.29%～4.14%和0.65%～6.21%，其中20～30cm土层土壤容重降低幅度最大，30～40cm土层容重降低幅度相对较小，表明连年秸秆还田对土壤物理性质有影响。长期秸秆还田可以降低土壤容重、硬度，还田10年后，秸秆还田配施化肥处理土壤容重低于化肥单施、秸秆单施及对照处理，0～30cm土层土壤容重与对照（CK）相比降低了9.76%～14.93%；土壤硬度与容重趋势一致，还田10年后，秸秆还田配施化肥处理在20～30cm土层与CK相比差异达到显著水平，土壤硬度与还田5年后相比有下降趋势。长期秸秆还田可以降低土壤固相比例，还田5年后，秸秆还田配施化肥处理土壤硬度比CK下降了3.65%～8.82%，还田10年后下降了4.67%～10.87%。

表3-23　长期秸秆还田对土壤容重的影响

年份	处理	容重（g/cm³）			变异幅度 (%)		
		0～20cm	20～30cm	30～40cm	0～20cm	20～30cm	30～40cm
2010	CK	1.21±0.03aA	1.51±0.05aA	1.57±0.07aA	2.54±0.12	4.14±0.08	1.29±0.04
	S	1.18±0.02aA （2.47）	1.45±0.04aA （3.97）	1.55±0.05aA （1.27）	0±0	0±0	0±0
	SNPK	1.16±0.02aA （4.13）	1.39±0.03aA （7.95）	1.54±0.04aA （1.91）	−1.69±0.11	−4.14±0.34	−0.65±0.04
	NPK	1.19±0.03aA （1.65）	1.48±0.04aA （1.99）	1.55±0.05aA （1.27）	0.85±0.04	2.07±0.12	0±0
2015	CK	1.23±0.03aA	1.54±0.04aA	1.56±0.04aA	4.24±0.14	6.21±0.33	0.65±0.03
	S	1.17±0.02bAB （4.87）	1.43±0.04aA （7.14）	1.55±0.03aA （0.64）	−0.85±0.04	−1.38±0.05	0±0
	SNPK	1.11±0.01cB （9.76）	1.31±0.03aA （14.93）	1.54±0.03aA （1.28）	−6.34±0.35	−10.00±0.42	−0.42±0.02
	NPK	1.21±0.02abA （1.63）	1.50±0.04aA （2.60）	1.55±0.02aA （0.64）	2.27±0.21	3.69±0.32	−0.21±0.01
年际F值 （$F_{0.05,4.60}$/$F_{0.01,8.86}$）		1.61	0.57	0.02			

注：括号内数字代表各处理与对照（CK）相比的降低比例（%）；变异幅度＝处理后土壤样品容重/供试土壤基础容重×100%

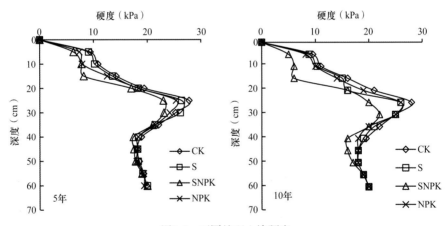

图3-5　不同处理土壤硬度

　　长期秸秆还田可以增加土壤总孔隙度和有效孔隙率，而且随还田时间延长，在0～20cm、20～30cm土层处理间和年际间差异达到极显著水平（表3-24）。还田10年后，0～40cm土层秸秆还田配施化肥处理土壤有效孔隙率比对照增加23.40%～63.85%，与单施秸秆相比增加19.68%～56.52%，与单施化肥处理相比，在20～40cm土层有效孔隙率增加36.47%～62.96%；在0～20cm土层，土壤总孔隙度与有效孔隙率在处理间的差异均显著；在20～30cm土层，土壤总孔隙度在处理间差异达极显著水平，有效孔隙率在处理间差异达显著水平，且年际间差异极显著，与还田5年后相比，除CK、NPK外，土壤有效孔隙率均呈现增加的趋势。

表3-24　土壤孔隙方差分析

年份	处理	总孔隙度（%）			有效孔隙率（%）		
		0～20cm	20～30cm	30～40cm	0～20cm	20～30cm	30～40cm
2010	CK	43.02 ± 3.32cC	34.26 ± 2.68dD	32.52 ± 2.64dD	8.46 ± 0.33bB	5.61 ± 0.34bB	4.70 ± 0.42bB
	S	42.77 ± 3.48cC	35.95 ± 3.03cC	33.53 ± 2.59cC	8.53 ± 0.27bB	5.70 ± 0.22bB	4.61 ± 0.24bB
	SNPK	45.55 ± 3.67bB	43.92 ± 3.45aA	37.26 ± 2.88aA	9.64 ± 0.32aAB	8.44 ± 0.24aA	5.67 ± 0.21aA
	NPK	47.74 ± 3.76aA	39.87 ± 2.34bB	34.36 ± 2.45bB	10.08 ± 0.42aA	7.22 ± 0.24cC	4.28 ± 0.26cC
2015	CK	42.53 ± 3.22dD	34.00 ± 2.78dD	32.44 ± 2.86cC	8.21 ± 0.31cB	5.56 ± 0.17bB	4.70 ± 0.15bB
	S	44.04 ± 3.02cB	37.32 ± 2.97cC	33.71 ± 2.25bB	8.84 ± 0.33bcB	5.82 ± 0.18bB	4.66 ± 0.12bB
	SNPK	47.75 ± 3.79aA	46.40 ± 3.67aA	37.51 ± 2.77aA	10.58 ± 0.46aA	9.11 ± 0.43aA	5.80 ± 0.23aA
	NPK	46.50 ± 3.34bA	38.97 ± 3.13bB	33.97 ± 2.44bB	9.40 ± 0.34bAB	5.59 ± 0.27bB	4.25 ± 0.24cC
年际F值		15.06**	15.12**	0.01	10.05**	213.02**	3.08

注：**表示在0.01水平上显著

　　根据研究发现，长期秸秆还田可以降低土壤容重、硬度，降低土壤固相比例，提高土壤有效孔隙率，提高土壤通气、透水性，促进水稻对土壤水分的吸收。秸秆还田对耕层和犁底层土壤改善效果明显，传统观点认为，犁底层越硬、越厚，越有利于水田土壤保水、防渗漏，但是这是针对漏水、漏肥的砂性土壤。白浆土是一种特殊土壤，由于成土原因，它的白浆层坚硬、质密、养分含量低，是作物生长的障碍土层，阻碍水稻根系下扎，导致水稻根系生存环境变小，限制根系生长及其对土壤中养分的吸收，影响作物生长发育。秸秆还田后进行深翻，可以使秸秆混合在0～30cm土层中，秸秆腐解过程中可以改善土壤的不良性质，长期还田不仅降低土层硬度和容重，还可改善白浆层土壤结构，增加土壤大孔隙比率，增加土壤的通气性，这在旱田研究中得到证实（朱宝国，2017）。同时，连年产量调查说明，长期秸秆还田并与速效肥料混合施用，可提高作物产量，且还田时间越长，效果越好。单独秸秆还田与常规施用化肥的处理相比会使作物产量降低，因为在秸秆分解过程中微生物活动需要养分，土壤中的养分要同时供应作物生育和微生物活动，所以作物从土壤中吸收的养分减少，导致水稻产量降低；长期施用化肥，虽然可以保证水稻稳产，但对土壤没有改善作用，而且会使土壤板结、土壤性质恶化。因此，要使土壤长期可持续利用，应合理实施秸秆还田，注重秸秆还田的长期效果。

　　秸秆还田作为全球有机农业的重要环节，对维持农田肥力、减少化肥使用、提高陆地土壤碳汇能力具有积极作用。有效的秸秆还田能为土壤中的微生物提供丰富的碳源，刺激微生物活性，提高土壤肥力；同时矿化的秸秆组分能促进土壤氮循环和矿化，提高氮素有效性。秸秆在土壤中的腐解过程可以改善农田土壤环境，提高土壤生产能力。但是不同肥力的土壤或不同类型的土壤秸秆还田时要有配套施肥、耕作及管理技术，才能发挥秸秆还田的作用。本研究结合白浆土稻田土壤调查取样分析及多点位长期定位试验与小区模拟试验所取得的成果，创建了白浆土秸秆全量还田氮肥调控施用技术标准（标准号DB/T 2506—2019），对不同肥力白浆土秸秆还田培肥技术实行分类管理，主要技术要点如下。

1. 有机质含量≥4%的高肥力白浆土秸秆还田施肥技术

总施肥原则：以白浆土水田秸秆不还田最优施肥技术和施肥量为标准，总施纯氮量100kg/hm²，氮肥施用比例为基肥∶返青分蘖肥∶穗肥=5∶3∶2，磷肥作为基肥一次施入，钾肥施用比例为基肥∶穗肥=1∶1，秸秆还田需增施秸秆调节肥。

还田第1年施肥：施用基肥氮（N）50kg/hm²、磷（P₂O₅）90kg/hm²、钾（K₂O）40kg/hm²，秸秆还田后需施秸秆调节肥，配合秸秆全量还田需再施入氮（N）20kg/hm²，将秸秆调节肥和基肥一同抛撒于地面旋入土壤，旋耕1～2遍（旋耕深度12～15cm），与秸秆充分混匀；追肥分两次，分别为返青分蘖肥和穗肥，返青分蘖肥于水稻移栽后10～12d追施，追施氮（N）30kg/hm²，孕穗期追施氮（N）20kg/hm²和钾（K₂O）40kg/hm²。

还田第2年施肥：施用基肥氮（N）50kg/hm²、磷（P₂O₅）90kg/hm²、钾（K₂O）40kg/hm²，无须配合秸秆全量还田施秸秆调节肥；追肥分两次，分别为返青分蘖肥和穗肥，返青分蘖肥于插秧后10～12d追施，追施氮（N）30kg/hm²，孕穗期追施氮（N）20kg/hm²和钾（K₂O）40kg/hm²。

还田第3年施肥：与第2年施肥量及施肥方法一致，以后各年秸秆还田施肥与第2年均一致。

2. 有机质含量<4%的中低肥力白浆土秸秆还田施肥技术

总施肥原则：以白浆土水田秸秆不还田最优施肥技术和施肥量为标准，总施纯氮量100kg/hm²，氮肥施用比例为基肥∶返青分蘖肥∶穗肥=5∶3∶2，磷肥作为基肥一次施入，钾肥施用比例为基肥∶穗肥=1∶1，秸秆还田需增施秸秆调节肥。

还田第1年施肥：施用基肥氮（N）50kg/hm²、磷（P₂O₅）90kg/hm²、钾（K₂O）40kg/hm²，秸秆还田后需施秸秆调节肥，配合秸秆全量还田需再施入氮（N）20kg/hm²，将秸秆调节肥和基肥一同抛撒于地面旋入土壤，旋耕1～2遍（旋耕深度12～15cm），与秸秆充分混匀；追肥分两次，分别为返青分蘖肥和穗肥，返青分蘖肥于水稻移栽后10～12d追施，追施氮（N）30kg/hm²，孕穗期追施氮（N）20kg/hm²和钾（K₂O）40kg/hm²。

还田第2年施肥：施用基肥氮（N）50kg/hm²、磷（P₂O₅）90kg/hm²、钾（K₂O）40kg/hm²，秸秆还田后需继续施秸秆调节肥，配合秸秆全量还田需再施入氮（N）20kg/hm²，将秸秆调节肥和基肥一同抛撒于地面旋入土壤，旋耕1～2遍（旋耕深度12～15cm），与秸秆充分混匀；追肥分两次，分别为返青分蘖肥和穗肥，返青分蘖肥于水稻移栽后10～12d追施，追施氮（N）30kg/hm²，孕穗期追施氮（N）20kg/hm²和钾（K₂O）40kg/hm²。

还田第3年施肥：施用基肥氮（N）50kg/hm²、磷（P₂O₅）90kg/hm²、钾（K₂O）40kg/hm²，无须配合秸秆全量还田施秸秆调节肥；追肥分两次，分别为返青分蘖肥和穗肥，返青分蘖肥于插秧后10～12d追施，追施氮（N）30kg/hm²，孕穗期追施氮（N）20kg/hm²和钾（K₂O）40kg/hm²。

还田第4年后施肥：与第3年施肥量及施肥方法一致，以后各年秸秆还田施肥与第3年方法一致。

3.3.2　稻麦两熟稻区土壤培肥技术的综合效应与作用机制

3.3.2.1　稻麦两熟稻区秸秆还田对土壤基础养分的影响

稻麦两熟稻区秸秆还田能够提高土壤有机质含量，并增加土壤微生物生物量和活性（王海候等，2017）。秸秆还田配合不同土壤耕作措施可以增加土壤团聚体的稳定性和土壤有机碳的积累，从而强化土壤固碳功能（张岳芳等，2015；张翰林等，2016）。同时，秸秆还田能增加土壤活性有机碳的含量，并提高土壤酶的活性（胡乃娟等，2015）。短期内（<2年）秸秆还田能够显著提升土壤全氮、有效磷、速效钾、有机碳和活性有机碳的含量，其中活性有机碳对秸秆还田的响应程度要高于其他养分（张志毅等，2019）。因此，稻麦两熟稻区秸秆还田具有改善土壤理化性状和增加作物产量的作用，可显著提高生态、社会及经济效益（刘世平等，2008）。但也有研究表明，秸秆还田对土壤肥力的提升效果不明显。例如，秸秆单季还田后土壤总磷、碱解氮、速效钾、有机质含量与秸秆不还田处理间并无显著差异（顾克军等，2017）。

为此，采用Meta分析方法，定量研究稻麦两熟条件下秸秆还田对土壤基础养分的影响。通过整理文献公开报道的稻麦两熟下秸秆还田试验结果并进行Meta分析，拟解决以下问题：①秸秆还田的还田量、还田年限和耕作措施对土壤基础养分（氮、磷、钾、活性有机碳和总有机碳）的影响；②土壤基础养分对秸秆还田的响应差异；③土壤基础养分对秸秆还田的响应受哪些因素影响。

土壤基础养分对不同秸秆还田年限、秸秆还田量和耕作措施的响应程度不同。土壤有机碳输入和输出是否平衡是影响总有机碳变化的重要因素，秸秆还田增加有机碳的输入量，从而提升总有机碳含量。水稻和小麦秸秆转化为有机碳是一个长期的腐殖化过程。研究表明，还田后的稻、麦秸秆在一季内无法完成腐殖化，其中水稻季小麦秸秆还田一季（水稻移栽至收获）后其残留率依然有20%左右，小麦季水稻秸秆还田一季（小麦播种至收获）后其残留率在40%左右。因此，秸秆还田措施下，5年土壤有机碳的效应值并未有较大的变动。当秸秆还田年限大于5年时，有机碳的效应值才有较大的提高（图3-6）。活性有机碳是土壤中易矿化、易被植物吸收利用的有机碳，反映土壤有机碳的氧化稳定性。土壤活性有机碳主要来自作物根系、根际分泌物、土壤微生物残体和腐殖化过程产生的有机碳。秸秆还田后的腐殖化过程增加了活性有机碳的来源，提升了其含量。不同还田年限下，活性有机碳的效应值均高于有机碳，预示着秸秆还田能够快速提升土壤活性有机碳的含量，有助于提高土壤中活性养分。

秸秆还田量对土壤养分和作物产量的影响程度是衡量秸秆还田是否可行的重要指标之一。RS（水稻秸秆）还田量3000～6000kg/hm²和WS（小麦秸秆）还田量3750～7000kg/hm²时，土壤基础养分均得到提升，其中显著增加了土壤有效磷、有机碳和活性有机碳的含量。表明稻麦两熟条件下水稻秸秆和小麦秸秆可以实现全量还田，并有助于土壤肥力培育。此外，秸秆全量还田并未对作物产量产生不良影响。朱冰莹等（2017）基于Meta分析研究了稻麦两熟下作物产量对秸秆还田的响应，结果表明，水稻秸秆全量还田对小麦产量的影响不明显，小麦秸秆全量还田能显著增加水稻产量。

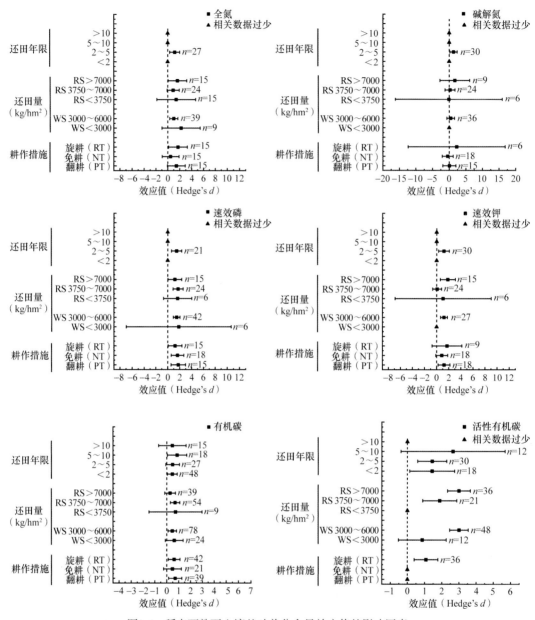

图3-6 稻麦两熟下土壤基础养分含量效应值的影响因素

因此，短期秸秆还田可显著提升土壤有机碳、活性有机碳含量，且活性有机碳的响应程度更高。对于不同耕作措施，旋耕或翻耕措施均可以显著提升土壤有机碳的含量，稻麦两熟条件下秸秆全量还田配合旋耕或者翻耕措施能够增加土壤基础养分含量，达到培育土壤肥力的效果。

3.3.2.2 稻麦两熟稻区秸秆还田对土壤团聚体和有机碳的影响

良好的土壤结构和肥力状况是实现农作物稳产、高产的重要前提。保持并提高土壤肥力，实现"藏粮于田、藏粮于技"是确保我国粮食安全和农业可持续发展的重要策略（王淑兰等，2016；赵其国等，2017）。土壤团聚体和有机碳是影响土壤肥力水平的重要因素。土壤团聚体数量分布可反映土壤持水性、养分供储能力、通透性等（王丽等，2014）。土壤有机碳活性组分（易氧化有机碳、水溶性有机碳、酸水解有机碳等）与土壤有效养分密切相关（陈小云等，2011；胡乃娟等，2015），而有机碳稳定性组分（矿物有机碳、黑碳等）与土壤抗干扰和固碳能力相关（Cai et al.，2016）。

目前，有机培肥（秸秆还田和增施有机肥）是提高土壤肥力的重要措施。秸秆还田能够显著提升土壤大团聚体数量（＞0.25mm）、平均重量直径和几何平均直径（张翰林等，2016），秸秆覆盖还田配合免耕显著降低旱作农田0～5cm、5～10cm、10～30cm土层的团聚体崩解指数和机械破坏指数（武均等，2018）。也有研究表明，秸秆还田配合旋耕有助于提高土壤水稳性团聚体和活性有机碳的含量（易氧化有机碳、酸水解有机碳和颗粒有机碳）（张志毅等，2020）。秸秆还田配合旋耕能够显著增加土壤总有机碳和活性有机碳含量（杨敏芳等，2013）。增施有机肥同样具有增加土壤水稳性团聚体含量和有机碳活性的作用（关强等，2018）。翻耕基础上增施有机肥较单施化肥土壤大团聚体比例提高2.8%～8.4%（吴萍萍等，2018）。此外，黄壤性水稻土长期施用有机肥能够在促进土壤有机碳积累的同时降低其累积矿化率，增强土壤固碳能力（郭振等，2018）。深松和免耕配合施用牛粪，显著增加土壤总有机碳含量，并提高作物产量（孙凯等，2019）。因此，不同有机培肥措施需要合适的耕作措施与之匹配才能更好地发挥其培肥效果。

短期内（2年），小麦季添加外源有机物后土壤容重均略低于对照（CKR），各处理土壤容重降低量为0.04～0.08g/cm^3，但差异不显著（$P>0.05$）；总孔隙度均略高于对照，各处理总孔隙度增加量为1.2%～2.8%，差异不显著（$P>0.05$）。水稻季不同耕作措施下土壤容重和总孔隙度的变化较大，容重为1.14～1.30g/cm^3，总孔隙度为50.95%～57.13%。其中，秸秆还田配合旋耕（SR）处理土壤容重显著低于CKR（$P<0.05$），总孔隙度显著高于CKR（$P<0.05$）。可见，外源有机物添加有助于降低土壤容重并提高总孔隙度，改善土壤物理结构（表3-25）。

表3-25　外源有机物添加和耕作方式对稻麦两熟系统作物收获后土壤容重与孔隙度的影响

作物季	处理	容重（g/cm^3）	总孔隙度（%）	毛管孔隙度（%）
	CKR	1.15 ± 0.02a	56.73 ± 0.91a	53.77 ± 1.08ab
	SR	1.11 ± 0.02a	57.93 ± 0.68a	59.50 ± 2.48a
小麦季	SP	1.07 ± 0.04a	59.53 ± 1.50a	54.85 ± 0.07ab
	MR	1.10 ± 0.10a	58.40 ± 3.63a	54.46 ± 2.42ab
	MP	1.10 ± 0.10a	58.56 ± 3.81a	51.98 ± 0.46b
	CKR	1.23 ± 0.01a	53.67 ± 0.39b	46.66 ± 1.18a
	SR	1.14 ± 0.03b	57.13 ± 1.24a	49.31 ± 0.06a
水稻季	SP	1.24 ± 0.01a	53.04 ± 0.34b	46.84 ± 2.35a
	MR	1.23 ± 0.01a	53.48 ± 0.54b	47.74 ± 0.51a
	MP	1.30 ± 0.02a	50.95 ± 0.70b	45.79 ± 0.91a

注：CKR. 秸秆不还田、不施有机肥、旋耕；SR. 秸秆旋耕还田；SP. 秸秆翻耕还田；MR. 增施有机肥、旋耕；MP. 增施有机肥、翻耕；下同

短期内耕作和有机物添加的交互作用能够显著影响0～20cm土层的团聚体组成。土壤胶结物质是影响土壤团聚体含量和稳定性的内在因素，而土壤团聚体的主要胶结物质包括有机质（含有机残体和菌丝等粗有机质）、黏粒和氧化物（史奕等，2002）。有机物的输入和耕作措施能够通过影响有机质组成来影响团聚体组成与稳定性。水稻季秸秆还田配合旋耕措施提高了0～20cm土层水稳性团聚体含量，而秸秆还田配合翻耕措施降低土壤水稳性团聚体含量（图3-7）。研究表明，秸秆还田增加土壤水稳性团聚体稳定性，但是翻耕对土壤结构破坏程度大于旋耕，降低表层土壤结构稳定性（苏思慧等，2018）。这主要是因为旋耕和翻耕措施对土壤的扰动深度有所差异，所以秸秆还田深度有所不同。翻耕处理耕至30cm，秸秆主要分布在表层和深层土壤，而旋耕措施耕深约15cm，秸秆多分布于表层土壤。研究表明，稻麦秸秆还田深度为14cm时其腐解速率更快（刘世平等，2007）。秸秆和有机肥分解过程为表层土壤提供了更多胶结物质。田慎重等（2010）的研究表明，秸秆还田配合旋耕处理表层土壤的有机碳含量高于秸秆还田配合翻耕处理。因此，秸秆还田配合旋耕措施能在短期内提高或保持0～20cm土层水稳性团聚体含量。

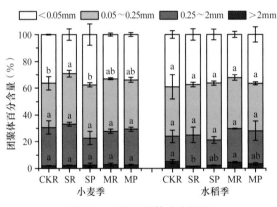

图3-7　土壤团聚体分布特征

土壤团聚体是有机碳重要的贮存和转化场所。将团聚体内稳定有机碳分为矿物稳定和生化稳定有机碳，稳定有机碳主要分布在0.25～2mm和＜0.05mm粒径团聚体内（表3-26）。对于＞2mm和0.25～2mm粒径团聚体，RSCF和RScWS处理稳定有机碳含量分别为15.3～15.9g/kg和19.6～21.0g/kg，分别比CF提高了1.8～2.4g/kg和6.3～7.7g/kg。而对于＜0.05mm粒径团聚体，RSCF处理稳定有机碳含量最高，较CF处理其含量增加了1.1g/kg。说明全量秸秆还田能够增加0.25～2mm粒径团聚体稳定有机碳含量，具有稳固土壤碳库的作用。稳定有机碳分组结果表明，RSCF和RScWS处理主要增加了矿物稳定有机碳的含量，预示着土壤中秸秆腐解后主要通过与土壤矿物相结合固定有机碳。

图3-8为团聚体有机碳定性分析谱图。3424cm^{-1}为酚类化合物O—H或N—H的伸缩振动；1655～1590cm^{-1}主要归属于芳香骨架C（C=C），也可能是醌、酮类化合物羰基（C=O）的伸缩振动；1389cm^{-1}归属于脂肪族甲基（CH_3）和亚甲基（CH_2）的变形振动；1165cm^{-1}归属于醇类化合物C—O的伸缩振动；1077cm^{-1}归属于多糖C—O的伸缩振动；695cm^{-1}为烯烃类化合物=C—H的变形振动，归属于不饱和脂肪烃。

表3-26　不同秸秆还田量对团聚体中有机碳组分的影响　　　　（单位：g/kg）

粒径（mm）	处理	稳定有机碳	矿物稳定有机碳	生化稳定有机碳
>2	CF	13.5 ± 0.2b	6.4 ± 0.2ab	7.1 ± 0b
	RSCF	15.3 ± 0.1a	9.0 ± 0.2a	6.3 ± 0.1c
	RS	10.2 ± 0.1c	4.3 ± 1.1b	5.9 ± 0.1c
	WS	10.7 ± 0.4c	5.4 ± 0.3b	5.3 ± 0.1d
	RScWS	15.9 ± 0.5a	8.0 ± 0.4a	7.9 ± 0.2a
0.25～2	CF	13.3 ± 0.4b	6.7 ± 0.4a	8.6 ± 1.6a
	RSCF	19.6 ± 1.5a	11.6 ± 0.6a	8.0 ± 2.1a
	RS	15.8 ± 0.7c	7.1 ± 0.7a	8.7 ± 1.4a
	WS	17.3 ± 2.8c	10.3 ± 3.9a	7.0 ± 1.1a
	RScWS	21.0 ± 2.7a	11.8 ± 1.6a	9.1 ± 1.1a
<0.05	CF	16.8 ± 0.1ab	12.5 ± 0.5a	4.3 ± 0.7a
	RSCF	17.9 ± 1.3a	12.9 ± 1.2a	5.0 ± 0.1a
	RS	11.7 ± 0.2c	7.7 ± 0.2b	4.0 ± 0.4a
	WS	16.9 ± 0.9ab	12.7 ± 1.4a	4.1 ± 0.5a
	RScWS	13.6 ± 1.2bc	9.6 ± 1.9ab	4.0 ± 0.7a

注：CF. 秸秆不还田、常规施肥；RSCF. 水稻和小麦秸秆全量粉碎还田、施肥同CF；RS. 水稻秸秆全量粉碎还田、小麦秸秆不还田、施肥同CF；WS. 水稻秸秆不还田、小麦秸秆全量粉碎还田、施肥同CF；RScWS. 水稻秸秆全量覆盖还田、小麦秸秆全量粉碎还田、施肥同CF；下同

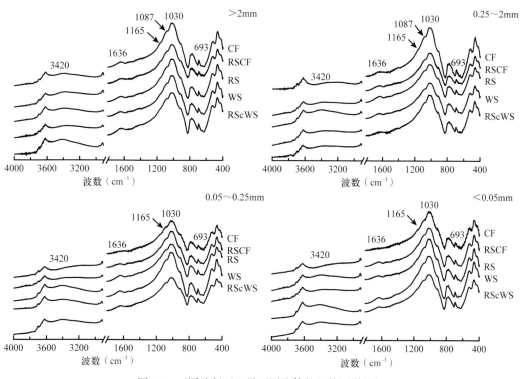

图3-8　不同秸秆还田量下团聚体的红外图谱特征

　　含羟基和酚羟基的有机质易吸附在氧化物矿物表面，芳香性有机质易吸附在黏土矿物的疏水性表面，碳水化合物通过物理吸附、化学吸附和交换性吸附等方式与黏土矿物结合。不同秸秆还田量处理不同粒径团聚体酚类、芳香烃类、烷烃类和烯烃类有机质整体上得到提升（表3-27）。＞2mm粒径团聚体中，秸秆还田处理酚类吸光度相比CF处理增加了0.02～0.07，其中RSCF和RScWS处理吸光度增加量远高于其他处理。对于0.25～2mm、0.05～0.25mm和＜0.05mm粒径团聚体，虽然秸秆还田处理酚类、芳香烃类和烷烃类吸光度增加，但并未随秸秆还田量增加而增加。综上所述，秸秆还田处理提高了＞2mm粒径团聚体内有机碳与氧化物矿物的结合程度；而＜2mm粒径团聚体内有机碳主要是与黏土矿物的结合能力得到提升。这与稳定有机碳的分组结果相一致，即秸秆还田处理提升了矿物稳定有机碳的含量。

表3-27　不同处理对土壤有机碳官能团吸光度的影响

粒径（mm）	处理	酚类	芳香烃类	烷烃类	碳水化合物	烯烃类
＞2	CF	0.05	0.05	0.15	1.22	0.19
	RSCF	0.12	0.08	0.19	1.11	0.18
	RS	0.11	0.09	0.22	1.15	0.17
	WS	0.07	0.07	0.18	0.85	0.14
	RScWS	0.12	0.10	0.18	0.74	0.15
0.25～2	CF	0.00	0.05	0.14	0.92	0.17
	RSCF	0.06	0.06	0.14	0.75	0.12
	RS	0.17	0.13	0.26	1.22	0.20
	WS	0.09	0.09	0.23	1.01	0.21
	RScWS	0.06	0.06	0.15	0.72	0.12
0.05～0.25	CF	0.00	0.02	0.09	0.48	0.07
	RSCF	0.03	0.04	0.11	0.56	0.09
	RS	0.26	0.19	0.38	1.85	0.28
	WS	0.15	0.16	0.36	1.70	0.26
	RScWS	0.17	0.12	0.26	1.14	0.23
＜0.05	CF	0.00	0.01	0.08	0.38	0.07
	RSCF	0.12	0.10	0.20	0.99	0.17
	RS	0.06	0.06	0.16	0.79	0.13
	WS	0.26	0.26	0.40	2.43	0.26
	RScWS	0.16	0.17	0.43	1.92	0.33

　　有机碳活性组分主要受耕作、耕作与有机物添加交互作用的影响，不同措施对有机碳稳定性组分的影响较小（表3-28～表3-30）。Blair等（1995）认为农业系统中人为管理措施主要影响土壤有机碳中活性有机碳部分。本研究中，耕作对LPI_c（酸水解活性有机碳组分Ⅰ）和$LPII_c$（酸水解活性有机碳组分Ⅱ）具有较高的作用力，其中对$LPII_c$的作用达到显著水平，作用力达到26.6%；EOC主要受耕作与有机物添加交互作用的影响（表3-28）。活性有机碳组分中EOC是植物养分的主要来源，LPI_c主要包括淀粉、半纤

维素、可溶性糖等碳水化合物，$LPII_c$主要来自纤维素（张丽敏等，2014）。外源有机物是土壤活性有机碳组分的主要贡献者（陈小云等，2011）。秸秆和有机肥通过为微生物提供能源物质（碳源），促进土壤微生物的生长、繁殖，增加有机碳活性组分的含量（胡乃娟等，2015）。而耕作措施会引起土壤扰动，能够使土壤与有机物充分接触，加速有机物分解（叶雪松，2015）。旋耕和翻耕扰动下，外源有机物能够与氧气充分接触，刺激微生物分泌参与碳循环的相关酶，提高有机碳活性组分含量。叶雪松（2015）的研究表明，旋耕对土壤酶活性的影响要高于翻耕措施。因此，秸秆还田配合旋耕对土壤EOC和LPI_c的提升效果优于其他处理。

表3-28　耕作因素、有机物添加及其交互效应对土壤有机碳组分的作用力

差异来源	作用力（%）								
	DOC	EOC	LPI_c	$LPII_c$	HCl_c	POC	SOC	BC	MOC
区组	18.4	1.2	4.4	21.5	20.4	25.3	9.1	7.4	21.1
耕作	0.0	23.4	27.7	26.6*	6.5	1.8	6.1	5.5	3.5
有机物	2.7	0.1	6.3	3.6	10.2	40.5*	14.5	15.0	32.1
耕作×有机物	36.4	53.0	20.6	22.8*	12.6	9.6	25.0	4.5	6.4
误差	42.4	24.0	41.0	25.6	50.2	22.9	45.3	67.7	36.9

注：*表示交互作用显著（$P<0.05$）。DOC. 水溶性有机碳；EOC. 333mmol/L $KMnO_4$提取的有机碳；LPI_c. 2.5mol/L H_2SO_4提取的有机碳；$LPII_c$. 1mol/L H_2SO_4提取的有机碳；HCl_c. 6mol/L HCl提取的有机碳；POC. 颗粒有机碳；SOC. 总有机碳；BC. 黑碳；MOC.矿物结合态有机碳。下同

短期内POC主要受外源有机物的影响，有机物对POC的作用达到显著水平，作用力大小为40.5%（表3-29和表3-30）。POC是半分解动植物体和腐殖化有机质之间的过渡态有机碳库，其周转时间短。通常POC包括存在于团聚体与团聚体之间空隙和团聚体内的动植物残体（Cambardella and Elliott，1992）。农田土壤POC的含量与总有机碳含量和团聚体组成显著相关（王朔林等，2015）。秸秆还田处理有机碳含量（13.4～14.2g/kg）要高于增施有机肥处理（13.3～13.5g/kg）（表3-30）。研究表明，外源有机物（秸秆和有机肥）添加能够增加土壤有机碳的直接输入量，并且秸秆还田对有机碳的提升效果优于增施有机肥（孙凯等，2019）。这主要是因为相比增施有机肥处理，秸秆还田处理新鲜的有机物投入量大，其在逐渐分解过程中优先形成POC组分（Li et al.，2018b）。对于团聚体而言，秸秆还田处理大团聚体含量略低于增施有机肥处理，这与POC的变化趋势相反（表3-28）。说明供试土壤POC的主要形态可能为游离态，位于团聚体与团聚体之间空隙，因此与团聚体组成表现出相反的趋势。综上所述，土壤POC含量的增加主要归结于秸秆和有机肥等有机物的输入，这与王朔林等（2015）和武均等（2018）的研究结果相吻合。

表3-29　土壤有机碳活性组分

处理	DOC（mg/kg）	EOC（g/kg）	LPI_c（g/kg）	$LPII_c$（g/kg）	HCl_c（g/kg）	POC（g/kg）
CKR	89.1±4.3b	1.4±0.1b	7.9±0.4b	1.7±0.0b	5.1±0.9a	4.4±0.4b
SR	107.7±7.3ab	1.7±0.1a	10.5±1.8a	2.9±0.0a	5.6±0.0a	5.4±0.5a
SP	93.9±8.8ab	1.5±0.1a	8.0±0.2b	3.4±0.2a	5.5±0.3a	4.9±0.1ab

处理	DOC（mg/kg）	EOC（g/kg）	LPI$_c$（g/kg）	LPII$_c$（g/kg）	HCl$_c$（g/kg）	POC（g/kg）
MR	97.4 ± 1.6ab	1.3 ± 0.0b	8.7 ± 0.6ab	3.0 ± 0.1a	5.5 ± 0.5a	4.3 ± 0.2b
MP	112.1 ± 8.6a	1.6 ± 0.0a	8.5 ± 0.3b	3.1 ± 0.0a	6.2 ± 0.4a	4.5 ± 1.7b

表3-30　土壤有机碳稳定性组分

处理	SOC（g/kg）	BC（g/kg）	MOC（g/kg）	BC/SOC	MOC/SOC
CKR	12.6 ± 1.0b	5.0 ± 0.0b	4.4 ± 0.2b	0.38	0.31
SR	14.2 ± 0.1ab	5.4 ± 0.1ab	4.6 ± 0.0ab	0.38	0.32
SP	13.4 ± 1.5ab	5.4 ± 0.1ab	4.8 ± 0.1ab	0.40	0.36
MR	13.3 ± 1.1ab	5.5 ± 0.1ab	5.1 ± 0.1a	0.41	0.38
MP	13.5 ± 1.1ab	5.8 ± 0.1a	5.0 ± 0.1ab	0.43	0.37

　　综上所述，秸秆还田配合旋耕能够降低土壤容重并增加水稳性团聚体含量，改善土壤物理结构。同时，秸秆还田配合旋耕有助于提高土壤有机碳活性组分含量，包括易氧化有机碳、酸水解有机碳和颗粒有机碳。大团聚体、易氧化有机碳主要受土壤耕作和有机物添加交互作用的影响；而酸水解有机碳的主要作用力为耕作措施。

　　土壤脲酶活性高低在一定程度上能够反映土壤供氮状况。秸秆还田处理土壤脲酶活性均高于CF，但未达到显著水平。相比于CF，RSCF处理脲酶活性提高了0.18mg/(g NH$_4^+$-N·d)。说明秸秆全量还田在一定程度上提高了土壤脲酶活性。对于酸性磷酸酶，仅RScWS处理活性显著高于CF，相比CF提高了2.27mg酚/g（图3-9）。

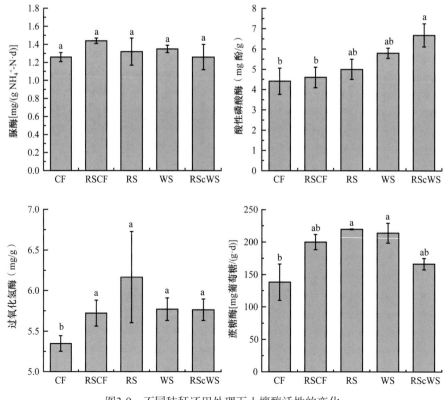

图3-9　不同秸秆还田处理下土壤酶活性的变化

过氧化氢酶是土壤中微生物和植物根部分泌的并参与土壤中物质与能量转化的一种重要的氧化还原酶,它的活性在一定程度上能够反映土壤生物氧化过程的强弱,避免了土壤中积累大量对生物体有毒的过氧化氢。秸秆还田后,各处理过氧化氢酶活性均显著高于CF。不同秸秆还田处理间过氧化氢酶活性无明显差异,相比CF,秸秆还田处理土壤过氧化氢酶活性提高了0.37～0.81mg/g。土壤蔗糖酶是参与土壤有机碳循环的酶,对增加土壤中易溶性营养物质起着重要作用。一般情况下,肥力状况较好和有机质含量较高的土壤,蔗糖酶活性也较高。土壤蔗糖酶活性表现为RSCF≈RS≈WS>RScWS>CF。相比CF,秸秆全量还田(RSCF)处理蔗糖酶活性增加了约62mg/(g·d)。综上所述,秸秆全量还田显著增加酸性磷酸酶和过氧化氢酶活性,而对脲酶和蔗糖酶活性增加有一定促进作用。

3.3.2.3　稻麦两熟稻区改土培肥作用机制初探

有机碳组分和腐殖质组分的PCA分析表明,秸秆全量还田处理(RSCF、RSCF$_{-20\%N}$)土壤具有较高的腐殖质、POC、酸水解有机碳(HCl$_c$、LPII$_c$)、SOC含量,这些有机碳组分多为纤维素、新鲜有机物分解初期的产物(图3-10)。秸秆还田配施有机肥处理(RSM$_{30\%N}$、RSM$_{50\%P}$)具有高含量EOC、LPI$_c$、MOC和RIOC(惰性有机质),EOC、LPI$_c$多来源于淀粉、半纤维素、可溶性糖等碳水化合物,MOC和RIOC是有机碳稳定组分。这说明短期内秸秆还田配施有机肥或绿肥还田能够提高土壤易矿化有机碳和稳定有机碳含量,秸秆还田主要提高腐殖质、酸水解有机碳等有机物分解初级产物的含量。

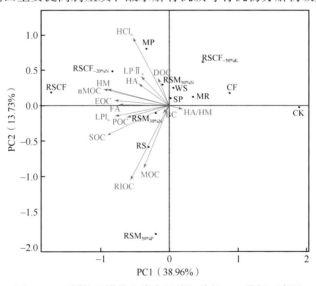

图3-10　不同培肥措施土壤有机碳组分的PCA分析双序图

nMOC.非矿物结合态有机碳;RIOC.难降解有机碳;HA.胡敏酸;HM.腐殖质;HA/HM.胡敏酸含量与腐殖质含量之比;RSCF$_{-20\%N}$、RSCF$_{-50\%K}$、RSM$_{50\%N}$、RSM$_{30\%N}$及RSM$_{50\%P}$代表的含义见表3-8

酶活性的PCA分析结果表明,短期内,秸秆还田配施有机肥处理酸性磷酸酶、过氧化氢酶、蔗糖酶含量较低(图3-11)。RSCF$_{-20\%N}$和RS处理的酸性磷酸酶、过氧化氢酶和蔗糖酶活性较高,RSCF、SP、MR处理土壤的脲酶活性较高。而秸秆还田下增施有机肥处理多位于酶活性指标的中值或相反方向。这说明,秸秆还田能够提高土壤酶活性,主要作用于土壤氮转化（脲酶）、磷转化（酸性磷酸酶）、促蔗糖水解（蔗糖酶）、促氧化氢分解（过氧化氢酶）；而短期内秸秆还田下增施有机肥对土壤酶活性作用效果不大。

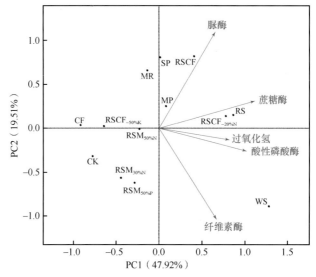

图3-11　不同培肥措施土壤酶活性的PCA分析双序图

　　水稻产量构成因素、速效养分的PCA分析表明，秸秆还田（RSCF、RS、WS和SP）处理的水稻具有较高的结实率、穗粒数、千粒重，而有效穗数和产量偏低。秸秆还田配施有机肥（RSM$_{30\%N}$）处理水稻有效穗数和产量较高（图3-12）。说明短期内秸秆还田虽然可增加水稻结实率、千粒重、穗粒数，但是有效穗数较低，因此未能较大幅度增加产量；而秸秆还田配施有机肥可以提高水稻有效穗数，最终达到增产的目的。

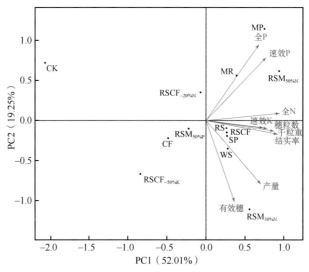

图3-12　不同培肥措施产量构成因素、基础养分的PCA分析双序图

3.3.2.4　稻麦两熟稻区秸秆还田下钾素平衡特征研究

　　长期秸秆还田下作物产量和养分吸收量的年度变异大于小区变异。其中小麦的变异大于水稻，在不施肥条件下水稻比小麦更能维持较高的产量和养分吸收量。秸秆还田提

高作物产量和促进养分吸收的效应表现为小麦＞水稻，其中对钾素的影响要大于氮素和磷素（刘冬碧等，2017）。因此秸秆还田下土壤钾素养分管理至关重要。结合长期秸秆还田试验，在农业农村部潜江农业环境与耕地保育科学观测实验站（湖北省潜江市浩口镇柳洲村，N 30°22′，E 112°37′）内开展稻麦两熟稻区稻田土壤钾素平衡研究，探究了土壤养分供应与作物养分吸收的关系，不同秸秆还田量下土壤养分供应与作物养分吸收的耦合关系及协调机制，并形成秸秆还田下钾肥施用技术。技术要点：将大部分化学钾肥（如100kg/hm²）分配在水稻季，小麦季只施少量化学钾肥即可，在这种还田方式下可保持农田土壤钾素收支相对平衡，秸秆代替约50%的化学钾肥。

湖北省潜江市水稻–小麦种植制秸秆还田技术田间试验设置如下：①两季作物不施肥、秸秆不还田（CK）；②两季作物只施化肥（NPK），水稻施肥量为N∶P₂O₅∶K₂O=150kg/hm²∶90kg/hm²∶90kg/hm²，小麦施肥量为N∶P₂O₅∶K₂O=120kg/hm²∶75kg/hm²∶60kg/hm²；③稻草和小麦秸秆还田量均为6000kg/hm²，不施肥（R2S）；④稻草和小麦秸秆还田量均为3000kg/hm²，施肥同NPK（NPK1S）；⑤稻草和小麦秸秆还田量均为6000kg/hm²，施肥同NPK（NPK2S）。试验从2005年水稻季开始持续至今。

从水稻的产量来看，在两季作物均施化肥（NPK）的基础上，NPK2S处理＞NPK1S处理＞NPK处理，前3个水稻–小麦两熟周期，3个处理之间水稻产量差异不显著，第4、6、7个轮作周期，NPK2S处理的水稻产量显著高于NPK处理，第8～11个轮作周期，3个处理之间水稻产量差异又不显著（图3-13a）；从小麦的产量来看，前5个水稻–小麦两熟周期，NPK2S处理、NPK1S处理和NPK处理之间的产量差异不显著，第6～11个两熟周期，NPK2S处理的产量显著高于NPK处理（图3-13b）。2005～2017年，水稻产量增幅在2%～15%，小麦产量增幅在−10%～58%。可见，秸秆还田后水稻产量得到稳定提升，而小麦产量年际间差异较大。从2005～2017年13个两熟周期的平均产量来看，CK处理和R2S处理的水稻产量分别为5923kg/hm²和6364kg/hm²，小麦产量分别为1717kg/hm²和1920kg/hm²；NPK处理、NPK1S处理和NPK2S处理的水稻产量分别为6364kg/hm²、8364kg/hm²和8505kg/hm²，小麦产量分别为2988kg/hm²、3206kg/hm²和3320kg/hm²。相比NPK处理，NPK2S处理水稻产量平均增加543kg/hm²和小麦产量平均增加332kg/hm²。结果表明，只在施用一定量化学肥料的基础上，秸秆还田才能发挥出较好的增产效果。

无论施肥与否，长期秸秆还田对水稻和小麦籽粒、秸秆N、P、K含量的影响均不大（小麦籽粒N含量除外）；从养分含量大小来看，水稻籽粒和秸秆N含量、小麦籽粒和秸秆N含量均为NPK、NPK1S和NPK2S处理高于CK与R2S处理，可见水稻和小麦地上部N含量主要受施肥处理的影响。不同处理间作物不同部位P素含量相近，无明显差异。此外，籽粒的N和P含量均高于秸秆（表3-31）。

长期秸秆还田下，水稻和小麦地上部K含量表现为秸秆＞籽粒（表3-31）。不同处理间水稻和小麦籽粒中K含量相近，分别为0.30%和0.50%左右。两种作物秸秆中K含量均为NPK1S、NPK2S＞NPK、R2S＞CK。NPK2S处理水稻和小麦秸秆K含量分别比NPK处理提高了0.13个百分点和0.20个百分点。这表明秸秆还田促进水稻和小麦秸秆对K的吸收，小麦秸秆K的浓度受不同施肥处理的影响较大。

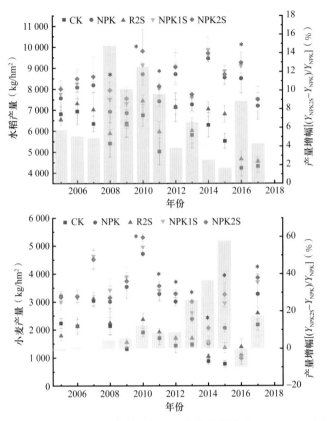

图3-13　长期秸秆还田对作物历年籽粒产量的影响（2005～2017年）

CK. 两季作物不施肥、秸秆不还田；NPK. 两季作物只施化肥；R2S. 稻草和小麦秸秆还田量均为6000kg/hm²、不施肥；NPK1S. 稻草和小麦秸秆还田量均为3000kg/hm²，施肥同NPK；NPK2S. 稻草和小麦秸秆还田量均为6000kg/hm²，施肥同NPK；下同；*代表NPK2S处理的产量与CK处理的产量间达到显著水平（$P<0.05$）

表3-31　长期秸秆还田对作物籽粒和秸秆养分含量的影响（2005～2017年）（单位：%）

作物	处理	籽粒			秸秆		
		N	P	K	N	P	K
水稻	CK	0.97 ± 0.10b	0.28 ± 0.05a	0.29 ± 0.09a	0.50 ± 0.09a	0.07 ± 0.02a	2.34 ± 0.47a
	NPK	1.17 ± 0.13a	0.31 ± 0.04a	0.32 ± 0.10a	0.65 ± 0.12a	0.10 ± 0.02a	2.50 ± 0.50a
	R2S	1.01 ± 0.11a	0.32 ± 0.06a	0.33 ± 0.12a	0.54 ± 0.11a	0.08 ± 0.02a	2.54 ± 0.53a
	NPK1S	1.17 ± 0.15a	0.31 ± 0.05a	0.32 ± 0.12a	0.67 ± 0.17a	0.10 ± 0.03a	2.56 ± 0.48a
	NPK2S	1.16 ± 0.14a	0.31 ± 0.06a	0.31 ± 0.11a	0.68 ± 0.14a	0.10 ± 0.03a	2.63 ± 0.55a
小麦	CK	1.81 ± 0.26a	0.39 ± 0.09a	0.49 ± 0.18a	0.43 ± 0.11a	0.06 ± 0.03a	1.04 ± 0.27a
	NPK	2.03 ± 0.28a	0.44 ± 0.07a	0.50 ± 0.15a	0.59 ± 0.21a	0.08 ± 0.04a	1.23 ± 0.20a
	R2S	1.89 ± 0.25a	0.42 ± 0.07a	0.51 ± 0.18a	0.42 ± 0.10a	0.07 ± 0.03a	1.12 ± 0.25a
	NPK1S	2.03 ± 0.29a	0.43 ± 0.06a	0.51 ± 0.18a	0.58 ± 0.20a	0.08 ± 0.03a	1.38 ± 0.29a
	NPK2S	2.11 ± 0.28a	0.43 ± 0.06a	0.49 ± 0.16a	0.58 ± 0.20a	0.08 ± 0.03a	1.43 ± 0.25a

注：数据为不同年份的平均值±标准误

　　只考虑作物吸K和土壤施K两个因素，即土壤钾素平衡=土壤施K量–作物吸K量，水稻季不同处理的钾平衡状况均表现为亏缺，各处理钾年均亏缺量为55.44～146.07kg/hm²，大小顺序为CK≈NPK＞NPK1S＞R2S＞NPK2S；小麦季仅CK和2005～2010年NPK的钾平衡状况表现为亏缺，年均亏缺量分别为12.81kg/hm²和42.13kg/hm²，R2S处理、NPK1S处理和NPK2S处理的钾平衡状况表现为盈余，年均盈余量分别为112.88kg/hm²、57.67kg/hm²和124.35kg/hm²（图3-14）。由于水稻吸K量明显高于小麦（前者平均为后者的2.8倍），水稻秸秆含钾量（平均2.51%）约为小麦秸秆含钾量（平均1.24%）的2倍，因此，水稻秸秆还田到小麦季和小麦秸秆还田到水稻季，会出现水稻季钾平衡亏缺而小麦季则有盈余的情况。

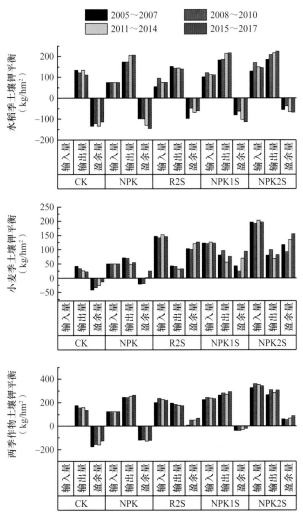

图3-14　长期秸秆还田对水稻–小麦种植制土壤钾平衡状况的影响（2005～2017年）

对于稻麦周年土壤钾平衡状况，CK、NPK和NPK1S均表现为亏缺，而R2S和NPK2S处理表现为盈余。由此可见，在只施用化学肥料的条件下，水稻–小麦两熟年均K亏缺量较高，达122kg/hm²；低量秸秆还田（3000kg/hm²）条件下，土壤钾平衡出现少量亏缺，年均K亏缺量为32kg/hm²；较高量秸秆还田（6000kg/hm²）条件下，土壤钾平衡出现少量盈余，年均K盈余量为68kg/hm²。

水稻季NPK、NPK1S和NPK2S的年平均秸秆产量约6300kg/hm²，秸秆平均K含量为2.51%；小麦季NPK、NPK1S和NPK2S的年平均秸秆产量约4200kg/hm²，秸秆平均K含量为1.24%；假如实行两季作物全量秸秆还田，每年秸秆可提供约210kg/hm² K；而实行周年水稻–小麦种植，NPK、NPK1S和NPK2S的年平均吸K总量约260kg/hm²。因此，从理论上讲，实行稻麦两季作物全量秸秆还田，每年只需要补充约50kg/hm² K，即83kg/hm²氯化钾肥，即可维持土壤钾素平衡。但从实际操作来看，水稻季产生的秸秆量较高，实行全量秸秆还田可能难以进行田间翻耕操作，对小麦出苗也可能造成不利影响。另外，从本定位试验中NPK1S和NPK2S的钾平衡状况来看，秸秆还田量取两者之间的1个值，即可基本维持土壤钾平衡。因此，综合各方面考虑，在江汉平原稻麦两熟稻田中，小麦秸秆全量翻耕还田，每年秸秆可提供近140kg/hm²的K，化学钾肥用量可保持本试验中每年施钾（K）125kg/hm²的水平不变，在运筹上可把大部分化学钾肥（如100kg/hm²）分配在水稻季，小麦季只施少量化学钾肥即可，在这种还田方式下可保持农田土壤钾素收支相对平衡，秸秆替代了大约50%的化学钾肥。

3.3.2.5 稻麦两熟稻区秸秆还田下氮肥运筹

不同氮肥运筹对水稻分蘖数的影响见图3-15a。施入基肥后的第7天，各处理水稻分蘖数未表现出明显的差异。在水稻分蘖期，施用分蘖肥处理的水稻分蘖数均高于未施分蘖肥的处理，其中N_{7-3-0}PK和N_{4-3-3}PK处理分蘖数显著高于N_{0-0-0}PK处理，增加了2个/穴。2019年7月20～27日，施肥处理的水稻分蘖数差距逐渐缩小。在抽穗期，随着穗肥的施入，施肥处理分蘖数显著高于不施穗肥处理（$P<0.05$）。同时施入穗肥后，N_{4-3-3}PK处理分蘖数显著高于N_{10-0-0}PK、N_{7-3-0}PK和N_{7-0-3}PK处理。可以看出，氮肥按基肥：分蘖肥：穗肥＝4：3：3的比例进行施用可以显著提高水稻分蘖数，但提高基肥的施用量并不会增加水稻后期分蘖数。相比N_{0-0-0}PK处理，施用氮肥处理的株高均显著提高（图3-15b），氮肥不同运筹处理间不存在明显差异。

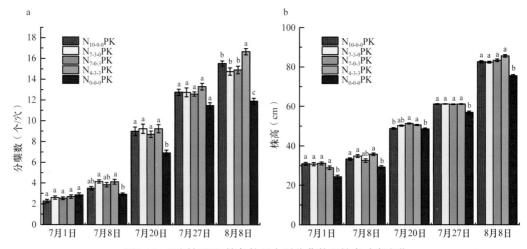

图3-15 不同氮肥运筹条件下水稻分蘖数和株高动态变化

N_{10-0-0}PK. 水稻施肥量为N：P_2O_5：K_2O=180kg/hm²：75kg/hm²：120kg/hm²，氮肥运筹方式为基肥：分蘖肥：穗肥=10：0：0，磷肥、钾肥作基肥一次施用；N_{7-3-0}PK. 氮肥运筹方式为基肥：分蘖肥：穗肥=7：3：0，其他同N_{10-0-0}PK；N_{7-0-3}PK.氮肥运筹方式为基肥：分蘖肥：穗肥=7：0：3，其他同N_{10-0-0}PK；N_{4-3-3}PK. 氮肥运筹方式为基肥：分蘖肥：穗肥=4：3：3，其他同N_{10-0-0}PK；N_{0-0-0}PK.不施用氮肥，其他同N_{10-0-0}PK

　　不同氮肥运筹对水稻产量构成因素的影响见表3-32。N_{10-0-0}PK处理水稻有效穗数高于其他处理，达$217.7×10^4$/hm²，N_{7-3-0}PK、N_{7-0-3}PK、N_{4-3-3}PK处理水稻有效穗数均在$210×10^4$/hm²左右。水稻穗粒数N_{4-3-3}PK处理最大，为195.8粒，N_{7-3-0}PK和N_{7-0-3}PK穗粒数分别为170.2粒和177.7粒。各处理千粒重相近，均在18.0g左右。综上所述，秸秆还田后降低前期氮肥投入会减少有效穗数，但是将一定数量氮肥分配到分蘖期和灌浆期可以提高穗粒数，最终提高水稻产量。

表3-32　作物产量构成因素分析

处理	有效穗数（×10⁴/hm²）	穗粒数（粒）	千粒重（g）	理论产量（kg/hm²）
N_{10-0-0}PK	217.7 ± 11.4a	162.2 ± 6.6b	18.3 ± 0.1a	6468.9 ± 318.4a
N_{7-3-0}PK	210.9 ± 2.3a	170.2 ± 6.5b	18.5 ± 0.4a	6716.1 ± 292.6a
N_{7-0-3}PK	213.2 ± 0.0a	177.7 ± 3.4b	18.3 ± 0.4a	7131.2 ± 122.5a
N_{4-3-3}PK	213.2 ± 12.0a	195.8 ± 6.4a	17.9 ± 0.0a	7486.5 ± 631.0a
N_{0-0-0}PK	169.4 ± 16.8b	161.4 ± 6.1b	17.8 ± 0.1a	4843.3 ± 329.6a

注：表中数据为平均值±标准误

　　结合长期秸秆还田条件下钾素平衡特征和短期氮肥运筹试验结果，提出秸秆还田调氮减钾技术。技术要点：减少化学肥料施用，合理使用氮磷钾肥，控制氮肥总量，并分期施用，钾肥减量少施。氮肥采用基肥：分蘖肥：穗肥=4∶3∶3，钾肥可以在现在基础上减量30%～50%。

3.3.3　双季稻区水稻秸秆机械化全量还田技术的综合效应与作用机制

　　针对双季稻区秸秆全量还田培肥技术中存在的茬口紧、秸秆还田不易腐解，从而影响后茬作物插秧及生长；秸秆腐解过程中可能产生有机酸及其他还原性毒害物质，从而造成水稻出叶迟缓、分蘖停滞；秸秆还田腐解与水稻苗期生长养分需求的矛盾等问题，通过双季稻区3年秸秆还田试验及2年示范验证，开展了早稻秸秆粉碎还田及促腐措施对秸秆腐解率影响的研究，比较了不同还田处理对早稻秸秆腐解率、养分释放规律及土壤肥力指标、土壤有机碳质量、水稻产量等的影响，分析了秸秆还田不同处理效果及差异机制，从而探讨秸秆还田频次、方法及氮钾素调控措施的培肥、增产增效机制。

　　田间埋袋试验结果（图3-16）表明，在岳阳双季稻区，将秸秆粉碎到10cm左右，埋袋前10d秸秆腐解率即可达到37%以上，20d即可达到50%以上，不同处理10d、20d、30d、60d和90d的秸秆降解率分别为37.9%～41.8%、51.2%～56.8%、60.2%～64.6%、76.2%～80.9%和78.3%～83.5%。秸秆还田+腐解菌（SSDBCS）、秸秆还田+石灰（SSLCS）和秸秆还田+猪粪（SSMCS）相比于秸秆还田（SSCS）处理，在秸秆还田前期（移栽后20d内）均提高了水稻秸秆的降解率，特别是施用石灰和猪粪处理的秸秆腐解率，相比于SSCS处理分别提高了8.7%和11.0%。在90d以SSMCS处理腐解率最高，为83.5%，但与其他处理之间差异不显著（$P>0.05$）。在水稻秸秆还田前期提高水稻秸秆的腐解率可以起到缓解双季稻区早晚稻茬口紧的矛盾。

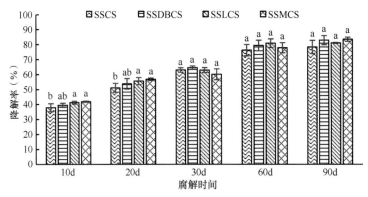

图3-16　不同处理对水稻秸秆降解率的影响

SSCS. 早稻秸秆全量粉碎还田+晚稻秸秆全量覆盖还田+旋耕；SSDBCS. 早稻秸秆全量粉碎还田+腐解菌+晚稻秸秆全量覆盖还田+旋耕；SSLCS. 早稻秸秆全量粉碎还田+石灰+晚稻秸秆全量覆盖还田+旋耕；SSMCS. 秸秆还田+腐熟猪粪（30%N，基肥一次施入）+化学氮肥（占总氮量的70%）+晚稻秸秆全量覆盖还田+旋耕；图3-17同

　　早稻秸秆还田后不同元素释放率见图3-17a～d，还田后10d秸秆K释放率达到97.8%～98.5%，N、P、C的释放率则分别为44.7%～52.6%、73.6%～76.7%和35.9%～38.2%。还田90d秸秆K释放率达到98.9%～99.5%，N、P、C的释放率则分别为67.6%～73.5%、79.3%～85.1%和77.6%～83.2%，腐解菌、石灰和猪粪配施处理均提高了秸秆腐解各元素释放率。按水稻秸秆K、N、P、C含量分别为2.8%、0.6%、0.1%和35%，每季秸秆还田量为4500kg/hm²（干重）计算，每公顷归还土壤126kg K、27kg N、4.5kg P 和1575kg C。秸秆还田处理均有提高土壤中有效态氮磷钾的趋势，由于秸秆还田归还土壤的钾量比较大，且释放率较高，因此秸秆还田提高土壤中速效钾的趋势更明

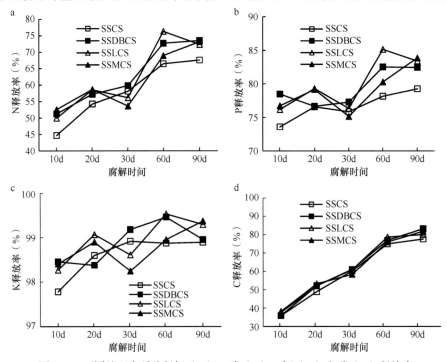

图3-17　不同处理水稻秸秆氮（N）、磷（P）、钾（K）和碳（C）释放率

显，且早晚稻均还田的处理要高于早稻或晚稻秸秆单独还田处理。其中有机肥部分替代化肥配合秸秆还田处理（SSMCS）与秸秆不还田处理（NSF）相比显著提高了土壤中速效钾和有效磷的含量（$P<0.05$）（表3-33）。

表3-33　秸秆还田对土壤速效养分含量的影响

处理	水解性氮（N）（mg/kg）	有效磷（P）（mg/kg）	速效钾（K）（mg/kg）
CK	130 ± 1a	6.2 ± 2.1b	94 ± 13c
NSF	127 ± 4a	7.3 ± 4.8b	141 ± 32bc
SSCS	136 ± 6a	10.0 ± 2.4b	184 ± 11ab
SSNS	130 ± 5a	10.5 ± 5.3ab	172 ± 6ab
NSCS	127 ± 3a	9.0 ± 2.3ab	155 ± 37ab
SSDBCS	133 ± 14a	9.4 ± 4.7ab	199 ± 46ab
SSLCS	128 ± 7a	11.5 ± 2.4ab	197 ± 41ab
SSMCS	136 ± 3a	16.4 ± 6.5a	211 ± 26a
DPSSCS	127 ± 5a	12.0 ± 5.2ab	187 ± 31ab

注：以上数据为秸秆还田3年后2019年晚稻成熟期土壤中速效养分含量，表中数据为平均值±标准差；CK. 秸秆不还田+不施化肥+旋耕；NSF. 秸秆不还田+施化肥+旋耕；SSCS. 早稻秸秆全量粉碎还田+晚稻秸秆全量覆盖还田+旋耕；SSNS. 早稻秸秆全量粉碎还田+晚稻秸秆不还田+旋耕；NSCS. 早稻秸秆不还田+晚稻秸秆全量覆盖还田+旋耕；SSDBCS. 早稻秸秆全量粉碎还田+腐解菌+晚稻秸秆全量覆盖还田+旋耕；SSLCS. 早稻秸秆全量粉碎还田+石灰+晚稻秸秆全量覆盖还田+旋耕；SSMCS.秸秆还田+腐熟猪粪（30%N）+化肥（70%N）+晚稻秸秆全量覆盖还田+旋耕；DPSSCS. 早稻深翻+早稻秸秆全量粉碎还田+晚稻秸秆全量覆盖还田+深旋耕或深耕；除CK处理外，其他处理均施用化肥；同列不同小写字母表示各处理之间差异显著（$P<0.05$），下同

不同秸秆还田方式对晚稻土壤还原性物质总量的影响如图3-18a所示。土壤还原性物质总量随着稻田淹水时间的延长，苗期呈现升高的趋势，在分蘖期通过控水晒田控制无效分蘖时，土壤中还原性物质总量呈现降低趋势，而孕穗期复水满足水稻灌浆需求，除施用石灰（SSLCS）和腐解菌（SSDBCS）的处理，其他处理土壤中还原性物质总量呈现升高趋势。孕穗期SSLCS处理土壤中还原性物质总量最低，与NSCS处理差异显著（$P<0.05$），与其他处理差异不显著（$P>0.05$）。到水稻成熟期控水晒田后，所有处理土壤中还原性物质总量明显下降（$P<0.05$）。秸秆还田处理与秸秆不还田处理相比，在秸秆还田初始阶段（晚稻苗期）土壤中的还原性物质总量略有增加，增加幅度为3.8%～15.2%，其中有机肥部分替代化肥处理（SSMCS）的增加值最高，但各处理之间差异不显著（$P>0.05$），其他水稻生育期秸秆还田处理与秸秆不还田处理相比土壤中还原性物质总量没有差异，整个生育期土壤中还原性物质总量各处理间无显著差异（$P>0.05$）。因此，从试验结果来看，土壤中还原性物质总量受土壤水分的影响要远大于秸秆还田，在双季稻区排水良好的稻田，早稻秸秆粉碎还田、两次旋耕和浅水管理不会造成晚稻苗期及整个生长期出现还原性物质毒害。

秸秆不同还田方式对晚稻生长季土壤中速效养分含量的影响如图3-18b～d所示。除不施肥处理外，由于基肥及返青分蘖肥的施用，土壤碱解氮（AN）含量持续增加，但随着水稻植株的生长吸收，土壤中AN在分蘖初期持续降低。在分蘖盛期，即水稻秸秆还田20d左右，所有秸秆还田处理的土壤中AN均有小幅度增加，而秸秆不还田的NSF处理土壤

AN持续降低，秸秆还田处理的AN增加可能是由于秸秆还田后腐解释放的氮素对土壤AN产生贡献。土壤有效磷（AP）在晚稻生长期持续降低，到成熟期AP均有较大幅度的提升，这可能与水稻生长期对有效磷的吸收利用有关。而土壤速效钾（AK）总体呈现先升高后降低的趋势，秸秆还田处理相比于NSF处理均提高了土壤AK含量。由于秸秆含有大量的钾素，且秸秆钾释放率较高，在秸秆还田10d释放率达到98%，因此秸秆还田提高了土壤中AK含量。

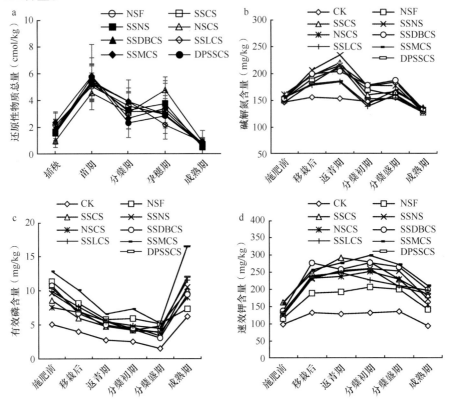

图3-18　不同处理对晚稻土壤中还原性物质总量（a）和碱解氮（b）、有效磷（c）、速效钾（d）含量的影响

不同秸秆还田方式短期内（2017～2019年）对土壤微团聚体的组成没有产生显著的影响（$P>0.05$），但秸秆还田有提高0.05～0.25mm粒径微团聚体含量的趋势，从秸秆不还田+施化肥处理（NSF）的19.86%，提高到20.86%～28.82%（表3-34）。短期秸秆还田对土壤腐殖质组分含量也没有产生显著的影响（$P>0.05$），但部分秸秆还田处理有提高富里酸碳含量的趋势，其中秸秆还田+腐解菌处理（SSDBCS）富里酸碳含量最高，为3.24g/kg，NSF处理为2.94g/kg（表3-35）。短期秸秆还田对土壤有机质、全氮、全磷、全钾及阳离子交换量均没有产生显著的影响（$P>0.05$）（表3-36）。与秸秆不还田处理（NSF）相比，秸秆还田降低了土壤pH 0.12～0.33个单位，但秸秆还田时配施石灰或猪粪有机肥可提高土壤pH，阻控土壤酸化（表3-36）。

表3-34 不同秸秆还田方式对土壤微团聚体含量的影响

处理	微团聚体（%）					
	0.25～1mm	0.05～0.25mm	0.01～0.05mm	0.005～0.01mm	0.001～0.005mm	<0.001mm
CK	6.56 ± 2.27a	20.41 ± 6.51a	48.22 ± 7.33a	11.93 ± 1.23a	10.92 ± 1.28a	1.95 ± 1.34a
NSF	6.62 ± 0.82a	19.86 ± 6.45a	48.24 ± 7.33a	11.57 ± 0.47a	10.82 ± 0.59a	2.90 ± 0.57a
SSCS	6.57 ± 2.05a	20.86 ± 4.50a	48.11 ± 6.80a	11.19 ± 0.19a	10.50 ± 1.63a	2.77 ± 1.06a
SSNS	6.74 ± 1.75a	20.91 ± 7.31a	47.60 ± 7.25a	11.03 ± 1.03a	10.82 ± 0.41a	2.91 ± 0.41a
NSCS	5.91 ± 1.83a	28.82 ± 3.70a	43.57 ± 1.55a	10.34 ± 1.06a	9.19 ± 1.41a	2.17 ± 0.60a
SSDBCS	5.65 ± 1.07a	28.06 ± 4.36a	44.32 ± 2.54a	10.37 ± 0.09a	9.30 ± 1.78a	2.30 ± 1.25a
SSLCS	5.77 ± 1.13a	23.07 ± 2.54a	45.36 ± 1.04a	11.05 ± 1.70a	11.52 ± 1.70a	3.23 ± 0.36a
SSMCS	6.22 ± 2.59a	26.81 ± 7.54a	42.83 ± 2.51a	10.77 ± 0.90a	10.21 ± 1.97a	3.17 ± 0.97a
DPSSCS	6.54 ± 1.73a	24.53 ± 1.84a	44.94 ± 3.11a	11.64 ± 0.61a	9.98 ± 1.73a	2.37 ± 0.88a

表3-35 不同秸秆还田方式对土壤腐殖质组分含量的影响

处理	富里酸碳（g/kg）	胡敏酸碳（g/kg）	胡敏素碳（g/kg）
CK	2.65 ± 0.28b	1.22 ± 0.17a	10.95 ± 0.60a
NSF	2.94 ± 0.33ab	1.23 ± 0.28a	11.01 ± 0.58a
SSCS	3.10 ± 0.11a	1.23 ± 0.01a	10.97 ± 0.64a
SSNS	3.21 ± 0.23a	1.07 ± 0.09a	10.40 ± 0.73a
NSCS	2.94 ± 0.18ab	1.20 ± 0.07a	10.89 ± 0.52a
SSDBCS	3.24 ± 0.22a	1.26 ± 0.14a	10.61 ± 0.35a
SSLCS	2.94 ± 0.21ab	1.25 ± 0.16a	10.86 ± 0.09a
SSMCS	3.05 ± 0.21ab	1.23 ± 0.01a	10.41 ± 0.46a
DPSSCS	3.15 ± 0.12a	1.23 ± 0.11a	10.49 ± 0.70a

表3-36 不同秸秆还田方式对土壤理化性质的影响

处理	pH	有机质（g/kg）	全氮（g/kg）	全磷（g/kg）	全钾（g/kg）	阳离子交换量（cmol/kg）
CK	5.79 ± 0.54ab	25.55 ± 1.00a	1.71 ± 0.01a	0.64 ± 0.05b	16.29 ± 0.45a	12.23 ± 1.26a
NSF	5.65 ± 0.26abc	26.18 ± 1.16a	1.74 ± 0.14a	0.70 ± 0.06ab	16.55 ± 0.64a	12.08 ± 1.31a
SSCS	5.53 ± 0.36abc	26.37 ± 1.21a	1.74 ± 0.07a	0.76 ± 0.04ab	16.69 ± 0.66a	12.08 ± 0.41a
SSNS	5.42 ± 0.24bc	25.32 ± 1.41a	1.72 ± 0.02a	0.77 ± 0.09ab	16.99 ± 0.23a	12.23 ± 0.60a
NSCS	5.40 ± 0.24bc	25.91 ± 1.09a	1.80 ± 0.06a	0.72 ± 0.06ab	16.02 ± 0.31a	12.26 ± 0.58a
SSDBCS	5.32 ± 0.26c	26.06 ± 0.27a	1.68 ± 0.03a	0.74 ± 0.05ab	16.83 ± 0.29a	13.09 ± 0.95a
SSLCS	5.65 ± 0.11abc	25.93 ± 0.35a	1.65 ± 0.02a	0.71 ± 0.04ab	16.14 ± 0.71a	12.70 ± 1.08a
SSMCS	5.87 ± 0.21a	25.33 ± 0.98a	1.71 ± 0.02a	0.80 ± 0.14a	16.28 ± 1.69a	11.58 ± 0.85a
DPSSCS	5.50 ± 0.23abc	25.63 ± 0.81a	1.71 ± 0.03a	0.72 ± 0.08ab	16.80 ± 1.65a	12.52 ± 2.09a

不同方式秸秆还田3年对水稻产量的影响如表3-37所示。秸秆不还田+不施化肥处理（CK）产量最低，显著低于其他处理（$P<0.05$）。与秸秆不还田+施用化肥处理（NSF）相比，所有秸秆还田处理均有提高水稻周年产量的趋势，其中以秸秆还田配合深

耕（15～20cm）（DPSSCS）处理水稻产量最高，相比于NSF处理分别使早稻产量、晚稻产量和年产量分别提高了5.4%、2.4%和3.8%，但各处理之间水稻产量并无显著差异（$P>0.05$）。双季稻区晚稻秸秆还田相比于早稻秸秆还田对水稻产量的提升效应更为明显。

表3-37　秸秆不同还田方式对水稻产量的影响

处理	早稻平均产量（kg/hm²）	晚稻平均产量（kg/hm²）	年平均产量（kg/hm²）
CK	3 246 ± 236b	5 156 ± 375b	8 402 ± 606b
NSF	6 524 ± 150a	7 573 ± 91a	14 098 ± 236a
SSCS	6 841 ± 160a	7 700 ± 207a	14 541 ± 367a
SSNS	6 576 ± 255a	7 549 ± 286a	14 126 ± 488a
NSCS	6 834 ± 62a	7 768 ± 243a	14 602 ± 212a
SSDBCS	6 865 ± 186a	7 486 ± 219a	14 351 ± 404a
SSLCS	6 571 ± 258a	7 574 ± 307a	14 145 ± 563a
SSMCS	6 671 ± 195a	7 690 ± 143a	14 362 ± 334a
DPSSCS	6 876 ± 101a	7 752 ± 269a	14 628 ± 361a

秸秆还田下减施钾肥3年对水稻产量的影响见表3-38，秸秆还田+不施化肥处理（S）产量最低且显著低于秸秆还田配施NPK化肥处理（$P<0.05$）。但秸秆还田下减少钾肥20%和40%，均没有降低早晚稻产量。

表3-38　秸秆还田下减施钾肥对水稻产量的影响

处理	早稻平均产量（kg/hm²）	晚稻平均产量（kg/hm²）	年平均产量（kg/hm²）
S	2 478 ± 64b	4 392 ± 245b	6 737 ± 272b
SNPK	5 889 ± 391a	6 722 ± 208a	12 365 ± 575a
SNPK1	5 946 ± 264a	7 263 ± 117a	13 443 ± 317a
SNPK2	6 106 ± 368a	6 941 ± 111a	13 178 ± 262a

注：S. 早稻秸秆全量粉碎还田+晚稻秸秆全量覆盖还田+不施化肥；SNPK. 早稻秸秆全量粉碎还田+晚稻秸秆全量覆盖还田+施化肥（NPK）；SNPK1. 早稻秸秆全量粉碎还田+晚稻秸秆全量覆盖还田+钾肥减量20%；SNPK2. 早稻秸秆全量粉碎还田+晚稻秸秆全量覆盖还田+钾肥减量40%

以上秸秆还田培肥试验结果表明，秸秆还田培肥土壤是一个长期效应，持续秸秆还田才能有效全面提升土壤的基础肥力。短期秸秆还田对土壤肥力的一些稳定性较强的指标，如有机质含量、物理性状等没有显著影响，但有效提高了土壤供给有效养分的能力，尤其是大量补充钾素，缓解了目前水稻生产中养分供应失衡的状况，提高了水稻产量。通过研究创建了双季稻区机械化秸秆全量还田培肥关键技术。技术要点：①利用联合收割机进行早稻收割和秸秆粉碎，留茬10cm以下，秸秆粉碎长度为10cm左右，粉碎后均匀抛撒，施用石灰（750kg/hm²）后旋耕（10～15cm）；②施用基肥后再深旋耕或深翻（15～20cm）1次；③在肥料氮施用总量不变的情况下，提高基肥中氮肥的比例，在常规基础上提高10%～20%；④秸秆还田后机插秧，苗期实行浅水（2～3cm）管理；⑤晚稻秸秆覆盖，春季旋耕还田。该技术可促进秸秆腐解，缓解秸秆还田腐解过程中微生物活动与水稻苗期生长对氮素需求的矛盾，减少秸秆还田对晚稻机插秧的影响，同时可改善土壤通气状况，提高土壤速效钾含量15%以上，秸秆还田第一年保持水稻产量不降低，随着秸秆还田年限的增加，土壤地力提升，将显著提高水稻产量。2018～2019年在湖南湘阴、岳阳、宁乡开展了技术示范验证工作。经专家在湘阴对晚稻进行田间现场考察和实地测产验收，对照区产量8285kg/hm²，技术应用区8775kg/hm²，比对照增产5.9%。宁乡示范区晚稻产量，对照区7303kg/hm²，技术应用区8004kg/hm²，比对照增产9.6%。岳阳新墙示范区晚稻产量，对照区7275kg/hm²，技术应用区7689kg/hm²，比对照增产5.7%。

3.3.4　绿肥替代化学氮肥的培肥综合效应与作用机制

将绿肥（紫云英）纳入稻作系统是实现南方稻区水稻高产、稳产和可持续发展的重要措施。杨璐（2019）的研究表明，与"水稻-冬休闲"常规全量施肥（F100）相比，在种植翻压紫云英的基础上，早稻减肥20%～40%可保证水稻稳产增产及氮磷钾养分吸收，晚稻减肥不宜超过20%。减肥20%或40%条件下，早稻产量随紫云英翻压量增加而增加，以翻压30.0～37.5t/hm²鲜草为最佳；晚稻较F100有不同程度减产。为探明绿肥（紫云英）替代化肥后水稻高产稳产的机制，本研究以开始于2008年的紫云英还田替代化学氮肥定位试验为平台开展。该试验位于中国农业科学院衡阳红壤实验站，供试土壤为红壤性水稻土。试验前耕层土壤（0～20cm）基本性状为pH 6.4、有机碳12.5g/kg、全氮1.57g/kg、碱解氮110mg/kg、全磷0.89g/kg、有效磷24mg/kg、全钾8.9g/kg、速效钾41mg/kg。种植制度为早稻-晚稻-紫云英。

试验共有6个处理：①N_0（不施氮肥且绿肥不还田）；②N_{100}（常规施用氮肥，绿肥不还田）；③N_{100}-M（常规施用氮肥且绿肥还田）；④N_{80}-M（施用常规施氮量的80%且绿肥还田）；⑤N_{60}-M（施用常规施氮量的60%且绿肥还田）；⑥M（不施氮肥但绿肥还田，在早稻移栽前10d左右翻压还田）。每处理设有3次重复，随机区组排列。小区间用水泥埂隔开，防止窜水窜肥。氮、磷、钾肥分别为尿素（含N 46%）、过磷酸钙（含P_2O_5 12%）、氯化钾（含K_2O 60%）。所用无机肥料均用作基肥。早稻和晚稻各处理施肥量见表3-39。

表3-39　各处理早稻和晚稻施肥量　　　　　　　　　（单位：kg/hm²）

处理	耕作制度	早稻			晚稻		
		N	P	K	N	P	K
N_0	稻-稻-冬闲	0.00	39.2	75.0	0.00	19.4	93.4
N_{100}	稻-稻-冬闲	150	39.2	75.0	172.5	19.4	93.4
N_{100}-M	稻-稻-紫云英	150	39.2	75.0	172.5	19.4	93.4
N_{80}-M	稻-稻-紫云英	120	39.2	75.0	138.0	19.4	93.4
N_{60}-M	稻-稻-紫云英	90.0	39.2	75.0	103.5	19.4	93.4
M	稻-稻-紫云英	0.00	39.2	75.0	0.00	19.4	93.4

3.3.4.1　水稻产量和产量稳定性

长期绿肥替代无机氮肥显著影响水稻产量（图3-19a，b）。2009～2013年和2014～2018年年平均产量分别以N_{100}-M和N_{80}-M处理最高，N_0处理最低。2009～2013年和2014～2018年年平均产量在N_{100}-M、N_{80}-M和N_{60}-M处理间无显著差异。与2009～2013年相比，N_0、N_{100}和M处理2014～2018年年平均产量分别下降了11%、2%和5%。与N_0相比，N_{100}、N_{100}-M、N_{80}-M、N_{60}-M和M处理2009～2013年年平均产量分别增加了39%、60%、59%、45%和30%，而2014～2018年年平均产量分别增加了55%、82%、84%、65%和41%。本研究中N_{100}-M和N_{80}-M处理水稻产量显著高于N_{60}-M、N_{100}、N_0和M处理。一般来说，施用无机氮肥可提高作物产量，但过量施用无机氮肥不一定能持续增加产量，反而会降低氮肥利用率。可见，为得到稳定的产量，可持续的氮素管理取决于土壤氮肥供给与作物氮素需求之间的平衡（Yousaf et al.，2016）。

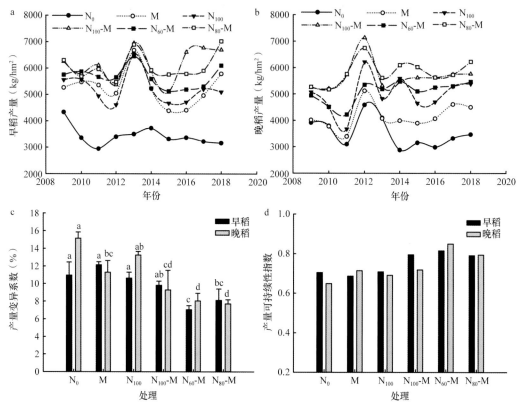

图3-19　长期绿肥替代氮肥对早稻和晚稻产量（a、b）及其变异系数（c）和可持续指数
（d）的影响（2009～2018年）

早稻产量变异系数在7.5%～12.7%，晚稻产量变异系数在8.1%～15.7%（图3-19c）。N_0、N_{100}和M处理早稻产量变异系数间无显著差异。与N_0相比，N_{100}-M、N_{80}-M和N_{60}-M处理早稻产量变异系数分别下降了11%、26%和36%。晚稻产量变异系数以N_0处理最高，N_{80}-M和N_{60}-M处理间晚稻产量变异系数无显著差异。与N_0相比，N_{100}、N_{100}-M、N_{80}-M、N_{60}-M和M处理晚稻产量变异系数分别下降了12%、38%、49%、47%和24%。

早、晚稻可持续指数分别为0.51～0.82和0.67～0.70（图3-19d），除M和N_{60}-M外，其余处理产量可持续性指数均表现为早稻高于晚稻。与N_0相比，N_{100}、N_{100}-M、N_{80}-M、N_{60}-M早稻产量可持续性指数分别提高了0.6%、12.8%、12.2%、15.6%，N_{100}、N_{100}-M和N_{80}-M处理早稻产量可持续性指数相差较小。各处理间晚稻产量可持续性指数差异较小。早、晚稻产量可持续性指数均以N_{60}-M处理最高。与常规施氮相比，绿肥与氮肥减量配施提高了早稻和晚稻的产量稳定性。N_{60}-M和N_{80}-M处理晚稻产量变异系数显著低于N_{100}处理（图3-19c）。可见，绿肥可提高作物产量和产量稳定性，并改善土壤理化性质（Xie et al.，2016）。

3.3.4.2　氮吸收量、氮表观平衡量和回收效率

不同绿肥替代氮肥处理间水稻植株氮吸收量、氮表观平衡量差异显著（表3-40）。2009～2013年，N_{100}-M和N_{80}-M处理间植株氮吸收量无显著差异，与N_0相比，N_{100}、N_{100}-M、N_{80}-M、N_{60}-M和M处理植株氮吸收量分别提高了24%、81%、83%、53%和32%。2014～2018年，与N_0相比，N_{100}、N_{100}-M、N_{80}-M、N_{60}-M和M处理植株氮吸收量分别提高了48%、112%、147%、94%和73%。除N_{80}-M处理外，其余处理2009～2013年植株氮吸收量均高于2014～2018年，N_{80}-M处理2014～2018年植株氮吸收量较2009～2013年增加0.9%。2009～2013年，氮表观平衡量以M处理最低，年均为-168.0kg/hm^2，以N_{100}处理最高，年均为165.0kg/hm^2。2014～2018年，氮表观平衡量以M处理最低，年均为-164.0kg/hm^2，以N_{100}处理最高，年均为181.0kg/hm^2。2009～2013年和2014～2018年两个时期N_{80}-M处理氮表观平衡量均高于N_{60}-M处理。氮素回收效率以N_{100}处理最低。与2009～2013年相比，2014～2018年氮素回收效率提高。与N_{100}相比，N_{100}-M、N_{80}-M和N_{60}-M处理2009～2013年氮素回收效率分别提高171%、194%和123%，2014～2018年则分别提高87%、116%和69%。绿肥替代无机氮肥通过提高氮素回收效率，显著降低了氮表观平衡量，进而减少环境氮损失。但是，本研究没有计算通过淋洗和气体挥发损失的氮素。由于年氮素投入量和作物氮吸收量比较容易计算，用氮表观平衡量可以很好地估算氮流失。Snyder等（2014）的研究表明，通过更好地匹配氮素输入量和输出量可以降低氮表观平衡量和维持作物产量。本研究也证实紫云英还田替代无机氮肥后，不仅可维持高产，而且可降低氮表观平衡量。

表3-40　不同处理下水稻年产量、氮吸收量、氮表观平衡量及氮素回收效率

年份	处理	产量 （t/hm^2）	氮吸收量 [kg/(hm^2·a)]	氮表观平衡量 [kg/(hm^2·a)]	氮素回收效率 （%）
2009～2013	N_0	7.4±0.03e	127±2.35e	-127.0±2.4e	
	N_{100}	10.3±0.04c	158±1.01d	165.0±1.0a	15.5±1.9
	N_{100}-M	11.8±0.15a	230±3.11a	92.9±3.1b	42.0±0.6
	N_{80}-M	11.8±0.14a	233±0.94a	24.6±0.9c	45.5±1.3
	N_{60}-M	10.7±0.04b	194±1.47b	-0.7±1.5d	34.5±1.2
	M	9.6±0.11d	168±1.33c	-168.0±1.3f	
2014～2018	N_0	6.5±0.14e	95±2.64f	-95.1±2.64e	
	N_{100}	10.1±0.09c	141±3.58e	181.0±3.58a	26.7±0.4
	N_{100}-M	11.8±0.15a	201±1.50b	121.0±1.50b	49.9±1.5
	N_{80}-M	12.0±0.18a	235±1.70a	23.2±1.70c	57.8±1.1
	N_{60}-M	10.8±0.06b	184±1.91c	9.34±1.91d	45.1±0.7
	M	9.2±0.11d	164±3.39d	-164.0±3.39f	

3.3.4.3 氮肥农学效率和偏生产力

绿肥与氮肥减量配施对早稻、晚稻氮肥农学效率和氮肥偏生产力影响显著，早稻、晚稻氮肥农学效率和氮肥偏生产力均以N_{60}-M处理最高（表3-41）。与N_{100}处理相比，N_{100}-M、N_{80}-M、N_{60}-M处理早稻、晚稻平均氮肥农学效率均明显提高，其中，2009～2011年早稻和晚稻平均氮肥农学效率分别增加43.0%、63.5%、107.6%和41.0%、54.3%、80.3%；2012～2014年早稻和晚稻分别增加43.8%、90.6%、147.8%和12.4%、50.4%、63.8%；2015～2017年早稻和晚稻分别增加15.8%、46.7%、100.2%和48.2%、66.2%、79.4%。

表3-41 不同处理下早稻、晚稻氮肥农学效率和氮肥偏生产力

年份	处理	氮肥农学效率(kg/kg)		氮肥偏生产力(kg/kg)	
		早稻	晚稻	早稻	晚稻
2009～2011	N_{100}	11.92 ± 3.40d	4.42 ± 1.68b	35.45 ± 2.39d	25.55 ± 3.83c
	N_{100}-M	17.04 ± 3.82bc	6.23 ± 2.56ab	40.56 ± 2.60c	27.36 ± 5.05c
	N_{80}-M	19.49 ± 4.43bc	6.82 ± 2.52ab	48.90 ± 3.11b	33.24 ± 5.54b
	N_{60}-M	24.75 ± 7.83a	7.97 ± 1.88a	63.96 ± 0.97a	43.20 ± 4.14a
2012～2014	N_{100}	6.69 ± 4.30b	10.43 ± 5.54b	36.50 ± 6.52d	32.92 ± 4.28c
	N_{100}-M	9.62 ± 3.77ab	11.72 ± 4.03b	39.43 ± 6.58c	34.21 ± 4.67c
	N_{80}-M	12.75 ± 5.71ab	15.69 ± 6.79a	50.01 ± 6.86b	43.79 ± 4.14b
	N_{60}-M	16.58 ± 11.07a	17.08 ± 8.06a	66.27 ± 5.39a	54.55 ± 7.29a
2015～2017	N_{100}	8.48 ± 1.27c	7.13 ± 1.88b	35.58 ± 4.02c	28.69 ± 1.86d
	N_{100}-M	9.82 ± 4.55bc	10.57 ± 3.19a	36.92 ± 5.66c	32.13 ± 1.68c
	N_{80}-M	12.44 ± 1.72b	11.85 ± 3.99a	46.31 ± 4.46b	38.79 ± 3.16b
	N_{60}-M	16.98 ± 3.72a	12.79 ± 4.71a	62.15 ± 4.61a	48.71 ± 1.92a

与N_{100}处理相比，N_{80}-M、N_{60}-M处理早稻和晚稻平均氮肥偏生产力显著提高，其中，2009～2011年分别提高37.9%、80.4%和30.1%、69.1%；2012～2014年分别提高37.0%、81.6%和33.0%、65.7%；2015～2017年分别提高30.2%、74.7%和35.2%和69.8%。N_{100}-M处理早、晚稻平均氮肥偏生产力也高于N_{100}处理，2009～2011年、2012～2014年早稻平均氮肥偏生产力与2015～2017年晚稻平均氮肥偏生产力分别提高14.4%、8.0%与3.8%。

3.3.4.4 土壤养分含量

不同绿肥与无机氮肥处理显著影响土壤养分含量、pH和碳输入量（表3-42）。与初始土壤pH相比，N_{60}-M处理2009～2013年土壤pH提高0.8%，而其余处理2009～2013年土壤pH均降低。N_{80}-M、N_{60}-M和M处理2014～2018年土壤pH较初始土壤pH分别增加1.9%、2.2%和7.2%，N_0、N_{100}和N_{100}-M处理2014～2018年土壤pH较初始土壤pH分别降低5.9%、3.8%和1.9%。2009～2013年所有处理土壤全氮和碱解氮含量均高于初始值。N_{80}-M和N_{100}-M处理2009～2013年土壤碱解氮含量无显著差异。2009～2013年和2014～2018年均

以N_{100}-M处理土壤碱解氮含量最高。除N_0处理有所下降外，其余处理2014~2018年土壤全氮含量均高于初始土壤全氮含量。2014~2018年，与初始土壤碱解氮含量相比，N_{100}-M、N_{80}-M、N_{60}-M和M处理土壤碱解氮含量增加，而N_0和N_{100}处理土壤碱解氮含量下降。与2009~2013年相比，2014~2018年N_{100}-M、N_{80}-M、N_{60}-M和M处理土壤碱解氮含量增加，N_0和N_{100}处理下降。2009~2013年和2014~2018年，土壤全磷含量除N_0处理外，其余处理均高于初始土壤，而所有处理土壤有效磷含量均高于初始土壤。与2009~2013年相比，除N_0处理外，其余处理2014~2018年土壤全磷含量均提高，但除N_{100}处理外，其余处理2014~2018年土壤有效磷含量均下降。在所有处理中，以N_0处理土壤全钾含量最低。2009~2013年和2014~2018年所有处理土壤速效钾含量均高于初始土壤。N_{100}-M、N_{80}-M和N_{60}-M处理2009~2013年土壤速效钾含量无显著差异，且N_{100}-M、N_{80}-M、N_{60}-M和M处理2014~2018年土壤速效钾含量也无显著差异。所有处理中以N_0土壤速效钾含量最低。N_{100}-M和N_{80}-M处理2009~2013年碳输入量无显著差异。2009~2013年和2014~2018年碳输入量均以N_{80}-M处理最高。N_{60}-M和N_{80}-M处理碳输入量从2009~2013年到2014~2018年呈增加趋势。2009~2013年各处理土壤C/N值无显著差异。2009~2013年和2014~2018年土壤C/N值均以N_{60}-M处理最高。2014~2018年N_{100}、N_{100}-M、N_{80}-M、N_{60}-M和M处理土壤C/N值无显著差异。

表3-42　稻田土壤长期试验中养分含量、碳输入量和C/N值的变化

年份	处理	pH	全氮 (g/kg)	碱解氮 (mg/kg)	全磷 (g/kg)	有效磷 (mg/kg)	全钾 (g/kg)	速效钾 (mg/kg)	碳输入量 [t/(hm²·a)]	C/N值
初始值		6.4±0.06	1.57±0.01	110±3.4	0.89±0.03	24.0±3.8	8.9±0.67	41.0±1.43		10.0
2009~2013	N_0	6.23±0.003de	1.62±0.004e	116±3.5c	0.85±0.01d	31.7±0.85d	8.90±0.53e	43.8±2.17d	1.79±0.02e	10.78±0.22a
	N_{100}	6.15±0.06e	1.64±0.013abc	122±0.6b	0.97±0.02b	30.4±0.51d	13.5±0.67c	58.5±1.34c	2.34±0.02cd	10.85±0.16a
	N_{100}-M	6.30±0.02cd	1.67±0.009a	128±0.7a	1.00±0.01b	40.2±0.48a	13.8±0.38a	70.1±0.95a	3.88±0.04a	10.33±0.15a
	N_{80}-M	6.32±0.02bc	1.67±0.004bc	127±0.2a	1.08±0.01a	37.1±0.50b	14.1±0.44a	69.4±2.11a	3.95±0.05a	10.31±0.39a
	N_{60}-M	6.45±0.02a	1.64±0.003bc	115±1.2c	1.01±0.01b	35.0±0.99c	13.5±0.75b	66.5±1.08ab	3.71±0.09b	10.92±0.21a
	M	6.39±0.03ab	1.65±0.02abc	120±0.6b	0.93±0.02c	32.2±0.55d	12.3±0.92d	64.9±1.47b	3.41±0.05c	10.35±0.24a
2014~2018	N_0	6.02±0.01d	1.39±0.027d	87±3.9d	0.83±0.01d	28.6±0.84c	7.60±0.16e	43.5±1.41c	1.58±0.03e	13.98±0.77a
	N_{100}	6.16±0.09cd	1.60±0.016c	91±2.1d	1.08±0.01c	30.4±0.46c	10.7±1.18c	53.2±1.03b	2.15±0.03d	11.61±1.06b
	N_{100}-M	6.28±0.05c	1.70±0.007d	145±0.8a	1.13±0.03a	37.7±0.39a	14.6±0.65a	71.5±1.16a	3.84±0.03b	11.42±0.55b
	N_{80}-M	6.52±0.12b	1.70±0.008a	128±1.2b	1.13±0.01ab	36.8±0.22a	14.8±0.43a	72.0±0.65a	4.00±0.06a	11.67±0.75b
	N_{60}-M	6.54±0.03b	1.64±0.006b	121±0.8c	1.08±0.02bc	33.5±1.11b	14.1±0.32b	71.8±1.82a	3.72±0.04b	12.43±0.42ab
	M	6.86±0.06a	1.70±0.009a	129±1.1b	1.12±0.01abc	28.6±1.04c	13.4±1.14d	69.4±1.46a	3.19±0.09c	11.43±0.12b

本研究中，与仅施氮肥和不施氮肥处理相比，绿肥与用量较低的氮肥配施可提高土壤pH、速效养分含量和碳输入量。随着试验年限的延长，绿肥还田增加土壤碳输入量，进而提高土壤C/N值。在所有处理中，以N_{60}-M处理土壤C/N值最高，这可能是由于相对较高的生物量和较低的氮投入及绿肥还田，所以各处理土壤C/N值都随年限的增加而提高。

3.3.4.5　产量影响因子

线性回归分析表明，年均碳储量与水稻年产量呈极显著正相关（$R^2=0.0673$，$P<0.001$）（图3-20）。增强回归树模型表明，碳输入量、氮吸收量、碱解氮和有机碳含量是影响产量的主要因子（图3-20）。碳输入量、氮吸收量、碱解氮对产量的相对影响值分别为29.5%、20.3%、14.6%。氮输入量、有机碳含量、pH、C/N值、全氮含量的相对影响值均低于10%。因此，绿肥替代无机氮肥不仅增加氮素回收效率和氮吸收量，而且比单一氮肥处理提高土壤碳含量，从而降低产量变异系数，提高作物产量长期稳定性。

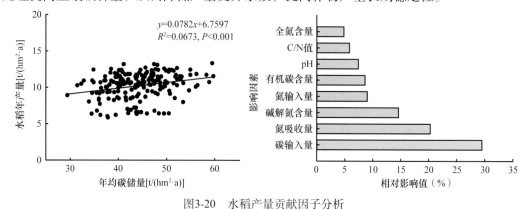

图3-20　水稻产量贡献因子分析

在双季稻种植模式下，不施氮肥或没有紫云英还田处理土壤氮含量和作物产量随着年限的增加而降低。2009～2013年和2014～2018年，均以N_{80}-M处理水稻年产量最高。紫云英与无机氮肥减量配施能够降低产量变异系数，并提高产量稳定性、可持续性、提高土壤C/N值。碳输入量随年份的增加而增加，碳输入量、氮吸收量和碱解氮含量是影响水稻产量最主要的因子。绿肥与氮肥减量配施可提高氮素回收效率和碳输入量，降低氮表观平衡量，有利于减少环境中氮素的损失。因此，在南方双季稻种植制度中，种植绿肥（紫云英）并减少20%化学氮肥用量能够提高水稻产量及其稳定性，并有利于双季稻生态系统的可持续发展。

3.3.5　绿肥和稻草配合还田的土壤培肥效应及作用机制

绿肥和稻草是双季稻区重要的有机物料，在新时代农业绿色发展的背景下，周年全量稻草还田和冬季种植绿肥还田均是南方双季稻区典型的培肥模式。但周年稻草和冬种紫云英还田耕作措施的土壤培肥效应和机制尚不明确。因此，以开始于2012年冬季的定位试验为平台，研究绿肥和稻草不同还田模式下水稻产量与土壤肥力的变化特征，通过比较不同模式下水稻产量可持续指数、土壤碳表观平衡量、氮素利用效率差异，以及分析产生差异的影响因子，探讨绿肥和稻草配合还田的土壤培肥效应及机制。

试验位于中国农业科学院衡阳红壤实验站。从2012年冬种紫云英开始，供试土壤为由第四纪红色黏土发育成的水稻土，土壤质地为壤质黏土，2013年早稻种植前耕层土壤（0～20cm）基础养分含量为有机质14.9g/kg、全氮1.5g/kg、碱解氮82.4mg/kg、有效磷

12.6mg/kg、速效钾49.0mg/kg、pH 6.47。早稻品种为'煜两优4156'，晚稻品种为'领优华占'。

试验包括6个处理：冬闲+稻草不还田（NPK）、冬闲+早稻全部还田（NPK+R1）、冬种紫云英还田+稻草不还田（NPK+M）、冬闲+早、晚稻全部还田（NPK+R1+R2）、冬种紫云英+早稻全部还田（NPK+R1+M）、冬种紫云英还田+早稻全部还田+晚稻留高茬还田（NPK+R1+HR2+M）。高茬指水稻收割时留茬高度为30cm左右，其余稻草同时粉碎还田。各处理重复3次，随机区组排列，小区面积21m²，小区间用深60cm水泥埂隔开，防止窜水窜肥。每年4月中旬翻压绿肥，4月下旬施基肥后移栽早稻，7月中旬适时收割，早稻还田处理收获当日稻草还田，其余处理则移出稻草；晚稻于每年7月中下旬施基肥后移栽，10月中下旬适时收割，晚稻还田处理收获当日稻草还田，其余处理则移出稻草。每年9月下旬套播紫云英，播种量为37.5kg/hm²，紫云英季不施肥，鲜紫云英最高翻压量为22 500kg/hm²（如果紫云英过多，刈割移出，但记录移出量并留样测定）。各处理施等量基肥（复合肥施用量为750kg/hm²，养分含量：N 18%，P₂O₅ 12%，K₂O 10%），所有处理每季追肥为N 30kg/hm²（尿素，N 46%）和K₂O 15kg/hm²（氯化钾，K₂O 6%）。每季水稻总施肥量为N 165kg/hm²、P₂O₅ 90kg/hm²、K₂O 90kg/hm²。基肥在水稻移栽前施用，追肥在移栽后6～10d施用。早晚稻施肥量与施肥方式相同。其他管理措施按当地常规操作进行。

3.3.5.1　水稻产量构成因素变化

由表3-43可知，绿肥、稻草不同还田模式下2018年早、晚稻产量存在差异。与NPK处理相比，NPK+R1、NPK+M、NPK+R1+R2、NPK+R1+M和NPK+R1+HR2+M处理早稻产量分别增加10.2%、21.5%、26.4%、15.4%和40.7%；NPK+R1、NPK+M、NPK+R1+R2、NPK+R1+M和NPK+R1+HR2+M处理晚稻产量分别增加12.9%、21.8%、18.5%、17.1%和31.8%。还田处理中，均以NPK+R1处理早、晚稻产量最低。NPK+M、NPK+R1+R2和NPK+R1+M三处理早、晚稻产量无显著差异。早、晚稻最高产量均为NPK+R1+HS2+M处理，其早、晚稻产量均显著高于其他处理（P＜0.05）。

从产量构成因素角度来看，与NPK处理相比，NPK+R1、NPK+M、NPK+R1+R2、NPK+R1+M和NPK+R1+HR2+M处理早稻有效穗数分别增加13.1%、35.5%、15.0%、12.1%和9.4%，且NPK+M处理与其他处理间差异达显著水平（P＜0.05）；晚稻有效穗数仅NPK+M和NPK+R1+HR2+M处理高于NPK处理，分别高出3.8%和7.6%，差异不显著。与NPK处理相比，早稻穗粒数仅NPK+R1+M处理有所提高，但各还田处理与之差异均未达显著水平；晚稻穗粒数仅NPK+R1+M处理略有下降，其中NPK+R1、NPK+M、NPK+R1+R2和NPK+R1+HR2+M处理晚稻穗粒数分别较NPK处理提高9.4%、3.8%、11.3%和10.6%，且NPK+R1+R2处理与NPK处理差异达显著水平（P＜0.05）。各还田处理早稻结实率和千粒重分别较NPK处理下降3.1%～4.5%和1.1%～2.1%；对于晚稻，各还田处理结实率与NPK处理相比无显著差异，而千粒重较NPK处理下降1.0%～3.4%。

表3-43 不同绿肥、稻草还田模式下水稻产量及其构成因素（2018年）

稻季	处理	有效穗数 （×10⁴/hm²）	穗粒数（粒）	结实率 （%）	千粒重 （g）	实际产量 （kg/hm²）
早稻	NPK	297.2b	126ab	94.0a	27.63a	5707.6d
	NPK+R1	336.1b	111ab	89.8b	27.06b	6287.3cd
	NPK+M	402.8a	109b	90.7ab	27.19ab	6933.6b
	NPK+R1+R2	341.7b	118ab	91.1ab	27.34ab	7216.3b
	NPK+R1+M	333.3b	129a	90.9ab	27.26ab	6584.2bc
	NPK+R1+HR2+M	325.0b	126ab	90.3b	27.08ab	8032.6a
晚稻	NPK	294.4ab	160bc	78.6a	25.58a	5399.5d
	NPK+R1	291.7ab	175abc	81.5ab	25.13ab	6098.3c
	NPK+M	305.6a	166abc	79.1a	24.70b	6574.7b
	NPK+R1+R2	258.3b	178a	81.0a	25.29ab	6400.0bc
	NPK+R1+M	294.4ab	158c	77.8a	25.17ab	6320.6bc
	NPK+R1+HR2+M	316.7a	177ab	81.3a	25.33ab	7114.7a

注：NPK指仅施化学氮、磷、钾肥；R1指早稻全部还田；R2指晚稻全部还田；HR2指晚稻留高茬还田；M指绿肥（紫云英）还田；下同

由表3-44可知，与NPK处理相比，NPK+R1、NPK+M、NPK+R1+R2、NPK+R1+M和NPK+R1+HR2+M处理早稻均产分别增加6.6%、16.1%、11.8%、13.2%和24.6%，晚稻均产分别增加11.9%、19.2%、17.4%、22.1%和28.8%，两季均产分别增加9.0%、17.5%、14.3%、17.2%和26.5%，其中仅NPK+R1处理早稻均产增加幅度未达显著水平。早稻、晚稻和两季均产均以NPK+R1+HR2+M处理最高，该处理早稻、晚稻和两季均产均显著高于其他还田处理（NPK+M处理早稻产量除外），分别高出7.3%~16.9%、5.5%~15.1%和7.7%~16.1%。还田处理中早稻、晚稻和两季均产均以NPK+R1处理最低，其次为NPK+R1+R2处理。与NPK+R1处理相比，NPK+M处理早稻、晚稻和两季均产，NPK+R1+M处理早稻和两季均产，NPK+R1+R2处理晚稻均产均显著提高，而NPK+R1+R2、NPK+M和NPK+R1+M处理早稻、晚稻和两季均产均无显著差异。表明湘南地区稻田欲通过有机物料还田来实现高产目的，仅进行稻草还田还不够，必须冬种绿肥和周年稻草还田相配合，以实现培肥地力和维持土壤养分供给。

表3-44 长期不同绿肥、稻草还田模式下水稻均产、产量变异系数及可持续性续指数（2013~2018年）

处理	早稻均产 （kg/hm²）	晚稻均产 （kg/hm²）	两季均产 （kg/hm²）	产量变异系数（%）		产量可持续性指数	
				早稻	晚稻	早稻	晚稻
NPK	5 502.0d	4 445.4d	9 947.4d	13.3	21.7	0.69	0.64
NPK+R1	5 863.3cd	4 974.5c	10 837.7c	13.8	18.5	0.69	0.66
NPK+M	6 386.3ab	5 297.4b	11 683.7b	11.8	23.1	0.74	0.60
NPK+R1+R2	6 152.9bc	5 218.0b	11 370.9bc	12.5	18.8	0.75	0.66
NPK+R1+M	6 230.1bc	5 427.0b	11 657.1b	8.2	17.6	0.81	0.69
NPK+R1+HR2+M	6 855.1a	5 726.0a	12 581.2a	12.0	20.8	0.75	0.64

产量变异系数大小综合反映了产量水平的平均变化状况。由表3-44可知，与NPK处理相比，NPK+M、NPK+R1+R2、NPK+R1+M和NPK+R1+HR2+M处理早稻产量变异系数分别下降11.3%、6.0%、28.3%和9.8%，NPK+R1、NPK+R1+R2、NPK+R1+M和NPK+R1+HR2+M处理晚稻产量变异系数分别下降14.7%、13.4%、18.9%和4.1%。其中，早、晚稻产量变异系数均以NPK+R1+M处理最小。表明绿肥和稻草还田有利于产量稳定，以冬种紫云英联合早稻全部还田效果较好。

产量可持续性指数是衡量某个作物系统是否能持续生产的一个重要参数。早稻和晚稻产量可持续性指数均以NPK+R1+M处理最高，各还田处理产量可持续性指数只有NPK+M处理的晚稻较NPK处理有所下降，但所有处理都在0.55以上（表3-44）。说明各还田处理均有较好的产量可持续性，以冬种紫云英联合早稻全部还田产量可持续性最高。

从图3-21可看出，早、晚稻稻谷产量年际波动较大，这与水稻品种、气候和自然灾害等因素有关。NPK处理早、晚稻历年稻谷产量均低于各还田处理。早稻稻谷产量除2014年外，其余年份均表现为NPK+R1+HR2+M处理最高，且晚稻历年稻谷产量均以NPK+R1+HR2+M处理最高。自2014年始，还田处理中一直以NPK+R1处理早、晚稻稻谷产量最低。NPK+M处理早稻稻谷产量前4年高于NPK+R1+R2处理，后2年低于NPK+R1+R2处理，晚稻产量前4年和2018年高于NPK+R1+R2处理，而在2017年低于NPK+R1+R2处理。NPK+R1+M处理早、晚稻稻谷产量前5年均高于NPK+R1+R2处理，在2018年略低于NPK+R1+R2处理。说明早、晚稻全部还田的增产作用可能存在滞后性。另外，NPK+R1+M处理早稻、晚稻和周年产量前两年低于NPK+M处理，后4年两处理早稻、晚稻稻谷产量无显著差异。综合来说，不同绿肥、稻草还田模式均有利于水稻增产，但促增产效果存在差异，以NPK+R1+HR2+M处理促增产效果最显著，NPK+R1处理促增产效果最低，NPK+M和NPK+R1+M处理优于NPK+R1+R2处理。

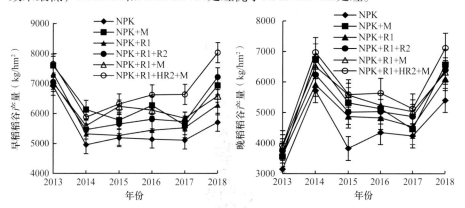

图3-21 不同绿肥、稻草还田模式下早稻、晚稻历年稻谷产量变化

3.3.5.2 土壤养分含量变化

2017年各处理土壤有机质含量方差分析表明，除NPK+R1处理外，其余还田处理土壤有机质含量均显著高于NPK处理（$P<0.05$）（表3-45），其中，NPK+M、NPK+R1+R2、NPK+R1+M和NPK+R1+HR2+M处理土壤有机质含量分别较NPK处理提高18.3%、19.0%、16.6%和29.0%。从长期来看，各处理有机质含量从2013年的14.90g/kg

上升到2017年的21.56～27.80g/kg。各还田处理以MV+RS1+HRS2提升幅度最大，为86.6%，其次为NPK+R1+R2、NPK+M、NPK+R1+M处理，分别为72.1%、71.1%、68.6%，最低为NPK+R1，提升58.1%，而不还田对照处理NPK提升44.6%；2017年各还田处理土壤有机质含量较NPK高9.3%～29.0%，NPK+R1+HR2+M处理土壤有机质含量显著高于NPK+R1处理（$P<0.05$）。连续5年试验后，与NPK处理相比，NPK+R1、NPK+M、NPK+R1+R2、NPK+R1+M和NPK+R1+HR2+M处理土壤全氮含量分别增加12.9%、23.3%、14.7%、22.4%和12.9%，其中NPK+M和NPK+R1+M处理提升显著。各还田处理土壤全氮含量无显著差异。但与2013年相比，各处理土壤全氮含量有所下降，从1.48g/kg下降到1.16～1.43g/kg，其中NPK处理下降21.6%，而不同绿肥、稻草还田处理降幅为3.4%～11.5%；2017年各还田处理土壤全氮含量较NPK提高12.9%～23.3%。这可能是由于水稻地上部生物量的形成需要从土壤中汲取养分，而生物量越高其消耗的土壤养分越多，不同绿肥、稻草还田模式下水稻的产量不同，吸取土壤中速效养分的量也就不同，致使不同处理土壤速效养分含量差异较大。另外，各还田模式培肥土壤的能力也存在差异。土壤有机质含量在NPK+M、NPK+R1+R2、NPK+R1+M、NPK+R1+HR2+M处理下均显著提高，土壤全氮含量在冬种紫云英和冬种紫云英+早稻全部还田下显著提高，而其余还田方式下土壤有机质与全氮含量无显著变化。说明绿肥和稻草联合还田培肥土壤的效果优于单独还田。

表3-45　连续试验5年后各处理土壤基础养分含量（2017年）

年份	处理	有机质 （g/kg）	全氮 （g/kg）	碱解氮 （mg/kg）	有效磷 （mg/kg）	速效钾 （mg/kg）	pH
2013年初始值		14.90	1.48	82.4	12.6	49.0	6.47
2017年	NPK	21.55c	1.16b	209.8a	16.4a	54.7bc	6.29a
	NPK+R1	23.56bc	1.31ab	163.4a	18.4a	63.0abc	6.57a
	NPK+M	25.50ab	1.43a	190.6a	19.8a	52.5bc	6.34a
	NPK+R1+R2	25.65ab	1.33ab	174.0a	21.2a	95.3a	6.02a
	NPK+R1+M	25.12ab	1.42a	184.0a	15.3a	44.3c	6.19a
	NPK+R1+HR2+M	27.80a	1.31ab	175.4a	22.7a	87.0ab	6.22a

2017年各处理土壤碱解氮和有效磷含量无显著差异（表3-45），但较2013年明显提高。土壤碱解氮含量以NPK处理提升幅度最大，为154.6%，不同还田处理提升幅度为98.3%～131.3%。土壤有效磷含量较2013年提升幅度为21.4%～80.2%，以NPK+R1+HR2+M处理提升幅度最高，NPK+R1+M处理提升幅度最小。

2017年各处理土壤速效钾含量存在一定差异，NPK+R1+R2处理土壤速效钾含量显著高于NPK处理，而其余还田处理与NPK处理相比无显著差异（表3-45）。还田处理中NPK+R1+R2和NPK+R1+HR2+M显著高于NPK+R1+M。与2013年相比，还田处理中除NPK+R1+M处理土壤速效钾含量有所下降外，其余处理均有所提高，增幅为7.1%～94.5%，NPK+R1+R2和NPK+R1+HR2+M处理提升幅度较大，NPK+M和NPK+R1

处理提升幅度较小。说明早稻与晚稻均进行还田处理更有利于增加稻田土壤钾库容量。

3.3.5.3 水稳性团聚体含量变化

　　土壤团聚体是形成良好土壤结构的物质基础，能够反映土壤的肥力状况。连续5年试验后，各处理土壤水稳性大团聚体（粒径>0.25mm）含量均占一半以上（图3-22），说明土壤团聚性较好。各处理均以0.25～2mm粒径团聚体含量最高，占40.9%～45.8%。除NPK+M和NPK+R1+R2处理0.053～0.25mm粒径水稳性团聚体含量较NPK处理显著提高外，其余还田处理不同粒径水稳性团聚体含量与NPK相比均无显著差异。NPK+R1、NPK+M、NPK+R1+R2和NPK+R1+HR2+M处理间不同粒径水稳性团聚体含量差异均不显著。NPK+R1+M处理>2mm和0.25～2mm两个粒径的水稳性团聚体含量较高，分别占23.1%和45.8%，即>0.25mm粒径水稳性团聚体含量达68.9%，而0.053～0.25mm和<0.053mm两个粒径水稳性团聚体含量较低，分别显著低于NPK+M、NPK+R1+R2、NPK+R1+HR2+M处理和NPK+M处理。一般>0.25mm粒径的团聚体称为大团聚体，相对于其他粒径团聚体稳定性更高，其含量与土壤品质正相关。本研究中紫云英+早稻全部还田和紫云英+早稻全部还田+晚稻留高茬还田两种模式下>0.25mm粒径水稳性团聚体所占百分比高于其他还田模式，说明绿肥和稻草联合还田较单独还田更有利于土壤肥力的提高。

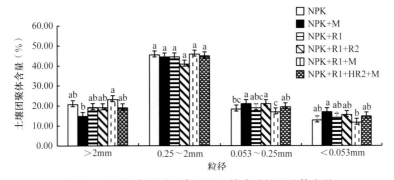

图3-22　连续5年试验后各处理土壤水稳性团聚体含量

　　绿肥+周年稻草全量还田可显著增加水稻产量，提高土壤有机质含量和维持土壤氮素供给能力，有利于土壤水稳性大团聚体的形成，因此，绿肥和周年稻草联合还田是双季稻区红壤相对较好的耕作培肥模式。

3.3.6 有机无机平衡施肥的培肥综合效应与作用机制

3.3.6.1 有机无机平衡施肥的长期固碳增效特征

　　利用搜集到的亚热带双季稻区的28个长期定位试验，分析长期有机无机平衡施肥对稻田耕层（0～20cm）土壤有机碳积累、水稻产量和氮肥利用率的影响。结果表明：单施化肥（NPK）、化肥配施秸秆（NPKS）和化肥配施粪肥（NPKM）处理土壤固碳速率分别为0.30t/(hm²·a)、0.48t/(hm²·a)和0.67t/(hm²·a)（图3-23a），以NPKM处理最高，NPK处理最低。与NPK处理相比，NPKS和NPKM处理的固碳速率分别增加了60%和123%。进一步将不同施肥方式分为化肥施用基础上的有机肥额外添加（有机肥+常规氮肥）和有机无机平衡施肥（有机肥+减量氮肥）两种情况，分别计算其土壤固碳速率（图3-23b，c）。有机肥+减量氮肥即表示在同一试验小区，以粪肥或秸秆N部分替代化肥N，NPK、NPKS和NPKM三个处理每季作物的肥料氮素总施入量相同；有机肥+常规氮肥即同一试验小区，在施NPK肥的基础上，增施粪肥或秸秆。结果表明：有机肥与常规氮肥配施下，NPK、NPKM和NPKS处理的土壤固碳速率分别为0.38t/(hm²·a)、0.79t/(hm²·a)和0.47t/(hm²·a)，其中NPKM和NPKS的土壤固碳速率分别是NPK处理的2.1倍和1.2倍；而有机肥与减量氮肥配施下，NPK、NPKM和NPKS处理的土壤固碳速率分别为0.13t/(hm²·a)、0.54t/(hm²·a)和0.49t/(hm²·a)，其中NPKM和NPKS的土壤固碳速率分别是NPK处理的4.2倍和3.8倍。由此可见，与常规NPK肥相比，减量氮肥配合有机肥平衡施用的土壤固碳速率增长比例较常规氮肥基础上有机肥额外添加处理更高，固碳效果更为明显。

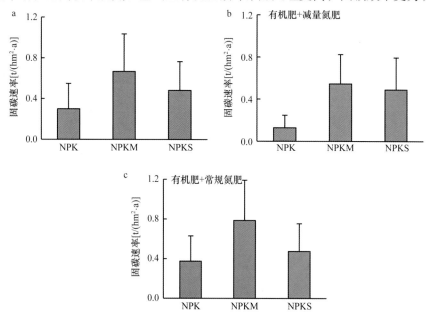

图3-23　不同施肥处理水稻土的固碳速率

a为不同施肥方式；b为有机肥额外添加减量氮肥；c为有机肥额外添加常规氮肥

就水稻产量与肥料氮素利用率而言，有机肥+减量氮肥条件下，NPK、NPKS和NPKM处理水稻产量分别增加4.15t/(hm²·a)、4.19t/(hm²·a)和5.30t/(hm²·a)（图3-24a）。NPKM处理的水稻增产量高于NPK处理（28%），而NPKS处理与NPK处理相似。有机肥+常规氮肥条件下，NPK、NPKS和NPKM处理水稻分别增产4.21t/(hm²·a)、4.59t/(hm²·a)和4.64t/(hm²·a)，增产量各处理间并无显著差异（$P>0.05$）（图3-24b）。有机肥+减量氮肥条件下，NPK、NPKS和NPKM处理的肥料氮素利用率（NUE）分别为10.96kg/kg、11.07kg/kg和13.89kg/kg，也是以NPKM处理最高（$P<0.05$），比NPK处理高出了27%，而NPKS与NPK之间并无显著差异（$P>0.05$）（图3-24c），与产量的变化相一致。有机肥+常规氮肥条件下，NPK、NPKM和NPKS处理的NUE分别为15.96kg/kg、14.78kg/kg和12.07kg/kg，NPKS处理的NUE较NPK处理降低了24%，而NPKM与NPK处理间并无显著差异（$P>0.05$）（图3-24d）。

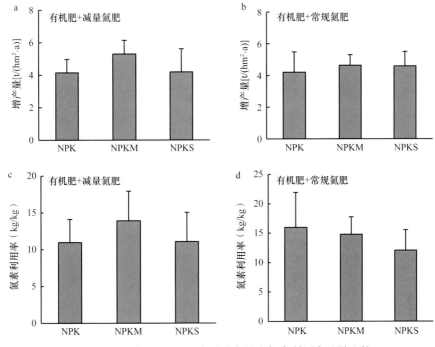

图3-24　不同施肥处理下水稻增产量和氮素利用率差异比较

由此可见，亚热带双季稻区有机肥部分替代化肥的平衡施肥措施更利于土壤固碳、水稻增产和氮素利用率的提高，并且粪肥部分替代化肥较之秸秆更有利于水稻土有机碳积累、水稻增产和氮素利用率的提升，从而可降低化学氮肥的施用量，是一种更为行之有效的有机无机平衡施肥措施。值得注意的是，稻草秸秆直接还田还需考虑其较高的C/N值可能导致氮素固定，从而不利于作物吸收利用并造成温室气体排放增加等问题。

进一步将有机肥+减量氮肥处理按有机肥N占所有肥料N的比例分为低量有机肥（30%～40% OM）和高量有机肥（60%～70% OM）两种情况，分别计算土壤固碳速率、水稻增产量和NUE的差异（图3-25），所选的有机肥主要为粪肥。结果表明：两种不同配比有机无机平衡施肥处理之间水稻增产量、氮素利用效率并无显著差异（$P > 0.05$），仅仅是高量OM处理由于高量的有机肥输入导致其土壤固碳速率相对高于低量OM处理。因此在亚热带双季稻区，仅从产量和氮素利用率来说，无论是高量还是低量有机肥处理，提升产量与氮素利用率的效果相似，如果综合考虑固碳速率、增产量和氮素利用率三者的共赢效果，则以高量有机肥施用的综合效果更优（主要表现为土壤固碳更为显著）。

3.3.6.2　有机无机平衡施肥的短期固碳增效特征

基于中国科学院亚热带农业生态研究所长沙农业环境观测研究站的肥料定位试验，分析短期（4年）有机无机平衡施肥对水稻产量、耕层（0～20cm）土壤有机碳与全氮含量以及肥料氮素利用率的影响。试验设置5个施肥处理，包括不施肥（CK）、常规化肥（NPK）、半量秸秆还田（LS）、全量秸秆还田（HS）、猪粪（PM）。NPK、LS、HS和PM 4种处理的肥料氮素施入总量相同，秸秆N部分替代了化肥N，其中猪粪N占总施N量的50%，每季作物均有施入。

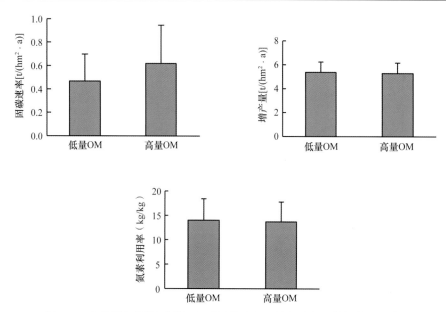

图3-25　有机肥与氮肥不同配比下固碳速率、增产量与肥料氮素利用率

经过4年的定位试验,与CK相比,NPK处理土壤有机碳(SOC)含量仅在试验第4年开始有所增加,增加幅度为8%;而秸秆还田处理(LS、HS)和猪粪处理(PM)的SOC含量则在4年定位试验期间保持持续增加的趋势(图3-26a)。就第4年而言,LS、HS和PM处理的SOC含量分别较CK处理增加了22%、23%和21%。单施化肥处理对耕层土壤全氮(TN)含量的影响与SOC有所差别,TN年际变化较大,表现为试验第1和第3年高于CK处理,而在第2和第4年却明显低于CK(图3-26b)。而秸秆还田(LS、HS)和猪粪(PM)处理下TN含量的变化与SOC相一致,4年试验期间均明显高于CK,其中第4年LS、HS和PM处理的TN含量分别较CK增加了12%、14%和16%(图3-26b)。可见,秸秆还田、猪粪的有机无机平衡施肥处理由于有机物料的施入可较单施化肥更为有效地促进土壤有机碳的积累,并伴随土壤全氮含量的提升。

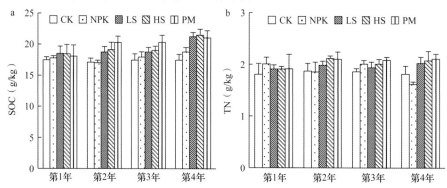

图3-26　不同施肥处理下土壤有机碳(SOC,a)和全氮(TN,b)含量的年际变化

与CK相比,4年定位试验期间不同施肥处理的水稻产量均有明显提升($P<0.05$),且从试验第2年开始呈现逐年增加的趋势(图3-27a)。另外在试验前3年,单施化肥处理水稻产量的提升幅度略高于有机无机平衡施肥处理,具有相对较高的提升水稻产量的效果。但是,到定位试验的第4年,有机无机平衡施肥对水稻产量的提升效应开始突显优

势，明显高于单施化肥处理（$P<0.05$）。这说明有机无机平衡施肥对水稻的增产效果在短期内不如单施化肥处理，但是具有长期持续的效应。

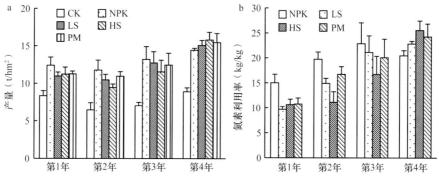

图3-27 短期不同施肥处理下水稻产量（a）和氮素利用率（b）的年际变化

在试验前3年，各处理氮素利用率均呈逐年增加的趋势（图3-27b），由于水稻产量存在差异，各年度均表现为单施化肥的氮素利用率高于有机无机平衡施肥处理（$P<0.05$）。到试验第4年，单施化肥的氮素利用率有所下降，而有机无机平衡施肥处理的氮素利用率因水稻产量的增加保持逐年增加的趋势，并明显高于单施化肥处理（$P<0.05$）。

因此，就水稻产量和氮素利用率的持续性，综合考虑有机无机平衡施肥的长期和短期效应，可以看出有机无机平衡施肥（有机肥氮占比30%、50%、60%）从第4年开始效果明显优于单施化肥处理，提升产量和氮素利用率的长期效应明显，并且对土壤有机碳的提升效果较好，而单施化肥处理仅在短期内产生效果，长期单独施用将会导致土壤质量下降，进而影响水稻产量和氮肥的高效利用。

3.3.6.3 不同稻区稻田土壤中有机底物的分解与转化特征

分别选取双季稻区、稻麦两熟稻区和东北一季稻区的典型稻田土壤（红壤性水稻土、潮土性水稻土、黑土性水稻土），通过室内模拟培养试验，分析3种稻田土壤中有机底物（^{13}C-葡萄糖、^{13}C-秸秆）的矿化与转化特征，以及有机底物添加对稻田土壤原有有机碳矿化的影响。在100d的培养期内，外源添加^{13}C-葡萄糖及^{13}C-秸秆在几种稻田土壤中的矿化均呈现较明显的阶段性特征（图3-28）：0～5d为快速矿化阶段，^{13}C-CO$_2$释放速率较大；6～20d为慢速矿化阶段，^{13}C-葡萄糖和^{13}C-秸秆矿化率增加变缓；21～100d为稳定矿化阶段，^{13}C-葡萄糖和^{13}C-秸秆的矿化速率变平稳。在培养试验的不同阶段，几种水稻土中^{13}C-葡萄糖的矿化率均明显高于^{13}C-秸秆。

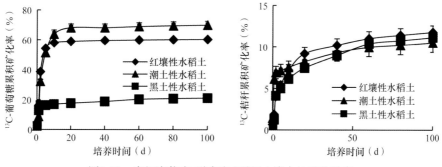

图3-28 有机底物在不同稻区稻田土壤中的矿化动态

培养结束后，^{13}C-葡萄糖的累积矿化率在红壤性水稻土、潮土性水稻土、黑土性水稻土中分别为60%、70%、21%，以潮土性水稻土中最高，黑土性水稻土中最低（$P<0.05$）。^{13}C-秸秆在黑土性水稻土、红壤性水稻土和潮土性水稻土中的累积矿化率分别为11%、12%和11%，土壤类型之间的差异并不显著（$P>0.05$）。同时，外源添加^{13}C-葡萄糖后红壤性水稻土、潮土性水稻土、黑土性水稻土原有有机碳的累积矿化量分别为100.63mg/g SOC、69.21mg/g SOC、45.04mg/g SOC，相比对照处理分别增加了2.2倍、2.4倍、1.3倍（$P<0.05$），表现出较强的激发效应（图3-29）。同期内外源添加^{13}C-秸秆后，红壤性水稻土、潮土性水稻土、黑土性水稻土原有有机碳的累积矿化量分别为41.46mg/g SOC、28.14mg/g SOC、25.09mg/g SOC，相比对照处理分别增加了32%、37%、28%。3种水稻土中外源添加有机底物后对原有有机碳矿化的激发效应存在差异，这可能与3种土壤自身理化性状存差异有关。

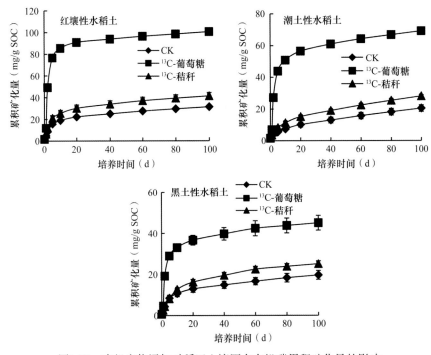

图3-29 有机底物添加对稻田土壤原有有机碳累积矿化量的影响

培养结束后，有机底物分解转化产物在稻田土壤SOC中的分配比例如图3-30a所示。其中，^{13}C-葡萄糖在红壤性水稻土、潮土性水稻土、黑土性水稻土SOC中的分配比例分别为25%、12%、16%，以红壤性水稻土中的比例最高；而^{13}C-秸秆在红壤性水稻土、潮土性水稻土、黑土性水稻土SOC中的分配比例分别为0.10%、0.8%、9.0%，以黑土性水稻土中的比例最高（$P<0.05$）。在所选4种不同活性SOC组分中，有机底物分解转化产物趋于向稳定性组分Fe/Al-SOC分配，^{13}C-葡萄糖和^{13}C-秸秆在Fe/Al-SOC中的分配比例分别介于1.6%～6.9%和1.1%～6.8%；其次为中活性组分POC，^{13}C-葡萄糖和^{13}C-秸秆在POC中的分配比例分别介于0.2%～5.5%和0.2%～2.0%；而在活性组分中的分配比例则较低，尤以DOC中的比例最低（图3-30b～e）。这说明稻田土壤中外源输入有机底物的分解产物与氧化铁铝发生化学键合、向有机碳中较为稳定的组分分配是其在稻田土壤中有效积累的

主要机制之一，从而进一步促进稻田土壤有机碳的积累，且该积累机制因土壤类型不同而异。

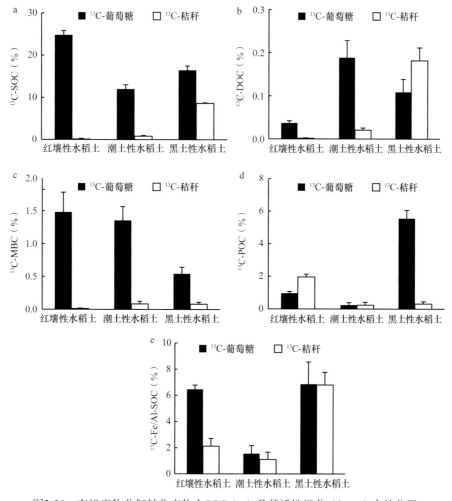

图3-30 有机底物分解转化产物在SOC（a）及其活性组分（b～e）中的分配

对红壤性水稻土、潮土性水稻土、黑土性水稻土进行核磁共振波谱分析，根据化学位移可将水稻土的核磁共振波谱分为4个共振区域：烷基碳区（$\delta=0\sim48$）、烷氧碳区（$\delta=48\sim110$）、芳香碳区（$\delta=110\sim160$）和羧基碳区（$\delta=160\sim190$）（图3-31）。由图3-31可见，不同类型水稻土有机质的官能团结构存在明显差异。进一步分析有机质官能团与有机底物矿化及其对土壤原有有机碳矿化激发效应的关系表明（图3-32），芳香碳与^{13}C-葡萄糖矿化量及其对原有有机碳矿化激发效应均表现为负相关关系，羧基碳则与^{13}C-秸秆矿化量及其对原有有机碳矿化激发效应均表现为负相关关系，这说明土壤稳定性官能团组分（芳香碳、羧基碳）在减缓有机质矿化过程中起一定作用，并且不同官能团组分对不同活性有机底物矿化的影响存在差异，从而对外源输入土壤有机碳的积累与稳定产生不同影响。

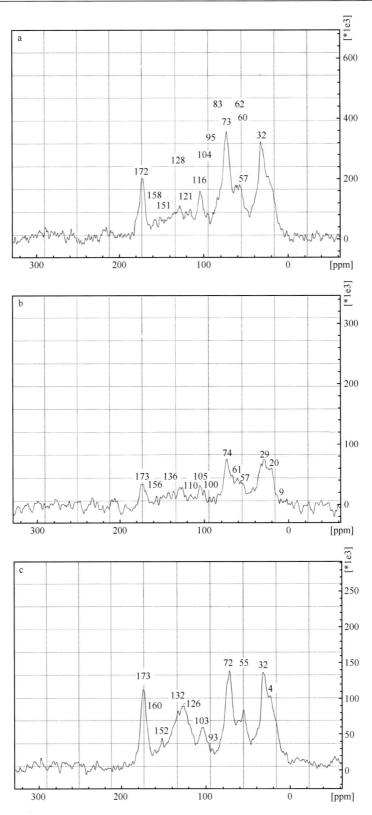

图3-31　不同类型水稻土有机质核磁共振波谱

a.红壤性水稻土；b.潮土性水稻土；c.黑土性水稻土

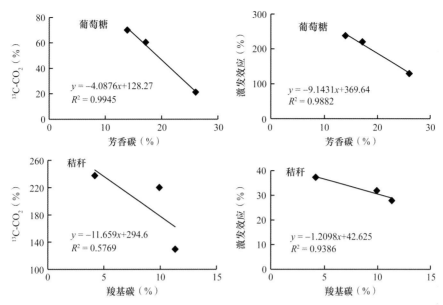

图3-32 土壤有机质官能团与有机底物矿化及其对土壤原有有机碳激发效应的关系

3.3.6.4 稻田土壤外源输入碳氮的转化特征与机制

以亚热带地区由第四纪红土母质发育成的稻田土壤的长期定位施肥试验为例，以^{13}C标记稻草为碳源，采用室内培养试验，外源添加^{15}N标记的氮源$(NH_4)_2SO_4$和磷源NaH_2PO_4，共设计4个处理：水稻秸秆（straw）、水稻秸秆+氮（straw+N）、水稻秸秆+磷（straw+P）、水稻秸秆+氮磷（straw+NP），分析稻田土壤外源输入碳氮养分元素的转化过程与相关机制。试验培养时间为100d。

培养结束后，外源水稻秸秆的添加促进了土壤中外源^{13}C的积累（图3-33a），其中单独添加秸秆（straw）土壤中^{13}C-SOC的含量为8.5mg/kg。而与straw相比，秸秆配合氮（straw+N）、秸秆配合磷的添加（straw+P）均降低了土壤中外源^{13}C的积累，其^{13}C-SOC含量分别为7.0mg/kg和7.5mg/kg，分别降低了18%和12%。相反，秸秆配合氮磷添加（straw+NP）较秸秆单独添加促进了土壤中外源^{13}C的积累，^{13}C-SOC含量达11.6mg/kg，增加了37%。由此可见，土壤中施入外源水稻秸秆的同时，配合添加适量的氮磷能够进一步促进外源输入碳在土壤中的有效积累，而单独的氮或磷的添加则不利于土壤外源碳的进一步积累。

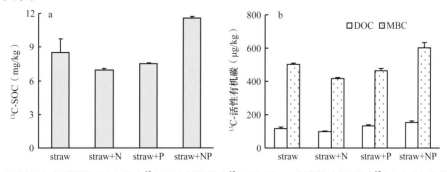

图3-33 外源碳与氮磷添加下土壤中^{13}C标记有机碳（^{13}C-SOC）、水溶性有机碳（^{13}C-DOC）和微生物生物量碳（^{13}C-MBC）的积累

外源添加碳促进了^{13}C在土壤水溶性有机碳（DOC）和微生物生物量碳（MBC）中的积累（图3-33b）。其中straw、straw+N、straw+P和straw+NP处理DOC含量分别为117µg/kg、98µg/kg、133µg/kg和154µg/kg，与straw相比，秸秆配施N降低了外源碳在DOC中的积累，而磷及氮磷添加配合秸秆则提高了DOC中外源碳的积累。straw、straw+N、straw+P和straw+NP处理MBC含量分别为503µg/kg、417µg/kg、465µg/kg和602µg/kg，与straw相比，氮或者磷的单独添加配合秸秆降低了^{13}C在MBC中的积累，而氮磷组合添加配合秸秆则增加了^{13}C在MBC中的积累。由此可见，秸秆添加的同时配合单独的氮素添加导致土壤^{13}C-SOC降低的一个主要表现为DOC和MBC活性组分中^{13}C积累减少。

外源秸秆添加条件下，外源添加的^{15}N在土壤以及溶液中的分配如图3-34所示，以向土壤中分配为主，其中又以向DON中的分配高于MBN。但是需要注意的是，与straw+N相比，秸秆与氮磷的组合添加增加了DON和MBN中的^{15}N含量，有可能会导致土壤微生物与作物生长竞争氮肥。

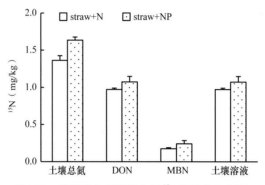

图3-34　外源碳与氮磷添加下^{15}N的转化和分配

3.3.6.5　稻田秸秆炭化还田的固碳增效与温室气体减排效应

考虑到秸秆直接还田可能导致稻田温室气体排放增加的问题，将秸秆炭化后一次施入土壤（仅在试验第二年施用一次），并配合常规NPK肥施用，定期观测土壤肥力和温室气体（CH$_4$、N$_2$O）排放情况，探讨秸秆炭化还田的稻田土壤培肥与温室气体减排效应。试验涉及5个处理，包括不施肥（CK）、半量秸秆还田（LS）、全量秸秆还田（HS）、低量生物炭（LC）、高量生物炭（HC）。

在4年的定位试验期间，秸秆炭化还田处理土壤有机碳含量明显高于秸秆直接还田，其中又以高量生物炭处理土壤有机碳含量最高。而秸秆直接还田处理和生物炭处理的土壤全氮含量差异并不明显。另外，秸秆炭化还田后能够维持并增加水稻的产量。可见，秸秆炭化还田在维持水稻产量的同时，还因稳定性生物炭的施入促进土壤更为有效地固碳，而对土壤氮素的影响不大（图3-35）。

与秸秆直接还田相比，施用生物炭显著降低了稻田CH$_4$排放量，且在高量施用时还能较对照减少CH$_4$排放（图3-36）。施用生物炭在一定程度上增加了N$_2$O排放量。土壤异养呼吸速率（Rh）并未随生物炭施用量增加而增加，表明生物炭在稻田土壤中比较稳定。因此，生物炭施用可能具有提高稻田肥力和减少环境温室效应的双重效果。

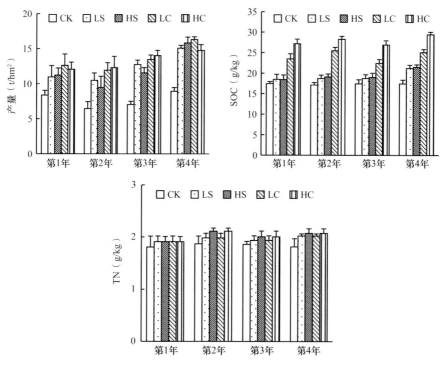

图3-35 秸秆直接还田与炭化还田下水稻产量和土壤有机碳（SOC）、全氮（TN）含量的年际变化

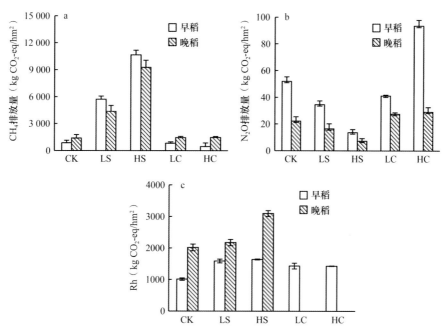

图3-36 稻季CH_4（a）、N_2O（b）累积排放量和土壤异养呼吸速率Rh（c）

综合考虑CH_4和N_2O的排放，秸秆还田较对照显著增加温室气体排放所产生的净全球增温潜势（GWP）；而秸秆源生物炭施用除本身性质稳定可实现固碳外，当施用量高时还能较对照减少GWP（图3-37）。因此，秸秆炭化还田较秸秆直接还田具有更优的固碳减排效应。

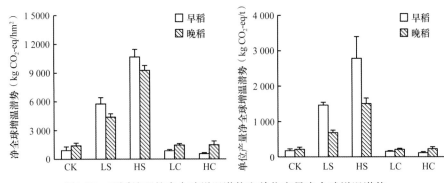

图3-37　不同处理的净全球增温潜势和单位产量净全球增温潜势

参考文献

包耀贤, 黄庆海, 徐明岗, 等. 2012. 长期不同施肥下红壤性水稻土综合肥力评价及其效应. 植物营养与肥料学报, 19(1): 78-85.

才硕, 时红, 潘晓华, 等. 2017. 微纳米气泡增氧灌溉对双季稻需水特性及产量的影响. 节水灌溉, (2): 12-15.

才硕, 时红, 潘晓华, 等. 2019. 绿肥与稻草联合还田对机插双季稻生长和产量的影响. 江西农业大学学报, 41(4): 631-640.

曹卫东, 包兴国, 徐昌旭. 2017. 中国绿肥科研60年回顾与未来展望. 植物营养与肥料学报, 23(6): 1450-1461.

曹卫东, 徐昌旭. 2010. 中国主要农区绿肥作物生产与利用技术规程. 北京: 中国农业科学技术出版社.

陈安磊, 谢小立, 陈惟财, 等. 2009. 长期施肥对红壤稻田耕层土壤碳储量的影响. 环境科学, 30(5): 1267-1272.

陈浩, 张秀英, 郝兴顺, 等. 2018. 秸秆还田对农田环境多重影响研究进展. 江苏农业科学, 46(5): 21-24.

陈明华, 余广兰, 肖振林, 等. 2004. 灰黄泥田不同施肥定位监测阶段结果. 福建农业科技, 1: 33-34.

陈小云, 郭菊花, 刘满强, 等. 2011. 施肥对红壤性水稻土有机碳活性和难降解性组分的影响. 土壤学报, 48(1): 125-131.

陈义, 王胜佳, 吴春艳, 等. 2004. 稻田土壤有机碳平衡及其数学模拟研究. 浙江农业学报, 16(1): 1-6.

程文龙, 韩上, 武际, 等. 2019. 连续秸秆还田替代钾肥对作物产量及土壤钾素平衡的影响. 中国土壤与肥料, (5): 72-78.

程扬, 刘子丹, 沈启斌, 等. 2018. 秸秆生物炭施用对玉米根际和非根际土壤微生物群落结构的影响. 生态环境学报, 27(10): 1870-1877.

程洋. 2016. 稻田不同冬绿肥种植模式的生产效益、养分利用及土壤培肥效应. 武汉: 华中农业大学硕士学位论文.

崔新卫, 张杨珠, 吴金水, 等. 2014. 秸秆还田对土壤质量与作物生长的影响研究进展. 土壤通报, 45(6): 1527-1532.

戴飞, 韩正晟, 张克平, 等. 2011. 我国机械化秸秆还田联合作业机的现状与发展. 中国农机化, (6): 37, 42-45.

丹东市农科所青椅山公社大水沟大队科研基点. 1972. 秸秆还田改土肥地. 新农业, (5): 22-23.

杜林森, 唐美铃, 祝贞科, 等. 2018. 长期施肥对不同深度稻田土壤碳氮水解酶活性的影响特征. 环境科学, 39(8): 3901-3909.

杜长征. 2009. 我国秸秆还田机械化的发展现状与思考. 农机化研究, 31(7): 234-236.

高桂娟, 李志丹, 韩瑞宏, 等. 2016. 种南方绿肥腐解特征及其对淹水土壤养分和酶活性的影响. 热带作物学报, 37(8): 1476-1483.

高静, 朱捷, 黄益国, 等. 2019. 农作物秸秆还田的研究进展. 作物研究, 33(9): 597-602.

高菊生, 徐明岗, 董春华, 等. 2013. 长期稻-稻-绿肥轮作对水稻产量及土壤肥力的影响. 作物学报, 39(2): 343-349.

顾春朝, 傅民杰, 孙宇贺, 等. 2015. 不同施肥措施对稻田土壤氮素矿化的影响. 广东农业科学, 42(5): 43-48.

顾克军, 张传辉, 顾东祥, 等. 2017. 短期不同秸秆还田与耕作方式对土壤养分与稻麦周年产量的影响. 西南农业学报, 30(6): 1408-1413.

关大伟, 李力, 岳现录, 等. 2014. 我国大豆的生物固氮潜力研究. 植物营养与肥料学报, 20(6): 1497-1504.

关强, 蒲瑶瑶, 张欣, 等. 2018. 长期施肥对水稻根系有机酸分泌和土壤有机碳组分的影响. 土壤, 50(1): 115-121.

郭九信. 2015. 养分优化管理提高水稻产量及其生理生态机制的研究. 南京: 南京农业大学博士学位论文.

郭炜, 于洪久, 于春生, 等. 2017. 秸秆还田技术的研究现状及展望. 黑龙江农业科学, (7): 109-111.

郭振, 王小利, 段建军, 等. 2018. 长期施肥对黄壤性水稻土有机碳矿化的影响. 土壤学报, 55(1): 225-235.

韩梦颖, 王雨桐, 高丽, 等. 2017. 降解秸秆微生物及秸秆腐熟剂的研究进展. 南方农业学报, 48(6): 1024-1030.

何念祖, 林咸永, 林荣新, 等. 1995. 碳氮磷钾投入量对三熟制稻田土壤肥力的影响. 土壤通报, 26(7): 5-7.

河南黄泛区农场. 1981. 介绍两种秸秆还田装置. 农业机械, (9): 20-21.

侯红乾, 刘秀梅, 刘光荣, 等. 2011. 有机无机肥配施比例对红壤稻田水稻产量和土壤肥力的影响. 中国农业科学, 44(3): 516-523.

侯立刚, 刘亮, 关法春, 等. 2019. 稻草本田低温发酵与堆腐还田技术. 吉林农业, (22): 66.

胡乃娟, 韩新忠, 杨敏芳, 等. 2015. 秸秆还田对稻麦轮作农田活性有机碳组分含量、酶活性及产量的短期效应. 植物营养与肥料学报, 21(2): 371-377.

黄晶, 刘淑军, 张会民, 等. 2016. 水稻产量对双季稻和不同冬绿肥轮作及环境的响应. 生态环境学报, 25(8): 1271-1276.

蒋植宝, 张圣旺, 刘长虹, 等. 2000. 麦套稻秸秆全量自然还田方法的研究与实践. 农业环境与发展, 17(4): 43-45.

金梦灿, 张舒予, 郜红建, 等. 2017. 麦秆还田下钾肥减量对水稻产量及钾肥利用率的影响. 中国生态农业学报, 25(11): 1653-1660.

兰忠明, 林新坚, 张伟光, 等. 2012. 缺磷对紫云英根系分泌物产生及难溶性磷活化的影响. 中国农业科学, 45(8): 1521-1531.

李逢雨, 孙锡发, 冯文强, 等. 2009. 麦秆、油菜秆还田腐解速率及养分释放规律研究. 植物营养与肥料学报, 15(2): 374-380.

李继福, 鲁剑巍, 李小坤, 等. 2013a. 麦秆还田配施不同腐秆剂对水稻产量、秸秆腐解和土壤养分的影响. 中国农学通报, 29(35): 270-276.

李继福, 鲁剑巍, 任涛, 等. 2014. 稻田不同供钾能力条件下秸秆还田替代钾肥效果. 中国农业科学, 47(2): 292-302.

李继福, 任涛, 鲁剑巍, 等. 2013b. 水稻秸秆钾与化肥钾释放与分布特征模拟研究. 土壤, 45(6): 1017-1022.

李建军, 辛景红, 张会民, 等. 2015. 长江中下游粮食主产区 25 年来稻田土壤养分演变特征. 植物营养与肥料学报, 21(1): 92-103.

李锦, 田霄鸿, 王少霞, 等. 2014. 秸秆还田条件下减量施氮对作物产量及土壤碳氮含量的影响. 西北农林科技大学学报（自然科学版）, 42(1): 137-143.

李静, 陶宝瑞, 焦美玲, 等. 2015. 秸秆还田下我国南方稻田表土固碳潜力研究——基于Meta分析. 南京农业大学学报, 38(3): 351-359.

李军, 孙宏德, 尚惠贤, 等. 1983. 黑土肥力特性及其培肥技术的研究——第三报　秸秆还田是培肥地力的重要途径. 吉林农业科学, 3: 41-46.

李可懿, 王朝辉, 赵护兵, 等. 2011. 黄土高原旱地小麦与豆科绿肥轮作及施氮对小麦产量和籽粒养分的影响. 干旱地区农业研究, 29(2): 110-116, 123.

李生枝, 谢广元, 杨周勤. 1979. 玉米秸秆立茬直接还田调查. 陕西农业科学, 10: 15-16.

李世清, 李生秀. 2001. 有机物料在维持土壤微生物体氮库中的作用. 生态学报, 21(1): 136-142.

李文革, 李倩, 贺小香. 2006. 秸秆还田研究进展. 湖南农业科学, 1: 46-48.

李新举, 张志国. 2001. 免耕的土壤适应性. 土壤通报, (1): 41-43, 50.

李玉梅, 王晓轶, 王根林, 等. 2019. 不同耕法及秸秆还田对土壤水分运移变化的影响. 水土保持通报, 39(5): 40-45, 53.

廖育林, 鲁艳红, 周兴, 等. 2017a. 不同施氮量下紫云英与稻草协同利用对双季稻的产量效应. 湖南农业科学, (12): 57-60, 74.

廖育林, 郑圣先, 聂军, 等. 2009. 长期施用化肥和稻草对红壤水稻土肥力和生产力持续性的影响. 中国农业科学, 42(10): 3541-3550.

廖育林, 周兴, 鲁艳红, 等. 2017b. 双季稻产量和肥料效益对减量施肥下紫云英与稻草协同利用的响应. 湖南农业科学, (12): 52-56.

刘冬碧, 夏贤格, 范先鹏, 等. 2017. 长期秸秆还田对水稻-小麦轮作制作物产量和养分吸收的影响. 湖北农业科学, 56(24): 61-66.

刘芳, 张长生, 陈爱武, 等. 2012. 秸秆还田技术研究及应用进展. 作物杂志, (2): 18-23.

刘枫, 张辛未, 汪春水. 1998. 皖南双季稻区长期是非效应研究. 植物营养与肥料学报, 4(3): 224-230.

刘纪爱, 束爱萍, 刘光荣. 2019. 施肥影响土壤性状和微生物组的研究进展. 生物技术通报, 35(9): 21-28.

刘立生, 徐明岗, 张璐, 等. 2015. 长期不种绿肥稻田土壤颗粒有机碳演变特征. 植物营养与肥料学报, 21(6): 1439-1446.

刘荣乐, 金继运, 吴荣贵, 等. 2000. 我国北方土壤作物系统内钾素循环特征及秸秆还田与施钾肥的影响. 植物营养与肥料学报, (2): 123-132.

刘世平, 陈后庆, 聂新涛, 等. 2008. 稻麦两熟制不同耕作方式与秸秆还田土壤肥力的综合评价. 农业工程学报, 24(5): 51-56.

刘世平, 陈文林, 聂新涛, 等. 2007. 麦稻两熟地区不同埋深对还田秸秆腐解进程的影响. 植物营养与肥料学报, 13(6): 1049-1053.

刘守龙, 童成立, 吴金水, 等. 2007. 等氮条件下有机无机肥配比对水稻产量的影响探讨. 土壤学报, 44(1): 106-112.

刘威, 秦自果, 耿明建, 等. 2017. 冬种绿肥和稻草全量还田对单季稻田土壤理化性质的影响. 中国土壤与肥料, (4): 52-58.

刘希玉, 王忠强, 张心昱, 等. 2013. 施肥对红壤水稻土团聚体分布及其碳氮含量的影响. 生态学报, 33(16): 4949-4955.

刘巽浩, 王爱玲, 高旺盛. 1998. 实行作物秸秆还田促进农业可持续发展. 作物杂志, 5: 3-5.

刘益仁, 郁洁, 李想, 等. 2012. 有机无机肥配施对麦-稻轮作系统土壤微生物学特性的影响. 农业环境科学学报, 31(5): 989-994.

刘占军, 艾超, 徐新朋, 等. 2015. 低产水稻土改良与管理研究策略. 植物营养与肥料学报, 21(2): 509-516.

龙成江, 夏永琴, 喻延, 等. 2019. 绿肥压青量对烤烟根际土壤可培养微生物的影响. 亚热带农业研究, 15(3): 199-204.

鲁艳红, 曾庆利, 廖育林, 等. 2011. 双季稻-油菜三熟制下长期施肥对早稻产量、养分吸收及土壤肥力的影响. 中国农业科技导报, 13(2): 76-81.

马蓓, 周萍, 童成立, 等. 2017. 亚热带丘陵区红壤不同土地利用方式下土壤有机碳的变化特征. 农业现代化研究, 38(1): 176-181.

马力, 杨林章, 沈明星, 等. 2011. 基于长期定位试验的典型稻麦轮作区作物产量稳定性研究. 农业工程学报, 27(4): 117-124.

缪明. 2007. 机械化埋沟埋草秸秆还田技术研究. 江苏农机化, 3(12): 25-26.

潘剑玲, 代万安, 尚占环, 等. 2013. 秸秆还田对土壤有机质和氮素有效性影响及机制研究进展. 中国生态农业学报, 21(5): 526-535.

彭娜, 王开峰, 谢小立, 等. 2009. 长期有机无机肥配施对稻田土壤基本理化性状的影响. 中国土壤与肥料, (2): 6-10.

彭祖厚, 唐德琴. 1988. 秸秆还田在培肥地力上的作用. 中国土壤与肥料, (2): 11-15.

邱孝煊, 蔡元呈, 林勇, 等. 2006. 稻草还田对红壤性水稻土肥力的影响. 中国农学通报, (1): 188-190.

仇春华. 2017. 水稻秸秆还田技术的探讨. 农民致富之友, (20): 129.

石祖梁, 王飞, 李想, 等. 2016. 秸秆"五料化"中基料化的概念和定义探讨. 中国土壤与肥料, (6): 152-155.

石祖梁, 王飞, 王久臣, 等. 2019. 我国农作物秸秆资源利用特征、技术模式及发展建议. 中国农业科技导报, 21(5): 8-16.

史奕, 陈欣, 沈善敏. 2002. 有机胶结形成土壤团聚体的机制及理论模型. 应用生态学报, 13(11): 1495-1498.

宋莉, 廖万有, 王烨军, 等. 2016. 套种绿肥对茶园土壤理化性状的影响. 土壤, 48(4): 675-679.

苏思慧, 王美佳, 张文可, 等. 2018. 耕作方式与玉米秸秆条带还田对土壤水稳性团聚体和有机碳分布的影响. 土壤通报, 49(4): 91-97.

孙波, 王晓玥, 吕新华. 2017. 我国60年来土壤养分循环微生物机制的研究历程——基于文献计量学和大数据可视化分析. 植物营养与肥料学报, 23(6): 1590-1601.

孙传芝, 孙仲逸, 魏贞莹, 等. 1987. 不同前作及其秸秆还田对晚稻产量和土壤肥力的影响. 广西农学院学报, 1: 20-27.

孙鸿烈, 陈宜瑜, 于贵瑞, 等. 2014. 国际重大研究计划与中国生态系统研究展望——中国生态大讲堂百期学术演讲暨2014年春季研讨会评. 地理科学进展, 33(7): 865-873.

孙凯, 刘振, 胡恒宇, 等. 2019. 有机培肥与轮耕方式对夏玉米田土壤碳氮和产量的影响. 作物学报, 45(3): 401-410.

孙宁, 王飞, 孙仁华, 等. 2016. 国外农作物秸秆主要利用方式与经验借鉴. 中国人口·资源与环境, 26(S1): 469-474.

孙伟红, 劳秀荣, 董玉良. 2004. 小麦–玉米轮作体系中秸秆还田对产量及土壤钾素肥力的影响. 作物杂志, (4): 14-16.

田慎重, 宁堂原, 王瑜, 等. 2010. 不同耕作方式和秸秆还田对麦田土壤有机碳含量的影响. 应用生态学报, 21(2): 373-378.

王传雷, 瞿和平, 万一花, 等. 2003. 有机无机肥配合施用长期定位试验. 湖北农业科学, 5: 58-59.

王飞, 林诚, 李清华, 等. 2011. 长期不同施肥对南方黄泥田水稻子粒品质性状与土壤肥力因子的影响. 植物营养与肥料学报, 17(2): 283-290.

王海候, 金梅娟, 陆长婴, 等. 2017. 秸秆还田模式对农田土壤碳库特性及产量的影响. 自然资源学报, 32(5): 755-764.

王红彦, 王飞, 孙仁华, 等. 2016. 国外农作物秸秆利用政策法规综述及其经验启示. 农业工程学报, 32(16): 216-222.

王家玉, 王胜佳, 陈义, 等. 1999. 不同肥料配合对作物产量与土壤肥力的长期影响. 浙江农业学报, 11(1): 10-16.

王丽, 李军, 李娟, 等. 2014. 轮耕与施肥对渭北旱作玉米田土壤团聚体和有机碳含量的影响. 应用生态学报, 25(3): 759-768.

王秋菊, 常本超, 刘峰. 2017. 长期秸秆还田对白浆土物理性质及水稻产量的影响. 中国农业科学, 50(14): 2748-2757.

王秋菊, 焦峰, 刘峰, 等. 2019a. 草甸白浆土稻秆氮利用效率及氮素调控对水稻产量的影响. 农业工程学报, 35(11): 86-94.

王秋菊, 刘峰, 迟凤琴, 等. 2019b. 秸秆还田及氮肥调控对不同肥力白浆土氮素及水稻产量影响. 农业工程学报, 35(14): 105-111.

王忍, 黄璜, 伍佳, 等. 2020. 稻草还田对土壤养分及水稻生物量和产量的影响. 作物研究, 34(1): 8-15.

王淑兰, 王浩, 李娟, 等. 2016. 不同耕作方式下长期秸秆还田对旱作春玉米田土壤碳、氮、水含量及产量的影响. 应用生态学报, 27(5): 1530-1540.

王朔林, 王改兰, 赵旭, 等. 2015. 长期施肥对栗褐土有机碳含量及其组分的影响. 植物营养与肥料学报, 21(1): 104-111.

王兴, 祁剑英, 井震寰, 等. 2019. 长期保护性耕作对稻田土壤团聚体稳定性和碳氮含量的影响. 农业工程学报, 35(24): 121-128.

王玉竹, 周萍, 王娟, 等. 2017. 亚热带几种典型稻田与旱作土壤中外源输入秸秆的分解与转化差异. 生态学报, 37(19): 6457-6465.

王云和. 1980. 秸秆还田是改良土壤培肥地力的有效措施. 新疆农垦科技, (3): 36-37.

王振忠, 李庆康, 吴敬民, 等. 2000. 稻麦秸秆全量直接还田技术对土壤的培肥效应. 江苏农业科学, 4: 47-49.

王志运, 詹硕仁. 1989. 从土壤结构性的变化看绿肥和秸秆还田在养地中的意义. 宁夏农业科学研究, 1: 55-60.

文石林, 聂军. 2013. 长期稻–稻–绿肥轮作对水稻产量及土壤肥力的影响. 作物学报, 39(2): 343-349.

吴槐泓, 张连佳, 张杭英. 2000. 长期施用不同肥料对土壤稻田产量和土壤有机质品质的影响. 土壤通报, 31(3): 125-126.

吴金水, 李勇, 童成立. 2018. 亚热带水稻土碳循环的生物地球化学特点与长期固碳效应. 农业现代化研究, 39(6): 895-906.

吴敬民, 许文元, 董百舒. 1991. 秸秆还田效果及其在土壤培肥中的地位. 土壤通报, 22(5): 211-215.

吴俊松, 刘建, 刘晓菲, 等. 2016. 稻麦秸秆集中沟埋还田对麦田土壤物理性状的影响. 生态学报, 36(7): 2066-2075.

吴良欢, 方勇, 陶勤南, 等. 1996. 长期施用化肥与有机肥对土壤肥力影响的回归分析. 浙江农业学报, 8(6): 335-339.

吴萍萍, 李录久, 耿言安, 等. 2018. 耕作与施肥措施对江淮地区白土理化性质及水稻产量的影响. 水土保持学报, 32(6): 243-248.

吴晓晨, 李忠佩, 张桃林. 2009. 长期不同施肥措施下红壤稻田的养分循环与平衡. 土壤, 41(3): 377-383.

伍佳, 王忍, 吕广动, 等. 2019. 不同秸秆还田方式对水稻产量和土壤养分的影响. 华北农学报, 34(6): 177-183.

武红亮, 王士超, 槐圣昌, 等. 2018. 近30年来典型黑土肥力和生产力演变特征. 植物营养与肥料学报, 24(6): 1456-1464.

武均, 蔡立群, 张仁陟, 等. 2018. 不同耕作措施对旱作农田土壤水稳性团聚体稳定性的影响. 中国生态农业学报, 26(3): 329-337.

向璐, 周萍, 盛良学, 等. 2018. 减氮条件下不同施肥措施对双季稻产量和N肥利用的影响. 农业现代化研究, 39(2): 335-341.

熊明彪, 雷孝章, 田应兵, 等. 2004. 紫色土稻田生态系统钾素平衡研究. 西南农业学报, 17(4): 472-476.

徐昌旭, 谢志坚, 许政良, 等. 2010. 等量紫云英条件下化肥用量对早稻养分吸收和干物质积累的影响. 江西农业学报, 22(10): 13-14.

徐明岗. 2015. 中国土壤肥力演变. 2版. 北京: 中国农业科学技术出版社.

徐明岗, 周世伟, 张文菊, 等. 2015. 我国长期定位施肥试验与农业可持续生产. 中国科学院院刊, 30(Z1): 141-149.

徐琪, 杨林章, 董元华, 等. 1998. 中国稻田生态系统. 北京: 中国农业出版社.

杨曾平, 徐明岗, 聂军, 等. 2011. 长期冬种绿肥对双季稻种植下红壤性水稻土质量的影响及其评价. 水土保持学报, 25(3): 92-97, 102.

杨璐. 2019. 紫云英种植及与稻草协同利用的减肥效应和紫云英固氮调控机制. 北京: 中国农业科学院博士学位论文.

杨敏芳, 朱利群, 韩新忠, 等. 2013. 不同土壤耕作措施与秸秆还田对稻麦两熟制农田土壤活性有机碳组分的短期影响. 应用生态学报, 24(5): 1387-1393.

杨文钰, 王兰英. 1999. 作物秸秆还田的现状与展望. 四川农业大学学报, 17(2): 211-216.

杨晓磊, 施俭, 王成科. 2017. 连续3年秸秆还田对土壤性状和作物产量的影响. 现代农业科技, 24: 167-168, 175.

仰海洲, 周克明, 王升, 等. 2016. 稻秆全量还田下不同肥料施用量对小麦茎蘖动态和产量的影响. 安徽农业科学, 44(28): 119-120, 138.

要文倩, 秦江涛, 张继光, 等. 2010. 江西进贤水田长期施肥模式对水稻养分吸收利用的影响. 土壤, 42(3): 467-472.

叶雪松. 2015. 耕作方式对土壤物理性状、酶活性以及燕麦产量的影响. 呼和浩特: 内蒙古大学硕士学位论文.

于宗波, 杨恒山, 萨如拉, 等. 2019. 不同质地土壤玉米秸秆还田配施腐熟剂效应的研究. 水土保持学报, 33(4): 234-240.

郧文聚. 2015. 我国耕地资源开发利用的问题与整治对策. 中国科学院院刊, 30(4): 484-491.

曾广骥, 付尚志, 柳英范, 等. 1985. 秸秆直接还田对作物产量与土壤性质的影响. 黑龙江农业科学, (5): 10-14.

曾木祥. 1995. 制定秸秆直接还田技术规程的研究. 土壤肥料, 4: 8-13.

曾希柏, 黄道友, 魏朝富, 等. 2014. 耕地质量培育技术与模式. 北京: 中国农业出版社.

张成兰, 艾绍英, 杨少海. 2016. 双季稻-绿肥种植系统下长期施肥对赤红壤性状的影响. 水土保持学报, 30(5): 184-189.

张广才. 1989. 秸秆连年直接还田的方法和效果. 湖北农业科学, 5: 21-22.

张国荣, 李菊梅, 徐明岗, 等. 2009. 长期不同施肥对水稻产量及土壤肥力的影响. 中国农业科学, 42(2): 543-551.

张国忠, 黄海东. 2004. 秸秆综合利用研究发展与展望. 湖北农机化, 6: 24-25.

张翰林, 郑宪清, 何七勇, 等. 2016. 不同秸秆还田年限对稻麦轮作土壤团聚体和有机碳的影响. 水土保持学报, 30(4): 216-220.

张佳宝, 林先贵, 李晖. 2011. 新一代中低产田治理技术及其在大面积均衡增产中的潜力. 中国科学院院刊, 26(4): 375-382.

张黎明, 邓小华, 周米良, 等. 2016. 不同种类绿肥翻压还田对植烟土壤微生物量及酶活性的影响. 中国烟草科学, 37(4): 13-18.

张丽敏, 徐明岗, 娄翼来, 等. 2014. 长期施肥下黄壤性水稻土有机碳组分变化特征. 中国农业科学, 47(19): 3817-3825.

张磷, 黄小红, 谢晓丽, 等. 2005. 施肥技术对土壤肥力和肥料利用率的影响. 广东农业科学, (2): 46-49.

张龙辉, 李源环, 邓小华, 等. 2019. 施用石灰和绿肥及生物有机肥后的酸性土壤pH和理化性状动态变化. 中国烟草学报, 25(3): 60-66.

张钦, 于恩江, 林海波, 等. 2019. 连续种植不同绿肥作物的土壤团聚体稳定性及可蚀性特征. 水土保持研究, 26(2): 9-15.

张婷, 张一新, 向洪勇. 2018. 秸秆还田培肥土壤的效应及机制研究进展. 江苏农业科学, 46(3): 14-20.

张岳芳, 孙国峰, 周炜, 等. 2015. 保护性耕作对南方稻麦两熟高产农田土壤碳库特性的影响. 西南农业学报, 28(3): 1155-1160.

张志毅, 熊桂云, 吴茂前, 等. 2020. 有机培肥与耕作方式对稻麦轮作土壤团聚体和有机碳组分的影响. 中国生态农业学报（中英文）, 28(3): 405-412.

张志毅, 范先鹏, 夏贤格, 等. 2019. 长三角地区稻麦轮作土壤养分对秸秆还田响应——Meta分析. 土壤通报, 50(2): 401-406.

赵其国, 滕应, 黄国勤. 2017. 中国探索实行耕地轮作休耕制度试点问题的战略思考. 生态环境学报, 26(1): 1-5.

郑侃, 陈婉芝, 杨宏伟, 等. 2016. 秸秆还田机械化技术研究现状与展望. 江苏农业科学, 44(9): 9-13.

郑智旗, 何进, 张祥彩, 等. 2016. 秸秆沟埋还田技术的研究现状与展望. 农机化研究, 38(9): 10-16.

钟杭, 朱海平, 黄锦法. 2002. 稻麦秸秆全量还田对作物产量和土壤的影响. 浙江农业学报, 14(6): 344-347.

周国朋. 2017. 双季稻田稻草与豆科绿肥联合还田下土壤碳、氮转化特征. 北京: 中国农业科学院硕士学位论文.

周国朋, 谢志坚, 曹卫东, 等. 2017. 稻草高茬-紫云英联合还田改善土壤肥力提高作物产量. 农业工程学报, 33(23): 157-163.

周建斌. 2017. 作物营养从有机肥到化肥的变化与反思. 植物营养与肥料学报, 23(6): 1686-1693.

周萍, Alessandro P, 潘根兴, 等. 2009. 三种南方典型水稻土长期试验下有机碳积累机制研究Ⅲ. 两种水稻土颗粒有机质结构特征的变化. 土壤学报, 46(3): 398-405.

周修冲, 徐培智, 姚建武, 等. 1994. 双季稻田不同肥料连续配施效应试验. 广东农业科学, 5: 26-29.

朱宝国, 张春峰, 贾会彬, 等. 2017. 秸秆心土混合犁改良白浆土效果. 农业工程学报, 33(15): 57-63.

朱冰莹, 马娜娜, 余德贵. 2017. 稻麦两熟系统产量对秸秆还田的响应: 基于Meta分析. 南京农业大学学报, 40(3): 376-385.

Bai Y, Lei W, Lu Y, et al. 2015. Effects of long-term full straw return on yield and potassium response in wheat-maize rotation. Journal of Integrative Agriculture, 14(12): 2467-2476.

Blair G J, Lefroy R D, Lisle L. 1995. Soil carbon fractions based on their degree of oxidation, and the development of a carbon management index for agricultural systems. Australian Journal of Agricultural Research, 46(7): 1459-1466.

Cai A, Feng W, Zhang W, et al. 2016. Climate, soil texture, and soil types affect the contributions of fine-fraction-stabilized carbon to total soil organic carbon in different land uses across China. Journal of Environmental Management, 172: 2-9.

Cambardella C A, Elliott E T, Elliott E. 1992. Particulate soil organic matter change across a grassland cultivation sequence. Soil Science Society of America Journal, 56(3): 777-783.

Chatterjee A. 2013. Annual crop residue production and nutrient replacement costs for bioenergy feedstock production in united states. Agronomy Journal, 105: 685-692.

Chen X P, Cui Z L, Fan M S, et al. 2014. Producing more grain with lower environmental costs. Nature, 514: 486-489.

Dalgaard T, Hansen B, Hasler B, et al. 2014. Policies for agricultural nitrogen management-trends, challenges and prospects for improved efficiency in Denmark. Environmental Research Letters, 9(11): 115002.

Fan T L, Wang S Y, Tang X M, et al. 2005. Grain yield and water use in a long-term fertilization trial in Northwest Chins. Agricultural Water Management, 76: 36-52.

Gu X, Cen Y, Guo L Y, et al. 2019. Responses of weed community, soil nutrients, and microbes to different weed management practices in a fallow field in Northern China. Peer J, 7: e7650.

Gu Y, Zhang T, Che H, et al. 2015. Influence of returning corn straw to soil on soil nematode communities in winter wheat. Acta Ecologica Sinica, 35(2): 52-56.

Guo J H, Liu X J, Zhang Y, et al. 2010. Significant acidification in major Chinese croplands. Science, 327(5968): 1008-1010.

Hao X H, Liu S L, Wu J, et al. 2008. Effect of long-term application of inorganic fertilizer and organic amendments on soil organic matter and microbial biomass in three subtropical paddy soils. Nutrient Cycling in Agroecosystems, 81: 17-24.

Hong X, Ma C, Gao J S, et al. 2019. Effects of different green manure treatments on soil apparent N and P balance under a 34-year double-rice cropping system. Journal of Soils and Sediments, 19(1): 73-80.

Huang S, Sun Y N, Zhang W J. 2012. Changes in soil organic carbon stocks as affected by cropping systems and cropping duration in China's paddy fields: a meta-analysis. Climatic Change, 112: 847-858.

Klotzbücher T, Marxen A, Vetterlein D, et al. 2015. Plant-available silicon in paddy soils as a key factor for sustainable rice production in Southeast Asia. Basic and Applied Ecology, 16: 665-673.

Ladha J K, Dawe D, Pathak H, et al. 2003. How extensive are yield declines in long-term rice-wheat experiments in Asia. Field Crops Research, 81(23): 159-180.

Lal R. 2000. Soil management in the developing countries. Soil Science, 165(1): 57-72.

Lal R. 2007. Soil science and the carbon civilization. Soil Science Society of America Journal, 71: 1425-1437.

Lassaletta L, Billen G, Grizzetti B, et al. 2014. 50 year trends in nitrogen use efficiency of world cropping systems: the relationship between yield and nitrogen input to cropland. Environmental Research Letters, 9(10): 105011.

Li H, Dai M, Dai S, et al. 2018a. Current status and environment impact of direct straw return in China's cropland-a review. Ecotoxicology and Environmental Safety, 159: 293-300.

Li J, Wen Y C, Li X H, et al. 2018b. Soil labile organic carbon fractions and soil organic carbon stocks as affected by long-term organic and mineral fertilization regimes in the North China Plain. Soil & Tillage Research, 175: 281-290.

Li T, Gao J, Bai L, et al. 2019. Influence of green manure and rice straw management on soil organic carbon, enzyme activities, and rice yield in red paddy soil. Soil and Tillage Research, 195: 104428.

Liu W, Hussain S, Wu L, et al. 2016. Greenhouse gas emissions, soil quality, and crop productivity from a mono-rice cultivation system as influenced by fallow season straw management. Environmental Science and Pollution Research, 23: 315-328.

Maillard E, Angers D A. 2014. Animal manure application and soil organic carbon stocks: a meta-analysis. Global Change Biology, 20: 666-679.

Mishra B, Sharma P K, Bronson K F. 2001. Kinetics of wheat straw decomposition and nitrogen mineralization in rice field soil. Journal of the Indian Society of Soil Science, 49: 49-54.

Mitra B, Mandal B. 2012. Effect of nutrient management and straw mulching on crop yield, uptake and soil fertility in rapeseed (*Brassica campestris*) -green gram (*Vigna radiata*) -rice (*Oryza sativa*) cropping system under Gangetic plains of India. Archives of Agronomy and Soil Science, 2(58): 213-222.

Muhammad Q, Huang J, Waqas A, et al. 2019a. Long-term green manure rotations improve soil biochemical properties, yield sustainability and nutrient balances in acidic paddy soil under a rice-based cropping system. Agronomy, 9: 780.

Muhammad Q, Huang J, Waqas A, et al. 2019b. Substitution of inorganic nitrogen fertilizer with green manure (GM) increased yield stability by improving C input and nitrogen recovery efficiency in rice based cropping system. Agronomy, 9: 609.

Nishikawa T, Li K, Inouel H, et al. 2012. Effects of the long-term application of anaerobically-digested cattle manure on growth, yield and nitrogen uptake of Paddy rice (*Oryza sativa* L.), and soil fertility in warmer region of Japan. Plant Production Science, 15(4): 284-292.

Oomori T, Yokota S, Takechi K. 2014. Fertilization method suitable for use with cotton-mulch sheet for organic rice cultivation in low-fertility paddy fields of south western Japan. Japanese Journal of Soil Science and Plant Nutrition, 85(5): 431-438.

Patil P, Andage P, Bhise A. 2013. To assess fertility status of soils from paddy fields in the dapoli tahsil of Ratnagiri district, Maharashtra (India). Review of Research Journal, 2(12): 404.

Preissel S, Reckling M, Schläfke N, et al. 2015. Magnitude and farm-economic value of grain legume pre-crop benefits in Europe: a review. Field Crop Research, 175: 64-79.

Rui W Y, Zhang W J. 2010. Effect size and duration of recommended management practices on carbon sequestration in paddy field in Yangtze Delta Plain of China: a meta-analysis. Agriculture, Ecosystems & Environment, 135: 199-205.

Settele J, Spangenberg J H, Heong K L, et al. 2015. Agricul-tural landscapes and ecosystem services in south-east Asia-The LEGATO-Project. Basic and Applied Ecology, 16: 661-664.

Si S K. 2015. Effect of biofertilizer and manure on soil characteristics under rice-rice cropping system in Sundarbans region. Agropedology, 25(1): 125-132.

Singh Y, Sidhu H S. 2014. Management of cereal crop residues for sustainable rice-wheat production system in the Indo-Gangetic Plains of India. Proceedings of the Indian National Science Academy, 80(1): 95-114.

Snyder C, Davidson E, Smith P, et al. 2014. Agriculture: sustainable crop and animal production to help mitigate nitrous oxide emissions. Curr Opin Environ Sustain, 9: 46-54.

Tanaka A, Toriyama K, Kobayashi K. 2012. Nitrogen supply via internal nutrient cycling of residues and weeds in lowland rice farming. Field Crops Research, 137: 251-260.

Tian K, Zhao Y C, Xu X H, et al. 2015. Effects of long-term fertilization and residue management on soil organic carbon changes in paddy soils of China: a meta-alalysis. Agriculture, Ecosystems & Environment, 204: 40-50.

Van Grinsven H J M, Bouwman L, Cassman K G, et al. 2015. Losses of ammonia and nitrate from agriculture and their effect on nitrogen recovery in the European Union and the United States between 1900 and 2050. Journal of Environmental Quality, 44(2): 356-367.

Wang R F, Zhang J W, Dong S T, et al. 2011. Present situation of maize straw resource utilization and its effect in main maize production regions of China. Chinese Journal of Applied Ecology, 22(6): 1504-1510.

Wang W J, Smith C J, Chen D. 2003. Insight into the active organic nitrogen pool estimated by isotopic equilibrium approaches. Soil Science Society of America Journal, 67(6): 1773-1780.

Xia L, Xia Y, Li B, et al. 2016. Integrating agronomic practices to reduce greenhouse gas emissions while increasing the economic return in a rice-based cropping system. Agriculture, Ecosystems & Environment, 231: 24-33.

Xiao M L, Zang H D, Ge T D, et al. 2019. Effect of nitrogen fertilizer on rice photosynthate allocation and carbon input in paddy soil. European Journal of Soil Science, 70: 786-795.

Xie Z, Tu S, Shah F, et al. 2016. Substitution of fertilizer-N by green manure improves the sustainability of yield in double-rice cropping system in south China. Field Crops Research, 188: 142-149.

Yan X Y, Cai Z C, Wang S W, et al. 2011. Direct measurement of soil organic carbon content change in the croplands of China. Global Change Biology, 17: 1487-1496.

Yang L, Zhang L, Yu C, et al. 2017. Nitrogen fertilizer and straw applications affect uptake of ^{13}C, ^{15}N-Glycine by soil microorganisms in wheat growth stages. PLoS ONE, 12: e169016.

Yousaf M, Li X, Zhang Z, et al. 2016. Nitrogen fertilizer management for enhancing crop productivity and nitrogen use efficiency in a rice-oilseed rape rotation system in China. Frontier in Plant Science, 7: 1496.

Zhang W, Xu M, Wang X, et al. 2012. Effects of organic amendments on soil carbon sequestration in paddy fields of subtropical China. Journal of Soils and Sediments, 12: 457-470.

Zhao M, Tian Y, Ma Y, et al. 2015b. Mitigating gaseous nitrogen emissions intensity from a Chinese rice cropping system through an improved management practice aimed to close the yield gap. Agriculture, Ecosystems & Environment, 203: 36-45.

Zhao S, Li K, Zhou W, et al. 2016. Changes in soil microbial community, enzyme activities and organic matter fractions under long-term straw return in north-central China. Agriculture, Ecosystems & Environment, 216: 82-88.

Zhao X, Wang S, Xing G. 2015a. Maintaining rice yield and reducing N pollution by substituting winter legume for wheat in a heavily-fertilized rice-based cropping system of southeast China. Agriculture, Ecosystems & Environment, 202: 79-89.

Zheng L, Wu W, Wei Y, et al. 2015. Effects of straw return and regional factors on spatio-temporal variability of soil organic matter in a high-yielding area of northern China. Soil and Tillage Research, 145: 78-86.

Zhou P, Sheng H, Li Y, et al. 2016. Lower C sequestration and N use efficiency by straw incorporation than manure amendment on paddy soils. Agriculture, Ecosystems & Environment, 219: 93-100.

Zhu B, Yi L, Hu Y, et al. 2014. Nitrogen release from incorporated N-15-labelled Chinese milk vetch (*Astragalus sinicus* L.) residue and its dynamics in a double rice cropping system. Plant and Soil, 374: 331-344.

第4章 稻田土壤耕作新技术

4.1 稻田土壤耕作技术的发展趋势

土壤耕作是作物生产最基础的环节之一，主要目标是为播种或秧苗移栽提供良好的立地条件，如适宜的土壤松紧度、温湿度和抑制杂草的竞争等。我国水稻生产历史悠久，随着人类经验的累积和农具的改进，稻田土壤耕作在作业流程和作业工具等方面均不断进步，是我国精耕细作稻作文化的重要组成部分，为增加水稻产量、提高生产效率和改良稻田土壤等做出了显著贡献（游修龄，1995；游修龄和曾雄生，2010）。新时期，随着社会经济条件的变化，水稻生产正从以往单纯追求高产过渡到优质丰产、节本增效和节能减排等多目标并重。为构建"产出高效、产品安全、资源节约、环境友好"的现代水稻生产体系，稻田土壤耕作技术也在快速发展，主要表现在节本增效耕作技术、节能减排耕作技术、稻田轮耕技术等方面。

4.1.1 节本增效耕作技术

为降低生产成本、提高种植效益，稻田轻简化耕作技术快速发展，主要体现在稻田少免耕技术和直播稻耕作技术等方面。

4.1.1.1 少免耕

少耕指在常规耕作的基础上尽量减少土壤耕作次数和耕作深度或在全田间隔播种从而减少耕作面积的一种耕作方法，耕作强度介于常规耕作和免耕之间。免耕又称零耕，是指作物种植前不扰动土壤，直接在茬地上播种（曹敏建，1981）。水稻免耕可分为免耕直播、免耕抛秧和免耕插秧，以免耕直播和免耕抛秧为主。由于传统翻耕耗能较高，目前水稻生产中以轻简化的旋耕为主。因此，相比翻耕，旋耕即是少耕。但是，稻田长期浅旋耕，特别是采用小型化的农机具，容易导致稻田耕层变浅、犁底层上升。稻田耕层浅化已经成为水稻丰产高效的主要限制因子之一（陈丁红和胡国成，2011）。

除草剂技术的进步使土壤耕作在稻田杂草防除方面的作用弱化，也大大促进了稻田免耕的发展。免耕可以显著降低生产成本，同时节约农时，提高生产效率，因此可显著提高水稻种植的效益（田祖庆等，2006）。韦祖汉（2004）的研究表明，水稻免耕直播比常规耕作直播减少投入1065元/hm^2，较常规耕作抛秧减少投入2070元/hm^2；纯收入较常规耕作直播增加1695～2175元/hm^2，增幅为51.13%～65.66%，较常规耕作抛秧增加2670～3150元/hm^2，增幅为113.69%～134.23%。

虽然稻田免耕能够节本增效，但是长期连续免耕容易造成土壤养分表聚化，土壤紧实度上升，从而制约水稻根系生长，增加倒伏风险（Huang et al.，2012）。吴建富等（2010）研究认为，稻田免耕1～2年产量与翻耕无显著差异，但随着免耕时间的延长，土壤物理性状变差，早、晚稻产量均表现为下降。单纯从免耕对水稻产量影响的角度来看，目前的研究也存在很大争论。Huang等（2015）的综合分析表明，虽然免耕降低了单位面积穗数，但提高了每穗粒数和结实率，因此，总体上，免耕对我国水稻产量并无显著影响。免耕对水稻产量的影响在不同地区、不同土壤类型、不同种植制度下表现不同。免耕在偏酸性土壤和较低肥力土壤上往往导致减产。免耕在双季稻系统降低了水稻产量，但在水旱两熟系统能够增加水稻产量。因此，稻田免耕的推广应该因地制宜，同时配套合理的肥料、水分等管理技术。

4.1.1.2　直播稻田耕作

水稻直播是指在本田里直接播种水稻种子，不经育苗移栽过程的一种轻简栽培方式，可降低劳动强度、提高劳动生产效率、节本增效。随着经济的发展和农村劳动力的转移，直播稻发展迅速。直播可分为手工直播和机械直播。根据田间水分条件，亦可分为旱直播、湿润直播和水直播（Kumar and Ladha，2011）。与移栽相比，水稻直播对土壤耕作要求更高，主要是要求田面平整。田面平整有利于提高种子的出苗率和整齐度，提高除草剂的使用效果，便于水分和养分管理等，因此，平整田面是直播稻高产的关键技术环节之一。为了提高田面的平整度，稻田耕作需要适当增加旋耕和耙平的次数。但是，单纯依靠增加耕作次数和精细度往往难以满足直播稻对田面整齐度的要求。因此，激光平地装置应运而生。激光控制技术能够大幅度地提高田间土地平整的精确度。激光感应系统的灵敏度至少比人工肉眼判断和拖拉机机载的手动液压系统高出20～50倍，是常规土地平整技术无法实现的（胡炼等，2019；孙启新等，2019）。张建国和张皓臻（2007）研究发现，激光平整技术可以实现常规土地平整方法所无法达到的土地平整度；田块内部地面相对高程标准偏差值由平地前6.65cm下降到1.90cm，田间平整状况的绝对改善度为4.75cm，相对改善度为71.42%；田块内绝对差值小于3cm的测点平均累计百分比由平地前的36%提高到平地后的88%。胡炼等（2014）的研究也表明，与拖拉机配套的水田激光平地机可以稳定工作，能显著改善田面平整情况；田面最大高程差从平地前的32cm降低到4.9cm；相对高程标准偏差值从平地前的12.28cm下降到平地后的2.64cm；平地后绝对差值≤3cm的采样测量点累计百分比达69.4%，土地平整状况显著改善。此外，直播机械的改进能够在一定程度上降低直播对田面整齐度的要求。例如，同步开沟起垄水稻精量穴直播技术通过直播机同步开沟起垄可以降低直播对田面平整度的要求，同时有利于防止水稻倒伏，因此获得了较高的产量（王在满等，2010；金国强等，2014；知谷和罗锡文，2018）。

4.1.2　节能减排耕作技术

农业是温室气体的重要排放源。除了农业机械直接消耗化石能源产生温室气体外，稻田也是温室气体CH_4的重要人类排放源之一。与传统翻耕相比，旋耕和免耕等轻简化耕作方式能够显著降低机械能耗。与旋耕相比，翻耕处理降低了双季稻区早稻和晚稻季CH_4平均排放量、全球增温潜势（GWP）和单位产量温室气体排放量（即温室气体排放强度，GHGI），降低幅度分别达30.0%、29.7%和22.8%；而N_2O排放量受耕作方式的影响不显著（Samoura，2018）。白小琳等（2010）对双季稻系统的研究表明，与旋耕相比，翻耕秸秆还田有利于减少N_2O排放，免耕秸秆还田有利于减少CH_4排放；总体上，免耕减少了稻田CH_4排放，虽N_2O排放略有增加，但GWP有所减弱。但是，成臣等（2015）

发现免耕在短期内会增加稻田温室气体排放，但其可以促进表层土壤固碳量的增加。李帅帅等（2019）对双季稻系统的综合分析表明，与翻耕相比，免耕使CH_4排放量显著降低了26.84%。郑建初等（2012）对稻麦两熟稻田的研究表明，麦季免耕配合稻季翻耕显著增加了水稻生长季CH_4累积排放总量，在稻麦两季采用旋耕措施能有效减少稻麦两熟制农田水稻生长季CH_4排放。通过采用Meta分析方法，Zhao等（2016）评价了免耕对中国稻田CH_4排放的影响，结果表明，与翻耕相比，免耕降低约30%的CH_4排放量。Feng等（2018）则认为在全球尺度上，免耕对稻田CH_4、N_2O排放及GWP均无显著影响（图4-1和图4-2）。可见，免耕对稻田CH_4排放的影响存在很大的变异性。

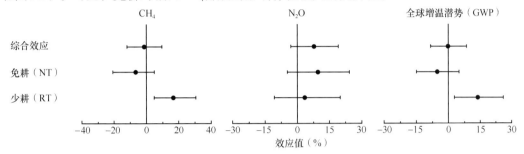

图4-1　免耕和少耕对稻田CH_4、N_2O与全球增温潜势（GWP）的影响

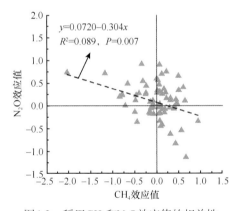

图4-2　稻田CH_4和N_2O效应值的相关性

直播和移栽稻田的温室气体排放可能存在差异。张岳芳等（2015）在麦秸还田和不还田两种条件下对采用机械直播、机械插秧、常规手栽3种水稻播栽方式的稻田CH_4与N_2O排放量、水稻产量进行比较发现，机械直播有利于减少稻季CH_4排放，麦秸还田条件下机械直播替代常规手栽能减轻稻田排放CH_4和N_2O产生的综合温室效应。Liu等（2014）对湿润直播和移栽对比监测发现，直播稻田的CH_4排放量更低，而N_2O排放量更高，导致二者的GWP并无显著差异。而Tao等（2016）的研究则表明，与移栽相比，湿润直播虽然促进了N_2O排放，但显著降低了CH_4排放，GWP也显著降低了60.4%。由于直播稻较高的密度和生产力，Li等（2019）发现直播稻田的CH_4排放量比移栽稻田更高。稻田GWP主要受CH_4排放控制，而不同研究的水分管理差异较大，因此现有的研究对湿润直播是否能降低稻田GWP的结论不一。但是，大量研究一致表明，旱直播能显著降低稻田CH_4排放和GWP（Wassmann et al.，2000；Pathak et al.，2013；Tao et al.，2016；Wang et al.，2018）。

4.1.3　稻田轮耕技术

如上所述，少免耕虽然能显著降低机械能耗和作业成本，但长期使用可能增加土壤容重，导致土壤紧实和耕层浅薄化，从而制约水稻丰产。而在淹水条件下连续翻耕会降低稻田的保水性能，耕层过深也不利于机械作业，而且翻耕能耗更高、成本也更高。因此，因地制宜地建立合理的稻田轮耕技术可能是协调水稻丰产增效和稻田理想耕层构建的关键技术措施（侯贤清等，2016）。刘世平等（1996）对苏北稻麦系统研究指出，长期少免耕后亚表层容重增加，阻碍根系生长，使少免耕的增产效应逐渐下降，甚至减产；连续2～3年少免耕后进行轮耕，特别是与秸秆还田相结合，增产效果显著；同时建议，将7～14cm土壤容重1.4g/cm作为连续少免耕后需要翻耕的临界值。李华（2016）对稻麦系统的长期研究也表明，水稻连续免耕套（直）播产量较低；一季免耕有利于提高小麦产量，连续免耕对小麦产量无明显影响；而小麦免耕和水稻翻耕或小麦翻耕和水稻免耕相结合的轮耕技术有利于提高土壤肥力，增加作物产量，有利于农业可持续发展。孙国峰等（2010a，2010b）对双季稻区连续免耕7年稻田的研究表明，长期免耕后，翻耕、旋耕降低了表层0～5cm土壤有机碳含量，提高了下层5～20cm土壤有机碳含量；而且长期免耕后，翻耕、旋耕措施通过改变耕层土壤结构，进而提高稻田土壤贮水量。唐海明等（2011）监测了双季稻田连续7年免耕后旋耕和翻耕对水稻产量的影响，结果表明，连续免耕产量最低，早稻翻耕结合晚稻免耕有利于增加早稻和晚稻的产量。汤文光等（2018）在双季稻系统的研究也发现，长期免耕和翻（旋）耕均存在一定弊端：长期免耕虽然降低了土壤镉含量，但同时降低了土壤养分库容；长期翻（旋）耕虽然增加了土壤养分库容，但土壤镉含量增加；而合理轮耕既可改善土壤结构，促进土壤养分积累，增加土壤养分库容，又能适当降低土壤镉含量，改善土壤环境。

4.2　稻田土壤耕作技术存在的主要问题及解决途径

耕作是农业生产中增加作物产量的重要措施之一。随着我国人口的增加和城市化水平的不断提高，耕地面积不断减少，耕地质量也出现不同程度的降低甚至恶化，加剧了人地矛盾。随着农业科技的不断发展，更多的农业机器应用到生产中来，农业机械化水平不断提高，但随之而来的问题也引发了人们对现有耕作方式的思考。机械化作业给耕地土壤带来了严重不良影响，如土壤容重和紧实度增加、通气透水性差、耕层浅薄化、土壤保肥保水性能降低、土壤微生物多样性下降等。这些物理、化学和生物方面的土壤质量问题都与土壤肥力密切相关，随时有可能引发土壤退化，在一定程度上制约农业高效、健康生产与可持续发展。土壤退化意味着农业生产赖以进行的最基本的生产资料、生产场所在不断趋于恶化，甚至不能再利用，其对农业可持续生产的影响是毁灭性的，也造成了生态系统的恶性循环。而这些存在于土壤中的实际问题，从某种角度讲可归因于现有耕作技术的不合理和不完善。因此，现代耕作技术应该在保护耕地质量的前提下，既满足人们当前的生产需求，又不对耕地资源产生破坏，以实现农业的长期可持续发展。目前，耕作技术方面存在的主要问题如下。

4.2.1　耕层浅薄化

目前，我国水稻生产仍然以小农户为主。小农户多采用传统的小型拖拉机进行耕地，一般耕作深度只有十几厘米。旋耕或翻耕后，还需要耙地、打浆等反复作业才能平整土地，机器作业过程中不断碾压土壤形成了坚硬的犁底层，而且犁底层厚度随着耕作年限的延长不断增加。另外，虽然化肥是增加作物产量的有效手段，但是长期单施化肥或增施化肥在获得增产的同时易造成土壤板结退化，更加剧了稻田耕层浅薄化。犁底层增厚与耕层浅薄化往往相伴而生、同时出现。另外，耕层变浅导致土壤培肥措施难以进行，用地、养地严重脱节。例如，稻田耕层变浅，加之农机小型化，导致秸秆还田更加困难。另外，耕层浅薄化阻碍水稻根系生长，影响作物对养分的吸收、利用，同时加剧水稻倒伏风险，制约水稻丰产增效。同时，耕层浅薄化和犁底层加厚会阻碍水分下渗，营养元素随水排出稻田，加剧了农田系统养分流失和农业面源污染。

但是应当指出，耕层浅薄化在不同生态区表现不同。稻田耕层浅薄化在我国南方地区表现尤其明显。南方地区以丘陵山地为主，田块较小，不适宜规模化生产，机械化程度低。特别是家庭联产承包责任制实施以来，小农户长期使用微型或小型农机进行耕整地，导致稻田犁底层上升、耕层变浅。但是，在东北一熟稻区，土地规模化程度较高，耕层质量的变化与生产经营方式密切相关。例如，黑龙江省稻田主要的耕作方式是翻耕和旋耕，且根据收获时间及田间土壤的含水量选择秋天或翌年春天进行耕整地。通常情况下，农垦系统主要采用秋翻耕的方式，连年翻耕容易造成土壤的耕层过深。而小农户主要采用旋耕的方式，连年旋耕则造成土壤的耕层变浅，可见，连年翻耕或旋耕均不利于土壤耕层的合理构建。因此，不同生态区应根据当前稻田耕作存在的问题，因地制宜地构建合理的稻田轮耕技术体系。

4.2.2　秸秆还田加剧稻田 CH_4 排放

作物秸秆含有丰富的有机质和养分，是农田的重要有机肥源，秸秆还田对维持土壤生产力具有重要作用（Xu et al.，2010；Huang et al.，2013）。大量研究已经表明，长期秸秆还田能够显著提高作物产量和土壤肥力（Huang et al.，2010，2013；Liu et al.，2014；Liao et al.，2018）。另外，随着机械化收获和同步切碎装置的普及，秸秆直接原位还田是秸秆资源最经济有效的利用方式。同时，为防治大气污染，政府严厉禁止秸秆焚烧。因此，秸秆全量还田势在必行。

稻田是重要的人为 CH_4 排放源之一。而我国是全球最大的水稻生产国，因此，减少稻田 CH_4 排放是我国农业温室气体减排的重要方面（Jiang et al.，2019b）。虽然秸秆还田能显著提高作物产量和土壤肥力，但在淹水条件下，大量有机质投入会促进稻田 CH_4 排放，加剧水稻生产引起的温室效应（Jiang et al.，2018）。因此，如何在秸秆全量还田下减少稻田的 CH_4 排放是目前亟待解决的科技难题之一（Jiang et al.，2019a）。

CH_4 是有机物在厌氧条件下由产 CH_4 菌产生的。有机碳和氧气是控制 CH_4 产生的最重要条件（Huang et al.，2016）。因此，在秸秆大量还田下，淹水的稻田是 CH_4 产生的理想场所（秦晓波等，2014；Jiang et al.，2017）。大量研究已经表明，秸秆还田下大量碳源的投入会大幅增加稻田 CH_4 排放（Ladha et al.，2016；郝帅帅等，2016；李静等，2016；

杭玉浩等，2017）。在此情况下，增加土壤的氧气含量、提高土壤氧化还原电位是实现秸秆还田条件下稻田CH_4减排的最有效途径。因此，稻田排水是降低CH_4排放的有效措施（商庆银等，2015；谢立勇等，2017）。大量的试验也已经证实，稻田排水措施（如中期烤田、湿润灌溉、间歇灌溉等）均能不同程度地减少稻田CH_4排放，CH_4排放降低的幅度可能取决于排水的次数、频度和土壤的干燥程度等（Jiang et al., 2019a）。同时，稻田排水，特别是在水稻分蘖后期，能显著抑制无效分蘖，改善根系活力，从而提高水稻产量。因此，中期排水、灌浆期干湿交替灌溉已经在生产中得到普遍应用（Feng et al., 2013；Jiang et al., 2019a）。所以，目前我国稻田的CH_4排放主要发生在水稻生长前期，中后期CH_4排放量占整个生育期排放量的比例较小（Jiang et al., 2019c）。但是，由于前期水稻分蘖和杂草防治均需要田间保留一定的水层，因此，通过水稻生长期水分管理进一步实现稻田CH_4减排的潜力有限（Jiang et al., 2019a）。如何在目前中期烤田-后期干湿交替灌溉已经普及的情况下降低秸秆还田稻田的CH_4排放是关键的技术难题之一。

4.2.3 秸秆还田下肥料施用不当制约水稻丰产增效

秸秆还田是实现土壤肥力提升的一项有效的培肥措施。秸秆中含有大量的有机质和氮、磷、钾等营养元素及其他微量元素，大量的秸秆还田相当于大量的养分投入。但是，秸秆还田所释放的养分不同于化学肥料施用带来的养分。化学肥料见效快、易被作物吸收，但持续时间短、易流失。而秸秆中很多养分需通过微生物矿化腐解才能转化为作物可吸收、可利用的状态，秸秆腐解需要一定的时间，其养分供应与作物生长需要之间存在一定的滞后或延迟。特别是秸秆还田下大量碳源的投入会导致土壤碳氮失衡。微生物对土壤速效氮的固定短期内会制约水稻生长。另外，秸秆富含钾素，秸秆还田可以减少钾肥的投入。因此，秸秆还田下需要对化肥肥料的用量和运筹进行适当调整，以实现水稻丰产增效。

4.2.4 解决思路与技术路线

稻田耕层浅薄化主要是由农户长期采用小型旋耕机械进行耕整地造成的。因此，宜采用翻耕措施增加机械作业深度、加深耕层厚度，从而提高土壤库容以利于水稻根系生长、增加秸秆容纳量。但是，翻耕作业需要较大的机械动力，会增加生产成本。同时，淹水条件下连续翻耕可能导致机械作业强度过大、耕层过深，反而阻碍后续机械耕作和收获。因此，必须明确翻耕扩容的有效作用年限，构建适宜的稻田旋耕-翻耕交替周期，即轮耕技术。本研究通过不同耕作方式试验，提出了适宜的旋耕-翻耕交替方式，构建了秸秆全量还田下稻田轮耕扩容技术，以协同实现合理耕层构建和水稻丰产增效。

当前，中期烤田-灌浆期干湿交替灌溉已经在水稻生产中得到普遍应用。因此，目前我国稻田的CH_4排放主要发生在水稻生长前期，中后期CH_4排放量占整个生育期排放量的比例较小。但是，由于前期水稻分蘖和杂草防治均需要田间保留一定的水层，因此，通过水稻生长期水分管理进一步实现稻田CH_4减排的潜力有限。如何在目前中期烤田-后期干湿交替灌溉已经普及的情况下降低秸秆还田稻田的CH_4排放呢？本研究的思路是，首先，改变传统的先灌水泡田然后淹水旋耕为干整地（即不灌水直接旋耕，如果土壤水分含量高则为湿润耕作），干整地后灌跑马水湿润土壤促进秸秆有氧分解；其次，改进稻田平地装置。改变传统的有动力旋耕平地为无动力平地，维持土壤结构，促进根系生长，提高土壤CH_4氧化能力。在此基础上将干整地和无动力平地技术集成组装为稻田控水增氧减排耕作技术，以实现秸秆全量还田下稻田CH_4减排。

与氮素相比，土壤微生物更易受碳源的限制。因此，很多研究表明，大量秸秆还田后土壤微生物的快速增殖会导致土壤速效氮含量的下降。土壤微生物对氮素的固定会降低土壤速效氮，抑制水稻前期的生长，从而降低水稻的分蘖数和有效穗数。而随着秸秆的分解和土壤微生物的周转，土壤氮素被重新释放，可满足水稻后期生长和产量形成的氮素需求（Huang et al.，2013；Liu et al.，2014；Kenney et al.，2015；Zhao et al.，2020）。因此，秸秆大量还田可能会引起稻田土壤碳氮失衡，加剧土壤氮素供给和水稻氮素需求在时间上的不匹配。在秸秆还田条件下，需要适当调整氮肥运筹。例如，增加前期氮肥施用比例或增施额外氮肥以缓解秸秆还田引起的氮素固定。但是，众所周知，水稻前期对氮素的需求较少，氮肥在前期的损失率也较高。增加前期氮肥比例或增施额外氮肥均会加剧氮素损失，降低氮素利用率。而适当提高水稻种植密度，通过增加基本苗来弥补秸秆还田下水稻分蘖数减少可能是一个可行的技术途径。另外，秸秆中含有一部分有机氮，有机质腐解后氮素的释放可以代替部分水稻后期投入的化肥氮。另外，秸秆富含钾素，秸秆还田也能够代替部分钾肥。因此，秸秆还田条件下，通过增加水稻种植密度同时调整化学氮钾肥的用量和运筹方式能够调节稻田碳氮平衡，实现水稻丰产增效。

针对稻田耕层浅薄化导致秸秆全量还田困难、淹水条件下稻田CH_4排放较高、秸秆大量还田土壤碳氮失衡等问题，分别研制秸秆全量还田下稻田轮耕扩容技术、控水增氧减排耕作技术和增密调肥水稻丰产增效种植技术。在以上单项技术研发的基础上，构建稻田丰产增效和环境友好轮耕技术模式，并开展模式验证和综合效益评价（图4-3）。

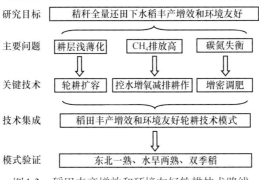

图4-3　稻田丰产增效和环境友好轮耕技术路线

4.3　秸秆全量还田的丰产增效减排耕作技术

针对耕层浅薄化制约水稻生长，并增加秸秆还田难度等问题，本研究在典型稻作系统（东北一熟、水旱两熟、双季稻）开展秸秆全量还田下不同耕作方式试验，阐明不同耕作方式对作物产量、耕层土壤属性、氮肥利用率、温室气体排放等的影响，建立适宜不同稻作系统的稻田轮耕扩容关键技术。

4.3.1　秸秆全量还田下轮耕扩容技术

4.3.1.1　实施方案

1. 东北一熟稻田

试验采用完全随机区组设计，设置3个处理，3次重复，每个小区面积200m^2。试验地点位于哈尔滨市道外区民主乡黑龙江省农业科学院试验基地（N 45°49′，E 126°48′）。供试品种为'龙稻21'。

试验处理如下。

旋耕：秋旋耕，秸秆还田。水稻收获后秸秆粉碎还田（10cm），秋旋耕（深度10～15cm），春季先泡浅水，打浆，整平地，再灌水。常规水分管理：前期浅水（1～3cm）、中期排水烤田、后期干湿交替。5月20日左右机插秧，栽插密度为30cm×13.3cm，每穴4～6株。常规施肥：纯氮180kg/hm^2，基肥：分蘖肥：穗肥=4：3：3；P$_2$O$_5$ 70kg/hm^{2}和K$_2$O 60kg/hm^{2}作基肥一次性施用。

翻耕：秋翻耕，秸秆还田。水稻收获后秸秆粉碎还田（10cm），秋翻耕（深度18～20cm），春季先泡浅水，打浆，整平地，再灌水。水分、密度、施肥同旋耕处理。

轮耕：秋轮耕（一年翻耕，一年旋耕），秸秆还田。水稻收获后秸秆粉碎还田（10cm），第一年秋翻耕（深度18～20cm），第二年秋旋耕（深度10～15cm）。春季先泡浅水，打浆，整平地，再灌水。水分、密度、施肥同旋耕处理。

2. 水旱两熟稻田

试验地点位于江苏省苏州市相城区望亭镇苏州市农业科学院（江苏太湖地区农业科学研究所）试验基地（N 31°32′45″、E 112°04′15″），属亚热带季风气候，年均气温15.7℃，>10℃年积温4947℃，年均日照时长3039h，年降水量1100mm。

供试土壤为重壤质黄泥土，属潴育型水稻土，成土母质为黄土状沉积物。试验开始于2016年麦季。试验共设4个处理：①T1：常规耕作，秸秆不还田；②T2：常规耕作，秸秆还田；③T3：水稻翻耕，小麦旋耕，秸秆还田；④T4：水稻翻耕，小麦免耕，秸秆还田。完全随机区组设计，每个处理3次重复，小区面积200m^2。水稻季施肥方案：施纯氮330kg/hm^2，基肥：蘖肥：穗肥=3：4：3，其中分蘖肥按4：6分两次施入，穗肥按促花肥：保花肥=6：4施入；纯钾肥67.5kg/hm^2，基肥、穗肥各半。小麦季施肥方案：施纯氮274.5kg/hm^2，基肥：冬前分蘖肥：拔节孕穗肥=5：2：3。

稻季常规水分管理：前期保持浅水（1～3cm）、中期排水烤田、后期干湿交替（每次灌水后自然落干）。水稻栽插密度为30cm×14cm。常规耕作是指双季深旋耕，运用大型旋耕机，一般马力950，旋耕深度12～15cm，翻耕深度25～30cm。

3. 双季稻稻田

试验地点位于江西省进贤县江西省红壤研究所（N 28°15′30″、E 116°20′24″）。土壤类型属于由典型的第四纪红色黏土发育而来的水稻土。秸秆全量还田下，设置3个处理，完全随机设计，3次重复。各处理详情如下。

处理1：水稻季常规旋耕，冬季不翻耕（双季旋耕）。每季水稻种植前旋耕2遍（深度15cm左右），人工插秧。早稻移栽密度25cm×13cm（晚稻株距16cm）。早稻每穴4苗，晚稻每穴2苗。氮肥早稻165kg/hm^2、晚稻195kg/hm^2，基：蘖：穗肥=5：2：3。磷

（P_2O_5）肥75kg/hm²，全部作基肥。钾肥（K_2O）75kg/hm²，基肥和穗肥各50%。

处理2：水稻季常规旋耕，每年晚稻收获后冬季翻耕（每年冬翻）（深度20～25cm）。其他同处理1。

处理3：水稻季常规旋耕，仅在试验第一年晚稻收获后冬季翻耕（一次性冬翻，深度20～25cm）。其他同处理1。

各处理水稻品种相同：早稻为'中嘉早17'（常规稻），晚稻为'五优308'（杂交稻）。水分管理均为前期保持浅水（1～3cm）、中期排水烤田、后期干湿交替（每次灌水后自然落干）。水稻机械收获的同时秸秆粉碎还田（10cm左右）。

4.3.1.2　实施效果

1. 东北一熟稻田

与旋耕处理相比，轮耕和翻耕处理3年平均CH_4排放量分别显著降低28.4%和14.4%。与旋耕相比，2018年和2019年轮耕的N_2O排放量平均降低22.1%，且2019年的差异显著，2019年翻耕处理的N_2O排放量降低35.3%，差异达到显著水平；2017年轮耕和翻耕的N_2O排放量分别增加13.7%和10.7%，但差异均不显著。与旋耕相比，轮耕和翻耕处理的全球增温潜势3年平均分别显著降低27.7%和14.1%；轮耕和翻耕处理的温室气体排放强度3年平均分别显著降低31.5%和18.0%（表4-1）。

表4-1　秸秆全量还田下不同耕作方式对东北一熟稻田CH_4和N_2O排放量、全球增温潜势（GWP）、温室气体排放强度（GHGI）、产量和氮肥偏生产力的影响

年份	处理	CH_4排放量（kg/hm²）	N_2O排放量（kg/hm²）	GWP（kg CO_2-eq/hm²）	产量（t/hm²）	GHGI（kg CO_2-eq/kg）	氮肥偏生产力（kg/kg）
	旋耕	354.75a	1.31a	9260.24a	7.67a	1.21a	42.61a
2017	翻耕	317.82ab	1.45a	8378.99a	8.00a	0.93b	44.45a
	轮耕	280.22b	1.49a	7450.30a	8.50a	0.88b	47.20a
	旋耕	314.49a	0.81a	8103.96a	8.28a	0.98a	45.98a
2018	翻耕	267.80b	0.79a	6931.67b	7.80a	0.89b	43.34a
	轮耕	270.89b	0.68a	6974.35b	8.77a	0.80c	48.74a
	旋耕	417.88a	0.68a	10650.29a	9.35a	1.14a	51.96a
2019	翻耕	344.58ab	0.44b	8744.46ab	9.57a	0.91ab	53.19a
	轮耕	227.36b	0.48b	5828.09b	9.67a	0.60b	53.74a

注：同一列不同小写字母表示不同处理间在0.05水平差异显著，下同

与旋耕处理相比，轮耕处理的产量和氮肥偏生产力3年平均分别明显增加6.7%和6.7%；2017年和2019年翻耕处理的两年平均产量与氮肥偏生产力分别增加3.3%和3.3%，差异均不显著；2018年翻耕处理的产量和氮肥偏生产力分别降低5.8%和5.7%，差异均未达显著水平（表4-1）。

通过对3年的试验结果分析发现，3种耕作方式的土壤紧实度变化规律一致，均表现为旋耕＞轮耕＞翻耕（图4-4）。旋耕的土壤紧实度变化范围为643.26～802.61kPa，轮耕的土壤紧实度变化范围为579.30～752.97kPa，翻耕的土壤紧实度变化范围为

483.46～691.03kPa。若土壤紧实度太大，会阻止水分向下入渗，降低化肥的利用率，影响水稻根系生长；反之，土壤紧实度太小，容易引起土壤水分和养分向下流失，也不利于水稻生长。可见，轮耕具有较为适宜的土壤紧实度，利于水稻根系的穿孔和生长，起到扩容土壤的作用。

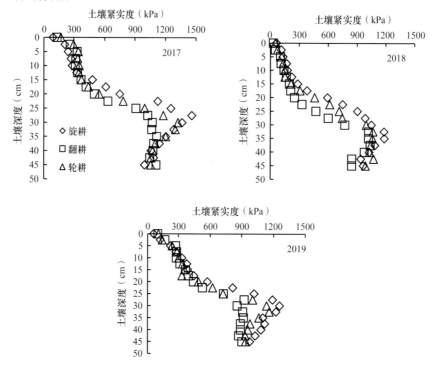

图4-4　东北一熟稻田秸秆全量还田下不同耕作方式对土壤紧实度的影响

　　总体上，秸秆还田下轮耕方式的温室气体排放量显著降低，产量和氮肥偏生产力增加，土壤紧实度适宜，建议在东北一熟稻区采用翻耕和旋耕交替的轮耕技术。

　　2. 水旱两熟

　　秸秆还田下，不同耕作方式对稻麦产量的影响不显著（图4-5a，b）。就小麦而言，2017年各处理小麦产量大小顺序为T4＞T2＞T1＞T3。与T1处理相比，T2和T4处理小麦产量分别增加了1.16%和12.16%，T3处理小麦产量降低了7.89%，麦季免耕有利于提高小麦产量。2018年各处理小麦产量大小顺序为T4＞T3＞T2＞T1。与T1相比，T2、T3和T4处理小麦产量分别增加了6.42%、11.25%和11.94%，麦季免耕处理小麦产量增加最多。2018年秸秆还田处理小麦产量均比不还田处理增加，说明秸秆还田对小麦产量增加具有积极作用，但是不显著。这主要是因为秸秆还田可增加土壤有机质，形成良好的团粒结构，提升土壤保肥保水能力和土壤稳定性，具有良好的培肥土壤的作用，而且随着秸秆还田时间的延长，这种作用越来越明显。同时，秸秆还田后，在微生物作用下，秸秆矿化分解为作物可吸收利用的营养物质，可提供较充足的养分，促进作物生长，从而增加产量。在水稻季进行翻耕，可使有机质等营养物质向更深层次土壤运移，增加土壤养分库容。在麦季实施免耕有利于土壤保墒，益于作物生长，增加产量。因此，2017年和2018年秸秆全量还田下水稻翻耕结合小麦免耕处理的小麦产量最高。

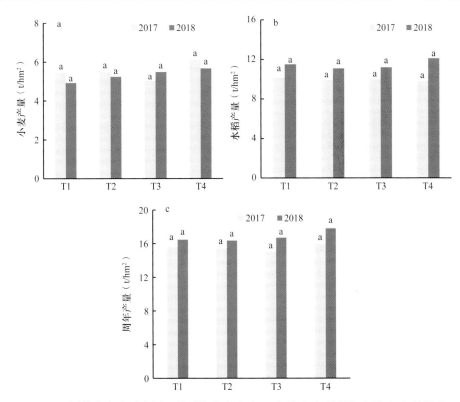

图4-5　不同耕作方式对水旱两熟系统小麦（a）、水稻（b）及周年产量（c）的影响

不同小写字母代表不同处理间差异显著（$P < 0.05$）；T1：常规耕作，秸秆不还田；T2：常规耕作，秸秆还田；T3：水稻翻耕，小麦旋耕，秸秆还田；T4：水稻翻耕，小麦免耕，秸秆还田；下同

就水稻而言，2017年各处理水稻产量大小顺序为T1＞T3＞T2＞T4。与常规耕作、秸秆不还田处理（T1）相比，秸秆还田处理水稻产量均降低，T4处理降低最多，达3.06%，T3处理降低最少，为1.58%。2018年各处理水稻产量大小顺序为T4＞T1＞T3＞T2。与T1相比，仅T4处理水稻产量增加了5.19%，T2和T3处理分别降低了3.67%和2.75%。麦季免耕有利于土壤保墒，促进水稻增产。2018年各处理水稻产量均比2017年有所增加，但不显著。2017年和2018年试验结果均说明麦季免耕比旋耕更有利于培肥土壤，增加水稻产量。T1处理水稻产量高于其他处理的另一个可能原因是，秸秆还田后在淹水的环境下产生一些有毒有害物质，对水稻生长产生不利影响。

图4-5c显示，在2017年，各处理稻麦周年产量大小顺序为T4＞T1＞T2＞T3。与T1相比，T2和T3处理稻麦周年产量分别降低了1.09%和3.78%，T4处理增加了2.25%，但差异不显著。2018年各处理稻麦周年产量大小顺序为T4＞T3＞T1＞T2，与T1处理相比，T3和T4处理分别增加了6.44%和8.11%，但差异不显著，T4处理稻麦周年产量最高；T2处理稻麦周年产量低于T1处理0.65%。与2017年相比，2018年各处理稻麦周年产量均增加，T1～T4分别增加了8.52%、9.35%、16.95%和18.81%。麦季免耕可促进稻麦系统养分循环，减少由地表径流和水土流失导致的养分损失，有利于土壤团聚体的形成和保肥保水能力的提升，对土壤培肥和作物增产具有积极作用（Blanco-Canqui and Lal，2009；Cerdà et al.，2016；Yaxdanpanah，2016；Nishigaki et al.，2017）。

2017年和2018年，不同处理温室气体累积排放量发生了较大变化（图4-6）。稻季主要以CH_4排放为主，麦季以N_2O排放为主，这与前期多数研究的结果相似（Xiao et al.，2018）。而小麦秸秆还田被认为是稻季CH_4排放增加的重要原因（Verburg et al.，2005；王海候等，2014；靳红梅等，2017）。2018年麦季各处理CH_4累积排放量均比2017年减少，但T3处理CH_4累积排放量最高。2017年稻季各处理CH_4累积排放量的大小顺序为T1＞T2＞T3＞T4。2018年稻季各处理CH_4累积排放量的大小顺序为T2＞T3＞T1＞T4。除T1外，其他处理稻季CH_4累积排放均高于2017年，T4处理CH_4累积排放量最低。2017年稻麦两季CH_4累积排放量的大小顺序为T1＞T2＞T3＞T4。2018年稻麦两季CH_4累积排放量的大小顺序为T2＞T3＞T1＞T4。秸秆还田下稻季翻耕、麦季免耕的耕作方式更有利于降低稻麦两熟系统CH_4排放。与T1相比，2017年T2、T3和T4处理CH_4累积排放量降低，体现了秸秆还田后耕作方式减少CH_4排放的积极作用（周领，2010；Sanchez et al.，2016）。

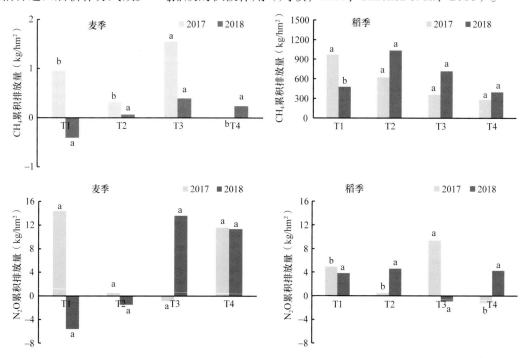

图4-6 不同耕作方式对水旱两熟稻田温室气体排放的影响

2018年稻季T2和T3处理CH_4累积排放量高于T1处理，T4处理CH_4累积排放量低于T1处理，说明麦季免耕措施比翻耕和旋耕更能降低稻季CH_4排放。但是，耕作措施对温室气体的减排作用与秸秆还田对温室气体排放的影响是相反的（王海候等，2014）。秸秆还田因大量的有机物料投入，在淹水状态下，厌氧呼吸加强，产甲烷菌利用H_2或有机分子还原CO_2形成CH_4，从而增加稻田系统CH_4和CO_2排放（Ma et al.，2009；Bhattacharyya et al.，2012；Ji et al.，2012；Liu et al.，2014）。这种作用会抵消耕作措施减少温室气体排放的效果，因此秸秆还田处理CH_4排放量较高。

2017年麦季各处理N_2O累积排放量的大小顺序为T1＞T4＞T2＞T3。2018年麦季各处理N_2O累积排放量的大小顺序为T3＞T4＞T2＞T1。T1、T2和T4处理2018年麦季N_2O累积排放量低于2017。T3处理2018年麦季N_2O累积排放量比2017年增加。2017年稻麦两季N_2O

累积排放量的大小顺序为T1＞T4＞T3＞T2。2018年稻麦两季N_2O累积排放量的大小顺序为T4＞T3＞T2＞T1。除T1外，其他处理2018年N_2O累积排放量均比2017年增加。这说明秸秆还田可能增加了土壤N_2O的排放。秸秆含有丰富的氮、磷等营养元素，秸秆还田可增加土壤中的氮含量（董林林等，2019），并提升微生物活性，促使N_2O排放（Huang et al.，2004；Pathak et al.，2006）。但是，Thangarajan等（2013）则认为秸秆还田可以延迟氮释放，调节作物氮需求与土壤氮供应之间的平衡，促进水稻生长和产量增加，氮释放的延缓可促进作物对氮的吸收，降低N_2O的排放。

2017年，常规耕作方式下，不论秸秆还田或不还田，周年温室气体的全球增温潜势和排放强度均明显高于秸秆还田下稻翻麦旋或稻翻麦免耕方式的全球温室气体增温潜势和排放强度（表4-2）。2018年，常规耕作方式下秸秆还田处理温室气体的全球增温潜势和排放强度最高，其次是秸秆还田下稻季翻耕、麦季旋耕处理，常规耕作、秸秆不还田处理温室气体的全球增温潜势和排放强度最低。秸秆还田的3种处理温室气体的全球增温潜势和排放强度均高于秸秆不还田处理。

表4-2 不同耕作方式下水旱两熟稻田周年全球增温潜势及温室气体排放强度

处理	全球增温潜势（kg CO_2-eq/hm^2）		温室气体排放强度（kg/kg）	
	2017	2018	2017	2018
T1	26 364.7a	12 890.2a	1.67a	0.86a
T2	13 351.0a	29 785.8a	0.87a	2.62a
T3	10 196.3b	23 450.3a	0.68b	2.33a
T4	9 117.0b	15 233.5a	0.58b	1.53a

图4-7显示，2017年和2018年，土壤紧实度的剖面分布规律一致，均呈随土层深度增加先快速增加后平稳变化的特征。与2017年相比，2018年0～15cm深度各处理土壤紧实度有较大幅度增加。T1处理15～50cm深度土壤紧实度有较大幅度升高，其他处理15～50cm深度土壤紧实度变化幅度不大。在2018年0～30cm深度，土壤紧实度随土层深度的增加而增加，在30～50cm深度不随深度发生明显变化。翻耕深度大于常规旋耕，其影响的层次相对更深，因此0～30cm深度土壤紧实度均有所降低。翻耕过程中可将秸秆带至更深的层

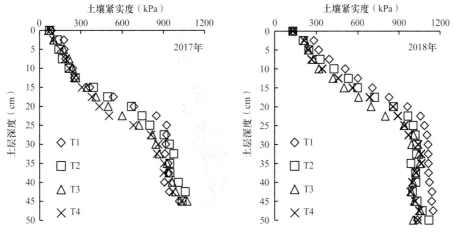

图4-7 不同耕作方式对水旱两熟稻田土壤紧实度的影响

次，而秸秆还田有助于降低土壤紧实度，致使翻耕方式下0～30cm土壤紧实度最小。旋耕方式影响的土层深度相对较浅，且受机器压实的作用更明显，所以旋耕方式下，土壤紧实度相对较大。免耕被认为是形成良好土壤团粒结构的理想方式，对降低土壤紧实度具有积极作用。本试验4种耕作方式对比而言，秸秆还田情景下稻季翻耕、麦季旋耕处理更有利于降低土壤紧实度，提升土壤通气透水性。

2016年试验初期，0～10cm、10～20cm、20～30cm和30～40cm土壤有机碳含量分别为21.09g/kg、19.82g/kg、11.31g/kg和8.97g/kg。2017年和2018年各处理土壤有机碳含量均比2016年相同处理相同土层深度的土壤有机碳含量有所增加（图4-8）。土壤有机碳含量表现出随土层深度增加而降低的变化趋势，符合土壤有机碳含量剖面分布的一般规律（Varvel and Wilhelm，2011；Wang et al.，2004），但各处理在不同深度上土壤有机碳的增加量不同。2017年水稻收获后T1、T2、T3和T4各处理0～10cm土壤有机碳含量比2016年分别增加了0.73g/kg、1.10g/kg、1.02g/kg和0.88g/kg，增幅分别为3.46%、5.22%、4.84%和4.17%。2018年水稻收获后T1、T2、T3和T4各处理0～10cm土壤有机碳含量分别比2016年增加1.97g/kg、3.08g/kg、0.90g/kg和1.16g/kg，增幅分别为9.34%、14.60%、4.27%和5.50%。2018年水稻收获后，T1、T2、T3和T4各处理0～10cm土壤有机碳含量分别比2017年增加1.24g/kg、1.98g/kg、−0.12g/kg和0.28g/kg，增幅分别为5.69%、8.95%、−0.55%和1.29%。2016～2017年，秸秆还田处理0～10cm土壤有机碳含量增加要多于常规耕作下秸秆不还田处理，体现了秸秆还田对0～10cm土壤有机碳含量增加的积极作用。但是，试验进行两年后，不同处理0～10cm土壤有机碳含量变化并未完全体现出秸秆还田的优势。常规耕作、秸秆还田处理0～10cm土壤有机碳含量增加最多，为3.08g/kg；其次为常规耕作、秸秆不还田处理，T3（水稻翻耕，小麦旋耕，秸秆还田）处理0～10cm土壤有机碳含量增加最少。进一步证实免耕能有效增加土壤有机碳含量（Olsona et al.，2005）。

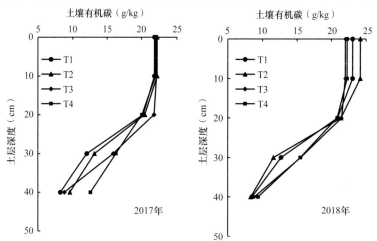

图4-8 不同耕作方式对水旱两熟稻田土壤有机碳剖面分布的影响

2017年水稻收获后，T1、T2、T3和T4各处理10～20cm土壤有机碳含量比2016年分别增加了0.41g/kg、0.65g/kg、1.95g/kg和0.25g/kg，增幅分别为2.08%、3.07%、9.85%和1.13%。2018年水稻收获后，T1、T2、T3和T4各处理10～20cm土壤有机碳含量比2016年分别增加了1.07g/kg、1.57g/kg、1.67g/kg和1.01g/kg，增幅分别为5.39%、7.46%、7.64%

和4.65%。2018年水稻收获后，T1、T2、T3和T4各处理10～20cm土壤有机碳含量分别比2017年增加0.66g/kg、0.93g/kg、−0.29g/kg和0.77g/kg，增幅分别为3.24%、4.52%、−1.31%和3.52%。随着试验的进行，T1、T2和T4处理10～20cm土壤有机碳含量增幅变大，T3处理增幅变小。

2017年水稻收获后，T1、T2、T3和T4各处理20～30cm土壤有机碳含量比2016年分别增加了0.76g/kg、1.87g/kg、4.59g/kg和4.99g/kg，增幅分别为6.74%、8.85%、40.57%和22.86%。T3处理增加最多，说明秸秆还田后，稻季翻耕、麦季旋耕有利于秸秆向下转移，提高深层土壤有机碳含量，增加20～30cm土壤碳封存。这与Roscoe和Buurman（2003）认为犁耕方式比免耕方式更能增加土壤中新产生有机碳的结果一致。2018年水稻收获后，T1、T2、T3和T4各处理20～30cm土壤有机碳含量分别比2016年增加1.39g/kg、0.30g/kg、4.24g/kg和4.18g/kg，增幅分别为12.31%、1.41%、19.44%和19.15%。2018年水稻收获后，T1、T2、T3和T4各处理20～30cm土壤有机碳含量分别比2017年增加0.63g/kg、−1.57g/kg、−0.35g/kg和−0.81g/kg，增幅分别为5.21%、−11.92%、−2.99%和−3.71%。试验开始第1年，秸秆还田与不还田各处理20～30cm土壤有机碳含量均增加。但是，第2年秸秆还田处理20～30cm土壤有机碳含量比第1年呈现下降趋势，秸秆不还田处理20～30cm土壤有机碳含量仍表现为增加。这种变化特征说明，作物秸秆还田可增加土壤有机碳含量，但是这种增加效果并不随还田时间的延长而线性增加。另外，秸秆还田增加的有机碳周转相对较快，稳定性不高，易矿化分解（Rosceo and Buurman，2003）。同时，秸秆还田能提高氮肥利用率（Bakht et al.，2009），促进作物生长并产生更多的秸秆。Lou等（2011）研究发现，在施用同等化学肥料的情况下，秸秆还田可有效提高土壤有机碳含量。本试验中秸秆不还田处理土壤有机碳含量的增加，说明作物根系对土壤有机碳增加具有重要意义（Kätterer et al.，2011；曹湛波等，2016）。

2018年水稻收获后，T1、T2、T3和T4各处理30～40cm土壤有机碳含量分别比2016年增加−0.48g/kg、−0.65g/kg、−0.14g/kg和0.40g/kg，增幅分别为−5.38%、−3.07%、−0.62%和1.81%。2017年水稻收获后，T1、T2、T3和T4各处理30～40cm土壤有机碳含量比2016年分别增加了−0.77g/kg、0.64g/kg、−0.17g/kg和3.62g/kg，增幅分别为−8.61%、3.06%、−1.88%和16.59%。2018年水稻收获后，T1、T2、T3和T4各处理30～40cm土壤有机碳含量分别比2017年增加0.29g/kg、−1.29g/kg、0.03g/kg和−3.22g/kg，增幅分别为3.53%、−13.44%、0.37%和−14.77%。

总体而言，秸秆还田与不还田处理土壤有机碳含量均增加。相对而言，秸秆还田处理土壤有机碳含量增加更多，但因耕作方式的不同，各处理增加幅度不同。旋耕方式下，0～20cm土壤有机碳含量增加更多；翻耕方式下，30～40cm土壤有机碳含量增加更多。这说明耕作的深度决定了秸秆还田的深度，而秸秆还田的深度影响了不同耕层深度土壤有机碳的增加幅度。翻耕方式的耕作深度可达25～30cm，这个层次的土壤有机碳增加量高于其他处理。而旋耕的深度仅为12～15cm，0～20cm土层有机碳含量增加更多。因此，2018年常规耕作、秸秆还田处理0～10cm土壤有机碳含量最高；稻季翻耕、麦季旋耕处理10～20cm土壤有机碳含量最高，麦季免耕处理略低。这说明耕作可增加秸秆还田深度，增加更深处土壤养分库容。但是翻耕也会使深层土壤暴露，加速原有有机碳的矿化分解，一定程度上影响了土壤固碳。耕作方式不仅影响土壤有机碳固定，而且通过影响土壤有机碳组分对土壤有机碳的稳定性产生影响，需要进一步研究（Roscoe and Buurman，2003；龚振平和马春梅，2013；Machado et al.，2015）。

3. 双季稻

在双季稻系统，秸秆全量还田下，与常规旋耕、冬季不翻耕（双季旋耕）相比，晚稻收获后冬李翻耕对水稻产量无显著影响；但2019年除外，每年冬翻显著提高了晚稻的产量（表4-3）。但是，从周年产量来看，冬翻并不能提高双季稻的产量（表4-4）。

表4-3 秸秆全量还田下不同耕作方式对双季稻田CH_4和N_2O排放量、全球增温潜势（GWP）、温室气体排放强度（GHGI）和产量的影响

年份	季别	处理	CH_4排放量（kg/hm²）	N_2O排放量（kg/hm²）	GWP（kg CO_2-eq/hm²）	产量（t/hm²）	GHGI（kg CO_2-eq/kg）
2017	早稻	双季旋耕	283.0a	−0.10a	7075a	7.30a	0.97a
		每年冬翻	292.4a	0.06a	7309a	7.51a	0.97a
		一次性冬翻	283.4a	0.10a	7084a	7.48a	0.95a
	晚稻	双季旋耕	376.0a	1.55a	9401a	8.24a	1.14a
		每年冬翻	225.7b	−0.81b	5642b	8.21a	0.69b
		一次性冬翻	271.4b	−1.93c	6785b	8.29a	0.82b
	冬季	双季旋耕	11.3b	0.60a	283b	–	–
		每年冬翻	20.2a	2.19a	505a	–	–
		一次性冬翻	21.0a	2.32a	526a	–	–
2018	早稻	双季旋耕	176.3a	0.21a	4408a	7.76a	0.57a
		每年冬翻	167.8a	0.17b	4194a	7.87a	0.53a
		一次性冬翻	168.7a	0.19ab	4218a	8.03a	0.53a
	晚稻	双季旋耕	362.3a	0.25a	9059a	8.66a	1.04a
		每年冬翻	268.5b	0.17a	6713b	9.09a	0.74b
		一次性冬翻	268.6b	0.36a	6715b	8.96a	0.75b
	冬季	双季旋耕	3.6a	0.29b	89a	–	–
		每年冬翻	7.8a	0.74a	195a	–	–
		一次性冬翻	6.3a	0.34b	158a	–	–
2019	早稻	双季旋耕	163.0a	−0.05a	4058a	7.44a	0.55a
		每年冬翻	130.9a	−0.07a	3253a	7.31a	0.45a
		一次性冬翻	178.1a	−0.04a	4439a	7.59a	0.59a
	晚稻	双季旋耕	379.2a	0.16a	9527a	8.67b	1.10a
		每年冬翻	329.6b	0.08b	8263b	9.03a	0.92b
		一次性冬翻	395.7a	0.07b	9913a	8.44b	1.17a

注：双季旋耕、每年冬翻、一次性冬翻分别表示双季稻系统水稻季常规旋耕、冬季不翻耕，水稻季常规旋耕、每年晚稻收获后冬季翻耕，水稻季常规旋耕、仅在试验第1年晚稻收获后冬季翻耕；2019～2020年冬季温室气体排放量未测定；"–"表示未测定

表4-4　不同耕作方式对双季稻田周年全球增温潜势（GWP）、周年温室气体排放强度（GHGI）和周年产量的影响

年份	处理	翻耕作业额外排放量（kg/hm²）	周年GWP（kg CO₂-eq/hm²）	周年产量（t/hm²）	周年GHGI（kg CO₂-eq/kg）
2017	双季旋耕	0	16 759a	15.54a	1.08a
	每年冬翻	160.9	13 617b	15.72a	0.87b
	一次性冬翻	160.9	14 556b	15.77a	0.92b
2018	双季旋耕	0	13 556a	16.42a	0.82a
	每年冬翻	160.9	11 263a	16.96a	0.66b
	一次性冬翻	0	11 092a	16.98a	0.65b
2019	双季旋耕	0	13 586ab	16.11a	0.84ab
	每年冬翻	160.9	11 677b	16.34a	0.72b
	一次性冬翻	0	14 352a	16.03a	0.89a

注：翻耕作业额外排放是指与冬季不翻耕相比，翻耕处理农机作业额外多消耗掉的柴油引起的温室气体排放；翻耕作业柴油消耗为32.25kg/hm²，柴油生产和燃烧引起的排放系数为4.99kg CO₂-eq/kg（陈中督等，2018）；本研究仅比较不同处理的相对排放差异，而非生命周期评价

与冬季不翻耕相比，每年冬翻处理在试验的3年均显著降低了晚稻季的CH_4排放；一次性冬翻处理在前两年显著降低了晚稻季的CH_4排放，但在试验第3年效应不显著（表4-3）。冬季翻耕对早稻季CH_4排放无显著影响。冬季翻耕显著提高了第1年冬季稻田的CH_4排放，但在第2年无显著影响。N_2O的排放量变异较大，总体上，冬季翻耕有利于降低晚稻季的N_2O排放。冬季稻田CH_4排放量占全年总排放量的比例很低，均<5%。由于N_2O排放引起的全球增温潜势在总稻田全球增温潜势中的占比较小，均<5%。因此，双季稻田的全球增温潜势主要由CH_4排放控制。与CH_4排放趋势一致，与冬季不翻耕相比，每年冬翻处理3年均显著降低了晚稻季的全球增温潜势；一次性冬翻在前两年显著降低了晚稻季的全球增温潜势，但在第3年无显著影响。不同耕作处理间早稻季的全球增温潜势无显著差异。温室气体排放强度的变化趋势与全球增温潜势相同。因此，冬季翻耕对双季稻产量虽然无显著影响，但显著降低了双季稻系统的全球增温潜势和温室气体排放强度。冬季翻耕的减排效果在第3年不显著。

与常规旋耕、冬季不翻耕相比，晚稻收获后冬季翻耕对试验第1年的早晚稻地上部氮磷钾素吸收量均无显著影响（表4-5）。与不翻耕处理相比，冬季翻耕显著提高了试验第2年早稻的氮素吸收量，但晚稻季无显著差异。与不翻耕处理相比，每年冬翻显著提高了第2年早晚稻的钾素吸收量，但一次性冬翻无显著差异。不同耕作处理间水稻磷素吸收量在第2年无显著差异。

表4-5　不同耕作方式对双季稻地上部养分吸收的影响

年份	季别	处理	氮素吸收量（kg/hm²）	磷素吸收量（kg/hm²）	钾素吸收量（kg/hm²）
2017	早稻	双季旋耕	125.7a	32.2a	157.4a
		每年冬翻	129.7a	33.2a	174.1a
		一次性冬翻	123.1a	31.8a	166.0a

年份	季别	处理	氮素吸收量（kg/hm²）	磷素吸收量（kg/hm²）	钾素吸收量（kg/hm²）
2017	晚稻	双季旋耕	145.1a	36.4a	188.1a
		每年冬翻	145.2a	34.1a	182.5a
		一次性冬翻	143.3a	34.3a	176.8a
2018	早稻	双季旋耕	138.2b	21.9a	163.5b
		每年冬翻	151.6a	33.8a	196.9a
		一次性冬翻	153.5a	28.7a	184.0ab
	晚稻	双季旋耕	151.8a	30.4a	140.8b
		每年冬翻	157.7a	32.1a	172.1a
		一次性冬翻	159.2a	28.2a	139.2b

2016年冬季的测定结果表明，与不翻耕相比，翻耕显著降低了25～35cm土层的土壤紧实度，但是对0～20cm土层无显著影响（图4-9）。这说明翻耕能够增加耕层深度。2019年晚稻收获后的测定结果表明，不同耕作处理土壤紧实度在0～20cm土层无显著差异；每年冬季翻耕处理25～35cm土层的土壤紧实度明显较小；而仅在2016年底冬翻一次处理25～35cm土层的土壤紧实度与不翻耕处理类似。这说明翻耕的效应在3年后已经消失。

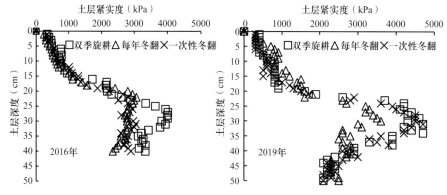

图4-9　不同耕作方式对土壤紧实度的影响

2016年于冬季翻耕后测定，2019年于晚稻收获后测定

综合而言，冬季翻耕虽然对双季稻产量无显著影响，但显著降低了稻田CH_4排放量和温室气体排放强度，显著提高了水稻氮素吸收量，降低了耕层25～35cm的土壤紧实度，有利于增加耕层土壤库容。从土壤性状和CH_4减排效果来看，以每3年冬季翻耕一次为宜。

4.3.2　秸秆全量还田下控水增氧减排耕作技术

土壤耕作是协调土壤水气环境和促进水稻根系生长的有效措施（Govaerts et al.，2007；Pandey et al.，2012）。但是，以前的研究主要集中在单独评估不同管理或耕作方式对稻田CH_4排放的影响方面，对土壤耕作和田间水分管理的联合调控研究较少（Li et al.，2011；成臣等，2015；胡安永等，2016；唐海明等，2017；Yang et al.，2018）。

本研究的思路是通过水分和耕作措施的联合调控实现秸秆全量还田下稻田CH_4减排。首先，改变传统的先灌水泡田然后带水旋耕为干整地（即不灌水直接干旋耕，如果土壤水分含量高则为湿润耕作）。干整地后灌跑马水湿润土壤促进秸秆有氧分解。其次，通过改进稻田平地装置，改变传统的有动力旋耕平地为无动力平地，维持土壤结构，促进根系生长，提高土壤CH_4氧化能力。为此，本研究将干整地和无动力平地技术集成组装为稻田控水增氧减排耕作技术，并在我国东北一熟和双季稻系统开展田间试验，验证控水增氧减排耕作的CH_4减排效果。

4.3.2.1　实施方案

1. 试验地点

东北一熟稻作系统试验点位于黑龙江省哈尔滨市道外区民主乡黑龙江省农业科学院基地（N 45°49′、E 126°48′），属于温带大陆性季风气候。年平均日照时数为2668.9h，无霜期平均131～146d，年降水量508～583mm。供试土壤为黑钙土，试验地基本理化性质为pH 8.6，有机质27.3g/kg，碱解氮78.9mg/kg，有效磷24.2mg/kg，速效钾184.7mg/kg。水稻品种为'龙稻21'。5月20日移栽，栽插密度为30cm×13.3cm，每穴4～6株。各处理施肥方式一致，其中纯氮180kg/hm²，基肥：分蘖肥：穗肥=4∶3∶3；P_2O_5 70kg/hm²和K_2O 60kg/hm²，作基肥一次性施用。水稻氮肥用普通尿素和磷酸二铵，钾肥用硫酸钾，磷肥用磷酸二铵。田间水分管理为水稻生育前期（分蘖期）浅水，中期排水烤田，后期干湿交替。

双季稻系统试验点位于江西省进贤县江西省红壤研究所（N 28°15′30″、E 116°20′24″），属于亚热带季风气候，年均气温18.1℃，年均降水量1537mm。供试土壤为由第四纪红色黏土母质发育成的水稻土，质地较黏重。试验地基本理化性质：pH 5.9，有机质31.8g/kg，碱解氮160.8mg/kg，有效磷56.0mg/kg，速效钾126.8mg/kg。早稻品种为'中嘉早17'，晚稻品种为'泰优871'。早稻移栽密度为25cm×13cm，晚稻为25cm×16cm，早稻每穴4苗，晚稻每穴2苗。各处理施肥方式一致，其中氮肥早稻165kg/hm²，晚稻195kg/hm²，按基肥：分蘖肥：穗肥＝5∶2∶3分三次施用。磷（P_2O_5）肥每季作物75kg/hm²，作基肥一次性施用。钾（K_2O）肥每季作物75kg/hm²，按基肥：穗肥＝1∶1分两次施用。水稻氮肥用普通尿素，钾肥用氯化钾，磷肥用钙镁磷。田间水分管理为水稻生育前期（分蘖期）浅水、中期排水烤田、后期干湿交替，每次灌水后自然落干。

2. 试验方案

东北一熟和双季稻系统采用统一的试验方案。无动力平地验证试验设置两个处理，分别为常规平地和无动力平地。常规平地采用生产上普遍采用的有动力旋耕机（北方亦称搅浆机）；无动力平地采用本研究改进的无动力平地机。两个处理在平地作业前均采用翻耕（东北一熟）或旋耕（双季稻）灭茬整地。双季稻系统无动力平地验证试验仅在晚稻季进行。

耕作模式对比试验设置两个处理：传统耕作和增氧耕作。传统耕作的田间作业流程：首先灌水泡田5d（1～3cm水层）；施基肥，之后旋耕埋茬，常规有动力旋耕机平地，沉实2d插秧。增氧耕作的田间作业流程：不灌水，直接旋耕埋茬（东北一熟系统此时田间土壤较为干燥，而南方双季稻区春季雨水较多，田间处于湿润状态），然后灌跑马水（田面无积水）湿润5d；施基肥，灌水（1～3cm水层），无动力平地机平地，沉实2d后插秧。两个稻作系统前一年或上一季秸秆均是全量还田。

4.3.2.2 无动力平地装置的改进

传统搅浆机是通过拖拉机后输出轴带动搅浆刀辊旋转，搅浆刀将土壤打碎，后面的压板将地抹平（图4-10）。这种方式作业后土壤细碎、地表平整，但在秸秆还田的情况下易将埋好的秸秆重新搅到地表，秸秆漂浮严重，不利于水稻插秧机作业。无动力平地机是通过自身重量，利用自身耙片进行秸秆压实和土壤细碎，后面的压板将地抹平（图4-11）。无动力平地机与常见的搅浆机相比，减少了对土壤的扰动，埋茬效果较好，且工作效率高。图4-12为搅浆机与无动力平地机的作业效果对比图。通过图4-12c可以看出，传统搅浆后秸秆漂浮相对严重，而无动力平地机作业后秸秆漂浮较少。

a. 整机结构

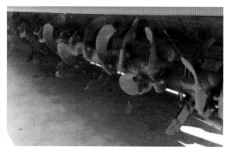
b. 搅浆刀形状

图4-10　传统搅浆机

a. 整机结构

b. 耙片形状

图4-11　无动力平地机

a. 传统搅浆机

b. 无动力平地机

c. 传统搅浆机和无动力平地机的作业效果

图4-12　传统搅浆与无动力平地对比

4.3.2.3　无动力平地装置的效果

1. 东北一熟稻田

在东北一熟稻田进行的试验表明，与常规有动力平地方式相比，无动力平地的土面下降高度和秸秆漂浮量两年平均分别显著降低37.8%和33.7%，秧苗的新生白根数两年平均显著增加16.2%（表4-6）。两种平地方式之间水稻产量差异不显著。由此可知，无动力平地方式可有效减少秸秆的漂浮量，降低泥浆大团粒结构的破碎程度，利于水稻秧苗的扎根，水稻产量不会低于常规平地。已有研究表明，传统搅浆易将掩埋在土层里的秸秆搅到地表，在泡田水比较多的情况下，出现秸秆漂浮现象，地表以下的植被覆盖率低（孙妮娜等，2018）。本研究发现，无动力平地可显著降低秸秆漂浮量，与已有研究的结果相类似。

表4-6　无动力平地的整地效果及对秧苗的影响（东北一熟稻田）

年份	处理	秸秆漂浮量 （kg/hm²）	土面下降高度 （cm）	新生白根数 （根/株）	产量 （t/hm²）
2018	常规平地	441.16a	1.42a	8.48b	7.83a
	无动力平地	234.68b	0.77b	9.77a	7.80a
2019	常规平地	530.27a	3.43a	13.27b	9.50a
	无动力平地	421.22b	2.40b	15.55a	9.57a

与常规有动力平地方式相比，无动力平地的土壤大团聚体（＞2mm和0.25～2mm）所占比例分别显著提高了17.7%和75.0%，土壤微团聚体（0.05～0.25mm）的比例显著提高了50.6%，而土壤黏粉粒（＜0.05mm）的比例显著降低了17.0%（图4-13）。从以上分析可见，无动力平地利于土壤大团聚体和微团聚体的形成。

2. 双季稻田

在红壤性稻田的晚稻季进行试验表明，与常规有动力平地方式相比，无动力平地显著降低了平地后土面下降高度，有降低秸秆漂浮量和秧苗入土深度的趋势（表4-7）。两种平地方式之间秧苗的新生白根数和水稻产量差异不显著。

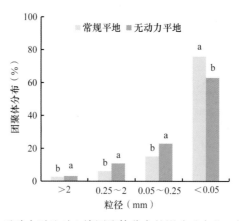

图4-13　无动力平地对土壤团聚体分布的影响（东北一熟稻田）

表4-7　无动力平地的整地效果及对秧苗的影响（晚稻）

处理	秸秆漂浮（kg/hm²）	土面下降高度（cm）	秧苗入土深度（cm）	新生白根数（根/株）	产量（t/hm²）
常规平地	163.3a	1.15a	5.88a	3.33a	7.78a
无动力平地	135.3a	0.85b	4.73a	3.63a	7.84a

　　与常规有动力平地方式相比，无动力平地显著提高了土壤大团聚体的比例（>2mm和0.25~2mm），而相应地降低了土壤微团聚体（0.05~0.25mm）的比例，对土壤黏粉粒（<0.05mm）的比例无显著影响（图4-14）。

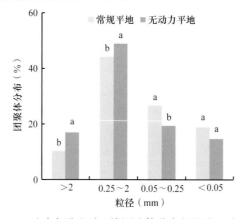

图4-14　无动力平地对土壤团聚体分布的影响（晚稻）

4.3.2.4　稻田控水增氧减排耕作技术的效果

1. 东北一熟稻田

　　在东北一熟稻田的试验表明，与传统耕作模式（泡田旋耕+有动力打浆）相比，秸秆全量还田下增氧耕作模式（干/湿旋耕+无动力打浆）显著降低了稻田CH_4排放量、全球增温潜势和温室气体排放强度，降幅分别为18.0%、18.1%和18.6%；对N_2O排放量和产量无显著影响（表4-8）。

表4-8　增氧耕作对水稻产量和温室气体排放的影响（东北一熟稻田）

处理	CH_4排放量（kg/hm²）	N_2O排放量（kg/hm²）	全球增温潜势（kg CO_2-eq/hm²）	温室气体排放强度（kg CO_2-eq/kg）	产量（t/hm²）
传统耕作	480.78a	0.77a	12 248.52a	1.29a	9.48a
增氧耕作	394.43b	0.57b	10 029.76b	1.05b	9.59a

与传统耕作相比，增氧耕作提高了插秧前稻田土壤的氧化还原电位（Eh），尤其是5月15日的氧化还原电位差异显著，而对插秧后一段时间内的土壤氧化还原电位无显著影响（图4-15a）。增氧耕作对耕层土壤的紧实度无明显影响（图4-15b）。

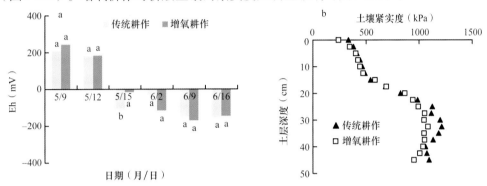

图4-15　增氧耕作对稻田土壤氧化还原电位（a）和土壤紧实度（b）的影响（东北一熟稻田）

2. 双季稻田

在红壤性双季稻田的试验表明，与传统耕作模式（泡田旋耕+有动力打浆）相比，秸秆全量还田下增氧耕作模式（干/湿旋耕+无动力打浆）对早稻季CH_4排放量、全球增温潜势和产量无显著影响（表4-9）。增氧耕作显著降低了晚稻季CH_4排放量、N_2O排放量、全球增温潜势和温室气体排放强度，降幅分别为21.8%、92.1%、31.7%和32.4%，但对晚稻产量无显著影响。

表4-9　增氧耕作对水稻产量和温室气体排放的影响（双季稻）

季别	处理	CH_4排放量（kg/hm²）	N_2O排放量（kg/hm²）	全球增温潜势（kg CO_2-eq/hm²）	温室气体排放强度（kg CO_2-eq/kg）	产量（t/hm²）
早稻	传统耕作	64.40a	0.62a	1796.04a	0.23a	7.83a
	增氧耕作	62.83a	0.25b	1645.21a	0.20a	8.10a
晚稻	传统耕作	92.28a	1.27a	2684.39a	0.34a	7.82a
	增氧耕作	72.14b	0.10b	1833.44b	0.23b	8.01a

与传统耕作相比，增氧耕作显著降低了早稻湿润期稻田土壤的还原性物质总量，而之后两种耕作方式间均无显著差异（图4-16）。增氧耕作显著降低了晚稻湿润期和插秧前一天稻田土壤的还原性物质总量，之后两种耕作方式间无显著差异。土壤氧化还原电位的表现与还原性物质总量相反（图4-17）。传统耕作和增氧耕作处理间土壤紧实度无显著差异（图4-18）。

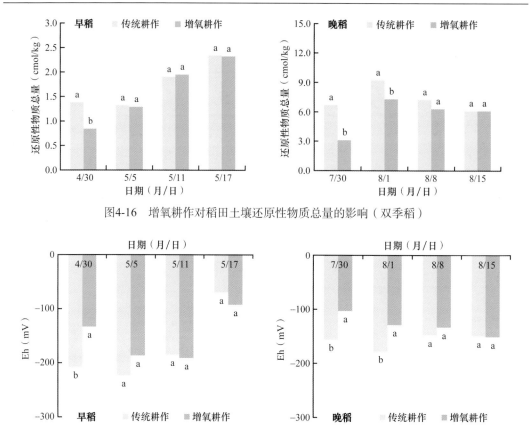

图4-16　增氧耕作对稻田土壤还原性物质总量的影响（双季稻）

图4-17　增氧耕作对稻田土壤氧化还原电位的影响（双季稻）

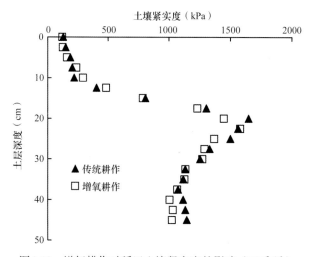

图4-18　增氧耕作对稻田土壤紧实度的影响（双季稻）

　　利用氧电极和H_2S监测了晚稻季湿润期表层土壤的氧化还原电位与H_2S浓度（图4-19）。结果表明，增氧耕作显著提高了表层土壤的氧化还原电位，未监测到H_2S信号，而传统耕作表层土壤氧化还原电位在2cm以下快速减小为负值，且监测到微量的H_2S信号。

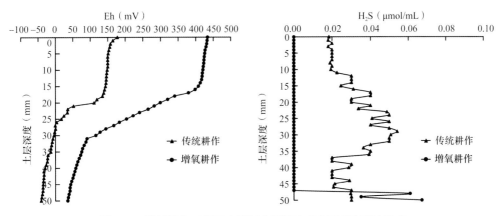

图4-19　增氧耕作对稻田土壤氧化还原电位和H$_2$S浓度的影响

4.3.2.5　结论

田间验证表明，本研究改进的无动力平地装置能够显著降低秸秆漂浮量，降低耕作后土面下降高度，有利于增加土壤大团聚体的比例，从而保持良好的土壤结构。本研究以干整地和无动力平地技术为核心构建的稻田控水增氧减排耕作技术模式，在维持水稻丰产的同时，减少了东北一熟稻田和双季稻田晚稻季前期土壤还原性物质总量，提高了土壤氧化还原电位，从而显著降低了稻田CH$_4$排放、全球增温潜势和温室气体排放强度。但是，由于早稻季前期正值雨季，控水增氧减排耕作技术模式的减排效果不显著。

4.3.3　秸秆全量还田下增密调肥水稻丰产增效种植技术

秸秆全量还田造成稻田土壤C/N失调，短期内微生物对土壤速效氮的固定导致水稻前期分蘖发生速度减慢。针对秸秆还田引起的土壤氮素供给和作物生长需求在时间上的不匹配，本研究通过增加水稻种植密度弥补秸秆还田导致的水稻分蘖数和有效穗数下降，同时调整氮肥施用量和运筹方式，缓解土壤碳氮失衡，建立秸秆全量还田下增密调肥水稻丰产增效种植技术，实现水稻丰产增效。

4.3.3.1　实施方案

在东北一熟、水旱两熟和双季稻系统开展秸秆全量还田下密度和肥料调控试验。由于土壤肥力和类型不同，水稻对密度和肥料运筹调整的响应可能不同。每一个稻作系统均在不同生态区开展多点联合试验。各试验点信息详见表4-10。各试验点统一设置以下4个处理：T1：常规密度，常规氮肥运筹；T2：采取缩小水稻栽插株距、行距保持不变的方式增加水稻种植密度20%~30%，同时在穗肥上减少总施氮量的20%；T3：增加水稻种植密度20%~30%，同时在基肥上减少总施氮量的20%；T4：常规密度，常规氮肥施用量，但将穗肥中总氮的20%调为分蘖肥（如将基肥∶分蘖肥∶穗肥=4∶3∶3调整为4∶5∶1）。

表4-10　各试验点T1处理的详细信息

地点	土壤类型	耕作方式	施肥方式	密度	品种
黑龙江哈尔滨	黑钙土	秋翻耕（深度18～20cm），春季泡浅水，无动力平地	纯氮180kg/hm²，基肥：分蘖肥：穗肥=4：3：3；磷（P₂O₅）肥70kg/hm²，钾（K₂O）肥60kg/hm²，作基肥一次性施用	30cm×13.3cm，每穴4～6株，人工移栽	龙稻21
黑龙江建三江	草甸型白浆土	秋翻耕（深度18～20cm），春季泡浅水，无动力平地	纯氮120kg/hm²，基肥：分蘖肥：穗肥=4：3：3；磷（P₂O₅）肥55kg/hm²，作基肥一次性施用；钾（K₂O）肥75kg/hm²，基肥：穗肥=1：1	30cm×13.3cm，每穴4～6株，机插秧	龙粳31
辽宁盘锦	滨海盐渍土	秋翻耕（深度18～20cm），春季泡浅水，无动力平地	纯氮240kg/hm²，基肥：分蘖肥：穗肥=4：3：3；P₂O₅ 135kg/hm²，基肥：返青肥=3：1；K₂O 75kg/hm²，基肥：分蘖肥=1：1	30cm×18cm，每穴4～6株，机插秧	盐丰47
江苏苏州	黄泥土	麦收后干翻耕（深度20～25cm），之后干旋耕（深度12～15cm），上水泡田后，平田2次	纯氮330kg/hm²，基肥：蘖肥：穗肥=3：4：3；钾（K）肥67.5kg/hm²，基肥和穗肥各50%	30cm×14cm，机插秧	南粳5055
江苏南通	砂壤土	麦收后干翻耕（深度20～25cm），之后干旋耕（深度12～15cm），上水泡田后平田2次	纯氮330kg/hm²，基肥：蘖肥：穗肥=4：2：4；磷（P₂O₅）肥66kg/hm²，基肥；钾（K₂O）肥132kg/hm²，基肥和穗肥各50%	25cm×14.3cm，每穴4株，机插秧	南粳9108
安徽庐江	潜育型水稻土	麦收后干翻耕（深度20～25cm），之后干旋耕（深度12～15cm），上水泡田后湿旋耕并平田一次	纯氮270kg/hm²，基肥：分蘖肥：促花肥：保花肥=4：3：1.8：1.2；P₂O₅ 135kg/hm²，基肥：促花肥=8：2；K₂O 270kg/hm²，基肥：分蘖肥：促花肥：保花肥=4：3：1.5：1.5	25cm×14cm，每穴4～6株，人工移栽	淮稻5号
河南原阳	砂壤土	麦收后干翻耕（深度20～25cm），之后干旋耕（深度12～15cm），上水泡田后平田2次	纯氮180kg/hm²，基肥：蘖肥：穗肥=3：4：3，其中分蘖肥按4：6分两次施入，促花肥：保花肥=6：4；钾肥180kg/hm²（折合K₂SO₄ 336kg/hm²），基肥和穗肥各50%	30cm×12cm，机插秧	方欣4号
江西进贤	由第四纪红色黏土发育成的水稻土	早晚稻均为旋耕2～3遍（深度15cm）	纯氮：早稻165kg/hm²，晚稻195kg/hm²，基肥：蘖肥：穗肥=5：2：3；磷（P₂O₅）肥75kg/hm²，全部作基肥；钾（K₂O）肥75kg/hm²，基肥和穗肥各50%	早稻25cm×13cm，晚稻25cm×16cm，早稻每穴4苗，晚稻每穴2苗，人工插秧	早稻：中嘉早17；晚稻：五优308
湖南宁乡	由河流冲积物发育成的河沙泥	早晚稻均为旋耕2～3遍（深度15cm）	纯氮：早稻135kg/hm²，晚稻165kg/hm²，基肥：蘖肥：穗肥均为6：3：1；磷（P₂O₅）肥早、晚稻分别为54kg/hm²、45kg/hm²，全部作基肥；钾（K₂O）肥早、晚稻分别为67.5kg/hm²、90kg/hm²，基肥和穗肥各50%	早、晚稻常规密度，均为25cm×14cm，早稻每穴4～6株，晚稻2～4株，机插秧	早稻：中早25；晚稻：H优518
安徽贵池	青丝泥田（母质：长江冲积物，潜育型水稻土）	早晚稻均为旋耕2遍（深度15cm）	纯氮：早稻165kg/hm²，晚稻195kg/hm²，基肥：蘖肥：穗肥=5：2：3；磷（P₂O₅）肥75kg/hm²，全部作基肥；钾（K₂O）肥75kg/hm²，基肥和穗肥各50%	早稻25cm×13cm，晚稻25cm×16cm，早稻每穴5株，晚稻每穴5株；早稻机插秧，晚稻抛秧	早稻：安育早1号；晚稻：镇稻18

　　常规密度、常规氮肥运筹是指当地高产栽培条件下最优的水稻种植密度、氮肥施用量和运筹方式。同一试验点所有处理秸秆全部还田，耕作方式一致。各处理水分管理保持一致，均为前期保持浅水（1～3cm）、中期排水烤田、后期干湿交替（每次灌水后自然落干）。

4.3.3.2　实施效果

在东北一熟系统，与常规密度和氮肥运筹处理相比，在黑龙江省哈尔滨和建三江试验点增密基肥减总氮20%处理水稻产量平均显著增加7.3%；在辽宁盘锦产量增加4.1%，但未达到显著水平（图4-20）。与常规密度和氮肥运筹处理相比，增密20%穗肥减总氮20%处理水稻产量在哈尔滨表现为增加的趋势，而在建三江和盘锦均表现为下降的趋势，但差异均不显著。与常规密度和氮肥运筹处理相比，常规密度和氮肥施用量下，将穗肥中总氮的20%调整为分蘖肥处理的水稻产量在哈尔滨和建三江均表现为增加趋势，但差异均不显著，而在盘锦二者无明显差异。

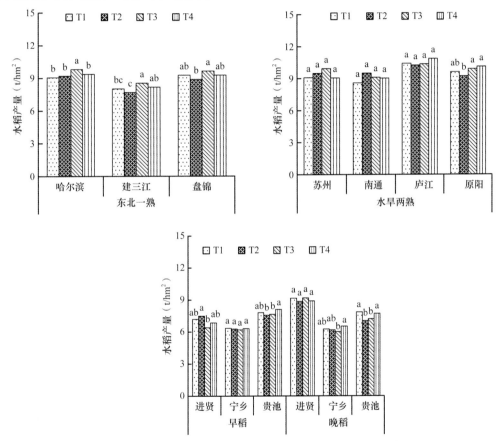

图4-20　秸秆全量还田下密度和氮肥调控对水稻产量的影响

在水旱两熟系统，与常规密度和氮肥运筹处理相比，增密条件下无论是穗肥减总氮20%还是基肥减总氮20%对产量均无显著影响；常规密度和氮肥施用量下，将穗肥中总氮的20%调整为分蘖肥对水稻产量亦无显著影响。

在双季稻系统的进贤和宁乡试验点，与常规密度和氮肥运筹处理相比，增密条件下无论是穗肥减总氮20%还是基肥减总氮20%对早晚稻产量均无显著影响。但在贵池试验点，与常规密度和氮肥运筹处理相比，增密20%穗肥减总氮20%和增密20%基肥减总氮20%对早稻产量无显著影响，但均显著降低了晚稻产量；常规密度和氮肥施用量下，将穗肥中总氮的20%调整为蘖肥对水稻产量亦无显著影响。

由此可见，由于土壤肥力、品种和气候等存在差异，不同稻作系统和同一稻作系统不同生态区水稻产量对密度与氮肥运筹调整的响应不同。总体而言，除个别试验点外，秸秆全量还田条件下增加种植密度的同时降低部分氮肥施用量能够在保证水稻丰产的前提下提高氮肥利用率。

4.4 秸秆全量还田下丰产增效和环境友好耕作模式

在秸秆全量还田下稻田轮耕扩容、控水增氧减排耕作、增密调肥水稻丰产增效种植等单项技术研究的基础上，优化了技术参数，构建了适宜不同稻区的稻田丰产增效和环境友好轮耕技术模式，并验证了模式的效果和综合效益。

4.4.1 实施方案

4.4.1.1 东北一熟

东北一熟模式验证试验位于黑龙江省哈尔滨市道外区民主乡黑龙江省农业科学院试验基地。完全随机区组试验，3次重复，小区面积300m²。供试品种为'龙稻21'。设置3种处理。

处理1，农户模式秸秆不还田（FP）：秸秆不还田，春翻耕（深度18～20cm），春季先泡浅水，常规有动力打浆，整平地，再灌深水。常规水分管理：前期浅水（1～3cm）、中期排水烤田、后期干湿交替（每次灌水后自然落干）。5月18日移栽，栽插密度为30cm×13.3cm，每穴4～6株。常规施肥：纯氮180kg/hm²，基肥：分蘖肥：穗肥=5：3：2；P$_2$O$_5$ 70kg/hm²作基肥一次性施用，K$_2$O 60kg/hm²按基肥：穗肥=1：1分两次施用。

处理2，农户模式秸秆还田（FPS）：秸秆还田，春翻耕，常规有动力打浆。水稻收获后秸秆粉碎还田（10cm左右），耕作、水分、密度、施肥管理同处理1。

处理3，优化模式秸秆还田（IPS）：水稻收获后秸秆粉碎还田（10cm左右），秋轮耕（一年翻耕、一年旋耕），无动力打浆，增密调肥。第一年秋翻耕（深度18～20cm），第二年秋旋耕（深度10～15cm），春季泡浅水，无动力平地，耙平地，再灌深水。栽插规格为30cm×10cm。基肥的氮肥用量在处理1的基础上减少总施氮量的20%（即减少36kg/hm²），分蘖肥、穗肥不变；磷肥不变；穗肥的钾肥用量在处理1的基础上减少总施钾量的20%（即减少12kg/hm²）。插秧后水分管理同处理1。

4.4.1.2 水旱两熟

水旱两熟模式验证试验在苏州市农业科学院（江苏太湖地区农业科学研究所）试验基地进行。

试验共设3种处理：①农户模式秸秆不还田（FP），②农户模式秸秆还田（FPS），③优化模式秸秆还田（IPS）。考虑到若不同处理设在同一块田，机器碾压次数过多，不能很好地反映土壤理化性状的变化，故所有处理均为大区试验。大区面积均大于500m²，取样时每个处理人为设置4个重复。供试品种：水稻为'南粳5055'，小麦为'扬麦16号'。

农户模式秸秆不还田（FP）：小麦机收留茬高度10cm，秸秆移出田外。先上水泡田后薄水旋耕，旋耕深度12～15cm，再用有动力打浆机平田2次，沉实2d后机插秧，栽插密度为30cm×14cm。施纯氮270kg/hm^2，基肥∶分蘖肥∶穗肥=3∶4∶3，其中分蘖肥按4∶6两次施入；钾肥（K$_2$O）67.5kg/hm^2。氮肥用普通尿素，钾肥用氯化钾。

农户模式秸秆还田（FPS）：小麦机械收获后秸秆粉碎还田（10cm）。其他与农户模式秸秆不还田处理相同。

优化模式秸秆还田（IPS）：小麦机械收获后秸秆粉碎还田（10cm）。水稻种植季先干翻耕（耕深20～25cm）再干旋耕（耕深12～15cm），上水泡田后再用无动力平地机平田2次，沉实2d后机插秧，栽插密度为30cm×12cm。与农户模式相比，基肥氮施用量减少总施氮量的20%，分蘖肥、穗肥保持不变。钾肥用量与农户模式一致。

插秧后水分管理统一为前期保持浅水（1～3cm）、中期排水烤田、后期干湿交替（每次灌水后自然落干）。

4.4.1.3 双季稻

双季稻系统模式验证试验在江西省红壤研究所进行。设置3种处理，分别为农户模式秸秆不还田（FP）、农户模式秸秆还田（FPS）和优化模式秸秆还田（IPS）。完全随机设计，3次重复。优化模式的主要技术是秸秆全量还田下晚稻收获后施石灰，并配合冬季翻耕、稻季增密调肥。供试品种：早稻为'中嘉早17'（常规稻）；晚稻为'五优308'（杂交稻）。

农户模式秸秆不还田：机收留茬高度10cm，秸秆移出田外。每季水稻移栽前1周旋耕稻田两遍（深度15cm左右），之后人工插秧。早稻移栽密度为25cm×13cm（晚稻株距16cm）。早稻每穴4苗，晚稻每穴2苗。氮肥施用量早稻165kg/hm^2，晚稻195kg/hm^2，分基肥（50%）、分蘖肥（20%）、穗肥（30%）3次施用；磷（P$_2$O$_5$）肥每季75kg/hm^2，作基肥一次性施用；钾（K$_2$O）肥每季75kg/hm^2，分基肥（50%）、穗肥（50%）两次施用。氮肥用普通尿素，钾肥用氯化钾，磷肥用钙镁磷。

农户模式秸秆还田：水稻机械收获的同时秸秆粉碎还田（10cm左右）。其他同秸秆不还田农户模式相同。

优化模式秸秆还田：水稻机械收获的同时秸秆粉碎还田（10cm左右）。水稻种植季旋耕、无动力平地。晚稻收获后及时均匀撒施熟石灰（用量2t/hm^2），之后翻耕（深度20cm左右）。采用缩小株距的方式增加水稻种植密度20%（即早稻株距11cm，晚稻株距13cm），行距保持不变。与农户模式相比，穗肥氮施用量减少总施氮量的20%，基肥、分蘖肥保持不变。磷钾肥用量与农户模式一致。

插秧后水分管理统一为前期保持浅水（1～3cm）、中期排水烤田、后期干湿交替（每次灌水后自然落干）。

4.4.2 实施效果

4.4.2.1 东北一熟

农户模式秸秆不还田和农户模式秸秆还田的CH$_4$排放量无显著差异（表4-11）。与农户模式秸秆不还田相比，2017年优化模式秸秆还田的CH$_4$排放量增加13.5%，而2018年和

2019年两年平均显著下降39.0%；农户模式秸秆还田的N_2O排放量三年平均降低19.9%，且2019年的差异达到显著水平；2017年优化模式秸秆还田的N_2O排放量增加11.5%，而2018年和2019年两年平均下降39.3%，且2019年的差异显著；2017年和2018年农户模式秸秆还田的全球增温潜势两年平均降低3.5%，2019年的全球增温潜势明显降低19.5%。与农户模式秸秆不还田相比，2017年优化模式秸秆还田的全球增温潜势增加13.3%，而2018年和2019年平均显著下降39.2%；2017年优化模式秸秆还田和农户模式秸秆还田的温室气体排放强度分别增加7.0%和0.9%，而2018年和2019年农户模式秸秆还田的温室气体排放强度则平均下降12.8%，优化模式秸秆还田的温室气体排放强度则平均下降42.8%，且差异均达到显著水平。

表4-11 不同处理对东北一熟稻田CH_4和N_2O排放量、全球增温潜势（GWP）、温室气体排放强度（GHGI）、产量和氮肥偏生产力的影响

年份	处理	CH_4排放量（kg/hm²）	N_2O排放量（kg/hm²）	GWP（kg CO_2-eq/hm²）	产量（t/hm²）	GHGI（kg CO_2-eq/kg）	氮肥偏生产力（kg/kg）
	FP	359.36a	1.56ab	9 449.12a	8.30a	1.14a	46.10b
2017	FPS	352.66a	1.12b	9 149.85a	7.95a	1.15a	44.17b
	IPS	407.73a	1.74a	10 710.26a	8.37a	1.22a	58.10a
	FP	315.25a	0.92a	8 154.31a	7.40b	1.10a	41.11b
2018	FPS	303.95a	0.82a	7 841.81a	7.71ab	1.02a	42.81b
	IPS	177.68b	0.63a	4 631.02b	7.90a	0.59b	54.88a
	FP	279.19a	0.83a	7 226.74a	9.38b	0.77a	52.13b
2019	FPS	224.78ab	0.66b	5 816.45ab	9.46b	0.61ab	52.55b
	IPS	183.38b	0.46c	4 722.46b	9.97a	0.48b	69.27a

2017年各处理间产量无显著差异。相对于农户模式秸秆不还田，2018年和2019年优化模式秸秆还田的产量平均显著提高6.5%，农户模式秸秆还田的产量平均提高2.5%，但差异不显著。与农户模式秸秆不还田相比，2017年优化模式秸秆还田的氮肥偏生产力显著提高26.0%，而农户模式秸秆还田下降4.2%；2018年和2019年优化模式秸秆还田的氮肥偏生产力平均显著提高33.2%，农户模式秸秆还田的氮肥偏生产力平均提高2.5%，差异未达显著水平。

与农户模式秸秆不还田相比，优化模式秸秆还田田面水总有机碳含量显著增加3.8%（图4-21）。3种模式之间田面水中全氮和全磷含量均无显著差异。

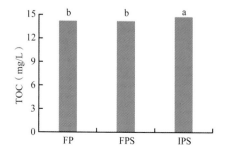
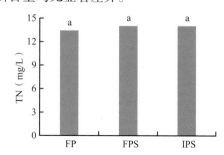

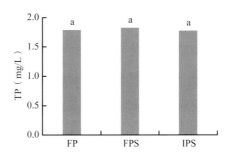

图4-21　不同处理对东北一熟稻田田面水总有机碳（TOC）、全氮（TN）和全磷（TP）浓度的影响（2019年）

总体上，优化模式秸秆还田处理温室气体排放量较低，产量和氮肥偏生产力较高，是东北一熟区秸秆还田下一种较好的稻田丰产增效和环境友好轮耕技术模式。

通过优化集成各项关键技术，构建了东北一熟稻区丰产增效耕作模式（图4-22），并形成了黑龙江省地方标准，具体内容如下。

1. 范围

本标准规定了水稻"一翻一旋"秸秆全量还田轮耕技术的术语和定义、产地环境、收获与秸秆还田、秋整地、泡田、搅浆、插秧、水分管理、施肥、病虫草害防治和生产档案。

本标准适用于水稻"一翻一旋"秸秆全量还田轮耕技术。

2. 规范性引用文件

下列文件对于本标准的应用是必不可少的。凡是注日期的引用文件，仅注日期的版本适用于本文件。凡是不注日期的引用文件，其最新版本（包括所有的修改单）适用于本文件。

GB 3095　《环境空气质量标准》

GB 5084　《农田灌溉水质标准》

GB 15618　《土壤环境质量 农用地土壤污染风险管控标准（试行）》

GB/T 24675.6　《保护性耕作机械 秸秆粉碎还田机》

NY/T 496　《肥料合理使用准则 通则》

NY/T 498　《水稻联合收割机 作业质量》

NY/T 499　《旋耕机 作业质量》

NY/T 500　《秸秆粉碎还田机 作业质量》

NY/T 501　《水田耕整机 作业质量》

DB23/T 020—2007　《水稻生产技术规程》

3. 术语和定义

下列术语和定义适用于本文件。

一翻一旋：前茬水稻适时收获后，秸秆均匀粉碎抛撒于地面，采用秋翻耕和秋旋耕相结合的轮耕整地方法，每两年为一个周期，第一年翻耕，第二年旋耕。

4. 产地环境

空气质量应符合 GB 3095的规定，土壤质量应符合 GB 15618的规定，灌溉水质应符合 GB 5084的规定。

图4-22 东北一熟区稻秆全量还田下丰产增效和环境友好耕作技术模式图

5. 收获与秸秆还田

要求秸秆粉碎长度≤10cm，留茬高度、秸秆抛撒不均匀率、粉碎长度合格率及其他质量要求应符合NY/T 500的规定。宜采用安装秸秆粉碎抛撒装置的水稻联合收割机进行收获，一次性完成水稻收获和秸秆粉碎抛撒作业。收获作业质量应符合NY/T 498的规定。若留茬过高、秸秆粉碎抛撒达不到要求时，宜采用符合GB/T 24675.6要求的秸秆粉碎还田机进行一次秸秆粉碎还田作业。

6. 秋整地

（1）翻耕

第一年水稻适时收获后，土壤含水量在30%以下时，使用铧式犁进行翻耕，深度18～20cm，深浅一致，不出堑沟，扣垡严密，不重不漏，秸秆与根茬无外漏。其他作业质量应符合NY/T 501的规定。

（2）旋耕

第二年水稻适时收获后，土壤含水量在25%以下时，宜采用反旋深埋旋耕机进行旋耕，深度15cm以上，达到无漏耕，无暗埂，不拖堆，地表平整，秸秆与根茬无外漏。其他作业质量应符合NY/T 499的规定。

7. 泡田

翻耕后的稻田在第二年春季插秧前15～25d放水泡田，淹没最高垡片的2/3处，泡田时间5～7d。旋耕后的稻田在第二年春季插秧前15～25d放水泡田，泡田深度高出旋耕后的土壤表面2～3cm，泡田时间3～5d。

8. 搅浆

泡田后采用无动力平地机进行搅浆。平地后保持2～3cm水层沉浆。

9. 插秧

沉浆后达到插秧要求时，应依据DB23/T 020—2007的规定进行。

10. 水分管理

（1）返青期

返青期保持3～5cm水层。

（2）分蘖期

施分蘖肥前1d灌2～3cm水层，达到花达水再补灌2～3cm水层，依次循环管理。

（3）晒田

当茎蘖数达到计划穗数的80%时，开始晒田，一般晒田5～7d。

（4）其他时期

应依据DB23/T 020—2007的规定进行。

11. 施肥

（1）基肥

每公顷施纯氮（N）48～60kg、氧化钾（K_2O）25～30kg、五氧化二磷（P_2O_5）60～75kg。在放水泡田之后、水整地之前撒施。肥料使用应符合NY/T 496的规定。

（2）返青肥

返青后立即施返青肥，每公顷施纯氮（N）30～37.5kg。

（3）分蘖肥

返青后10～15d施分蘖肥，每公顷施纯氮（N）30～37.5kg。

（4）穗肥

倒2叶展开时，每公顷追施纯氮（N）12～15kg、氧化钾（K₂O）25～30kg。

12. 病虫草害防治

病虫草害防治应依据DB23/T 020—2007的规定进行。

13. 生产档案

应建立水稻生产档案，包括收获与秸秆还田、秋整地、水肥管理及病虫草害防治等。

4.4.2.2 水旱两熟

与FP模式相比，FPS模式水稻产量增加了5.52%，优化模式（IPS）的水稻产量增加了14.71%（表4-12）。FP、FPS和IPS模式水稻季氮肥偏生产力大小顺序为IPS＞FPS＞FP，IPS模式减少了化学氮肥投入、提高了化学氮肥偏生产力。可见，在秸秆还田模式下，基肥减氮可以提高水稻季氮肥偏生产力。依据长期定位试验结果，与FP相比，秸秆还田5年后FPS处理有机质含量有增加的趋势，但未达到显著差异。这可能与该试验地土壤背景有机质含量较高有关。

表4-12 不同处理对水旱两熟稻田温室气体排放量、收益和氮肥利用率的差异

处理	CH₄排放量（kg/hm²）	N₂O排放量（kg/hm²）	全球增温潜势（kg CO₂-eq/hm²）	温室气体排放强度（kg CO₂-eq/kg）	产量（t/hm²）	净收益（元/hm²）	氮肥偏生产力（kg/kg）	土壤有机质（g/kg）
FP	337.14a	2.27a	10042a	1.01a	9.79b	14867	36.27b	32.43a
FPS	329.52a	1.79a	9701a	0.94a	10.33ab	16942	38.27b	34.63a
IPS	80.11b	1.89a	2743b	0.25b	11.23a	18577	52.03a	—

注：根据长期定位试验测算秸秆不还田和秸秆还田5年后土壤有机质的变化；其中IPS仅验证两年，故暂不列出

3种模式温室气体排放均以CH₄为主（表4-12）。3种模式CH₄排放量的大小顺序为FP＞FPS＞IPS。秸秆还田虽增加稻田CH₄排放量，但通过增密减氮、控水增氧等耕作措施可以有效降低稻田CH₄排放量。3种模式N₂O排放量无显著差异。可见，IPS模式在保证水稻丰产的同时，能减少温室气体排放，是较为理想的种植模式。不同模式稻田田面水总有机碳、全氮和全磷的浓度均无显著差异（图4-23）。

4.4.2.3 双季稻

与农户模式秸秆不还田相比，农户模式秸秆还田显著提高了早稻的产量，但是对晚稻产量无显著影响，秸秆还田能够显著增加周年水稻产量（表4-13和表4-14）。与农户模式秸秆还田相比，优化模式秸秆还田显著提高了早晚稻及周年的水稻产量，周年水稻产量提高了6.6%。与农户模式秸秆还田相比，优化模式秸秆还田能够显著提高双季稻系统的氮肥偏生产力，提高了15.2kg/kg。优化模式秸秆还田显著增加了双季稻生产的净收益，与农户模式秸秆还田相比每公顷净收益增加1065元。

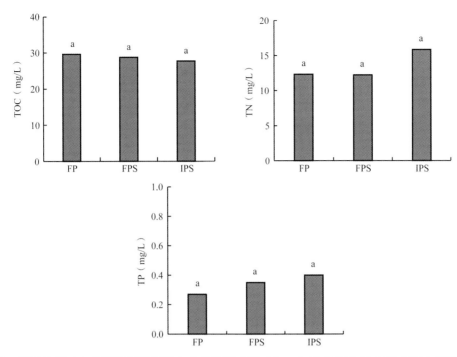

图4-23　不同处理对水旱两熟稻田田面水总有机碳（TOC）、全氮（TN）和全磷（TP）浓度的影响
（2019年）

表4-13　不同处理对双季稻田CH_4和N_2O排放量、全球增温潜势（GWP）、温室气体排放强度
（GHGI）和产量的影响

季别	处理	CH_4排放量 （kg/hm²）	N_2O排放量 （kg/hm²）	GWP （kg CO_2-eq/hm²）	产量（t/hm²）	GHGI （kg CO_2-eq/kg）
早稻	FP	110.8b	0.03c	2769b	7.35c	0.38b
	FPS	176.3a	0.21b	4408a	7.76b	0.57a
	IPS	111.2b	0.35a	2781b	8.19a	0.34b
晚稻	FP	257.1b	0.22a	6427b	8.51b	0.75ab
	FPS	362.3a	0.25a	9059a	8.66b	1.04a
	IPS	250.9b	0.02a	6272b	9.31a	0.67b

表4-14　不同处理对双季稻田周年全球增温潜势（GWP）、周年温室气体排放强度（GHGI）、周年产
量、氮肥偏生产力和经济效益的影响

处理	周年GWP （kg CO_2-eq/hm²）	周年产量（t/hm²）	周年GHGI （kg CO_2-eq/kg）	氮肥偏生产力 （kg/kg）	净收益（元/hm²）
FP	9 196b	15.86c	0.58b	44.1c	11 519
FPS	13 466a	16.42b	0.82a	45.6b	12 871
IPS	9 053b	17.50a	0.52b	60.8a	13 936

　　在环境效应方面，与农户模式秸秆不还田相比，农户模式秸秆还田显著增加了早晚稻
季的CH_4排放，同时显著增加了早稻季的N_2O排放，但在晚稻季无显著差异（表4-13）。与

农户模式秸秆还田相比，优化模式秸秆还田显著降低了早晚稻季的CH_4排放，但显著增加了早稻季的N_2O排放，而在晚稻季无显著差异。全球增温潜势的差异与CH_4排放一致。与农户模式秸秆不还田相比，农户模式秸秆还田显著提高了早晚稻季的全球增温潜势。与农户模式秸秆还田相比，优化模式秸秆还田显著降低了早晚稻季的全球增温潜势，因此优化模式秸秆还田显著降低了早晚稻季的温室气体排放强度。与农户模式秸秆不还田相比，农户模式秸秆还田显著提高了早稻季田面水全磷和总有机碳浓度。与农户模式秸秆还田相比，优化模式秸秆还田显著降低早稻季田面水全磷浓度，其他指标二者无显著差异（图4-24）。周年来看，与农户模式秸秆还田相比，优化模式秸秆还田显著降低了双季稻系统周年的全球增温潜势和温室气体排放强度，显著增加了氮肥偏生产力，净收益增加了1065元/hm^2（表4-14）。因此，本研究针对双季稻系统构建的秸秆全量还田下优化轮耕技术模式能够协同实现丰产增效和环境友好。

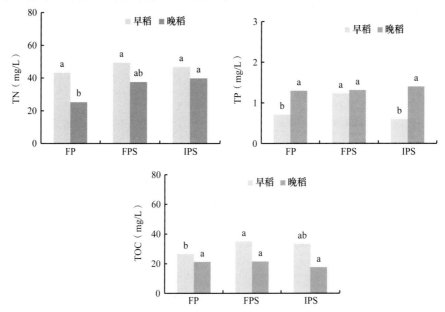

图4-24　不同处理对双季稻田面水全氮（TN）、全磷（TP）和总有机碳（TOC）浓度的影响

参 考 文 献

白小琳, 张海林, 陈阜, 等. 2010. 耕作措施对双季稻田 CH_4 与 N_2O 排放的影响. 农业工程学报, (1): 282-289.

曹敏建. 1981. 耕作学. 北京: 农业出版社.

曹湛波, 王磊, 李凡, 等. 2016. 土壤呼吸与土壤有机碳对不同秸秆还田的响应及其机制. 环境科学, 37(5): 1908-1914.

陈丁红, 胡国成. 2011. 临安市稻田耕作层变浅的原因与治理措施. 湖南农业科学, (2): 61-62.

陈中督, 徐春春, 纪龙, 等. 2018. 基于农户调查的长江中游地区双季稻生产碳足迹及其构成. 中国水稻科学, 32(6): 601-609.

成臣, 曾勇军, 杨秀霞, 等. 2015. 不同耕作方式对稻田净增温潜势和温室气体强度的影响. 环境科学学报, (6): 1887-1895.

戴维·蒙哥马利. 2019. 耕作革命——让土壤焕发生机. 张甘霖, 等译. 上海: 上海科学技术出版社.

董林林, 王海侯, 陆长婴, 等. 2019. 秸秆还田量和类型对土壤氮及氮组分构成的影响. 应用生态学报, 30(4): 1143-1150.

龚振平, 马春梅. 2013. 耕作学. 北京: 中国水利水电出版社.

杭玉浩, 王super盛, 许国春, 等. 2017. 水分管理和秸秆还田对稻麦轮作系统温室气体排放的综合效应. 生态环境学报, 26(11): 1844-1855.

郝帅帅, 顾道健, 陶进, 等. 2016. 秸秆还田对稻田土壤和温室气体排放的影响. 中国稻米, 22(5): 6-9.

侯贤清, 李荣, 贾志宽, 等. 2016. 不同农作区土壤轮耕模式与生态效应研究进展. 生态学报, 36(5): 1215-1223.

胡安永, 孙星, 刘勤. 2016. 太湖地区不同轮作模式对稻田温室气体（CH_4和N_2O）排放的影响. 应用生态学报, 27(1): 99-106.

胡炼, 杜攀, 罗锡文, 等. 2019. 悬挂式多轮支撑旱地激光平地机设计与试验. 农业机械学报, 50(8): 15-21.

胡炼, 罗锡文, 林潮兴, 等. 2014. 1PJ-4.0型水田激光平地机设计与试验. 农业机械学报, 45(4): 146-151.

金国强, 王丹英, 王在满, 等. 2014. 浙江省水稻精量机械穴直播技术研究与示范. 中国稻米, 20(4): 54-56.

靳红梅, 沈明星, 王海候, 等. 2017. 秸秆还田模式对稻麦两熟农田麦季CH_4和N_2O排放特征的影响. 江苏农业学报, 33(2): 333-339.

李华. 2016. 连续免耕与秸秆还田对土壤养分含量和稻麦产量的影响. 扬州: 扬州大学硕士学位论文.

李静, 冯淑怡, 陈利根, 等. 2016. 秸秆还田对稻田温室气体排放的影响: Meta 分析——以长江中下游地区为例. 中国人口资源与环境, (5): 91-100.

李帅帅, 张雄智, 刘冰洋, 等. 2019. Meta分析湖南省双季稻田甲烷排放影响因素. 农业工程学报, 35(12): 124-132.

刘世平, 庄恒扬, 沈新平. 1996. 苏北轮作轮耕轮培优化模式研究. 江苏农学院学报, 17(4): 31-37.

鲁如坤. 2000. 土壤农业化学分析方法. 北京: 中国农业科学技术出版社.

秦晓波, 李玉娥, 万运帆, 等. 2014. 耕作方式和稻草还田对双季稻田CH_4和N_2O排放的影响. 农业工程学报, 30(11): 216-224.

上官行健, 王明星, Wassmann R, 等. 1993. 稻田土壤中甲烷产生率的实验研究. 大气科学, 17(5): 604-610.

商庆银, 杨秀霞, 成臣, 等. 2015. 秸秆还田条件下不同水分管理对双季稻田全球增温潜势的影响. 中国水稻科学, 29(2): 181-190.

施骥, 栗杰. 2019. 秸秆还田对耕地棕壤pH及速效养分的影响. 农业开发与装备, 1: 128-129.

孙国峰, 徐尚起, 张海林, 等. 2010a. 轮耕对双季稻田耕层土壤有机碳储量的影响. 中国农业科学, 43(18): 3776-3783.

孙国峰, 张海林, 徐尚起, 等. 2010b. 轮耕对双季稻田土壤结构及水贮量的影响. 农业工程学报, 26(9): 66-71.

孙妮娜, 王晓燕, 李洪文. 2018. 东北稻区不同秸秆还田模式机具作业效果研究. 农业机械学报, 49(增刊1): 68-74, 154.

孙启新, 陈书法, 杨进, 等. 2019. 水田激光耙浆地机设计. 农业装备与车辆工程, 57(8): 27-30.

汤文光, 肖小平, 张海林, 等. 2018. 轮耕对双季稻田耕层土壤养分库容及Cd含量的影响. 作物学报, 44(1): 105-114.

唐海明, 李超, 肖小平, 等. 2019a. 双季稻区不同土壤耕作模式对水稻干物质积累及产量的影响. 华北农学报, 34(3): 137-146.

唐海明, 孙国峰, 肖小平, 等. 2011. 轮耕对双季稻田土壤全氮、有效磷、速效钾质量分数及水稻产量的影响. 生态环境学报, 20(3): 420-424.

唐海明, 肖小平, 汤文光, 等. 2017. 长期施肥对双季稻田CH_4排放和关键功能微生物的影响. 生态学报, 37(22): 7668-7678.

唐海明, 肖小平, 李超, 等. 2019b. 不同土壤耕作模式对双季水稻生理特性与产量的影响. 作物学报, 45(5): 740-754.

田祖庆, 张运胜, 宋光平, 等. 2006. 一季晚稻起垄免耕直播技术应用初探. 作物研究, (1): 46-47.

王峻, 薛永, 潘剑君, 等. 2018. 耕作和秸秆还田对土壤团聚体有机碳及其作物产量的影响. 水土保持学报, 32(5): 121-127.

王海候, 沈明星, 陆长婴, 等. 2014. 不同秸秆还田模式对稻麦两熟农田稻季CH_4和N_2O排放的影响. 江苏农业学报, 30(4): 758-763.

王汉朋, 景殿玺, 周如军, 等. 2018. 玉米秸秆还田对土壤性质、秸秆腐解及玉纹枯病的影响. 玉米科学, 26(6): 160-164, 169.

王明星, 李晶, 郑循华. 1998. 稻田甲烷排放及产生、转化、输送机制. 大气科学, 22(4): 600-612.

王在满, 罗锡文, 唐湘如, 等. 2010. 基于农机与农艺相结合的水稻精量穴直播技术及机具. 华南农业大学学报, (1): 91-95.

韦祖汉. 2004. 稻草还田免耕直播稻技术试验研究. 广西农学报, (5): 1-6.

吴建富, 潘晓华, 王璐, 等. 2010. 双季抛栽条件下连续免耕对水稻产量和土壤肥力的影响. 中国农业科学, 43(15): 3159-3167.

谢立勇, 许婧, 郭李萍, 等. 2017. 水肥管理对稻田 CH_4排放及其全球增温潜势影响的评估. 中国生态农业学报, 25(7): 958-967.

辛励, 刘锦涛, 刘树堂, 等. 2016. 长期定位条件下秸秆还田对土壤有机碳与腐殖质含量的影响. 华北农学报, 31(1): 218-223.

徐蒋来, 尹思慧, 胡乃娟, 等. 2015. 周年秸秆还田对稻麦轮作农田土壤养分、微生物活性及产量的影响. 应用与环境生物学报, 21(6): 1100-1105.

徐明岗, 张文菊, 黄绍敏, 等. 2015. 中国土壤肥力演变. 北京: 中国农业科学技术出版社.

闫洪亮, 王胜楠, 邹洪涛, 等. 2013. 秸秆深还两年对东北半干旱土壤有机质、pH值及团聚体的影响. 水土保持研究, 20(4): 44-48.

姚秀娟. 2007. 翻耕与旋耕作业对水稻生产的影响. 现代化农业, 7: 27-28.

游修龄. 1995. 中国稻作史. 北京: 中国农业出版社.

游修龄, 曾雄生. 2010. 中国稻作文化史. 上海: 上海人民出版社.

喻朝庆. 2019. 水–氮耦合机制下的中国粮食与环境安全. 中国科学·地球科学, 49(12): 2018-2036.

张建国, 张皓臻. 2007. 农田土地激光平整技术的应用. 农业装备技术, (5): 17-19.

张雅洁, 陈晨, 陈曦, 等. 2015. 小麦–水稻秸秆还田对土壤有机质组成及不同形态氮含量的影响. 农业环境科学学报, 34(11): 2155-2161.

张永春, 汪吉东, 沈明星, 等. 2010. 长期不同施肥对太湖地区典型号土壤酸化的影响. 土壤学报, 47(3): 465-472.

张岳芳, 陈留根, 张传胜, 等. 2015. 水稻机械化播栽对稻田甲烷和氧化亚氮排放的影响. 农业工程学报, 31(14): 232-241.

郑建初, 陈留根, 张岳芳, 等. 2012. 稻麦两熟制农田稻季温室气体甲烷及养分减排研究. 江苏农业学报, 28(5): 1031-1036.

知谷. 2018. 罗锡文: 开启水稻机械化精量穴直播时代. 农业机械, (2): 57-58.

周领. 2010. 秸秆类型和土壤性质对CO_2-C释放速率和土壤pH影响的研究. 杭州: 浙江大学硕士学位论文.

Abbasi M K, Tahir M M, Sabir N, et al. 2015. Impact of the addition of different plant residues on nitrogen mineralization-immobilization turnover and carbon content of a soil incubated under laboratory conditions. Solid Earth, 6(1): 197-205.

Al Kaisi M M, Yin X. 2005. Tillage and crop residue effects on soil carbon and carbon dioxide emission in corn-soybean rotations. Journal of Environmental Quality, 34(2): 437-445.

Bakht J, Shafi M, Tariq Jan M, et al. 2009. Influence of crop residue management, cropping system and N fertilizer on soil N and C dynamics and sustainable wheat (*Triticum aestivum* L.) production. Soil & Tillage Research, 104: 233-240.

Blanco-Canqui H, Lal R. 2009. Extent of soil water repellency under long-term no-till soils. Geoderma, 149(1-2): 171-180.

Bhattacharyya P, Roy K, Neogi S, et al. 2012. Effects of rice straw and nitrogen fertilization on greenhouse gas emissions and carbon storage in tropical flooded soil planted with rice. Soil & Tillage Research, 124: 119-130.

Cerdà A, González-Pelayo Ó, Giménez-Morera A, et al. 2016. Use of barley straw residues to avoid high erosion and runoff rates on persimmon plantations in Eastern Spain under low frequency-high magnitude simulated rainfall events. Soil Research, 54(2): 154-165.

Chen Z M, Wang H Y, Liu X W, et al. 2017. Changes in soil microbial community and organic carbon fractions under short-term straw return in a rice-wheat cropping system. Soil & Tillage Research, 165: 121-127.

Cheng Y, Wang J, Zhang J B, et al. 2015. Mechanistic insights into the effects of N fertilizer application on N_2O-emission pathways in acidic soil of a tea plantation. Plant and Soil, 389: 45-57.

Feng J, Chen C, Zhang Y, et al. 2013. Impacts of cropping practices on yield-scaled greenhouse gas emissions from rice fields in China: a meta-analysis. Agriculture, Ecosystems & Environment, 164: 220-228.

Feng J, Li F, Zhou X, et al. 2018. Impact of agronomy practices on the effects of reduced tillage systems on CH_4 and N_2O emissions from agricultural fields: a global meta-analysis. PLoS ONE, 13(5): e0196703.

Francois X N, Richard J H. 2007. The liming effect of five organic manures when incubated with an acid soil. Journal of Plant Nutrition and Soil Science, 170: 615-622.

Govaerts B, Mezzalama M, Unno Y, et al. 2007. Influence of tillage, residue management, and crop rotation on soil microbial biomass and catabolic diversity. Applied Soil Ecology, 37: 18-30.

Huang M, Zhou X, Cao F, et al. 2015. No-tillage effect on rice yield in China: a meta-analysis. Field Crops Research, 183: 126-137.

Huang M, Zou Y, Jiang P, et al. 2012. Effect of tillage on soil and crop properties of wet-seeded flooded rice. Field Crops Research, 129: 28-38.

Huang S, Rui W, Peng X, et al. 2010. Organic carbon fractions affected by long-term fertilization in a subtropical paddy soil. Nutrient Cycling in Agroecosystems, 86: 153-160.

Huang S, Sun Y, Yu X, et al. 2016. Interactive effects of temperature and moisture on CO_2 and CH_4 production in a paddy soil under long-term different fertilization regimes. Biology and Fertility of Soils, 52: 285-294.

Huang S, Zeng Y, Wu J, et al. 2013. Effect of crop residue retention on rice yield in China: a meta-analysis. Field Crops Research, 154: 188-194.

Huang Y, Zou J, Zheng X, et al. 2004. Nitrous oxide emissions as influenced by amendment of plant residues with different C : N ratios. Soil Biology and Biochemistry, 36(6): 973-981.

Hue N V, Craddock G R, Adams F. 1986. Effect of organic acids on aluminum toxicity in subsoils. Soil Science Society of America Journal, 50: 28-34.

Jiang Y, Carrijo D, Huang S, et al. 2019a. Water management to mitigate the global warming potential of rice systems: a global meta-analysis. Field Crops Research, 234: 47-54.

Jiang Y, Liao P, van Gestel N, et al. 2018. Lime application lowers the global warming potential of a double rice cropping system. Geoderma, 325: 1-8.

Jiang Y, Qian H, Huang S, et al. 2019b. Acclimation of methane emissions from rice paddy fields to straw addition. Science Advances, 5(1): eaau9038.

Jiang Y, Qian H, Wang L, et al. 2019c. Limited potential of harvest index improvement to reduce methane emissions from rice paddies. Global Change Biology, 25: 686-698.

Jiang Y, van Groenigen K J, Huang S, et al. 2017. Higher yields and lower methane emissions with new rice cultivars. Global Change Biology, 23: 4728-4738.

Jonatas T P, Dieckow J, Cimélio B, et al. 2014. Soil gaseous N_2O and CH_4 emissions and carbon pool due to integrated crop-livestock in a subtropical Ferralsol. Agriculture, Ecosystems and Environment, 190: 87-93.

Kätterer T, Bolinder M A, Andrén O, et al. 2011. Roots contribute more to refractory soil organic matter than above-ground crop residues, as revealed by a long-term field experiment. Agriculture, Ecosystems and Environment, 141: 184-192.

Kenney I, Blanco-Canqui H, Presley D R, et al. 2015. Soil and crop response to stover removal from rainfed and irrigated corn. Global Change Biology Bioenergy, 7(2): 219-230.

Kumar V, Ladha J K. 2011. Direct seeding of rice: recent developments and future research needs. Advances in Agronomy, 111: 297-413.

Ladha J K, Rao A N, Raman A K, et al. 2016. Agronomic improvements can make future cereal systems in South Asia far more productive and result in a lower environmental footprint. Global Change Biology, 22(3): 1054-1074.

Li D, Liu M, Cheng Y, et al. 2011. Methane emissions from double-rice cropping system under conventional and no tillage in southeast China. Soil and Tillage Research, 113(2): 77-81.

Li H, Guo H Q, Helbig M, et al. 2019. Does direct-seeded rice decrease ecosystem-scale methane emissions?—A case study from a rice paddy in southeast China. Agricultural and Forest Meteorology, 272: 118-127.

Liao P, Huang S, van Gestel N C, et al. 2018. Liming and straw retention interact to increase nitrogen uptake and grain yield in a double rice-cropping system. Field Crops Research, 216: 217-224.

Liu C, Lu M, Cui J, et al. 2014. Effects of straw carbon input on carbon dynamics in agricultural soils: a meta-analysis. Global Change Biology, 20(5): 1366-1381.

Lou Y L, Xu M G, Wang W, et al. 2011. Return rate of straw residue affects soil organic C sequestration by chemical fertilization. Soil & Tillage Research, 113: 70-73.

Ma J, Ma E, Xu H, et al. 2009. Wheat straw management affects CH_4 and N_2O emissions from rice fields. Soil Biology and Biochemistry, 41(5): 1022-1028.

Maarastawi S A, Frindte K, Paul L E, et al. 2019. Rice straw serves as additional carbon source for rhizosphere microorganisms and reduces root exudate consumption. Soil Biology and Biochemistry, 135: 235-238.

Machado P E F, de Campos D V B, de Carvalho B F, et al. 2015. Tillage systems effects on soil carbon stock and physical fractions of soil organic matter. Agricultural System, 132: 35-39.

Murage E W, Voroney P, Beyaert R P. 2007. Turnover of carbon in the free light fraction with and without charcoal as determined using the 13C natural abundance method. Geoderma, 138: 133-143.

Nishigaki T, Shibata M, Sugihara S, et al. 2017. Effect of mulching with vegetative residues on soil water erosion and water balance in an oxisol cropped by cassava in east Cameroon. Land Degrad Ation and Development, 28: 682-690.

Noble A D, Zenneck I, Randall P J. 1996. Leaf litter ash alkalinity and neutralisation of soil acidity. Plant and Soil, 179: 293-302.

Olsona K R, Lang J M, Ebelhar S A. 2005. Soil organic carbon changes after 12 years of no-tillage and tillage of Grantsburg soils in southern Illinois. Soil & Tillage Research, 81: 217-225.

Pandey D, Agrawal M, Bohra J S. 2012. Greenhouse gas emissions from rice crop with different tillage permutations in rice-wheat system. Agriculture, Ecosystems & Environment, 159: 133-144.

Pathak H, Sankhyan S, Dubey D S, et al. 2013. Dry direct-seeding of rice for mitigating greenhouse gas emission: field experimentation and simulation. Paddy and Water Environment, 11: 593-601.

Pathak H, Singh R, Bhatia A, et al. 2006. Recycling of rice straw to improve wheat yield and soil fertility and reduce atmospheric pollution. Paddy and Water Environment, 4(2): 111-117.

Roscoe R, Buurman P. 2003. Tillage effects on soil organic matter in density fractions of a Cerrado Oxisol. Soil & Tillage Research, 70: 107-119.

Samoura M L. 2018. 耕作方式与秸秆还田对双季稻产量和温室气体排放的影响. 北京: 中国农业科学院博士学位论文.

Sanchez B, Iglesias Mc V, Alvaro-Fuentes J, et al. 2016. Management of agricultural soils for greenhouse gas mitigation: learning from a case study in NE Spain. Journal of Environmental Management, 170: 37-49.

Singh G, Bhattacharyya R, Das T K, et al. 2018. Crop rotation and residue management effects on soil enzyme activities, glomalin and aggregate stability under zero tillage in the Indo-Gangetic Plains. Soil Tillage & Research, 184: 291-300.

Supriya M, Neogi S, Dutta T, et al. 2019. The impact of biochar on carbon sequestration: meta-analytical approach to evaluating environmental and economic advantages. Journal of Environmental Management, 250: 1-10.

Tao Y, Chen Q, Peng S, et al. 2016. Lower global warming potential and higher yield of wet direct-seeded rice in Central China. Agronomy for Sustainable Development, 36(2): 24.

Thangarajan R, Bolan N S, Tian G L, et al. 2013. Role of organic amendment application on greenhouse gas emission from soil. Science of the Total Environment, 465: 72-96.

Tokuda S, Hayatsu M. 2004. Nitrous oxide flux from a tea field amended with a large amount of nitrogen fertilizer and soil environmental factors controlling the flux. Soil Science and Plant Nutrition, 50: 365-374.

Varvel G E, Wilhelm W W. 2011. No-tillage increases soil profile carbon and nitrogen under long-term rainfed cropping systems. Soil & Tillage Research, 114: 28-36.

Verburg P J, Larsen J, Johnson D W, et al. 2005. Impacts of an anomalously warm year on soil CO_2 efflux in experimentally manipulated tallgrass prairie ecosystems. Global Change Biology, 11: 1720-1732.

Wang S Q, Huang M, Shao X M, et al. 2004. Vertical distribution of soil organic carbon in China. Environmental Management, 33: 200-209.

Wang Z, Gu D, Beebout S S, et al. 2018. Effect of irrigation regime on grain yield, water productivity, and methane emissions in dry direct-seeded rice grown in raised beds with wheat straw incorporation. The Crop Journal, 6(5): 495-508.

Warren Raffa D, Bogdanski A, Tittonell P. 2015. How does crop residue removal affect soil organic carbon and yield? A hierarchical analysis of management and environmental factors. Biomass and Bioenergy, 81: 345-355.

Wassmann R, Lantin R S, Neue H U, et al. 2000. Characterization of methane emissions from rice fields in Asia. III. Mitigation options and future research needs. Nutrient Cycling in Agroecosystems, 58(1-3): 23-36.

Xiao Y, Zhang F G, Li Y, et al. 2018. Influence of winter crop residue and nitrogen form on greenhouse gas emissions from acidic paddy soil. European Journal of Soil Biology, 85: 23-29.

Ji X H, Wu J M, Peng H, et al. 2012. The effect of rice straw incorporation into paddy soil on carbon sequestration and emissions in the double cropping rice system. Journal of the Science of Food and Agriculture, 92 (5): 1038-1045.

Xu Y, Nie L, Buresh R J, et al. 2010. Agronomic performance of late-season rice under different tillage, straw, and nitrogen management. Field Crops Research, 115(1): 79-84.

Yang Y, Huang Q, Yu H, et al. 2018. Winter tillage with the incorporation of stubble reduces the net global warming potential and greenhouse gas intensity of double-cropping rice fields. Soil and Tillage Research, 183: 19-27.

Yazdanpanah N. 2016. CO_2 emission and structural characteristics of two calcareous soils amended with municipal solid waste and plant residue. Solid Earth, 7(1): 105.

Zhao X, Liu S, Pu C, et al. 2016. Methane and nitrous oxide emissions under no-till farming in China: a meta-analysis. Global Change Biology, 22(4): 1372-1384.

Zhao X, Liu B, Liu S, et al. 2020. Sustaining crop production in China's cropland by crop residue retention: a meta-analysis. Land Degradation and Development, 31(6): 694-709.

Zhou P, Sheng H, Li Y, et al. 2016. Lower C sequestration and N use efficiency by straw incorporation than manure amendment on paddy soils. Agriculture, Ecosystems and Environment, 219: 93-100.

第 5 章　稻田土壤培肥新产品

5.1　稻田土壤培肥替代品的变化及其发展趋势

5.1.1　传统培肥产品的不足

稻田土壤肥力是衡量土壤为作物提供其生长所需各种养分的能力，是土壤从环境条件和营养条件两方面供应和协调作物生长、发育的能力，是土壤物理、化学和生物等性质的综合反映，受当地自然环境、水稻品种、栽培措施等因素的影响。由于水稻形成产量的过程中所需要的营养成分有一半以上来自土壤本源养分的供应，因此，维持和保护稻田土壤肥力对水稻生产具有至关重要的作用。

水稻由一粒种子（或移栽的秧苗）发育成为人类可以食用的稻米，从土壤中获取和带走了必要的营养，依据李比希的养分归还学说，必须将外源养分投入补充到土壤中，才能维持土壤的长期生产能力，传统的投入品大多只注重对地上部分的增产作用，而忽视了对土壤肥力和土壤健康的维护与保持，传统的养分投入品存在严重的结构不平衡问题，重视化学合成养分的投入、轻视有机培肥产品的投入，重视大量营养元素的投入、轻视中微量营养元素的投入，重视氮素营养的投入、轻视磷钾等营养元素的投入。

在产品的制造工艺上，传统产品功能单一、生产过程粗放，造成原材料浪费和大量废水废渣的产生，一方面造成资源浪费，另一方面造成环境污染。培肥产品将向复合化、专用型的方向发展，产品的优化升级要在原有产品中加入新材料，同时配套升级新技术、新工艺和新设备。在优化产品制造工艺的同时，也应加大对培肥产品应用模式的摸索，目前传统人工施用方式仍然占主导地位，机械化施用仅占主要农作物种植面积的30%左右。因此，适应现代农业发展需要，优化氮、磷、钾配比，促进大量元素与中微量元素配合，引导培肥产品优化升级，大力推广高效新型培肥产品刻不容缓。

5.1.2　稻田土壤培肥替代品的研发和应用

以"十三五"国家重点研发计划课题"稻田培肥替代品研制及高效施用技术"为依托，针对我国稻区农田土壤生态功能下降、养分供应不均且利用率低下、土壤微量元素缺乏、秸秆还田分解难等问题，开展了新型培肥产品的研制和应用研究，研发适合东北主要稻区土壤类型的中低温秸秆快速腐熟剂、稻田生物炭基产品、螯合型营养均衡培肥产品、有机无机肥耦合技术、水稻侧深施肥技术与产品等绿色替代产品和技术，明确不同替代品对土壤肥力的提升效应及作物产量效应，建立养分高效利用、机械化施用技术模式。主要包括以下几方面的内容。

一是绿色培肥替代品的研发与关键技术研究。针对稻秸全量还田分解难的问题，进行高效稻秸快速腐熟菌剂的菌株筛选、培育技术研究；秸秆腐熟菌剂组成菌种保护剂的添加类别和数量研究；生物炭基产品的研制开发。针对稻田土壤氮磷钾养分供应不均及不足、土壤微量元素缺乏的问题，利用有机-无机配伍技术、微量元素螯合技术、熔体塔式制肥技术创制不同配比和规格的螯合型营养均衡培肥产品与水稻机械化专用配方培肥产品。针对稻田土壤有机质含量急剧下降的问题，进行水稻机械化有机无机肥配伍培肥产品的开发；针对稻田氮素利用率低、氮素挥发损失和硝酸盐淋失问题，进行碳氮耦合型生物化学调控技术攻关和产品开发。

二是稻田绿色培肥替代品培肥技术与机制研究。以东北一熟稻田为对象，研究不同绿色替代品培肥技术，探讨秸秆腐解过程及其调控途径，研究多功能根际促生菌在固氮、解磷、解钾及抗病抗逆方面的作用机制，研究炭基产品对养分的固持和调节、氮素转化酶学调控培肥技术。探讨不同稻作系统中，生物-有机-无机培肥产品对养分转化和分配、化肥养分利用率提升的影响机制，提出绿色替代品筛选优化→培育稻田地力→高效施用技术模式。

三是稻田绿色替代品的高效施用技术与模式。针对稻田人工施肥用工量大、效率不高、施肥不匀及绿色替代品施肥技术缺乏等问题，研究水稻侧深一次性施用绿色替代品技术，秸秆腐熟剂、生物有机肥机械化侧深施肥技术，建立绿色替代品高效施用技术模式。此方式将解决的关键问题是从土壤活性有机质数量和质量、养分固持与矿化、作物的养分吸收利用率角度，解析生物-有机-无机培肥产品对碳氮耦合转化和地力提升的影响机制；初步解决稻秸中木质素和硅化物难降解的问题，阐明外源氮素的酶学调控机制，解决酶学调控产品研发过程中的抑制剂添加技术问题。通过快速培肥绿色替代品的施用，实现秸秆快速腐解，从而培肥地力，调控氮素在土壤中的水解、硝化-反硝化作用，使外源营养与作物需求协同，改善土壤有机碳分布、土壤微生态功能，进而有效提升土壤肥力、减少化学品投入和温室气体排放，提高水稻产量。

5.2 稻田土壤培肥产品研制的创新思路与研制方案

针对传统产品的问题和新时期农业发展的需要，在"十三五"国家重点研发计划课题"稻田培肥替代品研制及高效施用技术（2016YFD0300904）"的资助下，本研究重点开展了相关培肥产品的研制，产品兼具促进作物增产和培肥土壤的双重功效，以下内容对产品的研发思路、生产工艺、培肥效果和机制及施用技术进行综合阐述与归纳总结。

5.2.1 生物炭基培肥产品的研制思路与方案

水稻是我国乃至世界主要粮食作物之一，长期以来水稻生产为保障国家粮食安全做出了重要贡献。近年来，我国水稻产量保持了较高水平，实现了多年稳产、高产。但目前仍存在两个不容忽视的现实：一方面，在水稻等粮食作物产量提高的同时，化学肥料在农业生产上的施用量也大幅增加，致使土壤板结、酸化，有机质降低，生产能力下降，成为制约农业生产可持续发展的"瓶颈"；另一方面，伴随粮食增产，秸秆等农业废弃物产量也在持续攀升。据统计，我国仅玉米、水稻、小麦等大宗农作物秸秆的年产量就达到6.5亿t，且随着粮食产量增加，这一数字还将进一步刷新。我国农作物秸秆资源总量很大，但返还给农田土壤的十分有限。数据显示，目前我国秸秆还田量不足20%，而被烧掉或废弃的资源量却超过50%。每至作物收获后，"遮天蔽日"的秸秆焚烧现象屡禁不止，造成了严重的环境污染和资源浪费。因此，如何在合理、高效利用秸秆资源的基础上，保持耕地质量与作物生产的可持续发展，是必须面对和亟待解决的重要问题。

鉴于此，国内外专家针对秸秆资源化高效利用问题开展了一系列探索和研究工作，并取得了一定研究进展和成果。其中，"五料化"应用是秸秆等废弃物资源常见的处理方式。但是，由于区域性气候条件、资源禀赋及农业、经济发展水平等条件存在差异，从实践来看这些方法也存在一定局限性。对于农业生产系统而言，秸秆还田是最直接的利用方式。研究认为，秸秆还田可以改善土壤性质，提高土壤有机质含量，提升土壤肥力（Hazarika et al.，2009；Liu et al.，2014），增加作物干物质积累量，提高水稻等作物产量（石健康等，2006；赵鹏和陈阜，2009）。虽然，秸秆直接还田方式对土壤肥力、作物产量提高等具有一定积极作用。但是，受区域环境条件和地力、作物种类等因素制约，秸秆还田在一些地区还存在明显局限性。在东北地区，由于气候寒冷，秸秆还田后很难腐解，往往影响翌年出苗、插秧等农事操作，同时伴有病、虫、草害增加等农业生产问题。在某些施用量不当或翻压质量不好的情况下，秸秆也会表现出化感、争氮、病虫害和僵苗等负效应，导致作物减产（Nardi et al.，2004；单鹤翔，2012），因而在某种程度上制约了产量提升，增加了人力和作物生产成本。而在水稻生产上，要实现秸秆全量还田，在技术、工艺设备等方面还有较大提升空间。

在这种国家战略、现实需求和发展要求背景下，生物炭技术应运而生。生物炭技术是当前新兴的研究热点之一。生物炭（biochar）一般指以自然界广泛存在的生物资源为基础，利用特定的炭化技术，由生物质在缺氧条件下不完全燃烧所产生的富碳产物（陈温福等，2011），具有微孔结构多、比表面积大、吸附力强、含碳量高、养分元素丰富等诸多结构及理化特性优势。生物炭在作物上的应用较早，可追溯到19世纪亚马孙河流域古老的印第安人用一种特殊的黑土壤"Terra Preta"来种植农作物，后经研究证实这种黑土壤富含的物质即为生物炭，是土壤肥沃和作物增产的主要原因（Van Zwieten et al.，2010）。国内外诸多研究表明，在土壤中施入生物炭可以改良土壤结构，提高土壤养分，有利于为作物生长提供良好的土壤生态环境条件。生物炭可以加速叶片中蛋白质的合成与代谢，从而提高水稻生物量（Noguera et al.，2010）。在我国太湖地区，以10t/hm^{2}和40t/hm^{2}标准施用生物炭发现，施氮土壤两种施用量条件下水稻产量分别提高了8.8%和12.1%，而未施肥土壤水稻产量则分别提高了12%和14%（Zhang et al.，2010）。生物炭也表现出一定的持续效应。在巴西亚马孙河流域地区的田间试验表明，在土壤中施用生物炭（以11t/hm^{2}标准），经过2年4个生长季后，发现水稻产量累计增加了约75%（Steiner et al.，2007）。由此可见，生物炭对土壤与水稻生长具有良好的作用效应及应用潜力。以生物炭为载体功能材料，充分发挥生物炭结构及理化特性优势，制备生物炭基产品并应用于农业生产实践，将为解决秸秆焚烧难题，提高稻田土壤可持续生产力，低碳、绿色水稻生产发展提供新途径。

目前，生物炭以直接或间接形式还田为主。在现代农业"绿色、低碳、环保"的发展要求背景下，炭化直接还田还不足以满足多元产业发展需求。因此，以生物质炭化制备工艺技术为基础，以不同材质生物炭为载体，有针对性地设计、研发适应我国农业发展国情的炭化工艺技术和炭基产品，是生物炭产业技术发展与应用的必由之路。基于此，沈阳农业大学陈温福院士率先提出了以"农林废弃物炭化还田"为核心的生物炭发展理念，其本质是"以农林废弃物为基础原料，采用简易炭化工艺技术制备生物炭，再以生物炭为基质生产炭基肥或炭基土壤改良剂等产品返还给农田，使农田耕地质量及生产力得以可持续提高的系列技术及应用模式"。目前，国内外已开展了一些以生物炭为基础的产品研发工作，但受原材料、制炭工艺、配方技术、加工装备等因素制约，不同产品的作用效果还存在很大差异，其功能作用、特性也不尽一致。我国的炭基产品在农业领域以炭基肥、炭基土壤改良剂、炭基育苗基质等为主。在国外，炭基产品以应用于园艺、经济作物等的高附加值产品为主，其生产成本普遍较高。例如，美国Blue Sky Enterprise生产的10L装生物炭基产品售价29.95美元，Vee-Go Energy公司推出的11L包装的产品价格为12.95美元，加拿大The Green Life Soil公司的4kg包装生物炭售价34澳元，单位价格高昂。相对单一的产品设计、用途和较高的价格，也限制了生物炭基产品在大宗作物上的生产应用。而我国农田以生产水稻等大宗作物为主，作物大田生产的广适性、产品安全性、环保性等需求更为迫切。生物炭基产品在制备工艺、产品配方、生产技术等方面还有很大发展潜力和空间。

基于上述研制背景和农业生产现实需求，开展了针对性炭基产品的研制工作，主要设计思路和方案如下。

5.2.1.1　构建功能性载体材料

我国农业资源丰厚、发展历史悠久，传统"只耕不养"的农业生产方式，特别是化肥的大量、不适当使用，使土壤酸化、板结，肥料养分利用率下降，并产生水体污染等一系列问题，制约了农业生产的可持续发展。因此，有效提高化肥利用率，既是国家低碳经济、节能降耗发展的需要，也是广大农民的迫切需求。缓释技术是提高化肥利用率的有效途径之一。目前国内外缓释肥料一般采用包膜、包裹、涂层等物理方法延长肥效，如包硫尿素、聚合物包膜的包裹型肥料、涂层肥料等，也有采用物理与生物化学等技术方法结合生产的缓释肥料，以达到提高肥料养分利用率的目的。但是，这些肥料普遍存在成本高等问题，且很少具备孔隙及吸附能力，更无改良土壤结构、提高土壤肥力等改良土壤方面的效益。在稻田生产上，目前仍以常规化肥（复合肥）为主，稻田肥料产品开发与应用面临可持续发展困境：一方面是肥料利用率不高，养分流失严重，甚至造成了严重的面源污染。与此同时，氮、磷、钾养分等矿产资源存量下降，资源紧张、能耗增加、成本提高已成为肥料产品研发与生产方面存在的普遍现实问题。另一方面，现有肥料产品往往只关注产量目标，而忽视了耕地土壤健康和农产品质量安全，以致地越种越"薄"，土壤"越吃越馋"，生产力持续下降。显而易见，传统产品已不能满足土壤与作物生产可持续发展的现实需要。

因此，针对上述问题和稻田生产领域存在的关键问题，首先在产品载体结构、性质、来源等方面进行技术创新与改进。以秸秆、玉米芯、花生壳等"大量、可持续、可再生"农业废弃物为原材料，采用低碳、环保的生物质炭化新工艺技术，制备具有良好结构及理化特性功能的生物炭基载体材料，从而完全替代传统化学型包裹、涂层或其他载体材料，构建全新的炭基功能载体材料，实现载体材料由化学无机向有机的过渡和替代，并耦合其改良土壤结构及性质的综合效能，促进土壤耕地质量与作物生产力的双提升。

与常规包膜缓释技术相比，炭基载体功能材料的技术特色鲜明、优势突出：①缓释效果好，兼具改土、保墒、增温等作用。传统包膜技术主要是物理包裹，随着包膜层解离肥料逐渐释放出来。而炭基载体材料则是利用生物炭本身的微孔结构、表面官能团等吸附肥料而实现缓释。除此之外，生物炭可改良土壤物理结构，改善土壤水、气、热条件，改变土壤微生物群落结构，进而提高土壤基础肥力水平。②节能环保，常规包膜技术大多使用化工原料，而炭基载体功能材料——生物炭，来源于秸秆等农业废弃物，具有资源量大、可再生、可持续等其他化石能源所不具备的低碳、可持续特征。③作用稳定、可持续，一般的包膜缓释肥料在当季起作用，包裹材料解离后缓释效果消失，而炭基载体材料可在土壤中长期存在，发挥稳定、可持续的改土培肥等综合效益，并表现出一定累积效应。

5.2.1.2 定向优化载体性能

通过筛选适宜的生物质原料、来源，调控炭化工艺条件如炭化温度、停留时间、副产物回收利用方式等，最大程度地发挥生物炭微孔多、比表面积大、吸附力强等特性，从而获得目标炭基功能载体材料，提高其对肥料养分的耦合特性，达到"稳、控、释"的功能效应。通过对不同炭化工艺技术方式、实现过程及指标、参数的优化调控，获得适宜农用，具有微孔结构多、理化特性指标良好的生物炭基载体功能材料。

（1）微孔结构丰富

丰富的微孔结构是生物炭区别于其他材料的一种重要基本特征，也是其发挥功能作用的重要基础。从图5-1可以看出，采用新炭化工艺技术制备的玉米秸秆炭、水稻秸秆炭的木质部、韧皮部等主体组织结构清晰可见，导管侧壁上的次生加厚结构保留较为完整，部分细胞组织热解消失，薄壁组织也保留得较为完整，初生纹孔场已经热解消失。总体来看，不同材质生物质在炭化后形成了丰富的微孔结构，其主体结构较好地保留了原有生物质的细微孔隙结构，是一种理想的载体材料。

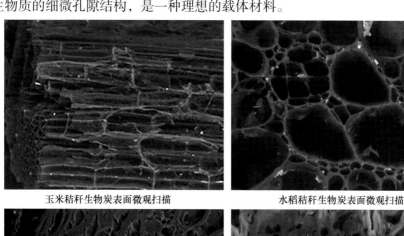

玉米秸秆生物炭表面微观扫描　　　　　　水稻秸秆生物炭表面微观扫描

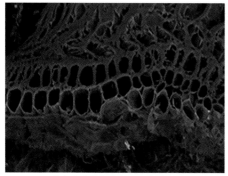
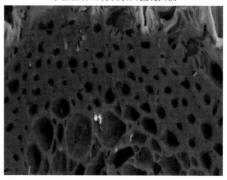

花生壳生物炭表面微观扫描　　　　　　稻壳生物炭表面微观扫描

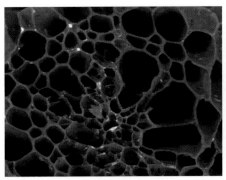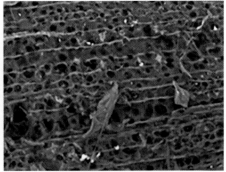

　　　玉米芯生物炭表面微观扫描　　　　　　　　蘑菇盘生物炭表面微观扫描

图5-1　不同材质生物炭的微观表面扫描图（SEM）

（2）理化特性良好、适宜农用

生物炭呈碱性特质，为改良酸性土壤提供了重要特性基础；比表面积大、吸附力强，为吸附、缓释肥料养分提供了良好的基础性能；平均孔直径一般在10～30nm，宜于为土壤微生物活动等提供物理"庇护所"，从而促进土壤微生物生长繁殖；固定碳、灰分含量较高，生物炭较高的C元素含量，使其具有相当稳定的特质，可在土壤中长期存在；含有对作物生长有利的氮、磷、钾、硫等营养元素及一些矿质元素，在施入土壤后可为土壤补充一定外源养分。生物炭基载体材料所具有的结构和理化性质，使其适于在作物生产中应用。从长远看，对土壤可持续发展、固碳减排和作物增产等都具有重要现实意义。

5.2.1.3　突出产品功能特性

长期以来，我国肥料产品以追求高产为主要目标，而忽视了对土壤健康及可持续生产力的保护。生物炭材料天然具有改土培肥的结构及理化特性基础，为开发功能性炭基产品提供了基础和突破口。

改土培肥功能。通过优选具有良好结构性特征的基础原材料，调控、优化炭化工艺技术参数，突出炭基材料微孔多、比表面积大、吸附力强的特性，提高材料的作用效能。利用这一优势特性，改良土壤微结构，提高土壤孔隙度，改善土壤水、气、热等条件，增强土壤对养分的吸持、控释，在促进作物生长发育的同时，实现改土培肥。

减肥、增效、增产复合功能。以定向筛选、优化的生物炭基功能材料为基础，通过工艺调控与技术优化，充分发挥生物炭结构及理化特性优势，根据稻田土壤基础肥力、水稻养分吸收利用特性及作物-土壤养分供求规律，结合养分耦合、控释技术及植物营养调控技术等，减少肥料施入，提高作物养分利用率，降低总体投入成本，实现减肥、增产、增效综合效益。

以生物炭为载体材料的炭基产品，改变了传统肥料产品的形式和特点，使单一供肥向持续培肥的重要创新性方向转变，实现秸秆综合处理与改土培肥、促长增产等多效共赢，为稻田土壤培肥提供新产品、新途径，对培育和提升稻田土壤肥力、促进水稻生产"绿色、健康、可持续"发展具有重要现实意义。

5.2.2　高塔螯合培肥产品的研制思路与方案

本研究目前只针对北方寒地水稻土的特点，在产品的研发和设计思路上开展相关工作。

5.2.2.1　寒地水稻生长和养分需求规律

北方寒地具有气温、水温、地温低，前期升温慢、中期高温时段短、后期降温快，长日照等气候特点。我国通常把N40°以北的稻区称为寒地水稻区，黑龙江区域都属于寒地水稻区，是优质粳稻的主要产区。黑龙江无霜期短，水稻种植期受限制程度比较大，多存在耕地、播种、施肥、插秧等生产环节劳动强度大、生产效率低的问题。

寒地水稻的生育阶段大致可分为幼苗期、分蘖期、拔节孕穗期、抽穗结实期；水稻对氮、磷、钾的需求比例一般为1∶0.5∶1.3。水稻对氮素吸收有3个明显的高峰，分别在分蘖期、拔节孕穗期和抽穗结实期，此时如果氮素供应不足，常会引起颖花退化而不利于高产。在氮素的3个吸收高峰中，拔节孕穗期最为关键，本阶段的养分调控能否满足水稻群体的需求对最终产量的形成起到至关重要的作用。

硅是水稻生长发育所需要的有益元素，水稻茎叶中含有10%~20%的二氧化硅，施用硅肥可增加水稻基部茎秆厚度和茎粗、茎细胞层数和紧实度，增强水稻对病虫害的抵抗能力和抗倒伏能力，起到增产的作用，并能提高稻米品质。施用硅肥可改善土壤的供硅能力，促进水稻对硅的吸收，提高水稻产量（张翠珍等，2003；翁颖等，2017）。

水稻缺锌会出现死苗、僵苗、不分蘖现象。大量试验研究表明，施用锌肥有利于水稻分蘖，增加水稻有效穗数、结实率，提高产量（杨培权等，2012；黄炳成和陈培党，2015；徐巡军等，2016）。李玉影等（2018）的研究表明，与最佳施肥处理相比，施用锌肥，水稻会增产9.1%。

5.2.2.2　东北土壤环境

从表5-1可见，黑龙江区域土壤氮磷钾等养分总体处于较高水平，部分养分含量丰富，有利于作物的生长。

表5-1　各垦区土壤大量元素统计

地区	有机质平均值（g/kg）	全氮平均值（g/kg）	有效磷平均值（mg/kg）	速效钾平均值（mg/kg）	pH平均值
黑龙江	40.43	2.125	27.0	169.0	6.1
宝泉岭	31.88	1.494	26.8	140.8	5.9
红兴隆	43.33	2.238	27.0	203.0	6.4
建三江	39.45	1.985	27.8	147.7	5.8
牡丹江	46.32	2.370	30.4	152.3	5.7
北安	63.71	2.824	33.9	201.3	5.7
九三	48.65	2.470	30.9	216.7	6.1
齐齐哈尔	41.17	2.277	22.8	244.8	6.6
绥化	56.49	1.953	39.5	118.0	5.8
哈尔滨	38.24	1.624	29.5	144.3	6.9

　　结合中化化肥有限公司2015～2018年土壤测定结果，对黑龙江省各区域土壤中微量元素含量进行统计（表5-2），结果表明，中量元素钙含量普遍在900mg/kg以上，镁含量多在100mg/kg以上，均处于丰富水平。微量元素铁80%左右样品超过10mg/kg，总体来看处于中等偏上水平。微量元素锰65%左右样品超过5mg/kg，总体来看处于中等偏上水平。微量元素硼90%以上样品超过0.5mg/kg，总体处于丰富水平。微量元素锌55%以上样品超过1mg/kg，但45%左右低于1mg/kg，总体处于中等水平，建议适量补充。

表5-2　黑龙江区域土壤中微量元素统计

指标	养分含量 （mg/kg）	占样本容量比例 （%）	指标	养分含量 （mg/kg）	占样本容量比例 （%）	指标	养分含量 （mg/kg）	占样本容量比例 （%）
钙	>900	97.19	镁	>280	55.13	锰	>10	47.00
	900～800	0.82		280～250	7.11		10～7.5	7.30
	800～700	0.66		250～220	8.27		7.5～5	10.46
	700～600	0.33		220～190	9.93		5～2.6	16.77
	600～500	0.33		190～160	7.11		<2.6	18.43
	500～400	0.33		160～130	5.79			
	400～300	0		130～100	3.64			
	300～180	0.16		100～70	1.49			
	<180	0.16		<70	1.49			
铁	>40	52.66	硼	>0.8	64.31	锌	>5	10.26
	40～30	5.00		0.8～0.6	10.00		5～4	2.18
	30～20	6.00		0.6～0.4	17.24		4～3	3.70
	20～13	6.00		0.4～0.2	5.68		3～2	9.42
	13～7	8.33		0.2～0.1	1.55		2～1	30.80
	<7	22.00		<0.1	1.20		<1	43.60

　　水稻对硅的需求量大，据国内外大量研究表明，施用硅肥后可增加水稻有效穗数、千粒重、实粒数，提高谷草比，从而增加稻谷产量。支庚银等（2010）研究了寒地水稻土壤有效硅含量与施用硅肥效果之间的关系（表5-3）。土壤中硅（SiO_2）含量为50%～70%，大部分是难溶性的，植物能吸收的硅必须是水溶或枸溶性的，黑龙江垦区土壤有效硅含量分布情况是梧桐河、八五七、八五零农场的有效硅含量较低，在100mg/kg左右；七星、八五二、五九七农场的有效硅含量较高，在200mg/kg左右，总体上牡丹江分局有效硅含量较低，宝泉岭分局、建三江分局中等，红兴隆分局略高。寒地水稻要获得高产，应在坚持常规措施高标准的前提下，进行氮、磷、钾肥和硅肥的配合施用。

表5-3　土壤有效硅含量与施用硅肥效果

土壤类型	有效硅含量（mg/kg）	施用硅肥效果
黑土/褐土	>500	增产幅度逐渐减小，但可改善品质
棕壤	270～500	增产约8.9%
草甸土	140～190	增产7.4%～14.9%
白浆土	120～190	增产7.4%～14.9%

寒地水稻种植前期气温低，返青慢，限制了水稻单株分蘖能力，且分蘖发生晚，采用水稻侧深施肥，科学搭配铵态氮、尿素态氮和缓释氮，促使水稻及时吸收氮素营养，加快新根发育，能使水稻返青时间提前，有效分蘖增多。

5.2.2.3　螯合肥微量元素技术开发

土壤培肥产品的开发，既要满足作物对各类营养元素的需求，又要注重肥料中各种养分的有效性。传统的肥料中，中微量元素添加到复合（混）肥中，多以氧化态或离子态添加，如氧化镁MgO、硫酸锌$ZnSO_4 \cdot H_2O$等，或螯合态，如与EDTA或氨基酸等螯合剂螯合，存在的主要问题是有效性差、成本高等。中化化肥有限公司在前期研究的基础上，结合不同作物的营养需求，开发了新一代螯合剂M，它是根据不同土壤环境和作物生长条件开发的复合型螯合剂，可以与微量元素形成稳定环状结构，提高螯合强度。在碱性环境中，其可以保持稳定的螯合状态，并且有显著的促根作用，可有效提升养分吸收效率。其对Zn、Mn、Fe、Cu等元素的螯合率达到100%，螯合常数在8～12。经过长期田间试验验证，具有以下优势：①螯合率高，一般情况下，螯合率在60%以上，且稳定性高，在pH 9以上的土壤条件下，还能够较为稳定的存在；②本身是一种作物可以吸收的养分，不同于EDTA等螯合剂，新开发的螯合剂经微生物作用后，可分解为作物所需的营养元素，极大地降低了环境风险；③良好的促根效果，新开发的螯合剂能够促进作物根系生长，使根系发达，反过来又能进一步促进植物对营养的吸收，提高了元素的利用率。

在实际生产中，针对新开发的螯合剂，采取了新型的添加方式，即在反应釜中，将螯合剂与中微量元素螯合后，将螯合液输送至中间槽，再经计量后，直接将螯合液喷入滚筒造粒机内，采用这种添加工艺的优势是明显的。例如，将螯合中微量元素的干燥环节，直接放在造粒滚筒内，降低了能耗；螯合液温度在60～80℃，和造粒机内物料温度匹配，与物料有良好的成粒性，并充分利用了螯合液的热量；相比于粉状螯合中微量元素，液体形态与肥料原料混合更均匀，使肥料效果更有保证。

在微量元素缺乏的情况下，按传统方式使用无机盐形式的微肥，受拮抗作用、沉淀反应等影响，其吸收效率较低。目前多通过螯合剂将中微量元素螯合的方式来提高其利用率。几种广泛使用的螯合剂如EDTA、氨基酸等，存在成本高、螯合强度低、稳定性差等不足，鉴于此，本项目开发了新型的螯合剂M。

5.2.2.4　包膜培肥产品开发

土壤的培肥、肥料的合理投入是非常重要的，目前农户为追求高产，往往肥料投入量过高，带来了一系列负面问题，如种植收益降低、粮食品质下降、土壤环境恶化等。减少肥料投入是十分必要的，但单纯的减肥会引起产量的下降，需要通过技术手段保障作物产量的稳定。

近年来，我国日益重视施肥过量对环境的危害，而且随着劳动力成本的提高，既节省人力、又减少环境污染的缓控释包膜肥料一直保持着较快的发展速度。目前，包膜肥料在聚合物包膜材料方面的研究主要集中在醇酸树脂、异氰酸酯、聚脲氨基甲酸酯，以及油脂的共聚物和丙烯酸接枝共聚物等。部分包膜材料已产业化应用，但大多集中于研发阶段，对于真正意义上的控释材料，还需要进一步研究，而且一些高分子材料虽然具有良好的缓释性，但在土壤中降解较慢，易造成土壤的二次污染。

比较不同薄膜材料发现（表5-4），聚氨酯是包膜率最低、缓释效果较理想的包膜材料，有必要在这方面加大研究开发的力度。

表5-4　主要缓控释包膜材料的比较

名称	材料	包膜工艺	增加成本（元/t）	包膜率（%）
包裹肥料	磷矿粉	圆盘造粒	400	20
硫包衣尿素	Sulfur	滚筒喷雾包膜	500	20
醇酸树脂	AK	滚筒反应成膜	800	6
聚烯烃包膜	PE	流化床喷雾包膜	1000	5
乳液包膜	SAE	转鼓喷雾包膜	1800	8
聚氨酯包膜	PU	滚筒/流化床反应成膜	400～700	2～4

结合东北区域土壤、温度特点，中化化肥有限公司通过对包膜材料配方和工艺的优化，开发出释放期60d的包膜肥配方2个，释放期为90d的包膜肥配方2个。包膜材料主要由环氧大豆油多元醇、蓖麻油、聚醚多元醇、粗MDI（二苯甲烷二异氰酸酯）等组成，工艺流程为肥料筛分→抛光→肥料预热→加入包膜材料→包膜材料热固化→肥料冷却→出料包装等。按照国家标准《缓释肥料》（GB/T 23348—2009）进行释放期测定，筛选优化出的4种包膜肥，可满足东北区域水稻返青期、分蘖期对养分的需求，并达到培肥土壤的目的。

5.2.3　生物有机培肥产品的研制思路与方案

5.2.3.1　稻区土壤生物有机培肥产品的农用微生物菌种资源挖掘与利用

土壤微生物是土壤有机物的主要分解者，通过分解动植物残体获得自身需要的营养物质，为植物生长提供必要的养分元素（氮、磷、钾、硫等），同时土壤微生物的分泌物和有机残体的分解中间产物可以促进土壤腐殖质的合成与土壤团聚体的形成、无机物的转化，从而增加土壤的肥力（陶娜等，2013）。目前针对农用微生物菌株资源筛选的研究已较多，但是针对我国各稻区系统开展有益农用微生物菌种资源筛选与利用的工作还不多，还需进一步储备能够应用于稻区土壤生物有机培肥产品的微生物菌种资源，衍生生物肥料产品的生产，以各稻区筛选获得的有益农用微生物菌种制成具有促进根系生长、防控土传病害、转化土壤养分相关功能的生物有机培肥产品，为功能性生物有机培肥产品及稻区专用型生物有机培肥产品提供菌种资源，减少外源微生物的适应阻力，有利于生物肥料产品发挥培育稻区土壤的作用。

5.2.3.2　有机物料筛选及堆肥资源化利用技术与工艺

不同原料来源的有机肥料对土壤的培肥作用存在较大差异，尤其是各稻区土壤类型及气候条件均存在较大差异，有关不同有机物料对稻区土壤培育效果的系统研究较缺乏。研究不同有机物料快速发酵生产生物有机培肥产品的生产技术工艺，研究由不同有机物料制备的生物有机培肥产品对稻区土壤理化性状及水稻品质的影响，筛选出不同稻区水稻种植及稻区土壤培育的最适有机物料，可为各稻区土壤培肥选择由有机物料制备的生物有机培肥产品提供理论依据和技术指导。

5.2.3.3　农业功能微生物菌株与有机物料适配技术研究

外源功能微生物菌剂直接应用于稻田中，可能存在效果不稳定、不显著等现象。将功能微生物添加于有机物料中，添加辅料进行二次发酵，使得功能微生物菌株在有机物料中得以大量繁殖，并在施入土壤中获得有机物料的营养物质进行生存繁殖，能够大大提高功能微生物菌株发挥作用的稳定性。因此，本方案将针对不同稻区土壤培育中筛选获得的最适有机物料，研究不同外源功能微生物的营养特征及其与最适有机物料的复配技术和二次固体发酵工艺；研究功能微生物菌株在稻区专用型生物有机培肥产品储存过程中的活性保持技术。

5.2.3.4　水稻专用型功能性生物有机培肥产品研制

目前，市场上的微生物肥种类较多，主要分为微生物菌剂、复合微生物肥料、生物有机肥三种。但目前各种微生物肥普遍存在功能单一的情况。例如，微生物菌剂（按照国标，要求功能菌含量：液体$2×10^8$CFU/mL、粉剂$2×10^8$CFU/g、颗粒$1×10^8$CFU/g）过分强调微生物菌种；复合微生物肥料（功能菌$2×10^7$CFU/g、无机养分6%以上）过分强调无机养分含量，而没有有机质指标；生物有机肥（功能菌$2×10^7$CFU/g、有机质45%）过分强调有机质，无机养分过低，导致当季作物尤其是作物在生长早期长势不好。在生物有机肥的研制基础上进一步升级和优化，添加无机养分、氨基酸等其他功能性物质，将有机肥料、微生物菌剂、无机养分三者有效结合，开发出适合水稻种植的新型全元系列生物有机培肥产品。

5.2.4　碳氮耦合培肥产品的研制思路与方案

肥料是作物的"粮食"，为养活世界人口和保障我国粮食安全做出了巨大贡献。仅氮肥就"养活了地球上48%的人口"。但是由于肥料品种和使用失衡，我国农田肥力呈下降趋势，因此肥料等农资的投入回报率持续降低。如何在保证农产品产量和品质的同时，减缓肥力下降趋势，逐步提升土壤肥力成为当务之急。

目前地力培肥的主要技术途径有以下几种：①科学合理施用化肥，结合作物吸收量和吸收规律、区域环境和土壤养分供给能力，全面补充作物所需的大中微量元素，保证养分不亏缺、不失衡、不过量；②通过科学技术手段提升养分利用率，促进作物对养分的吸收，降低养分过量无效残留；③增施有机肥，提高土壤有机质；④补充土壤有益微生物；⑤科学轮作或休耕。

氮素在水稻的产量形成中具有关键的作用，而稻田的氮素利用率仅有30%左右，大量的氮素通过气态损失或者淋溶损失，造成巨大的资源浪费和环境污染。传统的培肥产品多为含有无机氮或者化学合成小分子有机氮等单一养分的物质，这种形态的氮养分虽是作物可吸收利用的形态，但也是各种损失的"源"，不能被作物根系俘获的无机氮即会通过各种途径损失。而在产品中加入"碳"，就能调控氮素的去向，使更多的氮素保存在土壤中供作物生长后期或者后季作物吸收利用，提高了氮素的作物有效性，减少了损失。碳氮耦合培肥产品的研发即以此作为切入点和基本思路。本研究以氨基酸作为主要碳源开展培肥产品的研发和应用工作。通过脲酶抑制剂对养分的调控作用和氨基酸对土壤微生物的调控作用来实现作物吸收提高、土壤培肥和资源节约、环境保护。

5.2.5 秸秆降解菌剂研制的新思路与新方法

秸秆降解菌系可以加快还田秸秆的腐解，为秸秆还田方式的推广和实施带来希望。目前，市售秸秆降解菌剂多是由几种木质纤维素降解菌纯培养复配而成的复合菌系，菌种来源不同，菌种之间协同效果欠佳，施用后降解还田秸秆的效果并不理想。

近年来，许多研究以多种类型耕作土壤、腐烂秸秆、腐叶、朽木、烂草、锯末、堆肥、反刍动物粪便、食用菌栽培下脚料等多种环境样本为菌源，以秸秆为目标降解物，经富集、驯化培养得到秸秆降解菌系，组成这类降解菌系的菌种在自然环境中经长期选择、适应和协同进化，已能较好地发挥协同作用，对还田秸秆的降解效果较好。

以上述腐烂的环境样本为菌源是常规的秸秆降解菌系筛选方法。但因为在木质纤维素生物质自然腐烂过程中，样本所携带的降解菌系群落组成处于动态变化中，样本采集时间不易把握，不易采集到处于活性最强时期的降解菌系。在生物堆肥过程中，所得大多为高温木质纤维素降解菌系，不适于秸秆还田实际应用。而诸如动物粪便、土壤这类菌源，所得的降解菌系中容易含有致病菌，其应用时可能会增大环境风险。

容易被忽略的是，风干秸秆本身即是一种优秀的木质纤维素降解菌菌源，数量多且易于采集。因此以自然干燥秸秆为菌源，是一种获得木质纤维素降解菌系的新思路与新方法。在样本采集时，可选择该地区需要还田的自然干燥的作物秸秆，将其粉碎成1～3cm小段，加入富集培养基，以滤纸条（成分为100%天然纤维素）为降解指示物，在适当温度下，选择好/厌氧方式培养，对其本源微生物进行富集和驯化。在此过程中，滤纸条逐步变软、松散、断裂直至崩解。此时，可以认为降解菌系对木质纤维素的降解活性较高。将培养物转接至新鲜培养基中进行继代培养，如此循环直至滤纸条在每个培养周期内崩解时间趋于稳定。如此继代培养若干代后，将连续5代以上均能在15d内将滤纸条崩解的培养物作为稳定的秸秆降解菌系。

以此方法所得的秸秆降解菌系相较传统方法有以下几个优势：第一，降解菌系来源于秸秆本源微生物，在实际应用时不易受到秸秆本源微生物的拮抗作用，作用效果更好；第二，降解菌系适应该地区的环境温度，作用效果更稳定；第三，降解菌系能适应所施用地区的秸秆种类、耕作类型和环境的好/厌氧程度，能使产品真正"用之有效"。

另外，已有的研究报道显示，低温秸秆降解菌系大多是通过由采集于长期处于高海拔和低温地区的环境样本经低温筛选所得。但是，该种方法所用的样本因环境条件限制而不易采集，且低温富集周期普遍较长，所以采用该种方法获得低温秸秆降解菌系较为困难。相反，若先筛选获得中温秸秆降解菌系，在继代培养的同时，逐步降低培养温度，经温度梯度驯化来获得低温降解菌系，亦不失为一种行之有效的方法。

5.3 稻田土壤培肥产品研制的工艺和技术

以上述研发思路和总体方案为指导，本研究开展了培肥产品生产的工艺摸索和技术参数的优化与完善，下面对具体内容分别进行阐述。

5.3.1 生物炭基培肥产品研制工艺与技术

5.3.1.1 炭化工艺原理

生物质炭化技术一般指采用厌氧或缺氧干馏等热解炭化技术，在亚高温条件下（<700℃）将秸秆等农业废弃物制备为富碳产物。在炭化过程中，植物体的纤维素、半纤维素等线性高分子聚合物的C—O—C、C—C等发生降解，而木质素由苯丙烷结构单元以C—C和C—O—C键链接成复杂的芳香族聚合物，在受热断裂后形成含苯环自由基，从而与其他分子或自由基发生缩合反应而生成结构更为稳定的大分子，进而形成炭。一般将热解炭化过程分为4个阶段，即"脱水、热解、石墨化、炭化"，温度分异点分别为250℃、350℃和600℃。在第一阶段，主要是脱水过程和纤维素的轻度解聚。在250～350℃，纤维素完全解聚，伴随着物质损失和无定型碳阵列的形成。其中，在330℃时可观察到芳香碳，高于350℃时，多聚芳香环构成的类石墨片层结构开始在无定型碳阵列上生长。温度高于600℃时，炭化过程开始，非碳原子开始析出片层，石墨结构继续侧向生长，趋于稳定。研究认为，炭化温度、升温速率、停留时间等工艺参数，是决定生物炭结构及理化特性的主要因素。

5.3.1.2 生物质炭化工艺技术

基于上述原理，开展了生物质炭化工艺技术的研究与应用。近年来，我国生物质废弃物热解炭化工艺技术发展迅速，相继出现了热解炭化立窑技术、半封闭式亚高温缺氧干馏等炭化工艺技术。在国外，美、英等国在生物炭生产技术、装备研发方面起步较早，因其生产单元大、生物质资源相对集中，大型化设备、集中生产技术和装备较为常见。例如，美国International Tech公司开发的可以实现热能回收的热解系统可以实现50t/d的处理能力，Ensyn公司的固定式工业快速热解反应器日处理能力达到100t。但高昂的生物质收储运成本使大型、固定、集中的生产方式越来越难以满足发展需要，为解决这一问题，一些企业开始向设备小型化、生产方式分散化方向发展。例如，International Tech公司目前正进一步开发每小时处理能力为40kg、产气64kW的CR-2型设备和每小时处理能力为1t的CR-3型设备。英国Compact Power公司在Bristol建设了一套小型热解装置，处理能力为每小时500kg，体型较小，便于装卸。总体而言，国外的生物质炭化生产技术与设备相对成熟，但价格昂贵。例如，美国International Tech公司的热解系统单价45万美元，澳大利亚BiG公司的BiGchar 2200系统设备成本约50万澳元，高昂的价格使其难以在我国大范围推广应用。基于目前生物质炭化工艺技术及装备现状，结合我国农业发展现实需求，近年来沈阳农业大学与辽宁金和福农业科技开发股份有限公司联合研发了半封闭式亚高温缺氧干馏炭化技术及可移动、组合式炭化炉和生物质多联产炭化系统设备等，实现了可在生物质废弃物原产地就近炭化和规模化、集中式炭化相结合，解决了原料运输成本过高等制约炭化产业发展的关键"瓶颈"，使大规模制炭成为可能。

1. 半封闭式亚高温缺氧干馏炭化工艺

半封闭式炭化工艺技术主要通过物料层厚度控制氧气进气量，进而达到控制炭化温度的目的，保证生物质炭化过程的持续和稳定性。与现有的炭化方法相比，该技术操作简便、炭化完全、出炭率和含碳量较高。特别是采用该技术生产的生物炭具有丰富的微孔结构，孔隙度高、碳架完整、稳定，较好地保留了原有生物质的孔隙结构（图5-2）。研究表明，450℃左右是保证生物炭产率和良好理化特性的相对理想温度。

图5-2　半封闭亚高温缺氧干馏工艺制备的生物炭

左：花生壳炭；中：秸秆炭；右：玉米芯炭

2. 多用途、多类型兼顾的炭化技术与装备

以最少能源投入、最方便使用、可独立运行为设计理念，结合我国国情，从实用、适用角度出发，严格控制成本，沈阳农业大学通过产学研结合研发出轻量化、小型、组合式、可移动炭化设备（图5-3）。该技术设备组装、拆卸、运输方便，炭化工艺灵活、简便，劳动力成本低，可实现秸秆产地就地、就近炭化，变运秸秆为运炭，从根本上解决了原料收储运问题。无须电力等能源供给，可在野外操作，无须厂房等基础硬件设施，有效降低生产成本。该技术简便易行、投资小、安全环保，为炭基产品开发利用奠定了基础。

为进一步适应生物质资源集中区的炭化生产需要，沈阳农业大学通过与辽宁金和福农业科技开发股份有限公司进行联合技术攻关，研制了大型生物质炭化多联产系统设备（图5-4）。该生产系统设备的生物质处理效率、生物炭产能大幅提高，可以实现秸秆等农业废弃物炭化的连续、稳定运行，可批量、连续处理较大量的秸秆等生物质。在生产工艺上，采用移动床式设备，在设备成本与生产效率之间取得了平衡。同时，该生产系统设备可以实现炭、油、气的完全分离，除生物炭以外，副产物（焦油、混合可燃气）可全部回收利用，无其他污染物排放，生产清洁性、生产效率、综合产物利用率显著提高。该大型系统设备与小型化设备结合，可适应不同场景的生物质废弃物处理，有效降低了综合生产成本，提高了制炭效率，为秸秆等农业废弃物的综合、高效利用提供了技术支撑，为炭基产品的开发提供了稳定的原材料来源与保障。

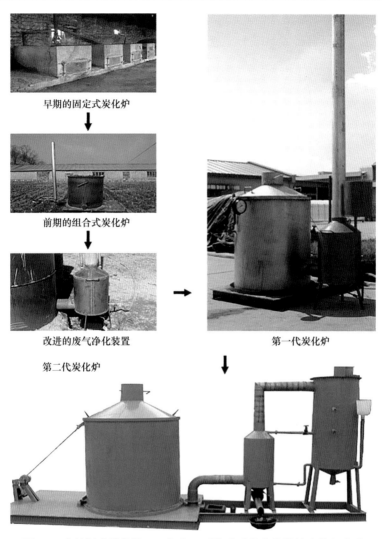

早期的固定式炭化炉

前期的组合式炭化炉

改进的废气净化装置

第二代炭化炉

第一代炭化炉

图5-3 半封闭式炭化炉——组合、可移动式炭化炉的技术装备改进

图5-4 秸秆炭化多联产系统设备

图片来源：辽宁金和福农业科技开发股份有限公司

3. 生物炭基产品加工与制备技术

在获得充足生物炭材料的基础上，通过"以农林废弃物为原料、以生物炭为基质，通过养分的合理组配实现缓释、改土等综合效能"技术路线，将生物炭制备为炭基土壤改良剂或炭基培肥产品。技术实现基本过程：以生物炭的微观孔隙结构、表面官能团等理化性质为基础，结合现有成熟技术，以生物炭为基质，融合配方施肥、植物营养调控等技术，采用包膜、复混等技术与工艺，将生物炭与氮磷钾及微量元素等结合而制备成生物炭基产品，以充分发挥生物炭-养分结合优势，作为产品载体输入农田，促进地力与作物生产可持续发展。

基于前期科学研究和技术、设备不断改进，开发并优选了生物炭肥制备工艺及技术。首先将生物炭机械化破碎，选择80～100目的颗粒炭，即粒径在150～180μm的颗粒，然后通过复混、造粒等加工步骤制造出生物炭基培肥产品，制备工艺流程如图5-5所示。

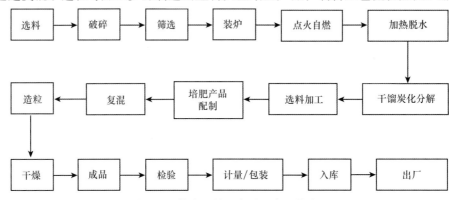

图5-5　生物炭基培肥产品生产工艺流程

制备成的炭基产品（图5-6），载体生物炭与其他养分等充分耦合，培肥产品特征稳定，最大限度地发挥了生物炭作为载体功能材料的基础性贡献。

图5-6　不同外观形态的生物炭基培肥产品

5.3.2　螯合培肥产品研制工艺与技术

5.3.2.1　高塔熔体造粒技术原理及体系构建方法

我国以尿素为主要氮源制造尿基培肥产品，同时随着我国社会经济的发展，越来越需要新型培肥产品以满足现代农业可持续发展的需要。但是采用传统团粒法工艺生产高浓度尿基培肥产品尤其是高氮比尿基培肥产品，造粒和干燥操作困难、过程能耗高、污染严重。

　　针对复合培肥产品生产过程存在的工艺能耗大、数量配比不能满足作物营养需求、养分利用率低等技术难题和我国农业对产品品种的需求，建立了高塔熔体造粒技术，与团粒法相比其工艺更加先进，能耗可以降低约50%，产品养分均匀，养分利用率高。截至2015年底，高塔熔体造粒工艺和生产技术体系已在国内推广应用110套，实际年产量超过1000万t。

　　高塔熔体造粒技术原理是将固体尿素或硝铵（硝铵磷等）加热熔融成熔融液，或直接使用蒸发浓缩后的熔融液，与磷酸一铵和氯化钾共熔，使之生成共熔点低及含水量很低的加成化合物，在熔融液中加入相应的磷肥、钾肥、填料及添加剂制成混合料浆，将混合料浆送入高塔造粒机进行喷洒造粒，通过造粒机喷洒进入造粒塔的造粒物料，在从高塔下降过程中，与从塔底上升的气体阻力相互作用，与其进行热交换后降落到塔底，落入塔底的颗粒物料，经筛分表面处理后得到颗粒培肥产品（高进华等，2012；行景昆和冯嘉伟，2013；李英翔等，2018）。成品培肥产品中的氮素营养来源于尿素和磷酸一铵，以尿素为主。这项技术充分利用了尿素具有较大溶解度和较低熔点的特性，实质就是以尿素熔融液为"溶剂"，磷铵和氯化钾为"溶质"的一个共熔复合过程。

5.3.2.2　高塔熔体造粒工艺流程及设备

　　尿素颗粒经过专用的尿素快熔器以蒸汽间接加热融化后，由液体尿素泵输送，经流量计准确计量后送到塔顶的混合器中；原料钾肥和磷铵及添加剂等分别筛分除杂后，经计量混合进入固体粉料专用加热器预热，再提升至塔顶与液体尿素在混合器中充分混匀，经过带保温夹套的输送管进入放置于塔顶正中位置的造粒机中，在造粒喷头的快速旋转和内部分布器的离心作用下，以喷射状从喷头的小孔中射出，并很快由线状均匀断裂成大小粒径相差无几的小液滴，在塔内下落过程中快速冷却固化成复合肥小颗粒，收集在塔底的料斗中，再经冷却筛分包装系统包装成成品（图5-7）。

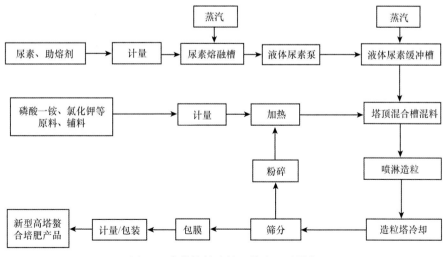

图5-7　高塔熔体造粒工艺流程及设备

熔体料浆造粒主要设备包括以下三部分。一是塔体，造粒塔是高塔造粒生产颗粒复合培肥产品的主要设备，造粒塔的主要作用是使复合肥在塔内进行结晶、冷却热交换。造粒塔的直径与高度是设备的主要指标，其与产品的生产能力及品质密切相关。二是造粒设备，造粒机根据需要可以满足复合肥造粒对各种料浆的要求，特别是对中、低氮品种复合肥的造粒具有非常优良的性能。三是反应釜，混合反应釜的主要作用是将物料在设备内进行充分搅拌、混合均匀，达到制备流动性能好的混合料浆的目的。

熔体造粒的关键工段为熔体料浆制备和造粒工段。高塔工艺的熔融料浆来源广泛，但由于混合熔体必须具有流动性，其生产规模和能力会受到投入物料黏性、环境温度、物料中杂质多少等的限制，产品粒度调整范围会受到塔高、塔径、转动喷头转速等因素的限制，故工艺控制要求较严格。

熔体料浆造粒关键设备——造粒装置喷头的性能要求：喷出的熔融料浆不黏塔壁、不黏塔底集料装置，在塔横截面上喷洒密度均匀，出塔粉尘少，能均匀喷出肥料颗粒，操作和维修方便。旋转差动喷头可有效缩短冷却塔中液滴的喷射距离，以便进一步减小塔径，同时尽可能防止造粒器射孔堵塞。具体工艺流程如下。

1. 固体原料处理

将磷酸一铵、氯化钾、填充剂等分别通过斗式提升机提升至各自的振动筛进行筛分，筛分粒径合格的物料进入各自的自动计量秤，按DCS中控系统提供的信号自动计量后，自动进入粉料提升机；筛分粒径不合格的物料进入链式破碎机进行破碎后，返回各自的投料口反复循环；填充剂的粒径均能保证，一般无须破碎；磷酸一铵、氯化钾各自的振动筛连接有厢式除尘器并在其中进行除尘。将尿素投入斗式提升机提升到尿素自动计量秤计量后进入尿素熔融器，然后进入液体尿素缓冲槽，准备泵送至熔融混合造粒岗位。

2. 粉料提升输送

粉料提升输送工艺流程有两种，其主要区别是粉料在塔上加热还是在塔下加热。塔下加热粉料的优点是设备少，便于检修和维护，可回收大块肥和细粉，将粉料直接加入斗式提升机上塔顶入料仓即可；缺点是污染严重，能耗高，产能有限。塔顶加热设备多，检修困难，回收大块肥与细粉劳动强度大，也不安全，因大肥块和细粉是通过塔顶吊篮提升，再通过人工投入混合槽，人工投料难均匀，影响成品养分的稳定性。

固体原料不需要加热，通过2套刮板机把物料运输到各自的斗式提升机提升到塔顶料仓，再通过各自的螺旋输送器把物料按要求投入混合槽熔融造粒。该方法的优点是粉尘污染小，能耗低，产能超设计能力的100%，缺点是刮板机要经常维护和检修。

3. 熔融混合造粒

熔融混合造粒方法有两种。一种是粉料和液体尿素先进入1#混合槽进行初步混合后溢流入2#混合槽，搅拌混合达到要求后进行造粒，混合槽加热盘管设计少。该工艺流程的优点是混合槽设计简单，也有利于清理混合槽内的残留物，所用的蒸汽压力在0.3MPa左右；缺点是粉料全部投入1#混合槽容易冒槽溢料，引起停车。另一种是粉料按要求按顺序进入1#和2#混合槽，一般氯化钾、填充剂进入1#混合槽，磷酸一铵进入2#混合槽。该工艺流程的优点是可减少冒槽，便于大块肥和细粉回收，因物料不加热可大大提高产量，料浆混合均匀，造粒得到的颗粒内外质量优于第一种方法；缺点是混合槽设计复杂，不便于清理混合槽内的残留物，所用的蒸汽压力在0.6MPa左右，保温和安全效果不如第一种方法。

4. 冷却

冷却主要包括两种方法。一种是培肥产品颗粒在自由下落中自然冷却，再经塔底大皮带运输机送入回旋式冷却机冷却。该流程的优点是设备投资少，设备结构简单，便于维护和检修；缺点是冷却效果差。另一种是培肥产品颗粒在自由下落中自然冷却，再经塔底大皮带运输机送入回旋筛进行筛分，筛分出合格的颗粒由皮带运输机送入流化床冷却机冷却。该方法优点是冷却效果好，能减少包膜液的用量，降低生产成本；缺点是设备投资较大，不便于维护和检修。

5. 成品包装

成品包装也有两种方法。一种是经冷却机冷却出来的颗粒通过斗式提升机提升到直线振动筛筛分。这种方法优点是投资少，占地面积小，利于维护和检修；缺点是筛分效果差，成品中含细粉较多，易结块。另一种是经直线振动筛筛分后再进入回旋筛进行筛分，合格的颗粒由皮带运输机送入回旋式包膜机包膜后进入皮带运输机，把颗粒送进自动计量秤料仓，由自动计量秤进行计量后包装。这种方法优点是进行多级筛分（二级、三级筛分），筛分效果好，成品粒径均匀，外观质量好，成品在储存时不宜结块；缺点是投资大，占地面积多，不利于维护和检修。

5.3.2.3 产品质量控制要点

流动性良好的混合料浆制备是熔体造粒工艺的技术关键，直接关系到生产过程的连续性和产品质量（高进华等，2012）。混合料浆制备的主要工艺条件：固体物料预热温度，混合料浆温度，混合时间，固体物料细度，氮磷钾养分配比等（季保德，2007；高进华等，2012；周帆，2018）。

1. 固体物料预热温度

固体物料的加热实际是料浆制备的一个辅助过程，其加热所需温度取决于生产的培肥产品品种、配方及原料等，是对制备料浆时所需达到的规定温度进行有效的控制，对于含氮量比较高的品种，熔融尿素所带来的热值已远远超过了制备混合料浆所需的热值，就不需要对混合物料进行加热，反之则需要进行相应的辅助加热。

2. 混合料浆温度

熔融温度一般由可熔原料的熔点来决定，尿素为132.7℃，硝铵为170.4℃，适当加入添加剂可降低其熔融温度，对尿素来说尤为重要，可防止缩二脲产生。混合物料的温度因混合盐的熔点低，会显著低于各物料的熔点。

3. 混合时间

混合时间的选择一般都认为是越短越好，实际上物料完成充分混合应该需要一个足够的时间才能完成，时间太短，固体和液体物料来不及充分混合均匀，没有很好的流动性，出现"渣浆分离"的现象，容易在喷头内和输送管道内结晶固化造成装置堵塞被迫停车。如果混合时间太长，由于混合物料在高温下极容易发生深度的反应，而且反应产物呈胶乳状，流动性更差，更容易堵塞喷头和管道，同样造成停车事故，因此混合时间也不能太长，混合时间要适度。另外，在利用尿素熔融生产高塔复合肥时，由于混合料浆温度较高，会造成缩二脲产生的问题，因此尽量缩短混合熔融时间，最关键的是减少生产过程中缩二脲的生成，同时能够尽量降低氮的损失。

4. 固体物料细度

高塔造粒生产培肥产品，对固体物料的细度也有一定的要求，只有物料的细度达到一定水平能很好地混匀混合，形成相对稳定熔融态可流动性料浆，才更有利于造粒喷头的均匀喷洒，保证生产的连续性。一般来说，磷酸一铵和钾肥的最大粒径不应超过喷头喷孔直径的1/3，并且粒径在0.5~1.0mm的原料所占的比例不应超过30%。只有这样才能保证熔融态可流动性料浆的流动性，保证喷射的畅通。但也不是所有的原料越细越好，如果原料太细，则给生产计量和输送及混合等工序带来很多的麻烦，主要是粉尘溢出，收集起来难度大，同时造成生产环境条件差，而且原料的损耗非常大，给产品的养分控制也带来一定的困难。

5. 配方选择制定原则

一般高氮比复合培肥产品具有可操作性。原料的投料比在较宽的范围内都能生产出培肥产品，对于尿基复合肥，由于磷铵的聚合反应可改变料浆性能，应注意磷铵的配入量不宜过高，控制产品五氧化二磷低于15%，液体尿素量大于40%，产品磷高的氮宜高些；硝基复合肥的硝铵量大于40%，钾源宜选用硫酸钾。为改善料浆流动性也可加入其他添加剂。

5.3.2.4　螯合工艺技术的开发

2个螯合剂M分子可以和一个金属离子形成2个六元环结构的物质，形成较为稳定的结构。螯合反应为放热反应，提高温度可以加速反应的进行，但是非常高的温度会降低螯合反应的程度，而较长的时间会导致能量的浪费、螯合率的停滞不前。因此，掌握好温度和时间，将是螯合反应正常进行的有力保证。经过多次试验，开发螯合工艺如下：①将螯合剂M与中微量元素、无机盐加入水溶液中再投入螯合釜中进行螯合反应（调节适宜的pH、温度等条件），生成螯合产物；②将氮肥、磷肥、钾肥和填料按重量比加入造粒机内；③在造粒机中同时通入氨气和稀硫酸，生成中和反应热用于造粒，与此同时按比例喷螯合产物进入物料中；④混合造粒后经后续的干燥、筛分、表面处理后，形成螯合肥。

稻田培肥产品的生产分为两个部分：一是根据包膜尿素的生产工艺进行不同释放期包膜尿素的生产；二是包膜尿素与复合肥母粒进行掺混，即为培肥产品。复合肥母粒生产中，在添加螯合中微量元素的同时，为进一步提高稻田培肥产品进行机械化施肥时的适用性，同时进行脲醛的添加，以保证培肥产品颗粒的强度≥30N，同时，脲醛作为一种缓释培肥产品，可提供脲醛态缓释氮，与培肥产品中的铵态氮、尿素、包膜氮肥形成不同形态的氮素产品，起到多级释放的作用。产品的生产工艺见图5-8。

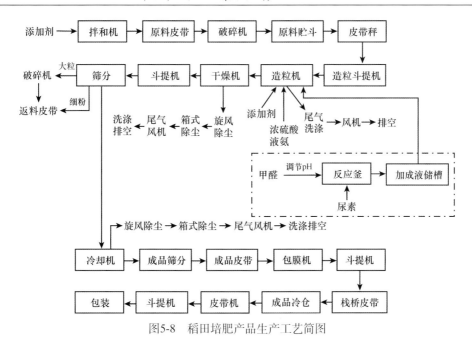

图5-8　稻田培肥产品生产工艺简图

5.3.3　生物有机培肥产品研制工艺和技术

有机培肥产品是指由动物的排泄物或动植物残体等富含有机质的副产品资源为主要原料，经发酵腐熟后而成的培肥产品。具有种类多、原料来源广、肥效较长等特点（颜朝霞等，2012）。有机培肥产品的生产原料很多，具体可以分为以下几类：①农业废弃物，如秸秆、豆粕、棉粕等；②畜禽粪便，如鸡粪、牛羊马粪、兔粪；③工业废弃物，如酒糟、醋糟、木薯渣、糖渣、糠醛渣等。

有机培肥产品所含的营养元素多呈有机状态，作物难以直接利用，经微生物作用，缓慢释放出多种营养元素，源源不断地将养分供给作物。有机培肥产品富含有机物质和作物生长所需的营养物质，不仅能提供作物生长所需养分，改良土壤，还可以改善作物品质，提高作物产量，促进作物高产稳产，保持土壤肥力，同时可提高肥料利用率，降低生产成本。充分合理利用有机培肥产品能增加作物产量、培肥地力、改善农产品品质、提高土壤养分有效性（周陈等，2008）。因此，在我国推广应用有机培肥产品，符合"加快建设资源节约型、环境友好型社会"的要求，对促进农业与资源、农业与环境及人与自然和谐友好发展，从源头上促进农产品安全、清洁生产，保护生态环境都有重要意义。

5.3.3.1　普通有机培肥产品

有机培肥产品主要指以各种动物废弃物（包括动物粪便、动物加工废弃物）和植物残体（饼肥类、作物秸秆、落叶、枯枝、草炭等）为原料，采用物理、化学、生物或三者兼有的技术处理，经过一定的堆制工艺消除其中的有害物质（病原菌、病虫卵害、杂草种子等）而形成的一类达到无害化标准的培肥产品（李淑仪，2016）。

有机培肥产品的整个生产工艺流程可以简单分为前处理、一次发酵、后处理3个过程。

前处理：堆肥原料运到堆场后，经磅秤称量送到混合搅拌装置，加入复合菌，并按原料成分粗调堆体水分、C/N，混合后进入下一工序。

一次发酵：将混合好的原料用装载机送入一次发酵池，堆成发酵堆，采用风机从发酵池底部往上强制通风，进行供氧，同时每隔2d左右进行翻堆，并补充水分（以厂内生产、生活有机废水为主）和养分，控制发酵温度在50～65℃，进行有氧发酵，一次发酵周期为15d。

后处理：进一步对堆肥成品进行筛分，筛下物根据水分含量高低分别进行处理。筛下物造粒后，送入烘干机进行烘干，按比例添加中微量元素搅拌混合后制成成品，进行分装，入库待售。筛上物返回粉碎工序进行回用。

综上所述，整个工艺流程具体包括新鲜作物秸秆原料破碎→分筛→混合（菌种+鲜畜禽粪便+粉碎的农作物秸秆，按比例混合）→堆腐发酵→温、湿度检测→通风、翻堆→水分控制→分筛→成品→包装→入库。

5.3.3.2 生物有机培肥产品

生物有机培肥产品是指特定功能微生物与主要以动植物残体（如畜禽粪便、农作物秸秆等）为来源并经无害化处理、腐熟的有机物料复合而成的一类兼具微生物培肥产品和有机培肥产品效应的培肥产品（王丽芳等，2011）。生物有机肥对实现资源节约型、环境友好型社会具有重要意义，是实现农业可持续发展的必然选择。

生物有机培肥产品的生产工艺和有机肥的生产工艺几乎相同，区别在于有机肥发酵完成后，加入功能微生物（芽孢杆菌）进行二次发酵，发酵中控制温度在50%～60%，当堆体温度达到60℃时，进行翻堆，并调节水分，保持二次发酵温度50～60℃ 10d以上，当温度降至40℃左右时，即完成发酵。简而言之，有机培肥产品是一次发酵彻底腐熟，生物有机培肥产品是在有机培肥产品基础上二次加菌再发酵生产。

5.3.3.3 全元生物有机培肥产品

全元生物有机培肥产品是集有机肥、化肥、氨基酸肥和功能微生物菌剂为一体的新型生物有机培肥产品，"全元"即多元素耦合协同供应，为作物良好生长提供其所需的营养。生产全元生物有机培肥产品的过程如下。

Ⅰ. 将畜禽粪便（牛羊粪等）、作物秸秆（水稻、玉米等）粉碎后按比例混合，加入堆肥菌剂，调节堆体水分、C/N等影响因素，开始堆肥发酵，升温后定期翻堆，高温保持约15d后即翻堆降温。

Ⅱ. 加入酸水解畜禽尸体后得到的氨基酸培肥产品，保持7d，定期翻堆，得氨基酸有机肥。

Ⅲ. 加入具有固氮、解磷、解钾、抗病的功能微生物，再加入菜粕，进行二次发酵，定期翻堆，持续约5d后，得生物有机肥。

Ⅳ. 加入按比例粉碎混合的氮、磷、钾（尿素、硫酸铵、磷酸一铵、硫酸钾、硫酸镁等）等无机养分，充分混匀后，即得全元生物有机培肥产品。

5.3.3.4 有机-无机复混培肥产品

有机-无机复混培肥产品是一种既含有机质又含适量化肥的复混培肥产品。它是粪便、秸秆等有机物料，经堆肥发酵实现无害化和有效化处理，并添加适量化肥、腐殖酸、氨基酸或有益微生物菌剂，经过造粒或直接掺混而制得的一类培肥产品。

有机物料的制备：将农业有机废弃物充分混合，加入发酵菌剂，调节C/N、水分等因素进行发酵，混合料发酵过程中当温度达到60℃时对混合料进行抛翻，促进发酵进行，发酵完成后，即得有机培肥产品，将发酵后的物料进行粉碎过筛。

无机物料的制备：根据配方要求，将需要添加的氮磷钾及中微量元素等无机养分进行粉碎混合。

原料混合搅拌：将粉碎后的有机物料和无机物料按比例投入搅拌机，搅拌均匀，提高培肥产品颗粒整体的肥效含量。

造粒烘干：将搅拌均匀、粉碎完全的物料通过皮带输送机送入造粒机进行造粒；将造粒好的半成品通过筛分机进行筛分，送入烘干机，冷却后装袋。

5.3.4　碳氮耦合培肥产品研制工艺与技术

将主流塔式熔体造粒工艺和转股造粒工艺作为重点研究对象，开展水稻新型专用肥料在大装置大设备上的规模化生产技术研究。重点突破硝化抑制剂、矿源腐殖酸、聚谷氨酸等微量成分在连续化生产中的精准无损自动化添加工艺技术。目前已完成中国科学院沈阳应用生态研究所与沈阳中科新型肥料有限公司、史丹利现代农业集团股份有限公司、中化化肥有限公司等大中型肥料企业的技术对接，以上3个企业已经有相关产品进行规模化生产。

聚谷氨酸肥料是将聚谷氨酸定量精准无损加入到各种配方肥料中生产的肥料，采用高塔、滚筒、圆盘、挤压等造粒工艺都可以生产。聚谷氨酸肥料具有保水、抗旱、促长、护根等功能，除此之外还能为微生物生长提供氮源和碳源，利于微生物繁育和生长。聚谷氨酸肥料生产过程的改变主要集中在生产线的前端，即投料部分。目前的主流生产工艺中，一般在大设备的投料口处新上一连续计量设备，添加固体聚谷氨酸采用小型精准皮带秤，若是液体聚谷氨酸一般采用小型精准计量泵和雾化器喷涂到成品颗粒表面。相比于固体聚谷氨酸的添加，液体聚谷氨酸的添加相对复杂，并且处理不当可能会造成颗粒粘连。添加工艺：①精准计量→与大料混匀→造粒→烘干→筛分→分装；②造粒→烘干→筛分→喷涂聚谷氨酸→扑粉→分装。

针对氮肥利用率低、N_xO释放引起的严重大气污染问题，以及氮素淋失引起的地下水污染问题，稳定性肥料的研发和生产已经取得一定的进展。大量的科学研究表明，通过生物和化学途径控制氮素在土壤中的转化成为提高氮肥利用率的有效途径之一。通过向肥料中添加生物化学抑制剂，减缓尿素水解和NH_4^+硝化，提高土壤中吸附态NH_4^+的含量，抑制NH_4^+的氧化，减少氨挥发和温室气体排放等。生产稳定性肥料具有成本低、工艺流程简单、控制氮素转化效果明显、易于大规模生产等优势，在我国广泛应用和发展。

在农田生态系统中，土壤氮循环和碳循环有着不可分割的密切性，碳循环在一定程度上受到氮循环的限制与影响。在农业生态系统中，土壤碳氮的动态是一个包括有机质产生、分解、硝化、反硝化和发酵的复杂的生物地球化学过程，土壤C/N能够反映出土壤碳氮之间的耦合关系，对评价土壤质量水平起到重要的作用。在农业生产中应该提高碳素的投入，降低氮素的投入，可以保持土壤碳氮平衡及土壤的可持续利用。当土壤的C/N较低时，有足够的氮供微生物消耗，微生物同化氮时需要消耗更多的碳，而微生物在氮素充足的情况下，需要更多的碳才能维持活性。因此，在施用复合肥的同时，需要施入一定量的碳源，才能减少氮素的损失，提高氮素利用率，同时提高土壤固持氮的能力。土壤的反硝化作用强度与有机碳的矿化速率、反硝化作用速率和土壤全碳含量相关，与可溶性碳或可矿化碳含量相关性更高。有机碳的输入有利于土壤氮的积累。长期的定位试验表明，合理施肥能够保持或提高农田土壤中有机碳和全氮含量。在稻田土壤中，土壤有机质和全氮的含量变化趋势相近，两者之间为互相促进、互相制约的关系，其具有较好的耦合关系（杨志臣等，2008）。

水稻偏好吸收和利用铵态氮。一方面可以通过施用含硝化抑制剂和脲酶抑制剂等的稳定性氮肥来减缓尿素的水解与硝化作用，即减少NH_4^+的产生及NH_4^+-N向NO_3^--N的转化，使土壤中保持较高的NH_4^+-N含量。另一方面可以通过向土壤中添加碳源，利用微生物的作用，即利用外源碳的同时将多余的NH_4^+进行固持，在作物生长后期缓慢释放，使持续供氮成为可能。

典型的碳源如γ-聚谷氨酸（γ-PGA）、秸秆、猪粪等有机物料施入土壤后，均能补充一定量的碳。从工业合成的角度，常选用原料γ-聚谷氨酸（γ-PGA）作为重要的碳源，γ-PGA具有超强亲水性与保水能力，土壤处于漫淹状态时，其会在植株根毛表层形成一层薄膜，不仅仅具有保护根毛的功能，更是土壤中养分、水分接触并进入根毛的最佳平台，能很有效地促进肥料的溶解、存储、输送与吸收；阻止硫酸根、磷酸根、草酸根与金属元素发生沉淀作用，使作物能更有效地吸收土壤中磷、钙、镁及微量元素；促进作物根系发育，增强其抗病性。目前，γ-PGA的合成方法较多，有传统的肽合成法、二聚体缩合法、纳豆提取法和微生物发酵法等。目前已经有将聚氨酸尿素应用于蔬菜水果的种植中并取得良好经济和环境效益的报道。

由于农田土壤氮素损失严重，氮肥利用率低，不同的作物对氮磷钾的需求不同，稳定性肥料发展急需新的方向，将氮磷钾肥、抑制剂及碳源材料相配合，制成碳氮耦合新型复合肥成为一种新的研究方向，对土壤肥力的提高、土壤氮的贮存和作物产量的提高均具有非常重要的意义。

在"十三五"国家重点研发计划课题的资助下，对碳氮耦合培肥产品的配方和工艺技术进行了研制，具体方案如下。

产品成分包括尿素、过磷酸钙（重过磷酸钙）、氯化钾（硫酸钾）、生化抑制剂、碳源（优选氨基酸）。按重量份数计，尿素、过磷酸钙（重过磷酸钙）、氯化钾（硫酸钾）、生化抑制剂、碳源（氨基酸）的比例为1∶0.3～0.5∶0.8～1∶0.001～0.1∶0.1～0.3。

按上述计量将抑制剂溶于有机溶剂中，通过搅拌泵机械混拌均匀，按上述计量将碳源（γ-聚谷氨酸）溶于水溶液中，通过搅拌泵机械混拌均匀，将上述两种溶液和磷钾肥加入尿素溶液中，通过普通尿素生产造粒装置进行造粒，即得粒径0.85～2.8mm占93%以上的碳氮耦合稳定性复合肥肥料。

添加一定量的碳源γ-聚谷氨酸，保证产品添加到土壤后满足土壤C/N为25∶1，避免因碳源未及时供应带来的氮素损失，微生物将碳氮同时固定在体内，其通过被微生物分解和黏土矿物固持而将氮素缓慢释放，从而满足作物生长各个时期对复合肥的需求。聚谷氨酸是一种水溶性、可生物降解、不含毒性、使用微生物发酵法制得的生物高分子。它是一种有黏性的物质，在纳豆发酵物中被首次发现。它是一种特殊的阴离子自然聚合物，通过 α-氨基和 γ-羧酸基团之间的酰胺键由 D 型与 L 型谷氨酸分子缩合而成，其分子量在 $5 \times 10^9 \sim 10 \times 10^9 \mathrm{Da}$。

聚谷氨酸是新一代植物营养促进剂，作为一种高分子化合物，能起到离子泵的作用，能强化作物对氮、磷、钾及微量元素的吸收利用，具有生物相容性及对正负电荷进行络合的性能，能发挥泵、车、富集器的作用，具有有效锁住养分，提高养分有效浓度，减少化肥流失，富集养分，提高肥料利用率，促进作物根系发育和蛋白质合成等功能，从而达到增加产量和改善品质的效果。同时，聚谷氨酸为安全、环保、无激素类产品，可降解成单体氨基酸——谷氨酸，并被作物吸收利用，安全、高效、无污染。

5.3.5　秸秆降解助腐产品研制工艺与技术

在很长一段时间里，人们研究秸秆降解微生物时，只注重于得到某些具有木质纤维素降解能力的单一菌种（株）的纯培养。但在自然条件下，作物秸秆的完全降解是多种微生物长期共生、相互作用的结果。以纯培养手段得到的单一降解菌种（株），在分解木质纤维素时产酶种类较为单一，降解能力不强，且单一菌种容易受到杂菌污染，实际应用效果较差，无法达到使秸秆完全降解的目的。

近年来，随着人们对微生物群体功能认识的逐步加深，意识到了单一菌种（株）在复杂木质纤维素降解过程中的局限性，开始重视自然条件下微生物之间的协同关系，并逐渐将这一重要理念应用于木质纤维素降解微生物资源的开发，人工构建复合菌系。

秸秆降解复合菌系的构建方法一般有以下两种。

一是利用已分离的高效降解菌株，模拟自然条件下木质纤维素的降解环境，对菌种功能和特征进行交叉复配，从而构建高效的复合菌系。该方法有两个思路：其一是"自上而下"重新设计自然形成的微生物群落，即以多重组学分析为基础，从宏观微生物群落入手，探讨维持群落生态系统的分子机制；其二则是"自下而上"设计和构建人工微生物群落，即以遗传要素和代谢途径及网络为基础，获得高效、稳定、可控的微生物群落。但该方法必须建立在对每个构建元素菌种之间互生关系及其作用机制均比较了解的基础上，利用具共生关系的菌种进行构建，否则就会因为菌种来源不同、菌种间协同作用能力欠佳导致复合菌系对还田秸秆的降解效果不理想。

二是从土壤、腐叶、朽木、堆肥、反刍动物粪便等环境样品中直接富集、驯化、筛选、扩培微生物，并优化培养条件来获得可以利用的高效复合菌系。利用该种方法得到的复合菌系，因为在环境中经长期自然选择和进化，菌种间的共生关系较为紧密，协同作用较强，对木质纤维素的降解效果亦较好。但该方法所得复合菌系受其应用的环境条件限制较大。土壤环境中的微生物在秸秆降解过程中起到了至关重要的作用。复合菌系作为外源菌系，在应用于腐解还田秸秆的过程中，会受到土著微生物的竞争或拮抗作用，不能快速增殖甚至受到抑制。我国地域辽阔，不同土壤类型及其在温度、pH 和盐度等因素上的高可变性，以及丰富的作物耕作类型，也容易产生复合菌系"水土不服"的现象，同样会影响复合菌系在腐解还田秸秆中的应用效果。

幸运的是，不仅秸秆本身携有诸多种类微生物，而且土壤是一个巨大的微生物资源"工具箱",为秸秆的生物降解提供了驱动力。在秸秆自然降解过程中,土著微生物发挥了至关重要的作用。因此,如何利用这些土著微生物成为研发新型秸秆助腐产品的一个新方向。秸秆助腐剂,一种不含活体微生物的助腐产品,通过供给土著微生物增殖必需的碳、氮、微量元素及维生素等营养物质,激活秸秆和土壤土著微生物的降解活性,进而促进还田秸秆的降解。与秸秆降解菌系相比,秸秆助腐剂不含活体微生物,在应用过程中不会受到土著微生物和地域差异影响,适用范围广。秸秆助腐剂的施用,增加了氮源的含量,以避免水稻植株生长时消耗氮肥而不利于微生物生长。同时,秸秆助腐剂中含有木质纤维素降解酶——锰过氧化物酶所必需的Mn^{2+},以促进秸秆中木质素的降解。此外,秸秆助腐剂的制备没有微生物发酵这一生产环节,生产工艺简单,易于操作,生产成本相对低廉。因此,秸秆助腐剂有可能成为未来提高秸秆还田效率的新途径(班允赫等,2019)。

5.4　稻田土壤培肥新产品的综合效应及作用机制

新产品的增产与培肥效果是衡量产品研发是否成功的关键,以新产品作为供试对象,在不同地区的稻田土壤进行了培肥效果的验证,在此基础上,也对产品的培肥机制进行了研究,现将所获得的结果进行归纳总结。

5.4.1　生物炭基培肥产品的培肥机制

5.4.1.1　施用生物炭基培肥产品稻田土壤微域结构变化

由图5-9可以看出,将炭基培肥产品施入稻田土壤,经过作物生长季后土壤结构发生了明显变化。对照土壤的结构依然保持较为致密状态,未发生明显变化。而在施入炭基培肥产品后,可以直观发现炭基肥-土壤结合区域的土壤微域结构发生了明显变化,即土壤微孔结构明显增加、土壤孔隙度提高(图5-9b)。由此表明,炭基培肥产品的输入可以对土壤结构产生明显改良效应,且表现出较强的稳定性。

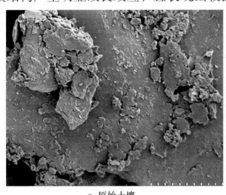
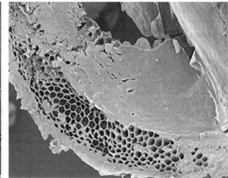

a. 原始土壤　　　　　　　　　　　　b. 炭基培肥产品输入后

图5-9　生物炭基培肥产品输入后的稻田土壤微域结构变化(SEM)

5.4.1.2　生物炭基培肥产品对稻田土壤物理结构及主要特性的影响

1. 土壤容重和总孔隙度

土壤容重是反映土壤物理结构变化的重要指标,土壤容重变化影响土壤养分矿化、运移等化学过程。由图5-10可知，不同处理的土壤容重表现为CK＞CF＞C1＞C2，炭基肥处理（CF）、低炭量处理（C1）、较高炭量处理（C2）分别比对照降低了0.95%、2.15%、4.06%，且与对照差异显著（$P<0.05$）。不同生物炭处理间表现为随炭量增加土壤容重降低。由此可见，生物炭和炭基肥处理均可显著降低土壤容重，从而改良土壤结构，进而促使其他土壤物理特性发生改变。

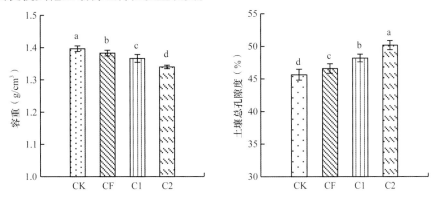

图5-10　生物炭基培肥产品和生物炭对稻田土壤容重与总孔隙度的影响

不同小写字母表示不同处理间在0.05水平上差异显著，下同

　　土壤总孔隙度反映了土壤的孔隙结构状态，直接影响土壤水、气、热等条件变化。由图5-10可知，炭基肥和生物炭处理的土壤总孔隙度明显高于对照，差异较大。生物炭处理C2、C1分别比对照提高了9.99%、5.64%，平均提高了7.82%，与对照差异显著（$P<0.05$）。由此可见，生物炭对土壤总孔隙度提高具有重要促进作用。炭基肥处理亦显著高于对照，添加生物炭基培肥产品可显著提高土壤总孔隙度。

　　2. 土壤固、液、气相比例

　　土壤固、液、气三相比例反映了土壤构相存在状态，对土壤物理条件变化有着重要影响。由图5-11可以看出，炭基肥和生物炭处理均显著提高了土壤气相比例，表现为C2＞C1＞CF＞CK，与土壤总孔隙度表现相同。生物炭处理C2、C1和炭基肥处理分别比对照提高了16.22%、12.37%、4.52%，均与对照差异显著（$P<0.05$）。以上试验结果表明，生物炭及炭基肥处理均可显著提高土壤气相比例，表现出重要的促进作用，有利于增加土壤总孔隙度，改良土壤通气条件。生物炭和炭基肥处理的土壤液相比例均明显高于对照，表现为C2＞C1＞CF＞CK。其中，生物炭处理C2、C1分别比对照提高了9.01%、5.50%，平均提高7.26%，与对照差异显著（$P<0.05$）。由此可见，生物炭及炭基肥处理均可显著提高土壤液相比例，从而提高土壤含水量。生物炭和炭基肥处理的土壤固相比例均低于对照，具体表现为CK＞CF＞C1＞C2。生物炭处理C2、C1和炭基肥CF处理分别比对照降低了10.22%、7.0%、2.0%，平均降低6.41%，且均与对照差异显著（$P<0.05$）。由此可见，无论是生物炭还是炭基肥均可显著降低土壤固相比例，从而降低土壤容重，改良土壤物理结构。

　　上述试验结果表明，生物炭和炭基肥处理均可以显著提高土壤气相、液相所占比例，降低土壤固相比例，从而改变土壤物理结构及其构相特征，有利于改善土壤水、气、热等物理特性，提高土壤物理肥力。

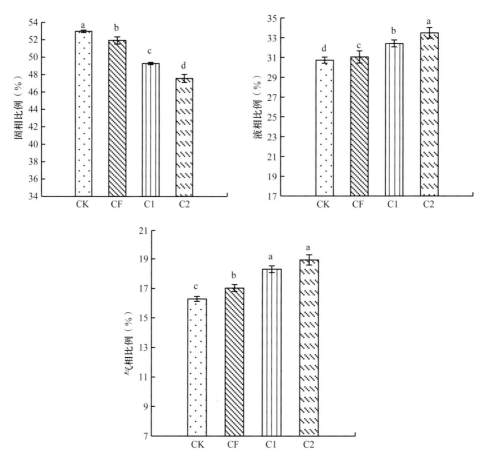

图5-11 生物炭基培肥产品和生物炭对稻田土壤固、液、气相比例的影响

3. 土壤团聚体

土壤团聚体结构及其分布是土壤物理结构的重要组成部分，也是影响土壤肥力的重要物理指标。由图5-12可以看出，对于＞2mm粒径的土壤团聚体百分比，生物炭和炭基肥处理均高于对照，表现为C2＞C1＞CF＞CK。C2、C1、CF处理分别比对照提高了14.66%、10.18%、9.59%，平均提高11.48%。由此可见，无论是生物炭还是炭基肥均可显著提高＞2mm粒径的土壤团聚体百分比。对于＜0.053mm粒径的土壤团聚体百分比，生物

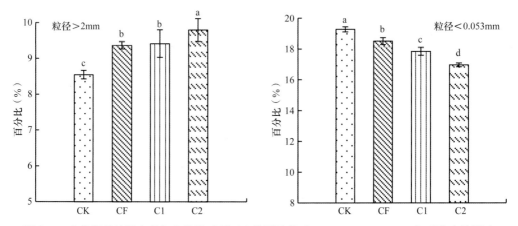

图5-12 生物炭基培肥产品与生物炭对稻田土壤团聚体（＞2mm、＜0.053mm）百分比的影响

炭和炭基肥处理均低于对照，表现为C2＞C1＞CF＞CK。C2、C1、CF处理分别比对照降低了12.02%、7.44%、3.96%，均与对照差异显著（$P<0.05$）。试验结果表明，生物炭和炭基肥可显著降低＜0.053mm粒径的土壤团聚体百分比。

由图5-13可知，对于0.25～2mm和0.053～0.25mm粒径的土壤团聚体百分比，不同处理表现不同。对于0.25～2mm粒径，生物炭和炭基肥处理均高于对照，不同生物炭处理间表现为随炭量增加百分比提高，表现为C2＞C1＞CF＞CK。C2、C1、CF处理分别比对照提高了42.85%、32.09%、11.71%，平均提高了28.88%，且与对照差异显著（$P<0.05$）。而对于0.053～0.25mm粒径，生物炭、炭基肥处理均低于对照，C2、C1、CF处理分别比对照降低了23.22%、17.91%、7.12%，平均降低16.08%，且与对照差异显著。以上结果表明，生物炭、炭基肥处理提高0.25～2mm、降低0.053～0.25mm粒径土壤团聚体百分比的作用显著，较高施炭量的作用更为明显。

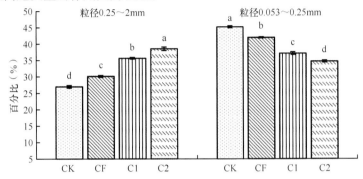

图5-13 生物炭基培肥产品与生物炭对稻田土壤团聚体（0.25～2mm、0.053～0.25mm）百分比的影响

以上不同粒径团聚体的分布表明，生物炭、炭基培肥产品在施入土壤后显著改变了土壤团聚体的粒径分布，使土壤团聚体趋向于中间型和较大型团聚体，并降低微小型团聚体百分比，这一特性改变有利于改良土壤团聚体粒径结构，提高土壤持水保肥能力。

5.4.1.3 生物炭基培肥产品对稻田土壤基础肥力及养分的影响

1. 土壤pH和有机质含量

土壤pH反映了土壤酸碱状态，是反映土壤肥力的最重要指标之一。由图5-14可以看出，生物炭、炭基肥处理的土壤pH均高于对照，表现为C2＞C1＞CF＞CK。C2、C1、CF处理分别比对照提高了7.96%、5.15%、3.33%，平均提高了5.48%，均与对照差异显著（$P<0.05$）。由此表明，生物炭和炭基肥处理均显著提高土壤pH。

土壤有机质含量直接体现了土壤基础肥力水平。由图5-14可知，生物炭、炭基肥处理的土壤有机质含量均明显高于对照。其中，生物炭处理与对照差异显著（$P<0.05$）。生物炭具有丰富、稳定的碳架结构，C元素含量较高，其中包括有机碳和无机碳等不同形式的碳组分。生物炭在施入土壤后，直接增加土壤碳库容量，提高土壤有机碳含量，从而增加土壤有机质含量。另外，生物炭可吸附其他有机物质，促进土壤微生物生长和繁殖，加速微生物活动进程和提高其活动强度，促进形成更多新的土壤有机质，进而提高土壤有机质含量。生物炭和炭基肥对土壤有机质含量的提升效应，有利于促进稻田土壤耕地质量和生产力的可持续发展。

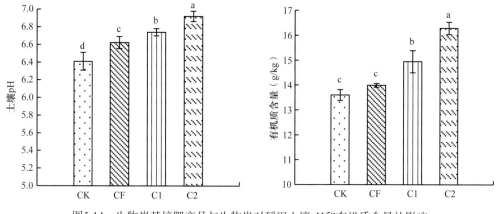

图5-14　生物炭基培肥产品与生物炭对稻田土壤pH和有机质含量的影响

2. 土壤全氮、全磷和全钾含量

由图5-15可以看出，对于全氮含量，不同处理的表现不同。其中，生物炭C2、炭基肥处理显著高于对照（$P<0.05$），而较低施炭量C1与对照相差不大。较高施炭量和炭基肥处理均可以提高土壤全氮含量。炭基肥、生物炭处理的土壤全磷含量均显著高于对照（$P<0.05$），不同生物炭处理随炭量增加全磷含量提高。可见，生物炭和炭基肥处理可

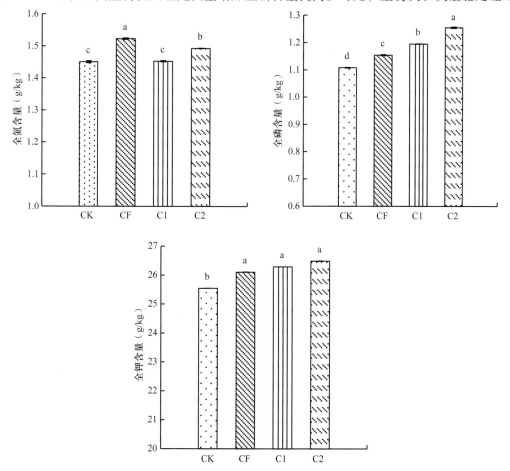

图5-15　生物炭基培肥产品与生物炭对稻田土壤全氮、全磷和全钾含量的影响

提高土壤全磷含量。生物炭、炭基肥处理的土壤全钾含量表现为C2＞C1＞CF＞CK，生物炭、炭基肥处理的土壤全钾含量均高于对照，且与对照差异显著（$P<0.05$）。可见，无论是生物炭还是炭基肥，对土壤全钾含量提高均具有重要促进作用。

3. 土壤碱解氮、有效磷和速效钾含量

由图5-16可知，炭基肥、生物炭处理的土壤碱解氮含量均显著高于对照（$P<0.05$），不同生物炭处理随炭量增加碱解氮含量提高。由此表明，生物炭可以吸附更多氮离子，减少碱解氮养分淋失，进而提高土壤碱解氮养分水平，有利于为作物生长提供更多可利用氮素养分，促进作物生长。不同处理的土壤有效磷含量与碱解氮表现相似，即炭基肥、生物炭处理的土壤有效磷含量均高于对照，三者均与对照差异显著（$P<0.05$）。生物炭、炭基肥处理的土壤速效钾含量均高于对照，表现为C2＞C1＞CF＞CK。生物炭处理C2、C1和CF处理分别比对照提高了8.26%、5.16%、3.43%，平均提高了5.62%，均与对照差异显著（$P<0.05$）。

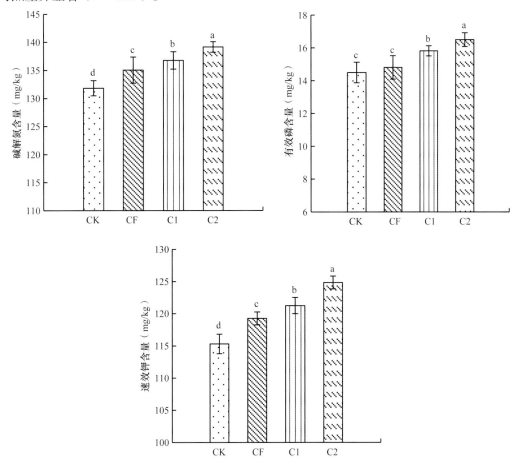

图5-16　生物炭基培肥产品与生物炭对稻田土壤碱解氮、有效磷和速效钾含量的影响

以上研究结果表明，生物炭及炭基培肥产品可显著提高土壤全量和速效养分水平，尤其对磷、钾的作用相对明显。不同用量炭处理间，较高炭量处理提高土壤氮、磷、钾养分水平的作用更明显。土壤全量及速效养分水平的提高，有利于为作物生长提供稳定、及时的养分供应，从而提高土壤肥力，促进作物生长发育。

5.4.1.4　施用生物炭基培肥产品的水稻产量效应

本课题组在沈阳市辽中区城郊镇卡力玛等地建立了300亩稻田生物炭基培肥新产品核心验证、示范田（基点）。随机抽取了两块示范田（炭基培肥新产品1和2，2017～2018年连续施用）和1块对照田，进行机收实测。

由表5-5可知，生物炭基培肥产品的水稻产量均高于对照，其中炭基培肥新产品1的水稻产量比对照提高了6.20%，炭基培肥新产品2的产量比对照提高了6.06%，平均增产6.13%。可见，生物炭基培肥产品对水稻具有较好的增产效应。

表5-5　生物炭基培肥产品对水稻产量的影响

处理	产量（kg/亩）	增产幅度（%）
CK（对照田）	701.22	
CF1（炭基培肥新产品1）	744.68	6.20
CF2（炭基培肥新产品2）	743.71	6.06

5.4.1.5　生物炭基培肥产品的作用途径与调控机制

炭基载体材料及其产品的应用效果，与生物炭材质、来源、结构及特性，以及应用对象、施用量、气候条件等密切相关。从前期试验研究和生产性应用效果来看，炭基产品对土壤与作物的作用途径、调控机制主要体现在以下几个方面。

Ⅰ.改善土壤物理结构与化学性质，如降低土壤容重，提高土壤通气孔隙、水分含量等，促进植株地上部生长。

由于生物炭质轻、多孔，且自身容重低，因此可明显降低土壤容重、硬度，改变土壤粒径组成及耕作性能。生物炭的微孔碳架结构，则较好地保持了土壤水分与空气的融通性，从而改善土壤物理结构，同时为微生物的繁育提供了良好的环境条件。上述优良特性对作物生长和产量提高，无疑具有积极的促进作用。

Ⅱ.提升土壤肥力水平，提高肥料利用率。

秸秆炭化还田以后，其自身可供作物利用的养分含量并不多，并且在特定条件下才有可能释放，因而，并不是作物养分的主要供给来源。但是，生物炭可通过改变土壤的物理性状和结构来提高土壤肥力，间接提高作物养分利用率，从而对作物生长起到积极促进作用。

Ⅲ.提高土壤微生物总量，促进微生物的生存与繁衍，改善土壤微生态环境条件。

研究表明，在一定范围内，随着生物炭施用量的增加，土壤微生物的数量和活性都显著提高。土壤中施入生物炭后，作物根部真菌的繁殖能力增强。同时，生物炭的孔隙结构也在一定程度上减少了微生物之间的生存竞争，并为它们提供了不同的碳源、能量和矿物质营养。微生物的繁殖增强了土壤理化反应进程，促进了养分矿化，同时改变了作物生长环境，对作物生长产生重要影响。

Ⅳ.减少环境污染，实现固碳减排。

生物炭一般呈碱性，还田后可在一定程度上提高土壤pH，因此对土壤酸化等具有一定缓解作用。而生物炭所具有的良好微孔结构，则使其对重金属离子产生一定的钝化效应，并降低污染物的生物有效性。生物炭亦可通过吸附或共沉淀作用，显著降低除草剂、农药等在植物体内的积聚。

炭基产品具有生态环保、作用可持续等突出特点，在应用过程中可实现减肥增效、培肥地力、减轻农业面源污染，对促进土壤质量和生产力可持续发展具有重要作用，亦可同时实现促长增产、节本增效，对提高农民作物生产综合收入、增加就业、改善农村居住环境等具有重要现实意义。

5.4.2　螯合培肥产品的培肥机制

在哈尔滨方正县进行水稻小区田间试验，研究侧深施肥技术条件下几种不同培肥产品对土壤肥力和水稻产量等方面的影响。

试验共设6个处理，试验处理的各小区间单灌单排，除处理不同外，其他农事措施均一致（表5-6）。试验分别在分蘖期、抽穗期、收获期进行土壤有机质、氮磷钾、pH和微量元素锌、硅等土壤养分指标的测定；收获期采集植株样品，测定水稻千粒重、籽实产量、生物产量等生物性状指标。

表5-6　试验处理

序号	处理	施肥（kg/亩）			备注
		基肥	蘖肥	穗肥	
1	CK				
2	TCK	N5、P8、K6	N5		当地习惯施肥方式
3	PCU	N25			
4	TCK-CS	N10、P8、K6		N2、K4	
5	PCU-CS	N25			采用侧深施肥机施肥
6	UF-CS	25			

注：CK. 不施肥对照；TCK. 普通肥；PCU. 缓释掺混肥；TCK-CS. 普通肥–侧深施；PCU-CS. 缓释肥–侧深施；UF-CS. 脲醛肥–侧深施；N. 尿素；P. 磷酸二胺；K. 氯化钾；数字代表实际施用量；下同

试验设置初期，采集了土壤样品，土壤理化状况如表5-7所示，试验地土壤有机质含量较高，土壤为酸性。

表5-7　试验地土壤理化状况

pH	全氮（%）	碱解氮（mg/kg）	有效磷（mg/kg）	速效钾（mg/kg）	有机质（g/kg）
5.81	0.195	136.3	46.3	213	38.1

5.4.2.1　水稻生长期土壤肥力变化特征

1. 水稻分蘖期土壤养分变化特征

水稻分蘖期对土壤碱解氮、有效磷、速效钾、有效锌、有效硅的含量进行了测定，结果见图5-17。土壤碱解氮的含量范围为89.6～161.6mg/kg，以TCK-CS、UF-CS的土壤碱解氮含量较高；与TCK相比，侧深施肥处理平均增加土壤碱解氮含量34.8%；在侧深施肥处理中，与TCK-CS相比，PCU-CS的土壤碱解氮含量下降，而UF-CS的土壤碱解氮含量增加26.5%。

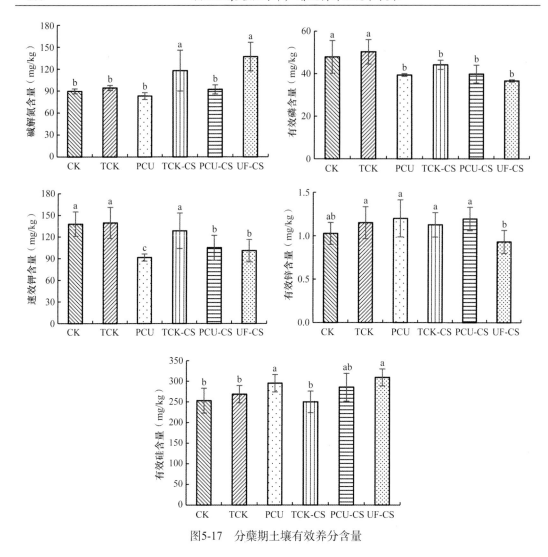

图5-17 分蘖期土壤有效养分含量

不同施肥处理土壤有效磷含量整体变化幅度不大，范围为36.6～50.3mg/kg，以传统施肥方式处理土壤有效磷含量较高。不同施肥处理土壤速效钾含量变化范围为91～140mg/kg，PCU最低。土壤有效锌含量的总体变化趋势不明显，变化范围为0.93～1.2mg/kg；不论传统施肥方式还是侧深施肥方式，普通肥和PCU缓释肥料土壤有效锌含量较高。

不同施肥处理对土壤有效硅的影响较明显，土壤有效硅含量变化范围为253～332.4mg/kg；与传统施肥方式处理相比，侧深施肥处理平均增加土壤有效硅含量9.6%，UF-CS增加幅度为15.2%；在侧深施肥处理中，与普通肥相比，PCU-CS、UF-CS的土壤有效硅含量增加幅度分别为14.2%、23.8%。

2. 水稻抽穗期土壤养分变化特征

水稻抽穗期对土壤碱解氮、有效磷、速效钾、有效锌、有效硅的含量进行了测定，结果见图5-18。土壤碱解氮的含量范围为63.5～157.5mg/kg，以TCK、UF-CS的土壤碱解氮含量较高；在侧深施肥处理中，与普通肥相比，水稻抽穗期两种试验肥料处理的土壤碱解氮含量平均增加72.3%，以UF-CS的土壤碱解氮含量增加幅度最大。

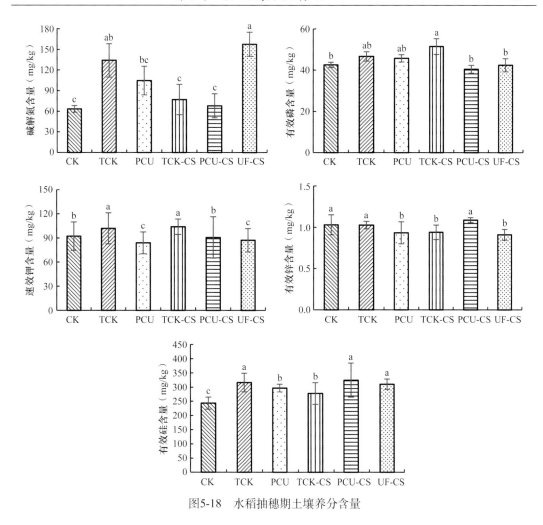

图5-18 水稻抽穗期土壤养分含量

不同施肥处理土壤有效磷含量整体与分蘖期相似，总体变化幅度不大，范围为42.2～51.4mg/kg，以普通肥–侧深施处理土壤有效磷含量最高。与分蘖期相比，水稻抽穗期不同施肥处理土壤速效钾含量呈现下降趋势，变化范围为87.3～104.0mg/kg，以TCK-CS的土壤速效钾含量最高，UF-CS最低。

土壤有效锌含量的变化趋势不明显，变化范围为0.91～1.09mg/kg，与分蘖期相比，除不施肥处理外，其他处理土壤有效锌含量降低；侧深施肥处理中，PCU-CS的土壤有效锌含量最高，UF-CS最低。

不同施肥处理对土壤有效硅的影响见图5-18，土壤有效硅含量变化范围为243.3～316.4mg/kg；传统施肥方式下的普通肥处理土壤有效硅含量最高，不施肥处理最低；侧深施肥方式下，与普通肥相比，PCU-CS、UF-CS的土壤有效硅含量增加幅度分别为16.9%、11.8%。

3. 水稻收获期土壤养分变化特征

水稻收获期对土壤碱解氮、有效磷、速效钾、有效锌、有效硅的含量进行了测定，结果见图5-19。土壤碱解氮的含量范围为95～133.4mg/kg，所有处理中UF-CS、PCU的土壤碱解氮含量处于较高水平；传统施肥方式下，与普通肥TCK处理相比，PCU的土壤碱解氮含量增加28.7%；而3个侧深施处理土壤碱解氮含量与TCK相比均增加，平均增加约25%；在侧深施肥处理中，与普通肥相比，UF-CS的土壤碱解氮含量增加27.5%，PCU-CS的土壤碱解氮含量基本与普通肥一致。

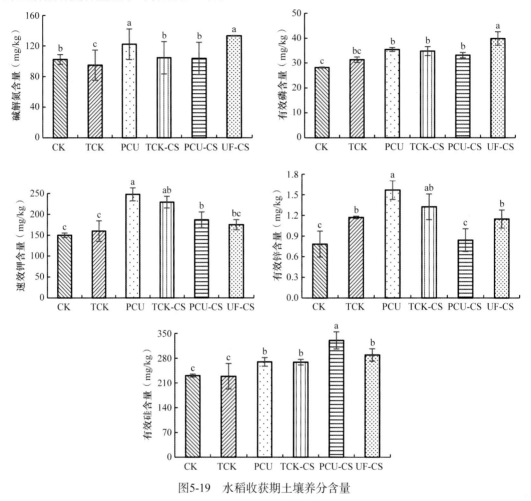

图5-19　水稻收获期土壤养分含量

不同施肥处理土壤有效磷含量整体变化幅度不大，收获期土壤有效磷含量总体水平较低，UF-CS的土壤有效磷含量最高。与分蘖期和抽穗期相比，水稻收获期不同施肥处理土壤速效钾含量增加，变化范围为150～247.7mg/kg，PCU和TCK-CS的土壤速效钾含量较高，不施肥处理最低。

土壤有效锌含量的变化范围为0.78～1.57mg/kg，与分蘖期和抽穗期相比，土壤有效锌含量有增加和降低的现象；传统施肥方式下，PCU的收获期土壤有效锌含量最高，不施肥处理最低。

土壤有效硅含量变化范围为228.8～330mg/kg。传统施肥方式下，PCU的土壤有效硅含量最高，与TCK相比，增加了17.8%；侧深施肥方式下，与TCK-CS相比，PCU-CS、UF-CS的土壤有效硅含量增加幅度分别为22.8%、7.5%。

4. 水稻生育期土壤有机质和pH变化情况

土壤有机质含量是衡量土壤肥力的重要指标，影响土壤理化性质，如水分含量、通气性、抗蚀力、供保肥能力和养分有效性等，同时能够影响作物产量。通常不同施肥措施下土壤有机质年际间变化较明显，作物生育期变化幅度较小。本试验结果（表5-8）表明，施肥处理土壤有机质含量总体高于不施肥对照，与传统施肥方式TCK相比，侧深施肥方式土壤有机质含量增加；在侧深施肥方式下，与TCK-CS相比，分蘖期PCU-CS、UF-CS的土壤有机质含量均有所增加，增加幅度为0.6～2.6g/kg；传统施肥方式下，与普通肥相比，PCU的土壤有机质含量增加，幅度为2.7～3.6g/kg。

表5-8　不同施肥处理不同生育期土壤有机质含量　　　　　　（单位：g/kg）

处理	分蘖期	抽穗期	收获期
CK	35.9c	34.9c	33.7c
TCK	34.5c	37.0b	36.1b
PCU	38.1ab	39.9a	38.8a
TCK-CS	37.3b	39.9a	38.7a
PCU-CS	37.9b	39.5a	37.8ab
UF-CS	39.9a	39.9a	36.7b

注：不同小写字母表示不同处理间在0.05水平上差异显著，下同

土壤pH是影响农田土壤肥力的重要因素之一，不仅对土壤中养分的形态及其有效性具有直接和决定性的影响，还在土壤肥力的形成和演变过程中发挥着重要作用。土壤pH受施肥影响，尤其是氮肥。整个水稻生育期中，土壤pH有变化，但幅度较小，不同施肥处理对土壤pH的影响趋势不明显，以收获期为例，侧深施肥缓释处理土壤平均pH（6.09）高于传统施肥方式（5.98）；侧深施肥方式下，与TCK-CS相比，新型肥料处理土壤pH平均提高0.36个单位（表5-9）。

表5-9　不同施肥处理不同生育期土壤pH

处理	分蘖期	抽穗期	收获期
CK	5.84a	5.64a	5.83a
TCK	5.79a	5.76a	5.98a
PCU	5.80a	6.06a	5.82a
TCK-CS	5.96a	6.09a	5.73a
PCU-CS	6.10a	5.92a	6.08a
UF-CS	6.27a	6.13a	6.09a

5.4.2.2　水体氮素变化

于水稻生育期第一次排水前采集水体样品，进行了亚硝态氮、硝态氮、铵态氮含量的测定，结果见图5-20。

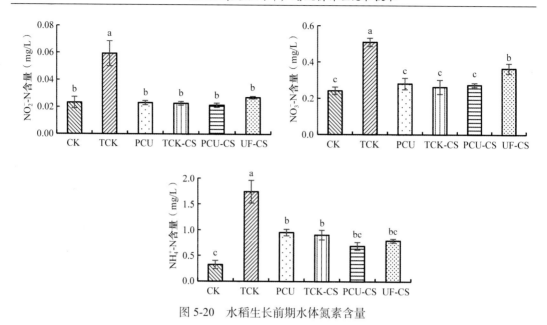

图 5-20　水稻生长前期水体氮素含量

水体亚硝态氮含量整体水平较低，范围为0.021～0.059mg/L；传统施肥方式下，普通肥处理水体亚硝态氮含量高于PCU处理，增加约81.1%；侧深施肥方式的普通肥和新型肥料处理水体亚硝态氮含量低于传统施肥方式；侧深施肥方式下，普通肥处理水体亚硝态氮含量低于新型肥料处理，UF-CS处理最高。

水体硝态氮含量比亚硝态氮高，含量范围为0.24～0.51mg/L，变化与亚硝态氮相似；传统施肥方式下，普通肥处理硝态氮含量高于PCU处理，同时普通肥和新型肥料的侧深施肥处理水体硝态氮含量低于传统施肥方式；侧深施肥方式下，UF-CS处理水体硝态氮含量最高。

水体铵态氮含量高于硝态氮，含量范围为0.32～1.74mg/L；传统施肥方式下，普通肥处理水体铵态氮含量高于PCU处理；侧深施肥处理下，普通肥和PCU缓释肥处理水体铵态氮含量分别与TCK相比下降48%和60%；侧深施肥处理水体铵态氮含量整体低于传统施肥方式，其中与普通肥相比，PCU-CS、UF-CS处理水体铵态氮含量分别下降23.9%、12.4%。

5.4.2.3　水稻产量指标变化

比较不同肥料、不同施肥方式处理间水稻产量差异（表5-10），结果表明，不同处理下水稻生物产量与籽实产量的变化趋势一致。侧深施肥处理水稻产量整体高于传统施肥方式，不施肥处理水稻产量最低；传统施肥方式下，与普通肥相比，新型肥料处理水稻产量增加9.11%；侧深施肥方式下，与TCK-CS相比，两种新型肥料的水稻产量均增加，增产率分别是9.55%、2.78%。侧深施肥方式的普通肥和新型肥料处理水稻产量较传统方式增加，增产率平均为4.4%。

表5-10　不同施肥处理水稻生物产量和籽实产量

处理	生物产量（kg/亩）	籽实产量（kg/亩）
CK	569.1c	262.2c
TCK	909.0b	461.6b
PCU	984.3a	503.7a
TCK-CS	934.4b	481.6ab
PCU-CS	1032.5a	527.6a
UF-CS	996.5a	495.0a

5.4.2.4　试验结论

Ⅰ. 不同施肥方式和肥料种类对水稻生育期土壤速效养分的影响中，土壤碱解氮变化较大，有效磷和速效钾变化趋势不明显；传统施肥方式中，与TCK处理相比，PCU处理能够增加收获期土壤速效养分，侧深施肥方式中的UF-CS处理能够增加水稻不同时期土壤碱解氮含量。

Ⅱ. 不同施肥方式和肥料种类对水稻生育期土壤微量元素硅的影响较明显，对锌的影响趋势不一致。收获期PCU处理土壤有效锌含量最高；与传统施肥方式相比，侧深施肥处理增加土壤有效硅含量；侧深施肥方式下，与TCK-CS相比，PCU-CS、UF-CS处理土壤有效硅含量增加。

Ⅲ. 施肥影响土壤有机质含量，在侧深施肥方式下，PCU-CS、UF-CS处理相比TCK-CS有增加分蘖期土壤有机质含量的趋势；与普通肥相比，PCU处理增加土壤有机质含量；收获期侧深施肥能够增加土壤pH，新型肥料处理平均提高土壤pH约0.36个单位。

Ⅳ. 第一次排水前，不同施肥处理水体中亚硝态氮和硝态氮含量变化趋势一致，侧深施肥方式下UF-CS处理水体亚硝态氮和硝态氮含量最高；侧深施肥处理水体铵态氮含量整体低于传统施肥方式，PCU-CS、UF-CS处理相比TCK-CS处理能够降低水体铵态氮含量，平均降幅达21.6%。

Ⅴ. 侧深施肥处理能够增加水稻生物产量和籽实产量，与TCK和PCU相比，TCK-CS和PCU-CS处理能够增加水稻产量；侧深施肥方式中的两种新型肥料相比TCK-CS均能增加水稻产量，平均增产6.17%，其中PCU-CS增产率最高，为9.55%。

5.4.3　生物有机培肥产品的培肥机制

有机肥料是含有大量生物物质、动植物残体、排泄物、生物废弃物等物质的缓效肥料。不仅含有植物必需的大量元素、微量元素，还含有丰富的有机养分，从某种角度而言，有机肥料是最全面的肥料（刘明西，1989）。有机肥料在农业生产中的作用主要表现在以下几个方面。

（1）改良土壤、培肥地力

有机肥料施入土壤后，其分解产生的有机质能有效地改善土壤理化状况和生物特性，熟化土壤，增强土壤的保肥供肥能力和缓冲能力，为作物的生长创造良好的土壤条件。

（2）增加产量、提高品质

有机肥料含有丰富的有机物和各种营养元素，为农作物提供营养。有机肥腐解后，为土壤微生物活动提供能量和养料，促进微生物活动，加速有机质分解，产生的活性物质等能促进作物的生长和提高农产品的品质。

（3）提高肥料的利用率

有机肥料含有养分种类多，但相对含量低，释放缓慢，而化肥单位养分含量高，成分少，释放快。两者合理配合施用，相互补充，有机质分解产生的有机酸还能促进土壤和化肥中矿质养分的溶解。有机肥与化肥相互促进，有利于作物吸收，提高肥料的利用率。

5.4.3.1 有机培肥产品

有机培肥产品不仅含有作物生长所需的氮、磷、钾等大量元素，还含有硫、钙、镁、硼、锌、铜、铁等中微量元素，能满足作物各生长时期的养分需求，长期施用有机肥的土壤一般不宜发生中、微量元素缺乏，作物根深、叶茂、落花落果少。有机肥料所含养分边释放边供作物吸收，供肥稳定，肥效长，被广泛用作基肥。

土壤有机氮是土壤有机质的重要组分，施入有机肥料是保持和提高土壤有机氮与氮贮量的有效措施。覆膜栽培条件下，施用有机肥使土壤有机氮组分中酸解氨态氮、酸解氨基糖态氮、酸解氨基酸态氮显著增加。长期施用有机肥使耕层全氮含量提高，下层土壤全氮增加更为明显。

对白浆土的长期定位试验表明，长期施用有机肥可以增加土壤Fe-P、Al-P、Ca-P及有机磷各组分的含量。这可能是由于有机肥料在分解过程中产生的有机酸及经腐殖质化过程生成的酚基和羟基对$Fe(OH)_3$沉淀产生络合作用，使磷的闭蓄过程受到抑制。有机肥料的施用能减少土壤对磷的固定，使土壤有效磷保持较高的水平。有研究表明，棕黄土施用有机磷增加了Al-P、中等活性有机磷比例，有利于磷的供应（陈欣等，2012）。

有机肥料含有丰富的微量元素。施用有机肥料会使稻田土壤游离铁和锰增加，与腐殖酸类物质生成的金属络合物增多。有机肥料还是提供作物锌、锰营养的良好肥源，施用有机肥料可提高土壤锌、锰的有效性。

土壤的结构是土壤的重要物理性质，它对土壤肥力具有直接影响。有机肥料在其正常分解过程中，平稳地供应植物各种养分和某些生长调节剂类物质，提高土壤肥力水平。有机肥料施入土壤后大量增加了土壤的有机质，有机质经过微生物的分解形成了腐殖酸，其主要成分是胡敏酸，它可以使松散的土壤单粒胶结成土壤团聚体，使土壤容重变小，孔隙度增大，易于截留吸附渗入土壤中的水分和释放出营养元素离子，使有效养分元素不易被固定（汪红霞等，2014）。多年定位观测试验研究表明，连年施用有机肥料对土壤饱和持水量、田间持水量有着显著的影响并且能明显地降低土壤密度（韩秉进等，2004）。长期施用有机肥能改变土壤不同粒径颗粒的组成，由于有机物质的胶结作用使<2μm粒径土壤颗粒的含量减少，而2~10μm粒径的含量明显增加，这对促进土壤团粒结构的形成、改善土壤的理化性质具有积极意义。腐殖质的颜色较深，可以提高土壤的保水能力。腐殖质分子的羧基、酚式羟基或醇式羟基在水中能解离出H^+，使腐殖质带负电荷，故能吸附大量阳离子，与土壤溶液中的阳离子发生交换，因而可以提高土壤的

保肥能力（关焱等，2004）。

施用有机肥料把大量的微生物和酶带入土壤，同时给土壤微生物提供大量的养分和丰富的酶促基质，促进了土壤微生物的生长和繁殖，提高了酶的活性。土壤酶是土壤肥力的一个重要标志，也是土壤有机养分转化的一个重要影响因素。土壤的生物活性及酶活性是反映土壤熟化程度和肥力水平的指标之一。施用有机肥料能增强土壤酶活性，进而提高土壤肥力。微生物和酶的作用加速了有机质的分解、转化，活化了土壤养分，使一些被固定的元素释放出来供作物吸收利用，从而改善了土壤的养分状况，提高了土壤的供肥能力。大量的土壤酶活性研究表明，有机肥料含有许多酶，畜禽粪尿中的酶活性比土壤中的酶活性高几十至几百倍，有机肥料能提高多种土壤酶的活性和微生物的数量，特别是与土壤养分转化有关的微生物数量和酶活性。

有机肥料富含的碳化物是土壤微生物生命活动的碳源和能源，长期施用有机肥料的土壤不仅微生物种类多，群落总体数量也多，长期使用有机肥料可以大大提高土壤中的细菌、真菌和放线菌数量，其中氨化细菌、硝化细菌、磷细菌、自生固氮菌等增加显著（李刚，2005）。使用有机肥料增加了土壤CO_2的释放能力，提供了丰富的能被植物直接吸收利用的CO_2营养，从而提高了作物的光合效率，增加了产量。有机物分解可产生CO_2，而绿色植物利用CO_2进行光合作用合成有机物质的过程在物质循环和生物能量转换中具有重要意义。同时土壤CO_2含量的增加促进了土壤和外界的气体交换，改善了土壤的吸收状况，使土壤固、液、气三相协调性增加，为植物生长提供了良好条件。有机肥料把大量的酶、微生物、小动物带入土壤，给土壤增添了新的生命物质，同时为这些生命活体提供了丰富的营养和能量，使其活性提高，繁衍生息能力增强（张信娣等，2008）。有机肥料使土壤成为充满生机的生命活体，进行着旺盛的新陈代谢。养分的分解和合成、固定和释放、累积和消耗，土壤生命体的繁殖和死亡交替进行，势必让有机质和营养元素不断增加，土壤的物理、化学和生物性状不断改善，促进了作物的健壮生长。

5.4.3.2　生物有机肥

生物有机肥是在堆肥的基础上，向腐熟物料中添加功能微生物菌剂进行二次发酵而制成的含有大量功能微生物的有机肥料。它与其他肥料相比具有可培肥土壤、改善产品品质等优势。与化肥相比，生物有机肥的营养元素更为齐全，长期使用可有效改良土壤，调控土壤及根际微生态平衡，提高作物抗病虫能力，提高产品质量；与有机肥相比，生物有机肥的根本优势在于：生物有机肥中的功能菌具有提高土壤肥力、促进作物生长的特定功效，而有机肥不具备优势功能菌的特效；与生物菌肥相比，生物有机肥包含功能菌和有机质，有机质除了能改良土壤，其本身也能为功能菌提供营养，施入土壤后功能菌容易定殖并发挥作用，而生物菌肥只含有功能菌，且其中的功能菌可能不适合有的土壤环境，无法存活或发挥作用。另外，生物有机肥比生物菌肥价格更为便宜。

施用生物有机肥后，其中的发酵菌和功能菌大量繁殖，对改良土壤、促进作物生长、减轻作物病害具有显著效果。主要原因在于：①肥料中的有益微生物会在土壤中大量定殖形成优势种群，抑制其他有害微生物的生长繁殖，甚至对部分病原微生物产生拮抗作用，以减少其侵染作物根际的机会。②功能菌发挥功效增进土壤肥力，如施用含固氮微生物的肥料，可以增加土壤中的氮素来源；施用含解磷、解钾微生物的肥料，可以将土壤中难溶的磷、钾分解出来，以便作物吸收利用。③肥料中的许多微生物菌种在生长繁殖过程中会产生对作物有益的代谢产物，能够刺激作物生长，增强作物的抗病抗逆能力。

生物有机肥富含多种生理活性物质，如维生素、氨基酸、核酸、吲哚乙酸、赤霉素等生理活性物质，具有刺激作物根系生长、提高作物光合作用能力的作用，使作物根系发达、生长健壮；各种有机酸和酶类，可以分解转化各种复杂的有机物和快速活化土壤养分，使有效养分增加，供作物吸收利用；其所含的抗生素类物质，能提高作物的抗病能力（张树生等，2007）。

生物有机肥既含有氨基酸、蛋白质、糖类、脂肪等有机成分，还含有N、P、K及对作物生长有益的中量元素（Ca、Mg、S等）和微量元素（Fe、Mn、Cu、Zn、Mo等）。这些养分不仅可以供作物直接吸收利用，还能有效改善土壤的保肥性、保水性、缓冲性和通气状况等，为作物提供良好的生长环境。

5.4.3.3 全元生物有机肥

有机肥含有丰富的有机质和各种作物生长所需的营养元素，有助于保持土壤肥力平衡，改善土壤物理性状，提高作物品质。但有机肥中有效养分含量偏少，难以满足作物生长的需要；化肥含丰富的速效氮、磷、钾，增产效果显著，因而现代农业大量施用化肥。但长期单一施用化肥，容易造成土壤板结、土壤结构受损、农产品品质降低、环境污染等不良后果；微生物肥通过功能微生物的生命活动，加速土壤养分转化，提高土壤养分有效性，增强土壤肥力。但微生物的生长、繁殖需要一定的环境条件，在大田中施用，环境难以控制，所以效果不稳定。全元生物有机肥既含有有机肥具有的有机质，又含有化肥具有的速效养分，还含有功能微生物，集有机、无机、微生物肥的优势于一体，同时克服了各自的缺点，实现了有机、无机及微生物肥的紧密结合，因而其肥效稳而长，缓急相济，弥补了化肥前期猛、后期脱肥的不足，具有明显的改土、增产与提高农产品品质的效果（杨蛟虎等，2016）。

5.4.3.4 有机无机复混肥

化肥为保障水稻高产稳产发挥了巨大作用，但长期过量施用带来的诸如土壤质量下降、地下水污染、生物多样性锐减等生态环境问题日益突出。在我国当前形势下，科学地利用有机和无机养分资源，提高肥料利用率，是协调我国粮食安全与环境保护的关键。

有机肥由于肥效慢、用量大，加之劳动力成本上升，如果按传统方式施用，将增加作物生产成本。有机无机复混肥兼具有机肥的缓释性和化肥的速效性，已成为肥料发展的新方向。研究表明，有机无机肥长期配施，能够改善土壤团粒结构，增加土壤养分和生物活性，优化土壤生物群落结构，有助于培肥土壤、提高产量、改善生态环境（李娟等，2008）。有机无机复混肥具有富含有机质和可提高氮磷钾吸收率等特点，在养分供应上可实现在作物整个生育期不同阶段之间纵向平衡和不同营养元素之间横向平衡的目标。

5.4.4　碳氮耦合培肥产品的培肥机制

肥料氮施入土壤后可通过脲酶水解为NH_4^+，大量的NH_4^+会发生挥发、硝化反硝化和被微生物固持、黏土矿物固定、作物吸收等，微生物固持和黏土矿物固定可将多余的NH_4^+保存于土壤当中，而后被固持和固定的肥料氮会逐渐矿化与释放，供作物利用，在添加有机物料如秸秆、猪粪后，带入了大量的碳源，进而影响了肥料氮的转化及土壤中氮素供应，尤其是有机氮的转化和利用过程。结合农业生产实际，利用^{15}N标记技术，设置对照（CK）、尿素（U）、尿素+秸秆（US）、尿素+抑制剂（UI）、尿素+抑制剂+秸秆（UIS）5个处理，分析了施用脲酶抑制剂+硝化抑制剂和有机物料后，肥料氮在土壤–植物中的转化过程及调控机制，肥料氮在各氮库中的分配过程；通过结构方程模型探究了肥料氮在各氮库的转化过程，明确了肥料氮被微生物固持和黏土矿物固定在土壤保氮与供氮中的作用；结合水稻产量与吸氮量结果，阐明了氮肥增效剂与碳源添加对氮肥利用率的影响；研究碳氮耦合型水稻专用肥，为北方稻区土壤培肥地力提供数据支持和理论支持；最终为合理施肥、增加土壤氮库库容及促进农业可持续发展提供一定的理论基础。

5.4.4.1　尿素配施抑制剂和秸秆对水稻产量及吸氮量的影响

如图5-21所示，秸秆配施抑制剂缓解了秸秆配施氮肥造成的减产问题，增加了水稻生物量及产量。随着水稻生长，各时期器官中氮素累积均显著增加，相比于US，U、UI、UIS分蘖期水稻生物量增加22.95%、27.82%、22.80%，至成熟期，与U相比US显著减少水稻穗数、穗干重及地上部生物量，抑制剂的施入则在一定程度上缓解了秸秆添加导致的减产问题，与US相比，U、UI、UIS地上部生物量分别增加了87.50%、108.59%、86.72%，产量增加了16.42%、31.25%、25.23%，穗数增加了83.33%、105.56%、72.22%。

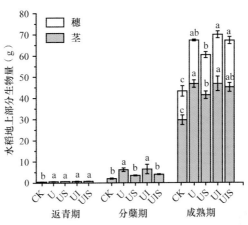

图5-21　尿素配施抑制剂和秸秆对水稻地上部分生物量的影响

5.4.4.2　尿素配施抑制剂和秸秆对肥料氮在土壤全氮中储存的影响

本研究分析了尿素与秸秆、抑制剂及两者配施后，肥料氮在水稻不同生长时期稻田土壤中的转化和保存状况。由于种植过程一直处于淹水状态，因此可忽略反硝化过程。

试验结果表明，秸秆添加在提高土壤全氮含量方面发挥重要作用，但处理间差异不显著（$P > 0.05$）（图5-22a）。返青期，相比于单施氮肥，US、UI、UIS处理肥料源全氮的含量分别降低了21.79%、38.3%和57.22%；分蘖期，US显著高于其他处理，比U高约152.69%；成熟期，UIS高于其他处理，比US高出约13.58%（图5-22a）。综上所述，除返青期外，US、UIS能增加肥料氮在土壤中的储存。

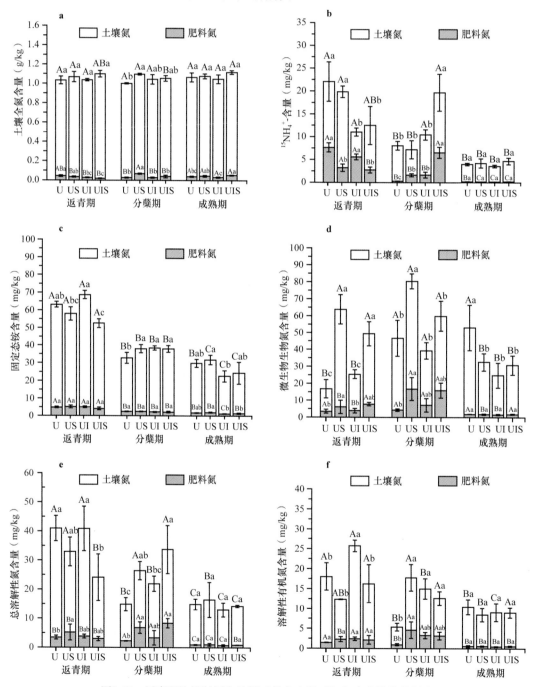

图5-22　尿素配施抑制剂和秸秆对其在有机无机氮库中转化的影响

不同小写字母代表同一时期不同处理之间的差异显著（$P < 0.05$），不同大写字母代表同一处理在不同时期的差异显著（$P < 0.01$）

5.4.4.3　肥料氮在无机氮库中的分布

与单施尿素相比（U），尿素与抑制剂、尿素与秸秆配施后返青期土壤$^{15}NH_4^+$-N含量降低，分别降低了57.82%和26.55%（图5-22b），而尿素与二者共同配施则进一步降低其含量（降低了64.57%）。随着水稻生育期的进行，分蘖期单施尿素处理肥料源铵态氮含量显著下降，与U相比，US和UI处理下降幅度较小，US和UI有更好的无机氮供应能力；UIS处理$^{15}NH_4^+$-N则显著提高。成熟期4个供试处理肥料源$^{15}NH_4^+$-N含量均是三个时期中最低值，且不同处理间无显著差异。在分蘖期，与U相比，US、UI、UIS处理的肥料源$^{15}NH_4^+$-N含量增加了约4.2倍、4.4倍和20倍，说明添加抑制剂和秸秆能延长肥料源铵态氮的供应时间。US能降低返青期铵态氮中肥料氮^{15}N含量，配施抑制剂后，UIS在分蘖期土壤和肥料NH_4^+-N的含量均高于其他处理，秸秆和抑制剂在增加土壤本源、肥料源铵态氮含量及延长其时效性方面具有显著的交互作用（图5-22b）。由图5-22c可知，被黏土矿物固定的铵，返青期＞分蘖期＞成熟期。在返青期，U、UI处理高于US、UIS处理；相比于U，秸秆和抑制剂添加均增加分蘖期土壤本源的固定态铵含量，且土壤本源及肥料源固定态铵含量随水稻生长而逐渐减少，表明固定态铵在水稻生长时供氮方面发挥重要作用。相比于U、US，抑制剂添加能降低成熟期肥料源的固定态铵含量，其他时期肥料氮各处理差异不显著（$P>0.05$）（图5-22c）。

5.4.4.4　肥料氮在有机氮库中的储存和利用

由图5-22d～f可知，秸秆添加能增加肥料氮在MBN、TDN、DON等有机氮库中的回收率及土壤中肥料氮的比例，促进肥料氮在有机氮库中储存。相比于单施氮肥，高C/N秸秆添加能够调控土壤氮动力学，提高微生物对氮的同化能力，US处理能增加土壤MBN含量，促进氮素的微生物同化而将肥料源的氮暂时储存。秸秆配施抑制剂在返青期微生物生物量氮固持过程中具有显著的交互作用（图5-22d）。相比于U处理，在返青期和分蘖期，US处理肥料氮在MBN中的含量增加了7.18倍和11.05倍（图5-22d），肥料氮在TDN中的含量增加了0.5倍和1.99倍（图5-22e），肥料氮在DON中的含量增加了0.56倍和3.81倍（图5-22f）。而UI及UIS处理肥料氮在MBN、TDN、DON中的含量差异不显著（$P>0.05$）。综合分析图5-22d～f，相比于U，US处理在促进分蘖期土壤氮和肥料氮在MBN、TDN、DON库中储存方面作用显著。

5.4.4.5　尿素配施抑制剂和秸秆对肥料氮在有机无机氮库中转化影响的模型分析

通过SEM模型检验不同处理各氮库转化特征及其对土壤培肥的贡献，探索其潜在转化机制。在本研究中，利用结构方程模型来验证土壤速效养分的可利用性和所选择因子间的关系强度及潜在的作用机制，更深层地挖掘出数据之间的整体关联属性。

方框内代表变量。箭头粗细代表路径系数大小，红色代表箭头前后因子呈正相关，蓝色代表箭头前后因子呈负相关。箭头上的数字是相关性系数R^2。实线箭头代表箭头前后两因子有显著差异，虚线箭头代表箭头前后两因子差异不显著。对不同处理肥料氮在各氮库的转化特征及对土壤培肥的贡献进行结构方程模型分析。因子包括铵态氮、固定态铵、微生物生物量氮、溶解性总氮、溶解性有机氮（图5-23）。

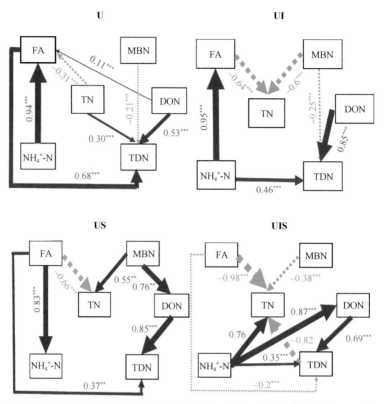

图5-23　尿素配施抑制剂和秸秆对肥料氮在有机无机氮库中转化影响的SEM模型分析

FA. 尿素来源的固定态铵，NH_4^+-N. 尿素来源的铵态氮，TN. 土壤中全量肥料氮，MBN. 尿素来源的微生物生物量氮，DON. 尿素来源的溶解性有机氮，TDN. 尿素来源的总溶解性氮；* $P<0.05$，** $P<0.01$，*** $P<0.001$

　　本试验中肥料氮在土壤中的转化受抑制剂和碳源的影响。研究表明，抑制剂能提高肥料利用率，脲酶抑制剂减缓了尿素的水解，硝化抑制剂抑制了硝化作用，减少了气体挥发及淋洗损失。本试验中，相比于单施尿素，抑制剂的添加即UI、UIS处理肥料氮在铵态氮库中具有较好的储存和供应能力。在返青期和分蘖期，相比于U处理，UI、UIS处理肥料源铵态氮的含量分别降低了26%、65%和增加了4.4倍、20倍，延长了铵态氮肥释放的时效性。在淹水条件下，厌氧进一步抑制了反硝化作用，使更多的NH_4^+用于交换，本试验中秸秆和抑制剂配施进一步延长了铵态氮肥供应的时效性，尤其是在分蘖期进一步提高了肥料源铵态氮的含量。

　　碳源添加也影响无机氮库中肥料氮的周转和利用。SEM分析表明，在无外源碳添加情况下，肥料氮在铵态氮及固定态铵中占优势（图5-23U、UI），NH_4^+-N对FA有直接显著影响（通径系数为0.94和0.95）。当肥料施入后，在脲酶作用下发生水解，大量的NH_4^+-N逐渐释放，黏土矿物对NH_4^+的吸附在短时间内达到平衡，但处理间差异不显著，但秸秆和抑制剂配施对提高分蘖期土壤及肥料氮在铵态氮库中的贮存具有显著的交互作用（$P<0.05$）（图5-22b）。可能是因为淹水条件下，厌氧条件抑制了硝化和反硝化作用，有更多的肥料源NH_4^+用于交换，而厌氧条件下铁氧化物覆盖在黏土矿物表面，又限制了NH_4^+扩散进入夹层中，黏土矿物对NH_4^+的固定作用进一步减弱。固定态铵（FA）及来源于肥料的固定态铵（[15]N-FA）含量随着培养时间的延长而逐渐降低，返青期＞分蘖

期＞成熟期，被黏土矿物固定的NH_4^+在作物生长后期需氮时逐渐释放，最终达到平衡。而在添加秸秆处理，即US、UIS中，NH_4^+-N更多地转向TDN及DON中，主要是由于秸秆添加后，微生物对肥料氮进行同化固定。

秸秆作为一种重要的碳源，其添加后更有利于肥料氮在有机氮库（MBN、TDN、DON）中储存（图5-22d～f）。相比于单施氮肥，秸秆和抑制剂的添加降低了总氮矿化速率，且两者在返青期增加土壤中MBN、DON等有机氮方面存在显著的交互作用，进而促进肥料氮在有机氮库中的储存。

5.4.4.6 抑制剂和秸秆添加对土壤-水稻氮转化的影响

有机物料的添加，在一定程度上能促进氮肥向有机氮转化，增加氮肥利用率。如图5-22和表5-11所示，抑制剂的添加提高了水稻对尿素的吸收量和产量，减少未知氮的损失量。本研究发现，UIS在一定程度上缓解了氮肥配施秸秆后，作物与微生物争氮导致大量氮的损失，从而导致减产的问题。无机氮肥处理在前期具有较高的作物吸收率，促进水稻吸氮，而秸秆的添加，能将肥料氮暂时储存在有机氮库中，在作物后续需氮时释放供应，这与本研究中肥料及本源氮在土壤各氮库分布状况相一致。

表5-11 抑制剂和秸秆添加后尿素氮在土壤-水稻氮中去向 （单位：%）

处理	水稻吸收	土壤存留	未知氮
U	51.4±0.05b	11.5±0.02a	36.9±0.04b
US	38.5±0.11c	12.5±0.02a	48.9±0.11a
UI	60.7±0.04a	10.2±0.01a	29.0±0.05c
UIS	50.8±0.06b	14.2±0.01a	34.9±0.05b

5.4.5 秸秆降解菌剂的机制及其生态效应

绿色植物通过光合作用固定碳元素，合成一种由半纤维素、纤维素、木质素和果胶组成的聚合物——木质纤维素。木质纤维素作为世界上最丰富的碳源，作为可再生资源，因为能生产生物燃料并代替化石资源而备受关注。在木质纤维素中，半纤维素、纤维素和木质素分别占植物生物量的25%～30%、35%～50%和25%～30%（Wongwilaiwalin et al.，2010；Ransom-Jones et al.，2012）。

半纤维素的主要组成成分是木聚糖，复杂的结构组成决定了其降解过程需要多种酶的协同作用。首先内切β-1,4-D木聚糖酶随机断裂聚糖骨架，产生木聚糖，再由外切β-木聚糖苷酶将木寡糖和木二糖分解为木糖。在降解过程中，还需要α-L-阿拉伯糖苷酶、α-D-葡萄糖醛酸酶、乙酸酯酶及阿魏酸酯酶的协同作用，解除侧链取代基对木聚糖酶的抑制作用。

半纤维素含有戊糖（如D-木糖和阿拉伯糖）、己糖（如D-葡萄糖、D-甘露糖和D-半乳糖）、糖酸（如4-O-甲基-葡萄糖醛酸、半乳糖醛酸和葡萄糖醛酸），所有这些组分都由几种类型的糖苷结合连接在一起形成。纤维素链通常形成微纤维，通过氢键相互连接，具有晶体和非晶区。分解纤维素所涉及的酶称为纤维素酶，其在纤维素链中切割β-1,4-键。纤维素酶传统上被归类为内细胞酶（参与纤维素链内的裂解，EC3.2.1.4）、外细胞酶或细胞生物水解酶（从链的两端释放纤维二糖，EC3.2.1.176、EC3.2.1.91、EC3.2.1.74）和β-葡萄糖苷酶（将纤维二糖转化为葡萄糖单体，EC3.2.1.21）。与纤维素酶相似，半纤维素酶在半纤维素内切割各种键，并根据其作用方式和底物偏好分为内木聚糖酶（EC3.2.1.8）、木糖苷酶（EC3.2.1.37）、木糖葡聚糖酶（EC3.2.1.51）、内甘露聚糖酶（EC3.2.1.78）、甘露糖苷酶（EC3.2.1.25）、岩藻糖苷酶（EC3.2.63）、阿拉伯呋喃糖苷酶（EC3.2.1.55）、葡萄糖醛酸酶（EC3.2.1.3）等。大多数纤维素酶和半纤维素酶是糖基水解酶或糖苷水解酶（GH），这是一组广泛的酶，水解碳水化合物之间或碳水化合物与非碳水化合物部分之间的糖苷键。糖苷酶有两种催化机制，一种是反转异构构型（一步水解机制），另一种是保留异构构型（两步），但最近发现了这些机制的几个新变体。生长激素是碳水化合物活性酶（CAZymes）的一个亚组，它们对低聚糖、多糖和糖共轭物具有活性。CAZymes由降解、修饰或产生糖苷键的蛋白质结构域组成，并根据其结构和功能划分出一个家族层次。在CAZy数据库中收集CAZymes的列表和信息，除GH外，CAZymes还包括糖基转移酶（GT）、碳水化合物酯酶（CES）、多糖裂解酶（PL）和辅助活性家族（AA），其中许多也参与了木质纤维素的降解。目前的CAZy数据库包括156个不同的GH家族，其中150个存在于细菌中（真菌GH仅在98个家族中发现）。具有纤维素溶解活性的酶主要见于GH1、GH3、GH5、GH6、GH7、GH8、GH9、GH12、GH45和GH48家族，大多数细胞溶解酶见于GH2、GH10、GH11、GH16、GH26、GH30、GH31、GH36、GH43、GH51、GH54、GH67、GH74、GH95和GH115家族。重要的是，同一个GH家族的成员可能会催化不同的反应，这种高度多样性的细菌GH表现出特殊活性，以解构生物质（Bomble et al.，2017）。此外，乙酰木聚糖酯酶（EC3.1.1.72）、阿魏酸酯酶（EC3.1.1.73）、对香豆酸酯酶（EC3.1.1.-）和来自CE1、CE2、CE3、CE4、CE5、CE6、CE7、CE12、CE15、CE16家族的B10也参与了半纤维素的降解。

纤维素是由D-葡萄糖以β-1,4-糖苷键链接而成的直链高分子聚合物，能在产纤维素酶的微生物作用下分解成容易利用的糖类。由于纤维素大分子不能通过渗透进入微生物细胞，因此微生物需分泌胞外酶将其转化为简单的水溶性还原性糖才能将其作为碳源。纤维素酶是指所有具有纤维素降解功能的酶的总称，是一种复合酶，由具三类不同催化反应功能的酶组成，分别为外切葡聚糖酶（C_1酶）、内切葡聚糖酶（C_x酶）和β-葡聚糖苷酶（纤维二糖酶）。目前，普遍接受的微生物降解纤维素的理论有3种，即协同理论、原初反应假说和碎片理论，其中协同理论最为广泛接受。该理论认为内切葡聚糖酶首先作用于纤维素分子内部的非结晶区，随机水解β-1,4-糖苷键，形成β-寡聚糖短链，再通过C_1酶作用于现行纤维素分子末端，水解β-1,4-糖苷键，生成纤维二糖，最后经纤维素二糖酶水解成葡萄糖，从而完成反应全过程。除上述三大组分外，可能参与纤维素降解过程的酶还有纤维二糖脱氢酶、纤维二糖醌氧化还原酶、磷酸化酶及纤维素酶小体等。

木质素是地球上最丰富的芳香族聚合物可再生资源，它的降解是碳素循环的必要条件。木质素是一种复杂的芳香族杂环多聚物，是由甲氧基、丁香酚基和对羟苯基经β芳基醚键、联苯键和杂环键聚合而成。木质素的降解酶系是一个非常复杂的系统，经多年研究报道，有4种酶能使腐烂植物细胞壁中的木质素解聚，分别是木质素过氧化物酶（LiP）、锰过氧化物酶（MnP）、多功能过氧化物酶（VP）和漆酶（Lac）。一般认为，LiP可直接与木质素的芳香环底物反应，使木质素形成阳离子自由基，从而发生一系列的裂解反应。LiP能氧化具有高氧化还原电位的化合物，催化酚类和非酚类物质氧化，参与木质素的解聚。MnP能催化Mn^{2+}形成螯合Mn^{3+}，从而氧化酚类底物。Lac主要降解木质素中的苯酚结构单元，苯酚被氧化失去一个电子，生成苯氧基自由基，能使C_α氧化、C_α-C_β裂解和烷基芳香基裂解。

当然，作为高等植物生物质，秸秆细胞的胞间层存在大量的果胶类物质，果胶分子与蛋白质、纤维素类物质聚合在一起，维持细胞的形态和硬度。因此，秸秆的完全降解除了上述三大酶系外，还需要果胶酶、蛋白酶、淀粉酶和脂肪酶等酶系的协同作用。

果胶也是木质纤维素的主要成分。果胶是由4种亚类组成的高度复杂的多糖：同聚半乳糖醛酸（HG）、鼠李糖醛酸（RG-I）、鼠李糖醛酸（RG-II）和木聚糖醛酸（XGA）。这些聚合物由α-1,4-键连接的半乳糖醛酸（GalA）单元组成，它们是高度甲基化或乙酰化的，除了RG-I，GalA也可与鼠李糖残基交替。果胶可以有非常复杂的侧链，从XGA的β-1,3-木糖基侧基团与RG-I的阿拉伯糖和半乳糖，到形成RG-II侧链的12种不同类型的糖。由于这种复杂的结构，果胶的降解在木质纤维素的转化过程中也很重要。果胶最初由果胶甲酯酶（PME，EC3.1.1.11）脱甲基化为果胶酸，产生聚半乳糖酸。随后，聚半乳糖酸被外聚半乳糖醛酸酶（EC3.2.1.-）、果胶裂解酶和寡聚酰亚胺裂解酶（EC4.2.2.-）降解。这些酶大多也在CAZy数据库中有分类，PME在CE8家族中，GH28家族中的聚半乳糖醛酸酶和PL1、PL2、PL3、PL9和PL10家族中的果胶裂解酶。

秸秆降解菌剂中的微生物能通过自身生命活动产生上述酶系，利用秸秆中的木质纤维素成分作为主要碳源进行分解和合成代谢。在该复杂的过程中，微生物能将秸秆分解为简单的无机化合物（CO_2、H_2O、NH_3）和P、S、K、Ca、Mg等简单的化合物或离子，同时释放能量。与此同时，微生物能氧化降解大量的有机物并将其转化成合成腐殖质的主要原料，如多元酚等芳香族化合物和氨基酸多肽等含氮化合物，再经酚氧化酶的作用，与氨基酸或肽缩合成为腐殖质单体分子，最后缩合成高级腐殖质分子，从而达到培肥土壤的目的。

5.5　稻田土壤培肥新产品的应用

受时间的限制，产品应用技术的研究只重点关注了生物炭基质替代传统水稻基质育苗技术、培肥产品侧深施用技术，以及秸秆降解菌剂高效施用技术，因此只对这三项技术进行介绍。

5.5.1　生物炭基培肥产品应用技术

5.5.1.1　生物炭基质替代传统水稻基质育苗技术

在北方地区，受地理气候和环境因素影响，冬季气温低、干燥，春季回暖慢，在很多地区常发生倒春寒等低温冷害。特别是在水稻育苗生产中，早春阶段往往极易发生霜冻，致使坏种烂芽、低温引发绵腐病等问题，给水稻生产带来很大损失。因此，在北方以旱育苗为主。目前，生产上水稻旱育基质主要以旱田土和草炭土等作为营养土。随着水稻生产发展，对大量优质旱田土和草炭土等不可再生资源的需求日益增长，导致过度挖掘、使用旱田土和草炭土，使植被、环境遭到破坏，对土壤耕层毁损严重。

在基质资源稀缺情况下，一些农户不得已挖取质地黏重的稻田土进行育苗，使水稻秧苗素质降低。在水稻育苗生产环节，也存在用工多、工序复杂、占用耕地、耗时费力，以及育秧盘穴过重、机械作业负荷和损耗大等问题。而采用人工基质替代营养土，即将一些废弃生物质经过粉碎、发酵、堆腐等处理过程后作为水稻育苗基质，则普遍存在程序烦琐、周期较长、成本高等不足，不利于规模化生产且易对环境造成次生污染。也可单独或混配使用泥炭、蛭石、珍珠岩等作为育苗基质，但这些材料是不可再生资源，且很多材料的保水性、保肥性等较差。加之，东北育苗生产时往往气候寒冷多变，使得温度调控等难度加大，往往育苗效果不理想。

以北方常见的秸秆等农业废弃物为材料，采用新型炭化技术，生产符合农业生产应用需求的生物炭，并作为基质的载体材料，可有效解决上述问题和不足。经过前期基础研究和应用实践，发现生物炭具有的多微孔、低密度特性，添入基质后可明显降低基质容重，因此大幅减少了人力成本、提高了劳动生产效率。同时，由于生物炭具有丰富的孔隙结构，做成基质后可大幅提高基质孔隙度，改善基质的水分、通气条件，促进根系生长。此外，生物炭表面呈黑色，具有吸热增温属性，水稻育苗基质中添加生物炭可有效提高地温 $1\sim2℃$，从而有效促进秧苗生长、防止立枯病等病害发生。而生物炭具有的较大比表面积、多微孔和强吸附力，可发挥保水、肥功能。生物炭的强吸附力，也使其对 N、P 等养分离子的吸附增加，减少养分流失。而生物炭自身所含有的养分元素，也可能在一定条件下释放并为基质补充一定外源养分。以生物炭作为育苗基质材料，可增加基质保水、肥性，控释养分离子，改善基质水、气、热条件，且具有资源可持续、绿色环保等诸多优势，从而可替代传统草炭土、营养土等不可再生资源，减少生产成本，降低劳动强度，提高生产效率和秧苗素质，促进水稻生产可持续发展。在应用实践中，以生物炭为基质育苗，可以全部代替草炭土，部分替代用土10%～50%，大幅度减少用土数量。管理措施上，与常规育苗生产相同，不额外增加水、肥投入，同时可显著提高育苗素质和生产效率。以生物炭作为基质育苗，可解决水稻产业发展中的育苗问题，特别是可减少对土壤和草炭土等不可再生资源的破坏，为发展"低碳、循环、绿色"水稻生产提供有效技术支撑（图5-24）。

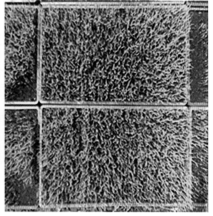

图5-24　生物炭基质水稻育苗效果

5.5.1.2　生物炭基水稻专用培肥产品生产技术

在农业生产实践中，将"炭—肥"耦合融为一体，结合作物生长养分需求和生长潜力需要，最大限度发挥生物炭的养分控释作用，从而为作物生长提供适时、充足的养分来源，实现培肥与增产的有效融合，是炭基培肥产品设计的初衷，也是农业生产和农民生产者的现实需求。

首先，通过定向设定炭化条件、调控工艺技术参数，生产具有农用生物炭特征和特性的生物炭载体功能材料。其次，根据水稻生长的养分需求特性，结合水稻土壤的养分供求量、水稻产量形成的养分需求等，以生物炭为载体，将适量N、P、K等养分与之融合造粒，制备成生物炭基水稻专用肥。该肥料具有传统肥料的物理特征，测试结果也显示为稳定的颗粒状复合肥料特征，显微结构为微团聚体状，氮素和磷素养分与炭质发生化学键结合，具有一定缓释功能，同时所含的孔隙具有生物炭材料的潜在功效。该肥料可进行常规施用，无须增加施用成本。一般以"基肥"形式一次性施入。在其后的生产栽培管理过程中，和常规管理方式相同，无须增加额外的用工或其他调整，且全程无须再施用肥料。因此，大幅度减少了肥料施用量和人工成本。在实际的生产应用中，我们发现水稻炭基专用肥具有较好的增产效果，生产过程中肥料用量大幅减少。而多年施用水稻炭基专用肥的试验、示范地，其土壤肥力也呈上升趋势。

水稻炭基专用肥实现了对秸秆等农业废弃物的高效利用，在不增加农民劳动力、资金投入的情况下，既保持了生物炭的结构、原有多种养分，又发挥了生物炭持水、保肥、促生等潜在功效，是一种发挥"改土、培肥、增产、增效"多重功效的新型复合肥料，对促进作物生产可持续发展、提高土壤肥力具有重要现实意义。

5.5.2　培肥产品侧深施用技术

随着农业生产的发展，传统施肥方式不仅肥料浪费严重，而且会造成土壤酸化板结、环境污染等问题，已经不能满足农业可持续发展的需要。将水稻侧深施肥作为农业减肥的重要技术措施，可在施肥上做到"精、调、改"多措并举，实现了降本、提质、增收的良好目标。近年来，侧深施肥在黑龙江省稳步推进，2017年全省推广应用总面积达到300余万亩，2018年超过400万亩，应用面积逐年快速增加。

5.5.2.1　技术要点

侧深施肥技术是在插秧机插秧的同时将基肥或基蘖肥或基蘖穗肥同步施在稻株根侧3cm、深5cm处，是一项将培肥地力、培育壮苗、灌水管理、肥料选用、病虫防治、机械选用等单项技术综合组装配套成的栽培体系，是减肥、省力、节本、增效的一项技术措施。侧深施肥地块水整地时要平，不过分水耙，埋好稻株残体等杂物，严防堵塞肥口；机械匀速作业，肥料用量准确，施肥均匀；肥料要按照水稻需肥规律、侧施需求及效果进行选择，否则会严重影响侧深施肥效果。

5.5.2.2　肥料选用

侧深施肥在肥料品种、氮磷钾配比、粒径、比重、硬度等方面要求较高，否则会造成作物生长期营养不均衡、土壤板结及施肥过程中出现分层、粉碎、堵塞排肥口等现象，严重影响侧深施肥质量及效果。侧深施专用肥（N：P：K=21：15：16）25kg/亩作为基蘖肥，穗肥尿素2kg/亩+硫酸钾3kg/亩，不但可实现基蘖肥同施、减少施肥次数，而且年均亩增产达7%～8%、亩增效益100元以上。

5.5.2.3　优势分析

1. 肥料利用率高，减轻环境污染

侧深施肥将肥料呈条状集中施于耕层中，在水稻根侧附近，利于根系吸收，有效减少了肥料淋失，提高了土壤对铵态氮的吸附，稻田表层氮、磷等元素较常规施肥少，藻类、水绵等明显减少，行间杂草长势弱，既减少了肥料浪费，又减轻了环境污染。据调查，侧深施肥肥料利用率达50%以上，较常规施肥提高15～20个百分点，故对于中等肥力以上的地块，进行侧深施肥时，专用肥亩用量应较常量（25kg/亩）减量10%，以免后期发生倒伏。

2. 前期营养生长足，光合能力强

使用侧深施肥技术的水稻前期营养充足，返青快，分蘖多，在低温年、冷水田、排水不良的情况下也可保证水稻前期具有充足茎数及生长量，从而为水稻高产稳产提供了前提条件。经田间对比调查测定，在同等施肥水平下，侧深施肥较常规施肥分蘖数增加3%～6%，株高增加1～3cm，叶色浓绿，叶面积指数、叶绿素含量高，光合能力强。

3. 无效分蘖少，抗性增强

侧深施肥肥料比较集中，水稻返青后可以直接吸收利用，促进前期营养生长，水稻返青后分蘖快、分蘖多，当水稻分蘖茎数达到预计茎数时，就可以提前适时晾田控制无效分蘖，向土壤当中通氧，保持根系活力，使水稻茎秆强度增加，抗病、抗倒伏能力增加。据调查，侧深施肥地块水稻茎蘖数达预计数的90%以上可成穗，平方米有效穗较常规施肥增加10～20穗。

4. 劳动成本低，增产增效

侧深施肥实现了插秧同时同步施肥，减少了人工作业的次数，相比传统施肥减少了用工量。同时，侧深施肥可显著增加水稻产量，从而实现增产增效的目的。大量调查数据表明，在同等施肥水平下，水稻侧深施肥较常规施肥穗长增加0.4～0.8cm、穗粒数增加2～4粒、千粒重增加0.1～0.2g，平均亩增产6%～8%，亩增加效益100～150元。

5.5.2.4　注意事项

侧深施肥要求整地要平，建议水整地时大型机车搅浆平地与手扶拖拉机平地相结合；侧深施肥设备对水田沉浆要求较高，沉浆不足的田块开沟效果不佳，达不到"侧三深五"的效果，沉浆过度的田块，开沟施肥后，回泥装置回泥后不能将肥料完全覆盖；侧深施肥对肥料要求较高，一般市场销售的复合肥及三大肥混用达不到侧深施肥效果，不建议使用。

5.5.2.5　侧深施肥插秧机操作

1. 作业前

作业前注意肥料保管，保存不当则肥料吸潮结块将不能使用。作业前请对机械进行全面检查，确保所有功能可以正常使用。

2. 作业中

请尽量直线进行插秧。蛇形插秧会导致覆土不良及肥料烧苗的情况发生。转弯时，请务必抬起插秧部位，并降低速度，慢慢地回转。转弯、后退、补苗后，请随时确认开沟辅助板上是否有泥堵塞，如被泥堵住，请停止发动机后进行清除。

作业中随时确认肥箱内的肥料减少情况，对排肥盒、软管、防尘罩及开沟器随时进行点检、清洁，使其时刻都能保持在整洁的状态下进行作业。特别是回转时如出现前轮上浮的情况，请加装选配件的追加配重（含配重锁紧装置）后进行作业。

3. 作业后

吸湿性高的肥料残留后凝固会造成堵塞。每天作业完成后必须将残留的肥料排出。定期对施肥部、变速箱、插植部等进行水洗及加油。施肥部（输出部、肥料管等）可能会存在粉状肥料凝固发生附着的情况。变速箱同插植部由于肥料附着易生锈，需要及时水洗和加油。

5.5.2.6　水稻侧深施肥应用效果验证

1. 水稻侧深施肥对土壤肥力的影响

在田间试验中分析水稻侧深施肥处理、传统三大肥处理对土壤肥力指标的影响，水稻侧深施肥肥料为中化21-15-16（N-P-K），土壤肥力指标在水稻收获后取0～20cm土样进行分析。

土壤肥力指标见表5-12，从中可看出，水稻侧深施肥处理与传统三大肥处理相比，土壤有机质增加4.71%，速效氮增加9.09%，有效磷增加5.75%，速效钾增加16.67%。

表5-12　水稻收获期不同施肥处理土壤肥力状况

处理	有机质（g/kg）	pH	速效氮（mg/kg）	有效磷（mg/kg）	速效钾（mg/kg）
传统三大肥	36.10a	5.98a	94.97b	31.30a	160.00b
水稻侧深施肥	37.80a	6.08a	103.60a	33.10a	186.67a

以上结果表明，侧深施肥肥料利用率更高，水稻对土壤养分的吸收量相对减少，不会过度消耗土壤自身养分，对保持土壤肥力有一定促进作用。

2. 不同水稻侧深施肥肥料产品对比试验

2016～2018年在黑龙江建三江对不同水稻侧深施肥肥料产品进行了田间对比试验，试验以中化21-15-16产品为对照。试验结果表明（表5-13），相比于对照中化21-15-16，不同产品产量降低0.69%～3.89%。同时，施用农户反馈，中化21-15-16产品质量稳定，强度等外观指标满足水稻侧深施肥技术要求。

表5-13　不同侧深施肥肥料品种试验结果

年份	处理	平方米穗数（穗）	穗粒数（个）	结实率（%）	千粒重（g）	产量（kg/亩）	增产率（%）	增产（kg/亩）
2016	中化21-15-16（CK）	558.9a	99.0a	87.9a	26.8a	617.0a		
	云天化23-15-16	565.1a	82.9b	88.6a	25.8a	601.7a	-2.48	-15.3
	金正大18-18-18	512.8b	82.3b	88.0a	25.8a	593.0a	-3.89	-24.0
	倍丰24-14-16	537.8ab	89.2b	92.1a	25.5a	598.3a	-3.03	-18.7

年份	处理	平方米穗数（穗）	穗粒数（个）	结实率（%）	千粒重（g）	产量（kg/亩）	增产率（%）	增产（kg/亩）
2017	中化21-15-16（CK）	527.0a	93.6a	89.4a	26.8a	567.5a		
	倍丰24-14-16	512.1a	92.5a	88.4a	26.8a	549.6a	-3.15	-17.9
	云天化23-15-16	518.1a	94.1a	89.6a	26.8a	550.6a	-2.97	-16.9
2018	中化21-15-16（CK）	561.1a	86.7a	90.1a	24.8a	599.7a		
	倍丰22-14-16	573.8a	86.6a	87.7a	24.9a	595.5a	-0.69	-4.61
	心连心21-15-17	533.9b	89.7a	87.0a	24.6a	590.0a	-1.62	-9.72

3. 水稻侧深施肥示范效果

2015～2018年连续4年在黑龙江建三江区域开展了大量水稻侧深施肥示范，施肥模式为采用水稻侧深施肥，施用25kg/亩基蘖肥，追施5kg/亩穗肥（尿素2kg，钾肥3kg），其中水稻侧深施肥采用中化21-15-16产品。结果表明（表5-14），采用水稻侧深施肥产品，相比于传统三大肥水稻增产5.3%～10.3%，增产效果较好且稳定。

表5-14　各年21-15-16水稻侧深施肥常量施肥产量指标

年份	地点	有效穗（穗/m²）	穗粒数（个）	结实率（%）	千粒重（g）	产量（kg/亩）	增产率（%）
2015	建三江垦区7个农场	539.2	85.1	78.5	24.8	627.6	9.1
2016	建三江垦区4个农场	516.8	85.6	86.9	25.0	599.7	7.7
	建三江垦区8个农场	558.9	99.0	87.9	26.8	617.0	7.0
	建三江垦区外3个农场	418.4	110.1	90.4	26.1	643.2	7.9
2017	建三江垦区3个农场	495.4	93.9	89.9	26.6	625.0	10.3
	建三江垦区4个农场	527.0	93.6	89.4	26.8	567.5	
	建三江垦区3个农场	545.6	88.3	90.7	26.8	583.4	6.9
2018	建三江垦区4个农场	517.2	80.7	93.0	25.8	586.6	5.3
	建三江垦区5个农场	561.1	86.7	90.1	24.8	599.7	

其中，2016年田间示范表明（表5-15），采用中化水稻侧深施肥基蘖同施产品，返青明显加快，有效分蘖增多，可保证产量水平。

表5-15　返青期各农场返青时间（天）

返青时间	八五九	前进	浓江	二道河
对照	10	10	10	11
中化21-15-16	8	8	7	8
与对照差值	2	2	3	3

综上大量田间数据表明，该水稻侧深施肥肥料增产、节肥效果明显，为其进一步推广施用奠定了基础。

4. 示范推广情况

水稻侧深施肥具有较好的增产、节肥效果，可实现增收＞100元/亩，农户认可程度很高，近年来在黑龙江建三江等区域得到快速推广应用，2018年推广面积达到400万亩。

5.5.3　秸秆降解菌剂高效施用技术

在秸秆的施用过程中，添加腐熟菌剂可以加速秸秆分解。还田入土的水稻秸秆在秸秆本源微生物和土壤土著微生物共同作用下逐渐降解。为了加速还田秸秆的降解，可在秸秆还田的同时施加秸秆降解菌剂和秸秆助腐剂，施加秸秆降解菌可能会因为受到土著微生物的拮抗作用而影响秸秆的降解效果，而秸秆助腐剂通过营养元素激活土著微生物而促进还田秸秆的降解，因其不含活体微生物，所以不会受到土著微生物的拮抗作用，相比秸秆降解菌剂，秸秆助腐剂适用范围应更广泛。

为了讨论秸秆降解菌剂和助腐剂在田间高效施用的方法，本研究采用网袋秸秆降解试验模拟秸秆还田的两种方式，考察还田方式对秸秆降解效果的影响，同时比较施用秸秆降解菌剂和秸秆助腐剂对秸秆的降解效果，以期获知还田秸秆降解规律，为农业生产实践提供参考。

不同处理水稻秸秆降解率变化情况如图5-25所示。在试验前5个月，不混土处理的秸秆降解率高于混土处理4.5%～11.6%，且仅在第1个月时差异不显著。各处理水稻秸秆降解过程均可分为快速降解期（0～2个月）与缓慢降解期（3～12个月）。在第0～2个月，各处理水稻秸秆降解较快，试验至第2个月时，秸秆降解率均已超过50%，在第2个月后秸秆降解进入缓慢期，不混土处理秸秆降解率逐渐趋于平缓，而混土处理秸秆降解率一直呈缓慢上升趋势并在第5个月之后逐渐反超不混土处理。

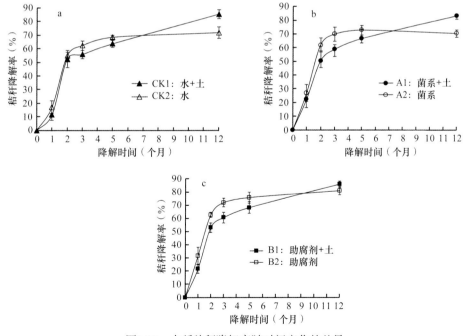

图5-25　水稻秸秆降解率随时间变化的差异

a. 对照组；b. 降解菌系处理组；c. 助腐剂处理组

对照组中（图5-25a），在第1、2、3、5和12个月，不混土处理的秸秆降解率分别为11.3%、52.4%、55.6%、63.6%和85.2%，混土处理的秸秆降解率分别为17.1%、54.8%、62.3%、68.4%和71.7%。其中，在第3、5、12个月，混土与不混土处理差异显著。

如图5-25b所示，接种秸秆降解菌系后，在第1、2、3、5和12个月，不混土处理的秸秆降解率分别为26.8%、61.9%、69.8%、72.7%和70.2%，混土处理的秸秆降解率分别为22.3%、50.3%、58.9%、66.7%和83.2%。第1个月，不混土处理与混土处理的秸秆降解率没有显著差异。在2~5个月，不混土处理比混土处理的秸秆降解率高6.0%~11.6%，差异显著。至第12个月，混土处理的秸秆降解率显著高于不混土处理13%。

由图5-25c可知，喷施秸秆助腐剂后，不混土处理的秸秆降解率在第1、2、3、5、12个月分别为31.5%、62.6%、70.4%、75.7%、81.0%，混土处理的秸秆降解率分别为21.5%、52.9%、60.5%、68.0%、85.9%。在1~5个月，不混土处理比混土处理的秸秆降解率高7.7%~10.0%，且差异显著。至第12个月，混土处理的秸秆降解率比不混土处理高4.9%，亦差异显著。与上述菌系处理不同，在喷施助腐剂后，从第1个月开始，混土处理与不混土处理就已呈现出显著差异，并且在第2、3个月差异极显著。

如图5-26所示，无论是混土处理还是不混土处理，水稻秸秆在喷施降解菌系或助腐剂后第1个月的秸秆降解率均高于对照组，且差异显著（$P<0.05$），混土处理组的秸秆降解率分别达到22.3%和21.5%，分别比对照组高11.0%和10.2%；不混土处理组的秸秆降解率分别达为26.8%和31.5%，分别高于对照组9.7%和14.4%。降解菌系和助腐剂两个处理组之间的秸秆降解率无显著差异。

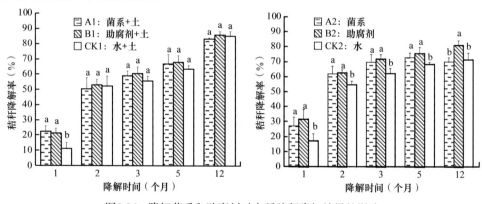

图5-26　降解菌系和助腐剂对水稻秸秆降解效果的影响

从第2个月开始，不同处理组呈现出不同的降解规律。在混土处理中，降解菌系和助腐剂处理组的秸秆降解率与对照组相比，均无显著差异。而在不混土处理中，在第1~5个月时，降解菌系处理的秸秆降解率均显著高于对照组，差值为4.3%~7.5%，且随还田时间延长差异逐渐减小，至第12个月时二者降解率无显著差异；助腐剂处理与对照组秸秆降解率在第1~12个月均有显著差异，比对照升高7.3~14.4个百分点。

综上所述，秸秆降解菌系和秸秆助腐剂均能提高水稻秸秆的降解率，且秸秆助腐剂的作用效果更好、作用时间更长；秸秆降解菌系和秸秆助腐剂在沟埋还田中施用效果优于旋耕还田。

参 考 文 献

班允赫, 李旭, 李新宇, 等. 2019. 降解菌系和助腐剂对不同还田方式下水稻秸秆降解特征的影响. 生态学杂志, 38(10): 2982-2988.

陈温福, 张伟明, 孟军, 等. 2011. 生物炭应用技术研究. 中国工程科学, 13(2): 83-89.

陈欣, 韩晓增, 宋春, 等. 2012. 长期施肥对黑土供磷能力及磷素有效性的影响. 安徽农业科学, 40(6): 3292-3294.

高进华, 李元峰, 曹广峰. 2012. 高塔尿基复合肥生产技术与应用. 中氮肥, (2): 31-32.

关焱, 宇万太, 李建东. 2004. 长期施肥对土壤养分库的影响. 生态学杂志, 23(6): 131-137.

韩秉进, 陈渊, 乔云发, 等. 2004. 连年施用有机肥对土壤理化性状的影响. 农业系统科学与综合研究, 20(4): 294-296.

黄炳成, 陈培党. 2015. 锌肥肥效对水稻生长的影响. 现代农业科技, (4): 23-26.

李保德. 2007. 熔体式高塔造粒工艺问题及对策. 中国农资, (6): 22.

李刚. 2005. 棚室黄瓜根际微生物多样性研究. 哈尔滨: 东北农业大学硕士学位论文.

李娟, 赵秉强, 李秀英. 2008. 长期有机无机肥料配施对土壤微生物学特性及土壤肥力的影响. 中国农业科学, 41(1): 144-152.

李淑仪. 2016. 露地蔬菜土壤有机肥施用答疑. 农家科技, (8): 18-19.

李英翔, 吴长莹, 念吉红. 2018. 高塔熔融造粒工艺复合肥产品的开发与生产. 化肥工业, 45(3): 28-30.

李玉影, 刘双全, 姬景红, 等. 2018. 黑龙江省水稻平衡施肥与养分循环研究. 黑龙江农业科学, (10): 12.

刘明西. 1989. 应重视有机肥的生产和利用. 今日种业, (4): 12.

单鹤翔. 2012. 长期秸秆与化肥配施条件下土壤微生物群落多样性研究. 北京: 中国农业科学院博士学位论文.

石健康, 姜立新, 戴昌浩, 等. 2006. 稻草还田的效应研究. 作物研究, (1): 66-67.

陶娜, 张馨月, 曾辉, 等. 2013. 积雪和冻结土壤系统中的微生物碳排放和碳氮循环的季节性特征. 微生物学通报, 40(1): 146-157.

汪红霞, 廖文华, 孙伊辰, 等. 2014. 长期施用有机肥和磷肥对潮褐土土壤有机质及腐殖质组成的影响. 中国土壤与肥料, 6: 39-43.

王丽芳, 畅东, 郭丽媛. 2011. 生物有机肥在水稻生产中应用效果. 农民致富之友, (3X): 55.

翁颖, 张维玲, 陈国海, 等. 2017. 硅肥对水稻产量及养分吸收的影响. 浙江农业科学, 58(8): 1312-1314.

行景昆, 冯嘉伟. 2013. 高塔复合肥生产工艺控制要点. 磷肥与复肥, 28(4): 51-53.

徐明岗, 李冬初, 李菊梅, 等. 2008. 化肥有机肥配施对水稻养分吸收和产量的影响. 中国农业科学, 41(10): 3133-3139.

徐巡军, 钱卫飞, 黄春祥, 等. 2016. 水稻锌肥应用效果研究. 现代农业科技, (23): 13-15.

颜朝霞, 刘姗姗. 2012. 浅议有机肥料有机物总量测定技术. 农业科技与信息, (9): 20-21.

杨兆虎, 马宏卫, 狄恒荣, 等. 2016. 全元生物有机肥对小麦产量结构及千粒重的影响. 农业与技术, 36(16): 57-58.

杨培权, 蒋毅敏, 朱华龙, 等. 2012. 锌硅肥对水稻生长和产量的影响. 甘肃农业科技, 7: 18-19.

杨志臣, 吕贻忠, 张凤荣, 等. 2008. 秸秆还田和腐熟有机肥对水稻土培肥效果对比分析. 农业工程学报, 24(3): 214-218.

张翠珍, 邵长泉, 孟凯, 等. 2003. 水稻吸硅特点及硅肥效应研究. 莱阳农学院学报, 20(2): 111-113.

张树生, 杨兴明, 茆泽圣, 等. 2007. 连作土灭菌对黄瓜 (*Cucumis sativus*) 生长和土壤微生物区系的影响. 生态学报, 27(5): 1809-1817.

张信娣, 曹慧, 徐冬青, 等. 2008. 光合细菌和有机肥对土壤主要微生物类群和土壤酶活性的影响. 土壤, 40(3): 443-447.

赵鹏, 陈阜. 2009. 秸秆还田配施氮肥对夏玉米氮利用及土壤硝态氮的影响. 河南农业大学学报, 43(1): 14-18.

支晓银, 穆娟微, 刘梦红. 2010. 硅肥在寒地水稻中的应用. 现代化农业, 7: 33-35.

周陈, 李许滨, 徐德彬, 等. 2008. 生物有机肥对土壤微生物及冬小麦产量效应研究. 耕作与栽培, 1: 12-14.

周帆. 2018. 高塔尿基复合肥生产优化. 磷肥与复肥, 33(7): 9-11.

Arlauskiené A, Maikšténiené S. 2010. The effect of cover crop and straw applied for manuring on spring barley yield and agrochemical soil properties. Zemdirbyste-Agriculture, 97(2): 61.

Bomble Y J, Lin C Y, Amore A, et al. 2017. Lignocellulose deconstruction in the biosphere. Current Opinion in Chemical Biology, 41: 61-70.

Hazarika S, Parkinson R, Bol R, et al. 2009. Effect of tillage system and straw management on organic matter dynamics. Agronomy for Sustainable Development, 29(4): 525-533.

Liu X, Li L, Bian R, et al. 2014. Effect of biochar amendment on soil-silicon availability and rice uptake. Journal of Plant Nutrition and Soil Science, 177(1): 91-96.

Nardi S, Morari F, Berti A, et al. 2004. Soil organic matter properties after 40 years of different use of organic and mineral fertilizers. European Journal of Agronomy, 21(3): 357-367.

Noguera D, Rondon M, Laossi K R, et al. 2010. Contrasted effect of biochar and earthworms on rice growth and resource allocation in different soils. Soil Biology and Biochemistry, 42: 1017-1027.

Ransom-Jones E, Jones D L, McCarthy A J, et al. 2012. The fibrobacteres: an important phylum of cellulose-degrading bacteria. Microbial Ecology, 63: 267-281.

Steiner C, Teixeira W G, Lehmann J, et al. 2007. Long term effects of manure, charcoal, and mineral: fertilization on crop production and fertility on a highly weathered central Amazonian upland soil. Plant and Soil, 291: 275-290.

Van Zwieten L, Kimber S, Morris S, et al. 2010. Effects of biochar from slow pyrolysis of paper mill waste on agronomic performance and soil fertility. Plant and Soil, 327(1-2): 235-246.

Wongwilaiwalin S, Rattanachomsri U, Laothanachareon T, et al. 2010. Analysis of a thermophilic lignocellulose degrading microbial consortium and multi-species lignocellulolytic enzyme system. Enzyme and Microbial Technology, 47: 283-290.

Zhang A F, Cui L Q, Pan G X, et al. 2010. Effect of biochar amendment on yield and methane and nitrous oxide emissions from a rice paddy from Tai Lake plain. Ecosystems and Environment, 139: 469-475.

第三篇
主体模式与规程

　　水稻生产技术是一个复杂的综合体系，单项技术或产品的创新难以达到大面积丰产增效的预期目标。在回答关键科学问题、解决关键技术难题的基础上，选择水稻主产区双季稻、稻麦两熟、稻油两熟、北方一熟、复合种养和再生稻等重要稻田系统为对象，重点分析影响作物大面积丰产增效协同的土壤肥力关键限制因子，明确培肥与耕作技术突破途径；开展技术及产品筛选，确定适宜的培肥技术及其产品和耕作组合；建立示范基地，开展关键技术和产品的模式集成与示范验证，创建适于主要稻田系统的全耕层培肥与周年轮耕技术模式，以实现各稻作系统的丰产增效协同。

　　本篇包括7部分内容，第6章综述了我国各稻作系统的主体耕作模式及其演变，以及现代农业生产中拟解决的问题与技术途径。第7章针对双季稻田不合理的培肥和耕作方式导致土壤耕层变浅、土壤养分表聚化、土壤养分不平衡、有机无机养分施用比例不协调、土壤酸化等问题，进行了土壤肥力的主要限制因子研究，开展了双季稻北缘区、早籼晚粳两熟区、双季籼稻区稻田培肥与丰产增效耕作技术筛选及模式集成与示范，进行了双季稻田土壤培肥与丰产增效耕作模式碳氮环境效应评价，进一步优化了双季稻田土壤培肥技术体系和土壤轮耕模式。第8章和第9章针对稻麦两熟、稻油两熟稻田化肥过量施用、耕层变浅等耕层土壤质量下降，以及水稻秸秆难以高质量还田等生产问题，进行了稻麦两熟稻田土壤肥力的主要限制因子研究，开展了稻麦两熟稻田耕作与土壤培肥关键技术筛选、新型耕作机械选型配套及耕作培肥模式集成示范，开展了稻油两熟稻田土壤耕作与土壤培肥关键技术筛选，构建了稻油丰产增效耕作模式并进行了比较，建立了稻麦（油）两熟稻田农机农艺有效融合的耕作培肥模式。第10章通过对秸秆还田、肥料施用、土壤养分和肥力水平等调研，明确了北方一熟稻田土壤肥力的主要限制因子，进行了秸秆粉碎抛撒、稻田整地等稻田土壤培肥关键技术筛选，通过研究长期搅浆对土壤颗粒组成、土壤物理结构和土壤供氮特征的影响，耕作措施对埋茬效果、土壤理化性质的影响，以及收获机械粉碎、抛撒的优化效果，进行了丰产增效下耕作模式集成，初步明确了有机无机肥综合培肥丰产减排技术，初步建立了秸秆还田条件下养分管理方式。第11章针对复合种养田由长期保持较深水层、大量投入饲料、输入动物粪便和土壤表层被频繁干扰等问题导致的土壤处于厌氧还原状态、养分失衡、稻田水体氮素养分含量增加以及环境污染风险加剧，通过进一步明确复合种养土壤肥力特征和土壤肥力限制因素，创新了土壤培肥关键技术，集成了复合种养耕作模式，并对复合种养稻田进行生态经济效益综合分析与评价，为复合种养稻田的可持续发展提供理论依据和技术支持。第12章针对再生稻田土壤养分失调（土壤磷钾含量相对短缺，氮相对盈余）、再生季土壤板结、茬口期土壤资源浪费、机械化耕作难等问题，明确了冬泡与土壤低温、活性有机质含量低、有毒有害物质多、部分中微量元素有效量低等限制土壤肥力的主要因子，开展了秸秆还田、冬季绿肥种植、合理施肥和优化耕作等土壤培肥关键技术筛选，构建了西南地区和长江中下游地区再生稻田土壤培肥与丰产增效耕作模式。

第6章 我国稻田耕作主体模式及其演变

6.1 东北一熟稻田耕作模式

6.1.1 耕作主体模式及其概况

我国东北稻区为一熟稻田区，冬季温度低，夏季生长季节短，大多分布在三江平原和辽河、松花江流域的大型灌区及东部山区的河谷盆地。东北一熟稻田多为水稻常年连作、冬季休闲，部分稻田实行隔年水旱两熟，即稻–稻–绿肥、稻–稻–豆类、稻–稻–春小麦。通过水旱两熟可改善土壤结构，提高土壤肥力（刘晶，2016）。

该黑土区是世界上仅有的三大黑土区之一，水稻生产面积自20世纪80年代起增加较快（表6-1）。2017年东北三省的水稻总播种面积7893.60万亩（其中辽宁省739.05万亩、吉林省1231.20万亩、黑龙江省5923.35万亩），比2010年、2000年、1990年和1980年分别增加1213.95万亩、4024.20万亩、5440.05万亩和6621.30万亩。水稻单位面积产量得到快速增长，2017年辽宁、吉林、黑龙江三省的水稻平均亩产分别为571.00kg、555.90kg和475.97kg，与2000年相比分别增长11.74%、7.66%和10.02%，与1990年相比分别增长23.86%、20.55%和53.28%，与1980年相比分别增长40.29%、96.04%和87.74%。随着东北三省水稻种植面积快速增长，我国水稻生产的空间区域布局发生了巨大的变化，空间分布中心迅速北移，使得东北一熟稻区的水稻生产占据非常重要的地位（曹丹，2018）。

表6-1 东北三省水稻播种面积和单位面积产量演变

年份	水稻总播种面积（万亩）				水稻单位面积产量（kg/亩）		
	辽宁	吉林	黑龙江	合计	辽宁	吉林	黑龙江
1980	578.55	378.75	315.00	1272.30	407.00	283.56	253.53
1990	814.95	627.60	1101.00	2453.55	461.00	461.15	310.53
2000	734.55	725.85	2409.00	3869.40	511.00	516.36	432.60
2010	950.85	1020.30	4708.50	6679.65	450.00	562.72	483.63
2017	739.05	1231.20	5923.35	7893.60	571.00	555.90	475.97

注：数据来源于《中国统计年鉴》

6.1.2 稻田耕作与栽培的创新和发展

东北一熟稻区传统的稻田耕作一般是采用铧式犁翻耕，然后进行重耙、耢、刮等作业各1遍，轻耙2~3遍（张洪涛和刘喜，1992）。通过上述作业，能够较好地翻埋杂草及稻茬，并具有晒垡、熟化土壤的作用，然而这种传统耕作方法除具有较高的作业成本外，还暴露出"地不平、耕层硬、透性差、坷垃多、耕层架空、层次乱"等弊端。一是地不平：用铧式犁翻地，由于形成开闭垄，整地费工费时，特别是黑龙江省等地生育期短、地多人少、人均负担耕地面积大、春耕春种有效时间短的条件下，问题更为突出。二是耕层硬：传统耕法为了整平、耙碎，要进行多遍作业。机具轮压面积高达耕作面积的2倍以上，不仅压实了耕层，还压实了犁底层，使稻田土形成了坚硬的犁底层，造成土壤僵硬黏闭，犁底层土壤呈片状结构，土壤容重加大，影响水稻根系扩展。三是透性差：由于耕层被压实，耕层土壤透性不良。据测定，传统耕法的水田日垂直渗透量仅1～2mm，与水田渗透量要求（13mm左右）相差甚远。四是坷垃多：传统耕法只是单一的耕翻，用其对应多变的自然条件，稻田耕作常在非适耕状况下进行，土壤干耕时坷垃多，湿耕时起黏条，且土干后也形成死坷垃，影响播种、插秧质量，容易造成缺苗而减产。五是耕层架空：翻耕的垡块一般长50～80cm、宽25～35cm，如此大的垡块，在非适耕的状况下形成，很难耢碎、耙透，在耕层形成架空，影响出苗和根系生长。六是层次乱：即土壤养分层次和杂草种子分布乱，已耕土壤和未耕土壤均存在土壤养分上多下少的分布规律，而翻耕土壤打乱了土壤养分层次，与水稻根系上多下少的吸肥特点不相适应，同时连年翻耕使杂草种子散布于全耕层，不利于化学除草（张洪涛和刘喜，1992）。

为了解决水田耕翻存在的问题，20世纪90年代初，黑龙江省农业技术推广站、东北农学院（现为东北农业大学）、黑龙江省农垦科学院水稻所等单位先后对水稻田应用以旋耕犁为主体的耕翻体系进行了研究，均取得了较好的试验效果，提出了以松代翻、以旋代耙的"松旋耕法"稻田耕作体系（张洪涛和刘喜，1992）。松旋耕法的基本做法：黑龙江省农垦科学院水稻研究所采用的是3GZ-6型联合松耕机，松耕间隙35cm，耕幅315cm，碎土铲加大到22cm，入土深度7cm，松土铲入土深度18cm，以秋松为主，代替五铧犁翻地，秋春季再进行旋耕（机具为IGN-200型旋耕机），旋耕深度10～12cm，代替耙地；东北农学院则用自制的万用底盘装深松铲和旋耕机，两项作业一次完成。

松旋耕法的主要特点：一是地平土碎。由于松耕是采用碎土铲和松土铲作业的，碎土铲对0～7cm土壤有一定的碎土能力和部分翻扣作用，松土铲对7～18cm的土壤起松动作用，当土壤水分为30%左右时，松耕后的土壤垡片体积是翻耕的1/6，松耕散墒之后再旋耕碎土，两种作业各一遍，基本可达到地平、田面净（掩埋70%稻茬）的标准。二是上松透水。松旋耕法将翻耕作业次数由传统的8遍减少到4遍，减轻了农机具对土壤耕层和犁底层的挤压，耕层和犁底层的土壤容重均能降低，孔隙度增加，渗透状况改善。三是散墒适耕。影响耕作质量的关键是土壤水分，特别是寒地稻区无霜期短，水稻收获后，天气急剧变冷结冻，稻田水分不宜挥发，加之稻田地一般比较低洼，水分含量高，秋季降雨稍多，机具就无法下地作业。采用松耕有利于降低土壤水分，这是因为深松铲可打破犁底层，促进水分下渗，碎土铲翻松上层，则形成了较多的犁沟和一定的垡块架空，加速水分的散失。四是深松扩库。长期应用深松机进行稻田耕作，为逐步加深耕层、熟化土壤创造条件，有利于创造松、厚的耕层，改善土壤结构，提高土壤供肥能力，弥补旋耕耕层浅和连年旋耕使潜育层增高的缺陷。五是上肥下瘦。松旋耕法不像传统耕法对土壤进行180°的翻转，有利于保持上肥下瘦的土壤层次，适合水稻根系分布特点。六是利于化学除草。松旋耕法上层草籽多，杂草出得齐，有利于除草剂集中灭草。此外，其还具有节油、高效、省工、降药、增产等作用，经济效益高（李季禾和曹书恒，1987；张洪涛和刘喜，1992）。进入21世纪初期，随着水稻生产机械化水平不断提高，土壤耕作技术也得到改进与发展。稻田主要使用水田犁和旋耕机进行耕地，泡水后用水耙轮进行耙浆整地，基本实现了机械化作业（梁丙江等，2007）。

20世纪60年代中期以来，水稻栽培技术也取得许多重要进展。营养土保温旱育苗铲秧带土移栽、软盘育苗全根移栽、钵盘育苗抛秧或摆秧移栽技术的研究和推广，使秧苗素质明显提高，返青期明显缩短。在壮秧的基础上，采用以减少每穴插秧基本苗数和扩大穴距为特点的稀植栽培，不仅协调了群体与个体的关系，改善了群体质量，而且缩短了插秧期，保证了水稻安全抽穗、成熟。节水灌溉、配方施肥、化学除草、综合防治病虫害、抛秧栽培、模式化栽培等技术的研究和推广，迅速提高了水稻产量，有效提高了水稻种植效益。进入21世纪，水稻种植技术以旱育稀植为主，部分地区也有抛秧和直播，并试验推广以优质超级稻、宽行超稀植、持续超高产为主要内容的"三超"高产栽培技术和钵育摆栽种植技术（梁丙江等，2007）。随着水稻种植机械化水平的提高，机插稻及其侧深施肥面积迅速扩大。

长期以来，单纯追求产量、掠夺式耕种、重用轻养等不合理的利用方式，导致东北黑土土层逐年变薄。据统计，吉林省黑土区40%以上的黑土土层不到30cm，15%左右的黑土土层不到20cm，有机质含量减少，黑土退化严重且逐年加剧，发展稻田保护性耕作成为增强黑土抗蚀性、减少黑土区水土流失、缓解传统耕作破坏压力的有效措施之一（齐春艳等，2011）。围绕稻田保护性耕作研发的主要技术有稻田免耕技术（如免耕轻耙、免耕直播、免耕抛秧等）、秸秆还田覆盖保护性耕作技术（如秸秆覆盖免耕直播、栽插和抛秧等）（王亮等，2013）。

6.1.3　秸秆还田主要耕作类型及配套机具

随着经济发展和农村燃料结构改变，水稻秸秆大量废弃，焚烧现象极为普遍。因此，形成了以解决稻田秸秆还田为重点的不同耕作与管理模式。例如，东北一熟稻区水稻生产大体上包括秋季整地、春季泡田与整地及水稻从种植到收获等过程，其周年生产流程如图6-1所示。与秸秆还田相关联的环节有水稻收获、秋季整地和春季整地。

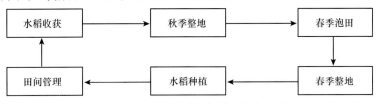

图6-1　东北一熟稻区水稻生产流程图

6.1.3.1　秋翻耕秸秆还田水稻机插侧深施肥技术模式

该技术模式适宜在耕层深厚、地块较大且连片的水稻主产区应用。技术要点：①收获与秸秆粉碎抛撒。采用安装秸秆粉碎抛撒装置的水稻联合收割机进行收获，要求秸秆粉碎长度5～8cm，粉碎后秸秆应均匀抛撒于地面。②秸秆翻埋。采用水田拖拉机配套5～7铧水田犁进行翻埋作业，耕翻深度达到25cm以上，翻垡均匀严密，不重不漏。整地时适量增施氮肥以满足秸秆腐烂过程中氮的需求。③搅浆平地。春季放水泡田3～5d，用搅浆平地机进行搅浆整地，作业深度16～18cm，作业时水深控制在1～3cm花达水状态，作业后表面不露残茬，稻茬秸秆埋压入泥面5cm以下，稻田表面平整呈泥浆状，沉淀

5～7d后达到待插状态。④水稻机插侧深施肥。采用带有侧深施肥装置的水稻乘坐式高速插秧机进行机插秧作业，每穴3～5株，插秧深度1～2cm，以浅栽为宜，漏插率小于5%，伤秧率小于4%，均匀度合格率大于85%。肥料距稻根侧向距离4～5cm、深度5cm，下量准确，施肥均匀。

6.1.3.2 水稻留高茬春旋耕秸秆还田技术模式

该技术模式适宜在上一年或上两年有深翻基础地块上应用。技术要点：①收获与秸秆粉碎抛撒。采用安装秸秆粉碎抛撒装置的水稻联合收割机进行收获，要求秸秆粉碎长度5～8cm，留茬高度20～30cm，粉碎后秸秆应均匀抛撒于地面。②搅浆埋茬。春季放水泡田3～5d，应用水稻高留茬搅浆平地机进行浅耕整地作业，以2遍为宜，作业时水深控制在1～3cm花达水状态，耕作深度16～18cm，作业后表面不露残茬，稻茬秸秆埋压入泥面5cm以下，表面平整呈泥浆状，沉淀5～7d后达到待插状态。整地时适量增施氮肥以满足秸秆腐烂过程中氮的需求。③机械插秧。春季采用带有侧深施肥装置的水稻乘坐式高速插秧机进行机插秧作业，每穴3～5株，插秧深度1～2cm，以浅栽为宜，漏插率小于5%，伤秧率小于4%，均匀度合格率大于85%。肥料距稻根侧向距离4～5cm、深度5cm，下量准确，施肥均匀。

6.1.3.3 水稻"一翻一旋"秸秆还田轮耕技术模式

该技术模式是在秋整地时采用一年翻耕、一年旋耕的轮耕方式，主要用于秋季雨水较少的水稻田，适用于一些大型合作社和种植大户等。技术要点：①收获与秸秆粉碎抛撒。采用安装秸秆粉碎抛撒装置的水稻联合收割机进行收获，要求秸秆粉碎长度≤10cm，留茬高度≤10cm，秸秆粉碎长度合格率≥85%，粉碎后秸秆应均匀抛撒于地面。②秋整地采一年翻耕、一年旋耕交替进行。秋季翻耕作业宜选择土壤含水量在30%以下时，使用铧式犁进行，翻耕深度18～22cm。秋季旋耕作业宜选择土壤含水量在25%以下时，采用反旋深埋旋耕机进行，旋耕深度15cm以上。③浅水泡田。对于秋季翻耕田块，应在第二年春季插秧前15～25d放水泡田，淹没最高垡片的2/3处，泡田时间5～7d。对于秋季旋耕田块，应在第二年春季插秧前15～25d放水泡田，泡田深度高出旋耕后的土壤表面2～3cm，泡田时间3～5d。④少搅浆平地埋草。在插秧前10～15d采用带有圆盘切刀但不带刀齿的无驱动搅浆平地机或自平衡弹齿式水田压茬机进行浅水搅浆，搅浆后秸秆与根茬应埋在泥浆中，无秸秆与根茬漂浮，平地后田块表面应平整一致。搅浆后应保持2～3cm水层，沉实3～5d，达到插秧状态。

6.1.3.4 水稻秸秆还田配套机具

1. 水稻收获与秸秆粉碎抛撒环节

东北一熟稻区水稻收获机以全喂入联合收割机为主，其后侧出料口处配置秸秆粉碎抛撒装置，与收获同步直接将秸秆粉碎并抛撒覆盖于地表（周勇等，2013），其中，农垦区以大型全喂入联合收割机为主，比较有代表性的是约翰迪尔C系列及常发佳联CF系列；相对小的地块或比较黏重的地块，一般采用久保田688Q/988Q及沃得280等小型全喂入联合收割机。然而，现有的全喂入联合收割机配备的粉碎抛撒装置粉碎抛撒不匀，秸秆容易成行或成团，造成耕整地作业困难且容易堵塞机具，甚至泡田后秆漂浮严重，影响插秧作业。东北一熟区虽然也有半喂入联合收割机，其秆粉碎抛撒效果也较好，但由于作业效率较低，使用较少。在水稻收获之后、秋整地之前增加一遍秆粉碎抛撒作业，可以较好地解决秆粉碎抛撒不匀的问题，但二次粉碎还田增加作业成本，影响经济效益（王金武等，2017）。

2. 收获后秋整地作业环节

水稻收获后直接通过旋耕机或犁进行翻埋还田作业，在秆量大、土壤湿黏的情况下有秆堵塞犁体和拖堆现象。现有的铧式犁犁体以扭柱型为主，犁体数以五铧和七铧居多，在秆全量还田时，易出现秆堵塞犁体、秆掩埋不实的现象；现有的旋耕机为普通的正转旋耕机，在秆全量还田情况下，秆缠绕现象严重，采用现有的整地机具无法达到整地的农艺要求。采用水稻秆整株深埋还田联合作业整地（王金武等，2015），将水稻整株秆直接深埋入地下，能够克服秆粉碎还田后浮出的弊端，但生产成本相对较高。改进农户现有机具，增加防堵装置，可能是解决东北一熟区整地问题的途径之一。

3. 春季整地作业环节

在三江平原地区，春季整地是在秋整地的基础上进行泡田、打浆、平地；在哈尔滨周边秋季不整地的地区，春季需要进行翻耕、旋耕、泡田、打浆及平地等多项作业，农时相对紧张一些。东北一熟区春季整地机具分为驱动式搅浆机、无动力平地机、振捣提浆机3种形式，目前以驱动式搅浆机为主，无动力平地机及振捣提浆机正处于试验推广阶段。其中，驱动式搅浆机是通过拖拉机后输出轴带动搅浆刀辊旋转，搅浆刀将土壤打碎，后面的压板将地抹平；无动力平地机是通过自身重量，利用耙片进行秆压实及土壤细碎，后面的压板将地抹平；振捣提浆机前面的搅浆刀部分与驱动式搅浆机相同，区别在于其后面的压板是通过液压控制的方式振动抹平土地的。调研资料显示（孙妮娜等，2019），驱动式搅浆机作业后的土壤细碎，整体平整度好，但作业后秆漂浮严重；无动力平地机作业效率高，压茬效果好，但未打断土壤毛细孔，沉浆后容易渗水；振捣提浆机能够缩短提浆时间，但动力消耗大，机具可靠性差。东北一熟区要实现秆还田，必须有效地解决春季秆漂浮现象。

6.1.4　稻田耕作模式拟解决的问题与技术途径

6.1.4.1　土壤肥力特点

以黑龙江省为例，分析其一熟稻田的土壤肥力特点。"十二五"期间，通过对主要稻田近3000个土样分析，土壤有机质平均值为45g/kg（旱田只有40g/kg，$n=3030$），比1982年全国第二次土壤普查时农田有机质有所增加（平均含量43.2g/kg）。土壤有机质含量低于20g/kg的约占3%，低于30g/kg的约为15%，介于30～40g/kg的约占1/3，高于40g/kg约占50%。总体而言，稻田土壤有机质含量并没有下降。稻田土壤有效磷含量平均为30mg/kg（$n=2858$），土壤磷变异比较大。总体上，低于10mg/kg的约占4%，介于10～20mg/kg的约占19%，多数土壤磷含量较高。稻田土壤速效钾平均含量为116mg/kg，约有54%的土壤速效钾低于100mg/kg。总体上，土壤速效钾含量偏低，这与钾肥施用量低以及稻田钾素淋洗有关。土壤pH平均值6.3，低于5.5的约占13%（其中低于5.0的约占2%），黑龙江省种植水稻年限较短，土壤酸化不太严重。但在种稻超过20年的老稻田，土壤pH低于5的占到7%以上，老稻田土壤酸化应引起重视。土壤微量元素方面，约有22%的稻田缺锌。

6.1.4.2　主要存在问题

一是培肥措施单一。缺乏适合大面积应用的培肥技术，使土壤理化性质恶化。稻田施用有机肥和秸秆还田的比例很低，寒地稻田主要还是靠化肥，并且化肥以氮磷钾化肥为主，中微量元素施用少。稻田主要处于淹水还原条件，即使不施用有机肥，稻田有机质含量也不会明显下降，但是有机质的质量下降。偏施化肥，尤其是尿素、硫酸铵和二铵等大量施用造成了土壤酸化（部分老稻田土壤pH低于5），土壤板结变硬，中微量元素缺乏时有发生（主要是缺锌和缺镁等问题），已经成为限制土壤肥力提高的主要因子。二是耕作措施不合理。众所周知，旱田改水田后，稻田耕作模式主要包括翻耕或旋耕、泡田及水耕地的过程，大量使用机械、频繁且长期搅动土壤，造成土壤板结严重、土壤质量变差。三是实现水稻秸秆还田存在较多难点，制约着秸秆机械化还田的发展。

6.1.4.3　原因分析

分析培肥措施单一的原因：首先，农户没有积制有机肥的习惯。虽然到处都有有机肥资源，但是农户没有收集和施用有机肥的习惯，直接导致稻田有机肥施用少。改变农户认识，或者就近生产有机肥还田具有一定意义。其次，稻田秸秆还田技术不配套。寒地稻田产量高，水稻秸秆数量大，秸秆不粉碎还田会影响整地和插秧质量，但是秸秆收获粉碎的机械缺乏，还田后整地的机具也不配套，因此秸秆还田难以大面积应用。

分析耕作措施不合理的原因：水稻收获后要进行土壤翻耕，为了保持稻田原有的平整性，需要进行水耙地以整平田面，便于插秧等作业。通过水整地，虽然短期内土壤松软有利于水稻插秧，然而长时间的水整地则严重破坏土壤团粒结构，致使土壤水、肥、气、热很难协调，并会破坏稻田土壤结构，使其板结、变硬，尽管土壤有机质含量不低，但土壤供肥能力下降、肥效不易发挥。

分析秸秆难以还田难的原因：水稻种植密度大，秸秆数量大、韧性强，以及冬季温度低，秸秆不容易腐烂等增加了机械配套的难度。水稻秸秆还田作业仍存在较多问题，如收获机配套的粉碎抛撒装置切碎、抛撒不匀，以及秋整地时容易发生秸秆堵塞、缠绕，春季搅浆时秸秆漂浮等，都制约着东北一熟区秸秆还田技术的推广。

6.1.4.4　拟解决的途径

一是建立稻田耕作优化模式。通过尽可能减少耕翻、少水整地或者不进行水整地的耕作模式，来达到减少对稻田平整性、土壤团粒结构破坏的目的，同时结合施用有机肥或者秸秆还田，改善土壤物理性质，提高土壤肥力。二是建立秸秆还田耕作培肥模式。通过秸秆粉碎（或留高茬）还田、条带耕作施肥、机插秧侧深施肥和调酸等技术配套，实现农机农艺相融合，研发秸秆还田耕作培肥技术体系。三是改进和创新配套装备。针对秸秆粉碎抛撒不匀，严重限制后期的整地作业，造成春季大量的秸秆漂浮等问题，可以通过改进粉碎刀刀型、布置方式，改进粉碎装置箱体形状及抛撒形式等来改善联合收割机配套的粉碎抛撒装置的性能。

6.2　水旱两熟稻田耕作模式

6.2.1　耕作主体模式及其概况

稻田水旱两熟是指在同一田块上，按季节有序地交替种植水稻和旱地作物的一种种植方式（刘益珍和姜振辉，2019）。水旱两熟导致土壤系统季节间的干湿交替变化，水热条件的强烈转换，引起土壤物理、化学和生物特性在不同作物季节间交替变化，水旱两季相互作用、相互影响，构成一个独特的农田生态系统，该系统在物质循环及能量流动、转换方面都明显不同于旱地或湿地生态系统（范明生等，2008）。

我国水旱两熟稻区主要分布在长江流域的江苏、浙江、湖北、安徽、四川、重庆、云南、贵州等省（市），集中分布在N28°～35°的平原地区（范明生等，2008）。

该区稻田种植制度，20世纪50年代以前，多采用冬闲–中稻一年一熟的长期连作制，或夏季种植中稻，少量种植早稻，以早接口粮。有的年份雨季来迟，误了中稻季节，则改栽单季晚稻。若遇干旱年份，缺水田则改种大豆、夏甘薯、绿豆等旱粮作物，形成麦、稻、杂粮等作物一年不定期的水旱两熟，一般亩产粮食200kg左右。60年代以后，农田灌溉条件逐步改善，水稻面积迅速扩大，加之绿肥（紫云英）种植与化肥的推广使用，水稻产量不断提高，且较稳定。作物布局以水稻为主，麦稻两熟发展成为本区主要复种方式，一般粮食亩产提高到250～300kg。50年代中后期，本区南部开始试种双季稻，因受当时水、肥条件限制，科学栽培技术跟不上，产量不高。60年代中期以后，随着水、肥条件的改善，水稻优良品种的更换和栽培技术的改进，双季稻面积逐步扩大。一般早稻亩产200～250kg，双季晚稻亩产100～150kg。到70年代末期，实行了家庭联产承包责任制，本区进行耕作制度调整，压缩了双季稻和绿肥种植面积，扩大中稻和小麦、油菜面积，从而扩大了以麦稻两熟为主的稻田种植制度的分布面积。其中大部分稻田采用麦稻两熟的复种连作制，部分稻田则采用小麦–中稻→油菜–中稻→绿肥–中稻的复种轮作制。80年代中期以后，随着农村产业结构的进一步调整，大麦、玉米等粮食作物和棉、麻等经济作物种植面积有所扩大，蚕豆、豌豆等粮肥兼用作物的种植面积有所回升，蔬菜和瓜类作物也纳入城郊的稻田作物布局中，从而形成了多元结合水旱两熟种植模式，如大麦/瓜类（豆类）–晚稻、大麦（小麦）/玉米–晚稻、油菜–早稻–秋大豆或绿豆等。

20世纪90年代以来，随着我国国民经济的不断发展，人民生活水平的不断提高，特别是由计划经济向社会主义市场经济体制的转变，农业劳动力大量向第二、三产业转移，稻田生产已由单纯追求数量型增长逐步向数量与质量、效益并重和以质量、效益为主转变。水旱两熟种植结构也进行了以提高效益和优化品质为中心的调整。一方面，确保粮食产量稳定增长的同时，适当减少粮食作物的播种面积，以市场为导向，把经济、饲料、蔬菜、瓜类等作物纳入稻田种植制度中，运用间套作等复种模式和配套技术，通过作物的合理接茬，建立起以水稻为主体、以提高经济效益和作物品质为重点的多元化高产高效种植制度，不断提高光、热、水及土地等自然资源的利用率，实现土地生产率与劳动生产率的同步提高。例如，明显减少了稻田传统的麦类（或绿肥、油菜）–单季稻的比例，大力发展了冬季蔬菜（或瓜果、食用菌、中药材、饲料）–单季稻种植制度。另一方面，在过去稻田养鱼、稻田放鸭等种养业的基础上，根据农田生态系统理论和种养结合原理，开发和推行了一批以水稻为基础的种植业与养殖业有机结合的稻田种养复合型立体农业生产模式（如稻鸭共育、稻饲鹅轮作、稻+虾等）。除占据主导地位的稻麦、稻油两大类型外，还有水稻–蔬菜型、水稻–瓜果型、水稻–饲肥型、水稻–食用菌型、水稻–中药材型、水稻–工业原料型等。

6.2.2　稻田耕作与栽培的创新和发展

稻田耕作方式随生产条件变化、机械改进与技术创新而演变发展。新中国成立初期，我国土壤耕作普遍使用畜力旧犁耕种，如广为流传的一犁挤、二犁扣、三犁塌。20世纪50年代，推广双轮一铧犁和双轮双铧犁耕翻土壤，耕深由旧犁的12～14cm加深到14～16cm，耕翻后再耙地、耖田和耱田。随后，伴随拖拉机及农机具的增加，耕翻面积逐步扩大，耕层加深至16～20cm。70年代末期至80年代初期则开始研究少耕、免耕技术，长江中下游地区也开始探索和研究以水稻少免耕、分厢撒直播、垄作稻萍鱼立体栽培、麦类少免耕高产栽培等多种形式的保护性耕作技术。随着现代工业和第三产业的发展，种植业投入的劳动力不断减少，现代稻作寻求轻型简化的操作农艺。免耕直播稻作为一种省工节本的水稻高产轻型种植技术，引起稻作界的重视，通过集成配套形成了旱直播稻和水直播稻两大类型技术体系，在水旱两熟区得到较大面积的推广应用，直播机械也得到配套并不断加以改进。

20世纪90年代以来，我国农业处于调整结构和发展高产、优质、高效农业阶段，农业生产不仅要保障我国粮食的数量安全，而且要讲究粮食的品质和质量，提高生产效益，增加农民收入。在此背景下，稻田耕作与栽培研究在重视继续提高产量的同时，把优质、高效作为新的主攻目标，进一步调整稻田种植结构和发展多元化农作制度，围绕简化稻田生产作业程序、减轻劳动强度和省工、节本、增效，开展了水稻轻简高效栽培技术研究与推广；围绕稻米品质形成、品质优化与质量提高，开展了以保优栽培、无公害栽培等为主的水稻优质栽培技术研究；围绕水稻产量"源"与"库"、个体与群体、地上部与地下部等主要生育关系，开展了以稀植栽培、群体质量栽培、超级稻栽培等为主的水稻高产超高产技术研究与应用；围绕节约资源和改善生态环境，开展了以节水、节肥栽培及秸秆还田为主的资源高效利用技术研究与开发。

水旱两熟稻田，水稻种植方式在21世纪初期以前以育秧人工手栽为主，随着稻作科技的不断进步和农村劳动力的大量转移，水稻种植方式由单一的传统手栽发展为手栽、抛秧、机插、直播等多种方式并存，并逐步形成以机插稻占据主导地位。以江苏省水旱两熟稻田为例（图6-2）：①手栽稻，曾是应用面积最大的一种稻作方式，最大年份占江苏全省水稻总面积80%以上，2010年前仍是一种主体稻作方式，应用面积占水稻总面积的近40%，但用工多、劳动强度大、效率低，使得应用面积持续下降。②抛秧稻，2000～2014年应用面积约占江苏全省水稻总面积的10%，应用地区相对集中于苏中等地。③机插稻，水稻生产机械化发展的基本方向，应用面积不断增加，尤其是自2008年以后随着高产创建及农机具购置补贴政策的实施，机插稻面积迅速增加，从2001年的1万hm^2

增加到2009年的50万hm²，到2011年已达94.8万hm²，成为江苏省应用面积最大的一种稻作方式，2014年应用面积占全省水稻总面积的55.8%，近年来应用面积进一步扩大。④直播稻，省去了育秧和栽插两个环节，直接将种子撒播（或条播、点播）到大田，具有显著的轻简化特点。直播稻最早主要分布在季节矛盾相对较小的苏南和沿江部分地区，2000年前后应用面积在100多万亩，后来随着高效除草剂的研究使用和直播技术的进步，有效解决了直播稻长期以来"出苗难、齐苗难、除草难"的三大难题，直播稻得到了发展。尤其是2004年以后，受水稻条纹叶枯病大暴发和农村青壮年劳动力大量转移的影响，直播稻被广大农民自发地接受，应用范围逐步向苏中、苏北地区延伸，面积也迅速扩大，2008年应用面积占全省水稻总面积的31%。由于直播稻的种植风险大、产量潜力低且稳产性差，出于保障全省粮食安全的考虑，2009年开始各级政府和农业部门出台了一系列控减直播稻的政策措施，使得直播稻的发展得到有效遏制。

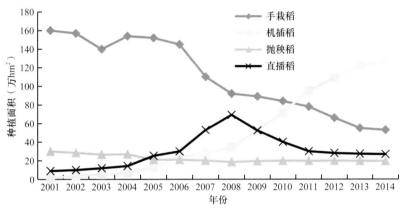

图6-2　2001～2014年江苏省不同种植方式水稻面积

水旱两熟稻田的不同水稻种植方式，由于适宜品种不同，生育期长短不一，加之田间管理、生产过程等不同，其产量、产值和生产投入存在明显差异（李杰等，2016）。据江苏省作栽部门调查统计（表6-2），2011～2014年不同种植方式的水稻产量以抛秧稻最高，机插稻次之，直播稻最低，手栽稻、机插稻、抛秧稻的产量在609.75～643.56kg/亩，产量之间差异较小，直播稻的产量只有547.51～589.47kg/亩，产量明显低于其他3种种植方式。4年平均直播稻产量较抛秧稻低9.4%，较机插稻和手栽稻分别低9.2%和7.9%；水稻纯收益以抛秧稻最高，4年平均达到1114.42元/亩，机插稻次之，为1032.36元/亩，手栽稻第三，为977.54元/亩，直播稻最低，只有862.66元/亩，直播稻较抛秧稻、机插稻、手栽稻分别低22.6%、16.4%和11.8%。目前生产上，大部分农民选用直播这种种植方式，主要是认为直播稻省事、用工少、生产成本低，但从大面积生产调研实际看，用工成本最少的是机插稻，其次才是直播稻；而生产成本直播稻也较机插稻和抛秧稻高，而仅低于手栽稻。其原因主要是直播稻虽然前期免育秧、免移栽，直接将种子撒于大田，但其后期的匀苗补苗、除草除杂稻等用工成本较高，而且直播稻用种、用药量大。实际上农民在估算生产成本时，多数未将自身劳动力投入（匀苗补苗、除草除杂稻等）用工成本计算在内，即直播稻的现金生产成本低，加之直播稻种植程序简化、省事省力，比较符合当前农村劳力老龄化的趋势，虽然其产量低，但生产上仍有一定的面积。

表6-2 江苏省不同种植方式下水稻产量及其种植效益比较

年份	种植方式	产量（kg/亩）	产值（元/亩）	生产投入（元/亩）	用工成本（元/亩）	净收益（元/亩）	纯收益（元/亩）
2011	机插稻	616.96	1730.09	581.60	217.03	931.46	1034.45
	手栽稻	609.75	1707.29	503.98	313.89	889.43	990.69
	抛秧稻	622.90	1744.12	470.33	244.49	1029.30	1133.23
	直播稻	547.51	1533.04	516.01	260.25	756.77	859.00
2012	机插稻	638.84	1788.75	626.17	244.06	918.53	1043.59
	手栽稻	626.39	1753.88	535.25	354.04	864.59	986.51
	抛秧稻	643.56	1801.90	496.03	293.61	1012.26	1133.85
	直播稻	582.09	1629.86	559.06	324.82	745.98	869.01
2013	机插稻	641.51	1847.56	653.02	256.31	938.23	1056.33
	手栽稻	630.47	1815.77	562.08	380.33	873.36	987.09
	抛秧稻	632.29	1840.21	520.95	317.12	1002.14	1109.59
	直播稻	589.47	1697.67	569.18	343.86	784.63	901.21
2014	机插稻	626.17	1834.69	696.82	267.56	870.31	995.05
	手栽稻	622.14	1822.87	603.11	391.75	828.02	945.89
	抛秧稻	632.97	1854.59	557.45	332.37	964.78	1081.03
	直播稻	573.68	1680.88	616.82	365.20	698.86	821.43
平均	机插稻	630.87	1800.27	639.40	246.24	914.63	1032.36
	手栽稻	622.19	1774.95	551.11	360.00	863.85	977.54
	抛秧稻	632.93	1810.21	511.19	296.90	1002.12	1114.42
	直播稻	573.19	1635.36	565.27	323.53	746.56	862.66

注：数据来源于江苏省各地作物栽培管理部门；净收益=产值-生产投入，纯收益=净收益+各项补贴

伴随着农业生产和农民生活方式的转变、农村劳动力的转移、能源消费结构的改善和各类替代原料的应用，作物秸秆区域性、季节性、结构性过剩现象不断突显（肖敏等，2017）。以江苏省为例，常年稻麦两熟稻田2600万亩左右，占全省水稻、小麦总面积的70%～75%。由于稻麦产量不断提高，其秸秆量也显著增加。如表6-3所示，江苏全省2018年水稻亩产589.4kg、小麦亩产357.5kg，较1993年分别增加18.59%、27.22%；2018年稻麦秸秆亩产953.0kg，秸秆总产量3.27×10^{10}kg，较1993年分别增加21.84%、22.47%。进入21世纪，研发并推广稻田秸秆全量还田成为耕作栽培领域的一项重点性工作。随着单位面积秸秆量的不断增加，围绕秸秆还田的耕作模式及其配套机具也不断创新并加以完善。与此同时，针对大量施用化肥、农药等化学品使生态环境遭到严重破坏，环境污染加剧，农产品质量明显下降，农产品安全得不到保障，特别是我国加入世界贸易组织（WTO）以后，为提高我国农产品在国际市场的竞争力，我国高度重视农产品质量安全和生态环境保护，在"一优两高"农业的基础上，又提出了发展优质、高产、高效、安全、生态"十字农业"。围绕如何实现秸秆高质量还田以有效禁止秸秆焚烧，如何减

少重金属、化学农药、植物生长调节剂等在稻米中的残留、富集，如何减轻稻作生产中化肥、农药对环境的面源污染，相继研发并形成一系列成果，如无公害食品、绿色食品和有机食品稻米栽培，稻米重金属污染修复与降解，生态施肥、生物农药、稻田清洁管理，稻麦化肥减量高效施用，水稻精确定量管理等。

表6-3 江苏省稻麦产量及其秸秆量的变化

年份	水稻			小麦			稻麦秸秆	
	面积（万亩）	产量（kg/亩）	秸秆量（kg/亩）	面积（万亩）	产量（kg/亩）	秸秆量（kg/亩）	单位面积产量（kg/亩）	总产量（kg）
1993	3417.66	497.0	487.1	3422.49	281.0	295.1	782.2	$2.67×10^{10}$
1998	3554.55	587.7	575.9	3472.43	218.8	229.7	805.6	$2.84×10^{10}$
2003	2761.40	508.7	498.5	2430.68	250.4	262.9	761.4	$2.02×10^{10}$
2008	3348.83	529.1	518.5	3109.68	321.0	337.1	855.6	$2.78×10^{10}$
2013	3398.51	565.6	554.3	3220.40	342.0	359.1	913.4	$3.04×10^{10}$
2018	3322.08	589.4	577.6	3605.94	357.5	375.4	953.0	$3.27×10^{10}$

注：数据来源于《江苏省统计年鉴》（1994年、1999年、2004年、2009年、2014年、2019年）；秸秆量以水稻、小麦的草谷比分别为0.98、1.05估算（顾克军等，2012，2015）

通过不断完善与技术配套，在水旱两熟稻田秸秆还田耕作技术的基础上形成了以下主要模式。①切碎匀铺旋耕（翻埋）还田。2010年前推广使用的稻麦收割机绝大多数不带秸秆粉碎装置，稻麦收割后均留有20cm以上高茬，秸秆机械还田需要着重解决破茬与秸秆切碎问题（宗和文，2007）。近几年来，随着秸秆禁烧工作强力推进，为防止秸秆及残茬田间焚烧，联合收割机生产企业加大了联合收割机动力配置，设计了秸秆粉碎抛撒装置，同时，针对存量和新增的一般收割机，加快研发配套秸秆粉碎抛撒装置。带秸秆粉碎抛撒装置的联合收割机的广泛应用，从技术装备上杜绝了田间秸秆焚烧，为秸秆还田提供了便利，大大推进了秸秆机械还田技术的推广与应用。在此基础上，秸秆还田机械朝着提升秸秆翻埋质量及还田、耕整、施肥一体化方向发展（夏建林，2009；杨爱军和徐芳，2009）。同时秸秆还田的农艺技术也取得了一些成果。围绕麦秸还田，总结出2套不同的耕整技术方案：一是旱旋水整，先用中型拖拉机干旋埋草，晒垡3～5d，然后上水浸泡2～3d，耙糖整平；二是水旋耕整，麦草切碎分散后，泡田3～4d，一次性旋耕埋草耕整。邓建平等（2007）的研究表明，一次性作业埋草率随旋耕深度增加而提高，旋耕深度分别为5cm和15cm时，埋草率分别为68%和88%，且碎草长短能影响埋草率，碎草长度为15cm、30cm时，一次性耕整埋草率分别为87%和63%，两者相差24个百分点；碎草长度为5cm时，一次性耕整埋草率达90%以上。泡水时间对秸秆还田效果影响的试验表明（赵伯康等，2010）：机械作业功效和埋草质量均随泡田时间的延长而提高，浸泡3d的田块作业机械每台每天可作业30亩左右，耕整埋草率可达85%左右；在浸泡1～2d田块，由于土壤硬板，旋耕深度不够，每台每天仅作业8～10亩，且耕整埋草率仅60%左右。通过比较不同留茬高度下麦秸还田的效果认为（陈才兴，2012）：收割留茬越低，田面留草量越多，预埋性越差，半喂入收割机留10～15cm、全喂入联合收割机留茬30cm左右为宜，同时采用秸秆切碎装置，将秸秆切成长度为5～10cm，可实现秸秆自动分散于田面。通过对不同稻作方式麦秸全量粉碎旋耕还田技术系统研究，形成了不同稻作方式的小麦秸秆粉碎旋耕还田技术操作规程（张洪熙等，2006）。②稻麦免耕套种秸秆全量还田。一是稻套麦种植。稻套麦是指在水稻收获前的断水期间适期套播小麦，该技术融免耕、套种、秸秆还田技术于一体，在省工节本、解决多熟复种的季节问题上具有极为突出的优越性。自20世纪90年代起，围绕稻套麦的生育特点及其配套技术开始了系统研究（张洪程等，1994，1996；董百舒等，1994；张善交，1994；顾克礼，1998），稻套麦高产栽培技术也日趋成熟，并制定了稻套麦技术规程。二是麦套稻种植。麦田套播水稻栽培实践源自20世纪60年代日本福冈正信的研究。80年代，原江苏农学院、江苏里下河地区农业科学研究所开展麦田套播水稻研究。90年代初，系统地开展了超高茬麦套稻秸秆全量还田与稻作技术研究（顾克礼等，1998；杜永林和黄银忠，2004），超高茬麦套稻麦秸全量还田技术自1995年起在江苏等地开始示范与推广，目前已趋于完善，并已在生产中得到一定面积的推广应用。③秸秆集中沟埋还田。水稻、小麦收获后，田间按2.5～3.0m的间距，开挖出沟宽20～25cm、沟深25～30cm的埋草沟，将作物秸秆集中填埋在沟内并压实，覆土8～10cm厚并齐田面刮平，进行秸秆深埋，埋草沟的位置逐年轮换，这样既能保证田面清洁，又能轮换地对局部土壤进行深耕。南京农业大学、江苏沿江地区农业科学研究所对秸秆集中沟埋还田进行了系统性研究（朱琳等，2012；吴俊松等，2016；许明敏等，2016；宋广鹏等，2018；薛亚光等，2018），农机农艺配套方面也取得初步进展。④苗带洁茬条带耕作秸秆行间集覆还田。根据稻麦丰产要求，合理配套稻麦宽窄行行距，通常设置宽行30～35cm、窄行15～20cm，在窄行种植区进行洁茬处理，将区内秸秆（连同根茬）集中覆盖在宽行区内，仅在洁茬处理区内施肥、旋耕、播种、覆盖、镇压，形成条带耕作。该方式由江苏沿江地区农业科学研究所提出（刘建等，2015，2016；薛亚光等，2016，2017），并与相关企业合作完成了机械研发与配套，通过多点示范展示，表现出强根壮苗、强株大穗、丰产增效等技术效果。

6.2.3 稻麦秸秆还田主要类型及耕作栽培技术

6.2.3.1 稻田免耕套播小麦

稻田免耕套播小麦是指在水稻收获前适时适墒提前套种小麦，待水稻收获后再及时进行开沟覆土、播后镇压等配套作业的小麦种植方法。稻田套播小麦可以提高资源利用率，争取季节主动，确保小麦适期播种，做到养老稻与早种麦两不误，为争取稻麦双高产创造条件。稻田套播小麦适宜于腾茬迟于小麦播种适期的水稻茬口，且有套播习惯和经验的稻茬麦地区。主要有两种具体情况：一是水稻成熟迟。例如，长江下游沿江地区水稻10月底或11月初才能收获离田的稻田。二是秋播前连续阴雨。例如，因天气因素，水稻不能及时离田，难以正常秋播的田块。此外，对于土壤黏重、湿度大的稻茬麦地区，通过耕翻、旋耕方式实况秸秆还田难度较大，通过采用稻田套播小麦，能实现水稻秸秆全量覆盖还田。由于连续性的稻麦免耕套播容易加剧杂草稻危害，为避免下茬出现杂草稻问题，凡现茬为稻套麦或来年准备稻套麦，均不宜在稻田进行免耕套播（应采用旋耕种麦方式）。稻田免耕套播小麦的主要优点：能够在茬口十分紧张的地区争取季节，提前播种出苗；在干旱的年份也能获得全苗，而多雨年份可避免烂种；稻田套播小麦，通过水稻机收并配套稻草粉碎留田，有利于稻草的覆盖还田。该技术能省去秸秆焚烧、秸秆移动、大机作业等费用，同时能晚茬争早播，有利于高产。该耕种模式的主要缺点：如果水稻生长繁茂，播下的麦种落籽不易均匀；水稻倒伏的田块难以操作；小麦全部露籽；如果套播麦的共生期长，小麦则在水稻荫蔽条件下出苗，导致小麦幼苗瘦弱，容易窜苗，冬前长势差，抗寒力弱，容易发生冻害和出苗不匀；由于土壤未能耕翻，容易加剧杂草稻危害。此外，稻田套播小麦的小麦种子在表土上，根系多集中在表土层，且在部分肥力较高的免耕麦田易出现群体偏大现象，容易导致麦田中期郁闭、后期倒伏。稻田套播小麦管理上应以促进壮苗全苗、防治冻害、建立高产群体为核心。主要技术途径：严格控制共生期，做到适期适量早播；提高秸秆和土壤覆盖质量，确保壮苗全苗；合理施用肥料，提高抗逆能力，建立高产群体。

6.2.3.2　麦田免耕套播水稻

麦田免耕套播水稻是在麦子生长后期，将处理过的稻种经人工或弥雾机直播撒播到麦田，与麦子形成共生期，麦收时留高茬20～30cm，让其自然竖立，多余麦秸就地抛撒开或就近埋入麦田的墒沟中，任其在水稻生长期间自然腐解还田，该稻作方式不育秧、不栽秧、不耕地，能实现秸秆全量还田，具有保护环境、培肥地力、省工节本、操作简便、稳产高效等优点。在生产上，该方式存在以下问题：水稻苗体分布均匀度难以控制，易导致基本苗过多、过少或不匀的现象；杂草（杂草稻）危害重；水稻群体大，倒伏风险较高。针对上述问题，在生产管理上应把握好以下技术环节：田块要靠近水源，秋播旋耕种麦，对前茬有杂草稻的田块，深旋耕10cm以上，精细整地，内外沟系配套，达到土垡细碎、田面整平、能灌能排的要求，冬春搞好麦田化除；由于超高茬麦套稻播期比稻栽稻推迟，成熟期推迟，全生育缩短5～7d，应选用穗型较大、品质较好、抗性较强、成熟较早的优质品种；确保播种质量，一般在小麦收获前8～10d播种，收麦时小秧叶龄1.5叶左右。做好种子处理，待种子破胸露白达80%左右时，淋干水分，最好采用种衣剂拌种，按田块按畦按面积称种，做到均匀播种、适量播种；播种当天下午至傍晚灌满沟水、淹没高墩，次日早晨排干沟中水；如播后连续晴天高温，隔2～3d补1次透水，确保全苗、齐苗；早管促早发，及时清除田面余草；小麦收获时留茬20～30cm，将部分小麦秸秆立即施入麦田墒沟，以减少秸秆覆盖过厚而遮光，有利于秧苗生长，降低分蘖起始蘖位，小麦收获当天或次日灌满沟水，全部湿润土面；平衡追肥，麦收田面湿润后立即施用肥料，7～8d后追第2次肥，并由湿润逐步过渡到浅水层管理，促进秧苗早发；移密补稀，在秧苗6～7叶时，及时进行移密补稀工作，促进全田稻苗分布均匀、平衡生长；适时适度搁田，分蘖期浅水促蘖，适时脱水露田，当田间苗数达预期苗的70%～80%时落干轻搁田，反复2～3次搁好田，促进根系下扎，茎秆粗壮；抓好后期水浆管理，孕穗期和抽穗期浅水管理，灌浆期以湿润为主，成熟前7～10d断水；综合防治病虫草害，并施好穗肥。

6.2.3.3　麦秸旋耕还田轻简稻作

麦秸旋耕还田轻简稻作是在收获小麦时，将秸秆用机械切碎分散于田面，通过机械旋耕将之与泥土混合后还田，采用机插、抛秧等栽培方式种植水稻，实现小麦秸秆还田与水稻种植轻型简化相结合的稻作技术体系。麦秸机械旋耕还田轻简稻作通过机械化作业，可实现规模化秸秆还田，实现小麦秸秆肥料化利用。麦秸旋耕还田后土壤表面残留部分碎草，因此在不影响稻作的前提下，需确定合理的残留碎草量。一般田面允许碎草量以每平方尺（1尺≈33.3cm，后同）竖立的碎草在10根之内为宜。麦秸旋耕还田导致表土层麦秸量增加，土体疏松度增加，土壤孔隙度和持水量提高，沉实度降低，容易导致根部倒伏。在水稻生长过程中，麦秸腐烂向土壤排放有机酸和有害物质增加，前期水浆管理不当，生长容易受到抑制，发苗慢。麦秸腐烂过程中，前期耗氮、后期释氮。该稻作模式中稻株生长具有"前期生长缓慢、中期生长加快、后期生长活力增强"的特点。

2010年在江苏沿江农业科学研究所进行小麦秸秆还田研究，测定了秸秆还田和不还田稻田处理下不同生育期三层土壤速效氮含量（表6-4）。从中可见，对于表层0～7cm土壤，在苗期，秸秆还田处理土壤速效氮含量显著低于不还田处理；在分蘖期和拔节期，秸秆还田和不还田处理土壤速效氮含量相近，没有显著差异；从孕穗期到成熟期，秸秆还田处理速效氮含量均显著高于不还田处理，秸秆还田处理速效氮含量比不还田处理提高17%～25%。对于中层7～14cm土壤，在苗期和分蘖期，秸秆还田和不还田处理土壤速效氮含量没有显著差异；从拔节期到成熟期，秸秆还田处理速效氮含量均显著高于不还田处理，秸秆还田处理比不还田处理增加15%～29%。对于下层14～20cm土壤，在苗期、分蘖期和拔节期，秸秆还田和不还田处理速效氮含量均没有显著差异；而从孕穗期到成熟期，秸秆还田处理速效氮含量均显著高于不还田处理，秸秆还田处理比不还田处理增加13%～35%。从这些结果可以看出，秸秆还田会减少苗期表层（0～7cm）土壤速效氮含量，对分蘖期和拔节期土壤速效氮含量没有显著影响，但是能够显著增加三层土壤（0～20cm）后期（从孕穗期到成熟期）土壤速效氮含量。基于小麦秸还田条件下的土壤供肥特点，水稻前期生长量相对较小，表现为前期生长受抑制、发苗慢，而到抽穗期，秸秆分解由吸氮转化为释氮，土壤供肥强度增大，水稻群体质量得到了全面优化，源库关系得到充分协调。

表6-4　小麦秸秆还田对水稻不同生育期土壤速效氮含量的影响　　（单位：mg/kg）

土层	处理	苗期	分蘖期	拔节期	孕穗期	灌浆期	成熟期
0～7cm	还田	14.01±2.33b	13.12±0.99a	23.65±3.54a	15.79±0.26a	18.22±0.57a	21.63±0.45a
	不还田	18.33±0.80a	12.84±0.63a	24.44±0.28a	12.57±0.28b	15.09±0.12b	17.37±0.72b
7～14cm	还田	10.51±0.81a	8.62±1.32a	18.23±0.60a	10.52±0.29a	12.92±0.13a	12.40±0.46a
	不还田	10.23±1.16a	8.92±0.82a	17.30±0.36b	9.11±0.53b	10.05±0.01b	10.40±0.24b
14～20cm	还田	6.72±0.12a	5.88±1.18a	12.27±1.41a	6.52±0.08a	7.32±0.11a	8.36±0.18a
	不还田	6.83±0.45a	6.41±0.62a	13.02±1.17a	5.78±0.14b	6.18±0.49b	6.21±0.25b

注：同一列不同小写字母表示相同生育期内相同土层内不同处理间在5%水平上差异显著

为提高秸秆还田质量，生产应遵循"机械收获→充分切碎→人工匀草→施足基肥→上水泡田→旋耕灭茬（捞取浮草）→正常栽（抛）"等作业流程。

机械收获、秸秆切碎并匀铺。机械收获小麦时，用半喂入联合收割机收获，留茬高度10～15cm，应安装秸秆切碎效果较好的装置，调整切碎机的切草刀片间距并开启秸秆切碎装置，将小麦秸秆切成5～10cm的小段，均匀撒于田间。秸秆全量还田时切碎秸秆在田间分布的均匀程度，直接影响水稻栽后成苗率和每亩基本苗，从而影响成穗数和产量。因此在上水泡田、旋耕灭茬之前，必须人工匀草，严防碎草成堆而导致的栽后稻田发酵死苗。施足基肥、上水泡田。为了加速小麦秸秆腐烂速度，减轻秸秆埋后腐烂释放毒素的压力，尽可能提早上水泡田。通过上水泡田，泡松土壤，软化秸秆，提高机械旋耕埋秸秆作业的效率。秸秆分解初期由于微生物争氮，会降低土壤中氮含量，在放水泡田前应补施一定量的氮肥，同时补足磷、钾肥。施基肥后放水泡田，浸泡时间以泡软秸秆、泡透耕层为度。一般浸泡12h秸秆软化，壤土地浸泡24h，黏土地浸泡36～48h。浸泡时间过短，耕层泡不透，作业时土壤起浆度低，秸秆和泥浆不能充分混合，田面平整度低；浸泡时间过长，沙土和黏土会发生土壤板结，不利于埋草和起浆。机械旋耕还田、捞取浮草。选择与中型拖拉机相配套的高效低耗秸秆还田机械。旋耕深度要求达到15cm以上。新型机械正旋埋草、带水旋耕，有利于提高机械作业效率和埋草效率。同时带水旋耕减小了机械负荷和动力消耗，特别是提高了旋耕埋草田面的平整度，旋耕一次能实现埋草和平整田地两项操作。作业时采取横竖两遍作业，第一遍顺田间长度采用套耕作业法，避免漏耕，可以适当重耕，以提高埋草效果；第二遍可以采用"绕行法"找平，并适当提高作业速度。机械还田时要严格控制水层，以田面高处见墩、低处有水，作业时不起浪为度。水层过深，浮草增多，表层泥土不易起浆，泥草混合难以均匀，影响一次性耕整平整度和水稻机插作业质量。水层过浅，加大机械负荷，且不利于田面平整。旋耕后田面碎草量以每平方尺竖立的碎草在10根之内为宜。针对麦秸还田后水稻生长发育特点，其高产栽培关键环节是促进水稻前期早发。

　　根据秸秆还田条件下水稻生育规律，结合大面积生产实践，秸秆还田水稻的栽培调控技术环节有：一是提高秸秆还田质量。如果还田秸秆在稻田漂浮，埋草效果差，埋草率低，对机插秧和抛栽秧均有较大的不利影响，因而要严格遵循机械化全量还田作业流程，确保秸秆还田的埋草质量。二是适当增加前期施氮量。小麦秸秆全量还田的草量大，秸秆在腐解为有机肥的过程中需从土壤中吸收氮等元素，与秧苗争夺氮素肥料，影响水稻分蘖早发，因而要补施一定量的氮肥。一般每亩还田400kg秸秆时，基肥需增施尿素4～5kg。根据秸秆腐解先消耗氮素后释放氮素的特点，施氮比例当前移，与秸秆不还田相比，基蘖肥施氮比例通常提高10个百分点，穗肥施氮比例降低10个百分点。将江苏高产粳稻氮肥施用比例（基蘖肥：穗肥为5～6：5～4）调整为6～7：4～3，促前保后，优化水稻群体质量。三是优化水浆管理。麦秸全量还田有个腐烂发酵过程，容易产生有毒物质如硫化氢、CH_4等，危害水稻根系，造成根系发黄发黑，抑制稻苗新根发生和吸收功能，造成水稻僵苗。因而，生产上以加速秸秆腐烂、通气增氧、排除毒素和沉实土壤来防止倒伏为目标，优化稻田水浆管理。

6.2.3.4　稻秸旋耕还田条播（匀播）小麦

　　水稻秸秆全量还田，具有秸秆总量多、秸秆腐烂分解慢并受气候影响大等特点，易影响秋播进度或造成缺肥干旱、僵苗不发、冻害死苗等不利影响。水稻秸秆还田后播种小麦，常因出苗率低、出苗不均匀等导致产量下降，成为制约这项技术推广的重要原因之一。研究表明，水稻秸秆还田导致小麦出苗率降低并影响小麦出苗均匀性，小麦出苗率下降的原因可概括为播种过浅、播种过深、种子霉烂、秸秆阻碍、土壤水分干湿不均或水分不足5个方面，水稻秸秆还田条件下，影响小麦出苗的首要因素是土壤水分干湿不均或水分不足，其次是秸秆阻碍（李波等，2013）。秸秆能否实现高质量还田，直接影响小麦的全苗壮苗（表6-5）。

表6-5　稻秸还田及其耕作方式对小麦出苗的影响（2011～2012年）

处理	出苗变异系数（%）	出苗率（%）	影响出苗因素占比（%）				
			播种过浅	秸秆阻碍	种子霉烂	播种过深	土壤水分不足或干湿不均
稻秸还田+免耕	57.50	70d	6.9	32.1	0	0	61.0
稻秸不还田+免耕	47.09	76cd	2.3	11.1	0	42.2	44.4
稻秸还田+旋耕	54.99	80bc	6.2	17.6	5.4	11.9	58.9
稻秸不还田+旋耕	48.14	85b	4.4	8.3	2.3	34.2	50.8
稻秸还田+浅翻耕	47.98	78bcd	0	23.0	0	15.4	61.6
稻秸不还田+浅翻耕	37.19	94a	10.5	6.4	1.3	32.5	49.3
稻秸还田+深翻耕	40.43	73d	0	15.0	13.3	15.0	56.7
稻秸不还田+深翻耕	41.46	80bc	10.3	4.3	10	25.1	50.3

注：免耕，土壤扰动2～3cm；旋耕，旋耕深度8～10cm；浅翻耕，土壤耕深13～15cm；深翻耕，土壤耕深18～20cm

　　稻秸旋耕还田条播（匀播）小麦，以"水稻收割→同步碎秸→碎秸匀铺→灭茬还田→机械匀播→适时镇压→小麦优化配套管理"为关键环节，可实现农机农艺配套。从农机作业上看，为满足大量秸秆或超量秸秆还田要求，要增加大中型拖拉机作业面，坚持"碎草匀铺（碎草长度控制在5～8cm）→深埋整地（耕翻埋草+旋耕整地，或1～2次深旋埋草，确保埋深达15cm）→机械条（摆）播（或人工均匀撒播机械盖籽）"的作业程序，其中水稻收割、同步碎秸、碎秸匀铺、灭茬还田、机械匀播、适时镇压等环节均有相应装备支撑，可实现水稻秸秆机械化全量还田，利用碎秸秆扩散匀铺装置，碎秸摊铺宽度增加1倍以上，厚度降低50%以上，分布均匀度达85%以上，可明显优化机械还田作业条件，提高还田整地质量。从农艺配套技术上看，因地制宜采用适宜的埋秸整地方式和播种方式，提高播种质量，坚持播后镇压，基肥适量增氮，采用抗逆应变管理，在确保稻茬小麦全苗、壮苗的基础上实现稳产高产。水稻秸秆还田会影响小麦的出苗，导致基本苗略有下降，而在分蘖后期对小麦分蘖表现出较大的促进作用，最终能保证小麦成熟期有足够的穗数。秸秆还田的正面效应在拔节期后表现较为明显，能够提高小麦抽穗期至成熟期干物质的积累量，从而提高小麦的穗粒数和千粒重。稻秸还田可以在每亩穗数相当的情况下提高产量。但是，如果秸秆还田配套措施不到位，会给麦田整地、播种、出苗及麦苗生长带来不良影响，并容易引发冻害和渍害，从而影响小麦的全苗、壮苗。

　　针对稻秸还田后小麦的生育特点，该技术的高产栽培策略是主攻小麦全苗壮苗，加强小麦优化栽培和抗逆应变管理。

　　一是提高水稻秸秆还田和整地质量，实现水稻收割、同步碎秸与碎秸匀铺。利用久保田、洋马等类型收割机，在其出草口加装碎草匀铺扩散装置，收割机离地面10cm左右收割水稻，同时启动切碎和碎草匀铺扩散装置，使水稻秸秆被切成5～8cm长并均匀分散在同等割幅范围内，对部分成堆的稻草进行人工均匀撒铺，确保全田均匀铺草，为后续高效高质旋耕灭茬作业奠定基础。埋草整地是秸秆还田种麦最关键的技术环节，既要埋得深也要埋得匀，要求埋深15cm以上，为提高播种质量创造条件。为了确保埋草质量，水稻成熟前7d要及时开沟控水降渍，技术关键是降低土壤墒情，防止烂耕烂种。要防止秸秆富集于表土层或形成草堆，造成土壤表层过于疏松，从而导致通风跑墒和根系发育不良、冻害加重等。在耕翻埋草前，全量施足基肥，并适量增加速效氮肥。如果是采用大中型拖拉机配备秸秆还田机具实现秸秆还田耕整机械化作业，做到碎土、埋草、覆盖一次性完成。在还田机械的选择上，可以根据实际情况选用多种机械组合，动力机械可采用50～75马力拖拉机，还田机械推荐使用反转灭茬旋耕机，该机器的主要特点是耕深稳定、碎土质量好、覆盖率高、运行稳定可靠、作业后田面平整。采用高性能反旋灭茬机将秸秆均匀埋入15～20cm深的土层，通过二次浅旋作业，提高整地质量，满足播种要求，减少深籽、丛籽和露籽。有条件的地方，大力推广犁旋一体秸秆还田作业机，采用大功率"犁翻旋耕"复式机作业，有利于秸秆埋深埋匀，提高播种质量，若深旋两次效果更好。在水稻收获时秸秆没有切碎匀铺或留高茬的情况下，可用秸秆粉碎专用机械进行碎草灭茬，在碎草灭茬基础上进行整地播种。稻秸还田时，一般小功率手扶机械旋耕难以达到理想的埋草效果。为了防止水稻秸秆富集于小麦播种层，要尽力杜绝采用小型手扶拖拉机进行旋耕埋草作业。

二是提高播种质量。在碎草匀铺的基础上，可采用大功率复式播种机进行直接播种作业，一次性完成旋耕埋草、施肥、播种、开沟、镇压等播种作业。在埋草整地的基础上，可采用各式机械播种。机械条播时，要求做到适苗扩行，对于适期早播的高产田块，应调整排种孔装置，改常规每幅6行为5行，行距25～30cm。操作条播机时应中速行驶，确保落籽均匀。播种深度要根据墒情调节。土壤偏旱，播深为3～5cm；墒情好的，播深控制在2～3cm。中速行驶，确保落籽均匀，避免重播或拉大行距，避免田中停机形成堆籽。

三是强化播后管理。遇到干旱需造墒播种或播后窨水沟灌，播后要及时镇压，防止土壤表层过于疏松。适当提高前期施氮比例。根据秸秆腐解先耗氮后释氮的特点，施氮比例适当前移，适当增加基肥中氮肥用量，比例增加约10个百分点，防止秸秆腐解耗氮影响麦苗生长，促进小麦苗期叶蘖同伸，实现壮苗越冬。同时加强抗逆应变管理。

6.2.4　稻田耕作模式拟解决的问题与技术途径

6.2.4.1　主要存在问题

目前在我国水旱两熟体系中，养分的投入越来越依赖于化肥的大量施用，有机肥施用量少，加之耕作措施、施肥方式不合理，造成稻田土壤板结、耕层变浅、肥料施用效率低，导致资源浪费和生态环境问题较为突出。随着水稻、小麦单产的持续增加，其秸秆量越来越大，加之稻麦生产季节紧张、适种期短，实现稻麦秸秆高质量还田的难度大，在配套措施不到位的情况下，缺苗、弱苗现象占比较大。长江中下游地区，秋播期间雨水天气多，稻田土壤难以得到高质量耕作，小麦适期播种难度高，稻茬麦晚播占比大。

6.2.4.2 主要技术途径

一是创新秸秆全量还田新型耕作模式。随着稻麦产量的提高，还田秸秆量也越来越大，针对现大面积推行的秸秆匀铺耕翻还田或免耕覆盖还田对土壤耕层质量、稻麦生长及稻田环境等方面造成的不良影响，创新并完善稻麦条带耕作、苗带洁区播种，并集成配套秸秆集中沟埋或留高茬条带还田或行间集覆还田等新型耕作模式，研发相配套的新型农机装备，推进耕作、施肥、播种、开沟、覆土、镇压等作业环节的一体化和精准化、智能化，实现秸秆全量还田下的低碳高效和全苗壮苗。

二是研发以健康土壤为目标的管理模式。建立有利于耕层质量提升和环境友好的少免耕、旋耕和深翻耕有机结合的合理轮耕技术体系。将绿肥作物纳入水旱两熟系统，有效实现水旱两熟稻田的土壤改良。绿肥作为一种清洁的有机肥源，不仅仅在增加作物产量方面具有较高的经济价值，更在提高土壤肥力、改善土壤结构、促进作物养分循环、防止水土流失、消解农业面源污染和节能减排等方面具有显著的生态价值。尤其是在当前国家实施"化肥使用量零增长"、"耕地质量提升"和"耕地轮作休耕"等战略的宏观背景下，推动绿肥种植，充分发挥绿肥的生态功能，改善农业生态环境，对农业绿色、生态化转型及高质量发展作用明显。根据不同区域的特点，可种植鲜食蚕豆、豌豆、黄花苜蓿等具有经济价值的绿肥作物，或是种植油菜、紫云英等具有观赏价值的绿肥作物。探索并建立稻田生物炭合理施用技术体系。生物炭具有比表面积大、含碳量高、多微孔结构等特点，有研究表明，在农业生产中将生物炭均匀撒至土壤表面并与耕层土壤均匀混合，可以改变耕层土壤的理化性质，提高土壤肥力，有利于促进作物增产和温室气体减排（Woolf et al., 2010；Zhang et al., 2012）。同时，生物炭对 NH_4^+、NO_3^- 等具有较好的吸附效果，减少了土壤中氮素流失，同时吸附的氮素可以被植物再利用，提高了养分的利用率（Singh et al., 2010；Zheng et al., 2013）。在节水灌溉稻田中施加生物炭不仅可以提高水稻产量和水分利用效率，还能有效减少 CH_4 的排放（肖亚楠等，2017）。施用生物炭还可改善土壤性质，抑制土壤 CO_2 排放，快速提高农田有机质的含量（裴俊敏等，2016）。在农田中施加生物炭对农业生产和土壤改良具有积极的影响，将其运用到水旱两熟种植模式中，具有提升作物产量和防治生态环境污染的潜力价值，但目前的相关研究与应用还相对较少，需要进一步探索和完善配套。

三是协调水肥供应，建立精准简化栽培管理模式。以优质丰产增效和健康可持续为目标，根据新型耕作模式的特征特点，以稻–麦/油等水旱两熟稻田的水肥高效调控为重点，依据作物养分和水分需求特点，进行精准施与水分管理，建立集中施肥、根层施用的高效简化肥料施用技术体系。

6.3 双季稻稻田耕作模式

6.3.1 耕作主体模式及其概况

我国双季稻田主要集中在华中、华南、江南和西南4个稻区，主要包括了浙江、安徽、福建、江西、湖北、湖南、广东、广西、海南和云南，是我国重要的粮食产区（王德鹏，2016）。由于我国南方稻区具有光热资源丰富、热量充足、雨水充沛、严寒期短、无霜期长的特点，通过发展双季稻生产，能够充分地利用土地和温光资源，提高水稻播种面积，增加水稻总产量，有效降低资源与环境压力，同时由于双季稻生产互补性强，能较好地抵御严重自然灾害（邹应斌和戴魁根，2008）。提高双季稻种植面积、增加水稻复种指数，是保证我国农作物播种面积稳定增加和粮食产量稳步提高的重要途径之一（段居琦和周广胜，2012）。

新中国成立前，由于我国长期处于半殖民地半封建统治，稻田生产条件得不到改善，耕作制度墨守成规，现行的双季稻区大部分只种一季水稻且产量很低。新中国成立后，双季稻区的稻田耕作制度大致经历了改革开放前的恢复发展期、稳定发展期和快速发展期，改革开放后的调整发展期、结构优化发展期和结构调整、缩减与恢复发展期的演变历程。

1. 恢复发展期（1950～1960年）

新中国成立后，在党和政府领导下，通过社会主义改造和社会主义建设，不断改善生产条件，以发展国民经济、恢复发展农业生产、主攻粮食生产为中心任务，推动稻田耕作制度的改革和发展，推行"单季改双季、旱土改水田、冬闲改冬种"等增产措施，耕作制度的研究重点是组织科技人员进行调查研究，以总结群众经验为主，积极探索新的增产技术，推广劳模的经验。在调查总结耕作制度改革经验的同时，对双季稻水稻品种进行了调查、征集、评选，在进行品种区试的同时，还进行了品种资源、新品种选育及水稻育秧、密植、施肥、灌溉等双季稻栽培技术的研究，推广新式农机具和劳模经验，使农业生产得到迅速恢复和发展，对推动双季稻发展起了重要作用。

2. 稳定发展期（1961～1970年）

进入20世纪60年代，为稳定双季稻发展，针对发展双季稻生产中出现的水稻高秆品种容易倒伏和肥源缺乏等问题，以稻田耕作制度改革发展与生产条件改变相结合作为重点，在农田基本建设、兴修农田水利的基础上，主要围绕水稻高秆改矮秆，在冬闲田、冬泡田发展水旱两熟技术，改良中低产稻田，发展冬季绿色生产等方面开展工作。为适应双季稻发展，由过去种植兰花草子（苕子）改种红花草子（紫云英）。通过加速中低产稻田的改造，发展水旱两熟技术，实现用地与养地结合，提高土壤肥力，稳定发展绿肥-双季稻复种制。

3. 快速发展期（1971～1980年）

该时期双季稻田耕作制度研究工作一度中断，但仍有个别人员坚持工作，重点在大麦-双季稻、油菜-双季稻等模式创新与优化、水稻矮秆品种应用方面取得进展。通过"农业学大寨"运动，大搞农田基本建设，改善农业生产条件，坚持"良田、良制、良种、良法"综合配套，发展稻田多熟种植，加上化肥、农药、农膜、农机等物质的推广应用，进一步促进了双季稻田耕作制度改革与快速发展。

4. 调整发展期（1981～1990年）

党的十一届三中全会以后，在农村推行了以家庭联产承包责任制为主体的一系列经济体制改革；党中央及时召开了全国科学大会，农业科技工作者迎来了科学的春天；粮食连年丰收，群众温饱问题得到解决，国家逐步放开了粮食市场，取消了粮票，实现了由计划经济逐步转变为市场经济。在这个农业发展的重要转型期，为适应国内外市场的消费需求，迫切需要发展适应市场经济规律的农业结构，对种植结构、方式、熟制、布局等进行调整。这一阶段稻田耕作制度任务是适度调整农业结构，由"粮-粮"型种植结构变为"粮–经–饲"三元种植结构，双季稻田主要是研究开发稻田冬季农业，发展冬种油菜/大麦/蔬菜–双季稻，建立稻田高产高效的农作制度技术体系（杨光立等，2002；汤文光等，2009）。

5. 结构优化发展期（1991～2000年）

进入20世纪90年代，随着市场经济体制的建立，农业已由单纯追求粮食高产向优质高产高效方向发展，在确保粮食高产的前提下，把耕作制度研究工作的重点放在持续高产高效、节本增效种植模式、减灾避灾农作制度与提高产品质量方面，通过稻田种植模式的优化和关键配套技术的创新，建立适应市场经济发展的耕作栽培技术体系。以持续高产、优质高效作为双季稻田耕作制度发展的主要特征，各地相继开展了成建制的"良田、良制、良种、良法"相结合的"吨粮田开发"，比较系统地研究了绿肥/油菜/裸大麦–双季稻复种制土壤肥力演变规律，制订了稻田不同种植模式平衡施肥与水分管理措施，集成并推广应用了水稻少耕分厢撒直播、水稻旱育抛栽、稻田少免耕栽培与稻草还田等技术，使得水稻单产、总产不断提高。

6. 结构调整压缩与恢复发展期（2001年至今）

进入21世纪，双季稻区稻田耕作制度的发展经历了调整压缩期和恢复发展期两个时期。1998～2003年为调减压缩期，在水稻连年丰收、粮食库存积压、种粮效益持续偏低、财政负担过重的条件下对稻田农作制度进行战略性调整，通过调整复种指数，实行三熟改两熟、双季稻改一季稻，发展优质旱粮和高效经济作物。从2004年开始进入恢复发展期，为了确保粮食生产安全，保障市场需求和有效供应，明确提出集中力量支持粮食主产区粮食产业，促进种粮农民增加收入。从"十五"以来，在双季稻区陆续启动实施了"粮食丰产科技工程""沃土工程""保护性耕作技术研究与示范"等科技项目，研发并推广应用了双季稻区冬季绿色生物覆盖、双季稻多熟制保护性耕作等关键技术。2008年以后，为了适应现代农业发展和农业防灾减灾的要求，优化种植结构和品种结构，适应国内外农产品消费需求，确保粮食生产安全和农产品质量安全，稻田耕作制度的研究领域不断拓展，其重点是围绕农业的区域布局进行耕地资源的优化配置、种植结构的调整和优化，突出水稻专业化生产、集约化经营、省工节本、轻型高效、防灾减灾、优质高产、生态环境综合治理与发展高效农业等方面，旨在进一步促进稻田耕作制度快速、持续、稳定发展。

6.3.2　稻田耕作与栽培的创新和发展

双季稻多熟制发展离不开稻田耕作技术的创新与突破。随着双季稻区耕作制度的演变，稻田耕作及其栽培管理得到不断改进与应用，在促进双季稻高产、高效、优质、安全等方面发挥了重要作用。

20世纪50年代开始大量引进苏式五铧犁进行平翻，60年代创建带心土铲的双层深翻犁，从日本引进手扶拖拉机后，南方链轨拖拉机用牵引犁、轮式拖拉机用犁、水田耕翻机、机耕船、旋耕机、耕整播种机及牵引式钉齿耙相继应运而生，促进了水田土壤耕作机械化。通过整地作业的"耕、耙、耖、耥"四大工序，扩大了耕层容积，蓄积水分和养分，实现用养结合。"耕田"是耕翻破碎土块，掩埋绿肥、杂草，混合有机肥料，深耕松动底土，一般有干耕和水耕两种，以水耕为主。"耙田"是碎土和初步平整田面，有水耙和干耙两种，以水耙为主，通过耙田使土肥融合。"耖田"是耙田之后再浅耕，一般以水耖为主，保持1寸（1寸约等于3.33cm，后同）之内浅水层，耖田后再耙平，使田面平整，水肥泥活。"耥田"是平田作业，以利播种、栽插。

传统土壤耕作过程中，一般早稻"两犁多耙"、晚稻"一犁两耙"，全层碎土，土壤融烂，往往导致土壤表层和亚表层的分离，表层土壤被水冲走，容易造成土壤有机质流失，土壤肥力无法满足水稻生长的需求。进入20世纪80年代后，随着商品经济的发展，工业化的加速，农村剩余劳动力开始逐步向第二、三产业转移，迫切需要发展省工省力、节本增产、轻简高效的耕作栽培技术，同时在一些地方出现了油菜、大小麦、蚕豌豆少免耕栽培，为了适应这一变化，湖南等地研究出早稻少耕分厢撒直播种植模式，并配套干耕干整、开沟分厢、定量撒播、化学除草、干湿灌溉等关键技术，逐步扩展到南方各稻区应用。进入21世纪，随着城镇化进程的推进、农村劳动力的转移，稻田少免耕保护性耕作技术得到快速的发展，稻田土壤耕作的研究重点则放在少免耕的种植模式、增产机制和经济、社会、生态与环境效益方面，相继研发出稻田"两免、两杂、双抛"高产栽培，晚稻稻草覆盖免耕栽培综合丰产，水稻"早旋、晚免"丰产栽培等保护性耕作技术。这些耕作模式与技术省工节本、轻简高效、适用性和可操作性强，目前已逐步形成稻田免耕直播油菜、免耕种植大小麦、免耕种植马铃薯，以及榨菜–双季稻等多种模式。

在双季稻多熟制稳定和发展过程中，早晚稻的栽培管理也得到较大创新。

合理搭配水稻品种，实现良种良法相配套。在合理选择搭配适宜水稻品种的基础上，合理安排早稻茬口，研究早晚稻育秧技术。以湖南省为例，由于早春寒流发生频繁，早稻生产容易出现烂秧，晚稻生产容易受到9月寒露风的影响，要确保晚稻安全齐穗，需避开9月的寒露风危害，同时存在 "双抢"季节紧、时间短，早稻和晚稻茬口衔接紧的问题，新中国成立后至改革开放前，在水稻育秧技术方面，先后进行了改水稻大秧板田为合式秧田，改落谷密为落谷稀、培育稀播壮秧，改水育秧为泥浆踏谷、湿润育秧，改露天育秧为薄膜覆盖育秧等研究（佟屏亚，1994）。1958年总结推广了煤灰催芽经验。60年代总结推广了"高温破胸、适温催芽、恒温保芽"的技术。60年代中期，研究并推广应用了塑料薄膜育秧和两段育秧等技术。进入80年代后，因气候变化异常，常出现极端低温寒潮，在湘北洞庭湖区如早稻播种过早，在一部分地区常出现早稻烂秧，在此背景下，科技人员研究出早稻分厢撒直播配套技术，即在选择早熟品种的基础上，推迟到4月10～15日播种，采取分厢撒播，泥浆踏谷，播后露田，三叶期后复水，施用除草剂进行化学除草。为了促进早晚稻平衡增产，1990～1997年，湖南省土壤肥料研究所联合湖南省农业厅粮油生产处等单位，进行了水稻塑料软盘旱育抛栽增产效益及机制的研究，重点对水稻抛秧品种选择与合理搭配和抛栽水稻播种期、秧龄期、抛栽期、抛栽密度、肥水运筹、秧苗化学调控等方面进行了系统性研究，提出了中高产稻区水稻旱育秧、抛秧"壮根壮秆重穗"综合配套栽培技术模式，中低产稻区水稻旱育秧、抛秧"旺根壮秆足穗"综合配套栽培技术模式，研究形成了"水稻旱育抛栽适用性研究与推广应用"科技成果。

推进防灾减灾与稻作节水管理。双季稻主产区范围广，多数地区处于季节性干旱区，其灾害性天气发生频率高、持续时期长、威胁危害大。针对双季稻多熟农作制面临旱灾的威胁，一方面加强农田水利建设，确保稻田灌溉用水；另一方面加强双季稻防灾减灾技术体系研究，发展水稻节水灌溉技术。通过对耐旱性水稻品种的引进筛选与适应性研究，筛选出了一批耐旱高产品种；通过对不同农艺措施节水技术研究，相继提出并推广应用了稻田早蓄晚灌综合丰产栽培技术，抓好雨季结束时塘坝水库蓄水，充分利用雨季保收高产栽培、堵漏防渗等稻作节水技术，晚稻免耕覆盖稻草高产栽培技术，以肥调水、以水促肥节水抗旱技术，以及化学调控节水栽培技术等（谭斌等，2004）。

长江中游东南部地区是我国重要双季稻区，然而该区域存在年积温低（全年≥10℃积温5300～6500℃，较华南双季稻区少8.62%～30.10%）、季节紧张（10～22℃天数176～212d，较华南双季稻区少36d以上）、春秋低温和夏季高温危害多等不利气候因素，导致双季稻前期早发难（早稻低温寡照、晚稻高温高湿、秧苗素质差、移栽植伤大）、中期成穗率低（积温少、有效分蘖期短、控蘖难度大）、后期易早衰（早稻高温危害、晚稻低温胁迫）等（刘佳，2014），针对上述制约产量潜力发挥的关键因素，自"十五"起，开展双季稻前期促早发、中期控蘖、后期防早衰关键技术研发及其耕作模式配套，创新了双季稻前期早发与精确定苗关键技术，突破了双季稻中期控蘖壮秆关键技术，研发出防早衰的关键技术（刘佳，2014），创建了超高产栽培技术和绿色高效栽培模式。通过对水稻不同种植模式的关键技术进行较系统研究与集成创新，形成了多项双季稻丰产增效耕作栽培模式，如集成的以"免耕+化学除草+泡田松土+小苗移栽（直播）+分次施用+浅水勤灌"等为主要措施的水稻免耕栽培技术模式，较翻耕栽培增产3.2%～9.6%，每亩节支增收50～100元；集成的以"稻鸭共育+灯光诱虫+种草诱螟+稻糠除草+双草壅土+健身栽培+精准用药"为关键的绿色水稻清洁生产技术，每亩可增效100元，而且可减少化学农药用量50%～60%、化肥用量50%。研究形成的"长江中游东南部双季稻丰产高效关键技术与应用"成果，2009年以前在长江中游东南部的江西累计推广应用4020.2万亩，2010～2012年在江西推广4066.8万亩，并在湖南、安徽、福建推广1154.4万亩，取得显著的社会经济效益。

针对双季稻种植模式较单一，特别是种植制度年间复种模式较少、资源利用率不高、耕地和环境质量下降，以及农业生产资料投入高、利用率低导致的资源浪费、环境污染、产投比小等问题，江西省农业科学院在全省通过多年科学试验，总结出油菜–稻–稻、绿肥–稻–稻、菜–稻–稻、薯–稻–稻等多种高效种植模式，以提升双季稻种植的综合效益。周海波等（2019）通过对江西省2015～2017年双季稻+冬季作物模式的系统研究，并基于自然资源、市场、社会等背景，从经济效益、生态效益、社会效益3个方面对双季稻田三熟制种植模式进行了综合评价，认为，绿肥–稻–稻和薯–稻–稻稻田三熟制模式不仅能够提高水稻种植的经济效益，其综合效益也明显高于江西省传统的冬闲–稻–稻种植模式，特别是绿肥–稻–稻模式综合效益最好，但在具体的绿肥品种上需根据不同的种植条件进行选择。薯–稻–稻也具有较高的经济效益和社会效益，综合效益也表现良好，可因地制宜进行推广。

6.3.3　双季稻秸秆还田技术及配套机具

6.3.3.1　双季稻秸秆还田技术

水稻收割后将秸秆直接施入土中，实现秸秆还田，可有效地利用有机肥资源，增加土壤有机质，改善土壤结构，增强稻田土壤保肥供肥能力。同时，减少秸秆焚烧和废弃对大气、土壤、水质等农业生产环境造成的污染。技术要点：①秸秆处理。水稻机械收割时，留茬高度应小于15cm。收割机加载切碎装置，将稻草切成5cm左右长度，并较为均匀地抛撒到田面。翻耕时，田间水不宜过深，以避免耕田机械行走时产生水浪使稻草碎段漂移。②调节C/N。秸秆分解、腐烂时，微生物活动会消耗更多的氮素，需要通过增施尿素等调节C/N。根据测土配方施肥建议，一般可在基肥中增施约10%的氮肥调节C/N，以补充秸秆分解、腐烂的养分需求。有条件的地方，建议适当施用生石灰，每亩施50kg，2~3年施一次。秸秆还田后，追肥总量可减少10%~15%，其中氮肥用量可分别减少10%。③早稻秸秆还田时应尽早灌水翻耕，且田面需保持3~5cm的水深，有条件的最好深翻后栽插晚稻。冬闲田可在晚稻收获后将秸秆翻耕还田。④水稻分蘖苗足后要及时排水晒田，成熟前要及时排水落干，确保收割时田面有一定的硬度。

6.3.3.2 双季稻秸秆还田配套机具

双季稻区的地形一般以山地、丘陵为主，平原、盆地交错分布。土壤类型一般以红壤、黄壤及由各类自然土壤经水耕熟化而成的水稻土为主，这类土壤一般黏性较大、易板结、较贫瘠，耕整地环节功率消耗较大。受地形地貌限制等，每家每户耕地面积小且不集中，大中型农业机械无法下地作业。早稻通常4月种植，7月收获，立即进行耕整地，移栽晚稻，10月中旬收获晚稻。早稻收获到晚稻播种之间周期很短，完成秸秆还田并进行耕整地作业，农时比较紧张，在一定程度上影响了秸秆还田质量（孙妮娜等，2019）。

1. 水稻收获与秸秆粉碎抛撒环节

双季稻区的水稻收获分为联合收获和分段收获两种。联合收割机分为全喂入履带式联合收割机、全喂入轮式联合收割机及半喂入联合收割机 3 种。全喂入履带式联合收割机尽管在某些性能上不尽如人意，但具有价格优势，且经过不断提高整机性能，已逐步成为南方双季水稻机收的主力机型；全喂入轮式联合收割机重量较大，水田适应性较差，在双季稻区使用较少（王冬云等，2012）；半喂入联合收割机体积小，作业性能好，但价格较贵，在经济相对发达、政府补贴力度大的地区使用较多。分段收获的机具（小型割晒机、割捆机和脱粒机配合使用）主要适合丘陵和半山区，这些地区田块面积小、地势落差大（郭雪娥等，2006）。对于许多不能采用联合收割机作业的丘陵地区及经济条件差的农户，水稻割晒机是较好的选择，也是丘陵地区较为普及的水稻收获机械（张延化等，2012）。由于双季稻收获时茎秆含水率较高，收获机配备的秸秆粉碎抛撒装置能够达到较好的粉碎抛撒效果（药林桃等，2013）。

2. 秸秆还田耕整地环节

在机械耕整地方面，耕地机具包括铧式犁、圆盘犁、耕耙犁等以犁为代表的机具。整地机具包括圆盘耙、钉具耙、履带旋耕机及水田驱动耙等，将土壤进一步加工，为插秧做准备。配套的拖拉机动力小，以14.7~29.4kW为主（叶春等，2015）。其中，驱动式圆盘犁能在地表秸秆长、留茬高、秸秆量大的情况下避免出现缠草和绕团现象，在覆盖、留茬方面比铧式犁有明显的优越性，且覆埋深度深，因此秸秆养分释放缓慢，对农作物根系生长十分有利。履带式旋耕机效率高，行走灵活，吃泥浅，不易陷泥，耕后地表平整，适宜机插。

6.3.4　稻田耕作模式拟解决的问题与技术途径

6.3.4.1　土壤肥力特点

双季稻田土壤养分表观平衡状态是氮磷素盈余，钾素亏缺。土壤基础地力低，肥料利用效益低。20世纪80年代初，双季稻田的基础地力对产量的贡献率为60%～80%，现在已下降至50%～60%。以湖南为例，1995年施用1kg化肥可生产粮食11.7kg，2013年施用1kg化肥只能生产粮食9.5kg，比1995年降低了2.2kg，降低了18.8%〔《湖南省农村统计年鉴》（1996年，2014年）〕。

6.3.4.2　主要存在问题

一是土壤养分不平衡。氮、磷、钾施用比例不协调，导致土壤氮磷钾养分不平衡。根据湖南长期定位监测的结果，种植20年双季稻后，施化学氮磷钾区土壤氮、磷、钾的盈余量分别为96.6kg、55.0kg、−42.2kg（徐明岗等，2006）。二是土壤酸化。根据湖南长期定位监测的结果，土壤20年连续施用化肥区，土壤pH由6.5下降到5.1，由中性土壤变成了酸性土壤，长期施用化肥导致土壤酸化（徐明岗等，2006）。三是耕层浅、土壤结构差。长期用轻型农机具耕作的稻田耕层浅，一般只有12cm左右（高产稻田的理想耕层厚度一般为18cm），保水保肥能力弱。采用大型农机具耕作的稻田，易打破犁底层，导致耕层过深，土壤结构遭到破坏。四是有机无机养分施用比例失调。目前施用的有机肥养分占总养分的比例不到20%。根据已有研究结果，为了维持稻田地力稳定，通常要求有机肥养分占总养分的35%左右（侯红乾等，2011）。

6.3.4.3　原因分析

一是钾肥资源较缺乏。双季稻区施用钾素量远远低于水稻吸收量，出现土壤钾素亏缺，加上氮、磷素施用量较大，出现土壤氮磷素盈余，导致土壤养分不平衡。二是长期单施化肥。由于长时间大量施用化肥，产生大量的氢离子残留在土壤中，土壤中碱性（盐基）离子淋失，土壤酸化。三是不合理的土壤耕作方式。长期采取轻型农机具旋耕，耕作方式单一，缺乏合理的土壤轮耕技术，导致耕层变浅、土壤库容降低、保水保肥能力弱。四是不合理的肥料施用与生产管理模式，造成有机肥养分供给严重不足。过度依赖化肥的增产能力，导致化肥施用量越来越大；农村劳动力向第二、三产业转移，使得劳动力缺乏，也直接导致稻田有机肥施用量的减少；早稻抛栽期前移，晚稻收获期后推，面对双季稻生产变化的新形势，缺乏相应的绿肥品种和技术措施，绿肥产量低，导致绿肥种植面积减少；早稻稻草还田季节紧、稻草还田耕作困难、稻草腐解慢，加之缺乏相应的稻草还田耕作农机和促进稻草快速腐解的微生物菌剂，导致早稻稻草还田困难。

6.3.4.4　主要技术途径

针对上述双季稻田土壤存在的问题，应重点围绕稻田轮作系统优化及技术配套和产品筛选开展研究，形成双季稻区土壤培肥技术体系和丰产增效耕作模式。一是优化轮作培肥模式。进行用养结合轮作培肥模式优化研究，研究长期轮作培肥下的化肥施用量控制基准、水稻肥料运筹比例及其调控技术，明确轮作培肥模式的适宜化肥用量，促进土壤养分平衡。二是配套早稻秸秆还田技术。研究早稻秸秆还田技术，筛选秸秆快腐产品，进行秸秆还田的耕作机具选型配套；研究基于早稻秸秆还田的晚稻氮肥运筹技术；研究"早旋晚免"水稻秸秆全量覆盖还田土壤培肥技术，有效解决早稻稻草还田难的生产问题。三是土壤轮耕周期及配套机具改型研究。研究不同轮耕周期下土壤肥力、耕层变化特征，明确不同区域、不同土壤类型双季稻田的适宜轮耕周期及适宜农机具。

参 考 文 献

曹丹. 2018. 东北三省水稻种植面积及产量空间格局变迁与分析. 焦作: 河南理工大学硕士学位论文.

陈才兴. 2012. 麦秸秆全量还田轻简稻作技术. 农业装备技术, 38(1): 39-40.

邓建平, 张洪熙, 谭长乐. 2007. 江苏省麦草旋耕还田轻简稻作实施效果及其配套栽培技术. 中国稻米, (4): 42-44.

董百舒, 夏源陵, 胡兴安, 等. 1994. 套播麦的生育特点与创高产的对策. 江苏农业科学, (5): 5-7.

杜永林, 黄银忠. 2004. 超高茬麦田套播水稻轻型栽培技术及其应用. 耕作与栽培, (1): 7-9, 25.

段居琦, 周广胜. 2012. 中国双季稻种植区的气候适宜性研究. 中国农业科学, 45(2): 218-227.

范明生, 江荣风, 张福锁, 等. 2008. 水旱轮作系统作物养分管理策略. 应用生态学报, 19(2): 424-432.

顾克军, 许博, 顾东祥, 等. 2015. 江苏省小麦草谷比及麦株垂直空间分布特征. 生态与农村环境学报, 31(2): 249-255.

顾克军, 张斯梅, 许博, 等. 2012. 江苏省水稻秸秆资源量及其可收集量估算. 生态与农村环境学报, 28(1): 32-36.

顾克礼. 1998. 稻茬全免耕麦田氮肥运筹新技术研究. 江苏农业科学, (5): 46-49.

顾克礼, 唐正元, 王玉龙, 等. 1998. 超高茬麦套稻高产栽培技术. 上海农业科技, (1): 63-64.

郭雪娥, 江波, 汤楚宙. 2006. 南方双季稻区收获机械选型研究. 农机化研究, (7): 39-41.

侯红乾, 刘秀梅, 刘光荣, 等. 2011. 有机无机肥配施比例对红壤稻田水稻产量和土壤肥力的影响. 中国农业科学, 44(3): 516-523.

李波, 魏亚凤, 季桦, 等. 2013. 水稻秸秆还田与不同耕作方式下影响小麦出苗的因素. 扬州大学学报（农业与生命科学版）, 34(2): 60-63.

李杰, 杨洪建, 孙统庆, 等. 2016. 江苏省不同种植方式水稻产量效益分析及应用评价. 江苏农业科学, 44(9): 520-523.

李季禾, 曹书恒. 1987. 稻田松旋耕法的研究. 黑龙江农业科学, (1): 9-14.

梁丙江, 刘希锋, 付胜利, 等. 2007. 东北地区水稻机械化发展现状及措施. 农机化研究, (10): 249-250.

刘佳. 2014. 放飞金色梦想　种下绿色希望——记江西省农业科学院党委书记谢金水研究员及其科研团队. 中国科学人, (9): 52-53.

刘建, 魏亚凤, 杨美英, 等. 2015. 小麦宽空幅冬季培肥的产量表现、经济效益及化肥减施效应研究. 江西农业学报, 27(12): 59-63.

刘建, 魏亚凤, 杨美英, 等. 2016. 稻麦优质高效生产百问百答. 北京: 中国农业科学技术出版社.

刘晶. 2016. 优质高产水稻栽培技术. 农民致富之友, (23): 33.

刘益珍, 姜振辉. 2019. 稻田水旱轮作生态效应研究进展及发展建议. 江苏农业科学, 47(20): 19-23.

裴俊敏, 李金全, 李兆磊, 等. 2016. 生物质炭施加对水旱轮作农田土壤CO_2排放及碳库的影响. 亚热带资源与环境学报, 11(3): 72-80.

齐春艳, 赵国臣, 侯立刚, 等. 2011. 东北黑土稻区免耕轻耙对稻田土壤理化性质及水稻产量的影响研究. 北方水稻, 41(5): 11-13, 20.

宋广鹏, 孙新素, 何瑞银, 等. 2018. 秸秆机械集中沟埋还田对稻麦轮作作物生长和产量的影响. 土壤通报, 49(3): 653-658.

孙妮娜, 王晓燕, 李洪文. 2019. 水稻秸秆直接还田技术配套机具研究进展. 农业机械化, 41(7): 1-7.

谭斌, 陈纯, 杨光立, 等. 2004. 全国节水农业理论与技术学术讨论会论文集. 北京: 中国农业科学技术出版社: 42-46.

汤文光, 肖小平, 唐海明, 等. 2009. 湖南农作制高效种植模式及其发展策略. 湖南农业科学, (1): 36-39.

佟屏亚. 1994. 当代农作技术的成就、特点和趋势. 古今农业, (1): 58-66.

王伯伦, 刘新安, 陈健, 等. 2002. 1949年以来辽宁省水稻发展形势的分析. 沈阳农业大学学报, 33(2): 83-86.

王德鹏. 2016. 栽培模式、温光条件和土壤肥力对双季稻物质生产和产量形成的影响及其机制研究. 武汉: 华中农业大学博士学位论文.

王冬云, 陈军. 2012. 南方双季稻产区小型水稻联合收割机发展趋势探讨. 农业开发与装备, (6): 42-43.

王金武, 唐汉, 王金峰. 2017. 东北地区作物秸秆资源综合利用现状与发展分析. 农业机械学报, 48(5): 1-21.

王金武, 王奇, 唐汉, 等. 2015. 水稻秸秆深埋整秆还田装置设计与试验. 农业机械学报, 46(9): 112-117.

王亮, 伦志安, 王安东, 等. 2013. 寒地稻田保护性耕作研究进展. 北方水稻, 43(4): 72-74.

吴俊松, 刘建, 刘晓菲, 等. 2016. 稻麦秸秆集中沟埋还田对麦田土壤物理性状的影响. 生态学报, 36(7): 2066-2075.

夏建林. 2009. SGTN-180ZF型新型稻麦秸秆还田机研发. 江苏农机化, (2): 38-39.

肖敏, 常志洲, 石祖梁, 等. 2017. 秸秆过剩原因解析及对秸秆利用途径的思考. 中国农业科技导报, 19(5): 106-114.

肖亚楠, 杨士红, 刘晓静, 等. 2017. 生物炭施用对节水灌溉稻田甲烷排放的影响. 节水灌溉, (10): 52-55, 60.

徐明岗, 梁国庆, 张夫道, 等. 2006. 中国土壤肥力演变. 北京: 中国农业科学技术出版社.

许明敏, 冯金侠, 陈卫平, 等. 2016. 秸秆集中沟埋还田对土壤氮素分布及微生物群落的影响. 农业环境科学学报, 35(10): 1960-1967.

薛亚光, 魏亚凤, 李波, 等. 2016. 播期和密度对宽幅带播小麦产量及其构成因素的影响. 农学学报, 6(1): 1-6.

薛亚光, 魏亚凤, 李波, 等. 2017. 不同稻秸还田方式对冬小麦产量及冻害的影响. 中国农学通报, 33(32): 58-63.

薛亚光, 魏亚凤, 李波, 等. 2018. 麦秸还田和耕作方式对水稻产量和品质的影响. 中国农学通报, 34(22): 10-14.

杨爱军, 徐芳. 2009. 1JHG-180 型秸秆粉碎还田旋耕机试验分析. 农业装备技术, 35(3): 34-35.

杨光立, 李林, 彭科林, 等. 2002. 优化资源配置, 发展劳动和技术密集型高效农作制度 // 黄高宝, 高旺盛. 区域农业发展与农作制建设. 兰州: 甘肃科学技术出版社.

药林桃, 董力洪, 刘圣伟, 等. 2013. 南方丘陵山区水稻秸秆还田耕整地技术研究. 中国农机化学报, 34(5):48-51, 63.

叶春, 杨敏丽, 李艳大, 等. 2015. 广西丘陵山区水稻机械化生产装备结构优化分析. 中国农机化学报, 36(2): 305-309, 317.

张洪程, 戴其根, 钟明喜, 等. 1994. 稻田套播麦高产高效轻型栽培技术研究. 江苏农学院学报, 15(4): 19-23.

张洪程, 戴其根, 钟明喜, 等. 1996. 稻田套播小麦机械化高产栽培研究初报. 江苏农业科学, (5): 17-19.

张洪涛, 刘喜. 1992. 黑龙江省稻田耕作现状与对策. 现代化农业, (3): 5-7.

张洪熙, 谭长乐, 赵步洪, 等. 2016. 全量麦草旋耕还田轻简稻作技术研究进展. 江苏农业科学, (5): 1-4.

张善交. 1994. 稻麦双撒套, 亩产超吨粮. 作物杂志, (4): 23-24.

张延化, 胡志超, 王冰, 等. 2012. 南方丘陵山区水稻机械化收获探析. 农机化研究, 34(3): 246-248.

赵伯康, 周铭成. 2010. 浅谈麦草全量旋耕还田轻简机插稻耕作技术. 安徽农学通报, 16(22): 65, 126.

周海波, 付江凡, 王长松. 2019. 江西省双季稻田三熟制种植模式综合效益评价. 江苏农业科学, 47(4): 294-299.

周勇, 余水生, 夏俊芳. 2013. 水田高茬秸秆还田耕整机设计与试验. 农业机械学报, 43(8): 45-49, 77.

朱琳, 刘春晓, 王小华, 等. 2012. 水稻秸秆沟埋还田对麦田土壤环境的影响. 生态与农村环境学报, 28(4): 399-403.

宗和文. 2007. 江苏秸秆还田机械现状. 农机质量与监督, (4): 9-12.

邹应斌, 戴魁根. 2008. 湖南发展双季稻生长的优势. 作物研究, (4): 209-213.

Singh B P, Hatton B J, Balwant S, et al. 2010. Influence of biochar on nitrous oxide emission and nitrogen leaching from two contrasting soils. Journal of Environmental Quality, 39(4): 1224-1235.

Woolf D, Amonette J E, Street-Perrott F A, et al. 2010. Sustainable biochar to mitigate global climate change. Nature Communications, 1(5): 56-65.

Zhang A, Bian R J, Pan G X, et al. 2012. Effects of biochar amendment on soil quality, crop yield and greenhouse gas emission in a Chinese rice paddy: a field study of 2 consecutive rice growing cycles. Field Crops Research, 127: 153-160.

Zheng H, Wang Z Y, Deng X, et al. 2013. Impacts of adding biochar on nitrogen retention and bioavailability in agricultural soil. Geoderma, 206: 32-39.

第7章　双季稻稻田丰产增效耕作模式

双季稻区是我国重要的粮食产区，为国家粮食安全和农产品供给做出了重要贡献。但在新形势下，稻田培肥与耕作技术发生了很大的变化。首先，在培肥物质投入上从以有机肥料投入为主转向以秸秆等新型有机物料投入为主；其次，在耕作方式上从以畜力牵引为主转向以小型动力牵引为主、从以翻耕为主转向以旋耕为主、从精耕细整转向简化整地。稻田培肥与耕作技术发展对水稻丰产增效起了重要的作用，但在培肥与耕作技术推广应用上常常以单一技术为主，忽视技术集成模式应用，不能发挥单项技术经综合运用的整体效果。不合理的培肥、耕作方式导致稻田土壤存在耕层变浅、土壤养分表聚化、土壤养分不平衡、有机无机养分施用比例不协调、土壤酸化等问题，稻田土壤质量下降，严重影响国家粮食安全。因此，开展双季稻稻田丰产增效耕作模式研究，进一步优化双季稻稻田土壤培肥技术和土壤轮耕模式，构建与双季稻生长协同发展的土壤环境，促进耕地可持续利用，对提高粮食生产能力，实现"藏粮于地、藏粮于技"，推进农业高质量发展，保障国家粮食安全具有重要的现实意义和长远的战略意义。

7.1　双季稻稻田土壤肥力的主要限制因子

7.1.1　土壤肥力及其评价方法

土壤肥力是指土壤支撑作物生长的能力，包括供应作物生长必需的养分和水分，提供良好的物理条件、化学环境和生物多样性等；此外，土壤肥力的涵义也包括不存在影响作物生长的有害物质。当土壤中的某些因素不适合或者不能满足作物的生长需要时，就成为限制因子。可以看到，限制因子的定义是针对特定作物的生长需要，对限制因子的分析也要基于作物的需求，从作物–土壤相互关系的角度来开展。

水稻是我国的主要粮食作物之一，生长过程中对水的需求很大。在长期淹水以及干湿交替条件下，土壤中氧化与还原条件不断变化，造成了土壤中物质的形态变化，加之长期的淋溶和淀积过程，形成了水稻土特有的剖面特征。水稻土具有明显的耕层和犁底层。水稻根系主要分布在耕层，其生长所需的各种养分和水分也主要来自耕层。犁底层的存在能够防止水分和养分向下层渗漏。种植水稻首先要求土壤具有合理的剖面构型，在此基础上，充足的养分供应和良好的土壤条件、化学环境和生物功能是保证水稻高产、高效的必要条件。

根据气候条件和水分资源状况，我国水稻种植制度大致可以分为双季稻、水旱两熟和单季稻区域。同其他区域不同，双季稻区域种植早稻和晚稻对土壤条件要求大致类似，土壤管理也基本采用相同的措施，因此对土壤肥力的评价可以采用相同的标准。本部分内容主要介绍双季稻区土壤肥力限制因子，对其他区域水稻土肥力分析可能并不适用。

对水稻土肥力的评价主要有两部分内容，一是评价指标的选取，二是对指标的分析评价。土壤肥力的评价指标可以分为物理指标、化学指标和生物指标。其中化学指标测定最为容易，是最常用的指标。物理指标除土壤质地外，常用的还有土壤容重、孔隙度和团聚体稳定性等，但是这些指标在水稻土评价中是否适用还需要深入研究。分析其原因，一是水稻土物理性质动态变化大，不同采样时间和采样时含水量不同会造成结果差异很大；二是水稻土同旱地差异大，旱地土壤适用的测定方法，在水稻土上可能不适用，如常用的土壤稳定性测定方法。由于水稻土遇水不容易分散，采用湿筛法测定的水稻土团聚体稳定性可能就存在问题。土壤生物指标测定方法近年来有了很大的发展，应用也逐渐广泛，但是土壤生物指标同作物产量的关系尚不明确，仍需要进一步研究。土壤肥力的评价既可以对某些土壤性质（土壤物理、化学或者生物性质）单独分析，也可以采用不同数学方法对各项肥力指标综合评价，还有学者利用水稻产量来评价水稻土肥力。各种方法在使用方便程度、评价准确性和应用价值方面各有特点。本节主要根据双季稻典型区域——江西省进贤县的调查结果，结合其他公开发表的数据，分别针对某些水稻土性质，分析双季稻区稻田肥力的主要限制因子，为该区域水稻土管理提供一些参考。

7.1.2 土壤肥力的主要限制因子及突破途径

选择典型的双季稻区域——江西省进贤县，采集县域内双季稻土壤样品。进贤县是江西省南昌市下辖县，位于鄱阳湖南部，地处亚热带季风湿润气候区，年平均温度为17.5℃，年均降水量1587mm。水稻土是进贤县主要的耕作土壤。水稻种植模式为早稻-晚稻-冬闲，面积达763.0km^2，占该县粮食种植总面积的89%。采样点布置参考樊亚男等（2017），以第二次土壤普查的点位为基础，根据稻田的空间分布，并兼顾高、中、低产量的合理布设，在全县共布设103个采样点。

于2017年11月晚稻收获期分别采集土壤样品。利用GPS寻找预定采样点，在样点附近选取稻田田块，在田块内（10m半径内）随机选取采样点，分别采集表层（0～20cm）和亚表层（20～40cm）的环刀样品（100cm^3）与混合土样。其中，环刀样品每个样点采集3个重复，混合样为五点混合样品，用四分法选取1kg左右土壤。此外，在田块内随机选择8个点，利用土壤紧实度计（CP40）测定土壤紧实度，测定深度为70cm，每2.5cm自动记录一个数据。同时在田块内随机选择3个边长为1m的正方形区域采集水稻植株样品，测定水稻产量。

混合样品室内风干后用于测定土壤基本性质，包括有机碳含量、pH、阳离子交换量和各种速效养分含量等。环刀样品用于测定饱和含水量、-100cm基质势含水量、土壤收缩曲线和容重等。土壤常规理化性质测定方法参照柳开楼等（2018）。-100cm基质势含水量测定采用沙箱法，将样品在-100cm水势下平衡，然后称重测定含水量。土壤收缩特征曲线：利用游标卡尺测定土壤样品从水分饱和到干燥过程中的样品高度，同时测定相应含水量，然后绘制曲线。

7.1.2.1 土壤耕层厚度与紧实度

水稻土的耕层厚度可以根据剖面形态特征直观判断，也可以根据土壤紧实度数据进行定量分析。水稻土耕层紧实度一般较小，到犁底层会突然增大，因此可以通过分析土壤紧实度的转折点来判断耕层的厚度。通过分析发现，12个样点的耕层深度小于10cm，

30个样点的耕层深度约15cm，34个样点的耕层深度约20cm，8个样点的耕层深度＞20cm，此外有19个样点没有明显的耕层与犁底层分界线。其中，耕层厚度小于20cm的样点占41%，没有达到高产水稻土对耕层厚度的要求（徐建明等，2010）。耕层厚度决定了水稻根系的生长空间，也就决定了根系能够利用的养分和水分含量。本研究数据表明，耕层变浅已经成为双季稻区域水稻生长的限制因子，需要采取措施增加耕层厚度。

此外，研究结果也表明耕层的厚度同土壤的紧实度密切相关，对于耕层厚度小于20cm的样点，犁底层紧实度大多大于2MPa，说明根系很难在犁底层生长；而对于耕层厚度大于20cm的土壤，犁底层紧实度大多小于2MPa，能够被根系穿透，进而形成根孔，增加犁底层的渗透能力。

7.1.2.2　土壤容重

耕层土壤容重最低值为0.71g/cm³，最高值为1.47g/cm³，平均值为1.01g/cm³。犁底层土壤容重最低值为0.91g/cm³，最高值为1.77g/cm³，平均值为1.51g/cm³。如前所述，水稻土结构动态变化强烈，土壤容重在耕作后最低，然后土壤逐渐沉降，容重增加，后期的干湿交替过程中，容重同含水量变化呈现相反的趋势。本研究样品采集时间为晚稻收获期，该阶段稻田放水落干，土壤容重相对稳定。从结果可以看出，稻田耕层容重总体较低，显著低于犁底层，耕层土壤容重不是限制因子。犁底层容重较高，可能阻碍根系的生长，但是由于犁底层水稻根系较少，对根系生长的影响还需要深入研究。另外，较高的犁底层容重可能限制上层水分和溶质的适当渗漏，但是基于容重数据还不能得到明确的结论，需要对土壤孔隙度或者水分含量等数据进行综合分析。

7.1.2.3　土壤有机碳含量和 pH

耕层土壤有机碳含量最低值为8.4g/kg，最高值为31.2g/kg，平均值为18.5g/kg。从图7-1a可以看出，耕层土壤有机碳含量主要集中在15～25g/kg，占总样点的70%，低于15g/kg的样点为25个，占24%，低于10g/kg样点有6个，占5.8%。水稻土有机质分解速度慢，利于有机碳的积累。有机碳对土壤结构的形成和其他养分的供应具有重要的作用，本研究中24%样点的水稻土耕层有机碳含量低于15g/kg，个别样点低于10g/kg，说明有机碳含量在这些样点是土壤肥力的限制因子。

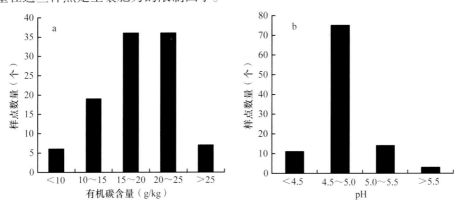

图7-1　耕层土壤有机碳含量（a）和pH（b）分布图

　　犁底层土壤有机碳含量最低值为1.3g/kg，最高值为15.0g/kg，平均值为6.4g/kg。犁底层有机碳含量与耕层有机碳含量比例的平均值仅为0.30，表明有机质主要分布在耕层，层化现象明显。虽然水稻根系主要生长在耕层，但是少部分根系也会进入犁底层，犁底层土壤结构和养分状况也会对水稻生长产生影响。不过迄今为止，犁底层土壤有机质含量对水稻生长的具体影响并不清楚，是否是水稻生长的限制因子还有待进一步研究。

　　土壤pH是土壤肥力的基本属性之一，pH的高低制约着土壤中各种生物和化学过程，影响土壤中各类物质的形态和有效性以及作物对养分的吸收能力等。研究区双季稻水稻土耕层土壤pH最低值为4.31，最高值为6.13，平均值为4.79。犁底层土壤pH最低值为4.46，最高值为6.34，平均值为4.96。耕层pH分布见图7-1b，pH集中在4.5～5.0，低于5.0的样点达11个，而高于5的仅有15个样点。所有样点均为酸性土壤（pH<6.5），其中强酸性土壤样点（pH<5）占83.5%。水稻生长的适宜pH范围为5.5～6.5，虽然水稻对酸不太敏感，可以在较大pH范围内生长，但是较低的pH会对水稻产量产生不利的影响。此外，pH的降低会增加土壤重金属的活性，造成水稻对重金属吸收的增加，增加了潜在的风险。本研究中pH为样品采回风干、过筛后于室内测定，在田间水稻种植期间，由于淹水可能土壤pH会高于室内测定值。但是，强酸土壤占83.5%，仍需特别关注土壤酸化带来的影响，需要采取有效的措施来防治土壤酸化。

　　此外，通过与1982年第二次土壤普查数据对比，发现1982年该区域水稻土pH平均值为5.7左右，而2017年平均值为4.8，降低了0.9个单位。自然条件下土壤pH变化非常缓慢，而在过去的35年间，双季稻水稻土pH大幅下降，由适于水稻生长的范围下降至强酸程度，显然是由人类活动造成的。其中，农业生产中大量施用化肥可能是主要原因之一。严峻的土壤酸化形势要求我们在农业生产中必须采取相应的行动，通过调节施肥、耕作和其他管理措施，将土壤pH调节到适于水稻生长的范围内。

7.1.2.4　土壤养分

　　对耕层土壤主要养分（碱解氮、有效磷和速效钾）进行了分析。碱解氮含量最低值、最高值和平均值分别为63mg/kg、339mg/kg和180mg/kg，总体含量较高，且93%以上样点含量大于90mg/kg。有效磷含量最低值、最高值和平均值分别为3.9mg/kg、75mg/kg和33mg/kg，总体含量较高，且97%以上样点含量大于10mg/kg，说明该区域双季稻水稻土总体有效磷含量较高。速效钾含量最低值、最高值和平均值分别为27mg/kg、251mg/kg和74mg/kg，其中，速效钾严重亏缺（<30mg/kg）的样点占5%，亏缺的样点（30～50mg/kg）占18%，>50mg/kg的样点占77%（图7-2）。数据表明该区域双季稻水稻土在氮素和磷素盈余的情况下，仍存在速效钾缺乏的现象，需要通过秸秆还田、施用有机肥和钾肥等措施，提高土壤速效钾含量。

7.1.2.5　主要突破途径

　　本研究主要从土壤物理和化学性质的角度分析了土壤肥力限制因子，发现双季稻区域限制因子主要有：耕层浅薄（占所有样点的41%）、有机碳含量低（占所有样点的30%）、土壤酸化（占所有样点的84%）和速效钾含量低（占所有样点的23%）。根据上述分析，针对研究区双季稻土壤，需要采取相应的措施治理土壤限制因子，提高土壤肥

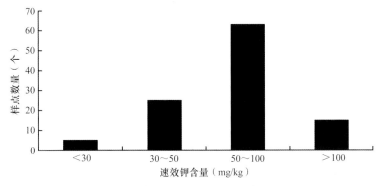

图7-2　耕层土壤速效钾含量分布图

力，进而增加作物产量。针对这些限制因子，可以采取有针对性或者综合的措施来治理。通过增加耕作深度，缓解耕层变浅的问题。通过种植绿肥、施用有机肥等措施，提高土壤有机碳含量，改善土壤耕层结构。通过施用石灰和有机肥提高土壤pH。通过施用钾肥和有机肥、秸秆还田等措施提高土壤速效钾含量。需要注意的是，这些限制因子并不是孤立的，而是相互联系的。在治理过程中，应该综合考虑，全面治理，并且要注意治理效果的有效性和长期性，以促进稻田土壤的健康和可持续利用。

本研究没有从土壤生物性质、土壤重金属含量、土壤污染等角度分析土壤肥力的限制因子，因此分析内容可能有些片面，今后仍需要开展更加全面的研究。

7.1.3　稻田培肥技术发展及存在的问题

我国土壤培肥历史悠久，为双季稻田培肥打下了良好的基础。肖道庸（2014）认为，土壤培肥的理论基础，我国可远溯到3000年前的西周时代，如《国语》"土膏其动"，《周礼》"掌土化之法以物地"。又经过长期的探索与实践，《陈旉农书》蔚然形成"地力常新壮"的光辉学说。这为我国土壤耕作与培肥打下了牢固基础。我国劳动人民很早就认识到了培肥地力的重要性，但是限于当时的条件，只能以人畜粪尿、土杂肥等培肥土壤。新中国成立以后，随着农业生产技术的进步、种植制度的变革、化肥工业的发展，稻田土壤培肥发生了很大变化。

7.1.3.1　稻田土壤培肥技术研究进展

国家及双季稻区相关科研、教学机构的诸多学者针对上述问题，在双季稻田培肥特别是冬季种植绿肥、秸秆还田方面开展了大量的基础理论和应用技术研究。

1. 冬季种植绿肥

冬季种植绿肥培肥土壤的研究较多。研究表明：种植紫云英能有效促进稻田土壤有机质积累，提高土壤碳库活度、碳库活度指数、碳库指数和土壤碳库管理指数（肖小平等，2013；周国朋等，2016）。冬种绿肥具有更新土壤腐殖质、改善土壤理化性状和提高土壤磷有效性等作用（熊云明等，2004）。长期定位试验结果表明，连续30年种植绿肥（紫云英、油菜、黑麦草）比冬闲模式提高了土壤养分含量，可加速土壤矿化，培肥地力，促进水稻对磷素和钾素吸收，促进水稻持续稳定增产（高菊生等，2013）。施用紫云英能减少化肥用量，改善稻田土壤生物性状。化肥减量30%结合15 000～30 000kg/hm²

紫云英还田可以提高安徽沿江双季稻区水稻产量，以施加22 500kg/hm²紫云英的产量最高（增产率达51.44%），同时，紫云英与化肥配施可提高土壤微生物量碳氮、微生物熵及调节土壤微生物群落组成，改善稻田土壤生物性状（万水霞等，2016）。在相同施肥措施下，冬种紫云英后能够提高水稻产量和地上部全氮吸收量，紫云英翻压后，减少化学氮肥用量20%～40%，不会降低稻谷和稻草产量（黄晶等，2013）。也有研究表明，在连续3年不施化学钾肥的条件下，冬种紫云英还田，并不降低早稻土壤速效钾含量，但晚稻收获后土壤速效钾的含量低于施用化学钾肥处理，说明紫云英还田不能完全替代化学钾肥的效果（黄晶等，2016）。

2. 秸秆还田

秸秆还田培肥土壤的研究表明，长期稻草还田能显著提高稻田土壤有机质及活性有机质含量（陈安磊等，2007；高菊生等，2011）；稻草还田能降低土壤容量和提高土壤总孔隙度、毛管孔隙度、非毛管孔隙度（任万军等，2009；马俊艳等，2011），显著提高大团聚体（2～5mm和0.5～2mm）内有机碳、全氮及可矿化氮的含量和储量，增强土壤的缓冲性能、保水保肥性能（向艳文，2009；巨晓棠和谷保静，2014）。稻草全量还田配施氮180kg/hm²可提高晚稻产量，在施用总氮量相同的条件下，以基肥：分蘖肥：穗肥=5：3：2的水稻产量、氮肥农学效率、氮肥生理利用率最高，该研究结果为双季稻区稻草全量还田提供了氮肥运筹方案（何虎等，2014）。

7.1.3.2 培肥方式

在新中国成立以来70多年的农业生产发展过程中，稻田培肥方式发生了较大的变化，特别是前40年发展过程中，每隔10年稻田培肥方式发生一次变化，后30多年的稻田培肥方式相对较稳定。根据变化特征，培肥方式变化可分两个大的阶段。

第一阶段是从新中国成立至20世纪80年代。为了保障粮食供给，追求粮食高产是该阶段农业生产的主攻目标。广大人民群众充分发挥聪明才智，广辟有机肥源，采取多种形式培肥地力。充分利用人粪尿、家畜粪尿、厩肥、堆肥、沤肥、沼气池肥、泥杂肥、饼肥、绿肥、秸秆还田、菌肥、工业"三废"等，对培肥土壤起了重要的作用。例如，绿肥在湖南稻田耕作制度改革即由一季改双季、双季改三季变化过程中曾发挥了历史性作用。20世纪70年代湖南稻田冬季种植绿肥最大面积近200万hm²，鲜草单产超过30t/hm²（肖小平等，2018）。在这个时段中，前20年，形成了以有机肥料为主、配合施用少量化肥的稻田培肥方式；后20年，随着化肥工业的发展和施肥技术的进步，稻田培肥的肥料结构逐步优化，化肥在养分总施用量中的比例逐步增大，每10年递增约10%，形成了有机肥料与化肥配合施用的培肥模式。施肥结构基本上每10年发生一次变化。20世纪50年代，形成了以有机肥料为主、配合施用少量化学氮肥的培肥方式；60年代，形成了有机肥料配合施用氮、磷肥的培肥方式；70年代，形成了有机肥料配合施用氮、磷、钾肥的培肥方式；至80年代，随着化肥工业的逐步发展，磷肥、氮肥生产量逐步增加，加上钾肥进口量增加，中、微量元素肥料及微生物肥料等的开发利用，化学氮、磷、钾及中、微量元素肥料施用逐步向平衡方向发展，培肥方式由有机肥料培肥转为有机肥料与大、中、微量元素化肥配合施用培肥。

第二阶段是20世纪90年代至今。随着社会经济的发展和农业生产形势的变革，稻田培肥方式也发生了相应的变化，形成了秸秆还田与无机肥料配施的稻田培肥方式。主要原因：①稻草直接还田成为稻草的主要利用途径。一方面，稻草不再作为燃料和积制厩肥的原料，农民不需要收集稻草；另一方面，农民不能在野外焚烧稻草。②绿肥种植面积急剧下降。第一，认识不够，忽视了绿肥在培肥土壤中的重要作用，放松了绿肥生产；第二，随着水稻高产品种、水稻抛秧和机插等技术的大面积推广，形成了早稻移栽期提前、晚稻收获期推迟的水稻生产格局，导致绿肥播种迟、翻压提前，压缩了绿肥生长时间，造成产量低；第三，绿肥肥效比化肥慢，农民不愿意在绿肥生产上投入，管理松散，导致绿肥生长差、产量低。由于上述种种原因，绿肥生产面积大幅度下降。据统计，湖南省2016年冬季绿肥种植面积仅为27.7万hm^2，与20世纪70年代最大种植面积200万hm^{2}相比，减少了86.2%。③猪粪尿利用率低，流失严重。随着生猪集中饲养的发展，猪圈用水冲洗，猪粪尿大量流失，很少作为肥料利用。④堆肥、沤肥、泥杂肥等已成为历史。随着农村劳动力的战略转移，从事农业生产的劳动力减少，没有劳动力制作、施用堆肥、沤肥、泥杂肥等肥料。

7.1.3.3　稻田培肥与耕作的主要问题

1. 有机物料投入单一，培肥效果差

目前实施的稻田培肥方式主要是秸秆还田与无机肥料配合施用，有机物料投入以稻草直接还田为主，与多种有机物料配合施用相比，培肥效果差。主要原因：稻草碳氮比（C/N）高，腐解慢，腐殖化程度低，有机质活性低。如何利用稻草培肥稻田？有两个问题需要深入研究。

（1）提高稻草还田的培肥效应

生产中应如何通过调节稻草C/N、提高稻草腐殖化程度来有效地培肥稻田土壤？除了增施化学氮肥调节稻草的C/N，利用C/N低的紫云英与C/N高的稻草协同还田，也可以调节稻草的C/N，提高稻草还田的培肥效果。为此，2017～2019年，以稻草还田为对照，开展了稻草与紫云英协同还田培肥效果研究。结果表明：稻草与紫云英协同还田培肥效果明显优于单一稻草还田。从表7-1可以看出，与稻草还田相比，稻草与紫云英协同还田耕层0～20cm的土壤有机质含量增加1.0g/kg，活性有机质增加2.7g/kg，土壤阳离子交换量增加1.0cmol/kg，保肥能力增强，土壤N、P、K含量也得到相应提高，特别是全磷、碱解氮、速效钾含量增幅较大，分别为7.6%、5.2%、12.3%。这说明稻草与紫云英协同还田比单纯稻草还田有利于提高土壤有机质、活性有机质、土壤阳离子交换量，增强土壤保水保肥能力，提高土壤养分含量，增强培肥效果。

表7-1　稻草+紫云英协同还田与稻草还田培肥效果比较

处理	阳离子交换量（cmol/kg）	有机质（g/kg）	活性有机质（g/kg）	全氮（g/kg）	全磷（g/kg）	全钾（g/kg）	碱解氮（mg/kg）	有效磷（mg/kg）	速效钾（mg/kg）
稻草还田	18.3	44.1	22.3	2.60	0.79	13.9	174.6	25.3	99.8
稻草+紫云英	19.3	45.1	25.0	2.69	0.85	14.3	183.9	26.3	112.1

（2）确定稻草适宜还田量

双季稻区稻草产量大，长期采取两季稻草直接全量还田方式处理稻草，稻田是否能承载？是否对环境造成影响？虽然在短期内双季稻草全量还田对土壤养分和环境的影响方面有一些研究，但双季稻草长期全量还田对土壤本身的特性以及水体环境、大气环境的影响还不清楚。因此，关于双季稻草还田的适宜量是多少？今后还需要我们继续深入开展研究。

2. 耕作方式单一，耕层浅，土壤库容小

长期用轻型农机具耕作的稻田耕层浅，一般只有12cm左右（高产稻田的适宜耕层厚度一般为18~20cm），土壤水肥库容小，保水保肥能力弱。随着大型耕作农机具推广应用，但农民习惯耕作深度也在12~15cm，没有达到高产稻田耕层的要求深度。为构建适宜的稻田耕层厚度，本研究开展不同耕作方式比较，在稻草全量还田条件下，以双季旋耕（耕作深度为15cm）为对照，研究双季旋耕（耕作深度为15cm）+隔年冬季干深耕（耕作深度为20cm）对耕层厚度和耕层养分库容的影响。从表7-2可以看出，经过两个轮耕周期后，耕层厚度增加了3.5cm，由此推算耕层土壤每亩容积增大了23.35m³，增大了23.65%，耕层土壤有机碳、全氮、全磷、全钾储存量分别增加了24.73%、23.43%、31.25%、24.72%。这说明稻田采取单一旋耕方式，耕层浅，土壤养分库容小，保肥能力弱，采用双季旋耕+隔年冬季干深耕的土壤轮耕方式能增加耕层厚度，有效增加土壤养分库容，提高土壤保肥能力，增加土壤养分储存量。

表7-2 稻田不同耕作方式对耕层厚度及养分储存量比较

耕作方式	耕层厚度（cm）	土壤容重（g/cm³）	有机碳（g/kg）	全氮（g/kg）	全磷（g/kg）	全钾（g/kg）	有机碳（t/hm²）	全氮（t/hm²）	全磷（t/hm²）	全钾（t/hm²）
基础土壤	14.5	0.88	21.6	2.27	0.42	12.8	27.58	2.90	0.54	16.34
双季旋耕	14.8	0.87	22.5	2.35	0.5	13.85	28.99	3.03	0.64	17.84
双季旋耕+隔年冬季干深耕	18.3	0.87	22.7	2.35	0.53	13.97	36.16	3.74	0.84	22.25

3. 农机与农艺融合度低

新中国成立以后，我国农业机械经历了从无到有、从简陋到高新、从小型到大型、从单功能到多功能的发展过程，农机类型从单一的土壤耕作机械发展到耕、种、管、收、运、贮全程机械。农业机械化水平不断提高，大幅度地解放了劳动力，为农业现代化的发展做出了重大贡献。虽然我国农业生产的机械化水平得到大幅度提升，但是与现代农业发展水平相比还存在较大的差距：第一是高性能的农业机械设备总量不足，设备更新换代慢；第二是结构不合理，主要农作物以小麦的机械化水平最高，水稻、玉米、大豆等次之，油菜、棉花和花生等机械化水平低；第三是不同区域农机化水平发展不平衡，不同地区的地形条件和气候条件存在着较大的差异性，并且地区之间的经济发展水平存在差异，这些因素都导致不同地区之间农业机械化发展不平衡（何红，2019）。农业生产中，土壤培肥与农业机械化水平密切相关，特别是秸秆还田对农机具的要求高，需要适宜的土壤耕作农机相配套，否则秸秆翻压率低、不均匀、耕作质量差、培肥效果差。用什么农机具进行秸秆还田能获得较好的培肥效果？从目前市场销售的农机情况分析，秸秆还田联合作业机虽然种类、数量较多，但性能高的机具较少，功耗低、可提高作物秸秆还田效率的联合作业机相对较少（戴飞等，2011）。现有水稻、小麦、玉米等粮食作物秸秆机械化还田的机具存在秸秆粉碎长短不一、抛撒不均、破茬率低、翻压不匀等问题，相关技术仍有待进一步研究（郑侃，2016）。在不同作物秸秆还田机具研究方面，总体上玉米秸秆还田机械研究较多，小麦、水稻秸秆还田机械研究较少，相对而言，稻麦两熟区秸秆还田农机具研究比双季稻区多。在稻麦两熟区，湖北有研究表明，在稻草切碎全量还田下，双轴式灭茬旋耕机（1GKNBM-220）、犁翻旋耕联合整地机（1LFG-140）和旋耕机（1GQN-200S）3种常用的土壤耕作机具作业效果差异较大，耕作深度犁翻旋耕联合整地机为15～22cm，双轴式灭茬旋耕机为10～13cm，旋耕机为6～12cm；稻草翻压率以犁翻旋耕联合整地机最好，达87%，旋耕机最差，仅53%；地面平整度以双轴式灭茬旋耕机最好，为3.4cm，犁翻旋耕联合整地机最差，为7.6cm；碎土率以双轴式灭茬旋耕机最高，达89%，犁翻旋耕联合整地机最低，为71%（吴军和宁建华，2018）。在该区域这3种农机都不能同时满足耕作深度、稻草翻压、碎土、地面平整的要求。江苏水稻秸秆机械化全量还田主要有深翻深埋、复式作业、旋耕作业、套播免耕作业等技术，存在农机具作业功率大、成本高，稻草滞留在地表上或埋草浅而影响播种质量和小麦出苗率等问题（郝敬荣，2018）。双季稻区关于稻草还田农机具比较研究的报道较少，湖南提出了大中型拖拉机旋耕稻草还田、大中型拖拉机悬挂旋耕灭茬稻草还田、手扶拖拉机或小型耕地机旋耕稻草还田3种方式（邱万里，2019）。由于收割作业时收割机无抛撒装置或抛撒质量不高，这3项技术均需要进行人工匀草，与现代农业发展要求极不相适应。以上研究表明，在土壤耕作与稻草还田方面农机与农艺融合度低，土壤耕作质量差，培肥效果差。

双季稻区较平原区特殊。一是地形复杂，不适宜大型机械耕作。由于双季稻区地貌特征是低山、丘陵多，平原少，而低山丘陵区田块小且不规范，田块之间高差大，不适宜大型农机耕作，大部分农民使用轻型旋耕机耕作。二是双季稻生产季节紧。从早稻收获到插完晚稻只有7～10d，时间过长将会影响晚稻生长。三是稻草量大且腐解慢。稻草在土壤中的分解过程主要包括3个阶段：第一阶段主要是水溶性有机物和淀粉等的分解，第二阶段主要是蛋白质、果胶类物质和纤维素等的分解，第三阶段主要是木质素、单宁以及蜡质等的分解（胡鹏，2016）。湖南宁乡测定的稻草腐解结果表明：在翻耕、旋耕、免耕条件下，早稻草埋入土壤的第一个月的腐解率分别为29%、31%和25%，在之后晚稻生长的季节里稻草腐解率逐渐下降，而在来年的早稻生长季节则又有所回升，年腐解率分别为57%、53%和51%（李琳，2007），可见稻草的腐解速率非常缓慢。总体情况是双季稻区稻草还田受土壤耕作机具限制，导致稻草还田难度大，培肥效果差。因此，迫切需要加强与稻草还田相匹配的土壤耕作农机具研究，提高农机与农艺的融合度，提升稻草还田质量。

2019年，我们对联合收割机进行了改造，在水稻收割机上改进了秸秆粉碎和抛撒装置、加装了秸秆腐解剂（或根瘤菌）喷洒装置、肥料撒播（早稻季）或绿肥种子撒播（晚稻季）装置，改进为集水稻收获、稻草粉碎、稻草全田均匀抛撒、腐解剂喷洒、肥料撒施（早稻季）或绿肥种子撒播（晚稻季）功能于一体的配套装置。不仅提高了稻草的粉碎度和抛撒均匀度，增强了稻草还田的培肥效果，而且能防止农业机械对土地多次碾压所导致土壤结构破坏。其改进方法和效果在7.4.7农机具适宜性改型中进行详细阐述，在此不再展开。

7.2　双季稻北缘区稻田土壤培肥与丰产增效耕作技术及模式

7.2.1　土壤培肥存在的问题

安徽水稻土面积共3623万亩，占全省土壤总面积的23%左右，占耕地总面积的39%左右，其中90%集中分布在淮河以南的江淮丘陵岗地、沿江平原及皖南山地丘陵区。

7.2.1.1　区域水稻土特征

1. 潴育型水稻土

面积2715.1万亩，占安徽水稻土总面积的75%左右，是其中面积最大的一个亚类，广泛分布于淮河以南各地，以六安地区面积最大，其次为安庆地区与合肥市，沿淮、淮北各地市也有零星分布。所处地形主要为长江及其支流的冲积平原，巢湖等湖泊的湖滨平原，皖南低山丘陵的沟谷、冲、垅、盆地及江淮丘陵岗地的冲、畈地段，所处地形较低平开阔，一般处于渗育型水稻土之下，地下水位低，多在0.7～2.0m，季节性升降变化频繁，灌排条件较好。

潴育型水稻土耕作历史悠久，熟化度高，还原淋溶与氧化淀积作用交替明显，导致土壤物质的迁移和积累，耕层、犁底层、潴育层发育明显，是水稻土特征发育明显的典型亚类，土体多较深厚，养分含量也较丰富，是肥力水平较高的一类水稻土。该土种按面积从大到小依次为马肝田、黄白土田、潮砂泥田、石灰性砂泥田、砂泥田、棕红泥田、泥质田、紫砂泥田、黑姜土田、潮泥田、石质泥田、复石灰泥田、石灰性紫泥田。

潴育型水稻土土壤熟化度较高，其分布地区水热条件良好，但热量条件相对江西、湖南等双季稻主产区仍略逊，在江淮中北部及沿淮地区多用于种植单季稻。其中长江北部及环巢湖地区，从新中国成立到21世纪初曾有相当的双季稻种植面积，但随着农村劳动力流失，以及水稻品种更新造成的光热需求进一步增加、双季稻茬口偏紧张等，后续双季稻种植面积大幅度萎缩。

2. 漂洗型水稻土

面积241.1万亩，占安徽水稻土总面积的6.7%左右，多处在平缓岗坡及冲、畈的上部，地势稍高，位于潴育型水稻土和渗育型水稻土之上，分布于宣城、安庆、巢湖、滁州、合肥、马鞍山、淮南、蚌埠等地。

漂洗型水稻土所处地形微度倾斜，加之心土层质地黏重，滞水性强，经长期地表径流和人为串流漫灌水侧向漂洗作用，铁锰被还原淋失，黏粒被漂洗，使耕层和犁底层的土体变白，粉砂含量增高，形成漂洗层，其主要特征：耕层和犁底层呈灰白色或黄灰色，砂砾及粉砂含量高，黏粒含量低。该土种按面积从大到小为澄白土田、淀板田、香灰土田。

主要问题：土壤细砂及粉砂含量高，久耕易淀浆板结，难栽秧，易漂秧；旱作播种后遇雨，表土层淀板，闷种卡苗；土壤养分低，保水保肥性能差；水稻前期发棵慢，后期易脱肥早衰。该土种用于双季稻种植的不多见。

3. 潜育型水稻土

面积243.1万亩，占安徽水稻土总面积的6.7%左右，集中分布在长江冲积平原区，以安庆、巢湖、芜湖分布较多，其次是宣城、黄山、六安与滁州，合肥、马鞍山、铜陵和淮南面积较小，所处地形主要为冲积平原的低圩区和低山丘陵的沟、谷、冲、垅。由于地势低洼、排水困难，地下水位较高，多在50cm以上，甚至终年积水，剖面中具潜育层，常为耕层-犁底层-潜育层，潜育层出现部位高低不同，该层呈青灰色或灰蓝色，糊状无结构。土种按面积从大到小为青湖泥田、烂泥田、青马肝田、青丝泥田、青潮砂泥田、青砂泥田、陷泥田、青棕红泥田、青泥田、青紫泥田、青石灰泥田。

潜育型水稻土主要特点是黏、湿、嫌气、亚铁有害物质多、有效矿质养分低，一般不适合小麦、油菜等生长。而由于潜育型水稻土分布地区多集中于长江冲积平原区，温度、水分条件相对适宜，同时土壤条件不适宜冬季旱作-水稻模式，故目前安徽双季稻种植有较大比例集中于这一土种上。

4. 渗育型水稻土

面积239.6万亩，占安徽水稻土总面积的约6.6%，地形部位较淹育型水稻土稍低，一般在低丘坡麓及平缓岗地的中下部；地下水位较低，多在1m以下，水源及供水条件较淹育水稻土好，但因地形部位仍较高，有的水源还不能充分利用。该土种按面积从大到小为渗马肝田、渗砂泥田、渗棕红泥田、渗泥质田、渗紫泥田、渗暗泥田、渗潮砂泥田。

渗育型水稻土耕作历史相对较久，土壤物质迁移和积累比渗育型水稻土明显，耕层、犁底层和渗育层发育较好，而潴育层未发育，处于淹育型水稻土向潴育型水稻土发育的过渡阶段。渗育水稻土水利条件稍差，土壤较瘠薄，因此要注意防旱和培肥土壤。由于灌溉条件差，目前该土种用于双季稻种植的不多见。

5. 淹育型水稻土

面积138.2万亩，占安徽水稻土面积的3.8%左右，主要发育在低山丘陵的坡麓及岗地，分布于黄山、宣城、池州、安庆、六安、巢湖、合肥、蚌埠等地。

淹育型水稻土所在地形地势较高，种稻年限不长，地下水位深，水源缺乏，主要依靠雨水或少量塘水灌溉，剖面分化不明显，除淹育层、犁底层发育外，渗育层未发育，母质层出现位置较高，属幼年型水稻土。该土种按面积从大到小为浅马肝田、浅砂泥田、浅泥质田、浅棕红泥田。

淹育型水稻土灌溉条件差，易干旱，多为"望天田"。由于灌溉条件差，目前该土种用于双季稻种植的也不多见。

6. 脱潜型水稻土

面积45.9万亩，占安徽水稻土面积的1.3%左右，是水稻土面积最小的一个亚类，多位于长江及其支流沿岸圩区，巢湖等滨湖平原和岗地的冲、畈部位，主要分布在芜湖、郎溪、铜陵、怀宁、枞阳、太湖、宿松、无为、含山、和县、嘉山、全椒、巢湖、滁州等地。

脱潜型水稻土主要由潜育型水稻土随着兴修水利、排灌条件不断改善而形成，相比潜育型水稻土地下水位下降，并改原有的单一种植水稻为稻麦/油或稻稻油水旱两熟，土壤具有明显的脱潜过程，即氧化作用增强，还原作用逐步减弱，因而耕层、犁底层通气条件有所改善，脱潜层明显发育，形成块状及棱块状结构，锈纹、锈斑增加。该土种按面积从大到小为脱青石灰性砂泥田、脱青潮砂泥田、脱青湖泥田、脱青马肝田。

脱潜型水稻土熟化度较高，但由于土温稍低，肥效慢，早稻返青发棵慢，晚稻后期易恋青晚熟。目前利用现状以油/麦-稻为主，种植双季稻的面积不多。

7.2.1.2　存在问题

根据前文所述，目前安徽双季稻北缘区双季稻实际种植田块土壤种类以潜育型水稻土为主。其中典型的沿江圩区青丝泥田，是一种由长江冲积物发育形成的潜育型水稻土，分布在沿江水网圩区，质地为黏土或粉砂黏土，潜育层多在25cm以上。

相对于江西、湖南等双季稻主产区，安徽双季稻北缘区生产中存在温光条件相对较差、早晚稻茬口衔接较为紧张等鲜明的地域性特色，并体现出复种指数低、产量增长缓慢、稻田生产力稳定性不高等实际问题。目前，安徽双季稻北缘区土壤培肥与丰产增效生产中存在的主要问题如下。

Ⅰ. 在安徽双季稻北缘区水稻生产中，长期单施化肥导致产量停滞不前，肥料利用率不高。多个双季稻定位试验表明（图7-3），在3年以上中长期尺度上，双季稻周年产量均无显著上升趋势，甚至部分试验双季稻产量呈下降趋势。

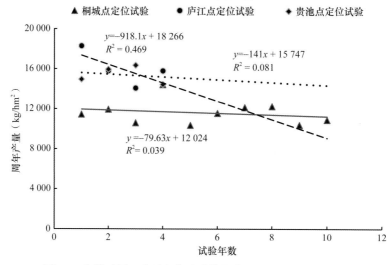

图7-3　安徽不同双季稻定位试验单施化肥处理水稻产量变化

根据安徽主要农作物化肥利用率试验及肥料使用情况定点调查结果，2018年水稻氮肥、磷肥、钾肥利用率分别为38.3%、25.9%、46.2%。与2017年相比，2018年水稻氮肥利用率提高了1.1个百分点；磷肥利用率略有下降；钾肥利用率提高了1.3个百分点，安徽水稻肥料利用率水平基本与全国平均利用率持平，距国际先进水平有相当大的距离。

Ⅱ. 安徽双季稻北缘区实际温、光条件与江西、湖南等主产区仍存在差距，造成早稻栽插时间和晚稻收获时间延迟，双季稻生育期偏紧，实际生产中气候风险增大。

以早稻栽插期为例，根据中国气象数据网逐日数据集（2016～2017年），比较安徽典型双季稻区（贵池）与湖南（岳阳）、江西（南昌）早稻栽插期（4月）日均温度（图7-4）：4月初，江西、湖南升温较快，在4月10日已升至水稻萌发的适宜温度下限18℃以上，利于早稻直播；在4月20～25日，安徽贵池温度存在低温风险，而江西南昌和湖南岳阳低温风险相对较低。表现在实际生产中，江西、湖南早稻直播较多，而安徽双季稻北缘区采用直播方式较少，与温、光条件相关。

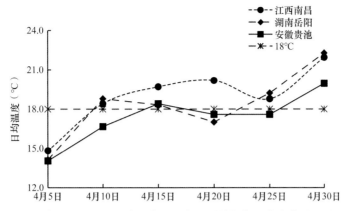

图7-4 安徽双季稻北缘区与双季稻主产区典型县市早稻栽插期温度变化对比（2016~2017年）

Ⅲ. 长期不合理施肥造成氮、磷、钾养分含量不均衡，部分地区微量元素缺乏，稻田土壤培肥跟不上水稻产量、质量提高的需求和高产优质新品种的更新。

土壤有机质、全氮含量中等面积比例最高，有机质、全氮含量丰面积比例≤5%，高肥力稻田土壤占比较少（表7-3）。土壤有效磷、速效钾含量较低，两者缺、极缺面积比例分别为47%和61%左右。土壤主要微量元素含量不足。稻田土壤有效锌含量大多处于中等水平，仍有19%左右面积有效锌含量不足；土壤有效硼、有效钼含量缺、极缺面积分别达到79%和36%。

表7-3 安徽沿江双季稻北缘区稻田土壤养分要素分布表

养分类型		不同等级所占比例（%）				
		丰	较丰	中等	缺	极缺
有机质		2	18	51	26	3
大量元素	全氮	5	28	56	9	2
	有效磷	6	15	32	34	13
	速效钾	2	9	28	50	11
中微量元素	有效硫	15	27	36	18	4
	有效锌		21	60	16	3
	有效锰	45	42	13		
	有效硼		3	18	49	30
	有效铁	82	14	4		
	有效铜	17	70	13		
	有效钼	5	28	31	28	8

从20世纪80年代至今关于安徽稻区研究的相关文献中提取了各试验土壤基础地力信息（表7-4），相比2000年以前，2000年之后安徽各区主要地力变化趋势如下：有机质含量变幅为1.92~4.13g/kg，江淮稻区提升较大，沿江、皖南稻区有机质变幅较低，总体仍属中等水平；全氮含量变幅为0.07~0.17g/kg，整体提升幅度不大，且仍属中等水平；有效磷含量变幅为5.3~10.3mg/kg，其中皖南稻区提升幅度较大，总体仍属中等偏低水平；

速效钾含量变幅为-3.0～10.5mg/kg，其中江淮稻区速效钾略有下降，沿江、皖南稻区略有上升，总体属于中等偏低水平；pH变幅为-0.7～0.3个单位，其中江淮、皖南稻区有一定下降趋势。

表7-4 安徽稻区不同区域土壤基础地力变迁

地点	年份	有机质（g/kg）	全氮（g/kg）	有效磷（mg/kg）	速效钾（mg/kg）	pH	相关文献数n
江淮	1980～1999	17.46	1.07	6.5	94.2	6.4	7
	2000～	21.59	1.24	11.8	91.2	5.7	16
沿江	1980～1999	21.75	1.43	7.2	65.9	5.6	7
	2000～	23.76	1.57	12.7	75.2	5.9	19
皖南	1980～1999	22.78	1.35	5.0	60.5	5.3	4
	2000～	24.70	1.42	15.3	71.0	5.2	14

经相关文献验证，安徽双季稻区土壤肥力变化趋势与大规模测土配方施肥取样调查结果基本一致。无论是为了水稻产量及品质的继续提高，还是为了农业长期持续稳定发展，安徽双季稻区土壤均需要继续进行培肥改良。

7.2.1.3 技术筛选与模式创建的意义

1. 稻田持续丰产稳产的需要

从安徽双季稻北缘区生产状况来看，2000年安徽省早稻、晚稻、单季稻平均产量为4220kg/hm²、4586kg/hm²、5973kg/hm²；2012年，早稻、晚稻及单季稻平均产量增至5558kg/hm²、5243kg/hm²、6554kg/hm²，早、晚稻产量增幅分别为31.7%、14.4%，均高于单季稻的9.7%（数据来源于《安徽省统计年鉴》）。

研究安徽双季稻北缘区不同种植模式周年产量变化（表7-5），结果表明：相比20世纪80年代，2000年后双季稻、稻麦两熟种植模式年均周年产量分别从9200kg/hm²、8601kg/hm²上升至11 189kg/hm²、9899kg/hm²，增幅分别为21.6%、15.1%。自20世纪80年代开始，无论是以全国还是安徽平均产量作为参照，双季稻种植模式下的增产幅度、周年产量及产量稳定性均高于稻麦两熟种植模式，2000年后这一趋势更加显著。

表7-5 双季稻北缘区不同种植模式产量及稳定性变迁

种植模式	1980～1989年		1990～1999年		2000年后	
	双季稻	稻麦	双季稻	稻麦	双季稻	稻麦
周年产量（kg/hm²）	9 200	8601	9 779	8 784	11 189	9 899
与全省单位面积产量比值（%）	104.1	100.4	101.2	90.7	112.5	95.7
与全国单位面积产量比值（%）	97.7	100.8	90.3	85.2	103.1	83.1
变异系数（CV）	0.06	0.11	0.09	0.09	0.05	0.08
稳定性系数（SYI）	0.87	0.77	0.80	0.77	0.88	0.80

注：数据来源于中华人民共和国农业农村部种植业管理司http://zdscxx.moa.gov.cn:8080/nyb/pc/sourceArea.jsp

总体来看，安徽双季稻北缘区双季稻周年产量及产量增幅均呈一定提高趋势，且幅度高于单季稻。从长期粮食安全角度来看，双季稻仍然是安徽江淮南部-沿江稻区值得发展的生产方式。

2. 长期稻田土壤培肥的需要

分析安徽双季稻北缘区多个定位试验长期双季稻周年产量与当年土壤有机质含量相关性（图7-5），可见在安徽双季稻北缘区，以有机质为代表的土壤肥力与稻田生产力显著相关，培肥土壤是保证稻田丰产增效的基础。

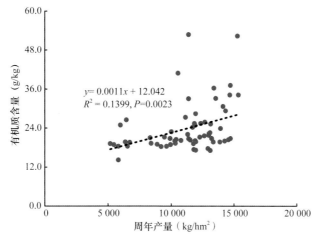

图7-5　安徽双季稻周年产量与土壤有机质相关性（2009～2017年）

综上所述，目前安徽双季稻北缘区长期不合理施肥与耕作，导致氮、磷、钾养分含量不均衡；部分地区微量元素缺乏；光温条件相对较差；同时全量秸秆还田技术配套不到位等造成部分地区秸秆腐解缓慢、水稻生育期紧张等。与水稻丰产提质的需求和优质丰产水稻品种更新水平相比，稻田土壤培肥水平稍显滞后。针对双季稻北缘区稻田培肥与丰产增效中存在的以上问题，通过开展定位试验监测及相关研究，明确稻田土壤结构的动态变化规律，通过筛选优化集成土壤轮耕，有机养分周年分配，秸秆全量还田下的合理耕作、栽培、有机无机培肥等技术模式，可以为双季稻北缘区稳粮增收、丰产增效提供科技支撑，进而保证本地区粮食安全及土壤肥力提高。

7.2.2　有机无机肥配施培肥技术

7.2.2.1　有机无机肥配施的意义及存在问题

国内外相关研究表明，长期单纯施用化肥将导致土壤质量的下降，进而导致水稻产量增长停滞。在长期施用化肥条件下，水稻产量提高，但有机质归还水平较低，已造成土壤钾库耗竭、氮素有效性下降、微量元素亏缺、物理性状退化等问题，并成为水稻长期产量增长停滞的主要原因。采用豆科绿肥、秸秆还田等有机肥培肥措施是提高土壤肥力和持续提升作物生产力的重要路径。

大量田间及培养试验均表明，无论是秸秆、绿肥还是商品有机肥，在稻田土壤中其养分释放均需要一个过程，尤其是秸秆及商品有机肥，120d氮素释放率一般在50%～60%，加之安徽双季稻北缘区生育期本身较为紧张，有机肥化肥配施过程中，由于施用有机肥年限较短，或有机肥种类、用量、替代占比及施用方式不适宜等，可能出现以下问题。

1. 对生育期及生育进程的影响

在安徽贵池开展的有机肥等氮量替代化肥定位试验（表7-6）中，秸秆不还田条件下采用豆粕原料的有机肥（N-P_2O_5-K_2O含量为3.2%-1.6%-1.5%）替代化肥N，对双季稻生育期影响如下：①以30%和50%有机肥替代时，与常规化肥相比，早稻始穗期提前2～3d，整体生育期缩短1d；晚稻抽穗期提前1d，30%有机肥替代时整体生育期未受影响，50%有机肥替代处理生育期缩短2d。②秸秆不还田条件下，100%有机肥等氮量替代时，与常规化肥相比，早稻抽穗期提前4d，整体生育期缩短4d；晚稻抽穗期提前3d，晚稻生育期提前3d。

表7-6 有机肥等氮量替代化肥对双季稻生育期的影响（安徽贵池，2017～2018年）

稻季	处理	播种期	移栽期	始穗期	齐穗期	成熟期	全生育期（d）
早稻	无N+PK	3-30	4-27	6-11	6-16	7-12	104
	常规化肥NPK	3-30	4-27	6-16	6-21	7-19	111
	30%有机肥N+70%化肥N	3-30	4-27	6-14	6-20	7-18	110
	50%有机肥N+50%化肥N	3-30	4-27	6-13	6-18	7-18	110
	100%有机肥N	3-30	4-27	6-12	6-17	7-15	107
晚稻	无N+PK	6-21	7-26	9-12	9-16	11-2	134
	常规化肥NPK	6-21	7-26	9-15	9-20	11-5	137
	30%有机肥N+70%化肥N	6-21	7-26	9-14	9-20	11-5	137
	50%有机肥N+50%化肥N	6-21	7-26	9-14	9-18	11-3	135
	100%有机肥N	6-21	7-26	9-12	9-16	11-2	134

注：表中生育期表示方式为"月–日"

安徽双季稻北缘区施用商品有机肥条件下，等氮量替代的有机无机肥配施，可能造成双季稻生育期缩短，这一现象可能与有机肥养分释放较慢、土壤养分供应不足有关。其中晚稻生育期缩短时间略少于早稻，可能与前茬有机肥养分释放的持续效应有关。

有机肥等氮量替代化肥定位试验中双季稻茎蘖动态情况（图7-6a和b）显示：①秸秆不还田条件下常规化肥处理在早、晚稻分蘖前中期分蘖数最高，分蘖高峰期分蘖数最高，最终分蘖数也最高；②化肥和有机肥配施处理，早、晚稻前中期分蘖启动相对较慢，分蘖高峰期分蘖数显著低于化肥处理，但后期分蘖数下降较为平缓；③完全用有机肥氮替代化肥氮，分蘖数显著低于化肥及化肥+有机肥配施处理。

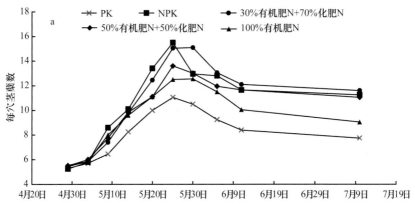

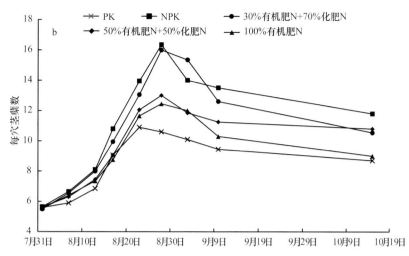

图7-6　有机肥等氮量替代化肥对早稻（a）和晚稻（b）茎蘖动态的影响（安徽贵池，2017～2018年）

化肥与有机肥配施可以提高分蘖质量，但最终分蘖数会受到影响，单纯施用等氮量有机肥影响更显著，施用等氮量有机肥短期内尚不能代替化肥对水稻分蘖的作用。

2. 对产量及构成因素的影响

秸秆不还田条件下，连续两年有机肥等氮量替代化肥试验表明（图7-7），早、晚稻产量均表现为常规NPK＞30%有机肥N替代＞50%有机肥N替代＞100%有机肥N替代＞无N处理，且处理间差异均显著。至少在短期内，商品有机肥等氮量替代化肥尚不能满足安徽双季稻北缘区双季稻养分需求。

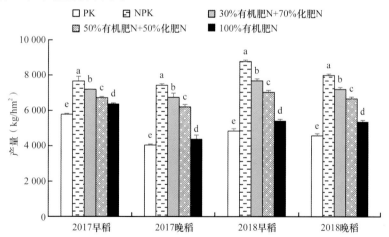

图7-7　有机肥等氮量替代化肥对早稻和晚稻产量的影响（安徽贵池，2017～2018年）

不同小写字母表示不同处理间差异在0.05水平显著，下同

分析该试验中早稻、晚稻主要产量构成因素及其与产量的相关性（表7-7）表明：双季稻产量主要与株高、有效穗、穗粒数相关性较高，其中株高可能反映了水稻生长情况。

表7-7　有机肥等氮量替代化肥对水稻产量构成因素的影响（安徽贵池，2017～2018年）

稻季	处理	株高（cm）	有效穗（万/亩）	穗长（cm）	穗粒数	结实率（%）	千粒重（g）
早稻	PK	81.3c	15.89c	18.18c	96.6b	92.8a	26.46ab
	NPK	92.1a	23.06a	19.90a	113.4a	93.3a	26.64a
	30%有机肥N+70%化肥N	91.8a	23.78a	20.26a	116.6a	90.0b	26.25b
	50%有机肥N+50%化肥N	90.1ab	22.65a	19.14b	110.5a	91.3b	26.11b
	100%有机肥N	84.8b	18.55b	19.48b	101.3b	91.0b	26.74a
	与产量相关性	0.96**	0.92*	0.77	0.92**	0.05	−0.18
晚稻	PK	77.9c	16.62c	14.91ab	92.9c	92.8ab	31.89a
	NPK	86.0a	22.54a	15.56a	100.8a	90.8b	31.81a
	30%有机肥N+70%化肥N	85.7a	20.15b	14.49b	97.0b	93.8a	31.51ab
	50%有机肥N+50%化肥N	85.4a	20.63b	15.00ab	95.6b	90.2b	31.46ab
	100%有机肥N	80.9b	17.19c	14.64b	92.9c	93.4a	31.60ab
	与产量相关性	0.96**	0.97**	0.44	0.94**	0	−0.28

注：不同小写字母表示不同处理间差异在0.05水平显著；**表示相关水平为0.01，*表示相关水平为0.05；下同

综上所述，在安徽双季稻北缘区，单纯的植物源商品有机肥短期（1～2年）内无法完全满足双季稻生长对速效养分的需求，造成有效穗、穗粒数下降，生育期提前，进而影响双季稻产量。

7.2.2.2　有机无机肥配施培肥技术及其效应

1. 选择适宜的有机肥种类及替代比例

安徽双季稻北缘区连续5年定位试验表明（图7-8），采用绿肥+秸秆（早稻季紫云英鲜草翻压量22 500kg/hm²，晚稻秸秆还田）作为有机物料来源，单纯有机肥处理（M）产量较常规化肥处理（F100）显著降低，尚不能完全替代化肥。有机肥与化肥配施条件下，双季稻产量随着化肥用量减少整体呈下降趋势。化肥减量40%（MF60）时早、晚稻产量与单纯有机肥处理相比下降不显著，化肥减量60%（MF40）时早、晚稻产量显著下降。这表明，有机无机肥配施时，绿肥+秸秆的有机物料翻压可以替代40%的化肥。

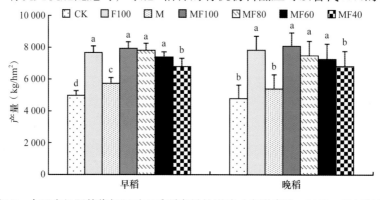

图7-8　合理有机肥替代氮肥对双季稻产量的影响（安徽贵池，2011～2015年）

CK为不施肥；F100为仅施化肥；M为仅施有机肥；MF100为有机肥化肥配施，100%化肥；MF80为有机肥化肥配施，80%化肥；MF60为有机肥化肥配施，60%化肥；MF40为有机肥化肥配施，40%化肥

　　分析早、晚稻及周年产量年度间变异性和稳定性（表7-8），结果表明：对早稻产量和周年产量而言，与F100相比，不合理的有机无机肥配施（MF40）产量稳定性系数（SYI）降低，年度间变异系数（CV）增加，产量稳定性受到影响，合理的有机无机肥配施产量稳定性则有所增加；对晚稻而言，与F100相比，MF80、MF60和MF40处理产量稳定性略有降低，MF100处理产量稳定性有所提高。整体而言，在早稻季翻压紫云英+晚稻秸秆还田作为有机物料的情况下，适量减少化肥用量（早稻≤40%、晚稻≤20%），早晚稻产量稳定性有所提高。

表7-8　有机肥替代氮肥对双季稻产量变异性的影响（安徽贵池，2011～2015年）

处理	产量稳定性（SYI）			产量年度间变异系数（%）		
	早稻	晚稻	周年	早稻	晚稻	周年
CK	0.909	0.700	0.809	5.70	17.93	11.20
F100	0.899	0.764	0.821	5.36	11.12	8.14
M	0.871	0.730	0.812	6.28	16.77	10.77
MF100	0.895	0.772	0.827	5.24	10.40	7.68
MF80	0.905	0.753	0.826	5.58	11.90	8.45
MF60	0.923	0.732	0.822	4.52	13.29	8.65
MF40	0.853	0.727	0.784	7.41	13.83	10.24

　　施用化肥可以提高土壤全氮及有机质含量（表7-9），有机无机肥配施处理对土壤全氮及有机质的提升作用更加明显；单施化肥使土壤pH有所下降，合理的有机无机肥配施（化肥减量≤40%）则可以有效缓解pH下降；相对单施化肥处理，有机无机肥配施处理对土壤速效钾的提升作用更加明显，且速效钾含量随着配施化肥量减少而减小；有机无机肥配施对土壤有效磷的提升作用则不显著。

表7-9　有机肥替代氮肥对土壤主要养分的影响（安徽贵池，2011～2015年）

处理	pH	全氮（g/kg）	有机质（g/kg）	碱解氮（mg/kg）	有效磷（mg/kg）	速效钾（mg/kg）
CK	5.68a	1.67b	20.52b	97.32b	8.95b	107.9b
F100	5.47a	1.87ab	22.08ab	123.65a	11.32ab	106.5b
M	5.69a	1.88ab	22.80a	117.41a	9.10b	118.1ab
MF100	5.55a	1.86ab	22.67a	116.80a	12.97a	136.1a
MF80	5.71a	1.89a	22.97a	116.21a	10.10ab	133.3ab
MF60	5.52a	1.91a	23.11a	117.95a	9.56b	122.0ab
MF40	5.47a	1.87ab	23.42a	117.54a	10.78ab	131.4ab

　　土壤全氮、有效磷、碱解氮含量与早晚稻周年产量呈显著正相关，土壤有机质、速效钾含量仅与早晚稻周年产量呈一定程度正相关（表7-10），可见安徽双季稻北缘区土壤有机质、速效钾不是最重要的限制因子，应更关注速效氮、有效磷的补充；有机无机肥配施时，有机物料投入（早稻季紫云英+晚稻秸秆还田）与土壤中有机质、速效钾含量呈极显著正相关，与全氮、碱解氮含量也呈一定正相关，可见早稻季紫云英+晚稻秸秆还田

可以作为重要的钾源，并能培肥土壤；化肥用量与土壤有效磷含量呈显著正相关，化肥仍然是补充土壤有效磷的主要手段。

表7-10　合理有机肥替代氮肥条件下土壤养分含量与产量及肥料投入种类相关性分析

（安徽贵池，2011～2015年）

相关系数	pH	全氮	有机质	碱解氮	有效磷	速效钾
周年产量	−0.49	0.71*	0.57	0.75*	0.74*	0.50
化肥	−0.49	0.51	0.33	0.62	0.80*	0.35
有机物料	0.06	0.67	0.85**	0.39	0.13	0.85**

总体而言，有机物料的加入对土壤具有长期培肥效应，由于本地区土壤有效磷本底较低，有机无机肥配施时仍需要注意化肥磷的供应。

通过选择合适的有机肥施用时间、途径，可有效减轻有机肥替代前期对水稻产量的影响，并提高土壤养分及双季稻产量稳定性。

2. 有机无机肥配施合理运筹

在安徽双季稻北缘区开展连续3年定位试验（表7-11），采用绿肥+秸秆（早稻季紫云英鲜草翻压量22 500kg/hm²，晚稻秸秆还田）作为有机物料来源，结果表明，不施肥处理的早稻产量3年均最低，与其他施肥处理相比差异均达到显著水平；相同氮肥运筹下，连续3年M_{5-3-2}处理的早稻产量均高于F_{5-3-2}，其中2011年和2012年差异均达到显著水平，M_{5-3-2}早稻均产比F_{5-3-2}提高了7.77%，且所有有机无机肥配施处理早稻平均产量都高于纯化肥处理，表明有机无机肥配施有利于早稻产量的提升。对于氮肥运筹方式，通过设置基-蘖-穗肥不同比例，结果发现，M_{5-3-2}早稻平均产量最高，其次是M_{7-0-3}处理，且二者之间差异不显著。同时随着种植年限的增加，M_{7-0-3}处理对早稻的增产效果逐渐提高，表明了追施穗肥有利于早稻增产。早稻平均产量最低的是M_{10-0-0}处理，即化肥作为基肥一次性施入的方式下早稻产量最低，比M_{5-3-2}降低5.97%。

表7-11　有机无机肥配施条件下氮肥运筹对早稻产量、变异系数和可持续性指数的影响

（安徽贵池，2011～2013年）

处理	产量（kg/hm²）			平均产量（kg/hm²）	变异系数（%）	可持续性指数
	2011	2012	2013			
CK	3613d	3548c	4403d	3854c	10.84	0.765
F_{5-3-2}	6698c	6635b	7171a	6835b	4.93	0.873
M_{5-3-2}	7556a	7238a	7303a	7366a	3.28	0.907
M_{5-5-0}	7365ab	7222a	6775bc	7121ab	4.22	0.924
M_{7-3-0}	7333ab	7189a	6787bc	7103ab	4.38	0.914
M_{7-0-3}	7095b	7292a	7067ab	7151ab	2.98	0.938
M_{10-0-0}	7159ab	7111a	6584c	6951b	4.69	0.892

注：CK为不施肥；F_{5-3-2}为常规化肥处理，基肥：蘖肥：穗肥=5：3：2；M_{5-3-2}为常规化肥+早稻季翻压紫云英，基肥：蘖肥：穗肥=5：3：2；M_{5-5-0}为常规化肥+早稻季翻压紫云英，基肥：蘖肥：穗肥=5：5：0；M_{7-3-0}为常规化肥+早稻季翻压紫云英，基肥：蘖肥：穗肥=7：3：0；M_{7-0-3}为常规化肥+早稻季翻压紫云英，基肥：蘖肥：穗肥=7：0：3；M_{10-0-0}为常规化肥+早稻季翻压紫云英，基肥：蘖肥：穗肥=10：0：0。其中，紫云英翻压量统一为1500kg/亩，在早稻栽插前7～10d翻压；基肥在早稻移栽前3d左右施入，分蘖肥在早稻移栽后7d左右施入，穗肥在始穗期前10～15d施入。下同

对比不同处理的产量变异性和可持续性：不施肥处理的产量变异系数最高，可持续指数最低；相同氮肥运筹的M_{5-3-2}和F_{5-3-2}之间，有机无机肥配施处理M_{5-3-2}的变异系数低于F_{5-3-2}，而可持续性指数则高于F_{5-3-2}，说明紫云英翻压提高了早稻产量的稳定性和可持续性；对比5种氮肥运筹方式，M_{5-3-2}和M_{7-0-3}处理的变异系数较低，可持续性指数较高，说明这两个处理产量具有较高的稳定性和可持续性。

采用绿肥+秸秆（早稻季紫云英鲜草翻压量22 500kg/hm²，晚稻秸秆还田）作为有机物料来源，比较不同施肥处理之间晚稻产量及其稳定性、可持续性（表7-12），结果表明，对照（纯化肥）处理的晚稻产量3年均是最低，与其他施肥处理相比差异均达到显著水平；相同氮肥运筹下，连续3年M_{5-3-2}处理晚稻产量均高于F_{5-3-2}，且差异都达到显著水平，平均产量比F_{5-3-2}提高了10.88%；有机无机肥配施条件下，5种氮肥运筹处理（基-蘖-穗肥）中，M_{5-3-2}处理连续3年的晚稻产量均最高，M_{5-5-0}产量次之，M_{10-0-0}处理3年晚稻平均产量比M_{5-3-2}处理低12.16%，这反映了在有机无机肥配施条件下氮肥作基肥一次性施入不利于晚稻产量的提升。

表7-12　有机无机肥配施条件下氮肥运筹对晚稻产量、变异系数和可持续性指数的影响
（安徽贵池，2011～2013年）

处理	产量（kg/hm²）			平均产量（kg/hm²）	变异系数（%）	可持续指数
	2011	2012	2013			
CK	4286d	4048e	4603d	4312d	6.36	0.860
F_{5-3-2}	7222bc	7222b	6849c	7098bc	3.38	0.923
M_{5-3-2}	8508a	7571a	7530a	7870a	6.21	0.856
M_{5-5-0}	7460b	7222b	7373a	7352b	1.96	0.946
M_{7-3-0}	7206bc	6762cd	6665c	6878c	4.37	0.909
M_{7-0-3}	7254bc	7032bc	7316ab	7201b	2.69	0.937
M_{10-0-0}	7016c	6619d	7105b	6913c	3.38	0.930

对比不同处理的产量变异性和可持续性，M_{5-5-0}和M_{7-0-3}的产量变异系数较低，可持续性指数较高，表明这两个施肥方式的产量稳定性和可持续性都较高，有利于晚稻产量持续性稳产。

分析本试验中各处理肥料利用率情况（表7-13），结果表明，早稻季有机无机肥配施处理的氮肥偏生产力（PEP_N）和农学效率（AE_N）均高于单施化肥处理，有机无机肥配施有利于早稻季氮肥利用率的提高。有机无机肥配施条件下，早稻季M_{5-3-2}处理的氮肥利用率最高，M_{7-0-3}次之，而M_{10-0-0}最低；晚稻季M_{7-3-0}和M_{10-0-0}的氮肥偏生产力与农学效率偏低，甚至低于单施化肥处理，而M_{5-3-2}和M_{5-5-0}的氮肥偏生产力与农学效率均较高，晚稻种植时适当减少基肥的投入有利于提高氮肥利用率。另外，整个轮作周期相同氮肥运筹条件下，M_{5-3-2}的氮肥偏生产力和农学效率明显高于F_{5-3-2}，这表明了有机无机肥配施有利于提高双季稻的肥料利用率。对比不同氮肥运筹，M_{5-3-2}和M_{5-5-0}具有较高的氮肥偏生产力与农学效率，而M_{10-0-0}最低，甚至低于F_{5-3-2}处理。

表7-13　有机无机肥配施条件氮肥运筹对氮肥利用率的影响（安徽贵池，2011～2013年）

处理	早稻		晚稻		轮作周期	
	PEP_N（kg/kg）	AE_N（kg/kg）	PEP_N（kg/kg）	AE_N（kg/kg）	PEP_N（kg/kg）	AE_N（kg/kg）
F_{5-3-2}	18.99	8.28	19.72	7.74	19.35	8.01
M_{5-3-2}	20.46	9.75	21.86	9.88	21.16	9.82
M_{5-5-0}	19.78	9.07	20.42	8.44	20.10	8.76
M_{7-3-0}	19.73	9.02	19.10	7.13	19.42	8.08
M_{7-0-3}	19.86	9.16	20.00	8.02	19.93	8.59
M_{10-0-0}	19.31	8.60	19.20	7.23	19.26	7.91

比较不同氮肥运筹方式对早稻、晚稻及轮作周期水稻的经济效益（表7-14），结果如下：对于早稻经济收益情况，M_{10-0-0}的经济效益最高，M_{7-0-3}次之，M_{7-3-0}最低，但各个处理之间差异不大，M_{10-0-0}的经济收益仅比M_{7-0-3}提高0.48%；晚稻各处理间经济效益差异明显，M_{5-3-2}经济效益最高，两次施肥M_{5-5-0}的经济效益次之。整个轮作周期中，M_{5-3-2}的经济效益最高，M_{5-5-0}次之，效益最低的是M_{7-3-0}，比同样施两次肥的M_{5-5-0}处理低了4.05%。

表7-14　有机无机肥配施条件下氮肥运筹对3年平均水稻经济收益（元/hm^2）的影响

（安徽贵池，2011～2013年）

处理	早稻	晚稻	共计
M_{5-3-2}	15 293	16 584	31 878
M_{5-5-0}	15 251	15 843	31 095
M_{7-3-0}	15 207	14 630	29 836
M_{7-0-3}	15 330	15 456	30 786
M_{10-0-0}	15 403	15 305	30 708

定位试验及验证性试验示范表明：通过选择合适的有机肥施用时间、途径，可有效减轻有机肥替代前期对水稻产量的影响，并提高土壤养分及双季稻产量稳定性；同时通过有机肥替代化肥后合理调控运筹，可进一步提高双季稻产量，提高养分利用率及水稻种植经济效益。

7.2.3　稻田土壤轮耕扩容技术

7.2.3.1　稻田土壤轮耕的意义及存在问题

通过翻压有机物料，结合冬季翻耕晒田，可改善土壤团粒结构，增加土壤通透性；同时通过隔年冬翻+双季深旋耕，可改良耕层结构，增加耕层厚度及养分容量。研究表明，我国南方双季稻长期采取不同耕作方式，通过对稻田土壤容重、土壤速效养分等肥力指标的改善，对水稻生长发育及产量形成产生了正面影响（刘白银，2012）。

受成土母质、地下水位偏高、双季稻生育期有效积温偏低等自然因素影响，加之长期不合理农业耕作，安徽双季稻北缘区稻田土壤轮耕扩容过程中存在以下问题。

1. 土壤通透性差，还原性物质偏高

安徽双季稻北缘区，尤其是沿江地区地下水位偏高，部分圩区甚至普遍高于40～50cm。长期淹水造成土壤通透性差，还原性物质高。目前贵池示范区部分土壤还原性物质总量在2.5～3cmol/kg，少数地区甚至达到4cmol/kg，部分地区土壤孔隙度在45%以下，少数甚至在40%左右。

2. 农田耕层变薄，保水保肥能力差

由于早稻季光温条件不足，安徽双季稻北缘区早稻免耕不多见，传统上多采用双季浅旋耕操作，由于长期不合理的耕作，双季稻田耕层变浅，目前安徽双季稻北缘区稻田耕层普遍在18cm以下，部分地区仅15cm；同时保水保肥能力差，耕地质量下降，部分地区阳离子交换量在10cmol/kg以下。

7.2.3.2　技术优化途径及效果

针对目前安徽双季稻北缘区土壤耕地质量现状，结合相关试验示范，采取多项措施来改良土壤耕层条件、扩库增容，具体如下。

1. 翻压有机物料结合冬季翻耕晒田

秸秆还田条件下，与冬季空闲处理相比，冬季耕作在一定程度提高了早稻产量，但提高幅度不显著；但晚稻增产效果明显，冬季翻耕晒垡、翻耕泡田和种植绿肥处理均提高了晚稻产量，其中以冬季种植绿肥处理增产幅度最高（表7-15）。进一步分析产量构成因素，与冬季空闲处理相比，冬季翻耕晒垡处理一定程度提高了晚稻穗粒数、结实率，显著提高了晚稻千粒重，冬季翻耕泡田和种植绿肥处理显著提高了晚稻有效穗与结实率。

表7-15　不同冬季耕作模式的产量及产量构成因素（安徽桐城，2019年）

稻季	冬耕处理	有效穗（万/hm²）	穗粒数（粒）	结实率（%）	千粒重（g）	理论产量（kg/hm²）	实际产量（kg/hm²）
早稻	冬季空闲	236.9ab	108.0b	81.4a	24.5a	7654b	6835a
	翻耕晒垡	247.4a	118.3ab	72.8b	25.1a	8022ab	7086a
	翻耕泡田	224.5b	129.4a	71.8b	24.7a	7728b	6993a
	种植绿肥	254.4a	126.0a	70.2b	24.6a	8303a	6905a
晚稻	冬季空闲	239.7b	126.8a	90.7b	27.4b	7552c	6207b
	翻耕晒垡	256.1b	119.7ab	91.5ab	28.1a	7881b	6462ab
	翻耕泡田	282.0a	116.4ab	92.4b	27.2b	8249b	6503ab
	种植绿肥	272.6a	129.4a	92.1a	27.1b	8935a	6787a

经过两年冬季耕作，不同耕作处理均可有效降低土壤容重，提高土壤孔隙度，提高土壤主要养分指标（表7-16）。其中，冬季翻耕晒垡在地下水位较高的安徽沿江双季稻区，是改善土壤物理指标（容重、孔隙度）的有效手段，同时可以有效提高有机质、碱解氮、有效磷等指标。冬季种植绿肥对土壤全氮、有机质、速效钾的提升效果更加显著，是增加土壤养分的有效手段。

表7-16 不同冬季耕作模式的土壤养分及部分物理性状（安徽桐城，2019年）

处理	容重（g/cm³）	孔隙度（%）	全氮（g/kg）	有机质（g/kg）	碱解氮（mg/kg）	有效磷（mg/kg）	速效钾（mg/kg）
冬季空闲	1.50a	55.26b	1.78a	27.9b	225.5b	8.2b	73.7c
翻耕晒垡	1.35b	64.43a	1.85a	31.0a	256.0a	10.5a	108.7b
翻耕泡田	1.42b	56.84b	1.83a	29.6ab	215.3b	8.0b	93.7b
种植绿肥	1.40b	61.89a	1.90a	31.2a	223.0b	8.7b	124.0a

注：由于安徽2019年晚稻土壤尚未测定，此处采用2019年早稻收获后土样

2. 秸秆还田+冬翻+双季深旋耕

2018～2019年连续两年不同耕作方式大区定位试验产量结果（图7-9）表明，2018年早稻和晚稻各处理间产量差异均未达到显著水平；2019年早稻和晚稻产量均以双季深旋耕+冬季翻耕+还田处理最高，且与其他处理间差异显著。这表明，秸秆还田+冬翻+双季深旋耕等措施对第一年双季稻产量影响并不显著。从还田后第二年开始，双季稻深旋耕+秸秆还田处理的产量优势开始体现，在此基础上冬季翻耕，可以更好地提高产量；隔年冬翻也可提高双季稻产量，但其效应低于每年冬翻，具体实际操作措施，还需要考虑翻耕成本等问题。

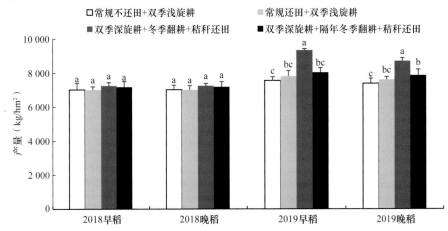

图7-9 秸秆全量还田的耕作优化技术对双季稻产量的影响（安徽贵池，2018～2019年）

本试验中，经过两年的不同耕作处理土壤肥力表现（表7-17）如下，与基础土相比，耕作一定程度提高了土壤pH，尤其是双季深旋耕+冬翻+秸秆还田，对20cm以下耕层pH提高显著。常规不还田+双季浅旋耕对20cm以上耕层土壤容重有一定减少效果，双季深旋耕+冬翻+秸秆还田同时降低了20cm以下耕层的土壤容重，连年冬翻效果优于隔年冬翻。基础土有机质、全氮表聚化严重，常规不还田+双季浅旋耕各耕层全氮、有机质无显著变化，双季深旋耕+隔年冬翻+秸秆还田一定程度增加了10～20cm耕层全氮及有机质。另外，双季深旋耕+冬翻+秸秆还田提高了10～20cm耕层的碱解氮含量，双季深旋耕+冬翻+秸秆还田提高了各耕层的速效钾含量。

表7-17　秸秆全量还田的耕作优化技术对耕层养分状况的影响（安徽贵池，2018年）

处理	土层（cm）	pH（水）	容重（g/cm³）	全氮（g/kg）	有机碳（g/kg）	碱解氮（mg/kg）	有效磷（mg/kg）	速效钾（mg/kg）
基础土	0~10	5.32b	1.10a	4.06a	28.3b	307.1ab	10.2a	88.9a
	10~20	5.36b	1.27a	3.14a	17.5ab	234.5a	6.2a	89.0b
	20~30	5.38b	1.27a	2.68a	16.9a	185.6b	3.9a	86.4ab
	30~40	5.31b	1.34a	2.12a	16.6a	186.3b	3.1a	82.0a
常规不还田+双季浅旋耕	0~10	5.32b	1.09a	4.03a	27.4b	285.9c	10.6a	85.9b
	10~20	5.40b	1.22a	3.12a	16.7b	218.1c	6.0a	88.3b
	20~30	5.48b	1.32a	2.55a	17.0a	182.5b	4.2a	84.5ab
	30~40	5.51ab	1.35a	2.09a	16.4a	182.8b	3.3a	84.7a
常规还田+双季浅旋耕	0~10	5.43a	1.08a	4.08a	28.6b	302.9ab	9.0b	88.9a
	10~20	5.45b	1.24a	3.20a	17.9a	238.6a	6.3a	87.6b
	20~30	5.58a	1.28a	2.60a	16.4a	182.8a	4.3a	82.3b
	30~40	5.61a	1.36a	2.01a	15.7a	182.5a	4.1a	78.7a
双季深旋耕+冬翻+秸秆还田	0~10	5.43a	1.06a	4.11a	28.7b	317.1a	9.9a	93.0a
	10~20	5.56a	1.24a	3.28a	17.2b	237.1a	6.1a	93.1a
	20~30	5.60a	1.22b	2.73a	16.7a	191.7a	4.7a	89.9a
	30~40	5.66a	1.27b	2.15a	17.0a	192.8a	4.1a	85.6a
双季深旋耕+隔年冬翻+秸秆还田	0~10	5.34b	1.02a	4.18a	29.6a	311.1a	9.6a	90.4a
	10~20	5.43b	1.26a	3.25a	17.9a	232.5a	6.5a	90.7ab
	20~30	5.54a	1.27a	2.69a	16.5a	182.9a	4.5a	87.5a
	30~40	5.67a	1.32a	2.08a	16.9a	183.8a	4.1a	80.5a

　　经过两年耕作，常规还田+双季浅旋耕对耕层养分表聚化现象无显著改善，双季深旋耕+冬翻+秸秆还田一定程度提高了耕层pH，增加了10cm以下耕层的全氮、有机质、碱解氮和速效钾的含量，降低了20cm以下耕层的容重，由于时间关系，20cm以下耕层养分变化尚不显著。通过耕作方式改良土壤相对施肥方式较慢，但其可以扩大耕层养分库容，增加耕层厚度。

　　定位试验及验证性试验示范表明，通过冬季翻耕及双季深旋耕等合理耕作措施，可以有效改良安徽双季稻北缘区土壤耕层物理性状，增加耕层养分容量，进而增加双季稻产量，但相对施肥等措施，耕作措施对水稻产量的提高效应相对较慢，可能需要更长的时间。

7.2.4　绿色生物覆盖培肥技术

7.2.4.1　绿色生物覆盖的存在问题

1.冬季绿肥播种茬口紧张

　　由于安徽地处双季稻北缘区，晚稻收获期迟于江西、湖南等水稻主产区，双季稻生产茬口相对紧张。分析安徽双季稻北缘区与江西、湖南双季稻主产区积温及双季稻生产茬口（表7-18），结果表明：全年≥0℃及≥10℃积温，均表现为江西＞湖南＞安徽。早晚稻季起始时间（以栽插—收割时间计算），江西早晚稻栽插及收获时间略早于湖南，且二者均显著早于安徽，但3个生态点早晚稻生育期内积温基本相近，这也与水稻生理需求相符合。

表7-18　安徽省双季稻北缘区与江西、湖南双季稻主产区典型县市积温、茬口对比

试验点	全年≥0℃ 积温（℃）	全年≥10℃ 积温（℃）	早稻季起止时间 （月/日）	早稻季≥10℃ 积温（℃）	晚稻季起止时间 （月/日）	晚稻季≥10℃ 积温（℃）
江西南昌	6901	6398	4/15～7/15	2234	7/15～10/20	2594
湖南岳阳	6633	6112	4/20～7/21	2235	7/21～10/31	2560
安徽贵池	6305	5762	4/30～7/29	2236	7/29～11/30	2502

由以上情况造成的安徽双季稻北缘区晚稻收获较迟的情况，容易造成后续冬季绿肥生育期紧张，光温条件不足，进而造成其生长不良，导致稻田冬季覆盖不足。

2. 绿肥种植及秸秆还田技术配套不到位

由于双季稻北缘区茬口紧张，光温条件相对较差，且全量秸秆还田技术配套不到位，因此部分地区秸秆腐解缓慢，不仅秸秆养分得不到充分释放，而且未腐解的秸秆容易造成晚稻插秧困难，甚至对水稻生育期造成较大影响。同时针对该地区偏迟的双季稻茬口，现有的冬季绿肥种植时间、品种、技术等有待改进，以取得更大的生物量。

针对安徽双季稻北缘区冬季绿肥播种茬口紧张造成的绿肥生长不良、冬季覆盖不足、部分地区秸秆全量还田腐解缓慢、水稻生育期受影响等问题，通过晚稻收获前套播冬季绿肥，合理调节绿肥–晚稻共生期长度来提高绿肥产量；同时通过合理利用紫云英–秸秆资源以及晚稻秸秆留高茬与田间合理铺撒，为紫云英前期生长及越冬提供荫蔽，紫云英覆盖后的保温保墒，又为秸秆腐解提供了条件，开春后紫云英与秸秆协同还田，可优化C/N，提高土壤养分供应与有机培肥效果。

7.2.4.2　技术优化途径及效果

针对目前安徽双季稻北缘区冬季绿肥及秸秆还田的情况，结合相关试验示范，采取以下措施，以期实现增加冬季绿肥生物量、增加土壤养分供给的效果。

1. 早稻秸秆+冬季绿肥深旋耕协同还田

2015～2019年于安徽双季稻北缘区庐江进行长期大区定位试验（表7-19），结果表明，秸秆全量还田情况下，尽管采用了深耕、增加基肥氮比例等措施，在前2～3年仍然会造成双季稻生育期的延迟，而通过种植紫云英作为冬季绿肥，早稻栽插前紫云英–秸秆协同还田，可以有效缓解单纯秸秆还田造成的生育期延迟，到第3年，秸秆还田处理导致的生育期延迟效应已不显著。秸秆还田+深旋耕可以有效提高双季稻产量，在前2～3季产量增加不显著，到第3季以后开始显著增加，早稻栽插前紫云英–秸秆协同还田，可以进一步增加早晚稻产量。

表7-19　秸秆-绿肥协同还田对双季稻产量及生育期的影响（安徽庐江，2015～2019年）

稻季	处理	产量（kg/hm²）					生育期（d）				
		2015	2016	2017	2018	2019	2015	2016	2017	2018	2019
早稻	秸秆不还田		10 188a	7 986b	7 634c	7 748c		114b	114b	109a	111a
	秸秆还田		10 392a	8 916a	8 526b	8 336b		116a	116a	110a	112a
	秸秆还田+种植紫云英		10 406a	8786a	8 729a	8 585a		115ab	115ab	110a	112a
晚稻	秸秆不还田	8 073a	7 799a	6 426b	8 028b		130a	133b	133a	135a	
	秸秆还田	8 348a	7 943a	6 815ab	8 586a		130a	135a	134a	135a	
	秸秆还田+种植紫云英	8 348a	7 836 a	7 259a	8 846a		130a	134ab	134a	136a	

整体看来，以紫云英为代表的冬季绿肥与秸秆协同还田，可以在短期内缓解秸秆全量还田造成的双季稻生育期延迟，并提高双季稻产量，这可能与紫云英-秸秆协同还田优化有机物料的C/N有关。

通过比较连续4年紫云英-秸秆协同还田后各处理土壤养分情况（表7-20）发现，试验持续1年后（2016年），秸秆还田及紫云英-秸秆协同还田处理对稻田土壤全氮、有机质、有效磷含量的提升效果不显著，但可一定程度提高土壤速效钾含量。当试验持续4年后（2019年），秸秆还田及紫云英-秸秆协同还田处理均可显著提高稻田土壤全氮、有机质、有效磷和速效钾含量，其中紫云英-秸秆协同还田处理对土壤养分的提高效果更显著。

表7-20　秸秆-绿肥协同还田对双季稻田土壤养分的影响（安徽庐江，2016～2019年）

年份	处理	全氮（g/kg）	有机质（g/kg）	有效磷（mg/kg）	速效钾（mg/kg）
2016	秸秆不还田	1.32a	25.3a	11.65a	58.8b
	秸秆还田	1.34a	25.5a	11.61a	69.9a
	秸秆还田+种植紫云英	1.37a	26.1a	11.80a	62.2ab
2019	秸秆不还田	1.31b	24.9b	4.91b	84b
	秸秆还田	1.56a	30.9a	6.89a	107.4a
	秸秆还田+种植紫云英	1.67a	32.7a	7.5a	112.8a

2. 冬季绿肥品种筛选及种植技术优化

由于晚稻收获较迟，安徽省双季稻北缘区冬季绿肥一般需要采取稻底套播形式，苕子/箭筈豌豆等更适合水稻收获后直播，故紫云英仍是双季稻田主要冬季绿肥品种。具体到紫云英-晚稻共生期方面：紫云英播种过早，则其与水稻共生时间较长，严重影响其苗期生长和鲜草产量；紫云英播期推迟，气温降低，种子发芽迟，生长慢，苗嫩易受冻害。同时，紫云英播种量及施肥等也会影响其生长和鲜草产量。

增大紫云英播种量，可通过基本苗的增加，一定程度上增加紫云英鲜草产量，其中增加紫云英与晚稻共生期到27d，其基本苗、株高、分枝数及鲜草产量均达到最高，共生期过短（17d）或过长（37d）产量均显著下降（表7-21）。因此，双季稻北缘区紫云英与晚稻共生期在25～30d比较合适；如以追求鲜草产量为目的，可以适当增加播种量，通过增加基本苗群体的途径弥补区域自然条件带来的光温条件劣势，并提高最终鲜草产量。

表7-21　晚稻套播紫云英播期及播量对鲜草产量的影响（安徽舒城）

处理	基本苗（万/hm²）	株高（cm）	分枝数（个/株）	鲜草产量（kg/hm²）
共生期17d+播量30kg/hm²	365.2b	72.3ab	1.12c	14 352c
共生期17d+播量45kg/hm²	439.6a	70.0ab	1.03c	15 015c
共生期27d+播量30kg/hm²	378.5b	75.6a	1.95a	23 943b
共生期27d+播量45kg/hm²	455.3a	71.3ab	1.58b	26 233a
共生期37d+播量30kg/hm²	343.7b	68.7b	1.21c	10 625d
共生期37d+播量45kg/hm²	432.2a	64.9b	1.02c	13 615c

　　由于安徽双季稻北缘区光温条件较差、茬口紧张等，部分紫云英品种表现出生育期紧张、鲜草产量低等问题。在安徽双季稻北缘区开展的不同紫云英品种及施肥方式对比试验（表7-22）表明，相对于传统品种（'弋江籽'），'皖紫1号'自分枝期至成熟期，各主要生育期均缩短1~4d，具有春季早发性好、生长快、开花早的特点。通过增施磷钾肥，'皖紫2号'生育期与对照相近，表现出一定的迟熟性；'皖紫1号''弋江籽'则生育期缩短。另外，根瘤菌的施用对'皖紫1号''皖紫2号'生育期也起到了一定的延长作用，尤其对'皖紫2号'的影响更大。

表7-22　安徽双季稻北缘区不同品种及施肥对紫云英生育期与鲜草产量的影响（安徽舒城）

处理	播期（月-日）	出苗期（月-日）	分枝期（月-日）	相对生育期（d）	初花期（月-日）	相对生育期（d）	盛花期（月-日）	相对生育期（d）	鲜草产量（kg/hm²）
皖紫1号+P0K0	9-25	10-4	3-18	-1	4-8	-3	4-18	-4	39 500bc
皖紫1号+P1K1	9-25	10-4	3-18	-1	4-9	-2	4-19	-3	40 467b
皖紫2号+P0K0	9-25	10-4	3-20	1	4-13	2	4-24	2	39 100cd
皖紫2号+P1K1	9-25	10-4	3-21	2	4-14	3	4-25	3	42 067a
弋江籽+P0K0	9-25	10-4	3-21	2	4-13	2	4-24	2	37 650e
弋江籽+P1K1	9-25	10-4	3-20	1	4-13	2	4-25	3	38 017de
皖紫1号+根瘤菌	9-25	10-4	3-18	-1	4-9	-2	4-19	-3	39 633bc
皖紫2号+根瘤菌	9-25	10-4	3-23	4	4-14	3	4-25	3	39 967bc

　　注：相对生育期=该处理生育期-各处理平均生育期

　　总体看来，相对于传统品种'弋江籽'，'皖紫1号'具有显著的早熟性，且可保证一定的鲜草产量，属于早熟适产紫云英品种，更适宜作为双季稻北缘区冬季绿肥；而'皖紫2号'具有迟熟趋势，属于高产品种，可能更适宜于单季稻中绿肥生产。将水稻季部分磷钾肥前移至绿肥季，可更好地增加冬季绿肥覆盖培肥效果。

　　安徽双季稻北缘区多年验证性试验示范（表7-23）表明，相对于传统绿肥种植方法，通过调整紫云英–晚稻共生期、适当增加播种量、选择合理的秸秆处理等方法，可有效提高紫云英鲜草产量。

表7-23　双季稻北缘区不同栽培方法对紫云英鲜草产量的影响（安徽贵池）

指标	栽培方法	2013	2014	2015	2016	2017
播种日期（月-日）	传统	10-1	10-1	10-1	10-1	10-1
	优化	10-15	10-10	10-15	10-10	10-10
种子用量（kg/hm^2）	传统	30	30	30	30	30
	优化	37.5	37.5	37.5	37.5	37.5
水稻秸秆处理	传统	30cm以上大段				
	优化	水稻秸秆留高茬，5～10cm小段				
鲜草产量（kg/hm^2）	传统	21 750	24 450	18 450	16 350	31 050
	优化	23 850	25 950	21 750	19 650	29 850

利用晚稻秸秆留高茬及田间合理铺撒，为紫云英前期生长及越冬提供荫蔽；紫云英覆盖后的保温保墒，又为秸秆腐解提供了条件；开春后紫云英与秸秆协同还田，可优化C/N，促进养分供应。合理利用紫云英–秸秆资源，可以更好地达到双季稻北缘区冬季稻田绿肥覆盖培肥的效应。

7.2.5　栽培优化技术

7.2.5.1　栽培优化技术存在的问题

目前安徽双季稻北缘区双季稻栽培存在的主要问题如下。

1. 长期翻压有机物料情况下，水稻生育期滞后，贪青晚熟

在当前化肥减量、有机肥替代的大背景下，秸秆还田、绿肥翻压、商品有机肥施用等措施已经成为高产优质绿色水稻生产中的常用手段。有机物料养分释放较化肥缓慢，在翻压有机物料的情况下沿用传统的栽培方式，容易造成双季稻前期养分供应不足，进而造成生育期延长，同时中后期有机养分的释放，又会造成水稻中后期贪青晚熟。安徽各地多个定位试验结果（表7-24）表明：与化肥处理相比，化肥+翻压紫云英处理在相同的栽培管理条件下，早晚稻生育期均有一定程度延长。

表7-24　有机物料翻压情况下双季稻生育期对比（安徽）

稻季	处理	贵池（d）			桐城（d）			庐江（d）		
		2011	2012	2013	2011	2012	2013	2016	2017	2018
早稻	化肥	117	108	106	121	108	101	114	114	109
	化肥+翻压紫云英	117	110	107	123	110	103	116	116	110
晚稻	化肥	131	140	132	141	141	121	133	133	135
	化肥+翻压紫云英	131	140	132	144	142	125	135	134	136

2. 机插秧返青较慢，晚稻生育期进一步推迟

由于安徽双季稻北缘区光温条件相对较差、茬口紧张，在目前采用机械插秧可能会造成水稻秧苗返青较慢，成熟期进一步延长，加剧茬口紧张，进而影响晚稻产量形成及后茬农事操作。贵池大区定位试验结果（表7-25）表明：在安徽双季稻北缘区，采用

机插、手栽和抛秧3种常用栽插方式，早稻全生育期差异不显著，而机插处理晚稻全生育期显著高于手栽和抛秧处理，主要表现为移栽到始穗期间隔有增加，即移栽后分蘖期延长，这与生产中机插秧栽插后缓苗期较长相对应；而抛秧模式对早晚稻生育期无显著影响。

表7-25　不同栽插条件下双季稻生育期（安徽贵池，2017～2018年）

稻季	处理	播种期（月-日）	移栽期（月-日）	始穗期（月-日）	齐穗期（月-日）	成熟期（月-日）	全生育期（d）
早稻	机插	3-30	4-30	6-17	6-22	7-17	109a
	手栽	3-30	4-30	6-16	6-23	7-16	108a
	抛秧	3-30	4-30	6-17	6-22	7-17	109a
晚稻	机插	6-24	7-29	9-20	9-25	11-2	131a
	手栽	6-24	7-29	9-17	9-21	10-30	128b
	抛秧	6-24	7-29	9-18	9-22	10-30	128b

针对安徽双季稻北缘区长期秸秆还田或翻压紫云英造成的水稻生育期滞后、贪青晚熟，以及双季稻机插条件下返青较慢，加剧茬口紧张，进而影响晚稻产量形成、后茬农事操作等风险，经技术改良集成与田间示范验证：通过合理增加水稻栽插密度，减少分蘖期化学氮肥比例，可有效防止水稻贪青晚熟；通过调整双季稻栽插模式，采用早稻机插、晚稻抛秧模式，可保证晚稻生育期，并兼顾水稻周年丰产。

7.2.5.2　技术优化途径及效果

针对目前安徽双季稻生产中采用有机物料翻压及机械化等新生产模式所遇到的栽培技术问题，探索了部分栽培技术优化措施及相应效应。

1. 合理调控水稻栽插密度及肥料水分条件

安徽双季稻北缘区连续两年大区定位试验生育期结果（表7-26）表明，与常规秸秆还田相比，第一年（2017年）增密、常规减（基肥）氮、增密减（基肥）氮处理均缩短了早稻生育期1d，增密减氮配合控水处理可使早稻生育期缩短2d，各处理对晚稻生育期无影响；第二年（2018年）无氮处理显著缩短了早晚稻生育期，增密处理使早稻生育期延长2d，晚稻生育期缩短1d；增密减（穗肥）氮处理及氮肥增蘖减穗处理可使早稻生育期缩短2d，晚稻生育期缩短1～2d。

表7-26　双季稻北缘区不同栽培优化技术对双季稻生育期及产量的影响（安徽贵池，2017～2018年）

年份	处理	早稻		晚稻	
		产量（kg/hm²）	生育期（d）	产量（kg/hm²）	生育期（d）
2017	常规无氮	5190e	107	3890d	131
	常规秸秆还田	7020ab	109	6790a	131
	增密	6690bc	108	6430b	131
	常规减（基肥）氮	5900d	108	5540c	131
	增密减（基肥）氮	6490c	108	6260b	131
	增密减氮+控水	7200a	107	6840a	131

续表

年份	处理	早稻		晚稻	
		产量（kg/hm²）	生育期（d）	产量（kg/hm²）	生育期（d）
2018	常规无氮	4660d	103	4460c	132
	常规秸秆还田	7810ab	110	7850a	138
	增密	7090c	112	6930b	137
	增密减（穗肥）氮	7570b	108	7040b	136
	增密减（基肥）氮	7660b	108	7220b	137
	氮肥增蘖减穗	8110a	108	7720a	136

与常规秸秆还田相比，2017年增密减氮+控水处理早晚稻产量有所增加，其他处理早晚稻产量则有所降低；2018年氮肥增蘖减穗处理可以一定程度增加早稻产量，且使晚稻产量基本持平，其他各处理早晚稻产量则呈降低趋势。

通过增密减氮+控水、氮肥增蘖减穗等合理的栽培措施，可缩短由秸秆还田造成的生育期延长，并使双季稻产量稳中有升。

2. 合理调整双季稻栽插模式

根据安徽双季稻北缘区双季稻机械化生产中出现的问题，开展了不同栽插方式大区定位试验，结果（图7-10）表明：①不同栽插模式对比，早晚稻产量均表现为抛秧＞手栽＞机插，3种栽插方式之间差异不显著；②同一栽插方式下，早稻产量及抛秧晚稻产量均表现为紫云英–秸秆协同还田＞秸秆还田+深旋耕＞秸秆还田+浅旋耕＞秸秆不还田，机插及手栽晚稻产量表现为秸秆还田+深旋耕＞紫云英–秸秆协同还田＞秸秆还田+浅旋耕＞秸秆不还田。

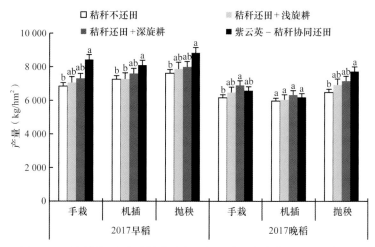

图7-10　不同栽插方式对早晚稻产量的影响（安徽贵池，2017年）

双季稻北缘区秸秆还田条件下，相对秸秆不还田处理，3种栽插方式对早稻生育期及产量影响均不显著，机插可能更加利于大规模生产及管理；机插处理对晚稻生育期及产量均产生一定影响，相对而言，抛秧的晚稻产量较高，但对生育期的影响较小。相对不还田处理，深旋耕可以显著增加双季稻产量，在此基础上开展紫云英–秸秆协同还田，可以进一步增加双季稻产量。

对双季稻生育期及产量影响因素初步分析（表7-27）表明：①秸秆及紫云英等有机物料投入与早稻产量呈极显著正相关，与晚稻产量呈显著正相关；②栽插方式与早晚稻生育期呈极显著正相关；③耕作方式与早稻产量呈显著正相关。即在双季稻北缘区，不同栽插方式是影响早晚稻生育期的重要因素。

表7-27　栽插及施肥方式与双季稻产量相关性分析（安徽贵池，2017年）

相关系数	有机氮投入	栽插方式	耕作方式
全生育期	0.21	0.89**	0.15
早稻产量	0.77**	0.11	0.64*
晚稻产量	0.65*	−0.3	0.34

2018年进一步开展了不同机插条件下早稻、晚稻氮肥运筹的大区试验，结果（图7-11）表明：①早稻、晚稻氮肥运筹（基肥：蘖肥：穗肥），以5：3：2或6：2：2产量较高；②不同处理中，早稻、晚稻产量均表现为紫云英–秸秆协同还田＞秸秆还田+深旋耕＞秸秆不还田＞秸秆还田+浅旋耕。

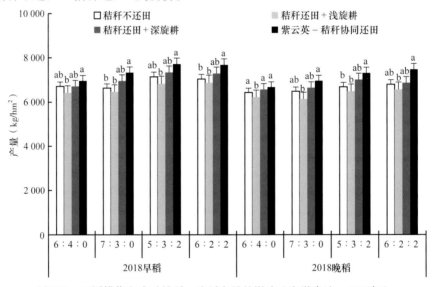

图7-11　不同耕作方式对早稻、晚稻产量的影响（安徽贵池，2017年）

在早稻机插条件下，基肥：蘖肥：穗肥为5：3：2或6：2：2处理水稻产量较高，紫云英–秸秆协同还田可进一步增加双季稻产量。

以上相关试验结果表明，早稻机插+晚稻抛秧对双季稻生育期影响较小，且周年产量较高，是双季稻北缘区比较适合的栽培方式。在此基础上采用紫云英–秸秆协同还田，可进一步提高双季稻产量。

7.2.6　冬季绿肥（紫云英）–稻草秸秆协同还田生物培肥模式

作为安徽稻区重要的种植模式，长期以来双季稻–绿肥紫云英种植模式对双季稻北缘区粮食生产及地力维持起到了重要作用。但在现代农业发展背景条件下，其存在以下主要问题。

Ⅰ.随着农村劳力紧张及燃料结构变化,以稻草为代表的秸秆收集处理不被重视,废弃数量急剧上升,稻草直接还田和综合利用成为农业生产中的重大问题。通过秸秆与紫云英碳氮共济,可以充分利用废弃秸秆资源,提高紫云英–秸秆长期还田的土壤培肥效果。

Ⅱ.由于稻草C/N值过高,长期全量直接还田会造成秸秆腐解与秧苗争氮、水稻缓苗时间长等问题,严重影响还田效果及农民积极性。利用紫云英可以固氮、C/N值低的特点,可减轻秸秆长期全量直接还田对后茬作物生长的负面影响,进一步促进安徽稻区秸秆全量还田及提高绿肥种植面积。

Ⅲ.随着水稻产量提高,越来越多的稻草生物量对水稻后茬紫云英播种萌发也造成直接影响。根据田间秸秆覆盖量,合理安排秸秆全量还田条件下紫云英播种模式,可改善水稻后茬紫云英播种出苗条件,实现稻田冬季绿肥覆盖。

Ⅳ.国家和各级政府一直鼓励绿肥、稻草秸秆还田等发展,随着化肥使用量零增长行动、绿色增产模式等的开展,紫云英–稻草秸秆协同还田利用技术的重要性越来越得到体现。

针对安徽双季稻北缘区长期秸秆全量直接还田对后茬作物生长造成的负面影响,以及过大的稻草生物量影响水稻后茬紫云英播种萌发等问题,创新集成了紫云英–稻草秸秆还田整个生产周期中前茬稻草秸秆处理与紫云英播种方式、紫云英栽培管理、紫云英–稻草秸秆协同还田及后续稻田水分、养分管理等技术。

7.2.6.1 技术要点

具体操作技术规程如下。

1. 紫云英种植

(1)品种选择

双季稻区可选择早熟紫云英品种,如'皖紫1号''皖紫早花'等。

(2)播种时间及模式

双季稻区紫云英在9月底至10月上中旬水稻勾头灌浆期稻底套播,稻底套播共生期不超过25d。

(3)秸秆处理及播种

水稻推荐采用留高茬收获,留稻茬30~40cm,稻草秸秆量少时也可适当降低留茬高度。

水稻收获前稻底套播紫云英:当田间覆盖稻草秸秆总量≥5250kg/hm²时,稻草秸秆切碎为≥25cm大段并均匀抛撒,紫云英播种量为30.0~37.5kg/hm²;当田间覆盖稻草秸秆总量<5250kg/hm²时,稻草秸秆粉碎为≤10cm小段并均匀抛撒,紫云英播种量为22.5~30.0kg/hm²。

水稻收获后直播紫云英,推荐秸秆粉碎为≤10cm小段,旋耕10~15cm后播种,播种量30.0~37.5kg/hm²。

(4)施肥

紫云英一般可不施肥。首次种植或需要较高鲜草产量时,水稻收割后基施紫云英专用肥[N-P$_2$O$_5$-K$_2$O-B-Mo(折纯)225kg/hm²],或施化肥(折纯):N 22.5kg、P$_2$O$_5$

45kg、K_2O 30～37.5kg/hm^2（亩施尿素3kg、钙镁磷肥17.5kg、氯化钾3.5kg），有条件地区可增施B肥（折纯）675～750g/hm^2、Mo肥（折纯）112.5～150g/hm^2（每公顷施硼砂3750～4500g，钼酸铵225～300g，与氮磷钾肥混匀后施用）。紫云英季施肥量应在下季水稻基肥中扣除。

（5）开沟

在田块内开间距3～4m的横沟，横沟沟宽20cm，沟深10～15cm；有条件情况下开设边沟和腰沟，边沟和腰沟比横沟深3～5cm，做到沟沟相通。直播紫云英在播种前开沟；稻底套播紫云英在水稻收获后开沟。

紫云英生长期注意及时清沟排渍；冬季如遇到连续干旱，应及时灌水1～2cm深，温润土壤，抗旱。

（6）植保防护

病虫害以白粉病、菌核病、蓟马、蚜虫为主；草害以看麦娘为主。

白粉病可用20%三唑酮乳油5～10g兑水50kg或用30%特富灵可湿性粉剂喷雾防治；菌核病发病初期，用70%可湿性托布津或50%可湿性多菌灵50～100g兑水或1000倍液喷雾防治；蚜虫和蓟马可用10%吡虫啉2500倍液喷雾防治或25%避蚜雾15g兑水50kg喷雾防治。稻田冬季杂草以一年生禾本科单子叶植物为主，当田间大部分禾本科杂草进入3～5叶期时，按亩用药量，用防除旱田阔叶作物禾本科杂草的金盖斯能（精喹禾灵）或盖草能（高效氟吡甲禾灵）兑水15～20kg对杂草茎叶均匀喷雾防治。二月兰高温情况下易患霜霉病，可采用58%甲霜灵锰锌可湿粉剂500～600倍液于叶面喷施防治。

2. 紫云英–稻草秸秆协同还田

（1）还田时间

直播早稻田一般提前7～10d，移栽早稻田提前10～15d，将紫云英与稻草秸秆残茬等一起旋耕翻压还田。

（2）翻压深度和还田量

翻压深度10～15cm。翻压量15 000～30 000kg/hm^2。

（3）还田方式

翻压时视天气情况，如雨水多，可采用湿耕，天气干燥，可采取干耕后再灌水。

（4）还田后水分管理

实施紫云英–稻草秸秆协同还田后，水稻插秧后约30d内宜采用无水层/浅水层灌溉栽培。

（5）还田后养分管理

多年紫云英–稻草秸秆协同还田条件下，相对于常规化肥施用量，双季稻全生育期可减施氮钾化肥15%～20%，推荐水稻磷、钾肥仍基施，氮肥运筹从基肥∶分蘖肥∶穗肥=5∶3∶2调整为7∶0∶3。

7.2.6.2 实施效果

多年紫云英–稻草秸秆协同还田条件下，双季稻田多年绿肥紫云英平均产量提高的同时，年度间的产量稳定性也得到大幅度提高，相对于常规紫云英种植方法，双季稻田多年绿肥紫云英鲜草平均产量提高8.0%，产量变异系数（CV）减少36.6%，产量可持续性指数（SYI）提高26.5%。

多年紫云英–稻草秸秆协同还田条件下，双季稻可减施30%早稻季氮钾化肥，或全生育期减施15%～20%氮钾化肥，可维持周年水稻产量不变，大部分情况下产量显著提高。

7.2.7　稻田土壤轮耕技术

针对安徽双季稻北缘区地下水位偏高、双季稻生育期有效积温偏低等因素造成的土壤通透性差、还原性物质偏高等问题，以及由此对水稻根部发育、养分吸收产生的负面影响，创新集成了秸秆全量还田下双季深旋耕、隔年冬翻晒垡+有机无机肥协同改良、冬季绿肥混播等技术措施。

7.2.7.1　技术要点

1. 冬季翻耕晒垡

（1）水稻种植及收获

双季晚稻建议选择较早熟品种，收获时间建议不迟于11月中旬，以保证冬季翻耕晒垡效果。

（2）水稻生产季耕作

由于安徽双季稻北缘区光温条件相对较差，早稻直播遇到低温的风险较大，建议在4月下旬至5月初移栽早稻。

前茬如种植冬季绿肥或田间残留秸秆较多，采取旋耕机深旋耕一遍（15cm），加浅旋整地一遍（8～10cm）后栽插早稻。

前茬如田间残留秸秆不多，可直接浅水浅旋整地（8～10cm）后栽插早稻。

早稻收获后，建议采取旋耕机深旋耕一遍（15cm），加浅旋整地一遍（8～10cm）后栽插晚稻。

（3）冬季翻耕处理

晚稻收获时，稻草秸秆粉碎为≤10cm小段并均匀抛撒。不灌水情况下，采用大型机械进行翻耕（20cm以上），只耕翻，不碎平，使翻起的下层土壤充分接触空气阳光。

2. 冬季免耕绿肥覆盖

（1）水稻种植及收获

双季晚稻收获时间建议不迟于11月下旬，过迟则容易造成其与绿肥共生期过长。

（2）水稻生产季耕作

由于安徽双季稻北缘区光温条件相对较差，早稻直播遇到低温的风险较大，建议在4月下旬至5月初移栽早稻。

前茬如种植冬季绿肥或田间残留秸秆较多，早稻建议采取旋耕机深旋耕一遍（15cm），加浅旋整地一遍（8～10cm）后栽插早稻。

前茬如田间残留秸秆不多，可直接浅水浅旋整地（8～10cm）后栽插早稻。

早稻收获后，建议采取旋耕机深旋耕一遍（15cm），加浅旋整地一遍（8～10cm）后栽插晚稻。

（3）冬季绿肥混播

晚稻收获前提前套播绿肥，一般提前20～30d，稻底套播紫云英22.5～30.0kg/hm²；或采取绿肥混播技术，提前10～15d，稻底套播紫云英15～22.5kg/hm²加油菜1.5～2.25kg/hm²。

水稻收割后注意开沟排水，保证绿肥生长良好。建议在田块内开间距3～4m的横沟，横沟沟宽20cm，沟深10～15cm；有条件情况下开设边沟和腰沟。

（4）绿肥还田

参考7.2.6冬季绿肥（紫云英）-稻草秸秆协同还田生物培肥模式中相关部分。

3. 周年间轮耕模式安排

一般建议采取1年冬季翻耕晒垡+1～2年冬季免耕生物覆盖。

参考实际土壤状况，可适当调整冬翻晒垡间隔，如地下水位较高，土壤还原性物质过多，可每隔1年冬季翻耕晒垡一次，随着土壤通透性改善，可逐步过渡为每隔2～3年冬季翻耕晒垡一次。

同时实施过程中参照当年气候状况，因势利导，不拘泥于严格的隔年。若秋季较为干旱，则水稻收获后翻耕晒垡，若较为湿润，注意开沟的基础上提前套播绿肥。如遇阴雨过多造成双季稻收获过迟问题，可采取冬季水泡田等形式。

7.2.7.2 实施效果

冬翻晒垡可以更好更快地提高土壤通透性，降低还原性物质，并有效提高有效磷含量，利于下季水稻生长及根部发育。冬季免耕的绿肥覆盖及后续的绿肥-秸秆协同还田，可以从短期上提供部分速效养分，从长期尺度上提高土壤养分库容。周年冬季轮耕条件下，经过2个轮耕周期，双季稻田土壤容重可降低15.1%，孔隙度提高10.8%，双季稻产量提高12.8%。

7.3　早籼晚粳稻区稻田土壤培肥与丰产增效耕作技术及模式

江西是我国双季稻种植重要省份，每年双季稻种植面积约4600万亩，是我国南方双季稻主产区（涂起红等，2016）。随着国家经济发展，粳稻需求量逐渐增大，而"北粳南籼"的水稻种植格局问题愈发突显。与传统籼稻相比，粳稻具有明显的生产优势，表现为产量高、品质优、利于轻简化机械化栽培、耐寒性强、源库协调性好、光热资源利用率高等诸多优势（董啸波等，2012；张洪程等，2014）。江西自2008年开展粳稻引种并推广以来，百亩示范片多次打破全省双季晚稻的高产纪录，2019年更是在南昌县和东乡区接连突破800kg/亩的双季晚稻历史极值。

江西双季稻田多为潴育型水稻土，起源土壤类型多样，以由冲积物草甸土、第四纪红黏土发育成的红黄壤为主，是我国地带性红壤的代表性分布区域（赵其国，1991）。江西双季稻田土壤平、厚、肥、润、多壤质土，保肥供肥性好，只要用养结合，即可持续稳产。但是当前双季稻田利用与建设存在诸多问题，主要表现为，一是长期不合理施肥造成氮、磷、钾养分含量不均衡，双季稻秸秆全量还田下土壤C/N不平衡，中微量营养元素缺乏，绿肥种植面积萎缩，农户培肥地力的意愿下降。二是长期不合理耕作造成耕层变浅、犁底层加厚，土壤结构劣化，稻田持续稳产高产能力下降。

基于进贤有机肥长期定位试验研究发现，长期单施化肥虽然对产量和有机质有一定的提高作用，但没有改善水稳性团聚体和土壤结构。而增施有机肥则显著改善了土壤结构，使其保水保肥能力增强，增产效果更佳。研究表明，稻田土壤耕层从1984年的24.3cm下降到2013年的15.9cm，年均下降0.28cm，而高产稻田要求耕层厚度在16cm以上。稻田耕层持续变浅严重制约水稻高产稳产以及资源高效利用（潘业兴等，2010）。当前，农村劳动力大量转移，轻简化栽培技术的普及，为提高稻田生产力做出了贡献。但片面强调单一耕作方式，使稻田耕层土壤理化环境恶化，进而影响水稻生长和水肥高效利用（孙国峰等，2010）。例如，有些地方长期采用旋耕和免耕的耕作方法，少免耕虽然减少了对土壤的扰动，提高了土壤表层肥力，获得了短时增产效果，但少免耕耕作厚度仅为10～12cm，导致稻田肥力聚集在表层，10～20cm土层中有机碳和全氮含量显著降低（刘艳等，2013；马多仓等，1986）。稻田表层肥力过高，继续培肥效果不显，而中耕层养分却逐渐下降，不利于稻田各耕层养分的均衡发展（黄国勤等，2015）。稻田肥力表聚化还造成土壤养分库容下降，水稻根系营养面积不足，影响水稻根系尤其是中后期水稻根系的生长和养分吸收，不利于水稻产量的进一步提高（朱德峰等，2000；吴伟明等，2001；张玉屏等，2003；李杰等，2011）；另外，部分地区长期采用水耕水耙，破坏了稻田土壤良好的物理结构，特别是淹水时大机械耕作，可能造成稻田犁底层的破坏，漏肥漏水现象严重，造成肥料利用率不高。

针对江西双季稻区土壤存在的耕层变浅、犁底层加厚、养分表聚化等生产障碍问题，以红壤双季稻田为研究对象，以双季稻田培肥与丰产增效耕作技术模式为研究目标，通过筛选秸秆全量还田下冬季翻耕、种植油菜绿肥、有机无机肥配施培肥、增密调氮丰产增效栽培等耕作培肥技术，集成江西早籼晚粳稻区隔年冬季翻耕扩库和套播油菜还田培肥技术模式，以期为江西双季稻田培肥与丰产增效耕作提供技术支撑，为实现"藏粮于地、藏粮于技"国家战略实施、保障粮食生产安全做出贡献（徐国伟等，2009）。

7.3.1　有机无机肥配施培肥技术

针对江西双季稻区土壤肥力下降、有机质含量降低、水稻产量稳产性差等问题，通过施用有机肥及适当配合施用化肥，可提升双季稻田土壤肥力，而且可稳定水稻产量。

7.3.1.1　材料与方法

试验设置5个处理：T1：无N，PK肥；T2：常规化学NPK配施；T3：30%有机肥N，70%化肥N；T4：50%有机肥N，50%化肥N；T5：100%有机肥N。

所有处理秸秆不还田。常规田间管理为双季旋耕（深度15cm左右）。氮肥亩施：早稻11kg，晚稻13kg，分基肥（50%）、分蘖肥（20%）、穗肥（30%）3次施用。磷（P_2O_5）肥每季作物亩施5kg，作基肥一次施用。钾（K_2O）肥每季亩施5kg，分基肥（50%）、穗肥（50%）2次施用。氮肥用普通尿素，钾肥用氯化钾，磷肥用钙镁磷肥。磷、钾肥用量扣除有机肥中的含量，不足部分用化肥补充。早稻品种为常规稻'中嘉早17'，晚稻为杂交稻'五优308'，移栽密度为25cm×13cm（晚稻16cm）。早稻每穴4苗，晚稻每穴2苗。移栽均为人工模拟机插秧。

7.3.1.2　结果与分析

1. 生育期

早、晚稻均表现为常规化肥（T2）的全生育期最长，通过施用不同比例的有机肥可缩短早稻全生育期1～2d，晚稻1～4d（表7-28），这说明，施用有机肥可促进水稻提前成熟，缓解早晚稻衔接季生产紧张的季节矛盾。

表7-28　有机无机肥配施对双季稻生育期的影响

稻季	处理	播种期（月-日）	移栽期（月-日）	齐穗期（月-日）	成熟期（月-日）	全生育期（d）
早稻	T1	3-30	4-27	6-10	7-10	103a
	T2	3-30	4-27	6-12	7-13	106a
	T3	3-30	4-27	6-11	7-12	105a
	T4	3-30	4-27	6-11	7-12	105a
	T5	3-30	4-27	6-10	7-11	104a
晚稻	T1	6-28	7-23	9-10	10-21	116a
	T2	6-28	7-23	9-13	10-25	120a
	T3	6-28	7-23	9-12	10-24	119a
	T4	6-28	7-23	9-11	10-22	117a
	T5	6-28	7-23	9-10	10-21	116a

2. 产量及产量构成

从表7-29可以看出，双季稻早、晚季产量均随有机肥配施比例提高呈降低趋势，以常规化肥T2的产量最高，配施30%有机肥的T3处理产量略有下降，但是差异未达显著水平。50%有机肥配施50%化肥和100%有机肥两个处理较常规化肥处理产量均显著下降。

表7-29　有机无机肥配施对产量及其构成的影响

季别	处理	有效穗（万/hm²）	穗粒数（粒）	千粒重（g）	结实率（%）	实际产量（t/hm²）
早稻	T1	150.25d	117.89a	26.13a	88.16a	3.38c
	T2	316.40a	115.03a	26.50a	69.45c	6.36a
	T3	279.48b	120.36a	26.33a	75.33bc	6.07ab
	T4	242.55c	117.32a	27.18a	80.55ab	5.26b
	T5	167.69d	114.60a	26.36a	87.34a	3.75c
晚稻	T1	191.74bc	146.34b	25.33a	63.11bc	4.43d
	T2	259.24a	173.06a	24.52a	63.01bc	7.24a
	T3	254.99a	141.57b	24.92a	70.99a	6.95a
	T4	238.74ab	149.90b	24.23a	65.91ab	6.25b
	T5	214.99b	138.83b	23.76a	70.11a	4.90c

3. 干物质积累量

表7-30表明：早、晚稻无论齐穗期还是成熟期均表现为常规化肥（T2）的干物质积累量最高，且随着有机肥施用比例的提升，干物质积累量表现出降低的趋势。

表7-30　有机无机肥配施对早晚稻干物质积累量的影响

季别	处理	齐穗期（kg/hm²）	成熟期（kg/hm²）
早稻	T1	3 796.09d	6 648.62d
	T2	6 447.26a	11 690.47a
	T3	5 877.03b	10 498.73b
	T4	5 556.02bc	10 572.57b
	T5	4490.42c	7 188.43c
晚稻	T1	6 458.08d	8 304.39e
	T2	8 447.44a	12 860.87a
	T3	8 403.83a	11 602.87b
	T4	7 886.63b	10 842.86c
	T5	7 499.66c	92 58.40d

4. 田面水可溶性有机碳和总氮

由表7-31可知，早稻施用分蘖肥后，田面水中可溶性有机碳含量急剧上升，随后快速降低，且不同的有机肥施用比例对其影响较小；总氮含量在施用分蘖肥后的上升趋势表现不一，T2处理上升最快，且随着有机肥施用比例提升，总氮含量呈下降的趋势。晚稻季各处理田面水中可溶性有机碳在施用分蘖肥后均有增加，而T2处理始终处于较高水平，富营养化风险较高；各处理总氮含量均是T2处理最高，随着有机肥配施比例的提升，总氮含量呈下降趋势。综合来看，相比100%无机肥T2处理，配施有机肥可以降低早晚稻季分蘖期田面水的可溶性有机碳和总氮含量，降低水体富营养化风险。

表7-31　有机无机肥配施对早晚稻季田面水可溶性有机碳和总氮的影响　（单位：mg/L）

处理		早稻			晚稻	
		4月28日	5月5日	5月10日	7月24日	7月31日
可溶性有机碳	T1	9.70c	66.07c	35.39c	58.97c	84.86c
	T2	17.63bc	146.02a	73.28a	120.97a	159.85ab
	T3	32.45ab	140.04a	70.70ab	77.78b	171.31a
	T4	38.47a	116.64ab	68.02ab	80.37b	119.21bc
	T5	30.55ab	95.16bc	57.80b	113.93a	129.17ab
总氮	T1	2.12b	3.03c	3.23d	1.79b	3.70c
	T2	3.92ab	132.60a	39.35a	76.38a	156.62a
	T3	3.57ab	110.06ab	26.83b	12.49b	141.79a
	T4	5.55a	96.94b	19.08c	14.10b	75.56b
	T5	3.46ab	5.40c	5.26d	12.10b	4.96c

5. 土壤肥力

由表7-32可知，配施有机肥相比100%无机肥可以提高0～10cm、10～20cm耕层的有机质含量，且随着配施比例的提高，有机质的含量也逐步提高；同时可总体提高阳离子交换量，而对pH影响较小；对20～40cm土层的有机质含量、阳离子交换量和pH影响较小。施用化肥和有机肥相比基础土可以提升0～10cm耕层的碱解氮含量，且随着配施有机肥比例的提升，碱解氮的含量也逐步提高，对10～20cm、20～30cm和30～40cm土层影响较小，但是有效磷和速效钾含量较基础土都有降低的趋势。

表7-32　有机无机肥配施对土壤养分的影响

处理	土层（cm）	pH	有机质（g/kg）	CEC（cmol/kg）	碱解氮（mg/kg）	有效磷（mg/kg）	速效钾（mg/kg）
基础土	0～10	5.24	24.34	10.35	127.75	79.06	73.00
	10～20	5.61	20.53	9.85	99.36	49.71	48.00
	20～30	6.30	10.18	10.75	42.58	8.31	37.00
	30～40	6.56	5.30	9.35	35.48	4.15	44.00
T1	0～10	5.23	24.38	9.55	123.17	46.82	64.00
	10～20	5.46	18.16	9.35	88.78	26.38	34.33
	20～30	6.30	7.89	9.25	35.47	5.44	31.33
	30～40	6.62	5.50	8.67	31.12	3.32	30.33
T2	0～10	5.28	26.31	10.08	128.50	42.96	51.67
	10～20	5.53	20.6	9.55	88.41	22.40	33.00
	20～30	6.29	7.96	8.98	34.30	8.69	31.00
	30～40	6.63	5.32	8.61	32.28	4.92	31.33
T3	0～10	5.22	28.49	10.08	131.45	45.06	55.67
	10～20	5.48	20.86	9.42	100.42	16.60	32.00
	20～30	6.29	8.82	9.01	44.99	4.35	29.67
	30～40	6.70	5.12	8.09	27.67	22.81	30.33
T4	0～10	5.17	30.21	10.05	133.01	34.27	49.67
	10～20	5.38	22.88	9.95	95.29	19.48	30.00
	20～30	6.07	7.35	8.44	42.64	5.22	31.00
	30～40	6.44	5.39	8.78	26.46	4.60	30.33
T5	0～10	5.34	42.70	10.72	142.99	49.71	47.33
	10～20	5.47	23.47	9.68	97.81	27.75	30.33
	20～30	6.27	8.66	8.14	44.58	6.89	31.00
	30～40	6.61	5.47	8.54	33.00	3.49	35.33

6. 温室气体

由表7-33可知，CH_4累积排放量和全球增温潜势（GWP）大小均表现为T3＞T1＞T5＞T2＞T4。T2和T3处理产量显著高于其他处理；N_2O累积排放量T2、T3和T5为正值，表现为排放，T1和T4为负值，表现为吸收，具体大小表现为T3＞T2＞T5＞T1＞T4；温室气体排放强度（GHGI）大小表现为T2<T3<T4<T1<T5，各处理差异不显著，与不施肥T1相比，T2和T3处理GHGI分别降低了32.4%和26.34%。T2处理在增加产量的同时，能减少全球增温潜势，降低温室气体排放强度；T3处理全球增温潜势最大，但由于其产量较高，因此也减少了温室气体排放强度。

表7-33 有机无机肥配施对早稻CH_4和N_2O累积排放量、GWP及GHGI的影响

处理	CH_4累积排放量 （kg/hm^2）	N_2O累积排放量 （kg/hm^2）	GWP（$kg\ CO_2$-eq/hm^2）	实际产量 （t/hm^2）	GHGI （$kg\ CO_2$-eq/t）
T1	104.45±23.11a	−0.15±0.25a	2611.11±577.81a	4.59±0.06c	566.57±120.05a
T2	99.72±10.93a	0.16±0.31a	2492.93±273.07a	6.5±0.19a	383.00±35.89a
T3	104.72±17.72a	0.49±0.77a	2618.13±442.72a	6.28±0.03a	417.31±72.29a
T4	97.94±6.61a	−0.49±0.31a	2448.31±165.09a	5.54±0b	441.76±29.92a
T5	103.04±2.65a	0.02±0.24a	2576.05±66.17a	4.3±0.09c	600.57±26.04a

7.3.1.3 结论

从培肥效果看，秸秆不还田条件下，施用植物源有机肥可以提高双季稻田耕层养分有机质和碱解氮含量，且随着无机肥配施比例的提高，有机质和碱解氮含量呈下降趋势。

从双季稻产量看，随着无机肥配施比例的提高，双季稻产量增加，但30%有机肥配施70%无机肥与100%无机肥产量差异不显著。

从环境效应看，随着无机肥配施比例的提高，双季稻分蘖期稻田田面水可溶性有机碳和总氮含量呈上升趋势，增加了面源污染风险；CH_4排放有上升趋势。

综合来看，30%有机肥配施70%无机肥是比较理想的既能培肥稻田又能稳定产量的技术措施。

7.3.2 增密调氮丰产增效栽培技术

针对传统水稻种植化肥使用量大、面源污染风险高和土壤易板结等问题（卢萍等，2006；徐国伟等，2009），在秸秆全量还田培肥土壤的前提下，通过增加种植密度20%、调节氮肥施用、合理调控水分等方式，可实现稳定水稻产量的目标，同时减少田面水养分流失风险。

7.3.2.1 材料与方法

试验设置以下5个处理。T1：常规密度，无N；T2：常规密度，常规水肥；T3：增加密度，常规水肥；T4：常规密度，减基肥N；T5：增加密度，减基肥N。

田间耕作为早稻收获后秸秆粉碎还田（10cm），旋耕（深度15cm左右），晚稻收获后及时翻耕（深度20cm左右），早稻移栽前旋耕（深度15cm左右）。常规氮肥处理为早稻165kg/hm^2、晚稻195kg/hm^2，分基肥（50%）、分蘖肥（20%）、穗肥（30%）3

次施用，减N（基肥）处理为早稻132kg/hm²、晚稻156kg/hm²，主要是减少基肥N用量。磷（P₂O₅）肥每季作物亩施5kg，作基肥一次施用。钾（K₂O）肥每季亩施5kg，分基肥（50%）、穗肥（50%）2次施用。氮肥用普通尿素，钾肥用氯化钾，磷肥用钙镁磷肥。早稻品种为常规稻'中嘉早17'，晚稻为杂交稻'五优308'，移栽密度为25cm×13cm（晚稻为16cm），增加密度处理的株距为25cm×11cm（晚稻为13cm）。早稻每穴4苗，晚稻每穴2苗。移栽均为人工模拟机插秧。前期保持浅水、中期排水烤田、后期干湿交替。

7.3.2.2 结果与分析

1. 产量及产量构成

江西双季稻区秸秆全量还田条件下，早稻增密减氮（T5）产量最高，较T2、T3、T4分别增产10.68%、12.08%、3.52%，晚稻常密减氮（T4）处理最高，较T2、T3、T5分别增产16.35%、3.27%、3.42%，表明在秸秆全量还田条件下，增加密度和减少氮肥施用对早晚稻季产量的影响不一，早稻季减少氮肥同时需要增加密度，而晚稻季则不需要增加密度（表7-34）。

表7-34　增密调氮丰产增效栽培技术对水稻产量及其构成的影响

稻季	处理	有效穗（万/hm²）	穗粒数（粒）	千粒重（g）	结实率（%）	实际产量（t/hm²）
早稻	T1	180.16b	87.0a	27.20a	74.50a	4.54c
	T2	288.82a	73.0ab	26.89ab	52.26b	6.37b
	T3	314.67a	74.0ab	26.07bc	57.84b	6.29b
	T4	300.31a	62.0b	26.20bc	49.09b	6.81ab
	T5	324.12a	66.0b	26.79ab	50.01b	7.05a
晚稻	T1	213.30c	113.3a	20.37b	71.01a	4.78c
	T2	290.00b	96.6a	21.22ab	55.26bc	6.24b
	T3	304.00a	112.2a	20.88ab	64.14ab	7.03a
	T4	293.80b	91.10a	20.77ab	67.86c	7.26a
	T5	319.40a	113.6a	21.46a	62.86ab	7.02a

2. 田面水可溶性有机碳及总氮

由表7-35可知，在秸秆全量还田条件下，早稻除T1处理外，移栽后18d各处理田面水中可溶性有机碳含量均高于其他时期。移栽后4d，T2处理可溶性有机碳含量最高，T1处理可溶性有机碳含量显著低于其他处理，其他处理间无显著差异；移栽后12d和25d各处理间无显著差异；移栽后18d T1处理可溶性有机碳含量显著低于其他处理。表明氮肥可显著促进土壤有机碳的活化，提高稻田田面水可溶性有机碳含量。早稻施肥后的稻田田面水总氮浓度随着生育进程总体上呈现逐渐下降趋势。施氮肥处理的稻田田面水总氮含量均高于不施氮肥处理，且增加移度会显著降低稻田田面水总氮含量。

表7-35 增密调氮丰产增效栽培技术对早稻田面水可溶性有机碳和总氮的影响（单位：mg/L）

	处理	移栽后4d	移栽后12d	移栽后18d	移栽后25d
	T1	5.50±0.93b	13.67±6.60a	9.53±2.14c	8.98±2.26a
	T2	22.34±4.92a	16.35±1.33a	24.08±3.09ab	11.53±3.69a
可溶性有机碳	T3	18.99±2.26a	14.01±5.38a	26.55±3.09ab	10.16±2.59a
	T4	21.81±2.83a	17.84±2.81a	25.54±1.48ab	10.29±2.68a
	T5	18.56±5.27a	18.76±6.70a	22.60±1.13b	11.70±3.20a
	T1	4.23±0.68c	9.39±6.63a	1.91±0.24b	2.46±0.29a
	T2	20.37±0.19a	14.32±2.72a	12.70±2.16a	3.96±2.31a
总氮	T3	20.52±0.71a	12.12±4.49a	12.72±2.19a	2.80±0.89a
	T4	20.24±0.25a	14.19±4.80a	12.08±3.04a	3.12±1.11a
	T5	18.00±2.26b	12.01±5.89a	10.51±2.29a	2.37±0.42a

3.土壤肥力

由表7-36可知，与基础土相比，各处理0～10cm耕层的碱解氮和有效磷含量均显著降低，而pH、有机质和速效钾含量则有不同程度的提高，但各处理间pH、有效磷、有机质和速效钾含量差异不显著。施氮肥处理的碱解氮含量显著高于不施氮肥处理，但施氮各处理间无显著差异。同等条件下，减氮和增密都降低了碱解氮的含量，其中以增密减氮T5处理碱解氮含量最低。

表7-36 增密调氮丰产增效栽培技术对土壤养分的影响

土层（cm）	处理	pH（水）	有机质（g/kg）	碱解氮（mg/kg）	有效磷（mg/kg）	速效钾（mg/kg）
	基础土	5.25a	22.24ab	113.55a	39.42a	61.00a
	T1	5.69a	24.15a	74.96c	15.32b	72.83a
	T2	5.44a	24.44a	95.31b	19.44b	71.03a
0～10	T3	5.37a	24.58a	93.44b	19.76b	70.40a
	T4	5.27a	24.04a	93.68b	19.83b	67.73a
	T5	5.61a	24.42a	88.50b	18.65b	67.80a
	基础土	5.98a	15.07b	67.42a	25.40a	39.00a
	T1	5.99a	19.10a	45.66c	15.41b	55.00a
	T2	6.03a	19.32a	67.55a	15.63b	48.40a
10～20	T3	5.86a	20.05a	66.35a	16.14b	48.93a
	T4	5.94a	19.29a	66.60a	16.19b	43.47a
	T5	5.89a	19.76a	65.53a	15.52b	42.70a

土壤10～20cm耕层养分除碱解氮以外其他指标同0～10cm耕层养分变化趋势一致。

各施肥处理的碱解氮含量显著高于不施氮肥处理，但同基础土相比，碱解氮含量并未显著下降。增密、调氮在稳产的基础上短期内并未造成耕层土壤养分的快速下降。

4. 温室气体

表7-37可知，整个水稻季CH_4累积排放量、全球增温潜势及温室气体排放强度大小均表现为T2＞T3＞T4＞T5。N_2O累积排放量表现同甲烷累积排放量相反，具体为T5＞T4＞T3＞T2，且其对全球增温潜势的贡献极小。同等条件下，减氮或增密都可以减少温室气体排放，其中减氮对温室气体排放的影响大，差异显著。增密影响较小，差异不显著。

表7-37 增密调氮丰产增效栽培技术对早稻CH_4和N_2O累积排放量、GWP、产量及GHGI的影响

处理	CH_4累积排放量 （kg/hm²）	N_2O累积排放量 （kg/hm²）	GWP （kg CO₂-eq/hm²）	产量 （kg/hm²）	GHGI （kg CO₂-eq/kg）
T2	387.79a	0.71a	9694.94a	12 606.15a	0.77a
T3	365.32a	0.93a	9410.14a	13 325.68a	0.71a
T4	327.73b	1.34a	8193.73b	14 072.50a	0.58b
T5	316.28b	1.40a	7907.43b	14 070.00a	0.56b

7.3.2.3 结论

从双季稻产量看，调减20%基肥氮，同时增加20%密度可增加稻谷产量，早稻以增密减氮处理产量最高，晚稻以常密减氮处理产量最高。

从土壤养分看，调减氮肥和增加密度降低了0～10cm、10～20cm耕层的碱解氮含量，对pH、有机质、速效钾和有效磷的影响不大。

从环境效应看，调减氮肥和增加密度可降低田面水可溶性有机碳和总氮含量，同时可降低温室气体CH_4的排放、全球增温潜势和温室气体排放强度，同等密度下，减少氮肥可显著降低温室气体排放。

综合来看，在冬季翻耕秸秆全量还田条件下，调减氮肥增加密度可实现双季稻的丰产增效，但也存在降低耕层速效氮养分的风险，如何两者兼顾，需要进一步研究。

7.3.3 隔年冬季翻耕扩库和套播油菜还田培肥模式

针对江西双季稻田冬季闲置、土壤板结、耕层变浅、养分库容下降等问题，结合江西晚粳稻比晚籼稻普遍增产750～1000kg/hm²，但是需要耕层深厚、养分充足的土壤来实现其高产潜力，通过在种植晚粳稻的冬季翻耕土壤，增加耕层厚度，提高养分库容，来年种植晚籼稻后冬季套种油菜作绿肥，可提高土壤有机质含量，培肥地力，改善土壤结构，提高产量，实现丰产增效（周兴等，2012；侯方舟等，2015；陶峰和张龙华，2016）。

早籼晚粳稻区隔年冬季翻耕扩库和套播绿肥油菜还田培肥模式（图7-12）主要集成双季晚粳丰产种植技术、冬季翻耕扩库技术、双季籼稻高效栽培技术、冬季套播油菜还田培肥技术4项技术，相比传统的双季籼稻种植，既能通过种植粳稻实现增产10%～20%，又能通过冬季翻耕扩大土壤养分库容，种植油菜绿肥还田培肥地力，实现稻田培肥与丰产增效耕作的协同。

技术名称	早籼晚粳丰产种植技术		冬季翻耕扩库技术	双季籼稻高效栽培技术		冬季套播油菜还田培肥技术
	早稻	晚稻		早稻	晚稻	
时间	3月中旬至7月中旬	7月下旬至11月上旬	11月中旬至3月上旬	3月中旬至7月中旬	7月下旬至10月中旬	10月中旬至3月中旬
技术目标	500～550kg/亩	600～650kg/亩	耕层增厚：5～8cm	500～550kg/亩	550～600kg/亩	鲜重2000kg/亩
田间作业图	 	 	 	 	 	 
主攻目标	1. 育秧期培育标准化适龄壮秧。 2. 栽插期增密精插，早发争足穗。 3. 分蘖期控制无效分蘖。 4. 孕穗期保藥强根促大穗。 5. 灌浆期养根保叶，攻粒增重。	1. 选择良田良种。 2. 严把浸种消毒关，培育短秧龄壮秧。 3. 增加移（抛）栽基本苗。 4. 科学管水强根促藥。 5. 科学除草、安全用药，综合防治病虫害。 6. 适当迟收多增产。	1. 晚粳切碎抛撒均匀，低留茬。 2. 及时翻耕，深度20～25cm。 3. 及时开沟排水晒垡。 4. 适时泡水整田待插秧。	1. 育秧期培育标准化适龄壮秧。 2. 栽插期增密精插，早发争足穗。 3. 分蘖期控制无效分蘖。 4. 孕穗期保藥强根促大穗。 5. 灌浆期养根保叶，攻粒增重。	1. 育秧期培育标准化适龄壮秧。 2. 栽插期增密精插，早发争足穗。 3. 分蘖期控制无效分蘖。 4. 孕穗期保藥强根促大穗。 5. 灌浆期养根保叶，攻粒增重。	1. 选择丰产甘蓝型油菜品种。 2. 晒种备耕适期均匀撒播。 3. 晚稻收获留中茬，秸秆抛撒均匀。 4. 及时开沟排水灭草促早发。 5. 适时翻压促腐解。

图7-12　早籼晚粳稻区隔年冬季翻耕扩库和套播油菜还田培肥技术模式图

7.3.3.1　技术要点

1. 双季晚粳丰产种植技术

（1）科学选择良田良种

粳稻种植对粮田基础设施和地力水平要求较高，应选择水源充足、排灌方便、耕性良好、地力较高的田块进行，预估不施肥地的水稻产量为4500～5250kg/hm²，可实现晚粳产量达9750kg/hm²以上。当前江西主推的晚粳品种是'甬优1538''甬优538''甬优9号'，其广适质优、高产抗性强。

（2）严把浸种消毒关，培育短秧龄壮秧

播种前选择晴天将种子均匀摊薄晾晒1～2d，以提高种子发芽势和发芽率。晒种时切忌在水泥场暴晒，以免高温灼伤；晒种后可用咪酰胺、强氯精、烯效唑等药剂间歇浸种消毒24～36h，防止种传病害。药剂浸种后捞出洗净，再用清水浸种12～24h，注意浸露结合，保障充足氧气供应。粳稻浸种有别于籼稻，应保障间歇浸种48h左右。浸种后置于透气性良好的器具中适温催芽至破胸露白待播。

（3）备好秧床适期播种

选择背风向阳、排灌方便、土壤肥沃的田块作秧田。整田前施足底肥，施45%复合肥450kg/hm²。稀播壮秧，秧龄严格控制在20～25d。综合考虑早稻收获期和晚粳适宜栽插短龄秧的前提下，能早播尽量早播，有利于延长晚粳营养生长期和有效分蘖期，从而实现高产高效。

（4）保证移（抛）栽合理基本苗

合理基本苗是优化水稻群体结构、挖掘晚粳产量潜力的关键。机插秧尽量选用窄行7寸机，栽插规格以25cm×14cm为宜，若采用传统9寸机，栽插规格以30cm×12cm为宜，并适当调大取秧量，确保足够的基本苗。无论抛秧或机插，需确保基本苗在55万～

60万苗/hm^2。

（5）合理运筹肥料

氮肥运筹按照基、蘖、穗肥比例为5：2：3或4：3：3进行，基肥于移（抛）栽前随整田时施用，分蘖肥于移（抛）栽后5～7d施用，穗肥于倒3叶或倒2叶抽出时施用。磷肥作基肥一次性施用，钾肥可分基肥和穗肥2次施用，各占50%。

（6）科学管水强根促蘖

双季晚粳全生育期水分管理以湿润灌溉为主，晚稻移栽期气温高，宜浅水插秧，栽插后及时露田，栽后5～7d薄水返青活棵，浅水分蘖促根，防止淹灌造成粳稻根系受损、分蘖受阻。分蘖期以薄露灌溉为主，不宜深水灌溉，并多次露田促蘖促根。当田间苗数达到计划苗数的90%左右，开始晒田控制无效分蘖，拔节期至抽穗期建立浅水层，确保"有水抽穗扬花"；相比籼稻，晚粳灌浆结实期长，全期分多次浅水灌溉，齐穗后每7～10d灌水一次，提倡后水不见前水，保持田间湿润，实行"干干湿湿壮籽"，后期切勿断水过早，确保穗基部籽粒充分完熟。

（7）综合防治病虫害

秧田期重点防治恶苗病、稻瘟病、稻蓟马、稻飞虱等，栽插前打好"送嫁药"。大田前期主防二化螟、稻纵卷叶螟，中后期重点防治纹枯病、稻曲病、稻飞虱和穗颈瘟等。粳稻穗型大、着粒密，尤其要重视稻曲病防治，重点把握抽穗破口前10～12d，即主茎剑叶和倒2叶叶枕平齐时及破口前3d两次防治关口，选用氟环唑、苯甲·丙环唑、戊唑醇、肟菌脂·戊唑醇、噻呋酰胺等药剂，用足水量科学防治，确保防效。

（8）科学除草、安全用药

粳稻对除草剂施用较籼稻敏感，在不同生长期要科学选用适宜药剂防治杂草。秧田播种前可选用40%苄嘧·丙草胺除草，秧苗三叶一心期用15%氰氟草酯·五氟磺草胺复配剂于秧面喷施除草；大田移（抛）栽后5～7d，选用37.5%苄嘧·丁草胺可湿性粉剂结合分蘖肥撒施；分蘖末期及孕穗期慎重选择药剂除草，可选用2.5%五氟磺草胺或10%氰氟草酯兑水喷雾；田埂杂草于移（抛）栽前选用草甘膦进行灭杀，粳稻中后期宜人工割除。

（9）适当迟收减少损失

根据粳稻二次灌浆结实的特性，双季晚粳抽穗至成熟期较籼稻长，一般需50～60d，建议每穗饱谷95%以上、谷粒黄熟时进行收割，切忌断水和收获过早，以免影响产量和品质。

2. 冬季翻耕扩库技术

（1）晚粳秸秆切碎收获

由于双季晚粳黄熟时茎秆粗壮且含水量大，加之粳稻生物量大，为了方便翻耕，宜在水稻收获时粉碎秸秆，均匀抛撒，留茬高度以20cm为宜。

（2）及时翻耕促熟化

水稻收获后应及时翻耕，翻耕深度应深浅适宜，小于15cm起不到扩库的效果，多于30cm可能打破犁底层，造成来年的漏水漏肥，不利于产量稳定，综合考虑，应根据耕层的厚度和犁底层的厚度来确定翻耕深度，一般以20～25cm比较适宜。

（3）及时开排水沟

研究发现，我国南方双季稻区冬季降水量较大，相比冬季稻田不翻耕不排水，排水和翻耕均显著减少CH_4排放，排水和翻耕相结合可进一步减少CH_4排放。究其原因，排水破坏产CH_4的极端厌氧环境，导致CH_4产生受到抑制，从而降低CH_4排放；翻耕使得秸秆埋入土壤深层，明显降低了土壤表层总有机碳的含量，可能一定程度上减少了产生甲烷的底物，进而减少CH_4排放。因此，在生产上应在翻耕后及时开排水沟，做到雨停田无积水。

（4）来年适期整田早栽稻

根据早稻生育期和天气情况，选择合适日期进行旋耕整田，确保田平利于插秧。

3. 冬季套播油菜还田培肥技术

（1）品种选择

一是选择丰产甘蓝型或专用绿肥油菜品种，套播油菜品种主要追求大生物量，特别是抽薹盛花期生物量大。二是选择生育期适中的籼稻品种，确保在10月25日前成熟收获，以保证油菜前期生长。

（2）播前准备

一是根据晚稻成熟进程适时排灌，一般在收割前10～12d排水，若土壤缺水应在播种前2～3d灌一次"跑马水"；二是油菜种子适宜播种量为6～7.5kg/hm²，播前晒种1～2h，提高种子活性。

（3）选择合适的共生期

一般在水稻收获前5d播种，种子与干细沙或细土拌匀后撒播。

（4）晚稻收获

一是秸秆切碎（5～10cm）抛撒均匀，二是水稻留茬高度以25～35cm为宜。

（5）开沟排水

晚稻收获后，及时用开沟机开好厢沟、围沟和腰沟。厢宽4～5m，沟深15～20cm，沟宽20～30cm，做到沟沟相通。

（6）及时灭草和追肥

油菜3～5叶期，对于以禾本科杂草为主或以阔叶杂草为主或两种草害均较重的田块，宜选用相应除草剂均匀机械喷雾防治。越冬期即元旦前后，追施尿素90～100kg/hm²和氯化钾30～40kg/hm²。

（7）及时翻压

在油菜盛花期或早稻移栽前30d左右及时进行旋耕翻压，旋耕深度以15～20cm为宜。此时油菜茎秆纤维木质化程度比较低，茎秆内养分最丰富，C/N和含水量适宜。过早翻压，生物产量低、干物质积累量少、养分含量还未达到峰值，培肥作用降低；过晚翻压，茎叶有机养分向籽粒转运、碳代谢过旺，导致C/N增大、茎秆纤维木质化程度增大，不利于小型机械旋耕粉碎、翻压入土和快速腐解。

7.3.3.2　技术效果

从表7-38可知，相比冬季不翻耕，采用冬季翻耕措施，可以显著提高稻田土壤的pH和耕层厚度，分别提高0.41个单位和5.14cm；冬季翻耕处理可提高双季稻产量

122kg/hm²，提高CEC 0.83cmol/kg，但是差异未达显著水平。

表7-38　冬季翻耕对产量及耕层土壤肥力的影响

处理	产量（kg/hm²）	pH	有机质（g/kg）	CEC（cmol/kg）	耕层厚度（cm）
未翻耕	14 418a	5.39b	22.70a	10.48a	16.59b
翻耕	14 540a	5.80a	22.55a	11.31a	21.73a

从表7-39可知，江西双季稻区晚稻种植粳稻品种'甬优1538'的产量达到10 390kg/hm²，相比传统籼稻品种'泰优871'的产量8682kg/hm²，增产幅度达到19.63%，差异达显著水平，而主要原因是其穗粒数、结实率以及千粒重较高，且差异均达到显著水平。通过改变晚稻品种，可以实现水稻产量的增加，且增产幅度较大。

表7-39　不同类型晚稻品种对产量及其构成的影响

品种	有效穗数（万/hm²）	穗粒数（粒）	结实率（%）	千粒重（g）	产量（kg/hm²）	增产率（%）
籼稻	319.85a	163.70b	78.85b	21.03b	8 682b	
粳稻	239.76b	210.55a	90.19a	22.82a	10 390a	19.67

从表7-40可知，在水稻季管理措施一致的前提下，通过晚稻套播油菜，在第二年春季旋耕还田，能显著提高翌年早晚稻产量，其中早稻增产7.36%，晚稻增产5.68%，且同对照处理差异达到显著水平，进行相关性分析可知主要因素是穗粒数，早晚稻的相关系数分别为0.85（$P<0.01$）和0.94（$P<0.01$），其他产量构成因素如有效穗数、结实率和千粒重等略有增加，但是差异未达到显著水平。

表7-40　冬季套播绿肥油菜还田对水稻产量及构成的影响

稻季	处理	有效穗数（万/hm²）	穗粒数（粒）	结实率（%）	千粒重（g）	产量（kg/hm²）	增产率（%）
早稻	CK	302.85a	80.70b	78.85a	26.38a	5168.67b	
	还田	304.46a	87.68a	80.48a	26.47a	5549.08a	7.36
晚稻	CK	294.56a	108.48b	80.24a	22.24a	5782.29b	
	还田	298.14a	127.36a	81.18a	22.38a	6110.72a	5.68

7.4　双季籼稻区稻田土壤培肥与丰产增效耕作技术及模式

湖南是双季籼稻典型种植区域。该区域水稻土主要由花岗岩风化物、板页岩风化物、砂岩风化物、石灰岩风化物、紫色砂页岩风化物、第四纪红色黏土、近代河流冲积物和湖积物发育而成，代表性土种主要有麻沙泥、黄泥田、紫泥田、红黄泥、紫潮泥、河沙泥等。受人类生产活动的影响，有一部分表征水稻土特性的因素比较容易发生变化，如耕层厚度、土壤容重、速效养分、还原性物质等，因此，研究双季稻田土壤肥力变化特征，及时找出土壤肥力的限制因子，提出相应的调控技术途径，构建双季稻田培肥与丰产增效耕作模式，确保土壤可持续利用，对现代农业的发展具有重要的现实意义和长远的战略意义。本研究以河沙泥为代表，开展了有机无机肥配施培肥技术、秸秆还田下栽培优化技术、秸秆全量还田的耕作优化技术、秸秆全量还田耕作优化模式、晚稻少旋耕机插技术等研究，综合集成了双季稻田全耕层培肥耕作模式。

河沙泥是由近代河流冲积物发育形成的水稻土，质地为砂壤土，保水保肥能力差，长期浅旋耕、少耕或免耕，造成耕层变浅，养分库容下降，养分表聚。2016～2019年，以河沙泥为代表，以常规耕作模式（稻田双季浅旋耕、稻草不还田）为对照，研究稻田全耕层培肥耕作模式，结果表明，与常规耕作相比，4年后全耕层培肥模式耕层厚度增加6cm，土壤容重降低0.03g/cm^3，0～5cm土层速效N、P、K养分表聚系数分别降低0.18、0.22、0.27（表7-41）。这说明常规耕作模式导致耕层变浅、土壤容重增加、土壤养分表聚。双季稻全量稻草还田技术农机农艺配套不到位，传统的稻草条带式还田腐解缓慢，易导致晚稻生育期延迟。秸秆还田下免耕易导致早稻再生稻多发，增加了晚稻杂米率，严重影响晚稻加工品质；长期大量使用化肥造成土壤结构变差，氮、磷、钾养分比例失衡，制约了水稻丰产增效。

表7-41　常规耕作模式与全耕层培肥耕作模式对比

处理	耕层厚度（cm）	土壤容重（g/cm^3）	0～5cm土层速效养分表聚系数		
			碱解氮	有效磷	速效钾
基础土	13	0.80	0.53	0.50	0.56
常规耕作模式	12	0.81	0.54	0.49	0.51
全耕层培肥耕作模式	18	0.78	0.36	0.27	0.24

注：表聚系数≥0.33表示表聚性特征明显

针对湖南双季籼稻区存在的上述问题，通过筛选优化有机无机肥配施，优化栽培措施，创新秸秆全量还田下合理耕作、栽培、有机无机培肥等技术模式，构建适宜湖南双季籼稻区的稻田培肥与丰产增效耕作模式，为双季稻区稳粮增收、丰产增效提供科技支撑。

7.4.1　有机无机肥配施培肥技术

目前，我国耕地总面积和人均耕地面积均呈"刚性"减少趋势，且中低产田约占70%，严重制约我国粮食持续增产（曾希柏等，2014），但研究表明通过科学合理的土壤培肥措施改良中低产田，提高土壤肥力及粮食产能的空间极大，尤其是双季稻田。土壤肥力越高，作物获得高产的潜力越大，但在目前双季稻田的高强度种植制度下，肥力越高的土壤其养分消耗得越快，如果不通过合理施肥使农田地力生产消耗与地力培育补偿相匹配，有效维持土壤生产能力，高产田退化速度将十分迅速（鲁艳红等，2016）。肥力低的土壤只有在较高施肥水平下才能获得较高产量（夏圣益，1998），这与我国化肥减施的目标相违背。因此，通过科学的土壤培肥措施提升土壤肥力，成为推动"藏粮于地"战略顺利实施及促进粮食可持续生产的根本出路。有机无机肥配施是提高稻田土壤质量，提升基础地力，促进农业生产资源可持续利用的有效途径（鲁艳红等，2016），能够很大程度上改善单施化肥对土壤和环境造成的负面影响，其集合了化肥速效性和有机肥持久性的特点（魏猛等，2017），有利于培肥地力、净化环境、实现作物优质高产

（高菊生等，2005）。长期有机无机肥配施可显著提高土壤有机质含量，促进土壤有机碳及活性有机碳的积累，提高孔隙度，降低土壤容重，增加水稳性大团聚体含量，有利于构建疏松的土壤结构，增强土壤保水保肥能力（彭娜等，2009）。因此，开展双季稻田中等肥力条件下有机无机肥配施的土壤培肥及丰产增效效应研究，对于进一步挖掘双季稻田粮食产能具有重要的现实意义。

7.4.1.1　材料与方法

试验包括5个处理：T1：不施氮肥；T2：常规化学NPK配施；T3：30%有机肥N，70%化肥N；T4：50%有机肥N，50%化肥N；T5：100%有机肥N。有机肥为菜枯源发酵商品有机肥，有机质含量64.6%，总氮含量4.9%，全磷含量1.7%，全钾含量1.5%。于2017～2019年在湖南省宁乡市回龙铺镇天鹅村开展试验，研究有机无机肥配合施用技术对水稻产量和生物特性、肥料效率及土壤肥力的影响。

7.4.1.2　结果与分析

1.生育期

湖南双季稻区2017～2019年早、晚稻均表现为常规化肥处理（T2）的全生育期最长，通过有机无机肥配施可缩短生育期1～2d（表7-42），且随着有机肥用量的增加，双季稻全生育期呈缩短趋势，表明通过增施有机肥可促进早、晚稻提前成熟，在一定程度上缓解季节矛盾。

表7-42　有机无机肥配施对双季稻生育期的影响

稻季	处理	2017年			2018年			2019年		
		齐穗期 （月-日）	成熟期 （月-日）	全生育期 （d）	齐穗期 （月-日）	成熟期 （月-日）	全生育期 （d）	齐穗期 （月-日）	成熟期 （月-日）	全生育期 （d）
早稻	T1	6-24	7-14	113	6-17	7-15	110	6-18	7-17	111
	T2	6-28	7-18	117	6-20	7-18	113	6-21	7-20	114
	T3	6-27	7-17	116	6-20	7-17	112	6-21	7-19	113
	T4	6-27	7-16	115	6-19	7-17	112	6-20	7-19	113
	T5	6-26	7-16	115	6-19	7-17	112	6-20	7-19	113
晚稻	T1	9-15	10-22	110	9-16	10-23	118	9-18	10-27	121
	T2	9-20	10-27	115	9-19	10-26	121	9-20	10-30	124
	T3	9-19	10-26	114	9-19	10-25	120	9-19	10-29	124
	T4	9-18	10-25	113	9-18	10-25	120	9-19	10-29	123
	T5	9-17	10-25	113	9-18	10-25	120	9-19	10-28	122

2.干物质积累量

表7-43表明：不同有机无机肥配施下，早、晚稻齐穗期及成熟期的总干物质量随着有机肥用量的增加呈下降趋势，早稻齐穗期T3、T4、T5的总干物质量较T2分别减少3.0%、3.9%、6.2%，成熟期分别减少1.8%、4.4%、7.9%；晚稻齐穗期T3、T4、T5的总干物质量较T2分别减少1.4%、4.3%、7.0%，各处理在齐穗期及成熟期各器官的干物质积累量也

表现出同总干物质量相同的趋势。结果表明,有机无机肥配施下,随着有机肥用量的增加,早、晚稻干物质积累量呈下降趋势,但差异未达显著水平。

表7-43 有机无机肥配施对双季稻干物质积累量的影响

稻季	处理	齐穗期（t/hm²）				成熟期（t/hm²）			
		茎	叶	穗	总干物质量	茎	叶	穗	总干物质量
早稻	T1	2.86b	0.95b	1.01b	4.83b	1.73c	0.69c	4.34b	6.8b
	T2	4.45a	1.58a	1.67a	7.70a	3.26a	1.23a	6.89a	11.4a
	T3	4.32a	1.53a	1.62a	7.47a	3.21a	1.21a	6.82a	11.2a
	T4	4.28a	1.49a	1.63a	7.40a	3.03ab	1.15ab	6.68a	10.9a
	T5	4.19a	1.44a	1.59a	7.22a	2.92b	1.08b	6.52a	10.5a
晚稻	T1	2.99b	1.01b	1.13b	5.13b	1.91b	0.74b	4.45b	7.1b
	T2	4.67a	1.64a	1.81a	8.11a	3.62a	1.32a	7.27a	12.2a
	T3	4.61a	1.61a	1.79a	8.00a	3.58a	1.30a	7.23a	12.1a
	T4	4.50a	1.54a	1.72a	7.76a	3.52a	1.25a	7.19a	12.0a
	T5	4.39a	1.48a	1.67a	7.54a	3.45a	1.22a	7.08a	11.7a

3. 产量及产量构成

由图7-13可知,2017～2019年早稻产量均表现出随有机肥用量增加而降低的趋势;2017年晚稻产量表现出随有机肥用量增加而降低的趋势,但2018年、2019年施用有机肥处理（T3、T4、T5）的平均产量较常规化肥处理（T2）分别增加2.3%、3.4%,且各处理的产量均表现出随有机肥用量增加而增加的趋势;从产量构成来看,穗粒数及结实率是产量的主要贡献因子,增加有机肥用量会减少穗粒数,但会增加结实率,其中晚稻结实率的增加效果更明显。表明随着试验年限及有机肥用量的增加,早稻产量呈降低趋势,但晚稻产量呈增加趋势,结实率是主要的贡献因子。

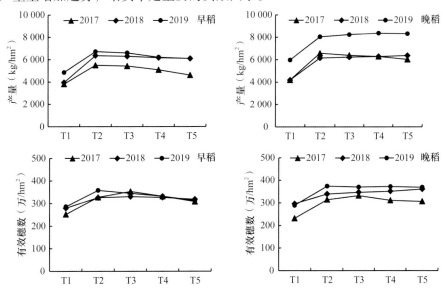

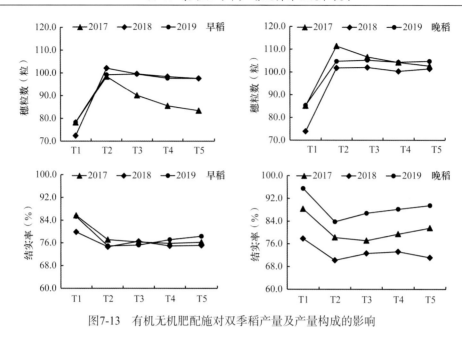

图7-13　有机无机肥配施对双季稻产量及产量构成的影响

4. 土壤肥力

由于2017年和2018年各处理间的土壤肥力表现趋势与2019年基本一致，在此仅以2019年的数据进行分析。表7-44表明：在常规化肥（T2）条件下，各土层养分含量较基

表7-44　有机无机肥配施对双季稻田土壤肥力的影响

土层（cm）	处理	pH（水）	阳离子交换量（cmol/kg）	有机质（g/kg）	活性有机质（g/kg）	全氮（g/kg）	全磷（g/kg）	全钾（g/kg）	碱解氮（mg/kg）	有效磷（mg/kg）	速效钾（mg/kg）
0～10	基础土	6.6a	17.6a	41.2a	28.4ab	2.37ab	0.74a	14.2a	192.1b	20.3ab	74.5ab
	T1	6.4a	15.2b	38.6b	26.7b	2.24b	0.84a	14.9a	83.4c	18.5b	71.5b
	T2	6.4a	17.1a	40.3ab	27.2b	2.54a	0.77a	14.8a	184.7b	20.8ab	72.6b
	T3	6.6a	17.5a	41.7a	28.6ab	2.51a	0.80a	15.1a	221.1a	22.1a	78.9a
	T4	6.7a	17.8a	42.6a	29.5a	2.53a	0.82a	15.2a	214.8a	21.7a	77.5a
	T5	6.7a	18.5a	43.6a	30.7a	2.52a	0.80a	15.1a	212.4a	21.4a	75.8a
10～20	基础土	6.9a	16.7a	37.2ab	25.5ab	2.11ab	0.57b	14.7a	165.7b	16.6ab	64.5ab
	T1	6.7a	12.3b	36.4b	24.3b	2.05b	0.74a	15.3a	66.7c	15.7b	68.0a
	T2	6.6a	15.7a	35.7b	25.2ab	2.21a	0.69a	14.6a	157.6b	17.9a	61.9b
	T3	6.8a	15.1a	38.1a	26.4a	2.23a	0.64ab	14.5a	196.5a	17.6a	65.5a
	T4	6.8a	16.6a	39.3a	26.7a	2.27a	0.73a	14.9a	191.6a	16.4ab	62.8
	T5	6.9a	17.2a	40.0a	27.9a	2.35a	0.73a	15.3a	183.7a	16.8a	64.1ab
20～30	基础土	7.3a	9.4a	19.8a	8.8b	0.89a	0.34a	13.2a	70.3b	6.6a	28.1a
	T1	7.5a	9.8a	21.6a	9.5ab	0.93a	0.33a	13.6a	76.2a	6.9a	29.5a
	T2	7.5a	9.6a	22.1a	9.8ab	0.91a	0.34a	12.9a	78.1a	6.8a	28.2a
	T3	7.4a	10.2a	22.1a	11.1a	0.97a	0.35a	13.5a	82.2a	7.2a	30.5a
	T4	7.5a	10.5a	22.5a	11.4a	0.94a	0.36a	13.3a	79.5a	6.8a	30.1a
	T5	7.6a	10.3a	22.2a	10.6a	0.98a	0.32a	13.7a	77.1a	7.3a	28.6a

础土呈小幅下降趋势，T3、T4、T5的各养分指标值较基础土均呈增加趋势。100%有机肥N（T5）条件下，土壤的全氮、全磷、全钾及碱解氮、有效磷、速效钾含量较基础土呈增加趋势；与T2相比，0～10cm、10～20cm的碱解氮含量分别增加15.0%、16.6%，增加幅度大于2017年，可能与前季未被利用的有机肥所产生的后效有关。通过有机无机肥配施（T3、T4），0～10cm的碱解氮、有效磷及速效钾较化肥（T2）或有机肥单施（T5）均呈增加趋势，以T3（30%有机肥N+70%化肥N）的效果最佳，既可促进土壤0～10cm速效养分的释放，提高土壤供肥能力，又可保障水稻丰产。

5. 植株养分积累

表7-45表明：早稻各处理间氮、磷、钾养分总积累量均表现出T2＞T3＞T4＞T5＞T1；T3开花期、成熟期的总积累量较T2分别降低11.3%、2.8%，T4分别降低16.5%、6.5%，T5分别降低23.0%、11.1%，T3、T4、T5处理均表现出开花期总积累量的降低幅度要明显大于成熟期，且随着有机肥用量的增加而变幅增加。因此，综合考虑产量与土壤培肥效应，通过有机无机肥配施既要保障水稻开花期至成熟期对养分的积累，实现丰产，又要培肥地力，配施比例以30%有机肥N+70%化肥N比较适宜。

表7-45　有机无机肥配施对双季稻植株养分积累的影响

稻季	处理	开花期（kg/hm²）				成熟期（kg/hm²）			
		茎	叶	穗	总积累量	茎	叶	穗	总积累量
早稻	T1	14.6c	12.6c	8.0b	35.2c	8.5c	6.8c	50.7b	65.9b
	T2	34.3a	26.4a	20.9a	81.6a	20.3a	13.2a	84.0a	117.6a
	T3	28.9b	24.4a	19.1a	72.4a	19.6 a	12.8a	81.9a	114.3a
	T4	26.1b	23.4ab	18.6a	68.1ab	17.7ab	12.0ab	80.1a	109.9a
	T5	23.9bc	21.4b	17.5a	62.8b	16.4a	11.2b	76.9a	104.5a
晚稻	T1	15.8 c	13.5c	8.8b	38.1b	11.0b	7.6b	55.3b	73.9b
	T2	35.0a	27.7a	23.1a	85.8a	23.5a	14.6 a	90.1a	128.2a
	T3	32.7a	26.7a	22.5a	81.9a	22.6a	14.2a	88.2a	125.0a
	T4	30.2a	25.3ab	21.5a	76.9a	21.1a	13.4a	87.7a	122.3a
	T5	28.1 b	24.3b	20.7a	73.1a	19.6a	13.0a	85.7a	118.3a

注：总积累量表示N、P、K养分总积累量

6. 养分利用率

表7-46显示，早稻的氮素偏生产力随有机肥用量的增加而降低，T3、T4、T5较T2分别降低1.1%、3.0%、4.0%，晚稻的氮素偏生产力随有机肥用量的增加而增加，分别增加1.1%、2.1%、3.5%。早稻的氮素农学效率随有机肥用量的增加而降低，T3、T4、T5较T2分别降低2.8%、7.9%、10.7%，晚稻的氮素农学效率随有机肥用量的增加而增加，分别增加4.2%、6.7%、10.9%。早、晚稻的氮素吸收利用率均随有机肥用量的增加而降低，早稻的T3、T4、T5较T2分别降低6.3%、14.9%、25.1%，晚稻分别降低6.0%、10.9%、18.2%。早、晚稻的氮素生理利用率均随有机肥用量的增加而增加，早稻的T3、T4、T5较T2分别增加4.1%、8.4%、19.4%，晚稻分别增加10.8%、20.2%、36.3%。表明整体上晚稻的氮素利用效率要大于早稻，随着有机肥用量的增加，早、晚稻的氮素偏生产力、氮

素吸收利用率降低，但氮素生理利用率增加。

表7-46 有机无机肥配施对双季稻氮素利用效率的影响

稻季	处理	氮素偏生产力（kg/kg）	氮素农学效率（kg/kg）	氮素吸收利用率（%）	氮素生理利用率（kg/kg）
早稻	T2	47.1a	17.8a	38.2a	46.5c
	T3	46.6a	17.3a	35.8ab	48.4bc
	T4	45.7a	16.4ab	32.5b	50.4b
	T5	45.2a	15.9b	28.6c	55.5a
晚稻	T2	37.3a	11.9a	40.2a	36.1c
	T3	37.7a	12.4a	37.8a	40.0bc
	T4	38.1a	12.7a	35.8ab	43.4b
	T5	38.6a	13.2a	32.9b	49.2a

7.4.1.3 结论

随着试验年限及有机肥用量的增加，早稻产量呈降低趋势，但晚稻产量呈增加趋势，结实率是主要的贡献因子。

有机无机肥配施较化肥或有机肥单施可有效提高土壤养分含量，尤其是速效养分，以30%有机肥N+70%化肥N的效果最佳。

综合考虑产量与土壤培肥效应，30%有机肥N+70%化肥N既可保障水稻开花期至成熟期对养分的吸收积累，又可培肥地力，实现丰产。

7.4.2 秸秆还田的栽培优化技术

我国的稻草总量达$1.77×10^8$t（包雪梅等，2003），直接焚烧等不合理处理方式既浪费大量养分资源，又破坏生态环境（刘世平等，2006），在国家稻草禁烧政策的驱动下，传统的稻草焚烧常规高产稻作技术亟待创新，稻草全量还田成为促进水稻生产向资源节约型与环境友好型方向转型的主要途径之一（朱相成等，2016）。目前我国用世界20%的水稻种植面积，生产了世界35%左右的稻谷，但消耗了世界37%的水稻氮肥用量（彭少兵等，2002）。我国稻田单季氮肥施用量平均为180kg/hm²，部分稻田的氮肥施用量为270～300kg/hm²，最高的已达350kg/hm²（崔玉亭等，2000；单玉华等，2000），但平均氮肥吸收利用率仅为28.3%（Dobermann，2005），有14%～52%的氮肥以氨挥发、淋洗、径流以及反硝化等损失途径进入水体及大气（Zhang et al.，2013），给资源环境带来了巨大压力。因此，研究稻草还田下如何提高水稻氮肥利用效率及减少环境污染已迫在眉睫。

氮肥的合理使用是机插水稻丰产增效的重要途径之一，但在实际生产中由于农民盲目认为"高氮即高产"，14%～52%的氮肥以氨挥发、淋洗、径流以及反硝化等损失途径进入水体及大气（Zhang et al.，2013），给生态环境带来极大危害。氮污染的控制应遵循"源头控制"，"末端治理"会付出更大的环境和经济代价（杨利等，2013），减施氮肥是氮污染"源头控制"的主要方式之一，但可能会减少土壤中的氮库容量（巨晓棠和谷保静，2014），而通过秸秆还田，实行养分就地归还，可有效提高土壤中的氮素含量，促进稻田土壤培肥及土壤可持续利用（鲁艳红等，2010），随着国家秸秆禁烧政策的实施，稻草已基本实现全量还田，但农户的习惯施氮量并未发生改变，忽视了稻草的土壤培肥功能。前人在机插秧育秧技术（沈建辉等，2004；张祖建等，2008；李旭毅等，2012）、氮肥运筹（鲁艳红等，2010）、养分吸收（沈建辉等，2006；霍中洋等，2012）、群体生长（陈新红等，2013；胡雅杰等，2014；王海月等，2017）等方面开展了大量研究，但以一季稻的研究居多，对双季稻秸秆全量还田下的氮肥减施方面开展研究较少。Huang等（2013）研究认为，早稻机插行穴距为30cm×20cm的产量比30cm×15cm低17%。朱聪聪等（2014）也认为，低密度下常规粳稻的产量低于中高密度，表明适宜增加机插密度可提高产量，有效弥补减氮所造成的减产风险。因此本研究以秸秆还田为基础，充分利用秸秆的培肥功能，开展氮肥减施与增加密度互作对对机插双季稻生长、养分积累、土壤肥力及氮素利用的影响，以期为双季稻区资源节约型及环境友好型机插栽培技术的发展提供理论依据。

7.4.2.1　材料与方法

试验设5个处理：T1：常规密度，无N，常规施肥（PK）；T2：常规密度，常规施肥；T3：增密，常规施肥；T4：常规密度，减N 20%（减穗肥）；T5：增密，减N 20%（减基肥），研究全量秸秆还田下，不同密度和肥料配置、氮肥运筹对作物产量及肥料利用率的影响；比较不同栽培技术下，土壤主要肥力指标的变化特征和机制。

7.4.2.2　结果与分析

1. 生育期

表7-47表明，湖南双季稻区秸秆全量还田条件下，早、晚稻减氮增密处理（T5）较T2提前2d齐穗，全生育期可缩短2d，表明减氮增密模式可有效缩短全生育期，缓解季节矛盾。

表7-47　秸秆还田下栽培优化技术对双季稻生育期的影响

稻季	处理	播种期（月-日）	移栽期（月-日）	齐穗期（月-日）	成熟期（月-日）	全生育期（d）
	T1	3-28	4-20	6-17	7-15	110
	T2	3-28	4-20	6-20	7-18	113
早稻	T3	3-28	4-20	6-20	7-18	113
	T4	3-28	4-20	6-18	7-16	111
	T5	3-28	4-20	6-18	7-16	111
	T1	6-28	7-24	9-16	10-24	119
	T2	6-28	7-24	9-19	10-27	122
晚稻	T3	6-28	7-24	9-19	10-27	122
	T4	6-28	7-24	9-17	10-25	120
	T5	6-28	7-24	9-17	10-25	120

2. 产量及产量构成

表7-48表明：双季稻草全量还田条件下，早稻、晚稻实际产量均以T3最高，常规施氮条件下，增加密度可增加早、晚稻产量。通过缩小株距21%来增加栽插密度，早稻和晚

稻在施氮量减少20%（不施穗肥）条件（T5）下，其产量较T2仅分别减少2.3%和3.9%，差异未达显著水平。有效穗数及结实率是主要的产量贡献因子，早稻和晚稻T5处理的有效穗数较T2分别减少0.3%和4.5%，但早、晚稻T5处理的结实率较T2分别增加2.8%和4.9%，处理间差异未达到显著差异。表明在秸秆还田及减氮20%条件下，通过增密可保持与常规栽培模式相当的有效穗数，同时增加结实率，有效降低氮素减量所造成的减产风险。

表7-48　秸秆还田下栽培优化技术对双季稻产量及其构成的影响

稻季	处理	有效穗数（万/hm²）	穗粒数（粒）	结实率（%）	千粒重（g）	理论产量（kg/hm²）	实际产量（kg/hm²）
早稻	T1	269.9b	75.1b	82.7a	26.3a	4408.6b	4032.5b
	T2	328.7a	102.5a	76.1b	26.2a	6717.5a	6363.5a
	T3	338.5a	99.4a	74.9b	26.3a	6628.0a	6498.5a
	T4	323.4a	96.8a	78.7ab	26.4a	6504.2a	6296.5a
	T5	327.6a	97.4a	78.2ab	26.2a	6537.5a	6219.0a
晚稻	T1	259.4b	84.6b	81.7a	25.7a	4607.8b	4189.5c
	T2	336.9a	106.3a	73.2b	25.5a	6688.4a	6263.0ab
	T3	347.3a	104.2a	72.7b	25.8a	6791.5a	6474.5a
	T4	327.4a	101.5a	75.5ab	25.6a	6422.9a	6189.5ab
	T5	321.6a	102.8a	76.8ab	25.7a	6524.3a	6021.0b

3. 土壤肥力

由表7-49可知，除碱解氮外，常规施氮处理（T2、T3）土壤养分含量与基础土基本持平，增加栽插密度对土壤养分含量无明显影响。与基础土相比，减氮处理（T4、T5）降低了0~10cm、10~20cm的碱解氮含量，增加栽插密度后下降趋势更为明显。与基础土相比，T4、T5处理0~10cm的碱解氮含量显著降低了10.1%、11.9%；10~20cm的碱解氮含量显著降低了16.1%、14.2%。

表7-49　秸秆还田下栽培优化技术对双季稻土壤肥力的影响

土层（cm）	处理	pH（水）	阳离子交换量（cmol/kg）	有机碳（g/kg）	活性有机碳（g/kg）	全氮（g/kg）	全磷（g/kg）	全钾（g/kg）	碱解氮（mg/kg）	有效磷（mg/kg）	速效钾（mg/kg）
0~10	基础土	6.4a	17.5a	25.2a	16.4a	2.48a	0.69a	12.9a	214.1a	22.1a	81.4a
	T1	6.8a	15.9b	24.2a	15.2a	2.11b	0.77a	14.2a	172.5c	24.9a	83.4a
	T2	6.6a	18.1a	24.8a	16.3a	2.43a	0.71a	13.4a	224.3a	21.3a	80.7a
	T3	6.3a	17.6a	25.0a	16.6a	2.35a	0.70a	13.0a	199.4b	22.5a	81.6a
	T4	6.5a	16.4b	25.3a	15.9a	2.40a	0.73a	12.7a	192.4b	23.3a	85.7a
	T5	6.5a	16.2b	24.7a	15.7a	2.27ab	0.75a	13.8a	188.6bc	23.6a	82.7a

土层（cm）	处理	pH（水）	阳离子交换量（cmol/kg）	有机碳（g/kg）	活性有机碳（g/kg）	全氮（g/kg）	全磷（g/kg）	全钾（g/kg）	碱解氮（mg/kg）	有效磷（mg/kg）	速效钾（mg/kg）
10～20	基础土	6.8a	15.8a	22.0a	15.3a	2.18a	0.64a	12.5a	182.8a	21.3a	60.7b
	T1	6.8a	15.1a	19.9ab	14.1ab	1.88b	0.71a	13.1a	139.6c	21.5a	70.9a
	T2	7.0a	16.7a	22.4a	13.4b	2.11a	0.65a	12.6a	182.4a	20.3a	67.5a
	T3	6.9a	15.6a	21.4a	14.8a	2.06a	0.60a	12.1a	165.7b	20.9a	64.8ab
	T4	6.8a	14.9a	19.3b	15.2a	1.95ab	0.68a	12.8a	153.4b	21.8a	69.3a
	T5	6.7a	15.3a	18.6b	14.3ab	1.93ab	0.69a	12.5a	156.8b	21.4a	70.6a
20～30	基础土	7.8a	8.1a	10.8a	8.1a	1.02a	0.38a	10.6a	72.1ab	9.1a	34.5a
	T1	7.5a	7.2b	11.2a	7.8a	0.91a	0.41a	11.1a	65.3c	9.0a	33.4a
	T2	7.5a	8.1a	10.9a	8.1a	0.95a	0.45a	10.5a	77.3a	8.7a	36.2a
	T3	7.6a	7.9ab	11.6a	8.0a	1.03a	0.33a	10.8a	72.5ab	8.4a	32.7a
	T4	7.9a	7.9ab	11.5a	8.5a	0.92a	0.39a	10.2a	74.2a	8.7a	35.6a
	T5	7.9a	8.5a	11.3a	7.8a	0.96a	0.39a	10.9a	70.1b	7.9a	32.9a

减氮处理（T4、T5）0～10cm、10～20cm土层的有效磷、速效钾含量较常规施氮处理（T2、T3）呈小幅增加趋势，其余养分含量基本呈下降趋势，以0～10cm、10～20cm的碱解氮下降为主，增加密度后下降趋势更明显。T4、T5的0～10cm碱解氮含量较T2分别显著降低14.2%、15.9%，10～20cm的碱解氮含量分别显著降低15.9%、14.0%，增加密度后碱解氮及全氮含量呈进一步下降趋势，但T4、T5各土层全氮含量与T2无显著差异。表明秸秆还田下，减氮增密主要降低土壤的碱解氮含量，对土壤全氮含量无显著影响。

4. 植株养分积累

表7-50表明：双季稻草全量还田下，减氮处理（T4、T5）早稻开花期及成熟期养分总积累量较T2处理呈降低趋势，减氮增密处理（T5）开花期的氮总积累量较T2降低19.1%，但成熟期仅降低3.2%，较T4成熟期增加2.3%；开花期的磷总积累量较T2降低5.9%，成熟期增加2.2%，较T4成熟期增加2.4%；开花期、成熟期T5处理的钾总积累量较T2仅分别降低7.6%、5.5%，较T4分别增加了2.8%和2.4%。表明双季稻草全量还田下，通过增加移栽密度可在一定程度上有效弥补减施氮肥所造成的水稻群体养分积累不足的问题。

表7-50　秸秆还田下栽培优化技术对早稻植株养分积累的影响

养分指标	处理	开花期（kg/hm²）				成熟期（kg/hm²）			
		茎	叶	穗	总积累量	茎	叶	穗	总积累量
氮	T1	13.73c	14.38b	8.19b	36.3c	8.86b	5.56b	56.63b	71.1b
	T2	39.97a	31.23a	23.17a	94.4a	21.75a	13.60a	83.72a	119.1a
	T3	41.06a	32.24a	26.26a	99.6a	20.17a	13.71a	92.95a	126.8a
	T4	29.99b	26.44a	19.98a	76.4b	16.02a	11.37a	86.40a	113.8a
	T5	31.01b	25.67a	19.73a	76.4b	16.62a	12.03a	86.64a	115.3a

养分指标	处理	开花期（kg/hm²）				成熟期（kg/hm²）			
		茎	叶	穗	总积累量	茎	叶	穗	总积累量
磷	T1	5.36b	1.48c	2.39c	9.2b	1.87b	0.60c	11.82c	14.3b
	T2	12.58ab	3.22a	4.40a	20.2a	5.35a	1.65b	20.75b	27.8a
	T3	14.18a	3.37a	5.33a	22.9a	5.23a	1.60b	22.63a	29.5a
	T4	11.47a	2.92b	3.96b	18.4a	4.49a	1.60b	21.02a	27.1a
	T5	11.79a	3.05ab	4.17b	19.0a	4.89a	1.50b	22.05a	28.4a
钾	T1	64.53b	11.22b	4.77b	80.5b	53.51b	7.75b	13.79b	75.1b
	T2	148.67a	24.63a	8.29a	181.6a	136.59a	17.17a	22.18a	175.9a
	T3	153.97a	26.21a	9.87a	190.1a	129.27a	18.52a	25.87a	173.7a
	T4	131.88a	23.03a	8.24a	163.2a	121.11a	16.32a	24.91a	162.3a
	T5	135.85a	23.75a	8.18a	167.8a	122.24a	17.22a	26.78a	166.2a

7.4.2.3　结论

稻草全量还田条件下，通过减氮增密可有效缩短全生育期，缓解双季稻生产茬口衔接紧张的季节矛盾。

秸秆全量还田下，通过基肥施氮量减少20%、栽插密度增加21%，可保持水稻稳产。其中，有效穗数及结实率是主要的产量贡献因子。

稻草全量还田条件下，减氮增密会导致土壤碱解氮含量显著下降，但对土壤全氮含量无显著影响。通过增加移栽密度可在一定程度上弥补减施氮肥所造成的早稻群体养分积累不足的问题，但长期减氮后的土壤能否可持续利用还有待进一步开展长期研究。

7.4.3　秸秆全量还田的耕作优化技术

7.4.3.1　材料与方法

试验设5个处理：T1：常规耕作（双旋耕），秸秆不还田；T2：常规耕作（双旋耕），秸秆还田（早稻收获后，裂区，增加T22处理：早稻稻草切碎还田，土壤翻耕）；T3：双季深旋耕，每年冬季翻耕，秸秆还田（早稻整地前，裂区，增加T33处理：早稻整地前撒施过氧化钙，晚稻不施）；T4：双季深旋耕，隔年冬季翻耕，秸秆还田；T5：集成耕作处理，增密减N，前期控水，研究少耕、免耕、翻耕及轮耕等对稻田养分变化及双季稻产量的影响。

7.4.3.2　结果与分析

1. 生育期

在湖南双季稻区，早、晚稻的秸秆还田+常规耕作处理（T2）较秸秆不还田+常规耕作（T1）的齐穗期均推迟1d，全生育期均延长1d；晚稻T22、T3、T33、T4与T2的全生育期相同，T5较T1、T2分别缩短2d、3d（表7-51），表明耕作措施、过氧化钙对全生育期影响不大，减氮增密可有效缩短双季稻的全生育期，有利于缓解季节矛盾。

表7-51　秸秆全量还田的耕作优化技术对双季稻生育期的影响

稻季	处理	播种期（月-日）	移栽期（月-日）	齐穗期（月-日）	成熟期（月-日）	全生育期（d）
早稻	T1	3-28	4-20	6-19	7-18	113
	T2	3-28	4-20	6-20	7-19	114
	T3	3-28	4-20	6-20	7-19	114
	T33	3-28	4-20	6-20	7-18	113
	T4	3-28	4-20	6-20	7-18	113
	T5	3-28	4-20	6-18	7-16	111
晚稻	T1	6-28	7-24	9-17	10-26	121
	T2	6-28	7-24	9-18	10-27	122
	T22	6-28	7-24	9-18	10-27	122
	T3	6-28	7-24	9-18	10-27	122
	T33	6-28	7-24	9-18	10-27	122
	T4	6-28	7-24	9-19	10-27	122
	T5	6-28	7-24	9-17	10-24	119

2. 产量及产量构成

在湖南双季稻区，早、晚稻的秸秆还田+常规耕作处理（T2）较秸秆不还田+常规耕作（T1）的实际产量分别增加4.2%、3.7%（表7-52）；在T2的基础上，早、晚稻通过优化耕作方式（T3、T33、T4）可一定程度上增加产量，但与T2处理相比差异未达显著水平；晚稻T33的产量大于T3，但差异未达显著水平，表明施用过氧化钙的增产效果不明显；早、晚稻的T5处理较T1分别增产5.3%、3.9%，较T2分别增产1.1%、0.2%，有效穗数及结实率是产量的主要贡献因子，早、晚稻T5有效穗数较T2分别增加7.4%、5.7%，结实率分别增加3.1%、3.3%。表明秸秆全量还田下通过优化耕作措施可有效增加双季稻产量。同时，秸秆还田下，减氮增密结合冬季翻耕及前期控水，较常规耕作略有增产，表明秸秆还田下采用冬季翻耕、前期控水结合减氮增密技术有利于双季稻实现丰产。

表7-52　秸秆全量还田的耕作优化技术对双季稻产量及产量构成的影响

稻季	处理	有效穗数（万/hm²）	穗粒数（粒）	结实率（%）	千粒重（g）	理论产量（kg/hm²）	实际产量（kg/hm²）
早稻	T1	318.1b	99.7a	75.3a	26.4a	6303.6b	6044.0b
	T2	324.8ab	101.1a	75a	26.3a	6477.2b	6296.5a
	T3	341.4a	102.4a	74.1a	26.5a	6864.8a	6555.5a
	T33	336.5a	101.7a	75.6a	26.2a	6778.4a	6428.0a
	T4	331.7a	102.8a	74.2a	26.4a	6679.5a	6387.3a
	T5	348.7a	95.8b	77.3a	26.2a	6765.5a	6365.5a

续表

稻季	处理	有效穗数（万/hm²）	穗粒数（粒）	结实率（%）	千粒重（g）	理论产量（kg/hm²）	实际产量（kg/hm²）
	T1	315.4b	105.1	73.4a	25.9a	6301.7b	6068.5b
	T2	321.8ab	107.7	73.7a	25.5a	6653.1ab	6291.5a
	T22	328.7a	108.1	73.4a	25.8a	6841.4 a	6339.0a
晚稻	T3	334.2a	107.6	72.8a	25.6a	6701.8a	6471.0a
	T33	330.5a	107.3	74.6a	25.7a	6799.0a	6541.5a
	T4	335.4a	106.8	73.7a	25.6a	6758.4a	6438.0a
	T5	340.1a	101.5	76.1a	25.6a	6725.1a	6304.5a

3. 土壤肥力

表7-53表明：耕层养分以0～10cm、10～20cm变化为主，犁底层及氧化还原层（20～30cm、30～40cm）养分变化极小。与基础土相比，稻草不还田处理（T1）0～10cm、10～20cm土层的有机碳、碱解氮及速效钾含量下降；而稻草还田处理（T2）及稻草还田的耕作技术优化处理（T22、T3、T33、T4）在0～10cm、10～20cm土层的养分含量（全钾、碱解氮除外）较基础土呈增加趋势；与T1处理相比，T2处理0～10cm、10～20cm土层的速效养分及阳离子交换量（CEC）上升；T5处理由于减少基肥氮的20%，0～10cm、10～20cm土层的碱解氮含量较T2呈下降趋势，其中0～10cm土层显著下降，但其他养分含量与T2无显著差异。这表明通过秸秆还田可有效培肥土壤，结合双季深旋耕及冬翻的轮耕后效果更好，且可短期保持减氮增密条件下土壤的可持续利用。

表7-53 秸秆全量还田的耕作优化对土壤肥力的影响

土层（cm）	处理	pH（水）	阳离子交换量（cmol/kg）	有机碳（g/kg）	活性有机碳（g/kg）	全氮（g/kg）	全磷（g/kg）	全钾（g/kg）	碱解氮（mg/kg）	有效磷（mg/kg）	速效钾（mg/kg）
	基础土	5.9a	16.9b	22.8a	15.5a	2.34a	0.44a	12.3b	208.2ab	12.2a	76.5bc
	T1	5.8a	15.1b	21.3b	15.8a	2.16b	0.52a	11.7b	203.7ab	12.3a	67.3c
	T2	5.8a	19.3a	24.2a	16.5a	2.41a	0.58a	14.6a	225.1a	14.1a	97.2a
0～10	T22	5.9a	18.1a	23.7a	16.1a	2.34a	0.53a	14.1a	219.3a	13.2a	82.7b
	T3	5.8a	18.4a	23.5a	15.9a	2.37a	0.54a	13.7a	216.4a	13.4a	85.4ab
	T33	5.9a	18.0a	22.5a	16.0a	2.39a	0.55a	13.5a	227.8a	13.6a	81.5b
	T4	5.8a	17.9a	23.0a	16.1a	2.31a	0.53a	13.7a	211.8a	13.3a	84.7ab
	T5	6.1a	17.5ab	22.2ab	15.3a	2.25ab	0.48a	13.9a	194.7b	14.6a	91.2a
	基础土	6.3a	15.1b	20.3	13.1a	2.19a	0.39ab	13.3a	186.9ab	12.1a	59.7b
	T1	6.3a	13.4b	19.4a	13.5a	2.13ab	0.34b	12.6a	183.4ab	12.4a	52.9b
	T2	6.2a	15.9ab	20.8a	13.9a	2.26a	0.42ab	13.1a	185.2ab	13.6a	66.3ab
10～20	T22	6.4a	17.6a	21.3a	14.1a	2.29a	0.45a	13.8a	204.3a	13.9a	74.8a
	T3	6.3a	17.6a	21.8a	14.2a	2.30a	0.52a	14.1a	210.5a	13.3a	78.3a
	T33	6.4a	17.3a	21.6a	14.0a	2.28a	0.53a	13.7a	207.2a	13.0a	72.6a
	T4	6.3a	17.4a	21.6a	13.9a	2.25a	0.51a	13.5a	203.1a	12.7a	74.1a
	T5	6.5a	15.3b	21.5a	14.4a	2.06b	0.48a	13.4a	171.5b	13.8a	76.6a

续表

土层 （cm）	处理	pH （水）	阳离子 交换量 （cmol/kg）	有机碳 （g/kg）	活性有机碳 （g/kg）	全氮 （g/kg）	全磷 （g/kg）	全钾 （g/kg）	碱解氮 （mg/kg）	有效磷 （mg/kg）	速效钾 （mg/kg）
20～30	基础土	8.0a	9.9a	10.7a	4.8a	0.97a	0.17a	10.7a	80.9b	5.5a	27.8a
	T1	7.8a	9.3a	10.8a	5.0a	1.01a	0.20a	10.6a	82.4ab	5.6a	27.3a
	T2	7.9a	9.6a	10.8a	4.8a	0.95a	0.23a	11.4a	83.5ab	5.8a	28.6a
	T22	8.0a	9.8a	11.0a	4.9a	0.96a	0.21a	12.1a	86.7a	5.7a	27.9a
	T3	7.7a	9.1a	10.8a	4.9a	0.97a	0.23a	11.2a	87.2a	5.9a	28.1a
	T33	7.9a	8.9a	11.1a	4.8a	0.96a	0.22a	10.9a	82.6ab	5.7a	27.6a
	T4	7.8a	9.6a	11.0a	5.0a	0.98a	0.25a	10.5a	83.4a	5.8a	28.3a
	T5	7.9a	8.7a	11.4a	4.7a	0.94a	0.19a	10.3a	82.1ab	5.8a	28.6a
30～40	基础土	7.7a	6.8a	8.1a	3.9a	0.89a	0.11a	8.4a	41.7a	5.8a	27.4a
	T1	7.6a	7.0a	8.1a	3.7a	0.87a	0.16a	8.3a	42.5a	5.5a	27.1a
	T2	7.7a	6.8a	8.2a	4.1a	0.97a	0.20a	8.8a	42.1a	6.1a	26.9a
	T22	7.7a	7.2a	8.1a	4.1a	0.87a	0.18a	8.4a	44.5a	6.0a	26.8a
	T3	7.6a	7.4a	8.0a	4.0a	0.85a	0.20a	7.9a	45.4a	5.6a	27.3a
	T33	7.7a	8.5a	7.9a	3.9a	0.84a	0.17a	8.1a	41.8a	5.5a	28.1a
	T4	7.6a	6.9a	8.3a	4.7a	0.88a	0.14a	8.8a	42.8a	5.6a	26.6a
	T5	7.5a	6.8a	8.2a	4.2a	0.87a	0.15a	8.1a	40.3a	5.7a	29.3a

4. 植株养分积累

从稻草还田角度来看，T2各器官的氮、磷、钾积累量及总积累量较T1均呈增加趋势（表7-54），开花期及成熟期的表现规律一致；在T2的基础上，结合双季深旋耕及冬翻的轮耕处理（T3、T4），各器官的氮、磷、钾积累量及总积累量较T2均呈增加趋势，开花期及成熟期的表现规律一致；在T3的基础上，施过氧化钙（T33）的植株养分积累量与T3无显著差异；减氮增密及前期控水（T5）各器官的氮、磷、钾积累量及总积累量较T3均呈下降趋势，而开花期磷、钾积累量及总积累量较T1均呈上升趋势。表明在湖南双季稻区，稻草全量还田可促进水稻对氮、磷、钾的吸收积累，而在此基础上，结合双季深旋耕及冬翻的轮耕措施效果更佳。

表7-54　秸秆全量还田的耕作优化对早稻植株养分积累的影响

养分 指标	处理	开花期（kg/hm²）				成熟期（kg/hm²）			
		茎	叶	穗	总积累量	茎	叶	穗	总积累量
氮	T1	29.13c	23.94b	17.30b	70.4b	18.32b	14.28b	77.10c	109.7b
	T2	33.47b	26.11ab	19.49a	79.1a	20.78ab	15.97a	81.84b	118.6a
	T3	36.59a	28.18a	21.00a	85.8a	22.13a	16.77a	87.60a	126.5a
	T33	35.46a	27.39a	20.67a	83.5a	22.45a	16.52a	85.60a	124.6a
	T4	34.61ab	27.01a	20.26a	81.9a	21.43a	16.18a	85.74a	123.3a
	T5	28.22c	24.66b	16.81b	69.7b	16.66b	13.38b	81.48b	111.5b

养分指标	处理	开花期（kg/hm²）				成熟期（kg/hm²）			
		茎	叶	穗	总积累量	茎	叶	穗	总积累量
磷	T1	9.44c	2.06c	3.34b	14.8b	2.62c	1.11c	15.07c	18.8c
	T2	11.76a	2.37b	4.03a	18.2ab	4.30a	1.48b	19.00b	24.8ab
	T3	11.73a	2.82a	4.27a	18.8a	4.43a	1.82a	21.33a	27.6a
	T33	11.98a	2.62ab	4.34a	18.9a	4.78a	1.67a	20.27a	26.7a
	T4	12.25a	3.07a	4.46a	19.8a	4.36a	1.64ab	19.22b	25.2ab
	T5	10.58b	2.47b	3.55b	16.6b	3.46b	1.16c	17.85b	22.5b
钾	T1	120.2c	21.4b	6.7c	148.3b	115.5c	15.3b	18.4b	149.1b
	T2	143.8ab	26.1ab	8.6b	178.5b	132.b	17.9a	20.5a	171.2a
	T3	155.3a	28.7a	9.8a	193.8a	139.1a	19.0a	20.6a	178.6a
	T33	154.3a	28.2a	10.1a	192.6a	142.8a	18.9a	21.0a	182.7a
	T4	144.1ab	26.8ab	10.2a	181.1a	142.0a	18.5a	20.7a	181.2a
	T5	137.1b	26.5ab	8.2b	171.7a	114.1c	16.5b	19.4ab	150.0b

7.4.3.3 结论

秸秆还田及耕作措施对双季稻生育期的影响较小，增密减氮可缩短早、晚稻全生育期2~3d。

秸秆全量还田可有效提高双季稻田0~10cm及10~20cm的养分含量，培肥地力，通过优化耕作措施可对稻田进行全层培肥，有效保障双季稻丰产。

综合集成稻草还田、土壤轮耕、增密减氮及前期控水技术，不仅可实现双季稻丰产高产，还可节约20%氮肥，有利于提高氮肥利用率，实现丰产增效。

稻草全量还田可促进水稻对氮、磷、钾的吸收积累，同时，结合轮耕（双季深旋耕+冬翻）的效果更佳。

7.4.4 秸秆全量还田耕作优化模式

针对传统农户模式的稻草条带还田带来的耕作质量差、稻草腐解慢、培肥效果差等一系列问题，在稻草粉碎均匀抛撒装置多位一体改装的基础上，开展稻草还田条件下的耕作优化模式研究，为探明稻草的土壤培肥功能提供技术支撑。

7.4.4.1 材料与方法

试验于2019年在湖南省宁乡市回龙铺镇天鹅村开展。供试品种：早稻'中早25'（常规稻），晚稻'H优518'（杂交稻）。试验设置3个模式，模式1（T1）：秸秆不还田，农户模式；模式2（T2）：秸秆还田，农户模式；模式3（T3）：秸秆均匀还田，优化模式。农户模式：双季旋耕，常规密度，常规施肥（基肥：追肥=5∶5），常规水分（前期保持浅水发苗、中期排水烤田、后期干湿交替）。秸秆均匀还田：用配套秸秆均匀抛撒装置的收割机收获，保证秸秆均匀还田。优化模式：轮耕（双季旋耕，隔年冬翻20cm），增密调N（缩小株距21.4%，总施氮量减20%，基肥：追肥=6∶4，不施穗肥），隔年冬翻（翻耕深度20cm），冬翻前施熟石灰，水分管理同农户模式。

7.4.4.2　结果与分析

1. 生育期

表7-55显示：在湖南双季稻区稻草全量还田条件下，早、晚稻T3的全生育期较T2均可缩短2d，表明秸秆还田条件下，通过增密减氮结合轮耕及施用石灰可缩短双季稻的全生育期，在一定程度上有利于缓解季节矛盾。

表7-55　秸秆全量还田耕作优化模式对双季稻生育期的影响

稻季	处理	播种期 （月-日）	移栽期 （月-日）	齐穗期 （月-日）	成熟期 （月-日）	全生育期（d）
早稻	T1	3-29	4-22	6-19	7-19	113
	T2	3-29	4-22	6-20	7-21	114
	T3	3-29	4-22	6-18	7-18	112
晚稻	T1	6-30	7-24	9-19	10-30	124
	T2	6-30	7-24	9-20	10-31	125
	T3	6-30	7-24	9-18	10-29	123

2. 产量及产量构成

表7-56显示：湖南双季稻区稻草全量还田条件下，早、晚稻优化模式（T3）较农户模式（T2）的实际产量分别增加3.4%、1.5%；有效穗数及结实率是产量的主要贡献因子，早、晚稻T3较T2的有效穗数分别增加3.1%、5.1%，结实率分别增加3.3%、5.6%，表明秸秆还田条件下，通过增密减氮结合轮耕及施用石灰有利于实现周年丰产增效。

表7-56　秸秆全量还田耕作优化模式对双季稻产量及其构成的影响

稻季	处理	有效穗数 （万/hm²）	穗粒数 （粒）	结实率 （%）	千粒重 （g）	理论产量 （kg/hm²）	实际产量 （kg/hm²）
早稻	T1	334b	96.3a	77.2a	26.3a	6530.5b	6290b
	T2	351a	98.1a	76.8a	26.1a	6902.0a	6503a
	T3	362a	95.9a	79.3a	26.1a	7185.2a	6723a
晚稻	T1	359b	104.9a	85.5ab	25.6a	8242.8b	8132a
	T2	369ab	106.8a	83.4b	25.7a	8446.9ab	8363a
	T3	388a	101.3a	88.2a	25.5a	8840.0a	8490a

3. 土壤肥力

表7-57显示：稻草不还田处理（T1）各土层养分含量较试验前呈下降趋势，以0～10cm、10～20cm的有机碳、碱解氮、速效钾含量下降为主；而稻草还田下农户模式（T2）各土层养分含量与试验前基本持平；T3处理由于基肥减少总施氮量的20%，土壤中的全氮含量较试验前下降，但碱解氮、有效磷、速效钾等与基础土基本持平。T2的0～10cm、10～20cm土层养分含量较高于T1。T3耕层养分含量与T2相比呈上层减少、下

层增加的变化趋势，使全耕层养分含量逐步趋向平衡；T3处理由于采用冬翻，各土层的养分分布相对T2更均匀，但由于减少了基肥氮的20%，0～10cm、10～20cm土壤全氮、有机碳、碱解氮、有效磷、速效钾含量较T2呈下降趋势。表明通过秸秆还田可有效培肥土壤，其结合减氮增密、冬翻及增施石灰的耕作优化模式，可短期保持减氮后土壤的可持续利用，但还有待开展长期试验进行定位验证。

表7-57　秸秆全量还田耕作优化模式对土壤肥力的影响

土层（cm）	处理	pH（水）	有机碳（g/kg）	全氮（g/kg）	碱解氮（mg/kg）	有效磷（mg/kg）	速效钾（mg/kg）	阳离子交换量（cmol/kg）
0～10	基础土	5.9a	28.2a	2.66ab	221a	28.5a	93a	17.3a
	T1	6.0a	27.1a	2.72a	216a	28.7a	92a	16.6a
	T2	6.0a	29.1a	2.85a	228a	29.1a	99a	17.6a
	T3	5.9a	28.6a	2.53b	217a	28.1a	95a	18.5a
10～20	基础土	6.5a	25.1a	2.42a	186a	24.8a	75a	15.9a
	T1	6.7a	24.4a	2.31a	184a	23.9a	72a	15.7a
	T2	6.6a	25.6a	2.46a	191a	25.8a	78a	16.2a
	T3	6.6a	24.8a	2.33a	177a	25.2a	74a	15.9a
20～30	基础土	7.1	9.9a	1.24a	87a	7.2a	35a	12.3a
	T1	7.0a	9.9a	1.23a	86a	7.3a	36b	12.5a
	T2	7.1a	9.6a	1.21a	84a	6.8a	35b	12.6a
	T3	6.8a	10.5a	1.22a	94a	7.2a	33a	12.7a

4. 植株养分积累

表7-58显示：从稻草还田角度来看，T2各器官的氮、磷、钾积累量及总积累量较T1均呈增加趋势。在T2的基础上，结合周年轮耕、增施石灰、减氮增密的处理（T3）茎、叶的氮积累量较T2显著减少，但氮总积累量无显著差异。T3的磷、钾总积累量较T2呈增加趋势，但差异未达显著水平。表明在湖南双季稻区，稻草全量还田可促进水稻对氮、磷、钾的吸收积累，而在此基础上，结合减氮增密、冬翻及增施石灰的耕作优化模式可促进早稻对磷、钾的吸收积累。

表7-58　秸秆全量还田耕作优化模式对早稻植株养分积累的影响

养分指标	处理	成熟期（kg/hm²）			总积累量（kg/hm²）
		茎	叶	穗	
氮	T1	23.4a	14.8ab	86.8a	124.9a
	T2	24.8a	16.0a	91.0a	131.8a
	T3	21.1b	13.9b	86.2a	121.3a
磷	T1	5.1a	1.7a	18.1a	24.9a
	T2	5.4a	1.8a	18.3a	25.5a
	T3	5.6a	1.9a	20.0a	27.6a

养分指标	处理	成熟期（kg/hm²）			总积累量（kg/hm²）
		茎	叶	穗	
钾	T1	109.9b	17.1b	22.2b	149.3b
	T2	122.8a	19.0a	24.7a	166.4a
	T3	125.6a	20.2a	26.4a	172.2a

5. 田面水养分

图7-14显示：从早、晚稻全生育期来看，田面水养分（可溶性有机碳、总氮、总磷）含量受施肥（早、晚稻基肥施用时间分别为4月21日、7月23日，追肥时间分别为4月29日、8月6日，穗肥时间分别为5月30日、8月24日）影响较大，施肥对田面水可溶性有机碳含量有明显的正激发效应，各模式间的田面水可溶性有机碳含量表现为T2>T3>T1；各模式间的田面水总氮、总磷含量在施肥后均迅速增加，然后又迅速降低至较低水平，各模式间的田面水总氮含量表现为T2>T1>T3，总磷含量无明显规律。结果表明，秸秆还田会增加田面水的可溶性有机碳含量，施肥对田面水可溶性有机碳具有正激发效应。

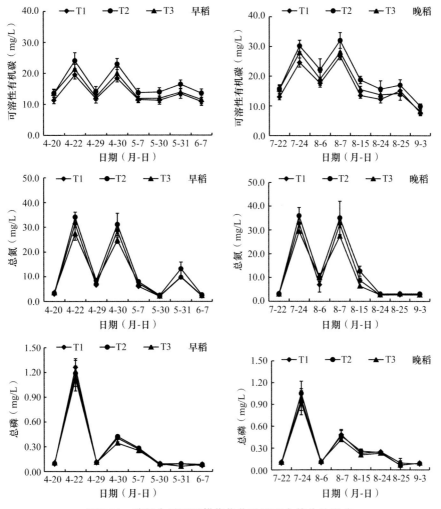

图7-14 秸秆全量还田耕作优化对田面水养分的影响

6. 温室气体排放

图7-15表明：从早、晚稻全生育期来看，晚稻的甲烷排放通量大于早稻。3种模式下早、晚稻甲烷排放通量均表现出先降低后增加再降低的趋势，其受灌溉影响较大，CH_4排放主要集中在田间淹水阶段（移栽期至分蘖期）。3种模式间早、晚稻的甲烷排放通量均表现为T2＞T3＞T1。优化模式（T3）采用周年轮耕并结合减氮增密及增施石灰等措施，具有一定减排效果，主要集中在晒田（8月20日）之前，且在晚稻季的减排潜力更大。表明稻草是双季稻田甲烷排放的主要碳源，稻草全量还田下，结合减氮增密、冬翻及增施石灰的耕作优化模式可达到兼顾双季培肥与减排的目的。

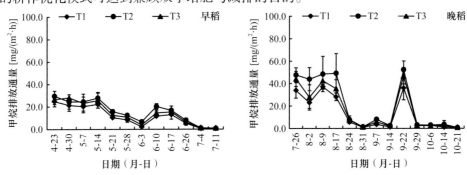

图7-15　秸秆全量还田耕作优化对早稻季和晚稻季甲烷排放通量的影响

7.4.4.3　结论

稻草还田及耕作措施对双季稻生育期的影响较小，通过减氮增密与增施石灰均可缩短早、晚稻全生育期2d。

稻草全量还田可有效提高双季稻田0～10cm及10～20cm的养分含量，促进水稻对氮、磷、钾的吸收积累。同时，结合减氮增密、增施石灰及轮耕的耕作优化模式可促进早稻对磷、钾的吸收积累。

稻草还田会增加田面水的可溶性有机碳含量，施肥对田面水可溶性有机碳具有正激发效应。稻草全量还田下，通过集成减氮增密、增施石灰及轮耕等技术，可达到兼顾双季培肥与减排的目的。

综合集成稻草还田、土壤轮耕、减氮增密，可节约氮肥20%，实现丰产增效，但持续减氮后能否保持水稻丰产还有待开展长期定位研究。

7.4.5　晚稻少旋耕机插技术模式

针对湖南双季稻区机插双季稻生产茬口紧张、传统旋耕耕作强度大、秸秆还田下免耕易导致早稻再生稻多发等问题，采用少旋耕（作业1遍）机插技术，较传统旋耕（作业3～4遍）可节约67%～75%的耕作成本，无须沉浆，并缓解季节矛盾；可减少漏兜，提高机插质量；可有效消除早稻再生率，提高晚稻稻米加工品质；可减少除草剂的使用，降低双季稻田生态系统污染风险。该模式对推动资源节约型及环境友好型稻作技术的发展具有重要的现实意义。

7.4.5.1 材料与方法

试验于2019年在湖南省宁乡市回龙铺镇天鹅村开展。供试品种：早稻'中早25'（常规稻），晚稻'H优518'（杂交稻）。设置2种耕作模式，常规旋耕：早、晚稻双季旋耕（作业3遍）+稻草还田；少旋耕：早旋（作业3遍）晚少（作业1遍）+稻草还田（图7-16）。所有处理采用机插，早、晚稻机插规格均为25cm×14cm（图7-17）。

图7-16　常规旋耕（a）与少旋耕（b）对比

图7-17　旋耕机插（a）与少旋耕机插（b）对比

7.4.5.2 结果与分析

1.生育期

表7-59表明：在湖南双季稻区秸秆还田下，少旋耕处理的齐穗期较常规旋耕提前2d，但成熟期推迟1d。表明少旋耕条件下存在贪青风险，生产中可通过适量减氮避免贪青晚熟。

表7-59　晚稻少旋耕对机插晚稻生育期的影响

处理	播种期（月-日）	移栽期（月-日）	齐穗期（月-日）	成熟期（月-日）	全生育期（d）
常规旋耕	6-30	7-26	9-22	10-31	125
少旋耕	6-30	7-26	9-20	11-1	126

2.干物质重

表7-60表明：在湖南双季稻区秸秆还田下，少旋耕处理孕穗期、齐穗期的晚稻根干物

质重较常规旋耕分别增加16.7%、24.5%，孕穗期、齐穗期各器官的干物质重较常规旋耕均显著增加，地上部干物质重分别增加14.4%、10.7%、8.3%，增加幅度呈递减趋势，且收获指数较常规旋耕减少6.9%。表明少旋耕可促进根及地上部的生长，但生育后期干物质的积累会减慢，导致收获指数降低。

表7-60　晚稻少旋耕对机插晚稻干物质重的影响

处理	时期	干物质重（kg/hm²）					收获指数（%）
		根	茎	叶	穗	地上部	
常规旋耕	孕穗期	617b	1 543b	1 229b		2 772b	52.0
	齐穗期	666b	5 743b	2 314b	1 857b	9 915b	
	成熟期		4 429b	1 800b	9 629a	15 858b	
少旋耕	孕穗期	720a	1 657a	1 514a		3 172a	48.4
	齐穗期	829a	6 258a	2 714a	2 000a	10 972a	
	成熟期		4 772a	2 114a	10 258a	17 173a	

3. 产量及产量构成

表7-61表明：湖南双季稻区秸秆还田下，少旋耕处理的有效穗数较常规旋耕显著增加7.6%，但成穗率、结实率分别降低39.3%、4.4%，导致少旋耕的实际产量较常规旋耕仅增加0.8%，二者差异未达显著水平。这可能是由于少旋耕条件下土壤养分表聚导致晚稻贪青，不利于籽粒结实灌浆，生产中应降低晚稻施肥量，避免后期贪青晚熟，提高结实率。

表7-61　晚稻少旋耕对机插晚稻产量及其构成的影响

处理	成穗率（%）	有效穗数（万/hm²）	穗粒数（粒）	结实率（%）	千粒重（g）	理论产量（kg/hm²）	实际产量（kg/hm²）
常规旋耕	69.7a	369b	103.6a	84.5a	26.0a	8489.0a	8246a
少旋耕	42.3b	397a	101.8a	80.8a	26.1a	8527.2a	8309a

4. 生物特性

（1）株高

表7-62表明：在湖南双季稻区秸秆还田下，少旋耕处理拔节期、孕穗期、齐穗期的株高较常规旋耕分别显著增加13.5%、14.5%、9.5%，表明少旋耕会显著增加机插晚稻株高。

表7-62　晚稻少旋耕对机插晚稻株高的影响

处理	拔节期（cm）	孕穗期（cm）	齐穗期（cm）
常规旋耕	56.3b	65.3b	90.7b
少旋耕	63.9a	74.8a	99.3a

（2）SPAD（soil and plant analyzer development）值

表7-63表明：湖南双季稻区秸秆还田下，少旋耕处理的SPAD值除分蘖期外均大于常规旋耕，拔节期、齐穗期、成熟期的SPAD值较常规旋耕分别增加3.4%、9.8%、34.1%。表明少旋耕有利于叶片氮素的积累，这可能主要是由于少旋耕条件下的稻草及化肥集中在表层，为根系生长提供了充足的养分。

表7-63　晚稻少旋耕对机插晚稻SPAD值的影响

处理	分蘖期	拔节期	齐穗期	成熟期
常规旋耕	45.3a	44.1a	37.8b	22.9b
少旋耕	44.9a	45.6a	41.5a	30.7a

5. 田面水养分

图7-18表明：从晚稻全生育期来看，常规旋耕及少旋耕条件下田面水养分（可溶性有机碳、总氮、总磷）含量受施肥（7月23日施基肥，8月6日施追肥）影响较大，施肥对田面水可溶性有机碳含量有明显的正激发效应，施追肥1d后含量达到最大；田面水总氮、总磷含量在施肥后均迅速增加，然后又迅速回落至较低水平。少旋耕条件下晚稻全生育期的田面水可溶性有机碳含量均大于常规旋耕；少旋耕条件下施肥后的田面水总氮含量略低于常规旋耕，这可能与少旋耕处理下秸秆主要集中在表层所导致的微生物争氮有关；施肥后的田面水总磷含量迅速增加，且少旋耕处理的增加速率更快，尤其是施追肥（尿素）后田面水总磷含量迅速增加，但8d后降低至较低水平，生产管理中应根据具体天气情况确定追肥时间，以降低强降雨排水所造成的水体富营养化风险。

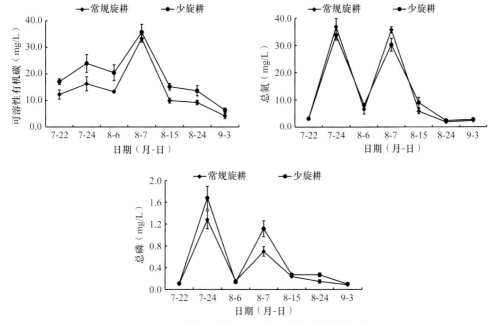

图7-18　晚稻少旋耕对晚稻田面水养分的影响

6. CH_4排放

图7-19表明：从晚稻全生育期来看，常规旋耕及少旋耕条件下甲烷排放通量表现出先降低后增加再降低的趋势，其受水层深度影响较大，在晚稻移栽后至分蘖期（8月12日以前），由于田间需保持浅水层促进分蘖，故排放通量较大。8月12日之后开始晒田控蘖，甲烷排放通量明显下降，8月16日至9月6日采用湿润灌溉，甲烷排放通量保持在较低水平，两种耕作方式间无明显差异；孕穗中期至齐穗期（9月6日～21日）灌溉后，甲烷排放通量迅速增加，且少旋耕明显低于常规旋耕；灌浆期至成熟期，两种耕作方式的甲烷排放通量均达到最低。表明少旋耕可促进减排，孕穗中期至齐穗期是少旋耕减排的关键时期。

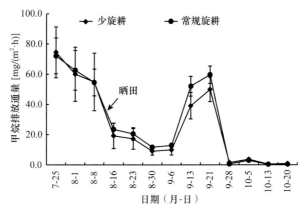

图7-19　晚稻少旋耕对晚稻甲烷排放通量的影响

7.4.5.3　结论

稻草全量还田下采用少旋耕，由于养分主要集中在土壤表层，可促进根及地上部的生长，构建大群体，但会降低成穗率、收获指数及结实率，导致产量与常规旋耕无显著差异，且株高较高及生育后期褪色慢，存在倒伏及贪青晚熟风险。

常规旋耕及少旋耕条件下田面水养分（可溶性有机碳、总氮、总磷）含量受施肥影响较大，施肥对田面水可溶性有机碳含量有明显的正激发效应，但总氮含量略低于常规旋耕，这可能与少旋耕处理下秸秆主要集中在表层所导致的微生物争氮有关；少旋耕条件下晚稻全生育期的田面水可溶性有机碳含量均大于常规旋耕，施肥后田面水总磷含量迅速增加，且少旋耕处理的增加速率更快，生产管理中应根据具体天气情况确定追肥时间，以降低强降雨排水所造成的水体富营养化风险。

少旋耕可促进减排，孕穗中期至齐穗期是少旋耕减排的关键时期。

试验下一步将研究少旋耕及稻草均匀还田条件下增密减氮、氮肥运筹、提前晒田控苗等措施对机插晚稻生物特性、产量形成的影响，并结合土壤养分、团粒结构、孔隙分布、溶氧分布、温室气体等进行地下与地上协同研究，构建适宜湖南双季稻区水稻绿色发展的早旋晚少（早稻旋耕、晚稻少旋耕）轻简绿色栽培技术体系，推动资源节约型及环境友好型稻作技术的发展。

7.4.6　稻田全耕层培肥耕作模式

针对湖南双季稻区长期免耕下养分表聚、耕层变浅、养分库容量下降等问题，通过对周年轮耕、稻草–紫云英协同还田、秸秆腐解剂高效施用、适宜农机具选配等技术进行综合组装，构建双季稻田培肥与丰产增效技术模式，增加耕层3～5cm，促进耕层养分均匀分布，缓解养分表聚，降低田面水养分流失风险，实现扩库增容，促进双季稻田全耕层培肥，实现丰产增效。

7.4.6.1　材料与方法

试验于2019年在湖南省宁乡市回龙铺镇天鹅村开展。供试品种：早稻'中早25'（常规稻），晚稻'H优518'（杂交稻）。设置5种培肥模式，具体如表7-64所示。

表7-64　双季稻田全层培肥与耕作模式表

模式	秸秆还田方式，收获机械			轮耕措施，整地机具			插秧（播种）方式		
	早稻	晚稻	冬季作物	早稻	晚稻	秋冬季作物	早稻	晚稻	冬季作物
T1	早稻草不还田，收割机收割	晚稻草不还田，收割机收割	无	小型旋耕机旋耕	小型旋耕机旋耕	无	机插	机插	无
T2	早稻草还田，收割机收割	晚稻草还田，收割机收割	无	小型旋耕机旋耕	小型旋耕机旋耕	无	机插	机插	无
T3	早稻草粉碎还田，收割机（改型），施用秸秆快速腐解剂	晚稻草粉碎还田，收割机（改型），施用秸秆快速腐解剂	紫云英或肥用油菜翻压还田	小型旋耕机旋耕	小型旋耕机旋耕	无	机插	机插	稻桩底套播
T4	早稻草覆盖还田，收割机（改型），施用秸秆快速腐解剂	晚稻草翻压还田，收割机（改型），施用秸秆快速腐解剂	紫云英或肥用油菜翻压还田	小型旋耕机旋耕	免耕	大型旋耕机干深耕	机插	机插	耕后撒播
T5	早稻草覆盖还田栽培晚稻，收割机（改型），施用秸秆快速腐解剂	晚稻草留高桩还田，收割机（改型），收割机	紫云英或肥用油菜翻压还田	大型旋耕机深耕	免耕	免耕	直播	机插	稻桩底套播

T1对照（稻草不还田，不种植绿肥）：水稻用联合收割机收获；早、晚稻草不还田，不种植绿肥。土壤耕作方式为早、晚稻两季用小型旋耕机旋耕（10～15cm）。插秧方式为机插秧。灌溉方式为浅水灌溉（常规灌溉方式）。

T2常规培肥（稻草还田，不种植绿肥）：水稻用联合收割机收获；早、晚稻草还田，不种植绿肥。土壤耕作方式为早、晚稻两季用小型旋耕机旋耕（10～15cm）。插秧方式为机插秧。灌溉方式为浅水灌溉（常规灌溉方式）。

T3秸秆协同还田培肥（稻草与紫云英或肥用油菜协同还田）：水稻用改型的联合收割机收获；早稻、晚稻稻草粉碎还田，喷施稻草快速腐解剂。晚稻稻桩底套播紫云英或肥用油菜。土壤耕作方式为早、晚稻两季用小型旋耕机旋耕（10～15cm）。插秧方式为机插秧。灌溉方式为浅湿灌溉。

T4全层培肥（土壤轮耕，稻草与紫云英或肥用油菜协同还田）：水稻收割采用改型的久保田联合收割机（增加秸秆粉碎和喷施秸秆快速腐熟剂装置）；稻草还田方式为早稻草粉碎覆盖还田，晚稻草粉碎翻压还田。土壤耕作方式为冬季用大型旋耕机干深耕（18～20cm）翻压稻草，然后种植紫云英或肥用油菜，早稻用小型旋耕机旋耕（10～15cm），晚稻免耕。插秧方式为机插秧（或软盘育秧抛栽）。灌溉方式为浅湿灌溉。

T5综合优化模式：早稻收割采用改型的久保田联合收割机（增加秸秆粉碎和喷施秸秆快速腐熟剂装置），晚稻收割用久保田联合收割机；稻草还田方式为早稻草粉碎覆盖还田，晚稻草留高桩稻桩底套播紫云英或肥用油菜。土壤耕作方式为冬季绿肥作物免耕，早稻用履带式大型旋耕机深耕（18～20cm），晚稻免耕。插秧（播种）方式为早稻直播，晚稻机插秧，冬季绿肥作物稻桩底套播。水稻灌溉方式为浅湿灌溉。

每个处理3次重复，随机"一"字形排列，小区面积95m²（19m×5m）。

7.4.6.2 结果与分析

1. 生育期

从稻草还田角度来看，稻草还田处理（T2）与稻草不还田处理（T1）相比全生育期仅差1d（表7-65）。从移栽方式来看，采用机插，早稻T1、T2、T3、T4处理其全生育期差异仅为1d，晚稻T1、T2、T3、T4、T5处理全生育期差异为0～2d。早稻采用直播（T5）处理的全生育期3年仅102d，较T1缩短了12d，虽然播种期推迟了10～12d，但成熟期只推迟1～4d。从耕作方式、冬种绿肥及施秸秆腐解剂角度来看，各处理间的差异不明显。表明在秸秆全量还田条件下，早稻直播模式在湖南双季稻区可行，可通过适当提早直播的播种期来效缓解双季稻茬口衔接紧张的季节矛盾。

表7-65　双季稻田培肥与耕作模式对双季稻生育期的影响

| 稻季 | 处理 | 2017年 | | | 2018年 | | | 2019年 | | |
		齐穗期（月-日）	成熟期（月-日）	全生育期（d）	齐穗期（月-日）	成熟期（月-日）	全生育期（d）	齐穗期（月-日）	成熟期（月-日）	全生育期（d）
早稻	T1	6-28	7-18	117	6-17	7-19	114	6-20	7-19	113
	T2	6-28	7-19	118	6-20	7-18	113	6-21	7-20	114
	T3	6-28	7-19	118	6-20	7-18	113	6-21	7-20	114
	T4	6-28	7-18	117	6-19	7-18	113	6-20	7-20	114
	T5	7-2	7-22	99	6-19	7-19	104	6-23	7-21	103
晚稻	T1	9-21	10-26	114	9-16	10-26	121	9-18	10-29	123
	T2	9-22	10-27	115	9-19	10-26	121	9-19	10-30	124
	T3	9-21	10-26	114	9-19	10-26	121	9-20	10-31	125
	T4	9-22	10-27	115	9-18	10-25	120	9-20	10-31	125
	T5	9-22	10-27	115	9-18	10-26	121	9-20	10-31	125

2. 产量及产量构成

图7-20表明：早、晚稻常规培肥模式（T2）2017～2019年的产量较对照稻草不还田模式（T1）均呈增加趋势，有效穗数是主要的产量贡献因子。早、晚稻秸秆协同还田培肥模式（T3）2017～2019年的产量较常规培肥模式（T2）均呈增加趋势，有效穗数是主要的产量贡献因子。早稻全层培肥模式（T4）及综合优化模式（T5）2017～2019年的产量较T2及T3均呈增加趋势，但晚稻产量较T2及T3均呈降低趋势，主要是由于晚稻T4、T5在秸秆全量还田下采用免耕机插，使早稻再生稻多发，且增加了机插漏兜率，有效穗数明显下降。从周年产量来看，2017～2019年T2、T3、T4、T5的产量较T1均呈增产趋势，但T4、T5的增产幅度较小。表明稻草还田可有效增加双季稻产量，且在此基础上进一步采用优化耕作措施、增施秸秆腐解剂、冬种绿肥等措施，水稻产量可进一步提高。同

时，秸秆还田下晚稻采用免耕机插会导致再生稻多发、漏兜率高等问题，不利于生育前期群体的构建，需进一步优化耕作措施。

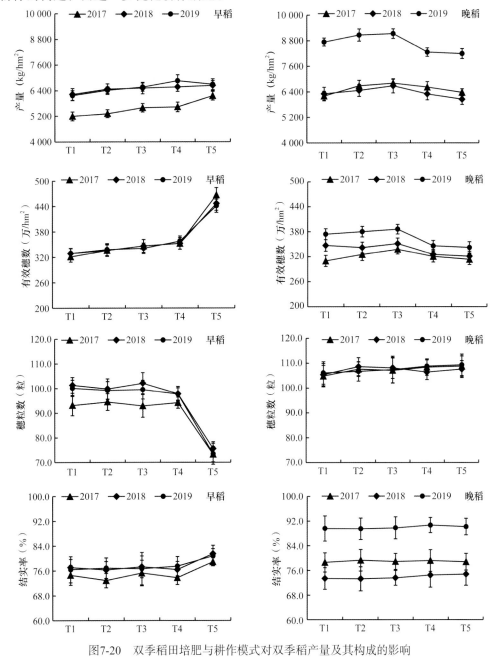

图7-20　双季稻田培肥与耕作模式对双季稻产量及其构成的影响

3. 土壤肥力

本研究中秸秆不还田模式（T1）将秸秆的养分以化学肥料替代，以保证各模式间养分输入的统一。表7-66表明：经过3年6季的水稻种植后，T1各土层的阳离子交换量、有机质、活性有机质、总氮、碱解氮、有效磷及速效钾含量较基础土均呈下降趋势，0～5cm土层下降幅度最大，0～5cm土层的碱解氮、有效磷、速效钾含量较基础土分别降低7.6%、9.0%、17.4%。T2各土层养分含量较基础土均呈增加趋势，以0～5cm及5～10cm的速效养分增加为主，其中T2的0～5cm土层碱解氮、有效磷、速效钾含量较基础土分别增加2.4%、5.0%、7.3%；T3、T4、T5 0～5cm土层总氮、碱解氮、速效钾含量较T2呈增加趋势。从各土层间养分变化幅度 [（最大值-最小值）/平均值]来看，T2、T3、T5模式的土壤养分含量相比基础土平均变化幅度分别为29.5%、37.8%、32.4%，T4模式仅为19.3%，表明T4模式各土层的养分分布相对较均匀，利于稻田全耕层培肥。结果表明，稻草全量还田可有效提高双季稻田养分含量，培肥地力，结合合理的土壤轮耕技术，可有效解决土壤养分表聚的问题。

表7-66　双季稻田培肥与耕作模式对土壤肥力的影响

土层（cm）	处理	pH（水）	阳离子交换量（cmol(+)/kg）	有机质（g/kg）	活性有机质（g/kg）	总氮（g/kg）	碱解氮（mg/kg）	有效磷（mg/kg）	速效钾（mg/kg）
0～5	基础土	6.3a	20.2ab	48.3a	28.7a	2.85a	216.7ab	29.8ab	117.5b
	T1	6.2a	18.5b	45.7a	26.7b	2.78a	200.3b	27.1b	97.1c
	T2	6.3a	20.5a	48.6a	29.0a	2.90a	221.9a	31.3a	126.1a
	T3	6.5a	21.1a	49.7a	29.8a	3.01a	229.8a	32.8a	131.2a
	T4	6.2a	21.1a	47.9a	27.9ab	2.94a	222.9a	30.4a	127.6a
	T5	6.3a	21.6a	48.8a	28.4a	2.99a	231.7a	31.5a	133.7a
5～10	基础土	6.0a	19.7a	46.8a	23.9a	2.64a	178.2ab	24.3b	91.5b
	T1	6.2a	17.2b	44.5a	23.6a	2.60a	170.6b	23.1b	80.8c
	T2	6.7a	20.1a	47.6a	25.0a	2.68a	187.1a	26.3a	108.8a
	T3	6.6a	20.2a	47.8a	25.0a	2.73a	187.4a	26.8a	106.5a
	T4	6.4a	19.5a	47.4a	26.0a	2.73a	185.5a	26.9a	114.8a
	T5	6.5a	20.1a	47.6a	25.2a	2.75a	186.5a	26.2a	96.8b
10～20	基础土	7.0a	16.1b	39.9a	20.6b	2.36a	141.6ab	19.9b	75.5bc
	T1	6.7a	14.3c	38.1a	20.9b	2.34a	129.8b	18.2b	64.2c
	T2	6.6a	16.4b	40.2a	21.6ab	2.42a	144.8ab	21.8ab	82.3b
	T3	6.8a	16.5b	40.5a	21.7ab	2.41a	150.6a	22.1a	83.1b
	T4	6.6a	18.3a	42.6a	23.1a	2.55a	163.6a	23.9a	102.9a
	T5	6.7a	16.3b	41.2a	22.6a	2.46a	155.9a	20.4b	74.6bc

4. 植株养分积累

本研究中秸秆不还田模式（T1）将秸秆的养分以化学肥料替代，以保证各模式间养分输入的统一。表7-67表明：早、晚稻的常规培肥模式（T2）在开花期及成熟期的氮总积累量与T1均无显著差异，表明稻草中的养分可作为水稻养分积累的重要来源。早稻秸秆协同还田培肥模式（T3）、全耕层培肥模式（T4）及综合优化模式（T5）在开花期的氮总积累量较T2分别增加7.9%、14.0%、39.2%，晚稻分别增加6.5%、9.3%、10.5%；成熟期早稻分别增加6.0%、11.4%、23.7%，晚稻分别增加7.2%、8.4%、7.8%。表明稻草全量还田下进一步采用冬种紫云英、增施秸秆腐解剂、周年轮耕等措施可有效促进双季稻对氮的吸收积累。

表7-67　双季稻田培肥与耕作模式对植株N积累的影响

稻季	处理	开花期（kg/hm²）				成熟期（kg/hm²）			
		茎	叶	穗	总积累量	茎	叶	穗	总积累量
早稻	T1	38.5bc	33.5b	20.2b	92.2c	24.4b	16.8b	86.1c	127.3c
	T2	36.8c	33.2b	20.2b	90.2c	23.4b	16.7b	84.8c	124.9c
	T3	40.2b	35.0b	22.1b	97.3bc	23.7b	16.0b	92.6bc	132.3bc
	T4	41.8b	37.2b	23.8b	102.9b	24.1b	17.1b	97.9b	139.1b
	T5	49.5a	47.6a	28.5a	125.6a	27.9a	21.4a	105.1a	154.4a
晚稻	T1	40.6b	34.5b	21.1b	96.2b	25.3b	17.1a	90.4b	132.9b
	T2	40.0b	35.0b	21.1b	96.1b	25.8b	16.8a	90.6b	133.3b
	T3	42.6a	36.6ab	23.1a	102.3a	26.1a	17.8a	98.9a	142.8a
	T4	43.8a	37.6a	23.7a	105.0a	26.3a	17.8a	100.4a	144.5a
	T5	43.9a	38.0a	24.3a	106.1a	26.4a	17.5a	99.8a	143.7a

7.4.6.3　结论

通过稻草全量还田、土壤合理轮耕、施用秸秆腐解剂、冬种绿肥等技术集成，可有效提高早稻产量，实现丰产增效。

稻草全量还田、冬种绿肥等技术可有效提高双季稻田养分含量，结合合理的土壤轮耕有利于稻田全耕层培肥，解决养分表聚的问题。

稻草全量还田下进一步采用冬种紫云英、增施秸秆腐解剂、周年轮耕等措施可有效促进双季稻对氮的吸收积累。

在稻草全量还田条件下，早稻直播+晚稻免耕机插模式在湖南双季稻区存在早稻再生稻多发、机插漏兜率高等问题，不利于周年增产，需要进一步优化耕作措施。

7.4.6.4　全耕层培肥耕作模式简明操作流程

在上述T4（全耕层培肥模式）的基础上，将早稻旋耕–晚稻免耕–冬季干深耕模式修改为早稻旋耕–晚稻少旋耕–冬季干深耕模式，全耕层培肥耕作模式简明操作流程如图7-21所示。

7.4.7　农机具适宜性改型

7.4.7.1　双季稻草还田的意义及存在问题

水稻秸秆还田是一条既快捷又能大批量处理剩余秸秆的有效途径。水稻秸秆还田不需要收集加工，既能节约运输费用，又可机械作业，同时可以防止秸秆腐解过程中氮、磷、钾等养分的损失。秸秆还田能有效地增加土壤有机质含量，改良土壤结构，培肥地力，特别是对于缓解我国土壤氮、磷、钾的协同关系，弥补磷、钾肥的不足，消除秸秆焚烧造成的环境污染，净化农村环境，实现农业可持续发展具有十分重要的意义。

作物 时间	紫云英 10月下旬至翌年4月上旬	早稻 4月中旬至7月中旬	晚稻 7月中下旬至10月中下旬
田间作业图			
双季稻田全耕层培肥技术要点	1. 大型旋耕机干深耕18～20cm。 2. 厢沟、腰沟、围沟，沟沟相通。 3. 选用早花适产品种，如湘紫1号。 4. 均匀撒种，播种量为2.0～2.5kg/亩。 5. 盛花期翻压还田，翻压量以1500～2000kg/亩为宜，沤5～8d再旋耕整田。	1. 选用全生育期短（105d左右）、株高适中的品种，常规稻如中早25、湘早籼24号等，杂交稻如株两优819、凌两优211等。 2. 每亩30～35kg复合肥（N：P₂O₅：K₂O=26：10：15）作基肥，小型旋耕机浅水搅浆整地（10～15cm），做到田面高低落差不超过3cm。 3. 整地后沉浆1～2d机插，机插密度25cm×14cm或25cm×11cm。 4. 机插后7～10d施4～5kg尿素作追肥，视后期长势于倒2叶露尖每亩追施尿素3～4kg、氯化钾4～5kg作穗肥。 5. 薄水（1～2cm）返青分蘖，晒田（脚踩不下陷）控蘖，湿润孕穗，浅水（2～4cm）抽穗，干湿灌溉，跑马黄熟，断水收获。 6. 分蘖期用20%的氰氟草酯100mL防控千金子，20%的双草醚30g防控稗草、鸭舌草等主要杂草。用药时田面无水，用药1～2d后灌水3～5cm至自然落干。 7. 病虫防控依据当地植保部门病虫预测及推荐用药进行。 8. 85%以上成熟时，采用配套秸秆均匀抛撒装置的水稻联合收割机留低茬（10～15cm）收获。	1. 选用全生育期短（110～115d）、株高适中的品种，常规稻如湘晚籼12号、湘晚籼17号等，杂交稻如泰优390、H优518等。 2. 每亩35～40kg复合肥（N：P₂O₅：K₂O=26：10：15）作基肥，小型旋耕机浅水灭茬整地（仅作业一遍，深度10～15cm），做到田面不露水。 3. 机插密度25cm×14cm或25cm×16cm。 4. 灌溉方法同早稻。 5. 机插后7～10d施5～6kg尿素作追肥，视后期长势于倒2叶露尖每亩施尿素4～5kg、氯化钾5～8kg作穗肥。 6. 病虫草害防治方法同早稻，防治次数一般为2～3次。 7. 90%以上成熟时，采用配套秸秆均匀抛撒装置的水稻联合收割机留高茬（30～40cm）收获。

图7-21 双季稻田全耕层培肥耕作模式简明操作流程

目前双季稻田具有季节紧、稻草还田量大、耕作难、耕层浅等问题。其中早稻生产具有季节性强、适期农时短暂的特点，早稻收获和晚稻插秧生产的三大作业环节（机收、机耕、机种）需紧密衔接、环环相扣。目前主要是机械化收获，早稻收获后的稻草去向是双季稻田培肥与耕作过程中农机农艺融合研究需要解决的一个主要问题。

早稻草直接还田主要存在稻草还田量大、稻草太长、覆盖均匀度差、稻草腐解慢等一系列问题，造成后茬耕作困难，不利于晚稻机插及返青发苗，目前的水稻联合收割机尚未能同时解决以上问题。

7.4.7.2　农机改进与配套

针对现有技术的不足，我们对联合收割机进行改进和加装配套装置，在水稻收割机上安装秸秆腐秆剂（或根瘤菌）喷洒装置、秸秆粉碎和抛撒装置、绿肥种子（晚稻季）或肥料撒播（早稻季）装置，改进为集水稻收获、稻草粉碎、稻草全田均匀抛撒、腐秆剂喷洒、绿肥种子撒播（晚稻季）或肥料撒施（早稻季）配套装置于一体的多功能水稻联合收割机，不仅有利于秸秆还田，而且能防止农业机械对土壤的多次碾压。

配套改进的集水稻收获、稻草粉碎抛撒、腐秆剂（或根瘤菌）喷洒和紫云英种子（或肥料）撒播功能于一体的装置（图7-22），主要包括水稻收割机、安装在水稻收割机排料口处的秸秆粉碎机和安装在秸秆粉碎机表面的紫云英种子撒播机，排料口上表面安装储腐秆剂箱，储腐秆剂箱外表面安装第一连接软管，第一连接软管另一端连接增压泵进水端，增压泵出水端连接第二连接软管，第二连接软管另一端连接喷洒管，喷洒管设置在秸秆粉碎机远离排料口的一侧，喷洒管外表面下部位置等距安装多个喷嘴，喷洒管的两侧均设有挡风板，挡风板背离喷洒管的一面等距固定多个限位框，限位框与挡风板固定连接，限位框内设有支板，支板通过第一连接螺栓固定在限位框内，支板远离限位框的一端套设"U"形框，"U"形框与水稻收割机固定连接，支板通过第二连接螺栓固定在"U"形框内。限位框远离挡风板的一面开设两个第一圆孔，支板远离"U"形框的一面开设有与第一圆孔相匹配的第一螺纹孔，第一圆孔内设有第一连接螺栓，第一连接螺栓穿过第一圆孔啮合在第一螺纹孔内。"U"形框远离水稻收割机的一面开设有第二圆孔，第二圆孔内设有第二连接螺栓，支板远离限位框的一端外表面开设有与第二圆孔相匹配的第二螺纹孔，第二连接螺栓穿过第二圆孔啮合在第二螺纹孔内。"U"形框均套设在支板上。喷洒管外表面固定有至少两个连杆，连杆另一端与秸秆粉碎机固定连接。

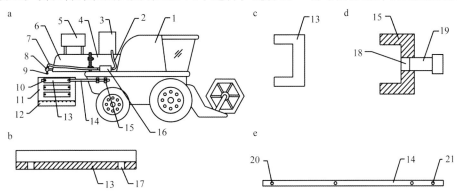

图7-22　水稻收割、稻草粉碎抛撒、腐秆剂喷洒和种子撒播的装置

a. 结构示意图，b. 装置中限位框的俯视剖面图，c. 装置中限位框的右视图，d. 装置中"U"形框的右视剖面图，e. 装置中支板的正视图；1-水稻收割机，2-第一连接软管，3-储腐秆剂箱，4-排料口，5-紫云英种子撒播机，6-秸秆粉碎机，7-第二连接软管，8-喷洒管，9-喷嘴，10-第一连接螺栓，11-挡风板，12-橡胶片，13-限位框，14-支板，15-"U"形框，16-增压泵，17-第一圆孔，18-第二圆孔，19-第二连接螺栓，20-第一螺纹孔，21-第二螺纹孔

7.4.7.3　改进后效果评价

　　该装置具有可灵活调节的优点，早稻收获时应用水稻收割、稻草粉碎、稻草全田均匀抛撒、腐秆剂喷洒、肥料撒施一体化作业这5部分功能（图7-23），对水稻进行整株收割、粉碎。稻草切碎长度<2cm占30%左右、2～5cm占60%左右、>5cm占10%左右，抛撒宽幅调节为与收割机的收获宽幅一致，稻草覆盖均匀度达到95%以上，通过在喷洒管的两侧布置挡风板，起到遮挡风流的作用，降低环境中风流对从喷嘴喷出的秸秆腐解剂的影响，防止秸秆腐解剂在风流作用下沿着喷洒管长度方向飘散，提高了秸秆腐解剂喷洒的均匀性和与稻草的黏合效果，黏合程度达到90%以上，配合后期的水肥管理，稻草腐解能加快10d以上；同时进行尿素或复合肥圆形粒装肥料的撒施，为秸秆腐解提供合适的C/N。

　　早稻草均匀抛撒后应先泡水1～2d，水深以3～5cm为宜，补施氮肥后立即旋耕或耙地，使切碎稻秆埋入耕层内。若进行深耕翻埋时，深耕应不小于20cm。作业后不应出现成团残草，每平方米残草量应低于100g。采用旋耕机或驱动耙在水田进行埋草作业时，需用慢速和中速按纵向与横向作业两遍后，再进行晚稻种植。本课题组针对多功能收割装置，配套开展了晚稻免耕机插秧、抛秧的试验示范，通过后期水肥的合理管理，晚稻产量略高于旋耕和翻耕田，每亩能节省机械作业成本150元。

传统　改装

图7-23　水稻联合收割传统机型与改装机型对比

晚稻收获时应用水稻收割、稻草粉碎和均匀抛撒、根瘤菌喷洒、绿肥紫云英种子撒播一体化作业这4部分功能，对水稻植株进行高茬收割、粉碎，稻草切碎及均匀抛撒效果同早稻。通过在喷洒管的两侧布置挡风板，起到遮挡风流的作用，降低环境中风流对从喷嘴喷出的根瘤菌的影响，防止根瘤菌在风流作用下沿着喷洒管长度方向飘散，提高了根瘤菌喷洒的均匀性和与绿肥种子的黏合效果，黏合程度达到70%以上，紫云英种子均匀撒播在地，均匀度达到90%以上，粉碎部分稻草均匀地覆盖在种子上，为紫云英种子的出苗提供保温、遮阴功能，且厚度不影响出苗，稻草的缓慢腐解为紫云英生长提供养分，紫云英全生育期生长不需要额外施肥，每亩能节省费用90元。

该改型装置稻草切碎长度、均匀度、抛撒宽幅等技术参数科学合理，同时具有结构简单紧凑、工作稳定可靠、安装维护方便、工作效率高、粉碎效果好、可防止碎料堵塞、节省能耗等特点。该装置的研制和应用解决了双季稻田早稻机械收获因茬口时间短所导致的稻草利用难的难题，与市面上的机器相比粉碎效果好，稻草覆盖均匀，克服了其他装置粉碎抛撒后稻草容易成堆和产生空隙的缺点（图7-24）。应用于晚稻高茬收割，采用水稻收获、稻草粉碎和均匀抛撒、根瘤菌喷洒、绿肥紫云英种子撒播五位一体作业，实现冬闲期稻草-绿肥协同利用，减少养分流失。该改型装置通过在早晚稻季不同的利用方式，彻底解决了双季稻草还田难的问题。

随着现代农业制度发展，农业集约化和机械化是必然趋势。联合收割机附带秸秆切碎装置能使作物收获和秸秆还田有机结合，使作业成本大大下降，并且灵活方便，是比较有前途的秸秆还田方式之一。双季稻田土壤培肥的机械改型选择，应该本着因地制宜，不断探索，逐渐形成并完善适应本地的秸秆机械化还田与机插秧集成技术体系。同一种农机具，市场上可供选择的机型多种多样，性价比也有很大差别，遵循经济实用性原则，在保证使用可靠性和适用性的前提下，尽可能地花较少的钱买到先进实用的农机具，以便在一定时期内保持设备的先进性，减少无形损耗。不要过分追求自动化、多功能化。自动化程度越高，功能越多，结构就越复杂，发生故障的概率也就越大。要把经济实用性与先进性统一起来。水稻收割机配套装置改型在轻便性、简洁性和多功能性方面仍然是后期研发的重要方向。

传统机型稻草粉碎　　　　　　　　　　改装机型稻草粉碎

图7-24　水稻联合收割传统机型与改装机型稻草粉碎程度对比

7.5　双季稻稻田土壤培肥与丰产增效耕作模式的环境效应评价

7.5.1　稻田水–土界面微环境特征

稻田水–土界面是耕层土壤与田面水进行物质交换的重要界面，它会影响耕层土壤养分元素的氧化还原、吸附与解吸、沉积与释放等生物地球化学过程。在本研究中，采用微电极系统对不同耕作和培肥处理下双季稻田水–土界面pH、Eh、O_2微米尺度的剖面变化特征进行了研究。

7.5.1.1　材料与方法

设置常规耕作（冬翻+早晚稻旋耕）+不施肥对照（CTCK）、常规耕作+常规氮肥（CTN）、常规耕作+常规氮肥+秸秆还田（CTS）、早晚稻免耕+不施肥对照（NTCK）、早晚稻免耕+常规氮肥（NTN）、早晚稻免耕+常规氮肥+秸秆还田（NTS）共6个处理。采用裂区试验设计，耕作方式为主区，培肥处理为亚区。每个小区面积24m^2（4m×6m）。常规耕作田间处理方式为冬季翻耕，耕层深度约为13cm，早晚稻旋耕10cm。早稻品种选用'中嘉早17'，于2017年4月27日移栽，7月22日收割。早稻施肥量为N 180kg/hm^2、P_2O_5 75kg/hm^2、K_2O 135kg/hm^2。晚稻品种选用'春江151'，于2017年7月27日移栽，11月1日收割。晚稻施肥量为N 150kg/hm^2、P_2O_5 75kg/hm^2、K_2O 135kg/hm^2。秸秆还田小区在早、晚稻收获时，采用碎草机将秸秆人工打碎至3～5cm后还田。其他处理小区秸秆全部人工移出。

水–土界面微环境测定：在晚稻分蘖拔节期，采用透明有机玻璃管采集各小区水稻根际土柱样品，将采集后的有机玻璃管底部塞好并用胶带封牢，然后使用不透光锡箔纸包裹整个采样管以保持避光状态。带回实验室后，静置24h稳定后待测。采用Unisense微电极测量系统，选用DO、pH和Eh电极对待测样品水–土界面进行无扰动测定。水层测量深度约为1.5cm，土壤层测定深度约为3.5cm，测定步进在水–土界面为200μm，其他位置为500μm。每个土柱测了3个剖面。

7.5.1.2 结果与分析

1. 耕作方式对水-土界面pH的影响

不同处理下水-土界面pH变化如图7-25所示。从田面水到耕层土壤，pH表现出明显的降低趋势，田面水的pH高于土壤pH。在水-土界面（-20 000～-15 000μm）pH表现出快速降低趋势。在秸秆不还田条件下，免耕处理（NTN）pH低于常规耕作处理，尤其是-40 000～-5000μm这一段剖面。这表明，免耕处理在秸秆不还田条件下会降低表层土壤pH（图7-25a）。而在秸秆还田条件下，免耕处理（NTS）pH则要高于常规耕作处理（CTS），尤其是在-15 000～-10 000μm这一段剖面，也是水-土分界处。另一段则表现在-30 000μm下（图7-25b）。

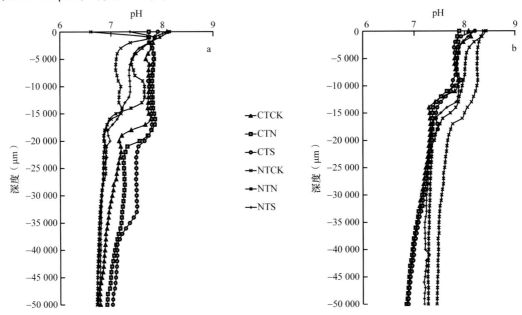

图7-25 秸秆不还田（a）和秸秆还田（b）条件下免耕与常规耕作处理水-土界面pH剖面变化

2. 耕作方式对水-土界面O_2含量的影响

图7-26显示的是秸秆不还田和还田条件下O_2含量剖面的结果。秸秆不还田条件下，田面水层中O_2含量较高，6个剖面均在50μmol/L以上，在靠近水-土界面时，O_2含量迅速下降，逐渐降为零。免耕（NTN）和常规耕作（CTN）的O_2含量主要在水-土界面附近表现出差异（图7-26a）。在秸秆还田条件下，免耕处理（NTS）O_2含量和常规耕作（CTS）在田面水与耕层土壤中均没有表现出差异（图7-26b）。

进一步分析了水-土界面附近（-20 000μm～-15 000μm）的O_2分布，如图7-27所示。秸秆不还田条件下，CTN处理水-土界面附近O_2含量和渗透深度均高于NTN处理。CTN处理在界面附近O_2含量为0～140μmol/L，而NTN处理在界面附近O_2含量仅为0～53μmol/L。CTN处理在水面以下19 600μm处O_2含量下降为零，而NTN处理在水面以下17 500μm处O_2

含量下降为零（图7-27a）。这些结果表明，在秸秆不还田条件下，翻耕有利于提高水-土界面O₂含量，增加O₂渗透深度。从图7-27b可以看出，NTS和CTS在水-土界面的O₂含量分布没有显著差异，但是NTS处理O₂渗透深度高于常规耕作处理。NTS处理在水面以下19 400μm处O₂含量下降为零，而CTS处理在水面以下18 400μm处O₂含量下降为零。这表明，在秸秆还田条件下，免耕有利于提高水-土界面O₂渗透深度。

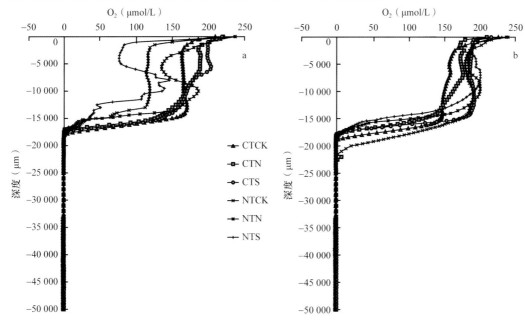

图7-26　秸秆不还田（a）和秸秆还田（b）条件下免耕与常规耕作处理水-土界面O₂剖面变化

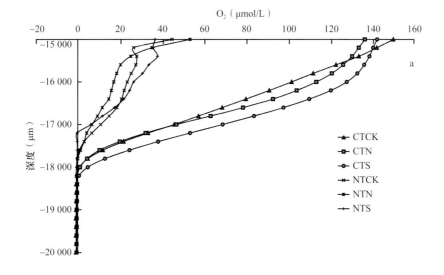

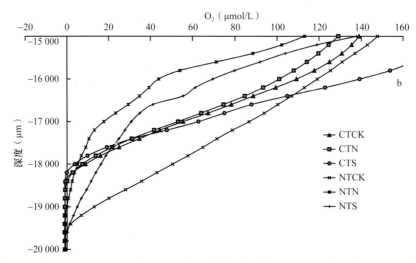

图7-27　秸秆不还田（a）和秸秆还田（b）情景下不同处理水–土界面附近O_2含量分布

3. 耕作方式对水–土界面Eh的影响

图7-28a显示的是秸秆不还田条件下水–土界面Eh的剖面变化。从中可以看出，秸秆不还田下，与O_2含量类似，CTN与NTN处理Eh剖面的差异也主要出现在界面附近。CTN处理界面附近的Eh要高于NTN处理。而在秸秆还田条件下，结果则恰好相反（图7-28b）。NTN处理水–土界面附近的Eh要高于CTN处理。

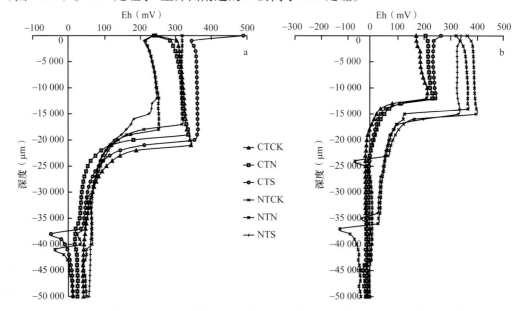

图7-28　秸秆不还田（a）和秸秆还田（b）条件下免耕与常规耕作处理水–土界面Eh剖面变化

7.5.1.3　结论

采用微电极系统测定不同耕作方式下双季稻田水–土界面pH、Eh、O_2剖面变化的特征，耕作方式在水–土界面的效应受秸秆是否还田的影响。免耕处理在秸秆不还田的情景下会降低土壤pH，而在秸秆还田条件下，免耕增加水–土界面的pH。在秸秆不还田条件下，翻耕有利于提高水–土界面O_2含量、增加O_2渗透深度，而在秸秆还田条件下，免耕有利于提高水–土界面O_2渗透深度。

7.5.2　土壤碳氮含量空间分布特征

7.5.2.1　材料与方法

试验设计：同7.5.1.1。

耕层土壤取样与测定：在早、晚稻移栽前和收获后对耕层土壤进行分层取样（0～5cm和5～10cm），土壤样品带回实验室后混合均匀分成两份。一份自然风干粉碎，用于测定土壤全氮（TN）和有机碳（SOC）；另一份-20℃冷冻保存，用于测定可溶性有机碳、氮（DOC、DON）和微生物生物量碳、氮（MBC、MBN）。土壤TN含量测定采用凯氏定氮法，SOC含量测定采用重铬酸钾氧化法，DOC含量采用有机碳分析仪测定，DON采用过硫酸钾氧化法测定，MBC和MBN采用氯仿熏蒸法测定。土壤DOC官能团采用紫外分光光度法测定。

7.5.2.2　结果与分析

1. 耕作和培肥处理对土壤全氮与有机碳的影响

早稻季不同耕作处理下表层（0～5cm）和下层（5～10cm）土壤TN的变化如图7-29所示。不同处理移栽前后土壤TN含量并没有显著的变化（图7-29）。晚稻季土壤TN的结果也类似，各处理并没有显著的差异。这表明耕作方式对早晚稻季土壤全氮并没有显著影响。

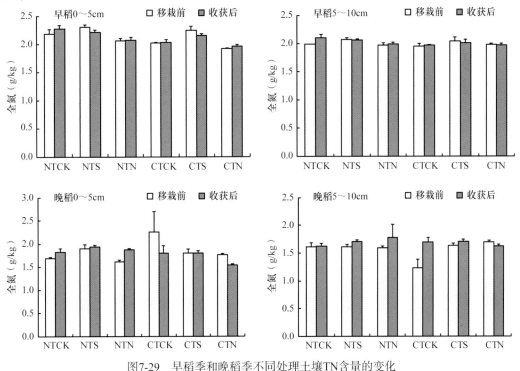

图7-29　早稻季和晚稻季不同处理土壤TN含量的变化

　　图7-30显示了早、晚稻季不同耕作处理下表层和下层土壤SOC含量的变化。不同处理移栽前后土壤SOC含量并没有显著的变化。但是，常规耕作+秸秆还田处理（CTS）表层和下层土壤SOC含量均高于其他处理。

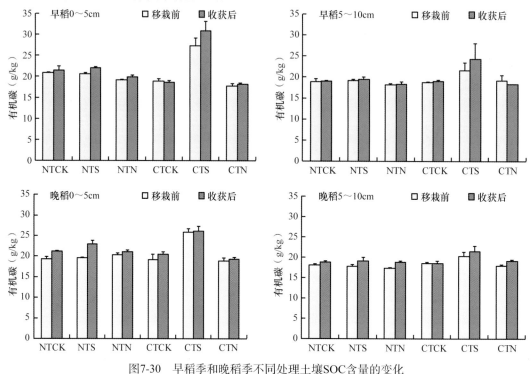

图7-30　早稻季和晚稻季不同处理土壤SOC含量的变化

2. 耕作和培肥处理对土壤可溶性有机碳氮的影响

　　不同处理早晚稻季土壤DON含量如图7-31所示，对于表层土壤，早稻季各处理收获后土壤DON含量均低于移栽前。NTS处理表层土壤DON在收获后显著低于移栽前（$P < 0.05$）。这说明，在免耕处理下，大量秸秆位于土壤表层，在降解过程中会促进DON的同化，从而降低表层土壤DON含量。而在下层土壤则没有这种效应。晚稻季表层土壤DON变化与早稻季类似，下层土壤DON下降的趋势更为突出。

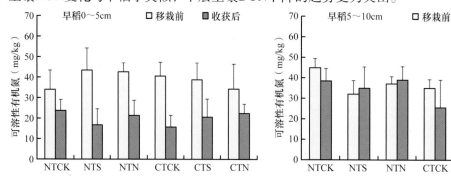

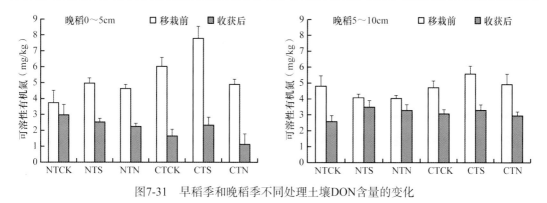

图7-31　早稻季和晚稻季不同处理土壤DON含量的变化

图7-32显示了早晚稻季不同处理DOC含量的变化，与DON类似，早稻季各处理收获后土壤DOC含量均低于移栽前。但是下层土壤趋势不明显。与土壤SOC含量相比（图7-30），CTS处理显著增加了土壤SOC含量，但是并没有显著增加DOC含量。晚稻季DOC的变化与早稻类似。但是晚稻季土壤DOC含量较早稻季整体下降。

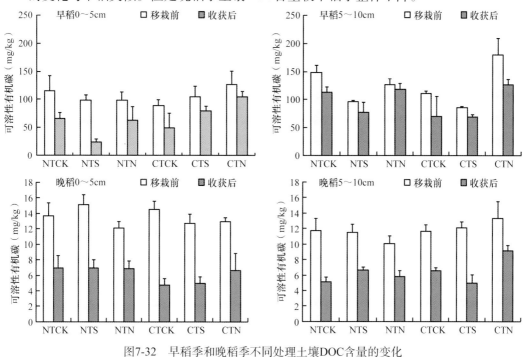

图7-32　早稻季和晚稻季不同处理土壤DOC含量的变化

3. 耕作和培肥处理对土壤DOC官能团的影响

进一步分析了土壤DOC的官能团结构。A_{254}主要反映的是DOC中的芳香族碳含量，A_{260}则主要反映的是疏水性碳的含量（苏冬雪等，2012）。如图7-33和图7-34所示，从早晚稻季的结果可以看出，无论表层还是下层土壤，A_{254}和A_{260}的比例均呈现出收获后比移栽前增加的趋势，尤其是早稻季NTS、晚稻季CTCK和CTS处理。A_{260}和A_{254}趋势相近，这说明DOC中的芳香族碳和疏水性碳在收获后增加。但是不同处理间这种直接的变化并没有表现出明显的差异。耕作方式对早稻季的DOC结构可能没有显著影响。

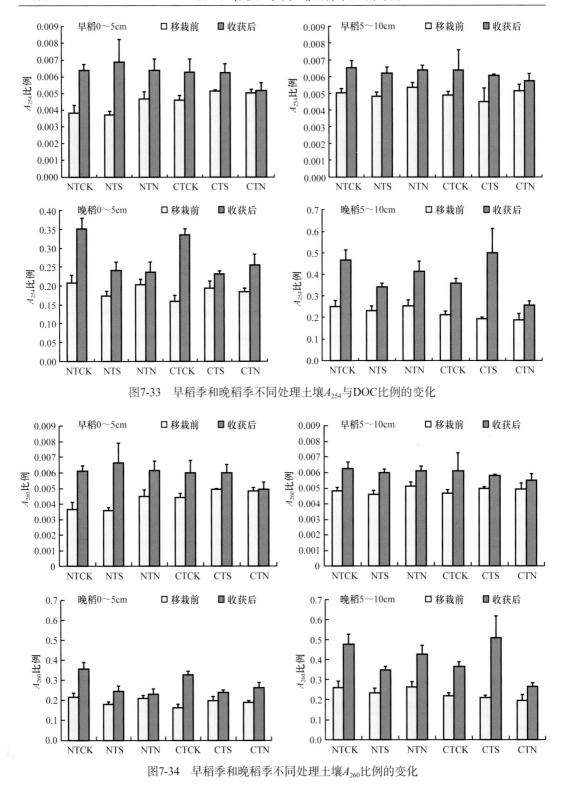

图7-33 早稻季和晚稻季不同处理土壤A_{254}与DOC比例的变化

图7-34 早稻季和晚稻季不同处理土壤A_{260}比例的变化

4. 耕作和培肥处理对土壤微生物生物量碳氮的影响

不同处理土壤微生物生物量碳氮（MBC和MBN）含量的变化如图7-35和图7-36所

示。早稻季免耕处理表层土壤MBN在收获后与移栽前相比呈增加趋势（除NTN外），尤其是NTCK和NTS处理。这说明免耕有利于增加土壤表层微生物生物量氮。在下层土壤也有类似的现象，尤其是NTS和NTN处理。晚稻季各处理MBN含量在收获后却表现为下降趋势。MBC与MBN的表现不同（图7-36），早稻季表层土壤MBC并没有表现出收获后相比移栽前显著增加的趋势。

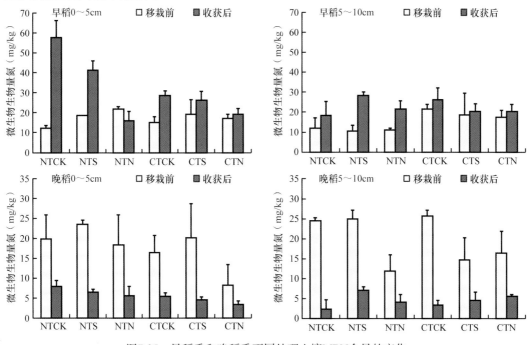

图7-35　早稻季和晚稻季不同处理土壤MBN含量的变化

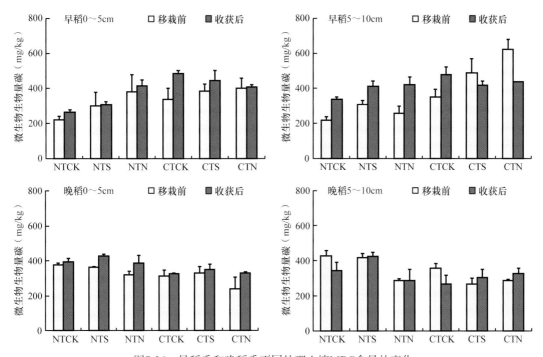

图7-36　早稻季和晚稻季不同处理土壤MBC含量的变化

7.5.2.3 结论

耕作方式短期效应主要影响耕层土壤DOC、DON、MBC和MBN。免耕有利于增加早晚稻季表层土壤DOC和DON，但会降低MBN。耕作方式会影响DOC的结构。免耕会降低表层土壤DOC中芳香族碳和疏水性碳的比例。

7.5.3 温室气体排放规律

7.5.3.1 材料与方法

试验设计：同7.5.1.1。

土壤溶液取样与测定：早晚稻移栽后，分4层（0～5cm、5～10cm、10～15cm、15～20cm）埋设土壤溶液取样器。在早、晚稻关键生育期（苗期、分蘖期、抽穗期、灌浆期），采用注射器采集田面水层和各土层土壤溶液5mL，贮存于10mL真空瓶中，带回实验室采用顶空–平衡法测量土壤溶液中CH_4和N_2O含量。

温室气体排放通量测定：采用暗室–静态箱法连续监测稻田CH_4和N_2O的排放通量。箱体材质为不锈钢，尺寸为50cm×50cm×50cm，外覆保温、反光材料，避免外界温度和太阳光的干扰。水稻移栽后，立即在小区内固定不锈钢底座，保持不动直至下一次水稻移栽。为了避免对土壤产生干扰，铺设可移动木桥来收集样本。此外，从抽穗期到收获期，水稻植株较高，为避免损伤水稻植株，对静态箱进行加高。水稻生长期气体样品每周采集一次，施肥后增加取样次数。取样时间为8:00～10:00，每次采样时间为30min，固定好静态箱后，分别在0min、10min、20min、30min用60mL注射器收集4个样本。在实验室使用气相色谱仪（GC 2010，岛津）对气体样品进行分析。

7.5.3.2 结果与分析

1. 耕作和培肥处理对早晚稻季土壤溶液CH_4含量的影响

早稻季主要生育期土壤溶液CH_4含量如图7-37所示。在苗期，不施肥对照处理田面水CH_4含量低于土壤溶液，尤其是常规耕作（CT）。田面水中CH_4含量均接近零，耕作和培肥处理对田面水CH_4含量没有显著影响。从不同深度土壤溶液中CH_4含量来看，与免耕（NT）相比，常规耕作在不施肥对照和施氮肥+秸秆还田条件下均显著增加了土壤溶液中CH_4含量。但是在仅施氮肥处理中，常规耕作仅增加了0～5cm土层土壤溶液中CH_4含量，而对其他层没有显著影响。在分蘖期，与免耕相比，常规耕作增加了表层土壤溶液的CH_4含量；在不施肥情景下，常规耕作显著增加了0～5cm和5～10cm土壤溶液CH_4含量；在仅施氮肥情景下，常规耕作显著增加了0～5cm土壤溶液中CH_4含量；在施氮肥+秸秆还田情景下，常规耕作增加了5～10cm土壤溶液中CH_4含量。在抽穗期，在不施肥对照情景下，常规耕作处理随深度增加土壤溶液CH_4含量逐渐增加，而免耕处理则没有表现出明显增加趋势；在仅施氮肥条件下，常规耕作处理相比免耕显著增加了10～15cm和15～20cm土壤溶液CH_4含量；在施氮肥+秸秆还田条件下，常规耕作处理相比免耕显著增加了整个耕层土壤溶液的CH_4含量。在灌浆期，在不施肥对照下，常规耕作处理相比免耕显著增加了0～5cm、5～10cm和10～15cm土壤溶液CH_4含量；在仅施氮肥情景下，常规耕作和免耕处理土壤溶液CH_4含量没有显著差异；在施氮肥+秸秆还田条件下，常规耕作处理相比免耕显著增加了整个耕层土壤溶液的CH₄含量。

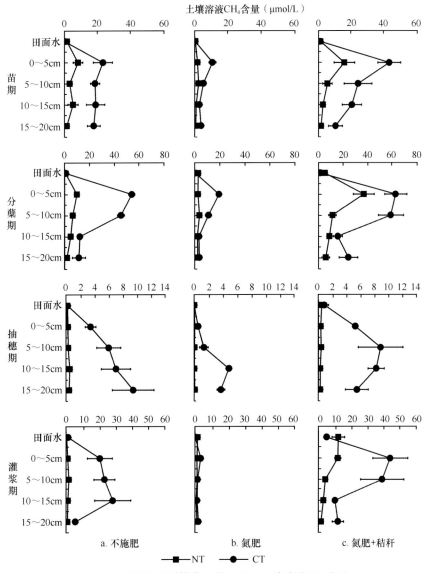

图7-37 早稻季不同耕作和培肥处理土壤溶液CH₄含量

图7-38显示的是晚稻季土壤溶液CH₄的剖面分布。在苗期，不同施肥情况下与免耕相比，常规耕作显著增加了上两层（0～5cm和5～10cm）土壤溶液CH₄含量，但是对下两层（10～15cm和15～20cm）土壤溶液CH₄含量没有显著影响。分蘖期表现出同样的现象，与免耕相比，常规耕作显著增加了上两层（0～5cm和5～10cm）土壤溶液CH₄含量。在抽穗期，仅在不施肥对照和施氮肥+秸秆还田条件下，常规耕作显著增加上两层（0～5cm和5～10cm）土壤溶液CH₄含量；在仅施氮肥条件下，常规耕作对耕层土壤溶液CH₄含量没有显著影响。在灌浆期，在不施肥对照条件下，常规耕作比免耕增加了表层（0～5cm）土壤溶液CH₄含量；在仅施氮肥条件下，常规耕作与免耕处理耕层土壤溶液CH₄含量没有显著差异；在施氮肥+秸秆还田条件下，常规耕作相比免耕依然显著增加了上两层（0～5cm和5～10cm）土壤溶液CH₄含量。

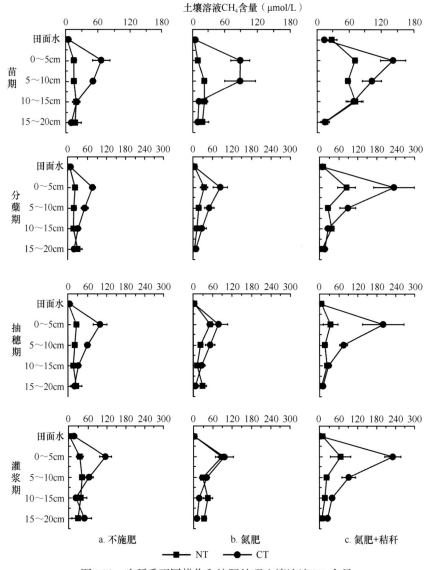

图7-38　晚稻季不同耕作和培肥处理土壤溶液CH₄含量

2. 耕作和培肥处理对早晚稻季土壤溶液N₂O含量的影响

早稻季土壤溶液中N₂O含量的剖面分布如图7-39所示。与CH₄不同，在苗期，田面水中N₂O含量高于土壤溶液。耕作方式对苗期耕层土壤溶液N₂O含量没有显著影响，免耕和常规耕作在不施肥对照、仅施氮肥和施氮肥+秸秆还田条件下，各层土壤溶液N₂O含量均没有显著差异。在分蘖期，在不施肥情景下，免耕比常规耕作显著增加了田面水和5~10cm、15~20cm土壤溶液中N₂O含量；在仅施氮肥条件下，常规耕作比免耕显著增加了0~5cm土壤溶液中N₂O含量；但是在施氮肥+秸秆还田条件下，耕作方式对田面水和耕层土壤溶液N₂O含量没有显著影响。在抽穗期，在不施肥条件下，免耕处理土壤溶液中N₂O含量高于常规耕作处理；在仅施氮肥和施氮肥+秸秆还田条件下，免耕处理和常规耕作处理的田面水与耕层土壤溶液N₂O含量没有显著差异。灌浆期与抽穗期结果类似，仅在不施肥条件下免耕处理土壤溶液N₂O含量高于常规耕作，其他条件下没有显著差异。

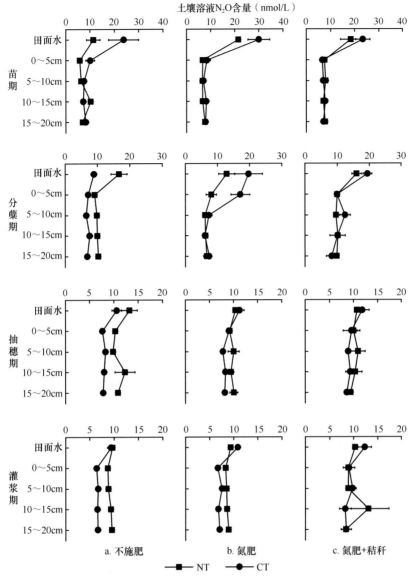

图7-39 早稻季不同耕作和培肥处理土壤溶液N_2O含量

图7-40显示的是晚稻季土壤溶液N_2O含量剖面分布。从中可以看出，与早稻季不同，在苗期，田面水N_2O含量与土壤溶液相近，耕作方式对耕层土壤溶液中N_2O含量没有显著影响。在分蘖期，在不施肥对照情景下，免耕相比常规耕作显著增加了田面水和耕层土壤溶液中N_2O含量；而在仅施氮肥和施氮肥+秸秆还田情景下，耕作方式对耕层土壤溶液中N_2O含量没有显著影响。在抽穗期，在不施肥条件下，免耕相比常规耕作显著增加了0~5cm和5~10cm层土壤溶液N_2O含量；在仅施氮肥条件下，免耕相比常规耕作显著增加了0~5cm和10~15cm层土壤溶液N_2O含量；在施氮肥+秸秆还田条件下，免耕相比常规耕作显著增加了5~10cm和10~15cm层土壤溶液N_2O含量。在灌浆期，在不施肥条件下，免耕相比常规耕作显著增加了0~5cm土壤溶液中N_2O含量；在仅施氮肥条件下，常规耕作相比免耕显著增加了5~10cm土壤溶液中N_2O含量；在施氮肥+秸秆还田条件下，由于常

规耕作下田面水和土壤溶液N_2O含量变异较大，两种耕作方式的田面水和土壤溶液N_2O含量并没有显著差异。

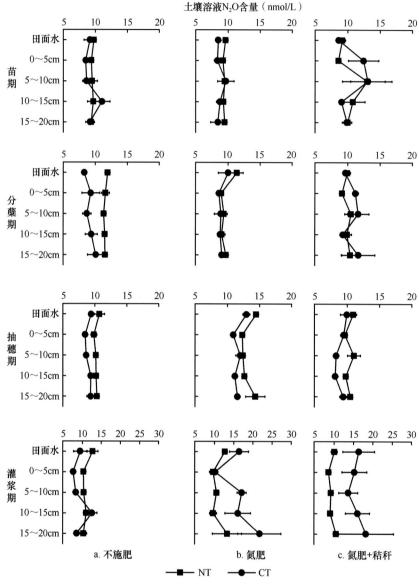

图7-40　晚稻季不同耕作和培肥处理土壤溶液N_2O含量

3. 耕作和培肥处理对CH_4与N_2O季节排放特征的影响

耕作方式对双季稻CH_4的排放通量具有显著影响（图7-41）。不施肥条件下，早、晚稻生育期内CH_4排放通量均表现为常规耕作（CTCK）高于免耕（NTCK）（图7-41a）。秸秆还田条件下，早稻生育期前期CTS和NTS无差异，生长后期表现为CTS高于NTS；晚稻与此相反，生长前期CTS高于NTS，后期无差异（图7-41b）。仅施氮肥条件下，早稻季免耕（NTN）的CH_4排放峰值先于常规耕作（CTN）的排放峰值出现；晚稻季免耕（NTN）的CH_4排放趋势平稳，而常规耕作（CTN）分别于8月16日和9月12日出现两个排放峰值（图7-41c）。

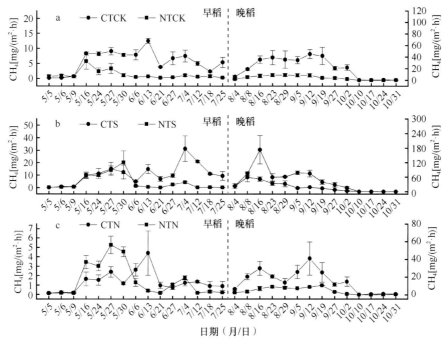

图7-41 双季稻不同处理下CH₄排放通量季节变化

a. 常规耕作和免耕在不施肥情境下CH₄季节变化特征；b. 常规耕作和免耕在秸秆还田情境下CH₄季节变化特征；c. 常规耕作和免耕在仅施氮肥情境下CH₄季节变化特征

不同处理双季稻N_2O排放通量的变化如图7-42所示。在不施肥条件下，常规耕作（CTCK）仅在早稻季的中后期和晚稻季的前期个别采样日（如6月13日和8月16日）N_2O排放通量高于免耕（NTCK）（图7-42a）。在秸秆还田条件下，免耕处理与常规耕作处理在早稻季前半段（5月5~27日）N_2O排放特征相似（图7-42b）；但5月27日以后，免耕处理（NTS）分别在6月6日、7月12日、7月25日表现出3个明显的N_2O排放峰值，而常规耕作处理（CTS）却没有出现明显的排放峰值。在晚稻季，常规耕作和免耕处理N_2O排放通量变化趋势相近，但是免耕处理在10月10日、10月17日出现的排放峰值要高于常规耕作处理。在仅施氮肥条件下（图7-42c），早稻季免耕处理（NTN）在5月30日、6月6日出现明显N_2O排放峰值，但常规耕作处理（CTN）没有出现排放峰值。在晚稻季，免耕和常规耕作处理N_2O排放通量变化趋势相近，且通量大小没有显著差异。

进一步分析温室气体季节排放总量。如表7-68所示，在早稻生长季，CH₄和N_2O的累积排放量变化范围分别为27.5（NTCK）~254.8（CTS）kg/hm²和0.09（CTCK）~6.67（NTS）kg/hm²；在晚稻生长季，CH₄和N_2O累积排放量变化范围分别为98.5（NTCK）~1050.4（CTS）kg/hm²和0.08（CTCK）~3.02（NTS）kg/hm²。免耕显著降低了CH₄累积排放量，但增加了N_2O累积排放量。秸秆还田显著增加了CH₄累积排放量，且在免耕条件下显著增加了N_2O累积排放量。

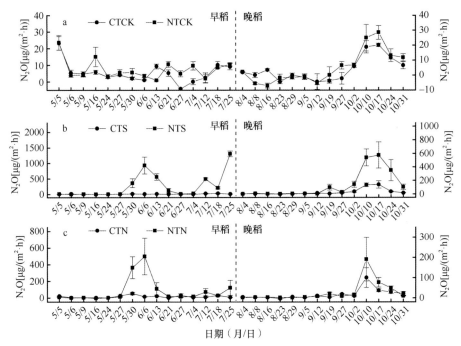

图7-42　双季稻不同处理下N$_2$O排放通量季节变化

a. 常规耕作和免耕在不施肥情境下N$_2$O季节变化特征；b. 常规耕作和免耕在秸秆还田情境下N$_2$O季节变化特征；c. 常规耕作和免耕在仅施氮肥情境下N$_2$O季节变化特征

表7-68　不同耕作和培肥措施下双季稻CH$_4$和N$_2$O累积排放量、GWP与GHGI

处理	CH$_4$累积排放量（kg/hm^2）		N$_2$O累积排放量（kg/hm^2）		GWP（t CO$_2$-eq/hm^2）		GHGI（kg CO$_2$-eq/kg）	
	早稻	晚稻	早稻	晚稻	早稻	晚稻	早稻	晚稻
NTCK	27.5c	98.5c	0.14de	0.11c	0.98c	3.38c	0.314b	1.060c
NTN	31.0c	100.9c	1.95b	0.69b	1.64c	3.64c	0.289b	0.836c
NTS	101.9b	414.6b	6.67a	3.02a	5.45b	15.0b	0.953a	3.073b
CTCK	147.1ab	495.1b	0.09e	0.08c	5.03b	17.73b	1.264a	5.524b
CTN	36.4c	352.7b	0.31c	0.41b	1.33c	12.12b	0.195b	2.782b
CTS	254.8a	1050.4a	0.24cd	0.70b	8.74a	35.93a	1.439a	7.904a

　　由于耕作方式和施肥措施均对CH$_4$与N$_2$O排放有显著影响，各处理的全球增温潜势（GWP）大小差异显著（表7-68）。早稻变化范围为0.98（NTCK）～8.74（CTS）t CO$_2$-eq/hm^2；晚稻变化范围为3.38（NTCK）～35.93（CTS）t CO$_2$-eq/hm^2。总的来看，免耕（NT）处理降低了双季稻GWP，与常规耕作相比，早晚稻季总GWP分别降低了80.8%（NTCK）、60.8%（NTN）和54.2%（NTS）。对于单位产量温室气体排放强度（GHGI），早稻变化范围为0.195（CTN）～1.439（CTS）kg CO$_2$-eq/kg；晚稻变化范围为0.836（NTF）～7.904（CTS）kg CO$_2$-eq/kg。相较于常规耕作（CT），免耕（NT）处理在不施肥和秸秆还田条件下显著降低了年均GHGI，降低幅度为80.8%（NTCK）、62.2%（NTN）和56.9%（NTS）。

7.5.3.3　结论

与常规耕作相比,免耕降低了早晚稻季耕层土壤溶液中CH_4和N_2O含量,尤其是在0~5cm和5~10cm深度。免耕处理在秸秆还田下的减排效应尤为显著。在早晚稻抽穗期和灌浆期,与常规耕作相比,免耕会增加土壤溶液中N_2O含量。季节排放通量的监测结果表明,免耕有利于温室气体减排,但是秸秆还田和施氮可能会抵消其减排效应。

参 考 文 献

包雪梅, 张福锁, 马文奇, 等. 2003. 陕西省有机肥料施用状况分析评价. 应用生态学报, 14(10): 1669-1672.

陈安磊, 王凯荣, 谢小立, 等. 2007. 长期有机养分循环利用对红壤稻田土壤供氮能力的影响. 植物营养与肥料学报, 13(5): 838-843.

陈新红, 韩正光, 叶玉秀, 等. 2013. 麦草全量机械还田对机插水稻产量和生长特性的影响. 西北农业学报, 22(8): 38-41.

崔玉亭, 程序, 韩纯儒, 等. 2000. 苏南太湖流域水稻经济生态适宜施氮量研究. 生态学报, 20(4): 659-662.

戴飞, 韩正晟, 张克平, 等. 2011. 我国机械化秸秆还田联合作业机的现状与发展. 中国农机化, (6): 37, 42-45.

董啸波, 霍中洋, 张洪程, 等. 2012. 南方双季晚稻籼改粳优势及技术关键. 中国稻米, 18(1): 25-28.

樊亚男, 姚立鹏, 瞿明凯, 等. 2017. 基于产量的稻田肥力质量评价及障碍因子区划——以进贤县为例. 土壤学报, 54(5): 1157-1169.

方灿华. 2009. 基于GIS的江淮丘陵岗地地区耕地地力评价研究——以安徽省明光市为例. 合肥: 安徽农业大学硕士学位论文.

高菊生, 曹卫东, 李冬初, 等. 2011. 长期双季绿肥轮作对水稻产量及稻田土壤有机质的影响. 生态学报, 31(16): 4542-4548.

高菊生, 徐明岗, 董春华, 等. 2013. 长期稻–稻–绿肥轮作对水稻产量及土壤肥力的影响. 作物学报, 39(2): 343-349.

高菊生, 徐明岗, 王伯仁, 等. 2005. 长期有机无机肥配施对土壤肥力及水稻产量的影响. 中国农学通报, (8): 211-214, 259.

郝敬荣. 2018. 水稻秸秆机械化全量还田技术探析. 农机科技推广, (2): 58-59.

何红. 2019. 中国农业机械化发展现状. 中国机械, (3): 35-36.

何虎, 吴建富, 曾研华, 等. 2014. 稻草全量还田条件下氮肥运筹对双季晚稻产量及其氮素吸收利用的影响. 植物营养与肥料学报, 20(4): 811-820.

侯方舟, 屠乃美, 何康, 等. 2015. 南方双季稻区冬种绿肥对土壤质量的影响研究进展. 作物研究, (6): 682-686.

胡鹏. 2016. 安庆市水稻秸秆机械化还田技术分析及研究. 农业开发与装备, (2): 32.

胡雅杰, 邢志鹏, 龚金龙, 等. 2014. 钵苗机插水稻群体动态特征及高产形成机制的探讨. 中国农业科学, 47(5): 865-879.

黄国勤, 杨滨娟, 王淑彬, 等. 2015. 稻田实行保护性耕作对水稻产量、土壤理化及生物学性状的影响. 生态学报, 35(4): 1225-1234.

黄晶, 高菊生, 刘淑军, 等. 2013. 冬种紫云英对水稻产量及其养分吸收的影响. 中国土壤与肥料, (1): 88-92.

黄晶, 高菊生, 张杨珠, 等. 2016. 紫云英还田后不同施肥下的腐解及土壤供钾特征. 中国土壤与肥料, (1): 83-88.

黄山, 汤军, 李木英, 等. 2014. 双季稻"双还双减"机械化生产技术模式. 江西农业大学学报, (1): 38-43.

霍中洋, 魏海燕, 张洪程, 等. 2012. 穗肥运筹对不同秧龄籼插超级稻宁粳1号产量及群体质量的影响. 作物学报, 38(8): 1460-1470.

巨晓棠, 谷保静. 2014. 我国农田氮肥施用现状、问题及趋势. 植物营养与肥料学报, 20(4): 783-795.

李杰, 张洪程, 常勇, 等. 2011. 高产栽培条件下种植方式对超级稻根系形态生理特征的影响. 作物学报, 37(12): 2208-2220.

李琳. 2007. 保护性耕作对土壤有机碳库和温室气体排放的影响. 北京: 中国农业大学博士学位论文.

李贤胜. 2010. 皖南宣城市广德县农用地土壤有机质含量演变. 土壤, 42(6): 924-927.

李旭毅, 池忠志, 姜心禄, 等. 2012. 农艺措施对成都平原两熟区机插超级稻长龄秧苗生长的影响. 作物学报, 38(8): 1544-1550.

林凡. 2008. 皖江湿地及其围垦农田土壤有机碳库与稳定性的变化研究. 南京: 南京农业大学硕士学位论文.

刘白银. 2012. 长期不同耕作方式对双季稻田土壤性状及水稻产量形成的影响. 南昌: 江西农业大学硕士学位论文.

刘世平, 聂新涛, 张洪程, 等. 2006. 稻麦两熟条件下不同土壤耕作方式与秸秆还田效用分析. 农业工程学报, 22(7): 48-51.

刘书田, 窦森, 侯彦林, 等. 2016. 中国秸秆还田面积与土壤有机碳含量的关系. 吉林农业大学学报, 38(6): 723-732.

刘艳, 孙文涛, 宫亮, 等. 2013. 不同耕作措施对水稻土耕层理化性质及水稻产量的影响. 辽宁农业科学, (6): 16-18.

柳开楼, 黄晶, 张会民, 等. 2018. 基于红壤稻田肥力与相对产量关系的水稻生产力评估. 植物营养与肥料学报, 24(6): 1425-1434.

卢萍, 单玉华, 杨林章, 等. 2006. 秸秆还田对稻田土壤溶液中溶解性有机物的影响. 土壤学报, 43(5): 736-741.

鲁艳红, 廖育林, 聂军, 等. 2016. 连续施肥对不同肥力稻田土壤基础地力和土壤养分变化的影响. 中国农业科学, 49(21): 4169-4178.

鲁艳红, 杨曾平, 郑圣先, 等. 2010. 长期施用化肥、猪粪和稻草对红壤水稻土化学和生物化学性质的影响. 应用生态学报, 21(4): 921-929.

马多仓, 沈昌蒲, 宋武斌. 1986. 稻田少耕轮耕体系及其配套机具的研究(Ⅲ)——稻田少耕轮耕体系与水稻生育. 东北农学院学报, (2): 121-129.

马俊艳, 左强, 王世梅, 等. 2011. 深耕及增施有机肥对设施菜地土壤肥力的影响. 北方园艺, (24): 186-190.

聂文芳. 2015. 皖南郎溪县农田耕层肥力变化研究. 土壤, 47(3): 617-619.

潘业兴, 范志刚, 肖桂林. 2010. 沙壤土漏水田水稻高产栽培关键技术研究. 湖北农业科学, 49(12): 2984-2985.

彭娜, 王开峰, 谢小立, 等. 2009. 长期有机无机肥配施对稻田土壤基本理化性状的影响. 中国土壤与肥料, (2): 6-10.

彭少兵, 黄见良, 钟旭华, 等. 2002. 提高中国稻田氮肥利用率的研究策略. 中国农业科学, 35(9): 1095-1103.

彭长青, 李世峰, 钱宗华, 等. 2005. 氮肥运筹对机插水稻产量形成的影响. 安徽农业科学, 33(12): 2275-2276.

邱万里. 2019. 水稻秸秆机械化还田技术. 湖南农业, (8): 16.

任万军, 刘代银, 吴锦秀, 等. 2009. 免耕高留茬抛秧对稻田土壤肥力和微生物群落的影响. 应用生态学报, 20(4): 817-822.

单玉华, 王余龙, 黄建晔, 等. 2000. 中后期追施^{15}N对水稻氮素积累与分配的影响. 江苏农业研究, 21(4): 18-21.

沈建辉, 邵文娟, 张祖建, 等. 2004. 水稻机插中苗双膜育秧秧谷密度对苗质和产量影响的研究. 作物学报, 30(9): 906-911.

沈建辉, 邵文娟, 张祖建, 等. 2006. 苗床落谷密度、施肥量和秧龄对机插稻苗质及大田产量的影响. 作物学报, 32: 402-409.

苏冬雪, 王文杰, 邱岭, 等. 2012. 落叶松林土壤可溶性碳、氮和官能团特征的时空变化及与土壤理化性质的关系. 生态学报, 32(21): 6705-6714.

孙国峰, 张海林, 徐尚起, 等. 2010. 轮耕对双季稻田土壤结构及水贮量的影响. 农业工程学报, 26(9): 66-71.

陶峰, 张龙华. 2016. 保护耕地, 扩大绿肥生产. 江西农业, (8): 58-59.

涂起红, 朱安繁, 张龙华, 等. 2016. 江西省耕地地力演变趋势研究. 江西农业学报, (2): 17-21.

万水霞, 唐杉, 蒋光月, 等. 2016. 紫云英与化肥配施对土壤微生物特征和作物产量的影响. 草业学报, 25(6): 109-117.

万水霞, 朱宏斌, 唐杉, 等. 2015. 紫云英与化肥配施对稻田土壤养分和微生物学特性的影响. 中国土壤与肥料, 3: 79-83.

王海月, 殷尧翥, 孙永健, 等. 2017. 不同株距和缓释氮肥配施量下机插杂交稻的产量及光合特性. 植物营养与肥料学报, 23(4): 843-855.

王磊. 2011. 秸秆还田对土壤养分、微生物量与酶活性的影响研究. 合肥: 安徽农业大学硕士学位论文.

魏猛, 张爱君, 诸葛玉平, 等. 2017. 长期不同施肥方式对黄潮土肥力特征的影响. 应用生态学报, 28(3): 838-846.

文炯. 2009. 长江中下游地区水稻土的有机质特征. 长沙: 湖南农业大学硕士学位论文.

吴军, 宁建华. 2018. 稻草全量还田条件下不同耕整机械作业质量试验及对比分析. 湖北农机化, (4): 33-34.

吴伟明, 宋祥甫, 孙宗修, 等. 2001. 不同类型水稻的根系分布特征比较. 中国水稻科学, 15(4): 37-41.

夏圣益. 1998. 土壤基础地力、施肥水平与农作物产量的关系. 上海农业科技, (1): 6-8.

向艳文. 2009. 长期施用化肥和稻草对红壤性水稻土氮素肥力和稻田生产力的影响. 长沙: 中南大学硕士学位论文.

肖道庸. 2014. 中国古代耕作与施肥辑要. 北京: 中国农业出版社.

肖小平, 汤文光, 唐海明. 2018. 湖南农作制构建与技术创新. 长沙: 湖南科学技术出版社.

肖小平, 唐海明, 聂泽民, 等. 2013. 冬季覆盖作物残茬还田对双季稻田土壤有机碳和碳库管理指数的影响. 中国生态农业学报, 21(10): 1202-1208.

熊云明, 黄国勤, 王淑彬, 等. 2004. 稻田轮作对土壤理化性状和作物产量的影响. 中国农业科技导报, 6(4): 42-45.

徐国伟, 谈桂露, 王志琴, 等. 2009. 秸秆还田与实地氮肥管理对直播水稻产量、品质及氮肥利用的影响. 中国农业科学, 42(8): 2736-2746.

徐建明, 张甘霖, 谢正苗, 等. 2010. 土壤质量指标与评价. 北京: 科学出版社.

许信旺, 潘根兴, 孙秀丽, 等. 2009. 安徽省贵池区农田土壤有机碳分布变化及固碳意义. 农业环境科学学报, 28(12): 2551-2558.

杨帆, 李荣, 崔勇, 等. 2011. 我国南方秸秆还田的培肥增产效应. 中国土壤与肥料, 1: 10-14.

杨利, 张建峰, 张富林, 等. 2013. 长江中下游地区氮肥减施对稻麦轮作体系作物氮吸收、利用与氮素平衡的影响. 西南农业学报, 26(1): 195-202.

曾希柏, 张佳宝, 魏朝富, 等. 2014. 中国低产田状况及改良策略. 土壤学报, 51(4): 675-682.

张国荣. 2009. 长江中下游地区高产稻田合理施肥. 哈尔滨: 东北农业大学硕士学位论文.

张洪程, 许轲, 张军, 等. 2014. 双季晚粳生产力及相关生态生理特征. 作物学报, 40(2): 283-300.

张美华. 2014. 秸秆还田对土壤养分及作物生物量的影响研究. 合肥: 安徽农业大学硕士学位论文.

张玉屏, 朱德峰, 林贤青, 等. 2003. 田间条件下水稻根系分布及其与土壤容重的关系. 中国水稻科学, 17(2): 48-51.

张祖建, 王君, 郎有忠, 等. 2008. 机插稻超秧龄秧苗的生长特点研究. 作物学报, 34(2): 297-304.

赵来, 吕成文. 2005. 土壤分形特征与土壤肥力关系研究——以皖南地区水稻土为例. 中国土壤与肥料, 6: 8-12.

赵其国. 1991. 水稻耕制中的土水管理. 土壤学报, (3): 249-259.

郑侃, 陈婉芝, 杨宏伟, 等. 2016. 秸秆还田机械化技术研究现状与展望. 江苏农业科学, 44(9): 9-13.

周国朋, 曹卫东, 白金顺, 等. 2016. 多年紫云英-双季稻下不同施肥水平对两类水稻土有机质及可溶性有机质的影响. 中国农业科学, 49(21): 4096-4106.

周兴, 聂军, 廖育林, 等. 2012. 绿肥对稻田土壤质量和水稻生产影响的研究进展. 湖南农业科学, (15): 55-58.

朱聪聪, 张洪程, 郭保卫, 等. 2014. 钵苗机插密度对不同类型水稻产量及光合物质生产特性的影响. 作物学报, 40(1): 122-133.

朱德峰, 林贤青, 曹卫星. 2000. 超高产水稻品种的根系分布特点. 南京农业大学学报, (4): 5-8.

朱相成, 张振平, 张俊, 等. 2016. 增密减氮对东北水稻产量、氮肥利用效率及温室效应的影响. 应用生态学报, 27(2): 453-461.

Bi L, Zhang B, Liu G, et al. 2009. Long-term effects of organic amendments on the rice yields for double rice cropping systems in subtropical China. Agriculture Ecosystems & Environment, 129(4): 534-541.

Blancocanqui H, Lal R, Trigiano R N, et al. 2009. Crop residue removal impacts on soil productivity and environmental quality. Critical Reviews in Plant Sciences, 28(28): 139-163.

Dobermann A. 2005. Nitrogen use efficiency-state of the art // Proceedings of the IFA International Workshop on Enhanced-Efficiency Fertilizers. Frankfurt, Germany: IFA.

Huang M, Yang C L, Ji Q M, et al. 2013. Tillering responses of rice to plant density and nitrogen rate in a subtropical environment of southern China. Field Crops Research, 149: 187-192.

Olk D C, Cassman K G, Schmidt-Rohr K, et al. 2006. Chemical stabilization of soil organic nitrogen by phenolic lignin residues in anaerobic agroecosystems. Soil Biology and Biochemistry, 38(11): 3303-3312.

Schmidt-Rohr K, Mao J D, Olk D C. 2004. Nitrogen-bonded aromatics in soil organic matter and their implications for a yield decline in intensive rice cropping. Proceedings of the National Academy of Sciences, 101(17): 6351-6354.

Zhang H L, Bai X L, Xue J F, et al. 2013. Emissions of CH_4 and N_2O under different tillage systems from double-cropped paddy fields in Southern China. PLoS ONE, 8(6): e65277.

Zhang W, Xu M, Wang X, et al. 2012. Effects of organic amendments on soil carbon sequestration in paddy fields of subtropical China. Journal of Soils & Sediments, 12(4): 457-470.

第8章　稻麦两熟稻田丰产增效耕作模式

8.1　稻麦两熟稻田土壤肥力的主要限制因子

8.1.1　稻麦两熟稻田土壤肥力质量评价及限制因子分析

8.1.1.1　材料与方法

1. 研究区概况

稻麦两熟区的研究以江苏省为例，江苏省（N 30°45′～35°20′、E 116°18′～121°57′）位于中国东部沿海地区。全省为亚热带与暖温带过渡地带，气候、植被兼具南方和北方的特征，辖区内有太湖、宁镇扬、沿江、沿海、里下河和徐淮六大农业生态区（付光辉等，2008）。该研究区种植制度以稻麦两熟为主，土壤类型以水稻土和潮土为主，成土母质以河流冲积物、河湖沉积物和江海相沉积物为主。

2. 数据来源

土壤理化数据为江苏省稻麦两熟区的测土配方施肥调查数据，数据由江苏省耕地质量保护站提供。于2008～2015年每年的水稻收获季在全省范围内采集样品，采样深度0～20cm，并同时记录样点的水稻产量，共采集10 681个样点（表8-1）。土壤样品测定指标包括容重、pH、有机质、全氮、有效磷、速效钾、缓效钾、有效铜、有效锌、有效铁、有效锰、有效硼、有效钼和有效硅。土壤分析均采用常规测定方法（鲁如坤等，2000）。

表8-1　江苏省稻麦两熟区土壤样品信息

农业区	区域范围	主要土壤类型	主要成土母质	样点数
徐淮	位于淮河和苏北灌溉总渠一线以北，主要包括丰县、沛县、睢宁、灌云、滨海、新沂、泗阳、赣榆、灌南、铜山、宿豫、沭阳、东海、泗洪、响水、邳州、阜宁和涟水18个县（市、区）	潮土	河流冲积物	4068
沿海	位于苏北灌溉总渠一线以南，主要包括东台、如东、射阳和大丰4个县（市、区）	潮土、水稻土	江海相沉积物	1000
里下河	位于江苏省中部，主要包括建湖、宝应、盐都、高邮、兴化、洪泽和金湖等县（市、区）	水稻土	河湖沉积物	1470
宁镇扬	位于江苏省西南部，主要包括南京市全部、丹徒、金坛、溧阳和盱眙等9个县（市、区）	水稻土	黄土状物	1262
沿江	江苏省长江沿岸一带，主要包括海安、姜堰、江都、如皋、通州、泰兴、启东、海门、扬中、靖江和仪征11个县（市、区）	潮土、水稻土	河流冲积物、江海相沉积物	1686
太湖	位于江苏省东南部，主要包括江阴、张家港、常熟、昆山、吴江、太仓、宜兴、丹阳和武进等县（市、区）	水稻土	河湖沉积物	1195

3. 评价方法

（1）最小数据集指标筛选

首先将各土壤指标与作物产量进行皮尔逊相关性分析，选取与作物产量有显著相关性的指标，再对所选取的土壤指标进行主成分分析，选择特征值＞1的主成分作为研究对象（Brejda et al., 2000），各主成分特征值越大越能代表土壤指标体系特性。在此分析过程中，采用最大方差旋转法加强不相关组分的解释能力（Flury et al.，1988）。对于每组主成分，因子载荷变量越大对该主成分贡献越大，高因子载荷指标即因子载荷绝对值达到该主成分中最大因子载荷90%范围内的指标（贡璐等，2015）。当一个主成分中高因子载荷指标只有一个时，则该指标进入最小数据集，不止一个时，对其分别做相关性分析，若相关系数低（$r<0.7$），各指标均被选入最小数据集，若相关系数高（$r>0.7$），最大的高因子载荷指标（2个指标时）或相关系数之和最大的高因子载荷指标（2个以上指标时）被选入最小数据集（Andrews et al.，2002；Li et al.，2013）。

（2）指标权重值

用主成分分析法确定土壤质量评价指标的权重，各指标权重值等于该指标的公因子方差与所有最小数据集指标公因子方差和的比值（Li et al.，2013）。

（3）指标评分

不同指标具有不同单位，通过隶属度函数可将土壤质量评价指标测定值标准化为0～1的无量纲值，主要标准化隶属度评分函数分为三类：正S型（8-1）、反S型（8-2）、抛物线型（8-3）（曹志洪，2008）。

$$\text{正S型：} f(x)=\begin{cases}0.1, & x<L \\ 0.1+\dfrac{0.9\times(x-L)}{(U-L)}, & L\leqslant x\leqslant U \\ 1.0, & x>U\end{cases} \tag{8-1}$$

$$\text{反S型：} f(x)=\begin{cases}0.1, & x<L \\ 0.1+\dfrac{0.9\times(U-x)}{(U-L)}, & L\leqslant x\leqslant U \\ 1.0, & x>U\end{cases} \tag{8-2}$$

$$\text{抛物线型：} f(x)=\begin{cases}0.1, & x<L_1, x>U_2 \\ 0.1+\dfrac{0.9\times(x-L_1)}{(L_2-L_1)}, & L_1\leqslant x<L_2 \\ 1.0, & L_2\leqslant x\leqslant U_1 \\ 0.1+\dfrac{0.9\times(U_2-x)}{(U_2-U_1)}, & U_1<x\leqslant U_2\end{cases} \tag{8-3}$$

式中，$f(x)$表示指标得分；x表示指标实测值；L和U分别表示下限和上限临界值，其中，L_1、L_2代表两个下限值，U_1、U_2代表两个上限值。

（4）土壤质量指数

土壤质量指数（SQI）采用以下公式计算

$$\text{SQI}=\sum_{i=1}^{n}W_i\times S_i \tag{8-4}$$

式中，n表示指标个数；W_i表示第i个指标权重值；S_i表示第i个指标得分（Doran et al.，1994）。

（5）土壤质量评价精度验证

利用Nash有效系数（E_f）和相对偏差系数（E_R）评价最小数据集的精确程度（Nash et al.，1970）。计算公式如下

$$E_f = 1 - \frac{\sum (R_0 - R_{cal})^2}{\sum (R_0 - \overline{R_0})^2} \qquad (8\text{-}5)$$

$$E_R = \frac{\left| \sum_{i=0}^{n} R_{0i} - \sum_{i=1}^{n} R_{cali} \right|}{\sum_{i=1}^{n} R_{0i}} \qquad (8\text{-}6)$$

式中，R_0 表示基于全量数据集计算得出的土壤质量指数值；$\overline{R_0}$ 表示基于全量数据集计算得出的土壤质量指数平均值；R_{cal} 表示基于最小数据集计算得出的土壤质量指数值。Nash 有效系数（E_f）越接近 1，表示基于最小数据集计算的土壤质量指数与基准值越接近，精度较高。相对偏差系数（E_R）越接近 0，表示基于最小数据集计算的土壤质量指数相对于基准值偏差越小，结果越精确。

8.1.1.2 结果与分析

1. 江苏省稻麦两熟区土壤理化性状描述性统计分析

江苏省稻麦两熟区土壤理化指标统计结果（表 8-2）显示：根据全国土壤养分含量分级标准，江苏省稻麦两熟区土壤容重（$1.26g/cm^3 \pm 0.08g/cm^3$）处于"偏紧"级别；pH（$7.23 \pm 0.92$）处于"中性"级别；有机质（22.85g/kg ± 7.83g/kg）、全氮（1.41g/kg ± 0.48g/kg）、有效磷（18.12mg/kg ± 13.29mg/kg）、速效钾（121.2mg/kg ± 66.74mg/kg）均处于"中等"级别；缓效钾（600.3mg/kg ± 248.4mg/kg）、有效铜（3.49mg/kg ± 2.22mg/kg）、有效铁（72.4mg/kg ± 67.2mg/kg）和有效锰（33.7mg/kg ± 37.4mg/kg）达到"极丰富"级别；有效锌（1.37mg/kg ± 1.14mg/kg）和有效硅（185.9mg/kg ± 91.4mg/kg）达到"丰富"级别；有效硼（0.49mg/kg ± 0.29mg/kg）和有效钼（0.12mg/kg ± 0.08mg/kg）处于"缺乏"级别。根据变异系数的划分等级标准（金慧芳等，2018）：容重为不敏感指标（CV<10%）；pH、有机质、全氮为低度敏感指标（CV为10%~40%）；有效磷、速效钾、缓效钾、有效铜、有效锌、有效铁、有效硼、有效钼和有效硅为中度敏感指标（CV为40%~100%）；有效锰为高度敏感指标（CV>100%）。

表8-2 江苏省稻麦两熟区土壤理化性状

指标	最小值	最大值	平均值	标准差	变异系数CV（%）
容重（g/cm³）	0.67	1.85	1.26	0.08	6.66
pH	4.10	9.00	7.23	0.92	12.74
有机质（g/kg）	1.07	76.00	22.85	7.83	34.29
全氮（g/kg）	0.09	3.98	1.41	0.48	33.95
有效磷（mg/kg）	0.10	167.60	18.12	13.29	73.32
速效钾（mg/kg）	2.1	765.0	121.2	66.74	55.08
缓效钾（mg/kg）	53.0	1656.9	600.3	248.4	41.38
有效铜（mg/kg）	0.06	33.49	3.49	2.22	63.53
有效锌（mg/kg）	0.03	21.92	1.37	1.14	83.47
有效铁（mg/kg）	0.1	569.1	72.4	67.2	92.76
有效锰（mg/kg）	0.2	452.0	33.7	37.4	110.93
有效硼（mg/kg）	0.01	2.90	0.49	0.29	59.87

续表

指标	最小值	最大值	平均值	标准差	变异系数CV（%）
有效钼（mg/kg）	0.01	1.37	0.12	0.08	70.33
有效硅（mg/kg）	10.4	552.0	185.9	91.4	49.16

2. 基于水稻产量的江苏省稻麦两熟区最小数据集的筛选

首先对10 681个监测样点的水稻产量与土壤指标进行皮尔逊相关性分析，结果表明：水稻产量与土壤pH、容重、有机质、全氮、有效磷、速效钾、缓效钾、有效铜、有效锌、有效铁、有效锰和有效硼指标存在显著或极显著相关关系（表8-3）。然后，将与水稻产量具有显著相关性的指标作为土壤质量评价候选指标进行下一步的主成分分析。对相关性分析中保留的指标进行主成分分析，然后对每个主成分中评价参数的载荷值和参数的相关性进行分析确定组成最小数据集的评价指标。采用最大方差旋转法进行的主成分分析（表8-4）和高因子载荷指标相关性分析（表8-5）结果显示：特征值>1的主成分有4组，总方差的累计贡献率达59.349%。PC1主要由有效铁一个因子构成，因此PC1中有效铁进入最小数据集；PC2主要由有机质和全氮两个因子构成，有机质与全氮的相关系数>0.7（$r=0.709$，$P<0.01$），且有机质为PC2中最高因子载荷，因此PC2中有机质进入最小数据集。PC3主要由速效钾一个因子构成，因此PC3中速效钾进入最小数据集；PC4主要由有效磷和有效硼两个因子构成，且有效磷与有效硼的相关系数<0.7（$r=0.082$，$P<0.01$），因此PC4中有效磷与有效硼进入最小数据集。

表8-3　水稻产量与土壤属性相关性分析

	水稻产量	容重	pH	有机质	全氮	有效磷	速效钾	缓效钾	有效铜	有效锌	有效铁	有效锰	有效硼	有效钼
水稻产量	1													
容重	-0.087**	1												
pH	0.060**	0.031**	1											
有机质	0.053**	-0.139**	-0.258**	1										
全氮	0.073**	-0.164**	-0.202**	0.709**	1									
有效磷	0.117**	-0.014	0	0.106**	0.046**	1								
速效钾	0.096**	0.050**	0.119**	0.101**	0.130**	0.075**	1							
缓效钾	0.169**	0.040**	0.396**	0.003	-0.046**	0.108**	0.451**	1						
有效铜	0.076**	-0.047**	-0.252**	0.205**	0.240**	0.008	0.054**	-0.104**	1					
有效锌	0.025*	-0.099**	-0.179**	0.254**	0.277**	0.108**	-0.042**	-0.127**	0.243**	1				
有效铁	0.087**	-0.059**	-0.479**	0.214**	0.236**	0.012	-0.055**	-0.289**	0.493**	0.381**	1			

	水稻产量	容重	pH	有机质	全氮	有效磷	速效钾	缓效钾	有效铜	有效锌	有效铁	有效锰	有效硼	有效钼
有效锰	0.125**	0.025**	-0.382**	-0.004	0.045**	-0.003	-0.072**	-0.314**	0.247**	0.218**	0.546**	1		
有效硼	0.115**	0.107**	0.128**	0.005	0.013	0.082**	0.182**	0.144**	0.002	0.116**	-0.057**	-0.142**	1	
有效钼	0.002	0.087**	-0.120**	0.034**	0.042**	-0.009	-0.030**	-0.083**	0.181**	0.033**	0.164**	0.158**	0.043**	1
有效硅	-0.014	-0.041**	0.264**	0.039**	0	-0.035**	0.229**	0.361**	-0.185**	-0.095**	-0.244**	-0.274**	0.014	-0.238**

注: *代表在0.05水平相关性显著, **代表在0.01水平相关性极显著, 下同

综上可知, 江苏省稻麦两熟区土壤质量评价最小数据集为有机质、有效磷、速效钾、有效铁和有效硼。同理筛选出江苏省六大农业区的土壤质量评价最小数据集 (表8-6): 江苏省六大农业区的最小数据集存在差异, 说明不同农业区主要的限制因子存在差异。整体来看, 有机质、钾元素和微量元素是江苏省稻麦两熟区主要的限制因子。

表8-4 与产量显著相关指标的主成分分析

指标	主成分			
	PC1	PC2	PC3	PC4
特征值	2.938	1.885	1.277	1.022
贡献率 (%)	24.480	15.712	10.64	8.517
累积贡献率 (%)	24.480	40.192	50.832	59.349
容重	0.108	-0.498	0.259	0.065
pH	-0.643	-0.178	0.245	0.098
有机质	0.192	**0.838**	0.135	0.091
全氮	0.231	**0.829**	0.153	0.058
有效磷	-0.056	0.071	-0.041	**0.685**
速效钾	0.006	0.054	**0.846**	0.025
缓效钾	-0.388	0.004	0.709	0.084
有效铜	0.646	0.144	0.22	0.016
有效锌	0.417	0.263	-0.121	0.524
有效铁	**0.851**	0.094	-0.047	0.065
有效锰	0.749	-0.184	-0.129	-0.054
有效硼	-0.073	-0.128	0.279	**0.641**

表8-5 高因子载荷指标相关性

组别		指标			
		有机质	全氮	有效硼	有效磷
PC2	全氮	0.709**	1		
PC4	有效磷			0.082**	1

表8-6　江苏省六大农业区土壤质量评价最小数据集

农业区	最小数据集
徐淮	容重、pH、有机质、全氮、有效磷、缓效钾、有效铜、有效铁和有效锰
沿海	有机质、有效磷、速效钾、缓效钾、有效锌和有效钼
里下河	有效磷、速效钾、缓效钾、有效铜、有效锌和有效锰
宁镇扬	容重、有机质、全氮、缓效钾、有效铜、有效锰和有效钼
沿江	pH、有机质、速效钾、有效铜、有效铁、有效硼
太湖	容重、有机质、有效铜、有效锌和有效锰

3. 基于最小数据集的江苏省稻麦两熟区土壤质量评价

通过对与产量有显著相关性的指标进行主成分分析，获得各个指标的公因子方差，利用指标公因子方差所占比例确定各个指标的权重值（表8-7）。通过隶属度函数将土壤质量评价指标测定值标准化为0~1的无量纲值，其下限和上限临界值如表8-8所示（曹志洪，2008；Qi et al.，2009；冯万忠等，2017）。然后采用式（8-4）计算SQI-MDS和SQI-TDS。江苏省稻麦两熟区SQI-MDS在0.136~1.000，均值为0.674；SQI-TDS在0.247~0.955，均值为0.635。

表8-7　全量数据集和最小数据集的指标权重值

指标	全集（TDS）		最小数据集（MDS）	
	公因子方差	权重	公因子方差	权重
容重	0.409	0.048		
pH	0.503	0.059		
有机质	0.814	0.095	0.766	0.238
全氮	0.807	0.094		
有效磷	0.562	0.066	0.479	0.149
速效钾	0.690	0.081	0.719	0.224
缓效钾	0.676	0.079		
有效铜	0.492	0.057		
有效锌	0.521	0.061		
有效铁	0.752	0.088	0.740	0.230
有效锰	0.656	0.077		
有效硼	0.550	0.064	0.510	0.159
有效钼	0.581	0.068		
有效硅	0.555	0.065		

表8-8　土壤质量评价指标隶属函数中下限和上限临界值

指标	下限值（L）	上限值（U）	隶属度函数
有机质（g/kg）	15	30	
全氮（g/kg）	0.75	1.50	$f(x) = \begin{cases} 0.1, x < L \\ 0.1 + \dfrac{0.9 \times (x-L)}{(U-L)}, L \leq x \leq U \\ 1.0, x > U \end{cases}$
有效磷（mg/kg）	5	15	

续表

指标	下限值（L）	上限值（U）	隶属度函数
速效钾（mg/kg）	40	100	
缓效钾（mg/kg）	250	750	
有效铜（mg/kg）	2	4	
有效锌（mg/kg）	1.5	3.0	$f(x)=\begin{cases}0.1, x<L\\0.1+\dfrac{0.9\times(x-L)}{(U-L)}, L\leqslant x\leqslant U\\1.0, x>U\end{cases}$
有效铁（mg/kg）	2	32	
有效锰（mg/kg）	10	20	
有效硼（mg/kg）	0.5	1.0	
有效钼（mg/kg）	0.1	0.3	
有效硅（mg/kg）	1.5	130.0	
pH	4.5（L_1） 5.5（L_2）	6.5（U_1） 8.5（U_2）	$f(x)=\begin{cases}0.1, x<L_1, x>U_2\\0.1+\dfrac{0.9\times(x-L_1)}{(L_2-L_1)}, L_1\leqslant x<L_2\\1.0, L_2\leqslant x\leqslant U_1\\0.1+\dfrac{0.9\times(U_2-x)}{(U_2-U_1)}, U_1<x\leqslant U_2\end{cases}$
容重（g/cm³）	0（L_1） 1（L_2）	1.25（U_1） 1.55（U_2）	$f(x)=\begin{cases}0.1, x>U_2\\0.1+\dfrac{0.9\times(x-L_1)}{(L_2-L_1)}, L_1\leqslant x<L_2\\1.0, L_2\leqslant x\leqslant U_1\\0.1+\dfrac{0.9\times(U_2-x)}{(U_2-U_1)}, U_1<x\leqslant U_2\end{cases}$

验证最小数据集的合理性是土壤质量评价的重要环节。首先对SQI-MDS与SQI-TDS两者进行回归分析，然后采用式（8-5）和式（8-6）分别计算Nash有效系数和相对偏差系数来验证本研究最小数据集的合理性。结果表明：SQI-MDS与SQI-TDS之间呈极显著正相关关系（R^2=0.720）（图8-1），Nash有效系数和相对偏差系数分别为0.401和0.061，相对偏差系数接近0。水稻产量与SQI-MDS（r=0.243，$P<0.01$）和SQI-TDS（r=0.232，$P<0.01$）均具有显著相关关系。综上所述，本研究中，江苏省稻麦两熟区土壤质量评价的最小数据集指标能够较好代替全量数据集指标。

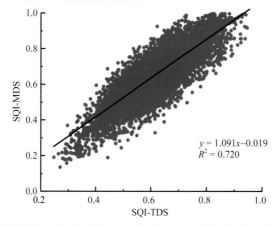

图8-1　最小数据集土壤质量指数与全量数据集土壤质量指数的相关性（n=10 681）

根据隶属度评分函数曲线中转折点的相应值，结合等距划分法（张凤荣等，2002；刘金山等，2012；冯万忠等，2017），将土壤质量指数分为5个等级。基于最小数据集的江苏省稻麦两熟区土壤质量等级频率分布结果（表8-9）显示：江苏省稻麦两熟区土壤质量19.71%处于"优Ⅰ"等级；52.50%处于"良Ⅱ"等级；24.28%处于"中等Ⅲ"等级；3.40%处于"差Ⅳ"等级，0.12%处于"很差Ⅴ"等级。整体看来，基于最小数据集的江苏省稻麦两熟区土壤质量指数均值为0.674，整体处于"良Ⅱ"等级。

表8-9 基于最小数据集的江苏省稻麦两熟区土壤质量等级频率分布

等级分布	优Ⅰ（0.8~1.0）	良Ⅱ（0.6~0.8）	中等Ⅲ（0.4~0.6）	差Ⅳ（0.2~0.4）	很差Ⅴ（0.0~0.2）
SQI-MDS比例	19.71%	52.50%	24.28%	3.40%	0.12%

图8-2a和b、表8-10结果显示：基于最小数据集的江苏省稻麦两熟区土壤质量指数存在空间异质性，里下河农业区土壤质量指数最高（均值0.768），其次是太湖农业区（均值0.726），再者是宁镇扬农业区（均值0.648）、沿江（均值0.648）、沿海（均值0.654）和徐淮（均值0.649）农业区。

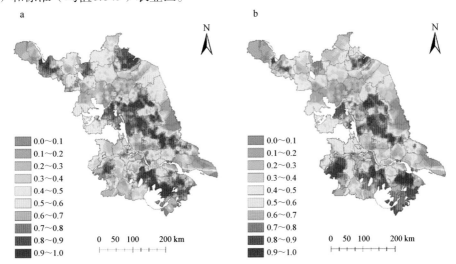

图8-2 基于最小数据集（a）和全量数据集（b）的江苏省稻麦两熟区土壤质量指数空间分布

表8-10 基于最小数据集的江苏省六大农区土壤质量指数

农业区	基于 SQI-MDS			
	极小值	极大值	区域均值	变异系数
徐淮	0.136	1.000	0.649	21.13%
沿海	0.191	1.000	0.654	20.74%
里下河	0.295	1.000	0.768	13.87%
宁镇扬	0.308	0.976	0.648	19.62%
沿江	0.206	1.000	0.648	22.11%
太湖	0.190	1.000	0.726	18.24%

8.1.1.3 小结

基于水稻产量分析，江苏省稻麦两熟区的土壤质量评价最小数据集包括有机质、有效磷、速效钾、有效铁和有效硼，同时，不同农业区的土壤质量评价最小数据集指标存在差异。基于最小数据集得出的江苏省稻麦两熟区土壤质量指数（SQI-MDS）范围在0.136～1.000（均值0.674），与基于全量数据集得出的土壤质量指数（SQI-TDS）之间呈极显著正相关关系（R^2=0.720）。Nash有效系数和相对偏差系数分别为0.401和0.061，相对偏差系数接近0，水稻产量与SQI-MDS（r=0.243，$P<0.01$）和SQI-TDS（r=0.232，$P<0.01$）均具有显著相关关系，这说明最小数据集指标能够较好地代替全量数据集指标。

江苏省稻麦两熟区土壤质量指数整体处于"良Ⅱ"等级，基于最小数据集得出的土壤质量指数19.71%处于"优Ⅰ"等级，52.50%处于"良Ⅱ"等级，24.28%处于"中等Ⅲ"等级，3.40%处于"差Ⅳ"等级，0.12%处于"很差Ⅴ"等级。江苏省稻麦两熟区土壤质量指数存在空间异质性，其中里下河农业区土壤质量指数最高（均值0.768），其次是太湖农业区（均值0.726），再者是宁镇扬农业区（均值0.648）、沿江（均值0.648）、沿海（均值0.654）和徐淮（均值0.649）农业区。

8.1.2 稻麦两熟区周年机械化对土壤物理性状的影响

8.1.2.1 材料与方法

田间调查针对长江中下游稻麦两熟区机收环节，从2016年水稻机收季至2017年水稻机收季，跨越连续3个作物季，该区周年稻麦两熟，实现了光热资源的周年高效利用，且得益于该区良好的农村经济和先进的农业技术，作物生产集约化及机械化程度很高，但区域农地仍受传统地理地貌特征的约束，土地细碎化较为严重（刘涛等，2008），稻麦生产机械仍以中小型联合收割机为主。基于此，针对稻麦两熟区土壤物理肥力退化、耕层浅薄、机械压实严重、稻茬麦根构型发育受阻等现状，本课题组进一步开展田间定量试验。使用不同的深松/锄耕处理，辅以精准的田间试验测试，获取不同机械耕作处理后的土壤物理肥力参数，具体监测指标及方法（依艳丽，2009）如下。

土壤剖面形态：采用剖面法直接观察土壤剖面形态特征，利用铁锹在地表较为平坦的地带挖出深0.5m、宽0.2m的垂直土壤剖面，再用小铲、毛刷等工具小心清理剖面杂物，保持剖面平整，避免人为因素对剖面进行二次扰动。

土壤容重：采用环刀法和烘干法进行土壤容重测量，环刀容积为100cm³，测量地点位于剖面形态观察点的附近，测量深度为0～5cm、5～10cm、10～15cm、15～20cm、20～25cm、25～30cm、30～35cm、35～40cm、40～45cm、45～50cm，3次重复，土壤容重（g/cm³）=烘干土重（g）/环刀容积（cm³）。

土壤总孔隙度：测量方法与容重相同，土壤总孔隙度（100%）=1-土壤容重/土壤密度，土壤密度取2.65g/cm³。

土壤含水率：采用环刀法和烘干法测量土壤含水率，环刀容积为100cm³，测量地点与深度和容重相同，3次重复，土壤含水率（100%）=（湿土重-烘干土重）（g）/烘干土重（g）。

土壤紧实度：使用TJSD-750型土壤紧实度测量仪测量土壤紧实度，在环刀取样附近随机选择未扰动地点，等距直线排列进行测量，每10cm间距测量一点，连续测量11点。测量深度为42.5cm，每2.5cm记录1次数据。

8.1.2.2 结果与分析

1. 机收对土壤容重和孔隙度的影响

表8-11显示了长江下游稻麦两熟稻田土壤的基本物理特征，稻收季的土壤含水率明显高于麦收季，而稻收季10～15cm土层的含水率又低于0～5cm和5～10cm土层，表明10～15cm土层的蓄纳水分能力低于耕层，或者说10～15cm土层已经是紧实化（犁底层）土壤。因长期以旋代耕，机械压实逐步导致了稻麦两熟区耕层浅薄。Lennartz等（2009）在江西大范围田间调查的结果表明，其稻田土壤耕层厚度在11～17cm，其类似的发现也进一步表明稻区普遍存在耕层浅薄和蓄纳水分能力不足的状况。

表8-11 三季作物收获时土壤压实前、后的物理特性

生长季	土层深度（cm）	含水率（%）	容重（g/cm³）		孔隙度（%）	
			压实前	压实后	压实前	压实后
2017年稻收季	0～5	41.17	1.16c	1.18c	56.41a	55.49a
	5～10	40.69	1.24bc	1.31b	53.05ab	50.66b
	10～15	33.43	1.35ab	1.45a	49.23bc	45.41c
2017年麦收季	0～5	16.11	1.05c	1.20bc	60.33a	54.78ab
	5～10	17.78	1.13c	1.24b	57.33ab	53.22b
	10～15	15.80	1.42a	1.41a	46.30c	47.02c
	15～20	18.17	1.49a	1.43a	44.00c	46.00c
2016年稻收季	0～5	31.73	1.20d	1.26c	54.77a	52.36ab
	5～10	30.21	1.31bc	1.39a	50.39bc	47.71bcd
	10～15	28.56	1.43a	1.45a	46.09d	45.12d

注：不同小写字母表示不同处理间差异在0.05水平显著，下同

对比压实前、后容重和孔隙度发现，机收虽然增加了土壤容重并降低了孔隙度，但是并没有导致显著变化，表明土壤容重和孔隙度并不是长江中下游稻麦两熟区的敏感土壤物理指标，而且不同的机收季和不同的土层情况类似。Botta等（2006）针对机械压实也得到了类似的结论，认为即使在小型机械反复碾压的条件下土壤容重变化也不显著。这些结果表明，小型机械对土壤结构的扰动较小，符合保护性耕作的理念。

2. 机收对各土层紧实度的影响

土壤紧实度是土壤结构及物理状态的综合力学性质的反映，具有可实现连续快速测试的优势，因此近年来研发了各类快速测试技术，包括竖直圆锥贯入式装备（于文华等，2017）、水平圆锥贯入式装备等（白丽珍等，2017），此类前瞻性大数据装备的研究多重视软硬件系统的集成开发，并没有提供针对区域农业土壤信息的大数据和分析。因此本研究进行了大数据调查，从图8-3中可看出，3个机收季的土壤紧实度都呈现出随土层深度增加而增加的趋势，且3季的土壤紧实度在压实后均表现出0～15cm土层显著变化，并不造成15cm以下土层发生明显变化，这有别于常规认为的机械化发展加剧底层土破坏的论断（Arvidsson and Keller，2007）。Zhang等（2006）监测发现，机械造成的土壤紧实度增加仅限于5～14cm土层，这进一步表明我国机械系统对土壤的影响与西方农业存在一定的区别。

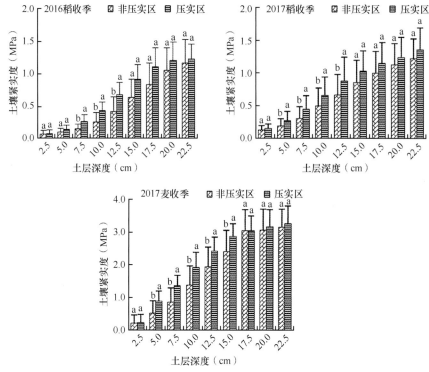

图8-3 机械压实对土壤紧实度的影响

不同小写字母表示不同处理间差异在0.05水平显著，下同

3. 机收对微地貌的影响

3季田间调查发现该区域的收割机（久保田PRO688Q和沃得DR40EA）都是履带式底盘配置，但按照作物季区分后发现小麦机收的轮辙印下陷少于4cm（图8-4a），而水稻机收则造成较大程度的微地貌破坏（图8-4b），下陷深度的分布区间很宽，最大地表下陷深度达12cm（图8-4a）。Lennartz等（2009）在江西稻区的大范围调查表明，水稻土的耕层厚度仅为11～17cm。刘一（2014）对长江下游典型稻麦两熟制的土壤剖面分析表明，水稻土的耕层厚度仅为10cm。由此表明，虽然小型稻麦联合收割机使用的是履带式底盘，但是在水稻机收环节对微地貌的破坏非常严重，许多位点的土壤下陷深度已经接近甚至超过耕层的厚度。稻季机收土壤下陷深度的大范围分布也表明稻作制不同田块的土壤机械承载力（或车辆通过性）存在巨大的差异。

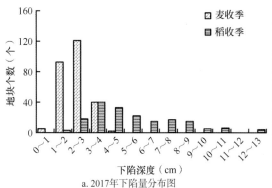

a. 2017年下陷量分布图

b. 稻收季微地貌破坏状况

图8-4 下陷量分布图以及微地貌破坏状况

水稻机收造成水稻土微地貌过度破坏的实质是土壤塑性流动甚至流变。Targar等（2014）基于江浦农场稻麦两熟制的研究表明，塑性流动是水稻土主要破坏模式之一，能够严重破坏土壤耕层的正常功能。但以往的研究指出，虽然土壤下陷是机械压实的一个重要后果，但很难描述和阐明，通常土壤表面的压痕并不明显（Mc Garry and Sharp，2012）。另外，不同的研究人员观察到的土壤下陷情况也不一致，有的研究表明大型拖拉机碾压后地表下陷仅为3cm，但有的研究表明中型拖拉机的一次碾压能够造成很深的土壤下陷（Valera et al.，2012）。我们的调查数据表明，机械压实导致的土壤下陷与区域的土壤类型、作物轮作、机具等诸多因素相关，对于长江中下游的稻作制条件，目前的履带式作业机具仍然无法有效保护土壤免受压实破坏。

4. 区域土壤物理参数的分层分析

除了上述基于物理指标对机收的土壤压实效应大数据进行解析，本区域农情信息调查也进一步解释了土壤物理指标之间的内在联系。将数据按各地块平均处理，得到各地块未压实区的土壤含水率随土壤容重的增大在各土层均表现为线性下降的趋势（图8-5）。虽然目前尚不能解释清楚二者间在不同土层及作物季的不同体现，但拟合的

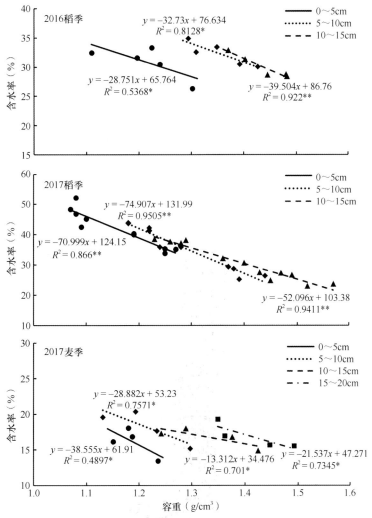

图8-5　不同收获季不同土层含水率与容重的拟合关系

*表示在0.05水平显著相关，**表示在0.01水平显著相关。下同

数据线清楚地表明了该区创建疏松耕层的重要性。疏松的耕层可降低土壤容重，从而能够增强土层蓄水能力，这在2个年度的稻季和麦季，以及3个土层都能够清楚体现。图8-5也进一步表明了今后针对该区建设土壤物理大数据的技术复杂性，其中需要研发更为快速高效的土壤取样和容重在线分析装备。

同样将所得数据按各地块进行平均，并将3个作物季的所有地块数据信息整合，获得稻麦两熟机收环节的地表下陷量与0～10cm土层平均含水率及土壤紧实度（图8-6）的分段线性拟合关系。由于稻季土壤含水率高以及紧实度小，稻季线性拟合关系并不显著，但这对稻麦两熟机收安全作业具有一定的指导意义。Hemmat等（2014）也发现土壤下陷深度与土壤含水率和土壤紧实度表现出双段线性相关特征。对长江中下游多季及稻麦不同作物大数据统计表明，该区土壤含水率为35%是机收安全作业的上限，或者圆锥贯入阻力为1MPa是机收安全作业的下限（图8-6）。Tim Chamen等（2015）指出，湿土比干土更容易压实，生产中多用经验法处理，当土壤湿度超过田间承载力时，禁止机械下田以保护土壤。随着智能农业的快速推进，构建农业大数据需要针对各区域农业的土壤物理特点进行系统设计，因此解读农机安全生产的各土壤物理参数阈值至关重要。

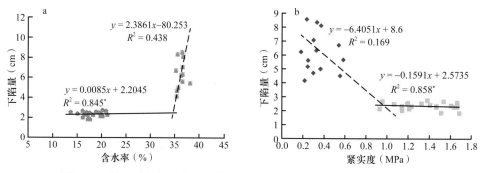

图8-6　土壤下陷量与土壤含水率（a）和紧实度（b）的两段线性拟合图

8.2　稻麦两熟稻田土壤培肥关键技术筛选

8.2.1　稻麦两熟稻田轮耕技术

8.2.1.1　材料与方法

江苏省南京市（江苏省农业科学院溧水植物科学基地，N 31°36′、E 119°11′）稻麦秸秆还田与耕作协调技术模式研究中，设置免耕（小麦季免耕、水稻季旋耕）+秸秆还田（T1）、周年旋耕+秸秆还田（T2）、周年翻耕+秸秆还田（T3）和周年翻耕+秸秆不还田（T4）4种培肥模式（表8-12），研究了秸秆还田与耕作方式对稻麦产量和土壤肥力的影响。其中，水稻品种为'南粳9108'，栽插规格为25cm×13cm，小麦品种为'宁麦16'，撒播，播种量为15kg/亩。

表8-12　稻麦秸秆还田与耕作协调技术模式试验操作方式

试验处理	水稻季	小麦季
免耕（小麦季免耕、水稻季旋耕）+秸秆还田（T1） 周年旋耕+秸秆还田（T2） 周年翻耕+秸秆还田（T3） 周年翻耕+秸秆不还田（T4）	18kg N/亩，9kg P_2O_5/亩，9kg K_2O/亩；磷钾基施50%，穗施50%；氮肥运筹为6：4（基肥：穗肥）	15kg N/亩，5kg P_2O_5/亩，5kg K_2O/亩；磷钾基施50%，返青拔节施50%；氮肥运筹为7：3（基肥：穗肥）

8.2.1.2　结果与分析

由图8-7a可知，秸秆还田与耕作方式对水稻成熟期株高具有一定影响。各处理条件下，株高由高到低依次为免耕（小麦季免耕、水稻季旋耕）+秸秆还田（T1）＞周年翻耕+秸秆还田（T3）＞周年旋耕+秸秆还田（T2）＞周年翻耕+秸秆不还田（T4）。相较T4处理，T1、T3、T2处理的株高分别提高了5.91%（$P<0.05$）、2.42%（$P>0.05$）、1.34%（$P>0.05$）。

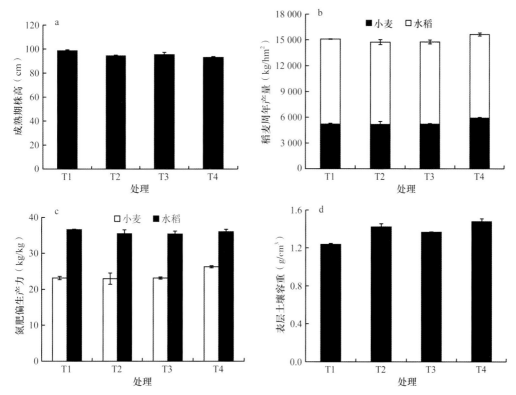

图8-7　秸秆还田与耕作方式对水稻株高（a）、稻麦周年产量（b）、氮肥偏生产力（c）和表层土壤容重（d）的影响

由图8-7b可知，秸秆还田与耕作方式对水稻、小麦及周年产量具有一定影响。各处理条件下，稻麦周年产量由高到低依次为周年翻耕+秸秆不还田（T4）＞免耕（小麦季免耕、水稻季旋耕）+秸秆还田（T1）＞周年翻耕+秸秆还田（T3）＞周年旋耕+秸秆还田（T2）。相较T4处理，T1、T3、T2处理的周年产量分别显著下降了3.49%、5.57%、5.73%（$P<0.05$）。周年产量处理间存在差异主要归因于秸秆还田与耕作方式对小麦产量产生显著影响。

氮肥偏生产力作为评估氮肥利用率的重要指标之一，反映了投入单位用量氮肥可生产的粮食产量。由图8-7c可知，各处理条件下，水稻季氮肥偏生产力达35.40~36.62kg/kg，处理间差异不显著。然而，秸秆还田与耕作方式对小麦季氮肥偏生产力具有显著影响。各处理条件下，小麦季氮肥偏生产力由高到低依次为T4＞T3＞T1＞T2，相较T4处理，T1、T2、T3处理的氮肥偏生产力显著下降了11.90%~12.61%（$P<0.05$）。

由图8-7d可知，稻麦秸秆还田与耕作方式对稻田表层土壤容重具有显著影响。4种模式下，秸秆不还田（T4）模式稻田表层土壤容重最高，而秸秆还田（T1～T3）模式容重与其相比降低3.75%～16.34%。同时，在3种秸秆还田模式中，耕作措施对土壤容重也具有显著影响。免耕措施（T1）显著降低表层土壤容重，较旋耕（T2）、翻耕（T3）分别降低了13.08%、9.55%（$P<0.05$）。

8.2.1.3 小结

秸秆还田与耕作方式对稻麦产量、土壤物理性状具有一定影响。免耕（小麦季免耕、水稻季旋耕）配合周年秸秆还田条件下，稻麦周年产量均较高，且耕层土壤容重相比T4显著降低了16.34%。考虑秸秆还田与耕作方式的综合效应，免耕（小麦季免耕、水稻季旋耕）配合周年秸秆还田可作为一项有效措施加以推广。

8.2.2 稻麦两熟稻田耕作机具筛选

8.2.2.1 材料与方法

1. 试验设计

试验田块所处农场位于黄海农场五分场N14#02，小区全长930m，宽40m，划分成20块试验小区，其中小区1～12进行稻麦耕作模式试验。各小区之间要筑埂。耕作试验设计4个主处理（表8-13），3次重复。水稻种植方式为机插毯苗，小麦种植方式为机条播。各小区靠近水泥路10m内秸秆不还田，水稻品种除直播稻选用'苏秀867'外，其他一律使用'连粳7号'，小麦品种为'淮麦22'。

表8-13 不同耕作处理模式

处理	说明
处理1	麦茬稻上水泡田旋耕，稻茬麦翻耕+旋耕，秸秆还田；小区1～3
处理2	麦茬稻上水泡田旋耕，稻茬麦旋耕，秸秆还田；小区4～6
处理3	麦茬稻旱整，稻茬麦翻耕+旋耕，秸秆还田；小区7～9
处理4	麦茬稻旱整，稻茬麦旋耕，秸秆还田；小区10～12

2. 测定指标与方法

测定指标包括灭茬率（%）、碎土率（%）、耕深（cm）、耕后地表秸秆残留量（g/m²）、旋耕深度合格率（%）等。

（1）灭茬率

$$\eta = (1 - \frac{m_{c1}}{m_{c2}}) \times 100\% \tag{8-7}$$

式中，η为灭茬率（%）；m_{c1}为灭茬后地表根茬重量（g）；m_{c2}为灭茬前地表根茬重量（g）。

（2）碎土率

每个检测点取面积0.5m×0.5m，在其全耕层内，以最长边小于4cm的土块重量占总重量的百分比为该点碎土率。

$$U = \frac{q}{s} \times 100\% \tag{8-8}$$

式中，U为碎土率（%）；q为合格土块的数量；s为测量土块总数量。

（3）耕深

耕深即犁耕作业后翻耕土壤的实际深度（cm），用直尺测量。

（4）旋耕深度合格率

$$G = \frac{x}{z} \times 100\% \tag{8-9}$$

式中，G 为旋耕深度合格率（%）；x 为旋耕层深度测点合格数；z 为旋耕层深度总的测点数量。

（5）耕后地表秸秆残留量

旋耕后单位面积的地表秸秆重量（g/m^2）。

（6）秸秆入沟率

$$\eta = (1 - \frac{m_1}{m_2}) \times 100\% \tag{8-10}$$

式中，η 为秸秆入沟率（%）；m_1 为作业后地表秸秆重量（g）；m_2 为作业前地表秸秆重量（g）。

（7）沟深及沟深稳定性系数（U，%）

$$h = \frac{\sum_{i=1}^{n} h_i}{N} \tag{8-11}$$

$$S = \sqrt{\frac{\sum_{i=1}^{n} (h_i - h)^2}{N - 1}} \tag{8-12}$$

$$U = \left(1 - \frac{S}{h}\right) \times 100\% \tag{8-13}$$

式中，h 为开沟深度平均值（cm）；h_i 为第 i 个测量点的开沟深度（cm）；N 为选定的测量点数；S 为开沟深度标准差（cm）；U 为开沟深度稳定性系数（%）。

8.2.2.2　稻季主要耕作机具

稻季耕作技术试验条件：

土壤质地为重黏土，0～20cm 土层有机质含量、全氮含量分别为 20.4g/kg、1.6g/kg。种植制度为稻麦两熟。试验前小麦秸秆全量还田。

1. 秸秆粉碎还田作业

秸秆粉碎还田机械采用 1GQN-250 型旋耕灭茬机，作业速度约为 6km/h，作业后，灭茬率为 72%。

2. 水田旋耕作业

采用连发 1GKN300S 旋耕机进行水田旋耕作业（图 8-8a），前进速度为 3.5km/h，旋耕深度大于 12cm，作业后测得旋耕深度合格率为 89%，耕后地表秸秆残留量为 98.62g/m^2，耕后地表平整度为 2.75cm，最大高低差 4cm，同一耕幅左右深度差 1cm。

图8-8　稻季主要耕作机具

a. 水田旋耕作业；b. 水田旱整作业；c. 智能化水田平整作业

3. 水田旱整作业

采用连发1GKN300S旋耕机进行水田旱耕作业（图8-8b），前进速度为4km/h，旋耕深度大于18cm，作业后测得旋耕深度合格率为76%，耕后地表秸秆残留量为93.5g/m²，耕后地表平整度为4.32cm，最大高低差6cm，同一耕幅左右深度差2.5cm，碎土率约为38%。

4. 智能化水田平整作业

选择ZP2038平地机进行智能化水田平整作业（图8-8c），该机械利用激光测距技术进行自动调平作业，响应速度快、精度高，作业后测得田块平整度为2.2cm，最大高低差3.5cm，田块平整度高。

8.2.2.3　麦季主要耕作机具

麦季耕作技术试验条件：土壤质地为重黏土，0～20cm土层有机质含量、全氮含量分别为18.3g/kg、0.86g/kg。试验前水稻秸秆全量还田。

1. 秸秆粉碎灭茬还田作业

秸秆粉碎灭茬还田作业采用1GQN-250型旋耕灭茬机（图8-9a），作业速度约为6km/h，作业后，灭茬率为83%。

图8-9　小麦季主要耕作机具

a. 秸秆粉碎灭茬还田作业；b. 犁耕作业；c. 旋耕作业；d. 秸秆沟埋还田作业；e. 激光平地作业；f. 智能导航作业

2. 犁耕作业

犁耕作业选择1L-420型铧式犁，作业速度为3.6km/h，作业后测得犁翻深度为28cm，合格深度为大于25cm，犁耕深度合格率为82%（图8-9b）。

3. 旋耕作业

旋耕作业采用1GKN-220型旋耕机，作业速度约为4km/h，作业后测得耕深大于12cm，旋耕深度合格率为89%，耕后地表秸秆残留量为105.6g/m²，耕后地表平整度为3.95cm，最大高低差4cm，碎土率约为45%（图8-9c）。

4. 犁旋组合作业

犁耕作业选择1L-420型铧式犁，作业速度约为3.6km/h，旋耕作业采用1GKN-220型旋耕机，作业速度约为4km/h，作业后测得耕深大于12cm，旋耕深度合格率为89%，耕后地表秸秆残留量为105.6g/m²，耕后地表平整度为3.95cm，最大高低差4cm，碎土率约为45%，碎土率较高，有助于提高土壤的通透性，降低土壤容重。

5. 秸秆沟埋还田作业

秸秆沟埋还田作业采用南京农业大学研制的秸秆集中沟埋还田一体机（图8-9d），作业速度为3km/h，开沟深度为30cm，秸秆入沟率为85%，覆土厚度大于15cm。

6. 激光平地作业

采用艾迪斯308激光平地机对旱整田进行平地（图8-9e），作业速度约为5km/h，该机械利用激光测距技术进行自动调平作业，响应速度快、精度高，作业后地表平整度为3.5cm，平整度较高，提高了田间水肥药等资源的利用效率。

7. 智能导航作业

采用北斗卫星定位技术进行开沟旋耕导航作业（图8-9f），开沟机作业速度一般不低于2km/h。开沟机行走路线偏差小，沟型整齐，利于田间排水。

8.2.2.4　耕作技术验证

经过两年耕作试验，土壤紧实度显著降低（图8-10）。当深度为20cm时，紧实度最大不超过3500kPa，远低于试验前的4000kPa，说明耕作有利于改善土壤环境，可有效降低土壤紧实度。其中，土层深度由0cm增加到12.5cm时，紧实度呈现稳步增长状态，深度由12.5cm增加到15cm时，紧实度有突增现象，说明理论耕层在0～12.5cm，犁底层约在15cm处，与2016年相比，犁底层下降了2.5cm。各处理间同层土壤紧实度并无显著差异

（$P>0.05$）。T3方式与其他方式相比紧实度较小，T4方式的耕层紧实度最低。

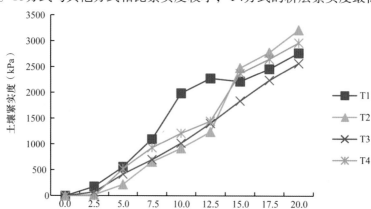

图8-10　不同耕作模式对土壤紧实度的影响（2018年）

由图8-11可知，两年稻麦周年产量整体上：水整＞旱整，翻耕+旋耕＞旋耕，秸秆全量还田＞秸秆不还田。与2017年相比，2018年水稻产量并未显著增加，但是小麦产量增加较为明显。

综合考虑2017年与2018年稻麦总产量（表8-14），经过一年耕作试验，稻麦总产量有较大提升，说明麦茬稻水整、稻茬麦翻耕+旋耕耕作模式有利于作物产量提高。两年耕作试验后产量极差依次为$R_A>R_B>R_C$，说明对稻麦总产量的影响程度大小表现为稻季耕作方式＞麦季耕作方式＞秸秆还田方式。就水稻季耕作方式而言，两年数据均表现出K_{A1}（麦茬稻上水泡田旋耕的稻麦总产量）$<K_{A2}$（麦茬稻旱整耕的稻麦总产量），说明水稻季旱整较水整更有利于水稻产量的提高；就小麦耕作方式而言，结果显示K_{B1}（稻茬麦翻耕+旋耕的稻麦产量）$>K_{B2}$（稻茬麦旋耕的稻麦产量），说明小麦季翻耕+旋耕方式能较好地提升小麦产量。综合稻麦总产量发现，秸秆全量还田方式较秸秆不还田有利于产量提升。

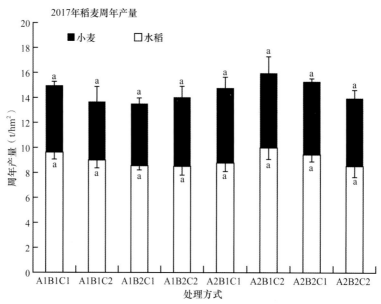

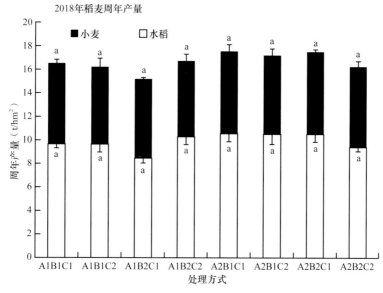

图8-11　耕作技术对两年稻麦周年产量的影响

A1B1C1. 麦茬稻上水泡田旋耕，稻茬麦翻耕+旋耕，秸秆全量还田；A1B1C2. 麦茬稻上水泡田旋耕，稻茬麦翻耕+旋耕，秸秆
不还田；A1B2C1. 麦茬稻上水泡田旋耕，稻茬麦旋耕，秸秆全量还田；A1B2C2. 麦茬稻上水泡田旋耕，稻茬麦旋耕，秸秆不
还田；A2B1C1. 麦茬稻旱整，稻茬麦翻耕+旋耕，秸秆全量还田；A2B1C2. 麦茬稻旱整，稻茬麦翻耕+旋耕，秸秆不还田；
A2B2C1. 麦茬稻旱整，稻茬麦旋耕，秸秆全量还田；A2B2C2.麦茬稻旱整，稻茬麦翻耕+旋耕，秸秆不还田

表8-14　产量极差分析表

分析项	2017年总产量（kg/亩）			2018年总产量（kg/亩）		
	A	B	C	A	B	C
$K1$	3751.46	3964.34	3909.20	4314.97	4504.28	4455.40
$K2$	4005.90	3793.02	3848.16	4571.43	4382.13	4431.01
R	254.44	171.32	61.04	256.45	122.15	24.39
主次因素	A＞B＞C			A＞B＞C		
最优方案	A2B1C1			A2B1C1		

注：A. 麦茬稻耕作方式；B. 稻茬麦耕作方式；C. 秸秆还田方式；$K1$. 水平1上的均值；$K2$. 水平2上的均值；R. 极差项

8.2.3　有机无机肥配施技术

8.2.3.1　中高肥力稻田有机无机肥配施技术

1. 材料与方法

（1）试验地、供试肥料和品种

本试验位于江苏省盐城市响水县黄海农场（N 34°336′、E 119°870′）。该区位于江苏省东北沿海地区，地处北亚热带向南暖温带过渡性气候带，为湿润的季风气候。年平均气温16.3℃，年平均降水量949.5mm。

供试土壤：土壤类型为潮土，质地为重黏土。基本理化性质：pH 8.26，有机质27.10g/kg，全氮1.45g/kg，全磷0.86g/kg，有效磷29.3mg/kg，速效钾337.0mg/kg。

供试肥料：化肥为尿素（$CONH_2)_2$）、磷酸二铵（$(NH_4)_2HPO_4$）；有机肥为商品有机肥

（N 1.35%、P 3.00%、K 1.58%），蚯蚓粪（N 2.48%、P 2.26%、K 1.05%）。

供试品种：水稻'连粳7号'，小麦'淮麦22号'。

本试验为稻麦两熟，于2017年稻季开始布置。试验采用NP总养分替代原则，稻季总养分为34.4kg（$N+P_2O_5$为26.0kg+8.4kg），麦季总养分为35.8kg（$N+P_2O_5$为26.6kg+9.2kg）。本试验耕作模式稻麦季均为旋耕，设置4个施肥处理，3次重复，每个小区面积为2亩，具体试验处理见表8-15。商品有机肥和蚯蚓粪作为底肥一次性施入，灌溉、除草和打农药等田间管理均按常规管理方式由黄海农场专业农技员协助完成。

表8-15　试验处理

处理	耕作模式	施肥设置
CK		不施肥 + 秸秆还田
F	麦茬稻上水泡田旋耕，稻	施化肥 + 秸秆还田
$F_{0.6}M_{0.4}$	茬麦旋耕	商品有机肥替代40% 化肥 + 秸秆还田
$F_{0.6}Vm_{0.4}$		蚯蚓粪替代40% 化肥 + 秸秆还田

（2）样品采集和分析

2017年水稻收获季和2018年小麦收获季进行植株与土壤样品采集，测定指标如下。

土壤物理指标：容重、水稳性团聚体。

土壤化学指标：pH、有机质、全氮、铵态氮（NH_4^+-N）、硝态氮（NO_3^--N）、全磷、有效磷、速效钾。

土壤生物指标：微生物生物量碳/氮值、7种有关碳、氮、磷循环的酶活性。

作物指标：作物理论产量，地上生物量，植株氮、磷、钾含量。

（3）参数计算与数据统计分析

用以下参数来表征肥料的利用效率（张福锁等，2008）。

肥料贡献率=（施肥区产量-不施肥区产量）/施肥区产量×100%

肥料农学效率（%）=（施肥区作物产量-不施肥区作物产量）/施肥量

肥料偏生产力（%）=施肥区产量/施肥量

氮肥利用率=（施肥区植株氮吸收量-不施肥区植株氮吸收量）/施氮量×100%

磷肥利用率=（施肥区植株磷吸收量-不施肥区植株磷吸收量）/施磷量×100%

数据用SPSS 22.0和Excel 2016进行统计分析，用R语言和CANOCO等软件作图。

2. 结果与分析

（1）有机无机肥配施对水稻产量及其构成的影响

由表8-16可知：等量养分条件下，$F_{0.6}M_{0.4}$与$F_{0.6}Vm_{0.4}$处理较F处理显著增加水稻产量，但$F_{0.6}M_{0.4}$处理与$F_{0.6}Vm_{0.4}$处理之间水稻产量无显著差异。$F_{0.6}M_{0.4}$较F处理水稻增产14.08%，$F_{0.6}Vm_{0.4}$较F处理水稻增产17.31%，从均值来看，以$F_{0.6}Vm_{0.4}$处理水稻产量最高。$F_{0.6}M_{0.4}$与$F_{0.6}Vm_{0.4}$处理较F处理显著提高了水稻的结实率，$F_{0.6}M_{0.4}$、$F_{0.6}Vm_{0.4}$和F处理之间水稻千粒重无显著差异。$F_{0.6}Vm_{0.4}$处理穗粒数与有效穗数均显著高于其他处理。

表8-16 有机无机肥配施对水稻产量及其构成的影响

处理	有效穗数（万/hm²）	穗粒数（粒/株）	结实率（%）	千粒重（g）	产量（t/hm²）
CK	270.01 ± 3.12c	142.34 ± 3.77c	85.81 ± 0.16b	24.73 ± 0.06b	8.16 ± 0.24c
F	283.41 ± 3.29b	148.74 ± 1.72bc	87.66 ± 0.58b	25.92 ± 0.40a	9.59 ± 0.32b
$F_{0.6}M_{0.4}$	282.41 ± 2.07b	155.45 ± 1.28b	91.57 ± 0.78a	25.95 ± 0.13a	10.94 ± 0.20a
$F_{0.6}Vm_{0.4}$	296.19 ± 1.57a	165.17 ± 2.10a	93.19 ± 0.71a	25.87 ± 0.20a	11.25 ± 0.23a

由表8-17可知：等量养分条件下，$F_{0.6}M_{0.4}$ 与 $F_{0.6}Vm_{0.4}$ 处理较F处理显著增加小麦产量，但 $F_{0.6}M_{0.4}$ 处理与 $F_{0.6}Vm_{0.4}$ 处理之间小麦产量无显著差异。$F_{0.6}M_{0.4}$ 较F处理小麦增产15.58%，$F_{0.6}Vm_{0.4}$ 较F处理小麦增产18.02%，从均值来看，以 $F_{0.6}Vm_{0.4}$ 处理小麦产量最高。$F_{0.6}M_{0.4}$ 与 $F_{0.6}Vm_{0.4}$ 处理较F处理显著提高了小麦穗粒数，$F_{0.6}M_{0.4}$、$F_{0.6}Vm_{0.4}$ 和F处理之间小麦有效穗数、千粒重无显著差异。

表8-17 有机无机肥配施对小麦产量及其构成的影响

处理	有效穗数（万/hm²）	穗粒数（粒/株）	千粒重（g）	产量（t/hm²）
CK	464.18±7.47a	27.17±0.70c	46.92±0.81b	5.91±0.18c
F	460.28±24.21a	32.83±1.62b	49.37±0.43a	7.38±0.20b
$F_{0.6}M_{0.4}$	438.97±17.18a	37.67±0.88a	48.45±0.27ab	8.53±0.27a
$F_{0.6}Vm_{0.4}$	477.99±8.44a	39.83±0.91a	49.03±0.92ab	8.71±0.19a

（2）有机无机肥配施对土壤理化和生物性状的影响

由表8-18可知，F处理较 $F_{0.6}M_{0.4}$、$F_{0.6}Vm_{0.4}$ 和CK处理均显著降低了土壤pH。$F_{0.6}M_{0.4}$ 和 $F_{0.6}Vm_{0.4}$ 处理较F处理显著增加土壤有机质、全氮、NH_4^+-N、全磷和有效磷的含量，NO_3^--N和速效钾的含量三者无显著差异。$F_{0.6}M_{0.4}$ 处理较F处理土壤有机质、全氮、NH_4^+-N、全磷和有效磷含量分别提高了4.45%、4.17%、20.47%、9.09%和32.88%；$F_{0.6}Vm_{0.4}$ 处理较F处理土壤有机质、全氮、NH_4^+-N、全磷和有效磷含量分别提高了4.56%、6.25%、42.14%、5.68%和20.58%。除 NH_4^+-N外，$F_{0.6}M_{0.4}$ 和 $F_{0.6}Vm_{0.4}$ 处理之间养分含量无显著差异。$F_{0.6}M_{0.4}$ 处理土壤全磷和有效磷含量均值高于 $F_{0.6}Vm_{0.4}$ 处理。

表8-18 有机无机肥配施对水稻季土壤化学指标的影响

处理	pH	有机质（g/kg）	全氮（g/kg）	NH_4^+-N（mg/kg）	NO_3^--N（mg/kg）	全磷（g/kg）	有效磷（mg/kg）	速效钾（mg/kg）
CK	8.31 ± 0.04a	26.03 ± 0.29c	1.40 ± 0.01c	3.39 ± 0.13c	5.15 ± 0.27a	0.86 ± 0.01c	25.67 ± 0.67c	343.33 ± 4.91a
F	8.14 ± 0.03b	27.22 ± 0.18b	1.44 ± 0.01b	3.37 ± 0.09c	6.53 ± 0.14a	0.88 ± 0.02b	28.77 ± 0.36b	337.00 ± 4.16a
$F_{0.6}M_{0.4}$	8.26 ± 0.02a	28.43 ± 0.25a	1.50 ± 0.02a	4.06 ± 0.20b	6.66 ± 0.55a	0.96 ± 0.01a	38.23 ± 0.78a	324.33 ± 8.74a
$F_{0.6}Vm_{0.4}$	8.27 ± 0.04a	28.46 ± 0.42a	1.53 ± 0.01a	4.79 ± 0.16a	7.17 ± 0.41a	0.93 ± 0.01a	34.69 ± 2.28a	334.00 ± 8.89a

由表8-19可知，F处理较 $F_{0.6}M_{0.4}$ 和CK处理均显著降低了土壤pH，但与 $F_{0.6}V_{m0.4}$ 处理差异不显著。除 $F_{0.6}M_{0.4}$ 全氮含量外，$F_{0.6}M_{0.4}$ 和 $F_{0.6}Vm_{0.4}$ 处理较F处理显著增加土壤有机质、

全磷和有效磷的含量，NH_4^+-N、NO_3^--N和速效钾含量三者差异不显著。$F_{0.6}M_{0.4}$处理较F处理土壤有机质、全氮、全磷和有效磷含量分别提高了5.11%、3.03%、7.87%和21.57%；$F_{0.6}Vm_{0.4}$处理较F处理土壤有机质、全氮、全磷和有效磷含量分别提高了6.12%、4.24%、8.05%和5.00%。$F_{0.6}M_{0.4}$和$F_{0.6}Vm_{0.4}$处理之间养分含量无显著差异。$F_{0.6}M_{0.4}$处理土壤全磷和有效磷含量均值高于$F_{0.6}Vm_{0.4}$处理。

表8-19　有机无机肥配施对小麦季土壤化学指标的影响

处理	pH	有机质 (g/kg)	全氮 (g/kg)	NH_4^+-N (mg/kg)	NO_3^--N (mg/kg)	全磷 (g/kg)	有效磷 (mg/kg)	速效钾 (mg/kg)
CK	8.08 ± 0.03a	25.65 ± 0.40c	1.59 ± 0.01c	2.67 ± 0.01a	14.98 ± 2.87b	0.81 ± 0.02c	25.05 ± 1.03c	362.33 ± 2.91a
F	7.79 ± 0.04c	26.81 ± 0.26b	1.65 ± 0.02b	3.44 ± 0.30a	58.97 ± 8.02a	0.89 ± 0.01b	33.99 ± 2.03b	368.33 ± 3.18a
$F_{0.6}M_{0.4}$	7.96 ± 0.03b	28.18 ± 0.26a	1.70 ± 0.02ab	2.98 ± 0.48a	52.70 ± 7.80a	0.96 ± 0.03a	41.32 ± 1.00a	380.00 ± 6.51a
$F_{0.6}Vm_{0.4}$	7.83 ± 0.02c	28.45 ± 0.27a	1.72 ± 0.01a	3.11 ± 0.16a	66.12 ± 3.00a	0.94 ± 0.01a	35.69 ± 1.40a	367.33 ± 20.67a

由图8-12可知，$F_{0.6}M_{0.4}$与$F_{0.6}Vm_{0.4}$处理较F和CK处理均显著降低了土壤容重（$P<0.05$）。小麦季和水稻季土壤各粒径团聚体含量之间无显著差异（$P>0.05$），如图8-13所示。

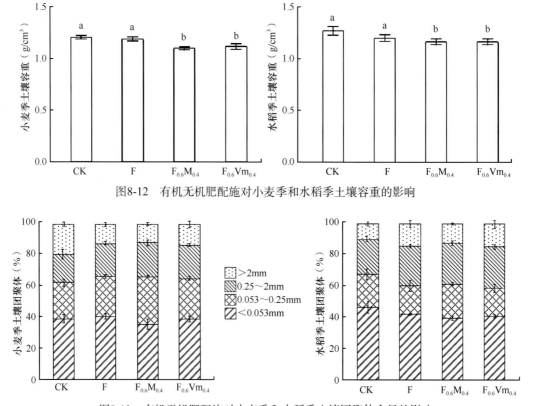

图8-12　有机无机肥配施对小麦季和水稻季土壤容重的影响

图8-13　有机无机肥配施对小麦季和水稻季土壤团聚体含量的影响

由表8-20可知，F处理相比$F_{0.6}Vm_{0.4}$、$F_{0.6}M_{0.4}$和CK处理各种水解酶活性平均值均较低。F处理土壤总水解酶（SE）活性显著低于$F_{0.6}Vm_{0.4}$、$F_{0.6}M_{0.4}$和CK处理，$F_{0.6}Vm_{0.4}$、

$F_{0.6}M_{0.4}$ 和 CK 处理之间无显著差异。F 处理土壤碳循环（C-cycling）酶活性显著低于 $F_{0.6}Vm_{0.4}$、$F_{0.6}M_{0.4}$ 和 CK 处理，$F_{0.6}Vm_{0.4}$、$F_{0.6}M_{0.4}$ 和 CK 处理之间无显著差异。F 处理土壤氮循环（N-cycling）酶活性显著低于 $F_{0.6}Vm_{0.4}$、$F_{0.6}M_{0.4}$ 和 CK 处理，$F_{0.6}M_{0.4}$ 和 CK 处理之间无显著差异，$F_{0.6}Vm_{0.4}$ 和 $F_{0.6}M_{0.4}$ 处理之间无显著差异，其中以 $F_{0.6}Vm_{0.4}$ 处理均值最高。F 处理土壤 AG（α-葡萄糖苷酶）活性均值最低，$F_{0.6}Vm_{0.4}$、$F_{0.6}M_{0.4}$ 和 CK 处理之间无显著差异。F 处理土壤 BG（β-葡萄糖苷酶）活性显著低于 $F_{0.6}Vm_{0.4}$ 和 $F_{0.6}M_{0.4}$ 处理，$F_{0.6}Vm_{0.4}$、$F_{0.6}M_{0.4}$ 和 CK 处理之间无显著差异。F 处理土壤 CB（纤维二糖糖苷酶）活性显著低于 $F_{0.6}Vm_{0.4}$、$F_{0.6}M_{0.4}$ 和 CK 处理，$F_{0.6}M_{0.4}$ 和 CK 处理之间无显著差异，其中以 $F_{0.6}M_{0.4}$ 处理均值最高。F 处理土壤 XYL（木聚糖酶）活性显著低于 $F_{0.6}M_{0.4}$ 和 CK 处理，与 $F_{0.6}Vm_{0.4}$ 处理之间无显著差异，其中以 F 处理均值最低。F 处理土壤 LAP（亮氨酸氨基肽酶）活性显著低于 $F_{0.6}Vm_{0.4}$ 和 $F_{0.6}M_{0.4}$ 处理，$F_{0.6}Vm_{0.4}$ 和 $F_{0.6}M_{0.4}$ 处理之间无显著差异，F 和 CK 处理之间无显著差异，其中以 F 处理均值最低。F 处理土壤 NAG（氨基葡萄糖苷酶）活性均值最低，显著低于 $F_{0.6}M_{0.4}$ 处理，$F_{0.6}Vm_{0.4}$、F 和 CK 处理之间无显著差异。F 处理土壤 PHOS（磷酸酶）活性均值最低，显著低于 CK 处理，$F_{0.6}Vm_{0.4}$、$F_{0.6}M_{0.4}$ 和 CK 处理之间无显著差异，其中以 CK 处理均值最高。

表8-20　有机无机肥配施对水稻季土壤水解酶活性的影响　　　　　[单位：nmol/(g DW·h)]

处理	AG	BG	CB	XYL	LAP	NAG	PHOS	C-cycling	N-cycling	SE
CK	61.15 ± 7.42a	150.65 ± 6.73ab	55.67 ± 2.83a	54.52 ± 6.18a	582.31 ± 8.57bc	42.39 ± 2.81ab	714.98 ± 30.42a	1.91 ± 1.13a	−0.30 ± 0.41b	2.35 ± 1.09a
F	44.01 ± 3.02b	127.48 ± 10.61b	37.33 ± 2.27c	28.26 ± 4.57b	535.15 ± 17.97c	33.83 ± 3.29b	561.09 ± 28.18b	−4.55 ± 1.19b	−2.27 ± 0.19c	−7.98 ± 0.74b
$F_{0.6}M_{0.4}$	57.98 ± 4.86ab	174.84 ± 11.63a	62.05 ± 1.95a	48.87 ± 2.63a	601.67 ± 8.50ab	50.44 ± 3.44a	676.97 ± 31.76ab	2.74 ± 0.80a	1.02 ± 0.45ab	4.03 ± 0.96a
$F_{0.6}Vm_{0.4}$	57.44 ± 1.68ab	171.7 ± 11.94a	47.41 ± 2.21b	32.87 ± 3.04b	642.76 ± 21.71a	47.19 ± 6.17ab	668.44 ± 53.43ab	−0.09 ± 0.96a	1.54 ± 0.57a	1.61 ± 1.88a

注：C-cycling 为 AG、BG、CB 和 XLY 4 种酶活性标准化后累加和，N-cycling 为 LAP 和 NAG 2 种酶活性标准化后累加和，SE 为 7 种酶活性标准化累加和；表中数据值为平均值±标准误差；下同

如表8-21所示，F 处理各种水解酶活性均值低于 $F_{0.6}Vm_{0.4}$ 和 $F_{0.6}M_{0.4}$ 处理。$F_{0.6}Vm_{0.4}$、$F_{0.6}M_{0.4}$、F 和 CK 处理土壤总水解酶（SE）活性、碳循环（C-cycling）酶活性和氮循环（N-cycling）酶活性之间无显著差异。其中，F 处理土壤总水解酶（SE 酶）活性、碳循环酶活性和氮循环酶活性均值低于 $F_{0.6}Vm_{0.4}$ 和 $F_{0.6}M_{0.4}$、CK 处理。F 处理土壤 AG（α-葡萄糖苷酶）活性均值最低，$F_{0.6}Vm_{0.4}$、$F_{0.6}M_{0.4}$、F 和 CK 处理处理之间无显著差异。F 处理土壤 BG（β-葡萄糖苷酶）活性显著低于 $F_{0.6}Vm_{0.4}$ 和 $F_{0.6}M_{0.4}$、CK 处理，$F_{0.6}Vm_{0.4}$、$F_{0.6}M_{0.4}$ 和 CK 处理之间无显著差异。F 处理土壤 CB（纤维二糖糖苷酶）活性显著低于 $F_{0.6}Vm_{0.4}$ 和 $F_{0.6}M_{0.4}$ 处理，$F_{0.6}Vm_{0.4}$ 和 $F_{0.6}M_{0.4}$ 处理、F 和 CK 处理之间无显著差异。F 处理土壤 XYL（木聚糖酶）活性显著低于 $F_{0.6}Vm_{0.4}$、$F_{0.6}M_{0.4}$ 和 CK 处理，其中以 $F_{0.6}M_{0.4}$ 处理均值最高。F 处理土壤 LAP（亮氨酸氨基肽酶）活性显著低于 $F_{0.6}Vm_{0.4}$ 处理，$F_{0.6}M_{0.4}$、F 和 CK 处理处理之间无显著差异，其中以 CK 处理均值最低。F 处理土壤 NAG（氨基葡萄糖苷酶）活性均值最低，但 $F_{0.6}Vm_{0.4}$、$F_{0.6}M_{0.4}$、F 和 CK 处理处理之间无显著差异。F 处理土壤 PHOS（磷酸酶）活性均值最低，但 $F_{0.6}Vm_{0.4}$、$F_{0.6}M_{0.4}$、F 和 CK 处理处理之间无显著差异。

表8-21　有机无机肥配施对小麦季土壤水解酶活性的影响　　　[单位：nmol/(g DW·h)]

处理	AG	BG	CB	XYL	LAP	NAG	PHOS	C-cycling	N-cycling	SE
CK	91.97 ± 1.30a	205.16 ± 9.19a	82.71 ± 1.97b	89.56 ± 3.83b	643.31 ± 23.90b	62.48 ± 4.49a	590.62 ± 7.22a	−0.43 ± 0.45a	−1.30 ± 0.32a	−1.88 ± 0.87a
F	85.96 ± 3.33a	186.4 ± 8.82b	82.60 ± 6.06b	72.59 ± 4.74c	697.81 ± 27.20b	58.05 ± 4.35a	578.58 ± 11.59a	−2.44 ± 1.05a	−0.95 ± 0.53a	−3.72 ± 1.54a
$F_{0.6}M_{0.4}$	98.09 ± 12.13a	224.53 ± 24.43a	101.54 ± 10.87a	93.74 ± 11.14a	771.27 ± 72.20b	75.11 ± 14.86a	634.77 ± 70.77a	1.91 ± 2.80a	0.78 ± 1.59a	3.23 ± 5.49a
$F_{0.6}Vm_{0.4}$	98.85 ± 13.99a	226.09 ± 25.67a	95.27 ± 16.21a	82.25 ± 14.74b	803.28 ± 31.08a	81.28 ± 13.62a	596.59 ± 37.29a	0.96 ± 3.54a	1.47 ± 0.99a	2.37 ± 5.01a

（3）有机无机肥配施对植株养分吸收利用的影响

由表8-22可知，$F_{0.6}Vm_{0.4}$和$F_{0.6}M_{0.4}$处理对水稻秸秆的养分含量均有一定的提升作用，但是$F_{0.6}Vm_{0.4}$、$F_{0.6}M_{0.4}$和F处理水稻秸秆N、P、K及稻谷N、P、K的含量之间无显著差异。如表8-23所示，$F_{0.6}Vm_{0.4}$和$F_{0.6}M_{0.4}$处理对小麦地上各部位养分含量影响较小，除$F_{0.6}M_{0.4}$处理秸秆K含量外，$F_{0.6}Vm_{0.4}$、$F_{0.6}M_{0.4}$和F处理小麦秸秆N、P、K与籽粒N、P、K及颖壳N、P、K的含量之间无显著差异。

表8-22　有机无机肥配施对水稻植株地上部养分含量的影响　　　（单位：%）

处理	秸秆			稻谷		
	N	P	K	N	P	K
CK	0.66 ± 0.02b	0.14 ± 0.07a	2.21 ± 0.11b	1.44 ± 0.05b	0.20 ± 0.01a	0.22 ± 0.01a
F	0.87 ± 0.03a	0.11 ± 0.01a	2.50 ± 0.15ab	1.62 ± 0.04a	0.19 ± 0.01a	0.23 ± 0.01a
$F_{0.6}M_{0.4}$	0.96 ± 0.07a	0.15 ± 0.03a	2.55 ± 0.06a	1.60 ± 0.07a	0.20 ± 0.01a	0.20 ± 0.01a
$F_{0.6}Vm_{0.4}$	0.96 ± 0.02a	0.13 ± 0.01a	2.80 ± 0.06a	1.70 ± 0.05a	0.23 ± 0.01a	0.23 ± 0.01a

表8-23　有机无机肥配施对小麦植株地上部养分含量的影响　　　（单位：%）

地上部	处理	N	P	K
秸秆	CK	0.35 ± 0.03b	0.03 ± 0.01b	1.79 ± 0.04c
	F	0.53 ± 0.04a	0.04 ± 0.01ab	2.32 ± 0.11a
	$F_{0.6}M_{0.4}$	0.53 ± 0.02a	0.05 ± 0.01a	2.10 ± 0.02b
	$F_{0.6}Vm_{0.4}$	0.52 ± 0.05a	0.05 ± 0.01a	2.21 ± 0.03ab
籽粒	CK	1.83 ± 0.07b	0.34 ± 0.03a	0.41 ± 0.04a
	F	2.02 ± 0.03a	0.35 ± 0.01a	0.45 ± 0.01a
	$F_{0.6}M_{0.4}$	2.12 ± 0.05a	0.38 ± 0.01a	0.45 ± 0.01a
	$F_{0.6}Vm_{0.4}$	2.15 ± 0.06a	0.33 ± 0.01a	0.40 ± 0.01a
颖壳	CK	0.41 ± 0.02b	0.07 ± 0.01a	0.71 ± 0.03a
	F	0.47 ± 0.02ab	0.07 ± 0.01a	0.83 ± 0.05a
	$F_{0.6}M_{0.4}$	0.49 ± 0.03ab	0.09 ± 0.01a	0.78 ± 0.02a
	$F_{0.6}Vm_{0.4}$	0.57 ± 0.08a	0.10 ± 0.02a	0.74 ± 0.02a

如表8-24所示，$F_{0.6}Vm_{0.4}$和$F_{0.6}M_{0.4}$处理对水稻植株养分累积量有一定的提升作用。$F_{0.6}Vm_{0.4}$较F处理显著提高了水稻秸秆N、K和稻谷P的累积量。$F_{0.6}M_{0.4}$较F处理显著提高了水稻秸秆N和稻谷P的累积量。$F_{0.6}Vm_{0.4}$、$F_{0.6}M_{0.4}$和F处理水稻秸秆N、P、K和稻谷N、P、K的累积量均高于CK处理。

表8-24　有机无机肥配施对水稻植株地上部养分累积量的影响　　　（单位：kg/hm^2）

处理	秸秆			稻谷		
	N	P	K	N	P	K
CK	25.67 ± 1.44c	4.18 ± 1.32b	86.12 ± 6.98c	81.40 ± 4.41b	11.55 ± 0.32b	12.58 ± 0.38b
F	49.34 ± 1.80b	4.91 ± 2.04ab	140.95 ± 7.83b	111.14 ± 5.22a	13.27 ± 0.82b	15.5 ± 1.21a
$F_{0.6}M_{0.4}$	60.88 ± 5.51a	9.70 ± 2.08a	161.48 ± 10.24ab	124.33 ± 5.76a	15.93 ± 1.28a	15.73 ± 0.85a
$F_{0.6}Vm_{0.4}$	63.27 ± 4.26a	7.02 ± 1.02ab	179.17 ± 7.49a	125.41 ± 6.54a	18.02 ± 0.90a	17.09 ± 0.82a

如表8-25所示，$F_{0.6}Vm_{0.4}$和$F_{0.6}M_{0.4}$处理对小麦植株养分累积量有一定的提升作用。但是，除小麦籽粒N和颖壳K累积量外，$F_{0.6}Vm_{0.4}$、$F_{0.6}M_{0.4}$和F处理小麦植株地上各部位养分累积量无显著差异。$F_{0.6}Vm_{0.4}$、$F_{0.6}M_{0.4}$和F处理小麦秸秆N、P、K与稻谷N、P、K及颖壳N、P、K的养分累积量均高于CK处理。

表8-25　有机无机肥配施对小麦植株地上部养分累积量的影响　　　（单位：kg/hm^2）

	处理	N	P	K
秸秆	CK	15.8 ± 1.13b	1.45 ± 0.18b	75.96 ± 4.03b
	F	26.00 ± 1.49a	2.36 ± 0.27a	105.55 ± 3.52a
	$F_{0.6}M_{0.4}$	26.82 ± 1.68a	2.40 ± 0.19a	130.71 ± 8.20a
	$F_{0.6}Vm_{0.4}$	28.34 ± 5.42a	2.42 ± 0.42a	117.38 ± 14.11a
籽粒	CK	142.66 ± 9.86c	26.27 ± 3.25b	28.72 ± 2.37b
	F	172.30 ± 8.85b	29.92 ± 1.15ab	39.16 ± 1.38a
	$F_{0.6}M_{0.4}$	195.83 ± 2.81ab	34.85 ± 1.18ab	41.4 ± 2.47a
	$F_{0.6}Vm_{0.4}$	203.84 ± 5.45a	31.22 ± 1.86a	38.5 ± 3.06a
颖壳	CK	4.86 ± 0.45b	0.87 ± 0.11b	8.47 ± 1.33c
	F	8.14 ± 0.73a	1.19 ± 0.03a	9.80 ± 1.50bc
	$F_{0.6}M_{0.4}$	8.50 ± 0.81a	1.25 ± 0.06a	11.88 ± 1.68ab
	$F_{0.6}Vm_{0.4}$	7.84 ± 0.47a	1.33 ± 0.15a	13.29 ± 1.91a

由表8-26可知，$F_{0.6}M_{0.4}$和$F_{0.6}Vm_{0.4}$处理较F处理显著提高了水稻季的肥料贡献率、农学效率、肥料偏生产力和氮肥利用率。$F_{0.6}M_{0.4}$处理肥料贡献率、农学效率、肥料偏生产力和氮肥利用率较F处理分别提高了73.21%、94.36%、14.12%和36.71%；$F_{0.6}Vm_{0.4}$处理肥料贡献率、农学效率、肥料偏生产力和氮肥利用率较F处理分别提高了87.05%、115.79%、17.32%和53.43%；$F_{0.6}Vm_{0.4}$处理肥料贡献率、农学效率、肥料偏生产力和氮肥利用率较$F_{0.6}M_{0.4}$处理分别提高了7.99%、11.03%、2.81%和12.23%。$F_{0.6}M_{0.4}$、$F_{0.6}Vm_{0.4}$与F处理之间磷肥利用率无显著差异。

表8-26 有机无机肥配施对水稻养分利用率的影响

处理	肥料贡献率（%）	农学效率（kg/kg）	肥料偏生产力（kg/kg）	氮肥利用率（%）	磷肥利用率（%）
F	$14.67 \pm 3.40b$	$2.66 \pm 0.72b$	$17.78 \pm 0.72b$	$15.31 \pm 1.78b$	$9.67 \pm 3.09a$
$F_{0.6}M_{0.4}$	$25.41 \pm 1.35a$	$5.17 \pm 0.37a$	$20.29 \pm 0.37a$	$20.93 \pm 1.58a$	$13.15 \pm 1.43a$
$F_{0.6}Vm_{0.4}$	$27.44 \pm 1.48a$	$5.74 \pm 0.42a$	$20.86 \pm 0.42a$	$23.49 \pm 1.61a$	$13.47 \pm 1.63a$

如表8-27所示，$F_{0.6}M_{0.4}$和$F_{0.6}Vm_{0.4}$处理较F处理显著提高了小麦季的肥料贡献率、农学效率、肥料偏生产力和氮肥利用率。$F_{0.6}M_{0.4}$处理肥料贡献率、农学效率、肥料偏生产力和氮肥利用率较F处理分别提高了56.03%、16.92%、15.65%和25.90%；$F_{0.6}Vm_{0.4}$处理肥料贡献率、农学效率、肥料偏生产力和氮肥利用率较F处理分别提高了63.65%、19.51%、18.05%和57.64%；$F_{0.6}Vm_{0.4}$处理肥料贡献率、农学效率、肥料偏生产力和氮肥利用率较$F_{0.6}M_{0.4}$处理分别提高了4.88%、2.22%、2.27%和25.21%。$F_{0.6}M_{0.4}$、$F_{0.6}Vm_{0.4}$与F处理之间磷肥利用率无显著差异。

表8-27 有机无机肥配施对小麦养分利用率的影响

处理	肥料贡献率（%）	农学效率（kg/kg）	肥料偏生产力（kg/kg）	氮肥利用率（%）	磷肥利用率（%）
F	$19.56 \pm 2.18b$	$12.71 \pm 0.37b$	$13.74 \pm 0.37b$	$16.10 \pm 2.31c$	$9.05 \pm 1.67a$
$F_{0.6}M_{0.4}$	$30.52 \pm 1.79a$	$14.86 \pm 0.38a$	$15.89 \pm 0.38a$	$20.27 \pm 4.98ab$	$11.46 \pm 1.17a$
$F_{0.6}Vm_{0.4}$	$32.01 \pm 1.37a$	$15.19 \pm 0.33a$	$16.22 \pm 0.33a$	$25.38 \pm 4.80a$	$10.91 \pm 1.09a$

（4）有机无机肥配施条件下土壤性状与作物产量的关联分析

如表8-28所示，水稻产量与有机质、全氮、$NH_4^+\text{-}N$、$NO_3^-\text{-}N$、全磷、有效磷含量以及0.25～2mm粒径团聚体比例呈显著或极显著正相关关系，与土壤容重显著负相关，与pH、速效钾含量及除0.25～2mm粒径团聚体外其他团聚体比例相关性不显著。

表8-28 水稻产量与土壤性状的相关性分析

	产量	pH	有机质	全氮	$NH_4^+\text{-}N$	$NO_3^-\text{-}N$	全磷	有效磷	速效钾	容重	A	B	C
产量	1												
pH	-0.124	1											
有机质	0.928**	-0.162	1										
全氮	0.934**	0.070	0.803**	1									
$NH_4^+\text{-}N$	0.766**	0.207	0.624**	0.845**	1								
$NO_3^-\text{-}N$	0.747**	-0.427	0.635*	0.662*	0.703*	1							
全磷	0.805**	0.071	0.826**	0.697*	0.525	0.483	1						
有效磷	0.852**	0.051	0.813**	0.792**	0.581*	0.472	0.926**	1					
速效钾	-0.459	0.007	-0.357	-0.423	-0.252	-0.258	-0.453	-0.563	1				
容重	-0.905**	0.080	-0.806**	-0.862**	-0.620*	-0.679*	-0.753**	-0.782**	0.290	1			
A	0.556	-0.417	0.408	0.484	0.294	0.527	0.242	0.352	0.065	-0.614*	1		
B	0.630*	-0.118	0.562	0.490	0.300	0.307	0.619*	0.719**	-0.146	-0.652*	0.711**	1	
C	-0.270	0.203	-0.099	-0.242	-0.164	-0.349	0.049	0.071	-0.117	0.437	-0.584*	-0.151	1
D	-0.537	0.157	-0.515	-0.422	-0.249	-0.259	-0.560	-0.689*	0.134	0.488	-0.621*	-0.923**	-0.169

注：A～D代表不同粒径团聚体比例，A. >2mm粒径（%），B. 0.25～2mm粒径（%），C. 0.053～0.25mm粒径（%），D. <0.053mm粒径（%）；下同

由表8-29可知，小麦产量与有机质、全氮、NO_3^--N、全磷以及有效磷含量呈极显著正相关关系，与土壤容重显著负相关，与pH、速效钾含量和土壤各粒径团聚体比例无相关性。

表8-29 小麦产量与土壤性状的相关性分析

	产量	pH	有机质	全氮	NH_4^+-N	NO_3^--N	全磷	有效磷	速效钾	容重	A	B	C
产量	1												
pH	−0.519	1											
有机质	0.951**	−0.441	1										
全氮	0.822**	−0.613*	0.801**	1									
NH_4^+-N	0.368	−0.492	0.309	0.346	1								
NO_3^--N	0.762**	−0.763**	0.710**	0.701*	0.216	1							
全磷	0.893**	−0.475	0.805**	0.750**	0.189	0.703*	1						
有效磷	0.767**	−0.236	0.729**	0.655*	0.132	0.618*	0.855**	1					
速效钾	0.251	0.026	0.069	0.151	0.030	0.254	0.279	0.342	1				
容重	−0.662*	−0.083	−0.664*	−0.582*	0.270	−0.353	−0.642*	−0.575	−0.262	1			
A	−0.157	−0.339	−0.058	−0.045	0.216	0.036	−0.276	−0.349	−0.526	0.549	1		
B	0.169	−0.576	0.097	−0.043	0.537	0.436	0.171	0.161	0.108	0.540	0.361	1	
C	0.333	0.384	0.289	0.250	0.001	−0.165	0.361	0.398	0.351	−0.623*	−0.782**	−0.519	1
D	−0.320	0.533	−0.284	−0.120	−0.707*	−0.341	−0.256	−0.221	0	−0.462	−0.486	−0.875**	0.314

由图8-14a可知，水稻产量与全氮、有机质、NH_4^+-N、NO_3^--N、有效磷和全磷指标有正相关关系。导致$F_{0.6}M_{0.4}$处理与其他处理产生差异的主要因子是全磷、有效磷。导致$F_{0.6}Vm_{0.4}$处理与其他处理产生差异的主要因子是NO_3^--N、>2mm和0.25~2mm粒径团聚体。图8-14b表明，小麦产量与有机质、全氮、全磷、有效磷和NO_3^--N指标有正相关关系。导致$F_{0.6}M_{0.4}$处理与其他处理产生差异的主要因子是速效钾、全磷和有效磷。导致$F_{0.6}Vm_{0.4}$处理与其他处理产生差异的主要因子是NH_4^+-N和0.25~2mm粒径团聚体。

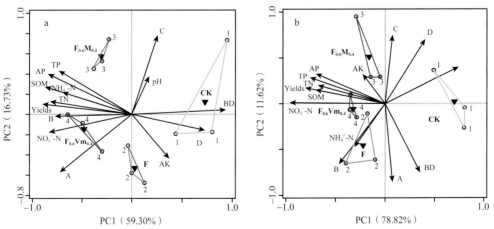

图8-14 不同处理水稻（a）和小麦（b）产量、土壤性状的主成分分析

Yields. 产量，pH. 酸碱度，SOM. 有机质，TN. 全氮，NH_4^+-N. 铵态氮，NO_3^--N. 硝态氮，TP. 全磷，AP. 有效磷，AK. 速效钾，BD. 容重，A. >2mm粒径（%），B. 0.25~2mm粒径（%），C. 0.053~0.25mm粒径（%），D. <0.053mm粒径（%）；下同

由图8-15a可知，$F_{0.6}M_{0.4}$处理的水解酶活性主要可能受全磷和有效磷的影响较大。$F_{0.6}Vm_{0.4}$处理的水解酶活性主要可能受全氮、有机质、NO_3^--N和NH_4^+-N的影响较大。图8-15b表明，$F_{0.6}M_{0.4}$处理的水解酶活性主要可能受NH_4^+-N和速效钾的影响较大。$F_{0.6}Vm_{0.4}$处理的水解酶活性主要可能受有机质、有效磷和全磷的影响较大。

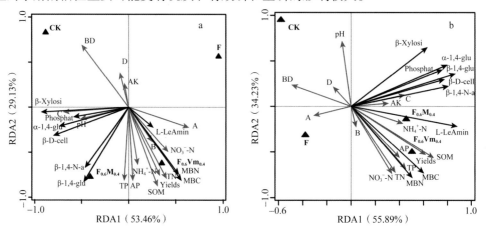

图8-15　水稻季（a）和小麦季（b）土壤生物活性与土壤理化性质之间相关性的冗余分析

MBN. 微生物生物量氮，MBC. 微生物生物量碳，α-1,4-glu. α-葡萄糖苷酶，β-1,4-glu. β-葡萄糖苷酶，β-D-cell. 纤维二糖糖苷酶，β-Xylosi. 木聚糖酶，L-LeAmin. 亮氨酸氨基肽酶，β-1,4-N-a. 氨基葡萄糖苷酶，Phosphat. 磷酸酶

3. 小结

与单施化肥处理相比，商品有机肥或蚯蚓粪替代40%化肥处理均显著提高作物产量、土壤肥力以及养分利用效率。与单施化肥处理相比，商品有机肥替代40%化肥和蚯蚓粪替代40%化肥水稻分别增产14.08%和17.31%、小麦分别增产15.58%和18.02%，同时提高了土壤有机质、全氮、全磷和有效磷的含量。有机无机肥配施处理与单施化肥和不施肥处理相比显著降低了土壤容重，土壤各粒径团聚体之间无显著差异。有机肥配施40%化肥处理的土壤水解酶总活性、碳循环酶活性、氮循环酶活性和磷循环酶活性均高于单施化肥处理。与单施化肥处理相比，有机肥配施40%化肥处理显著提高了水稻季和小麦季肥料贡献率、农学效率、肥料偏生产力和氮肥利用率。

8.2.3.2　中低肥力稻田有机无机肥配施技术

1. 材料与方法

江苏省南京市（江苏省农业科学院溧水植物科学基地，N 31°36′、E 119°11′）稻田有机无机肥配施技术试验中，通过设置不施肥、常规化肥、有机肥30%替代氮肥、有机肥50%替代氮肥和有机肥100%替代氮肥5个处理（表8-30），研究了有机无机肥配施对水稻生长、产量形成、养分利用、温室气体（CH_4、N_2O）排放、土壤肥力及稻米品质的影响。采用江苏省农业科学院六合动物科学基地生产的猪粪有机肥，氮、磷、钾养分含量（干基）如下：TN 1.34%、TP 1.21%、K 1.96%，含水率按24%计算。水稻品种为'南粳9108'，栽插规格为25cm×13cm。

表8-30　稻田有机无机肥配施技术试验具体操作方式

	处理	水稻季
T1	无N，钾肥与T2相同	不施氮肥，钾肥4.5kg/亩，基肥、穗肥各半
T2	常规化学NK配施	施纯氮22kg/亩；基肥：蘗肥：穗肥=3：4：3，钾肥4.5kg/亩，基肥、穗肥各半
T3	30%有机肥N，70%化肥N	基肥N全部以有机肥施用，分蘗肥和穗肥N以化肥N施用，氮肥运筹同T2（不另外施钾肥）
T4	50%有机肥N，50%化肥N	有机肥全部作基肥，分蘗肥和穗肥N以化肥N施用，氮肥运筹同T2（由于氮肥运筹为3：4：3，分蘗肥根据基肥投入量而减少施用，同时不另外施钾肥）
T5	100%有机肥N	有机肥全部作基肥一次性施入

2. 结果与分析

（1）有机无机肥配施对水稻生长和产量的影响

叶绿素是植物进行光合作用的物质基础，各种环境胁迫均可导致叶绿素的破坏与降解，叶绿素含量减少是衡量叶片衰老的重要生理指标。由图8-16a可知，水稻灌浆初期叶片色素含量极显著低于孕穗期，且各处理对色素含量影响的变化规律基本类似。有机无机肥配施对水稻叶片色素含量影响较大。较常规施肥处理（T2）而言，不施肥处理（T1）叶片色素含量在孕穗期和灌浆初期分别显著下降52.83%和95.83%（$P<0.05$），有机肥替代氮肥（T3～T5）处理叶片色素含量降低分别达0.87%～19.30%和1.35%～21.56%。

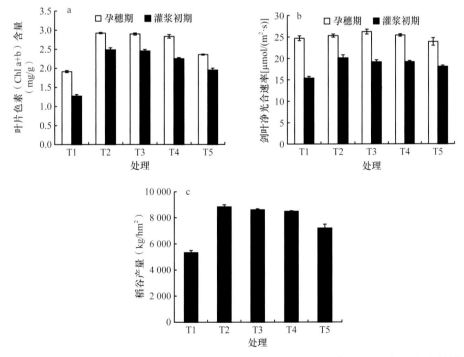

图8-16　有机无机肥配施对水稻叶片色素含量（a）、剑叶净光合速率（b）和产量（c）的影响

由图8-16b可知，无论不施肥对照处理（T1），还是各肥料处理（T2～T5），孕穗期剑叶净光合速率（P_n）均显著高于灌浆初期，灌浆初期P_n较孕穗期下降了20.75%～38.16%（$P<0.05$）。同时，孕穗期和灌浆初期肥料处理T2～T4剑叶净光合速率均高于不施肥对照处理（T1），两个时期T2、T3和T4处理剑叶净光合速率均值较T1处理分别

增加11.38%和13.45%（$P<0.05$）。同时，在灌浆初期，较常规施肥处理（T2）而言，随着有机肥替代氮肥比例的增加，P_n呈降低趋势，T3、T4、T5的P_n分别降低4.74%（$P>0.05$）、4.61%（$P>0.05$）、10.10%（$P<0.05$）。

施肥模式对水稻产量具有显著影响（图8-16c）。在常规施肥（T2）条件下，水稻产量达8818.51kg/hm^2。不施肥（T1）处理较T2处理显著降低水稻产量，达39.64%（$P<0.05$），而随有机肥配施比例的增加，水稻产量呈现下降趋势。与T2相比，有机肥30%替代氮肥（T3）和50%替代氮肥（T4）处理水稻产量分别稍降2.55%和4.00%，处理间差异不显著（$P>0.05$）。然而，在有机肥100%替代氮肥（T5）条件下，水稻产量则显著降低了18.55%（$P<0.05$）。

（2）有机无机肥配施对稻米品质的影响

整精米率是稻米加工品质中最为重要的指标，与常规施肥相比，有机肥50%替代氮肥和100%替代氮肥处理整精米率分别显著提高5.93%和6.08%。有机肥50%替代氮肥条件下，稻米营养品质最佳，蛋白质含量较常规施肥处理稍高，但差异不显著，而有机肥100%替代氮肥条件下，蛋白质含量较常规施肥处理显著降低，达4.68%。同时，食味品质与直链淀粉含量呈显著负相关关系。从食味值和直链淀粉含量角度考量（表8-31），有机肥50%替代氮肥条件下稻米食味品质较优。总体而言，有机肥50%替代氮肥对稻米品质改善具有一定积极作用。

表8-31　有机无机肥配施对稻米主要品质指标的影响

处理	糙米率（%）	精米率（%）	整精米率（%）	蛋白质含量（%）	直链淀粉含量（%）	食味值
常规施肥	83.87 ± 0.30ab	73.62 ± 0.86a	60.67 ± 0.99b	7.27 ± 0.07a	15.50 ± 0.59a	86.03 ± 0.29a
猪粪有机肥50%替代氮肥	84.69 ± 0.30a	74.13 ± 0.54a	64.27 ± 0.77a	7.37 ± 0.03a	14.50 ± 0.38a	86.30 ± 0.21a
猪粪有机肥100%替代氮肥	83.46 ± 0.04b	73.37 ± 0.20a	64.36 ± 0.58a	6.93 ± 0.15b	15.70 ± 0.44a	84.03 ± 0.93b

（3）有机无机肥配施对水稻氮肥利用率和土壤容重的影响

由图8-17a可知，常规施肥（T2）条件下，水稻氮肥偏生产力达26.72kg/kg，有机肥30%替代氮肥（T3）和50%替代氮肥（T4）处理相比T2水稻氮肥偏生产力分别降低2.55%和4.00%，处理间差异不显著。然而，有机肥100%替代氮肥（T5）条件下，水稻氮肥偏生产力则显著降低，达18.55%（$P<0.05$）。

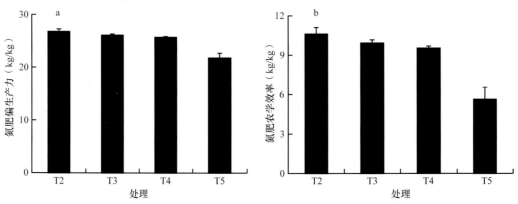

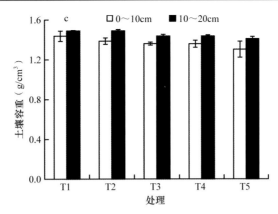

图8-17　有机无机肥配施对水稻氮肥偏生产力（a）、氮肥农学效率（b）和土壤容重（c）的影响

氮肥农学效率也是评价氮肥利用率的重要指标之一。由图8-17b可知，常规施肥（T2）条件下，水稻氮肥农学效率达10.59kg/kg，有机肥30%替代氮肥（T3）和50%替代氮肥（T4）处理相比T2水稻氮肥农学效率分别降低6.42%和10.09%，但处理间差异不显著。然而，有机肥100%替代氮肥（T5）条件下，水稻氮肥农学效率则显著降低，达46.79%（$P<0.05$）。

由图8-17c可知，有机无机肥配施下稻田不同层次土壤容重均呈现下降趋势。相较常规化学NK配施（T2）处理，有机无机肥配施（T3～T5）处理下，0～10cm土层容重降低1.84%～5.97%，10～20cm土层容重降低3.71%～5.45%。

（4）有机无机肥配施的环境效应

在水稻季（表8-32），不同处理CH_4排放总量由高到低依次为T5>T4>T3>T2>T1，与有机肥投入比例高低顺序一致，T3～T5条件下CH_4排放总量较常规施肥T2处理分别增加了39.49%、96.52%、320.88%，不同处理间差异均达显著水平。

在水稻季（表8-32），不同处理N_2O排放总量由高到低依次为T2>T3>T4>T5>T1，T3～T5条件下较常规施肥T2处理分别降低了30.05%、42.79%、49.05%，不同处理间差异均达显著水平（$P<0.05$）。

IPCC（2013）报道，在100年尺度上，CH_4和N_2O的温室效应系数分别为28和265，按照不同处理CH_4和N_2O的排放总量计算全球增温潜势（GWP）。由表8-32可以看出，不同处理水稻季CH_4的排放对温室效应起主导作用，各处理CH_4排放占全球增温潜势的比例达87.37%～98.28%，是温室气体减排的主要控制对象。采用各处理温室气体排放的综合增温潜势与经济产量的比值"单位产量GWP"来评价有机无机肥配施对稻田温室气体排放强度的综合影响，不同处理单位产量GWP由高到低依次为T5>T4>T3>T1>T2，较T2处理而言，有机肥施用（T3～T5）显著增加单位产量GWP，分别达38.10%、90.48%、371.43%。

表8-32　有机无机肥配施条件下水稻季CH₄和N₂O排放量、全球增温潜势与产量

处理	CH₄排放总量 (kg/hm²)	N₂O排放总量 (g/hm²)	GWP (kg CO₂-eq/hm²)			产量 (kg/hm²)	单位产量GWP (kg CO₂-eq/kg)
			CH₄	N₂O	总计		
T1	57.3e	89.2e	1432.5e	26.6e	1459.1e	5323.2c	0.27c
T2	66.1d	801.2a	1652.5d	238.8a	1891.3d	8818.5a	0.21d
T3	92.2c	560.4b	2305.0c	167.0b	2472.0c	8594.0a	0.29c
T4	129.9b	458.4c	3247.5b	136.6c	3384.1b	8465.8a	0.40b
T5	278.2a	408.2d	6955.0a	121.6d	7076.6a	7183.1b	0.99a

由图8-18可知，猪粪有机肥施用条件下，重金属As、Cu、Zn均呈现不同程度的累积效应，尤其是猪粪有机肥100%替代氮肥处理下，累积效应极为显著。随着有机肥替代比例的提高，重金属年累积速率显著提高。有机肥50%替代氮肥条件下，As、Cu、Zn年累积速率分别达0.50mg/kg、2.90mg/kg、3.48mg/kg，而有机肥100%替代氮肥条件下，As、Cu、Zn年累积速率是T2处理的8.20倍、2.16倍和7.22倍。

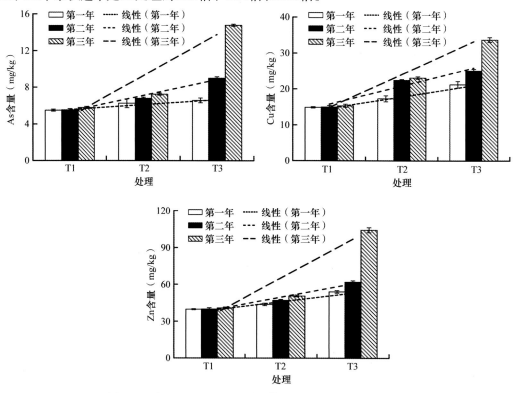

图8-18　有机无机肥配施对稻田耕层土壤重金属累积的影响

参照《土壤环境质量标准农用地土壤污染风险管控标准（试行）》中污染物风险管控标准，结合本试验条件下重金属累积速率，进一步对猪粪有机肥施用条件下稻田土壤重金属累积风险进行预测评估，发现随着有机肥替代比例的提高，重金属累积超过风险管控标准所需年限显著缩短（$P<0.05$）。有机肥50%替代氮肥条件下，As、Cu、Zn累积超过风险管控标准所需年限分别达48年、12年、45年，而有机肥100%替代氮肥条件下，As、Cu、Zn累积超过风险管控标准所需年限急剧缩短为6年、5年和6年（表8-33）。

表8-33　有机无机肥配施条件下稻田土壤微量元素累积风险评价

处理	微量元素种类	土壤环境质量标准** （mg/kg）	年累积速率 [mg/(kg·a)]	超过风险管控标准所需年限预估（年）
常规施肥	As	30	0.15c	164a
	Cu	50	0.23c	153a
	Zn	200	0.52c	309a
有机肥50%替代	As	30	0.50b	48b
	Cu	50	2.90b	12b
	Zn	200	3.48b	45b
有机肥100%替代	As	30	4.10a	6c
	Cu	50	6.25a	5c
	Zn	200	25.13a	6c

注：**表示参照《土壤环境质量标准农用地土壤污染风险管控标准（试行）》

从表8-34可以看出，有机无机肥配施条件下稻谷重金属含量均未超过相关国家标准，但随着有机肥施用比例的提高，稻谷重金属含量均呈上升趋势。

表8-34　有机无机肥配施条件下稻谷微量元素累积风险评价

重金属种类	参照标准	标准限值（mg/kg）	试验处理	稻谷微量元素含量监测值（mg/kg）
As	GB 2762—2007《食品安全国家标准食品中污染物限量》	稻谷≤0.5	常规施肥	0.20±0.00
			有机肥50%替代	0.20±0.01
			有机肥100%替代	0.23±0.01
Cu	GB 15199—1994《食品中铜限量卫生标准》（已废止）	粮食≤10	常规施肥	4.17±0.15
			有机肥50%替代	4.37±0.07
			有机肥100%替代	4.57±0.06
Zn	GB 13106—1991《食品中锌限量卫生标准》（已废止）	粮食≤50	常规施肥	20.47±0.62
			有机肥50%替代	22.83±2.45
			有机肥100%替代	23.50±2.30

3. 小结

从作物生长、光合生理、作物产量、籽粒品质、养分吸收利用等农学效应角度考量，中低量（<50% N投入）有机肥配施具有显著正效应。同时，可显著改善土壤物理结构，稻田表层土壤容重呈现下降趋势。然而，从环境效应角度考量，稻季CH_4排放对温室效应起到主导作用，其排放总量与有机肥投入比例显著正相关，与常规施化肥相比，有机肥投入显著增加单位产量GWP。随着有机肥投入比例的提高，稻田表层土壤微量元素也呈现累积效应，且超过风险管控标准所需年限显著缩短。同时，虽然稻谷微量元素含量均未超过相关国家标准，但随着有机肥投入比例的提高，稻谷微量元素含量均呈上升趋势。因此，虽有机无机肥配施是稻田培肥的有效措施之一，但应综合考量农学"正效应"和环境"负效应"的相对平衡。

8.2.4 增密调氮技术

8.2.4.1 材料与方法

试验地点在安徽庐江郭河国家现代农业综合开发示范区。该地区年平均温度为15.7℃，年均降水量998mm。土壤类型为潴育型水稻土。试验开始前，0～20cm土壤全氮1.2g/kg、有机质21.8g/kg、碱解氮80mg/kg、全磷0.48g/kg、全钾25.4g/kg、有效磷31.3mg/kg、速效钾169.28mg/kg。试验时间为2016年11月至2018年11月。

该区是水稻–小麦一年两熟的典型产区。选择感光性强、耐密性强的水稻品种'淮稻5号'，选择中抗赤霉病的小麦品种'宁麦13'。

试验采用完全随机区组设计，设置5个处理，每个处理3次重复。5个处理分别为空白处理（CK）、常规高产处理（T1）、增密常规氮肥处理（T2）、常规密度减氮处理（T3）、增密减氮处理（T4）。小区种植面积为51m²（6m×8.5m）。各处理均需要全程机械化操作。秸秆全量还田下，水稻季翻耕一次，旋耕两次，插秧；小麦季旋耕条播。常规水分：前期保持浅水（1～3cm）、中期排水烤田、后期干湿交替（每次灌水后自然落干）。各处理具体实施措施如下。

空白处理。稻麦收获后秸秆粉碎还田（20cm），水稻季翻耕（深度20～25cm）+旋耕（干旋，深度12～15cm），上水泡田后，平田2次，机插秧。水稻季栽插规格30cm×14cm，小麦季用种量10～187.5kg/hm²；不施氮肥。小麦季若土壤墒情湿烂，先施基肥、播种（撒播）后，再采用旋耕（深度12～15cm）开沟复式作业机作业。水稻季磷肥用量为90kg P₂O₅/hm²，钾肥为210kg K₂O/hm²。磷肥作为基肥一次性施入，钾肥在土壤耕翻前、拔节期各50%。小麦季基施P₂O₅（过磷酸钙）135kg/hm²、K₂O（氯化钾）135kg/hm²，一次性施入。

常规高产处理。水稻季：栽插规格30cm×14cm，纯氮用量270kg/hm²，基肥∶蘖肥∶穗肥=3∶4∶3，其中分蘖肥按照4∶6分两次施入，穗肥按照促花肥∶保花肥=6∶4分两次施入。其他田间管理措施均按照当地高产方式进行。钾肥为180kg K₂O/hm²，磷肥作为基肥一次性施入，钾肥在土壤耕翻前、拔节期各50%。小麦季：播种量10～12.5kg/亩，行距为25cm，纯氮用量225kg/hm²，基肥∶蘖肥∶拔节肥=5.5∶2∶2.5，基肥用量尿素12.5kg+复合肥（15%∶15%∶15%）30kg，苗肥尿素7.5kg，拔节肥尿素10kg；基施P₂O₅（过磷酸钙）135kg/hm²、K₂O（氯化钾）135kg/hm²，一次性施入。

增密常规氮肥处理。稻麦收获后秸秆粉碎还田（20cm），耕作同空白处理。水稻栽插规格30cm×12cm，小麦播种量180～225kg/hm²，施肥同常规高产处理。

常规密度减氮处理。稻麦收获后秸秆粉碎还田（20cm），耕作同空白处理。水稻栽插规格30cm×14cm，小麦播种量150～187.5kg/hm²。稻麦的基肥在常规高产处理的基础上减少20%（总施氮量的20%），蘖肥、穗肥和磷肥、钾肥不变。

增密减氮处理。稻麦收获后秸秆粉碎还田（20cm），耕作同空白处理。水稻栽插规格30cm×12cm，小麦播种量180～225kg/hm²。稻麦的基肥在常规高产处理的基础上减少20%（总施氮量的20%），蘖肥、穗肥和磷肥、钾肥不变。

养分吸收测定：每季作物在成熟期取样，测定地上部植株干物质重，植株氮、磷、钾等养分含量。采用硫酸–过氧化氢消煮，凯氏定氮法测定样品全氮含量，化学分析仪测定消煮液中磷含量，钾含量采用火焰分光光度计测定。

产量及产量构成：每季作物成熟期测定。

8.2.4.2　结果与分析

从图8-19可以看出，在2016～2017年，无论小麦季还是水稻季，与常规高产处理相比，增密减氮处理不会显著降低产量。在2017～2018年，增密减氮处理不但没有呈显著降低的趋势，与常规高产处理相比，产量呈一定增加的趋势，但常规密度处理下减少氮肥，周年产量有下降的趋势。

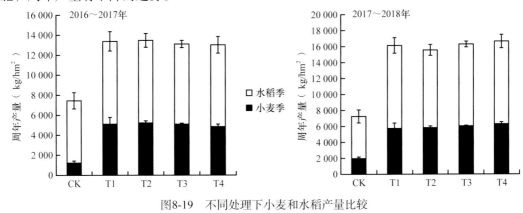

图8-19　不同处理下小麦和水稻产量比较

比较氮磷钾的吸收量（图8-20a）发现，与常规高产处理相比，增密减氮处理能显著提高氮肥的吸收量，磷钾肥没有显著差异（$P>0.05$）。对肥料利用率分析后发现（图8-20b），增密减氮处理相比常规高产处理可以显著提高氮肥利用率（$P<0.05$），但对磷、钾肥利用率没有产生显著的影响（$P>0.05$）。通过比较增密减氮处理和常规高产处理根际土壤反硝化率发现，适当增加种植密度，有助于降低根际土壤反硝化损失，进而提高作物氮肥利用率（图8-21）。

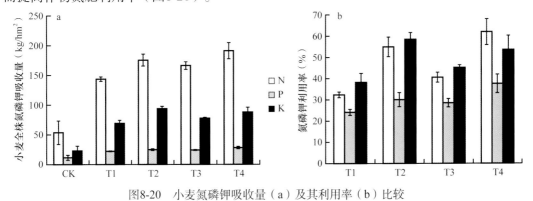

图8-20　小麦氮磷钾吸收量（a）及其利用率（b）比较

8.2.4.3　小结

我国稻田土壤过量施肥现象较为普遍，氮肥利用率普遍偏低。目前我国稻田的氮肥施用量为168kg N/hm²，约是世界平均水平的1.7倍，而农学效率仅为11kg/kg。增加密度可以促进水稻植物群体的氮素吸收。但如果密度过高，容易导致成熟期氮素积累量的下降，同时会对水稻叶片光合作用产生不利影响。因此如何通过协调增加密度和氮肥减

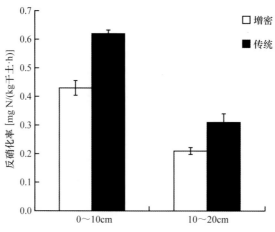

图8-21　增密和常规处理土壤反硝化率

量的关系来促进水稻氮素吸收，一直以来是研究的热点。本研究前期对土壤的基础理化性状分析发现，土壤中的氮素含量较高，因此在传统施肥的基础上，可以适当地降低氮肥投入量，特别是基肥的用量。因此，减少基肥氮20%，但同时提高20%的插秧密度，结果表明通过协同水稻的减氮和增密后，与传统栽培模式相比，产量不会显著下降，在第二年还有一定增长的趋势。对氮的吸收监测也发现了类似的趋势，增密减氮处理的氮素吸收量显著高于传统施肥处理。考虑到基肥氮已经减少20%，所以氮肥利用率得到了大幅的提升。

目前增密减氮处理技术一般集中在同一种作物的系统进行，针对轮作系统的研究并不多见。在水旱两熟区域，由于水转旱或者旱转水的情况下土壤环境容易发生剧烈的变化，特别容易引起氮素的剧烈损失，这种影响是否会对下茬作物的氮肥施用产生影响，目前尚不清楚。同时在小麦季再实行增密减氮技术，是否还能起到类似的效果，也并不清楚。在此基础上，增加了小麦播种量20%，同时减少基肥氮20%，但是考虑到麦季土壤湿度比较大，在基肥减少20%的基础上，增加了分蘖肥的施用。这一技术改进，小麦产量没有显著降低，但可以实现氮肥减少20%的目标。对根际土壤反硝化率进行比较研究发现，适当增加密度反而降低了反硝化率，这可能与根系分泌物有关。现有研究表明，根系可以分泌出一些类单宁酸，显著抑制反硝化过程，进而降低根系的反硝化损失。适当增加密度可能也会增加单宁酸等一些类似物质的分泌，进而抑制了反硝化的过程，从而提高了氮素的吸收。

由于增加密度会提高群体的郁闭度，影响小麦和水稻群体的透光透风，因此相应的病虫害防治和原来相比就有一定的差异，根据以往的经验，制定出了适应增密减氮处理的农药施用方案（表8-35和表8-36）。

表8-35　小麦病虫害防治技术

关键时期	关键病虫害	关键技术	备注
拔节期	纹枯病和麦蜘蛛、蚜虫	每公顷施用井冈霉素150g，或丙环唑135g，同时加入扫螨净有效成分750g，每公顷药液兑水450kg喷雾	喷雾时间选择上午或下午
扬花初期	赤霉病、白粉病、锈病及穗蚜	选择氰烯·戊唑醇、丙硫·戊唑醇或赞米尔防治小麦赤霉病并兼治白粉病和锈病；选择吡蚜酮或吡虫啉防治虫害	预防措施
扬花初期	吸浆虫	每公顷用辛硫磷562.5g，拌225kg细砂均匀撒入田间	

表8-36　水稻病虫害防治技术

关键时期	关键病虫害	关键技术	备注
种子准备期		去除杂质和空瘪粒，用40%多菌灵可湿性粉剂和10%吡虫啉浸种，其中每5kg稻种分别使用多菌灵20g、吡虫啉10g，兑水6～7kg进行处理，晾干后备用	喷雾时间选择上午有露水时
育秧期间	二化螟、稻蓟马、苗期叶瘟病	10%吡虫啉300g/hm²、50%吡蚜酮可湿性粉剂225～300g/hm²、8000IU/mg苏云金芽孢杆菌可湿性粉剂3.75～4.50kg/hm²或三环唑450g进行防治	预防措施，适期喷药预防
分蘖拔节期	二化螟、大螟、稻飞虱、稻纵卷叶螟	采用50%吡蚜酮可湿性粉剂225～300g/hm²（稻飞虱、稻蓟马）、8000IU/mg苏云金芽孢杆菌可湿性粉剂3.75～4.5kg/hm²或20%氯虫苯甲酰胺150mL/hm²（二化螟、稻纵卷叶螟等）等进行防治	根据病虫情报，适时开展防治
分蘖拔节期	纹枯病和稻瘟病	采用25%丙环唑乳油450～600mL/hm²、40%嘧菌酯可湿性粉剂90～120g/hm²进行纹枯病和稻瘟病的防治	根据病虫情报，适时开展防治

8.2.5　冬季轮茬培肥技术

8.2.5.1　材料与方法

江苏省南京市（江苏省农业科学院溧水植物科学基地，N 31°36′、E 119°11′）稻田冬季轮茬培肥技术试验中，设置休闲–水稻（T1）、红花草–水稻（T2）、小麦–水稻（T3）、油菜–水稻（T4）、青饲小麦–水稻（T5）、蚕豆–水稻（T6）6个模式处理，采用大田小区试验，研究了稻田冬季轮茬对水稻产量与土壤肥力的影响（图8-22，图8-23和表8-37）。其中，水稻品种为'南粳9108'，栽插规格为25cm×13cm；小麦品种为'宁麦16'，撒播，播种量为15kg/亩；红花草播种量为4kg/亩；蚕豆品种为'丰邦1号'，栽种规格为80cm×20cm；油菜品种为'秦油10号'，栽种规格为50cm×25cm。

图8-22　冬季轮茬作物生长情况

a.冬季试验小区全貌；b.小麦；c.蚕豆；d.红花草；e.油菜

图8-23　水稻生长情况

a和b. 水稻季试验小区全貌；c. 休闲–水稻；d. 小麦–水稻；e. 油菜–水稻；f. 蚕豆–水稻；g. 红花草–水稻；h. 青饲小麦–水稻

表8-37　稻田冬季作物轮茬培肥技术试验操作方式

试验处理	冬季作物	水稻
休闲–水稻（T1）	休闲，不施肥	
红花草–水稻（T2）	亩施肥3kg N、3kg P$_2$O$_5$、3kg K$_2$O，基肥一次性施入（15-15-15复合肥）；5月22日翻压还田	1）18kg N/亩，9kg P$_2$O$_5$/亩，9kg K$_2$O/亩；磷钾基施50%，穗施50%；氮肥运筹为6：4（基肥：穗肥）
2）于6月14日移栽，10月12日收获，栽插规格为25cm×13cm，每穴2～3株，基肥、分蘖肥、促花肥和保花肥分别于6月13日、6月21日、8月1日和8月8日施用
3）其他田间管理，按照水稻高产栽培技术措施进行
小麦–水稻（T3）	亩施肥18kg N、6kg P$_2$O$_5$、6kg K$_2$O，钾肥一次性基施，磷肥基肥80%、拔节20%，氮肥基肥55%、拔节肥35%、穗肥10%；6月1日收获，粉碎还田	
油菜–水稻（T4）	亩施肥18kg N、6kg P$_2$O$_5$、6kg K$_2$O，钾肥一次性基施，磷肥基肥80%、拔节肥20%，氮肥基肥55%、拔节肥35%、穗肥10%；5月22日收获，粉碎还田	
青饲小麦–水稻（T5）	亩施肥18kg N、6kg P$_2$O$_5$、6kg K$_2$O，钾肥一次性基施，磷肥基肥80%、拔节肥20%，氮肥基肥55%、拔节肥35%、穗肥10%；5月8日收割，不还田	
蚕豆–水稻（T6）	亩施肥3kg N、3kg P$_2$O$_5$、3kg K$_2$O，基肥一次性施入（15-15-15复合肥）；5月22日收获，秸秆粉碎还田	

8.2.5.2　结果与分析

1. 冬季轮茬作物产量及养分还田量

轮茬作物产量（经济产量和秸秆生物量）差异较大，且秸秆养分含量差异较大（表8-38），导致各种植模式下，养分还田量差异显著（图8-24）。红花草–水稻模式下，氮、磷养分还田量均最高，达83.28kg/hm^{2}和7.79kg/hm^2，分别达小麦–水稻、油菜–水稻和蚕豆–水稻种植模式的2.42～3.56倍和2.55～4.46倍（$P<0.05$）。K养分还田量由高到低

依次为油菜–水稻＞小麦–水稻＞红花草–水稻＞蚕豆–水稻种植模式，分别为96.58kg/hm²、89.04kg/hm²、67.21kg/hm²和34.76kg/hm²，且种植模式间差异显著（$P<0.05$）。

表8-38　冬季轮茬作物产量及养分含量

种植模式	冬季作物产量（kg DW/hm²）		秸秆养分含量（mg/g）		
	经济部分	秸秆	N	P	K
休闲–水稻（T1）					
红花草–水稻（T2）		3976.93	20.94a	1.96a	16.90c
小麦–水稻（T3）	4633.33	5300.00	6.48e	0.33e	16.80c
油菜–水稻（T4）	1600.00	4123.81	8.13d	0.74d	23.42a
青饲小麦–水稻（T5）	9286.93		16.38b	1.42b	13.34d
蚕豆–水稻（T6）	1171.43	1846.91	12.67c	1.01c	18.82b

注：表中青饲小麦秸秆养分含量为烘干小麦整株养分含量

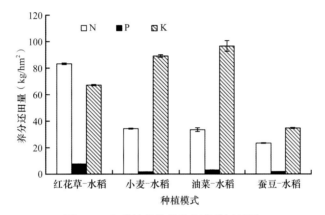

图8-24　冬季轮茬作物秸秆养分还田量

2. 水稻株高、产量和氮肥偏生产力

由图8-25a可知，冬季轮茬对水稻株高具有一定影响。各处理条件下，株高由高到低依次为油菜–水稻（T4）＞青饲小麦–水稻（T5）＞蚕豆–水稻（T6）＞小麦–水稻（T3）＞红花草–水稻（T2）＞休闲–水稻（T1）。相较T3处理，T4、T5、T6处理株高提高0.78%～3.01%（$P<0.05$），然而，T1、T2处理株高则有所降低，分别降低0.60%（T2）和0.95%（T1），但处理间差异不显著（$P>0.05$）。

由图8-25b可以发现，冬季轮茬对水稻产量具有一定影响。各模式下，水稻平均产量由高到低依次为小麦–水稻（T3）＞水稻–油菜（T4）＞蚕豆–水稻（T6）＞青饲小麦–水稻（T5）＞红花草–水稻（T2）＞休闲–水稻（T1）。小麦–水稻种植模式下水稻平均产量达8767.31kg/hm²，较休闲–水稻模式和红花草–水稻模式分别提高6.78%（$P<0.05$）和5.01%（$P>0.05$）。同时，除休闲–水稻种植模式外，其余种植模式间水稻平均产量无显著差异。

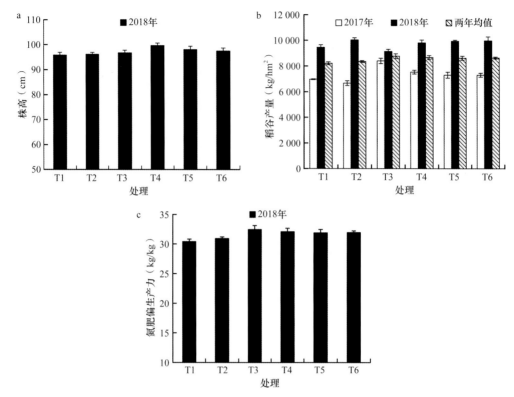

图8-25　冬季作物轮茬对水稻3个小图依次添加分图号a、b、c的影响

氮肥偏生产力作为评估氮肥利用率的重要指标之一，反映了投入单位用量氮肥可生产的粮食产量。试验结果表明，冬季轮茬对水稻氮肥偏生产力具有一定影响（图8-25c）。各种植模式下，水稻氮肥偏生产力由高到低依次为小麦–水稻（T3）＞水稻–油菜（T4）＞蚕豆–水稻（T6）＞青饲小麦–水稻（T5）＞红花草–水稻（T2）＞休闲–水稻（T1）。小麦–水稻种植模式下水稻氮肥偏生产力达32.47kg/kg，较休闲–水稻模式、红花草–水稻模式分别提高6.78%（$P<0.05$）、5.01%（$P>0.05$）。同时，除休闲–水稻种植模式外，其余种植模式间水稻氮肥偏生产力均无显著差异。

3. 稻田表水质量

从图8-26可以看出，各种植模式下，施用基肥到分蘖肥期间，稻田表水总磷（TP）、溶解磷（DP）平均含量分别达0.28～0.36mg/L和0.19～0.26mg/L，且在施肥后5～7d达到峰值，然后急剧下降。稻田表水磷素浓度超过了易引发水体富营养化的临界水平，即溶解磷0.05mg/L和总磷0.1mg/L（Sharpley et al.，1994）。其间任一次田间排水都存在诱发附近水域水体富营养化的可能。

8.2.5.3　小结

不同冬季轮茬作物产量（经济产量和秸秆生物量）及秸秆养分含量差异较大，导致不同种植模式下N、P、K养分还田量差异显著。红花草–水稻模式下，N、P养分还田量均最高。

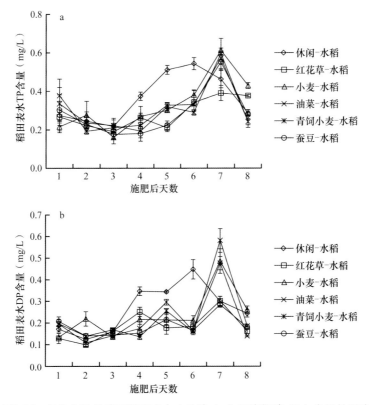

图8-26　冬季作物轮茬对稻田表水中总磷（a）和溶解磷（b）含量的影响

从短期效应来看，冬季轮茬对水稻株高、产量、肥料利用率及后茬水稻成熟期土壤养分含量的影响均不显著。然而，从环境效应角度考量，不管何种轮茬模式，均应充分考虑水稻季基肥到分蘖肥施用对稻田表水环境的效应，监测发现，稻田表水总磷、溶解磷平均含量都超过了易引发水体富营养化的临界水平（总磷0.1mg/L；溶解磷0.05mg/L）。

8.3　稻麦两熟稻田土壤培肥与丰产增效耕作模式

试验地点在安徽庐江郭河国家现代农业综合开发示范区。该地区年平均温度为15.7℃，年均降水量998mm。土壤类型为潴育型水稻土。试验开始前，0～20cm土壤全氮1.2g/kg、有机质21.8g/kg、碱解氮80mg/kg、全磷0.48g/kg、全钾25.4g/kg、有效磷31.3mg/kg、速效钾169.28mg/kg。试验时间为2016年11月至2018年11月。

该区是小麦-水稻一年两熟的典型产区。选择感光性强、抗逆性较强水稻品种'淮稻5号'，选择中抗赤霉病小麦品种'宁麦13'。

水稻季节都采用机插。选择大型旋耕机，旋耕深度为12～15cm。常规水分：前期保持浅水（1～3cm）、中期排水烤田、后期干湿交替（每次灌水后自然落干）。每个处理面积1亩。取样时，将每个大区大致划分为3小块，取3个重复（植株和土壤样品）。试验处理包括处理1（T1）：水稻季秸秆移出+旋耕，小麦季秸秆移出+旋耕；处理2（T2）：水稻季秸秆还田+旋耕，小麦季秸秆还田+旋耕；处理3（T3）：水稻季秸秆还田+翻耕+旋耕，小麦季秸秆还田+旋耕；处理4（T4）：水稻季秸秆还田+翻耕+旋耕，小麦季免耕；处理5（T5）：水稻季秸秆还田+翻耕+旋耕+增密，小麦季秸秆还田+增密。

（1）处理1（T1）

水稻种植季：小麦收获后秸秆全部移出，旋耕（干旋，深度12~15cm），上水泡田后，平田2次，机插秧，水稻栽插规格30cm×14cm。常规水分。总施氮量270kg N/hm²，基：蘖：穗肥为3：3：4，穗肥分保花肥和促花肥各半。磷肥用量为90kg P_2O_5/hm²，钾肥为210kg K_2O/hm²。磷肥作为基肥一次性施入，钾肥在土壤耕翻前、拔节期各50%。

小麦种植季：小麦季若土壤墒情湿烂，先施基肥、播种（撒播）后，再采用旋耕（深度12~15cm）开沟复式作业机作业；或土壤墒情合适时采用旋耕（深度≥12cm）灭茬施肥播种开沟复式作业机，旋耕、条播、开沟、镇压一次作业，行距25cm。总施氮量225kg N/hm²，采用基肥：追肥（拔节肥）=6：4进行。磷肥和钾肥施用量为135kg P_2O_5/hm²、135kg K_2O/hm²，全部作为基肥施入。小麦播种量187.5kg/hm²。

（2）处理2（T2）

稻麦收获后秸秆粉碎还田（粉碎长度<15cm），耕作、水分、密度、施肥同处理1。

（3）处理3（T3）

水分、密度、施肥同处理1。

水稻种植季：稻麦收获后秸秆粉碎还田（粉碎长度<15cm），水稻季翻耕（深度20~25cm）+旋耕（干旋，深度12~15cm），上水泡田后，平田2次，机插秧。

小麦种植季：小麦季若土壤墒情湿烂，先施基肥、播种（撒播）后，再采用旋耕（深度12~15cm）开沟复式作业机作业；或土壤墒情合适时采用旋耕（深度≥12cm）灭茬施肥播种开沟复式作业机，旋耕、条播、开沟、镇压一次作业，行距25cm。

（4）处理4（T4）

水分、密度、施肥同处理1。

水稻种植季：稻麦收获后秸秆粉碎还田（粉碎长度<15cm），水稻季翻耕（深度20~25cm）+旋耕（干旋，深度12~15cm），上水泡田后，平田2次，机插秧。

小麦种植季：小麦免耕，板茬直播后机开沟、碎土、盖籽。

（5）处理5（T5）

集成耕作处理3，增密减N，前期控水。

水稻种植季：稻麦收获后秸秆粉碎还田（粉碎长度<15cm），耕作同处理3。稻季基肥减少当季总施氮量的20%，蘖、穗肥用量保持不变，施用比例及PK肥施用量同处理1。水稻栽插规格30cm×12cm。稻季前期控水：返青浅水，之后无水层，每次灌水后自然落干，中期排水烤田，后期干湿交替（每次灌水后自然落干）。

小麦种植季：麦季基肥减少当季总施氮量的20%，蘖、穗肥用量保持不变，施用比例及PK肥施用量同处理1。小麦播种量180~225kg/hm²。

所有的试验施用肥料：氮肥为尿素，磷肥为普通过磷酸钙14%（P_2O_5），钾肥为氯化钾（60% K_2O）。本试验中秸秆全量还田主要做法为前茬秸秆粉碎后，人工将粉碎的秸秆均匀分散，同时撒施磷钾肥。秸秆不还田主要做法为前茬小麦采取底茬（留茬高度15cm）收割后，清除地上部分秸秆，撒施磷钾肥。

测定指标与方法如下。

养分吸收：每季作物在成熟期取样，测定地上部植株干物质重和植株氮、磷、钾等养分含量。采用硫酸-过氧化氢消煮，凯氏定氮法测定样品全氮含量，化学分析仪测定消煮液中磷含量，钾含量采用火焰分光光度计测定。

产量及产量构成：每季作物成熟期测定。

8.3.1　水稻和小麦周年产量变化

从图8-27可以看出，与T1和T2处理相比，T3处理的稻麦周年产量最高。尤其在2017～2018年，T3处理稻麦周年产量显著高于T2处理（$P<0.05$）。T3处理小麦产量与T2和T1处理间无显著差异（$P>0.05$），但T3处理水稻产量比T2处理两年平均高8%。T4处理和T2处理稻麦周年产量无显著差异。T5处理两年平均周年产量均低于其他处理，特别在2016～2017年的小麦产量较T2处理下降了24%。可见增密减氮只能在旋耕方式下维持产量的不变，在翻耕条件下将会有增加产量损失的风险。

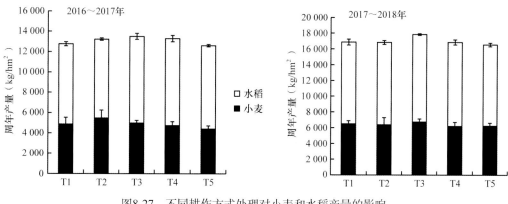

图8-27　不同耕作方式处理对小麦和水稻产量的影响

8.3.2　不同生长季作物养分利用率比较

不同耕作模式下水稻氮磷钾的吸收量无显著差异（图8-28a）。对于小麦氮磷钾吸收

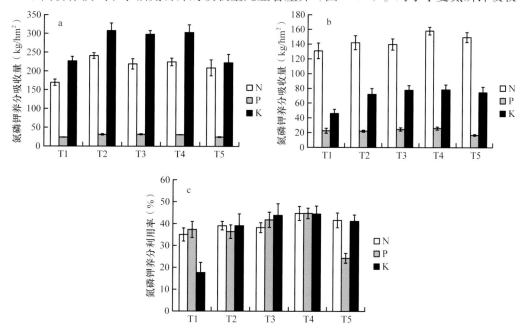

图8-28　不同耕作方式对水稻氮磷钾吸收量（a）、小麦氮磷钾吸收量（b）及肥料利用率（c）的影响

量，研究发现，秸秆还田下，水稻季翻耕+旋耕、小麦季旋耕（T3）模式与常规耕作模式（T2）氮、磷、钾吸收量无显著差异（图8-28b）；水稻季翻耕+旋耕、小麦季免耕模式小麦氮素吸收量显著高于T2处理，增幅为12%（$P<0.05$）。因此，水稻季翻耕+旋耕、小麦季免耕有利于提高小麦季氮肥的利用效率（图8-28c）

本研究发现，与传统耕作模式（水稻季旋耕和小麦季旋耕）相比，水稻季翻耕+旋耕、小麦季旋耕可以显著提高水稻产量8%左右。两年的平均周年产量每亩增加47kg，按照最低水稻收购价为每千克2.7元，每亩增收127元。考虑到翻耕当地价格为45元/亩，因此这种模式下可以较传统耕作模式增收82元/亩。可见该模式在该区域有一定的推广空间。但该模式和传统耕作模式相比，小麦季的氮磷钾肥料利用率并没有显著增加。但在小麦季进行免耕处理后，可以有效提高小麦氮磷钾肥利用效率。从环境效应和节约肥料方面考虑，也值得推广水稻季翻耕+旋耕、小麦季免耕这种模式。

表层秸秆富集严重影响小麦播种和水稻插秧作业，通过优化耕作方式来解决稻麦系统大量秸秆在土壤表层富集的问题。在水稻季，由于水土之间能均匀打浆混匀，进行翻耕有利于秸秆与土壤充分接触，可以将秸秆真正耕翻到底层土壤中。此外，水稻翻耕后，将会改善水稻土壤长期的淹水还原条件，增加触氧面，进而提高水稻的氧化层面积，促进营养物质能够有效地转化。小麦季土壤则较为黏重，导致翻耕作业很难进行。同时水稻秸秆量大，容易导致秸秆形成团块。因此，小麦季应该尽可能地减少对土壤的扰动，适当进行旋耕和免耕。

基于水稻季翻耕+旋耕、小麦季免耕的耕作模式，结合增密减氮和控水等优化栽培措施，增产效果不明显，甚至减产。而常规旋耕方式下，增密减氮不会导致稻麦系统的产量降低，可能与翻耕和控水措施有关。首先在翻耕处理下，土壤和秸秆能充分混合，由于秸秆的C/N较高，在微生物分解过程中，可能会固定大量的氮，导致其和水稻竞争更多的氮。此时由于控水处理土壤氧气接触面进一步增加，而此条件将会有利于硝化-反硝化耦合作用，进而导致肥料的大量流失，将会影响水稻的前期生长。一般，稻田是一个厌氧环境，反硝化过程主要发生在根际2～5mm，因为该处硝化产生的NO_3^-是反硝化的主要底物来源。但是控水处理将会增加土壤和氧气的接触面，进而提高硝化作用，并产生大量的底物NO_3^-，因此促进反硝化的强烈发生。而此时由于秸秆的分解，一方面微生物固定了大量肥料氮，另一方面为微生物提供了大量的可利用碳，这将会加剧反硝化损失，进而增加水稻植株缺氮的风险。同时，增密减氮处理在前期减少了20%基肥氮。因此，这些因素的综合影响可能导致水稻产量的大幅降低。所以该区可以在水稻季增加翻耕处理，使得秸秆不在表层进行富集，在小麦季可以采用旋耕或少免耕处理，以提高肥料利用率，从而保护周边水体环境。机插毯苗条件下耕作培肥模式简明操作流程见图8-29。

作物	小麦	水稻
时间	11月初至翌年5月下旬	6月上中旬至10月下旬
田间作业图		
技术流程与要点	1. 水稻收获后秸秆粉碎还田（10cm）。 2. 施基肥：19.4kg尿素（46.4% N）/亩、75kg过磷酸钙（12% P$_2$O$_5$）/亩、15kg氯化钾（60% K$_2$O）/亩。 3. 选择抗赤霉病较强的小麦品种，如宁麦13。 4. 小麦种子拌药：60%吡虫啉，100~300mL/100斤（1斤=500g）麦种。 5. 板茬直播，11月初播种；旋耕（深度12~15cm）开沟复式播种机进行旋耕、条播、开沟、镇压一次作业；小麦播种量12.5kg/亩；若土壤墒情湿烂，先施基肥、播种（撒播）后，再采用开沟机开沟覆土。 6. 清沟沥水。小麦覆土后，立即清理排水沟，南方雨水多，要保证竖沟、横沟和围沟沟沟相通，能及时排出田间积水。 7. 封闭除草剂（播种覆土后的2~3d）：30g噻磺·乙草胺/亩。 8. 后期草害防控：入冬前喷施150mL爱秀（5%唑啉草酯）/亩、250g 50%异丙隆/亩、10mL氯氟吡氧乙酸异辛酯/亩；返青期喷施30g甲基二磺隆/亩、30g异丙隆/亩、60g氯氟吡氧乙酸异辛酯/亩。 9. 追肥（小麦拔节期）：19.4kg尿素（46.4% N）/亩。 10. 病虫害防控请依据当地植保部门的病虫害预测和建议用药，及时采取措施。	1. 选择感光性强、抗逆性较强水稻品种，如淮稻5号。 2. 5月中旬利用播种机进行旱育秧。 3. 小麦收获后秸秆粉碎还田（12cm）。 4. 施基肥：11.64kg尿素（46.4% N）/亩、50kg过磷酸钙（12% P$_2$O$_5$）/亩、11.67kg氯化钾（60% K$_2$O）/亩。 5. 先翻耕（深度20~25cm），再耙耕（干旋，深度12~15cm），最后上水泡田并平田2次，平田做到"高差不过寸，寸水不露泥"。 6. 6月上中旬移栽，机插秧规格30cm×12cm。 7. 水稻返青之后（移栽后5~7d）施分蘖肥：11.64kg尿素（46.4% N）/亩；同时使用50g或40%吡嘧·苯噻酰泡腾剂除去一年生杂草；田间必须保持水层。 8. 后期看长势追肥，主茎节5~6d后追肥：7.76kg 尿素（46.4% N）/亩和11.67kg氯化钾（60% K$_2$O）/亩；主茎穗长1.5cm 时追肥：7.76kg尿素（46.4%N）/亩。 9. 水分管理：前期保持浅水（1~3cm）、中期排水烤田、后期干湿交替（每次灌水后自然落干），做到"浅水插秧，寸水返青，薄水分蘖，寸水壮苞，干湿壮籽"。 10. 病虫害防控请依据当地植保部门的病虫害预测和建议用药，及时采取措施。

图8-29　机插毯苗条件下耕作培肥模式简明操作流程

参 考 文 献

白丽珍, 朱惠斌, 王成武, 等. 2017. 水平贯入式土壤压实度测试系统及试验研究. 土壤通报, 48(4): 816-821.

曹志洪. 2008. 中国土壤质量. 北京: 科学出版社.

崔思远, 曹光乔, 朱新开. 2018. 耕作方式对稻麦轮作区土壤碳氮储量与层化率的影响. 农业机械学报, 49(11): 275-282.

丁锦峰, 乐韬, 李福建, 等. 2019. 耕作方式和施氮量对稻茬小麦产量构成和群体质量的影响. 中国农学通报, 35(5): 93-99.

冯万忠, 马振朝, 张丽娟, 等. 2017. 河北平原冬小麦/夏玉米高产田土壤肥力质量最小数据集构建及其评价. 江苏农业科学, 45(15): 233-238.

付光辉, 刘友兆. 2008. 江苏省耕地保护区划研究. 中国农业资源与区划, 29(1): 11-16.

贡璐, 张雪妮, 冉启洋. 2015. 基于最小数据集的塔里木河上游绿洲土壤质量评价. 土壤学报, 52(3): 682-689.

顾克军, 张传辉, 顾东祥, 等. 2017. 短期不同秸秆还田与耕作方式对土壤养分与稻麦周年产量的影响. 西南农业学报, 30(6): 1408-1413.

刘金山, 胡承孝, 孙学成, 等. 2012. 基于最小数据集和模糊数学法的水旱轮作区土壤肥力质量评价. 土壤通报, (5): 1145-1150.

刘涛, 曲福田, 金晶, 等. 2008. 土地细碎化、土地流转对农户土地利用效率的影响. 资源科学, 30(10): 1511-1516.

刘一. 2014. 基于水田土壤力学特性的车辆通过性研究. 南京: 南京农业大学硕士学位论文.

鲁如坤. 2000. 土壤农业化学分析方法. 北京: 中国农业科学技术出版社.

杨敏芳, 朱利群, 韩新忠, 等. 2013. 不同土壤耕作措施与秸秆还田对稻麦两熟制农田土壤活性有机碳组分的短期影响. 应用生态学报, 24(5): 1387-1393.

依艳丽. 2009. 土壤物理研究法. 北京: 北京大学出版社.

于文华, 田昊, 梁超, 等. 2017. 基于加速度补偿的土壤紧实度测量方法与传感器设计. 农业机械学报, 48(4): 250-256.

张凤荣, 安萍莉, 王军艳, 等. 2002. 耕地分等中的土壤质量指标体系与分等方法. 资源科学, 24(2): 71-75.

张福锁, 王激清, 张卫峰, 等. 2008. 中国主要粮食作物肥料利用率现状与提高途径. 土壤学报, 45(5): 915-924.

张志毅, 范先鹏, 夏贤格, 等. 2019. 长三角地区稻麦轮作土壤养分对秸秆还田响应——Meta分析. 土壤通报, 50(2): 401-406.

朱利群, 张大伟, 卞新民. 2011. 连续秸秆还田与耕作方式轮换对稻麦轮作田土壤理化性状变化及水稻产量构成的影响. 土壤通报, 42(1): 81-85.

Arvidsson J, Keller T. 2007. Soil stress as affected by wheel load and tyre inflation pressure. Soil and Tillage Research, 96(1/2): 284-291.

Brejda J J, Moorman T B, Karlen D L, et al. 2000. Identification of regional soil quality factors and indicators. I. Central and Southern High Plains. Soil Science Society of America Journal, 64: 2115-2124.

Botta G F, Jorajuria D, Rosatto H, et al. 2006. Light tractor traffic frequency on soil compaction in the Rolling Pampa region of Argentina. Soil and Tillage Research, 86(1): 9-14.

Doran J W, Parkin B T. 1994. Defining and assessing soil quality // Doran J W, Coleman D C, Ezdicek D F, et al. Defining Soil Quality for a Sustainable Environment. Madison: Soil Science Society of America Spec. Publ. 35: 3-21.

Flury B, Riedwyl H. 1988. Multivariate Statistics. A Practical Approach. Chapman and Hall, London, Great Britain.

Hemmat A, Yaghoubi-Taskoh M, Masoumi A, et al. 2014. Relationships between rut depth and soil mechanical properties in a calcareous soil with unstable structure. Biosystems Engineering, 118: 147-155.

IPCC. 2013. Summary for Policymakers // Stocker T F, Qin D, Plattner G K, et al. Climate Change 2013: The Physical Science Basis. Contribution of Working Group I to the Fifth Assessment Report of the Intergovernmental Panel on Climate Change. NY, Cambridge: Cambridge University Press.

Lennartz B, Horn R, Duttmann R, et al. 2009. Ecological safe management of terraced rice paddy landscapes. Soil and Tillage Research, 102(2): 179-192.

Mc Garry D, Sharp G. 2003. A rapid, immediate, farmer-usable method of assessing soil structure condition to support conservation agriculture // García-Torres L. Conservation Agriculture. Dordrecht: Springer Netherlands: 375-380.

Nash J E, Sutcliffe J V. 1970. River flow forecasting through conceptual models. A discussion of principles. Journal of Hydrology, 10(3): 282-290.

Qi Y, Darilek J L, Huang B, et al. 2009. Evaluating soil quality indices in an agricultural region of Jiangsu Province, China. Geoderma, 149(3-4): 325-334.

Sharpley A N, Daniel T, Sims T, et al. 2003. Agricultural Phosphorus and Eutrophication. 2nd ed. Washington: US Department of Agriculture, Agricultural Research Service, ARS-149.

Tagar A A, Ji C Y, Ding Q S, et al. 2014. Soil failure patterns and draft as influenced by consistency limits: an evaluation of the remolded soil cutting test. Soil and Tillage Research, 137(4): 58-66.

Tim Chamen W C, Moxey A P, Towers W, et al. 2015. Mitigating arable soil compaction: a review and analysis of available cost and benefit data. Soil and Tillage Research, 146: 10-25.

Valera D L, Gil J, Agüera J. 2012. Design of a new sensor for determination of the effects of tractor field usage in southern Spain: soil sinkage and alterations in the cone index and dry bulk density. Sensors, 12(10): 13480-13490.

Zhang X Y, Cruse R M, Sui Y Y, et al. 2006. Soil compaction induced by small tractor traffic in Northeast China. Soil Science Society of America Journal, 70(2): 613-619.

第9章 稻油两熟稻田丰产增效耕作模式

9.1 稻油两熟稻田土壤肥力的主要限制因子

长江中下游地区是我国油菜的主产区，据徐明岗等（2006）估计，在这一地区有的水田和旱地有机质含量较低，土壤养分含量情况与有机质的情况相似，缺素面积比较大，特别是缺钾及缺钙、镁、硫的程度远远超出国内其他粮食产区。刘金山等（2012）基于湖北省水旱两熟区133个土壤样点数据，应用主成分分析和相关系数法，筛选出湖北省水旱两熟区土壤肥力质量评价的最小数据集为土壤有机质、碱解氮、有效磷、速效钾、有效硼、有效钼、有效锌。湖北省水旱两熟区土壤肥力质量综合评价值的平均值为0.441，最小值为0.126，最大值为0.776。赤壁、洪湖、荆州、麻城和沙洋5个地区的土壤肥力质量以中等Ⅲ为主，差Ⅳ等级次之，5个地区土壤肥力质量均无优Ⅰ和很差Ⅴ等级。湖北省部分水旱两熟区土壤肥力现状并不乐观，存在较多的作物生长限制因子，如较低的铝、硼、磷、钾和有机质含量，说明在农业生产中需要注重对这些元素的施用，其中土壤有机质是需要特别关注的土壤养分。

用油菜和水稻作为指示作物进行的盆栽试验也表明（段庆波，2011），湖北省部分水旱两熟区土壤的作物生长主要限制因子为氮、磷、钾，其中对于油菜种植，土壤氮、磷、钾素缺乏的严重程度顺序为P>N>K，而水稻种植时，土壤氮、磷、钾缺乏的严重程度为N≈P>K。曹凯等（2019）对浙江8个县（市、区）24个典型稻油两熟稻田不同肥力水平田块的土壤肥力与作物产量进行相关性分析，结果表明，所调查田块的土壤pH均呈酸性。低肥力土壤与高肥力土壤的有机质、全氮、碱解氮、速效钾含量和阳离子交换量存在显著差异。土壤基础肥力水平显著影响油菜和水稻的产量。浙江稻油两熟稻田土壤培肥的关键是提高土壤有机质和碱解氮含量，其次是全氮、速效钾含量和阳离子交换量。

本研究区以江苏省为例。土壤理化数据为江苏省稻油两熟区的测土配方施肥调查数据，数据由江苏省耕地质量保护站提供。于2008～2015年每年的水稻和油菜收获季在全省范围内采集样品，采样深度0～20cm，并同时记录样点的水稻和油菜产量，共采集227个样点，主要分布在南京江宁区、溧水区、浦口区，苏州吴江区和南通通州市。具体评价方法见8.1.1节相关内容。

根据全国土壤养分含量分级标准，如表9-1所示，江苏省稻油两熟区土壤容重（1.28g/cm³±0.06g/cm³）处于"偏紧"等级；pH（7.42±0.73）处于"中性"等级；全氮（1.15g/kg±0.25g/kg）、有效磷（11.34mg/kg±4.46mg/kg）、速效钾（123.44mg/kg±38.41mg/kg）和有效硼（0.53mg/kg±0.29mg/kg）均处于"中等"等级；缓效钾（654.8mg/kg±262.0mg/kg）、有效铜（3.32mg/kg±2.13mg/kg）和有效铁（66.6mg/kg±60.0mg/kg）达到"极丰富"等级；有效锌（1.35mg/kg±1.39mg/kg）、有效锰（26.6mg/kg±23.4mg/kg）和有效硅（179.27mg/kg±101.22mg/kg）达到"丰富"等级；有机质（16.54g/kg±4.30g/kg）和有效钼（0.13mg/kg±0.07mg/kg）处于"缺乏"等级。

表9-1 稻油两熟稻田土壤理化性状

指标	最小值	最大值	平均值	标准差	变异系数CV（％）
容重（g/cm³）	1.04	1.37	1.28	0.06	4.47
pH	5.30	8.21	7.42	0.73	9.78
有机质（g/kg）	9.10	30.70	16.54	4.30	25.98
全氮（g/kg）	0.07	1.84	1.15	0.25	21.99
有效磷（mg/kg）	3.50	29.10	11.34	4.46	39.32
速效钾（mg/kg）	58.00	198.00	123.44	38.41	31.11
缓效钾（mg/kg）	199.0	1237.9	654.8	262.0	40.02
有效铜（mg/kg）	0.78	12.10	3.32	2.13	64.25
有效锌（mg/kg）	0.17	9.83	1.35	1.39	102.60
有效铁（mg/kg）	6.6	296.4	66.6	60.0	90.09
有效锰（mg/kg）	1.8	110.5	26.6	23.4	88.23
有效硼（mg/kg）	0.12	1.48	0.53	0.29	55.45
有效钼（mg/kg）	0.02	0.39	0.13	0.07	54.97
有效硅（mg/kg）	15.48	466.00	179.27	101.22	56.46

　　根据变异系数的划分等级标准（金慧芳等，2018）：容重、pH为不敏感指标（CV<10%）；有机质、全氮、有效磷、速效钾为低度敏感指标（CV为10%~40%）；缓效钾、有效铜、有效铁、有效锰、有效硼、有效钼和有效硅为中度敏感指标（CV为40%~100%）；有效锌为高度敏感指标（CV>100%）。

　　对227个监测样点的水稻和油菜产量与土壤指标进行皮尔逊相关性分析，统计结果（表9-2）表明，水稻产量与缓效钾含量呈极显著负相关关系，与有效铁含量呈极显著正相关关系，而与其他理化指标无显著相关关系；油菜产量与所有土壤理化指标均无显著相关关系（表9-3）。

表9-2 水稻产量与各指标相关性分析

	产量	容重	pH	有机质	全氮	有效磷	速效钾	缓效钾	有效铜	有效锌	有效铁	有效锰	有效硼	有效钼	有效硅
产量	1														
容重	−0.071	1													
pH	0.134	−0.534**	1												
有机质	0.049	0.018	−0.080	1											
全氮	0.139	−0.124	−0.115	0.634**	1										
有效磷	0.009	−0.754**	0.393**	−0.025	0.266	1									
速效钾	−0.154	0.121	−0.220	0.069	0.159	0.097	1								
缓效钾	−0.377**	−0.001	−0.054	−0.047	−0.161	0.029	0.243	1							
有效铜	0.234	0.004	−0.017	0.084	0.127	−0.017	0.152	−0.067	1						
有效锌	0.014	−0.061	0.041	−0.270*	−0.125	−0.058	−0.004	−0.153	−0.025	1					
有效铁	0.412**	−0.091	0.007	0.088	0.116	0.017	0.075	−0.356**	0.554**	0.333*	1				

续表

	产量	容重	pH	有机质	全氮	有效磷	速效钾	缓效钾	有效铜	有效锌	有效铁	有效锰	有效硼	有效钼	有效硅
有效锰	-0.221	0.192	0.119	-0.098	-0.164	-0.046	0.042	0.203	-0.327*	-0.252	-0.644**	1			
有效硼	0.109	0.026	0.269*	-0.037	-0.053	-0.042	-0.067	-0.017	-0.214	-0.030	-0.237	0.235	1		
有效钼	0.075	0.043	0.141	-0.188	-0.094	-0.109	0.037	-0.215	-0.079	-0.056	-0.105	0.160	0.141	1	
有效硅	0.082	-0.023	-0.055	-0.010	0.059	-0.040	0.036	0.018	-0.030	0.003	0.194	-0.104	0.003	0.169	1

注：*表示相关性达0.05显著水平，**表示相关性达0.01显著水平，下同

表9-3　油菜产量与各指标相关性

	产量	容重	pH	有机质	全氮	有效磷	速效钾	缓效钾	有效铜	有效锌	有效铁	有效锰	有效硼	有效钼	有效硅
产量	1														
容重	-0.034	1													
pH	-0.027	-0.534**	1												
有机质	-0.023	0.018	-0.080	1											
全氮	0.046	-0.124	-0.115	0.634**	1										
有效磷	0.095	-0.754**	0.393**	-0.025	0.266	1									
速效钾	-0.108	0.121	-0.220	0.069	0.159	0.097	1								
缓效钾	-0.243	-0.001	-0.054	-0.047	-0.161	0.029	0.243	1							
有效铜	-0.016	0.004	-0.017	0.084	0.127	-0.017	0.152	-0.067	1						
有效锌	0.028	-0.061	0.041	-0.270*	-0.125	-0.058	-0.004	-0.153	-0.025	1					
有效铁	0.083	-0.091	0.007	0.088	0.116	0.017	0.075	-0.356**	0.554**	0.333*	1				
有效锰	-0.165	0.192	0.119	-0.098	-0.164	-0.046	0.042	0.203	-0.327*	-0.252	-0.644**	1			
有效硼	0.026	0.026	0.269*	-0.037	-0.053	-0.042	-0.067	-0.017	-0.214	-0.030	-0.237	0.235	1		
有效钼	0.014	0.043	0.141	-0.188	-0.094	-0.109	0.037	-0.215	-0.079	-0.056	-0.105	0.160	0.141	1	
有效硅	0.122	-0.023	-0.055	-0.010	0.059	-0.040	0.036	0.018	-0.030	0.003	0.194	-0.104	0.003	0.169	1

由于产量和各指标相关性不高，无法将指标（与产量显著相关指标）进行下一步降维处理。因此，将所有指标进行主成分分析，对每个主成分中评价参数的载荷值和参数的相关性进行分析，确定组成最小数据集的评价指标。最终结果显示，最小数据集包括容重、有效磷、有机质、全氮、速效钾、缓效钾、有效铁、有效锰、有效钼（表9-4）。

表9-4　主成分分析结果（不考虑显著差异性指标）

指标	主成分				
	PC1	PC2	PC3	PC4	PC5
特征值	2.55	2.17	1.84	1.39	1.19
贡献率（%）	18.20	15.51	13.13	9.90	8.51
累积贡献率（%）	18.20	33.71	46.84	56.74	65.26
容重	-0.113	-0.919	-0.013	0.021	0.044
pH	-0.173	0.716	-0.145	-0.294	0.106

指标	主成分				
	PC1	PC2	PC3	PC4	PC5
有机质	0.069	−0.072	0.871	−0.065	−0.119
全氮	0.185	0.129	0.851	0.000	0.043
有效磷	0.042	0.874	0.144	0.188	−0.064
速效钾	0.139	−0.070	0.136	0.728	0.260
缓效钾	−0.280	0.035	−0.130	0.733	−0.236
有效铜	0.631	−0.028	0.101	0.126	0.030
有效锌	0.409	0.031	−0.481	−0.194	−0.024
有效铁	0.888	0.038	−0.002	−0.155	0.149
有效锰	−0.790	−0.066	−0.040	0.144	0.053
有效硼	−0.468	0.089	0.003	−0.294	0.248
有效钼	−0.219	−0.021	−0.113	−0.163	0.770
有效硅	0.159	−0.004	0.029	0.150	0.659

9.2 稻油两熟稻田土壤培肥关键技术筛选

9.2.1 稻油两熟主要耕作技术优化

试验地点位于南京市高淳区下坝集镇（N 31°18′、E 119°06′），该地区属亚热带季风气候，年平均温度约为17.0℃，降水量为5262.4mm，土壤含水率均值为27.6%。

试验设计：试验田块为60m×20m与60m×15m，每块田地划分3个试验小区，稻季耕作方式统一为水整地，油菜季耕作方式为旋耕和犁耕+旋耕，秸秆还田方式分为秸秆全量还田、秸秆量2/3还田和秸秆不还田3种。具体试验设计见表9-5。

表9-5 耕作试验设计

处理	耕作方式（A）	秸秆还田方式（B）
T1	稻茬粉碎还田+旋耕+油菜直播机播种	秸秆全量还田
T2	稻茬粉碎还田+旋耕+油菜直播机播种	秸秆还田量2/3（保留根茬）
T3	稻茬粉碎还田+旋耕+油菜直播机播种	秸秆不还田
T4	稻茬粉碎还田+犁耕+旋耕+油菜播种机播种	秸秆全量还田
T5	稻茬粉碎还田+犁耕+旋耕+油菜播种机播种	秸秆还田量2/3（保留根茬）
T6	稻茬粉碎还田+犁耕+旋耕+油菜播种机播种	秸秆不还田

9.2.1.1 水稻季主要耕作技术

1. 水田旋耕作业参数

采用1GQN-200型旋耕机进行水田旋耕作业，前进速度为1.5km/h，旋耕深度大于

15cm，作业后测得旋耕深度合格率为92%。旋耕深度合格率计算公式为

$$W = \frac{q}{s} \times 100\%$$ （9-1）

式中，W为旋耕深度合格率（%）；q为旋耕深度测点合格数；s为旋耕深度总的测点数。

2. 水田旱整作业参数

采用1GQN-200型旋耕机进行旱田旋耕作业，前进速度1.1m/s，旋耕深度大于13cm，旋耕后工况耕深稳定性系数按照下式进行计算。

$$a_j = \frac{\sum_{i=1}^{n_j} a_{ji}}{n_j}$$ （9-2）

$$a = \frac{\sum_{j=1}^{N} a_j}{N}$$ （9-3）

$$S = \sqrt{\frac{\sum_{j=1}^{N} S_j^2}{N}}$$ （9-4）

$$V = \frac{S}{a} \times 100\%$$ （9-5）

$$U = 100\% - V$$ （9-6）

式中，a_j为第j个行程的耕深平均值；a_{ji}为第j个行程中第i个点的耕深值；n_j为第j个行程的测定点数；U为工况耕深稳定性系数；a为工况耕深平均值；N为工况行程数；S_j为j行程耕深标准差；S为耕深标准差；V为耕深变异系数。经测量，旋耕深度在13cm，耕深稳定性系数为87%。

工况耕深稳定系数计算时，一个行程中左右两测量点各算一个单独行程。

9.2.1.2 油菜季主要耕作技术

1. 犁耕作业参数

采用的犁耕机型为德州浩民1L-525型（图9-1），翻耕犁体为降阻串阀型曲面形式，并配置5铧犁结构。试验结果表明：耕深为20～25cm，犁耕深稳定性系数为8.9%。

2. 旋耕作业参数

采用的旋耕机型号为1GQN-200型，耕深15cm，前进速度1.1m/s，转速270r/min。耕作效果根据国标《旋耕机作业质量》（NY/T 499—2013）测量耕深、工况耕深稳定性系数、碎土率、地表平整度。

图9-1　犁耕作业图

耕深及工况耕深稳定系数：在旋耕区域沿直线取5个点，点与点间隔5m，每点取0.5m×0.5m区域，将碎土取出测算碎土效果，测量所取区域底部至地表高度，并按照式（9-2）～（9-6）计算工况耕深稳定性系数。旋耕耕作深度在13cm，工况耕深稳定性系数为87%（表9-6）。

表9-6　不同试验小区机具耕深数据

指标	T1	T2	T3	T4	T5	T6
耕深(cm)	16.1	15.4	14.2	14.5	14.3	15.2
工况耕深稳定性系数	84.54	87.26	91.12	87.31	86.21	84.33

注：T1. 稻茬粉碎还田+旋耕+油菜直播机播种+秸秆全量还田；T2. 稻茬粉碎还田+旋耕+油菜直播机播种+秸秆还田量2/3；T3. 稻茬粉碎还田+旋耕+油菜直播机播种+秸秆不还田；T4. 稻茬粉碎还田+犁耕+旋耕+油菜播种机机播种+秸秆全量还田；T5. 稻茬粉碎还田+犁耕+旋耕+油菜播种机机播种+秸秆还田量2/3；T6. 稻茬粉碎还田+犁耕+旋耕+油菜播种机机播种+秸秆不还田。下同

碎土率：将测量耕深时从每个检测点取出的碎土铺放在干净的塑料布上，用直尺测量土块大小，将同一测量点的碎土里最长边大于4cm的土块和小于4cm的土块分类，并分别称重，最长边小于4cm的碎土块重量占总重量的百分比为该点碎土率。

$$E_i = \frac{m_a}{m_b} \times 100\%$$

（9-7）

式中，E_i为i点的碎土率（%）；m_a为i点最长边小于4cm的土块重量（g）；m_b为i点的全耕层土块重量（g）。

表9-7结果显示，刀辊旋耕碎土率约为75%。

表9-7　不同试验小区碎土率测量

指标	T1	T2	T3	T4	T5	T6
碎土率（%）	73.2	67.3	76.7	77.9	70.7	75.7

3. 油菜旋耕开沟施肥播种一体机

采用的机具为南京农业大学自主研发的油菜复式播种机（图9-2），在试验过程中，对配套机具作业效果进行跟踪测量，开沟部件依据农业标准《田间开沟机械作业质量》（NY/T 740—2003）测量开沟深度、开沟深度稳定性系数，播种效果测量行距、穴距、单体开沟器开沟深度、开沟稳定性及田间出芽率。

图9-2　机具田间作业图

排水沟开沟效果：选择具有代表性的田块，随机选取3个作业长度不小于20m的作业行程，测量开沟深度、沟面宽度、沟底宽度以及沟左右两侧抛土带宽度，每个行程测3次取平均值。根据NY/T 740—2003，计算得出开沟深度平均值、开沟深度标准差及开沟深度稳定性系数。

$$h = \frac{\sum\limits_{i=1}^{n} h_i}{N} \qquad\qquad (9\text{-}8)$$

$$S = \sqrt{\frac{\sum\limits_{i=1}^{n} (h_i - h)^2}{N - 1}} \qquad\qquad (9\text{-}9)$$

$$U = \left(1 - \frac{S}{h}\right) \times 100\% \qquad\qquad (9\text{-}10)$$

式中，h为开沟深度平均值（cm）；h_i为第i个测量点的开沟深度（cm）；N为选定的测量点数；S为开沟深度标准差（cm）；U为开沟深度稳定性系数（%）。

随机选取3个作业行程进行了开沟深度、沟面宽度、沟底宽度及沟左右两侧抛土带宽度测量。根据测量结果计算开沟深度平均值和开沟深度稳定性系数，结果如表9-8所示。

表9-8　开沟作业效果

项目	沟面宽度（cm）	沟底宽度（cm）	左右两侧抛土带宽度（cm）	开沟深度平均值（cm）	开沟深度稳定性系数（%）
行程1	20.3	19.6	104.6/103.1	20.5	93.5
行程2	19.5	17.8	102.1/97.2	19.8	94.6
行程3	21.2	19.8	102.5/103.3	20.2	92.1
平均值	20.3	19.1	103.1/101.2	20.2	93.4

试验结果表明，油菜复式播种机开沟装置开出的排水沟沟面宽度、沟底宽度平均值分别为20.3cm、19.1cm，左右两侧抛土带宽度分别为103.1cm、101.2cm，开沟深度平均值为20.2cm，沟深、沟宽均满足了油菜种植的农艺要求；开沟深度稳定性系数为93.4%，沟型良好，满足了田间开沟机械作业质量开沟深度稳定性系数大于80%的要求。

播种单体田间开沟效果：开沟深度稳定性与土壤扰动是衡量开沟效果的重要指标，调节播种限深30mm，测量3行种沟开沟效果。每隔2m测量一次沟深，计算得出开沟深度平均值、开沟深度标准差及开沟深度稳定性系数。

土壤扰动用下式进行计算。

$$\eta = \frac{d}{D} \times 100\% \qquad (9-11)$$

式中，η为土壤扰动（%）；d为开沟宽度（mm）；D为行距宽度（mm）。

田间试验过程中，播种行距为25cm。

机具播种开沟试验进行3次，由表9-9可知，播种单体开沟深度约为30mm，开沟深度稳定性系数约为94%，土壤扰动约为15%。

表9-9　机具播种开沟效果

重复	开沟深度平均值（mm）	开沟深度标准差	开沟深度稳定性系数（%）	土壤扰动（%）
1	28.7	2.21	92.39	19.85
2	32.9	1.67	95.78	11.41
3	28.4	2.39	92.99	14.95

9.2.1.3　耕作技术试验验证

由图9-3a可知，旋耕+秸秆2/3量还田模式油菜产量最高，不同秸秆还田量下油菜产量高低依次为秸秆2/3量还田>秸秆不还田>秸秆全量还田，不同耕作方式下油菜的产量高低依次为旋耕>犁耕+旋耕。通过对产量极值分析发现（表9-10），秸秆还田方式对油菜产量的影响更大，依次为$KB2>KB3>KB1$，这说明秸秆部分还田更有利于油菜产量的提高，就耕作方式而言，旋耕能较好地提升油菜产量。综上所述，旋耕+水稻秸秆部分还田可提高油菜产量。

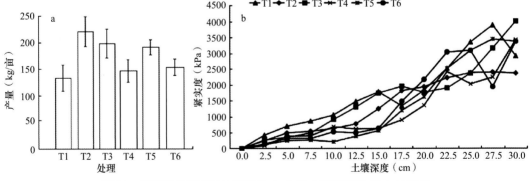

图9-3　不同耕作模式对油菜产量（a）和土壤紧实度（b）的影响

如图9-3b所示，犁耕+旋耕作业土壤紧实度小于旋耕作业。0～12.5cm耕层的土壤紧实度随耕层深度增加而呈现稳步增长状态，12.5～15cm的土壤紧实度突增，说明耕层深度为0～12.5cm，犁底层在15cm处。稻茬粉碎还田+犁耕+旋耕+油菜播种机播种+稻季秸秆2/3量还田（T5）处理0～12.5cm的土壤紧实度总体低于其他处理，稻茬粉碎还田+油菜直播机播种+稻季秸秆全量还田（T1）0～12.5cm耕层的土壤紧实度则较高。

表9-10　2018年油菜产量极差分析

	耕作模式（A）	地表秸秆量（B）	油菜产量（kg/亩）
T1	1	1	133.73
T2	1	2	219.34
T3	1	3	197.70
T4	2	1	147.10
T5	2	2	191.87
T6	2	3	153.02
$K1$	550.777	280.829	
$K2$	491.991	411.218	
$K3$		350.722	
$k1$	183.592	140.414	
$k2$	163.997	205.609	
$k3$		175.361	
R	19.595	65.195	
主次因素		B＞A	
最优方案		B2A1	

注：Ki表示任一列上水平号为i所对应的试验结果之和；$ki=Ki/s$，其中s为任一列上各水平出现的次数；R（极差）表示在任一列上$R=\max\{k1,k2,k3\}-\min\{k1,k2,k3\}$

9.2.2　有机无机肥配施技术

有机无机肥配施是现代施肥技术的重要发展方向，也是解决由不合理施肥所带来问题的重要措施（张夫道，1984；郑超等，2004；Oad et al.，2004；Yang et al.，2006；徐明岗，2008；杨兴明等，2008）。一般，有机肥含有丰富的有机质，养分元素全面但含量低，肥效缓，培肥效果好，对环境的负面影响较小；而无机肥养分含量高，肥效快，对环境的负面影响较大。单施无机肥或单施有机肥都不利于水稻的生长，二者结合可取长补短，可保证培肥土壤，农作物的高产优质，实现土壤的可持续利用，同时对环境的负面影响小（刘丽琴和江志阳，2011）。

土壤培肥是一个提高土壤肥力的过程，而土壤肥力是农业持续发展的基础资源，是土壤持久地为植物供应水分、养分的能力，这种能力使土壤具有自动调节水、肥、气、热4因素和代谢的功能；衡量这种能力的标准是确定供应水分、养分的稳、匀、足、适程度（章家恩和廖宗文，2000）。有机无机肥配合施用能够调节土壤物理、化学和生物性质，提高土壤有机质含量和化学肥力（李娟等，2008）。此外，有机无机肥配施还可以有效改善土壤供肥环境，保证作物的养分需求，从而保持较高的养分利用率（孙瑞娟等，2009）。增产增效是土壤培肥的最终目的。在实际生产中，有机无机肥配施是中低产田维持作物高产并培肥地力的重要途径。有试验结果表明，适当的有机无机肥配施比例能够保持和提高水稻、小麦等农作物的产量，但有机肥的比例超过一定阈值有可能降低作物产量（孔文杰和倪吾钟，2006；刘守龙等，2007）。因此，在实践中必然存在一个有机肥与无机肥的适当添加比例。此外，农业被认为是一个重要的人为温室气体排放源，农业生态系统对全球气候变化的影响主要是通过改变主要温室气体的排放，即CO_2、CH_4、N_2O在土壤–植物–大气界面的交换来实现的。大气中CO_2浓度的增加主要是由于化石燃料的使用和耕地利用的改变，CH_4、N_2O浓度的增加有一部分是由农业活动引起。据估计，大气中每年有5%～20%的CO_2、15%～30%的CH_4、80%～90%的N_2O来源于土壤，农田土壤是温室气体重要的排放源之一（张玉铭等，2011）。因此，减少农田土壤温室气体的排放对减缓气候恶化具有重要的作用。

关于稻田有机无机培肥方面的研究大多集中于肥料品种、肥料用量和肥料施用时期方面，鲜有关于等氮条件下有机无机肥最佳氮配比的研究，而且研究内容主要是水稻产量或土壤理化性状，很少研究等氮条件下有机肥氮替代比例对水稻产量形成、土壤培肥效应及温室气体排放的综合影响。因此，本研究在前人研究基础上，进行不同比例有机肥氮替代化肥研究，明确有机肥与化肥的合理配施比例和肥料用量，比较有机无机肥配施技术对水稻产量、肥料利用率、土壤肥力和环境效应的综合影响，以期建立合理的有机无机肥配合施用技术，探明既有利于土壤培肥又有利于水稻高产和温室气体减排的有机肥氮替代比例，使水稻具有最佳经济效益和环境效益，为建立科学的有机无机肥配施制度，实现农作物高产，提高土壤质量，减轻农业对环境的负面影响提供参考依据。

9.2.2.1　长江三角洲地区有机无机肥配施技术

1.材料与方法

试验地点位于江苏省南京市高淳区桠溪镇下坝禾田坊谷物种植家庭农场（N 31°335′、E 119°108′），该地区属于亚热带季风湿润气候区，雨量充沛，四季分明，年平均温度约17.8℃，年平均降水量约为1100mm。

供试土壤：类型为黄棕壤，质地为黏壤土，基本理化性质为pH 5.30，有机质含量13.03g/kg，全氮含量0.73g/kg，全磷含量0.26g/kg，有效磷含量22.46mg/kg，速效钾含量110.0mg/kg。

供试肥料：化肥为复合肥（15%：15%：15%），尿素（$CONH_2)_2$；有机肥为商品有机肥（N 2.09%，P 3.64%，K 1.47%）。

供试品种：杂交稻'Y两优900'，油菜'宁杂1818'。

本试验为稻油两熟，于2018年水稻季开始布置，采用NPK总养分替代原则，稻季总养分为30.9kg/亩（N+P_2O_5+K_2O为18.1kg+6.4kg+6.4kg）。本试验设置4个施肥处理，每个处理3个重复，小区面积为1亩，试验耕作模式稻油两季均为旋耕，具体试验处理见表9-11。商品有机肥作为底肥一次性施入，灌溉、除草和打农药等田间管理均由南京市高淳区桠溪镇下坝禾田坊谷物种植家庭农场协助完成。

表9-11　试验处理

处理编号	耕作模式	施肥设置
CK		不施肥
F		当地化肥用量+秸秆还田
$F_{0.8}M_{0.2}$	旋耕	有机无机肥配施，有机肥替代20%化肥（无机：有机＝8：2）+秸秆还田
$F_{0.6}M_{0.4}$		有机无机肥配施，有机肥替代40%化肥（无机：有机＝6：4）+秸秆还田

2018年水稻收获季进行植株和土壤样品采集。测定指标和参数计算与数据统计分析均见8.2.3.1相关内容。

2. 结果与分析

（1）有机无机肥配施对水稻产量的影响

比较不同配施方式对水稻产量及其构成的影响（表9-12），$F_{0.8}M_{0.2}$和$F_{0.6}M_{0.4}$处理的水稻产量较F处理分别增加了9.8%和11.2%，差异显著。其中，有机肥替代比例以40%为佳，$F_{0.6}M_{0.4}$处理水稻产量最高，达13.11t/hm²，但$F_{0.6}M_{0.4}$和$F_{0.8}M_{0.2}$处理间差异不显著，$F_{0.6}M_{0.4}$处理较$F_{0.8}M_{0.2}$处理水稻仅增产1.31%。分析产量构成发现，$F_{0.8}M_{0.2}$和$F_{0.6}M_{0.4}$处理较F处理显著增加了水稻的穗粒数，$F_{0.8}M_{0.2}$、$F_{0.6}M_{0.4}$和F处理之间水稻的有效穗数、结实率和千粒重无显著差异。

表9-12　有机无机肥配施对水稻产量及产量构成的影响

处理	有效穗数（万/hm²）	穗粒数（粒）	结实率（%）	千粒重（g）	产量（t/hm²）
CK	222.14 ± 1.76b	177.70 ± 7.71c	87.65 ± 0.46b	24.33 ± 0.22b	8.42 ± 0.40c
F	228.40 ± 0.58a	225.00 ± 6.37b	91.29 ± 0.26a	25.13 ± 0.06a	11.79 ± 0.30b
$F_{0.8}M_{0.2}$	229.71 ± 0.82a	243.83 ± 4.06a	92.33 ± 0.27a	25.02 ± 0.22a	12.94 ± 0.29a
$F_{0.6}M_{0.4}$	228.91 ± 2.25a	246.50 ± 3.51a	92.53 ± 0.74a	25.10 ± 0.15a	13.11 ± 0.25a

注：不同小写字母表示不同处理间在0.05水平差异显著，下同

（2）有机无机肥配施对土壤理化和生物性状的影响

1）有机无机肥配施对土壤化学指标的影响

表9-13中水稻季土壤化学指标结果显示，$F_{0.8}M_{0.2}$和$F_{0.6}M_{0.4}$处理土壤pH较F处理均显著提高，其中，$F_{0.6}M_{0.4}$处理较F处理pH提高7.42%，$F_{0.8}M_{0.2}$处理提高3.15%；F处理较CK处理的土壤pH显著降低3.75%。与F处理相比，$F_{0.8}M_{0.2}$和$F_{0.6}M_{0.4}$处理土壤养分含量均有所提高，其中，$F_{0.6}M_{0.4}$处理土壤有机质、全氮、有效磷和速效钾含量分别显著增加了18.41%、32.00%、12.90%、25.56%和27.80%，NH_4^+-N、NO_3^--N、全磷含量处理间无显著差异；$F_{0.8}M_{0.2}$处理土壤全氮含量显著增加了14.67%，而有机质、NH_4^+-N、NO_3^--N、有效磷和速效钾含量分别提高了6.97%、4.30%、5.93%、6.16%和18.85%，但处理间差异不显著。$F_{0.6}M_{0.4}$处理较$F_{0.8}M_{0.2}$处理显著增加了全氮和有效磷含量，而有机质、NH_4^+-N、NO_3^--N、全磷和速效钾含量处理间无显著差异。

表9-13　有机无机肥配施对水稻季土壤化学指标的影响

处理	pH	有机质（g/kg）	全氮（g/kg）	NH_4^+-N（mg/kg）	NO_3^--N（mg/kg）	全磷（g/kg）	有效磷（mg/kg）	速效钾（mg/kg）
CK	5.60 ± 0.04b	11.78 ± 0.46c	0.68 ± 0.01c	2.51 ± 0.24a	3.47 ± 0.06b	0.26 ± 0.01b	21.51 ± 1.02c	106.33 ± 3.71b
F	5.39 ± 0.05c	14.07 ± 0.52b	0.75 ± 0.02c	2.56 ± 0.19a	4.05 ± 0.24ab	0.31 ± 0.01a	26.96 ± 2.14b	104.33 ± 4.37b
$F_{0.8}M_{0.2}$	5.56 ± 0.04b	15.05 ± 0.43ab	0.86 ± 0.04b	2.67 ± 0.25a	4.29 ± 0.42ab	0.33 ± 0.02a	28.62 ± 0.79b	124.00 ± 7.09ab
$F_{0.6}M_{0.4}$	5.79 ± 0.05a	16.66 ± 0.78a	0.99 ± 0.02a	2.74 ± 0.45a	4.98 ± 0.32a	0.35 ± 0.02a	33.85 ± 1.70a	133.33 ± 11.02a

2）有机无机肥配施对土壤物理指标的影响

图9-4结果显示，与F和CK处理相比，水稻季$F_{0.8}M_{0.2}$和$F_{0.6}M_{0.4}$处理均显著降低了土壤

容重，$F_{0.8}M_{0.2}$与$F_{0.6}M_{0.4}$处理之间无显著差异。有机无机肥配施对水稻季土壤各粒径团聚体所占比例无显著影响。

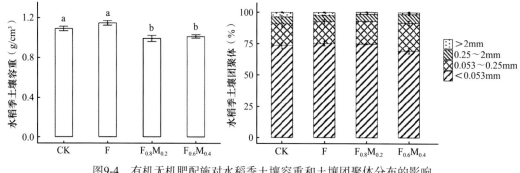

图9-4　有机无机肥配施对水稻季土壤容重和土壤团聚体分布的影响

不同小写字母表示不同处理间在0.05水平差异显著，下同

3）有机无机肥配施对土壤酶活性的影响

表9-14结果显示，与F处理相比，$F_{0.6}M_{0.4}$、$F_{0.8}M_{0.2}$和CK处理土壤总水解酶（SE）活性显著增加，但$F_{0.6}M_{0.4}$、$F_{0.8}M_{0.2}$和CK处理间无显著差异。F处理土壤碳循环（C-cycling）酶活性显著低于$F_{0.8}M_{0.2}$和CK处理，$F_{0.6}M_{0.4}$和$F_{0.8}M_{0.2}$处理之间无显著差异。F处理土壤氮循环（N-cycling）酶活性显著低于$F_{0.6}M_{0.4}$、$F_{0.8}M_{0.2}$和CK处理（$P<0.05$），$F_{0.6}M_{0.4}$、$F_{0.8}M_{0.2}$和CK处理之间无显著差异（$P>0.05$）。

表9-14　有机无机肥配施对土壤水解酶活性的影响　　　　　　[单位：nmol/(g DW·h)]

处理	AG	BG	CB	XYL	LAP	NAG	PHOS	C-cycling	N-cycling	SE
CK	5.79± 0.36a	115.81± 7.83a	46.06± 4.96a	24.72± 9.22a	1150.53± 96.47b	60.46± 4.94a	355.04± 23.65a	3.87± 1.80a	0.36± 0.66a	4.78± 2.56a
F	2.79± 0.15b	84.56± 8.56b	25.55± 1.76b	7.94± 0.81b	933.34± 72.28b	39.24± 3.21b	290.65± 19.90a	−3.89± 0.73c	−2.32± 0.43b	−7.33± 1.66b
$F_{0.8}M_{0.2}$	4.02± 1.32ab	108.85± 2.60a	35.07± 3.99ab	17.29± 1.85ab	1426.46± 93.14a	56.23± 5.88a	336.82± 10.57a	0.40± 0.87ab	0.92± 0.59a	1.40± 1.06a
$F_{0.6}M_{0.4}$	2.82± 0.33b	106.39± 5.66a	38.86± 3.52a	14.55± 1.25ab	1605.87± 38.13a	50.81± 4.95ab	353.04± 17.59a	−0.38± 0.65bc	1.04± 0.58a	1.15± 1.69a

注：C-cycling为AG、BG、CB和XLY 4种酶活性标准化后累加和，N-cycling为LAP和NAG 2种酶活性标准化后累加和，SE为7种酶活性标准化累加和；表中数据值为平均值±标准误差

$F_{0.6}M_{0.4}$、$F_{0.8}M_{0.2}$和CK处理各种水解酶活性均高于F处理。其中，F处理土壤AG（α-葡萄糖苷酶）活性显著低于CK处理，但$F_{0.6}M_{0.4}$、$F_{0.8}M_{0.2}$和F处理之间无显著差异。$F_{0.6}M_{0.4}$、$F_{0.8}M_{0.2}$和CK处理土壤BG（β-葡萄糖苷酶）活性显著高于F处理，但$F_{0.6}M_{0.4}$、$F_{0.8}M_{0.2}$和CK处理之间无显著差异。F处理土壤CB（纤维二糖糖苷酶）活性显著低于$F_{0.6}M_{0.4}$和CK处理，$F_{0.8}M_{0.2}$和F处理之间无显著差异，其中以F处理活性最低。F处理土壤XYL（木聚糖酶）活性显著低于CK处理，$F_{0.6}M_{0.4}$、$F_{0.8}M_{0.2}$和F处理之间无显著差异，其中以F处理活性最低。F处理土壤LAP（亮氨酸氨基肽酶）活性显著低于$F_{0.6}M_{0.4}$和$F_{0.8}M_{0.2}$处理，$F_{0.6}M_{0.4}$和$F_{0.8}M_{0.2}$处理之间无显著差异，F和CK处理之间无显著差异，其中以F处理活性最低。F处理土壤NAG（氨基葡萄糖苷酶）活性显著低于$F_{0.8}M_{0.2}$和CK处理，$F_{0.6}M_{0.4}$、$F_{0.8}M_{0.2}$和CK处理之间无显著差异。各处理间PHOS（磷酸酶）活性无显著差异，其中以F处理活性最低。

（3）有机无机肥配施对作物养分吸收利用的影响

1）有机无机肥配施对水稻植株地上部养分含量的影响

表9-15结果显示，有机无机肥配施对水稻秸秆、稻谷养分含量有一定的提升作用。$F_{0.6}M_{0.4}$处理较F处理显著提高了水稻秸秆P、K和稻谷K的含量。

表9-15　有机无机肥配施对水稻植株地上部养分含量的影响　　　　（单位：%）

处理	秸秆			稻谷		
	N	P	K	N	P	K
CK	0.49±0.06b	0.06±0.01c	2.06±0.03b	0.89±0.04b	0.24±001b	0.32±0.01b
F	0.88±0.06a	0.09±0.01b	2.07±0.04b	1.08±0.03a	0.25±0.01ab	0.32±0.02b
$F_{0.8}M_{0.2}$	0.86±0.11a	0.08±0.01bc	2.11±0.02ab	1.07±0.07a	0.26±0.01ab	0.36±0.01a
$F_{0.6}M_{0.4}$	0.95±0.05a	0.14±0.01a	2.18±0.04a	1.19±0.01a	0.27±0.01a	0.40±0.01a

2）有机无机肥配施对水稻植株地上部养分累积量的影响

表9-16结果显示，有机无机肥配施对水稻植株养分累积量有一定的提升作用。有机无机肥配施处理水稻植株各部位N、P、K养分累积量均高于F处理；$F_{0.6}M_{0.4}$处理较F处理显著提高了水稻秸秆N、P、K和稻谷N、K的养分累积量。

表9-16　有机无机肥配施对水稻植株地上部养分累积量的影响　　　　（单位：kg/hm^2）

处理	秸秆			稻谷		
	N	P	K	N	P	K
CK	49.18±5.29c	6.45±0.64c	246.27±14.10b	90.97±6.66b	26.53±2.15b	35.37±2.74c
F	86.24±3.13b	12.24±1.34b	250.67±11.56b	106.63±3.36b	35.01±2.41a	44.37±4.15b
$F_{0.8}M_{0.2}$	93.79±11.37ab	12.49±0.57b	320.53±9.18a	133.68±6.17a	40.60±1.21a	56.52±1.63a
$F_{0.6}M_{0.4}$	107.90±2.55a	18.77±1.90a	302.92±8.09a	136.16±4.83a	35.90±1.41a	53.33±2.70a

3）有机无机肥配施对水稻养分利用率的影响

表9-17结果显示，$F_{0.6}M_{0.4}$和$F_{0.8}M_{0.2}$处理较F处理显著提高了肥料贡献率、农学效率、肥料偏生产力和氮肥利用率。其中，$F_{0.6}M_{0.4}$处理肥料贡献率、农学效率、肥料偏生产力和氮肥利用率较F处理分别提高了25.23%、38.90%、11.15%和61.55%；$F_{0.8}M_{0.2}$处理分别提高了22.30%、33.97%、9.74%和28.53%。与$F_{0.8}M_{0.2}$处理相比，$F_{0.6}M_{0.4}$处理的肥料贡献率、农学效率、肥料偏生产力和氮肥利用率分别提高了2.40%、3.68%、1.29%和25.70%。此外，$F_{0.6}M_{0.4}$、$F_{0.8}M_{0.2}$与F处理之间磷肥利用率无显著差异。

表9-17　有机无机肥配施对水稻养分利用率的影响

处理	肥料贡献率（%）	农学效率（kg/kg）	肥料偏生产力（kg/kg）	氮肥利用率（%）	磷肥利用率（%）
F	28.57±1.83b	7.30±0.64b	25.46±0.64b	18.65±1.49c	16.67±4.80a
$F_{0.8}M_{0.2}$	34.94±1.50a	9.78±0.63a	27.94±0.63a	23.97±3.76ab	20.51±1.82a
$F_{0.6}M_{0.4}$	35.78±1.27a	10.14±0.55a	28.30±0.55a	30.13±1.26a	19.18±2.13a

（4）有机无机肥配施条件下土壤性状与作物产量的关联分析

1）水稻产量与土壤性状的皮尔逊相关性分析

表9-18结果显示，水稻产量与有机质、全氮、NO_3^--N、全磷、有效磷含量呈显著或极显著正相关关系，与pH、NH_4^+-N和速效钾含量、容重和各粒径团聚体比例相关性不显著。

表9-18　水稻产量与土壤性状的相关性分析

	产量	pH	有机质	全氮	NH_4^+-N	NO_3^--N	全磷	有效磷	速效钾	容重	A	B	C
产量	1												
pH	0.175	1											
有机质	0.896**	0.375	1										
全氮	0.790**	0.605*	0.828**	1									
NH_4^+-N	0.038	0.273	−0.182	0.206	1								
NO_3^--N	0.665*	0.584*	0.657*	0.823**	0.268	1							
全磷	0.805**	0.142	0.796**	0.634*	0.031	0.522	1						
有效磷	0.833**	0.449	0.911**	0.840**	0.033	0.713**	0.779**	1					
速效钾	0.524	0.762**	0.496	0.695*	0.443	0.716**	0.335	0.615*	1				
容重	−0.555	−0.629*	−0.579*	−0.696*	−0.043	−0.538	−0.452	−0.554	−0.632*	1			
A	−0.364	−0.617*	−0.436	−0.656*	−0.381	−0.309	−0.396	−0.428	−0.622*	0.630*	1		
B	0.277	0.657*	0.585*	0.615*	−0.389	0.439	0.305	0.553	0.348	−0.593*	−0.388	1	
C	0.291	0.642*	0.294	0.602*	0.561	0.460	0.242	0.318	0.574	−0.262	−0.632*	0.258	1
D	−0.319	−0.749**	−0.421	−0.690*	−0.331	−0.547	−0.277	−0.434	−0.571	0.362	0.580*	−0.546	−0.942**

注：A～B代表不同粒径团聚体比例，A. >2mm粒径（%）；B. 0.25～2mm粒径（%）；C. 0.053～0.25mm粒径（%）；D. <0.053mm粒径（%）

2）作物产量与土壤性状的关联分析

图9-5结果显示，水稻产量与有机质、有效磷、全磷、NO_3^--N、全氮和速效钾含量呈正相关关系。导致$F_{0.6}M_{0.4}$处理与其他处理存在差异的主要因子为速效钾、全氮和NO_3^--N

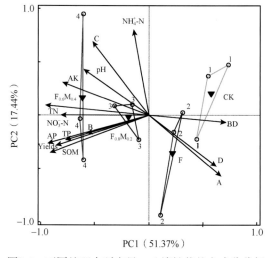

图9-5　不同处理水稻产量、土壤性状的主成分分析

Yields. 产量，pH. 酸碱度，SOM. 有机质，TN. 全氮，NH_4^+-N. 铵态氮，NO_3^--N. 硝态氮，TP. 全磷，AP. 有效磷，AK. 速效钾，BD. 容重，A. >2mm粒径（%），B. 0.25～2mm粒径（%），C. 0.053～0.25mm粒径（%），D. <0.053mm粒径（%）；下同

含量指标。导致$F_{0.8}M_{0.2}$处理与其他处理存在差异的主要因子为NO_3^--N、全氮、有效磷、全磷、有机质含量和0.25～2mm粒径团聚体比例等指标。

3）土壤酶活性与土壤理化性状的关联分析

图9-6结果显示，$F_{0.6}M_{0.4}$处理中的水解酶活性主要可能受速效钾、全氮、NO_3^--N和有机质的影响较大。$F_{0.8}M_{0.2}$处理的水解酶活性主要可能受速效钾、NH_4^+-N及0.25～2mm、0.053～0.25mm粒径团聚体的影响较大。

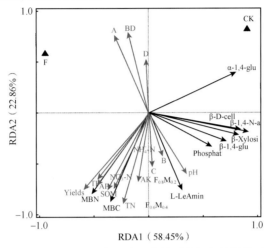

图9-6　水稻季土壤酶活性与土壤理化性质之间相关性的冗余分析

MBN. 微生物生物量氮，MBC. 微生物生物量碳，α-1,4-glu. α-葡萄糖苷酶，β-1,4-glu. β-葡萄糖苷酶，β-D-cell. 纤维二糖糖苷酶，β-Xylosi. 木聚糖酶，L-LeAmin. 亮氨酸氨基肽酶，β-1,4-N-a. 氨基葡萄糖苷酶，Phosphat. 磷酸酶

3. 小结

用20%或40%商品有机肥替代化施与单施化肥处理相比均可显著提高水稻产量、土壤肥力以及养分利用率。与单施化肥处理相比，有机无机肥配施处理水稻增产9.8%～11.2%。配施40%有机处理显著提高了土壤有机质、全氮、NH_4^+-N和有效磷的含量，增幅为7.03%～32.00%。水稻产量与有机质、全氮、NO_3^--N、全磷、有效磷含量呈显著或极显著正相关。有机无机肥配施处理的土壤水解酶总活性、碳循环酶活性、氮循环酶活性和磷循环酶活性均显著高于单施化肥处理。与单施化肥处理相比，配施20%、40%有机肥处理显著提高了水稻季肥料贡献率、农学效率、肥料偏生产力和氮肥利用率。

9.2.2.2　成都平原区有机无机肥配施技术

1. 材料与方法

试验于2017～2019年在四川省广汉市西高镇万亩油菜花基地（N 31°02′、E 104°10′）进行，该地区属亚热带季风湿润气候区，雨量充沛，四季分明，年平均温度约16.3℃，年平均降水量约为890.8mm，平均日照时数为1229.2h，水稻全生育期气象数据由四川省气象局提供（图9-7）。

供试土壤：类型为灰棕冲积水稻土，质地为中壤土。试验前土壤理化性质见表9-19和表9-20。

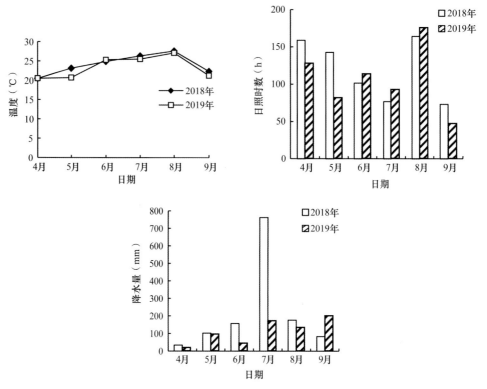

图9-7 试验点2018年和2019年气象数据

表9-19 试验前土壤化学性状

土层深度 （cm）	全氮 （g/kg）	全磷 （g/kg）	全钾 （g/kg）	碱解氮 （mg/kg）	有效磷 （mg/kg）	速效钾 （mg/kg）	有机质 （%）	pH
0～10	1.795	0.919	13.767	158.16	8.55	69.55	2.34	6.02
10～20	1.411	0.940	13.616	120.55	7.99	13.10	2.41	6.82
20～30	0.950	0.766	13.895	74.10	4.72	12.05		7.09
30～40	0.382	0.410	12.244	33.18	2.90	18.10		7.30

表9-20 试验前土壤物理性状

土层深度（cm）	容重（g/cm³）	孔隙度（%）	含水量（%）	粒径构成（%）			
				0～2μm	2～20μm	20～200μm	200～2000μm
0～10	1.20	54.72	29.32	7.67	56.81	35.22	0.3
10～20	1.61	39.25	17.67	6.74	55.86	37.14	0.26
20～30	1.73	34.72	14.55	8.05	58.89	32.89	0.17
30～40	1.77	33.21	14.71	7.05	45.33	43.97	3.65

供试肥料：尿素含纯氮46.4%；过磷酸钙含P_2O_5 12%；氯化钾含K_2O 60%；有机肥为商品有机肥（N 2.09%、P 3.64%、K 1.47%）。

供试品种：水稻'深两优5814'，油菜'华海油1号'，均为当地主栽品种。

在控制各处理总氮水平不变的条件下，以不同比例有机肥氮替代无机肥氮进行单因素随机区组试验，研究了有机肥氮替代比例对土壤养分、水稻干物质积累、产量、稻田水体养分及稻田温室气体排放的影响，以期形成稻油系统土壤培肥、水稻高产高效和环境友好的最佳有机肥氮替代技术，为稻油两熟田土壤培肥和高产高效生产提供技术依据。

本试验采用单因素随机区组试验设计，进行等氮处理（180kg/hm²），设置不同的有机肥氮替代比例，分别为30%有机肥氮替代（T3）、50%有机肥氮替代（T4）、100%有机氮替代（T5），设无氮处理（T1）和化肥NPK配施（T2）为对照，共5个处理。水稻播种日期是4月15日，移栽日期为5月30日，叶龄为4叶1心，种植规格为20cm（株距）×30cm（行距）。试验处理和施肥方案见表9-21。

表9-21　试验处理和施肥方案　　　　　　　　（单位：kg/hm²）

处理编号	处理种类	底肥				分蘖肥		穗肥
		有机N	无机N	P₂O₅	K₂O	无机N	K₂O	无机N
T1	无氮（CK1）	0	0	75	37.5	0	37.5	0
T2	无机氮（CK2）	0	90	75	37.5	54	37.5	36
T3	30%有机氮+70%无机氮	54	36	75	37.5	54	37.5	36
T4	50%有机氮+50%无机氮	90	0	75	37.5	54	37.5	36
T5	100%有机氮	180	0	75	37.5	0	37.5	0

注：供试化肥中尿素含纯氮46.4%，过磷酸钙含P₂O₅12%，氯化钾含K₂O 60%；有机肥为商品有机肥，各成分含量为N-P₂O₅-K₂O=7%-0.33%-4%

2.结果与分析

（1）有机无机肥配施对土壤养分的影响

有机无机肥配施对土壤养分的影响结果如图9-8所示，不同耕层土壤全量养分、速效养分和有机质含量存在差异，0～10cm耕层土壤养分含量大于10～20cm耕层，20～30cm、30～40cm犁底层的土壤养分含量较小且差异不明显。其中0～10cm耕层土壤全氮（TN）、全磷（TP）、碱解氮（AN）、有效磷（AP）、速效钾（AK）和有机质（SOM）受有机无机肥配施影响最为显著，10～20cm耕层土壤次之，20～30cm和30～40cm犁底层土壤受影响最小且各处理间无显著差异。

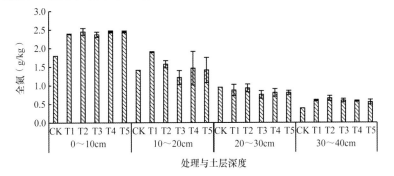

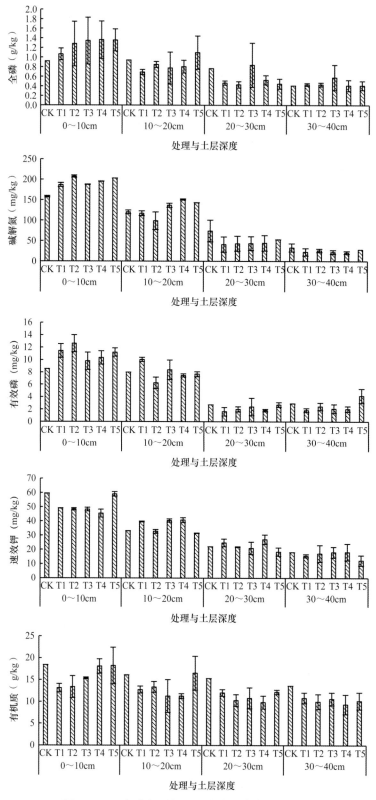

图9-8　2018年有机无机肥配施对土壤养分的影响

与基础土壤（CK）相比，单施化肥氮和有机肥氮替代处理均可增加0～20cm耕层土壤TN、TP、AN、AP含量，对20～40cm犁底层全量、速效养分含量提升作用不大。在0～20cm耕层，单施化肥氮和有机肥氮替代处理的TN、TP、AN、AP平均含量较基础土壤分别增加了11.23%和25.52%、13.98%和32.26%、9.92%和24.20%、7.50%和14.15%。

与单施化肥氮处理（T2）相比，有机肥氮替代处理能增加土壤0～20cm耕层AN、TP、AK和SOM平均含量，随有机肥替代比例的增加，土壤AN、TP、AK和SOM平均含量具有逐渐增加的趋势，但土壤TN和AP平均含量变化不明显。其中有机肥氮替代处理的AN、TP、AK和SOM平均含量较单施化肥N处理（T2）增加了5.87%～13.00%（$P<0.05$）、1.01%～14.95%（$P>0.05$）、6.09%～11.58%（$P<0.05$）和9.72%～29.92%（$P>0.05$）。在0～20cm耕层，单施化肥N处理（T2）较有机肥氮替代处理能增加TN和AP含量，但差异均不显著。在20～40cm犁底层，有机肥氮替代处理和单施化肥氮处理（T2）的土壤全量养分、速效养分和土壤有机质差异均不显著。

综上所述，土壤养分主要集中在0～20cm耕层土壤中，有机肥氮替代和单施化肥氮处理均能提升0～20cm耕层土壤全量及速效养分含量，有机肥氮替代处理主要增加了土壤AN、TP、AK和SOM含量，而化肥氮的施用能增加土壤TN和AP含量。有机肥氮替代和单施化肥氮对20～40cm犁底层土壤养分影响不大。

（2）有机无机肥配施对水体养分的影响

图9-9是有机无机肥配施对水体养分的影响结果，不同有机肥氮替代比例对水稻分蘖期稻田水养分含量、电导率、溶解氧含量和高锰酸钾指数的影响较大。在水体养分方面，化肥氮和有机肥氮替代处理的TN、TP、NH_4^+-N均高于单施有机肥氮与无氮处理，其中50%有机肥N替代处理（T4）的TN显著高于不施肥处理（T1）（$P<0.05$），不同施肥方式之间的TP、NH_4^+-N差异不显著，说明50%有机肥N替代处理（T4）可提高田面水的氮素水平，保证氮素养分供应。就水体的氧化还原能力而言，单施化肥氮和有机肥氮替代对水体电导率、溶解氧含量和高锰酸钾指数影响较大，单施化肥氮和有机肥氮替代处理的电导率显著高于单施有机肥氮与无氮处理（$P<0.05$），其中50%有机肥N替代处理（T4）的电导率最大。而单施化肥氮和有机肥氮替代处理的溶解氧均低于单施无机肥氮与无氮处理，表明有机肥氮替代后会因为增加了水体的有机质而增强了水体的还原状态，但不同施肥方式之间水体的高锰酸钾指数、溶解氧指标差异不显著。

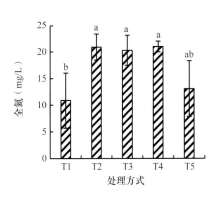
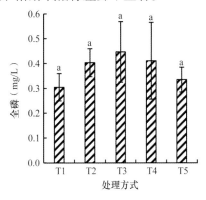

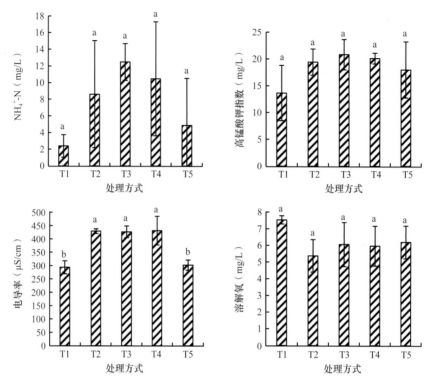

图9-9　有机无机肥配施对稻田水体全氮、全磷、NH_4^+-N、高锰酸钾指数、电导率、溶解氧的影响
（2019年）

综上所述，单施化肥和有机肥氮替代均能增加水体TN、TP、NH_3^+-N等养分含量、增强水体氧化还原能力、降低溶解氧含量。50%有机N替代化肥能增强田面水的还原状态，同时有利于增加加面水总盐量，提高田面水的氮素水平，保证氮素养分供应。

（3）有机无机肥配施对水稻干物质积累的影响

如表9-22所示，单施化肥氮与有机肥氮替代相比，2018年和2019年各生育时期的干物质重差异不显著（$P > 0.05$）。这表明有机肥氮替代与单施化肥氮对水稻生物量影响不大。

表9-22　有机无机肥配施对水稻干物质重的影响

年份	处理	干物质重(t/hm²)				
		分蘖期	拔节期	始穗期	齐穗期	成熟期
2018	T1	5.36 ± 0.08aA	8.09 ± 0.29aA	8.31 ± 0.88cB	14.45 ± 0.67bA	18.19 ± 0.57aA
	T2	6.35 ± 0.20aA	9.42 ± 0.11aA	10.53 ± 0.72abAB	18.26 ± 1.32aA	21.25 ± 1.59aA
	T3	5.24 ± 0.36aA	8.02 ± 0.10aA	11.81 ± 0.42aA	18.33 ± 1.19aA	20.87 ± 1.48aA
	T4	5.46 ± 0.33aA	8.91 ± 0.30aA	12.08 ± 0.77aA	17.54 ± 1.79abA	20.85 ± 1.90aA
	T5	6.45 ± 0.29aA	8.76 ± 0.13aA	9.31 ± 0.64bcB	18.07 ± 1.62aA	21.07 ± 1.75aA
2019	T1	4.17 ± 0.60bA	5.50 ± 0.50aA	8.30 ± 1.54aA	11.35 ± 0.26bA	13.94 ± 1.06aA
	T2	5.30 ± 0.20abA	5.96 ± 0.16aA	9.42 ± 1.36aA	10.68 ± 0.92abA	15.97 ± 1.65aA
	T3	5.83 ± 0.68aA	6.53 ± 0.36aA	9.15 ± 1.82aA	11.78 ± 0.94abA	14.15 ± 1.34aA
	T4	5.28 ± 0.60abA	6.90 ± 1.09aA	8.45 ± 0.90aA	12.54 ± 1.29aA	15.88 ± 2.22aA
	T5	5.00 ± 0.00abA	5.71 ± 0.50aA	8.24 ± 0.45aA	9.70 ± 1.05abA	14.93 ± 2.36aA

注：不同大写字母表示处理间在0.01水平差异显著，下同

（4）有机无机肥配施对水稻产量及其构成的影响

如表9-23所示，与不施肥相比，单施化肥氮、有机肥氮和有机肥氮替代均可显著提高有效穗数（$P<0.05$）。产量随有机肥氮替代比例的增加具有先增后减的趋势，在50%有机肥N替代处理（T4）达到峰值。2018年、2019年50%有机肥N替代处理（T4）的产量均显著高于无N处理（T1）和单施有机肥处理（T5）（$P<0.05$），50%有机肥N替代处理（T4）与单施化肥N处理（T2）相比两年分别增产2.65%、4.37%，主要原因是结实率增加，这表明50%有机肥N替代（T4）是有机肥氮替代无机肥氮增产增效的最佳替代比例。

表9-23 有机无机肥配施对水稻产量及产量构成的影响

年份	处理	有效穗数（万/hm²）	穗粒数（粒）	结实率（%）	千粒重（g）	产量（t/hm²）
2018	T1	235.56±10.30bB	170.90±9.37aA	87.80±1.70aA	24.74±0.20aA	9.89±0.28cB
	T2	292.22±12.86aA	174.10±17.66aA	84.78±0.94abA	24.04±0.29bBC	11.33±0.25abA
	T3	272.22±18.12aA	159.61±13.80aA	80.96±2.02bA	23.66±0.12bC	11.35±0.27abA
	T4	294.44±9.56aA	155.91±13.47aA	87.43±2.84aA	23.73±0.19bC	11.63±0.40aA
	T5	290.00±11.86aA	157.73±11.85aA	83.43±2.39abA	24.61±0.04aAB	10.76±0.28bAB
2019	T1	187.22±16.04bB	160.84±22.18aA	90.44±1.41aA	26.36±0.61aA	8.32±0.23cB
	T2	233.70±5.30aA	147.24±8.42aA	84.79±5.66abA	25.73±0.52aA	9.61±0.33abA
	T3	218.15±5.00aAB	163.30±3.48aA	86.55±1.85abA	25.36±0.77aA	9.84±0.11abA
	T4	228.70±19.40aAB	162.60±7.91aA	87.86±1.44abA	25.89±0.69aA	10.03±0.18aA
	T5	225.37±9.95aAB	138.84±15.48aA	80.00±4.42bA	25.77±0.90aA	9.47±0.08bA

对2018年、2019年产量和有机肥氮替代比例关系进行回归分析表明，产量和有机肥替代比例呈二次函数关系，回归方程R^2值经检验达显著水平，说明所得回归方程能够反映有机肥氮替代比例和产量的关系，回归方程分别为

2018年：$y=-1.832x^2+1.329x+11.283$（$R^2=0.8745$）

2019年：$y=-1.724x^2+1.615x+9.588$（$R^2=0.9411$）

可预测两年最佳有机肥氮替代比例分别为36.27%、46.84%。

（5）有机无机肥配施对水稻氮肥利用率的影响

有机无机肥配施对水稻氮肥利用率的影响见表9-24。随有机肥氮替代比例的增加，水稻肥料贡献率、氮肥农学效率、氮肥偏生产力均呈先增后减的趋势，在50%有机肥N替代处理（T4）均达到峰值。2018年、2019年50%有机肥N替代处理（T4）的肥料贡献率比单施化肥处理（T2）、30%有机肥N替代处理（T3）分别高16.71%和16.34%、28.27%和10.19%，而单施有机肥处理（T5）的肥料贡献率比50%有机N替代处理（T4）显著降低了44.71%和28.64%（$P<0.05$）；2018年、2019年50%有机肥N替代处理（T4）的氮肥农学利用率比单施化肥（T2）、30%有机肥N替代处理（T3）分别高20.18%和19.58%、33.19%和12.34%，而单施有机肥处理（T5）的氮肥农学利用率比50%有机肥N替代处理（T4）显著降低了48.59%和32.73%（$P<0.05$）；2018年、2019年50%有机肥N替代处理（T4）的氮肥偏生产力比单施化肥处理（T2）、30%有机肥N替代处理（T3）分别高2.55%和2.49%、4.42%和1.90%，而单施有机肥处理（T5）的氮肥偏生产力比50%有机肥

N替代处理（T4）显著降低了7.77%和5.87%（$P<0.05$）。两年的收获指数各处理间无显著差异。

表9-24　有机无机肥配施对水稻氮肥利用率的影响

年份	处理	肥料贡献率（%）	氮肥农学利用率（kg/kg）	氮肥偏生产力（kg/kg）	收获指数
	T1				0.55 ± 0.02aA
	T2	12.63 ± 1.85abA	7.98 ± 1.33abA	63.02 ± 1.33abA	0.54 ± 0.04aA
2018	T3	12.67 ± 1.94abA	8.02 ± 1.41abA	63.06 ± 1.41abA	0.55 ± 0.05aA
	T4	14.74 ± 2.94aA	9.59 ± 2.18aA	64.63 ± 2.18aA	0.56 ± 0.04aA
	T5	8.15 ± 2.45bA	4.93 ± 1.59bA	59.97 ± 1.59bA	0.52 ± 0.06aA
	T1				0.60 ± 0.05aA
	T2	13.23 ± 3.01abA	7.11 ± 1.81abA	53.36 ± 1.81abA	0.61 ± 0.05aA
2019	T3	15.40 ± 0.91abA	8.43 ± 0.59abA	54.68 ± 0.59abA	0.70 ± 0.07aA
	T4	16.97 ± 1.46aA	9.47 ± 0.99aA	55.72 ± 0.99aA	0.64 ± 0.07aA
	T5	12.11 ± 0.70bA	6.37 ± 0.42bA	52.62 ± 0.42bA	0.65 ± 0.11aA

（6）有机无机肥配施对水稻经济效益的影响

有机无机肥配施对水稻经济效益的影响见表9-25。总投入主要由肥料投入和其他投入构成，肥料投入由有机肥、尿素、过磷酸钙和氯化钾投入成本组成，其他投入由土地租金、耕地机收费和人工费组成。各处理的有机肥投入随有机肥替代比例的增加而增大，而其他投入不变，导致总投入也随有机肥替代比例的增加而不断增大。方差分析表明，2018～2019年水稻经济效益的产值、纯收益和产投比各处理间存在差异，产值随有机肥替代比例的增加呈现出先增后减的趋势，在50%有机肥N替代处理（T4）达到峰值。单施化肥氮和有机肥氮替代处理的产值显著高于无氮处理（T1）。单施化肥和有机肥氮替

表9-25　有机肥氮替代比例对水稻经济效益的影响

年份	处理	投入（万元/hm²）					总投入（万元/hm²）	产值（万元/hm²）	纯收益（万元/hm²）	产投比
		有机肥	尿素	过磷酸钙	氯化钾	其他				
	T1	0.00	0.00	0.04	0.04	1.20	1.28	2.50cB	1.22cB	1.95bAB
	T2	0.00	0.08	0.04	0.04	1.20	1.36	2.86abA	1.50aA	2.10aA
2018	T3	0.19	0.05	0.04	0.02	1.20	1.51	2.86abA	1.35abAB	1.89bBC
	T4	0.32	0.04	0.04	0.01	1.20	1.61	2.93aA	1.32bcAB	1.82cC
	T5	0.64	0.00	0.04	0.00	1.20	1.88	2.72bA	0.84dC	1.45dD
	T1	0.00	0.00	0.04	0.04	1.20	1.28	2.10cC	0.82bB	1.64bAB
	T2	0.00	0.08	0.04	0.04	1.20	1.36	2.42abA	1.06aA	1.78aA
2019	T3	0.19	0.05	0.04	0.02	1.20	1.51	2.48abA	0.97abAB	1.64cBC
	T4	0.32	0.04	0.04	0.01	1.20	1.61	2.53aA	0.92abAB	1.57cC
	T5	0.64	0.00	0.04	0.00	1.20	1.88	2.39bAB	0.51cC	1.27dD

注：水稻单价按照当地收购价格2.52元/kg计算；肥料价格按照当地普通售价计算，有机肥2.50元/kg、尿素2.00元/kg、过磷酸钙0.70元/kg、氯化钾3.00元/kg；其他成本主要包括土地租金、耕地费、机收费和人工费，租金按水稻当季500元/亩计算，人工和机械费按300元/亩计算

代处理的纯收益与产投比极显著高于单施有机肥（T5），纯收益和产投比随有机肥替代比例的增加逐渐减小，说明有机肥的替代虽然可增加水稻产值，但同时增加了肥料投入成本，纯收益和产投比也因此减少。

（7）有机无机肥配施对水稻温室气体排放的影响

有机肥氮替代比例对水稻温室气体排放的影响见表9-26。方差分析表明，有机肥氮替代比例对水稻CH_4、N_2O累积排放量、全球增温潜势和温室气体排放强度的影响均不显著。CH_4的累积排放量、全球增温潜势（GWP）和温室气体排放强度（GHGI）均在50%有机肥N替代处理（T4）最小。CH_4的累积排放量两年均呈现出单施有机肥N处理（T5）＞单施化肥N处理（T2）＞50%有机肥肥N替代处理（T4）的趋势。与单施化肥N处理（T2）相比，2018年和2019年单施有机肥处理（T5）的CH_4累积排放量分别增加了19.42%、28.03%；50%有机肥N替代处理（T4）的CH_4累积排放量分别降低了6.10%、39.11%。两年的GWP均呈现出单施有机肥N处理（T5）＞单施化肥N处理（T2）＞50%有机肥N替代处理（T4）的趋势。与T2处理相比，2018年和2019年T5处理的GWP分别增加了19.42%、28.03%，T4处理分别减少了6.10%、39.11%。50%有机肥氮替代处理的GHGI最低，但各处理间差异不显著。结果表明，50%有机肥N替代化肥的减排效果较好。

表9-26　有机无机肥配施对水稻温室气体及其效应的影响

年份	处理	CH_4累积排放量（kg/hm^2）	N_2O累积排放量（kg/hm^2）	GWP（$kg\ CO_2$-eq/hm^2）	GHGI（$kg\ CO_2$-eq/kg）
	T1	466.95a	−0.03a	11 673.65a	1.18a
	T2	342.90a	0.32a	8 572.63a	0.76a
2018	T3	613.47a	0.48a	15 337.01a	1.35a
	T4	321.97a	0.50a	8 049.41a	0.69a
	T5	409.49a	0.34a	10 237.45a	0.95a
	T1	257.04a	−0.04a	6 426.04a	0.77a
	T2	318.25a	0.36a	7 956.23a	0.83a
2019	T3	302.38a	0.27a	7 559.54a	0.77a
	T4	193.79a	0.02a	4 844.64a	0.48a
	T5	407.45a	0.04a	10 186.27a	1.08a

3. 小结

综上所述，有机肥氮替代和单施化肥氮均能提高土壤0～20cm的养分和有机质含量，但有机肥氮替代更有利于提高碱解氮、全磷、速效钾和有机质含量；单施化肥氮和有机肥氮稻田水体全氮、全磷、铵态氮均较低，说明单施化肥氮和有机肥氮可有效降低土壤养分向稻田水体的释放，而有机肥氮替代可增加土壤养分向稻田水体的释放，同时增加了稻田水体的化学需氧量，不利于改善稻田水体氧化还原状态；单施有机肥氮对肥料贡献率和氮肥农学利用率有不利影响，而适宜的有机肥氮替代比例可提高肥料贡献率和氮肥农学利用率；有机肥氮替代可促进水稻单株干物质积累和转运；有机肥氮替代均可提高水稻产量，但并非替代比例越高效果越好。由此可见，适宜的有机肥氮替代比例，有利于培肥土壤，提高肥料利用率，有利于水稻的干物质积累和增产，本试验培肥土壤和增产效果最佳的有机肥氮替代比例是50%，并通过回归分析得出成都平原稻油两熟系统的土壤培肥和水稻增产效果最佳有机肥氮替代比例为36.27%～46.84%，且有机肥替代总体上不会显著增加温室气体排放。尽管如此，有机肥氮替代有增加水体还原性、增加投入成本等问题，如何解决这些问题，值得深入研究。秸秆还田或种养结合的循环农业方式值得推荐，但仍需改善有机肥的质量和降低有机肥的生产成本。

9.2.3　增密调氮技术

合理的群体分布是协调群体与个体矛盾的最佳措施，也是提高水稻产量的有效途径之一（张洪程和龚金龙，2014）。随着我国水稻生产机械化程度不断提高，尤其是以机直播和机插秧为代表的机械化水稻种植的普及，机械化能够降低劳动强度、提高生产效率的显著优势受到广大从事稻作人员的普遍认可。然而，目前水稻机械化生产仍然有许多关键问题亟待解决，如农机农艺融合的问题。农户在机插秧条件下，为了节约水稻用种成本，栽插密度往往不足。另外，为了减少施肥次数往往会加大基蘖肥的施用比例，为在低密度下获得更高的茎蘖数和有效穗数，会盲目提高氮肥总施用量（周江明等，2010）。这样会导致群体结构不合理，基本苗和有效穗数不足，降低水稻产量；另外，由于前期氮肥施用过多，会降低氮肥利用率，造成氮肥流失，导致面源污染。因此，优化栽插密度和调整氮肥施用总量，是当前提高氮肥利用率，同时维持稳产的一项有效措施之一。

增密调氮技术，即为增加机械插秧的基本苗数量，减少氮肥总的施用量，通过提高单位面积有效穗来弥补减少氮肥对产量的负面影响。有研究显示，随着移栽密度的增大，水稻产量显著增加，籽粒与秸秆氮素含量、氮肥利用率增加，氮素损失显著降低（樊红柱等，2009），但是，这种氮素和密度的最佳组合在不同类型水稻中有很大不同。兰艳等（2016）认为成都平原粳稻在施氮量为225kg/hm²和密度为$2.667×10^5$穴/hm²时的产量与氮素利用率最高。所以，增密减氮技术在不同地区、不同类型水稻中的具体应用数据有较大区别，需要根据当地的实际情况适当调整氮肥用量和移栽密度。

9.2.3.1　材料与方法

试验位于湖北省荆门市沙洋县曾集镇张池村，土壤质地为黏土。水稻品种为'和两优332'，前茬为油菜，品种为'华油杂62R'。

试验为随机区组设计，共设置5种种植模式，3次重复，共15个小区，小区面积109m²。处理详情如下。油菜收获后秸秆全量粉碎还田（粉碎后秸秆长度10cm左右），翻耕（深度为15～20cm）后泡田、耙田机插秧。

Z1：不施氮肥，常规密度，常规水分管理。肥料管理：不施氮肥；磷肥（P_2O_5 75kg/hm²）作为底肥一次施用；钾肥（K_2O 75kg/hm²）作为底肥与穗肥各施用一半。常规密度：插秧规格为30cm（行距）×20cm（株距），取秧量为2～3株/穴（下同）。常规水分管理：前期保持浅水（1～3cm）、中期排水烤田、后期干湿交替(每次灌水后自然落干)。

Z2：常规肥料管理，常规密度，常规水分管理。常规肥料管理：氮肥（纯氮180kg/hm²）分别作为基肥（90kg/hm²）、分蘖肥（54kg/hm²）以及穗肥（36kg/hm²）施用；磷肥（P_2O_5 75kg/hm²）作为底肥一次施用；钾肥（K_2O 75kg/hm²）作为底肥与穗肥各施用

50%。常规密度：与Z1相同。常规水分管理：与Z1相同。

Z3：常规肥料管理，增密，常规水分管理。常规肥料管理：与Z2相同。增密：种植规格为30cm（行距）×16cm（株距）。常规水分管理：与Z1相同。

Z4：减氮（减穗肥），增密，常规水分管理。减氮：氮肥在Z2的基础上减少20%，氮肥（纯氮144kg/hm²）分别作为基肥（90kg/hm²）、分蘖肥（54kg/hm²）施用，不施穗肥；磷肥和钾肥施用与Z1相同。增密：与Z3相同。常规水分管理：与Z1相同。

Z5：减氮（减基肥），增密，常规水分管理。减氮：氮肥在Z2的基础上减少20%，氮肥（纯氮144kg/hm²）分别作为基肥（54kg/hm²）、分蘖肥（54kg/hm²）以及穗肥（36kg/hm²）施用；磷肥和钾肥施用与Z1相同。增密：与Z3相同。常规水分管理：与Z1相同。

监测指标与测定方法如下。

产量及产量构成：水稻成熟后，各试验小区选取具有代表性点进行人工收割，收割面积2m²，脱粒后自然晾晒，称重并测定稻谷含水量，最终将产量换算成含水量为13.5%的实际产量；每个样点连续取10穴，考察有效穗数、穗粒数、结实率和千粒重、干物质重等指标。

干物质重：分别于水稻的分蘖期、孕穗期、齐穗期、灌浆期和收获期，按照各时期平均分蘖数，分别取4穴水稻，茎、叶、穗分离分别在105℃下杀青1h后，80℃烘干至恒重，在天平上称重。

氮肥农学效率（AE）：作物因施用氮肥所增加的籽粒产量（ΔYield）与氮肥施用量（FN）的比值：AE（kg/kg）=ΔYield/FN。水稻孕穗期、齐穗期、成熟期取样，烘干，使用SmartChem140间断氮素分析仪测定地上部植株氮含量。

9.2.3.2 结果与分析

1. 产量和氮肥农学效率

由图9-10可知，施氮处理（Z2～Z5）的产量显著高于不施氮处理Z1，以Z3处理产量最高，达9.23t/hm²，各施氮处理间产量差异不显著，其中Z4处理的产量最低，这主要是因为Z4处理减少了穗肥氮用量，影响了水稻后期灌浆；而Z5处理是减少了基肥施用，通过增加密度，其产量略高于Z2，仅略低于增密的Z3处理，说明增密对产量增加有积极作用。分析不同处理对氮肥农学效率的影响，Z2处理氮肥农学效率最低，仅为10.5kg/kg，而减少基肥用量的Z5处理最高，为17.3kg/kg，且Z5氮肥农学效率显著高于Z2，但与Z3、Z4处理差异不显著。Z4处理因穗肥减少产量降低，最终使氮肥农学效率降低。

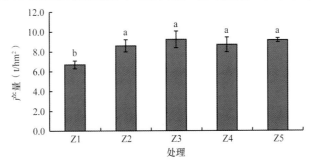

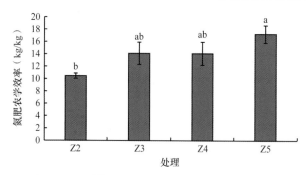

图9-10　不同模式水稻产量和氮肥农学效率比较

2. 关键生育期干物质积累和氮素积累

由图9-11A可知，不同处理对幼穗分化期和齐穗期的地上部干物质重影响较大。对于齐穗期，Z3处理最高，显著高于Z1处理，但与Z2、Z4、Z5差异不显著，变化趋势与产量一致。而成熟期Z4和Z5处理的干物质重低于Z2与Z3，这说明增密同时减氮，不论是减基肥还是穗肥，都对齐穗后期干物质积累产生负面影响。

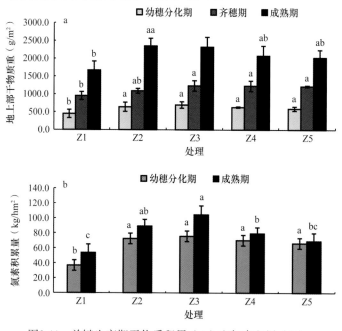

图9-11　关键生育期干物质积累（A）和氮素积累（B）

由图9-11B可知，未施氮的Z1处理幼穗分化期氮素积累量最低，仅为36.8kg/hm²，其他处理均高于前者，Z3处理氮素积累量最高，达75.8kg/hm²，说明直接增加密度对群体总体的氮素吸收有促进作用，其次为Z2＞Z4＞Z5，除Z1外，其余处理间差异不显著；成熟期各处理间氮素积累量变化趋势与幼穗分化期类似，Z3处理氮素积累量高于其他处理，依次为Z3＞Z2＞Z4＞Z5＞Z1，且Z3相比Z4和Z5氮素积累量分别提高31.2%和50.5%，幅度显著高于幼穗分化期，说明减氮对后期氮素积累量影响较大。

9.2.3.3　小结

综上所述，减氮增密和单一增密处理均对提高产量与氮肥农学效率有一定的促进作用，但相比常规模式并未达显著效果；减氮处理后期的干物质积累和氮素积累显著降低，虽然增密可以一定程度弥补前者的负效应，但是随着植株生长，减氮处理对水稻生长后期的影响增大，后期土壤供氮量出现了不足。增密减氮措施可以较好地提高氮肥农学效率，所以本研究认为此措施更适合在高产田应用，且间歇使用，才能达到稳产、高效、培肥土壤的目的。

9.2.4　肥料周年运筹技术

通过对农户的施肥措施调查发现，水稻、油菜、小麦平均施氮量均处在合理的范围内，但是农户间差别很大。农户重基肥轻追肥，追肥不合理。主要问题：小麦季不追肥；水稻季追、基肥时间间隔太短；水稻、油菜基追比变幅大，没有确定合理的比例等（曹国良，2006）。研究不同施肥水平对水稻产量和肥料利用率的影响，对氮磷钾平衡施肥，提高肥料利用率，减少环境污染有着重要意义（胡春花等，2012）。徐俊增等（2012）的试验结果表明，增加施氮量可以有效改善叶片光响应特征，并有效促进复水之后反弹补偿的产生，在制定水稻节水灌溉的土壤水分调控指标时，要考虑施氮水平的影响。闫淑清（2012）研究认为，氮钾不同时期不同配比对水稻产量构成因素均有影响。在稻油两熟系统中，由于水稻和油菜的需肥特性不同和前茬作物施肥对后茬作物的影响，稻油两季作物施肥产生难以协调统一的问题，鲜见关于协调稻油两季作物周年养分需求的研究报道。为协调稻油两季周年作物养分供应的矛盾和保证土壤养分供应平衡，利于培肥土壤并促进稻油高产高效，同时兼顾成都平原区和四川盆地丘陵区土壤、环境、生产水平的生态差异，于成都平原区和四川盆地丘陵区开展稻油周年肥料运筹定点定位试验，以研究稻油两季周年肥料用量高低和稻油两季周年肥料施用比例对水稻干物质积累、产量形成与土壤养分的影响，为成都平原区和四川盆地丘陵区稻油两熟作物生产提供周年肥料运筹关键技术，并提供理论依据。

9.2.4.1　成都平原区稻油周年肥料运筹技术

1. 材料与方法

试验地点在四川省眉山市东坡区（N 30°04′33.65″、E 103°50′54.46″）悦兴镇金光村，位于亚热带湿润气候区，属成都平原经济圈，四季分明，雨量充沛，光温资源丰富。年平均气温17.2℃，无霜期318d，年平均降水量1057.5mm，年均日照时数1193.8h。

试验供试土壤：类型为水稻土，质地为黏壤土。

供试化肥：尿素含纯氮46.4%；过磷酸钙含P_2O_5 12%；氯化钾含K_2O 60%。

供试品种：水稻'荃优华占'，油菜'川油36'，均为四川地区常规高产品种。

试验为两因素随机区组定点定位试验。因素A为油菜和水稻周年肥料（分别是氮、磷、钾）总量，设A1（低）、A2（中）、A3（高）3个处理。因素B为稻油两季用肥比例（水稻总肥：油菜总肥），即B1（1:1）、B2（3:2）、B3（2:3），共9个处理，以稻油两季不施肥料处理为对照1（CK1），当地稻油高产常规施肥水平为对照2（CK2），3次重复。因素A的具体施肥量如表9-27所示。因素A和B各处理具体施肥比例如表9-28所示。

表9-27　因素A处理的具体施肥量

处理A	周年养分总量（kg/亩）	N（kg/亩）	P$_2$O$_5$（kg/亩）	K$_2$O（kg/亩）
A1（低）	33	15	6	12
A2（中）	46.5	21	8.5	17
A3（高）	60	27	11	22
CK1	0	0	0	0
CK2	36	18	8	10

表9-28　因素A和B各处理的施肥比例

编号	两季用肥比例
CK1（T1）	不施肥
CK2（T2）	当地常规施肥水平
A1B1（T3）	低肥、稻油肥料比1∶1
A1B2（T4）	低肥、稻油肥料比3∶2
A1B3（T5）	低肥、稻油肥料比2∶3
A2B1（T6）	中肥、稻油肥料比1∶1
A2B2（T7）	中肥、稻油肥料比3∶2
A2B3（T8）	中肥、稻油肥料比2∶3
A3B1（T9）	高肥、稻油肥料比1∶1
A3B2（T10）	高肥、稻油肥料比3∶2
A3B3（T11）	高肥、稻油肥料比2∶3

　　田间试验管理：试验为期2周年。水稻采用水直播，人工直播模拟机直播，5月中旬播种，播种规格为行窝距30cm×16cm，每穴播5粒饱满种子。油菜采用人工模拟机直播，10月中旬播种，每亩播种量为200～300g，规格为行窝距30cm×20cm。两季作物磷肥、钾肥全作基肥，水稻氮肥按基肥：分蘖肥：穗肥为6∶2∶2施用；油菜氮肥按基肥：追肥为1∶1施用。秸秆还田方式：油菜秸秆全部粉碎还田；在播种油菜后水稻秸秆半量覆盖还田。用塑料薄膜包被小区之间的田埂，防止窜肥窜水。

　　2.结果与分析

　　（1）稻油周年肥料运筹对水稻干物质积累的影响

　　由表9-29可知，经多重分析比较表明，肥料周年用量对分蘖期和拔节期的干物质重影响显著或极显著，但对齐穗期和成熟期的干物重无显著影响，表明肥料周年用量对水稻前期生长的影响较大，对抽穗后的生长影响较小。肥料分配比例对不同生育期干物质积累的影响不同，其中对分蘖期和始穗期的干物质积累影响显著或极显著，且周年肥料用量与肥料分配比例互作显著。在分蘖期，水稻干物重最高的肥料分配比例为3∶2，且各施肥水平下表现一致，表明肥料周年分配比例对分蘖期水稻的生长影响较大。在始穗期，不同周年肥料用量下有利于干物质积累的肥料分配比例不同，在低肥、中肥水平，干物质重最高的肥料分配比例为2∶3，在高肥水平下，干物质重最高的肥料分配比例为1∶1。在成熟期低肥水平下，施肥比例为1∶1和3∶2处理的水稻干物质重显著大于施肥比例为 2∶3 处理。可能由于水稻群体发生自身调节,肥料周年用量和分配比例对成熟期干物质重无显著影响。

表9-29　肥料运筹对成都平原地区水稻干物质重的影响(2018年)

处理	干物质重（t/hm²）			
	分蘖期	拔节期	始穗期	成熟期
T1	1.27f	3.53c	8.89d	14.33c
T2	2.86abcd	4.10bc	11.86a	17.31ab
T3	1.92e	4.39ab	8.80d	17.46a
T4	2.71bcd	4.09bc	9.16cd	15.78b
T5	2.54cd	3.60c	10.34b	14.00c
平均	2.39	4.02	9.43	15.75
T6	3.02abc	4.03bc	9.37abc	16.70ab
T7	3.04abc	4.62ab	8.68d	16.02ab
T8	2.64bcd	4.78ab	9.97ab	17.31ab
平均	2.90	4.48	9.34	16.68
T9	3.06ab	4.53ab	9.55abc	16.65ab
T10	3.36a	4.28abc	8.89d	17.56a
T11	2.48d	5.03a	8.60d	16.28ab
平均	2.97	4.61	9.01	16.83
F-value 施肥水平	10.666**	5.548*	1.354	0.202
施肥比例	6.880**	0.437	3.626*	0.386
施肥水平 × 施肥比例	4.098*	4.264*	4.113*	0.093

（2）稻油周年肥料运筹对水稻和油菜产量的影响

稻油周年肥料运筹对水稻产量影响的方差分析结果见图9-12A。稻油周年肥料用量和两季间肥料分配比例对水稻产量的影响显著,且互作效应显著（$P<0.05$）,水稻产量最高的处理为T5（低肥、稻油肥料比2∶3）,表明在当下高肥生产条件下,可通过协调稻油两季肥料比例来减少肥料周年用量,从而达到水稻增产增效的效果。水稻产量较高的处理还有T10和T7处理,在中肥、高肥条件下,利于水稻高产的肥料分配比例均为3∶2,表明在当前高肥生产条件下,可通过协调稻油两季间肥料的分配比例来获得水稻高产。

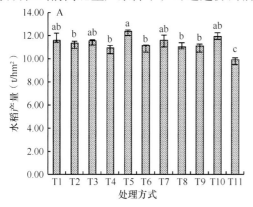
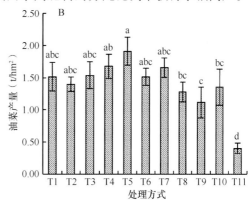

图9-12　肥料运筹对水稻（A）和油菜（B）产量的影响

稻油周年肥料用量和两季间的肥料分配比例对油菜的产量影响显著（图9-12B）。肥料用量和肥料比例对油菜产量的影响有显著互作效应（$P<0.05$），油菜产量最高的处理为T5（低肥、稻油肥料比为2∶3），其次是T4（低肥、稻油肥料比为2∶3），表明在当下高肥生产条件下，可通过协调稻油两季肥料比例来减少肥料周年用量，从而达到油菜增产增效的效果。在中肥、高肥水平下各肥料分配比例处理的油菜产量均较低，表明在中、高肥周年肥料用量下，难以通过协调稻油两季肥料分配比例来提高油菜产量。

（3）稻油周年肥料运筹对稻油两季产值和效益的影响

表9-30为稻油周年肥料运筹对稻油两季产值和投入产出比的影响，稻油周年产值和投入产出比以T8与T11处理较高，表明中、高周年肥料用量下调节两季肥料分配比例为2∶3可提高稻油周年产值；T3和T6处理的投入产出比较低，经济效益较佳，表明在中、低周年肥料用量下调节稻油两季肥料分配比例为1∶1可提高稻油周年生产的经济效益。由于T3、T6、T8、T11处理间的产值差异不显著，因此，考虑兼顾产值与经济效益最佳的原则，A2B1和A1B1处理可达到增产增效的效果，说明在成都平原区，采用中、低周年肥料用量并调节稻油两季肥料分配比例为1∶1的周年增产增效效果最好。

表9-30　肥料运筹对稻油两熟平均周年产值及效益的影响

	处理	产值（元/hm^2）	投入产出比 ROI
	T1	25 427.41d	
	T2	31 635.95ab	0.110def
	T3	31 936.09ab	0.100f
	T4	29 097.70c	0.110ef
	T5	29 419.45c	0.110ef
	平均	30 151.08	0.103
	T6	31 961.73ab	0.100f
	T7	29 981.73bc	0.140cd
	T8	32 936.90a	0.150bc
	平均	31 626.79	0.138
	T9	31 350.51ab	0.130cde
	T10	29 320.87c	0.140cd
	T11	32 747.36a	0.180a
	平均	31 139.58	0.182
	施肥水平	3.963[*]	444.215[**]
F-value	施肥比例	11.922[**]	11.958[**]
	施肥水平 × 施肥比例	2.977[*]	2.700[*]

多重分析比较表明，周年肥料用量对周年产值影响显著，产值依次增加的周年肥料用量次为中肥量>高肥量>低肥量，表明低肥和高肥用量可提高产值，但中等周年肥料用量增加产值的效果最佳。周年肥料用量对投入产出比影响极显著，且随肥料用量的增加会增大投入产出比，因此兼顾产值和经济效益的最佳周年肥料用量为中等水平。两季

肥料比例对周年产值和投入产出比的影响极显著，施肥比例为1∶1和2∶3处理周年产值高于施肥比例3∶2处理，投入产出比依次增加的肥料分配比例为2∶3＞3∶2＞1∶1，但在低肥处理下，不同肥料分配比例间差异不显著，而在高肥条件下差异显著，说明在高肥条件下可通过调节稻油两季肥料分配比例来提高经济效益。

3. 小结

综上所述，在成都平原稻油两熟系统中，可以通过调节稻油周年肥料用量和两季间肥料比例来调控水稻的干物质积累、水稻和油菜产量、周年产值和经济效益。周年肥料用量对直播水稻前期的干物质积累调控作用最大，但受杂交水稻自身群体调节能力较强的影响，对后期干物质积累的调节作用不大。稻油两季间的肥料分配比例对直播稻前期和中期的干物质积累影响较大。最终成熟期干物质重最大的处理是高肥配合稻油肥料比3∶2。水稻和油菜产量最高的处理为低肥配合稻油肥料比2∶3。兼顾稻油周年产量、产值、经济效益最佳的原则，采用周年肥料用量中（315kg N/hm²、127.5kg P_2O_5/hm²、255kg K_2O/hm²）、低（225kg N/hm²、90kg P_2O_5/hm²、180kg K_2O/hm²）水平，两季间分配比例为1∶1的周年肥料运筹方式增产增效效果最好。

9.2.4.2　盆地丘陵区稻油周年肥料运筹技术

1. 材料与方法

为了协调四川盆地丘陵区稻油两熟两季肥料周年运筹的矛盾，研究了稻油两熟系统中肥料周年用量和稻油两季分配比例对水稻干物质积累、水稻和油菜产量、周年产值的影响，并综合分析产量、产值、投入产出比差异，以期为四川盆地丘陵区稻油两熟系统通过周年肥料运筹实现培肥土壤和高产高效提供关键技术。

试验地点在四川省绵阳市三台县（N 30º42′34″、E 104º43′04″）建平镇八角村，位于亚热带季风性气候区，海拔307～672m，属川中丘陵地区。四季分明，冬春降水少而夏秋降水集中，年际降水不均，县境多年平均降水量为882.2mm。供试土壤类型为紫色土，质地为黏壤土。供试品种：水稻'荃优华占'，油菜'川油36'，均为四川地区常规高产品种。

试验设计和田间管理见9.2.4.1节。

2. 结果与分析

（1）稻油周年肥料运筹对水稻干物质积累的影响

由表9-31中方差分析和多重比较结果表明，肥料周年用量和两季间分配比例对各生育期的干物质重影响显著或极显著，除拔节期外，其余生育期肥料周年用量和分配比例互作显著或极显著。T6处理各生育期干物质重均较高，说明中等周年肥料用量配合两季间肥料分配比例为1∶1有利于水稻的干物质积累。由于对照（T2）的周年肥料用量介于低肥、中肥之间且两季间比例接近于1∶1，其各生育期的干物质重也较高，一方面说明实际生产中的肥料运筹有其合理的一面，另一方面印证了上述研究结果的正确性。同一周年肥料用量下不同肥料比例对干物质重的影响不同，在低肥、中肥下两季间肥料比例为1∶1的效果最佳；在高肥下稻油季肥料比例为3∶2有利于干物质积累，在高周年肥料用量下需要增大水稻季肥料用量以协调水稻生长而促进干物质积累。

表9-31　2018年肥料运筹对成都丘陵区水稻干物质重的影响　（单位：t/hm²）

处理	分蘖期	拔节期	齐穗期	成熟期
T1	2.46d	4.75c	8.36cde	12.00d
T2	3.18abc	6.86a	9.75cde	16.08a
T3	3.40ab	5.55bc	12.10a	13.34cde
T4	2.55d	4.58c	8.15de	14.84abc
T5	2.73cd	4.75c	11.04ab	12.70d
平均	2.89	6.05	10.43	13.63
T6	3.49a	6.28ab	10.54ab	13.33cd
T7	3.25abc	5.12c	10.34abc	13.29cd
T8	3.12abc	4.61c	10.18abcd	12.11d
平均	3.28	4.98	10.35	12.91
T9	2.72cd	6.33ab	9.94bcde	13.43bcd
T10	2.95bcd	5.24c	10.19abcd	15.00ab
T11	2.56d	5.41bc	7.96e	12.45d
平均	2.74	4.93	9.36	13.63

F-value	施肥水平	9.355**	4.256*	4.922*	4.014*
	施肥比例	5.182*	14.056**	7.001**	22.336**
	施肥水平 × 施肥比例	2.921*	0.743	9.744**	1.839*

（2）稻油周年肥料运筹对水稻和油菜产量的影响

稻油周年肥料运筹对水稻产量的影响结果见图9-13A。水稻产量较高的处理为T9（高肥、稻油肥料比1∶1）和T2（对照，肥料量接近中等，比例接近1∶1），只与T11差异显著，与其余处理差异不显著，表明3种施肥水平与稻油肥料比例1∶1和3∶2配合均可取得较高产量，且与对照常规施肥增产效应相似，而高肥下稻油肥料比例为2∶3对水稻产量形成不利。

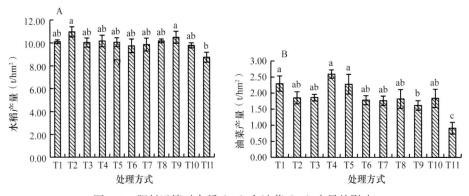

图9-13　肥料运筹对水稻（A）和油菜（B）产量的影响

稻油周年肥料运筹对油菜产量的影响结果见图9-13B。稻油周年肥料用量和两季间的肥料分配比例对油菜的产量影响显著，肥料用量和肥料比例对油菜产量的影响有显著互作效应（$P < 0.05$）。油菜产量最高的处理为T4（低肥、稻油肥料比3∶2），其次是T5（低肥、稻油肥料比2∶3），表明目前高肥生产条件下，可通过协调稻油两季肥料比例来减少肥料周年用量，从而达到油菜增产增效的效果。在高肥水平下各肥料分配比例处理的油菜产量均较低，表明在高周年肥料用量下，难以通过协调稻油两季肥料分配比例来提高油菜产量。

（3）稻油周年肥料运筹对稻油两季产值和效益的影响

表9-32为稻油周年肥料运筹对稻油两季产值和投入产出比的影响。结果表明，周年肥料用量和稻油肥料比例对稻油两季周年产值与投入产出比的互作效应显著。T11处理产值最高，但与处理T2、T5、T6、T8、T9差异不显著，投入产出比最低的是低肥水平配合各肥料比例的处理，其经济效益最高，但各稻油肥料比例间差异不显著；投入产出比较高的是中肥、高肥配合各稻油肥料比例的处理，且除中肥、高肥的稻油肥料比例2∶3水平外稻油肥料比例间的投入产出比差异显著，表明中、高肥量下可通过调整稻油肥料比例降低投入产出比。综合考量周年产值和投入产出比，发现T5处理（低肥、稻油肥料比3∶2）的增值增效效果最佳。

表9-32　肥料运筹对稻油两熟平均周年产值及效益的影响

	处理	产值（元/hm²）	投入产出比 ROI
	T1	26 973.83f	
	T2	34 106.40a	0.101e
	T3	31 314.68bcd	0.099e
	T4	30 279.29cde	0.102e
	T5	32 435.54abc	0.096e
	平均	31 343.17	0.099
	T6	32 864.79ab	0.133d
	T7	29 927.94de	0.146c
	T8	32 595.10ab	0.134cd
	平均	31 795.94	0.138
	T9	32 071.64abcd	0.176b
	T10	29 018.91ef	0.195a
	T11	34 157.33a	0.165b
	平均	31 749.29	0.179
	施肥水平	0.406	478.374**
F-value	施肥比例	19.070**	21.009**
	施肥水平 × 施肥比例	1.903*	3.774*

3. 小结

综上所述，在四川盆地丘陵区稻油两熟系统中，可以通过调节稻油周年肥料用量和两季间肥料比例来调控水稻的干物质积累、水稻和油菜产量、周年产值和经济效益。周年肥料用量和稻油肥料比例对直播水稻各生育期的干物质积累均有调控作用，特定周年肥料用量下可调节稻油两季间肥料分配比例以利于水稻和油菜的均衡生长,增加产量和产值,降低投入产出比。低肥、高肥配合稻油肥料比例3∶2有利于干物质积累和形成较高的产量,但在高肥条件下投入产出比也相应增高。本研究推荐增值增效的周年肥料运筹方式是低肥($225kg\ N/hm^2$、$90kg\ P_2O_5/hm^2$、$180kg\ K_2O/hm^2$)配合稻油肥料比例3∶2,但考虑到粮食安全仍然是当前我国农业生产的重要任务,增值增效的同时,还必须兼顾高产,因此,兼顾增产、增值、增效的稻油两熟周年肥料运筹方式为高肥($405kg\ N/hm^2$、$165kg\ P_2O_5/hm^2$、$330kg\ K_2O/hm^2$),稻油两季肥料分配比例为2∶3。

9.3 稻油两熟稻田土壤培肥与丰产增效耕作模式

9.3.1 稻油周年丰产增效耕作模式验证

9.3.1.1 材料与方法

试验地点位于湖北省荆门市沙洋县曾集镇张池村。种植模式为稻油两熟,水稻于2019年5月10日播种,5月30日插秧,9月25日收获。选择水稻品种'两优332',油菜品种'华油杂62R'。

试验为随机区组设计,共设置4种种植模式,3次重复,共12个小区,小区面积100m²。处理详情见表9-33。油菜收获后秸秆全量粉碎还田(粉碎后秸秆长度10cm左右),翻耕(深度为15～20cm)后泡田、耙田机插秧。

表9-33 不同模式对比

模式	内容
M1	秸秆不还田,双旋耕,常规肥水管理(农民习惯)
M2	秸秆还田,双旋耕,常规肥水管理(农民习惯)
M3	秸秆还田,水稻翻耕,油菜旋耕,减水稻基肥20%,增密20%(旱整地)
M4	秸秆还田,水稻旋耕机械直播,油菜旋耕直播(旱整地)

M1:水稻种植季,油菜收获后秸秆全部移出,旋耕(深度为10～15cm)后泡田、耙田机插秧,行距30cm,株距16cm。常规水分,前期保持浅水(1～3cm)、中期排水烤田、后期淹水。农民习惯施肥,施用三元复合肥(NPK比例为15%-15%-15%),施用量40kg/亩作基肥,幼穗分化期(拔节时施肥)追施尿素13kg/亩。

M2:水稻种植季,油菜收获后秸秆全量粉碎还田,旋耕(深度为10～15cm)后泡田、耙田机插秧,行距30cm,株距16cm。肥水管理同M1。

M3:水稻种植季,油菜收获后秸秆全量粉碎还田,翻耕(深度15～20cm)后泡田、耙田机插秧,行距30cm,株距14cm。返青浅水,之后无水层,每次灌水后自然落干,中期排水烤田,后期干湿交替(每次灌水后自然落干)。施纯氮10.8kg/亩、P_2O_5 5kg/亩、K_2O 5kg/亩。磷肥作基肥一次施用,基肥、分蘖肥和穗肥纯氮分别为5.4kg/亩、3.2kg/亩、2.2kg/亩,钾肥的基肥与追肥施用量分别为2.5kg/亩、2.5kg/亩。氮肥选用尿素,磷肥为过磷酸钙,钾肥为氯化钾。

M4：水稻种植季，油菜收获后秸秆全部粉碎还田，翻耕(深度15～20cm)后泡田、平整土地。采用专用水稻直播机，直播行距25cm，株距14cm，用种量1.5～2.0kg/亩。播种后保持土壤湿润，无明水，分蘖开始灌浅水，中期排水烤田，后期干湿交替（每次灌水后自然落干）。施纯氮10.8kg/亩、P_2O_5 5kg/亩、K_2O 5kg/亩。磷肥作基肥一次施用，基肥、分蘖肥和穗肥纯氮分别为5.4 kg/亩、3.2 kg/亩、2.2kg/亩，钾肥的基肥与追肥施用量分别为2.5kg/亩、2.5kg/亩。氮肥选用尿素，磷肥为过磷酸钙，钾肥为氯化钾。

监测指标与测定方法如下。

产量及产量构成：水稻成熟后，各试验小区选取具有代表性点进行人工收割，收割面积$2m^2$，脱粒后自然晾晒，称重并测定稻谷含水量，最终将产量换算成含水量为13.5%的实际产量；每个样点连续取10穴，考察有效穗数、穗粒数、结实率和千粒重、干物质重等指标。

干物质重：分别于水稻的分蘖期、孕穗期、齐穗期、灌浆期和收获期，按照各时期平均分蘖数，分别取4穴水稻，茎、叶、穗分离分别在105℃下杀青1h后，80℃烘干至恒重，在天平上称重。

氮肥偏生产力：在水稻孕穗期、齐穗期、成熟期取样，使用SmartChem140间断氮素分析仪测定地上部植株氮含量。水稻氮肥利用率计算参见8.2.3.1。

茎蘖动态：水稻返青后开始数分蘖，每个小区固定数10株，每隔5d数1次，一直数到齐穗期。

9.3.1.2 结果与分析

1. 产量和氮肥偏生产力

由图9-14A可知，除M2和M3处理外另两个处理间水稻产量差异显著，M1、M2、M3和M4的水稻产量分别为8.34t/hm²、9.01t/hm²、9.0t/hm²、6.78t/hm²，增密减氮处理对产量增加有促进作用。而M4处理产量最低，分析其原因可能是水稻8月抽穗扬花期遇高温干旱天气，导致结实率显著降低。

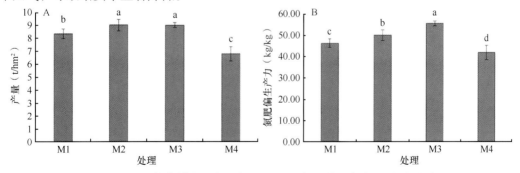

图9-14 不同耕作模式对水稻产量（A）和氮肥偏生产力（B）的影响

分析图9-14B可知，M3处理氮肥偏生产力为55.56kg/kg，较M1、M2、M4模式分别增加了19.9%、11.0%、32.7%，这主要是由于其减少了基肥用量，同时通过增加栽插密度保持水稻季获得较高的产量，因此氮肥偏生产力显著提高。

2. 不同耕作模式分蘖动态

分析图9-15可知，农民常规施肥方式M1处理的高峰苗数显著高于其他处理，但有效穗数与其他处理相比，差异并未达到显著水平。这说明常规施肥方式下无效分蘖较多，水稻成穗率并不高。M3处理的分蘖数略高其他处理，这可能是增密的结果；M4处理最高分蘖数不是最高，主要由于是直播水稻，前期分蘖数增加较慢。

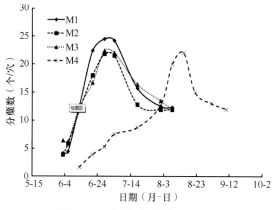

图9-15　不同模式分蘖动态比较

增密减氮技术对提高氮肥偏生产力有显著促进作用，也可达到稳产的效果，产量不低于传统农民习惯种植方式；秸秆还田的农民习惯模式比不还田也有增产效果，但是否可以长期保持促进作用，还需要进一步研究。

增密减氮技术对水稻产量和氮肥偏生产力均有显著的影响。常规肥水下增加密度，可显著提高水稻群体数量和水稻产量，但对氮肥偏生产力提高不明显。通过上述研究可知，适当减少水稻基肥的施用，对水稻产量无显著影响，但是可显著提高氮肥偏生产力，进而减少氮素向环境中流失。

9.3.1.3　小结

优化模式的构建是将多项单一技术进行有机整合。秸秆还田技术、减少基肥施用、增加密度、旋耕技术等对提高水稻产量和氮肥偏生产力有促进作用。但是，增密减氮技术在土壤肥力较高的田块中使用效果最显著，对于低产稻田，则需谨慎使用该技术。另外，通过秸秆还田技术，可能很难维持土壤的肥力状况，所以使用时需根据当地的土壤情况，因地制宜补充养分。

9.3.2　湖北省稻油两熟周年全程机械化耕作栽培模式

稻油两熟是我国长江流域主要的种植模式之一，可以充分利用光温资源，提高复种指数，增加周年产量，对保障国家粮食安全具有重要作用。但是，目前湖北省稻油两熟存在秸秆离田、还田困难，油菜机播、机收难度大，周年培肥措施不配套等方面的问题。通过关键技术筛选，现形成湖北省稻油两熟周年全程机械化耕作栽培模式（图9-16）。

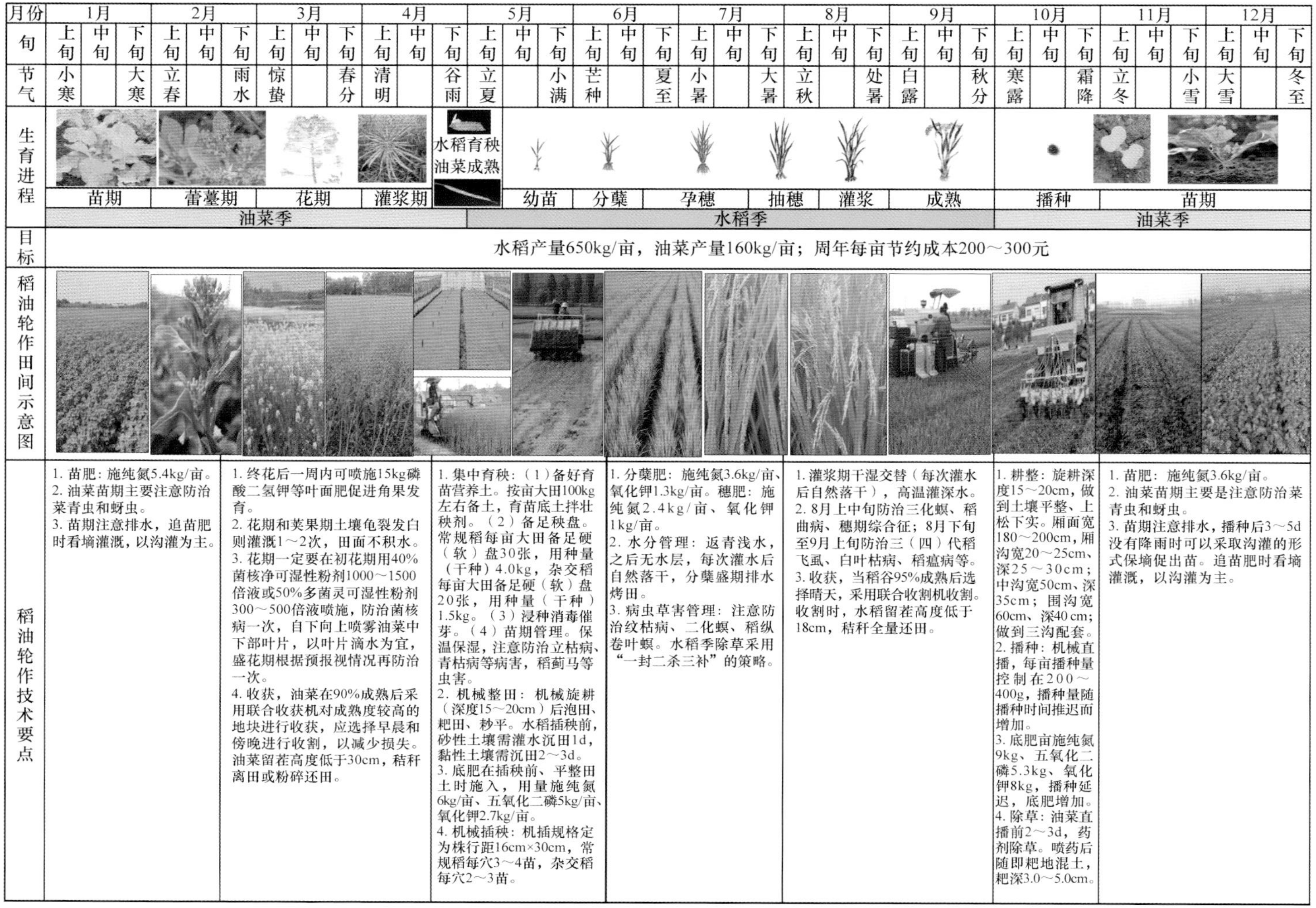
月份
1月 2月 3月 4月 5月 6月 7月 8月 9月 10月 11月 12月
旬
上旬 中旬 下旬
节气
小寒 大寒 立春 雨水 惊蛰 春分 清明 谷雨 立夏 小满 芒种 夏至 小暑 大暑 立秋 处暑 白露 秋分 寒露 霜降 立冬 小雪 大雪 冬至
生育进程
水稻育秧
油菜成熟
苗期 蕾薹期 花期 灌浆期 幼苗 分蘖 孕穗 抽穗 灌浆 成熟 播种 苗期
油菜季 水稻季 油菜季
目标
水稻产量650kg/亩，油菜产量160kg/亩；周年每亩节约成本200～300元
稻油轮作田间示意图
稻油轮作技术要点
1. 苗肥：施纯氮5.4kg/亩。
2. 油菜苗期主要注意防治菜青虫和蚜虫。
3. 苗期注意排水，追苗肥时看墒灌溉，以沟灌为主。
1. 终花后一周内可喷施15kg磷酸二氢钾等叶面肥促进角果发育。
2. 花期和荚果期土壤龟裂发白则灌溉1～2次，田面不积水。
3. 花期一定要在初花期用40%菌核净可湿性粉剂1000～1500倍液或50%多菌灵可湿性粉剂300～500倍液喷施，防治菌核病一次，自下向上喷雾油菜中下部叶片，以叶片滴水为宜，盛花期根据预报视情况再防治一次。
4. 收获，油菜在90%成熟后采用联合收获机对成熟度较高的地块进行收获，应选择早晨和傍晚进行收割，以减少损失。油菜留茬高度低于30cm，秸秆离田或粉碎还田。
1. 集中育秧：（1）备好育苗营养土。按亩大田100kg左右备土，育苗底土拌壮秧剂。（2）备足秧盘。常规稻每亩大田备足硬（软）盘30张，用种量（干种）4.0kg，杂交稻每亩大田备足硬（软）盘20张，用种量（干种）1.5kg。（3）浸种消毒催芽。（4）苗期管理。保温保湿，注意防治立枯病、青枯病等病害，稻蓟马等虫害。
2. 机械整田：机械旋耕（深度15～20cm）后泡田、耙田、耖平。水稻插秧前，砂性土壤需灌水沉田1d，黏性土壤需沉田2～3d。
3. 底肥在插秧前、平整田土时施入，用量施纯氮6kg/亩、五氧化二磷5kg/亩、氧化钾2.7kg/亩。
4. 机械插秧：机插规格定为株行距16cm×30cm，常规稻每穴3～4苗，杂交稻每穴2～3苗。
1. 分蘖肥：施纯氮3.6kg/亩、氧化钾1.3kg/亩。穗肥：施纯氮2.4kg/亩、氧化钾1kg/亩。
2. 水分管理：返青浅水，之后无水层，每次灌水后自然落干，分蘖盛期排水烤田。
3. 病虫草害管理：注意防治纹枯病、二化螟、稻纵卷叶螟。水稻季除草采用“一封二杀三补”的策略。
1. 灌浆期干湿交替（每次灌水后自然落干），高温灌深水。
2. 8月上中旬防治三化螟、稻曲病、穗期综合征；8月下旬至9月上旬防治三（四）代稻飞虱、白叶枯病、稻瘟病等。
3. 收获，当稻谷95%成熟后选择晴天，采用联合收割机收割。收割时，水稻留茬高度低于18cm，秸秆全量还田。
1. 耕整：旋耕深度15～20cm，做到土壤平整、上松下实。厢面宽180～200cm，厢沟宽20～25cm、深25～30cm；中沟宽50cm、深35cm；围沟宽60cm、深40 cm；做到三沟配套。
2. 播种：机械直播，每亩播种量控制在200～400g，播种量随播种时间推迟而增加。
3. 底肥亩施纯氮9kg、五氧化二磷5.3kg、氧化钾8kg，播种延迟，底肥增加。
4. 除草：油菜直播前2～3d，药剂除草。喷药后随即耙地混土，耙深3.0～5.0cm。
1. 苗肥：施纯氮3.6kg/亩。
2. 油菜苗期主要是注意防治菜青虫和蚜虫。
3. 苗期注意排水，播种后3～5d没有降雨时可以采取沟灌的形式保墒促出苗。追苗肥时看墒灌溉，以沟灌为主。

图9-16　湖北省稻油两熟田丰产增效耕作模式图

9.3.2.1 水稻全程机械化耕作栽培技术要点

1. 品种选择

水稻种子选择抗性强、增产潜力大、生育期适中的优质品种，如'丰两优4号'、'C两优华占'、'广两优476'、'两优332'、'丰两优香1号'等。

2. 田块要求

适合水稻和油菜机械化作业的田块。

3. 技术要点

（1）秸秆还田与土地耕整

油菜收获后，秸秆离田、还田（秸秆长度不超过10cm）。秸秆还田是采用联合收割机收获油菜并将秸秆粉碎还田。土壤耕整是采用华式犁、旋耕机、水田驱动耙、埋茬起浆机进行耕整，机械旋耕（15～20cm）后泡田、耙田、耖平。水稻插秧前，砂性土壤需灌水沉田1d，黏性土壤需沉田2～3d。

（2）育秧准备与播种

秧架育秧，苗床与大田面积之比可达1∶200。①备好育苗营养土。育苗营养土一定要年前准备充足，按亩大田100kg左右备土（1m³约1500kg，约播400个秧盘）。选择土壤疏松肥沃、无残茬、无砾石、无杂草、无污染的壤土。播种前育苗底土每100kg加入优质壮秧剂0.7kg（按壮秧剂使用说明）拌均匀，现拌现用，盖籽土不能拌壮秧剂。②备足秧盘。常规稻每亩大田备足硬（软）盘30张，用种量（干种）4.0kg，杂交稻每亩大田备足硬（软）盘20张，用种量（干种）1.5kg。③浸种消毒催芽。种子浸种前先晒种1～2d，选用药剂浸种杀菌，用25%咪鲜胺2000～3000倍液（即2mL兑水5kg，浸种4～5kg）浸种6h，清洗干净后浸种。采用日浸夜露方式浸种30～48h。浸种后放入全自动水稻种子催芽机或催芽桶内催芽，温度调控在35℃，一般12h后可破胸，破胸后将种子在油布上摊开炼芽6～12h，晾干水分后待播种用。④精细播种。采用水稻秧盘育苗、精量播种机播种，先进行播种调试，调节好播种量，常规稻每盘播干谷120g，杂交中稻每盘播干谷75g。⑤苗期管理。保温保湿：秧苗齐苗前盖好膜，高温高湿促齐苗，盘土发白、叶片卷曲及时补水。防病：齐苗后喷一次"移栽灵"防治立枯病。移栽前喷施送嫁药。

（3）播种时间

播种时间最晚不迟于6月5日。

（4）种植规格

采用机械插秧。田间要求有足够的苗数，规格定为株行距15cm×30cm～18cm×30cm，机插水稻秧苗一般秧龄15～25d，叶龄3～4叶，适宜苗高15～20cm，秧盘秧苗均匀整齐，根系发达，根盘结成毯，且秧块提起不散，叶色淡绿，叶片挺立。

（5）合理施肥

施纯氮180～225kg/hm²、P_2O_5 75～90kg/hm²、K_2O 75～105kg/hm²。氮肥：基肥在插秧前、平整田土时施入，施用量为总氮的50%，分蘖肥在秧苗插秧后并返青时施入，施用量为总量的30%，穗肥在幼穗分化期后施入，施用量为总量的20%。磷肥作底肥一次施用。钾肥：基肥在插秧前、平田时施入，施入量为总量的50%，追肥在秧苗插秧后并返青时施入，施用量为总量的5%。肥料可选用复合肥、尿素、过磷酸钙、氯化钾等。基肥配施锌肥15～22.5kg/hm^2、硅肥45～60g/hm^2。

（6）水分管理

返青浅水，之后无水层，每次灌水后自然落干，分蘖盛期排水烤田，灌浆期干湿交替（每次灌水后自然落干）。

（7）病虫草害综合防治

坚持"预防为主，综合防治"的原则。育苗期间主要防治立枯病、青枯病等病害，稻蓟马等虫害；7月上中旬防治纹枯病、二化螟、稻纵卷叶螟；8月上中旬防治三化螟、稻曲病和穗期病害；8月下旬至9月上旬防治三（四）代稻飞虱、白叶枯病、稻瘟病等。

水稻季除草采用"一封二杀三补"的策略。

（8）收获

当稻谷95%成熟后选择晴天，采用联合收割机收割。水稻留茬高度低于18cm，秸秆全量还田。

9.3.2.2　油菜全程机械化耕作栽培技术要点

1. 品种选择

油菜种子选择具有抗倒伏、抗裂角、株型紧凑、花期集中、抗病性强、耐迟播、适合机械化作业的"双低"品种，如'华油杂62R''中油杂2号''华杂6号''中双9号''华双6号'等。

2. 田块要求

适合油菜机械化作业的田块。

3. 技术要点

（1）秸秆还田与土地耕整

水稻收获后，秸秆全部粉碎还田。水稻田在收获前8～12d开沟排水晒田，水稻收割后及时犁田、晒垡旋耕。旋耕深度15～20cm，做到土壤平整、上松下实。厢面宽180～200cm，厢沟宽20～25cm、深25～30cm；中沟宽50cm、深35cm；围沟宽60cm、深40cm；做到三沟配套。

（2）育秧与播种

油菜直播。播种期内，适墒或雨前，选用一次性完成灭茬、开沟、作畦、播种、施肥、播量可调的等多种工序联合的2BFQ-6型油菜精量直播机及时抢播。播种深度控制在1.0～2.0cm。

（3）播种时间

最晚不迟于10月31日。

（4）种植规格

采用机械直播。直播油菜最佳播种时期为9月下旬至10月上旬，因耕作制度不同也可提早到9月中旬，延后至10月底。一般每公顷播种量控制在3～6kg，密度控制在22.5万～75万株。10月以前播种，每公顷播3kg，密度控制在22.5万～30万株；10月上中旬播种，每公顷播3.75～4.5kg，密度控制在30万～45万株；10月中下旬播种，每公顷播4.5～6kg，密度控制在45万～75万株。

（5）合理施肥

播期早，密度减小；播期迟，密度加大。相同播期条件下可适当提高密度、减少氮肥用量。一般在土壤有机质含量为150～300g/kg的中等肥力条件下，10月上旬播种，每公顷密度为30万株时，亩施氮肥（纯氮）225～270kg、磷肥（P_2O_5）75～80kg、钾肥（K_2O）80～120kg；但提高亩密度至3万株时，氮肥可减少到每公顷180～225kg；10月下旬播种，每公顷密度可增加至60万～75万株，氮肥量仍需每公顷180～225kg以保证晚播苗早发快长。氮肥按基肥、苗肥、薹肥为5：2：3的比例施用，定苗后或冬至前每公顷追施75～105kg的尿素提苗。春节前后每公顷施75～105kg尿素作蕾薹肥。终花后一周内可喷施15kg磷酸二氢钾等叶面肥促进角果发育。

（6）水分管理

苗期注意排水，花期和荚果期土壤龟裂发白则灌溉1～2次，田面不积水。肥水同时调配，墒情不足的田块或者播种后3～5d没有降雨时可以采取沟灌的形式保墒促出苗。追苗肥时看墒灌溉，以沟灌为主。

（7）病虫草害综合防治

坚持"预防为主，综合防治"的原则。苗期主要是注意防治菜青虫和蚜虫，花期一定要在初花期用40%菌核净可湿性粉剂1000～1500倍液或50%多菌灵可湿性粉剂300～500倍液喷施，防治菌核病一次，自下向上喷雾油菜中下部叶片，以叶片滴水为宜，盛花期根据预报视情况再防治一次。

除草：①播前土壤处理，在油菜直播前2～3d，每公顷用41%草甘膦水剂2.25～3L或20%百草枯水剂2.25L兑水600kg喷雾。喷药后随即耙地混土，耙深3.0～5.0cm。②播后苗前土壤处理，可防除禾本科杂草和猪殃殃、雀舌草、牛繁缕等阔叶杂草。③茎叶喷雾处理，以防除双子叶杂草为主。

（8）收获

油菜在90%成熟后采用联合收获机对成熟度较高的地块进行收获，应选择早晨和傍晚进行收割，以减少损失。油菜留茬高度低于30cm，秸秆离田或粉碎还田。

9.3.3　四川省稻油两熟周年全程机械化耕作栽培模式

通过集成本课题组研究的稻油直播生产关键技术，结合本区域稻油两熟的生产技术，形成该项稻油两熟周年全程机械化耕作栽培模式（图9-17），并进行了模式验证。集成的主要关键技术有稻油轮耕技术、稻油两熟周年肥料运筹技术、稻油两熟机直播技术、秸秆还田技术等。

9.3.3.1　水稻全程机械化耕作栽培技术要点

1. 适宜范围

四川盆地中部及类似地区。

2. 品种选择

选择耐低温、分蘖习性好、根系发达、抗逆性好、抗倒伏力强、产量潜力高、抗病能力强、穗数穗重型、生育期适宜的品种，如'五山丝苗''荃优华占''天优华占''兆优5431''旌优127''II优498''川作优8727'等。

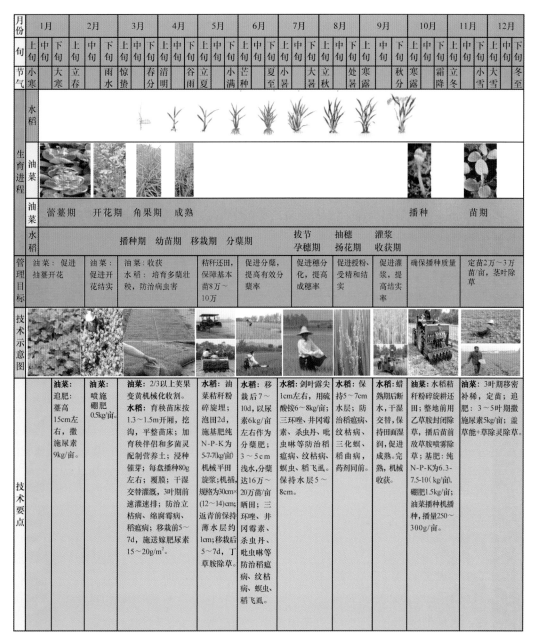

图9-17 四川省稻油周年全程机械化耕作栽培模式图

3. 技术要点

（1）播种时间与播种量

视播期确定适宜的播种量，播期越迟，播种量越大。杂交中稻千粒重小于25g左右的亩播种量1~1.2kg，千粒重在25~30g的播种量1.2~1.5kg；常规籼稻品种亩播种量2.4~3.0kg；常规粳稻品种亩播种量4~4.5kg。

（2）种子处理

播种前2d进行浸种，一般浸种时间为48h，早播品种浸种时间应延长至60~72h，并中途换水，浸种后将种子沥出，摊晾，去除多余水分，之后将种子置于阴凉处晾干后包衣。按1∶100用35%丁硫克百威包衣，防止鸟雀危害，播种前应保证种子晾干。

（3）整地和秸秆还田

前茬作物收获后，用灭茬机粉碎还田，然后旱整地翻耕（深度25～30cm）或旋耕（深度15～20cm），泡田2d，然后放水，待高处不见明水、低处略有水花施入基肥，用旋耕平地一体机搅浆整地至平整，在田的四周开沟，有积水的地方可开沟，与边沟相通，待泥土沉实后、田面无明显积水时播种。

（4）播种方式

整地后第二天，可进行机直播，定量播种，播种均匀。

（5）水浆管理

水分管理按照"湿润出苗，浅水分蘖，够苗晒田，干湿灌浆，收获前7～10d排水"进行。播种后保持田面湿润，沟中有水，但不上厢面，播种后2d封闭除草时灌水10cm左右，然后保持田面湿润到4叶期，4叶期以后建立3～5cm水层，浅水促进分蘖，杂交稻田间苗数达到20万～25万苗/亩（常规稻25万～30万苗/亩）排水晒田，拔节后复水，保持水层5～8cm，直到蜡熟期断水。干湿交替管水，成熟后放干田水，保持到收获。

（6）肥料运筹

施纯氮9kg/亩，P_2O_5 4kg/亩，K_2O 6kg/亩。氮肥的基肥、蘖肥、穗肥比例为6∶2∶2，磷钾肥全用作基肥一次施用。氮肥选用尿素，磷肥为过磷酸钙，钾肥为氯化钾。

（7）杂草防治

播种后3～5d，排水后田面湿润无积水时采用芽前除草剂进行封闭除草，亩用30%丙草胺乳油100～120mL加10%苄嘧磺隆20g兑水30kg进行喷雾，24h后灌水3～5cm封杀杂草；也可以结合基肥施用和平整田块进行，可用18%苄·乙可湿性粉剂20g/亩与基肥混施。在秧苗3～4叶时，进行第二次化学除草，用选择性除草剂20%稻杰60mL或20%五氟磺草胺30mL或10%氯氟吡氧乙酸40mL兑水30kg喷雾。8叶期以前必须完成除草，除草不净时进行人工除草。

（8）病虫害防治

直播稻病虫防治基本上与移栽方式一致，病害防治以纹枯病、稻瘟病、稻曲病为主，虫害防治以稻蓟马、二化螟、稻苞虫、稻飞虱等为主，坚持预防为主、综合防治。5月下旬可在田埂和田块周边提前投放人工合成二化螟性信息素固体态芯诱捕水稻全生育期虫源，水稻抽穗期可用40%氯虫苯甲酰胺·噻虫嗪水分散粒剂4g/亩兑水50kg喷雾，纹枯病和稻瘟病以预防为主，发现中心病株，用125g/L氟环唑悬浮剂40mL/亩兑水50kg喷雾，每隔7～10d再喷施2～3次。近年来水稻的福寿螺危害在加剧，应当加强综合防治，化学防治方法是采用12%四聚乙醛颗粒500g/亩、5%梅塔颗粒500g/亩、4%螺威粉剂200g/亩。

（9）适时收获

于水稻蜡熟末期，籽粒饱满、变硬时收获，收获后及时晾晒，秸秆粉碎后均匀还田。

9.3.3.2　油菜全程机械化耕作栽培技术要点

1. 适宜范围

四川盆地中部及类似地区。

2. 品种选择

选择矮秆、分枝少、早熟、株型紧凑、成熟度一致、抗病抗倒的品种，可选择'华海油1号''绵油11''绵油15''德油早1'等品种。

3. 耕种技术要点

（1）播种时间与播种量

选择适宜的天气进行播种，宜在9月下旬到10月上旬播种，行距30～40cm，每亩播种量0.2～0.3kg。

（2）整地与耕作

水稻秸秆粉碎均匀还田后，提前进行翻耕炕田，旋耕平整田面，然后开沟做畦，以利播前排水和后期排水防渍，浅沟开厢，每隔3m左右开厢，沟深20cm。于播种前10d采用百草枯进行除草，可有效防除杂草和直播带来的野油菜。

（3）苗期管理

3叶1心间苗，5叶1心定苗，每亩保苗2.53万株。

（4）肥料运筹

施纯氮13.5kg/亩，P_2O_5 6kg/亩，K_2O 9kg/亩。氮肥的基肥、追肥比例为1∶1，磷钾肥全用作基肥一次施用。

（5）科学管水

根据气候进行灌溉，一般不灌溉，若发生春旱，开花期可灌水1～2次，小水漫灌，注意不能大水淹灌，以免造成倒伏。

（6）化控和除草

在油菜3～5叶期，每亩用5%烯效唑可湿性粉剂40～60g兑水30kg均匀喷雾1次，控上促下、控旺促弱。在越冬前日均气温5℃以上时除草1次，每亩可用15%精吡氟禾草灵乳油40～60mL，于杂草2～3叶期兑水30kg均匀喷雾。

（7）病虫害防治

在菌核病防治上，坚持两次用药，在初花期用第一次药，间隔7d再用药防治一次。每次每亩用菌核净50～75g，或40%灭菌威50g，兑水50～75kg，均匀喷施于植株中下部的茎、枝、叶和上部花序上。

（8）适时收获

油菜终花后25～30d，以全田有2/3的角果呈黄绿色、主轴中部角果呈枇杷色、全株仍有1/3角果呈绿色时收获为宜。

参 考 文 献

白丽珍, 朱惠斌, 王成武, 等. 2017. 水平贯入式土壤压实度测试系统及试验研究. 土壤通报, 48(4): 816-821.

曹国良. 2006. 不同栽培模式对稻油轮作体系生产力与氮素利用的影响. 北京: 中国农业大学硕士学位论文.

曹继华, 刘樱, 赵小蓉, 等. 2011. 不同秸秆覆盖耕作方式对稻–油轮作土壤理化性状的影响. 西南农业学报, 24(6): 21-35.

曹凯, 王建红, 张贤, 等. 2019. 浙江油–稻轮作土壤肥力与作物产量特征. 浙江农业科学, 60(6): 947-949.

曹倩, 贺明荣, 代兴龙, 等. 2012. 氮密互作对小麦花后光合特性及籽粒产量的影响. 华北农学报, 27(4): 206-212.

陈海飞, 冯洋, 蔡红梅, 等. 2014. 氮肥与移栽密度互作对低产田水稻群体结构及产量的影响. 植物营养与肥料学报, 20(6): 1319-1328.

陈磊, 宋书会, 云鹏, 等. 2019. 连续三年减施氮肥对潮土玉米生长及根际土壤氮素供应的影响. 植物营养与肥料学报, 25(9): 1482-1494.

陈信信, 丁启朔, 丁为民, 等. 2014. 基于虚拟植物根系技术的冬小麦根系3D构型测试与分析. 中国农业科学, 47(8): 1481-1488.

崔思远, 曹光乔, 朱新开. 2018. 耕作方式对稻麦轮作区土壤碳氮储量与层化率的影响. 农业机械学报, 49(11): 275-282.

崔孝强, 阮震, 刘丹, 等. 2012. 耕作方式对稻-油轮作系统土壤理化性质及重金属有效性的影响. 水土保持学报, 26(5): 73-87.

丁锦峰, 乐韬, 李福建, 等. 2019. 耕作方式和施氮量对稻茬小麦产量构成和群体质量的影响. 中国农学通报, 35(5): 93-99.

段庆波. 2011. 湖北省油-稻轮作下作物施肥效果和养分吸收规律及土壤养分变化特征研究. 武汉: 华中农业大学硕士学位论文.

樊红柱, 曾祥忠, 吕世华. 2009. 水稻不同移栽密度的氮肥效应及氮素去向. 核农学报, 23(4): 681-685.

付光辉, 刘友兆. 2008. 江苏省耕地保护区划研究. 中国农业资源与区划, 29(1): 11-16.

顾克军, 张传辉, 顾东祥, 等. 2017. 短期不同秸秆还田与耕作方式对土壤养分与稻麦周年产量的影响. 西南农业学报, 30(6): 1408-1413.

何成贵, 资月娥, 陈路华, 等. 2018. 增密减氮对高原粳稻产量及其氮肥利用效率的影响. 中国稻米, 24(4): 117-120.

胡春花, 谢良商, 符传良, 等. 2012. 不同施肥水平对超级稻产量和肥料利用率的影响. 中国农学通报, 28(24): 106-110.

孔文杰, 倪吾钟. 2006. 有机无机配合施用对土壤-水稻系统重金属平衡和稻米重金属含量的影响. 中国水稻科学, 20(5): 517-523.

兰艳, 黄鹏, 江谷驰弘, 等. 2016. 施氮量和栽插密度对粳稻D46产量及氮肥利用率的影响. 华南农业大学学报, 37(1): 20-28.

李朝苏, 汤永禄, 吴春, 等. 2012. 播种方式对稻茬小麦生长发育及产量建成的影响. 农业工程学报, 28(18): 36-43.

李洁, 石承苍. 2008. 成都市耕地质量存在的几个问题及对策. 西南农业学报, 4: 1033-1035.

李娟, 赵秉强, 李秀英, 等. 2008. 长期有机无机肥配施对土壤微生物学特性及土壤肥力的影响. 中国农业科学, 41(1): 144-152.

李岚涛, 任丽, 尹焕丽, 等. 2019. 施氮模式对玉-麦周年轮作系统产量和氮吸收利用的影响. 中国生态农业学报（中英文）, 27(11): 1682-1694.

刘丽琴, 江志阳. 2011. 大力发展有机肥、有机无机复合（混）肥. 辽宁化工, 40(2): 179-182.

刘守龙, 童成立, 吴金水, 等. 2007. 等氮条件下有机无机肥配比对水稻产量的影响探讨. 土壤学报, 44(1): 106-112.

刘涛, 曲福田, 金晶, 等. 2008. 土地细碎化、土地流转对农户土地利用效率的影响. 资源科学, 30(10): 1511-1516.

刘一. 2014. 基于水田土壤力学特性的车辆通过性研究. 南京: 南京农业大学硕士学位论文.

彭少兵, 黄见良, 钟旭华, 等. 2002. 提高中国稻田氮肥利用率的研究策略. 中国农业科学, 35(9): 1095-1103.

盛耀辉, 王庆祥, 齐华. 2010. 种植密度和氮肥水平对春玉米产量及氮素效率的影响. 作物杂志, (6): 58-61.

孙瑞娟, 王德建, 林静慧, 等. 2009. 长期施用有机-无机肥对太湖流域土壤肥力的影响. 土壤, 41(3): 384-388.

陶诗顺, 张清东. 1990. 耕作法和施磷量对稻茬油菜产量的影响. 西南科技大学学报（哲学社会科学版）, 28(2): 47-60.

田应学. 2018. 农田稻油轮作的优势及标准化栽培技术要点. 农家参谋, (10): 81-82.

王欢, 张盛, 蔡星星, 等. 2018. 稻油轮作模式的优缺点及其栽培技术. 现代农业科技, (3): 35-40.

王小春, 杨文钰, 邓小燕, 等. 2015. 玉米/大豆和玉米/甘薯模式下玉米干物质积累与分配差异及氮肥的调控效应. 植物营养与肥料学报, 21(1): 46-57.

魏淑丽, 王志刚, 于晓芳, 等. 2019. 施氮量和密度互作对玉米产量和氮肥利用率的影响. 植物营养与肥料学报, 25(3): 382-391.

巫芯宇, 廖和平, 杨伟. 2013. 耕作方式对稻田土壤有机碳与易氧化有机碳的影响. 农机化研究, 35(1): 184-198.

徐俊增, 彭世彰, 魏征, 等. 2012. 不同供氮水平及水分调控条件下水稻光合作用光响应特征. 农业工程学报, 28(2): 72-76.

徐明岗, 梁国庆, 张夫道, 等. 2006. 中国土壤肥力演变. 北京: 中国农业科学技术出版社.

闫淑清. 2012. 水稻氮磷钾肥料运筹试验研究. 中国科技信息, (11): 103.

杨敏芳, 朱利群, 韩新忠, 等. 2013. 不同土壤耕作措施与秸秆还田对稻麦两熟制农田土壤活性有机碳组分的短期影响. 应用生态学报, 24(5): 1387-1393.

杨兴明, 徐阳春, 黄启为, 等. 2008. 有机(类)肥料与农业可持续发展和生态环境保护. 土壤学报, 45(5): 925-932.

依艳丽. 2009. 土壤物理研究法. 北京: 北京大学出版社.

于文华, 田昊, 梁超, 等. 2017. 基于加速度补偿的土壤紧实度测量方法与传感器设计. 农业机械学报, 48(4): 250-256.

张夫道. 1984. 有机-无机肥料配合是现代施肥技术的发展方向. 中国土壤与肥料, (1): 16-19.

张洪程, 龚金龙. 2014. 中国水稻种植机械化高产农艺研究现状及发展探讨. 中国农业科学, 47(7): 1273-1289.

张卫建. 2015. 对我国玉米绿色增产增效栽培技术的探讨: 增密减氮. 作物杂志, (4): 1-4.

张玉铭, 胡春胜, 张佳宝, 等. 2011. 农田土壤主要温室气体（CO_2、CH_4、N_2O）的源/汇强度及其温室效应研究进展. 中国生态农业学报, 19(4): 966-975.

张志毅, 范先鹏, 夏贤格, 等. 2019. 长三角地区稻麦轮作土壤养分对秸秆还田响应——Meta分析. 土壤通报, 50(2): 401-406.

章家恩, 廖宗文. 2000. 试论土壤的生态肥力及其培育. 生态环境学报, 9(3): 253-256.

郑超, 廖宗文, 刘可星, 等. 2004. 试论肥料对农业与环境的影响. 生态环境学报, 13(1): 132-134.

周江明, 赵琳, 董越勇, 等. 2010. 氮肥和栽植密度对水稻产量及氮肥利用率的影响. 植物营养与肥料学报, 16(2): 274-281.

周晚来, 易永健, 谭志坚, 等. 2018. 麻育秧膜对水稻机插育秧盘底面氧应的补偿效应研究. 中国农业科技导报, 20(11): 79-84.

朱利群, 张大伟, 卞新民. 2011. 连续秸秆还田与耕作方式轮换对稻麦轮作田土壤理化性状变化及水稻产量构成的影响. 土壤通报, 42(1): 81-85.

Andrews S S, Karlen D L, Mitchell J P. 2002. A comparison of soil quality indexing methods for vegetable production systems in Northern California. Agriculture Ecosystems and Environment, 90(1): 25-45.

Arvidsson J, Keller T. 2007. Soil stress as affected by wheel load and tyre inflation pressure. Soil and Tillage Research, 96(1/2): 284-291.

Botta G F, Jorajuria D, Rosatto H, et al. 2006. Light tractor traffic frequency on soil compaction in the Rolling Pampa region of Argentina. Soil and Tillage Research, 86(1): 9-14.

Cao Q, He M R, Dai X L, et al. 2012. Effects of nitrogen density interaction on photosynthetic characteristics and grain yield after flowering of wheat. Acta Agriculturae Boreali-Sinica, 27(4): 206-212.

Chen L, Song S H, Yun P, et al. 2019. Effects of three consecutive years of reduced nitrogen fertilizer on the growth of maize and the nitrogen supply of rhizosphere soil. Journal of Plant Nutrition and Fertilizer, 25(9): 1482-1494.

Cui S Y, Cao G Q, Zhu X K. 2018. Effects of tillage on stocks and stratification of soil carbon and nitrogen in rice-wheat system. Transactions of the Chinese Society of Agricultural Machinery, 49(11): 275-282.

Ding J F, Le T, Li F J, et al. 2019. Tillage modes and nitrogen fertilization rates affect yield component and population quality in wheat following rice. Chinese Agricultural Science Bulletin, 35(5): 93-99.

Govaerts B, Sayre K D, Deckers J. 2006. A minimum data set for soil quality assessment of wheat and maize cropping in the highlands of Mexico. Soil & Tillage Research, 87(2): 163-174.

Gu K J, Zhang C H, Gu D X, et al. 2017. Effects of different straw returning and tillage methods on annual yield and soil nutrients under rice-wheat rotation system in short-term. Southwest China Journal of Agricultural Sciences, 30(6): 1408-1413.

He C G, Zi Y E, Chen L H, et al. 2018. Effects of densification and reduction of nitrogen on yield and nitrogen utilization efficiency of japonica rice in plateau. China Rice, 24(4): 117-120.

Hemmat A, Yaghoubi-Taskoh M, Masoumi A, et al. 2014. Relationships between rut depth and soil mechanical properties in a calcareous soil with unstable structure. Biosystems Engineering, 118: 147-155.

Jeanette C, Arthur C. 1998. Organic farming and the environment, with particular reference to Australia: a review. Biological Agriculture & Horticulture, 16(2): 27.

Kowalenko C G. 2009. The fate of applied nitrogen in a valley soil using ^{15}N in field micro plots. Canada Journal of Soil Science, 69(4): 825-833.

Lennartz B, Horn R, Duttmann R, et al. 2009. Ecological safe management of terraced rice paddy landscapes. Soil and Tillage Research, 102(2): 179-192.

Li L T, Ren L, Yi H L, et al. 2019. Effects of nitrogen application model on yield and nitrogen uptake and utilization in annual rotation system of maize-wheat. Chinese Journal of Eco-Agriculture (In both Chinese and English), 27(11): 1682-1694.

Li P, Zhang T L, Wang X X, et al. 2013. Development of biological soil quality indicator system for subtropical China. Soil & Tillage Research, 126: 112-118.

Muhammad Y. 2016. 江汉平原水稻–油菜轮作系统氮磷钾肥施用及氮肥运筹效应研究. 武汉: 华中农业大学博士学位论文.

National Soil Survey Office. 1992. Surveying Techniques of Soil in China. Beijing: Agriculture Press: 87-212.

Oad F C, Bur iro U A, Agha S K. 2004. Effect of organic and inorganic fertilizer application on maize fodder production. Asian Journal of Plant Sciences (Pakistan), 3(3): 375-377.

Sheng Y H, Wang Q X, Qi H, et al. 2010. Effects of planting density and nitrogen fertilizer level on spring maize yield and nitrogen efficiency. Crops, (6): 58-61.

Tim Chamen W C, Moxey A P, Towers W, et al. 2015. Mitigating arable soil compaction: a review and analysis of available cost and benefit data. Soil and Tillage Research, 146: 10-25.

Valera D L, Gil J, Agüera J. 2012. Design of a new sensor for determination of the effects of tractor field usage in southern Spain: soil sinkage and alterations in the cone index and dry bulk density. Sensors, 12(10): 13480-13490.

Wang X C, Yang W Y, Deng X Y, et al. 2015. Differences in dry matter accumulation and distribution in maize and the effects of nitrogen fertilizer in maize/soybean and maize/sweet potato models. Journal of Plant Nutrition and Fertilizer, 21(1): 46-57.

Wei S L, Wang Z G, Yu X F, et al. 2019. Effects of application and density on maize yield and n utilization efficiency. Journal of Plant Nutrition and Fertilizer, 25(3): 382-391.

Yang S M, Li F M, Suo D R, et al. 2006. Effect of long-term fertilization on soil productivity and nitrate accumulation in Gansu Oasis. Agricultural Sciences in China, 5(1): 57-67.

Zhang W J. 2015. Discussion on the cultivation technology of green maize for increasing yield and increasing efficiency in China: densification and reduction of nitrogen. Crops, (4): 1-4.

Zhang X Y, Cruse R M, Sui Y Y, et al. 2006. Soil compaction induced by small tractor traffic in Northeast China. Soil Science Society of America Journal, 70(2): 613-619.

Zhang Z Y, Fan X P, Xia X G, et al. 2019. Meta-analysis of soil basic nutrients response to straw returning in rice-wheat rotation system. Chinese Journal of Soil Science, 50(2): 401-406.

第 10 章　北方一熟稻田丰产增效耕作模式

10.1　北方一熟稻田土壤肥力的主要限制因子

10.1.1　北方一熟稻区培肥情况调研

为了明确目前北方稻区稻田培肥状况，2018年对黑龙江省水稻主产区的9个县（市）的245个农户进行了水稻秸秆还田及施肥等状况考察，结果显示，黑龙江省稻田秸秆还田率仅为18%，除此之外，黑龙江省水稻施肥品种较为单一，大多施用三元复合肥和尿素，且养分施用失衡，几乎没有微量元素和有机肥的投入。2018年黑龙江省水稻平均施氮（N）量为156.4kg/hm^2，施磷（P$_2$O$_5$）量为66.3kg/hm^2，施钾（K$_2$O）量为93.5kg/hm^2，均高于推荐施肥量。

10.1.1.1　秸秆还田情况、施肥品种及其方式

2018年黑龙江省水稻的秸秆利用情况如图10-1a所示：黑龙江省秸秆资源用于家庭炊事、取暖燃料的比例约为21%，秸秆还田比例约为18%，而秸秆就地焚烧的情况达到了近61%。由此可见，黑龙江省的秸秆利用较为不合理，大部分农户对水稻秸秆的处理方式仍以传统形式为主，秸秆还田情况较差。这说明，虽然颁布了秸秆禁烧令，但由于在施行过程中监管体系、资金扶持计划等有所欠缺，秸秆还田所获得的成果跟预期相差较远。

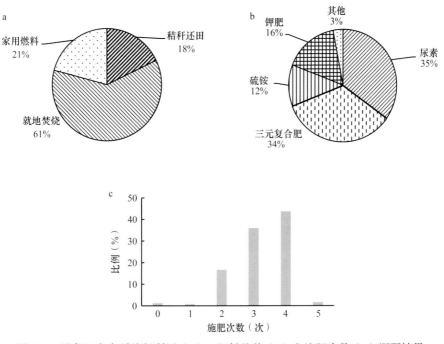

图10-1　黑龙江省水稻秸秆利用（a）、肥料品种（b）和施肥次数（c）调研结果

通过对水稻施肥种类调查发现，黑龙江省内各县（市）水稻所用肥料的品种仍比较单一（图10-1b）。最常用的肥料种类为复合肥和尿素，比例均达到了35%左右，其次为钾肥、硫铵，而其他肥料品种（如有机肥、生物菌肥等）所占比例仅为3%。被调查的农户所施用肥料中几乎没有微量元素，说明农户虽然知道施用肥料的重要性，但更加注重氮肥等大量元素的施用，并不重视对微量元素的投入。

调查结果显示，黑龙江省农户施肥的主要方式为人工撒施。如图10-1c所示，黑龙江省水稻施肥总次数为0～5次，其中施肥4次的农户所占比例最高，达43.67%，施肥次数为3次的比例为35.92%，可知黑龙江省施肥总次数多为3～4次，也有极少部分农户施肥少于2次或施用5次肥料。因此，要提倡农民简化施肥，防止施肥次数过多而造成成本浪费。

10.1.1.2 水稻施肥量及养分比例

如表10-1所示，2018年度黑龙江省水稻氮（N）平均施用量为156kg/hm²，磷（P_2O_5）平均施用量为66kg/hm²，钾（K_2O）平均施用量为93kg/hm²。与当前水稻生产中氮、磷、钾的推荐用量116kg/hm²、64kg/hm²、52kg/hm²相比，仍存在一定差距，即氮肥、磷肥、钾肥的施用量都略高。因此在以后的水稻种植生产中，应该适量减少氮磷钾元素的投入。总体来讲，黑龙江省水稻氮肥的平均施用量还算较为合适，但不同地域之间存在着一定的区别，如宁安的氮（N）施用量达到了212kg/hm²，说明某些地区氮肥施用存在严重过量的情况。同样，磷（P_2O_5）和钾（K_2O）的投入量也因种植地区的不同而存在差异，本次调查的几个县（市）中，磷（P_2O_5）施用量最高的地区为宁安，达到了89kg/hm²，钾（K_2O）施用量最高的地区为方正，达到了127kg/hm²。

表10-1 黑龙江省2018年水稻养分投入概况

地点	样本数	N（kg/hm²）	P_2O_5（kg/hm²）	K_2O（kg/hm²）	N：P_2O_5：K_2O
方正	30	163	80	127	1：0.49：0.78
富锦	28	147	68	92	1：0.46：0.62
虎林	30	144	71	81	1：0.49：0.56
桦川	28	139	50	95	1：0.36：0.69
鸡东	24	149	49	74	1：0.33：0.50
宁安	24	212	89	110	1：0.42：0.52
尚志	23	143	59	66	1：0.41：0.46
通河	27	160	56	80	1：0.35：0.50
五常	31	147	76	114	1：0.52：0.77
平均	27	156	66	93	1：0.42：0.60

从表10-1还可以看出，黑龙江省水稻肥料的N：P_2O_5：K_2O平均为1：0.42：0.60，各县（市）之间氮磷钾的施用水平及其比例也存在差距。例如，鸡东偏氮肥，磷肥投入较低，与其他调查地点相比，尚志钾元素施用比例最低。由此可以得知，黑龙江省水稻施肥存在着一些区域性的差别，这与不同地区的土壤肥力、农户施肥习惯、科学施肥的普及程度等有一定关系。

10.1.1.3 水稻施肥量分级

黑龙江省水稻氮磷钾肥的施用量分级如图10-2所示。结果表明，黑龙江省水稻施氮（N）量大于150kg/hm²的比例最大，达到了54.34%，施氮（N）量少于60kg/hm²的比例为1.34%。由此可以看出，超过一半的农民氮肥施用量偏高，但也有极小部分农户存在氮肥施用严重不足的情况。由图10-2可知，水稻施磷（P_2O_5）量在50～65kg/hm²的比例最大，为30.29%，有59.71%的农户水稻施钾（K_2O）量超过了75kg/hm²。通过对图10-2分析，可以了解到磷肥和钾肥也存在施用过多或过少的问题。在当前黑龙江省水稻的施肥管理中，大部分农民的肥料施用量都偏高，导致氮磷钾养分投入过高，增加了成本却未提高收益，这应当引起农户的重视。

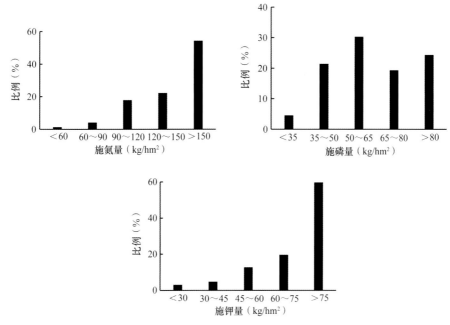

图10-2 黑龙江省稻田施肥量分级

10.1.2 北方一熟稻田土壤养分状况

黑龙江省稻田土壤肥力处于中等水平，主要存在问题是各养分间分布不均衡，有机质含量多数处于中低等水平，有效磷含量则处于较高水平，速效钾差异较大；稻田供氮容量不高，且稻田水搅浆程度影响氮的矿化速率。因此，对不同区域进行地力培肥时需要有针对性。具体养分变化情况如下。

10.1.2.1 有机质、全氮、有效磷和速效钾

黑龙江省稻田土壤有机质含量多数处于中低等水平（20～40g/kg），9.4%的土壤有机质含量低于20g/kg，32.6%的土壤有机质含量较高，达到40～60g/kg，只有1.4%的土壤有机质含量极丰富（图10-3a）。不同区域稻田有机质含量差异较大，总体来看，三江平原与东南部山地有机质含量较高，其次为松嫩平原，中部地区有机质含量较其他地区低。

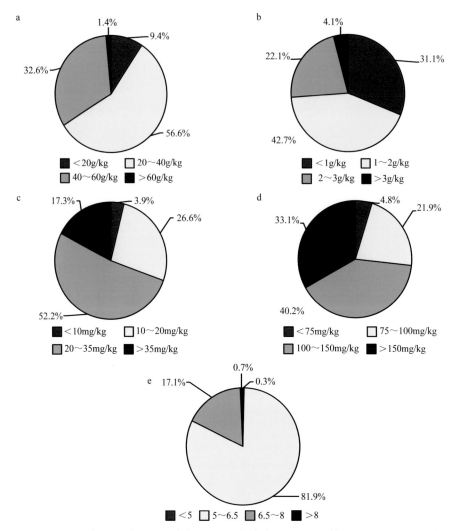

图10-3 黑龙江省土壤有机质（a）、全氮（b）、有效磷（c）和速效钾（d）、pH（e）分级比例

a. 有机质分级比例（n=87 479）；b. 全氮分级比例（n=35 026）；c. 有效磷分级比例（n=88 183）；d. 速效钾分级比例（n=86 260）；e. pH分级比例（n= 89 672）

全省稻田供氮容量不高，全氮含量＜1g/kg的土壤所占比例为31.1%，属于较低水平，42.7%的土壤全氮含量在1～2g/kg，全氮属于丰富与极丰富土壤所占比例为26.2%，其中22.1%的土壤全氮含量在2～3g/kg，4.1%的土壤全氮含量大于3g/kg（图10-3b）。土壤有效磷含量处于较高水平，大于35mg/kg的土壤所占比例为17.3%，52.2%的土壤有效磷含量处于20～35mg/kg，有效磷含量＜10mg/kg的土壤所占比例为3.9%（图10-3c）。土壤速效钾含量差异较大，含量大于150mg/kg的土壤所占比例为33.1%，40%的土壤速效钾含量处于100～150mg/kg，速效钾含量＜10mg/kg的土壤所占比例约为26.7%（图10-3d）。黑龙江省稻田81.9%土壤pH处于5～6.5，pH＜5与pH＞8的土壤所占比例较小，只有约1%的稻田土壤处于此范围之内，其余土壤pH为6.5～8，比例约为17.1%（图10-3e）。

10.1.2.2　土壤氮素特征

水稻土结构对氮转化过程具有重要作用，目前插秧前搅浆强烈改变稻田土壤结构，但是关于搅浆对氮素矿化的影响尚缺少定量的研究。通过室内模拟试验，设置不搅浆（CK）、低能量搅浆（200r/min搅浆3min，LES）和高能量搅浆（200r/min搅浆10min，HES）3个处理，研究稻田土壤搅浆与土壤供氮的关系。三种处理的土壤累积矿化氮量–时间曲线（图10-4）表明，LES和HES处理在培养第一周内累积矿化氮量比CK处理高，但差异未达显著水平。到第二周时，LES和HES处理的矿化曲线逐步趋于平缓，矿化氮增量降低，3个处理的累积矿化氮量相差不大。培养第3周时，CK处理的曲线较陡，矿化氮增量提高，累积矿化氮量显著高于两搅浆处理（$P<0.05$）。培养结束时，CK处理累积矿化氮量为92.0mg/kg，LES和HES处理分别为80.9mg/kg和76.7mg/kg。

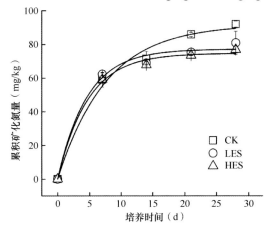

图10-4　搅浆对土壤累积矿化氮量的影响

表10-2为有机氮矿化拟合参数。与CK处理相比，LES和HES处理的N_0均显著降低（$P<0.05$），分别降低15.9%和18.6%。N_0/N是有机氮矿化势与全氮的比例，在一定程度上可以反映土壤有机氮的品质，其值越大则表示土壤全氮中可矿化有机氮的数量越多。CK处理的N_0/N值显著高于LES和HES处理（$P<0.05$），LES和HES处理间差异不显著。矿化速率常数K_0是单位时间内矿化氮量占土壤可矿化氮总量的比值，是衡量土壤中有机氮矿化快慢的参数。由表10-2可见，K_0的变化范围在$0.131\sim0.217$/d，LES和HES处理在搅浆之后矿化速率增大，但与CK处理相比差异不显著。因此，水稻土搅浆后大团聚体破碎，第一周累积矿化氮量升高，培养结束时累积矿化氮量降低（李奕等，2019）。

表10-2　搅浆后土壤有机氮矿化的一级动力学参数及N_0/N值

处理	氮矿化势 N_0（mg/kg）	N_0/N	矿化速率常数 K_0（/d）	决定系数 R^2
CK	91.79±4.44a	0.066±0.002a	0.131±0.021a	0.987
LES	77.22±2.66b	0.056±0.004b	0.217±0.038a	0.987
HES	74.75±1.71b	0.054±0.001b	0.212±0.025a	0.995

注：不同小写字母表示不同处理间差异显著（$P<0.05$），下同

由以上结果可知，长期传统水整地方式不仅破坏土壤团粒结构，还影响土壤氮素矿化，进而影响养分释放。因此，改变过去的传统整地措施，减少其对土壤结构的破坏是目

前稻田土壤培肥的重要途径之一。增加有机物料投入及秸秆还田不仅能促进土壤团粒结构的形成，还能提高土壤的化学肥力与生物肥力，是北方一熟田培肥的有效措施之一。

10.1.3　北方稻田土壤物理肥力

10.1.3.1　土壤容重

对比不同种植年限旱田土壤与水田土壤容重（图10-5），结果表明，长期耕作下旱田土壤的容重变化较小（王道中等，2015），而水田在连续种植18年后容重上升5.1%（刘彦伶等，2017）。产生这一结果的主要原因是稻田在生产中较旱田增加了搅浆的过程，水搅浆严重破坏土壤团粒结构，导致土壤容重随着种植年限的增加而显著增加，这也是北方稻田土壤肥力下降的原因之一。

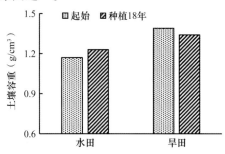

图10-5　长期搅浆对土壤容重的影响

10.1.3.2　土壤颗粒组成

试验采用湖白土型水稻土（HBS），设对照（CK）、低强度搅浆（LES）和高强度搅浆（HES）3个处理。试验结果如表10-3所示，与CK处理相比，LES处理和HES处理中＞0.25mm粒径的大团聚体含量分别降低45.3%和56.2%，而＜0.25mm粒径的微团聚体含量分别增加2.6%和12.8%，差异达到显著水平（$P<0.05$），但LES和HES处理间差异未达显著水平。CK、LES和HES处理的平均重量直径（mean weight diameter，MWD）分别为0.392mm、0.221mm和0.175mm，与CK相比，搅浆的两处理MWD显著降低（$P<0.05$）。说明水稻土搅浆后大团聚体数量降低，微团聚体数量升高，MWD降低，团聚体破坏率增高，稳定性变差（李奕等，2019）。

表10-3　搅浆对水稳性团聚体分布的影响

处理	水稳性团聚体分布（%）				平均重量直径 MWD（mm）
	＞1mm	0.25～1mm	0.053～0.25mm	＜0.053mm	
CK	9.9±0.5a	3.8±0.9a	40.3±2.0a	46.0±2.3a	0.392±0.015a
LES	3.9±1.2b	3.6±0.3a	45.3±6.0a	47.2±6.9a	0.221±0.042b
HES	2.5±0.3b	3.5±0.2a	42.1±20.0a	51.9±19.8a	0.175±0.017b

10.1.3.3　土壤孔隙结构

表10-4为3种处理的土壤孔隙分布。对于孔径＜30μm的贮存孔隙，CK处理的百分比高于HES处理，显著高于LES处理（$P<0.05$）。孔径在30～100μm的毛管孔隙，CK处理

的百分比最高，为23.3%，显著高于搅浆两处理（$P<0.05$），这一范围内的土壤孔隙，其中水分运移快，可快速地、持续地促进植物吸收。对于孔径$>100\mu m$的通气孔隙，CK处理的百分比最小，LES和HES处理比CK处理分别高出18.8%和17.0%，三者差异不显著。

表10-4　搅浆后水稻土孔隙分布

处理	占总孔隙百分比（%）		
	贮存孔隙	毛管孔隙	通气孔隙
CK	3.7±0.3a	23.3±3.1a	73.05±18.3a
LES	2.5±0.3b	10.7±1.9b	86.75±4.5a
HES	2.8±0.2ab	11.8±1.0b	85.45±5.7a

图10-6为不同处理孔隙结构的二维灰度图像、二值图像和三维图像。灰度图像中浅色部分为土壤基质，深色部分为土壤孔隙；二值图像中白色部分代表孔隙，黑色部分代表土壤基质。受分辨率（0.013mm）的限制，从图像中获取的孔隙均为大于图像分辨率的孔隙。从灰度图像中可以观察到，CK处理的大孔隙数量较多，多呈长条状，且孔隙的连

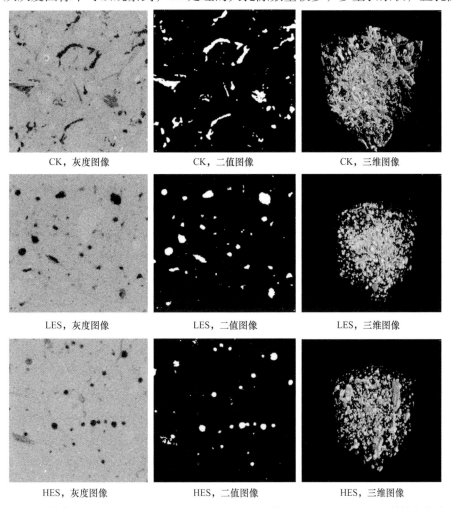

CK，灰度图像　　　CK，二值图像　　　CK，三维图像

LES，灰度图像　　　LES，二值图像　　　LES，三维图像

HES，灰度图像　　　HES，二值图像　　　HES，三维图像

图10-6　搅浆对水稻土二维（10.4mm×10.4mm）和三维（10.4mm×10.4mm）结构的影响

通性较好。与CK处理相比，LES和HES两处理土壤孔隙主要为由搅浆形成的圆形、椭球形孔隙，呈孤立分散状，连通性较差。从三维图像也可明显看出，CK处理条状大孔隙多，孔隙之间连通性高，而LES和HES处理中多为离散圆球状孔隙，连通性明显降低。

CK、LES和HES三个处理的累积孔隙度相差不大，分别为3.32%、3.23%和3.26%。从孔隙大小分布规律来看（图10-7），CK处理在孔隙当量直径为130μm时孔隙度达到峰值，77%以上的孔隙分布在31~234μm。当孔隙当量直径大于311μm时，CK处理的孔隙度均低于LES和HES两处理。LES和HES处理的变化趋势大体一致；孔隙当量直径小于364μm的孔隙度均在0.1%上下浮动，孔隙当量直径在364~400μm，LES和HES处理的孔隙度激增，分别达到峰值1.1%和1.5%。总体上，与CK相比，LES和HES提高了当量直径大于311μm的大孔隙孔隙度。

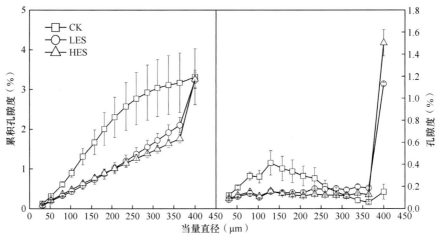

图10-7　搅浆对水稻土累积孔隙度和孔隙大小分布的影响

欧拉数是表征孔隙连通性的参数，但是在图像处理过程中，小孔隙的数量会受到分割和滤波等过程的影响，进而对欧拉值的计算产生很大的干扰，导致不能反映孔隙结构的实际连通性。因此，本研究仅针对直径大于200μm的孔隙进行分析，结果如图10-8所示，欧拉数指标反映的结果与孔隙形态的观察结果一致，LES和HES处理欧拉数显著低于CK处理，搅浆降低了孔隙的连通性。CK处理的孔隙连通性最高，更有利于水分和气体的传输。

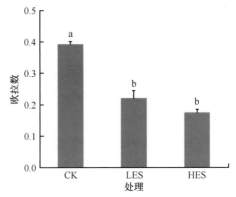

图10-8　孔径200μm处的欧拉数

不同小写字母表示不同处理间差异显著（$P < 0.05$），下同

10.1.4 北方稻田土壤氧化还原性

10.1.4.1 土壤还原性物质

随着土层深度的增加，土壤还原性物质总量与活性还原性物质含量均逐渐减少，说明土壤还原性物质与活性还原性物质在土壤上层积累（张广才等，2016）。耕层（0～20cm）中的还原性物质总量为4.11～6.83cmol/kg。可见，在0～20cm土层，还原性物质总量随开垦年限延长明显递增；20～40cm土层还原性物质总量在开垦38年时达最大值而不再增加，在40cm深度以下总量趋于稳定（图10-9）。耕层（0～20cm）中活性还原性物质含量为0.52～0.61cmol/kg。在0～20cm土层，活性还原性物质含量在开垦10年左右就达到0.5cmol/kg左右，随着开垦年限延长其含量增加不明显；在20～40cm土层，不同开垦年限水稻土的活性还原性物质含量在0.4cmol/kg左右波动；在40cm深度以下，活性还原性物质含量趋于稳定。由此可见，水稻土还原性物质与活性还原性物质主要在上层积累，而下层含量变化则较小。

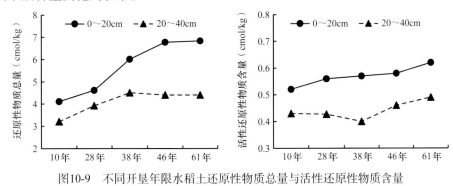

图10-9　不同开垦年限水稻土还原性物质总量与活性还原性物质含量

10.1.4.2 土壤络合态铁、水溶性亚铁和亚锰含量

络合态铁指的是与土壤固体有机质颗粒络合的Fe^{2+}。由图10-10a可以看出，耕层（0～20cm）的络合态铁含量在开垦10年就累积到0.5g/kg以上，其后积累则较慢，到开垦40多年时仅达到近0.7g/kg。其他土层随开垦年限增加，土壤络合态铁含量变化不大。

相关分析表明，土壤中的络合态铁含量与还原性物质总量和活性还原性物质含量均呈现极显著正相关，相关系数分别为$r=0.8706$（$P<0.01$）和$r=0.9117$（$P<0.01$）。络合态铁与水溶态亚铁的分布也呈现明显的一致性，二者之间的相关系数$r=0.867$（$P<0.01$），呈极显著正相关。由此可以认为，土壤中络合态铁是水溶性亚铁的主要供给源。由于土壤有机质主要集中在耕层，因此，水稻土中的络合态铁在耕层土壤中含量相应较高。土壤有机质是土壤中电子的主要来源，其本身分解时产生的还原性物质可与土壤中的氧化物，特别是铁锰氧化物进行电子交换，使之还原成Fe^{2+}和Mn^{2+}，所以随着水田土壤开垦年限的加长，表层土壤中氧化铁活化，络合态铁含量增加，从而造成活性还原性物质的积累。

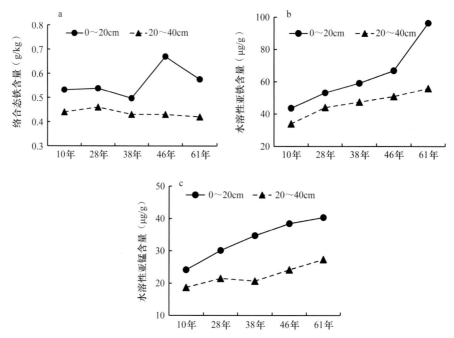

图10-10　不通开垦年限水稻土络合态铁（a）、水溶性亚铁（b）和亚锰（c）含量

　　土壤水溶性亚铁和亚锰含量均随着土层深度增加而急剧下降，耕层（0～20cm）积累最多，20～40cm积累减少（图10-10b，c）；40cm以下水溶性亚铁和亚锰基本不积累。随着种植水稻年限的延长，耕层（0～20cm）土壤中水溶性亚铁和水溶性亚锰含量逐年增加，在61年时分别达到了96μg/g和40μg/g，高含量的亚铁和亚锰可能会产生毒害水稻生长和引起土壤养分流失等问题。

　　北方稻区目前生产中主要存在秸秆焚烧严重，氮磷钾肥料施用量较高，施用时期不合理，同时缺少中微量元素施用的问题，导致长时间耕作后土壤养分含量降低，且土壤养分区域间分布差异较大。此外，在生产中插秧前搅浆过程一方面会影响土壤氮矿化过程，另一方面会破坏土壤结构，长期种植导致土壤容重增加。同时，长期种植水稻的土壤中还原性物质总量、活性还原性物质以及水溶性亚铁与亚锰离子等含量显著增加，特别是耕层土壤增加幅度更大。上述问题已成为限制北方稻田土壤肥力提升的主要因子。秸秆还田并配合施用化肥是实现水稻持续增产和培肥地力的有效措施，然而，北方稻区秸秆还田比例仍然很低，因此大力推广秸秆还田是北方稻区的主要趋势。

10.2　北方一熟稻田土壤培肥关键技术筛选

10.2.1　秸秆粉碎抛撒关键技术

　　秸秆粉碎抛撒技术是利用农业机械将作物秸秆切断到理想长度，并将秸秆均匀抛撒到机具整个作业幅宽的技术，是秸秆机械化还田的重要作业环节。粉碎后秸秆的细碎程度和抛撒在地表的均匀度是衡量作业质量的重要指标，对后续稻田耕整地和插秧质量都会产生重要影响。所以，秸秆粉碎抛撒的作业质量对稻田秸秆机械化还田利用的效果有直接影响。

10.2.1.1　秸秆粉碎抛撒的问题研究

现阶段，北方一熟稻区秸秆粉碎抛撒存在的主要问题表现在：秸秆粉碎不充分、秸秆成团抛撒、秸秆抛撒幅宽小。要提高粉碎抛撒效果就要有效解决各类问题，通过调研本地区秸秆粉碎抛撒模式和主要使用机具特点，总结出造成各问题的原因，为机具改进提供思路。

1. 北方一熟稻区秸秆粉碎抛撒模式

在北方一熟稻区，秸秆粉碎抛撒模式主要有两种。

一种是联合收获秸秆粉碎抛撒模式，图10-11a为联合收获秸秆粉碎抛撒作业，一次收获即可完成水稻的收割、脱粒、分离茎秆、秸秆的粉碎和抛撒。秸秆粉碎抛撒工作是由悬挂在收获机尾部的粉碎装置完成的，它利用高速旋转动刀与定刀配合，将从脱离滚筒出来的秸秆切成碎段并抛撒至田间。该模式作业效率高，可节约收获后再粉碎的成本，在东北农垦区广泛采用。

图10-11　联合秸秆粉碎抛撒和灭茬作业模式

a.秸秆粉碎抛撒；b.高留茬收获秸秆铺放；c.卧式粉碎机灭茬粉碎模式

另一种是高留茬收获秸秆铺放+卧式粉碎机灭茬粉碎模式，图10-11b和c为该模式作业图。在东北非农垦水稻种植区，因种植地块小，以及受限于收获机具配备和更新等，多采用这种模式，该模式虽机器下地作业次数多，但秸秆处理效果好，可为后续耕整地创造良好的条件。

两种模式在东北稻区不同区域应用，作业要求和发展状况不同。近些年随着农机装备的不断更新和发展，联合收获秸秆粉碎抛撒模式因集约程度和作业效率高，已经得到广泛推广和应用，现阶段在产和在用的联合收获机也普遍装配秸秆粉碎抛撒装置，但在作业时要注意留茬高度，以满足后续耕作要求。高留茬收获秸秆铺放+卧式粉碎机灭茬粉碎模式是现阶段对上一模式的补充，但作业时要注意收获机和卧式粉碎机工作幅宽的匹配，以得到好的抛撒效果。

2. 北方一熟稻区秸秆粉碎抛撒机具现状

依据调研中北方一熟稻区使用的联合收获秸秆粉碎抛撒机具情况，本研究总结了黑龙江省垦区代表性的联合收获机具的产品信息和粉碎抛撒装置的特点，并对主要机型的秸秆粉碎抛撒作业效果进行了对比。表10-5列出了各类型收获机的主要信息数据。

表10-5　北方一熟稻区常见水稻联合收获机产品信息

机型	整机照片	粉碎抛撒结构特点	收获幅宽（m）	市场价格（万元）	作业效率（hm²/h）
约翰迪尔 C100/C120		 动定刀粉碎，导流板抛撒	4.57	30	171.1
约翰迪尔 C230		 动定刀粉碎，导流板抛撒	5.4	42	221.5
久保田 688Q		 动定刀粉碎，导流板抛撒	2.0	10	80.5
沃德锐龙		 动定刀粉碎，导流板抛撒	2.1	8	80.5
常发佳联 CF809		 动定刀粉碎，导流板抛撒	4.5	20	171.1
凯斯6088		 动定刀粉碎，圆盘抛撒	7.6	70	402.7

续表

机型	整机照片	粉碎抛撒结构特点	收获幅宽（m）	市场价格（万元）	作业效率（hm²/h）
久保田pro488（半喂入）		双轴圆盘刀对切，搅拢抛撒	1.45	18	60.4

根据调研发现，以七星农场为例，收获普遍采用约翰迪尔C100/C120、常发佳联CF809、久保田688Q和沃德锐龙这4种型号全喂入收获机。2016年水稻收获期间，对普遍采用的4种机型原装粉碎抛撒机具作业效果进行了试验对比，对4种机型秸秆粉碎合格率、抛撒不均匀度进行数据采集。收获期间秸秆含水率为27%。表10-6为4种联合收获机型秸秆粉碎抛撒作业效果。

表10-6　四种联合收获机型秸秆粉碎抛撒作业效果试验数据

机型	粉碎合格率（%）	抛撒不均匀度（%）	抛撒幅宽与工作幅宽比值
约翰迪尔 C100	42	80	0.52
常发佳联 CF809	39	86	0.59
久保田 688Q	46	67	0.64
沃德锐龙	49	69	0.68

3. 北方一熟稻区秸秆粉碎抛撒存在的问题及原因分析

调研发现，该地区水稻收获秸秆粉碎抛撒存在秸秆粉碎抛撒效果不佳的问题，主要表现：秸秆粉碎不充分、秸秆成团抛撒、秸秆抛撒幅宽小。图10-12为实际生产中秸秆粉碎抛撒存在问题的表现形式。

图10-12　秸秆粉碎抛撒存在问题的表现形式

a. 秸秆粉碎不充分；b. 秸秆成团抛撒；c. 抛撒幅宽小

为探究水稻秸秆粉碎抛撒效果不佳的原因并寻找解决问题的技术方案，对水稻秸秆的相关特性进行了试验研究。水稻秸秆的弯曲力学特性决定着在切割过程中秸秆切断效果，本项目对从七星农场采集的水稻秸秆样品在不同含水率下的弯曲特性进行研究，并开展实地秸秆粉碎试验。从收获早期到收获，以8d为间隔取4个节点（对应4种秸秆含水率），截取水稻秸秆第4节间作为样品，每次取样30个，对取样样品弯曲力学特性和含水率进行测量，在每一取样节点进行田间试验并采样。图10-13为各时间节点样品图，烘干后测得到收获期各时间节点秸秆含水率分别为72%、58%、43%、27%。

72%　　　　58%　　　　43%　　　　27%　　　　烘干

图10-13　收获期各时间节点含水率不同的秸秆样品图

图10-14a为茎秆弯曲力测定试验装置，图10-14b为不同含水率下秸秆弯曲力和收获作业粉碎合格率变化。试验表明，秸秆弯曲力随秸秆含水率减少呈先减少后增加的趋势，与田间试验中秸秆粉碎合格率变化规律基本相符，说明含水率影响秸秆弯曲特性，从而影响秸秆粉碎效果。提高大面积收获作业时、秸秆含水率较低时的秸秆粉碎支撑特性，是提高粉碎合格率的关键。

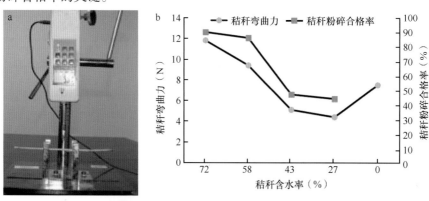

图10-14　不同含水率下秸秆弯曲力和收获作业粉碎合格率变化

a. 弯曲力测定装置；b. 秸秆弯曲力和收获作业粉碎合格率

东北稻区秸秆量约为8.5t/hm^2，秸秆量大，收获期秸秆含水率在30%左右。在大面积收获时，秸秆经霜打后韧性变强，弯曲力减小，支撑特性变差，特别是秸秆经轴流滚筒揉搓后，支撑特性进一步变差。在粉碎作业时，若秸秆层较厚，动刀只能瞬时粉碎上层秸秆，由于秸秆支撑特性差，下层秸秆只能随动刀拖拽甩出粉碎装置，导致秸秆粉碎不充分。

在东北稻区普遍使用的是大喂入量的轴流滚筒收获机，在收获作业时，秸秆经滚筒揉搓脱粒后落入粉碎装置，在揉搓过程中，秸秆之间不断碰撞、挤压、缠绕形成秸秆团。如图10-15a所示，在未悬挂粉碎抛撒装置时，观察到秸秆经滚筒揉搓成团现象，秸秆团进入粉碎装置后，秸秆团未经切穿、切透后抛出，出现成团抛出的现象。

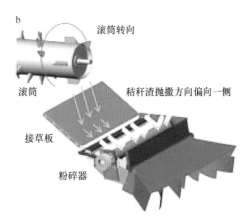

图10-15　秸秆经滚筒揉搓成团现象和秸秆横向喂入粉碎装置不均匀示意图

a.秸秆经滚筒揉搓成团；b.秸秆横向喂入粉碎装置

现有机具的秸秆抛撒装置多采用导流板引流抛撒的形式，粉碎后的秸秆借助动刀高速旋转产生的动能获得抛离速度，并在不同导流板引流下抛撒至田间（王昕等，2018），但秸秆抛撒动力不足，导流板布局不合理，会导致秸秆抛撒幅宽明显小于收获机工作幅宽。另外，目前广泛使用的单纵轴流收获机存在秸秆抛撒偏向一侧的现象，主要原因是秸秆随轴流滚筒的旋转从滚筒排出，在喂入粉碎装置时秸秆偏向一侧，秸秆横向分布不均，如图10-15b所示。

10.2.1.2　秸秆粉碎技术研究

基于上述对东北稻区秸秆粉碎抛撒问题的研究，发现秸秆粉碎效果不佳、成团抛出问题产生的主要原因是在大面积收获时秸秆支撑特性差、粉碎不充分。为了解决以上问题，对两种模式使用的粉碎抛撒机具进行改进和设计。

1. 基于滑切与撕裂二级粉碎的秸秆粉碎技术

针对秸秆粉碎不彻底、秸秆成团抛撒现象，本节以约翰迪尔C100/C120机型为研究对象，在现有粉碎抛撒装置的基础上对刀片结构进行改进，并改一级粉碎为两级粉碎。第一级粉碎动定刀全部改为锯齿刀，增大秸秆滑切支撑角，有效防止秸秆拖拽，提高粉碎效果；第二级粉碎在动刀旋转轨迹上增设第二级动定刀，有利于增加秸秆刺伤、撕裂，有效减少秸秆成团和粉碎不充分现象。改进的收获机粉碎抛撒装置关键部件结构如图10-16所示。本节改进的粉碎抛撒装置与收获机原装粉碎抛撒装置作业效果对比如图10-17所示。

图10-16　改进的收获机粉碎抛撒装置关键部件结构

a.整体结构图；b.第一级动定刀；c.第二级动定刀

图10-17　改进粉碎抛撒装置与原装粉碎抛撒装置作业效果对比

a. 作业效果对比；b. 粉碎效果对比

改进后粉碎装置工作主要由4个过程组成，分别为秸秆喂入加速过程、滑切过程、撕裂过程、秸秆导流抛撒过程。工作时，秸秆从轴流滚筒落下，在粉碎装置入口与高速旋转的锯齿动刀开始接触，秸秆在锯齿动刀惯性冲击下发生形变并在刀片携带和机体下壳板导流作用下完成秸秆喂入加速过程；随着锯齿动刀转动，秸秆开始与滑切定刀接触并在支撑作用下完成秸秆滑切过程；之后，秸秆开始与第二级动定刀接触，进一步完成秸秆撕裂过程；最后，粉碎的秸秆在惯性力及导流作用下抛撒至田间。

试验观测表明，在东北稻区大面积收获季节秸秆含水率为32%的条件下，改进的粉碎装置作业后秸秆粉碎长度在15cm以下的秸秆量达到95%，10cm以下秸秆量达到58%，粉碎后秸秆长度以8～12cm为主；原装对照装置作业后长度在15cm以下秸秆量占43%，粉碎长度多分布在15cm以上。

2. 差速锯切式水稻秸秆粉碎技术

针对东北部分地区对高留茬收获秸秆铺放+卧式粉碎机灭茬模式的需求，对卧式粉碎抛撒机进行改进和设计，研制了差速锯切式水稻秸秆粉碎还田机，以改善秸秆粉碎抛撒效果（孙妮娜等，2019）。差速锯切式水稻秸秆粉碎还田机主要由机架、粉碎装置（粉碎刀辊、粉碎刀）、锯盘装置、传动装置、镇压装置、变速箱、导流板等部分组成，如图10-18所示。锯盘刀轴设置在粉碎刀辊斜上方，二者旋转方向相同；切削秸秆时二者线速度方向相反，增加了切削秸秆的相对线速度。锯盘刀轴在圆弧形调节滑槽内的位置可调，在保持粉碎刀与锯盘刀间距离不变的同时实现锯盘刀和粉碎刀之间倾斜角度的调节。

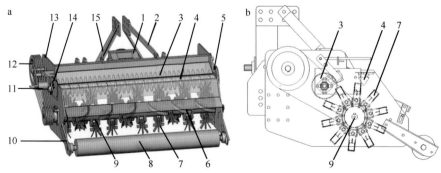

图10-18　差速锯切式水稻秸秆粉碎还田机结构示意图

a. 整机结构图，b. 左视图；1-变速箱，2-后悬挂架，3-锯盘装置，4-后定刀，5-锯盘带传动装置，6-导流板，7-粉碎刀，8-镇压辊，9-粉碎刀辊，10-镇压板，11-张紧装置，12-粉碎传动装置，13-机架，14-调节滑槽，15-悬挂装置工作时，拖拉机的动力经变速箱向左右两侧传动，经带传动装置增速后带动粉碎刀辊高速旋转，粉碎刀辊上的粉碎刀将地表的秸秆捡拾并向后抛，同时，锯盘带传动装置减速后带动锯盘刀旋转。锯盘刀与粉碎刀之间形成有支撑切割，且二者之间的相对运动增加了切削秸秆的线速度，此时秸秆受到粉碎刀和锯盘刀的切削及撕扯作用进行第一次粉碎；随后秸秆在粉碎刀和后定刀产生的冲击力作用下进行第二次粉碎，粉碎后的秸秆随导流板落到地表，镇压装置碾压秸秆，为后期整地提供良好的作业条件。

10.2.1.3　秸秆抛撒技术研究

联合收获机装配的秸秆粉碎抛撒装置存在的秸秆抛撒幅宽小、秸秆抛撒偏向一侧问题，其主要原因是秸秆抛撒动力不足、秸秆喂入粉碎不均匀。本研究设计了动力驱动圆盘抛撒装置、风力叶片两种不同的抛撒方式，以增强抛撒动力；改进了秸秆喂入粉碎装置的接草板和秸秆排出粉碎装置的导流板，以提高秸秆喂入和抛撒的均匀度，改善秸秆抛撒效果。

1. 动力驱动圆盘抛撒技术

针对由抛撒动力不足造成的抛撒幅宽小问题，以现有约翰迪尔C100/C120联合收获机装配的粉碎抛撒装置为对象进行改进设计。采用动力驱动双圆盘相对转动抛撒秸秆，扩大秸秆的抛撒幅宽。动力驱动圆盘抛撒装置结构如图10-19所示。

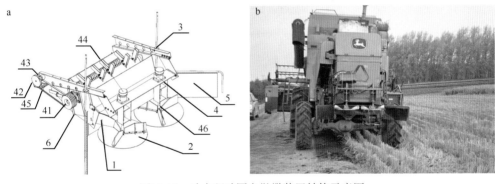

图10-19　动力驱动圆盘抛撒装置结构示意图

a. 装置结构图、b. 实物图；1-秸秆导流板，2-抛撒圆盘，3-悬挂支架，4-动力系统，5-挡草结构，6-粉碎装置外壳，41-粉碎机带轮，42-液压泵带轮，43-液压泵，44-液压马达，45-液压泵支架，46-圆盘转动轴

如图10-19所示，动力驱动圆盘抛撒装置主要由抛撒圆盘、悬挂支架、动力系统、挡草结构等组成。工作时，抛撒圆盘在液压系统带动下开始相对转动，液压系统的动力由高速旋转的粉碎刀轴提供，秸秆经粉碎装置切碎后在秸秆导流板的引流作用运动到双圆盘的工作区域，在圆盘叶片的抓取、携带、抛离作用下，粉碎秸秆抛撒到整个收获幅宽。在有侧向风的作业条件下，挡草结构可减少风速对抛撒效果的影响，以达到更好的抛撒效果。动力驱动圆盘抛撒装置提供了一种解决抛撒不均匀问题的思路，圆盘转速、传动系统设计、圆盘安装位置和方式等具体设计参数，还需要根据不同机型继续试验改进。

2. 风力叶片抛撒技术

在高速运动的粉碎动刀上安装扇叶，能够增大粉碎腔内风速，在抛撒时能达到更大的抛撒幅宽，同时改善粉碎室入口处秸秆喂入功能，增加了秸秆在粉碎腔内流动性。在改进联合收获机配套秸秆粉碎抛撒装置和差速锯切式水稻秸秆粉碎还田机的设计中，均采用了在动刀上安装扇叶的方案。

　　扇叶的形状和安装位置对风速影响较大，为了增大差速锯切式水稻秸秆粉碎还田机粉碎腔内风速，设计了4种扇叶形式，以选择适合增大风速的扇叶形式，扇叶形式如图10-20所示。

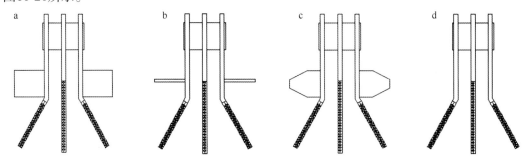

图10-20　风力叶片扇叶形式

a. 正扇叶型；b. 反扇叶型；c. 异扇叶型；d. 无扇叶型

　　为选择适合增大风速的扇叶形式，采用Fluent软件对图10-21所示的4种扇叶形式进行仿真分析，研究不同扇叶对粉碎腔内气流速度的影响，不同扇叶在粉碎腔内相同位置的速度分布情况。通过仿真对比分析，正扇叶型在粉碎腔内气流速度最大，比无扇叶情况下增加了粉碎腔体内的气流速度，有助于提高秸秆的粉碎效果。主要是因为当粉碎刀辊

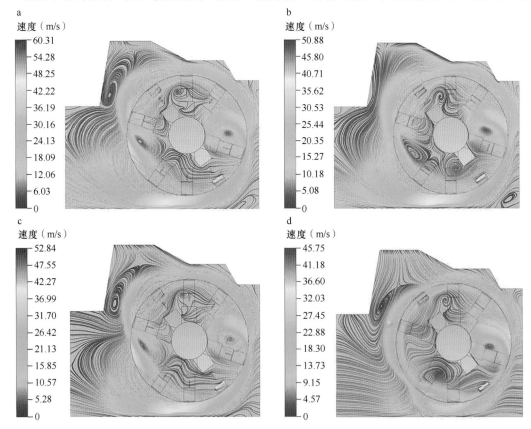

图10-21　不同扇叶在粉碎腔内相同位置的速度流线图

a. 正扇叶型；b. 反扇叶型；c. 异扇叶型；d. 无扇叶型

旋转时，正扇叶型粉碎刀的叶片面与旋转方向垂直，起到增大风速作用的扇叶面积较其他3种形式更大，更有利于增大风速。根据分析结果，最终选择正扇叶型作为粉碎刀的扇叶形式，在差速锯切式水稻秸秆粉碎还田机上实际应用。为验证仿真结果的准确性，采用热线风速仪分别测量粉碎刀上无扇叶和焊接正扇叶后的气流速度（图10-21）。将探头放置在粉碎腔出口处同一位置，经多次测量，在粉碎刀辊转速为1800r/min的时候，无扇叶的情况下气流平均速度为10.3m/s，正扇叶的情况下气流平均速度为14.8m/s，与仿真分析的结论基本一致。

3. 秸秆喂入和输出导流装置优化

针对单轴流滚筒收获机秸秆抛撒偏向一侧等现象，本研究优化了秸秆抛撒导流板，并设计了粉碎装置和轴流滚筒之间的新型秸秆喂入接草板，如图10-22所示。同时进一步设计优化了秸秆抛撒导流板尺寸和偏角（图10-22a），以增加抛撒幅宽和均匀度。秸秆喂入接草板试验了鼓包型（图10-22b）、导流型（图10-22c）两种形式。改进后接草板可在秸秆从滚筒滑向粉碎机入口时起到扰流作用，以解决秸秆喂入粉碎装置的横向分布偏向一侧问题。

a. 导流板优化

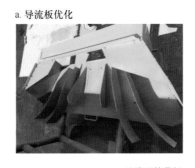

b. 鼓包型接草板　　　　　　c. 导流型接草板

图10-22　秸秆喂入接草板设计和秸秆抛撒导流板优化

试验对比了原装平面接草板、鼓包型接草板、导流型接草板对偏向一侧秸秆的扰流作用，测量了秸秆从接草板滑落到地面后的横向宽度，并与粉碎机悬挂宽度（1.10m）进行比较。三种接草板的扰流效果如图10-23所示。

经试验表明：原装平面接草板秸秆偏向一侧现象严重，落地幅宽0.61m；鼓包型接草板落地幅宽0.98m，秸秆落地幅宽与粉碎机悬挂宽度接近；导流型接草板落地幅宽0.92m，但出现秸秆拥堵在导流板的现象，对秸秆的下移有一定阻碍。改进后的秸秆粉碎抛撒装置选用鼓包型接草板。

图10-23　三种接草板的扰流效果

a.原装平面接草板；b.鼓包型接草板；c.导流型接草板

10.2.1.4　秸秆粉碎抛撒还田机具改进效果

1.收获机秸秆粉碎抛撒装置改进效果

通过2017～2019年连续3年的改进设计和试验，逐步完善并形成了与收获机配套的秸秆粉碎抛撒装置改进方案。采用基于滑切与撕裂二级粉碎的收获机粉碎装置改进方案，提高了秸秆支撑特性和秸秆粉碎合格率；设计了鼓包型接草板，提高了收获机装配的秸秆粉碎装置的喂入均匀度，从而提高了秸秆的抛撒均匀度；设计优化了带风力叶片的动刀，改进了抛撒导流板，提高了抛撒幅宽并与收获幅宽匹配。

2017年进行收获机粉碎抛撒装置的第一轮改进，以约翰迪尔C100/120收获机原装秸秆粉碎抛撒装置为基础，将传动刀改为加装风力叶片的桨式刀，增加腔体负压，加大秸秆排出粉碎腔的速度；导流板进行外扩以增加秸秆的抛撒幅宽，提高收获机的秸秆粉碎抛撒幅宽和均匀度。

在收获期较早时（2017年10月初，秸秆含水率68%），不同形式粉碎刀的作业效果如表10-7所示。试验表明，3种粉碎刀在秸秆粉碎合格率这项指标上表现相近。相较于其他两种刀片，桨式刀在不影响秸秆粉碎质量的前提下，提高了粉碎后秸秆抛撒幅宽和抛撒均匀度。

表10-7　三种刀片作业效果比较（秸秆含水率68%）

作业效果指标	光刃甩刀	锯齿甩刀	桨式甩刀
秸秆粉碎合格率（%）	91	93	90
抛撒幅宽（m）	3.58	3.62	4.20
抛撒不均匀度（%）	42	43	25

2018年进行收获机粉碎抛撒装置的第二轮改进，将动刀、定刀均改为锯齿刀，并增加了二级粉碎装置，可对水稻秸秆进行两级粉碎：第一级粉碎增大了秸秆滑切支撑角，有效防止秸秆拖拽，提高粉碎效果；第二级粉碎有利于增加秸秆刺伤、撕裂，有效防止秸秆成团和粉碎不足现象出现。

在水稻收获早期和大面积收获期进行了田间作业试验，比较改进与原装粉碎装置的作业效果。结果显示，在收获晚期秸秆含水率低时的秸秆粉碎效果较早期差；在不同收获时期，改进粉碎抛撒装置相对于原装装置在粉碎合格率和抛撒幅宽方面均有提高。

如表10-8所示，在收获早期，测得秸秆含水率为72%，改进的粉碎抛撒装置秸秆粉碎长度在15cm下的占比98%，10cm以下达到92%，抛撒幅宽达到4.35m，与收获机割台幅宽4.50m基本一致；原装装置的秸秆粉碎长度在<15cm的占比90%，<10cm的为52%，抛撒幅宽为3.60m，比割台幅宽少0.9m。

表10-8　收获早期改进与原装粉碎装置作业效果对比

	粉碎长度15cm下占比	粉碎长度10cm以下占比	抛撒幅宽（收获割台4.50m）
改进	98%	92%	4.35m
原装	90%	52%	3.60m

如表10-9所示，在大面积收获时，测得秸秆含水率为32%，改进粉碎抛撒装置秸秆粉碎长度在15cm以下的占比95%，10cm以下的占比58%，抛撒幅宽为4.25m；原装装置秸秆粉碎长度在15cm以下占比43%，抛撒幅宽为3.42m。

表10-9　大面积收获时改进与原装粉碎装置作业效果对比

	粉碎长度15cm下占比	粉碎长度10cm以下占比	抛撒幅宽（收获割台4.50m）
改进	95%	58%	4.25m
原装	43%	—	3.42m

注："—"表示未测定

2019年进行收获机粉碎抛撒装置的第三轮改进，进一步设计优化了导流板尺寸和偏角，并设计了粉碎装置和轴流滚筒之间的新型秸秆喂入接草板。通过试验，选定了鼓包型接草板，可在秸秆从滚筒滑向粉碎机入口时起到扰流作用，以解决秸秆喂入粉碎装置的横向分布偏向一侧问题。改进后作业效果如图10-24所示，秸秆抛撒均匀度得到有效改善。

图10-24　收获机粉碎抛撒装置改进作业效果

a.秸秆切碎长度；b.秸秆抛撒效果

2.卧式秸秆粉碎抛撒还田机改进效果

针对现有动力机械牵引的卧式秸秆粉碎机水稻秸秆切碎效果不佳的问题，设计了差速锯切式水稻秸秆粉碎还田机，并采用动力扇叶片提高秸秆抛撒幅宽，改进后作业效果如图10-25所示。

图10-25　卧式粉碎机作业效果

试验结果表明，在差速锯切式水稻秸秆粉碎还田机粉碎刀转速为1800r/min、锯盘刀转速为600r/min、粉碎刀与锯盘刀之间倾斜角度为65°时，差速锯切式水稻秸秆粉碎还田机秸秆粉碎平均长度为9.58cm，小于10cm长度的秸秆粉碎合格率为93.2%，秸秆抛撒不均匀度为20.89%，满足东北稻区秸秆粉碎抛撒质量要求。

10.2.1.5　水稻秸秆还田机具配套模式作业效果评价

在本项目设置的东北稻区模式集成试验区，2017～2019年进行了3年的秸秆还田机具配套模式的机具作业效果观测。表10-10为不同机械化秸秆还田模式配套机具。表10-11为不同机具配套模式的作业效果。

表10-10　不同机械化秸秆还田模式配套机具

模式	水稻收获	秋季整地	春季整地
对照模式	全喂入联合收割机（不带粉碎抛撒装置）	翻耕（铧式犁）	动力驱动搅浆机
习惯还田	全喂入联合收割机（带粉碎抛撒装置）	翻耕（铧式犁）	动力驱动搅浆机
优化还田1	全喂入联合收割机（带粉碎抛撒装置）	翻耕（铧式犁）+旋耕（旋耕机）	无动力打浆机
优化还田2	全喂入联合收割机（带粉碎抛撒装置）	旋埋（水稻整秆深埋还田联合作业整地机）	无动力打浆机

表10-11　不同秸秆还田模式机具作业效果

模式	2017年			2018年			2019年		
	平整度 （cm）	泥浆度 （g/cm³）	植被覆盖率 （地表以下） （%）	平整度 （cm）	泥浆度 （g/cm³）	植被覆盖率 （地表以下） （%）	平整度 （cm）	泥浆度 （g/cm³）	植被覆盖率 （地表以下） （%）
对照模式	0.7b	1.28ab		0.4b	1.41b		0.6b	1.71a	
习惯还田	0.6b	1.25b	83.9b	0.4b	1.40b	89.4b	0.6b	1.72a	89.7b
优化还田1	1.5a	1.41a	85.4ab	0.8a	1.58a	90.3ab	0.9a	1.83a	90.5ab
优化还田2	1.2a	1.32ab	91.4a	0.6ab	1.51ab	95.1a	0.7ab	1.77a	96.3a

综合来看，优化还田2具有较好的平整度、泥浆度和植被覆盖率。优化还田2秋季作业后，土壤细碎，地表较为平整，大大降低了第2年春季的水整地作业量，减少了传统大量搅浆作业对土壤的扰动破坏。优化还田1逐渐显现出其优越性，其在地表平整度、泥浆度、植被覆盖率方面与习惯还田差别逐渐减小，第3年其泥浆度与习惯还田相比已无显著差异。这说明优化还田1可以逐渐取代习惯还田模式，增加旱整地、减少水整地的方式可行，这样可以大大减少春季搅浆对土壤的扰动。

10.2.1.6　总结

针对东北稻区秸秆粉碎抛撒存在粉碎不充分、抛撒不均匀的问题，本研究对作业对象特性、作业模式、现有机具作业效果、秸秆机械化还田模式开展了调研和研究。针对现阶段秸秆粉碎抛撒模式存在的问题，分别提出了支撑滑切和撕裂两级粉碎、动力驱动圆盘抛撒、风力叶片抛撒以及秸秆喂入和输出导流装置优化等解决方案。评价了不同秸秆还田机具配套模式的作业效果，有助于筛选适合东北稻区的秸秆还田机械化机具配套模式。

本研究成果提高了东北稻区秸秆粉碎抛撒质量，解决了在秸秆还田过程中秸秆堵塞犁、秸秆扣翻难、秸秆腐解缓慢、插秧前泡水漂秸秆等问题，保障了秸秆顺利、高质量还田，为水稻秸秆的还田利用提供了实用的关键机具方案。

10.2.2　稻田整地关键技术

10.2.2.1　还田模式耕作机具选型与配套

1. 习惯还田模式

习惯还田模式采用全喂入收获机收获，秸秆粉碎还田。秸秆粉碎后翻耕土壤，实现秸秆翻压。在秸秆还田条件下，选择合适的搅浆机，保证还田质量。秸秆粉碎时采用中国农业大学研制的收获机秸秆粉碎抛撒装置，如图10-26所示。

图10-26　收获机秸秆粉碎抛撒装置

此装置有效解决了秸秆成团和粉碎不足的问题，在收获早期，机具作业后小于10cm秸秆可达秸秆总量的91.6%，秸秆抛撒幅宽可达4.58m，同时抛撒均匀度较好，满足秸秆粉碎还田要求。秸秆粉碎后进行翻耕作业，其代表机具如图10-27所示。

图10-27　翻耕作业代表机具

a.1LS系列悬挂式铧式犁；b.雷肯半悬挂翻转犁

黑龙江省逊克县林林农机制造有限公司制造的1LS系列悬挂式铧式犁结构简单，质轻，适合于在水田地块作业，采用加高犁柱设计，具有不堵犁、速度快、扣垡率高等优点，1LS-727悬挂式七铧犁耕深18～20cm，工作幅宽1.9m，配套动力70kW，适合东北地区水田作业环境。雷肯半悬挂翻转犁与合墒器配合使用，在铧式犁对秸秆进行翻埋的同时，合墒器对已翻地块进行平整作业，一次作业可以完成秸秆翻埋与地表平整。

秸秆翻压还田后来年泡田时进行搅浆，采用黑龙江大东农业机械有限责任公司制造的1JLS系列搅浆平地机或吉林鑫华裕农业装备有限公司制造的1BPQ系列搅浆机，如图10-28所示。

1BPQ-240搅浆机工作幅宽2.4m，配套动力30～40kW，采用旋耕机的工作原理，打浆效果好，能够保持土壤的肥效和地温，作业后泥浆层厚度达8cm以上，作业效率高，节省用水量。1JLS系列搅浆平地机有效地解决了刀辊缠草问题，耕深一致，碎土效果好，机具后方配置平地装置，作业后地表平整，有利于后续插秧工作。

习惯还田模式作业后地表平整度可达0.4cm，泥浆度为1.4g/cm^3，地表以下植被覆盖率为89.4%。

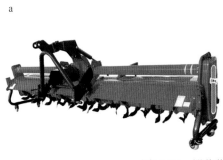

图10-28　搅浆作业代表机具

a. 1JLS系列搅浆平地机；b. 1BPQ系列搅浆机

2. 优化还田1模式

秸秆还田后翻耕土壤，随后在秋季或春季旋耕土壤，春季泡田但不搅浆，捞平后直接插秧。

翻耕作业采用上述习惯还田模式常用机具，如悬挂式铧式犁、半悬挂翻转犁等，翻耕作业后效果如图10-29a所示。

图10-29　整地机具及作业效果

a. 翻耕作业效果；b. 东方红1GQN系列旋耕机；c. 樱田1GQ-240旋耕机；d. 翻耕加旋耕作业效果图；e. 1BS-325无动力搅浆机

翻耕后土块较大，为满足插秧作业要求，需要进行搅浆作业。优化还田1模式在翻耕作业后，在秋季或春季旋耕土壤，使土壤细碎，春季泡田时使用无动力搅浆机捞平。

旋耕作业时采用中国一拖集团有限公司生产的东方红1GQN系列旋耕机，如图10-29b所示。该系列旋耕机采用主副梁结构，整机结构匀称，采用螺旋形刀库排布，工作性能可靠、平稳，采用整体式可调拖板，耕后地表比较平整。可选用东方红1GQN-230Z旋耕机，耕作幅宽2.3m，耕深13～15cm，配套动力60～70kW。

樱田1GQ-240旋耕机如图10-29c所示，耕深10～15cm，工作幅宽2.4m，配套动力70kW，配置了平地托板，提高了地面平整度，翻耕加旋耕作业后效果如图10-29d所示。

搅浆作业采用连云港双亚机械有限公司制造的1BS系列无动力搅浆机，如图10-29e所示。此机具耕作后泥浆层达8cm，对土壤扰动程度轻，不破坏土壤的团粒结构，无须捞草，泥浆沉淀快，三四天后即可插秧，有利于秧苗后期生长。

优化还田1模式作业后地表平整度可达0.8cm，泥浆度为1.58g/cm³，地表以下植被覆盖率为90.3%，与习惯还田模式相比，地表平整效果变差，泥浆度略微提高，地表以下植被覆盖率略微提高，此模式需机组多次进地作业，造成土壤压实。

3. 优化还田2模式

秸秆还后用秸秆深埋还田机处理，实现秸秆深埋还田，春季泡田但不搅浆，捞平后直接插秧。

秸秆反旋深埋还田作业属于保护性耕作技术的一种，通过特制反旋刀辊由耕层底部向上切削土壤，将土壤及秸秆通过刀辊上方向刀辊后方抛出，与罩壳及挡草栅撞击，水稻整秆及大土块被栅条挡住并沿挡草栅内侧滑落，细小土块则穿过挡草栅并均匀铺于其后。由于秸秆与土块落入沟底存在时间差，秸秆会先于土块落入沟底且被随后落下的土块覆盖，从而实现水稻整株或高留茬秸秆还田作业，形成上细下粗、上小下大的优质土壤层，克服秸秆粉碎还田后在水整地过程中秸秆浮出的弊端。反旋深埋还田联合耕整作业过程如图10-30所示。

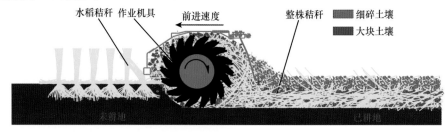

图10-30　反旋深埋还田联合耕整作业

优化还田2模式主要作业机具选用黑龙江诚远农业机械科技有限公司制造的1GKD-210型水稻秸秆反旋深埋还田机，如图10-31a所示。

该机具耕深为18～20cm，耕幅为2.14m，配套动力为66～88kW，秸秆还田率、碎土率及地面平整度高，后续只需搭配无动力搅浆机捞平即可。水稻秸秆反旋深埋还田机作业后效果如图10-31b所示。

图10-31　1GKD-210型水稻秸秆反旋深埋还田机（a）及其作业效果（b）

优化还田2模式春季泡田时，采用无动力搅浆机捞平，所使用机具同优化还田1模式，作业后地表平整度可达0.6cm，泥浆度为1.51g/cm³，地表以下植被覆盖率为95.1%。优化2模式与优化1模式各指标对比如表10-12所示。

表10-12　两种作业模式指标对比

指标	配套动力（马力）	幅宽（cm）	耕深（cm）	碎土率（%）	秸秆还田率（%）	作业效率（亩/h）
翻耕＋旋耕			13～15	≥65	≤82	10～12
反旋深埋还田	90～120	214	18～20	≥95	90～95	5～6

由表10-12可知，反旋深埋还田作业模式碎土率和秸秆还田率指标均优于翻耕加旋耕作业模式，但反旋深埋还田作业模式存在配套动力需求过大、作业效率偏低的缺点，因此针对秸秆反旋深埋还田机开展基础理论研究。

10.2.2.2　秸秆反旋深埋还田机基础理论研究

秸秆反旋深埋还田机作业时刀辊旋转方向与机具前进方向相反，导致机具首次抛扬土壤方向为刀辊前方，刀辊前方壅土，因此机具牵引动力需求较大。机具首次抛扬土壤方向为刀辊前方的主要原因是在反旋还田刀设计过程中仍沿用传统旋耕刀设计思路，将刀具的滑切能力作为刀具的主要设计指标（丁为民等，2004），导致刀具抛土性能较差，增强刀具抛土性能后，将机具首次抛扬土壤方向变为刀辊后方，可减轻刀辊前方壅土现象，降低机具对牵引动力的需求，如图10-32所示。

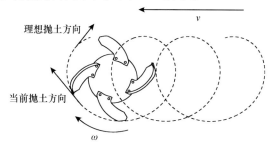

图10-32　水稻秸秆全量深埋还田机反旋作业抛土方向

v表示机具前进速度，ω表示刀辊转速

在反旋深埋还田作业过程中，因刀辊旋转方向与机具前进方向相反，土壤与秸秆首次抛扬角度在刀辊前方，出现刀辊前方严重壅土现象，易造成已耕地重耕。分析可知，土壤与秸秆首次抛扬方向为刀辊前方的主要原因即在刀具设计过程中将刀具滑切性能作为主要指标，忽略了抛土性能优化。

因此本研究针对水稻秸秆全量深埋还田机作业时刀辊前方壅土问题，结合水稻秸秆全量深埋还田机作业过程，阐述作业过程中刀辊前方壅土原因，通过运动学及动力学分析，建立在加速阶段及抛运阶段土壤颗粒与还田刀间相对位移模型及在空转阶段土壤颗粒运动模型，对已构建模型进行求解得到最佳理论参数，研制一种针对反旋深埋作业的新型还田刀。

根据水稻秸秆全量深埋还田机工作过程中土壤的不同运动状态，将水稻秸秆全量深埋还田机工作过程分为加速、抛运、空转3个阶段，对应的圆心角分别为θ_1、θ_2和θ_3，如图10-33所示。加速阶段自土壤与还田刀接触开始，直到土壤被还田刀抛出或土壤与还田刀达到相对静止状态结束，抛运阶段自土壤与还田刀达到相对静止状态开始，直到土壤被还田刀抛出结束，空转阶段自土壤被还田刀抛出开始，直到还田刀再次与土壤接触结束。建立各阶段土壤颗粒运动数学模型，探究还田刀各结构参数及作业参数对土壤加速能力、抛扬角度的影响规律。

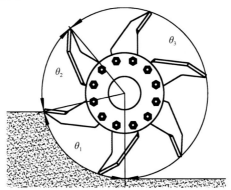

图10-33　工作过程各阶段

θ_1为加速阶段圆心角；θ_2为抛运阶段圆心角；θ_3为空转阶段圆心角

取单一土壤颗粒M作为研究对象，忽略土壤颗粒间的相互作用力，在土壤颗粒M与还田刀接触前，土壤颗粒M为静止状态。加速阶段，土壤颗粒M由静止状态逐渐加速，直到土壤颗粒M与还田刀相对静止或被还田刀抛出，加速阶段结束。

土壤颗粒M被抛出时绝对速度和抛出角度是评价还田刀抛土性能的主要指标，过土壤颗粒M作平行于刀盘的平面P，选取还田刀建立动参考系$Oxyz$，以旋转中心O点为原点，以支持力方向为坐标系x轴正方向，以平面P内动摩擦力方向为坐标系y轴正方向，垂直x轴与y轴建立z轴。对土壤颗粒M进行运动学及动力学分析。土壤颗粒M运动状态受重力G、支持力F_N、动摩擦力f及科氏力F_c影响，如图10-34所示，其动力学方程为

$$F_M = G + F_N + f + F_c = ma_r + ma_e \qquad (10\text{-}1)$$

式中，F_M为土壤颗粒所受合力（N）；m为质量（kg）；a_r为土壤颗粒与还田刀间相对加速度（m/s^2）；a_e为土壤颗粒与还田刀间牵连加速度（m/s^2）。

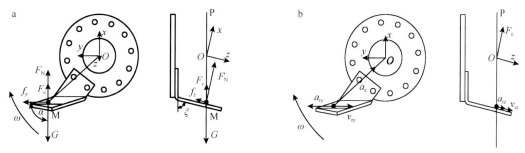

图10-34　动力学及运动学分析示意图

a. 加速阶段动力学分析；b. 加速阶段运动学分析

假设土壤颗粒M在还田刀上无跳动和滚动现象且沿z轴方向与还田刀无相对位移，土壤颗粒M的运动主要分为绕旋转中心O的匀速圆周牵连运动及沿y轴方向的直线相对运动，如图10-34所示，除支持力F_N及动摩擦力f以外所有力均作用在平面P内，土壤颗粒M沿z轴方向相对静止。在平面Oyz内支持力与动摩擦力平衡如图10-35所示，动摩擦力f可分为z轴方向动摩擦力f_z和y轴方向动摩擦力f_y。

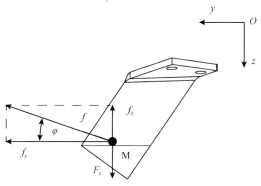

图10-35　平面Oyz受力示意图

支持力F_N分为F_p和F_z，F_p可分解为土壤提供向心力的分力F_1和土壤平衡竖直方向受力的分力F_2，F_1可分解为F_e和F_y，F_e为土壤颗粒牵连运动向心力，F_y为支持力F_N在y轴方向分力，如图10-36所示。

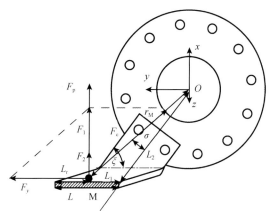

图10-36　平面支持力分解示意图

土壤颗粒M力学平衡方程为

$$ma_{rz} = uF_N\sin\varphi - F_N\cot\zeta = 0 \tag{10-2}$$

$$ma_e = m\omega^2 r_M = F_y/\cos(\zeta - \sigma) \tag{10-3}$$

$$ma_{rn} = F_2 + F_c - G\sin\alpha = 0 \tag{10-4}$$

$$ma_{rt} = f_y + G\cos\alpha + F_y \tag{10-5}$$

式中，a_{rz} 为土壤 z 轴方向相对加速度（m/s²）；u 为土壤与还田刀间摩擦因数；φ 为动摩擦力与 y 轴方向夹角（rad）；a_e 为土壤与还田刀间牵连加速度（m/s²）；ω 为刀辊转动角速度（rad/s）；r_M 为土壤与旋转中心间的距离（m）；ζ 为还田刀弯折线角度（rad）；σ 为土壤颗粒和旋转中心间连线与刀柄中轴线夹角（rad）；a_{rn} 为土壤的法向相对加速度（m/s²）；a_{rt} 为土壤的切向相对加速度（m/s²）；α 为还田刀弯折线与竖直方向间夹角（rad）；v_r 为土壤与还田刀间相对运动速度（m/s）。

由式（10-2）～式（10-5）可得：

$$F_N = [m\omega^2 r_M \sin(\zeta - \sigma) - 2mv_r\omega + mg\sin\alpha]\cos\zeta \tag{10-6}$$

$$a_r = u\cos\zeta\cos\varphi[\omega^2 r_M \sin(\zeta - \sigma) - 2v_r\omega + g\sin\alpha] + g\cos\alpha + \omega^2 r_M \cos(\zeta - \sigma) \tag{10-7}$$

$$r_M = \frac{(L_1 - L_r)\sin\zeta}{\sin\sigma} \tag{10-8}$$

$$\sigma = \arctan\frac{(L_1 - L_r)\sin\zeta}{L_2 + (L_1 - L_r)\cos\zeta} \tag{10-9}$$

$$\alpha = \alpha_0 + \omega t \tag{10-10}$$

$$r_{max} = \sqrt{(L_2 + L_1\cos\zeta)^2 + (L_1\sin\zeta)^2} \tag{10-11}$$

式中，α_0 为还田刀弯折线与竖直方向间初始夹角（rad）；L_1 为还田刀横截面端点沿弯折线方向与刀柄中轴线距离（m）；L_2 为旋转中心沿刀柄中轴线方向与还田刀横截面的距离（m）；L_r 为土壤与还田刀间相对位移（m）；r_{max} 为还田刀最大旋转半径（m）。

由式（10-6）～式（10-11）可知，随着时间 t 增加，角度 α 成正比线性增加，随着 α 角度增大，a_r 逐渐减小，a_0 约为 0.2π。土壤颗粒M与还田刀间相对运动加速度 a_r、相对运动速度 v_r 与相对位移 L_r 之间的关系为

$$a_r = \frac{\partial v_r}{\partial t} = \frac{\partial^2 L_r}{\partial t^2} \tag{10-12}$$

由式（10-12）可得土壤颗粒M与还田刀间相对位移 L_2 关于土壤和还田刀接触时间 t 的微分方程：

$$\begin{aligned}
\frac{\partial^2 L_r}{\partial t^2} = u\cos\zeta\cos\varphi\Bigg\{&\omega^2\frac{(L_1 - L_r)\sin\zeta\sin\left[\zeta - \arctan\dfrac{(L_1 - L_r)\sin\zeta}{L_2 + (L_1 - L_r)\cos\zeta}\right]}{\sin\left[\arctan\dfrac{(L_1 - L_r)\sin\zeta}{L_2 + (L_1 - L_r)\cos\zeta}\right]} - 2\frac{dL_r}{dt}\omega \\
&+ g\sin\alpha\Bigg\} + g\cos(\alpha_0 + \omega t + \zeta) \\
&+ \omega^2\frac{(L_1 - L_r)\sin\zeta}{\sin\left[\arctan\dfrac{(L_1 - L_r)\sin\zeta}{L_2 + (L_1 - L_r)\cos\zeta}\right]}\cos\left[\zeta - \arctan\dfrac{(L_1 - L_r)\sin\zeta}{L_2 + (L_1 - L_r)\cos\zeta}\right]
\end{aligned} \tag{10-13}$$

在初始时刻 t_0 时，土壤颗粒M与还田刀间初始相对位移 L_{r0} 为 0，土壤颗粒M初始相对

速度v_{ro}表达式为

$$v_{ro} = wr_{max} \tag{10-14}$$

当土壤颗粒M与还田刀间相对位移L_r大于还田刀的切向宽度L时，土壤颗粒M被还田刀抛出。加速阶段结束边界条件：土壤颗粒达最大速度（相对还田刀速度v_r为0）或土壤颗粒被还田刀抛出（相对位移L_r大于L）时。

抛运阶段自土壤颗粒M与还田刀保持相对静止开始，直到土壤颗粒M与还田刀重新发生相对位移被还田刀抛出或还田刀对土壤颗粒M无支撑作用时结束。

抛运阶段，土壤颗粒M与还田刀不发生相对位移，所以抛运阶段土壤受力与加速阶段土壤受力相比，除所受到的摩擦力由动摩擦力变为静摩擦力以外，其余受力分析与土壤加速阶段一致，且切向相对加速度为0，边界条件表达式为

$$G\cos\alpha + F_y - f_y \geqslant 0 \tag{10-15}$$

当土壤颗粒M与还田刀重新发生相对位移时，土壤颗粒M所受的摩擦力重新变为动摩擦力，受力分析与土壤加速阶段一致，其边界条件表达式为

$$G\cos\alpha + F_y - f_y < 0 \tag{10-16}$$

当还田刀对土壤颗粒M无支撑作用时，土壤颗粒M在重力作用下进行自由落体运动，当α角度大于π时，土壤颗粒M与还田刀的位置关系如图10-37所示，还田刀不再为土壤颗粒M提供支持力，抛运阶段结束。

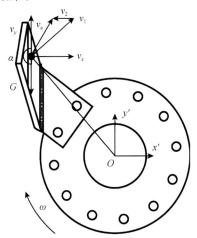

图10-37　抛运阶段结束示意图

若土壤颗粒M在加速阶段或抛运阶段提前被还田刀抛出，则土壤颗粒M没有与还田刀达到相对静止状态，绝对速度没有达到最大速度。因此，理想状态下还田刀抛运阶段应到图10-37所示情况下结束。

空转阶段自还田刀对土壤颗粒M无支撑作用开始，直到还田刀再次与土壤接触时结束。选取旋转中心为坐标系原点建立动参考系$Ox'y'$，沿水平方向建立坐标系x'轴，沿竖直方向建立坐标系y'轴，v_1为土壤颗粒M与机具间的相对速度。空转阶段，土壤颗粒M做抛物线运动，土壤颗粒M只受重力作用，土壤颗粒M位置关系式：

$$x = x_0 + v_1 t\cos\delta \tag{10-17}$$

$$y = y_0 + v_1 t\sin\delta - \frac{gt^2}{2} \tag{10-18}$$

式中，δ为土壤颗粒被还田刀抛出方向与水平方向的夹角（rad）；x_0为土壤颗粒被抛出时水平初始距离（m）；y_0为土壤颗粒被抛出时竖直初始距离（m）；v_1为土壤颗粒与机具间相对速度（m/s）。

当土壤颗粒M在如图10-37所示的位置时，其与还田刀之间无相互作用，只在重力的作用下做抛物线运动，土壤颗粒M被还田刀抛出方向与水平方向夹角δ与土壤颗粒M被抛出时间t_L均为定值，其表达式为

$$t_{\mathrm{L}} = \frac{\pi - \alpha_0 - \zeta}{\omega} \tag{10-19}$$

$$\delta = \zeta \tag{10-20}$$

被抛出时，土壤颗粒M与机具间相对速度v_1以及土壤颗粒M与机具间水平相对速度v_x表达式为

$$v_1 = \omega r_{\mathrm{M}} \tag{10-21}$$

$$v_x = \frac{\partial x}{\partial t} = v_1 \cos \delta \tag{10-22}$$

通过分析加速阶段、抛运阶段数学模型可知，土壤抛出角度与速度主要由还田刀弯折角度、还田刀弯折线角度、还田刀宽度、刀辊转速所决定。理想状态下，土壤颗粒应在加速阶段结束时与还田刀进行相对静止运动，达到土壤颗粒绝对速度最大的目的，土壤颗粒在抛运阶段始终与还田刀进行相对静止运动，直到运动至如图10-37所示情况进入空转阶段。

由式（10-2）和式（10-6）可知，还田刀弯折角度ζ越接近90°，土壤颗粒与还田刀间y轴方向的摩擦力越大，使土壤颗粒加速的能力越强。还田刀弯折线角度ζ是影响土壤颗粒与还田刀间相对加速度的主要因素，由式（10-7）可知弯折线角度ζ越小，还田刀使土壤颗粒加速的能力越强，但如果弯折线角度过小会导致入土角度变小，造成入土消耗过大（孔令德等，1997）。还田刀切向宽度要大于土壤颗粒最大相对位移，防止土壤颗粒提前被还田刀抛出，保证抛出时土壤颗粒的绝对运动速度。虽然刀辊转速越快，离心力越大，土壤颗粒所受的摩擦力越大，使土壤颗粒加速的能力越强，但由式（10-14）可知，刀辊转速越快，初始相对速度越快，加速时间也会因土壤颗粒被提前抛出变短，同时刀辊转速决定了经过一次切削、抛扬土壤颗粒所能达到的最大绝对速度，因此土壤颗粒最大绝对速度不是随着刀辊转速增大而增大，而是随着刀辊转速增大先增大后减小。

角度σ随着时间变化而变化，导致支持力F_p的分解力F_1、F_2发生变化，同时角度σ也随着土壤颗粒位置变化而变化，因此根据已建立的加速阶段、抛运阶段数学模型，采用Matlab对微分方程进行逐步求解，分析各因素对土壤运动的影响规律。东北地区土壤类型主要为黑土，根据文献可知土壤与金属之间摩擦角约为40°（土壤磨粒特性影响课题组，1986），确定还田刀弯折线角度为55°，还田刀弯折角度为77°，L_1为103mm，L_2为174mm，还田刀切向宽度为100mm，刀辊转速为190r/min，根据确定参数，所得到的土壤颗粒与还田刀间相对位移随时间变化规律如图10-38所示。

根据数学模型推导可知，在还田刀弯折线角度为55°，还田刀弯折角度为77°，还田刀切向宽度为100mm，刀辊转速为190r/min的条件下，抛扬时间为0.0426s时，土壤颗粒与还田刀相对静止，进入抛运阶段，土壤在离心力的作用下，始终与还田刀保持相对静止状态，无相对运动，直到抛扬时间达0.12s时，土壤颗粒不受还田刀作用，只在重力作用

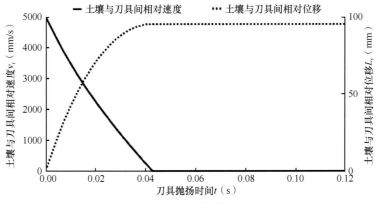

图10-38　相对位移随时间变化规律

下进行抛物线运动，土壤颗粒被还田刀抛出进入空转阶段，由式（10-21）和式（10-22）可得出被抛出时土壤与机具间相对速度v_1约为3.5m/s，x轴方向绝对速度v_x约为2m/s。水稻秸秆全量深埋还田机作业前进速度v_2不大于0.85m/s，土壤颗粒首次被抛扬时绝对速度v_a方向为刀辊后方。

还田刀理论切土节距、理论幅宽和理论耕深表达式如下：

$$L = \frac{b}{\sin \zeta} \tag{10-23}$$

$$B_1 = (l - a_1)\sin \zeta \tag{10-24}$$

$$a_2 = a_1 + b\cot \zeta \tag{10-25}$$

$$r_{max} = a_2 + (l - a_2)\cos \zeta + l_1 - l_2 \tag{10-26}$$

式中，b为还田刀宽度（mm）；B_1为单个还田刀理论幅宽（mm）；l为还田刀展平长度（mm）；a_1为还田刀弯折刀柄短边长度（mm）；a_2为还田刀弯折刀柄长边长度（mm）；l_1为旋转中心到两刀具安装孔连接线的距离（mm）；l_2为还田刀上平面与两刀具安装孔连接线的距离（mm）。

其中a_1为40mm，l为220mm，l_1为986mm，l_2为20mm，L为100mm，理论旋转半径r_{max}约为250mm，通过式（10-23）～式（10-26）确定还田刀宽度b为80mm，单个还田刀理论幅宽B_1为175mm。

还田刀切向宽度应大于切土节距，切土节距表达式为

$$S = \frac{60v_2}{Zn} \tag{10-27}$$

式中，S为还田刀每次切削土壤的切土节距（m）；Z为同一回转平面还田刀把数；n为刀辊转速（r/min）。

根据牵引机具低速三档前进速度v_2为0.85m/s，刀辊转速n为190r/min，由式（10-27）计算得出当同一回转平面刀片个数为3时，切土节距为85mm，小于还田刀切向宽度L。

根据单个还田刀理论幅宽B_1，确定8个刀盘，刀盘轴向间距为256mm，相邻刀盘定位孔转角为15°，还田刀排列如图10-39所示。

由图10-40可知，水稻秸秆全量深埋还田机的每个刀盘上交错安装左刀、右刀各3把，在同一时刻左刀与右刀各有一把入土，以保证工作稳定和刀轴负荷均匀，且还田刀均按照螺旋线规则安装。

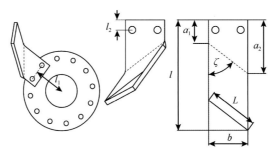

图10-39　还田刀示意图

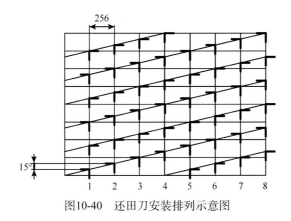

图10-40　还田刀安装排列示意图

10.2.2.3　田间试验验证

针对已设计还田刀进行整机配置，同时为验证水稻秸秆全量深埋还田机在不同作业环境下的作业效果，对水稻秸秆深埋还田机进行田间试验。试验于黑龙江省建三江分局七星农场进行。建三江分局七星农场土壤类型为黑土（张之一，2005），距地表深度为15～20cm的土壤坚实度为750～1200kPa，土壤含水率为15%～20%，地表平均秸秆总量约为0.98kg/m²。配套牵引动力均选用东方红LX904，牵引马力为66kW，测量的东方红LX904作业速度如表10-13所示。

表10-13　拖拉机作业前进速度

东方红LX904档位	作业前进速度（km/h）
低速1档	1.60
低速2档	2.30
低速3档	3.00

影响水稻秸秆全量深埋还田机作业质量的主要参数包括留茬高度、离地间隙和前进速度。留茬高度过高，水稻秸秆全量深埋还田机作业时刀辊易缠草，无法正常作业；留茬高度过低，粉碎的水稻秸秆过多，来年泡田时易产生秸秆漂浮现象；留茬高度可以通过调节收获机械割台高度进行控制。离地间隙为水稻秸秆全量深埋还田机罩壳前端横梁底部与地面间竖直距离，可以通过调整牵引机具三点悬挂进行控制；离地间隙越小，则耕深越深、还田率越高，但能耗会随之增加，若离地间隙过大，耕深过浅，则无法对秸秆进行有效掩埋。前进速度主要影响切土节距，从而影响地面平整度及碎土率，前进速

度可以通过切换牵引机具不同挡位进行控制。因此，本试验在土壤含水率为15%～20%、土壤坚实度为750～1200kPa的条件下进行作业，选取留茬高度、离地间隙和前进速度作为试验因素，分别选取3水平进行正交试验，选取耕深、碎土率、还田率和地面平整度作为指标来评价作业质量。试验因素水平见表10-14。

表10-14　试验因素水平表

水平	因素		
	留茬高度（mm）	离地间隙（mm）	前进速度（km/h）
1	140	40	1.6
2	200	70	2.3
3	260	100	3.0

耕深和碎土率测量方式参考国家标准（中华人民共和国农业部，2013）。还田率是衡量作业质量的重要指标，测量方法为在未耕地上测定0.5m×B（耕宽）面积内地表之上秸秆重量，记录其数值为m_1，再在已耕地上测定0.5m×B（耕宽）面积内地表之上秸秆重量，记录其数值m_2。还田率ε为

$$\varepsilon = (1 - \frac{m_2}{m_1}) \times 100\% \tag{10-28}$$

地面平整度决定了后续水整地以及插秧的作业质量，因此也作为一个衡量作业质量的指标，测量方法：截取一根长度为2m的软绳，拉直后平放于地表，使软绳紧贴地表。测量软绳两端的水平距离为L_a，地面平整度Ψ为

$$\psi = \frac{L_a}{2} \times 100\% \tag{10-29}$$

田间试验结果及极差分析如表10-15所示，方差分析见表10-16。

表10-15　田间试验结果

试验号	试验因素			试验结果			
	A留茬高度（mm）	B离地间隙（mm）	C前进速度（km/h）	耕深（mm）	还田率（%）	地面平整度（%）	碎土率（%）
1	1	1	1	201	96.3	98.6	99.3
2	1	2	2	168	93.8	98.4	97.2
3	1	3	3	142	90.2	98.5	96.7
4	2	1	3	197	90.9	97.9	97.0
5	2	2	1	171	90.4	98.4	98.7
6	2	3	2	140	86.7	97.9	98.0
7	3	1	2	205	88.9	97.5	98.9
8	3	2	3	168	86.1	97.2	96.8
9	3	3	1	143	85.5	98.1	98.5
K1	511/280/293.5/293.2		603/276/294/295.2			515.0/271.0/295.1/296.5	
K2	508/268/294.2/293.7		507/270/294/292.7			513.0/270.0/293.8/294.1	
K3	516/260/292.8/294.2		425/262/294.5/293.2			507.0/267.0/293.6/290.5	

试验号	试验因素			试验结果			
	A留茬高度 （mm）	B离地间隙 （mm）	C前进速度 （km/h）	耕深 （mm）	还田率 （%）	地面平整度 （%）	碎土率 （%）
k1	170.3/93.3/98.5/97.7			201/92.0/98.0/98.4		171.7/90.3/98.4/98.8	
k2	169.3/89.3/98.1/97.9			169/90.0/98.0/97.6		171.0/90.0/97.9/98.0	
k3	172/86.7/98.1/98.3			141.7/87.3/98.2/97.7		169.0/89.0/97.9/96.8	
R	2.7/6.7/0.4/0.6			59.3/4.7/0.2/0.8/		2.7/1.3/0.5/2.0	

注：K_i表示各因素i水平所对应的各试验指标之和，k_i表示各因素i水平所对应的各试验指标平均值，R表示各因素各水平下试验指标平均值极差

表10-16　方差分析结果

试验指标	差异源	离差平方和	自由度	均方	F值	显著性
耕深	A留茬高度	4.17	1	4.17	0.54	
	B离地间隙	5280.67	1	10.67	681.87	**
	C前进速度	10.67	1	5280.67	1.38	
	误差	38.72	5	7.74		
	总和	5334.22	8			
还田率	A留茬高度	66.67	1	66.67	214.29	**
	B离地间隙	32.67	1	32.67	105.00	**
	C前进速度	2.67	1	2.67	8.57	
	误差	1.56	5	0.31		
	总和	103.56	8			
地面平整度	A留茬高度	0.17	1	0.17	0.77	
	B离地间隙	0.67	1	0.67	3.07	
	C前进速度	6.00	1	6.00	27.61	**
	误差	1.09	5	0.22		
	总和	7.92	8			
碎土率	A留茬高度	1.22	1	1.22	31.88	**
	B离地间隙	0.042	1	0.042	1.09	
	C前进速度	0.38	1	0.38	9.84	*
	误差	0.19	5	0.038		
	总和	1.82	8			

注：*表示相关性在0.05水平上显著，**表示相关性在0.01水平上显著，下同

由表10-16可知，3个因素对耕深影响的主次顺序为离地间隙＞留茬高度=前进速度，说明离地间隙对耕深影响最大，留茬高度与前进速度对耕深影响较小。3个因素对还田率影响的主次顺序为留茬高度＞离地间隙＞前进速度，说明留茬高度对还田率影响最大，其次为离地间隙，前进速度的影响最小。3个因素对地面平整度影响的主次顺序为前进速度＞留茬高度＞离地间隙，说明前进速度对地面平整度影响最大，其次为留茬高度，离地间隙对地面平整度影响最小。3个因素对碎土率影响主次顺序依次为留茬高度＞前进速

度＞离地间隙，说明留茬高度对碎土率影响最大，其次为前进速度，离地间隙对碎土率影响最小。

由表10-16可知，对于试验指标耕深，离地间隙的影响极显著。对于试验指标还田率，留茬高度及离地间隙的影响极显著。对于试验指标地面平整度，前进速度的影响极显著。对于试验指标碎土率，留茬高度的影响极显著，前进速度的影响显著。

综合表10-15极差分析和表10-16方差分析可知，耕深最大的组合为$A_3B_1C_1$，还田率最优组合为$A_1B_1C_1$，地面平整度最优组合为$A_1B_3C_1$，碎土率最优方案为$A_3B_1C_1$。水稻秸秆全量深埋还田机可以在牵引马力为66kW、作业速度不高于低速三档（3km/h）、留茬高度不大于260mm的情况下完成作业，且还田率达到85%以上，碎土率与地面平整度均达到95%以上。

10.2.2.4　秸秆还田推广及示范

近年分别于春秋两季进行秸秆还田推广，在各地区农业部门及企业积极配合下，充分运用培训力量安排了此项技术及配套机具专题讲座，通过培训班、现场会、技术讲座、媒体宣传等形式指导农户对此项技术应用，加快水稻秸秆高留茬深埋还田联合整地作业技术的推广与示范，如表10-17所示。

表10-17　近年部分推广应用

年份	地点	内容
2016	黑龙江省建三江分局大星农场	秋季秸秆还田现场会
2016	黑龙江省建三江分局七星农场	秋季秸秆还田现场会
2017	黑龙江省哈尔滨市呼兰区	春季秸秆还田现场会
2017	黑龙江省方正县	春季秸秆还田示范
2017	黑龙江省建三江分局七星农场	秋季秸秆还田示范
2018	黑龙江省哈尔滨市呼兰区	春季秸秆还田现场会
2018	黑龙江省桦川县	秋季秸秆还田现场会
2019	黑龙江省抚远市和桦川县	秸秆还田培训

10.2.3　稻田秸秆还田配套耕作栽培技术

10.2.3.1　秸秆还田条件下优化耕作技术

1.无动力打浆的整地效果及对秧苗的影响

与常规有动力打浆相比，无动力打浆能显著降低打浆后土面下降高度和田面秸秆漂浮量，有增加秸秆还田量的趋势（图10-41和表10-18），且还田的秸秆主要集中在10～20cm，显著增加秧苗新生白根数量。两种打浆方式的产量无显著差异（表10-18）。

2.优化耕作措施对土壤肥力的影响

轮耕处理0～10cm的有机质含量较翻耕处理显著提高6.3%；10～20cm有机质含量较翻耕和旋耕略有增加，各耕作处理20～30cm的有机质含量无显著差异。0～10cm，轮耕处理的碱解氮含量相比另外两种方式呈增加趋势；10～20cm，轮耕处理的碱解氮含量显著高于旋耕处理16.7%；20～30cm，轮耕处理的碱解氮含量分别显著高于翻耕处理

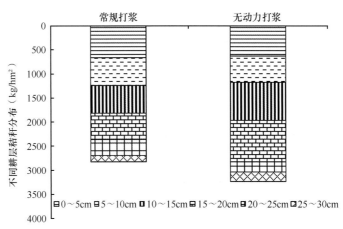

图10-41　不同打浆方式对稻田耕层秸秆分布特性的影响

表10-18　无动力打浆的整地效果及对秧苗的影响

处理	秸秆漂浮量（kg/hm²）	田面下降高度（cm）	新生白根数（条/株）	产量（t/hm²）
常规打浆	441.15a	1.42a	8.47a	7.83a
无动力打浆	234.68b	0.77b	9.77b	7.80a

注：同列不同小写字母表示常规打浆与无动力打浆之间差异显著（$P < 0.05$）

20.4%、旋耕处理6.5%。轮耕处理0～10cm和20～30cm的有效磷含量相比旋耕呈增加趋势；10～20cm和20～30cm的有效磷含量大小依次为翻耕＞轮耕＞旋耕，但差异均不显著。10～20cm，轮耕处理的速效钾含量相比另外两种方式呈增加趋势；0～10cm和20～30cm，轮耕处理的速效钾含量呈下降趋势。0～10cm和20～30cm，轮耕处理的CEC相比另外两种方式呈增加趋势；10～20cm，CEC大小依次为旋耕＞轮耕＞翻耕，但差异不显著（表10-19）。

表10-19　不同耕作措施对土壤肥力的影响

土层深度	处理	有机质（g/kg）	碱解氮（mg/kg）	有效磷（mg/kg）	速效钾（mg/kg）	CEC（cmol/kg）
0～10cm	旋耕	24.2ab	84.04a	22.02a	157.87a	22.11a
	翻耕	23.8b	83.35a	23.81a	159.27a	21.48a
	轮耕	25.3a	87.81a	24.12a	151.67a	22.19a
10～20cm	旋耕	24.0a	70.32b	24.05a	141.63a	22.76a
	翻耕	23.8a	77.98a	26.16a	146.05a	21.98a
	轮耕	24.8a	82.09a	25.34a	152.97a	22.18a
20～30cm	旋耕	22.4a	74.09b	24.05a	122.63a	21.12a
	翻耕	22.0a	65.51c	26.16a	123.98a	20.71a
	轮耕	20.9a	78.89a	25.34a	120.58a	21.47a

旋耕：秋天旋耕，秸秆还田；翻耕：秋天翻耕，秸秆还田；轮耕：第一年秋天翻耕，第二年秋天旋耕，耕作方式每隔一年交替进行

　　总体上，轮耕较翻耕和旋耕更利于土壤的培肥和合理耕层的构建，是北方一熟稻区比较理想的选择。

10.2.3.2　秸秆还田下密肥调控技术

针对秸秆还田导致水稻生育前期分蘖推迟、肥料施用不合理等问题，在黑龙江省哈尔滨市和河南省原阳县稻田开展秸秆还田下密度与肥料调控试验研究，主要通过群体调控试验分析水稻产量、肥料利用率、土壤理化性质等指标，筛选出秸秆还田下适宜的密度和肥料调控技术。

试验采用完全随机区组设计，设置以下4个处理。①常密常氮：常规密度，常规氮肥运筹；②增密常氮：增加密度，常规氮肥运筹；③增密减穗肥氮：增加密度，减总氮的20%（减穗肥）；④增密减基肥氮：增加密度，减总氮的20%（减基肥）。3次重复，每个小区面积48m²，水稻收获后秸秆粉碎还田（10cm），第一年秋翻耕（深度18～20cm），第二年秋旋耕（深度10～15cm），春季泡浅水，无动力打浆，耙平地，再灌深水。哈尔滨试验点P_2O_5 70kg/hm²和K_2O 60kg/hm²作基肥一次性施用。原阳试验点P_2O_5 127.5kg/hm²作基肥一次性施用，K_2O 255kg/hm²按基肥：穗肥=5：5分两次施用。常规水分：前期保持浅水（1～3cm）、中期排水烤田、后期干湿交替（每次灌水后自然落干）。试验地点分别位于黑龙江省哈尔滨市道外区民主乡黑龙江省农业科学院试验基地和河南省原阳县河南农业大学原阳科教园区，哈尔滨试验点供试品种为'龙稻21'，河南原阳试验点供试品种为'方欣四号'。

1. 稻田土壤理化性质

与常密常氮处理相比，2018年哈尔滨试验点增密减穗肥氮处理0～10cm土层有机质含量显著增加8.6%，增密常氮处理的有机质含量明显增加7.5%，增密减基肥氮处理的有机质含量两年平均增加4.0%。2018年增密减基肥处理10～20cm土层有机质含量较常密氮处理明显增加16.1%；2019年增密减基肥氮与常密常氮处理之间的有机质含量无明显差异，增密减穗肥氮和增密常氮处理的有机质含量较常密常氮两年平均分别增加10.5%和3.4%。20～30cm土层，增密减基肥氮和增密减穗肥氮处理的有机质含量较常密常氮两年平均分别增加3.1%和5.6%（表10-20）。对于原阳试验点，两年间0～10cm土层有机质含量各处理间差异不尽相同，2017年以常密常氮处理最高，其次为增密减基肥氮，增密常氮最低；2018年，与常密常氮处理相比，增密常氮和增密减基肥氮处理有机质含量均显著增加，增幅分别为7.5%和9.4%。10～20cm土层有机质含量变化与哈尔滨试验点基本一致，与常密常氮处理相比，除2017年增密减穗肥氮处理外，其他处理有机质含量均有不同程度的增加。20～30cm土层，与常密常氮处理相比，两年试验结果不尽相同，2017年其他3个处理有机质含量表现为降低趋势，而2018年表现为增加趋势（表10-21）。

表10-20　秸秆还田下密肥调控技术对稻田土壤理化性质的影响（哈尔滨）

年份	土层深度（cm）	处理	有机质含量（g/kg）	碱解氮含量（mg/kg）	有效磷含量（mg/kg）	速效钾含量（mg/kg）	CEC（cmol/kg）
2018	0～10	常密常氮	28.38b	107.02a	25.24a	180.98a	26.02a
		增密常氮	30.50ab	99.24b	24.80a	176.95a	26.01a
		增密减穗肥氮	30.82a	98.10b	24.68a	183.28a	26.06a
		增密减基肥氮	30.06ab	99.24b	25.26a	177.15a	26.14a

年份	土层深度（cm）	处理	有机质含量（g/kg）	碱解氮含量（mg/kg）	有效磷含量（mg/kg）	速效钾含量（mg/kg）	CEC（cmol/kg）
2018	10～20	常密常氮	24.13a	93.30a	27.35a	179.28a	25.23bc
		增密常氮	25.06a	80.72b	30.45a	170.48a	24.87c
		增密减穗肥氮	27.15a	85.75ab	19.75b	169.07a	25.83ab
		增密减基肥氮	28.01a	91.24a	28.70a	179.63a	26.21a
	20～30	常密常氮	22.12a	74.09a	26.81a	135.10a	23.04a
		增密常氮	21.33a	72.72a	25.57a	137.45a	23.79a
		增密减穗肥氮	22.80a	69.74a	11.53c	135.07a	24.33a
		增密减基肥氮	22.91a	71.69a	19.83b	137.55a	23.59a
2019	0～10	常密常氮	31.80a	110.80ab	26.14a	166.33a	
		增密常氮	29.36a	111.87a	26.71a	157.07a	
		增密减穗肥氮	29.79a	106.13ab	24.60a	163.28a	
		增密减基肥氮	32.45a	104.59b	26.38a	156.12a	
	10～20	常密常氮	24.82a	97.17ab	26.96a	148.78b	
		增密常氮	25.57a	93.86ab	27.04a	174.53a	
		增密减穗肥氮	26.92a	101.43a	27.15a	148.00b	
		增密减基肥氮	24.83a	81.14b	20.72a	139.95b	
	20～30	常密常氮	22.52a	79.31a	22.65a	149.13a	
		增密常氮	21.08a	70.12a	22.88a	117.58bc	
		增密减穗肥氮	24.36a	75.78a	12.72a	139.37ab	
		增密减基肥氮	23.09a	68.94a	21.80a	103.00c	

常密常氮：栽插株行距为30cm×13.3cm，施纯氮180kg/hm²，基肥：分蘖肥：穗肥=4：3：3；增密常氮：栽插株行距为30cm×10cm，施纯氮180kg/hm²，基肥：分蘖肥：穗肥=4：3：3；增密减穗肥氮：栽插株行距为30cm×10cm，穗肥的氮肥用量减少20%（总施氮量的20%），基肥、蘖肥不变；增密减基肥氮：栽插株行距为30cm×10cm，基肥的氮肥用量减少20%（总施氮量的20%），蘖肥、穗肥不变；下同

表10-21　秸秆还田下密肥调控技术对稻田土壤理化性质的影响（原阳）

年份	土层深度（cm）	处理	有机质含量（g/kg）	全氮含量（g/kg）	速效钾含量（mg/kg）
2017	0～10	常密常氮	19.45a	1.82c	393.00bc
		增密常氮	17.58c	2.01a	368.00c
		增密减穗肥氮	17.74c	1.94ab	452.33a
		增密减基肥氮	18.91ab	1.96b	406.67b
	10～20	常密常氮	15.29b	1.52b	366.33d
		增密常氮	16.71a	1.80a	467.00c
		增密减穗肥氮	13.66c	1.53b	488.67b
		增密减基肥氮	16.38ab	1.73a	507.00a
	20～30	常密常氮	18.70a	1.64a	313.33c
		增密常氮	16.17c	1.64a	393.00b
		增密减穗肥氮	13.42d	1.70a	433.67a
		增密减基肥氮	17.22b	1.69a	404.33ab

续表

年份	土层深度（cm）	处理	有机质含量（g/kg）	全氮含量（g/kg）	速效钾含量（mg/kg）
2018	0～10	常密常氮	12.30b	1.10b	111.67ab
		增密常氮	13.22a	1.23a	98.67c
		增密减穗肥氮	11.04c	1.13b	128.00a
		增密减基肥氮	13.46a	1.28a	105.67bc
	10～20	常密常氮	10.11b	0.88b	90.33b
		增密常氮	11.54a	1.07a	139.00a
		增密减穗肥氮	10.69b	1.05a	132.00a
		增密减基肥氮	10.26b	1.01a	129.00a
	20～30	常密常氮	5.38c	0.80b	110.33c
		增密常氮	6.35b	0.82ab	174.67ab
		增密减穗肥氮	7.42a	0.85ab	157.67b
		增密减基肥氮	6.17b	0.91a	201.00a

对于不同耕层土壤氮含量，与常密常氮处理相比，2018年哈尔滨试验点增密减基肥氮、增密减穗肥氮和增密常氮处理0～10cm土层的碱解氮含量分别显著降低7.3%、8.3%和7.3%；2019年增密减基肥氮和增密减穗肥氮处理的碱解氮含量分别降低5.6%和4.2%。对于10～20cm土层，与常密常氮处理相比，2018年增密减基肥氮、增密减穗肥氮和增密常氮处理的碱解氮含量分别降低2.2%、8.1%和13.5%，且增密常氮处理与其差异达到显著水平；2019年增密减基肥氮和增密常氮处理的碱解氮含量分别降低16.5%和3.4%。对于20～30cm土层，增密减基肥氮、增密减穗肥氮和增密常氮处理的碱解氮含量较常密常氮两年平均分别降低8.2%、5.2%和6.7%（表10-20）。2017年和2018年原阳试验点土壤全氮含量试验结果基本一致，与常密常氮处理相比，0～30cm土层增密减基肥氮、增密减穗肥氮和增密常氮处理土壤全氮含量总体均表现为增加的变化趋势，且0～20cm土层增密减基肥氮和增密常氮处理土壤全氮含量均显著高于常密常氮（表10-21）。

对于不同耕层土壤有效磷含量，与常密常氮处理相比，哈尔滨试验点增密减基肥氮处理0～10cm土层有效磷含量两年均略有增加。对于10～20cm土层，2018年增密减基肥氮和增密常氮处理的有效磷含量较常密常氮分别增加4.9%和11.3%，而增密减穗肥处理的有效磷含量较常密常氮降低27.8%，差异显著；2019年增密减基肥氮的有效磷含量较常密常氮明显降低23.1%。对于20～30cm土层，2018年增密减基肥氮和增密减穗肥氮处理的有效磷含量较常密常氮分别显著降低26.0%和57.0%；2019年增密减基肥氮和增密减穗肥氮处理的有效磷含量较常密常氮分别降低3.8%和43.8%（表10-20）。

对于不同耕层土壤速效钾含量，与常密常氮处理相比，哈尔滨试验点增密减基肥氮和增密常氮处理0～10cm土层的两年平均速效钾含量分别下降4.1%和3.9%。对于10～20cm土层，2018年增密减穗肥氮和增密常氮处理的速效钾含量较常密常氮分别降低5.7%和4.9%；2019年增密减基肥氮的速效钾含量较常密常氮降低5.9%，而增密常氮的速效钾含量较常密常氮增加17.3%，差异显著。对于20～30cm土层，2018年各处理间差异不大；2019年增密减基肥氮和增密常氮处理的速效钾含量较常密常氮分别显著降低30.9%和21.2%，增密减穗肥氮处理的速效钾含量较常密常氮降低6.5%（表10-20）。对于原阳试验点，2017年和2018年土壤速效钾含量试验结果基本一致，与常密常氮处理相比，除0～10cm土层增密常氮土壤速效钾含量有所降低外，0～30cm土层增密减基肥氮、增密减穗肥氮和增密常氮处理土壤速效钾含量基本表现为增加的变化趋势，且10～30cm土层增密减基肥氮、增密减穗肥氮和增密常氮处理土壤速效钾含量均显著高于常密常氮（表10-21）。

对于不同耕层土壤阳离子交换量（CEC），与常密常氮处理相比，哈尔滨试验点增密减基肥氮和增密减穗肥氮处理0～10cm土层CEC均略有增加。对于10～20cm土层，增密减基肥氮和增密减穗肥氮处理的CEC分别增加3.9%和2.4%，且增密减基肥氮处理与其差异达到显著水平。对于20～30cm土层，增密减基肥氮、增密减穗肥氮和增密常氮处理的CEC较常密常氮分别增加2.4%、5.6%和3.3%。

总体上，增密减基肥氮具有较高的产量和氮肥偏生产力，不同土壤耕层的理化性质均有所提高，该密肥调控技术可兼顾秸秆全量还田下水稻丰产增效与土壤培肥。

2. 产量

与常密常氮处理相比，哈尔滨试验点增密减基肥氮处理的水稻产量两年平均增加6.0%，且2019年增幅为8.3%，差异达到显著水平，其他处理与其差异均不显著。对于原阳试验点，两年试验结果基本一致。与常密常氮处理相比，增密减基肥氮处理的水稻产量两年平均增加10.8%，且2017年增密减基肥氮与其他3个处理间差异达显著水平，而常密常氮、增密常氮和增密减穗肥氮处理之间差异不显著（图10-42）。

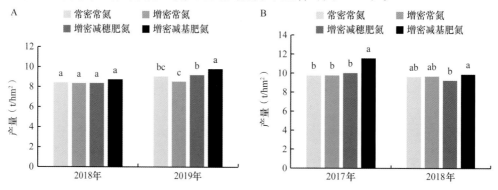

图10-42　秸秆还田下密肥调控技术对水稻产量的影响

A.哈尔滨；B.原阳

3. 氮肥偏生产力

与常密常氮处理相比，哈尔滨试验点增密减基肥氮和增密减穗肥氮处理的水稻氮肥偏生产力两年平均分别显著提高32.2%和25.3%，增密常氮处理的水稻氮肥偏生产力与其差异不显著。在2019年，增密减基肥氮的水稻氮肥偏生产力显著高于增密减穗肥氮处理。原阳试验点与哈尔滨试验点氮肥偏生产力试验结果基本一致，两年均表现为增密减基肥氮处理显著高于增密减穗肥氮处理，而增密减穗肥氮处理显著高于常密常氮和增密常氮处理；与常密常氮处理相比，增密减基肥氮和增密减穗肥氮处理的水稻氮肥偏生产力两年平均分别提高20.8%和36.1%，差异达显著水平（图10-43）。

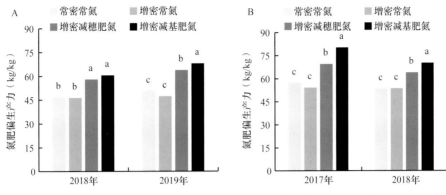

图10-43　秸秆还田下密肥调控技术对水稻氮肥偏生产力的影响

A.哈尔滨；B.原阳

10.2.3.3　秸秆还田下氮肥运筹技术

在了解水稻秸秆腐解规律的基础上，针对秸秆还田下氮肥运筹不合理问题，在黑龙江省哈尔滨市和河南省原阳县稻田开展秸秆还田下不同肥料运筹试验研究，主要通过不同氮肥运筹试验分析水稻产量、肥料利用率、土壤理化性质等指标，筛选出秸秆还田下更好的氮肥运筹方式。试验采用完全随机区组设计，设置以下2个处理：①常规氮肥运筹；②增蘖肥减穗肥。3次重复，每个小区面积48m²。水稻收获后秸秆粉碎还田（10cm），第一年秋翻耕（深度18～20cm），第二年秋旋耕（深度10～15cm），春季泡浅水，无动力打浆，耙平地，再灌深水。哈尔滨水稻栽插株行距为30cm×13.3cm，P_2O_5 70kg/hm²和K_2O 60kg/hm²作基肥一次性施用；原阳水稻栽插株行距为30cm×14cm，P_2O_5 127.5kg/hm²作基肥一次性施用，K_2O 255kg/hm²按基肥：穗肥=5：5分两次施用。常规水分：前期保持浅水（1～3cm）、中期排水烤田、后期干湿交替（每次灌水后自然落干）。试验地点分别位于黑龙江省哈尔滨市道外区民主乡黑龙江省农业科学院试验基地和河南省原阳县河南农业大学原阳科教园区，哈尔滨试验点供试品种为'龙稻21'，河南原阳试验点供试品种为'方欣四号'。

1. 稻田土壤肥力

与常规氮肥运筹处理相比，2018年哈尔滨试验点增蘖肥减穗肥处理0～10cm土层的有机质含量增加3.7%，而2019年降低4.7%；10～20cm土层，增蘖肥减穗肥处理的有机质含量两年平均明显增加15.0%；20～30cm土层，增蘖肥减穗肥处理的有机质含量两年平均明显增加16.5%（表10-22）。原阳试验点有机质含量试验结果与哈尔滨试验点结果基本一致，除2018年0～10cm土层增蘖肥减穗肥有机质含量相较常规氮肥运筹显著降低外，两年中各土层有机质含量均有不同程度的增加（表10-23）。

表10-22　秸秆还田下氮肥运筹技术对稻田土壤理化性质的影响（哈尔滨）

年份	土层深度（cm）	处理	有机质含量（g/kg）	碱解氮含量（mg/kg）	有效磷含量（mg/kg）	速效钾含量（mg/kg）	CEC（cmol/kg）
2018	0～10	常规氮肥运筹	28.38a	107.02a	25.24a	180.98a	26.02a
		增蘖肥减穗肥	29.44a	102.90a	28.40a	173.30b	26.16a
	10～20	常规氮肥运筹	24.13a	93.30b	27.35b	179.28a	25.23a
		增蘖肥减穗肥	27.73a	102.44a	38.20a	195.12a	26.13a

年份	土层深度（cm）	处理	有机质含量（g/kg）	碱解氮含量（mg/kg）	有效磷含量（mg/kg）	速效钾含量（mg/kg）	CEC（cmol/kg）
2018	20～30	常规氮肥运筹	22.12a	74.09a	26.81b	135.10b	23.04b
		增蘖肥减穗肥	26.53a	89.41a	33.96a	168.78a	27.18a
2019	0～10	常规氮肥运筹	31.80a	110.80a	26.14a	166.33a	
		增蘖肥减穗肥	30.31a	102.17b	29.26a	152.20a	
	10～20	常规氮肥运筹	24.82a	97.17a	26.96b	148.78a	
		增蘖肥减穗肥	28.57a	103.27a	36.39a	175.48a	
	20～30	常规氮肥运筹	22.52a	79.31b	22.65b	149.13b	
		增蘖肥减穗肥	25.47a	109.48a	28.95a	216.05a	

常规氮肥运筹：施纯氮180kg/hm²，基肥：分蘖肥：穗肥=4:3:3；增蘖肥减穗肥：施纯氮180kg/hm²，蘖肥的氮肥用量增加20%（总施氮量的20%），穗肥的氮肥用量减少20%（总施氮量的20%），也就是将穗肥中总氮的20%调为蘖肥，基肥：蘖肥：穗肥=4:5:1，基肥不变；下同

表10-23　秸秆还田下氮肥运筹技术对稻田土壤理化性质的影响（原阳）

年份	土层深度（cm）	处理	有机质含量（g/kg）	全氮含量（g/kg）	速效钾含量（mg/kg）
2017	0～10	常规氮肥运筹	19.45a	1.82a	393.00a
		增蘖肥减穗肥	20.27a	1.81a	376.67a
	10～20	常规氮肥运筹	15.29a	1.52a	366.33a
		增蘖肥减穗肥	16.17a	1.55a	337.33b
	20～30	常规氮肥运筹	18.70b	1.64a	313.33a
		增蘖肥减穗肥	21.07a	1.68a	323.00a
2018	0～10	常规氮肥运筹	12.30a	1.10a	111.67a
		增蘖肥减穗肥	10.99b	1.05b	104.67a
	10～20	常规氮肥运筹	10.11b	0.88b	90.33b
		增蘖肥减穗肥	13.54a	1.04a	143.00a
	20～30	常规氮肥运筹	5.38b	0.80b	110.33b
		增蘖肥减穗肥	7.38a	0.86a	162.33a

对于不同耕层土壤氮含量，哈尔滨试验点增蘖肥减穗肥处理0～10cm土层的碱解氮两年平均含量与常规氮肥运筹处理相比降低了5.8%，且2019年的差异达到显著水平；10～20cm土层碱解氮含量两年平均增加8.0%，且2018年处理间差异达到显著水平；20～30cm土层两年平均增加29.4%，且2019年差异达到显著水平（表10-22）。对于原阳试验点，2017年增蘖肥减穗肥处理土壤全氮含量与常规氮肥运筹处理差异不显著；2018年增蘖肥减穗肥处理0～10cm土层全氮含量显著低于常规氮肥运筹处理，而10～30cm土层土壤全氮含量增蘖肥减穗肥处理显著高于常规氮肥运筹处理（表10-23）。

对于不同耕层土壤速效钾含量，与常规氮肥运筹处理相比，哈尔滨试验点增蘖肥减穗肥处理0～10cm土层速效钾含量两年平均降低6.4%，且2018年的差异达到显著水平；

10~20cm土层则平均增加13.4%；20~30cm土层平均显著增加34.9%（表10-22）。对于原阳试验点，与常规氮肥运筹处理相比，2017年和2018年0~10cm土层增蘖肥减穗肥速效钾含量稍低于常规氮肥运筹，但差异未达显著水平；2017年10~20cm土层增蘖肥减穗肥速效钾含量显著低于常规氮肥运筹，而2018年表现为相反的变化趋势；2017年和2018年20~30cm土层增蘖肥减穗肥速效钾含量均高于常规氮肥运筹，2018年差异达显著水平（表10-23）。

对于不同耕层土壤有效磷含量和阳离子交换量，与常规氮肥运筹处理相比，哈尔滨试验点增蘖肥减穗肥处理0~10cm土层的有效磷含量两年平均明显增加12.2%；10~20cm土层平均显著增加37.3%；20~30cm土层平均明显增加27.3%，且2018年的差异达到显著水平。对于CEC，2018年两个处理0~10cm土层CEC差异不大，增蘖肥减穗肥处理10~20cm土层较常规氮肥运筹的CEC增加3.6%，20~30cm土层则显著增加了18.0%（表10-22）。

总体上，增蘖肥减穗肥具有较高的产量和氮肥偏生产力，不同土壤耕层的理化性质均有明显的提升，该氮肥运筹技术可以协同秸秆全量还田下的水稻丰产增效与土壤培肥。

2. 水稻产量

与常规氮肥运筹相比，哈尔滨试验点增蘖肥减穗肥处理的水稻产量两年平均增加5.0%，且2018年增蘖肥减穗肥处理的水稻产量增加6.5%，差异达到显著水平。对于原阳试验点，两年试验结果基本一致，与常规氮肥运筹相比，增蘖肥减穗肥处理均显著增加水稻产量，两年平均增加5.6%（图10-44）。

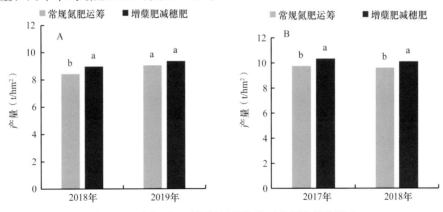

图10-44　秸秆还田下氮肥运筹技术对水稻产量的影响

A.哈尔滨；B.原阳

3. 氮肥偏生产力

与常规氮肥运筹相比，哈尔滨试验点增蘖肥减穗肥处理的水稻氮肥偏生产力两年平均增加4.7%，且2018年增蘖肥减穗肥处理的水稻氮肥偏生产力增加6.5%，差异显著。对于原阳试验点，两年试验结果基本一致，与常规氮肥运筹相比，增蘖肥减穗肥处理氮肥偏生产力均有所增加，但差异未达显著水平（图10-45）。

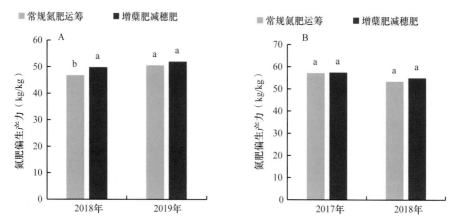

图10-45　秸秆还田下氮肥运筹技术对水稻氮肥偏生产力的影响

A. 哈尔滨；B. 原阳

10.2.3.4　秸秆还田下的水分管理技术

1. 还原性物质总量

移栽后27d，所有秸秆还田处理土壤还原性物质总量均显著高于R0处理（图10-46），其中RI处理增幅最大，与R0处理相比，还原性物质总量增加了130.57%（$P<0.05$）。移栽后42d，对所有处理都进行晒田，因此各个处理还原性物质总量与移栽后27d相比均有所降低，降幅为58.64%～71.70%。此时所有秸秆还田处理的土壤还原性物质总量仍显著高于R0处理。移栽后57～87d，R0、R、RP和RI处理土壤还原性物质总量分别增加了129.95%、148.86%、119.83%和153.23%。RI处理与其他处理之间差异显著，其余处理之间差异不显著。说明水分是土壤还原性物质积累的主要影响因子，适当晒田可以有效地降低土壤还原性物质总量，在干湿交替灌溉的条件下施用碱性肥料对还原性物质总量的控制效果不明显。

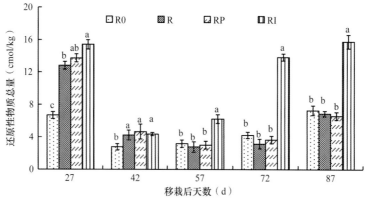

图10-46　还原性物质总量变化

R0. 常规施肥+干湿交替；R. 常规施肥+秸秆还田+干湿交替；RP. 常规施肥+秸秆还田+配施碱性肥料+干湿交替；RI. 常规施肥+秸秆还田+长期淹水。下同

2. 亚铁离子和二价锰离子含量

从图10-47A可以看出，土壤中亚铁离子含量的变化与还原性物质总量相似，移栽后27d各处理亚铁离子含量最高，秸秆还田处理亚铁离子含量均高于R0处理，且与其

差异显著。与R0处理相比，R、RP和RI处理亚铁离子含量分别增加了8.65%、6.78%和19.49%。移栽后42d，晒田后各处理亚铁离子含量与移栽后27d相比大幅度降低，降幅为37.70%～51.14%。移栽后57～87d，R和RP处理与R0处理之间土壤中亚铁离子含量无显著差异，R和RP处理之间差异不显著，RI处理由于一直有水层的存在，土壤中亚铁离子含量始终显著高于R0处理。与R0处理相比，RI处理土壤中亚铁离子含量在移栽后57d、72d和87d分别高33.54%、10.56%和12.54%。以上结果表明，秸秆的腐解会增加土壤中亚铁离子含量，特别是在秸秆腐解前期，亚铁离子的积累量最高。干湿交替灌溉可以降低亚铁离子积累量，有效地缓解亚铁危害，干湿交替灌溉后施用碱性肥料对降低土壤中亚铁离子含量效果不明显。

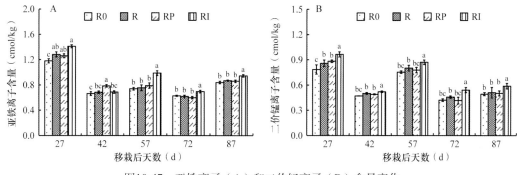

图10-47　亚铁离子（A）和二价锰离子（B）含量变化

土壤中二价锰离子含量变化趋势与亚铁离子含量变化大致相似（图10-47B），移栽后27d，与R0处理相比，R、RP和RI处理二价锰离子含量均显著增加，分别增加了9.32%、12.42%和22.76%，R和RP处理之间差异不显著。所有处理都进行晒田处理，移栽后42d的二价锰离子含量与移栽后27d试验结果相比均有大幅度的降低，降幅为39.96%～45.99%。移栽后57～87d，同亚铁离子含量变化趋势相近，该阶段RI处理的二价锰离子含量显著高于其他处理。整个取样时期的结果显示，RP处理土壤中二价锰含量与R处理相比，未显著降低。综合还原性物质总量、亚铁离子和二价锰离子含量变化可见，淹水时间是控制土壤中还原性物质积累的关键因素，适当地晒田可有效降低其积累，减弱其对作物生长的抑制作用。在进行干湿交替灌溉时，碱性肥料的施用对还原性物质积累的控制效果不显著。

3. 水稻干物质积累与还原性物质的关系

干物质积累量可直接反映出水稻产量的高低。从图10-48可以看出，移栽后42d，R0处理植株干物质积累量显著高于其他处理，比R、RP和RI处理分别高19.65%、24.56%和43.51%。可见秸秆还田初期，由于秸秆的腐解速率较快，产生了较多的还原性物质，水稻的生长受到抑制。长期淹水后土壤还原性物质总量增加较多，使得作物生长受到的抑制作用加剧。移栽后72d，所有秸秆还田处理干物质积累量仍均低于R0处理，但是各处理间差异不显著，与R0处理相比，R、RP和RI处理干物质积累量降低了2.41%、5.77%和3.92%。移栽后123d，所有秸秆还田处理水稻干物质积累量均高于秸秆不还田处理，R、RP和RI处理比R0处理高0.43%、3.75%和2.69%，各个处理之间差异不显著。结合表10-24可以发现，秸秆还田前期由于还原性物质积累量较大，明显降低了水稻干物质积累量，特别是还原性物质总量和二价锰离子的含量与干物质积累量之间呈显著负相关关系。但移栽后72d，还原性物质积累对干物质积累无明显的抑制作用。

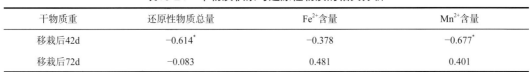

图10-48　还原性物质对植株干物质积累量的影响

表10-24　干物质积累与还原性物质的相关分析

干物质重	还原性物质总量	Fe^{2+}含量	Mn^{2+}含量
移栽后42d	−0.614[*]	−0.378	−0.677[*]
移栽后72d	−0.083	0.481	0.401

注：*表示显著相关（$P<0.05$）

10.3　北方一熟稻田土壤培肥与丰产增效耕作模式

10.3.1　北方稻田培肥耕作模式

研究发现，长期搅浆破坏土壤团粒结构，使土壤容重增加，造成土壤供氮能力下降，加重稻田土壤供氮障碍，这是北方稻田肥力的主要限制因子。针对这样的限制因子，必须采用有机无机肥相结合的培肥方法，考虑到有机肥资源有限，运输成本比较高，而且秸秆资源随处可见，又是最便宜的有机资源，建议采用秸秆还田配合化肥的培肥模式。针对秸秆还田存在的秸秆粉碎抛撒不均匀，影响后续整地的问题，以及长期搅浆破坏土壤结构的问题，通过对秸秆还田的粉碎抛撒环节进行优化，并提出代替土壤搅浆的耕作措施，集成了3个重要的耕作模式，分别为OPT1：秸秆常规还田+平地埋茬；OPT2：秸秆深埋还田+平地埋茬；OPT3：在OPT1的基础上减少穗肥氮量10kg/hm²，配施碱性肥料，以R0F（只施化肥+搅浆）、RF（秸秆常规还田+搅浆）为对照，进行耕作模式的验证，结果如下。

10.3.1.1　培肥模式对水稻产量的影响

表10-25为2017年和2018年水稻实际产量。2017年，不同处理水稻产量由高到低顺序为R0F＞RF＞OPT2＞OPT3＞OPT1。与R0F处理相比，RF处理水稻产量下降了1.28%，OPT1处理产量下降了4.27%，OPT2处理产量下降加了2.88%，OPT3处理产量下降了3.52%，各处理间无显著差异（表10-25）。2018年，OPT3处理水稻产量最高，各个处理水稻产量由高到低的顺序分别为OPT3＞OPT2＞RF＞R0F＞OPT1。与R0F处理相比，RF、OPT2和OPT3处理水稻产量分别增加了1.00%、4.77%和5.43%，OPT1处理产量降低了0.67%。OPT2和OPT3处理水稻产量显著高于其他处理，R0F、RF和OPT1处理间产量差异不显著。关于收获指数（表10-26），2017年OPT1和OPT3处理收获指数显著低于其他处理；2018年各个处理间收获指数无显著差异。

表10-25　不同培肥模式对水稻产量及其构成因素的影响

年份	培肥模式	有效穗数（万/hm²）	穗粒数（粒）	结实率（%）	千粒重（g）	产量（t/hm²）
2017	R0F	433.48ab	103.80abc	72.84a	28.68a	9.37a
	RF	392.06c	108.92a	75.49a	28.72a	9.25a
	OPT1	448.16a	93.96c	76.15a	28.55a	8.97a
	OPT2	410.22bc	103.03ab	75.72a	28.51a	9.10a
	OPT3	428.65abc	97.13bc	76.78a	28.36a	9.04a
2018	R0F	589.58d	84.61b	71.52ab	25.28b	9.02b
	RF	635.33a	81.28c	70.95b	24.84c	9.11b
	OPT1	619.50b	82.51c	72.25ab	24.28d	8.96b
	OPT2	632.50a	90.72a	64.22c	25.65a	9.45a
	OPT3	600.83c	84.74b	72.96a	25.61a	9.51a

表10-26　2017年和2018年收获指数比较

年份	R0F	RF	OPT1	OPT2	OPT3
2017	0.53a	0.52a	0.49b	0.53a	0.50b
2018	0.55a	0.54a	0.56a	0.54a	0.56a

通过上述结果可以看出，经过两年优化耕作与培肥方式，水稻增产效果明显，OPT1处理在第一年与R0F处理产量相差4.27%，在第二年收获时仅差0.67%。增产效果最为明显的是OPT2处理和OPT3处理，可基本实现产量提高5%的目标，说明这两种种植模式在秸秆还田的前提下，比较适宜水稻的生长。

10.3.1.2　培肥模式对稻田土壤肥力的影响

1. 土壤有机质、有效磷和速效钾含量

图10-49A反映了2017年和2018年秋季各个处理的土壤有机质含量。2017年，R0F处理土壤有机质含量低于其他4个处理，其对应值为38.31g/kg。与R0F处理相比，RF、OPT1、OPT2和OPT3处理土壤有机质含量分别增加了3.17%、6.40%、6.11%和5.77%，但各个处理间差异不显著。2018年试验结果显示，R0F处理土壤有机质含量仍为最低，其值为38.39g/kg，且与其他还田处理之间差异显著。与R0F处理相比，RF、OPT1、OPT2和OPT3处理土壤有机质含量分别增加了5.16%、8.62%、8.25%和7.72%。同2017年相比，R0F、RF、OPT1、OPT2和OPT3处理土壤有机质分别增加了0.22%、2.15%%、2.32%、2.24%和2.08%。

通过以上结果可以看出，秸秆还田可以显著提高土壤有机质含量。在秸秆还田的基础上，水平地、秸秆深埋以及配施碱性肥料对土壤有机质含量无明显的提升作用。

2017年，R0F处理土壤有效磷含量高于其他4个还田处理（图10-49B），其对应值为20.96mg/kg；OPT3处理有效磷含量最低，其值为17.99mg/kg，比R0F处理有效磷含量低14.17%；RF处理土壤有效磷含量为20.80mg/kg，比R0F处理低0.76%；OPT1土壤有效磷含量为18.57mg/kg，比R0F处理低11.40%，OPT2处理土壤有效磷含量为20.70mg/kg，与R0F处理相比低1.24%。2018年，R0F处理土壤有效磷含量为19.79mg/kg。与R0F处理相比，其他4个还田处理仅OPT1处理土壤有效磷含量降低1.16%，但两个处理之间差异不

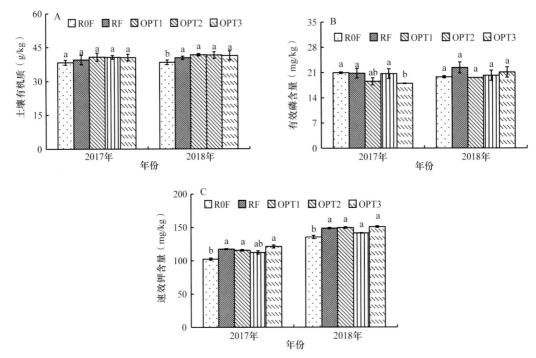

图10-49　不同培肥模式对土壤有机质（A）、有效磷（B）和速效钾（C）含量的影响

显著；RF处理（所有秸秆还田处理）有效磷含量为22.34mg/kg，比R0F处理高12.88%；OPT2和OPT3处理土壤有效磷含量分别为20.19mg/kg和21.09mg/kg，比R0F处理分别高2.02%和6.75%。通过两年的田间优化，秸秆还田处理土壤有效磷含量都有所提高，均高于2017年，而未还田处理有效磷含量有所降低。

如图10-49C所示，2017年R0F处理土壤速效钾含量为102.29mg/kg，RF、OPT1、OPT2和OPT3处理土壤速效钾含量为117.27mg/kg、115.51mg/kg、112.20mg/kg和121.01mg/kg，分别比R0F高14.64%、12.92%、9.69%和18.34%，除OPT2外，各个还田处理与R0F处理之间差异显著。2018年，R0F处理土壤速效钾含量低于其他4个秸秆还田处理，对应值为135.25mg/kg。秸秆还田处理土壤速效钾含量由高到低的顺序为OPT3＞OPT1＞RF＞OPT2，对应值分别为150.76mg/kg、149.43mg/kg、148.62mg/kg和141.4mg/kg。与R0F处理相比，RF、OPT1、OPT2和OPT3处理土壤速效钾含量分别增加了9.89%、10.48%、4.55%和11.47%，R0F与RF、OPT1、OPT3处理之间差异显著。

2. 土壤铵态氮含量

由图10-50知，2017年5月12日R0F处理土壤初始铵态氮含量为2.15mg/kg，显著高于其他两个处理。与R0F处理相比，RF和OPT3处理铵态氮含量分别低5.59%和6.51%。5月12日至6月21日，R0F、RF和OPT3处理土壤铵态氮含量较其他时期相比增加速度较快，分别增加了3.34mg/kg、3.30mg/kg和3.38mg/kg，其中OPT3处理增加最多。随着培养时间的延长，3种处理铵态氮含量呈上升的趋势，至8月27日，各个处理铵态氮含量达到最大值，此时各个处理铵态氮含量由高到低顺序为RF＞OPT3＞R0F，对应值分别为7.89mg/kg、7.88mg/kg和7.31mg/kg，R0F处理与其他两个处理间差异显著。在整个培养期间，R0F、RF和OPT3处理铵态氮含量分别增加了5.16mg/kg、5.86mg/kg和5.87mg/kg。

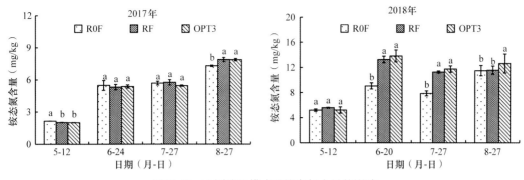

图10-50　不同培肥模式对铵态氮含量的影响

2018年5月12日，R0F、RF、OPT3处理的土壤起始铵态氮含量分别为5.18mg/kg、5.57mg/kg和5.20mg/kg，各处理之间差异不显著。与2017年不同，本次试验土壤在6月20日RF和OPT处理土壤铵态氮含量即达到最高值，此时土壤铵态氮含量分别为13.25mg/kg和13.80mg/kg，而R0F处理在8月30日才达到最高值，为11.71mg/kg。随着培养时间的延长，两种还田处理土壤铵态氮含量均大致呈先上升后下降的趋势。整个培养期间，R0F、RF和OPT处理铵态氮含量分别增加了6.53mg/kg、5.99mg/kg和7.41mg/kg。

综上所述，经过两年优化耕作与培肥模式，土壤速效钾的含量逐渐提高。与R0F处理相比，各个还田处理土壤速效钾含量增加幅度逐年增加。由此可见，本研究所采用的优化措施有利于提高土壤速效钾的含量。

3. 土壤容重和土壤紧实度

秸秆还田降低了土壤容重，还田2年后，习惯还田模式容重与未还田处理差异不大，但优化还田模式容重平均降低3.89%，第3年，未还田处理容重较2018年增加4.6%，而秸秆还田处理容重较未还田处理平均降低7.49%，其中优化还田模式3容重最低，较未还田处理降低了10.5%（图10-51A）。说明秸秆还田能够显著改善土壤容重状况，还田年限越久，效果越显著。对于土壤紧实度，0~15cm表层土壤秸秆不还田的对照最紧实，秸秆还田后表层土壤紧实度减小，而秸秆优化还田处理最明显（优化1和优化3处理），这两个处理间无显著差异。同时，随着土层深度的增加，土壤紧实度变大，在25~30cm有个明显的障碍层次，超过此层次，紧实度变小，15cm以下土层紧实度各处理间无显著差异（图10-51B）。

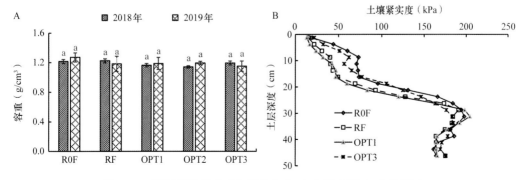

图10-51　不同培肥模式对土壤容重（A）和紧实度（B）的影响

10.3.2　集成模式的示范效果

经过多年试验示范，本课题组构建了东北稻田丰产增效技术模式（图10-52），并对

适宜区域	该技术操作规程适于在东北一熟稻区推广应用					
生育期	浸种–育秧期 (4月上旬至5月上旬)	整地–插秧期 (5月上旬至5月下旬)	返青–分蘖期 (5月下旬至6月下旬)	孕穗–抽穗期 (7月初至7月下旬)	齐穗–蜡熟期 (8月上旬至9月中旬)	收获期 (9月下旬至10月上旬)
不同时期图片	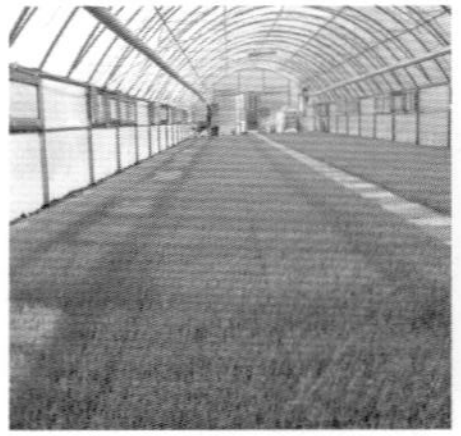	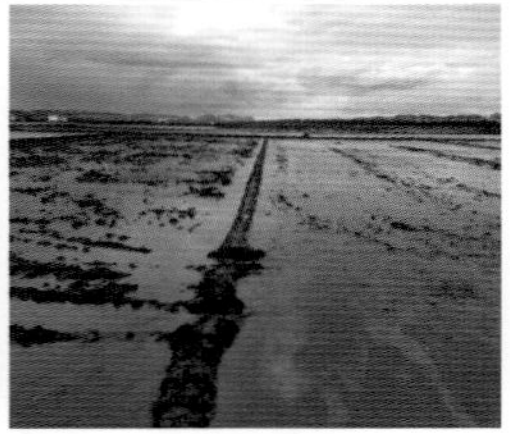	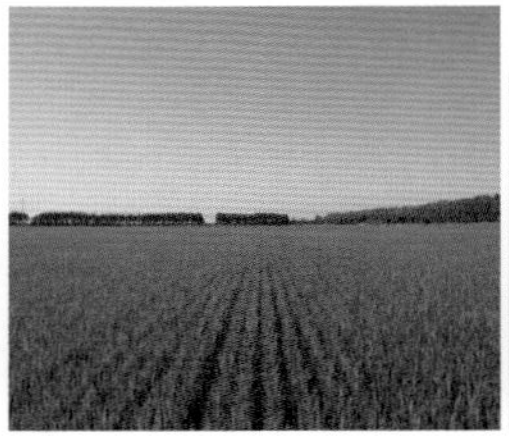	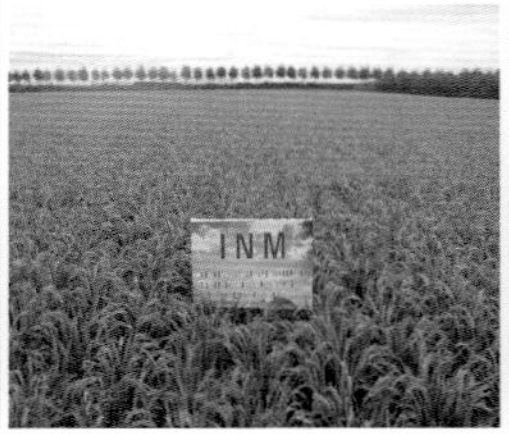	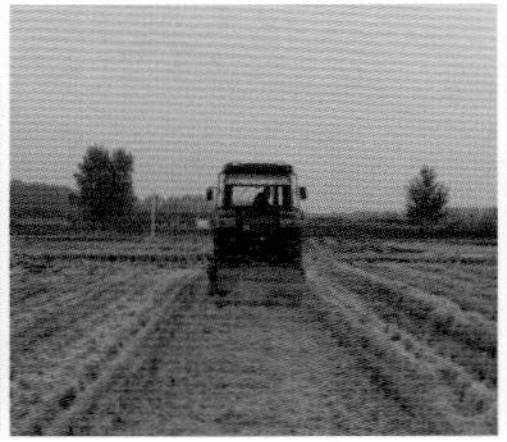	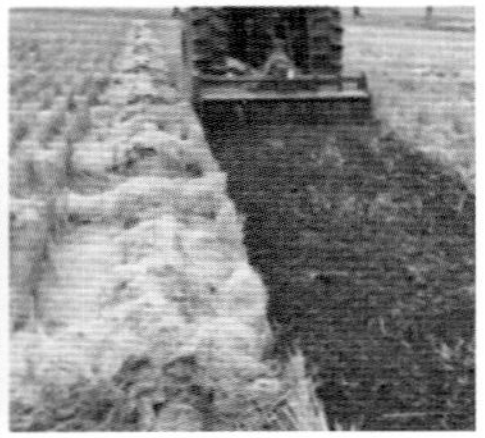
主要技术措施	1.选择具有抗稻瘟病和抗寒能力，并能安全抽穗成熟的水稻品种。 2.晒种、选种、洗种，11~12℃下浸种7d，30~32℃条件下破胸，80%破胸后25℃催芽。 3.苗床施肥、调酸和消毒，气温5℃，置床温度12℃可播种，机插秧每盘播芽种100~125g，落种均匀一致。播种后将种子轻轻压入土中，使种子三面入土。覆土0.5~0.7cm。播种后封闭除草。 4.1.5~2.5叶期除草、防病。 5.保证苗床各阶段适宜温度，旱管。	1.整地前先施基肥。机插侧深施肥整地前不施肥，插秧时把基肥和返青肥一起施用。 2.基肥：每公顷施尿素40~50kg，二铵75~100kg，氯化钾35~50kg（施纯N 30~36kg、P_2O_5 35~46kg、K_2O 20~30kg）。 3.旱耙、旱平、整平筌沟。结合泡田打好池埂；在插秧前7d左右，灌水到花达水状态后用埋茬平地机平地，整平后沉降7～10d。 4.插秧前5~7d进行封闭除草，保持水层3~5cm。 5.5月15~25日插秧，每平方米插25~28穴（合理密植），插深不超过2cm。 6.插秧后及时补苗，确保基本苗数。 7.花达水插秧，遇低温灌3cm左右的护苗水，否则插秧后不马上灌水，防止漂苗并有利于扎根。	1.及时施返青肥，在插秧前1d或插秧后3d内，每公顷施尿素15~25kg、硫铵50kg，根据土壤锌含量适当施用锌肥。 2.施肥方法：尽量在施肥前3d使田面无水层，先灌水，后施肥。以后施氮方法与本次相同。 3.插秧后15~20d，施分蘖肥，每公顷施尿素35~40kg。 4.采用浅–湿–干交替灌溉，每次灌水3cm左右，每次灌水前田面落干2~3d，后水不见前水（封闭除草时，闷药7d待水落干后，晒田2d更利于发挥除草剂效果）。 5.注意防治潜叶蝇和负泥虫，根据预报和田间情况，重点防治叶瘟病和纹枯病。 6.注意机插侧深施肥不施返青肥。	1.拔节期（剥开主茎基部，可看到白色的小幼穗已形成5mm），每公顷施用氯化钾35~50kg（K_2O 20~30kg），如水稻叶片黄绿色、挺立，可施用尿素65kg（纯N 30 kg）；如叶片颜色以绿为主、叶片挺立则施尿素45kg（纯N 20kg），穗肥中适当补充硼肥。 2.浅–湿–干交替灌溉，后水不见前水，拔节期避免灌深水，防止基部节间拔长（自然落干的程度，黏性或壤性土的埋水深度离地表20～25cm、砂性土的埋水深度离地表15~20cm）。 3.孕穗期和破口期，根据预报和当时天气情况，如有连雨天，重点预防稻瘟病、鞘腐病和褐变穗。	1.如果前期按本模式进行施肥，齐穗后不需要再施肥。 2.采用浅–湿–干交替灌溉，每次灌水前田面一定要落干，并出现火柴杆大小的小裂缝。 3.干湿交替，提高土壤的透气性，有利于土壤中有害气体的排除，增强根系活力，防止根系早衰，养根保叶，延长叶片功能期，提高抗倒伏能力。 4.齐穗期，根据植保部门预报和天气情况，重点防治稻瘟病、纹枯病、鞘腐病和褐变穗。 5.如田间发生过二化螟则在此期间要提前防治。 6.抽穗后30d停灌，黄熟初期排干。	1.收获时用带抛撒装置的全喂入或半喂入收获机收获，秸秆长度10cm左右最佳，并保证秸秆均匀抛撒至田间。 2.当土壤含水率占饱和含水率的45%～65%时，用宽27cm以上的铧式犁翻耕，翻耕深度以18～20cm为宜，耕层较浅的地块翻深可为15～18cm，翻耕后旋耕土壤使田面平整。 3.也可采用逆旋耕作业，一次埋茬并保持田面平整。 4.如秋天土壤达不到整地标准，也可春天整地。 5.也可采用逆旋耕作业，一次埋茬并保持田面平整。

图10-52　北方一熟稻区丰产增效耕作技术模式图

该技术模式进行了大面积示范和应用。在黑龙江省水稻主产区（建三江分局七星农场、桦川县、哈尔滨市呼兰区和道外区民主乡）的研究结果显示，通过优化耕作可以实现稳产丰产的目标，在节约化肥10%左右的基础上，可以增产5%左右，并能提高土壤肥力。

试验还表明，与农户模式相比，2017年优化模式的CH_4排放量增加15.6%，而2018年和2019年两年平均下降30.0%，且2018年的差异达到显著水平；2017年优化模式的N_2O排放量显著增加55.4%，而2018年和2019年两年平均下降26.7%，且2019年的差异显著；2017年优化模式的全球增温潜势增加17.1%，而2018年和2019年平均下降29.9%，且2018年的差异显著；2017年优化模式的温室气体排放强度增加6.1%，而2018年和2019年则平均下降32.4%，且2018年差异达到显著水平（表10-27）。

表10-27　不同模式对水稻产量和稻田CH_4和N_2O排放量、GMP、GHGI、氮肥偏生产力的影响（哈尔滨）

年份	处理	CH_4排放量（kg/hm^2）	N_2O排放量（kg/hm^2）	GWP（kg CO_2-eq/hm^2）	产量（t/hm^2）	GHGI（kg CO_2-eq/kg）	氮肥偏生产力（kg/kg）
2017	农户模式	352.66a	1.12b	9 149.85a	7.95a	1.15a	44.17b
	优化模式	407.73a	1.74a	10 710.26a	8.37a	1.22a	58.10a
2018	农户模式	303.95a	0.82a	7 841.81a	7.71a	1.02a	42.81b
	优化模式	177.68b	0.63a	4 631.02b	7.90a	0.59b	54.88a
2019	农户模式	224.78a	0.66a	5 816.45a	9.46b	0.61a	52.55b
	优化模式	183.38a	0.46b	4 722.46a	9.97a	0.48a	69.27a

农户模式：春翻耕，秸秆还田，常规打浆，常规密度；优化模式：秋轮耕（一年翻耕，一年旋耕），秸秆还田，无动力打浆，增密调肥。

相对于农户模式，2017年和2019年优化模式的产量平均提高5.3%，且2019年差异达到显著水平，2018年优化模式的产量提高2.5%；2017~2019年优化模式的氮肥偏生产力平均提高30.5%，3年差异均达到显著水平（表10-27）。

总体而言，优化模式具有较低的温室气体排放量，较高的产量和氮肥偏生产力，是一种北方一熟区秸秆还田下较好的稻田丰产增效和环境友好轮耕技术模式。

参 考 文 献

丁为民, 王耀华, 彭嵩植. 2004. 反转旋耕刀正切面分析及参数选择. 农业机械学报, 35(4): 40-43.

李奕, 房焕, 彭显龙, 等. 2019. 模拟搅浆对水稻土结构和有机氮矿化的影响. 土壤学报, 56(5): 1171-1179.

刘彦伶, 李渝, 张雅蓉, 等. 2017. 长期不同施肥处理对黄壤性水稻土理化性质的影响. 江苏农业科学, 45(19): 294-298.

孔令德, 张认成. 1997. 旋耕刀研究的现状与展望. 江苏理工大学学报, (3): 6-13.

孙妮娜, 王晓燕, 李洪文, 等. 2019. 差速锯切式水稻秸秆粉碎还田机设计与试验. 农业工程学报, 35(22): 267-276.

土壤磨粒特性影响课题组. 1986. 土壤磨粒特性对农机材料磨损性能的影响. 农业机械学报, (4): 61-68.

王道中, 花可可, 郭志彬. 2015. 长期施肥对砂姜黑土作物产量及土壤物理性质的影响. 中国农业科学, 48(23): 4781-4789.

王昕, 金诚谦, 徐金山, 等. 2018. 联合收割机后秸秆切碎抛撒研究现状与趋势. 中国农机化学报, 39(1): 1-6.

张广才, 查文文, 关连珠, 等. 2016. 不同开垦年限水稻土还原性物质含量及其分布. 中国土壤与肥料, (6): 37-40, 61.

张之一. 2005. 关于黑土分类和分布问题的探讨. 黑龙江八一农垦大学学报, (1): 5-8.

中华人民共和国农业部. 2013. 旋耕机作业质量 NT/Y 499—2013. 北京: 中国标准出版社.

第11章 复合种养稻田丰产增效耕作模式

稻田复合种养是将水稻和"鱼"（这里"鱼"是水产动物的统称）或"鸭"种养在同一空间（稻田）里。这种模式在中国有着悠久历史。稻田复合种养可获得较高的经济效益，并显著降低农药化肥的施用，复合种养稻田稳产高效，因而近20年来集约化和规模化的稻田复合种养在全国各稻区迅速发展。目前全国复合种养稻田面积每年保持在3200万亩左右，形成了独特的一类稻作系统（胡亮亮等，2015）。但是，在复合种养稻田，由于长期保持较深水层、大量饲料投入和动物粪便输入以及土壤表层被频繁干扰等，突出问题是土壤厌氧还原、养分失衡（氮素趋于富营养化）以及由稻田水体氮素养分含量增加而带来的环境污染风险。因而如何进行培肥与生态耕作，在保持土壤肥力和稻田生产力的同时减轻对环境的负面影响，是当前复合种养稻田急需研究的问题。

复合种养稻田的土壤与水稻单作稻田的土壤相比，其肥力特性如何变化？土壤肥力是否可持续？是目前稻田复合种养研究领域关注的重要问题。一些研究表明，养殖动物活动对土壤的搅动，增加了土壤孔隙度，也促进了养分循环和土壤原有养分的活化，改善了水稻根表和根际土壤营养状况（Vromant et al.，2001；沈建凯等，2010）。研究还表明，复合种养稻田的土壤微生物群落数量、代谢活性和功能多样性均比水稻单作稻田显著提高（章家恩等，2009）。但一些研究表明，养殖密度提高或长期进行复合种养的稻田，由于长期淹水和大量饲料投入，土壤氧化还原电位显著降低（Bhattacharyya et al.，2013），土壤碳氮元素明显积累，养分出现不均衡现象（Hu et al.，2013；Mirhaj et al.，2014）。研究还发现，集约化高的复合种养稻田，田间水体氮素有富集趋势（丁伟华等，2013）。可见，复合种养稻田的土壤受养殖动物的影响，其特性发生了明显变化，但复合种养稻田土壤肥力长期变化趋势、土壤肥力出现的问题及其原因（厌氧、养分不均衡等）以及土壤肥力维持途径和关键技术仍需要深入探讨。

本章重点论述复合种养土壤肥力特征和土壤肥力限制因子，维持和提高复合种养土壤肥力的关键技术和模式，并对稻田复合种养进行生态经济效益综合分析与评价，为复合种养稻田的可持续发展提供理论依据和技术支持。

11.1 复合种养稻田土壤肥力特征及限制因子

11.1.1 复合种养稻田的水稻产量和土壤碳氮磷特征

通过田间成对取样测定和长期定位试验观测两种研究途径，分析复合种养稻田的水稻产量和土壤有机质和氮磷特征。

11.1.1.1 田间成对取样测定

在全国主要稻作区（东北稻作区、西北稻作区、西南稻作区、华南稻作区、华中稻作区和华中稻作区）对5种主要的集约化复合种养稻田（稻鲤、稻蟹、稻虾、稻鳅、稻鳖）和传统稻鲤系统模式开展调查。取样覆盖14个省（自治区、直辖市）的56个县，共获得258组水稻单作田块和稻渔系统田块的配对样本，其中稻鱼79组、稻蟹76组、稻虾28组、稻鳅52组、稻鳖23组。每一组配对田块地处同一村落，具有相似的气候和土壤背景条件，由同一农户或相邻农户经营。水稻和水产产量由农户收获实测或由测产队使用抽样法测定获得，均以每公顷吨（t/hm²）表示。调查水稻产量的同时对田块沟坑面积进行测量，表示为沟坑面积占稻田总面积的百分比。为了衡量稻渔系统相比于水稻单作条件下水稻产量的变化，按照以下公式计算每一组配对的稻渔系统水稻产量的变化率。水稻增产率为正值说明，和单作相比，稻渔系统促进了水稻产量的增加，为负值则意味着稻渔系统的产量低于单作。

$$水稻产量变化率 = \frac{RFS-RM}{RM} \times 100\% \tag{11-1}$$

其中，RFS：稻渔系统水稻产量，RM：水稻单作系统水稻产量。

在上述水稻产量取样的基础上，在稻田复合种养的典型区域，对56个农场进行了成对土壤取样（复合种养稻田土壤样本和水稻单作稻田土壤样本），56个农场包含4种类型复合种养系统，其中稻鲤32个农场、稻蟹12个农场、稻虾6个农场和稻鳖6个农场。除了直接计算土壤有机质和氮磷含量，还利用整合分析方法（Hedges and Olkin，1985）分析复合种养对稻田土壤的影响，即利用土壤有机质和氮磷含量采用效应值ln(RFS/RM)的方法比较分析了水稻单作和复合种养对稻田土壤的影响，RFS为复合种养模式各指标的平均值，RM为水稻单作模式各指标的平均值。ln(RFS/RM)大于零则表示复合种养模式的指标值大于水稻单作模式。各类复合种养田和水稻单作田之间水稻产量、土壤有机质含量、土壤氮磷含量等指标的比较均采用双因素方差分析，以水稻生产模式作为固定效应，而区域作为随机效应。

1. 水稻产量

稻鱼（$F_{1,33}=3.384$，$P=0.075$）（图11-1a）、稻虾（$F_{1,15}=1.613$，$P=0.223$）（图11-1c）和稻鳖（$F_{1,11}=3.179$，$P=0.102$）（图11-1d）复合种养田的水稻产量均接近于对应的水稻单作系统，双因素方差分析结果显示均没有显著差异；而稻蟹复合种养田的水稻产量显著高于相应的水稻单作系统（$F_{1,23}=28.548$，$P=0.001$）（图11-1b）。535对田间样本平均，复合种养田的水稻产量为8.07t/hm²，水稻单作系统产量为8.00t/hm²。

2. 土壤有机质、全氮、全磷

56个农场261对田块的土壤有机质、全氮、全磷含量总体趋势表明，稻鳖及稻蟹复合种养田的土壤有机质（soil organic matter，SOM）和土壤全氮（total N）与各自水稻单作系统无显著差异，但稻鱼及稻虾复合种养田的土壤有机质和全氮显著高于相应的水稻单作系统（图11-2a和b，方差分析结果见表11-1）。4种类型稻渔复合种养田的土壤全磷均与各自的水稻单作系统无显著差异（图11-2c，方差分析结果见表11-1）。

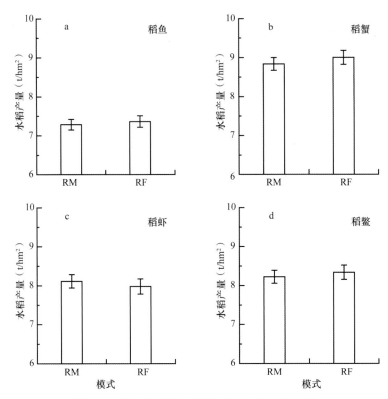

图11-1　复合种养田与水稻单作田水稻产量比较

RM. 水稻单作，RF. 复合种养；图中数值为平均数±标准误；下同

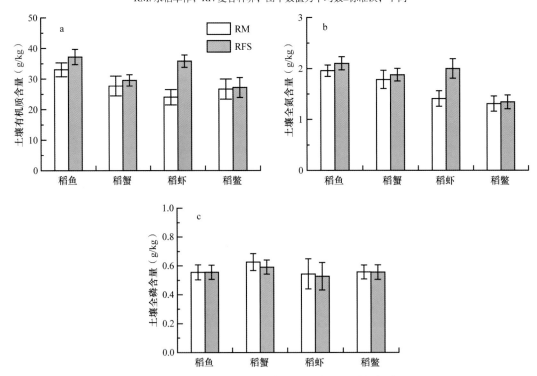

图11-2　复合种养田和水稻单作田的土壤有机质与氮磷含量

土壤有机质数据来自全国稻区的4种类型稻渔复合种养系统（共56个农场）的261对土壤样本（复合种养田和水稻单作田）；
RM. 水稻单作，RFS. 复合种养

表11-1　复合种养田和水稻单作田土壤碳氮磷差异性统计分析（ANOVA结果）

种养系统	土壤有机质（SOM）	土壤全氮（TN）	土壤全磷（TP）
稻鱼	$F_{1,27}=7.642$，$P=0.010$	$F_{1,27}=2.905$，$P=0.100$	$F_{1,27}=0.006$，$P=0.940$
稻蟹	$F_{1,12}=0.272$，$P=0.612$	$F_{1,12}=0.571$，$P=0.465$	$F_{1,12}=0.002$，$P=0.967$
稻虾	$F_{1,3}=23.546$，$P=0.017$	$F_{1,3}=84.465$，$P=0.003$	$F_{1,3}=0.127$，$P=0.745$
稻鳖	$F_{1,5}=1.234$，$P=0.317$	$F_{1,5}=0.900$，$P=0.386$	$F_{1,5}=0.284$，$P=0.617$

注：下角数字为处理自由度和残差自由度

通过整合分析方法，对来自56个农场的261对田块的土壤碳氮磷含量进一步分析发现，与相应水稻单作系统相比，稻渔复合种养田的土壤有机质、全氮、全磷含量呈现3种情况，即稻渔复合种养田的土壤有机质、全氮、全磷含量下降、保持不变和提高（图11-3）。

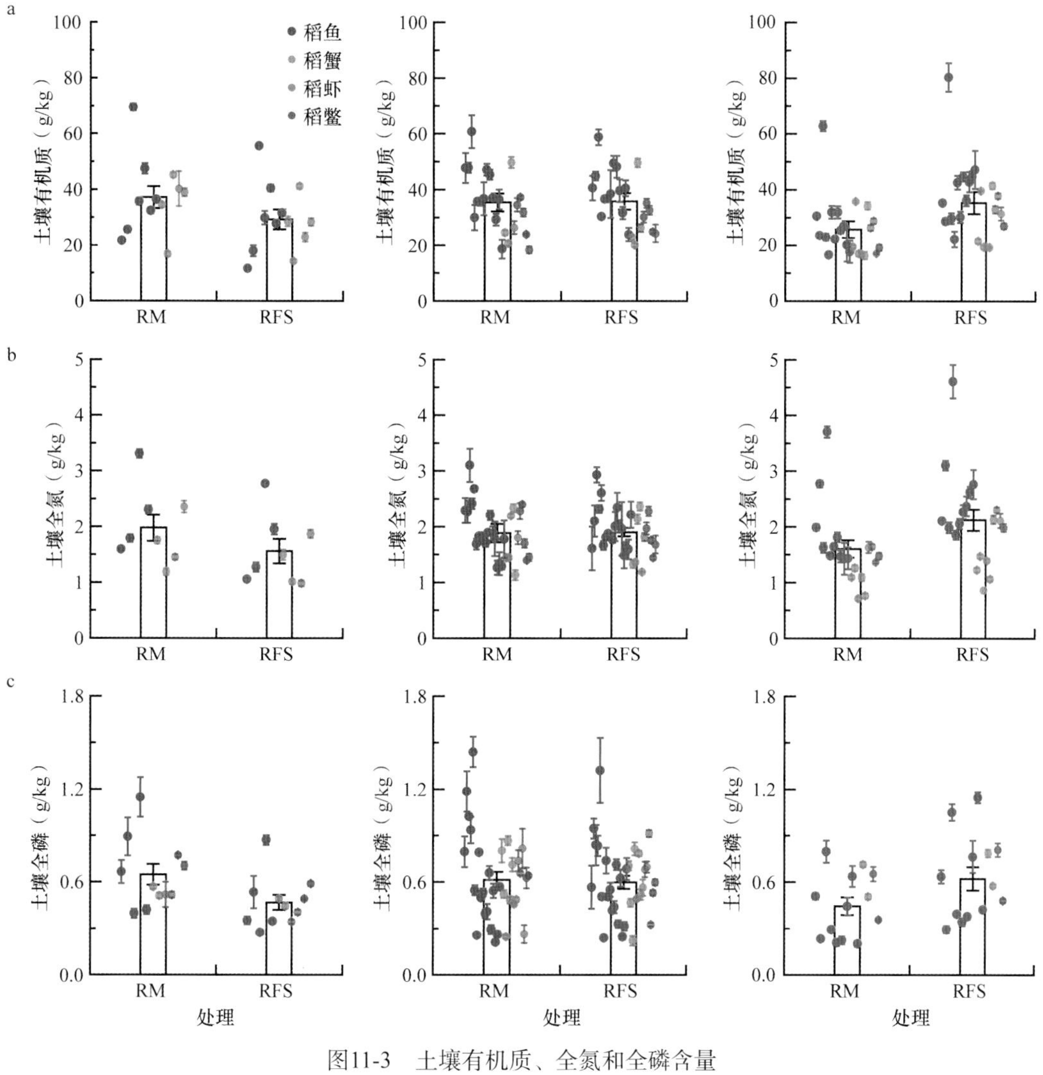

图11-3　土壤有机质、全氮和全磷含量

左：RM显著大于RFS（mean ± 95%BCI＜0），中：RM与RFS无显著差异，右：RM显著小于RFS（mean ± 95%BCI＞0）；
RM. 水稻单作，RFS. 复合种养

从土壤有机质含量看，可以维持或提高土壤有机质的复合种养样本占据78.57%，其中稻鱼模式为78.13%，稻蟹模式为75%，稻虾模式为66.67%，稻鳖模式为100%。与水稻单作相比，稻渔系统中有21.43%的土壤样本有机质含量下降，土壤有机质含量平均分别为37.2g/kg（水稻单作）和29.36g/kg（稻渔复合）。78.57%土壤样本有机质含量维持或提高，土壤有机质含量平均分别为30.58g/kg（水稻单作田）和35.6g/kg（复合种养田）（图11-3a）。

从土壤全氮含量看，复合种养系统相对于水稻单作系统可以提高或维持土壤全氮含量的样本占85.71%，其中稻鱼模式为87.5%，稻蟹模式为83.33%，稻虾模式为66.67%，稻鳖模式为100%。与水稻单作相比，稻渔系统中有14.29%的土壤样本全氮含量下降，土壤全氮含量平均分别为1.98g/kg（水稻单作）和1.56g/kg（稻渔复合）。85.71%土壤样本全氮含量维持或提高，土壤全氮含量平均分别为1.74g/kg（水稻单作田）和2.01g/kg（复合种养田）（图11-3b）。

从土壤全磷含量看，稻渔模式与水稻单作模式相比可以提高或维持土壤全磷含量的样本占80.36%，其中稻鱼模式为84.38%，稻蟹模式为83.33%，稻虾模式为66.67%，稻鳖模式为66.67%。与水稻单作相比，稻渔系统中有19.64%的土壤样本全磷含量下降，土壤全磷含量平均分别为0.65g/kg（水稻单作）和0.47g/kg（稻渔复合）。80.36%土壤样本全磷含量维持或提高，土壤全磷含量平均分别为0.53g/kg（水稻单作田）和0.61g/kg（复合种养田）（图11-3c）。

11.1.1.2 长期定位试验观测

在稻鱼、稻蟹、稻虾和稻鳖复合种养广泛分布的浙江青田（N 27°59′、E 120°18′）、辽宁盘山（N 41°9′24″、E 122°15′1″）、安徽全椒（N 32°10′、E 117°27′）和浙江德清（N 30°33′、E 119°32′）进行了长期定位试验观测，测定水稻产量及土壤有机质和氮磷含量的变化趋势，并测定土壤还原性物质总量。

1. 水稻产量稳定性

试验观测结果表明，稻蟹和稻鳖复合种养系统的水稻产量稳定性指数与其相应水稻单作系统水稻产量稳定性指数无显著差异（稻蟹：$t_6=0.589$，$P=0.577$；稻鳖：$t_6=1.535$，$P=0.176$）（图11-4），但稻鱼和稻虾复合种养系统的水稻产量稳定性指数显著高于相应的水稻单作系统（稻鱼：$t_8=2.417$，$P=0.042$；稻虾：$t_6=2.812$，$P=0.031$）（图11-4）。

2. 土壤有机质、全氮、全磷含量

结果表明，稻渔复合种养系统的水稻产量及产量稳定性指数与相应水稻单作系统的相似（图11-4）。试验观测期间（2012~2018年），复合种养系统土壤有机质、土壤全氮和全磷含量与水稻单作系统相似，呈稳定提升的趋势（图11-4）。稻虾复合种养系统随着试验时间的推移，土壤有机质和全氮增加幅度显著高于水稻单作系统（图11-4）。

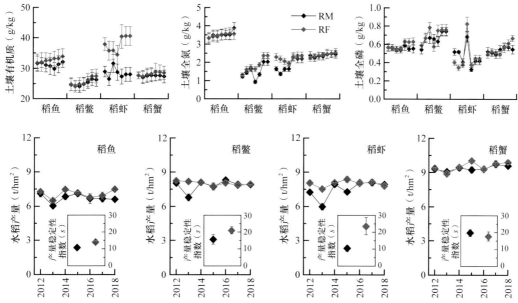

图11-4　定位试验观测中复合种养田水稻产量稳定性和土壤有机质、全氮、全磷含量的变化

图中数值为平均数±标准误；RM.水稻单作系统，RFS.复合种养系统

11.1.2　复合种养稻田土壤肥力限制因子

11.1.2.1　土壤还原性物质积累与土壤潜育化分析

2018年对4个定位试验观测点的成对田块取样分析表明，稻鱼（$t=0.259$，$P=0.785$）、稻蟹（$t=0.108$，$P=0.478$）和稻鳖（$t=0.233$，$P=0.255$）复合种养田的土壤还原性物质总量与相应的水稻单作田土壤无显著差异，但稻虾（$t=2.355$，$P=0.011$）复合种养田的土壤还原性物质总量显著高于水稻单作系统（图11-5）。

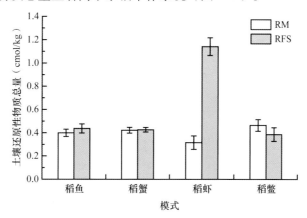

图11-5　复合种养田和水稻单作田土壤还原性物质

样本来自2018年4个田间定位试验；RM.水稻单作系统，RFS.复合种养系统

进一步对长期养殖小龙虾的稻田进行土壤剖面分析，在湖北潜江县选取养殖小龙虾2年（RC2）、6年（RC6）和10年（RC10）3种持续年限不同的区域，以稻麦两熟（或稻油两熟）为相应的对照（CK），获取成对土壤剖面，分0～20cm、20～40cm、

40～60cm、60～80cm和80～100cm共5个土层，取各个层次的土壤样品，测定土层厚度、土壤有机碳（SOC）、土壤全氮（TN）含量和土壤还原性物质（TORM）总量。剖面分析表明，与稻麦两熟田（非稻虾稻田）相比，稻虾复合种养田耕层厚度增加，颜色偏暗（图11-6左），潜育层形成，且随着稻田养殖小龙虾年限增加，潜育层整体有增厚趋势（图11-6右）。

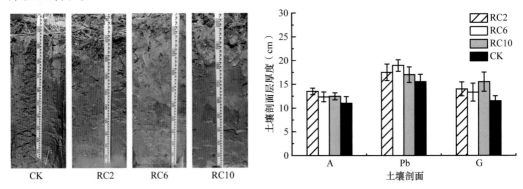

图11-6 土壤剖面（左）和潜育层厚度（右）

CK为稻麦两熟区水稻单作，RCZ为稻虾共作2年，RC6为稻虾共作6年，RC10为稻虾共作10年；A表示淋溶层，Pb表示渗育层，G表示潜育层；下同

对土壤剖面各个层次的分析表明，稻麦两熟田（RM）和3种稻虾复合种养田（RC2、RC6和RC10）之间比较，各个土层平均的SOC含量差异显著（$F_{3,8}$=61.22，$P<0.05$），RC10、RC6、RC2和RM的SOC含量分别为17.81g/kg、12.25g/kg、11.06g/kg和8.21g/kg（图11-7a）；土壤全氮（TN）的变化趋势与SOC相似，稻麦两熟田各土层平均TN含量在0.50～1.46g/kg，稻虾复合种养田各土层平均TN含量在0.87～2.15g/kg（图11-7b）。

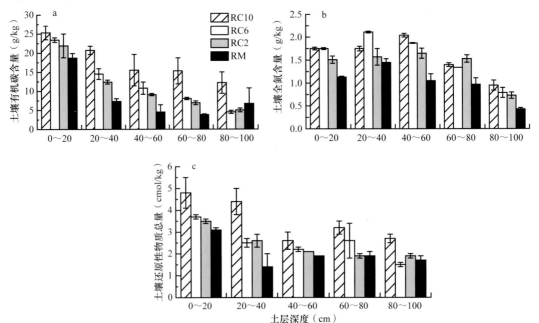

图11-7 稻虾复合种养田土壤有机碳（a）、全氮（b）和土壤总还原物质（c）与稻麦两熟田的比较

土壤还原性物质（TORM）总量在稻麦两熟田和3种稻虾复合种养田（RC2、RC6和RC10）之间显著差异（$F_{3,57}=52.52$，$P<0.05$），其中TORM在稻虾复合种养10年的稻田（RC10）含量最高，0～20cm和20～40cm土层的TORM分别是4.8cmol/kg和4.4cmol/kg（图11-7c）。

11.1.2.2　土壤氮素富集分析

在稻田复合种养典型区域的4种类型复合种养系统（稻鱼、稻蟹、稻虾、稻鳖，共56个农场）进行成对土壤取样分析，我们发现一些长期复合种养田土壤样本表层（0～20cm）全氮含量增加，与相应的水稻单作田相比，氮素呈富集的趋势（图11-8a），进一步调查分析这些稻田的水稻长相及产量发现，这类复合种养田的水稻"贪青迟熟"（图11-8c），水稻产量比水稻单作田显著下降（图11-8b）。

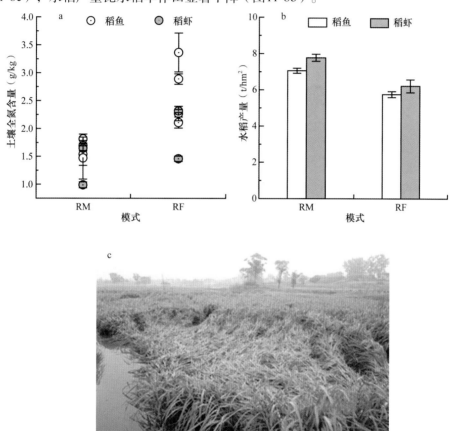

图11-8　复合种养田土壤氮素富集情况分析

a.土壤全氮含量，b.水稻产量，c.水稻"贪青迟熟"照片；RM.水稻单作系统，RF.复合种养系统

11.2　复合种养稻田土壤培肥关键技术筛选

针对复合种养稻田土壤长期淹水处于厌氧还原状态、养分失衡、秸秆还田难等问题，从田间设施（沟坑比例）、协同种养技术、秸秆还田技术、氮素施用调控技术、种植制度技术等方面进行了探讨。

11.2.1 田间设施技术

11.2.1.1 稻鱼复合种养田沟坑式样效应

与水稻单作系统不同，复合种养系统是水产动物/水禽与水稻同时生活在同一空间，因而合理的稻田空间布局是建立可持续复合种养系统的基础。研究已表明，用于养殖动物的稻田沟坑面积比例小于10%时采用复合种养不显著降低水稻产量（Hu et al.，2016），稻田沟坑式样可根据稻田大小和形状设计（图11-9）（Chen and Hu，2018）。其中，环沟型、十字沟型、直沟型（图11-10）是最基本类型。

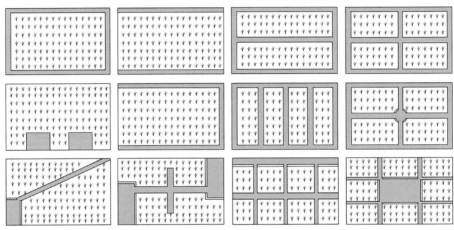

图11-9 复合种养系统田间设施式样图

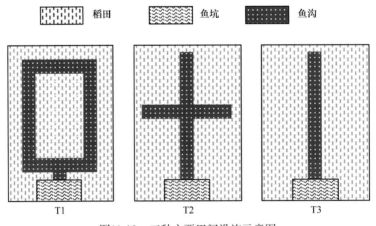

图11-10 三种主要田间设施示意图

我们以平原区稻鱼系统为例，研究环沟型、十字沟型、直沟型3种不同类型田间设施对稻田生产量（水稻和鱼的产量）和土壤肥力的影响。田间试验中，沟型、沟宽、沟深、坑深等均严格遵照稻田养鱼技术规范各项要求，因此，该试验在沟坑规格一致的前提下比较不同沟型的优劣。依据田间沟形状的差异设置3个处理：环沟型，记作T1；十字沟型，记作T2；直沟型，记作T3（图11-10），并设无沟坑的处理为对照，每个处理设3次重复，随机排列。田块均为长方形，各沟型相关参数见表11-2。鱼的目标产量设为1.5t/hm²，水稻的目标产量设为6.0t/hm²。

表11-2　各沟型相关参数

沟坑类型	田块编号	田块面积（m²）	沟面积（m²）	平均沟宽（m）	沟长（m）	沟深（m）	坑形（长×宽）（m）	坑深（m）
环沟	1	533	49.2	0.53	82.0	0.23	14.0×2.0	0.7
	2	667	48.0	0.50	80.0	0.23	14.0×2.0	0.8
	3	667	46.0	0.47	92.0	0.20	12.4×2.0	0.7
十字沟	4	667	54.6	0.56	78.0	0.26	8.5×3.0	0.7
	6	1200	71.4	0.60	119.0	0.20	19.5×2.0	0.7
直沟	5	1067	84.9	0.60	130.6	0.20	8.5×3.0	0.7
	7	667	45.5	0.20	80.0	0.20	15.5×2.0	0.3
	8	667	34.2	0.55	43.2	0.25	10.0×2.7	0.6

注：沟面积已经考虑并扣除了纵横沟交叉区域的重叠面积

研究结果表明，与无田间设施的处理相比，3个沟坑处理的水稻产量未显著变化（表11-3），但鱼产量均显著高于对照（表11-3）。比较研究可提高养鱼密度的3种类型田间设施（图11-9）对水稻产量的影响，分析水稻产量边际效应的递减规律和沟坑边际对产量的补偿效应，结果（图11-11）表明，沟边1行单蔸粒重的边际效应值平均可达52.45%。沟坑边际效应弥补效果较为显著，平均达80%左右，且不同沟型边际补偿效应不一，环沟边际补偿效应最佳，达95.89%，几乎可完全弥补沟坑占地损失；十字沟次之，为85.58%；直沟最差，仅可弥补58.02%。各类沟型的水稻及鱼产量差异均不显著，从边际效应看，以环沟表现最佳，环沟是利于水稻产量保持和鱼产量提高的稻田养鱼田间设施。

表11-3　田间设施处理对水稻产量、鱼产量和土壤特性的影响

指标	对照（无沟坑）	直沟	十字沟	环沟
水稻产量（t/hm²）	6.79±0.33a	6.11±0.43a	6.16±0.45a	6.30±0.47a
鱼产量（t/hm²）	0.66±0.06a	0.70±0.07b	0.71±0.06b	0.76±0.07b
土壤紧实度（kPa）	20.49±1.83a	30.19±2.34b	32.27±2.56b	29.33±3.02b
土壤有机质（g/kg）	33.17±2.88a	32.87±3.03a	30.63±2.11a	31.89±2.65a
土壤总氮（g/kg）	2.97±0.34a	3.21±0.25a	3.09±3.22a	3.17±0.24a

注：不同小写字母表示不同处理在0.05水平差异显著

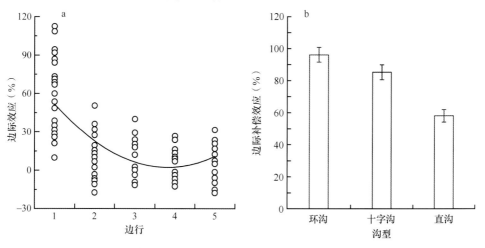

图11-11　田间设施（沟坑）的水稻产量边际效应与边际补偿效应

a.边际效应；b.边际补偿效应

从土壤特性看，由于设置沟坑后有2～3次短暂的晒田，与对照相比，3个沟坑处理的土壤紧实度均显著提高（表11-3）。

11.2.1.2　稻虾复合种养系统田间设施控水技术

针对稻虾复合种养田长期淹水对土壤产生影响的问题，探讨是否可通过田间设施技术调控稻田水分管理以满足水稻和虾生长的同时改善土壤。田间试验设置以沟控水技术（RCD）、沟田连通技术（RCDD）和水稻单作不养虾模式（CK）3个处理，3次重复，共9个小区，小区面积1000m²。以沟控水技术（RCD）环形沟宽2.0m、深1.5m，养殖沟面积占全田面积的25%；田块四周筑1.5m宽、1.0m高外埂，内埂宽0.6m、高0.3m（图11-12a）。沟田连通技术（RCDD）是对RCD进行的一种改良，减少了沟深，降低了沟占比，田块四周开宽1.5m、深1.2m的环形沟，养殖沟面积占全田面积的15%；田块四周筑1.5m宽、1.0m高外埂，内埂宽0.6m、高0.3m；内埂每隔4m开挖深30cm、宽30cm的沟，与环形沟连通以便排水和小龙虾进入稻田（图11-12b）。

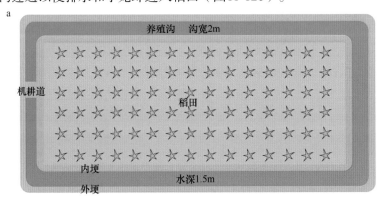

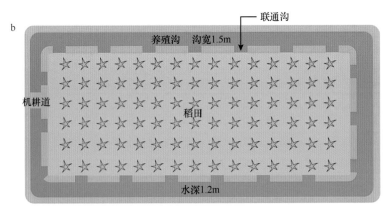

图11-12　田间设施控水技术示意图

a.沟控水技术（RCD）；b.沟田连通技术（RCDD）

1. 水稻和水产动物产量

从水稻产量看（表11-4），以沟控水技术（RCD）处理水稻的理论产量达到8.20t/hm²，显著高于CK模式的6.06t/hm²，水稻单作对照(CK)的理论产量又显著高于沟田连通技术（RCDD）处理的4.78t/hm²。有效穗数和理论产量规律相似，RCD处理的有效穗数436.19万/hm²显著高于CK模式的370.35万/hm²，CK又显著高于RCDD处理的

224.01万/hm²。穗粒数相反，RCDD处理最多，达到203.55粒，显著高于CK的143.97粒，CK又显著高于RCD处理的127.47粒。3种水分管理模式中RCDD处理的千粒重最低，为17.92g，显著低于RCD处理的21.32g和CK模式的20.41g，但RCD处理和CK之间的千粒重差异不显著。3处理中RCD处理的结实率最高，达78.61%，显著高于RCDD处理的58.36%和CK的56.32%，但RCDD处理和CK之间的千粒重差异不显著。可见，采取以沟控水技术（RCD）充分发挥了稻虾互作优势，同时该技术模式中晒田操作提升了水稻产量。

表11-4　稻虾种养田不同的水分管理模式比较

模式	有效穗数（万/hm²）	穗粒数	千粒重（g）	结实率（%）	水稻实际产量（t/hm²）	水稻理论产量（t/hm²）	小龙虾产量（t/hm²）
以沟控水技术（RCD）	436.19a	120.47c	21.32a	78.61a	6.87	8.20a	0.98b
沟田连通技术（RCDD）	224.01c	203.55a	17.92b	58.36b	4.67	4.78c	1.47a
水稻单作对照（CK）	370.35b	143.97b	20.41a	56.32b	5.58	6.06b	

从水产动物的产量看，沟田连通技术（RCDD）小龙虾产量显著高于以沟控水技术（RCD），RCDD的小龙虾产量为1.47t/hm²，RCD的小龙虾产量为0.98t/hm²。可见在水稻生长期连通养殖沟和稻田，增加了小龙虾活动的空间，提高了稻田小龙虾的产量，增加了农民纯收入。

2. 土壤全氮、有机质含量和氧化还原电位

土壤全氮含量随土层深度的变化而变化，也明显受田间设施技术的影响（图11-13a），在0~20cm土层深度时，以沟控水技术（RCD）全氮含量平均值最高，为0.71g/kg±0.07g/kg，其次是沟田连通技术（RCDD），全氮含量平均值为0.58g/kg±0.19g/kg，CK的土壤全氮含量平均值最低，为0.20g/kg±0.12g/kg，且在不同的深度CK土壤全氮含量平均值均最低。在20~40cm深度时土壤全氮含量下降显著（$P<0.05$），RCD的土壤全氮含量平均值为0.13g/kg±0.06g/kg，下降约81.69%，RCDD的土壤全氮含量平均值为0.21g/kg±0.04g/kg，下降约63.79%。至40~60cm深度时3个处理土壤全氮含量近似（$P>0.05$），分别为0.15g/kg±0.05g/kg、0.20g/kg±0.03g/kg、0.09g/kg±0.03g/kg。

田间设施技术明显影响稻虾复合种养田土壤有机质含量（图11-13b）。在0~20cm深度时土壤有机质含量最高，RCD、RCDD、CK 3个处理的土壤有机质含量平均值分别为33.44g/kg±4.55g/kg、25.57g/kg±0.57g/kg、21.24g/kg±0.89g/kg。在20~40cm深度时3个处理的土壤有机质含量下降较显著（$P<0.05$），分别下降56.14%、47.87%、61.44%。土层深度达到40~60cm时，3个处理的土壤有机质含量近似（$P>0.05$）。

从土壤氧化还原电位看（图11-13c），水稻单作对照（CK）的氧化还原电位最高，为415.48mV±11.35mV，RCDD的氧化还原电位最低，为156.89mV±19.78mV，RCD的氧化还原电位为340.04mV±17.05mV，RCD的氧化还原电位显著高于RCCD（$P<0.05$）。

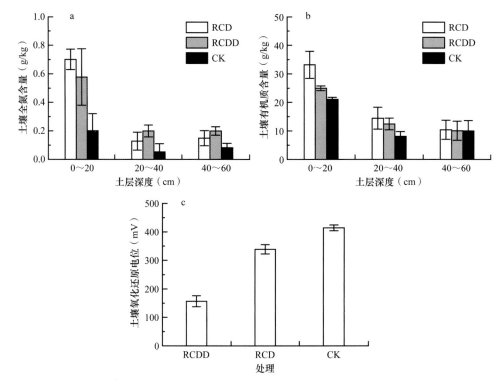

图11-13　稻虾复合种养田不同模式土壤全氮含量（a）、有机质含量（b）和氧化还原电位（c）变化

11.2.2　氮素协同施用技术

针对复合种养田在生产过程中大量输入饲料氮，导致稻田土壤氮素富集、水体污染等问题，以稻鱼复合种养系统为例，探讨了复合种养田肥料氮和饲料氮的协调施用。

田间试验在浙江青田（N 27°59′、E 120°18′）的稻鱼复合种养系统进行，试验采用完全随机区组设计，设6个处理，3次重复，各处理总N投入均为120kg/hm²。6个处理如下：①水稻单种，化肥N 100%（RM）；②鱼单养，饲料N 100%（RF-feed100%）；③稻鱼共作，化肥N 100%，不喂饲料（RF-feed0）；④稻鱼共作，化肥N 75%＋饲料N 25%（RF-feed25%）；⑤稻鱼共作，化肥N 56%＋饲料N 44%（RF-feed44%）；⑥稻鱼共作，化肥N 37.5%＋饲料N 62.5%（RF-feed62.5%）。

11.2.2.1　水稻产量和鱼产量

总N投入120kg/hm²的情况下，协调化肥和饲料N的比例，不同处理间水稻产量没有显著差异（$F_{5,12}=0.740$，$P=0.586$），但是鱼产量差异显著（$F_{5,12}=25.284$，$P=0.000$）（图11-14），随着饲料配比的增加，RF-feed0、RF-feed25%、RF-feed44%、RF-feed62.5%和RF-feed100%处理的鱼产量依次增加，分别为0.46t/hm²±0.04t/hm²、0.66t/hm²±0.04t/hm²、0.83t/hm²±0.08t/hm²、1.02t/hm²±0.07t/hm²和1.17t/hm²±0.05t/hm²。

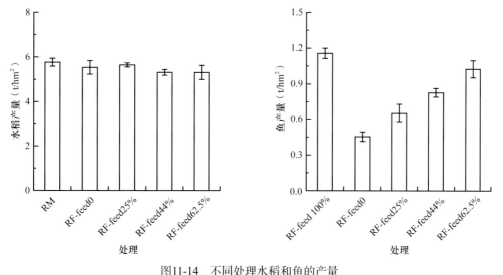

图11-14 不同处理水稻和鱼的产量

11.2.2.2 土壤有机质、全氮和全磷含量

试验处理2年后，土壤有机质（$F_{5,12}=0.472$，$P=0.641$）、土壤全N（$F_{5,12}=0.728$，$P=0.618$）和土壤全P（$F_{5,12}=0.676$，$P=0.650$）含量在各个处理间均无显著差异（图11-15）。表明饲料氮和肥料氮协调施用不会导致土壤有机质、全氮、全磷含量显著下降。

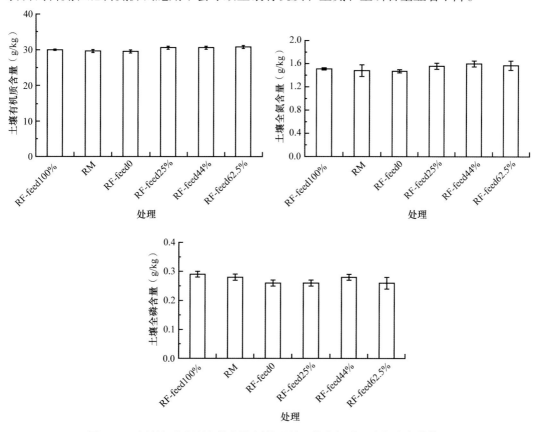

图11-15 饲料氮和肥料氮协调施用处理的土壤有机质、全氮和全磷状况

11.2.2.3　稻田水体氮磷含量

试验表明，在总N投入120kg/hm²的情况下，肥料氮和饲料氮协调施用处理对稻田水体全氮含量（3个时期的测定平均值）影响不显著（$F_{5,12}=0.774$，$P=0.580$）；对于稻田水体全磷含量，处理之间差异显著（$F_{5,12}=2.568$，$P=0.045$），饲料氮比例在25%~62.5%处理之间无显著差异（$P>0.05$）（图11-16）。可见。复合种养田可以通过饲料氮和肥料氮的协调施用，达到避免稻田水体氮磷富营养化而带来面源污染风险的目的。

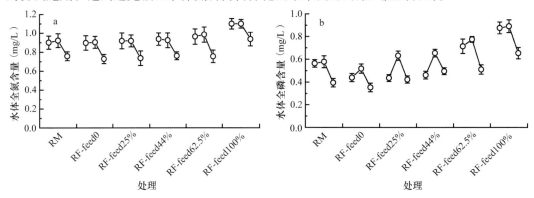

图11-16　稻田水体全氮（a）和全磷（b）含量在肥料氮与饲料氮不同比例施用策略下的变化

11.2.3　协同种养技术

稻鸭复合种养系统的可持续种养中，协同密度是关键因素，放鸭群体的大小对整个系统有着重要影响。田块规模过大、鸭群数量过多将严重影响水稻生长；田块规模过小，稻鸭复合种养效果不明显。稻鸭复合种养系统，通过绿肥和秸秆还田可以满足作物对氮的需求，而且鸭粪是一种优质的有机肥料，可提供一定量的氮磷钾元素，能帮助维持稻田养分的供应，起到一定的追肥效果（杨志辉等，2004）。一般情况下，每50m²放养鸭子不少于1只，其排泄物才能满足水稻正常生育所需的磷和钾养分。稻鸭复合种养田在水稻生长期间，一直处于淹水状态，长期的淹水是否会导致土壤氧化还原电位降低，存在一定土壤潜育化？从而影响作物根系生长？长期种植是否会造成土壤养分的不平衡、影响土壤的理化特性？这些问题都有待进一步研究。此外，稻鸭复合种养田中鸭群一直活动在一个相对封闭的环境中，鸭粪累积得不到及时分解可能会给水体环境造成影响。因此，监测稻鸭复合种养期间系统内田面水各项环境指标的动态变化，对于评价稻田潜在的水体污染很有必要，也便于及时调整田间的管理措施。

为此，通过田间试验方法探索稻鸭复合种养系统的协同种养技术。试验在江苏丹阳（N 32°00′，E 119°32′）进行。试验设置不同规模的稻鸭复合种养田块，按每公顷270只鸭子进行总体鸭子密度配置。试验共设置4个处理：水稻单作（CK），设置0.2hm²面积处理，稻鸭复合种养0.067hm²（1亩，OR1）处理、0.2hm²（3亩，OR3）和0.333hm²（5亩，OR5），各处理均重复3次。田间管理按照当地大田标准，水稻移栽7d后放鸭，至收鸭前一直保持水层，只进水不排水，水少时灌水，并随着鸭子的成长逐渐提高水层高度。稻鸭复合种养田全年不施化肥，不打农药；水稻单作处理施纯氮150kg/hm²，P_2O_5、K_2O各120kg/hm²。各稻田冬季种植紫云英，撒种4~5kg，第二年旋耕入土作基肥，水稻秸秆全部旋耕还田。

11.2.3.1 水稻产量

总体来看，由于不施用任何化肥，稻鸭复合种养田的理论和实际产量均低于施用化肥的水稻单作处理，复合种养处理OR1、OR3和OR5的理论产量分别低13.4%、4.1%和9.6%，而实际产量则分别要低14.6%、4.1%和16.3%。从各产量构成因素来看，处理OR1、OR3和OR5这3种不同鸭群规模稻鸭复合种养田在有效穗数上无明显差别，但OR3和OR5的穗粒数显著大于OR1；鸭群在田间的日常活动改善了水稻群体质量，使水稻的无效分蘖减少（表11-5）。

表11-5　不同规模稻鸭复合种养田的水稻产量和产量构成（2017～2019年）

处理	有效穗数（万/hm²）	穗粒数	千粒重（g）	理论产量（t/hm²）	实际产量（t/hm²）
CK	235.4 ± 5.4b	136.1 ± 1.6a	25.4 ± 0.12a	8.16 ± 0.10a	8.20 ± 0.10ab
OR1	265.8 ± 6.0a	113.7 ± 3.0c	23.4 ± 0.3b	7.07 ± 0.17b	7.00 ± 0.23b
OR3	267.7 ± 5.3a	121.5 ± 2.0b	24.0 ± 1.1b	7.82 ± 0.19b	7.87 ± 0.35a
OR5	269.5 ± 5.4a	122.7 ± 1.4b	22.3 ± 0.4c	7.37 ± 0.14b	6.87 ± 0.29b

11.2.3.2 土壤肥力

1. 土壤容重和孔隙度

相较于非稻鸭复合种养田，稻鸭复合种养田的土壤容重明显降低，孔隙度显著升高（$P < 0.05$）。经过稻鸭复合种养后，稻田土壤的结构和透水透气性得到改善，有利于水稻根系的生长和发育。而在OR1、OR3和OR5 3种规模大小的稻鸭复合种养田之间，土壤容重和孔隙度无显著差异，共作规模的大小对土壤容重和孔隙度的影响较小（图11-17）。

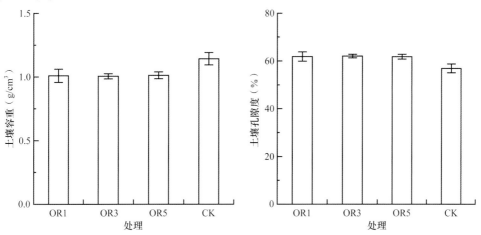

图11-17　稻鸭复合种养田不同鸭群规模对土壤容重和孔隙度的影响

2. 土壤有机质

长期的稻鸭共作，使稻田土壤有机质得到了较多的积累，经过3年不同规模稻鸭复合种养后，其中OR5土壤有机质含量最大（$P < 0.05$）。从不同的时期来看，无论是稻鸭复合种养田还是非稻鸭复合种养田，其稻田土壤有机质含量在水稻齐穗期均高于其他时

期。虽然到了水稻成熟期土壤的有机质含量会有一定程度的降低，但稻鸭复合种养田依然高于耕作前，这与非稻鸭复合种养田低于耕作前的结果不同（图11-18）。

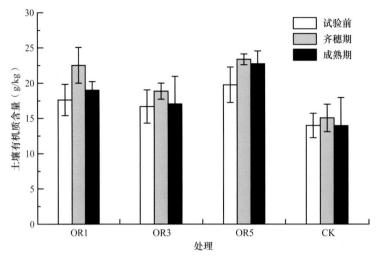

图11-18   稻鸭复合种养田不同鸭群规模对土壤有机质的影响

3. 土壤速效氮、磷、钾

相较于非稻鸭复合种养，稻鸭复合种养明显提升了土壤速效氮含量。但在稻鸭复合种养田中，水稻齐穗期OR1田块中土壤硝态氮含量显著低于OR3田块（$P<0.05$），而与OR5差异不显著（$P>0.05$）；而水稻成熟期OR3田块中土壤硝态氮含量显著低于OR1和OR5田块（$P<0.05$）。而铵态氮含量在3个处理间差异不显著（$P>0.05$）。水稻生长旺盛时，OR3田块供应速效氮的能力较强，但水稻吸收速效氮的能力也强，消耗了更多的土壤速效氮来完成自身的生长发育（图11-19a，b）。

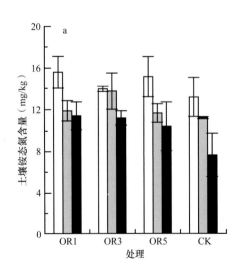

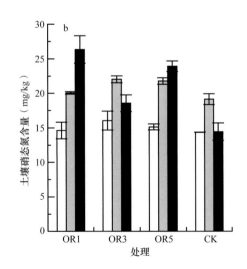

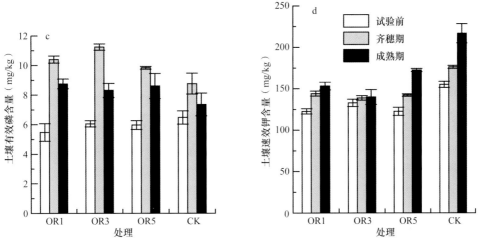

图11-19　稻鸭复合种养田鸭群规模对土壤铵态氮（a）、硝态氮（b）、有效磷（c）和速效钾
（d）的影响

　　鸭粪中富含磷元素，约占鸭粪重量的1.36%，稻鸭复合种养对稻田土壤磷的积累有一定的积极作用。在水稻成熟期，处理OR1、OR3和OR5土壤的有效磷含量分别提升至8.7mg/kg、8.3mg/kg和8.6mg/kg，较非稻鸭复合种养田土壤的含量分别提高了12.6%、10.0%和13.9%。在不同规模稻鸭复合种养田中，OR3稻鸭复合种养田土壤的有效磷含量总体最高（$P<0.05$），有利于水稻的生育（图11-19c）。

　　相较于非稻鸭复合种养田，稻鸭复合种养田土壤速效钾含量有减少趋势。几种规模稻鸭复合种养田土壤的速效钾含量在成熟期均低于非稻鸭复合种养田（$P<0.05$），因此在后期管理上要加强稻鸭复合种养田钾的输入（图11-19d）。

　　4. 土壤pH和氧化还原电位

　　经过长期稻鸭复合种养后，稻田土壤的pH在试验前和齐穗期均低于非稻鸭复合种养田（$P<0.05$）；成熟期除OR5低于CK外，其余处理与CK差异不显著（$P>0.05$），处理OR1、OR3和OR5 3种规模稻鸭复合种养田间在不同时期的差异表现不明显（$P>0.05$），即鸭群规模对土壤pH的影响较小（图11-20a）。

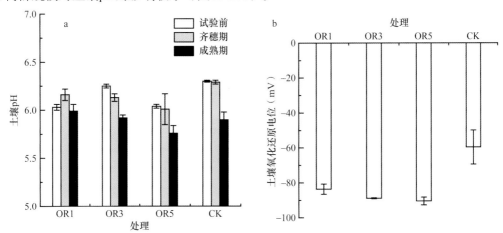

图11-20　稻鸭复合种养田不同鸭群规模对土壤pH（a）和氧化还原电位（b）的影响

稻田是多种生物共同作用的体系，存在多种氧化剂和还原剂，其氧化还原电位由多种因素共同决定。由于稻鸭复合种养田的水深明显高于非稻鸭复合种养田，在长期淹水条件下，土壤的氧化还原电位降低，因此稻鸭复合种养田的土壤氧化还原电位显著低于非稻鸭复合种养田（$P<0.05$），而处理OR3和OR5稻鸭复合种养田的土壤氧化还原电位在共作期间明显低于OR1稻鸭复合种养田（$P<0.05$）（图11-20b）。

11.2.3.3 稻田水体环境

根据国家水质标准对V类水质（主要适用于农业用水区及一般景观要求水域）的要求，即水体全氮≤2mg/L，NH_4^+-N≤2mg/L，可溶性磷≤0.4mg/L，溶氧量≥3mg/L，对稻鸭复合种养田的田间水体进行评价。

田间水体的硝态氮含量最小值高于2mg/L，属于劣V类水质，硝态氮的污染较为严重，因此不可随意将田面水排放到外河道中。从测定结果的平均值来看，稻鸭复合种养田的硝态氮含量较非稻鸭复合种养田高（$P<0.05$），其中OR3稻田的含量最高，而OR5稻田的含量最低且与非稻鸭复合种养田最为接近（$P>0.05$）（图11-21a）。

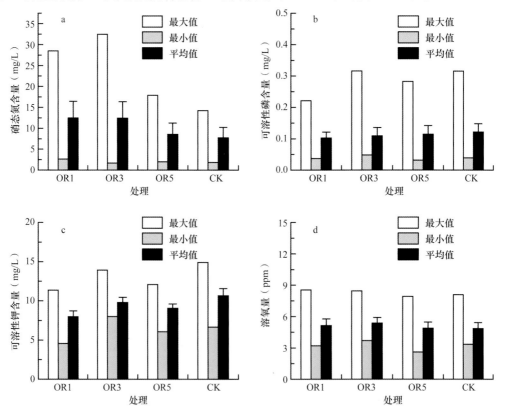

图11-21 稻鸭复合种养田不同鸭群规模对田间水体硝态氮含量（a）、可溶性磷含量（b）、可溶性钾含量（c）和溶氧量（d）的影响

稻鸭复合种养对田面水中可溶性磷含量的影响较小，且其可溶性磷含量处于较低于非稻鸭复合种养田的状态。总的来看，在稻鸭复合种养期间，水体可溶性磷含量始终低于0.4mg/L，未造成水体污染（图11-21b）。

在稻鸭复合种养期间，稻田水体可溶性钾含量低于水稻单作田（$P<0.05$），鸭粪补

充钾的能力较弱。从测定的可溶性钾含量平均值来看，OR3稻鸭复合种养田水体中可溶性钾的含量较高，但不同规模的稻鸭模式未达到显著差异（$P > 0.05$）（图11-21c）。

稻鸭复合种养系统中鸭子的中耕浑水作用可以使水中的溶氧量上升，同时鸭子对水中藻类和杂草的取食又会使水生生物的光合作用下降，导致溶氧量下降。从复合种养期间溶氧量的测定结果来看，除了OR5复合种养田，其他稻田水体中溶氧量的最小值均高于3mg/L，符合国家V类水质标准，而OR3稻鸭复合种养系统的水体溶氧量均高于其他类型稻田（$P < 0.05$）（图11-21d）。

11.2.4　秸秆还田技术

与水稻单作系统不同，复合种养田的秸秆还田是在田间淹水条件下进行，其还田技术需要重新摸索。此外，秸秆还田对水产动物是否有影响，也是复合种养田秸秆还田需要研究的问题。为此，我们以双季稻区的稻鸭复合种养系统和稻虾复合种养系统为例，开展复合种养田秸秆还田的研究。

11.2.4.1　双季稻区的稻鸭复合种养田秸秆还田

秸秆还田是稻鸭复合种养田土壤培肥的主推措施之一，双季稻区秸秆还田培肥措施存在农事紧、秸秆含水量高、降解难等问题，影响了秸秆的循环利用。针对这一问题，在秸秆还田后放鸭，通过鸭踩踏、啄食、搅动和排泄等形式，提高秸秆分解效率，实现"双培肥"效果，改善土壤肥力，提高水稻产量。

针对双季稻区季节紧张和秸秆还田难、秸秆随意还田、利用率低等问题，将鸭放入稻田促秸秆降解和搅动土壤，探讨稻鸭复合种养系统秸秆还田的关键技术。试验设置了8个秸秆还田技术措施：①秸秆炭化还田（CR）；②秸秆炭化还田+养鸭（CD）；③秸秆直接还田（ZR）；④秸秆直接还田+养鸭（ZD）；⑤秸秆粉碎还田（FR）；⑥秸秆粉碎还田+养鸭（FD）；⑦秸秆不还田（BR）对照；⑧秸秆不还田+养鸭（BD）。

1. 秸秆降解速率

秸秆分解快慢是影响秸秆还田效果的重要因素。对秸秆粉碎还田+养鸭（FD）、秸秆粉碎还田（FR）、秸秆直接还田+养鸭（ZD）和秸秆直接还田（ZR）4个处理的秸秆降解速率测定表明，FD的秸秆降解效果最好（表11-6）。

表11-6　稻田养鸭和秸秆还田方式对秸秆降解速率的影响

日期	处理	初始质量（g）	剩余质量（g）	降解速率（%）
9月6日	FD	20	10.80	46.03
	FR	20	11.47	42.68
	ZD	20	11.92	40.40
	ZR	20	12.14	39.30
9月21日	FD	20	8.50	21.26
	FR	20	8.27	27.87
	ZD	20	9.73	18.37
	ZR	20	8.99	25.95

日期	处理	初始质量（g）	剩余质量（g）	降解速率（%）
10月6日	FD	20	7.67	9.82
	FR	20	7.86	5.02
	ZD	20	8.17	16.03
	ZR	20	8.96	0.33
10月16日	FD	20	7.83	−2.09
	FR	20	7.50	4.52
	ZD	20	7.76	5.02
	ZR	20	8.13	9.32

2. 水稻产量

秸秆炭化还田耦合养鸭处理的水稻产量为6.90t/hm^2，秸秆炭化还田不养鸭处理为6.81t/hm^2，秸秆粉碎还田耦合养鸭处理为6.65t/hm^2，秸秆直接还田耦合养鸭处理为6.48t/hm^2，都显著高于秸秆不还田也不养鸭处理的5.89t/hm^{2}和秸秆不还田耦合养鸭处理的5.7t/hm^2，较秸秆不还田也不养鸭处理分别高出17.15%、15.62%、12.90%、10.02%（$P<0.05$），较秸秆不还田耦合养鸭处理分别高出21.06%、19.47%、16.67%、13.68%（$P<0.05$）。这说明秸秆还田耦合养鸭可提高水稻产量，短期内（1年）能使水稻增产10%（图11-22）。

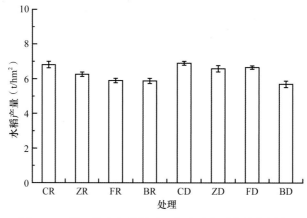

图11-22　稻田养鸭和秸秆还田方式对水稻产量的影响

3. 土壤养分

试验前土壤本底值全氮1.31g/kg、全磷0.46g/kg、全钾22.71g/kg。与本底值相比，试验后各处理土壤全氮含量表现不同，一些处理如孕穗期的FR、灌浆期的ZD和BR呈下降趋势，其余处理则呈上升趋势；而土壤全磷、全钾含量则都表现出升高（图11-23）。成熟期土壤全氮含量BD＞CD＞FR＞ZR＞FD＞CR＞ZD＞BR；整个生育期土壤全氮含量都为CD显著高于BR（$P<0.05$），在水稻孕穗期、灌浆期、成熟期分别高出16.30%、15.08%、20.15%。成熟期土壤全磷含量BD＞FD＞CD＞BR＞CR＞ZR＝FR＞ZD，BD处理为0.65g/kg，增幅最大，为41.30%；ZD处理为0.48g/kg，增幅最小，为4.34%；整个生

育期土壤全磷含量都为FD显著高于BR（$P<0.05$），在水稻孕穗期、灌浆期、成熟期分别高出16.67%、23.91%、21.57%。成熟期土壤全钾含量FR＞CD＞BR＞ZD＞FD＞ZR＞CR＞BD，各处理间差异未达到显著水平（$P>0.05$）。

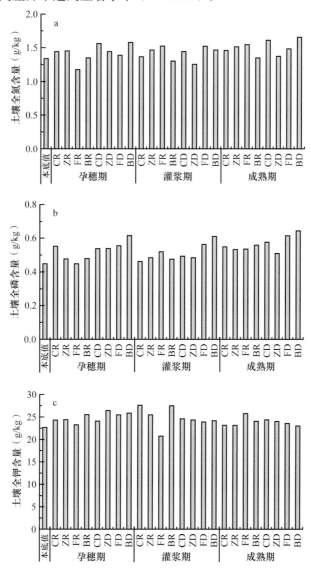

图11-23　稻鸭复合种养田秸秆处理方式对土壤全氮（a）、全磷（b）和全钾（c）含量的影响

4. 土壤有机质

试验前土壤本底值有机质为21.75g/kg。由图11-24可知，BR处理的土壤有机质含量在处理前后保持稳定，其他各处理土壤有机质含量呈现出在孕穗期先大幅提高，在灌浆期少许降低，到成熟期再升高的现象。灌浆期各处理间土壤有机质含量差异显著（$P<0.05$），土壤有机质含量大小依次为FR＞BD＞FD＞ZD＞CR＞CD＞BR；成熟期有机质含量大小依次为ZR＞BD＞ZD＞CD＞FR＞CR＞BR，各处理间差异显著（$P<0.05$）。

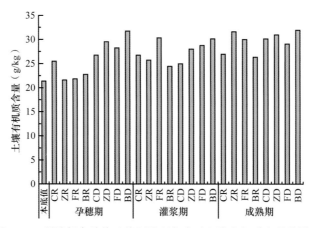

图11-24　稻鸭复合种养田秸秆处理方式对土壤有机质含量的影响

　　上述结果表明，秸秆还田耦合养鸭处理会明显降低水稻的茎叶生物量，而CR（秸秆炭化还田）和BR（秸秆不还田）在增加养鸭处理后，会明显增加水稻穗的生物量；3种秸秆还田方式在增加养鸭处理后均能在原基础上进一步增加当季水稻产量，其中FD（秸秆粉碎还田+养鸭）处理的水稻产量较FR（秸秆粉碎还田）增加了12.7%，ZD较ZR增加了5.1%，CD较CR增加了1.3%，BD与BR无明显差异（$P > 0.05$）；除CR（秸秆炭化还田）在增加养鸭处理后，土壤pH进一步降低外，其他3种秸秆处理方式在增加养鸭处理后，均提高土壤pH，即缓解土壤酸化，其中ZD（秸秆直接还田+养鸭）与ZR（秸秆直接还田）的对比效果最明显，ZD处理的土壤pH较ZR提高了0.15个单位，其次为BD（秸秆不还田+养鸭）与BR（秸秆不还田），BD处理的土壤pH较BR提高了0.1个单位；CD（秸秆炭化还田+养鸭）与CR（秸秆炭化还田）、BD（秸秆不还田+养鸭）与BR（秸秆不还田）两组试验结果显示，增加养鸭处理会提高土壤有机质含量，分别提高12.1%和19.95%，而FD（秸秆粉碎还田+养鸭）与FR（秸秆粉碎还田）、ZD（秸秆直接还田+养鸭）与ZR（秸秆直接还田）两组对比试验结果显示，秸秆还田在增加养鸭处理后会降低土壤有机质含量，分别降低了2.2%和3.3%；FD（秸秆粉碎还田+养鸭）与FR（秸秆粉碎还田）、ZD（秸秆直接还田+养鸭）与ZR（秸秆直接还田）两组的秸秆降解试验结果显示，秸秆经过40d就能降解50%以上，其中FR（秸秆粉碎还田）的秸秆降解速率和60d的降解量均高于ZR（秸秆直接还田）处理，秸秆还田在增加养鸭处理后，能提高前20d的秸秆降解速率，但对60d的秸秆降解量无明显影响（$P > 0.05$），即秸秆还田在增加养鸭处理后能减弱单纯秸秆还田的负面效应。

11.2.4.2　稻虾复合种养田秸秆还田技术

　　稻虾复合种养模式中，普遍实行水稻秸秆还田。研究表明，水稻秸秆可为小龙虾提供天然的栖息场所，小龙虾在稻草当中生活、越冬并繁育虾苗。在冬季泡水过程中，水稻秸秆还具有保温作用，能满足小龙虾越冬需要。稻草在腐解过程中，会滋养培育大量的浮游动物，是小龙虾幼苗最喜爱的天然饵料，有利于小龙虾生长。秸秆腐烂时，给水体带来一定的肥度，而池塘水体肥度由浮游植物的种类和数量决定，当浮游植物进行光合作用时，又能释放出氧气并且吸取池内的无机盐，保持池塘内的生态平衡。作物秸秆还田后还可改善土壤理化特性，减少氮肥施用量，提高氮素利用率，促进作物生长发育，提高作物产量（Wang et al.，2014）。武际等（2012）的研究表明，秸秆覆盖还田可以显著增加土壤耕层铵态氮和硝态氮含量，并且秸秆还田时间越长、秸秆还田量越大，土壤铵态氮和硝态氮含量增加越明显。在秸秆腐解的过程中，土壤微生物活性提高，代谢活跃。秸秆覆盖与土壤微生物之间是相互促进、相互影响的，一方面秸秆覆盖增加了土壤微生物数量，提高了微生物的活性；另一方面土壤微生物数量及活性的提高会加快秸秆的腐解，有利于加快物质转换和能量循环，提高土壤肥力状况（Villamil and Nafziger，2015）。

为此，我们开展稻虾复合种养田秸秆还田的研究，试验研究在湖北省潜江市后湖农场三分场华中农业大学稻虾基地（N 30°39′，E 112°71′）进行，设水稻单作（CK）、稻虾+秸秆还田（RC+S）和稻虾+秸秆不还田（RC+NS）3个处理，3次重复，小区面积约1.5亩。水稻秸秆还田处理采用收割机留低茬粉碎秸秆后进行表面覆盖全量还田的方式。

1. 水稻和小龙虾产量

水稻秸秆还田能够显著提高水稻产量（$P<0.05$）。秸秆还田处理的水稻产量到了8.86t/hm²，较不还田处理提高了10.53%（图11-25）。秸秆还田处理的小龙虾产量达到了1.97t/hm²，较秸秆不还田处理小龙虾产量提高了19.12%，但是小龙虾产量二者差异不显著（$P>0.05$），可能秸秆对小龙虾的作用主要表现在提高小龙虾品质方面（图11-25）。

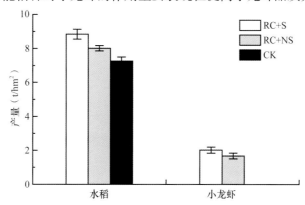

图11-25　秸秆还田对水稻和小龙虾实际产量的影响

2. 土壤肥力

稻虾复合种养模式中秸秆还田可显著提高土壤肥力。秸秆还田处理的有机质、全氮、全磷含量分别达到了68.78g/kg、2.77g/kg和1.03g/kg，较秸秆不还田处理显著提高土壤有机质含量28.37%、全氮含量40.61%和全磷含量11.96%（$P<0.05$）（图11-26）。

土壤铵态氮含量随生育期而变化，各处理都是在分蘖期上升，拔节期下降（$P<0.05$），从拔节期到成熟期无明显变化（$P>0.05$）。在水稻秧苗期，秸秆还田处理的铵态氮含量显著高于不还田处理（$P<0.05$），而此时是水稻幼苗生长急需氮素的关键时期，秸秆还田处理的铵态氮含量达到了24.25mg/kg，较秸秆不还田处理提高了31.46%，有利于作物的吸收和利用（图11-27a）。

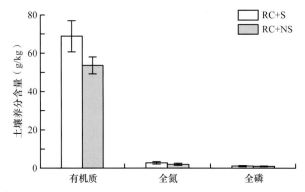

图11-26　秸秆还田处理对土壤有机质、全氮和全磷含量的影响

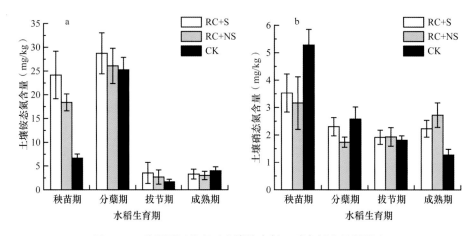

图11-27　秸秆还田处理对土壤铵态氮、硝态氮含量的影响

随水稻生育期变化，各处理间硝态氮含量呈现先下降后上升的变化规律。在水稻成熟期，稻虾+秸秆还田处理的硝态氮含量显著高于水稻单作模式（$P<0.05$），而硝态氮（NO_3^--N）在土壤中非常不稳定，极易随水迁移，流动性很强，故未被作物吸收的氮素容易以NO_3^-形式淋失或通过反硝化作用以气态形式如N_2O损失。因此，稻虾+秸秆还田处理可提高土壤的氮素利用率（图11-27b）。

11.2.5　冬季种植制度技术

针对复合种养田长期淹水导致土壤还原性物质积累、土壤潜育化等问题，探讨是否可以通过冬季种植制度技术来达到改良土壤的目的。在浙江德清清溪鳖业农场（N 30°33′、E 119°32′）进行试验。通过田间试验观测，分析冬季种植制度对土壤肥力的影响。共有试验观测处理5个。①水稻单作对照（A）：仅种植水稻，秸秆还田，冬季种植绿肥，不施用肥料；②稻鳖+秸秆还田+冬草鱼（常规稻鳖对照）（B）：稻田养殖鳖，秸秆还田，冬天养殖草鱼，常年淹水；③稻鳖+秸秆还田+冬小麦（C）：稻田养殖鳖，水稻收获后秸秆还田，冬季种植小麦，不施用肥料；④稻鳖+秸秆还田+冬油菜花（D）：稻田养殖鳖，水稻收获后秸秆还田，冬季种植油菜，不施用肥料；⑤稻鳖+秸秆还田+冬绿肥（E）：稻田养殖鳖，水稻收获后秸秆还田，冬季种植绿肥，不施用肥料。

11.2.5.1 水稻产量

不同处理之间水稻产量差异显著（F=5.815，P=0.033），水稻单作处理的产量显著低于稻鳖复合种养处理（P<0.05），但4个稻鳖复合种养处理的水稻产量差异不显著（P>0.05）（图11-28）。

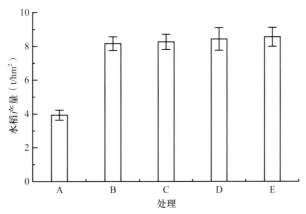

图11-28 稻鳖复合种养田不同冬季种植处理下水稻产量

11.2.5.2 土壤有机质、全氮、全磷和还原性物质总量

处理两年后的试验结果表明，土壤有机质（F=23.183，P=0.017）、土壤全氮（F=-5.349，P=0.025）和土壤全磷（F=1.647，P=0.041）在不同处理之间均差异显著（图11-29）。与

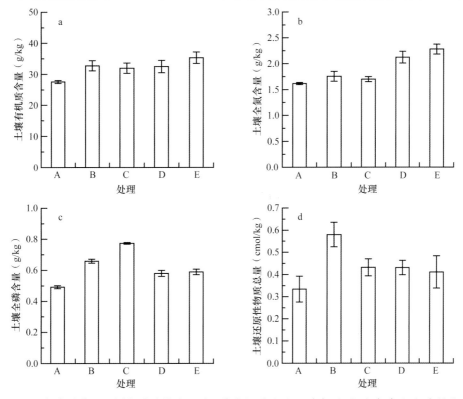

图11-29 稻鳖复合种养田不同冬季种植处理对土壤有机质（a）、全氮（b）和全磷（c）含量和还原性物质总量（d）的影响

水稻单作对照相比，冬季种植制度（冬季作物或养殖鱼）处理土壤有机质含量均显著增加（$P<0.05$），但稻鳖复合种养各处理之间的土壤有机质含量差异不显著（$P>0.05$）（图11-29a）。稻鳖+秸秆还田+油菜花处理和稻鳖+秸秆还田+冬绿肥处理的土壤全氮含量显著高于水稻单作和其他稻鳖复合处理（$P<0.05$），土壤全氮含量在稻鳖+秸秆还田+冬草鱼、稻鳖+秸秆还田+冬小麦处理之间差异不明显（$P>0.05$）（图11-29b）。水稻单作处理的土壤全磷含量也显著低于稻鳖复合种养处理（$P<0.05$），而稻鳖复合种养各处理之间的土壤全磷含量差异不显著（$P>0.05$）（图11-29c）。

处理两年后的试验结果表明，各处理之间土壤还原性物质总量差异显著（$F=1.758$，$P=0.037$），常年淹水的稻鳖+秸秆还田+冬草鱼处理土壤还原性物质总量显著高于水稻单作处理和稻鳖复合种养的其他处理（$P<0.05$）（图11-29d）。

11.3 复合种养稻田土壤培肥与丰产增效耕作模式

针对复合种养田存在的问题，围绕复合种养田土壤肥力的维持和提升，在上述关键技术筛选研究的基础上，在稻鱼复合种养田、稻虾复合种养田和稻鸭复合种养田分别构建土壤肥力保持和提升模式并进行试验验证。

11.3.1 稻鱼复合种养田模式的构建及验证

11.3.1.1 模式特征

针对稻鱼复合种养系统淹水和养分不平衡（氮富集）等问题，探讨协同种养比例、优化氮素输入和冬季种植制度调控模式。模式构建和验证在浙江青田（N 27°59′、E 120°18′）稻鱼系统开展。

模式1（对照）：常年淹水，"田鱼"目标产量高（$2.25t/hm^2$），高总氮投入（饲料氮为$114kg/hm^2$，肥料氮为$8.0t/hm^2$）。

模式2（优化）：冬晒，"田鱼"目标产量调减（$1.5t/hm^2$），氮输入优化（饲料氮为$79.5kg/hm^2$，肥料氮为$120kg/hm^2$）。

模式3（优化）：冬季油菜，"田鱼"目标产量调减（$1.5t/hm^2$），氮输入优化（饲料氮为$63kg/hm^2$，肥料氮为$94.5kg/hm^2$）。

11.3.1.2 模式效果

稻鱼复合种养系统两年的试验结果表明，与对照相比，优化模式可实现水稻和鱼稳产（$P>0.05$）（图11-30）；土壤全氮含量下降而全磷含量保持（图11-31a），养分趋于平衡；土壤还原性物质总量分别降低54.8%和68.1%（$P<0.05$）（图11-31b）。与对照相比，优化模式1和2稻田水体全氮、全磷含量分别降低14.5%、27.4%和16.7%、38.9%（$P<0.05$）（图11-32a），氮素利用率分别提高27.5%和56.4%（$P<0.05$）（图11-32b）。

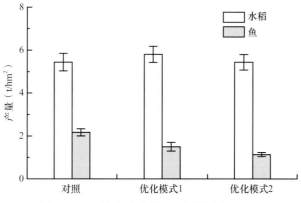

图11-30　稻鱼复合种养田不同模式的产量

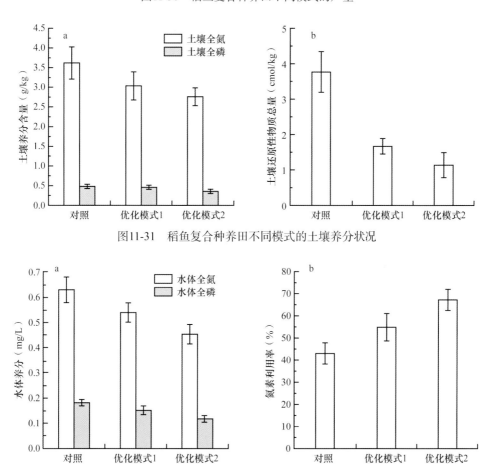

图11-31　稻鱼复合种养田不同模式的土壤养分状况

图11-32　稻鱼复合种养田不同模式的稻田水体全氮磷含量（a）和氮素利用率（b）

11.3.1.3　优化模式技术集成的简明流程图

在模式优化的基础上，在复合种养区内，以面积为3～5亩的稻田作为一个复合种养单元，进行技术集成，简明流程见图11-33。

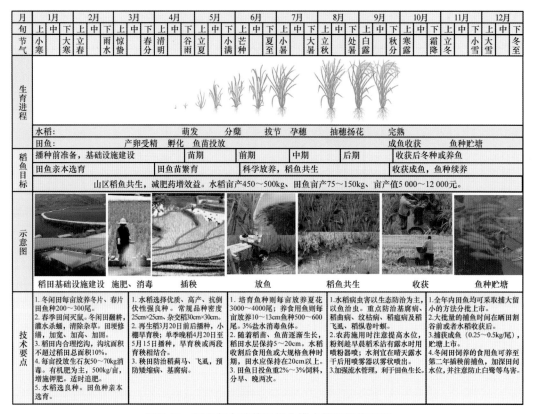

图11-33　稻鱼复合种养田优化模式简明操作流程

11.3.2　稻虾复合种养田模式的构建及验证

11.3.2.1　模式特征

针对稻虾复合种养田长期淹水厌氧、氮素输入高带来的潜育化和氮素富营养化以及秸秆还田难等问题，构建土壤肥力提升模式。

模式1（对照）：潜江传统稻虾模式（CK），按深1m、宽1.2m开挖养殖沟，同时在水稻种植区每隔5m挖深0.3m、宽0.3m的沟，并通过内埂与养殖沟相通，管理模式按潜江传统方式进行。

模式2（优化）：以沟控水模式（RCD），稻田养殖小龙虾，优化田间沟坑（环型沟2～3m宽、1m深，田间每隔3m开0.3m宽、0.3m深的沟，并与环型沟连接）（图11-34a）。

模式3（优化）：生态池模式（RCP），稻田养殖小龙虾，优化田间沟坑（环型沟0.5m宽、0.5m深）（图11-34b）。

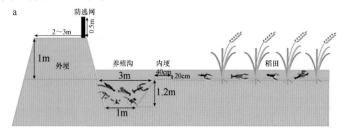

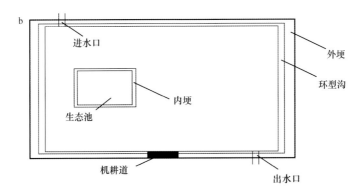

图11-34　稻虾复合种养田优化模式田间示意图

11.3.2.2　模式效果

稻虾复合种养系统两年的试验结果表明，与对照相比，优化模式1的水稻产量提升（$P<0.05$）（图11-35），土壤全氮和全磷含量提高，土壤氧化还原状况得到改善（$P<0.05$）（图11-36）。此外，优化模式1的稻田水体铵态氮和硝态氮含量分别比照模式的降低34.21%和9.97%（$P<0.05$）（图11-37a），氮素、磷素利用率维持不变（$P>0.05$）（图11-37b）。

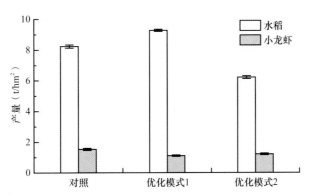

图11-35　稻虾复合种养田不同模式的产量

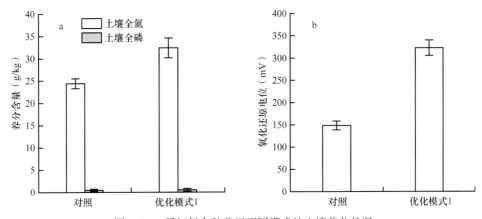

图11-36　稻虾复合种养田不同模式的土壤养分状况

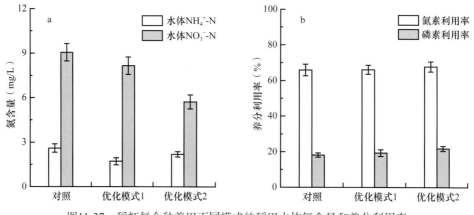

图11-37　稻虾复合种养田不同模式的稻田水体氮含量和养分利用率

11.3.2.3　优化模式技术集成的简明流程图

在模式优化的基础上，在复合种养区内，以面积为30～40亩的稻田作为一个复合种养单元，进行技术集成，简明流程见图11-38。

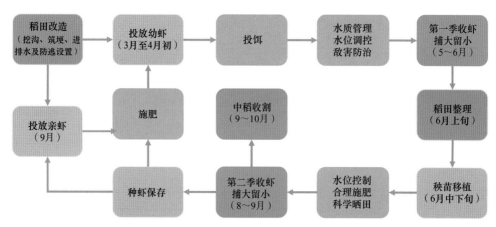

图11-38　稻虾复合种养田优化模式简明操作流程

11.3.3　稻鸭复合种养田模式的构建及验证

11.3.3.1　模式特征

针对稻鸭复合种养不同规模鸭群对稻田肥力和水稻生长的影响及秸秆还田难的特点，通过设置不同田块规模大小以及对照组，确定稻鸭互作的最优面积以及相应配套技术，提供水旱两熟土壤培肥方案；在农产品方面，生产无农药、无化肥、无除草剂的绿色水稻产品以及得到额外的农副产品，从而开创水稻复合种养可持续发展的新途径。模式构建过程中，根据稻鸭共作中不同规模鸭群对水稻和土壤的影响存在差异，同时考虑稻田的承载力、水稻的丰产和鸭子的存活率，按每亩18只鸭子进行配置，设计1亩、3亩和5亩三种不同规模鸭群的稻鸭共作水稻田，形成两种模式，并以水稻单作系统为对照。

对照（CK）：不养鸭，施氮肥300kg/hm^2，磷肥、钾肥各120kg/hm^2，冬季绿肥，2～3年轮换种植冬小麦，水稻秸秆旋耕还田。

模式1（OR1、3、5）：田间全年不施肥，不打农药，夏季放养绿萍，冬季种植绿肥，第二年旋耕入土作基肥，水稻秸秆旋耕还田。

模式2（GR1、3、5）：第一年施氮肥300kg/hm^2，磷肥、钾肥各120kg/hm^2，夏季放养绿萍，冬季种植绿肥，第二年旋耕入土作基肥，水稻秸秆旋耕还田。

11.3.3.2　模式效果

从测产结果来看，稻鸭共作会稍微降低水稻的产量，但不显著（$P>0.05$）。对同一类型的稻鸭田块，随时间推移，水稻产量下降的趋势越来越明显，但也未达显著水平（$P>0.05$），这可能与土壤养分过度消耗但某些养分得不到充足的补充有关。从稻鸭共作同一组内不同规模间的测产结果来看，3亩大小规模的田块产量较其他规模高（$P<0.05$），表明3亩大小规模的稻鸭共作有利于遏止产量下降的趋势（图11-39）。

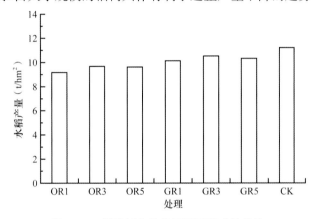

图11-39　稻鸭复合种养田不同模式的产量

从土壤容重的测定结果来看，相较于常规稻作田（CK），稻鸭共作能有效降低土壤容重，尤其是有机稻鸭共作（OR）效果显著（$P<0.05$）。稻鸭共作各组内均以3亩规模大小的共作田土壤容重最低，而以1亩规模大小的共作田土壤容重最高（$P<0.05$）（图11-40）。

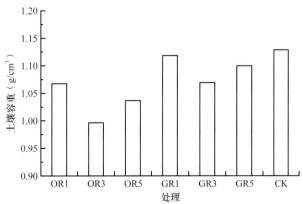

图11-40　稻鸭复合种养田不同模式的土壤容重

从土壤有机质的测定结果来看，相较于常规稻作田（CK），稻鸭共作能显著增加土壤的有机质含量（$P<0.05$），而有机稻鸭共作田（OR）的土壤有机质含量较绿色稻鸭共作田（GR）提升得多（图11-41a）。稻鸭共作各组内均以5亩规模大小的共作田土壤有机质含量最高（$P<0.05$）。OR组内以1亩大小规模的共作田有机质含量最低，而GR组内以3亩大小规模的共作田有机质含量最低（$P<0.05$）。

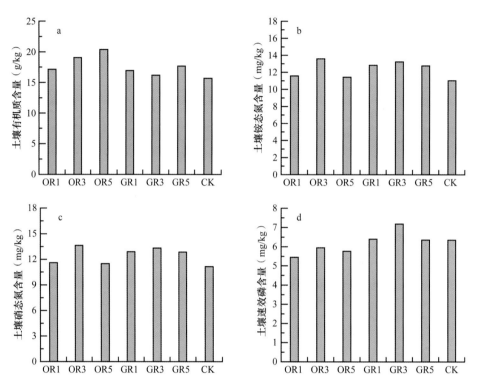

图11-41 稻鸭复合种养田不同模式的土壤有机质（a）、铵态氮（a）、硝态氮（b）和有效磷（c）含量

相较于常规稻作田（CK），稻鸭共作能显著提高土壤的铵态氮和硝态氮含量（$P<0.05$），但有机稻鸭共作田（OR）的土壤铵态氮和硝态氮含量较绿色稻鸭共作田（GR）增加不显著（$P>0.05$）。稻鸭共作各组内均以3亩规模大小的共作田土壤铵态氮和硝态氮含量最高，以5亩大小规模的共作田铵态氮和硝态氮含量最低（图11-41b和c）。

从土壤有效磷的测定结果来看，相较于常规稻作田（CK），稻鸭共作能有效保证土壤中有效磷的供应，其中绿色稻鸭共作田（GR）土壤中有效磷含量有了较大幅度的提升（$P<0.05$）。稻鸭共作各组内均以3亩规模大小的共作田土壤有效磷含量最高；OR组内以1亩大小规模的共作田有效磷含量最低，而GR组内以5亩大小规模的共作田有效磷含量最低（$P<0.05$）（图11-41d）。

11.3.3.3 优化模式技术集成的简明流程图

在模式优化的基础上，在复合种养区内，以面积为$0.2hm^2$（3亩）的稻田（适宜放鸭数量为54只）作为一个复合种养单元，进行技术集成，简明流程见图11-42。

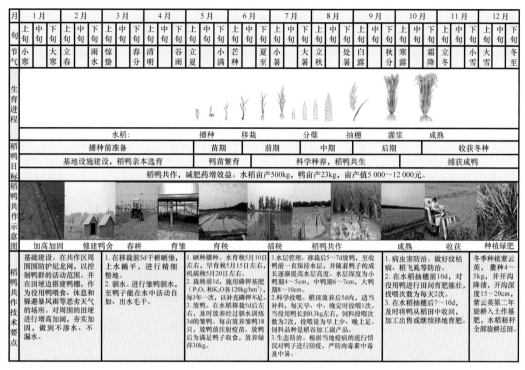

图11-42　稻鸭复合种养田优化模式简明操作流程

11.4　复合种养稻田生态经济效应

11.4.1　评价指标体系探讨

复合种养对稻田土壤、水稻病虫草害、水体环境、温室气体排放以及水稻生长性状等多个方面产生了重要的生态影响。已有研究从土壤肥力、土壤理化性质和土壤生物多样性等多个方面分析了稻田复合种养对土壤的影响：甄若宏等（2008）发现稻鸭共作通过鸭子的田间活动降低了土壤容重，改善了土壤的通气和持水状况；佀国涵等（2017）指出长期稻虾共作降低了土壤紧实度并提高了土壤中有机碳含量；Wang（2000）和Deng等（2007）发现稻田种养技术能够增加土壤肥力；程慧俊（2014）则进一步指出稻虾共作能够大幅提高化肥利用率。复合种养还能够抑制稻田的病虫草害（夏国钧，2016），稻虾共作对稻田中主要杂草的防效可达85%以上（刘全科等，2017）。陈飞星和张增杰（2002）发现稻田养蟹可降低化肥施用，从而在一定程度上降低了水体富营养化的污染风险。稻田复合种养能够减少CH_4和N_2O的排放，对温室效应具有一定的缓解作用（Fu et al.，2008；王强盛，2018）。

已有文献从水稻产量、稻米品质和农户收入几个方面综合评价了复合种养的经济效果。尽管稻田复合种养对水稻具有明显的"壮秆"效应（王强盛等，2008），且提高了成穗率（禹盛苗等，2005），具有绿色特性，学术界普遍赞成稻田复合种养能够提高水稻品质（吴启柏，2012），但其对水稻产量的影响如何，目前学者尚有争议。张苗苗等（2010）认为稻鸭共作扩大了水稻的株行距，造成水稻的穗数和产量比常规稻田低。而曹凑贵等（2017）则指出湖北省稻虾复合种养使水稻产量增加了4.63%～14.01%。学者普遍认为稻田复合种养具有增收作用，并根据不同地区的生产情况测算了其对农户收入的影响。马达文（2016）指出经测产验收，稻虾复合种养每亩可实现3107元的纯收益。殷瑞锋等（2016）测算出稻虾共作每亩的收入为2558元。权可艳等（2016）发现在不考虑家庭人工费的情况下，稻虾共作技术每一种植期可获利润约5530元。钟斌（2017）基于对洞庭湖地区的研究认为，稻虾复合种养的亩均利润约为一季稻利润的2.9倍。

基于已有研究，我们总结出了稻田复合种养的生态–经济效应评价指标体系（表11-7）。已有研究主要用稻田复合种养对土壤（包括土壤肥力、土壤理化性状、病虫害防效、杂草种类和数量）、水体环境、空气（CH_4降低率和N_2O降低率）的影响来评估其生态效应，用复合种养田水稻的品质、产量以及复合种养农户的收入情况来衡量稻田复合种养的经济效应。

表11-7　已有研究的评价指标

评价效果	评价因素	具体指标	参考文献
生态效应	土壤	土壤肥力	Wang, 2000；Deng et al., 2007；程慧俊, 2014
		土壤理化性状	甄若宏等, 2008；侣国涵等, 2017
		病虫害防效	夏国钧, 2016
		杂草种类和数量	刘全科等, 2017
	水	水体环境	陈飞星和张增杰, 2002
	空气	CH_4排放量降低率	Fu et al., 2008
		N_2O排放量降低率	王强盛, 2018
经济效应	水稻品质	复合种养田水稻品质	禹盛苗等, 2005；王强盛等, 2008；吴启柏, 2012
	水稻产量	复合种养田水稻产量	张苗苗等, 2010；曹凑贵等, 2017
	农户收入	复合种养农户收入	马达文, 2016；权可艳等, 2016；殷瑞锋等, 2016；钟斌, 2017

11.4.2　稻虾复合种养田案例分析

我国稻田复合种养的面积不断扩大，在稻田复合种养的各类模式中，稻虾复合种养发展最快，为此选择稻虾共作作为稻田复合种养的典型模式进行分析。湖北省的小龙虾养殖面积在全国占比达45%以上，产量达55%以上，湖北省稻虾共作的面积仍有快速发展的趋势，以荆州市和潜江市发展最快。本研究以湖北省荆州市和潜江市作为研究区域，开展案例分析。在2017年5月和2018年6月两次预调研的基础上，进一步完善问卷，于2018年8月进行了大规模的正式调研。此次调研抽样遵循随机抽样的原则，获得309份农户2017年度生产状况的数据，其中稻虾共作农户227份，水稻单作农户82份。2019年10月，本课题组再度赴湖北省荆州市和潜江市对稻虾共作农户进行调研，收回关于农户2018年度生产状况的问卷276份。由于目前农户进入与退出稻虾复合种养频繁，难以获得长期观察数据，本课题组选定12户稻虾复合种养户作为跟踪调查户，在2018年和2019年对其进行两次调研比对，从而反映其2017年度和2018年度稻虾复合种养生产的动态变化。

11.4.2.1　农户对复合种养田经济效应及生态效应的感知

农户是稻田复合种养的直接采用者，其对稻田复合种养生态效应和经济效应的感知可以在一定程度上反映稻田复合种养的实际经济效应，并将进一步影响农户的生产行为。

本节基于入户调查，分析农户对稻田复合种养经济效应和生态效应的认知状况。根据农户对"复合田的稻米是不是品质更好些？""复合田有没有减少水稻产量？""复合田是不是增加了收入？"等问题的回答来判断农户对稻田复合种养经济效应的认知。根据调查结果，农户普遍认为（99%以上的农户）稻田复合种养能够增加农业收入，但其关于复合种养对水稻品质影响的认识则不尽相同。约有56%的农户认为稻田复合种养改善了水稻品质，但仍有约一半（44%）的农户认为稻田复合种养下的水稻品质和单作模式下的水稻品质没有区别。

通过询问农户"是不是复合田的土比较肥？""有没有感觉到复合田不怎么有虫害、草害？""复合田水草要比水稻田少些吗？""复合田里面泥鳅之类的是不是比水稻田多一些？"等问题，由农户回答是否同意或者不知道，根据农户的态度判断其对稻虾复合种养增加土壤肥力、减少病害、降低水体富营养化、丰富生物多样性等生态效应的认知。根据调查结果，共有62%的农户认为稻田复合种养较为环保，具有良好的生态效应；而94%的农户承认复合种养经济效应良好。相较于生态效应，农户能够更加直接地感受到稻田复合种养提升经济效应的作用。此外，农户对稻田复合种养生态效应不同表现的认知也不尽相同。78%的农户肯定复合种养能够增加土壤肥力，减少化肥的施用；59%和54%的农户分别肯定了复合种养降低水体富营养化的作用和丰富生物多样性的作用；而仅28%的农户认为复合种养减少了水稻病害。

11.4.2.2　描述性统计

农户的生产行为将会直接影响稻虾复合种养的经济效应和生态效应，基于本课题组调研情况，我们分析了复合种养农户与水稻单作农户及追踪调查户的投入–产出行为，初步对复合种养的经济效应和生态效应进行判断。基于对稻虾复合种养"减肥减药"效应的推测，本节以农户施用化肥和农药的情况来反映其生态效应，并以亩均收益来反映其经济效应。

1. 共作及单作农户的经济效应和生态效应

2017年度湖北水稻单作农户和稻虾复合种养农户的投入–产出状况差别较大。尽管稻虾共作显著增加了农业生产的总成本，但由于小龙虾的经济效应远高于水稻，因此稻虾复合种养农户总收入仍远高于水稻单作，是其4倍左右。这说明相较于水稻单作，稻虾复合种养具有更好的经济效应。此外，单作农户平均每亩化肥费用164.33元，平均每亩农药费用91.7元；共作农户平均每亩化肥费用98.72元，平均每亩农药费用70.9元，基本符合以往关于稻虾复合种养能够减肥减药的推测，说明稻虾复合种养具有良好的生态效应（表11-8）。

表11-8　2017年单作农户与稻虾共作户的生产状况　　　（单位：元/亩）

	稻虾共作	水稻单作
稻谷收入	1840.18	1695.82
小龙虾收入	5288.42	
总收入	7128.61	1695.82
总成本	3460.92	1309.69
净收益	3667.68	386.13
化肥费用	98.72	164.33
农药费用	70.9	91.7

2. 追踪调查户的经济效应和生态效应

通过比较追踪调查的12户稻虾共作农户在2017年和2018年的生产情况，评估其不同年度间的经济效应和生态效应。

（1）追踪调查户的基本情况

2018年和2019年两次调研的12户追踪农户，有3户来自荆州市，9户来自潜江市；家庭人口最多的有9人，最少的仅有3人；其中，有7户表示家里接受过稻虾方面的培训，培训次数2～6次，培训组织方主要为农资经销商。12户户主中，有3人为党员，5人现任或曾经担任过村干部。在家庭总收入方面，6户收入在2018年与2017年基本持平，3户出现收入下滑，3户收入有所增长（表11-9）。

表11-9　追踪农户家庭基本信息

编号	市	家庭人口	是否接受过稻虾培训*	是否党员*	是否村干部*	2018年家庭总收入（元）	2017年家庭总收入（元）	2018年收入增长（元）
1	潜江市	6	1	0	0	330 000	330 000	0
2	潜江市	3	0	0	0	270 000	346 000	−76 000
3	潜江市	7	0	1	1	753 200	733 200	20 000
4	潜江市	5	0	0	0	88 500	87 000	1 500
5	潜江市	7	0	0	0	86 000	86 000	0
6	荆州市	3	1	0	0	67 400	67 400	0
7	潜江市	4	1	0	0	196 000	196 000	0
8	荆州市	3	1	1	1	83 460	83 460	0
9	荆州市	6	1	0	0	126 000	126 000	0
10	潜江市	3	1	1	1	865 586	855 266	10 320
11	潜江市	6	0	0	1	98 260	99 144	−883
12	潜江市	9	1	0	1	68 488	69 324	−836

注：*标注的三列中，0分别表示未接受过稻虾培训，非党员，非村干部；1分别表示接受过稻虾培训，党员，村干部

在12户追踪农户中，11户具有两年以上稻虾复合种养生产经验，均在2017年及以前进入该领域，且在2017年及以后有持续的养殖收入。而4号农户进入时间较短，于2017年冬挖沟投苗，因此在2017年仅有养殖投入而无收入。该农户共有土地面积7.5亩，其中，

稻虾共作面积4.5亩，挖沟花费2400元，虾苗投入1600元，网子等投入7600元，饲料投入2200元，消毒、杀菌等病虫害防治投入1200元，小龙虾总计投入15 000元。2018年售卖虾苗约400斤，均价约25元/斤，售卖成虾220斤，均价约28元/斤，养殖收入16 160元，基本收回成本，略有盈余。由于4号农户的养殖横跨2017年、2018两年，无法做出对比，亦会对数据精确度造成影响，因此在后续投入-产出分析中不再将4号农户纳入样本，仅对剩余11户进行分析（表11-9）。

通过12户追踪农户的稻虾共作面积可以看出，两年农户在稻虾复合种养面积上基本无较大变化。2018年4号农户在水稻单作的基础上利用一部分土地进入共作，但仍保留一部分单作土地，对稻虾复合种养较为谨慎。2号农户稻虾共作面积较大，在2017年效益偏好的驱使下于2018年又投入24亩土地，由于基数较大，固定成本较多，短时间内暂无法完全收回成本，因此收益下滑（表11-10）。其他农户基本保持稻虾复合种养面积不变，很少或基本不存在稻虾共作后退出的情况。部分农户表示，无论怎样，稻虾复合种养总比水稻单作收入要多，因此会一直采用复合种养；也有部分农户表示，即使在小龙虾市场行情低迷时会出现亏损，但一旦进入后退出成本较大，虾沟也较难恢复，投入的成本无法回收，因此不愿退出，况且只要别人都在采用，自己也不会放弃。

表11-10　稻虾共作面积变化

编号	2017年（亩）	2018年（亩）	2018年增加量（亩）
1	84.00	84.00	0.00
2	50.00	74.00	24.00
3	9.00	9.00	0.00
4	0.00	4.50	4.50
5	7.50	7.50	0.00
6	30.00	30.00	0.00
7	23.24	23.24	0.00
8	8.91	8.91	0.00
9	32.53	32.53	0.00
10	258.00	258.00	0.00
11	7.50	7.50	0.00
12	28.49	28.49	0.00

进一步调查发现（表11-10），由于2017～2018年度小龙虾市场行情较好，大量农户于2018年进行挖沟投苗，导致2019年小龙虾供应量增加，继而导致价格走低，成虾价格一度低于10元/斤，而虾苗价格猛增至30元/斤甚至40元/斤以上，对于新进入该领域的农户，高买贱卖，亏损严重。究其原因，第一在于地方对稻虾共作的盲目推广及农户的盲目进入；第二在于农户获取小龙虾市场价格的渠道缺乏，与市场信息脱节，无法做出正确的生产决策；第三在于农业生产的周期性决定稻虾共作模式无法灵活地根据市场情况做出适应性的调整，只能被动接受市场价格。

（2）投入–产出变化

相较于2017年，种子费用有所减少，由110.4元/亩下降至95.37元/亩，大多采用撒播的方式，虽在本样本中没有涉及，但调研过程中发现少数农户采用外包育秧公司的方式进行播种，由育秧公司进行育秧并用机器插秧，可自行提供种子也可由育秧公司提供种子，价格200~400元/亩。但根据反馈，农户对育秧公司育秧效果并不太满意，表示其易产生病害且产量较低。在水稻生产中，较2017年，2018年的机械费用也有所减少。耕地费用减少幅度较小，亩均减少14.78元，有1户在2018年免耕，且3户采用只旋不耕的方式，操作简单，费用也较低。而收割费用变化较大，2018年减少了49.01元/亩，主要是由于2018年水稻长势较好，易于收割，因此价格较低；而2017年受大风影响，倒伏严重，收割难度大，收费较高（表11-11）。

表11-11　水稻投入

年份	种子费用（元/亩）	机械投入（元/亩）		施肥费用（元/亩）	农药、草药费用（元/亩）	劳动力投入	
		耕地费用	收割费用			雇佣劳动力费用（元/亩）	自家劳动时间（h/亩）
2017	110.40	85.77	120.01	130.21	113.13	47.03	1.24
2018	95.37	70.99	71.00	116.13	91.67	62.84	2.60
变化量	−14.67	−14.78	−49.01	−14.08	−21.46	15.81	1.36

在一定的宣传及实践经验下，农户的投入理念也有了一定变化。相较2017年，2018年每亩施肥费用及农药、草药费用均有所减少。其中，施肥费用减少了14.08元/亩，农药、草药费用减少了21.46元/亩。肥料以复合肥为主，辅以少量氮肥，磷肥、钾肥基本没有施用，2018年氮肥费用约减少了8元/亩。无论是2017年还是2018年，样本中均没有施用有机肥。农、草药费用减少幅度较大，有3户在2018年已不用农药。

在生产资料投入均减少的情况下，劳动投入反而增多，相较于2017年，2018年的亩均雇佣劳动力费用增长了15.81元，雇佣费用主要发生在插秧环节，亩均插秧费用达200~220元/亩。而发生在播种、施肥、打药等环节的自家劳动时间有所增多，增长约为1.36h/亩，表明稻虾共作中的精细化程度越来越高（表11-11）。

由以上分析可以看出，具有一定稻虾复合种养经验的农户在化肥、农药等生产资料上的投入越来越低，逐渐摆脱了投入越多产量越高的错误思想，不断向绿色生产模式转化。与此同时，在人力上的投入逐渐增多，自家劳动越来越精细化，面积较大者的雇工需求也逐渐增多。

水稻产出受天气影响较大，2018年水稻亩产量较2017年平均增加了202.1斤。主要原因在于，2017年受大风影响，水稻倒伏较多，收割时浪费严重；而2018年年成较好，亩产较为稳定。在收购价格方面，根据样本量数据，2018年平均价格较2017年低0.03元/斤，农户普遍抱怨水稻价格越来越低，有1户售卖均价低于1元/斤，导致农户的水稻生产积极性降低，产生重虾轻稻的现象，甚至有极少数农户出现只收虾不收水稻的情况，长此以往恐危害国家粮食安全。总体来看，2018年水稻收入较2017年仍有所增长，增加约180元/亩，亩均粮食收入较为稳定（表11-12）。

表11-12 水稻产出

年份	亩产（斤/亩）	单价（元/斤）	水稻产出（元/亩）
2017	1144.77	1.09	1247.8
2018	1346.87	1.06	1427.7
变化量	202.1	−0.03	179.9

小龙虾亩均投入费用主要包含虾苗费用、饲料费用、病害管理费用及劳动力投入费用4部分（表11-13）。根据当地劳动力价格，将自家劳动时间按照150元/8h进行折算，得出小龙虾亩均投入费用。表11-13显示，小龙虾投入费用2017年为801.18元/亩，2018年为1458.67元/亩，增长657.49元/亩，由此可以看出小龙虾养殖亩均成本有所上升。根据11个农户的追踪样本可知，2017年农户虾苗费用投入为351.52元/亩，2018年为593.56元/亩，增加242.04元/亩。究其原因，大多数农户在2016年挖沟，投虾苗，因此2017年继续投的虾苗量较少，在2017贩卖虾苗和成虾后，2018年大量进购虾苗，所以虾苗费用、饲料费用、病害管理费用及劳动时间增加。2018年相比2017年饲料费用增幅不大，增加50.57元/亩，随着虾苗的增加，饲料费用随之上涨。分析病害管理费用可知，小龙虾亩均病害费用有所增加，主要用于虾病的防治，由于2018年虾的数量较多，因此所需的虾病预防、控制费用较高。分析劳动力投入可知，在虾的投入、成长及收获期间，雇佣劳动力较少，2017年及2018年仅10号农户因面积较大，在收虾阶段雇佣劳动力来帮忙收虾，其余农户均选择自己收虾。由于2018年虾苗数量有所增加，因此收虾数量较多，所需自家劳动时间较长。总体上，小龙虾亩均投入费用在年份间有所上涨，且变动幅度较大，主要是2018年新增大量虾苗，由之带来虾苗投入、饲料投入、病害管理投入、劳动力投入的增加。

表11-13 小龙虾投入

年份	小龙虾投入费用（元/亩）	虾苗费用（元/亩）	饲料费用（元/亩）	劳动力投入		
				病害管理费用（元/亩）	雇佣劳动力费用（元/亩）	自家劳动时间（h/亩）
2017	801.18	351.52	218.73	28.77	43.91	8.44
2018	1458.67	593.56	269.30	50.27	47.35	26.57
变化量	657.49	242.04	50.57	21.50	3.44	18.13

从表11-14可以看出，2017年小龙虾总收入为1446.31元/亩，2018年为2084.35元/亩，亩均收入上升，变化量为638.04元/亩，变化率为44.12%，其中虾苗收入由2017年的551.18元/亩增至2018年的1006.49元/亩，增长了455.31元/亩，成虾收入由2017年的895.13元/亩上升到1077.86元/亩，增加了182.73元/亩。由表11-14中数据可知，在2017年，农户售卖成虾的数量更多，为86.36斤/亩，售卖虾苗33.13斤/亩，这是由于农户在2016年进行大量投苗后，2017年成虾较多，而虾苗所剩较少，因此成虾数量多于虾苗数量。均价分析表明，虾苗均价有所回落，由2017年的16.64元/斤下降至2018年的14.50元/斤，下降2.13元/斤，而成虾均价由10.36元/斤增至18.06元/斤，增加7.70元/斤。

2017年虾苗均价高于成虾均价，因此2018年农户购进大量虾苗，结果供给较多，带来虾苗单价在2018年的回落及成虾单价的上涨。这反映出农户是跟随市场做决策的，稻虾供给存在周期性，农户往往无法采取最为合理的措施来进行生产，从而无法最大化收入。

表11-14　小龙虾产出

年份	虾总收入（元/亩）	虾苗收入（元/亩）	成虾收入（元/亩）	虾苗数量（斤/亩）	虾苗均价（元/斤）	成虾数量（斤/亩）	成虾均价（元/斤）	虾均价（元/斤）
2017	1446.31	551.18	895.13	33.13	16.64	86.36	10.36	12.10
2018	2084.35	1006.49	1077.86	69.39	14.50	59.68	18.06	16.15
变化量	638.04	455.31	182.73	36.26	−2.13	−26.68	7.70	4.04

（3）经济效应和生态效应变化

总的来看，2017年稻虾亩均收入为2694.11元，2018年为3512.03元，增长817.92元，增长率为30.36%（表11-15）。其中，亩均水稻收入及亩均小龙虾收入均有所增加，亩均水稻收入由1247.80元增长至1427.68元，增加了179.88元，而亩均小龙虾收入由1446.31元增长至2084.35元，增加了638.04元。水稻亩均收入增加依赖于自然气候，2017年的水稻倒伏降低了产量，而2018年天气状况较为稳定，没有出现倒伏情况，因此亩均收入较高。亩均小龙虾收入增加多是由于市场推动及稻虾本身的周期性，农户多选择在2018年购进大量虾苗，带来亩均小龙虾成本及产出的增加。

表11-15　2017年和2018年稻虾投入–产出对比分析　　　　（单位：元）

年份	亩均收入	亩均水稻收入	亩均小龙虾收入	亩均成本	亩均纯收益	亩均化肥费用	亩均农药费用
2017	2694.11	1247.80	1446.31	1430.98	1263.13	130.21	113.13
2018	3512.03	1427.68	2084.35	2015.78	1496.25	116.13	91.67
变化量	817.92	179.88	638.04	584.80	233.12	−14.08	−21.46

2017年稻虾平均成本为1430.98元/亩，2018年为2015.78元/亩，增长量为584.80元/亩。其中，亩均水稻成本由2017年的629.8元降至2018年的557.11元，降低了72.69元。农户亩均水稻成本降低，而收入增加，因此亩均水稻的纯收益增加，这可能是由于农户生产技术较为纯熟，对农药、化肥用量把握较为准确，进而节约了成本。而亩均小龙虾成本由2017年的801.18元/亩增至2018年的1458.67元/亩，增长657.49元/亩，由前文分析可知，农户在2018年投苗增加，由此带来各项投入费用增加（表11-15）。

综合上述分析可知，除4号农户外，其余11户农户在2017年及2018年均进行稻虾共作，且面积多数保持不变，这与稻虾共作中虾沟较难改变有关。分析其经济效应，农户亩均纯收益由1263.13元增至1496.25元，仍然保持着良好的经济效应。2017～2018年，农户在亩均农药、草药、化肥投入方面均有所下降，表明农户环保观念的增强，稻虾复合种养模式的生态效应较高。从两年的动态变化来看，稻虾复合种养的经济效应和生态效应得到提升。

11.4.3　稻虾复合种养田的经济效应分析

基于对农户感知和其投入–产出情况的分析，初步反映了复合种养田的经济效应，但这种方式简单粗放，既不能识别出导致经济效应欠佳和成本不同的原因，也无法评价规模经济存在与否。为解决以上问题，需要对农户的经济效率及影响因素进行进一步分析。因此，通过分析不同规模组农户的经济效率及影响因素来进一步探讨复合种养田的经济效应。

11.4.3.1　不同规模组农户的经济效应

经济效率主要由技术效率和资源配置效率两部分组成，其中技术效率反映了在不考虑要素价格的情况下，厂商在给定投入下实现最大产出的能力或在一定产出下所需的最小投入；资源配置效率反映了在考虑要素价格的情况下，厂商优化配置资源的能力。由于小龙虾虾苗的购买价格和成虾的出售价格差异较大，有必要考虑价格影响下农户的经济效应，因此，将成本纳入考虑能够更好地衡量经济效率。成本效率反映金钱在投入之间进行分配以获得最大产出的能力。效率值为0~1，越接近于1，说明农户具有越优的经济效应。为进一步分析稻虾共作农户的经济效应，运用DEAP软件计算稻虾复合种养农户的技术效率、资源配置效率和成本效率，发现所有不同规模组农户的技术效率均值为0.827，资源配置效率均值为0.584，而成本效率均值为0.488。农户的资源配置效率和成本效率都还有较大的提高空间（表11-16）。

表11-16　不同规模组农户的经济效率值

指标	10亩以下	10~30亩	30~50亩	50~80亩	80亩以上
技术效率均值	0.835	0.773	0.878	0.829	0.819
资源配置效率均值	0.590	0.592	0.542	0.601	0.594
成本效率均值	0.502	0.467	0.477	0.511	0.483

稻虾复合种养有望通过"一水两用、一田双收"实现土地的高效利用，同时，由于需要对稻田进行田间改造、挖掘虾沟，该种模式对土地经营规模也有较高的要求。目前我国的稻田复合种养以小农户自家经营为主，经营规模相差大，不同规模农户组的经济效应差异悬殊。调研中，本课题组发现目前湖北省荆州市和潜江市的稻虾共作生产仍然以中小规模农户为主，其中经营规模在10亩以下的农户占40%左右。而据调研中农户反映，一个60岁以下成年男性的劳动力可以照看50~60亩的稻虾田。比较不同规模组农户的经济效率（表11-16），可以发现经营规模在30~50亩的农户拥有最优的技术效率，而规模在50~80亩的农户拥有最优的资源配置效率和成本效率。

11.4.3.2　影响经济效应的因素

由于农户投入成本差异极大，成本效率较低，本节进一步利用Stata14.0软件，以成本效率为因变量来分析引起成本效率损失的因素（表11-17）。家庭特征中，农业收入占比对农户的成本效率有极显著的正向影响，说明农业收入占比越大，家庭在农业生产中越注重生产要素的优化配置，以提高成本效率。户主曾经或正在担任村干部、有外出务工经历均对成本效率存在极显著的正向影响，担任村干部和曾经外出务工一定程度上代表了其拥有较高的社会资本，在农业生产中能够以较低的价格获取生产要素，有更多的渠道获取技术信息或其他有利于提高成本效率的信息，有利于减少成本效率损失。

表11-17　引起成本效率损失的因素

变量	回归系数	标准误
家庭规模	0.003	0.004
农业收入占比	−0.039***	0.000
户主性别	−0.028	0.030
户主年龄	−0.000	0.002
户主受教育水平	−0.002	0.004
是否担任村干部	−0.122***	0.027
是否有外出务工经历	−0.070***	0.024
土地规模	−0.001***	0.000
土地规模的平方	0.000**	0.000
土地块数	0.004***	0.001
是否接受技术培训	−0.033	0.028
是否加入合作社	0.084***	0.005
是否加入线上讨论群	0.039	0.032
常数项	0.730***	0.123
sigma	0.199***	0.004

注：**表示显著水平为0.05，***表示显著水平为0.01

　　土地特征中，土地规模对成本效率存在极显著的正向影响，土地规模的平方对成本效率则存在显著的负向影响，说明农户的成本效率随着土地规模的增加呈倒"U"形趋势。土地块数对成本效率存在极显著的负向影响，说明随着细碎化程度的加剧，农户的成本效率下降。调研农户中小农户居多，随着土地经营规模的增大，机械的使用和家庭劳动力的充分利用能够带来成本效率的提高。而当土地规模扩大到一定程度后，雇佣劳动力等引起管理、监督成本上升，农户的成本效率下降。土地块数在一定程度上反映了土地细碎化的程度，土地越细碎，越不利于农户从事挖虾沟、建设防逃网以及捕捞小龙虾等生产经营活动，从而引起成本效率损失。

　　技术获取途径中，技术培训对成本效率有正向影响，加入线上讨论群组对成本效率有负面影响，二者均不显著。奇怪的是，加入合作社对农户的成本效率存在显著的负向影响。可能的原因是，调研地区很多合作社并没有真正发挥合作社的功效，合作社集中承包一定的土地后，由各个社员从合作社分包一定面积的土地从事稻虾共作，各自独立经营，在产前、产中、产后等环节并没有进行合作，而且农户从合作社分包的是集中连片的土地，土地流转的成本相对较高。因此，很多合作社成为名义上的合作社，更多是流于形式，没有给农户在技术指导、生产要素采购、产品销售等方面带来实惠和便利，反而在土地多次流转中增加了农户的生产成本。因此，效果反而不如农户自己经营的土地。

11.4.4　稻虾复合种养田的生态效应分析

环境效率反映在一定技术水平下实现最大化农业产出的同时最小化环境污染的能力，可以用来衡量复合种养田的生态效应。本节基于SBM-U模型测定稻虾共作的环境效率，并进一步分解环境效率损失的来源以及影响生态效应的因素。

11.4.4.1　不同规模组农户的生态效应

稻虾复合种养具有一定的生态友好特性，其生态效应可以用环境效率来进行衡量，环境效率值为0～1，越接近于1则说明效率值越高，生态效应越好。2017年，湖北省稻虾共作农户环境效率的均值为0.518，尚有较大的提升空间。在所有农户中，有64.32%农户的环境效率值在0.2～0.6，将近一半（47.23%）的农户环境效率值不到0.4，进一步说明了稻虾共作农户生产经营的环境效率仍有较大的提升空间。

不同规模组农户的环境效率具有较大差别。由表11-18可知，经营规模在30～50亩以及规模在80亩以上的农户具有较高的环境效率值，稻虾共作的生态效应良好。小规模农户（10亩以下）的环境效率值不足0.5，经营规模在5亩以下的农户环境效率值仅为0.372，存在很大的环境效率损失。随着经营规模的扩大，环境效率值有所提高，在30～50亩达到了0.610，说明经营规模的扩大能够在一定程度上减少环境污染，但伴随规模进一步扩大，当经营规模达到50亩以上时，家庭劳动力无法满足经营需要，劳动力成本增加，环境效率值下降到0.523。随着规模进一步扩大，当规模达到80亩以上时，农户机械化使用程度提高，环境效率达到0.671，生态效应良好。根据不同规模组稻虾共作农户的环境效率值，可以发现小农户生产下30～50亩的中等经营规模能够具有较好的生态效应，而新型经营主体经营规模在80亩以上时将有较好的生态效应。

表11-18　不同规模组农户的环境效率值

指标	5亩以下	10亩以下	10～30亩	30～50亩	50～80亩	80亩以上
环境效率值	0.372	0.423	0.535	0.610	0.523	0.671

在SBM-U模型中，当环境效率值小于1，说明稻虾复合种养存在环境效率损失，并且可以将环境无效率来源分解为投入无效率、期望产出无效率和非期望产出无效率。总体上，稻虾共作投入无效率为0.4，期望产出无效率为0.246，非期望产出无效率为0.280，说明稻虾共作环境效率损失主要集中于投入冗余，资源消耗过量是稻田复合种养环境效率整体水平不高的主要原因（表11-19）。

表11-19　2017年稻虾共作环境效率各投入冗余率　　　　　（单位：%）

指标	劳动	机械	苗种	肥料	饲料	药物
投入冗余率	50.53	18.54	41.63	22.45	51.75	55.14

农户当前投入水平和相对最优水平之间的差距，代表了个体要达到相对最大产出需改进的方向及程度。目前，除处于前沿面上的稻虾共作农户以外，其余稻虾复合种养农户的各项投入均处于过量状态，农户可以通过缩减各项投入来提高效率。基于稻虾共

作农户各投入的松弛变量与投入变量之比，进一步分析各项投入可缩减的比例。药物投入、饲料投入和劳动投入的冗余程度最高，可缩减比例和改进的空间最大。

药物投入较高主要是由于小龙虾养殖过程中病害风险较大，农户技术掌握情况和当地灌溉水来源与质量极大地影响了小龙虾生长情况。经营状况较好、技术掌握熟练的农户，小龙虾发生病害的情况较少，即使发生病害也能够很快进行治理，而技术掌握相对薄弱或者自然条件欠佳的农户，则在经营过程中极易发生小龙虾病害，造成了药物的大量投入和苗种的反复投放。不同农户的饲料投入情况也有很大差异，尽管稻虾共作中小龙虾生长可以以秸秆为食，但仍需补充部分饲料进行喂养。技术掌握较好的农户一般不会过多投入饲料，只需在秸秆不够时进行补充，而部分农户则全通过购买饲料来喂养小龙虾，增加了投入。稻虾共作过程中，农户以家庭为单位进行农业劳动，由于稻虾复合种养过程中小龙虾的投喂、收获都需要持续性的日常维持，一般家庭内部劳动力都会投入，造成了劳动力的浪费。

11.4.4.2 影响生态效应的因素

基于CLAD模型，我们进一步分析影响生态效应的因素（表11-20）。农户的年龄和受教育程度对环境效率有极显著的正向作用。年龄的增长并不会成为阻碍农户进行高效稻虾生产的因素，相反，年龄较大的户主具有更丰富的施肥施药经验和技术，在生产过程中更为细致和吃苦耐劳，能有效实现收益的可持续增长。户主受教育程度越高，越了解稻虾复合种养多功能性的益处和过量施用化肥农药的危害，通过增加化肥农药的投入来提高产出的可能性越小。农户兼业程度对环境效率有极显著的负向影响，兼业行为使得农户减少农业生产的劳动投入，导致农业粗放经营，造成大量耕地地力得不到充分利用，会减少对土地的保护性投资，同时非农兼业可能增加农户购买化肥、农药等投入品的购买力。

表11-20 环境效率影响因素估计结果

解释变量	回归系数	标准误
年龄	0.002 03***	0.000 46
受教育程度	0.006 64***	0.001 26
兼业程度	−0.058 2***	0.011 90
技术培训	0.014 8*	0.007 54
亩均有机肥投入	0.052***	0.001 14
借贷	−0.001 48	0.007 45
细碎化程度	0.000 212	0.000 13
政策推广	0.047 0***	0.008 50
常数项	−0.120***	0.031 20
R^2	0.372 9	

注：*表示显著水平为0.1，***表示显著水平为0.01

除户主及其家庭特征外，技术培训可以促使农户更好地掌握稻虾共作过程中的核心技术，避免不必要的投入和损失，有助于经济收益的增加和农业污染的减少。亩均有机肥投入对农业环境效率有极显著的正向影响。借贷对环境效率的负向影响并不显著，这可能是由于虽然借贷对农户产生了一定的资金约束，但这种约束相较于向正规金融机构借贷的弹性较大，且稻虾复合种养的高收益增加了农户的预期收益，因而对农户短期行为的影响有限。细碎化程度对环境效率的影响不显著，是由于其在一定程度上分散了稻虾共作面临的较高风险。政策推广对环境效率有极显著的正向影响，政府推广稻虾复合种养相关政策，能够使农户对稻虾复合种养的了解增强，增强农户信心，为农户生产经营提供一个稳定的外部环境，从而避免其生产经营的短视性。

11.4.5　政策建议

不管是从经济效应的角度考虑，还是从生态效应的角度考虑，以稻虾复合种养为代表的稻田复合种养对农户而言都是一种较好的选择，但该模式在实际运用中仍存在很多问题，农户仍然存在较大效率损失，在经济效率和环境效率上均有较大的提升空间。本节的主要结论如下。

就经济效应而言，目前农户整体技术效率表现较好（0.816），但考虑价格影响后，成本效率偏低（0.487），仍有较大提升空间。经营规模在50～80亩的农户拥有最优的成本效率（0.511），经济效应较好。农户的成本效率与土地规模呈倒“U”形关系，土地经营规模是限制稻虾复合种养方式效果发挥的主要因素。土地细碎化、人力资本和社会资本不足、合作社流于形式也是农户成本效率损失的重要原因。

就生态效应而言，目前稻虾复合种养的环境效率偏低（0.518），整体生态效应还有较大的提高空间。不同规模组稻虾复合种养农户生态效应差异较大，小农户在30～50亩的中等经营规模能够具有较好的生态效应，而新型经营主体经营规模在80亩以上时将有较好的生态效应。资源过量消耗是稻虾复合种养环境效率整体水平偏低的主要原因。在各类投入要素中，药物投入、饲料投入和劳动力投入的过量尤为突出，具有较大的改进空间。对于影响稻虾复合种养的各因素，年龄和受教育程度的增加、参加技术培训、增加有机肥投入和进行政策推广能够显著提高环境效率，而农户兼业行为会对稻虾复合种养的可持续发展产生不利影响。

可见，稻田复合种养确实能够实现经济收益提升和环境污染减少的双重目标，但目前其能够达到的程度尚不理想，仍然存在资源损耗过度。以稻虾复合种养为代表的稻田复合种养能否实现经济效应和生态效应的全面提升，对于实现可持续发展具有重要意义。为提高稻田复合种养的经济效率和环境效率，保证其生态功能发挥，提出以下政策建议。

Ⅰ. 土地经营规模是限制稻虾共作方式效果发挥的重要因素。经营规模在50～80亩的农户拥有最优的成本效率（0.511），经济效应较好，且成本效率与土地规模呈倒“U”形关系。不同规模稻虾共作农户生态效应差异较大，小农户在30～50亩的中等经营规模能够具有较好的生态效应，而新型经营主体经营规模在80亩以上时将有较好的生态效应。为实现良好的经济和生态效应，应鼓励稻虾复合种养农户进行适度规模经营。

Ⅱ. 针对农户文化程度普遍较低与技术掌握薄弱的现实情况，应该大力开展技术培训，提高农户的农业生产技术水平，同时通过各种形式的宣传提高农户的环保意识。

Ⅲ. 政府应推广稻虾复合种养相关政策，能够增加农户对稻虾复合种养的了解，为农户生产经营提供一个稳定的外部环境。目前稻田复合种养相关政策推出较多，但宣传尚有欠缺。在出台相关政策的同时，应该加大政策的宣传力度，让农户真正了解政策、接受政策。

Ⅳ. 构建销售渠道，打造稻谷绿色品牌。目前稻田复合种养的经济收益主要依靠水产品，水稻新品种研发不足，且绿色水稻缺乏专门的销售渠道，没有享受到应有的价格。政府应该针对当地主要模式，帮助农户搭建销售平台，打造地方绿色品牌。

参 考 文 献

曹凑贵, 江洋, 汪金平, 等. 2017. 稻虾共作模式的"双刃性"及可持续发展策略. 中国生态农业学报, (9): 1245-1253.

程慧俊. 2014. 克氏原螯虾稻田养殖生态学的初步研究. 武汉: 湖北大学硕士学位论文.

陈飞星, 张增杰. 2002. 稻田养蟹模式的生态经济分析. 应用生态学报, 13(3): 323-326.

丁伟星, 李娜娜, 任伟征, 等. 2013. 传统稻鱼系统生产力提升对稻田水体环境的影响. 中国生态农业学报, 21(3): 308-314.

胡亮亮, 唐建军, 张剑, 等. 2015. 稻–鱼系统的发展与未来思考. 中国生态农业学报, 23 (3): 268-275.

刘全科, 周普国, 朱文达, 等. 2017. 稻虾共作模式对稻田杂草的控制效果及其经济效益. 湖北农业科学, (5): 1859-1862.

马达文. 2016. 湖北稻田复合种养开辟农业生产经营新业态. 中国水产, (3): 32-33.

权可艳, 向明实, 陈浩, 等. 2016. 四川省稻田综合复合种养典型经济模式调研. 四川农业科技, (12): 37-39.

沈建凯, 黄璜, 傅志强, 等. 2010. 稻鸭生态种养直播水稻根表和根际土壤营养特性研究. 中国生态农业学报, 18(6): 1151-1156.

侣国涵, 彭成林, 徐祥玉, 等. 2017. 稻虾共作模式对涝渍稻田土壤理化性状的影响. 中国生态农业学报, (3): 61-68.

王强盛. 2018. 稻田种养结合循环农业温室气体排放的调控与机制. 中国生态农业学报, 26(5): 633-642.

王强盛, 甄若宏, 丁艳锋, 等. 2008. 稻鸭共作下水稻植株的壮秆效应及生理特性. 应用生态学报, (12): 2661-2665.

吴启柏. 2012. 潜江市小龙虾发展现状及对策研究. 荆州: 长江大学硕士学位论文.

武际, 郭熙盛, 鲁剑巍, 等. 2012. 连续秸秆覆盖对土壤无机氮供应特征和作物产量的影响. 中国农业科学, 45(9): 1741-1749.

夏国钧. 2016. 稻虾共生高效生态种养模式及其效益分析. 现代农业科技, (19): 253-254.

杨志辉, 黄璜, 王华. 2004. 稻–鸭复合生态系统稻田土壤质量研究. 土壤通报, (2): 117-121.

殷瑞锋, 朱泽闻, 钱银龙. 2016. 湖北省潜江市稻综合复合种养等经济效益分析. 中国农业会计, (10): 9-11.

禹盛苗, 欧阳由男, 张秋英, 等. 2005. 稻鸭共育复合系统对水稻生长与产量的影响. 应用生态学报, (7): 1252-1256.

张苗苗, 宗良纲, 谢桐洲. 2010. 有机稻鸭共作对土壤养分动态变化和经济效益的影响. 中国生态农业学报, (2): 256-260.

章家恩, 赵美玉, 陈进, 等. 2004. 鸭稻共作方式对土壤肥力因素的影响. 生态环境, 13: 654-655.

甄若宏, 王强盛, 周建涛, 等. 2008. 稻鸭共作复合系统的生态环境效应研究. 安徽农业科学, (21): 9008-9011.

钟斌, 金红春, 揭雨成, 等. 2017. 洞庭湖区稻虾共作模式研究. 湖南农业科学, (10): 60-62.

Bhattacharyya P, Sinhababu D P, Roy K S, et al. 2013. Effect of fish species on methane and nitrous oxide emission in relation to soil C, N pools and enzymatic activities in rainfed shallow lowland rice-fish farming system. Agriculture, Ecosystems & Environment, 176: 53-62.

Chen X, Hu L. 2018. Method 6: rice-fish co-culture // Agroecological Rice Production in China: Restoring Biological Interactions. Rome: Food and Agriculture Organization of the United Nation.

Deng Q H, Pan X H, Wu J F, et al. 2007. Ecological effects and economic benefits of rice-duck farming. Chinese Journal of Ecology, 26(4): 582-586.

Fu Z Q, Huang H, Liao X L, et al. 2008. Effect of ducks on CH_4 emission from paddy soils and its mechanism research in the rice-duck ecosystem. Acta Ecologica Sinica, 28(5): 2107-2114.

Hedges L V, Gurevitch J, Curtis P S. 1999. The meta-analysis of response ratios in experimental ecology. Ecology, 80(4): 1150-1156.

Hu L L, Ren W Z, Tang J J, et al. 2013. The productivity of traditional rice-fish co-culture can be increased without increasing nitrogen loss to the environment. Agriculture, Ecosystems and Environment, 177: 28-34.

Hu L L, Zhang J, Ren W Z, et al. 2016. Can the co-cultivation of rice and fish help sustain rice production? Scientific Reports, 6: 28728.

Mirhaj M, Razzak M A, Wahab M A. 2014. Comparison of nitrogen balances and efficiencies in rice cum prawn vs. rice cum fish cultures in Mymensingh, North-Eastern Bangladesh. Agricultural Systems, 125: 54-62.

Villamil L J, Nafziger E D. 2015. Corn residue, tillage, and nitrogen rate effects on soil properties. Soil and Tillage Research, 151: 61-66.

Vromant N, Chau N T H, Ollevier F. 2001. The effect of rice seeding rate and fish stocking on the floodwater ecology of the rice field in direct-seeded, concurrent rice-fish systems. Hydrobiologia, 445(1/3): 151-164.

Vromant N, Duong L T, Ollevier F. 2002. Effect of fish on the yield and yield components of rice in integrated concurrent rice-fish systems. Journal of Agricultural Science, 138 (1): 63-71.

Wang J J, Zhang H W, Li X Y, et al. 2014. Effects of tillage and residue incorporation on composition and abundance of microbial communities of a fluvo-aquic soil. European Journal of Soil Biology, 65: 70-78.

Wang Y. 2000. Studies on ecological benefits of planting and breeding model in rice fields. Acta Ecologica Sinica, (20): 311-316.

第12章 再生稻稻田丰产增效耕作模式

12.1 再生稻稻田土壤培肥研究进展

12.1.1 再生稻优势

再生稻是在水稻收获第一季后，开发头季稻腋芽再次种植收获的一季水稻（Faruq et al.，2014）。在种植一季稻热量有余而种植双季稻热量不足的地区及双季稻区只种一季中稻的稻田发展再生稻，是提高复种指数、增加稻田单位面积稻谷产量和经济收入的有效措施之一（Harrell et al.，2009）。从头季稻收割到再生稻成熟的生育期仅60~90d，与头季稻相比，再生稻叶面积指数为头季的1/8~1/5，但产量为头季的1/3左右，因此，再生稻具有生育期短、日产量高、省种、省工、节水等优点（徐富贤等，2015）。改革开放后，我国经济发展迅速，南方主要稻区劳动力向沿海发达地区转移，使得劳动力紧张。南方双季稻区再生稻的播、栽期安排在早稻与中稻之间，可以缓解双季稻区双抢季节劳动力紧张的矛盾，降低劳动成本。同时，与双季稻和水旱两熟相比，再生稻具有稻谷品质优和经济效益高等优点（徐富贤等，2015），已逐渐发展成为我国重要的水稻种植制度。据徐富贤和熊洪（2016）的调查，在种一季稻热量有余而种双季稻热量不足的地区，种植再生稻比只种一季稻生产方式增收稻谷3000kg/hm²；在双季稻地区，虽然中稻-再生稻比双季稻少收稻谷750kg/hm²左右，但可节省育秧、栽培投入，加之双季早稻稻米品质较差，中稻-再生稻反而比双季稻增收效益4500元/hm²以上。目前，四川、重庆双季稻已完全被中稻-再生稻所取代，湖北、湖南、福建、江西、安徽中稻-再生稻发展迅速。因此，发展再生稻对于我国南方稻区发展高产优质农业和保障我国粮食安全均具有重要的现实意义。

12.1.2 再生稻历史与生产现状

再生稻在世界大部分地区都有种植，其中主要集中在东南亚地区、拉丁美洲和非洲等（Chauhan et al.，1985）。目前这些区域主要从再生稻的形态、生理与生态等方面展开研究。在马来西亚，研究者针对该国高温多雨和多丘陵的现状，研究了再生稻的生长规律与产量构成，探讨发展再生稻来解决粮食不足的可能性（Ranawake et al.，2013；Faruq et al.，2014）。在伊朗，研究者探讨了头季稻收获时间、肥料施用、留茬高度、茬口期种植作物对再生稻产量、农艺性状、干物质形成与分配等影响（Petroudi et al.，2011；Shahri et al.，2012；Yazdpour et al.，2012）。在日本，研究者探究了头季稻播种量、行距、水分管理、留茬高度等对再生稻生育期、产量与肥料利用率的影响（Kobayashi et al.，2006；Nakano and Morita，2007，2008）。同时许多国家与地区根据自身的气候、土壤等特点提出了相应的推荐标准（Chauhan et al.，1985；Harrell et al.，2009）。在美国，研究者主要针对再生稻光合特性、产量与品质，分析了头季稻留茬高度、施肥等的影响，强调了再生稻在环境效益、不可再生资源利用、居民生活质量方面的作用，以期发展可持续的再生稻生产（Setter et al.，1997；Harrell et al.，2009）。

　　早在西晋时期郭义恭的《广志》中就有记载："南方有盖下白稻，正月种，五月收，获讫，其茎根复生，九月熟"（孙晓辉，1991a）。东晋张湛的《养生要集》中记载："稻已割而复抽，曰稻荪"。明代徐光启的《农政全书》也有再生稻的记载。这些记载表明，我国古代稻农已种植再生稻，并对再生稻的生长规律等有所认识。但由于缺乏良好的再生稻品种和科学的农艺管理措施，再生稻不被人们所接受。例如，在新中国成立前，中国南方稻区再生稻多是星散地小面积种植，产量很低；新中国成立后，四川农学院（现四川农业大学）杨开渠教授较早研究了再生稻，从播种量、栽插密度、留茬高度等方面研究了其与再生稻产量的关系，此时再生稻面积有所扩大，但由于栽培技术的缺乏，未能实现高产（Chauhan et al.，1985）。

　　我国再生稻生产的发展大致经历了5个阶段。第一阶段为补欠增收阶段。1960年以前，大面积种植再生稻水平低，产量一般为750～900kg/hm²（徐富贤等，2015），仅为一种补欠增收的手段。1970年以后，随着强再生力水稻品种的育成，再生稻产量大幅度提高，再生稻产量达到1500～2250kg/hm²（徐富贤等，2015）。特别是20世纪70年代杂交稻的大面积推广，出现杂交稻–再生稻组合。其具有头季能高产且再生力强等特点，为再生稻的研究和推广提供了划时代品种。这个时期，经过科研、教学、推广和生产部门的共同努力，揭示了中稻–再生稻生育规律，形成了相应的再生稻高产栽培模式，并在生产上得到推广应用，使再生稻产量大幅度提高，显示出了更为明显的优越性（孙晓辉，1991a；陈立云等，2000；林文雄等，2015）。第二阶段为杂交稻组合种植阶段。20世纪80年代后期，随着杂交稻（'汕优63''K优5号''Ⅱ优7号'等）的进一步推广种植，南方部分稻区利用杂交中稻进行再生稻种植，且已然在南方部分稻区崛起，再生稻产量达3000～3750kg/hm²（徐富贤等，2015）。据报道，20世纪80年代湖北省作为再生稻的主产区之一，再生稻种植面积最高时达140万亩左右，但随后受再生稻传统栽培技术瓶颈的限制，面积缩减并维持在50万亩左右。第三阶段为种植面积减少阶段。20世纪90年代后期，由于国家推动城镇化建设，农村劳动力大量外出，全国双季稻种植面积大幅度减少，但再生稻种植面积基本稳定在50万亩左右。第四阶段为栽培技术探索阶段。进入21世纪，由于科学研究人员不断地进行再生稻栽培技术的探索，再生稻传统栽培技术日趋成熟，许多省份如浙江、安徽、湖北、湖南、四川等地把双季稻改为中稻–再生稻，这为全国粮食安全提供了有效保障。第五阶段为栽培机械化阶段。最近10年，长江流域以头季机械收割为基础的机收再生稻研究与应用取得了重大进展，产量逐步提高，应用面积快速上升，到2018年底我国再生稻种植面积达到了2000万亩（胡香玉等，2019）。机收再生稻一改传统高留桩蓄留再生稻的弊端，解决了再生稻生产中劳动强度最大的人工收割问题，同时顺应了我国目前正在推行的通过农村土地流转开展规模化、集约化、现代化农业生产的发展趋势，使再生稻在保障我国粮食安全中的作用得以充分发挥（林文雄等，2015）。

　　根据杂交中稻–再生稻一生所需的光温条件测算，中国南方稻区适宜种植再生稻的面积达330万hm²左右（张洪等，1993；徐富贤等，2015），主要分布在四川、重庆、福建、湖北、湖南。当前种植面积最大的四川常年再生稻有收面积25万hm²左右，平均两季产量10.5t/hm²（头季稻8.4t/hm²、再生稻2.1t/hm²），万亩示范区两季总产12t/hm²（头季稻9t/hm^2、再生稻3t/hm^2），超高产田两季总产突破14.25t/hm^2（头季稻10.5t/hm^2、再生稻3.75t/hm^2）（徐富贤等，2015）。在福建，高留桩蓄留再生稻栽培技术的再生季示范片单产超7.5t/hm^2，机械化收割低留桩蓄留再生稻栽培技术的再生季示范片单产达4.5t/hm^2（林文雄等，2015）。由此可见，无论是种植面积还是单产，再生稻还有巨大的增产潜力和广阔的发展前景。

12.1.3 再生稻稻田土壤问题

再生稻是南方稻区提高复种指数、增加稻谷单产和提高种稻比较效益的有效措施（林文雄等，2015）。现有研究主要针对再生稻自身的形态、生理、生态进行了探讨，忽略了再生稻种植可能对土壤肥力和生态环境造成的影响。与双季稻或水旱两熟不同，再生稻由于特殊的栽培与管理措施，产生了一系列土壤问题。虽然研究表明中稻–再生稻模式较水旱两熟或双季稻模式提高了稻田产出效益，然而再生稻较低的单产（我国平均单产1600～2200kg/hm^2），一定程度上影响再生稻的推广及其产业化（林文雄等，2015；徐富贤等，2015）。较低的再生稻产量除与水稻自身特性有关外，再生稻田土壤肥力与耕作技术水平低也是重要的制约因素（何水清等，2015；徐富贤等，2015）。

研究表明，再生稻田限制稻谷产量的主要土壤因素有：①再生稻是在头季收割的稻桩上萌发而继续生产，因此再生季土壤相当于免耕，土壤板结，土壤容重增加；②稻田长时间淹水时导致还原性物质积累；③头季与再生季水稻对土壤养分的持续吸收，且施肥不平衡，导致土壤养分失调；④单一种植制度导致土壤生物多样性降低，缓冲性和抗逆性减弱（郑景生等，2004；李成芳等，2017）。

与双季稻或水旱两熟不同，再生稻头季和再生季为同一品种；同时，再生稻的肥料主要来源于头季施入的促芽肥，即在头季稻齐穗的中后期追施少量氮肥和钾肥促芽（林文雄等，2015），虽然促进了头季稻的根系生长和再生稻的再生芽萌发，但造成再生稻中后期缺肥。因此，再生稻不断从土壤吸收营养以满足中后期生长发育对营养物质的需求。所以，相较双季稻与水旱两熟，持续的再生稻种植会造成土壤养分失调，特别是土壤磷钾含量相对短缺，氮则出现盈余（李成芳等，2017）。

与双季稻和水旱两熟不同，为防止秸秆从稻田移走对再生稻休眠芽造成机械损伤，同时减小劳动强度与节约成本，头季稻收获后秸秆直接就地还田。秸秆还田作为一种有机肥投入，能改善土壤的理化性质，增加土壤有机碳的积累（陈道友等，2014；Zhang et al.，2015；宋开付等，2019），但也提高了土壤微生物活性（Guo et al.，2015），加速微生物对秸秆的分解，增加稻田CO$_2$排放。头季稻秸秆覆盖在稻田表面，虽然减少了秸秆与土壤的接触，使部分秸秆进行有氧降解，但秸秆的降解产物为土壤内部产甲烷菌提供了养料，导致再生稻田CH$_4$排放高于双季稻与水旱两熟（宋开付等，2019）。

在我国南方，湖北、四川、重庆等地区采用头季稻与再生稻种植模式，头季加再生季水稻生育期一般从4月上旬到11月上中旬，连续7个月的种植导致再生季土壤板结，速效磷、钾短缺（李成芳等，2017）。同时，11月中下旬到来年3月的积温不足以发展粮食作物，大多地区往往收获再生稻后土地撂荒，造成光、温、水等气候资源与土地资源严重浪费。因此，充分利用再生稻收获后茬口期的光热水与土地资源，不仅可以培肥土壤，而且能获得更大的经济效益及社会效益。

12.1.4　再生稻稻田土壤培肥途径

土壤肥力是土壤从环境条件和营养条件两方面供应与协调作物生长、发育的能力，是土壤物理、化学和生物等性质的综合反映（高菊生等，2013）。当前，我国已开展了大量不同稻作类型下稻田土壤肥力的研究，主要针对土壤肥力的时空演变规律，土壤肥力对水稻产量与品质的影响，以及土壤肥力对土壤耕作的响应等，明确了不同农艺措施下土壤肥力对水稻产量与肥料利用率的影响（马玉华等，2013）。例如，研究已表明高产水稻籽粒中氮素有30%以上来自土壤（蒋彭炎，1998）。与双季稻和水旱两熟稻田不同，再生稻田由于特殊的田间管理与栽培耕作措施，其土壤肥力及变化动态明显不同；同时再生稻具有特定的养分吸收规律，即在头季稻成熟至再生稻齐穗期，再生稻因再生芽的萌发与伸长，肥料利用率高；在齐穗期，因籽粒灌浆，再生稻对肥料吸收依然旺盛（林文雄等，2015）。然而，有关再生稻田土壤肥力与水稻肥料吸收、产量关系方面的研究尚未见报道，这不仅制约了再生稻的合理施肥，也带来了潜在的环境危害。

12.1.4.1　稻草还田培肥

稻草还田可以利用生物效应改善土壤缓冲能力，调节土壤的酸碱度；增加土壤孔隙，改善土壤团粒结构，提高土壤阳离子吸收能力和肥力；提高微生物活性，有利于微生物生长繁殖；增加土壤中钾含量，促进土壤供钾能力的提高（张水清等，2010；Soon and Lupwayi，2012；李继福等，2016）。陈道友等（2014）的研究表明，稻草还田后土壤有机质含量持续增大，速效养分含量增加明显，容重持续下降，孔隙度持续增加。因此，稻草还田技术将成为培肥与平衡再生稻田土壤肥力的重要措施之一。

12.1.4.2　茬口期种植绿肥

作为耗地作物，水稻需要从稻田土壤中吸取大量的氮磷等营养元素，而只将少部分以残茬和根系等形式归还土壤，绝大多数被籽粒与秸秆带出稻田。为了顺应现代农业的发展理念，保证产量的同时优化农田生态环境，提高我国的耕地质量，种植绿肥成为一个重要途径。绿肥是指种植后直接或间接翻到土壤中，为作物生长提供部分养料的绿色植物体（程会丹等，2018）。绿肥主要包括油菜、紫云英等，每个地区根据自身的气候条件、地形地貌、土壤所缺的养分种植不同类型的绿肥。绿肥翻压后，经过一段时间会慢慢腐解，腐解的同时伴随养分的释放，绿肥本身含有充足的磷钾养分，翻压到土壤分解后能逐渐被作物吸收利用，以满足作物生长对磷钾的需求，豆科绿肥还具备一定的固氮能力，翻压到土壤中能有效补充土壤氮库（吴增琪等，2010）。绿肥翻压能够显著提高土壤腐殖质，并通过自身腐解使得土壤中的细菌、真菌、放线菌等菌类数量都有一定的增加，活化土壤养分，并且在一定程度上降低土壤的pH及容重（吴增琪等，2010；程会丹等，2018）。

研究表明，茬口期种植绿肥，其根系对土壤有良好的刺穿和挤压作用，能促使土壤黏粒团聚与容重降低。绿肥种植后还田能提高土壤全氮、碱解氮含量，加速土壤矿化，促进水稻对磷素和钾素吸收（宇万太等，2007）。高菊生等（2013）报道，在湘南地区水田冬种绿肥，即把绿肥作有机肥施用，不仅能充分利用该地区第二雨季的水热资源，还可以在保证水稻高产稳产的同时改善和提高土壤肥力，这是因为绿肥具有更新土壤腐殖质、提高土壤有机质、改善土壤理化性状和提高土壤磷有效性等作用。

12.1.4.3 增施有机肥

施用化肥可以使作物产量有较大的增加，但是有研究表明，长期只施化肥不施有机肥会导致土壤板结、结构破坏、肥力下降（杨志臣等，2008）。施用腐熟有机肥来培肥土壤在中国有着悠久的历史，而且在化肥大范围使用前，有机肥是改良土壤结构、提高土壤肥力和增加作物产量的有效措施（李娟等，2008；李继明等，2011）。

12.1.4.4 合理施肥

我国稻田背景氮明显高于其他国家的稻田。土壤背景氮高是由于长期施用的大量无机和有机肥料在稻田土壤中积累。土壤背景氮过高，将导致休耕期更多的氮素进入环境，而因水稻在低背景氮的土壤条件下比在高背景氮条件下对氮肥的反应更为敏感，当氮肥施用量大时将导致水稻氮肥农学利用率降低（马群等，2010）。因此，依据水稻生长的养分需要进行合理与平衡施肥，将有效降低肥料使用量，降低土壤肥力失衡的概率（马玉华等，2013），维持或提高土壤速效养分。袁金华等（2017）通过8年田间定位试验研究发现，依据水稻吸收规律，合理地投入化肥能够显著提高土壤有机质、全氮、全磷、全钾、速效氮、有效磷、速效钾含量。

12.1.4.5 加深耕层，促进团聚体形成

构建合理的耕层是我国目前高标准农田建设和中低产田开发研究的共性问题，对大幅度提升我国耕地质量及其综合生产能力具有重要意义。耕层结构直接关系到作物产量和生态环境。目前，对稻田的连续高强度开发和不合理利用，致使稻田土壤耕层变浅、犁底层加厚、土壤容重偏高，导致水稻植株根系分布浅、营养吸收范围小、肥水利用率低（聂影，2013）。因此，加深耕层，改善耕层通气性，将有利稻田土壤生产能力的提高。目前可通过多种途径加深稻田耕层：由多耕到少免耕；由表层松土到残茬覆盖再到秸秆（含残茬）覆盖；由机械除草到化学除草；由单一机械耕作到土壤施肥、灌溉、种植机械作业一体化（聂影，2013）。

再生稻栽培是一项绿色、节本增效的种植制度，对于保障我国粮食安全、提高农民经济收入具有重要意义。然而，在发展再生稻时也应注意其栽培过程对稻田土壤肥力的不利影响，因此要在明确再生稻肥料利用规律、稻田土壤肥力变化特征及其限制因子的基础上，确定茬口期生物培肥技术，优化秸秆还田与机械化施肥技术，研制精确的再生稻田生物培肥技术、秸秆还田与耕作技术，结合机械化，优化、集成、组装出适宜我国再生稻田的土壤培肥与耕作模式。

12.2 再生稻稻田土壤肥力的主要限制因子

由于特殊的栽培与管理措施，再生稻田突出的问题是土壤养分失调（土壤磷钾含量相对短缺，氮相对盈余）、再生季土壤板结、茬口期土壤资源浪费、机械化耕作难等。

12.2.1 冬泡与土壤低温

冬水田是一种特殊的农田生态系统，在我国西南丘陵山区广泛存在，也是我国西南再生稻的主要分布区。导致其形成的自然背景主要有：一是地形高低不平，难以实现自流灌溉，二是降雨丰富但季节分布不均。根据我们再生稻课题组的调查了解，在长江中游再生稻主要栽培区，排水不畅的低湖田也有土温低、发苗差的问题。

冬水田由于常年蓄水，土壤冷浸，通气性不良，主体结构差，土壤温度较水旱两熟稻田低（张怡等，2016）。一季中稻要求在5月初移栽，这一时期大气温度较高，土壤温度上升快，冬水田的土壤温度低对水稻生长发育影响小。而这一地区再生稻要求在大气温度偏低的4月中下旬移栽，这一变化导致头季稻前期土壤温度恢复慢，容易发生秧苗不发、新老叶尖干枯，出现窝状死苗，水稻嫩叶常有水渍症状等，俗称"坐兜"。

12.2.2 活性有机质含量低

在现代农业生产中，土壤有机质主要通过秸秆还田、厩肥或动物粪便输入来补充（邵帅等，2017）。在再生稻的发展和生产过程中，土壤有机质一直是稻田土壤肥力最重要的限制因子之一。例如，在20世纪50年代，阚一鸿（1953）在江苏吴江利用庞山湖淤积土壤大面积种植（800多亩）再生稻时发现：淤积土有机质很多，但利用其种植再生稻，淹水不宜太深，否则容易烂根，影响产量；而在20世纪90年代，吴鸿潜等（1992）在冷浸型低产田培植再生稻，长期处在淹水条件下，土壤活性有机质含量低，根系受还原性物质毒害，常发生早衰、吸收功能下降，影响再生稻的发苗和高产。这些结果说明在双季稻盛行的年代，再生稻只能利用光温条件较差的田块发展生产。在这样的生产条件下，土壤有机质尤其是活性有机质的水平决定了农作物产量（罗永藩和杨庚，1990；林绍墀等，1994；覃家瑁等，1999）。

进入21世纪以来，随着经济的发展和农村劳动力的转移，现代农业生产要求减少劳动力投入，提高生产过程中机械化的程度。为适应这一变化，再生稻生产从产地、模式及栽培技术方面均发生了相应的转变。例如，江西省是传统的双季稻区，这一种植模式的缺点是季节和劳动力紧张，彭春瑞等（2006）在江西北部及高海拔山区推广头季稻-再生稻模式，该模式的产值仅较双季稻模式低1.3%，但其缓解了"双抢"季节的劳动力紧张问题。杨飞翔等（2019）为探明稻鳖共作模式中的土壤养分变化及产量形成规律，选取湖南地区常用的两个水稻品种'黄华占'和'两优800'，设置稻鳖共作模式及常规单作模式，进行了对比试验，结果发现：稻鳖共作模式中有机质含量长期保持较高水平，较常规单作模式高67%；此外，头季稻平均增产9.75%，再生稻平均增产10.05%。

无论是何种栽培与复合种养模式，合理施肥、提高土壤有机碳及活性养分利用率，对再生季水稻的生长意义重大。陈鸿飞等（2017）在福建有机质含量中等（23.83g/kg）的沙壤性土上，利用盆栽试验对比不同水肥运筹对土壤生物指标（酶及微生物功能多样性）及产量的影响，研究发现：再生季采用干湿交替灌溉或施用促苗肥均可提高根际土壤酶活性，提高再生稻根际土壤微生物对碳源的利用程度和代谢多样性，从而有利于根际土壤有机质的氧化和腐殖质的形成及增加根际土壤中养分的有效性，促进再生稻新根的形成和腋芽的萌发。曹培等（2019）在湖北省荆州市江陵县三湖农场比较早稻-晚稻、春玉米–晚稻和再生稻3种植模式下稻田土壤活性有机碳组分及产量的差异，研究发现：各个模式对稻田不同层次的土壤水溶性有机碳和微生物生物量碳含量没有显著影响，但再生稻处理则利于土壤稳态碳和碳库指数的提高。

国内外很多研究者都提出可依据土壤有机质含量推测肥料的施用量，测土配方施肥。例如，柳开楼等（2011）采用轻型栽培技术，并将肥料分基肥、蘖肥、花肥和芽肥5次施用，在再生稻季采用水分干湿交替管理，可提高水稻对有效养分的利用效率，保障再生稻腋芽萌发，使再生稻获得高产。陈小虎等（2019）通过对716个样本的分析研究表明：土壤有机质含量与不同施肥水平的中稻产量呈极显著正相关（$P<0.001$）。这一结果也说明，稻田基础肥力的高低与土壤有机质含量呈极显著正相关，将有机质数值代入模型，可依据产量设计测土配方施肥方案。此外，通过知网（CNKI）和万方数据库，以"再生稻""有机质""土壤肥力"为主题检索2000～2019年的数据发现：土壤有机质与土壤肥力、产量、土壤微生物及栽培技术等关键词密切相关（图12-1），由此可知：21世纪稻田土壤有机质的调控仍是再生稻生产管理上的重点。

12.2.3　有毒有害物质多

土壤中的还原性物质是极为复杂的，性质也非常活泼，它不仅自身易变，而且与其他土壤成分相互作用（丁昌璞，1984），金属离子亚铁、亚锰与某些还原性物质的络合影响土壤中各种形态铁之间的化学平衡。还原性物质包括无机和有机体系两大类，前者主要有亚铁、亚锰和硫化物，后者则是一类成分复杂得多的物质。

在无机体系中，水稻土渍水后铁的形态转化是土壤氧化还原状况改变所引起的最重要的化学变化之一。种植再生稻的西南地区冬水田和长江中游平原湖区低湖田，因为所处地势低、排水不畅，土壤大部分时间处于淹水还原状态，具有典型水稻土中铁含量较高的共性。由于铁的还原作用受土壤条件影响，因此在不同类型的水稻土中，亚铁含量可以有较大的变化范围。某些还原条件较强的水稻土中，亚铁含量可高达4～5g/kg，它是还原性物质的主要组分，一般占70%～90%（刘志光等，1962）。锰在土壤中广泛分布，主要氧化物有MnO_2、Mn_2O_3、Mn_3O_4等，其化学性质与铁有相似之处。在渍水条件下，锰的氧化物较铁更易还原。由于锰体系对氧相对稳定，因此水稻土在不渍水的情况下也可有一定数量的交换性锰。亚锰离子也可与土壤中某些有机还原性物质作用，形成螯合态锰。水稻土中的硫酸盐和有机硫化物在强烈的嫌气条件下还原成H_2S、硫醇和硫的不完全氧化物。

在有机体系中，水稻土中有机还原性物质是碳水化合物和含氮有机物在渍水条件下分解的产物。除此之外，还包括微生物细胞及其代谢产物和小部分根的分泌物。渍水土壤中的有机还原性物质主要是某些有机酸（如丙酮酸盐–乳酸盐、草乙酸盐–苹果酸盐和延胡索酸盐–琥珀酸盐等体系）、还原糖、醇类、酮类、醛类、酚类和硫醇等物质，一般认为，有机酸是水稻土中主要的有机还原性物质。

稻田由于长期淹水，土壤有机质嫌气分解，铁锰等变价元素被还原，土壤中有机和无机还原性物质积累。在强还原条件下，还原性物质积累过多可能对作物产生毒害，而且还原性物质与其他土壤成分相互作用。因此，了解和研究土壤中的还原性物质，可以进一步阐明氧化还原过程的实质及其对土壤和植物生长的影响（丁昌璞，1984）。有研

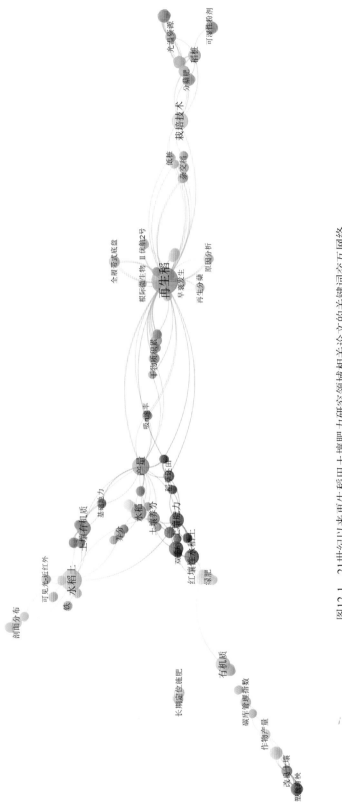

图12-1　21世纪以来再生稻稻田土壤肥力研究领域相关论文的关键词交互网络

表明，土壤氧化还原的数量因素（还原性物质数量）对水稻营养状况以及水稻生长起着重要作用（于天仁等，1964；于天仁，1983；刘芷宇等，1997）。在生产过程中，稻田土壤经常性淹水还原，随着土壤中各种形态氧化铁、氧化锰的转化和淋洗迁移，耕层土壤结构的胶散以及孔隙状况的恶化，加之有机物质对氧气的消耗（龚子同等，1990；金鑫，2013），必然会造成还原性物质的积累。

在中国南方，湖北、四川、重庆等省（市）实行中稻–再生稻种植模式，其生育期一般从4月上旬到10月中下旬，中间无翻耕措施，土壤长期处于淹水湿润状态。然而，长期淹水下稻田还原性物质含量增加（李成芳等，2017），土壤硫化氢、Fe^{2+}、Mn^{2+}含量升高。其中硫化氢毒性最强，中毒症状与土壤中各类还原性物质的浓度高低有关，共同的症状是植株出现大量的黑根、腐根，土壤还会发黑变臭。

再生稻的栽培特殊性，决定了土壤中有毒有害物质有可能比一季中稻稻田的土壤多。在再生稻栽培过程，头季稻的秸秆全部还田，同时在头季稻收获后及时灌水，并且在再生稻收获前一直通过灌溉来保持田间处于浅水管理，以确保腋芽萌发和满足再生季水稻正常生长对水分的基本要求。然而，这种"秸秆还田+再生季水管理"方式，会加重土壤还原性物质的积累，进而可能影响再生稻的生长。

因为秸秆腐解需要消耗大量的氧，这将改变稻田的氧化还原状况，使得根系层水、土的氧化还原电位降低，影响水稻根系生命活动（李东坡等，2004）。金鑫（2013）的研究表明，作物秸秆还田后在水稻移栽21~28d时土壤还原性物质总量增加，尤其是活性还原性物质和水溶性Fe^{2+}的含量分别增加86.5%和7.05%以上。此外，稻田绿肥压青同样会增加土壤中还原性物质含量。绿肥压青后15d内土壤还原性物质总量显著高于对照，并随着时间延长差异逐渐缩小，其主要原因是秸秆还田伴随大量有机物的投入，促进了活性有机还原性物质的增加，继而造成总的活性有机还原性物质增加（李学垣等，1966）。

12.2.4 部分中微量元素有效量短缺

微量元素是植物生长所必需的营养元素，与蛋白质、多糖、核酸、维生素等的合成密切相关，对植物各种生理代谢过程起调控作用（杨再婷等，2017）。土壤中微量元素的含量直接影响植物的生长发育和农产品的产量与品质（张昱等，2009；李海峰等，2012）。适量添加微肥有助于作物增产，提高作物品质。钙、镁、硫、铁、锰、硼、锌、钼和铜等元素是植物生长的必需营养元素，硅和硒等为植物生长的有益元素（胡坤等，2011）。同时，微量元素可激发许多酶的活性，增加作物体内的营养，还增加其对地下营养的吸收，使苗木健壮，抗病、抗倒伏能力增强，可预防并治疗由缺素引起的生理性病害，从而起到维持群落稳定性的作用。土壤中的微量元素主要来自成土母质，其含量受成土母质种类与成土过程影响，母质来源的差异对土壤中微量元素的有效性具有较大影响（关光复等，1998）。当土壤微量元素供给不足时，农作物出现缺乏症状，产量减少，质量降低，严重缺乏时，几乎颗粒无收，当土壤微量元素过多时，植物和动物又会出现中毒症状，农作物的产量及品质下降，影响人和动物的健康（张辉等，2000）。水稻在生产过程中除了需要吸收大量元素以外，还需要吸收中微量元素及有益元素。近年来，随着水稻产量的提高，氮、磷、钾大量元素肥料施用增多，引起农田养分比例失衡，水稻缺素症状增多，中微量元素的施用引起了各地的重视。尽管中、微量元素是农作物所需的，但其施用必须根据土壤中的含量水平进行，施用过量不仅不能提高作物的产量，而且会对作物产生毒害作用（刘国群，2015）。

随着农业生产水平的提高，土壤肥料因素在农业生产中的重要性更加突出，而中微量元素是土壤肥料的重要组成部分。同时随着水稻产量不断提高，土壤耗损的中微量元素增大，且因有机肥料用量锐减，中微量元素已成为水稻单产提高的重要限制因子（柯玉诗等，1995）。因此，根据土壤中微量元素丰缺现状及作物生长必需的中微量元素状况，进行科学配方，有目的地增施一定量的中微量元素，对提升作物品质，达到农业高产稳产至关重要。为此，在四川省东南部的再生稻田区域随机调查了部分再生稻田土壤的有效铁、有效锰、有效铜、有效锌、水溶态硼和有效钼含量及交换性钙、镁含量，对再生稻田的中、微量元素状况进行了分析评价。

12.2.4.1　再生稻区土壤微量元素有效量描述性统计

调查的508个样本的土壤微量元素有效量的描述性统计分析结果见表12-1。调查结果显示，再生稻田土壤有效铁平均含量为170.20mg/kg，处于极丰富水平。有效锰平均含量为60.07mg/kg，处于极丰富水平。有效铜平均含量为2.39mg/kg，处于丰富水平。有效锌平均含量为2.13mg/kg，处于丰富水平。水溶态硼平均含量为0.32mg/kg，处于缺乏水平，最小值为0.04mg/kg，最大值为1.97mg/kg，变异系数为0.633。有效钼平均含量为0.16mg/kg，处于缺乏水平，最小值为0.02mg/kg，最大值为1.53mg/kg，变异系数为0.694。

表12-1　再生稻田土壤微量元素有效量描述性分析

指标	有效铁	有效锰	有效铜	有效锌	水溶态硼	有效钼
样本数	508	508	508	508	508	508
平均值（mg/kg）	170.20	60.07	2.39	2.13	0.32	0.16
标准误差（mg/kg）	4.70	2.11	0.07	0.06	0.008	0.005
中位数（mg/kg）	153.90	44.05	2.00	1.80	0.28	0.14
标准差（mg/kg）	106.00	47.48	1.49	1.38	0.20	0.11
最小值（mg/kg）	3.60	0.10	0.19	0.26	0.04	0.02
最大值（mg/kg）	446.90	308.00	13.74	10.27	1.97	1.53
变异系数	0.623	0.790	0.626	0.648	0.633	0.694

从土壤微量元素有效量的正态分布结果可以看出（图12-2），调查的508个样本中有效铁、有效锰、有效铜、有效锌、水溶态硼和有效钼含量均为正偏态分布，有效铁含量主要集中在50.0~250.0mg/kg，表明再生稻区耕层土壤有效铁含量处于较丰富水平。有效锰含量主要集中在15.0~120.0mg/kg，处于中等偏上水平。有效铜含量主要集中在0.5~4.5mg/kg，处于中等偏上水平。有效锌含量主要集中在0.5~4.5mg/kg，处于中等偏上水平。水溶态硼和有效钼含量分别集中在0.2~0.5mg/kg和0.05~0.3mg/kg，都处于缺乏水平。总体来看，取样调查的508个再生稻田的6项微量元素有效量间变化均较大，这与再生稻田破碎、分散管理的经营方式有极大的关系，不同的种植户其耕作、栽培和施肥等管理措施差异极大，导致稻田土壤微量元素有效量的变化。再生稻田土壤有效铁、有效锰、有效铜和有效锌较丰富，而水溶态硼和有效钼缺乏是主要问题。

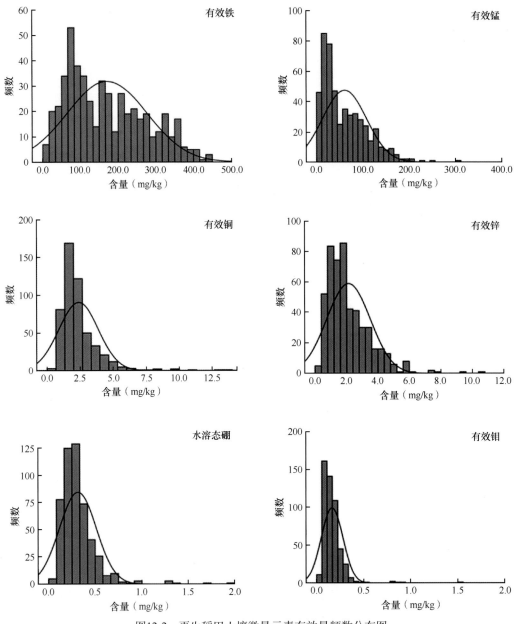

图12-2　再生稻田土壤微量元素有效量频数分布图

12.2.4.2　再生稻区土壤水溶态硼和有效钼丰缺状况

1. 水溶态硼

从表12-2可知，调查的508个样本中，水溶态硼含量没有1级的样本；2级（1.01～2.0mg/kg）共有6个样本，占总调查样本数的1.18%；3级（0.51～1.00mg/kg）共有47个样本，占总调查样本数的9.25%；4级（0.21～0.50mg/kg）共有314个样本，占总调查样本数的61.81%；5级（≤0.2mg/kg）共有141个样本，占总调查样本数的27.76%。从分级结果可以看出，再生稻区耕层土壤水溶态硼含量较为缺乏，基本处于4～5级水平，缺素样本达455个，占总样本数的89.57%。

表12-2　再生稻区稻田土壤水溶态硼含量分布特征

分级	划分标准	样本数	比例（%）
1	≥2.0mg/kg	0	0
2	1.01～2.0mg/kg	6	1.18
3	0.51～1.00mg/kg	47	9.25
4	0.21～0.50*mg/kg	314	61.81
5	≤0.20mg/kg	141	27.76

注：*为缺素临界值，下同

2. 有效钼

从表12-3可知，调查的508个中样品中，有效钼含量1级（≥0.30mg/kg）共有28个样本，占总调查样本数的5.51%；2级（0.21～0.30mg/kg）共有79个样本，占总调查样本数的15.55%；3级（0.16～0.20mg/kg）共有111个样本，占总调查样本数的21.85%；4级（0.11～0.15mg/kg）共有145个样本，占总调查样本数的28.54%；5级（≤0.10mg/kg）共有145个样本，占总调查样本数的28.54%。从分级结果可以看出，再生稻区耕层土壤有效钼含量较为缺乏，基本处于4～5级水平，缺素样本达290个，占总样本数的57.08%。总体上，再生稻田耕层土壤近60%样点有效钼缺乏。

表12-3　再生稻区稻田土壤有效钼含量分布特征

分级	划分标准	样本数	比例（%）
1	≥0.30mg/kg	28	5.51
2	0.21～0.30mg/kg	79	15.55
3	0.16～0.20mg/kg	111	21.85
4	0.11～0.15*mg/kg	145	28.54
5	≤0.10mg/kg	145	28.54

12.2.4.3　再生稻区土壤交换性钙、交换性镁丰缺状况

在再生稻田典型区域随机选取了41个稻田，取稻田耕层土壤样品测定了土壤的交换性钙和交换性镁含量。结果如下：调查的41个样品交换性钙平均含量为4.30g/kg，最小值为1.48g/kg，最大值为9.940g/kg，变异系数为0.460。参考资料，将土壤交换性钙含量分为5级（表12-4）。再生稻田土壤交换性钙含量1级（≥4.8g/kg）共有14个样本，占总调查样本数的34.15%；2级（1.2～4.8g/kg）共有27个样本，占总调查样本数的65.85%；3～5级都没有样本分布。从分级结果可以看出，再生稻区耕层土壤交换性钙含量总体较为丰富，基本处于1～2级水平，无缺素样本。交换性镁平均含量为0.376g/kg，最小值为0.22g/kg，最大值为0.71g/kg，变异系数为0.281。交换性钙含量2级（0.30～1.46g/kg）共有32个样本，占总调查样本数的78.05%；3级（0.12～0.30g/kg）共有10个样本，占总调查样本数的24.39%；1级、4级和5级都没有样本分布。从分级结果可以看出，再生稻区耕层土壤交换性镁含量总体为中等至丰富，基本处于2～3级水平，无缺素样本。

表12-4　四川再生稻区稻田土壤交换性钙和镁含量分布特征

元素	分级	划分标准	样本数	比例（%）
交换性钙	1	≥4.8g/kg	14	34.15
	2	1.2～4.8g/kg	27	65.85
	3	0.4～1.2g/kg	0	0
	4	0.2～0.4g/kg	0	0
	5	≤0.2g/kg	0	0
交换性镁	1	≥1.46g/kg	0	0.00
	2	0.30～1.46g/kg	32	78.05
	3	0.12～0.30g/kg	10	24.39
	4	0.06～0.12g/kg	0	0.00
	5	≤0.06g/kg	0	0.00

从交换性钙、交换性镁含量的正态分布结果（图12-3）可以看出，本次调查的41个样本中交换性钙和交换性镁含量均符合偏正态分布，再生稻区土壤交换性钙含量主要集中在2～5g/kg，土壤交换性镁含量主要集中在0.3～0.45g/kg，表明再生稻区耕层土壤交换性钙和镁含量均处于丰富水平。

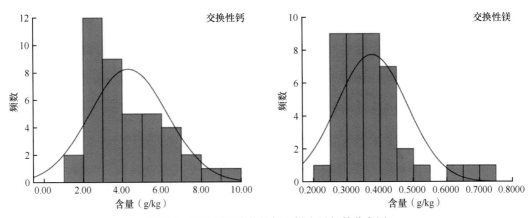

图12-3　再生稻田交换性钙和镁含量频数分布图

12.2.4.4　再生稻区土壤微量元素有效量与产量相关性分析

将本调查的508个样本的产量与6项土壤微量元素有效量进行Person相关性分析（表12-5），结果显示，再生稻区水稻产量与土壤有效铁、有效锰、有效锌、水溶态硼有效量4项指标呈极显著正相关；与有效铜有效量呈负相关，与有效钼有效量呈正相关，但均未达显著相关。6项微量元素间，土壤有效铁与有效锰、有效锌、水溶态硼和有效钼有效量呈极显著正相关；有效锰与有效锌、水溶态硼和有效钼有效量呈极显著正相关；有效铜、有效锌与水溶态硼和有效钼呈极显著正相关；水溶态硼与有效钼呈极显著正相关。

表12-5　再生稻田土壤微量元素有效量与水稻产量相关性

相关系数	产量	有效铁	有效锰	有效铜	有效锌	水溶态硼	有效钼
产量	1.000						
有效铁	0.188**	1.000					
有效锰	0.188**	0.530**	1.000				
有效铜	−0.012	0.058	0.023	1.000			
有效锌	0.226**	0.548**	0.333**	−0.036	1.000		
水溶态硼	0.165**	0.162**	0.260**	0.155**	0.202**	1.000	
有效钼	0.085	0.229**	0.118**	0.243**	0.145**	0.191**	1.000

注：*表示$P < 0.05$；**表示$P < 0.01$

将508个样本进行通径分析（表12-6），结果显示再生稻田中对水稻产量贡献率较大的微量元素为有效锰、有效锌和水溶态硼，按贡献率排序为有效锌＞水溶态硼＞有效锰，而有效铁、有效铜、有效钼对水稻产量的贡献率较小。

表12-6　土壤微量元素有效量与产量的通径分析

通径分析	与产量相关系数	直接作用	间接作用						贡献率
			$x1 \to y$	$x2 \to y$	$x3 \to y$	$x4 \to y$	$x5 \to y$	$x6 \to y$	
有效铁	0.188	0.037		0.047	−0.002	0.081	0.017	0.008	0.0070
有效锰	0.188	0.089	0.020		−0.001	0.049	0.027	0.004	0.0167
有效铜	−0.012	−0.035	0.002	0.002		−0.005	0.016	0.008	0.0004
有效锌	0.226	0.148	0.020	0.030	0.001		0.021	0.005	0.0334
水溶态硼	0.165	0.105	0.006	0.023	−0.005	0.030		0.006	0.0173
有效钼	0.085	0.033	0.009	0.011	−0.008	0.022	0.020		0.0028

12.2.4.5　再生稻区土壤交换性钙、交换性镁含量与产量相关性分析

对随机走访调查的32个样本的产量与土壤交换性钙、交换性镁含量进行相关性分析（表12-7），结果显示再生稻区域水稻产量与土壤交换性钙含量呈负相关，与交换性镁含量呈正相关，但均未达到显著水平。

表12-7　再生稻田土壤中量元素含量与产量相关性

相关系数	产量	交换性钙	交换性镁
产量	1.000		
交换性钙	−0.1582	1.000	
交换性镁	0.1785	0.2535	1.000

将32个样本进行通径分析（表12-8），结果显示再生稻田中对水稻产量贡献率较大的中量元素是交换性镁，而交换性钙对水稻产量的贡献率为负数。布置在再生稻区域的硅钙肥试验也发现，当冬水田施用石灰后，水稻产量较不施用石灰有所下降。

表12-8　再生稻田中量元素含量与产量通径分析

通径分析	与产量相关系数	直接作用	间接作用		贡献率
			$x1 \to y$	$x2 \to y$	
交换性钙	−0.1582	−0.2174		0.0592	−0.0344
交换性镁	0.1785	0.2336	−0.0551		0.0417

12.2.5　再生季土壤通气性差

土壤的通气性又称土壤的呼吸作用，维持土壤适当的通气性是保证土壤空气质量、维持土壤肥力不可缺少的条件。土壤的通气性除对作物种子萌发和根系生长有明显影响外，还对土壤微生物的活性和养分的转化产生影响。当土壤中缺氧时，释放的速效养分有限，硝化细菌不能活动，还可能引发反硝化作用，使氮素损失。在缺氧条件下，只有固氮能力很弱的嫌气性固氮菌活动，而固氮能力很强的根瘤菌和好气性自生固氮菌的活动则受到抑制。

再生稻田特殊的生产方式，决定了后期土壤通气性差。相比双季稻，中稻–再生稻模式省去了一茬耕作，又省种省肥。但这种种植模式将引起土壤容重增加和土壤板结，使土壤的通气性变差，此外，头季机械收获碾压也是再生季土壤通气性变差的重要原因。

已有研究表明（吴建富等，2009；霍晓玲，2012），无论是抛秧还是机插秧，长期免耕下稻田土壤容重都会提高，相应的孔隙度会减小。吴建富等（2009）通过田间试验发现，连续免耕抛秧3年后土壤容重（1.374g/cm^3）高于翻耕抛秧土壤（1.273g/cm^3），总孔隙度（48.58%）低于免耕抛秧（51.94%）。霍晓玲（2012）研究翻耕与否对机插秧稻田土壤相关性状的影响，也有类似结论，尤其是10～20cm土壤，免耕下的通气不畅现象很明显。总之，再生季"少免耕"引起的通气性差问题客观存在，应予以重视，可通过适当晒田和干湿交替的水管理方式加以改善。

针对头季稻机械收获碾压对再生季土壤通气性的影响，再生稻课题组在荆州金穗家庭农场进行了田间调查，对两种常见机收方式（图12-4）的田间碾压率、土壤容重和紧实度简要分析如下。

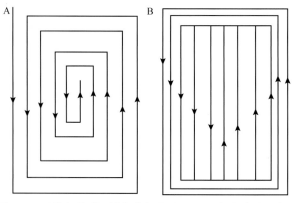

图12-4　两种头季稻机械收获方式（A、B）行走路线示意图

从碾压率（表12-9）来看，机收方式A对田间和地头碾压比较均衡，但整体碾压率

高；与A相比，机收方式B对地头碾压较重，从而导致地头碾压率高。就地头碾压宽度来看，两种机收方式相当，但地头碾压率B高出A达40.3个百分点。从田间碾压宽度和碾压率来看，B均低于A，这是因为机收方式B机械主要沿田块纵向行走，在田间的行走总圈数少。在生产实践中机械手习惯采用机收方式A，不仅造成收获效率低，还容易造成田间稻桩大面积被碾压，从而影响再生稻的产量。

表12-9 头季稻机械收获对土壤碾压的影响

机收方式	收获效率 [m²/(min·辆)]	地头碾压		田间碾压	
		碾压宽度（m）	碾压率（%）	碾压宽度（m）	碾压率（%）
A	31.06±11.75a	6.4	45.6	0.78	56.1
B	41.97±8.37a	6.4	85.9	0.50	36.0

土壤紧实度是反映土壤结构特征的重要指标，通常用土壤容重或土壤孔隙度来衡量（孙耀邦等，1991）。全喂入履带式联合收割机在田间进行收割作业时，收割机的履带和轮胎对土壤产生碾压作用，会造成土壤的机械压实。而机械压实会影响土壤紧实度（杨晓娟等，2008）。从田间不同区域土壤容重（图12-5）来看，土壤容重呈现重复碾压区＞一次碾压区＞未碾压区；与机收方式A相比，机收方式B一次碾压区的土壤容重降低13.7%，重复碾压区减少30%，土壤容重低说明孔隙数量多。比较机收方式A、B下田间不同部位土壤紧实度（图12-5），可以看出两种机收方式差异比较显著。无论一次碾压区还是重复碾压区，机收B方式的田间土壤紧实度均低于机收A方式。土壤紧实度越大代表表层土壤耐压和承重能力越大，透水透气性越差。

通常情况下，土壤的通气性受多种因素影响。凡是影响土壤孔隙状况的因素，如土壤质地、结构、有机质含量、松紧状况以及水分含量等，都能影响土壤通气性。所以，在农业生产中常采用增加有机质含量、促进良好土壤结构形成，以及适当深翻、中耕松土、排水落干等措施来调节土壤通气性和改善土壤通气状况。

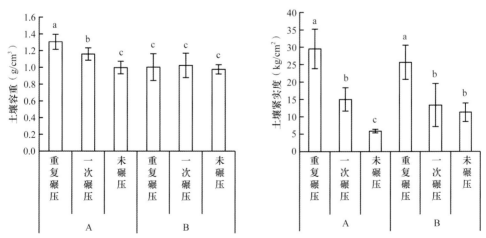

图12-5 不同机收方式对土壤容重和土壤紧实度的影响

不同小写字母表示不同处理间在0.05水平差异显著，下同

12.3　再生稻稻田土壤培肥关键技术筛选

12.3.1　秸秆还田技术

作物秸秆作为农作物最主要的副产品，含有大量有机物和丰富的氮、磷、钾等营养元素。秸秆还田是增加农田土壤有机碳、改良土壤结构、培肥土壤的重要途径之一，可以通过增加土壤孔隙度改善农田土壤物理性状，长期秸秆还田可以提高土壤养分循环利用效率，增加作物产量，是一种有效的保护性耕作措施，在农业生产中已广泛应用。但是，秸秆还田依然存在较多问题，如秸秆腐解难，利用率低，产生还原性有毒物质，易发生与作物争氮和诱发病虫害等现象，从而影响作物的生长发育和土壤质量的转变方向与强度。在再生稻田中，秸秆还田不仅存在上述难点问题，头季稻机械收获时还会对部分稻茬碾压，而收获后的秸秆难以均匀抛撒在土壤表面，如果覆盖在稻茬上还会对再生季水稻萌发产生不利影响，因此，再生稻头季机械化收获相关机具还需进一步研究。

为了进一步研究头季稻秸秆还田对再生稻产量和土壤肥力的影响，本研究团队开展了两组试验。

试验一：2017～2018年在西南头季稻区开展了头季稻秸秆还田试验，考察秸秆还田对再生稻产量和土壤肥力的影响。试验采用完全随机区组设计，共设3个处理，分别为不施肥秸秆不还田处理、施肥秸秆还田处理和施肥秸秆不还田处理。每个处理3次重复，每个小区面积为5m×6m。水稻品种为'渝香203'，按照宽窄行进行移栽，宽行40cm，窄行20cm，株距15cm，人工移栽，每穴两苗。中稻收获后秸秆还田小区将秸秆均匀分布在宽行中，秸秆不还田处理直接将秸秆移出。再生稻收获后秸秆还田处理将秸秆均匀分布在田中，秸秆不还田处理将秸秆移出。试验田于4月初育秧，4月底移栽，8月中下旬头季稻收获，11月中上旬再生稻收获。

不施肥秸秆不还田处理，两季均不施用化肥和其他肥料。施肥秸秆还田处理和施肥秸秆不还田处理，头季稻施用150kg N/hm^2，按照基肥:分蘖肥:穗肥=4:3:3施用，磷肥和钾肥在头季稻作为基肥一次性施入，分别为每公顷150kg P_2O_5和120kg K_2O。再生季肥料在头季稻齐穗后20d施入，一次性施入促芽肥75kg N/hm^2，人工撒施，不使用磷肥和钾肥。头季稻采用人工收获，留35cm稻茬，再生稻采用机械收获。再生稻收获后冬季稻田休闲。水分管理中，在头季稻分蘖盛期和再生稻收获前各排水晒田2周，其余时间均保持5cm左右水层。

试验二：2017年在湖北荆门开展再生稻秸秆还田试验，考察秸秆还田对再生稻田土壤有机碳组分的影响。采用单因素随机区组设计，设置4个处理，分别为水稻秸秆不还田（CK）、水稻秸秆半量还田（SH）、水稻秸秆全量还田（SW）、水稻秸秆全量还田配施腐熟剂（SWF）。3次重复，共计12个小区，每小区面积20m^2（5m×4m）。水稻秸秆全量还田量为15 000kg/hm^2。秸秆腐熟剂由湖南泰谷生物科技股份有限公司生产，所含菌种主要为枯草芽孢杆菌、米曲霉、哈茨木霉，有效活菌数≥0.5亿/g，腐熟剂用量为30kg/hm^2。秸秆还田处理于水稻种植前一周进行翻压还田，水稻秸秆剪成5cm长度左右。

本试验中水稻品种为'新两优223'，水稻秧苗于2017年4月28日移栽，移栽密度每公顷36万穴，每穴3～4兜，头季稻于2017年8月20日收获，再生稻于2017年11月6日收获。头季稻肥料用量：180kg N/hm^2、90kg P$_2$O$_5$/hm^{2}与150kg K$_2$O/hm^2，氮肥按基肥：分蘖肥=6：4施用，磷、钾肥全作基肥施用。水稻秸秆不还田处理中头季稻收获时的留茬高度为20cm左右，头季稻收获后的秸秆全部移出。于2017年头季稻齐穗后15d施用催芽肥，施肥量为90kg N/hm^2、45kg P$_2$O$_5$/hm^{2}和90kg K$_2$O/hm^2，于收割留桩后结合复水施用促苗肥，施肥量为30kg N/hm^2、15kg P$_2$O$_5$/hm^{2}和30kg K$_2$O/hm^2。再生稻收获后的秸秆全部移出，除草、病虫害防治等采用当地常规管理。

12.3.1.1　秸秆还田对再生稻产量的影响

试验一中再生稻的产量及产量构成如表12-10所示。2017年头季稻产量在施肥秸秆还田处理最高，在对照不施肥处理最低，秸秆还田处理较对照不施肥和施肥秸秆不还田处理分别高出1.2%和12.2%。分析其原因可以发现，在施肥秸秆还田处理中，水稻颖花数显著高于其他两个处理，分别高出46.8%和20.1%，其有效穗数显著高于对照不施肥处理，但与施肥秸秆不还田处理无显著差异，而其穗粒数、结实率和千粒重均与其他处理没有显著差异。2018年头季稻产量表现与2017年基本一致。施肥秸秆还田处理产量较另外两处理分别高出了2.1%和17.1%，而产量构成变化则与2017年略有不同。2018年施肥秸秆还田处理穗粒数显著高于其他处理，分别高出了3.0%和3.8%，同时颖花数显著高于其他两个处理，分别高出了8.9%和31.1%，其他产量构成因素三者均无显著差异。

表12-10　不同处理下头季稻与再生稻的产量及其构成

年份		处理	有效穗数（个/m^2）	穗粒数（粒）	颖花数（万/m^2）	结实率（%）	千粒重（g）	产量（t/hm^2）
2017	头季稻	不施肥	198.6b	142.9a	29.3c	81.8a	29.8a	7.4b
		施肥秸秆不还田	240.5a	146.0a	35.8b	81.6a	29.6a	8.2a
		施肥秸秆还田	248.4a	143.5a	43.0a	80.5a	29.6a	8.3a
	再生稻	不施肥	190.2c	83.2a	17.1c	50.9a	27.6a	2.2b
		施肥秸秆不还田	220.6b	83.8a	21.3b	52.3a	27.6a	3.1a
		施肥秸秆还田	235.8a	83.9a	22.1a	52.1a	27.6a	3.1a
2018	头季稻	不施肥	202.6b	156.3b	35.4c	83.7a	28.9a	8.2b
		施肥秸秆不还田	254.2a	157.6b	42.6b	82.6a	28.8a	9.4a
		施肥秸秆还田	256.9a	162.3a	46.4a	82.9a	28.9a	9.6a
	再生稻	不施肥	193.5c	86.8a	17.6c	48.9b	27.9a	2.4b
		施肥秸秆不还田	230.9b	86.5a	20.1a	50.3a	28.1a	3.3a
		施肥秸秆还田	248.2a	83.9b	20.6a	50.4a	28.1a	3.4a

注：不同小写字母表示不同处理间差异达到显著水平（$P<0.05$），下同

与头季稻相比，再生稻的产量较低，究其原因主要是穗粒数大幅度降低，结实率也明显低于头季稻，千粒重也略低，这与再生稻的特性有关，其灌浆期短于头季稻。2017年再生稻产量施肥秸秆还田处理与施肥秸秆不还田处理相当，均高于对照不施肥处理，较对照产量均提高了40.9%。施肥秸秆还田处理的有效穗数较其他两个处理分别高出6.9%和24.0%，颖花数的变化与有效穗数一致，其他产量构成因素三者均无显著差异。2018年

再生稻产量较2017年有所提高，施肥秸秆还田处理产量最高，这主要是由于其有效穗数显著高于其他处理，值得注意的是，施肥秸秆还田处理穗粒数显著低于其他处理，但并不影响其颖花数高于其他处理。

作物产量是一个系统管理水平与土壤生产力的综合反映，也是农业持续发展水平的重要评价指标（张志国和徐琪，1998）。前人研究结果表明，合理施用秸秆可以提高作物产量（徐祖祥等，2011）。本研究进一步证实了前人的研究成果，秸秆全量还田后，可以不同程度地增加头季稻的产量，对再生稻的产量没有显著影响。秸秆还田后经腐烂分解可以为土壤提供大量的氮、磷、钾等营养元素，同时土壤的微生物数量随之提高，土壤理化性质得到改善，有利于作物的生长，提高水稻产量，这与前人的研究一致。这可能是由于秸秆还田除了可以提高土壤肥力外，还能够在冬季起到保温蓄水保墒的效果，这对改善头季稻移栽早、土壤温度偏低这一现状十分有利。同时产量结果显示，秸秆还田处理能提高头季稻产量，但增产效果并不显著，这也表明秸秆还田对作物产量的影响是一个长期效应。刘晓霞等（2017）研究发现，小麦秸秆还田显著提高了后茬作物水稻的产量，且随着秸秆还田年限的增加，秸秆还田对后茬作物的增产效果越发明显，秸秆还田连续实施4年以后，水稻的增产率由0.6%提高到3.2%。前人研究认为，秸秆还田促进了水稻分蘖，能够维持生育中后期较高的叶面积指数和干物质积累量，增加了单位面积有效穗数、穗粒数，从而提高了水稻产量（袁玲等，2013）。刘世平等（2007）研究认为，秸秆还田显著降低了水稻有效穗数，颖花数多和千粒重高是水稻产量增加的主要原因，这与本研究结果一致。

水稻产量形成过程中碳水化合物在各器官中的分配、结构性碳的建成和非结构性碳的转运顺畅与否，对水稻产量的影响很大。前人研究表明，秸秆还田配合肥水运筹，有利于作物全生育期的群体干物质积累及转化，增加干物质由茎秆向籽粒转运（李志勇等，2005），进一步提高作物的经济产量。胡钧铭等（2009）同样认为，提高水稻产量的关键在于提高生物产量和促进花后干物质从茎叶向穗部转运。而秸秆还田可显著提高水稻灌浆结实期茎鞘中贮藏的碳水化合物的输出率及转换率，有利于提高水稻籽粒库（张洪熙等，2008）。另外，水稻全株平均含碳量为40.4%～41.8%，提高农作物地上地下部总生物量（包括籽粒、茎秆、根茬等）的措施均可增加水稻群体植株固碳量（林瑞余等，2006）。潘根兴等（2006）也认为，秸秆还田与化肥配施是促进水稻光合碳同化能力及稻田生产力提高的重要措施。因此，秸秆还田既能提高作物产量，又可以增加农业生产系统的固碳量，是一种环境友好的稻作技术。

12.3.1.2　秸秆还田对土壤肥力的影响

比较不同处理的0～10cm和10～20cm土壤阳离子交换量、有机碳、碱解氮、有效磷和速效钾含量（表12-11），结果显示，经过两年的秸秆还田后，pH在0～10cm和10～20cm均没有显著变化；秸秆还田相比另外两个处理显著提高0～10cm有机质含量，而对10～20cm没有影响；秸秆还田显著提高了0～10cm和10～20cm土壤速效钾含量，分别较不施肥和施肥秸秆不还田处理平均高了33.4%和33.0%，说明秸秆还田具有良好的补钾效应。

表12-11　不同处理下耕层土壤化学指标的变化

处理	土层	pH（水）	阳离子交换量（cmol/kg）	有机质（g/kg）	碱解氮（mg/kg）	有效磷（mg/kg）	速效钾（mg/kg）
不施肥	0～10cm	6.2a	17.6a	18.6b	180.7b	8.8b	66.8b
	10～20cm	6.6a	16.9a	14.3a	178.9b	11.2b	49.6b
施肥秸秆不还田	0～10cm	6.2a	18.9a	19.2b	198.7a	11.2a	67.5b
	10～20cm	6.6a	16.3b	15.2a	192.4a	13.6a	43.6b
施肥秸秆还田	0～10cm	6.2a	17.8a	21.5a	206.5a	10.6a	89.8a
	10～20cm	6.9a	16.2b	15.3a	188.7a	11.9b	74.4a

本研究中秸秆还田对其他土壤化学性质的影响较小，可能与秸秆还田年限较短有关。已有研究表明，秸秆有机物料的还田，使稻田土壤中的氮和微生物生物量碳含量显著提高，土壤中的磷与氮相对含量较低，秸秆还田也可以提高土壤磷的含量。土壤中的钾一般随作物的收获而流失，秸秆还田可以缓解土壤中钾的流失（陈敏等，2010）。李继福等（2016）认为秸秆还田可以使土壤可溶性钾和速效钾的含量提高，这与本研究中的结果一致。土壤形态结构、腐殖质含量和松紧状况影响土壤颗粒的凝结，并体现了土壤中水、肥、气、热等因素的变化和供应情况，一般以土壤容重、孔隙度和团聚体等物理性状来表示，体现了土壤的肥力。其中，土壤养分转移和作物根系生长受土壤容重与孔隙度的影响。土壤水分和养分的储存由土壤团聚体提供场所。本研究中采用的中稻-再生稻秸秆还田可以降低土壤容重、增加孔隙度和改善通气状况，有利于形成良好的土壤团粒结构。

秸秆含有作物生长发育所必需的氮、磷、钾等营养元素，还田后能有效增加土壤中有机质含量，改善土壤肥力状况。秸秆还田后土壤中有机质、碱解氮和全氮含量均高于对照以及试验前的土壤养分水平（季陆鹰等，2013）。劳秀荣等（2002）连续多年的定位试验结果表明，长期秸秆还田改善了土壤的理化性状，土壤有机质、孔隙度、速效氮、锌、铁、锰、酶活性等理化指标与秸秆还田量呈显著正相关。本试验结果显示，秸秆还田提高了土壤有机质、有效磷和速效钾含量，但与不还田差异不显著，这可能是由于试验开展年限较短，秸秆还田对全氮含量的影响尚未显现。秸秆还田不仅影响土壤肥力，对土壤物理结构也有一定的影响。劳秀荣等（2002）的研究结果证实，土壤容重随着秸秆用量和还田年限的增加显著降低。

本研究中没有涉及秸秆还田对水稻氮肥利用率的影响，但现有研究同样证明了秸秆还田可以提高水稻的氮肥利用率。赵峰等（2011）研究认为，秸秆还田配施氮肥提高了水稻灌浆期的光合作用，促进了物质合成和转化，进而提高了氮肥利用率。张媛媛等（2012）研究认为，秸秆还田配施氮肥增加土壤含氮量，提高土壤矿质氮的生物有效性，从而增加水稻对氮素的吸收，提高氮肥利用率。究其原因，一是秸秆还田配施氮肥较单施氮肥提高了水稻总吸氮量，其中籽粒吸氮量增加幅度高于秸秆吸氮量，表明秸秆还田配施氮肥可以促进水稻对氮的吸收，并促使氮素由茎秆向籽粒迁移，从而提高了氮肥利用率；二是秸秆还田对土壤氮素矿化具有激发效应，与单施氮肥相比，秸秆还田配施氮肥增加了氮肥在土壤中的残留量，提高了土壤供氮潜力和供氮能力，有利于水稻对氮素的吸收；三是秸秆还田配施氮肥减少了氮素的损失。

12.3.1.3　秸秆还田对再生稻田土壤有机碳组分的影响

由表12-12可知，在头季和再生季水稻收获期，不同秸秆还田处理可以提高土壤总有机碳（TOC）含量，但各处理间的差异不显著，这可能与土壤有机碳在短期内对秸秆还田响应不敏感有关。各处理头季水稻收获时土壤TOC含量的变化幅度为21.77～22.47g/kg，在再生季水稻收获时各处理土壤中TOC含量的变化幅度为22.32～23.72g/kg。

表12-12　秸秆还田下再生稻田土壤有机碳组分及其含量

时期	处理	总有机碳（g/kg）	颗粒有机碳（g/kg）	水溶性有机碳（mg/kg）	腐殖酸（g/kg）	富里酸（g/kg）	胡敏酸（g/kg）
头季稻收获期	秸秆不还田	21.77a	7.08b	137.04b	6.90b	3.62a	3.00a
	半量还田	22.28a	7.60ab	153.62ab	7.17ab	3.88a	3.15a
	全量还田	22.35a	7.90ab	163.92a	7.30ab	3.93a	3.37a
	全量还田+腐熟剂	22.47a	8.54a	168.06a	7.64a	3.95a	3.54a
再生稻收获期	秸秆不还田	22.32a	9.08c	110.60c	7.12a	3.74a	3.19a
	半量还田	23.42a	10.48b	126.38bc	7.41a	3.91a	3.41a
	全量还田	23.49a	11.33ab	133.81b	7.44a	3.96a	3.58a
	全量还田+腐熟剂	23.72a	11.89a	156.47a	7.84a	4.07a	4.03a

在头季水稻收获时，秸秆还田+腐熟剂处理中水稻土壤的颗粒有机碳（POC）含量显著高于秸秆不还田处理，各处理水稻土壤的POC含量变化幅度为7.08～8.54g/kg；在再生季水稻收获时，添加有机物料各处理水稻土壤的POC含量均显著高于对照秸秆不还田处理，各处理土壤POC含量分别较对照处理提高了15.42%、24.78%和30.95%，各处理水稻土壤的POC含量变化幅度为9.08～11.89g/kg。

在头季水稻收获时，与对照秸秆不还田相比，秸秆全量还田和秸秆还田+增施腐熟剂处理均显著提高土壤的水溶性有机碳（WSOC）含量，分别增加了19.61%、22.64%；在再生季水稻收获时，与对照相比，两处理均显著提高水稻土壤WSOC含量，分别增加了20.99%、41.48%。再生季水稻收获时，水稻土壤的WSOC含量较头季水稻收获时降低了6.90%～19.29%。

各秸秆还田处理土壤中的腐殖酸、富里酸、胡敏酸含量均高于对照处理，在头季水稻收获时，土壤腐殖酸含量高低为秸秆还田+腐熟剂＞秸秆全量还田＞秸秆半量还田＞秸秆不还田，与秸秆不还田相比，前三者分别增加了10.72%、5.80%、3.91%；在再生季水稻收获时，土壤中腐殖酸高低顺序与头季稻收获时相同，与对照相比，各处理分别增加了10.11%、4.49%、4.07%。各处理土壤的富里酸、胡敏酸含量与腐殖酸变化趋势基本一致。

本研究发现，短期条件下，与秸秆不还田相比，秸秆还田处理可以增加土壤总有机碳的含量，该结果与马俊永等（2007）的研究结果类似，原因是秸秆还田后可以为土壤微生物提供外源有机碳输入，从而提高土壤微生物数量及活性。秸秆还田是影响土壤溶解性有机物的重要因素，主要体现在增加土壤DOC、增强土壤固相有机质溶解、提高微生物活性等方面。与秸秆不还田相比，全量秸秆还田或其配施腐熟剂处理显著提高再生稻田土壤水溶性有机碳含量，原因是加入的有机物在腐解过程中能释放大量水溶性有机碳，而秸秆腐熟剂含有的大量霉菌、细菌和枯草芽孢杆菌等，其大量繁殖能加快作物秸秆的分解（倪进治等，2003）。与头季水稻收获时相比，再生季水稻收获时土壤水溶性有机碳含量有所下降，一方面是由于来自秸秆腐解过程的水溶性有机碳在土壤中很快降解（郑立臣等，2006）；另一方面是由于淹水，水溶性有机碳含量下降（汤宏等，2013）。

综上，秸秆还田是提高再生稻尤其是头季稻产量、提升土壤肥力、改善土壤理化性状的有效措施，且秸秆还田实施年限越久，对作物的增产效果以及土壤肥力的提升效果越明显。

12.3.2　冬季绿肥种植技术

我国传统农业生产素有种植绿肥的习惯，但随着人们对作物产量的片面追求，化肥逐渐替代有机肥，农村绿肥面积持续缩减，用其培肥地力的措施逐渐被摒弃，严重破坏了土壤的结构和养分平衡，制约了我国农业生产的可持续发展。相关研究表明，绿肥种植可有效提高土壤有机质含量，增加土壤养分，提升土壤地力，对后作产量的增加亦有促进作用。根据再生稻区土壤、作物和气象条件，为充分利用茬口期近半年时间的水热资源、培肥土壤，应在冬季种植绿肥作物，为粮食增产、土壤培肥和生态环境保护打下良好基础。

栽培绿肥以豆科作物为主，如紫云英、苜蓿、田菁、蚕豆、苕子等；非豆科作物有油菜、肥田萝卜、荞麦等。绿肥作物在经过一定时期生长之后，将其绿色茎叶切断直接翻入土中，可以节省人力，减少运输费用，也可用其沤制土肥施用。绿肥含有多种养分和大量有机质，还田后能改善土壤结构，促进土壤熟化，增强地力。

绿肥作为可直接或经堆沤后还田为土壤提供养分及有机质的栽培或野生绿色植物体，在我国种植历史悠久，早在公元前3世纪就有史料记载绿肥的土壤培肥效果。然而，自20世纪中后期我国化肥工业开始快速发展，绿肥的研究和应用逐渐衰减，几近停滞。以湖北省为例，全省绿肥种植面积从1977年顶峰时的141万hm^2，下降到2008年的8万hm^2（傅廷栋等，2012）。绿肥作物种植面积减少，化肥施用导致的环境问题逐渐突显，恢复发展绿肥生产迫在眉睫。根据中共十九大报告提出的"推进绿色发展、着力解决突出环境问题、加大生态系统保护力度"等建设美丽中国的要求，绿肥种植作为发展化学肥料有机替代的有效途径，是实现我国化肥减量使用和生态、环境、农业绿色可持续发展的有效手段，也是南方再生稻区茬口期土壤培肥和光热水资源有效利用的重要方式，具有重要的现实意义。

唐杉等（2015）指出，紫云英还田不仅能提高水稻产量，还可显著提升稻田土壤肥力。朱贵平等（2012）发现，紫云英和油菜翻压对后作水稻均有极显著的增产效果。刘晓霞等（2016）的研究表明，紫云英、油菜和豌豆还田均可提高土壤有机质、全氮和有效磷含量以及后茬水稻的产量。刘英等（2008）指出，紫云英不仅能培肥改土，而且有利于水稻植株的营养积累及产量的提高。张明发等（2017）指出，绿肥翻压还田能提高烟叶的产量，改良土壤结构。李淑春等（2010）发现，以油菜为绿肥翻压还田后，可减少后作单季稻的化肥用量。但这些研究也表明，不同品种绿肥对后作产量及土壤性状的影响会表现出一定差异，关于其对再生稻田土壤肥力的影响研究则非常有限。

在种植再生稻的长江中下游区，冬季茬口期长达160余天，如10月底套播绿肥，入冬前能出苗并产生一定生物量，翌年开春后，2月底至4月中旬能旺盛生长，在再生稻插秧前产生大量有机物质，为土壤培肥奠定良好基础。以下就主要绿肥作物的改土培肥作用进行简要介绍。

12.3.2.1 种植紫云英

紫云英又称红花草、草子，是豆科越年生草本植物，是南方稻区最主要的冬季绿肥作物。紫云英鲜草含氮（N）0.4%、含磷（P_2O_5）0.11%、含钾（K_2O）0.35%；干草含粗蛋白质、粗脂肪、粗纤维等有机物，是优质的有机肥（林多胡和顾荣申，2000）。种好紫云英对改良土壤、培肥地力、促进粮食生产有着重要的意义。

现代化生产模式下，南方稻田存在土壤有效钾亏缺、补充的钾易随水流失等突出问题（Römheld and Kirkby，2010；He et al.，2015）。有研究报道，紫云英长期还田后土壤的假单胞菌、芽孢杆菌和伯克霍尔德菌等溶钾菌群活性显著增强（Zhang et al.，2017）。溶钾菌可通过作用于矿物结构而影响土壤供钾能力。紫云英作为南方稻田最常见的绿肥，其还田对稻田钾素有效性有显著影响。

Wen等（2021）以湖南祁阳35年的紫云英（MV）–双季稻长期定位试验为依托，通过与黑麦草（RY）、油菜（RA）和冬闲（WF）对比，探讨了紫云英还田对稻田钾素有效性的影响。结果（表12-13）表明：与冬闲（WF）相比，MV的晶格钾（LK）含量由9.96g/kg降低至8.65g/kg，而非交换性钾（NEK）含量由90.9mg/kg升高至104.8mg/kg，增幅15.3%。NEK是对作物生长最重要的钾库，其含量的升高意味着长期紫云英还田（MV）提高了稻田有效钾库容。紫云英还田土壤的速效钾（FAK）和总钾（TK）均低于冬闲田，可能是紫云英还田促进水稻生长，籽实带走钾量增多的缘故。

表12-13 长期紫云英还田对土壤钾素形态的影响

处理	FAK（mg/kg）	NEK（mg/kg）	LK（g/kg）	TK（g/kg）
紫云英MV	44.25±0.64a	104.8±5.06b	8.65±0.20a	8.80±0.20a
黑麦草RY	49.68±1.16b	103.5±6.55b	8.86±0.12a	9.01±0.12a
油菜RA	52.35±3.06b	100.1±5.12ab	9.16±0.53a	9.31±0.52a
冬闲WF	57.45±0.69c	90.9±3.63a	9.96±0.45b	10.10±0.45b

注：FAK代表速效钾；NEK代表非交换性钾；LK代表晶格钾；TK代表总钾

进一步分析了长期紫云英还田对钾素Q/I曲线CR_K^0、PBK^e、PBK^n和PBK^t参数的影响（表12-14）。可以看出，与WF相比，MV处理的平衡钾活度（CR_K^0）较低、非交换性钾库缓冲性能（PBK^n）较高，意味着MV处理的K^+更难交换和流失。表12-15显示，与WF相比，MV的外源钾转化为非交换性钾百分比（β值）增大、交换性钾最小值（EK^m）占交换性钾临界值（EK^r）的比例增高，意味着更多的外源K^+可储存于非交换位点中。表12-14和表12-15共同表明，长期紫云英还田（MV）比冬闲（WF）处理可提高稻田固钾能力，降低钾素流失。

表12-14　长期紫云英还田对钾素Q//曲线CR_K^0、PBK^e、PBK^n和PBK^t参数的影响

处理	CR_K^0 [(mol/L)$^{1/2}$]	PBK^e [cmol/kg·(mol/L)$^{1/2}$]	PBK^n [cmol/kg·(mol/L)$^{1/2}$]	PBK^t [cmol/kg·(mol/L)$^{1/2}$]
MV	0.0035	7.37	6.57	13.94
RY	0.0037	7.41	6.41	13.82
RA	0.0045	7.72	5.50	13.23
WF	0.0058	8.44	4.49	12.93

注：CR_K^0代表平衡钾活度，PBK^e、PBK^n和PBK^t分别代表交换性钾库、非交换性钾库、总钾库缓冲性能

表12-15　长期紫云英还田对钾素Q//曲线α、β、EK^r、EK^m和EK^m/EK^r的影响

处理	α（%）	β（%）	EK^r（cmol/kg）	EK^m（cmol/kg）	EK^m/EK^r（%）
MV	53.0	13.10	0.0938	0.0679	72
RY	53.5	12.20	0.0981	0.0695	71
RA	58.4	12.10	0.1212	0.0861	7
WF	65.3	9.98	0.1338	0.0854	64

注：α和β分别代表外源钾转变成交换性钾与非交换性钾的百分比；EK^r为交换性钾的临界值；EK^m为交换性钾的最小值

Wen等（2021）还通过X射线衍射技术测定了长期紫云英还田对土壤矿物组成的影响。图12-6显示，与WF处理相比，MV处理的钾长石和云母峰减弱，表明MV处理活化了土壤中的难溶性钾。由表12-16可知，与WF处理相比，MV处理的Kübler、ICI升高和Weaver降低，反映出伊利石经历了更强烈的风化作用，风化边缘增多，MV处理土壤固钾能力提高。

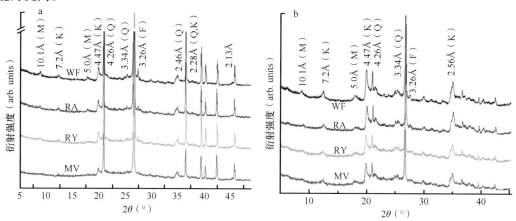

图12-6　长期紫云英还田对全土原生矿物（a）和粉粒原生矿物（b）的影响

表12-16　伊利石的 LLR 和重要结构参数

处理	LLA	Kübler	ICI	Weaver
MV	0.77	0.39	0.74	3.19
RY	0.78	0.39	0.61	3.16
RA	0.74	0.37	0.66	3.58
WF	0.73	0.35	0.49	3.71

注：LLA. 伊利石层比率；Kübler. 伊利石1.0nm峰的半高宽；ICI. 伊利石化学指数；Weaver. 伊利石1.0nm与1.05nm峰面积的比值

紫云英与其他两种绿肥对比，紫云英对稻田有效钾库容量和固钾能力的提升效果显著高于油菜，而与黑麦草（公认的强吸钾植物）处理相近或稍好。长期紫云英还田可能也通过微生物活动提高稻田的有效钾库容量和固钾能力，影响稻田钾素有效性。

12.3.2.2　种植油菜

绿肥油菜是指通过栽培并翻压施入土壤作为肥料的油菜，种植区域分布范围广，在温暖湿润的长江流域尤其适合。油菜作为绿肥有较好的培肥土壤优势。据王丹英等（2011）报道，油菜干物质积累量大，紫云英和油菜还田干物质量4年平均分别为6634kg/hm^{2}和9401kg/hm^2；盛花期油菜的磷、钾含量显著高于紫云英；轮作4年后，土壤有机质、全氮、碱解氮和全磷含量，紫云英分别提高3.3%、6.6%、10.2%和8.0%，油菜分别提高8.0%、4.6%、5.7%和14.0%，且油菜绿肥处理的土壤容重下降5.7%，土壤孔隙度增加1.8%，说明油菜作为绿肥还田能提高土壤养分含量、培肥土壤地力、改善土壤物理性状。另外，油菜C/N较为适中。王丹英等（2011）报道，盛花期油菜的C/N为20～25∶1，有利于被土壤微生物分解。因此，油菜盛花期作绿肥还田，其C/N有利于植株被分解，养分易被水稻吸收。油菜作为绿肥还田除了具有较好的培肥土壤优势外，在病虫害生物防治、土壤难溶性磷活化、土壤重金属污染治理等方面也具有独特的应用优势。

油菜作为绿肥还田活化土壤难溶性磷的效果明显，能显著提高土壤有效磷含量，并且通过植株固持后翻压再归还到土壤中供给后茬作物利用。30年的长期定位试验结果表明（高菊生等，2013），与冬闲对照相比，双季稻–油菜绿肥轮作土壤有效磷含量提高16.3%。胡霭堂（2003）研究发现，油菜根系的生物学形态和性状在缺磷条件下会发生很大变化，具体表现为主根和根毛增长，根径减小，单位重量根长增加，根系吸收范围扩大，从而促使油菜在缺磷土壤中吸收更多的磷素。在磷素胁迫环境中，除了通过改变自身根系形态，油菜还能通过自动调节阴阳离子吸收的比例，使根际酸化，为根际土壤溶液中难溶性磷的活化提供有利的酸性环境。油菜根系能分泌大量柠檬酸和苹果酸等有机酸，有利于难溶性钙磷、铁磷及铝磷的溶解活化，从而促进油菜对难溶性磷素如$Ca_3(PO_4)_2$或$AlPO_4$的利用。

绿肥油菜除了生长期间通过根系提高土壤磷素有效性，翻压后还能通过影响土壤酶活性提高土壤磷素有效性。王丹英等（2011）研究发现，油菜作为绿肥翻压腐解后可提高后茬水稻田土壤酸性磷酸酶活性，活化土壤磷素并提高土壤磷素的生物有效性。李红燕等（2016）的研究结果表明，与休闲处理相比，播种绿肥油菜处理的土壤磷酸酶和总酶活性分别提高了21.9%和48.4%。此外，还有研究表明，磷素胁迫环境中油菜不但能利用酸性土壤的钙磷（Ca-P），还能减少土壤中有效磷向有机磷（O-P）的转化，提高土壤磷素的有效性。

绿肥翻压对后作水稻有极显著的增产效果。刘晓霞等（2016）研究认为，紫云英、油菜和豌豆还田均可提高土壤有机质、全氮和有效磷含量以及后茬水稻的产量。李淑春等（2010）发现以油菜为绿肥翻压还田后，可减少后作水稻的化肥用量。邓力超等（2018）的研究表明，与基础土及对照处理相比，种植翻压甘蓝型油菜'油肥1号'后，土壤中碱解氮、有效磷、速效钾及有机质含量均提高，其中速效钾和有机质含量增加较显著（表12-17）。同时，种植翻压'油肥1号'对后茬作物水稻的增产效果显著，两年平均增产6.62%。可见，种植翻压'油肥1号'对维持和提高土壤肥力以及促进后茬作物增产有显著效果。

表12-17　绿肥还田对土壤理化性状的影响（邓力超等，2018）

年份	处理	pH	碱解氮（mg/kg）	有效磷（mg/kg）	速效钾（mg/kg）	有机质（g/kg）
2014	基础土	5.1	125.4	97.3	103.4	21.61
2015	1（CK）	5.0	128.3	96.4	99.6	20.03
	2（翻压）	5.2	130.5	97.4	107.6	24.84
2016	1（CK）	4.7	129.5	96.5	97.3	18.35
	2（翻压）	5.0	135.3	98.7	116.8	27.11

油菜茎枝直立生长，株体高大，光合作用强，相比紫云英，肥用生物学产量高1倍左右，作为绿肥种植是近年来迅速兴起的一项提升耕地质量的技术措施，将用地、养地结合，提高了土地利用率和土壤有机质含量，改善了土壤营养状况和性状。油菜绿肥具有成本低、产量高、肥效好、肥量增、收益大等优点。

多年来，化肥施用量不断增加，耕地养分呈现富氮磷、缺钾的状况，稻田氮素供应已不再是高产的瓶颈，油菜植株的养分特点为氮少、磷钾多，是少数可以吸收利用矿物态磷素的作物，能活化土壤中的矿物态磷素。另外，油菜为直根系作物，其根系对土壤有穿刺效应，根系腐烂后在土壤形成孔隙，能提高土壤氧气含量，有利于土壤生化反应发生，利于改良耕层物理结构，因而油菜绿肥的养分构成更切合生产需要。

另外，油菜绿肥产量比紫云英产量高1倍，全氮、全磷和全钾含量均比紫云英高。据测算（傅廷栋等，2012），油菜绿肥亩产1500kg，则每亩油菜压青可提供氮素4.95kg、磷素3.9kg、钾素6.6kg，相当于提供尿素近11.25kg、过磷酸钙近47.5kg、氯化钾约11.25kg。

有研究表明，利用冬闲田种一季油菜绿肥，对早、晚稻的增产作用明显，油菜压青早稻产量比不压青亩增产30～50kg，晚稻亩增产14～58kg，两季水稻每亩可增收200元左右（赵慧娟，2014）。在适当地区推广"稻–再生稻–油菜绿肥"高效种植模式，可以实现"吨粮吨肥"的种养目标。

再生稻课题组2018～2019年在湖北省荆门市再生稻茬口期种植绿肥紫云英、油菜还田，当紫云英和油菜还田量均为15 000kg/hm²时（紫云英与油菜混合处理时两者分别为7500kg/hm²），油菜施用对水稻有明显增产作用，两年再生稻总产分别比对照高出5.7%和17.1%（表12-18）。

表12-18　茬口期培肥对再生稻粮食产量的影响　　　　（单位：kg/hm²）

处理	2018年				2019年			
	头季	再生季	合计	增产（%）	头季	再生季	合计	增产（%）
对照	8 505c	2 151b	10 656b	0	8 913b	820c	9 732b	0
紫云英	9 559a	2 384a	11 943a	12.1	10 172a	1 941a	11 662a	19.8
油菜	8 937b	2 326a	11 263ab	5.7	10 247a	1 152b	11 399a	17.1
紫云英+油菜	9 324ab	2 433a	11 757a	10.3	10 147a	1 894a	12 040a	23.7

2017年，在潜江广华农场进行了小区试验，再生稻品种为'新两优223'。土壤基本理化性质：pH 7.41、有机质37.35g/kg、全氮1.84g/kg、全钾13.0g/kg、全磷0.73g/kg、碱解氮82.95mg/kg、有效磷23.2mg/kg、速效钾127.7mg/kg。

试验采用完全随机区组设计，共4个处理，3次重复，每个小区40m²。4个处理包括空白（CK）、紫云英（MV）、油菜（RP）、紫云英与油菜混种（MR）。油菜和紫云英单独翻压量为1000kg/亩，紫云英和油菜混合翻压时两者各500kg/亩。油菜的养分含量：氮16.3g/kg、磷8.9g/kg、钾31.12g/kg；紫云英的养分含量：氮19.2g/kg、磷4.7g/kg、钾24.3g/kg。

每亩施用10kg N、5kg P_2O_5、10kg K_2O，氮肥按基肥：分蘖肥=6：4施用，磷、钾肥全作基肥施用。头季稻齐穗后15~20d施用催芽肥，施肥量为每亩6kg N、3kg P_2O_5和6kg K_2O，于收割留桩后7d结合复水施用促苗肥，每亩施2kg N、1kg P_2O_5和2kg K_2O。

试验结果表明（表12-19），潮土性水稻土茬口期种植绿肥油菜，比对照处理的土壤容重有所增加，孔隙度有所降低，但通气孔隙度显著增多，由对照的2.30%增至5.92%，而且比种植紫云英处理的也多。从土壤化学性质来看，头季稻收割后，种植油菜的土壤比对照pH高，碱解氮、有效磷和速效钾含量均增加。

表12-19　头季稻收获后不同处理的土壤理化性质

处理	容重（g/cm³）	总孔隙度（%）	毛管孔隙度（%）	通气孔隙度（%）	pH	有机质（g/kg）	碱解氮（mg/kg）	有效磷（mg/kg）	速效钾（mg/kg）
CK	1.18c	55.61a	53.31a	2.30c	7.2a	36.2a	177.3b	35.5b	171.4a
MV	1.29b	51.77b	47.85b	3.92b	7.3a	37.3a	194.1a	41.9a	172.5a
RP	1.48a	44.17c	38.25c	5.92a	7.4a	36.5a	183.6b	42.6a	177.9a
MR	1.41a	46.98c	41.85c	5.13a	7.2a	37.0a	186.7b	44.7a	176.6a

紫云英、油菜还田后，头季与再生季的产量结果如表12-20所示。可以看出，茬口期种植油菜，头季和再生季分别比对照增产20.5%和4.5%，全年总产量增加16.6%，增产效果与紫云英处理相当。

表12-20　不同处理的再生稻产量　　　　　　　　　　（单位：kg/亩）

处理	头季稻	再生季	总产
CK	9 939b	3 201b	13 140b
MV	11 618a	3 468a	15 086a
RP	11 973a	3 351a	15 324a
MR	11 373a	3 435a	14 808a

12.3.2.3　种植肥田萝卜

肥田萝卜（radish）为十字花科萝卜属的一个种类，一年生或越年生草本植物，为绿肥作物，也可作饲料。主要分布在我国长江以南地区，江西、湖南、湖北栽培较多。

肥田萝卜在我国有着悠久的栽培历史。它虽没有固氮能力，氮、钾含量也低于紫云英，但鲜草产量高，且具有较强的活化土壤中磷和钾的能力，同时具有生育期短、耐酸、耐瘠薄、冬发性强、适播时期长及耐迟播等特点，适宜于水源缺乏的山排田、望天田。若实行紫云英与肥田萝卜混播、隔年或几年轮种，对改良土壤、防止土壤潜育化、利用冬闲季水热光资源、提高粮食产量具有重要意义。

肥田萝卜应适时翻压，到盛花期进行一次压青对水稻的产量提高能够起到一定的作用，肥田萝卜的植株较高、粗，宜先把植株碎成小段，然后进行翻压。压青时可以适当添加氮、磷肥，促进肥田萝卜的分解。

肥田萝卜在20世纪60年代中期前一直是我国南方主要冬种绿肥之一（徐小林，2015）。由于它具有适应性和冬发性强、耐迟栽、易栽培等特性，在冷浸型低产田仍有种植，占常年绿肥面积的10%～20%，一般亩产鲜草500～1000kg，有的高达1500～2000kg。种植肥田萝卜是再生稻区冬季扩种绿肥、消灭冬闲田、利用茬口期培肥地力的一项有效措施。

鲁君明等（2019）通过田间试验在洪湖市大同湖管理区研究了肥田萝卜、箭筈豌豆、毛叶苕子等绿肥品种的生产适应性，认为肥田萝卜叶黄、长势较差，但终花期最早，其他绿肥需到5月或6月中旬才终花（表12-21）。尽管肥田萝卜从始花3月18日至终花4月10日历经23d，田间长势不佳，但与再生稻茬口期吻合度高，能在再生稻育秧前翻压，有利于再生稻田培肥。如加强管理，可能是一种有效选择。

表12-21　不同绿肥生育进程（月/日）调查情况

品种	播种期	出苗	现蕾期	始花	盛花	终花
肥田萝卜	10/30	11/7	3/10	3/18	3/26	4/10
箭筈豌豆	10/30	11/7	4/14	4/24	5/4	5/16
毛叶苕子	10/30	11/10	4/12	4/14	4/27	6/12
光叶苕子	10/30	11/7	3/20	3/25	4/24	5/20
山黧豆	10/30	11/7	3/22	3/25	4/10	4/27

肥田萝卜种子产量与秸秆干草产量在该试验条件下最低，主要原因：一是该水田条件不适合肥田萝卜的生长，二是肥田萝卜自身固定吸收养分的能力较差。肥田萝卜作绿肥应用时可与其他绿肥品种混播。

再生稻课题组在潮土性水稻土（FPS）、黄棕壤性水稻土（YPS）和红壤性水稻土（RPS）上，以肥田萝卜和二月兰为供试绿肥，利用网袋法进行混合腐解和恒温培养，研究了绿肥在供试土壤中的腐解特征，结果表明（图12-7和图12-8），在35d试验期内，肥田萝卜和二月兰在不同水稻土中腐解率均表现为YPS＞FPS＞RPS；在同一土壤中腐解率均表现为二月兰＞肥田萝卜。肥田萝卜和二月兰分别在施入15d和10d内腐解较快，随后腐解速率明显下降。水泡环境下二者腐解时释放的物质更多，养分释放更快。在同种水稻土中的养分释放率为二月兰＞肥田萝卜＞CK；同种绿肥在不同水稻土中N_2O的释放量为RPS＞FPS＞YPS。

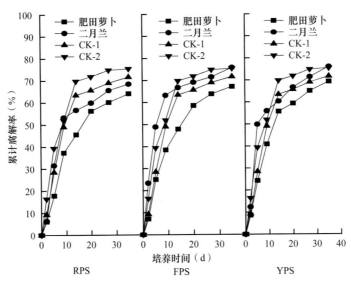

图12-7　两种绿肥在不同水稻土中累计腐解率

CK-1表示肥田萝卜水泡处理，CK-2表示二月兰水泡处理

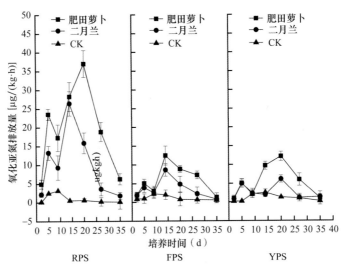

图12-8　两种绿肥对不同水稻土氧化亚氮排放的影响

CK表示不加绿肥的空白对照处理

表12-22和表12-23显示，两种绿肥在不同水稻土中对脲酶和硝酸还原酶活性的影响不同。在红壤性（RPS）和黄棕壤性（YPS）水稻土中脲酶活性变化不显著，而在潮土性（FPS）水稻土中，两种绿肥处理脲酶都有一个活性增加的阶段，随着培养时间延长，脲酶活性又降低到与起始活性相当。各处理的硝酸还原酶活性没有显著变化，但种植绿肥对土壤中亚硝酸还原酶活性都有一定的提高作用。培养至35d时，二月兰对黄棕壤性水稻土中土壤亚硝酸还原酶活性提高较为明显。整体来看，不同绿肥施入对酶活性的提高作用表现为肥田萝卜＞二月兰，而绿肥的加入加快了土壤中氮素的转化。

表12-22　两种绿肥在不同水稻土中腐解对土壤脲酶活性的影响　　　[单位：mg NH$_4^+$-N/(g·d)]

土壤	绿肥	2d	5d	9d	14d	20d	27d	35d
RPS	CK	0.24d	0.29d	0.35d	0.32g	0.24g	0.25e	0.18g
	肥田萝卜	0.25d	0.29d	0.36d	0.42f	0.31f	0.29e	0.31ef
	二月兰	0.22d	0.31d	0.24e	0.29g	0.28fg	0.30e	0.27fg
FPS	CK	0.79a	0.91a	1.04b	0.88c	0.94c	0.82b	0.72c
	肥田萝卜	0.75a	0.81b	1.17a	1.26a	1.20a	0.95a	0.85b
	二月兰	0.83a	0.86ab	1.06b	1.15b	1.08b	0.79b	0.95a
YPS	CK	0.43c	0.52c	0.50c	0.56e	0.48d	0.47d	0.39e
	肥田萝卜	0.56b	0.49c	0.46c	0.50e	0.41e	0.42d	0.58b
	二月兰	0.41c	0.44c	0.51c	0.64d	0.49d	0.57c	0.57d

表12-23　绿肥对不同水稻土土壤硝酸还原酶活性的影响　　　[单位：mg NO$_3^-$-N/(g·d)]

土壤	绿肥	2d	5d	9d	14d	20d	27d	35d
RPS	CK	13.15c	12.45c	12.13f	13.24e	12.17c	12.36d	11.27d
	肥田萝卜	13.35c	12.46c	16.21de	13.53e	12.42c	14.25d	14.78c
	二月兰	14.35c	13.25c	14.56e	15.32e	13.62c	14.14d	12.53cd
FPS	CK	30.32a	27.49a	30.31a	27.18c	29.24a	26.38b	27.43a
	肥田萝卜	28.28a	29.17a	27.35b	29.79b	30.35a	30.43a	28.82a
	二月兰	29.18a	29.17a	28.31b	32.46a	29.28a	30.16a	29.10a
YPS	CK	20.13b	18.81b	17.25d	18.73d	19.78b	18.42c	18.15b
	肥田萝卜	20.43b	19.74b	21.37c	20.12d	18.24b	17.33c	18.94b
	二月兰	19.28b	18.39b	16.41de	18.74d	20.56b	18.24c	19.72b

12.3.3　有机无机肥配合施肥技术

　　我国稻田背景氮明显高于其他国家的稻田。土壤背景氮高是由于长期施用的大量无机和有机肥料在稻田土壤中积累。土壤背景氮过高，将导致休耕期更多的氮素进入环境，而因水稻在低背景氮的土壤条件下比在高背景氮条件下对氮肥的反应更为敏感，当氮肥施用量大时将导致水稻氮肥农学利用率降低（马群等，2010）。因此，依据水稻生长的养分需要进行合理与平衡施肥，将有效降低肥料使用量，降低土壤肥力失衡的概率（马玉华等，2013），维持或提高土壤速效养分。袁金华等（2017）通过8年田间定位试验研究发现，依据水稻吸收规律，合理地投入化肥能够显著提高土壤有机质、全氮、全磷、全钾、速效氮、有效磷、速效钾含量。

　　有机肥料是农业中养分的再循环和再利用部分，能改善土壤氮、磷、钾等养分的平衡状况，改良土壤理化性状，对提高土壤肥力、作物产量和品质及增强作物抗逆性具有重要的作用。大量科学研究和生产实践表明，有机肥料施用能有效培肥和改良土壤。再生稻田的肥料主要施用于头季，易造成再生稻养分短缺；另外，再生稻是在头季稻的基础上培育休眠芽成穗而收获的一季水稻，其产量与头季稻的腋芽成穗率紧密相关，而腋芽成穗率又与水稻灌浆成熟期的土壤养分供应相关，再生稻田的基础土壤肥力就成为再生稻产量的决定性因素。因此，2017～2018年开展了再生稻田有机肥料和化学肥料配合培肥与丰产增效模式研究，设置了有机肥与无机肥4种配比的6个技术模式，分别为无N、化学NPK、30%有机肥N+70%化肥N、50%有机肥N+50%化肥N和100%有机肥N。比较了不同有机无机肥配比下再生稻田水稻产量、土壤肥力、温室气体排放等的变化，筛选出了再生稻田适宜的有机无机肥配比，可为农业部门和农户开展再生稻田耕层土壤培肥提供技术支持。

12.3.3.1　水稻产量

等氮量养分情况下，NPK和30%有机肥N+70%化肥N处理与50%有机肥N+50%化肥N、100%有机肥N处理两年水稻平均产量差异显著。从2017～2018年的平均产量对比来看（表12-24），30%有机肥N+70%化肥N技术模式水稻产量最高，达8346.5kg/hm²，较无N增产24.28%，其次为NPK，较无N增产24.25%。当有机肥氮用量比例增加，化肥氮比例减少后，50%有机肥N+50%化肥N技术模式虽较无N增加了14.36%的水稻产量，但相比NPK和30%有机肥N+70%化肥N两种模式的水稻增产率则下降了约10个百分点。而100%有机肥N处理水稻增产率最低，较无N仅增产2.05%。从产量的年际间变化来看，2018年水稻产量总体较高，2017年产量相对较低，但同一施肥模式在不同年份间的变化趋势是一致的，与平均产量的变化规律相同。从头季稻产量来看，30%有机肥N+70%化肥N是再生稻田水稻高产的适宜技术模式。

表12-24　不同有机无机肥配比对再生稻田头季稻产量的影响

有机无机肥配比	产量（kg/hm²）			较CK增产率（%）
	2017年	2018年	平均	
无N	6397.8b	7034.4c	6716.1c	
NPK	8339.4a	8350.0a	8344.7a	24.25
30%有机肥N+70%化肥N	8408.7a	8284.3ab	8346.5a	24.28
50%有机肥N+50%化肥N	7504.2ab	7856.4ab	7680.3b	14.36
100%有机肥N	6164.6b	7542.4bc	6853.5c	2.05

2017～2018年再生稻产量的变化见表12-25，再生季水稻产量变化趋势与再生稻田头季稻变化基本相似，随着有机肥用量增加，化学肥料减少，再生稻产量呈逐渐下降趋势。NPK和30%有机肥N+70%化肥N两种模式的再生稻平均产量高于其他模式，分别较无N增产38.94%和37.71%，显著高于无N和100%有机肥N模式。当有机肥用量比例增加、化学N比例减少，再生稻的产量下降，50%有机肥N+50%化肥N模式较无N增产25.72%，而100%有机肥N模式的再生稻产量下降最多，较无N增产12.59%。因此，从再生稻丰产来看，30%有机肥N替代无机氮肥的技术模式能够实现再生稻田头季稻和再生稻的双丰产。

表12-25　不同有机无机肥配比对再生稻产量的影响

有机无机肥配比	产量（kg/hm²）			较CK增产率（%）
	2017年	2018年	平均	
无N	2574.75c	1747.8b	2161.3b	
NPK	3662.00a	2343.8a	3002.9a	38.94
30%有机肥N+70%化肥N	3579.41a	2373.3a	2976.4a	37.71
50%有机肥N+50%化肥N	3440.64ab	1993.8ab	2717.2ab	25.72
100%有机肥N	3035.85b	1831.0b	2433.4b	12.59

12.3.3.2　氮肥利用率

肥料利用率（RE）是指施用的肥料养分被当季作物吸收的百分数。肥料农学效率（AE）是指特定施肥条件下，单位施肥量所增加的作物经济产量，它是施肥增产效应的综合体现。肥料偏生产力（PFP）是指施用某一特定肥料下的作物产量与施肥量的比值，它是反映当地土壤基础养分水平和化肥施用量综合效应的重要指标。表12-26显示了不同模式对氮肥利用率、氮肥农学效率和氮肥偏生产力的影响，各模式间差异明显。在相同氮素投入量情况下，NPK模式氮肥利用率最高，达40.90%，其次为30%有机肥N+70%化肥N模式，达39.49%，两个技术模式氮肥利用率基本相当，从氮肥利用率可以看出30%有机肥替代的技术模式是可行的。而50%有机肥N+50%化肥N和100%有机肥N模式的氮肥利用率分别为34.50%和17.17%。从氮肥农学效率来看，它反映了施肥增产效应，NPK模式达到了8.77kg/kg，施肥增产效应最高，其次为30%有机肥N+70%化肥N模式，达8.33kg/kg，50%有机肥N+50%化肥N较低，100%有机肥N处理氮肥农学效率仅为3.39kg/kg。从氮肥偏生产力来看，NPK和30%有机肥N+70%化肥N模式较高，分别为55.67kg/kg和55.23kg/kg，而50%有机肥N+50%化肥N和100%有机肥N模式分别仅为52.38kg/kg和50.28kg/kg，表明前两个技术模式较后两个技术模式每投入千克氮肥可获得更多产量，施肥效益最大。

表12-26　不同有机无机肥配比对头季稻氮肥利用率、农学效率和偏生产力的影响

有机无机肥配比	N投入量（kg/hm²）	植株吸N量（kg/hm²）	氮肥利用率（%）	氮肥农学效率（kg/kg）	氮肥偏生产力（kg/kg）
无N	0	144.9b			
NPK	150	206.3a	40.90a	8.77a	55.67a
30%有机肥N+70%化肥N	150	204.2a	39.49a	8.33a	55.23a
50%有机肥N+50%化肥N	150	196.7a	34.50b	5.48b	52.38ab
100%有机肥N	150	170.7ab	17.17c	3.39c	50.28b

由表12-27可以看出，不同技术模式下，再生稻植株吸氮量有所差异，其中以30%有机肥N+70%化肥N模式的吸氮量最高，其次为NPK。从氮肥利用率来看，再生稻在投入120kg/hm²纯氮下，30%有机肥N+70%化肥N模式氮肥利用率最高，达42.51%，NPK模式

也能达到30%以上，当有机肥N投入达50%时，氮肥利用率明显下降。从氮肥农学效率和氮肥偏生产力来看，NPK模式和30%有机肥N+70%化肥N模式基本相当，表明30%有机肥N替代的技术模式能够稳定水稻产量，同时可以提高氮肥利用率，替代技术方案可行。

表12-27　不同有机无机肥配比对再生稻氮肥利用率、农学效率和偏生产力的影响

有机无机肥配比	N投入量 （kg/hm²）	植株吸N量 （kg/亩）	氮肥利用率 （%）	氮肥农学效率 （kg/kg）	氮肥偏生产力 （kg/kg）
无N	0	54.2c			
NPK	120	95.9ab	34.73b	4.97ab	19.53a
30%有机肥N+70%化肥N	120	105.2a	42.51a	5.21a	19.78a
50%有机肥N+50%化肥N	120	79.2b	20.83c	2.05b	16.61b
100%有机肥N	120	71.1b	14.15d	0.69c	15.26b

12.3.3.3　田间水总氮、总磷

再生稻田种植水稻后，共采集两次田面水测定总氮、总磷。由表12-28可以看出，无论是总氮还是总磷，总体趋势是随着水稻生长两者含量降低，这主要跟施肥、灌水密切相关。有机肥氮和无机肥氮比例调整，对田间水总氮影响较大，对总磷基本无影响。从总氮来看，特别是在施肥后前期，采用全无机肥（NPK）模式的田间水总氮含量最高，而随着无机肥氮用量减少，有机肥氮用量增加，田间水总氮含量逐渐下降，表明无机肥氮能快速溶解于水中，而有机肥氮则缓慢释放。而在水稻生长后期，100%有机肥N模式的田间水总氮含量较高，也说明有机肥氮有后效作用。

表12-28　不同处理各时期田间水总氮总磷含量

有机无机肥配比	总氮（mg/L）		总磷（mg/L）	
	5月22日	7月12日	5月22日	7月12日
无N	4.01e	0.92bc	0.33a	0.22a
NPK	12.14a	1.05b	0.37a	0.29a
30%有机肥N+70%化肥N	10.43b	0.76c	0.42a	0.24a
50%有机肥N+50%化肥N	8.39c	0.77c	0.38a	0.23a
100%有机肥N	5.62d	1.65a	0.37a	0.27a

12.3.3.4　土壤微生物

土壤微生物占土壤整体生物量的95%以上，是土壤质量和肥力的重要指标之一（van Leeuwen et al.，2017）。尽管绝大部分土壤微生物暂时不能被单独培养，但目前有研究表明土壤微生物群落多样性的降低会削弱土壤生态功能。因此，通过管理手段保持或提高土壤微生物多样性，是保证农业可持续发展的重要举措（Pastorelli et al.，2013）。目前关于土壤微生物群落多样性的研究以细菌和真菌为主，两者都是生态系统健康程度的指示物。细菌是土壤微生物中占比最大的群落，具有较高的丰富度和多样性，它与土壤碳和养分循环、作物生长和温室气体排放息息相关；真菌不但分解有机质，为植物提供

养分，保证植物健康，改善土壤结构和肥力，还可以影响土壤细菌群落组成。高通量测序技术（high-throughput sequencing）以能一次对几十万到几百万条DNA分子进行序列测定，被广泛应用于土壤微生物多样性及群落结构研究。

1. 土壤细菌群落α多样性

微生物群落α多样性多采用Chao1、ACE、Shannon指数（香农指数）和Simpson指数（辛普森指数）等来表征。Chao1指数和ACE指数可用来表征群落丰富度，Shannon指数和Simpson指数用来表征群落多样性。表12-29中土壤细菌群落α多样性指数结果显示，相对于不施氮肥处理，只施用无机肥氮会降低细菌群落的丰富度，随着有机肥氮替代比例的增加，细菌群落丰富度逐渐升高，有机肥氮替代50%及以上的无机肥氮时，群落丰富度高于不施氮肥处理。在细菌群落多样性方面，基于Shannon指数，施用高量无机肥氮相比不施氮肥会略微降低群落多样性指数，有机肥氮替代50%及以上的无机肥氮时，群落多样性指数高于不施氮肥处理。这与前人的报道类似（Zeng et al.，2016；Wang et al.，2018）。高量无机肥氮会降低微生物多样性和丰富度，一方面它可改变土壤pH，另一方面它会降低革兰氏阴性菌的丰度。因此，利用有机肥氮替代部分无机肥氮，能够维持和增加细菌群落α多样性。有研究报道，施用商品有机肥可以通过提高土壤pH和硝态氮含量进而提高土壤细菌群落的多样性（Gu et al.，2019）。因此，在保持氮肥总施用量不变的情况下，使用有机肥氮部分替代无机肥氮可以维持或提高土壤细菌群落的α多样性。

表12-29　不同有机无机肥配施对土壤细菌群落α多样性的影响　　　（单位：%）

有机无机肥配比	Chao1	ACE	Simpson	Shannon
无N	3770	3862	1	9.96
NPK	2180	2180	1	9.92
30%有机肥N+70%化肥N	3317	3559	0.99	9.47
50%有机肥N+50%化肥N	3850	3871	1	10.12
100%有机肥N	3997	3976	1	10.07

2. 土壤细菌群落组成

表12-30显示在群落组成上，占比较大的群落分别为变形菌门（Proteobacteria，30.08%）、绿弯菌门（Chloroflexi，21.18%）、酸杆菌门（Acidobacteria，14.68%）、芽单胞菌门（Gemmatimonadetes，8.17%）、硝化螺旋菌门（Nitrospirae，7.30%）、厚壁菌门（Firmicutes，4.37%）等。本研究中施用氮肥有提高变形菌门、绿弯菌门、酸杆菌门、芽单胞菌门和放线菌门等相对丰度，降低厚壁菌门和匿杆菌门相对丰度的趋势。一般情况下，根据细菌对营养的喜好不同可将其分为喜营养型群落（Copiotrophic groups）和耐贫营养型群落（Oligotrophic groups），前者在营养丰富的情况下生长迅速，丰度较高，后者在营养缺乏时也能生长，丰度相对较高。其中变形菌门、厚壁菌门、拟杆菌门等通常被认为是喜营养型群落，酸杆菌门和硝化螺旋菌门等被认为是耐贫营养型群落，但由于门水平含有微生物种类较多，不同分类水平下喜营养型和耐贫营养型菌落可能同时存在（Schostag et al.，2019)。有报道称放线菌门与有机物的降解显著相关，施用氮肥促进有机质的矿化，因此本研究中添加氮肥显著增加了放线菌的相对丰度。由于再生稻长期

处于淹水条件下的特殊性，因此主导群落与其他研究者略有差异（Jiang et al.，2019）。

表12-30　不同有机无机肥配施对土壤细菌群落组成相对丰度的影响　（单位：%）

细菌群落	无N	NPK处理	30%有机肥N+70%化肥N	50%有机肥N+50%化肥N	100%有机肥N	平均值
变形菌门	27.43	30.76	30.00	31.03	31.18	30.08
绿弯菌门	19.03	21.22	20.65	22.93	22.07	21.18
酸杆菌门	13.16	14.09	15.34	16.43	14.36	14.68
芽单胞菌门	6.73	7.70	11.47	7.63	7.30	8.17
硝化螺旋菌门	7.83	8.21	6.57	6.46	7.42	7.30
厚壁菌门	9.18	2.31	4.67	2.02	3.67	4.37
匿杆菌门	4.33	2.17	1.25	2.61	1.99	2.47
懒杆菌门	2.01	2.50	1.42	1.30	1.85	1.82
放线菌门	0.88	2.03	2.04	1.99	2.11	1.81
浮霉菌门	1.54	1.16	1.97	1.82	1.17	1.53
拟杆菌门	1.17	1.79	0.18	1.17	1.66	1.18
降氨酸菌门	1.05	0.79	1.37	0.83	0.92	0.99
疣微菌门	0.78	1.19	0.90	0.73	0.74	0.87
俭菌总门	1.23	1.01	0.31	0.37	0.64	0.71
其他	3.70	3.08	1.85	2.68	2.92	2.84

3. 土壤真菌群落α多样性

表12-31显示，相较于无N模式，其他模式对真菌群落丰富度的影响有所差异，施用无机氮（NPK）显著提高了真菌群落丰富度，30%有机肥N+70%化肥N模式降低了群落丰富度，50%有机肥N+50%化肥N处理与100%有机肥N的群落丰富度有所提高；在5种模式中，50%有机肥N+50%化肥N模式真菌群落丰富度指数最高。在多样性方面，相较于无N模式，NPK模式、30%有机肥N+70%化肥N模式、50%有机肥N+50%化肥N模式增加了真菌的群落多样性，而100%有机肥N与对照差异较小，且30%有机肥N+70%化肥N模式真菌群落多样性指数稍高于NPK模式。有研究报道施用有机肥对真菌群落多样性的影响弱于细菌（Pan et al.，2020），尤其是低pH的土壤（Ye et al.，2020）。本研究表明适宜的有机肥氮替代比例有提高真菌群落丰富度和多样性的潜力。

表12-31　不同有机无机肥配施对土壤真菌群落α多样性的影响　（单位：%）

有机无机肥配比	Chao1	ACE	Simpson	Shannon
无N	752	755	0.93	5.63
NPK	891	906	0.96	6.33
30%有机肥N+70%化肥N	566	566	0.97	6.46
50%有机肥N+50%化肥N	932	932	0.96	6.77
100%有机肥N	784	792	0.91	5.77

4. 土壤真菌群落组成

如表12-32所示，在群落组成上，占比较大的群落分别为子囊菌门（Ascomycota，

52.21%）、担子菌门（Basidiomycota，16.69%）、接合菌门（Zygomycota，5.91%）、罗兹菌门（Rozellomycota，3.80%）。在门水平，相较于无N模式，其他模式均降低了子囊菌门的相对丰度，表明施用氮肥会降低子囊菌门的丰度，但随着有机肥氮用量的增加，子囊菌门相对丰度有所回升；除100%有机肥N模式外，其他模式相对无N模式担子菌门相对丰度都有所提高，其中30%有机肥N+70%化肥N处理最高，表明有机无机肥配合施用的技术模式能够提高担子菌门相对丰度；接合菌门、罗兹菌门和球囊菌门相对丰度总体也呈现出增加趋势。

表12-32　不同有机无机肥配施对土壤细菌群落组成相对丰度的影响　（单位：%）

真菌群落	无N	NPK	30%有机肥N+70%化肥N	50%有机肥N+50%化肥N	100%有机肥N	平均值
子囊菌门	75.83	40.70	43.56	49.85	51.11	52.21
担子菌门	11.00	17.72	25.98	18.99	9.72	16.69
未被识别	5.37	12.81	16.50	10.13	26.15	14.19
接合菌门	3.65	7.54	6.92	6.44	4.98	5.91
罗兹菌门	1.36	6.69	0.77	6.42	3.78	3.80
球囊菌门	0.62	0.58	0.86	1.17	1.06	0.86
其他	2.18	13.95	5.41	6.99	3.20	6.35

12.3.3.5　其他土壤养分

土壤部分养分含量如表12-33所示。土壤有机质含量变化与有机肥投入量密切相关，随着有机肥投入量的增大，稻田土壤有机质含量有所增加。当50%有机肥N替代化肥后，约施用有机肥200kg/亩，当100%有机肥N替代时，约施用有机肥400kg/亩，土壤有机质含量较施用30%有机肥N和不施用有机肥N处理（NPK和无N）显著增加。从全氮来看，土壤全氮含量处于较丰富水平，配施有机肥的两种模式间差异不显著，随着有机肥氮用量提高，土壤中全氮含量明显增加，表明施用有机肥氮能够使土壤全氮蓄积。各技术模式间全钾含量无显著差异。对有效磷而言，随着有机肥氮用量增加，土壤有效磷含量逐渐下降。而速效钾含量则相反，随有机肥氮用量增加而增加。

表12-33　不同有机无机肥配施对再生稻稻田土壤养分的影响

有机无机肥配比	有机质（g/kg）	全氮（g/kg）	全钾（g/kg）	有效磷（mg/kg）	速效钾（mg/kg）
无N	30.55b	1.86d	15.55a	15.64ab	65.97bc
NPK	30.82b	1.96c	15.42a	16.92a	59.93c
30%有机肥N+70%化肥N	30.77b	2.12b	15.50a	14.81bc	66.50bc
50%有机肥N+50%化肥N	32.91a	2.17ab	15.51a	14.43bc	73.36ab
100%有机肥N	34.00a	2.26a	16.08a	13.55c	79.31a

12.3.4　优化耕作技术

在生产实践中，常见的稻田耕作方式有翻耕、旋耕、免耕几种，这几种耕作方式各有优缺点。在不施有机肥或有机肥补充不足的条件下，传统的耕翻易加剧土壤有机质矿化，不利于土壤肥力的维持（陆欣来，1985；马世均，1989；曹敏建，2002）。朱利群等（2011）的研究表明，在秸秆还田条件下旋耕和常规翻耕均能有效改良土壤。但是翻耕处理土壤耕层较深，秸秆还田腐解速度下降，旋耕处理土壤养分含量提升幅度高于常规耕作（陈敏等，2010；李纯燕等，2017）。免耕一词原意是保护性耕作制度，主要目的是防止土壤侵蚀。免耕措施包括3种类型：①覆盖耕作，播种前翻动土壤，使用的耕作机具包括深松机、中耕机、圆盘耙、平耙、切茬机，采用药物或中耕除草。②垄耕，除施肥外，从收获到播种不翻动土壤。种子播在垄台的种床上，用平耙、圆盘开沟机、小犁或清垄机开床。残茬留于垄间表面，药物或中耕除草，中耕时重新成垄。③不耕，除施肥外，从收获到播种不翻动土壤。种子播在窄种床上，以小犁、清垄机、圆盘开沟机、内向铲或施耕机开床。主要以药物控制杂草，非紧迫时不中耕除草。

近年来，稻田保护性耕作技术在我国南方稻区得到大力发展，它包括免耕栽培、秸秆还田、节水灌溉、水稻抛栽和小麦、油菜撒播等省工省水技术。就水稻生产来看，稻田免耕与抛秧相结合，具有省工节本、提高劳动生产率、缓和季节矛盾、保护土壤等优点，但免耕的缺点不可否认。与传统耕作相比，在免耕与秸秆覆盖还田条件下，微生物种类与数量少，导致秸秆腐解速度慢、利用效率低（梁天锋等，2009），秸秆氮素等养分渗漏损失成倍增加（刘开强，2008）。同时，免耕处理下土壤易板结，连续免耕土壤质量相对下降，水稻生长受到抑制，从而导致产量低于常规操作（陈畅，2015）。

优化耕作技术是改善土壤水、肥、气、热条件的重要措施，很有必要以问题为导向对再生稻田耕作技术进行优化。首先，长期耕作以后再生季稻田的熟化层变浅（李成芳等，2017），这就要求采取的耕作措施有利于提高土壤的有机质，增加熟化层的厚度。典型的做法是秸秆还田和绿肥种植相结合，此外，还提倡冬翻晒田。冬耕晒垡、熟化土壤，是我国稻田耕作的一项成熟经验。农谚"冬至前耕金，冬至后耕银，立春耕铁"，说明早耕才能使土壤充分进行冬晒而使土壤风化，改善土壤的理化性状和生物特性。

其次，水分是再生季腋芽分化的关键限制因子。耕作技术需要充分考虑水分因素，并需要从土地平整度、适宜旋耕次数等来考虑。吴建富等（2010）研究认为，水稻产量在稻田免耕前两年与翻耕无显著差异，之后水稻产量呈下降趋势，指出其中的主要原因是连续免耕下土壤物理性质变差，养分富集在表层土壤，不利于土壤水分的保持。成臣等（2018）研究认为相同翻耕措施下，采用长期旋耕的方式能够进一步提高土壤肥力和水稻产量，其中旋耕能增加土壤保水保肥性能是重要的原因。

再次，根据稻田实际和水稻高效生产的需要，实行翻耕与旋耕相结合。成臣等（2018）的研究结果表明，旋耕与常规翻耕相比，水稻茎蘖易早发快发，分蘖能力和有效穗数均较高，土壤养分含量也高，具有增产优势。再生稻课题组在荆州金穗家庭农场进行了不同耕作方式大田试验，结果表明，在翻耕次数相同的前提下增加旋耕次数有利植株根系和地上部生长，耕作方式主要影响再生稻田头季稻的生长及产量；从根重、根冠比和头季产量来看，T2与T3和T4的差异显著；从再生季产量来看，翻耕次数相同时，增加旋耕次数可一定程度上提高产量，但差异不显著（$P < 0.05$）。从节本增效和土壤改良来看，可在年际间实行一翻一旋与一翻两旋轮换（表12-34）。

表12-34　头季分蘖期植株生长特征与两季水稻产量

处理	地上部干重 （g/蔸）	根重 （g/蔸）	根长 （cm）	根干鲜比	根冠比	头季产量 （kg/hm²）	再生季产量 （kg/hm²）
T1	10.67±3.79a	3.85±1.71bc	17.77±1.36a	0.17±0.01b	0.36±0.08ab	8603±244a	2669±210a
T2	11.27±0.33a	4.94±2.83a	20.97±4.19a	0.39±0.15a	0.44±0.11a	9217±798a	2906±689a
T3	9.85±3.22a	2.27±0.35c	17.57±4.12a	0.16±0.07b	0.23±0.10b	6420±241c	2381±218a
T4	12.11±2.79a	3.32±0.90b	18.57±2.83a	0.25±0.10ab	0.27±0.04b	7463±668b	2445±502a

注：T1. 冬前翻耕一次，水稻种植前旋耕一次；T2. 冬前翻耕一次，春季旋耕一次，水稻种植前旋耕一次；T3. 冬前不翻耕，春季旋耕一次，水稻种植前旋耕一次；T4. 冬前不翻耕，春季旋耕一次，水稻种植前旋耕两次；以上分别简称一翻一旋、一翻两旋、不翻耕两旋、不翻耕三旋

最后，采用深松旋耕可调式联合作业技术。耕整是农业生产中最基本的作业，其目的是疏松土壤、恢复土壤团粒结构，积蓄水分、养分，覆盖杂草、肥料，为种子生长发育创造良好条件。再生稻田插秧前更是如此，除了传统的翻耕以外，深松旋耕联合作业机将单项深松与旋耕组合，一次作业能够实现表层土壤细碎平整、深层土壤疏松，具有减少农机具对土壤团粒结构的破坏、提高机具作业效率等优点。郑侃（2018）的研究表明，深松旋耕能解决秸秆杂草缠绕，土壤膨松度和碎土率均优于单一的旋耕或旋耕深松联合作业，其中当旋耕作业深度≥15cm、深松作业深度≥35cm时旋耕深松作业次序功耗较小，作业质量较优。联合整地作业能使土壤成为一个由细碎土壤构成且表层覆盖有粗土的理想苗床，奠定了种子良好生长的基础（张强和梁留锁，2016）。联合整地机可分为两大类（李宝筏，2003；中国农业机械化科学研究院，2007）：旋耕联合整地作业机和圆盘耙联合整地机。一般的联合整地机械都有深松部件，可打破板结层、加深耕层，促进作物根系生长，提高作物的抗倒伏性和产量（李霞等，2012）。与目前农业生产中大量使用的传统整地方法相比，联合整地机具有以下主要技术特点：①保护土壤，该种机械作业可减少农机具进地作业次数，从而降低拖拉机对土壤的破坏，保护土壤中的团粒结构，减缓土壤板结（贾洪雷等，2004；周鹏飞和朱亚环，2003；张成亮，2012）；②作业效率高，利用该机具可使整地时间相对缩短7～10d，有利于抢农时，相对增加作物生长周期以及年有效积温；③节省油料、降低作业成本，与传统的翻、耙、压依次作业工序相比，可省油料15kg/hm²左右，降低油耗21.7%～40%；④减少环境污染，联合整地机作业次数相对减少，即减少了拖拉机废气排放量。

12.4　再生稻稻田土壤培肥与丰产增效耕作模式

12.4.1　西南再生稻稻田土壤培肥与丰产增效耕作模式

西南再生稻田由于长期淹水，存在土壤结构分散、有毒有害物质多、秸秆还田下再生稻萌芽率低、甲烷排放量大等突出问题，再生稻课题组在四川省南部区域的泸县开展西南再生稻稻田培肥与丰产增效耕作技术研究，筛选出最佳的西南再生稻稻田土壤培肥与丰产增效耕作模式，建立适于西南再生稻田系统的丰产增效种植关键技术。课题组重点研究了常规耕作栽培、秸秆还田、优还、优耕、优还+优耕和增密减N共6个栽培技术模式，各技术模式如下。

常规耕作栽培模式（CK）：头季稻和再生稻收获后秸秆均移走，春旋耕（深度

10～15cm），常规水分管理，等行距的行距为30cm、株距为20cm。

秸秆还田模式：头季稻和再生稻收获后秸秆均原位丢弃覆盖还田，春旋耕（深度10～15cm），常规水分管理，等行距的行距为30cm、株距为20cm。

优还模式：头季稻收获后将秸秆均匀分布在宽行中，再生稻收获后将秸秆均匀分布在田中，采用丢弃覆盖还田方式，春旋耕（深度10～15cm），常规水分管理，水稻种植按照宽窄行进行，宽行40cm，窄行20cm，株距20cm。

优耕模式：头季稻和再生稻收获后秸秆均原位丢弃覆盖还田，冬翻耕（深度15～20cm），春旋耕（深度10～15cm），常规水分管理，等行距的行距为30cm、株距为20cm。

优还+优耕模式：头季稻收获后将秸秆均匀分布在宽行中，再生稻收获将秸秆均匀分布在田中，冬翻耕（深度15～20cm），春旋耕（深度10～15cm），常规水分管理，水稻种植按照宽窄行进行，宽行40cm，窄行20cm，株距20cm。

增密减N模式：是在优还+优耕模式的基础上，头季稻基肥和再生稻促芽肥均减少总N的20%，栽秧规格采用宽行40cm、窄行20cm、株距16cm，增加栽秧密度20%。

12.4.1.1 优化模式对产量的影响

连续进行两年相同栽培模式试验后，秸秆还田、优还、优耕和优还+优耕4种优化栽培模式下四川再生稻田头季稻与再生稻均较CK（秸秆不还田）增产（图12-9）。头季稻增产幅度3.54%～6.82%，再生稻增产幅度9.57%～22.88%，以优还+优耕模式增产效果最好，较CK显著增产，头季稻和再生稻分别增产6.82%和22.88%，总产量增加10.27%。秸秆还田、优还和优耕模式头季稻与再生稻总产量较CK分别增加5.54%、5.09%和5.81%。增密减N模式也较CK增产，但增产幅度较低，头季稻仅增产1.73%，再生稻仅增产3.44%，总产量增加2.10%，与CK没有显著差异。从两季产量的变化来看，不同耕作栽培模式对再生稻产量的影响显著大于头季稻。因此，采用优还+优耕模式是实现再生稻田全年丰产的一种优化种植模式；而增密减N模式虽然对头季稻和再生稻产量的影响有限，但降低了20%肥料投入，仍能保持水稻稳产，也不失为四川再生稻田丰产减排的一种优化耕作模式。

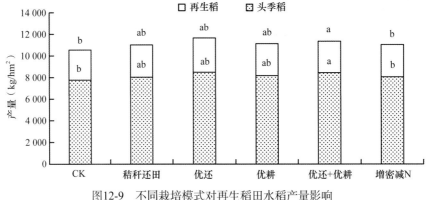

图12-9　不同栽培模式对再生稻田水稻产量影响

头季稻各技术模式产量构成因素如表12-35所示。就有效穗数而言，优还+优耕模式与优耕模式间无显著差异，但显著高于CK、秸秆还田、优还模式。从千粒重来看，6个模式总体无显著差异。从水稻株高、穗长来看，除优耕模式处理株高较高、增密减N模式穗长较短外，其他模式株高、穗长差异不大。就水稻穗粒数而言，模式间有较为明显的差异，其中CK和秸秆还田模式较高，这主要是因为其有效穗数较低，而有效穗数较多的优还+优耕模式则穗粒数较低。从结实率来看，优耕模式和增密减氮模式显著高于优还模式与秸秆还田模式，而与优还+优耕模式差异不显著。综合来看，优耕和优还+优耕模式在有效穗数、千粒重和穗长等指标上均有不错表现，因此理论产量也高于其他技术模式，与实际产量表现基本一致。

表12-35　不同栽培模式对头季稻产量构成的影响

栽培模式	有效穗数 （万/亩）	千粒重 （g）	株高 （cm）	穗长 （cm）	穗粒数 （粒）	结实率 （%）	理论产量 （kg/hm²）
CK	13.46c	32.14a	102.6b	25.3ab	141.99a	95.11ab	9211.57bc
秸秆还田	13.46c	31.83a	104.6ab	25.3ab	142.97a	94.59b	9184.72bc
优还	13.95c	32.27a	104.9ab	25.7ab	137.40ab	94.61b	9277.50b
优耕	15.43ab	31.79a	107.1a	26.2a	133.12ab	95.75a	9795.09a
优还+优耕	15.80a	31.70a	105.7ab	25.4ab	124.48b	95.21ab	9353.42b
增密减N	14.20bc	31.80a	104.2ab	24.5b	129.39b	96.17a	8762.50c

再生稻各模式产量构成因素如表12-36所示。就有效穗数而言，优还+优耕模式和优耕模式显著高于其他模式，CK、秸秆还田、优还、增密减氮模式较低。从千粒重来看，优耕模式、增密减氮模式千粒重相对较高，优还+优耕模式也有不错表现。从水稻株高、穗长来看，模式间差异不大。就水稻穗粒数而言，秸秆还田模式显著高于其他模式，这主要是因为其有效穗数较低。从结实率来看，优还+优耕模式、优还模式、秸秆还田模式和增密减N模式间差异不显著，但显著高于优耕模式和CK，优还+优耕模式结实率最高，达81.75%。综合来看，优耕和优还+优耕模式在有效穗数、千粒重和穗粒数等指标上均有不错表现，因此理论产量也高于其他模式，与实际产量表现也基本一致。

表12-36　不同栽培模式对再生稻产量构成的影响

栽培模式	有效穗数 （万/亩）	千粒重 （g）	株高 （cm）	穗长 （cm）	穗粒数 （粒）	结实率 （%）	理论产量 （kg/hm²）
CK	17.41b	27.32ab	67.1a	14.3a	37.54b	76.64b	2677.75b
秸秆还田	16.91b	25.29c	67.2a	14.8a	47.60a	81.19a	3053.58a
优还	17.41b	26.23bc	66.0a	14.1a	38.17b	81.31a	2614.27b
优耕	19.26a	27.47a	66.7a	16.0a	39.93b	77.26b	3169.23a
优还+优耕	19.38a	27.15ab	67.9a	14.3a	39.40b	81.75a	3110.34a
增密减N	17.53b	27.45a	67.2a	14.8a	40.10b	80.62a	2894.05ab

12.4.1.2　优化模式对肥力的影响

土壤肥力变化如表12-37所示。从有机质来看，除CK外各模式均采取了秸秆全量还田措施，模式间无明显差异，但较CK有显著提高。增密减氮模式由于降低了氮肥施入量，土壤C/N增加，影响了秸秆快速腐解形成有机质，土壤有机质含量相比其他优化模式略有下降。从全氮来看，土壤全氮含量处于较丰富水平，各模式间无显著差异，表明秸秆还田和耕作措施对土壤全氮影响不大，也表明过去施氮量过大，基础肥力较高。从有效磷来看，各模式均在10mg/kg以上，处于中等水平，各模式间无显著差异。从速效钾来看，各模式间有较大差异，两年实施秸秆不还田的技术模式（CK）土壤速效钾含量低，而采取秸秆还田措施可提升土壤速效钾，同时可以看出增密减氮模式下，虽氮肥用量降低，土壤速效钾含量相比CK却有明显提高，这可能是因为改变了C/N，从而影响了秸秆腐解速率。

表12-37　不同栽培模式对土壤肥力的影响

栽培模式	有机质（g/kg）	全氮（g/kg）	全钾（g/kg）	有效磷（mg/kg）	速效钾（mg/kg）
CK	31.54b	1.91a	15.46b	12.37a	65.53c
秸秆还田	35.69a	2.05a	16.13ab	13.77a	88.00b
优还	35.30a	2.01a	16.20ab	12.79a	91.73ab
优耕	35.27a	2.00a	16.64ab	13.35a	94.37ab
优还+优耕	35.51a	1.90a	17.28a	14.13a	90.56ab
增密减氮	34.41a	1.95a	16.20ab	13.66a	107.69a

12.4.1.3　优化模式对温室气体排放通量的影响

头季稻温室气体排放通量如图12-10所示，从CH_4各时期测定数据来看，各模式总体变化趋势是大增—下降—小增—下降，之后趋于平缓，在水稻生长前期和中期不同模式间CH_4排放通量差异较为明显，而在水稻生长后期则基本无明显差异。优耕模式和优还+优耕模式在水稻前期处于中等排放水平，而后期排放通量则相对其他模式较低，表明冬季翻耕、春季旋耕对稻田CH_4排放有一定影响，后期减排效果较好。从N_2O各时期排放通量数据来看，增密减氮模式在各时期N_2O排放通量都较低，而其他模式间没有明显差异，表明通过调控水稻群体优势来减少氮肥用量，可以降低稻田N_2O排放通量。

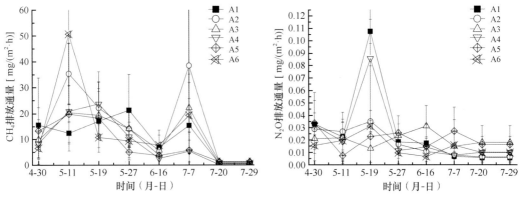

图12-10　不同栽培模式下头季稻CH_4、N_2O排放通量

A1. CK；A2. 秸秆还田；A3. 优还；A4. 优耕；A5. 优还+优耕；A6. 增密减氮；下同

再生稻温室气体排放通量如图12-11所示，从再生稻时期CH_4排放通量来看，总体上前期略低于后期，这主要是由于9月降水量较往年偏少，田间基本无明水；而无论前期还是后期，增密减氮模式甲烷排放通量均低于其他处理。头季稻秸秆还田有增加再生稻季前期CH_4排放通量的趋势。从N_2O排放通量来看，增密减氮措施较其他模式低，可减少N_2O排放。

12.4.1.4　优化模式对水稻干物质和氮转移的影响

由表12-38可以看出，不同栽培模式下，水稻植株从齐穗期到成熟期干物质转移量有

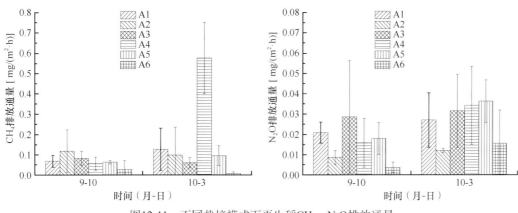

图12-11 不同栽培模式下再生稻CH_4、N_2O排放通量

所不同。干物质转移量最大的处理是优耕模式，其次是优还+优耕模式，表明采用冬季翻耕、春季旋耕耕作方式对水稻干物质转移量有所提升。从干物质转移效率来看，采用冬季翻耕措施较其他模式高。从干物质对籽粒的贡献率来看，不同模式干物质对籽粒的贡献率在37.70%～46.16%，优耕模式干物质对籽粒的贡献率较大，对产量形成有重要作用，但与其他模式间无显著差异。

表12-38 不同栽培模式对水稻植株干物质转移的影响

栽培模式	干物质转移量（g）	干物质转移效率（%）	干物质对籽粒的贡献率（%）
CK	66.03ab	30.94ab	42.61a
秸秆还田	69.53a	32.12a	45.12a
优还	58.51b	27.11b	37.70a
优耕	72.84a	33.22a	46.16a
优还+优耕	70.95a	32.31a	43.32a
增密减氮	70.27a	32.18a	44.55a

由表12-39可以看出，不同技术模式下，植株从齐穗期到成熟期氮转移量、氮转移效率和氮对籽粒的贡献率有所不同。CK处理氮转移量、氮转移效率和氮对籽粒的贡献率均最低，其他模式间无显著差异，特别是增密减氮模式氮转移量与其他模式基本相当，表明采取减氮措施后，对水稻后期成熟氮转移的影响有限。

表12-39 不同栽培模式对水稻植株氮转移的影响

栽培模式	氮转移量（g）	氮转移效率（%）	氮对籽粒的贡献率（%）
CK	0.45b	21.81b	25.35b
秸秆还田	0.71ab	30.44ab	39.90ab
优还	0.77a	32.04a	43.57a
优耕	0.66ab	28.36ab	34.48ab
优还+优耕	0.61ab	27.70ab	31.75ab
增密减氮	0.66ab	30.48ab	37.12ab

12.4.1.5 优化模式技术集成的简明流程

在西南再生稻稻田土壤培肥与丰产增效耕作模式优化的基础上，进行技术集成，简明流程见图12-12。

月份	3月上旬	3月中旬	3月下旬	4月上旬	4月中旬	4月下旬	5月上旬	5月中旬	5月下旬	6月上旬	6月中旬	6月下旬	7月上旬	7月中旬	7月下旬	8月上旬	8月中旬	8月下旬	9月上旬	9月中旬	9月下旬	10月上旬	10月中旬	10月下旬
节气	惊蛰		春分	清明		谷雨	立夏		小满	芒种		夏至	小暑		大暑	立秋		处暑	白露		秋分	寒露		霜降
品种选择	选择再生力强、中稻－再生稻两季丰产稳定性好的杂交稻品种，如丰优2115、Y两优1号、旌优127等品种。												选择再生力强、抗病能力及抗倒伏状能力强、两季再生稻区主要有蓉18优1015、内6优107、宜香优……。要求生育期160d左右。											
生育时期	3/10～20播种			4/10～20移栽					有效分蘖	无效分蘖		拔节孕穗	7/10～20抽穗		灌浆结实	8/10～20成熟		收获与再生稻萌芽		抽穗	灌浆	成熟	收获	
育秧与栽插	秧田期　秧大田用比1：60。旱地盘播小苗，大田用种量0.8kg/亩。秧田播种量30g/盘，每孔播种1～2粒；每亩1.2万～1.4万苗。																							
土壤培肥与耕作技术要点	杂交中稻宜采用宽窄行种植，即窄行20～23cm，宽行45～50cm，窝距20cm。土壤有机质>40g/kg的田块不宜施用有机肥。头季稻和再生稻稻秆在宽窄行，春季水稻移栽前及时进行旋耕。冬季翻耕……												有机肥每亩施用量50～100kg，选择充分腐熟的有机物料……常规稻种植密度增加10%；有机肥每亩施用有机肥，头季稻稻秆覆盖在宽窄行，头季稻再生稻稻秆覆盖还田，春季旋耕深度15～20cm，冬季翻耕深度10～15cm。											
施肥	培肥苗床：每亩苗床施有机肥1000kg，尿素10kg。			本田基肥：苗施尿素15kg、过磷酸钙30kg、氯化钾10kg；亩施有机肥100kg。					分蘖肥：移栽后15d内亩施尿素6kg。							促芽肥：每亩施尿素10kg、过磷酸钙20kg、氯化钾4kg。			发苗肥：每亩施尿素5kg、过磷酸钙10kg、氯化钾4kg。					
灌溉	常规育秧			薄水活苗			常规灌溉						保持水层			浅水收获			湿润发苗			浅水发苗		
病虫草防治	播前3～5d投毒饵于苗床周围灭鼠。立枯、青枯病害：加强田间观察，一经发现立枯、青枯病害的征兆，需立即喷施500倍液的敌克松进行防治。			除草：配合第一次追肥进行化学除草。螟虫：一化螟，适用氯虫苯甲酰胺、阿维·三唑磷、三唑磷、杀虫单等高效低毒农药进行防治。					纹枯病：在水稻分蘖后期、始穗期、富熟期达到防治指标即可用药防治；后期可结合防穗颈瘟、稻飞虱等进行。							加强田间检查，一经发现立即扑灭，选用三环唑剂；比丰土·一号等药土等。螟虫：重点防治二化螟，稻纵卷叶螟，同时注意稻苞虫、稻纵卷叶螟的防治。			螟虫：重点防治三化螟，稻纵卷叶螟，适用氯虫苯甲酰胺、阿维·三唑磷、三唑磷、杀虫单等高效低毒农药进行防治。					

图12-12　优化模式简明流程图

12.4.2　长江中下游地区再生稻田土壤培肥与丰产增效耕作模式

针对华中再生稻田土壤养分失调、土壤板结、机械化程度低、茬口土壤资源浪费等突出问题，在代表性的江汉平原稻区开展稻田培肥与丰产增效栽培技术的集成研究，筛选出最佳的再生稻田土壤培肥与丰产增效栽培模式，达到推广再生稻栽培的目的。

对于优化栽培模式，每个模式面积40m×60m，重复3次。对于所有栽培模式，头季稻肥料用量均为180kg N/hm²、90kg P_2O_5/hm²与150kg K_2O/hm²，再生稻肥料用量为120kg N/hm²。供试肥料为复合肥（25% N：10% P_2O_5：16% K_2O）、尿素（46.4% N）、氯化钾（60% K_2O）、过磷酸钙（12% P_2O_5）。每个小区设有田埂（宽50cm，高40cm），小区与原田埂间设有2m宽保护行，保护行种植水稻，防止边际效应带来的影响，同时便于后期水分管理。试验田于3月底育秧，4月底采用洋马VP6插秧机（常州洋马动力机械有限公司）插秧，行株距为30cm×14cm，每穴3株。每年8月上中旬头季收获，11月上中旬再生季收获。

对于常规栽培模式，头季稻氮肥按基肥：分蘖肥：穗肥为6：2：2施用，磷、钾肥全作基肥一次性施用；再生季氮肥在头季收割留桩后7d配合灌溉作为促苗肥一次性施用，肥料施用方式为人工撒施。头季与再生季均采用久保田收割机4LZ-2.5（PRO688Q）收获，其中头季留20cm稻桩，两季收获的秸秆整体覆盖在稻桩行间。再生稻收获后冬季稻田休闲。除了分蘖盛期与收获前2周排水晒干外，头季与再生季稻田均保持3～5cm水层。

优化栽培模式相对于常规栽培模式主要从肥料运筹、施肥方式、头季稻茬留桩高度、秸秆处理、水分管理、冬季绿肥管理等方面进行优化。与常规栽培模式相同，优化栽培模式头季稻氮肥按基肥：分蘖肥：穗肥为6：2：2施用，磷、钾肥全作基肥一次性施用；对于再生季，在头季稻齐穗后15d和头季收割留桩后7d氮肥按7.5：2.5作催芽肥与促苗肥施用。肥料施用采用半自动旋转施肥机（奥晟背负式喷粉机3F-30）。头季稻成熟后采用华中农业大学设计的再生稻割穗机收割（张国忠等，2016），优化栽培模式1留20cm稻桩，优化栽培模式2留35cm稻桩，秸秆粉碎覆盖还田。头季秧苗移栽4～6d，采用普航手扶PH-KG开沟机（山东普航机械有限公司）在田间每隔10m开排水沟，沟深15～20cm，沟宽20～25cm，做到成沟明显、排灌通畅；稻季采用间歇灌溉的水分管理方式（程建平等，2006）。在再生稻收割前7d，优化栽培模式2以撒播方式套种油菜，播种量为15kg/hm²，来年4月油菜就地粉碎作为绿肥还田。优化栽培模式1则冬季稻田休闲。具体试验处理详见表12-40。

表12-40　试验处理

模式	施肥方式	头季稻机械收获	头季稻留茬高度	头季稻秸秆还田处理方式	灌溉方式	茬口期耕作与培肥
常规栽培	人工撒施	久保田机械	低茬（20cm）	覆盖于稻桩行间	常规灌溉	冬闲
优化栽培模式1	半自动旋转施肥机	华农再生稻机械	低茬（20cm）	全量粉碎覆盖还田	间歇灌溉	冬闲
优化栽培模式2	半自动旋转施肥机	华农再生稻机械	高茬（35cm）	全量粉碎覆盖还田	间歇灌溉	免耕+绿肥（油菜）

12.4.2.1　不同栽培模式对产量的影响

由表12-41可知，栽培模式显著影响头季稻产量与产量构成。与常规栽培模式相比，优化栽培模式1头季稻产量显著提高了3.5%，优化栽培模式2头季稻产量显著提高了6.1%，优化栽培模式2增幅最大，产量最高，达到11.19t/hm²。产量构成方面，优化栽培模式2穗粒数显著高于常规栽培模式与优化栽培模式1，分别增加了8.0%和14.1%。各栽培模式有效穗数、结实率与千粒重则无显著差异。

表12-41 不同栽培模式下头季稻产量及产量构成

处理	有效穗数（万/hm²）	穗粒数（粒）	结实率（%）	千粒重（g）	实际产量（t/hm²）
常规栽培模式	349.21±7.27a	160.33±9.31c	82.90±3.20a	27.44±0.31a	10.55±0.20c
优化栽培模式1	359.52±9.52a	169.40±6.87b	81.32±3.09a	27.68±0.32a	10.92±0.10b
优化栽培模式2	362.70±7.27a	183.00±10.91a	81.85±2.29a	27.67±0.25a	11.19±0.12a

由表12-42可知，栽培模式显著影响两季水稻总产量、再生稻产量与产量构成。与常规栽培模式相比，优化栽培模式1两季水稻总产量与再生稻产量分别显著提高了9.8%和27.0%，优化栽培模式2两季水稻总产量与再生季稻产量则分别显著提高了13.5%和34.8%。优化栽培模式2两季水稻总产量与再生稻产量增幅均最大，产量均最高，分别达到了16.18t/hm²和5.00t/hm²。产量构成方面，优化栽培模式2有效穗数与穗粒数显著高于常规栽培模式和优化栽培模式1，优化栽培模式2有效穗数增幅分别为7.0%和13.6%，穗粒数增幅分别为7.2%和20.5%。各栽培模式结实率与千粒重无显著差异。

表12-42 不同栽培模式下再生稻产量及产量构成与两季总产量

处理	有效穗数（万/hm²）	穗粒数（粒）	结实率（%）	千粒重（g）	再生稻实际产量（t/hm²）	两季实际总产量（t/hm²）
常规栽培模式	277.46±10.49b	71.73±4.99c	81.44±1.40a	27.32±0.31a	3.71±0.15c	14.25±0.19c
优化栽培模式1	294.60±9.40b	80.67±8.04b	81.64±0.77a	27.45±0.25a	4.71±0.15b	15.64±0.25b
优化栽培模式2	315.13±7.68a	86.47±5.19a	81.81±0.93a	27.38±0.29a	5.00±0.15a	16.18±0.26a

水稻产量由单位面积有效穗数、穗粒数、结实率及千粒重4个因子决定，其与水稻植株干物质累积量、植株氮素养分吸收量密切相关。大量学者针对肥料施用、留茬高度、水分管理、水稻秸秆还田以及绿肥还田等诸多方面对水稻产量进行了相关研究（赵建红，2016；肖修刚，2018；周景平，2018）。

本研究表明，与常规栽培模式（20cm低稻桩+常规灌溉+促苗肥一次施用+冬季空闲）相比，优化栽培模式1（20cm低稻桩+间歇灌溉+促芽肥与促苗肥共两次施用+冬季空闲）和优化栽培模式2（35cm高稻桩+间歇灌溉+促芽肥与促苗肥共两次施用+冬季绿肥油菜）均提高了头季与再生季水稻产量，最终提高总产，增幅分别为9.8%和13.5%（表12-41和表12-42）。优化栽培模式头季和再生季水稻产量的提高可能与优化栽培模式相对常规栽培模式在绿肥种植、肥料运筹、水分管理与留桩高度等方面的优化有关。第一，许多研究表明，绿肥的投入，增加了土壤养分，为水稻提供了额外的能量，增强了水稻对养分的吸收，在一定程度上维护了稻田水肥平衡，降低了土壤容重，从而促进了水稻生长，提高了水稻产量（罗广盘，2018；许晖等，2018）。还有报道指出，种植绿肥具有固氮、改善土壤物理性状、提高土壤速效养分供应等作用（田卡等，2015），因此提高了水稻产量。第二，相对于常规栽培模式，优化栽培模式优化了肥料运筹，在头季稻齐穗期多施用一次促芽肥。研究已指出，促芽肥是再生稻高产的关键措施之一，合理地施用促芽肥能促使水稻腋芽再生旺盛（林文雄等，2015）。同时，头季稻根系对再生稻的生长发育起主导作用（苏祖芳等，1990），依据水稻养分需求特点进行促芽肥施用，促进再生稻根系的生长（林文雄等，2015），因此可提高再生稻产量。第三，有研究指出，与常规灌溉相比，间歇灌溉能促进根系的良好发育和生长、对养分的吸收，促使叶片早生快发，为水稻生长提供了更大叶面积，提高了水稻产量（罗德强等，2018；张宏路等，2018）。林文雄等（2015）的研究也指出，在灌浆时进行间歇灌溉和促芽肥施用后轻烤田能保证头季稻后期根系不早衰，提高其活力，最终促进再生稻休眠芽的萌发和再生苗的生长。第四，留桩高度与再生稻休眠芽萌发多少密切相关（Harrell et al.，2009）。相对于留20cm低稻桩（常规栽培模式和优化栽培模式1），优化栽培模式2的高留桩（35cm）使再生稻容易再生，降低田间不利环境的影响，尽可能地保住可再生的节位，促进再生芽多发和高位芽再生，同时有更多稻桩营养可利用，并且可利用头季留下的叶片成为再生稻的功能叶（林文雄等，2015），从而促进水稻产量增加。

　　本研究发现，优化栽培模式头季稻穗粒数、再生稻穗粒数均显著高于常规栽培模式（表12-41和表12-42）。此外，与常规栽培模式头季稻有效穗数相比，优化栽培模式均表现出上升的趋势，但差异不显著。这可能与绿肥种植、肥料运筹、水分管理与稻桩留桩高度等方面的优化相关。第一，有研究报道，种植绿肥能够促进早稻分蘖，促进有效穗数与穗粒数增加（高菊生等，2010，2011）。第二，头季稻齐穗后10～15d，是促芽肥施用的关键时期（Mengel and Wilson，1981）。孙晓辉等（1982）研究发现，促芽肥早施可促进潜伏芽出苗，增加再生稻有效穗数与穗粒数。第三，与常规灌溉相比，间歇灌溉下水稻穗粒数显著增加（程建平等，2006）。第四，前人已有研究表明，随着留茬高度的增加，有效穗数会显著增加（易镇邪等，2009；余贵龙等，2018）。

12.4.2.2　不同栽培模式对土壤肥力的影响

　　由表12-43可知，栽培模式显著影响再生稻收获后0～5cm土层的土壤容重，5～10cm、10～20cm土壤容重三者则无显著差异。与常规栽培模式相比，优化栽培模式1再生稻收获后0～5cm土层的土壤容重降低了4.8%，优化栽培模式2降低了8.8%。这可能与优化栽培模式在水分管理和绿肥种植等方面的优化有关。优化栽培模式1与优化栽培模式2均采用间歇灌溉的方法进行灌溉，且优化栽培模式2在冬季种植绿肥（油菜）。赵建红（2016）的研究表明，水分管理会影响土壤容重，其中，与淹水灌溉相比，干湿交替在一定程度上能降低土壤容重。还有许多研究表明，油菜、紫云英、肥田萝卜等绿肥还田能够改善土壤质地，改良土壤环境，增加土壤孔隙度，增强土壤透气性，从而降低土壤容重（Foucault et al.，2013；杨旭燕和何文寿，2019）。

表12-43　不同栽培模式下再生稻田再生收获期各层土壤容重　　（单位：g/cm³）

处理	0～5cm	5～10cm	10～20cm
常规栽培模式	1.25±0.02a	1.10±0.07a	1.18±0.03a
优化栽培模式1	1.19±0.03b	1.11±0.01a	1.19±0.01a
优化栽培模式2	1.14±0.03c	1.09±0.03a	1.16±0.03a

由表12-44可知，栽培模式显著影响头季稻和再生稻收获后土壤硝态氮含量。与常规栽培模式相比，优化栽培模式1头季稻收获后0～5cm、5～10cm、10～20cm土层的土壤硝态氮含量分别显著提高了57.1%、34.1%和32.9%，再生稻收获后0～5cm、5～10cm、10～20cm土层的土壤硝态氮含量分别显著提高了31.4%、19.2%和20.4%；优化栽培模式2头季稻收获后0～5cm、5～10cm、10～20cm土层的土壤硝态氮含量则分别显著提高了80.5%、60.4%和49.0%，再生稻收获后0～5cm、5～10cm、10～20cm土层的土壤硝态氮含量分别显著提高了34.6%、32.5%和16.3%。与优化栽培模式1相比，优化栽培模式2头季稻收获后0～5cm、5～10cm、10～20cm土层的土壤硝态氮含量分别显著提高了14.9%、19.6%和12.1%。另外，不同栽培模式土壤硝态氮含量随土层加深均呈现下降的趋势。

表12-44　不同栽培模式下再生稻田土壤肥力的变化

指标	季节	处理	0～5cm	5～10cm	10～20cm
硝态氮（mg/kg）	头季	常规栽培模式	2.82±0.13c	2.70±0.07c	2.49±0.12c
		优化栽培模式1	4.43±0.74b	3.62±0.15b	3.31±0.03b
		优化栽培模式2	5.09±0.46a	4.33±0.91a	3.71±0.06a
	再生季	常规栽培模式	5.73±0.28b	4.64±0.65c	4.12±0.59b
		优化栽培模式1	7.53±1.18a	5.53±0.68b	4.96±1.00a
		优化栽培模式2	7.71±0.79a	6.15±0.77a	4.79±0.57a
铵态氮（mg/kg）	头季稻	常规栽培模式	8.05±0.27c	4.28±0.27c	2.46±0.10c
		优化栽培模式1	11.26±0.15b	5.22±0.38b	4.34±0.19b
		优化栽培模式2	16.50±1.84a	10.42±0.43a	6.86±0.42a
	再生季	常规栽培模式	2.63±0.20c	2.25±0.06c	1.99±0.22c
		优化栽培模式1	3.42±0.49b	3.01±0.24b	2.68±0.09b
		优化栽培模式2	4.57±0.30a	3.88±0.13a	3.19±0.12a
可溶性有机碳（mg/kg）	头季	常规栽培模式	65.50±5.01c	53.55±8.63b	22.23±2.71b
		优化栽培模式1	90.13±10.22b	65.77±3.45b	29.22±5.17b
		优化栽培模式2	112.69±12.55a	87.62±7.92a	54.25±13.33a
	再生季	常规栽培模式	81.32±12.11b	80.23±10.15a	49.75±6.74a
		优化栽培模式1	104.52±16.18ab	90.82±11.21a	59.21±6.19a
		优化栽培模式2	127.85±5.61a	97.55±14.64a	59.23±6.74a
有效磷（mg/kg）	头季	常规栽培模式	24.28±0.80c	22.70±2.58b	20.10±0.02b
		优化栽培模式1	29.09±1.74b	25.70±3.70ab	20.36±2.27b
		优化栽培模式2	32.05±2.58a	28.46±0.23a	24.98±0.67a
	再生季	常规栽培模式	21.41±1.31c	19.90±0.79c	18.88±0.27b
		优化栽培模式1	24.56±2.22b	21.98±1.96b	20.69±0.26b
		优化栽培模式2	28.01±2.07a	26.33±1.31a	23.73±2.37a

续表

指标	季节	处理	0～5cm	5～10cm	10～20cm
速效钾 （mg/kg）	头季	常规栽培模式	258.59±23.24b	254.32±28.74b	212.21±11.36b
		优化栽培模式1	271.22±13.13b	271.12±14.85b	214.77±3.74b
		优化栽培模式2	303.85±4.42a	300.11±6.45a	258.52±22.22a
	再生季	常规栽培模式	267.56±10.77c	276.76±15.41b	269.18±26.63a
		优化栽培模式1	293.25±4.41b	280.73±4.26b	269.13±6.42a
		优化栽培模式2	289.15±9.75b	285.72±21.21b	266.22±15.42a
全氮 （g/kg）	头季	常规栽培模式	267.19±10.35c	276.85±15.92b	269.85±26.46a
		优化栽培模式1	293.85±4.24b	280.42±4.18b	269.77±6.15a
		优化栽培模式2	289.21±9.57b	285.22±21.64b	266.39±15.62a
	再生季	常规栽培模式	1.98±0.12a	1.71±0.03a	1.57±0.07a
		优化栽培模式1	2.01±0.12a	1.78±0.04a	1.56±0.08a
		优化栽培模式2	2.05±0.09a	1.76±0.06a	1.60±0.06a
全磷 （g/kg）	头季	常规栽培模式	0.91±0.09a	0.86±0.12a	0.88±0.11a
		优化栽培模式1	0.94±0.09a	0.97±0.12a	1.02±0.22a
		优化栽培模式2	0.94±0.07a	0.95±0.13a	0.99±0.09a
	再生季	常规栽培模式	0.88±0.08a	0.89±0.10a	0.87±0.09a
		优化栽培模式1	0.92±0.10a	0.93±0.10a	1.06±0.19a
		优化栽培模式2	0.91±0.08a	0.93±0.14a	1.00±0.19a
全钾 （g/kg）	头季	常规栽培模式	10.32±0.09c	10.82±0.30a	11.20±0.47a
		优化栽培模式1	10.92±0.59b	10.95±0.25a	11.08±0.41a
		优化栽培模式2	11.39±0.34a	11.06±0.14a	11.25±0.32a
	再生季	常规栽培模式	8.81±0.19a	9.12±0.24a	10.31±0.25a
		优化栽培模式1	8.72±0.16a	9.12±0.22a	10.45±0.23a
		优化栽培模式2	8.80±0.23a	8.92±0.26a	10.20±0.34a

　　与常规栽培模式相比，优化栽培模式1头季稻收获后0～5cm、5～10cm、10～20cm土层的土壤铵态氮含量分别显著提高了39.9%、22.0%和76.4%，再生稻收获后0～5cm、5～10cm、10～20cm土层的土壤铵态氮含量分别显著提高了30.0%、33.8%和34.7%（表12-44）；优化栽培模式2头季稻收获后0～5cm、5～10cm、10～20cm土层的土壤铵态氮含量则分别显著提高了105.0%、143.5%和178.9%，再生稻收获后0～5cm、5～10cm、10～20cm土层的土壤铵态氮含量分别显著提高了73.8%、72.4%和60.3%。与优化栽培模式1相比，优化栽培模式2头季稻收获后0～5cm、5～10cm、10～20cm土层的土壤铵态氮含量分别显著提高了46.5%、99.6%和58.1%，再生稻收获后0～5cm、5～10cm、10～20cm土层的土壤铵态氮含量分别显著提高了33.6%、28.9%和19.0%。另外，不同栽培模式土壤铵态氮含量随土层加深均呈现下降的趋势。

　　与常规栽培模式相比，优化栽培模式1头季稻收获后0～5cm土层的土壤可溶性有机碳含量显著提高了37.6%，再生稻季无显著变化（表12-44）；优化栽培模式2头季稻收获后

0～5cm、5～10cm、10～20cm土层的土壤可溶性有机碳含量则分别显著提高了72.0%、63.6%和144.0%，再生稻收获后0～5cm土层的土壤可溶性有机碳含量显著提高了57.2%。与优化栽培模式1相比，优化栽培模式2头季稻收获后0～5cm、5～10cm、10～20cm土层的土壤可溶性有机碳含量分别显著提高了25.0%、33.2%和85.7%，再生稻季无显著变化。另外，不同栽培模式土壤可溶性有机碳含量随土层加深均呈现下降的趋势。

与常规栽培模式相比，优化栽培模式1头季稻收获后0～5cm土层的土壤有效磷含量显著提高了19.8%，再生稻收获后0～5cm、5～10cm土层的土壤有效磷含量分别显著提高了14.7%、10.5%（表12-44）；优化栽培模式2头季稻收获后0～5cm、5～10cm、10～20cm土层的土壤有效磷含量则分别显著提高了32.0%、25.4%和24.3%，再生稻收获后0～5cm、5～10cm、10～20cm土层的土壤有效磷含量分别显著提高了30.8%、32.3%和25.7%。与优化栽培模式1相比，优化栽培模式2头季稻收获后0～5cm、5～10cm、10～20cm土层的土壤有效磷含量分别显著提高了10.2%、10.7%和24.3%，再生稻收获后0～5cm、5～10cm、10～20cm土层的土壤有效磷含量分别显著提高了14.0%、19.8%和14.7%。另外，不同栽培模式土壤有效磷含量随土层加深均呈现下降的趋势。

栽培模式显著影响头季稻和再生稻收获后土壤速效钾含量（表12-44）。与常规栽培模式相比，优化栽培模式1再生稻收获后0～5cm土层的土壤速效钾含量显著提高了9.6%；优化栽培模式2头季稻收获后0～5cm、5～10cm、10～20cm土层的土壤速效钾含量分别显著提高了17.4%、18.1%和21.7%，再生稻收获后0～5cm土层的土壤速效钾含量显著提高了8.2%。与优化栽培模式1相比，优化栽培模式2头季稻收获后0～5cm、5～10cm、10～20cm土层的土壤速效钾含量分别显著提高了11.8%、10.7%和20.5%，再生稻季无显著变化。另外，不同栽培模式土壤速效钾含量随土层加深均呈现下降的趋势。

由表12-44可知，除头季稻0～5cm耕层全氮外，栽培模式对头季稻和再生稻收获后土壤全氮、全磷含量均无显著影响。不同栽培模式土壤全氮含量随土层加深均呈现下降的趋势。

栽培模式显著影响头季稻收获后0～5cm土层的土壤全钾含量，5～10cm、10～20cm土层的土壤全钾含量各处理间则无显著差异（表12-44）。与常规栽培模式和优化栽培模式1相比，优化栽培模式2头季稻收获后0～5cm土层的土壤全钾含量分别显著提高了10.4%、4.3%。栽培模式对再生稻收获后土壤全钾含量无显著影响。

该研究表明，总体上栽培模式显著影响头季稻和再生稻收获后土壤硝态氮、铵态氮、可溶性有机碳、有效磷、速效钾和全钾含量，但对土壤全氮、全磷含量无显著影响（表12-44）。综合各土壤养分含量发现，优化栽培模式维持土壤养分含量的能力要优于常规栽培模式，其中，优化栽培模式2最佳。优化栽培模式头季与再生季稻田收获期土壤养分的提高可能与优化栽培模式相对常规栽培在绿肥种植、肥料运筹、水分管理与秸秆处理方式等方面的优化有关。第一，与常规栽培模式和优化栽培模式1相比，优化栽培模式2冬季种植绿肥油菜，来年水稻移栽前翻入田中，作为一部分养分投入。油菜自身具有充足的养分，翻田后，能够给水稻生长提供丰富的氮磷钾元素，水稻吸收利用一部分，另一部分则保留在土壤中，达到培肥土壤的效果。另外，油菜还田在一定程度上不仅能够保持田间水分，不让其蒸发或者渗漏过快，还能在化学肥料撒施时，起到配合施用的效果，提高化学肥料利用率。有研究表明，以'华油杂62号'油菜绿肥还田为例，能够增加土壤有机质、有效磷与速效钾的含量，但对全磷的含量没有影响（杨旭燕和何文寿，2019），这与本研究结果一致。陈尚洪等（2006）通过两年田间定位试验，探讨了小麦、水稻及油菜秸秆还田对土壤养分的影响，分析发现秸秆富含养分，翻田或覆于地表均能在一定程度上提高土壤中速效氮、有效磷及速效钾的含量，促进土壤团聚体的形成，增加水稳性团聚体含量，不仅能够改善土壤的结构，还能起到保水保肥的效果。此外，还有很多类似研究表明，绿肥及水稻秸秆还田能提高土壤养分，改善土壤环境，起到培肥效果（何成芳等，2017；肖修刚，2018）。不过这些作用的表现一定程度上建立在合理的耕作措施与田间管理上。第二，与常规栽培模式相比，优化栽培模式合理的肥料运筹与水分管理相结合，也是培肥土壤的一大影响因素。余双等（2016）的研究结果表明，与淹灌相比，间歇灌溉有利于维持土壤全氮和有机质含量，并且在一定程度上能够减轻耕层土壤磷素淋溶损失。还有相关研究指出，合理的氮肥施用与干湿交替水分管理，能够提高不同耕层土壤全氮、有机质含量（赵建红，2016）。李琰琰（2011）通过两年水氮耦合试验研究发现，在相同施氮范畴内，随着灌水量的增加土壤速效钾含量会降低。第三，与常规栽培模式秸秆整体行间还田相比，优化栽培模式头季秸秆粉碎还田促使秸秆降解速率增加，提高土壤DOC含量。寿秀玲等（2017）的研究表明，水稻秸秆分解前期与分解后期均能产生DOC，后期产生的DOC能有效固定土壤有机碳，并增强土壤对DOC的吸附作用。

12.4.2.3　不同栽培模式对稻田温室气体排放的影响

不同栽培模式头季及再生季稻田CH_4排放通量的季节性变化如图12-13所示。头季稻田土壤CH_4排放通量随水稻生长发育进程波动较大，而再生季波动较小。头季CH_4排放通量出现两个峰值，一个出现在水稻分蘖期，另一个出现在幼穗分化期。这与前人研究结论相似（Zhang et al., 2015）。前茬再生稻机收后，秸秆覆于田中且田间还保留着35cm左右的稻桩，在水稻种植前，冬季未分解的前茬秸秆及稻桩被机械翻耕入田，投入了大量的有机质。再生稻秧苗移栽后，随着稻田长时间淹水、秧苗的生长发育以及有机物料的分解，稻田中CH_4排放呈现上升的趋势。水稻分蘖期，温度上升，植株通气组织发达，有利于CH_4的传输，这与袁伟玲等（2008）的研究类似。在头季稻分蘖期，水稻植株生长旺盛，呼吸作用强烈，大量CH_4通过植株排放。另外，此时的厌氧环境在一定程度上增加了产甲烷菌的数量，加剧了产甲烷菌的活动，加大了CH_4排放，导致第一个排放峰值的出现。此后，CH_4排放迅速降低，可能是排水晒田控分蘖导致有利于产甲烷菌活动的厌氧环境被破坏。晒田结束后，CH_4排放再一次上升，并在幼穗分化期出现第二次波峰，这是由于稻田再一次淹水，温度进一步升高以及稻株通气组织更加发达，并且在水稻幼穗分化期，水稻根系分泌物增加（李成芳等，2011），为产甲烷微生物提供了更多的基质，促进了CH_4产生。在水稻生育后期，田间水分落干，土壤含氧量增加，氧化作用增强，破坏了产甲烷菌繁殖与活动的适宜环境，导致头季稻后期CH_4排放减少，这与许多学者的研究结论基本一致（李成芳等，2011；Wang et al., 2002）。

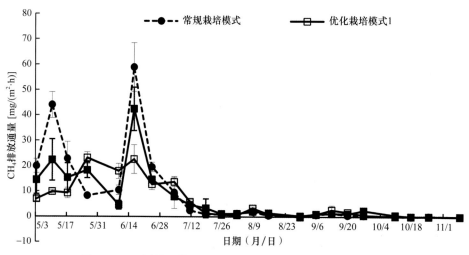

图12-13　不同栽培模式下再生稻田CH₄排放通量的动态变化

再生季CH₄排放通量偏低，为−0.06～2.66mg/(m²·h)，显著低于头季稻排放通量（图12-13）。这可能主要与再生季田间水分管理、温度以及再生季稻株的独特性有关。再生稻灌溉采用间歇灌溉的方法，间歇灌溉能有效地降低稻田CH₄排放（袁伟玲等，2008；王孟雪等，2016）。再生季水稻持续时间为8月中旬到11中旬，其间温度慢慢降低。在较低温度条件下，土壤形成CH₄的能力相对较弱，并且土壤一定程度上能够氧化大气CH₄（丁维新和蔡祖聪，2003）。再生季稻株是由头季稻桩上的腋芽生长发育而成，跟一般水稻生长差异较大，其传输CH₄的机制可能需要进一步研究。

本研究中，常规栽培模式的头季稻N₂O排放通量在0.009～0.228mg/(m²·h)，再生稻N₂O排放通量在0.007～0.187mg/(m²·h)。优化栽培模式1的头季稻N₂O排放通量在−0.023～0.790mg/(m²·h)，再生稻N₂O排放通量在−0.014～0.259mg/(m²·h)。优化栽培模式2的头季稻N₂O排放通量在0.019～0.839mg/(m²·h)，再生稻N₂O排放通量在0.002～0.392mg/(m²·h)。整个水稻季各模式之间N₂O排放通量动态规律较为一致，头季稻及再生稻中均出现了排放峰值（图12-14）。另外，氮肥施用后短期即出现N₂O排放峰值（图12-14），这可能是由于氮肥施用提高了土壤无机氮含量（表12-44），从而为土壤硝化与反硝化作用提供了更多的反应底物（Zhang et al.，2015）。在水稻分蘖盛期和收获前2周排水时也出现了N₂O排放峰值（图12-14），其原因可能是排干稻田改善了土壤通气性，增加了土壤的有效氧，促进了土壤硝化作用（袁伟玲等，2008），导致大量N₂O产生。此外，头季和再生季齐穗期也观测到N₂O排放峰值（图12-14），这可能由于头季稻与再生稻在齐穗期因再生芽的萌发与伸长、籽粒灌浆，对肥料吸收旺盛，根系生长旺盛（林文雄等，2015），分泌物增加，导致大量N₂O产生。水分管理也会影响N₂O的排放，常规灌溉下，稻田长期处于淹水状态，土壤缺氧，会降低土壤氧化还原电位，减少了N₂O排放，而间歇灌溉水分落干时期，土壤含氧量增加，提高了土壤氧化还原电位，N₂O排放增加。此外，秸秆的腐解能够为土壤添加充足的养分，提高碳氮含量，为土壤硝化与反硝化作用提供反应底物，促进了N₂O的排放。前人也有类似研究（Maljanen et al.，2007；代光照等，2009）。

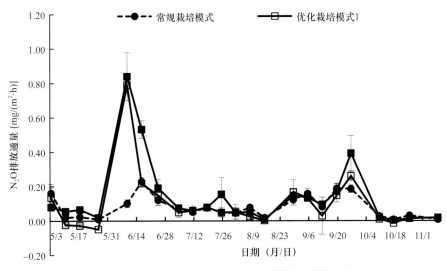

图12-14 不同栽培模式下再生稻田N_2O排放通量的动态变化

由表12-45可知，栽培模式显著影响头季稻N_2O排放与CH_4排放，与常规栽培模式相比，优化栽培模式1与优化栽培模式2的N_2O累积排放量分别显著增加了71.0%和153.6%，而CH_4累积排放量分别显著降低了27.0%和28.1%。对于再生稻，栽培模式显著影响其CH_4排放，与常规栽培模式相比，优化栽培模式2的CH_4累积排放量显著增加了133.3%。此外，栽培模式显著影响全生育期N_2O排放、CH_4排放、GWP和GHGI。与常规栽培模式相比，全生育期优化栽培模式1的N_2O累积排放量显著增加了36.4%，而CH_4累积排放量、GWP和GHGI分别显著降低了25.8%、25.4%和28.1%，优化栽培模式2的N_2O累积排放量显著增加了93.2%，而CH_4累积排放量、GWP和GHGI分别显著降低了25.0%、20.7%和25.8%。CH_4对GWP的贡献大于N_2O，CH_4对GWP的贡献为80.6%～94.1%，N_2O则为5.9%～19.4%。

表12-45 不同栽培模式下再生稻田头季与再生季温室气体累积排放量与全生育期GWP、GHGI的变化

处理	头季		再生季		全生育期			
	N_2O累积排放量（kg/hm^2）	CH_4累积排放量（kg/hm^2）	N_2O累积排放量（kg/hm^2）	CH_4累积排放量（kg/hm^2）	N_2O累积排放量（kg/hm^2）	CH_4累积排放量（kg/hm^2）	GWP（kg CO$_2$-eq/hm^2）	GHGI（kg CO$_2$-eq/kg）
常规栽培模式	1.83±0.28c	385±45a	1.69±0.14a	7.00±0.58b	3.52±0.41c	392±45a	13 424±1578a	0.89±0.09a
优化栽培模式1	3.13±0.18b	281±10b	1.66±0.33a	10.00±2.40b	4.80±0.50b	291±7b	10 017±286b	0.64±0.01b
优化栽培模式2	4.64±0.17a	277±10b	2.16±0.23a	16.33±0.67a	6.80±0.30a	294±11b	10 640±441b	0.66±0.03b

本研究中，优化栽培模式较常规栽培模式显著降低稻田CH_4排放（表12-45）。正如之前所述，优化栽培模式更好的水稻根系生长和随后更强的根际泌氧，势必增强甲烷氧化菌活性，进而抑制CH_4排放。同时，优化栽培模式间歇灌溉实行的浅水层和无水层管理，能够加强土壤与外界大气的接触，明显改善土壤通气性，提高土壤氧有效性，抑制产甲烷菌活性（彭世彰等，2007），明显降低稻田CH_4排放。此外，有研究表明，与淹水灌溉相比，间歇灌溉不仅能够显著降低稻田CH_4排放，还能够降低秸秆还田引起的温室气

体排放（彭世彰等，2006）。Harada等（2005）也有类似研究结论，适当地调整农田管理措施（将秸秆粉碎、控灌等），能够减少CH_4排放。

与CH_4排放相反，优化栽培模式较常规栽培模式增加稻田N_2O排放（表12-45）。究其原因有几方面。第一，稻田N_2O的排放是通过硝化与反硝化作用引起的（Baggs，2008；Butterbachbahl et al.，2013），主要受肥料施用、有机物料投入、水分管理与降雨的影响（王秀斌，2011）。无机氮与可溶性碳为土壤硝化和反硝化作用提供了反应底物，因此促进了N_2O排放。优化栽培模式2冬季种植的绿肥还田，提高土壤无机氮和可溶性有机碳含量（表12-44），为土壤硝化与反硝化作用增加了底物，促进N_2O排放。第二，优化栽培模式的间歇灌溉改善土壤通气性，促进土壤硝化作用（Xu et al.，2016）。N_2O的排放不仅受土壤氧有效性和无机氮含量影响，还受到其在土壤中迁移扩散影响（袁伟玲等，2008）。常规栽培模式的淹水水分管理措施虽然能提高土壤反硝化速率，但延长N_2O的扩散时间，增加N_2O被还原为N_2的概率，降低N_2O的排放。第三，前人研究指出，与常规淹灌相比，间歇灌溉能促进根系的良好发育和生长、对养分的吸收，促使叶片早生快发，为水稻生长提供更大叶面积，提高了水稻产量（程建平等，2006）。本研究中优化栽培相对于常规栽培有更高的水稻产量（表12-41和表12-42），意味着优化栽培模式有更好的水稻根系生长和随后更强的根际泌氧（李成芳等，2011），因此其促进了N_2O的释放。

12.4.2.4 不同栽培模式对水稻干物质积累量和氮肥利用率的影响

由图12-15可知，栽培模式显著影响水稻植株成熟期地上部干物质积累量（$P<0.05$）。头季稻与再生稻中，成熟期地上部干物质积累量均表现为优化栽培模式2>优化栽培模式1>常规栽培模式。优化栽培模式2冬季种植油菜还田，能够为后茬水稻生长提供充足的磷钾养分，促进水稻成熟期地上部干物质量的积累（许晖等，2018）。与常规栽培模式单施促苗肥相比，优化栽培模式促芽肥与促苗肥配合施用有利于再生季水稻生长，形成合理的群体结构，提高头季及再生季水稻植株成熟期地上部干物质积累量（林文雄等，2015）。与常规灌溉（常规栽培模式）相比，间歇灌溉（优化栽培模式）能提高叶片光合速率和叶面积指数，增加地上部物质积累（程建平等，2006）。此外，与留20cm低稻桩相比，35cm高稻桩能够储藏更多的光合产物。王志强等（2010）研究发现，再生稻生长状况与头季稻后期光合产物残留在稻桩中的量相关，残留量越多，再生稻干物质积累量越高。

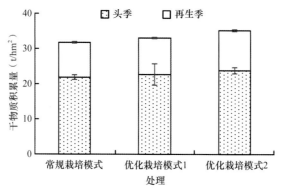

图12-15　不同栽培模式下水稻成熟期地上部干物质积累量

　　优化栽培模式提高了头季稻与再生稻氮素积累总量、氮素吸收效率和氮素偏生产力（表12-46）。与常规栽培模式相比，优化栽培模式1头季稻氮素积累总量、氮素吸收效率和氮素偏生产力分别提高了18.3%、20.3%和3.6%，再生稻氮素积累总量、氮素吸收效率和氮素偏生产力分别提高了17.6%、18.2%和27.1%；优化栽培模式2头季稻氮素积累总量、氮素吸收效率和氮素偏生产力分别提高了29.4%、28.9%和6.2%，再生稻氮素积累总量、氮素吸收效率和氮素偏生产力分别提高了38.2%、38.8%和34.5%。优化栽培模式头季与再生季水稻植株氮素养分总量的提高可能与优化栽培模式相对常规栽培在绿肥种植、肥料运筹、水分管理与稻桩留桩高度等方面的优化有关。第一，有研究表明，与稻田冬闲、单施化肥相比，绿肥还田配施化肥能够有效促进水稻植株对氮素养分的吸收（连泽晨，2016）。第二，王森（2017）研究认为，促芽肥的施用能够有效促进头季稻生育后期茎和叶的氮素积累，为后期再生稻生长发育提供一定的物质基础。第三，与常规灌溉相比，间歇灌溉能够优化稻田群体结构，改善田间光温条件，强壮稻株根系，提高水稻植株氮素养分吸收和转化速率（邱才飞等，2018）。第四，不同的留茬高度会导致休眠芽的萌发成穗以及再生根系的生长状况也不同。同时再生稻的根系主要来自头季留下的根系。与低留茬相比，高留茬有利于头季稻根系活力的恢复和维持（Sanni et al.，2009）。同时，高留茬能够残留更多养分，促进再生根的发生和生长（Oad et al.，2002），更有利于水稻植株对氮素养分的吸收。

表12-46　不同栽培模式下成熟期水稻植株氮素积累总量、氮素吸收效率及氮素偏生产力

季节	处理	氮素积累总量（kg/hm²）	氮素吸收效率（%）	氮素偏生产力（kg/kg）
头季	常规栽培模式	153±4b	85.33±2.08b	58.53±0.39c
	优化栽培模式1	181±21ab	102.67±10.26a	60.66±0.54b
	优化栽培模式2	198±10a	110.00±5.57a	62.13±0.66a
再生季	常规栽培模式	68±3c	56.67±3.22c	30.93±1.28c
	优化栽培模式1	80±2b	67.00±1.73b	39.31±1.24b
	优化栽培模式2	94±6a	78.67±4.73a	41.61±1.21a

12.4.2.5　不同栽培模式下稻田经济效益分析

　　再生稻田栽培模式成本主要从租金、农资成本、人工成本和农机成本4个方面体现，租金即地租，农资成本包括种子、肥料和农药成本，人工成本包括育秧、施肥、打药、秸秆处理和田间日常管理成本，农机成本包括机整、机移栽、机械收获成本。栽培模式间成本差异主要体现在绿肥投入、施肥用工和秸秆处理3个方面（表12-47）。与常规栽培模式相比，优化栽培模式1秸秆处理费用降低，施肥人工费用增加，优化栽培模式2秸秆处理人工费用降低，绿肥种子投入与施肥人工费用增加（包括施绿肥）。总成本表现为优化栽培模式2＞常规栽培模式＞优化栽培模式1，再生稻田栽培模式总收益为头季稻与再生稻两季水稻卖出的实际价格。经济效益则为总收益与总成本的差值。本研究结果表明，与常规栽培模式相比，优化栽培模式1和2均提高了再生稻田经济效益，其中优化栽培模式2经济效益最高，达10 602.1元/hm²，是常规栽培模式的1.76倍，是优化栽培模式1的1.27倍（表12-47），有利于提高农民收入。

表12-47　不同栽培模式经济效益评估

处理	地租（元/hm²）	农资成本（元/hm²）				人工成本（元/hm²）					农机成本（元/hm²）				总成本（元/hm²）	总收益（元/hm²）	经济效益（元/hm²）
		种子	化学肥料	绿肥	农药	育秧	施肥	打药	秸秆处理	田间日常管理	机整	机移栽	头季机收	再生季机收			
常规栽培模式	11 250	1 200	3 617.5	0	2 925	1 950	594	300	600	1 425	1 200	450	750	525	26 786.5	32 823.4	6 036.9
优化栽培模式1	11 250	1 200	3 617.5	0	2 925	1 950	822	300	360	1 425	1 200	450	750	525	26 774.5	35 148.6	8 374.1
优化栽培模式2	11 250	1 200	3 617.5	150	2 925	1 950	882	300	360	1 425	1 200	450	750	525	26 984.5	37 586.6	10 602.1

由于再生稻生产轻简化、效益高，我国南方稻区已大力发展（林文雄等，2015）。国内外众多的研究者在再生稻的生理生态和栽培技术方面已取得了较大的进展，并在不同的生态区域形成了不尽相同的栽培技术体系（李成芳等，2017）。然而，当前的研究未能考虑再生稻种植对稻田温室气体排放的影响。本试验指出，优化栽培模式相对于常规栽培模式能有效地降低全球增温潜势，培肥土壤，提高头季与再生季水稻产量，增加经济效益，因此是一项低碳丰产增效的再生稻栽培模式，其中优化栽培模式之间比较表明，优化栽培模式2效益更佳，值得在湖北稻区推广。此外，由于温室气体排放受气候与土壤等影响，具有明显的时空异质性（Wood et al.，2013），本研究只针对一个中稻–再生稻复种季节，还缺乏多年的定点研究，因此进行长期的定点研究将有助于消除短期的不确定性。

参 考 文 献

曹敏建. 2002. 耕作学. 北京: 中国农业出版社.

曹培, 徐莹, 朱杰, 等. 2019. 不同种植模式对稻田土壤活性有机碳组分及产量的短期影响. 生态学杂志, 38(9): 2788-2798.

陈畅. 2015. 连续免耕与秸秆还田对土壤养分含量和水稻产量的影响. 扬州: 扬州大学硕士学位论文.

陈道友, 贾红杰, 许辉霞, 等. 2014. 稻草还田再生稻生产对土壤性状和水稻产量的影响. 南方农业, 8(7): 28-29.

陈鸿飞, 庞晓敏, 张仁, 等, 2017. 不同水肥运筹对再生季稻根际土壤酶活性及微生物功能多样性的影响. 作物学报, 43(10): 1507-1517.

陈立云, 肖层辉, 唐文邦, 等. 2000. 粮食结构调整的一种理想种植方式——中稻续留再生稻. 湖南农业大学学报, 26(3): 198-200.

陈敏, 胡雄伟, 鲁霞飞, 等. 2010. 不同耕作方式下稻草还田的土壤肥力与产量效应研究. 湖南农业科学, (23): 48-50, 53.

陈尚洪, 朱钟麟, 吴婕, 等. 2006. 紫色土丘陵区秸秆还田的腐解特征及对土壤肥力的影响. 水土保持学报, 20(6): 141-144.

陈小虎, 曹国华, 文明辉, 等. 2019. 水稻土有机质含量与中稻产量的相关性分析研究. 基层农技推广, 7(4): 33-36.

成臣, 汪建军, 程慧煌, 等. 2018. 秸秆还田与耕作方式对双季稻产量及土壤肥力质量的影响. 土壤学报, 55(1): 247-257.

程会丹, 聂军, 鲁艳红, 等. 2018. 绿肥对土壤有机碳含量、质量及稳定性影响的研究进展. 湖南农业科学, 8: 119-122.

程建平, 曹凑贵, 蔡明历, 等. 2006. 不同灌溉方式对水稻生物学特性与水分利用效率的影响. 应用生态学报, 17(10): 1859-1865.

代光照, 李成芳, 曹凑贵, 等. 2009. 免耕施肥对稻田甲烷与氧化亚氮排放及其温室效应的影响. 应用生态学报, 20(9): 2166-2172.

邓力超, 李莓, 范连益, 等. 2018. 绿肥油菜翻压还田对土壤肥力及水稻产量的影响. 湖南农业科学, (2): 18-20.

丁昌璞. 1984. 水稻土中的还原性物质. 土壤学进展, (2): 1-12.

丁维新, 蔡祖聪. 2003. 温度对甲烷产生和氧化的影响. 应用生态学报, 14(4): 604-608.

窦森. 2010. 土壤有机质. 北京: 科学出版社.

傅廷栋, 梁华东, 周广生. 2012. 油菜绿肥在现代农业中的优势及发展建议. 中国农技推广, (8): 37-39.

高菊生, 曹卫东, 董春华, 等. 2010. 长期稻–稻–绿肥轮作对水稻产量的影响. 中国水稻科学, 24(6): 672-676.

高菊生, 曹卫东, 李冬初, 等. 2011. 长期双季稻绿肥轮作对水稻产量及稻田土壤有机质的影响. 生态学报, 31(16): 4542-4548.

高菊生, 徐明岗, 董春华, 等. 2013. 长期稻–稻–绿肥轮作对水稻产量及土壤肥力的影响. 作物学报, 39(2): 343-349.

龚子同, 张效朴, 韦启翻. 1990. 中国农业科学, 23(1): 45-52.

关光复, 曾希柏. 1998. 东洞庭湖平原稻田土壤微量元素状况与微肥施用效果研究. 土壤肥料, 6: 7-10.

何成芳, 朱鸿杰, 戚传勇, 等. 2017. 油菜秸秆还田对土壤养分及水稻生长的影响. 安徽农业科学, 45: 78-79, 93.

何水清, 党洪阳, 王玉猛. 2015. 水稻一季+再生头季稻机收技术. 浙江农业科学, 56(6): 787-789.

胡霭堂. 2003. 植物营养学. 2版. 北京: 中国农业大学出版社.

胡钧铭, 江立庚, 莫润秀, 等. 2009. 优质籼稻桂华占、八桂香花后干物质积累与转运及灌浆的动态特征. 中国水稻科学, 23(6): 72-76.

胡敏, 鲁剑巍, 王振, 等. 2016. 晚播油菜绿肥适宜播种量研究. 作物杂志, (6): 120-123.

胡香玉, 钟旭华, 梁开明, 等. 2019. 广东再生稻研究进展与展望. 中国稻米, 25(6): 16-19.

胡心意, 傅庆林, 刘琛, 等. 2018. 秸秆还田和耕作深度对稻田耕层土壤的影响. 浙江农业学报, 30(7): 1202-1210.

霍晓玲. 2012. 免耕机插对土壤理化微生物群落特性及群体质量和产量的影响. 雅安: 四川农业大学硕士学位论文.

季陆鹰, 葛胜, 郭静, 等. 2013. 不同麦秸秆还田量对机插水稻生长发育和产量的影响. 安徽农业科学, 41 (5): 1982-1984.

贾洪雷, 马成林, 孙玉晶, 等. 2004. 耕整种植联合作业工艺及配套机具. 农业机械学报, 35(6): 62-64.

蒋彭炎. 1998. 科学种稻新技术. 北京: 金盾出版社.

金鑫. 2013. 秸秆还田对稻田土壤还原性物质和水稻生长的影响. 南京: 南京农业大学硕士学位论文.

阚一鸿. 1953. 吴江庞山湖区的再生稻. 中国农业科学, (12): 513.

劳秀荣, 吴子一, 高燕春. 2002. 长期秸秆还田改土培肥效应的研究. 农业工程学报, 18(2): 49-52.

李宝筏. 2003. 农业机械学. 北京: 中国农业出版社.

李成芳, 胡红青, 曹凑贵, 等. 2017. 中国再生稻田土壤培肥途径的研究与实践. 湖北农业科学, 56(14): 2666-2669, 2721.

李成芳, 寇志奎, 张枝盛, 等. 2011. 秸秆还田对免耕稻田温室气体排放及土壤有机碳固定的影响. 农业环境科学学报, 30(11): 2362-2367.

李纯燕, 杨恒山, 刘晶, 等. 2015. 玉米秸秆还田技术与效应研究进展. 中国农学通报, 31(33): 226-229.

李东坡, 陈利军, 武志杰, 等. 2004. 不同施肥黑土微生物量氮变化特征及相关因素. 应用生态学报, 15(10): 1891-1896.

李红燕, 胡铁成, 曹群虎, 等. 2016. 旱地不同绿肥品种和种植方式提高土壤肥力的效果. 植物营养与肥料学报, 22(5): 1310-1318.

李继福, 薛欣欣, 李小坤, 等. 2016. 水稻–油菜轮作模式下秸秆还田替代钾肥的效应. 植物营养与肥料学报, 22(2): 317-325.

李继明, 黄庆海, 袁天佑, 等. 2011. 长期施用绿肥对红壤稻田水稻产量和土壤养分的影响. 植物营养与肥料学报, 17(3): 563-570.

李娟, 赵秉强, 李秀英, 等. 2008. 长期有机无机肥料配施对土壤微生物学特性及土壤肥力的影响. 中国农业科学, 41(1): 144-152.

李淑春, 张惠琴, 朱贵平, 等. 2010. 前作油菜对水稻产量及性状的影响. 现代农业科技, (5): 34.

李霞, 付俊峰, 张东兴, 等. 2012. 基于震动减阻原理的深松机牵引阻力的试验. 农业工程学报, 28(1): 32-36.

李学垣, 韩德乾. 1966. 绿肥压青后水稻生育期间土壤中还原性物质的动态变化. 土壤学报, 33(1): 59-64.

李琰琰. 2011. 水氮耦合对宜宾植烟土壤理化性状及烟叶产质量影响的研究. 郑州: 河南农业大学硕士学位论文.

李志东, 陈建军, 陈明灿. 2005. 不同水肥条件下冬小麦的干物质积累、产量及水氮利用效率. 麦类作物学报, 25(5): 80-83.

连泽晨. 2016. 绿肥和秸秆还田对水稻产量、养分吸收及土壤肥力的影响. 武汉: 华中农业大学硕士学位论文.

梁天锋, 徐世宏, 刘开强, 等. 2008. 耕作对还田稻草氮素释放及水稻氮素利用的影响. 中国农业科学, 42(10): 3564-3570.

林多胡, 顾荣申. 2000. 中国紫云英. 福州: 福建科学技术出版社.

林瑞余, 蔡碧琼, 柯庆明, 等. 2006. 不同水稻品种产量形成过程的固碳特性研究. 中国农业科学, 39(12): 2441-2448.

林绍墀. 1994. 冷烂田再生稻施肥技术. 福建农业, (7): 4-5.

林文雄, 陈鸿飞, 张志兴, 等. 2015. 再生稻产量形成的生理生态特性与关键栽培技术的研究与展望. 中国生态农业学报, 23(4): 392-401.

刘开强. 2008. 不同耕作方式下稻草分解与养分释放特点及对水稻氮素利用的影响. 南宁: 广西大学硕士学位论文.

刘世平, 聂新涛, 戴其根, 等. 2007. 免耕套种与秸秆还田对水稻生长和稻米品质的影响. 中国水稻科学, 21(1): 71-76.

刘晓霞, 陶云彬, 章日亮, 等. 2017. 秸秆还田对作物产量和土壤肥力的短期效应. 浙江农业科学, 58(3): 508-510, 513.

刘晓霞, 陶云彬, 章日亮, 等. 2016. 不同绿肥连续还田对水稻产量和土壤肥力的影响. 浙江农业科学, 57(9): 1379-1382.

刘英, 王允青, 张祥明, 等. 2008. 紫云英与化肥配施对水稻生长及产量的影响. 安徽农业科学, 36(36): 16003-16005.

刘芷宇, 李良谟, 施卫明. 1997. 根际研究法. 南京: 江苏科学技术出版社.

刘志光, 于天仁. 1962. 水稻土中氧化还原过程的研究 V. 还原性物质的测定. 土壤学报, 10(1): 13-28.

柳开楼. 2011. 赣东北再生稻轻型化种植模式播期优化及其对源库关系的影响. 南京: 南京农业大学硕士学位论文.

鲁君明, 耿明建, 罗玲艳. 2019. 几个绿肥品种生产适应性的田间比较试验. 湖北植保, (4): 11-12, 51.

陆欣来. 1985. 免耕与少耕. 中国耕作制度研究通讯, 17(2): 18-23.

罗德强, 王绍华, 姬广梅, 等. 2018. 水分管理对杂交籼稻产量和群体质量的影响. 贵州农业科学, 46(10): 41-44.

罗广盘. 2018. 绿肥压青还田对土壤性状及水稻产量的影响分析. 南方农业, 12(30): 187-188.

罗永藩, 杨庚. 1990. 土壤改良与施肥–中低产田粮食配套技术. 北京: 中国农业出版社.

马俊永, 李科江, 曹彩云, 等. 2007. 有机–无机肥长期配施对潮土土壤肥力和作物产量的影响. 植物营养与肥料学报, 13(2): 236-241.

马群, 李国业, 顾海永, 等. 2010. 我国水稻氮肥利用现状及对策. 广东农业科学, 37(11): 126-129.

马世均. 1989. 国外旱地农业的发展现状. 中国农学通报, 7(2): 30-31.

马玉华, 刘兵, 张枝盛, 等. 2013. 免耕稻田氮肥运筹对土壤NH₃挥发及氮肥利用率的影响. 生态学报, 33(18): 5556-5564.

倪进治, 徐建民, 谢正苗, 等. 2003. 不同施肥处理下土壤水溶性有机碳含量及其组成特征的研究. 土壤学报, 40(5): 724-730.

聂影. 2013. 土壤耕层构建技术及其机具研究. 农业科技与装备, 230(13): 34-35.

潘根兴, 周萍, 张旭辉, 等. 2006. 不同施肥对水稻土作物碳同化与土壤碳固定的影响——以太湖地区黄泥土肥料长期试验为例. 生态学报, 26(11): 182-188.

裴泽莲, 王福义, 程晋, 等. 2014. 土壤肥沃耕层构建模式. 农业科技与装备, (7): 68-69.

彭春瑞, 涂田华, 邱才飞, 等. 2006. "超级稻——再生稻"模式在江西的应用效益及关键技术初步研究. 杂交水稻, 21(6): 56-58.

彭世彰, 李道西, 缴锡云, 等. 2006. 节水灌溉模式下稻田甲烷排放的季节变化. 浙江大学学报（农业与生命科学版）, 32(5): 546-550.

彭世彰, 李道西, 徐俊增. 2007. 节水灌溉模式对稻田CH₄排放规律的影响. 环境科学, 28(1): 9-13.

覃家琚. 1999. 高寒山区再生稻高产栽培技术. 农家之友, (5): 5.

邱才飞, 邵彩虹, 关贤交, 等. 2018. 节水灌溉对双季晚稻农田生态及水肥利用的影响. 西北农业学报, 27(4): 509-517.

邵帅, 何红波, 张威, 等. 2017. 土壤有机质形成与来源研究进展. 吉林师范大学学报, 38(1): 126-130.

石彦琴, 高旺盛, 陈源泉. 2010. 耕层厚度对华北高产灌溉农田土壤有机碳储量的影响. 农业工程学报, 26(11): 85-90.

寿秀玲, 吴静怡, 周江敏. 2017. 水稻秸秆施用后土壤溶解性有机碳的变化与土壤CO₂排放. 土壤通报, 48(5): 1218-1225.

宋开付, 杨玉婷, 于海洋, 等. 2019. 川中丘陵区覆膜栽培再生稻对CH₄排放的影响. 生态学报, 39(19): 7258-7266.

苏祖芳, 张洪程, 侯康平, 等. 1990. 再生稻的生育特性及高产栽培技术研究. 江苏农学院学报, 11: 15-21.

孙晓辉, 田彦华, 任天举. 1982. 促芽肥对杂交稻培育再生稻效果研究. 四川农业科技, 3: 1-4, 7.

孙晓辉. 1991a. 西川稻作. 成都: 四川科学技术出版社.

孙晓辉. 1991b. 再生稻研究和生产的情况与趋势. 耕作与栽培, 5: 1-3.

孙耀邦, 李志国, 杨春峰. 1991. 农田土壤紧实度的研究. 河北农业大学学报, (1): 28-31.

汤宏, 沈健林, 张杨珠, 等. 2013. 秸秆还田与水分管理对稻田土壤微生物量碳、氮及溶解性有机碳、氮的影响. 水土保持学报, (1): 240-246.

唐杉, 王允青, 赵决建, 等. 2015. 紫云英还田对双季稻产量及稳定性的影响. 生态学杂志, 34(11): 3086-3093.

田卡, 张丽, 钟旭华, 等. 2015. 稻草还田和冬种绿肥对华南双季稻产量及稻田CH₄排放的影响. 农业环境科学学报, (3): 592-598.

王丹英, 彭建, 徐春梅, 等. 2012. 油菜作绿肥还田的培肥效应及对水稻生长的影响. 中国水稻科学, 26(1): 85-91.

王孟雪, 张忠学, 吕纯波, 等. 2016. 不同灌溉模式下寒地稻田CH₄和N₂O排放及温室效应研究. 水土保持研究, 23(2): 95-100.

王森. 2007. 水稻–再生稻体系养分需求特性及氮肥合理运筹初探. 武汉: 华中农业大学硕士学位论文.

王秀斌, 周卫, 梁国庆, 等. 2011. 典型潮土N₂O排放的DNDC模型田间验证研究. 植物营养与肥料学报, 17(4): 925-933.

王燕, 王小彬, 刘爽, 等. 2008. 保护性耕作及其对土壤有机碳的影响. 中国生态农业学报, 16(3): 766-771.

王志强, 刘德林, 谭林. 2010. 超级杂交稻再生稻头季后期光合产物分配与产量形成. 湖南农业科学, (19): 49-52.

吴鸿潜. 1992. 不同方式栽培再生稻对根的生长效应. 福建农业科技, (3): 16-17.

吴建富, 潘晓华, 石庆华, 等. 2009. 水稻连续免耕抛栽对土壤理化和生物学性状的影响. 土壤学报, 46(6): 1132-1139.

吴建富, 潘晓华, 王璐. 2010. 双季抛栽条件下连续免耕对水稻产量和土壤肥力的影响. 中国农业科学, 43(15): 3159-3167.

吴平青, 廖宗文. 1999. 农药在蒙脱石层间域中的环境化学行为. 环境科学进展, (3): 71-78.

吴增琪, 朱贵平, 张惠琴, 等. 2010. 紫云英结荚翻耕还田对土壤肥力及水稻产量的影响. 中国农学通报, 26: 270-273.

肖修刚. 2018. 连续两年紫云英还田对土壤养分及水稻产量的影响. 福建热作科技, 43: 11-14.

徐富贤, 熊洪. 2016. 杂交中稻蓄留再生稻高产理论与调控途径. 北京: 中国农业科学技术出版社.

徐富贤, 熊洪, 张林, 等. 2015. 再生稻产量形成特点与关键调控技术研究进展. 中国农业科学, 48(9): 1702-1717.

徐小林. 2015. 肥田萝卜新品种赣肥萝1号的选育及栽培技术. 安徽农业科学, 43(30): 68-69.

徐祖祥. 2003. 连续秸秆还田对作物产量和土壤养分的影响. 浙江农业科学, 1(1): 35-36.

许晖, 陈文辉, 吴芸紫, 等. 2018. 油菜还田对机插中稻植株生物量及产量的影响. 湖北农业科学, 57: 27-29.
许淑青, 张仁陟, 董博, 等. 2009. 耕作方式对耕层土壤结构性能及有机碳含量的影响. 中国生态农业学报, 17(2): 203-208.
杨飞翔, 黄璜, 陈灿, 等. 2019. 稻鳖共作模式中的土壤养分动态变化及产量形成. 作物研究, 33(5): 402-407.
杨晓娟, 李春俭. 2008. 机械压实对土壤质量、作物生长、土壤生物及环境的影响. 中国农业科学, 41(7): 2008-2015.
杨旭燕, 何文寿. 2019. 绿肥油菜翻压还田对土壤肥力及玉米产量的影响试验. 吉林农业, (3): 56-57.
杨志臣, 吕贻忠, 张凤荣, 等. 2008. 秸秆还田和腐熟有机肥对水稻土培肥效果对比分析. 农业工程学报, 24(3): 214-218.
易镇邪, 周文新, 屠乃美. 2009. 留桩高度对再生稻源库性状与物质运转的影响. 中国水稻科学, 23(5): 509-516.
于天仁. 1983. 水稻土的物理化学. 北京: 科学出版社.
于天仁, 刘志光. 1964. 水稻土的氧化还原过程及其与水稻生长的关系. 土壤学报. 12(4): 380-389.
余贵龙, 刘祥臣, 丰大清, 等. 2018. 不同留茬高度对豫南再生稻生育期及产量的影响. 中国稻米, 24(5): 112-115.
余双, 崔远来, 王力, 等. 2016. 水稻间歇灌溉对土壤肥力的影响. 武汉大学学报（工学版）, 49(1): 46-53.
余喜初, 柳开楼, 李大明, 等. 2014. 有机无机肥配施对潜育化水稻土的改良效应. 中国土壤与肥料, (2): 17-22.
宇万太, 马强, 张路, 等. 2007. 不同施肥制度下茬口对作物产量增益、土壤养分状况及施肥贡献率的影响. 生态学杂志, 26(11): 1798-1803.
袁金华, 俄胜哲, 黄涛, 等. 2017. 水肥管理对带田土壤肥力和作物产量的影响. 土壤通报, 48(2): 433-440.
袁玲, 张宣, 杨静, 等. 2013. 不同栽培方式和秸秆还田对水稻产量和营养品质的影响. 作物学报, (2): 350-359.
袁伟玲, 曹凑贵, 程建平, 等. 2008. 间歇灌溉模式下稻田CH_4和N_2O排放及温室效应评估. 中国农业科学, 41(12): 4294-4300.
曾宪楠, 高斯倜, 冯延江, 等. 2018. 水稻秸秆还田对土壤培肥及水稻产量的影响研究进展. 江苏农业科学, 46(18): 21-24.
张成亮. 2012. 联合整地机平整和镇压部件的设计与试验研究. 哈尔滨: 东北农业大学硕士学位论文.
张广才, 查文文, 关连珠, 等. 2016. 不同开垦年限水稻土还原性物质含量及其分布. 中国土壤与肥料, (6): 37-41.
张宏路, 朱安, 胡昕, 等. 2018. 稻田常用节水灌溉方式对水稻产量和米质影响的研究进展. 中国稻米, 24(6): 8-12.
张洪, 陈国惠, 刘仕琳, 等. 1993. 四川省再生稻气候生态区划研究. 西南农业大学学报, 6: 13-18.
张明发, 田峰, 王兴祥, 等. 2017. 翻压不同绿肥品种对植烟土壤肥力及酶活性的影响. 土壤, 49(5): 903-908.
张强, 梁留锁. 2016. 农业机械学. 北京: 化学工业出版社.
张水清, 钟旭华, 黄绍敏, 等. 2010. 中国稻草还田技术研究进展. 中国农学通报, 26(15): 332-335.
张天桥, 汤加, 庄莉, 等. 2014. 干湿交替条件下不同晶型铁氧化物对水稻土甲烷排放的影响. 环境科学, 35(3): 901-907.
张怡, 吕世华, 马静, 等. 2016. 冬季水分管理和水稻覆膜栽培对川中丘陵地区冬水田CH_4排放的影响. 生态学报, 36(4): 1095-1103.
张媛媛, 李建林, 王春宏, 等. 2012. 氮素和生物腐解剂调控下稻草还田对水稻氮素积累及产量的影响. 土壤通报, 43(2): 435-438.
张志国, 徐琪. 1998. 长期秸秆覆盖免耕对土壤某些理化性质及玉米产量的影响. 土壤学报, (3): 384-391.
赵峰, 程建平, 张国忠, 等. 2011. 氮肥运筹和秸秆还田对直播稻氮素利用和产量的影响. 湖北农业科学, 50(18): 3702-3704.
赵慧娟. 2014. 油菜作为绿肥的栽培技术与田间肥效试验研究. 武汉: 华中农业大学硕士学位论文.
赵建红. 2016. 水氮管理与秸秆还田对免耕厢沟栽培水稻生长发育及稻田土壤理化性质的影响. 雅安: 四川农业大学硕士学位论文.
郑景生, 林文雄, 李义珍, 等. 2004. 再生稻头季不同施氮水平的双季氮素吸收及产量效应研究. 中国生态农业学报, 12(3): 78-82.
郑侃. 2018. 深松旋耕作业次序可调式联合作业机研究. 北京: 中国农业大学博士学位论文.
郑侃, 何进, 王庆杰, 等. 2016. 联合整地作业机具的研究现状. 农机化研究, 38(1): 257-263.
郑立臣, 解宏图, 何红波, 等. 2006. 秸秆还田对水溶性有机碳的影响. 辽宁工程技术大学学报, 25(s1): 330-332.
中国农业机械化科学研究院. 2007. 农业机械设计手册（上册）. 北京: 中国农业科学技术出版社.
周景平. 2018. 再生稻不同留茬高度试验总结. 南方农机, 49: 79-80.
周鹏飞, 朱亚环. 2003. 联合整地机械化技术的优点与效果. 农业机械化与电气化, (3): 38.
朱贵平, 张惠琴, 吴增琪, 等. 2012. 紫云英和油菜不同时期翻压对土壤培肥效果的影响. 南方农业学报, 43(2): 205-208.
朱利群, 张大伟, 卞新民. 2011. 连续秸秆还田与耕作方式轮换对稻麦轮作田土壤理化性状变化及水稻产量的影响. 土壤通报, 42(1): 81-85.
Alkaisi M M, Yin X H. 2005. Tillage and crop residue effects on soil carbon and carbon dioxide emission in com-soybean rotations. Journal of Environmental Quality, 34(2)：437-445.
Baggs E. 2008. A review of stable isotope techniques for N_2O source partitioning in soils: recent progress, remaining challenges and future considerations. Rapid Commun Mass Sp, 22: 1664-1672.
Batjes N H. 1996. The total C and N in soils of the world. European Journal of Soil Science, 47: 151-163.

Butterbachbahl K, Baggs E M, Dannenmann M, et al. 2013. Nitrous oxide emissions from soils: how well do we understand the processes and their controls. Philosophical transactions of the Royal Society. Biological Sciences, 368: 20130122.

Campbell C A, Zenmer R P, Limg B C, et al. 2000. Organic C accumulation in soil over 30 year in semiarid southwestern Saskatchewan-Effect of crop rotations and fertilizers. Canadian Journal Soil Science, 80(1): 179-192.

Chauhan J S, Vergara B S, Lopez F S S. 1985. Rice ratooning. IRRI Res. Pap. Ser., vol. 102. Los Baños: International Rice Research Institute.

Faruq G, Taha R M, Prodhan Z H. 2014. Rice ratoon crop: a sustainable rice production system for tropical hill agriculture. Sustainability, 6: 5785-5800.

Foucault Y, Lévêque T, Xiong T, et al. 2013. Green manure plants for remediation of soils polluted by metals and metalloids: ecotoxicity and human bioavailability assessment. Chemosphere, 93: 1430-1435.

Gu S S, Hu Q L, Cheng Y Q. et al. 2019. Application of organic fertilizer improves microbial community diversity and alters microbial network structure in tea (Camellia sinensis) plantation soils. Soil & Tillage Research, 195: 104356.

Guo L J, Zhang Z S, Wang D D, et al. 2015. Effects of short-term conservation management practices on soil organic carbon fractions and microbial community composition under a rice-wheat rotation system. Biology Fertility of Soils, 51(1): 65-75.

Halvorson A D, Wienhold B J, Black A L. 2002. Tillage, nitrogen, and cropping system effects on soil carbon sequestration. Soil Science Society of America Journal, 66(3): 906-912.

Harada N, Otsuka S, Nishiyama M, et al. 2005. Influences of indigenous phototrophs on methane emissions from a straw-amended paddy soil. Biology Fertility of Soils, 41: 46-51.

Harrell D L, Bond J A, Blanche S. 2009. Evaluation of main-crop stubble height on ratoon rice growth and development. Field Crops Research, 114: 396-403.

He P, Yang L P, Xu X P, et al. 2015. Temporal and spatial variation of soil available potassium in China (1990-2012). Field Crops Research, 173: 49-56.

Jiang S, Yu Y, Gao R, et al. 2019. High-throughput absolute quantification sequencing reveals the effect of different fertilizer applications on bacterial community in a tomato cultivated coastal saline soil. Science of the Total Environment, 687: 601-609.

Kobayashi R, Sato K, Hattori I. 2006. Optimizing fertilizer application rate, planting density, and cutting time to maximize dry matter yield by ratoon cropping in forage rice (Oryza sativa L.). Japanese Journal of Grassland Science, 52: 138-143.

Maljanen M, Martikkala M, Koponen H T, et al. 2007. Fluxes of nitrous oxide and nitric oxide from experimental excreta patches in boreal agricultural soil. Soil Biology and Biochemistry, 39: 914-920.

Mengel D B, Wilson F E. 1981. Water management and nitrogen fertilization of ratoon crop rice. Agronomy Journal, 73: 1008-1010.

Nakano H, Morita S. 2007. Effects of twice harvesting on total dry matter yield of rice. Field Crops Research, 101: 269-275.

Nakano H, Morita S. 2008. Effects of time of first harvest, total amount of nitrogen, and nitrogen application method on total dry matter yield in twice harvesting of rice. Field Crops Research, 105: 40-47.

Oad F C, Samo M A, Zia-ul-hassan, et al. 2002. Correlation and path analysis of quantitative characters of rice ratoon cultivars and advance lines. International Journal of Agriculture and Biology, 4: 475-476.

Pan H, Chen M M, Feng H J, et al. 2020. Organic and inorganic fertilizers respectively drive bacterial and fungal community compositions in a fluvoaquic soil in northern China. Soil & Tillage Research, 198: 104540.

Pastorelli R, Vignozzi N, Landi S, et al. 2013. Consequences on macroporosity and bacterial diversity of adopting a no-tillage farming system in a clayish soil of Central Italy. Soil Biology and Biochemistry, 66: 78-93.

Petroudi E R, Noormohammadi G, Mirhadi M J, et al. 2011. Effects of nitrogen fertilization and rice harvest height on agronomic yield indices of ratoon rice-berseem clover intercropping system. Australian Journal of Crop Science, 5(5): 566-574.

Ranawake A, Amarasingha U, Dahanayake N. 2013. Agronomic characters of some traditional rice (Oryza sativa L.) cultivars in Sri Lanka. Journal of the University of Ruhuna, 1: 3-9.

Römheld V, Kirkby E A. 2010. Research on potassium in agriculture: needs and prospects. Plant and Soil, 335(1-2): 155-180.

Sanni K A, Ojo D K, Adebisi M A, et al. 2009. Ratooning potential of interspecific NERICA rice varieties (Oryza glaberrima × Oryza sativa). International Journal of Botany, 5: 112-115.

Schostag M, Priemé A, Jacquiod S, et al. 2019. Bacterial and protozoan dynamics upon thawing and freezing of an active layer permafrost soil. ISME J, 13: 1345-1359.

Setter T L, Laureles E V, Mazaredo A M. 1997. Lodging reduces yield of rice by self-shading and reductions in canopy photosynthesis.

Field Crops Research, 49: 95-106.

Shahri M M, Yazdpour H, Soleymani A, et al. 2012. Yield and yield components of ratoon crop of rice as influenced by harvesting at different plant height and time. Journal of Food Agriculture and Environment, 13(2): 408-411.

Soon Y K, Lupwayi N Z. 2012. Straw management in a cold semi-arid region: impact on soil quality and crop productivity. Field Crops Research, 139: 39-46.

Van Leeuwen J P, Djukic I, Bloem J, et al. 2017. Effects of land use on soil microbial biomass, activity and community structure at different soil depths in the Danube floodplain. European Journal of Soil Biology, 79: 14-20.

Wang H, Liu S R, Zhang X, et al. 2018. Nitrogen addition reduces soil bacterial richness, while phosphorus addition alters community composition in an old-growth N-rich tropical forest in southern China. Soil Biology and Biochemistry, 127: 22-30.

Wang M X, Li J. 2002. CH_4 emission and oxidation in Chinese rice paddies. Nutr Cycl Agroecosys, 64: 43-55.

Wang Z B, Wang Q Y. 2013. Cultivating erect milkvetch (*Astragalus adsurgens* Pall.) (Leguminosae) improved soil properties in loess hilly and gullies in China. Journal of Integrative Agriculture, (9): 156-162.

Wen Y M, You J W, Zhu J, et al. 2021. Long-term green manure application improves soil K availability in red paddy soil of subtropical China. Journal of Soils and Sediments, 21(1): 1-10.

Wood J D, Gordon R J, Wagner-Riddle C. 2013. Biases in discrete CH_4 and N_2O sampling protocols associated with temporal variation of gas fluxes from manure storage systems. Agricultural and Forest Meteorology, 171-172: 295-305.

Xu Y, Zhan M, Cao C G, et al. 2016. Improved water management to reduce greenhouse gas emissions in no-till rapeseed-rice rotations in Central China. Agriculture, Ecosystems & Environment, 221: 87-98.

Yazdpour H, Shahri M M, Soleymani A, et al. 2012. Effects of harvesting time and harvesting height on grain yield and agronomical characters in rice ratoon (*Oryza sativa* L.). Journal of Food Agriculture and Environment, 10(1): 438-440.

Ye G P, Lin Y G, Luo J F, et al. 2020. Responses of soil fungal diversity and community composition to long-term fertilization: field experiment in an acidic Ultisol and literature synthesis. Applied Soil Ecology, 145: 103305.

Zeng J, Liu X J, Song L, et al. 2016. Nitrogen fertilization directly affects soil bacterial diversity and indirectly affects bacterial community composition. Soil Biology and Biochemistry, 92: 41-49.

Zhang X, Zhang R, Gao J, et al. 2017. Thirty-one years of rice-rice-green manure rotations shape the rhizosphere microbial community and enrich beneficial bacteria. Soil Biology Biochemistry, 104: 208-217.

Zhang Z S, Guo L J, Liu T Q, et al. 2015. Effects of tillage practices and straw returning methods on greenhouse gas emissions and net ecosystem economic budget in rice-wheat cropping systems in central China. Atmosphere Environment, 122: 636-644.